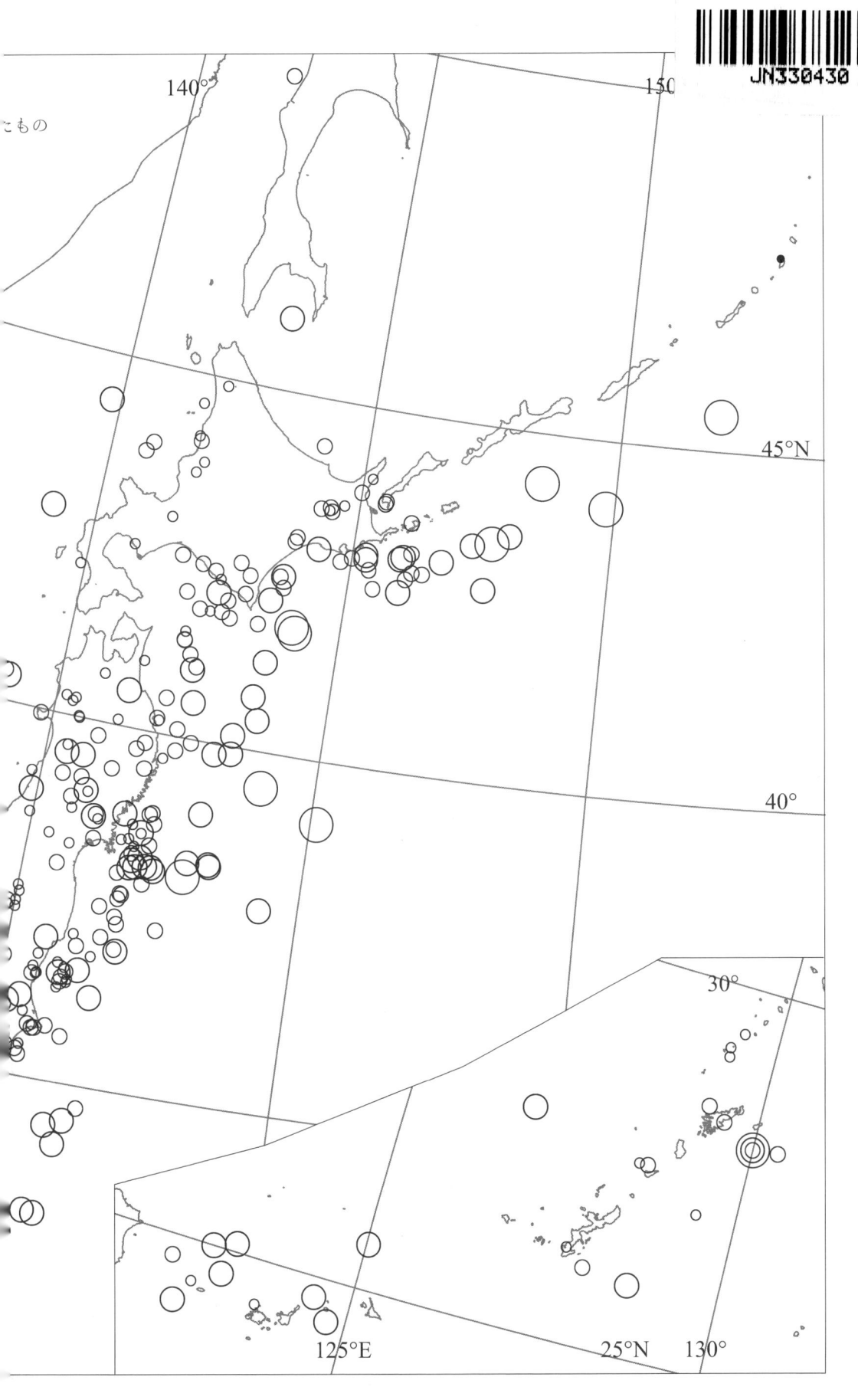

日本被害地震総覧
599–2012

宇佐美龍夫
石井　寿
今村隆正　［著］
武村雅之
松浦律子

東京大学出版会

Materials for Comprehensive List of
Destructive Earthquakes in Japan, 599–2012
[Revised in 2013]

Tatsuo USAMI

Hisashi ISHII, Takamasa IMAMURA, Masayuki TAKEMURA and
Ritsuko S. MATSU'URA

University of Tokyo Press, 2013
ISBN978-4-13-060759-9

はしがき

　本書『日本被害地震総覧』は「資料」(1975)，「新編」(1987)，「新編増補改訂版」(1996)，「最新版」(2003)とほぼ10年おきに出版し，その都度内容を拡張・充実してきた．こういう本の性格上から，内容は常に up to date なものにしなければ意味がない上に，2011年3月11日の東日本大震災があり，「最新版」出版以後ちょうど10年になるのを機に，改訂の上，上梓することにした．私も米寿を迎え，10年後の再改訂は望むべくもないので，広く共同改訂者を募ったところ，大勢の方々から応募があった．私の独断で，次の4名の方々（五十音順）に共同改訂者になっていただくことにした．
　　石井寿（東電設計（株））　今村隆正（（株）防災地理調査）
　　武村雅之（名古屋大学）　松浦律子（（公財）地震予知総合研究振興会）
　よい仲間ができたと思う．満足している．
　地震を取り巻く研究，社会情勢は年々進歩している．『日本地震史料』もさらに8冊（拾遺，同別巻，2, 3, 4上下, 5上下）出版することができたし，断層や遺跡の調査が進み地震考古学は新しい資料を急速にふやしつつある．一方では津波イベント堆積物の研究・調査も進み，津波資料が蓄積されつつある．
　また，防災面では，各県でハザードマップが作られ，緊急防災システムが整備され，地震計が全国で1,000点以上も設置され，有感地震があれば即刻テレビで情報が流れるようになってきている．そのようなさまざまな問題や試みが十分効果を発揮できるためには，過去の地震のあるがままの姿を知悉していることが前提となるであろう．本書が災害の軽減に少しでも役に立つことができれば幸いである．
　今回の編集方針は，従来とほとんど同じである．とくに注意すべき点は以下のとおりである．
(1) 最近の地震としては2012年12月までのものを追加した．また，歴史地震については，最近の研究成果をできるだけ採用することにした．
(2) おもな地震考古学の成果を追加して付表を充実した．すべての発掘例を網羅したものではない．
(3) おもな変更は表0-1のとおりである．
(4) 「増補改訂版」で表0-2の4地震のことに言及した．その後，これらについて新史料は見つからなかったので本文には入れてない．
(5) 地震番号は，旧版の番号を変えないようにした．欠番は削除したものであり，新たに追加した地震には枝番をつけた．

表 0-1 おもな要素変更地震

地震番号	和暦（グレゴリオ暦）	変更内容
032-1	長元 1 IV 10 (1028 V 13)	追加
144-1	元禄 7 閏 V 25 (1694 VII 17)	格上げ
147-1	元禄 11 IX 21 (1698 X 24)	→148 とする
148	元禄 11 IX 28 (1698 X 31)	削除
198 の次	明和 6 V 9 (1769 VI 12)	⎫ 削除 198-1 にまとめる
その次	明和 6 V 19 (1769 VI 22)	⎭
198-1 の次	明和 6 VI 19 (1769 VII 22)	削除
217-2	寛政 6 XI 4 (1794 XI 26)	日付変更→寛政 6 XI 3 (1794 XI 25)
241-1	天保 6 閏VII 14 (1835 IX 6)	日付変更→天保 6 閏VII 19 (1835 IX 11)
255	安政 1 VII 3 (1854 VII 27)	削除
538-1*	1957 (昭和 32) III 9	無番号とする
653-1	1986 (昭和 61) IV 28	追加
656-1	1986 (昭和 61) XI 13	追加

表 0-2 15 世紀の兵庫県南部の地震の表

番号	和暦 / 西暦	被害（有感）地域	被害状況	史料数	備　考
1	応永 19　11　14 / 1412　12　26	米田（現高砂市, JR 宝殿付近）京都大地震？	神社・仏寺・人屋崩れ・死多し（米田東西 10 里の地）	1	11 月 15 日京都大地震（如是院年代記 他 3 点）
2	永享 4　9　3 / 1432　10　6	姫路市近郊	書写山（円教寺），増位山（随願寺），国分寺[1] 等堂塔破壊	2	印南郡[2]に 8 月 2 日地震とあるも月日の誤りか
3	文安 5 / 1448	多紀郡西部大山村	大山村[3]の被害甚大，急落した地形残る	1	此年，洪水・飢饉・疫病・地震多しという
4	文明 12　3　3 / 1480　4　21	姫路・夢前	英賀倒潰・清水薬師破	2	

1) 姫路市御国野町国分寺（市の東部天川に臨む）
2) 姫路市の東方, 現高砂市, 加古川市北半, 姫路市東南部辺り
3) 現丹南町

(6) 震源要素　1885〜1922 年については原則として宇津 [1982] の表によった．気象庁では 2002 年の新しい震源決定方法に従って 1923 年以降の震源要素の改訂を順次行っている．また，規模 M についても 2004 年から改訂作業が進められた．さらに 2005 年には位置の表記が従来の日本測地系から世界測地系に変わった．これらをふまえ 2012 年末現在の結果を震源要素として採用した．宇津 [1979] の表には誤差がついている．その誤差をそのまま本書にも採用した．それにならって 1884 年以前の地震にも誤差をつけることとした．したがって誤差の意味は 1884 年末を境として異なる．1884 年以前の震央の誤差は次のとおりである．$A \leq 10$ km, $B \leq 25$ km, $C \leq 50$ km, $D \leq 100$ km．1884 年以前の誤差は採用した震央からの距離がこの範囲を出ることはまずありえないと考えられる誤差範囲である．また，規模にも範囲を付したものがある．λ, φ, M とも 1 つの値を採用したければ，それぞれの中心値をとれば，まず無難であろう．1923 年以降の震央誤差は気象庁が計算によって求めているが，煩雑を避けるため記載していない．なお，1923 年以降の地震の規模 M は，気象庁マグニチュード M_J を基本とし，M_J が決まらない外国の地震についてはモーメントマグニチュード M_W を採用した．また，国内の地震でも超巨大地震や津波地震については M_J と M_W を併記することとした．

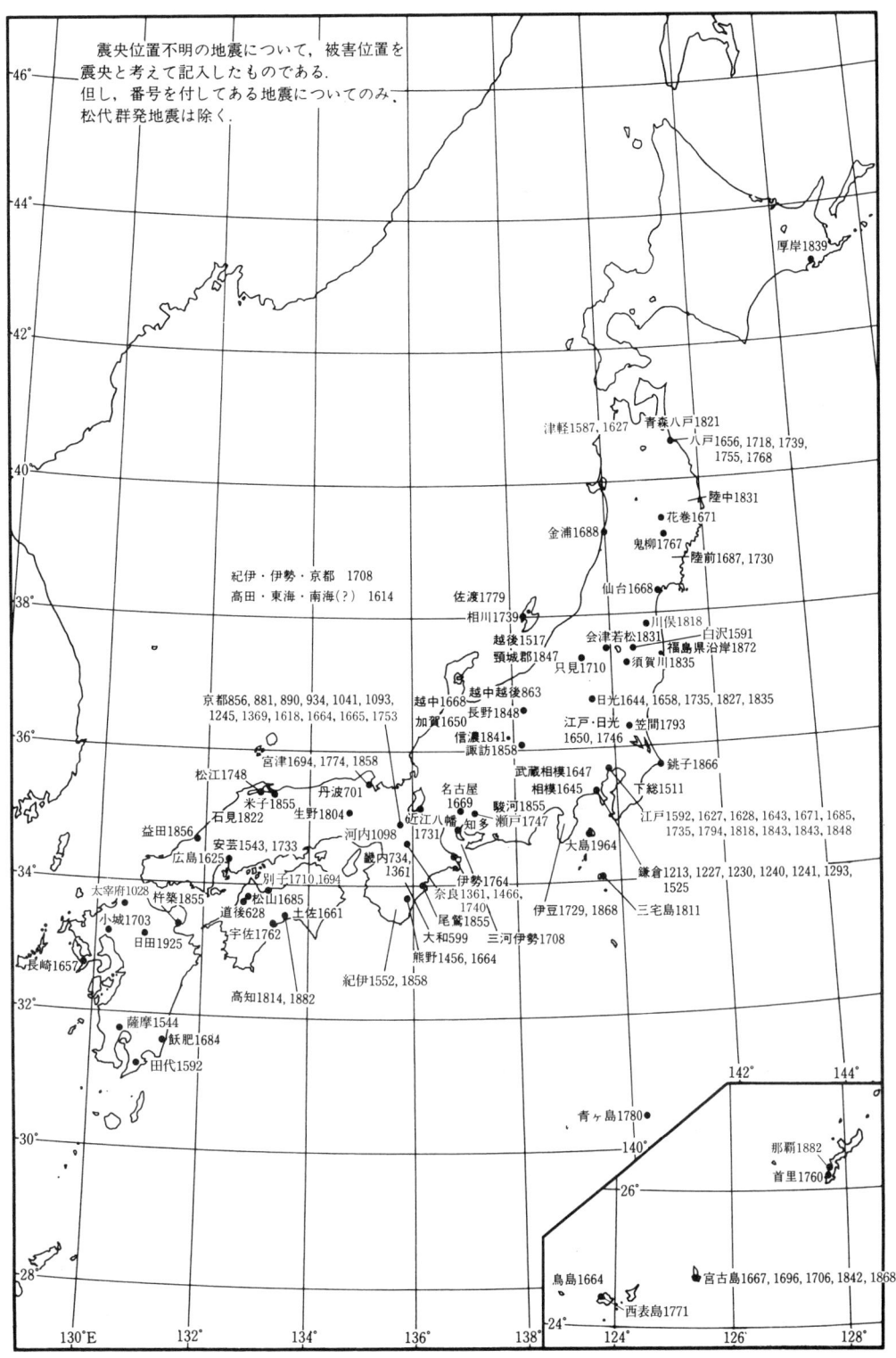

(7) 震度　図の震度表示の記号は 2-2 節の例を参照のこと．歴史地震の震度を決めるための震度階級表，木造家屋被害率と震度の関係についての試案［歴史地震事始，1986，宇佐美龍夫著，日本電気協会発行］も，一部に利用してある．震度計が配置されてから震度V，VIがそれぞれ強，弱に分かれた．それに伴い 5^+，6^- などと表記した場合もある．

(8) 見返しおよび巻末の震央分布図は番号のついている地震のみを採用した．また，図の範囲外の地震および松代群発地震は省略してある．さらに震央位置と M が同じか，ごく接近しており，○印が混み合うところでは○の数を省略して，年号のみ複数個記入してある．

(9) 見返しおよび巻末の震央分布図のほかに，有番号で震央の緯度・経度が決められていない地震を前ページの図にまとめた．見返しおよび巻末の図と合わせてみるとわが国被害地震の全体の活動状況がよく理解できる．

(10) 付録 1 は「地震保険」で損害保険料率算出機構の資料により改訂した．従来本文中にあった支払い金額も重複を顧みずここにまとめた．付録 2 に「古文書の利用に当っての私見」を用意した．老婆心からである．

(11) 巻末注は質・量の点から本文に入れるのはどうかと考えられる資料や私見を記入した．なかには調査・研究のメモ的なものもあるし，調査の中間資料的なものもある．さらにあれば便利な資料も加えた．今後調査して明らかにして欲しい問題点も指摘した．私見を直截に記したので，御迷惑に感ずる向きもあるかと思うが御寛容を乞う．

(12) 「最新版」の別冊付録「安政 2 年 10 月 2 日江戸地震における大名家の被害一覧表」は，東京大学出版会のウェブサイトに掲載することとした．

　この版を編むに当っては，多くの方々の研究や調査結果を参考にさせていただいた．また，これまでの版について，いろいろと誤りを御指摘下さったり，御注意を下さった方々も多い．こういう御指摘・御注意は極力取り入れた．改めて感謝の意を表する．
　さらに付表 1 の加筆・訂正をして下さった寒川旭氏，付録 1 の掲載を許可して下さった損害保険料率算出機構に心からお礼を申し上げる．

　　　　2013 年 4 月

　　　　　　　　　　　　　　　　　　　　　　　　　　　　　宇佐美龍夫

参考　宇津徳治，1979：1885 年〜1925 年の日本の地震活動——M 6 以上の地震および被害地震の再調査，地震研究所彙報，54，253-308．
　　　宇津徳治，1982：日本付近の M 6.0 以上の地震および被害地震の表：1885 年〜1980 年，地震研究所彙報，57，401-463．
　　　気象庁，2013：日本の地震カタログ（1923 年から現在）の解説，地震・火山月報（カタログ編），2012 年 8 月（CD-ROM）．

目 次

はしがき *iii*

1 序——地震と災害 ……………………………………………… 1

2 内容の概説 …………………………………………………… 3
  2-1 取り上げた地震 ……………………………………… 3
  2-2 記　事 ………………………………………………… 3
  2-3 震　度 ………………………………………………… 7
  2-4 震央分布図 …………………………………………… 12
  2-5 基本公式 ……………………………………………… 12
  2-6 参考文献 ……………………………………………… 13

3 被害地震総論 ………………………………………………… 17
  3-1 被害地震の統計 ……………………………………… 17
  3-2 津波に関する統計 …………………………………… 19
  3-3 被害地震の地理的分布 ……………………………… 20
  3-4 被害地震の相似性と反復性 ………………………… 21
  3-5 被害の種々相 ………………………………………… 23

  ［付表1］ おもな地震考古学の成果一覧 ………………… 27

4 被害地震各論 …… 43

―：416 Ⅷ 23：大和 …… 43
001：599 Ⅴ 28：大和 …… 43
―：628 ――：道後温泉 …… 43
002：679 ――：筑紫 …… 43
003*：684 Ⅺ 29：土佐その他南海・東海・西海諸道 …… 43
004*：701 Ⅴ 12：丹波 …… 43
005：715 Ⅶ 4：遠江 …… 44
006：715 Ⅶ 5：三河 …… 44
007：734 Ⅴ 18：畿内・七道諸国 …… 44
―：744 Ⅶ 6：肥後 …… 44
008：745 Ⅵ 5：美濃 …… 44
009：762 Ⅵ 9：美濃・飛騨・信濃 …… 44
―*：799 Ⅸ 18：常陸 …… 44
011：818 ――：関東諸国 …… 44
012：827 Ⅷ 11：京都 …… 44
013：830 Ⅱ 3：出羽 …… 44
014：841 ――：信濃 …… 45
015：841 ――：伊豆 …… 45
016*：850 ――：出羽 …… 45
―：855 Ⅶ 1：奈良 …… 45
017：856 ――：京都 …… 45
―：857 Ⅳ 4：出羽比内 …… 45
019：863 Ⅶ 10：越中・越後 …… 45
020：868 Ⅷ 3：播磨・山城 …… 45
021*：869 Ⅶ 13：三陸沿岸 …… 45
―：870 Ⅰ 23：肥後 …… 45
022：878 Ⅺ 1：関東諸国 …… 46
023：880 Ⅺ 23：出雲 …… 46
024：881 Ⅰ 13：京都 …… 46
―：887 Ⅷ 2：越後 …… 46
026*：887 Ⅷ 26：五畿七道 …… 46
―：887 Ⅷ 26：信濃北部 …… 46
028：890 Ⅶ 10：京都 …… 46
―*：922 ――：紀伊 …… 46
030：934 Ⅶ 16：京都 …… 46
031：938 Ⅴ 22：京都・紀伊 …… 46
032：976 Ⅶ 22：山城・近江 …… 47
―*：1026 Ⅵ 16：石見 …… 47
032-1：1028 Ⅴ 13：大宰府 …… 47
033：1038 ――：紀伊 …… 47
034：1041 Ⅷ 25：京都 …… 47
―：1042 Ⅰ 22：武蔵 …… 47
035：1070 Ⅻ 1：山城・大和 …… 47
―：1088 Ⅷ 19：― …… 47
036：1091 Ⅸ 28：山城・大和 …… 47

―*：1092 Ⅸ 13：越後 …… 47
037：1093 Ⅲ 19：京都 …… 47
038*：1096 Ⅻ 17：畿内・東海道 …… 47
038-1：1098 Ⅰ 1：河内 …… 48
039*：1099 Ⅱ 22：南海道・畿内 …… 48
040：1099 Ⅸ 20：河内 …… 48
041：1177 Ⅺ 26：大和 …… 48
042：1185 Ⅷ 13：近江・山城・大和 …… 48
043：1213 Ⅵ 18：鎌倉 …… 49
044：1227 Ⅳ 1：鎌倉 …… 49
044-1：1230 Ⅲ 15：鎌倉 …… 49
―：1233 Ⅲ 24：諸国？ …… 49
045：1240 Ⅲ 24：鎌倉 …… 49
046*：1241 Ⅴ 22：鎌倉 …… 49
047：1245 Ⅷ 27：京都 …… 49
048：1257 Ⅹ 9：関東南部 …… 49
049：1293 Ⅴ 27：鎌倉 …… 49
―：1299 Ⅵ 1：大阪・畿内 …… 49
050：1317 Ⅱ 24：京都 …… 49
051：1325 Ⅻ 5：近江北部 …… 50
―：1331 Ⅷ 15：紀伊 …… 50
―：1331 Ⅷ 19：駿河 …… 50
052-1：1334～35：美濃・飛騨 …… 50
053：1350 Ⅶ 6：京都 …… 50
―：1360 Ⅺ 22：紀伊・摂津 …… 50
054-1：1360 ――：上総 …… 50
055：1361 Ⅷ 1：畿内諸国 …… 50
056*：1361 Ⅷ 3：畿内・土佐・阿波 …… 50
057：1369 Ⅸ 7：京都 …… 50
―：1390～92：信濃 …… 50
―*：1403 ――：紀伊 …… 50
―：1407 Ⅱ 21：諸国 …… 51
059*：1408 Ⅰ 21：紀伊・伊勢 …… 51
―*：1420 Ⅸ 7：常陸 …… 51
060：1423 Ⅺ 23：羽後 …… 51
061：1425 Ⅻ 23：京都 …… 51
―：1432 Ⅹ 18：鎌倉 …… 51
―：1432 ――：伊那 …… 51
062*：1433 Ⅺ 6：相模 …… 51
―：1433 Ⅺ 6：会津 …… 51
064：1449 Ⅴ 13：山城・大和 …… 51
065：1456 Ⅱ 14：紀伊 …… 52
066：1466 Ⅴ 29：奈良 …… 52
―：1466 ――：北信濃 …… 52
―：1474 か 1475：京都？ …… 52
067：1494 Ⅵ 19：奈良 …… 52

——*：1495 IX 12：鎌倉 ……………………… 52	094：1628 VIII 10：江戸 ……………………… 60
067-1：1498 VII 9：日向灘 …………………… 52	095：1630 VIII 2：江戸 ……………………… 60
068*：1498 IX 20：東海道全般 ………………… 52	096*：1633 III 1：相模・駿河・伊豆 ………… 60
069：1502 I 28：越後南西部 …………………… 53	097：1635 III 12：江戸 ……………………… 61
070：1510 IX 21：摂津・河内 ………………… 53	097-1：1636 XII 3：越後中魚沼郡 …………… 61
——*：1510 X 10：遠江 ………………………… 53	098：1639 ——：越前 ………………………… 61
070-1：1511 XII 2：茂原 ……………………… 54	——*：1640 VII 31：北海道噴火湾 …………… 61
——*：1512 ——：阿波 ………………………… 54	099：1640 XI 23：加賀大聖寺 ………………… 61
071：1517 VII 18：越後 ……………………… 54	100：1643 XII 7：江戸 ……………………… 61
072*：1520 IV 4：紀伊・京都 ………………… 54	101：1644 IV 15：日光 ……………………… 61
073：1525 IX 20：鎌倉 ……………………… 54	102：1644 X 18：羽後本荘 …………………… 61
——：1532 VII 12：京都・近江 ………………… 54	102-1：1645 XI 3：小田原 …………………… 61
——：1533 ——：伊予西条 ……………………… 54	103：1646 VI 9：陸前 ………………………… 61
——：1543 ——：安芸 ………………………… 54	——：1646 XII 7：江戸 ………………………… 61
——：1544 V 23：薩摩 ………………………… 54	104：1647 VI 16：武蔵・相模 ………………… 62
——：1545 II 7：伊豆 ………………………… 54	106：1648 VI 13：相模 ……………………… 62
075：1552 ——：紀伊 ………………………… 54	107：1649 III 17：安芸・伊予 ………………… 62
——：1553 X 11：鎌倉 ………………………… 54	108：1649 VII 30：武蔵・下野 ………………… 62
——：1555 IX 14：会津 ………………………… 54	109：1649 IX 1：江戸・川崎 ………………… 62
——：1555 X 21：近江 ………………………… 54	110：1650 IV 24：江戸・日光 ………………… 62
——：1556 III 16：京都 ………………………… 54	110-1：1650 V 30：加賀 ……………………… 62
077：1579 II 25：摂津 ………………………… 54	110-2：1656 IV 16：八戸 …………………… 63
078：1586 I 18：畿内・東海・東山・北陸諸道	111：1657 I 3：長崎 ………………………… 63
……………………………………………… 54	112：1658 V 5：日光 ………………………… 63
——：1586 ——：大和郡山 ……………………… 55	113：1659 IV 21：岩代・下野 ………………… 63
078-1：1587 II 14：津軽 ……………………… 55	114：1661 XII 10：土佐高知 ………………… 63
079：1589 III 21：駿河・遠江 ………………… 55	115：1662 VI 16：山城・大和・河内・和泉・
——*：1590 III 21：関東諸国 ………………… 55	摂津・丹後・若狭・近江・美濃・伊勢・
——：1591 V 5：岩代白沢村 ………………… 55	駿河・三河・信濃 ………………… 63
——：1592 II 26：薩摩田代町 ………………… 56	116*：1662 X 31：日向・大隅 ………………… 64
080：1592 X 8：下総 ………………………… 56	117：1664 I 4：京都・山城 …………………… 64
——：1595 ——：伊予壬生川 …………………… 56	118：1664 VIII 3：紀伊・熊野 ………………… 64
081*：1596 IX 1：豊後 ……………………… 56	119*：1664 ——：琉球 ………………………… 64
082：1596 IX 5：畿内および近隣 …………… 57	120：1665 VI 25：京都 ……………………… 64
084*：1605 II 3：東海・南海・西海諸道 …… 58	121：1666 II 1：越後西部 …………………… 64
085：1611 IX 27：会津 ……………………… 58	——*：1666 V 31：尾張 ……………………… 65
086*：1611 XII 2：三陸沿岸および北海道東岸	122*：1667 ——：琉球 ………………………… 65
……………………………………………… 59	123：1667 VIII 22：八戸 ……………………… 65
087*：1614 XI 26：越後高田 ………………… 59	123-1：1668 VI 14：越中 …………………… 65
088：1615 VI 26：江戸 ……………………… 60	124：1668 VIII 28：仙台 …………………… 66
089：1616 IX 9：仙台 ………………………… 60	125：1669 VI 29：尾張 ……………………… 66
090：1618 IX 30：京都 ……………………… 60	125-1：1670 VI 22：越後中・南蒲原郡 ……… 66
091：1619 V 1：肥後・八代 ………………… 60	125-2：1671 VII 6：江戸 …………………… 66
092：1625 I 21：安芸 ………………………… 60	126-1：1671 ——：花巻 ……………………… 66
093：1625 VII 21：熊本 ……………………… 60	126-2：1672 VII 28：岩木山 ………………… 66
093-1：1627 III 8：江戸 ……………………… 60	127：1674 IV 15：八戸 ……………………… 66
093-2：1627 III 27：津軽 …………………… 60	——：1675 IV 4：八戸 ………………………… 66
——：1627 X 22：松代 ………………………… 60	129：1676 VII 12：石見 ……………………… 66

—* : 1676 XI 24 : 常陸・磐城 ………………… 67
130* : 1677 IV 13 : 陸中 …………………………… 67
— : 1677 VI 28 : 津軽 ……………………………… 67
131* : 1677 XI 4 : 磐城・常陸・安房・上総・
　　　下総 …………………………………………… 67
132 : 1678 X 2 : 陸中 ………………………………… 67
—* : 1680 VIII 29 : 遠江 …………………………… 67
— : 1682 XII 13 : 津軽 …………………………… 68
133 : 1683 VI 17 : 日光 …………………………… 68
134 : 1683 VI 18 : 日光 …………………………… 68
135 : 1683 X 20 : 日光 …………………………… 68
136 : 1684 XII 22 : 日向 ………………………… 68
— : 1685 －－ : 三河 …………………………… 68
— : 1685 X 7 : 周防・長門 ……………………… 68
138-1 : 1685 XI 22 : 江戸 ………………………… 69
139 : 1685 XII 29 : 伊予 ………………………… 69
140 : 1686 I 4 : 安芸・伊予 ……………………… 69
141 : 1686 X 3 : 遠江・三河 ……………………… 69
142* : 1687 X 22 : 陸前沿岸 …………………… 69
142-1 : 1688 XI 28 : 羽後金浦 ………………… 69
143 : 1691 －－ : 加賀大聖寺 …………………… 70
— : 1691 XI 10 : 長崎 …………………………… 70
144 : 1694 VI 19 : 能代地方 …………………… 70
144-1 : 1694 VII 17 : 伊予 ……………………… 70
145 : 1694 XII 12 : 丹後 ………………………… 70
146 : 1696 VI 1 : 宮古島 ………………………… 70
—* : 1696 XI 25 : 陸前石巻 …………………… 70
147 : 1697 XI 25 : 相模・武蔵 ………………… 71
148 : 1698 X 24 : 大分 …………………………… 71
148-1* : 1700 I 27 : 北米オレゴン・ワシン
　　　トン州沖 …………………………………… 71
148-2 : 1700 IV 15 : 壱岐・対馬 ……………… 71
148-3 : 1703 VI 22 : 小城 ……………………… 71
148-4 : 1703 XII 31 : 油布院・庄内 …………… 71
149* : 1703 XII 31 : 江戸・関東諸国 …………… 71
150 : 1704 V 27 : 羽後・津軽 …………………… 76
— : 1704 －－ : 越前小浜 ……………………… 77
150-1 : 1705 V 24 : 阿蘇付近 ………………… 77
150-2 : 1706 I 19 : 湯殿山付近 ……………… 79
151 : 1706 －－ : 琉球 …………………………… 79
— : 1706 VI 5 : 肥後 …………………………… 79
152 : 1706 X 21 : 江戸 …………………………… 79
— : 1706 XI 26 : 筑後 ………………………… 79
— : 1707 VII 7 : 伊勢 …………………………… 79
— : 1707 IX 27 : 松代 ………………………… 79
153* : 1707 X 28 : 五畿七道 …………………… 81
153-1 : 1707 XI 21 : 防長 ……………………… 97
154* : 1708 II 13 : 紀伊・伊勢・京都 ………… 97

154-1 : 1710 VI 23 : 別子 ……………………… 97
154-2 : 1710 VIII 28 : 只見 …………………… 97
155 : 1710 IX 15 : 磐城 ………………………… 97
156 : 1710 X 3 : 伯耆・美作 …………………… 97
157 : 1711 III 19 : 伯耆 ………………………… 97
— : 1711 XII 20 : 讃岐中部 …………………… 98
158-1 : 1712 V 28 : 八戸 ………………………… 98
159 : 1714 IV 28 : 信濃小谷村 ………………… 98
160 : 1715 II 2 : 大垣・名古屋 ………………… 98
—* : 1716〜35 : 陸前 …………………………… 98
161* : 1717 V 13 : 仙台・花巻 ………………… 98
161-1 : 1717 －－ : 金沢・小松 ……………… 99
— : 1717 XI 5 : 盛岡・仙台 …………………… 99
162 : 1718 II 26 : 八戸 ………………………… 99
163 : 1718 VIII 22 ・ : 三河・伊那 …………… 99
— : 1718 IX 30 : 仙台・白石 ………………… 99
— : 1718 X 5 : 信濃飯山 ……………………… 99
— : 1718 X 27 : 阿波今津村 …………………… 99
—* : 1722 IX 24 : 紀伊〜尾張 ……………… 100
166 : 1723 XII 19 : 肥後・豊後・筑後 ……… 100
167 : 1725 V 29 : 日光 ………………………… 100
168 : 1725 VI 17 : 加賀小松 ………………… 100
169 : 1725 VIII 14 : 伊那・高遠・諏訪 ……… 100
170 : 1725 XI 8・9 : 肥前・長崎 …………… 102
— : 1726 III 12 : 下田 ………………………… 102
171 : 1729 III 8 : 伊豆 ………………………… 102
172 : 1729 VIII 1 : 能登・佐渡 ……………… 102
— : 1730 III 12 : 対馬 ………………………… 102
173* : 1730 VII 9 : 陸前 ……………………… 103
174 : 1731 X 7 : 岩代 ………………………… 103
174-1 : 1731 XI 13 : 近江八幡・刈谷 ……… 103
— : 1732 －－ : 八丈島 ……………………… 103
— : 1732 XII 21 : 津軽 ……………………… 103
176 : 1733 IX 18 : 安芸 ……………………… 103
176-1 : 1734 －－ : 美作・備中御津郡 ……… 104
177 : 1735 V 6 : 日光・守山 ………………… 104
177-1 : 1735 V 30 : 江戸 ……………………… 104
— : 1735 VIII 20 : 東海道 …………………… 104
178 : 1736 IV 30 : 仙台 ……………………… 104
178-1 : 1738 I 3 : 中魚沼郡 …………………… 104
179 : 1739 VIII 16 : 陸奥・南部 …………… 105
179-1 : 1739 X 31 : 佐渡 ……………………… 105
179-2 : 1740 VII 20 : 奈良・畿内 …………… 105
180* : 1741 VIII 28 : 渡島西岸・津軽・佐渡 … 105
— : 1743 XI 22 : 八戸 ………………………… 105
182 : 1746 V 14 : 江戸・日光 ………………… 105
—* : 1747 －－ : 八丈島 ……………………… 106
182-1 : 1747 VI 1 : 瀬戸 ……………………… 106

― : 1748 Ⅰ 27 : 若狭 …………………106	― : 1782 Ⅸ 21 : 陸奥八戸 ……………119
182-2 : 1748 Ⅵ 18 : 松江 ………………106	208-1 : 1783 Ⅲ 5 : 江戸 ………………119
― : 1748 Ⅷ 19 : 高遠 …………………106	― : 1784 Ⅷ 29 : 江戸 …………………119
183 : 1749 Ⅴ 25 : 伊予宇和島 …………106	210 : 1786 Ⅲ 23 : 箱根 ………………119
― : 1751 Ⅱ 26 : 京都 …………………106	― : 1786 Ⅻ 27 : 金沢 …………………120
184 : 1751 Ⅲ 26 : 京都 ………………106	211 : 1789 Ⅴ 11 : 阿波 ………………120
185 : 1751 Ⅴ 21 : 越後 ………………106	― : 1789 Ⅶ 10 : 美濃宮 ………………120
186 : 1753 Ⅱ 11 : 京都 ………………108	212 : 1791 Ⅰ 1 : 川越・蕨 ……………120
187 : 1755 Ⅲ 29 : 陸奥八戸 …………108	―* : 1791 Ⅴ 13 : 沖縄本島 ……………120
188 : 1755 Ⅳ 21 : 日光 ………………109	212-1 : 1791 Ⅶ 23 : 松本 ……………120
188-1 : 1756 Ⅱ 20 : 銚子 ……………109	― : 1791 Ⅸ 13 : 信濃 …………………121
―* : 1757 Ⅸ 9 : 土佐 …………………109	213* : 1792 Ⅴ 21 : 雲仙岳 ……………121
― : 1759 Ⅵ 15 : 金沢 …………………109	214* : 1792 Ⅵ 13 : 後志 ………………122
189 : 1760 Ⅴ 15 : 琉球 ………………109	― : 1792 Ⅷ 16 : 江戸・八王子・甲府・九十
190 : 1762 Ⅲ 29 : 越後 ………………109	九里 ……………………………………122
190-1 : 1762 Ⅹ 18 : 土佐 ……………109	215 : 1793 Ⅰ 13 : 長門・周防・筑前 …123
191* : 1762 Ⅹ 31 : 佐渡 ………………109	216* : 1793 Ⅱ 8 : 西津軽 ……………123
191-1 : 1763 Ⅰ 21 : 八戸 ……………109	217* : 1793 Ⅱ 17 : 陸前・陸中・磐城 …124
192* : 1763 Ⅰ 29 : 陸奥八戸 …………110	217-1 : 1793 Ⅳ 17 : 三陸沖？ ………124
193* : 1763 Ⅲ 11 : 陸奥八戸 …………110	― : 1793 ― ― : 陸前登米町 …………124
194 : 1763 Ⅲ 15 : 陸奥八戸 …………110	217-2 : 1794 Ⅺ 25 : 江戸 ……………124
194-1 : 1764 Ⅹ 29 : 伊勢 ……………110	― : 1795 Ⅹ 26 : 陸中岩泉 ……………124
195 : 1766 Ⅲ 8 : 津軽 ………………110	217-3 : 1796 Ⅰ 3 : 鳥取 ……………124
196 : 1767 Ⅴ 4 : 陸中 ………………112	218 : 1799 Ⅵ 29 : 加賀 ………………126
196-1 : 1767 Ⅹ 22 : 江戸 ……………112	219 : 1801 Ⅴ 27 : 上総 ………………126
― : 1768 Ⅰ 18 : 仙台 …………………112	― : 1801 Ⅺ 28 : 近江日野町・名古屋 …127
196-2 : 1768 Ⅶ 19 : 箱根 ……………112	― : 1802 Ⅺ 15 : 近江高嶋郡 …………127
197* : 1768 Ⅶ 22 : 琉球 ………………112	221-1 : 1802 Ⅺ 18 : 畿内・名古屋 …127
198 : 1768 Ⅸ 8 : 陸奥八戸 …………113	222 : 1802 Ⅻ 9 : 佐渡 ………………127
198-1 : 1769 Ⅶ 12 : 八戸 ……………113	223 : 1804 Ⅶ 10 : 羽前・羽後 ………128
200* : 1769 Ⅷ 29 : 日向・豊後 ………113	― : 1804 Ⅶ 20 : 生野銀山 ……………130
― : 1770 Ⅴ 27 : 陸中盛岡 ……………113	― : 1805 Ⅵ 23 : 金沢 …………………130
― : 1770 Ⅹ 23 : 青森 …………………113	― : 1808 Ⅷ 7 : 岩泉 …………………130
― : 1770 Ⅺ 23 : 紀伊 …………………114	224 : 1810 Ⅸ 25 : 羽後 ………………130
202* : 1771 Ⅳ 24 : 八重山・宮古両群島 …114	224-1 : 1811 Ⅰ 27～30 : 三宅島 ……131
202-1 : 1771 Ⅷ 29 : 西表島 …………116	225 : 1812 Ⅳ 21 : 土佐 ………………131
203 : 1772 Ⅵ 3 : 陸前・陸中 ………116	226 : 1812 Ⅻ 7 : 武蔵・相模東部 …131
204 : 1774 Ⅰ 22 : 丹後 ………………116	227 : 1814 Ⅺ 22 : 土佐高知 …………131
― : 1774 Ⅵ 11 : 陸中 …………………116	228 : 1815 Ⅲ 1 : 加賀小松 …………131
― : 1774 Ⅹ 24 : 江戸 …………………117	228-1 : 1817 Ⅻ 12 : 箱根 ……………131
― : 1775 Ⅲ 14 : 美作 …………………117	― : 1818 Ⅴ 19 : 播磨安志谷 …………131
205 : 1778 Ⅱ 14 : 石見 ………………117	228-2 : 1818 Ⅵ 27 : 岩代川俣 ………134
205-1 : 1778 Ⅺ 25 : 紀伊 ……………118	228-3 : 1818 Ⅸ 5 : 江戸 ……………134
205-2 : 1779 Ⅻ 17 : 佐渡 ……………118	229 : 1819 Ⅷ 2 : 伊勢・美濃・近江 …134
206* : 1780 Ⅴ 31 : ウルップ島 ………118	― : 1820 ― ― : 駿河 …………………135
― : 1780 Ⅶ 19 : 青ヶ島 ………………118	230 : 1821 Ⅸ 12 : 津軽・青森・八戸 …135
206-1 : 1780 Ⅶ 20 : 酒田 ……………118	231 : 1821 Ⅻ 13 : 岩代 ………………135
207 : 1782 Ⅷ 23 : 相模・武蔵・甲斐 …118	231-1 : 1823 Ⅰ 14 : 石見 ……………136

232：1823 IX 29：陸中岩手山 …………………136	252：1853 I 26：信濃北部 ………………………152
233：1826 VIII 28：飛驒大野郡 ………………136	253：1853 III 11：小田原付近 …………………152
233-1：1827 VIII 26：日光 ……………………136	254：1854 VII 9：伊賀・伊勢・大和および隣国
234：1828 V 26：長崎 …………………………136	…………154
235：1828 XII 18：越後 …………………………136	─：1854 VIII 25：八戸 ……………………………157
─：1829 VI 25：安芸佐伯郡 …………………137	255-1：1854 VIII 28：陸奥 ………………………157
236：1830 VIII 19：京都および隣国 …………137	─*：1854 X 11：伊勢 ……………………………157
236-1：1831 III 26：江戸 ………………………138	257*：1854 XII 23：東海・東山・南海諸道 ……157
236-2：1831 III 28：陸中 ………………………139	258*：1854 XII 24：畿内・東海・東山・北陸・
236-3：1831 XI 13：会津 ………………………139	南海・山陰・山陽道 ……………………170
237：1831 XI 14：肥前 …………………………139	259：1854 XII 26：伊予西部 ……………………174
237-1：1832 III 15：八戸 ………………………139	259-2：1855 III 15：遠州・駿州 ………………174
238：1833 V 27：美濃西部 ……………………139	260：1855 III 18：飛驒白川・金沢 ……………174
─*：1833 XI 7：能登・信濃 …………………139	260-1：1855 ──：尾鷲 ………………………174
239*：1833 XII 7：羽前・羽後・越後・佐渡 …139	─：1855 VIII 5：二戸 ……………………………174
240：1834 II 9：石狩 …………………………141	261：1855 VIII 6：杵築 …………………………174
240-1：1835 III 12：石見 ………………………141	261-1：1855 VIII 16：米子 ………………………174
241：1835 VII 20：仙台 …………………………141	261-2：1855 IX 13：陸前 ………………………176
241-1：1835 IX 11：須賀川 ……………………142	261-3*：1855 XI 7：遠州灘 ……………………176
241-2：1835 XI 3：日光 ………………………142	262：1855 XI 11：江戸および付近 ……………177
241-3：1836 III 31：伊豆新島 …………………142	─：1855 XI 16：伊予 ……………………………188
─：1836 VIII 7：仙台 …………………………142	─：1855 XII 10：豊後立石 ……………………188
241-4*：1837 XI 9：チリ沖 ……………………142	263*：1856 VIII 23：日高・胆振・渡島・津軽・
242：1839 V 1：厚岸 …………………………142	南部 ……………………………………188
243：1841 IV 22：駿河 …………………………142	264：1856 XI 4：江戸・立川・所沢 …………190
243-1：1841 XI 3：宇和島 ……………………142	264-1：1856 XII 9：益田 ………………………190
─：1841 XI 10：豊後鶴崎 ……………………142	264-2：1857 VII 8：萩 …………………………190
243-2：1841 XII 9：信濃 ………………………142	265：1857 VII 14：駿河 …………………………190
244：1842 IV 17：琉球 …………………………142	266：1857 X 12：伊予・安芸 …………………193
245：1843 III 9：御殿場・足柄 ………………143	266-1：1858 I 13：青森 …………………………193
246*：1843 IV 25：釧路・根室 ………………143	─：1858 II 3：熊本 ……………………………193
246-1：1843 VI 29：陸中沢内 …………………143	268：1858 IV 9：飛驒・越中・加賀・越前 ……193
246-2：1843 IX 27：江戸 ………………………143	270：1858 IV 9：丹後・宮津 …………………197
246-3：1843 XII 16：江戸 ………………………143	271：1858 IV 23：信濃大町 ……………………197
─：1844 ──：飛驒吉城郡 …………………143	─：1858 V 11：八戸 ……………………………197
247：1844 VIII 8：肥後北部 …………………143	272：1858 V 17：信濃諏訪 ……………………197
247-1：1847 II 15：越後高田 …………………143	272-1：1858 VII 8：八戸・三戸 ………………198
248：1847 V 8：信濃北部および越後西部 ……143	273：1858 VIII 24：紀伊 ………………………198
249：1847 V 13：越後頸城郡 …………………150	274：1858 IX 29：青森 …………………………198
─*：1847 VIII 27：陸前 ………………………150	275：1859 I 5：石見 …………………………198
250：1848 I 10：筑後 …………………………150	276：1859 I 11：岩槻 …………………………199
251：1848 I 14：津軽 …………………………151	277：1859 X 4：石見 …………………………199
251-1：1848 I 25：熊本 ………………………151	277-1：1860 ──：甲斐 ………………………199
251-2：1848 IV 1：長野 ………………………151	277-2：1861 III 24：西尾 ………………………200
251-3：1848 VI 9：江戸 ………………………151	278：1861 X 21：陸中・陸前・磐城 …………201
─：1851 XII 30：津軽 …………………………151	─：1864 III 29：陸中 …………………………201
─：1852 ──：堺 ……………………………151	279：1865 II 24：播磨・丹波 …………………201
─：1852 X 8：安芸 …………………………151	280-1：1866 XI 24：銚子 ………………………201

280-2：1868 ――：伊豆 …… 201	320*：1897 Ⅱ 20：仙台沖 …… 240
280-3：1868 ――：宮古島 …… 201	321*：1897 Ⅷ 5：仙台沖 …… 241
――：1869 Ⅲ 18：安芸 …… 202	322：1897 Ⅹ 2：仙台沖 …… 241
――：1869 Ⅳ 9：六甲 …… 202	322-1：1898 Ⅱ 13：茨城県南西部 …… 241
281-1：1870 Ⅴ 13：小田原 …… 202	323：1898 Ⅳ 3：山梨県南西部 …… 241
281-2：1872 Ⅰ 27：磐城沖？ …… 202	324*：1898 Ⅳ 3：山口県見島 …… 241
282*：1872 Ⅲ 14：石見・出雲 …… 202	325*：1898 Ⅳ 23：宮城県沖 …… 242
283：1874 Ⅱ 28：天塩 …… 208	326：1898 Ⅴ 26：新潟県六日町付近 …… 242
284：1880 Ⅱ 22：横浜 …… 208	327：1898 Ⅷ 10：福岡市付近 …… 242
285：1881 Ⅹ 25：北海道 …… 208	328：1898 Ⅸ 1：八重山群島 …… 245
286：1882 Ⅵ 24：高知市付近？ …… 209	329：1898 Ⅺ 13：木曾川中流域 …… 245
――：1882 Ⅶ 18：伊予・土佐境 …… 209	330：1898 Ⅻ 4：九州中央部 …… 245
286-1：1882 Ⅶ 25：那覇・首里付近 …… 209	331：1899 Ⅲ 7：紀伊半島南東部 …… 245
287：1882 Ⅸ 29：熱海付近 …… 209	332：1899 Ⅲ 24：宮崎県南部 …… 246
288：1884 Ⅹ 15：東京付近 …… 209	333：1899 Ⅲ 31：岐阜県根尾谷付近 …… 246
289：1886 Ⅶ 23：信越国境 …… 209	333-1：1899 Ⅳ 15：茨城県沖 …… 246
290：1887 Ⅰ 15：相模・武蔵南東部 …… 209	334：1899 Ⅴ 8：根室沖 …… 246
291：1887 Ⅶ 22：新潟県古志郡 …… 209	335*：1899 Ⅺ 25：日向灘 …… 246
292：1888 Ⅳ 29：栃木県 …… 209	336：1900 Ⅲ 12：金華山沖 …… 247
293：1889 Ⅱ 18：東京湾周辺 …… 209	337：1900 Ⅲ 22：福井県鯖江付近 …… 247
294：1889 Ⅴ 12：岐阜付近 …… 210	338：1900 Ⅴ 12：宮城県北部 …… 247
295：1889 Ⅶ 28：熊本 …… 210	339：1900 Ⅴ 31：岐阜県根尾谷付近 …… 249
296：1889 Ⅹ 1：奄美大島近海 …… 212	339-1：1900 Ⅶ 25：長野県仁礼村付近 …… 249
297：1890 Ⅰ 7：犀川流域 …… 212	340：1900 Ⅺ 5：御蔵島・三宅島付近 …… 249
298：1890 Ⅳ 16：三宅島付近 …… 212	341：1900 Ⅻ 25：根室沖 …… 250
299：1891 Ⅹ 16：豊後水道 …… 213	341-1：1901 Ⅰ 14：十勝沖 …… 250
300：1891 Ⅹ 28：愛知県・岐阜県 …… 213	――：1901 Ⅰ 16：鳥取県西部 …… 250
301：1891 Ⅻ 24：山中湖付近 …… 217	342*：1901 Ⅵ 15：陸中沖 …… 250
302：1892 Ⅵ 3：東京湾北部 …… 217	343*：1901 Ⅵ 24：奄美大島近海 …… 251
303*：1892 Ⅻ 9：能登 …… 217	344*：1901 Ⅷ 9：青森県東方沖 …… 251
304*：1893 Ⅵ 4：千島南部 …… 218	345：1901 Ⅸ 30：岩手県久慈沖 …… 252
304-1：1893 Ⅵ 13：根室沖 …… 218	346：1902 Ⅰ 30：三戸地方 …… 252
305：1893 Ⅸ 7：知覧 …… 218	347：1902 Ⅲ 25：千葉県佐原町付近 …… 253
306：1894 Ⅰ 4：薩摩 …… 218	348：1902 Ⅴ 25：甲斐東部 …… 253
307*：1894 Ⅲ 22：根室南西沖 …… 219	349：1902 Ⅴ 28：釧路沖 …… 253
308：1894 Ⅵ 20：東京湾北部 …… 220	350：1902 Ⅻ 11：甑島近海 …… 253
309：1894 Ⅷ 8：熊本県中部 …… 221	351：1903 Ⅲ 21：瀬戸内海中部 …… 253
310：1894 Ⅹ 7：東京湾北部 …… 221	352：1903 Ⅶ 6：三重県菰野付近 …… 253
311：1894 Ⅹ 22：庄内平野 …… 221	353：1903 Ⅷ 10：乗鞍岳西方 …… 253
312：1895 Ⅰ 18：霞ヶ浦付近 …… 224	354：1903 Ⅹ 11：日向灘 …… 253
313：1895 Ⅷ 27：熊本 …… 224	355：1904 Ⅲ 18：根室沖 …… 254
314*：1896 Ⅰ 9：鹿島灘 …… 224	356：1904 Ⅴ 8：新潟県六日町付近 …… 254
315：1896 Ⅳ 2：能登半島 …… 224	357：1904 Ⅵ 6：宍道湖付近 …… 255
316*：1896 Ⅵ 15：三陸沖 …… 225	357-1：1904 Ⅶ 1：色丹島沖 …… 255
316-1：1896 Ⅷ 1：福島県沖 …… 236	358：1905 Ⅵ 2：安芸灘 …… 255
317：1896 Ⅷ 31：秋田・岩手県境 …… 236	359：1905 Ⅵ 7：大島近海 …… 256
318：1897 Ⅰ 17：利根川中流域 …… 239	360：1905 Ⅶ 23：新潟県安塚町付近 …… 256
319：1897 Ⅰ 17：長野県北部 …… 240	361：1905 Ⅻ 23：宮城県沖 …… 256

361-1：1906 Ⅰ 21：三重県沖 …………………256
362：1906 Ⅱ 23：安房沖 ……………………257
363：1906 Ⅱ 24：東京湾 ……………………257
363-1：1906 Ⅲ 13：宮崎県沖 ………………257
364：1906 Ⅳ 21：岐阜県萩原付近 …………257
365：1906 Ⅴ 5：紀伊中部 …………………257
366：1906 Ⅹ 12：秋田県北部 ………………257
367：1907 Ⅲ 10：熊本県中部 ………………257
368：1907 Ⅶ 6：根室海峡 …………………258
369：1907 Ⅻ 2：青森県東方沖 ……………258
370：1907 Ⅻ 23：根室支庁北部 ……………258
371：1908 Ⅳ 16：鹿児島県中部 ……………258
372：1908 Ⅻ 28：山梨県中部 ………………258
373：1909 Ⅲ 13：銚子沖 ……………………258
374：1909 Ⅲ 13：房総半島南東沖 …………258
375：1909 Ⅶ 3：東京湾西部 ………………258
376：1909 Ⅷ 14：滋賀県姉川付近 …………258
377：1909 Ⅷ 29：沖縄 ………………………262
378：1909 Ⅸ 17：襟裳岬沖 …………………262
379：1909 Ⅺ 10：宮崎県西部 ………………262
379-1：1910 Ⅳ 12：石垣島北西沖 …………262
380：1910 Ⅶ 24：有珠山 ……………………262
381：1910 Ⅸ 8：北海道鬼鹿沖 ……………262
382：1910 Ⅸ 26：常陸沖 ……………………262
383：1911 Ⅱ 18：宮崎付近 …………………262
384：1911 Ⅱ 18：姉川付近 …………………263
385*：1911 Ⅵ 15：喜界島近海 ……………263
386：1911 Ⅷ 22：阿蘇山付近 ………………264
387：1911 Ⅸ 6：カラフト南方沖 …………264
388：1912 Ⅳ 18：宮城県沖 …………………264
389：1912 Ⅵ 8：青森県東方沖 ……………264
390：1912 Ⅶ 16：浅間山 ……………………264
391：1912 Ⅷ 17：長野県上田町付近 ………264
392：1913 Ⅱ 20：日高沖 ……………………264
393：1913 Ⅳ 13：日向灘 ……………………264
394：1913 Ⅵ 29：鹿児島県串木野南方 ……264
395：1913 Ⅷ 1：浦河沖 ……………………265
396：1913 Ⅻ 15：東京湾 ……………………265
397*：1914 Ⅰ 12：桜島 ……………………265
398：1914 Ⅲ 15：秋田県仙北郡 ……………265
399：1914 Ⅲ 28：秋田県平鹿郡 ……………268
400：1914 Ⅴ 23：出雲地方 …………………268
401：1914 Ⅺ 15：高田付近 …………………268
401-1：1915 Ⅰ 6：石垣島北方沖 …………269
402：1915 Ⅲ 18：広尾沖 ……………………269
403：1915 Ⅵ 20：山梨県南東部 ……………269
404：1915 Ⅶ 14：栗野・吉松地方 …………269
405*：1915 Ⅺ 1：三陸沖 …………………269

406：1915 Ⅺ 16：房総南部 …………………269
407：1916 Ⅱ 22：浅間山麓 …………………269
408：1916 Ⅲ 6：大分県北部 ………………269
409：1916 Ⅷ 6：愛媛県宇摩郡関川村 ……269
410：1916 Ⅸ 15：房総沖 ……………………269
411：1916 Ⅺ 26：神戸 ………………………269
412：1916 Ⅻ 29：熊本県南部 ………………270
413：1917 Ⅰ 30：箱根地方 …………………270
414：1917 Ⅴ 18：静岡県 ……………………270
415：1918 Ⅴ 26：留萌沖 ……………………270
416：1918 Ⅵ 26：山梨県上野原付近 ………270
417*：1918 Ⅸ 8：ウルップ島沖 …………270
──*：1918 Ⅺ 8：ウルップ島沖 …………271
418：1918 Ⅺ 11：長野県大町付近 …………271
418-1：1919 Ⅲ 29：長野県北部 ……………273
419：1919 Ⅺ 1：広島県三次付近 …………274
420：1920 Ⅻ 27：箱根山 ……………………274
421：1921 Ⅳ 19：大分県佐伯付近 …………274
422：1921 Ⅸ 6：千島中部 …………………274
423：1921 Ⅻ 8：茨城県龍ヶ崎付近 ………275
424：1922 Ⅰ 23：磐城沖 ……………………275
425：1922 Ⅳ 26：浦賀水道 …………………275
426：1922 Ⅴ 9：茨城県谷田部付近 ………276
427：1922 Ⅻ 8：千々石湾 …………………276
428：1923 Ⅰ 14：水海道付近 ………………278
429：1923 Ⅶ 13：種子島付近 ………………278
430*：1923 Ⅸ 1：関東南部 ………………278
431：1923 Ⅸ 1：山梨県東部 ………………284
432*：1923 Ⅸ 2：千葉県勝浦沖 …………284
433：1923 Ⅸ 10：伊豆大島付近 ……………284
434：1923 Ⅸ 26：伊豆大島付近 ……………285
435：1924 Ⅰ 15：丹沢山塊 …………………285
436：1924 Ⅲ 15：樺太エストル付近 ………285
437：1924 Ⅷ 13：紀伊 ………………………285
438：1925 Ⅴ 23：但馬北部 …………………286
439：1925 Ⅶ 4：美保湾 ……………………288
440：1925 Ⅶ 7：岐阜付近 …………………288
441：1925 Ⅷ 10：日田地方 …………………289
442：1926 Ⅵ 29：沖縄本島北西沖 …………289
443：1926 Ⅷ 3：東京市南東部 ……………289
444：1926 Ⅸ 5：襟裳岬沖 …………………289
445*：1927 Ⅲ 7：京都府北西部 …………289
446*：1927 Ⅷ 6：宮城県沖 ………………294
──*：1927 Ⅷ 19：房総沖 …………………294
447：1927 Ⅹ 27：新潟県中部 ………………294
448：1927 Ⅻ 2：有田川流域 ………………295
449：1928 Ⅴ 21：千葉付近 …………………295
──*：1928 Ⅴ 27：三陸沖 …………………295

450：1928 Ⅺ 5：大分県西部 ……………………295
451：1929 Ⅰ 2：福岡県南部 ……………………295
452：1929 Ⅴ 22：日向灘 ………………………295
453：1929 Ⅶ 27：丹沢山付近 …………………295
454：1929 Ⅷ 8：福岡県 …………………………295
455：1929 Ⅺ 20：有田川河口 …………………295
456：1930 Ⅱ 5：福岡県西部 …………………295
457：1930 Ⅱ 11：和歌山付近 …………………295
458：1930 Ⅱ 13～Ⅴ：伊東沖 …………………295
459：1930 Ⅵ 1：那珂川下流域 ………………297
460：1930 Ⅹ 17：大聖寺付近 …………………297
461：1930 Ⅺ 26：伊豆北部 ……………………298
462：1930 Ⅻ 20：三次付近 ……………………302
463：1931 Ⅱ 17：浦河付近 ……………………302
464*：1931 Ⅲ 9：青森県南東沖 ………………303
465：1931 Ⅲ 30：音別付近 ……………………303
466：1931 Ⅸ 21：埼玉県中部 …………………303
467*：1931 Ⅺ 2：日向灘 ………………………307
468：1931 Ⅺ 4：岩手県小国付近 ……………307
469：1931 Ⅻ 21：熊本県大矢野島 ……………307
470：1932 Ⅺ 26：新冠川流域 …………………307
470-1：1933 Ⅱ 19：台湾東方沖 ………………307
471*：1933 Ⅲ 3：三陸沖 ………………………308
472：1933 Ⅳ 8：熊本県中部 …………………312
473*：1933 Ⅵ 19：宮城県沖 …………………312
474：1933 Ⅸ 21：能登半島 ……………………312
475：1933 Ⅹ 4：新潟県小千谷 ………………313
475-1：1934 Ⅰ 9：徳島県西部 ………………313
476：1934 Ⅲ 21：伊豆天城山 …………………313
477：1934 Ⅷ 18：岐阜県八幡付近 ……………314
478：1935 Ⅶ 3：大淀川流域 …………………314
479：1935 Ⅶ 11：静岡市付近 …………………314
480：1936 Ⅱ 21：大和・河内 …………………317
481*：1936 Ⅺ 3：金華山沖 ……………………318
482：1936 Ⅺ －：会津若松市付近 ……………318
483：1936 Ⅻ 27：新島近海 ……………………318
484：1937 Ⅰ 27：熊本付近 ……………………318
484-1：1937 Ⅱ 27：瀬戸内海西部 ……………318
485：1937 Ⅶ 27：金華山沖 ……………………319
486：1938 Ⅰ 2：岡山県北部 …………………319
487：1938 Ⅰ 12：田辺湾沖 ……………………319
488*：1938 Ⅴ 23：塩屋崎沖 …………………320
489*：1938 Ⅴ 29：屈斜路湖付近 ……………321
490*：1938 Ⅵ 10：宮古島北々西沖 …………322
491：1938 Ⅸ 22：鹿島灘 ………………………322
492*：1938 Ⅺ 5：福島県東方沖 ……………323
493*：1939 Ⅲ 20：日向灘 ……………………325
494*：1939 Ⅴ 1：男鹿半島 …………………325

495*：1940 Ⅷ 2：神威岬沖 ……………………328
496：1941 Ⅲ 7：長野県中野付近 ……………328
497：1941 Ⅳ 6：山口県須佐付近 ……………328
498：1941 Ⅶ 15：長野市付近 …………………328
499*：1941 Ⅺ 19：日向灘 ……………………330
500：1942 Ⅱ 21：福島県沖 ……………………331
500-1*：1942 Ⅱ 22：佐田岬付近 ……………331
501：1943 Ⅲ 4：鳥取市付近 …………………331
――*：1943 Ⅵ 13：八戸東方沖 ………………333
502：1943 Ⅷ 12：福島県田島付近 ……………333
503：1943 Ⅸ 10：鳥取付近 ……………………333
504：1943 Ⅹ 13：長野県古間村 ………………335
505：1944 Ⅻ 7：山形県左沢町 ………………335
506*：1944 Ⅻ 7：東海道沖 …………………336
507*：1945 Ⅰ 13：愛知県南部 ………………338
508*：1945 Ⅱ 10：八戸北東沖 ………………341
508-1：1946 Ⅻ 19：石垣島近海 ………………341
509*：1946 Ⅻ 21：南海道沖 …………………341
510：1947 Ⅴ 9：大分県日田地方 ……………346
511：1947 Ⅸ 27：石垣島北西沖 ………………346
512*：1947 Ⅺ 4：留萌西方沖 …………………346
513：1948 Ⅴ 9：日向灘 ………………………346
514：1948 Ⅵ 15：田辺市付近 …………………346
515：1948 Ⅵ 28：福井平野 ……………………346
516：1949 Ⅰ 20：兵庫県北部 …………………352
517：1949 Ⅶ 12：安芸灘 ………………………352
518：1949 Ⅻ 26：今市地方 ……………………352
519：1950 Ⅳ 26：熊野川下流域 ………………358
520：1950 Ⅷ 22：三瓶山付近 …………………358
521：1950 Ⅸ 10：九十九里浜 …………………358
522：1951 Ⅰ 9：千葉県中部 …………………358
523：1951 Ⅷ 2：新潟県南部 …………………358
524：1951 Ⅹ 18：青森県北東沖 ………………358
525*：1952 Ⅲ 4：十勝沖 ………………………358
526：1952 Ⅲ 7：大聖寺沖 ……………………363
527*：1952 Ⅲ 10：十勝沖 ……………………364
528：1952 Ⅶ 18：奈良県中部 …………………364
529*：1952 Ⅺ 5：カムチャツカ半島南東沖 …365
529-1：1953 Ⅶ 14：檜山沖 ……………………365
530*：1953 Ⅺ 26：房総半島沖 ………………365
531：1955 Ⅵ 23：鳥取県西部 …………………367
532：1955 Ⅶ 27：徳島県南部 …………………367
533：1955 Ⅹ 19：米代川下流 …………………368
534：1956 Ⅱ 14：東京湾沿岸 …………………369
535*：1956 Ⅲ 6：網走沖 ………………………369
536：1956 Ⅸ 30：宮城県南部 …………………369
537：1956 Ⅸ 30：千葉県中部 …………………370
538：1957 Ⅲ 1：秋田県北部 …………………370

―*：1957 Ⅲ 9：アリューシャン列島 …………370
539：1957 Ⅺ 11：新島近海 ……………………370
540：1958 Ⅲ 11：八重山群島 …………………370
541*：1958 Ⅺ 7：択捉島沖 ……………………371
542：1959 Ⅰ 31：弟子屈付近 …………………371
543：1959 Ⅱ 28：沖永良部島近海 ……………376
544：1959 Ⅺ 8：積丹半島沖 …………………376
545*：1960 Ⅲ 21：三陸沖 ………………………376
546*：1960 Ⅴ 23：チリ沖 ………………………376
547：1961 Ⅱ 2：長岡付近 ……………………380
548*：1961 Ⅱ 27：日向灘 ………………………381
549：1961 Ⅲ 14：えびの付近 …………………383
549-1：1961 Ⅴ 7：兵庫県西部 ………………383
549-2：1961 Ⅶ 22：伊豆大島近海 ……………383
550*：1961 Ⅷ 12：根室沖 ………………………383
551：1961 Ⅷ 19：福井・岐阜県境 ……………383
551-1*：1961 Ⅺ 15：根室沖 ……………………385
551-2：1962 Ⅰ 4：和歌山県西部 ……………385
552*：1962 Ⅳ 23：広尾沖 ………………………385
553：1962 Ⅳ 30：宮城県北部 …………………386
554：1962 Ⅷ 26：三宅島近海 …………………389
555：1963 Ⅰ 28：北海道東部 …………………391
556：1963 Ⅲ 27：福井県沖 ……………………391
557*：1963 Ⅹ 13：択捉島沖 ……………………391
558：1963 Ⅺ 13：三宅島付近 …………………392
559：1964 Ⅰ 20：羅臼付近 ……………………392
560*：1964 Ⅲ 28：アラスカ南部 ………………393
561*：1964 Ⅴ 7：男鹿半島沖 …………………393
562*：1964 Ⅵ 16：新潟県沖 ……………………394
563：1964 Ⅵ 23：根室沖 ………………………400
564：1964 Ⅻ 9：伊豆大島 ……………………400
565*：1964 Ⅻ 11：秋田県沖 ……………………401
566*：1965 Ⅱ 4：アリューシャン列島中部 …401
567：1965 Ⅳ 20：静岡付近 ……………………401
568：1965 Ⅷ 3～：松代付近 …………………402
569：1965 Ⅷ 3：新島付近 ……………………407
570：1965 Ⅷ 31：弟子屈付近 …………………408
571：1965 Ⅹ 26：国後沖 ………………………408
572：1965 Ⅺ 6：神津島 ………………………408
573*：1966 Ⅲ 13：台湾東方沖 …………………408
574：1966 Ⅺ 12：有明海 ………………………408
575：1967 Ⅳ 6：神津島近海 …………………408
576：1967 Ⅺ 4：弟子屈付近 …………………409
577：1968 Ⅱ 21：霧島山北麓 …………………409
578：1968 Ⅱ 25：新島近海 ……………………413
579*：1968 Ⅳ 1：日向灘 ………………………414
580*：1968 Ⅴ 16：青森県東方沖 ………………417
581：1968 Ⅶ 1：埼玉県中部 …………………424
582：1968 Ⅶ 17：天塩付近 ……………………424
583：1968 Ⅷ 6：愛媛県西方沖 ………………424
584：1968 Ⅷ 18：京都府中部 …………………424
585：1968 Ⅸ 21：長野県北部 …………………424
586：1968 Ⅸ 21：浦河沖 ………………………424
587：1968 Ⅹ 8：浦河沖 ………………………425
588：1968 Ⅺ 12：沖永良部島 …………………425
589*：1969 Ⅳ 21：日向灘 ………………………425
590*：1969 Ⅷ 12：北海道東方沖 ………………425
591：1969 Ⅸ 9：岐阜県中部 …………………428
592：1970 Ⅰ 1：奄美大島近海 ………………430
593：1970 Ⅰ 21：北海道南部 …………………430
594：1970 Ⅲ 13：広島県北部 …………………430
595：1970 Ⅳ 9：長野県北部 …………………430
596*：1970 Ⅶ 26：日向灘 ………………………430
597：1970 Ⅸ 29：広島県南東部 ………………431
598：1970 Ⅹ 16：秋田県南東部 ………………431
599：1971 Ⅱ 26：新潟県南部 …………………434
600*：1971 Ⅷ 2：浦河沖 ………………………434
601：1971 Ⅺ 10：長野県北部 …………………434
602：1972 Ⅰ 14：大島近海 ……………………434
603*：1972 Ⅱ 29：八丈島近海 …………………435
604：1972 Ⅶ 7：小宝島近海 …………………436
605：1972 Ⅷ 20：山形県中部 …………………436
606：1972 Ⅷ 31：福井県東部 …………………436
―：1972 Ⅸ 6：有明海 ………………………436
607*：1972 Ⅻ 4：八丈島近海 …………………436
608*：1973 Ⅵ 17：根室半島南東沖 ……………438
609：1973 Ⅺ 25：和歌山県西部 ………………440
610*：1974 Ⅴ 9：伊豆半島南端 ………………440
611：1974 Ⅵ 23：宮城県北部 …………………444
611-1：1974 Ⅵ 27：三宅島南西沖 ……………444
612：1974 Ⅷ 4：茨城県南西部 ………………444
613：1974 Ⅸ 4：岩手県北岸 …………………445
614：1974 Ⅺ 9：苫小牧付近 …………………445
615：1975 Ⅰ 23：阿蘇山北縁 …………………445
616：1975 Ⅳ 21：大分県中部 …………………447
―*：1975 Ⅵ 10：根室半島南東沖 ……………448
617：1975 Ⅷ 15：福島県沿岸 …………………448
618：1975 Ⅸ 25：小宝島付近 …………………448
619：1976 Ⅵ 16：山梨県東部 …………………448
620：1976 Ⅶ 5：鳴子付近 ……………………450
621：1976 Ⅷ 18：伊豆半島東部 ………………451
622：1977 Ⅴ 2：三瓶山付近 …………………451
623：1977 Ⅵ 8：宮城県沖 ……………………452
―：1977 Ⅹ 5：茨城県南西部 ………………452
624*：1978 Ⅰ 14：伊豆大島近海 ………………452
625：1978 Ⅱ 20：宮城県沖 ……………………461

626：1978 Ⅳ 3：福井市付近 …………………462	665：1987 Ⅵ 16：会津若松付近 …………………499
627：1978 Ⅴ 16：青森県東岸 …………………462	666：1987 Ⅸ 14：長野県北部 …………………499
628：1978 Ⅵ 4：島根県中部 …………………463	667：1987 Ⅺ 18：山口県中部 …………………499
629*：1978 Ⅵ 12：宮城沖 …………………465	668：1987 Ⅻ 17：千葉県東方沖 …………………500
630：1978 Ⅸ 13：小笠原近海 …………………473	669：1988 Ⅲ 18：東京都東部 …………………502
631：1978 Ⅺ 23：伊豆半島中央部 …………………473	670：1988 Ⅷ 12：千葉県南部 …………………503
632：1978 Ⅻ 3：大島近海 …………………474	671：1988 Ⅸ 5：山梨県東部 …………………503
633：1979 Ⅲ 2：松本市付近 …………………474	672：1989 Ⅱ 19：茨城県南西部 …………………503
634：1979 Ⅳ 25：福島県西部 …………………474	673：1989 Ⅲ 6：千葉県北部 …………………503
634-1：1979 Ⅴ 5：秩父市付近 …………………474	674：1989 Ⅶ 9：伊豆半島東方沖 …………………503
635：1979 Ⅶ 13：瀬戸内海西部 …………………474	675：1989 Ⅹ 14：伊豆大島近海 …………………503
636*：1980 Ⅵ 29：伊豆半島中部沿岸 …………474	676：1989 Ⅹ 27：鳥取県西部 …………………504
——：1980 Ⅸ 24：埼玉県東部 …………………474	677*：1989 Ⅺ 2：三陸はるか沖 …………………504
637：1980 Ⅸ 25：千葉県中部 …………………476	678：1990 Ⅰ 11：滋賀県南部 …………………504
638：1981 Ⅰ 23：日高支庁西部 …………………476	679*：1990 Ⅱ 20：伊豆大島近海 …………………504
——：1981 Ⅻ 2：青森県東方沖 …………………476	680：1990 Ⅴ 3：鹿島灘 …………………504
639：1982 Ⅰ 8：秋田県中部 …………………477	681：1990 Ⅻ 7：新潟県南部 …………………505
640*：1982 Ⅲ 21：浦河沖 …………………477	682：1991 Ⅷ 28：島根県東部 …………………505
641：1982 Ⅷ 12：伊豆大島近海 …………………478	683：1991 Ⅹ 28：周防灘 …………………505
642*：1982 Ⅻ 28：三宅島近海 …………………479	684：1992 Ⅱ 2：東京湾南部 …………………506
643：1983 Ⅱ 27：茨城県南部 …………………479	685：1992 Ⅴ 11：茨城県中部 …………………506
644：1983 Ⅲ 16：静岡県西部 …………………479	686：1992 Ⅵ 15：伊豆半島南方沖 …………………506
645*：1983 Ⅴ 26：秋田県沖 …………………479	687：1992 Ⅹ 20：石垣島近海 …………………506
646：1983 Ⅷ 8：神奈川・山梨県境 ……………488	688：1992 Ⅻ 27：新潟県南部 …………………507
646-1：1983 Ⅷ 26：国東半島 …………………488	689：1993 Ⅰ 15：釧路沖 …………………507
647：1983 Ⅹ 16：新潟県西部沿岸 …………………488	690*：1993 Ⅱ 7：能登半島沖 …………………510
648：1983 Ⅹ 31：鳥取県沿岸 …………………488	691：1993 Ⅴ 21：茨城県南西部 …………………511
——：1984 Ⅰ 1：東海道はるか沖 …………………488	692*：1993 Ⅶ 12：北海道南西沖 …………………511
——：1984 Ⅱ 14：神奈川・山梨県境 ……………488	693：1993 Ⅹ 12：東海道はるか沖 …………………515
649：1984 Ⅲ 6：鳥島近海 …………………488	694：1994 Ⅱ 13：鹿児島県北部 …………………516
650：1984 Ⅴ 30：兵庫県南西部 …………………488	695：1994 Ⅲ 11：伊豆神津島近海 …………………517
651：1984 Ⅷ 6：島原半島西部 …………………488	696：1994 Ⅴ 28：滋賀県中東部 …………………517
652*：1984 Ⅷ 7：日向灘 …………………488	697：1994 Ⅷ 31：国後島付近 …………………517
653：1984 Ⅸ 14：長野県西部 …………………489	698*：1994 Ⅹ 4：北海道東方沖 …………………518
——：1984 Ⅻ 17：東京湾 …………………489	699：1994 Ⅹ 25：箱根山 …………………523
653-1：1986 Ⅳ 28：鹿児島県北東部 …………………490	700：1994 Ⅻ 18：福島県西部 …………………523
654：1986 Ⅴ 26：岩手県北部 …………………490	701*：1994 Ⅻ 28：三陸はるか沖 …………………523
655：1986 Ⅷ 10：青森県南部 …………………490	702：1995 Ⅰ 7：茨城県南西部 …………………527
656：1986 Ⅷ 24：長野県東部 …………………491	703：1995 Ⅰ 17：兵庫県南東沿岸 …………………527
656-1：1986 Ⅺ 13：北海道北空知 …………………491	704：1995 Ⅳ 1：新潟県北東部 …………………536
657：1986 Ⅻ 30：長野県北部 …………………492	705：1995 Ⅴ 23：上川・空知地方 …………………538
658：1987 Ⅰ 9：岩手県北部 …………………494	706：1995 Ⅹ 6：神津島近海 …………………538
659：1987 Ⅰ 14：日高山脈北部 …………………495	707*：1995 Ⅹ 18：奄美大島近海 …………………538
660：1987 Ⅱ 6：福島県沖 …………………496	——：1995 Ⅻ 22：蔵王付近 …………………539
661：1987 Ⅲ 18：日向灘 …………………496	708：1996 Ⅱ 7：福井県嶺北地方 …………………539
662：1987 Ⅳ 7：福島県沖 …………………498	709：1996 Ⅱ 17：福島県沖 …………………539
663：1987 Ⅳ 23：福島県沖 …………………498	710*：1996 Ⅱ 17：ニューギニア付近 …………539
664：1987 Ⅴ 9：和歌山県北東部 …………………499	711：1996 Ⅲ 6：山梨県東部 …………………539

xviii　目　次

712：1996 Ⅷ 11：鬼首付近 …………………540
713：1996 Ⅸ 9：種子島近海 ………………541
714：1996 Ⅸ 11：銚子沖 ……………………541
715*：1996 Ⅹ 19：日向灘 …………………541
716*：1996 Ⅻ 3：日向灘 …………………542
717：1996 Ⅻ 21：茨城県南部 ……………542
718：1997 Ⅲ 4：伊豆半島東方沖 …………543
719：1997 Ⅲ 16：愛知県東部 ……………543
720：1997 Ⅲ 26：薩摩中部 ………………544
721：1997 Ⅴ 13：薩摩中部 ………………545
722：1997 Ⅵ 25：山口・島根県境 ………546
723：1997 Ⅻ 19：石川県西方沖 …………546
724：1998 Ⅱ 21：中越地方 ………………546
725：1998 Ⅳ 22：美濃中西部 ……………546
726：1998 Ⅴ 23：周防灘 …………………547
727：1998 Ⅷ 1：長野県北部 ……………547
728：1998 Ⅸ 3：雫石付近 ………………547
729：1998 Ⅸ 15：仙台市付近 ……………548
730：1999 Ⅰ 28：松本市付近 ……………548
731：1999 Ⅱ 26：象潟付近 ………………548
732：1999 Ⅲ 9：阿蘇地方 ………………548
733：1999 Ⅲ 14：神津島近海 ……………548
734：1999 Ⅲ 26：水戸付近 ………………548
735：1999 Ⅴ 13：釧路市付近 ……………548
736：1999 Ⅶ 16：尾道市付近 ……………548
737：1999 Ⅸ 13：千葉市付近 ……………549
738：2000 Ⅰ 28：根室半島南東沖 ………549
739：2000 Ⅳ 26：会津若松・喜多方付近 …549
740：2000 Ⅵ 3：千葉県北東部 …………549
741：2000 Ⅵ 7：石川県西方沖 …………549
742：2000 Ⅵ 8：熊本市付近 ……………549
743：2000 Ⅵ 29：神津島近海 ……………549
744：2000 Ⅶ 21：茨城県沖 ………………550
745：2000 Ⅹ 2：悪石島近海 ……………550
746：2000 Ⅹ 6：鳥取県西部 ……………550
747：2000 Ⅹ 31：三重県中部 ……………556
748：2001 Ⅰ 4：中越地方 ………………556
749：2001 Ⅰ 12：兵庫県北部 ……………556
750：2001 Ⅲ 24：安芸灘 …………………556
751：2001 Ⅳ 3：静岡県中部 ……………560
752：2001 Ⅷ 14：青森県東方沖 …………560
753：2001 Ⅷ 25：京都府南部 ……………560
754：2001 Ⅻ 2：岩手県内陸南部 ………560
755：2001 Ⅻ 9：奄美大島近海 …………560
756：2001 Ⅻ 28：滋賀県北部 ……………560
757：2002 Ⅱ 12：茨城県沖 ………………560
758：2002 Ⅲ 25：伊予灘 …………………560
759：2002 Ⅵ 14：茨城県南部 ……………560
760：2002 Ⅸ 16：鳥取県中西部 …………560
761：2002 Ⅹ 14：青森県東方沖 …………560
762：2002 Ⅺ 3：宮城県沖 ………………560
763：2002 Ⅺ 4：日向灘 …………………560
764：2002 Ⅺ 17：加賀地方 ………………561
765：2003 Ⅴ 12：茨城県南部 ……………561
766：2003 Ⅴ 26：気仙地方 ………………561
767：2003 Ⅶ 26：宮城県北部 ……………561
768：2003 Ⅸ 20：千葉県南部 ……………563
769*：2003 Ⅸ 26：十勝沖 …………………563
770：2003 Ⅹ 15：千葉県北西部 …………569
771：2003 Ⅺ 15：茨城県沖 ………………569
772：2003 Ⅻ 22：佐渡付近 ………………569
773：2004 Ⅳ 4：茨城沖 …………………569
774：2004 Ⅶ 17：房総半島南東沖 ………570
775：2004 Ⅷ 10：岩手県沖 ………………570
776*：2004 Ⅸ 5：紀伊半島南東沖 ………570
777：2004 Ⅹ 6：茨城県南部 ……………573
778：2004 Ⅹ 23：中越地方 ………………573
779：2004 Ⅺ 29：釧路沖 …………………577
780：2004 Ⅻ 14：留萌支庁南部 …………577
781：2005 Ⅰ 9：愛知県西部 ……………578
782：2005 Ⅰ 18：中越地方 ………………578
783：2005 Ⅰ 18：釧路沖 …………………578
784：2005 Ⅱ 16：茨城県南部 ……………578
785：2005 Ⅲ 20：博多湾沖 ………………578
786：2005 Ⅳ 11：千葉県北東部 …………581
787：2005 Ⅳ 20：博多湾 …………………581
788：2005 Ⅳ 23：長野県北部 ……………581
789：2005 Ⅴ 2：博多湾 …………………581
790：2005 Ⅵ 3：天草芦北地方 …………581
791：2005 Ⅵ 20：千葉県北東部 …………581
792：2005 Ⅵ 20：中越地方 ………………582
793：2005 Ⅶ 23：千葉県北西部 …………582
794：2005 Ⅶ 28：茨城県南部 ……………582
795：2005 Ⅷ 7：千葉県北西部 …………582
796*：2005 Ⅷ 16：宮城県沖 ………………582
797：2005 Ⅷ 21：中越地方 ………………585
798：2005 Ⅹ 16：茨城県南部 ……………585
799：2005 Ⅹ 19：茨城県沖 ………………585
800：2005 Ⅻ 17：宮城県沖 ………………585
801：2005 Ⅻ 24：愛知県西部 ……………585
802：2006 Ⅳ 21：伊豆半島東方沖 ………585
803：2006 Ⅳ 22：宮城県沖 ………………585
804：2006 Ⅴ 15：和歌山県北部 …………585
805：2006 Ⅵ 12：大分県中部 ……………587
806：2006 Ⅸ 26：伊予灘 …………………587
807*：2007 Ⅲ 25：能登地方 ………………587

808：2007 Ⅳ 15：三重県中部	590	841*：2011 Ⅲ 11：東北沖	609
809：2007 Ⅳ 26：東予地域	591	842：2011 Ⅲ 12：長野県北部	622
810：2007 Ⅵ 6：別府市付近	591	843：2011 Ⅲ 15：静岡県東部	622
811*：2007 Ⅶ 16：柏崎沖	591	844：2011 Ⅳ 1：秋田県内陸北部	624
812：2007 Ⅷ 16：九十九里付近	594	845：2011 Ⅳ 7：宮城県沖	624
813：2007 Ⅹ 1：神奈川県西部	594	846：2011 Ⅳ 11：福島県浜通り	624
814：2008 Ⅲ 8：茨城県北部	594	847：2011 Ⅳ 16：茨城県南部	629
815：2008 Ⅳ 29：青森県東方沖	594	848：2011 Ⅳ 17：中越地方	629
816：2008 Ⅴ 8：茨城県沖	594	849：2011 Ⅳ 19：秋田県内陸南部	629
817：2008 Ⅵ 13：長野県南部	594	850：2011 Ⅵ 2：中越地方	631
818：2008 Ⅵ 14：栗駒地域	594	851：2011 Ⅵ 23：岩手県沖	631
819：2008 Ⅶ 5：茨城県沖	598	852：2011 Ⅵ 30：長野県中部	631
820：2008 Ⅶ 8：沖永良部島付近	598	853：2011 Ⅶ 5：和歌山県北部	632
821：2008 Ⅶ 24：岩手県沿岸北部	599	854：2011 Ⅶ 23：宮城県沖	632
822：2009 Ⅴ 12：上越地方	599	855：2011 Ⅶ 31：福島県沖	632
823：2009 Ⅵ 25：大分県西部	599	856：2011 Ⅷ 1：駿河湾	632
824*：2009 Ⅷ 11：駿河湾	599	857：2011 Ⅷ 19：福島県沖	632
825：2009 Ⅷ 13：八丈島東方沖	599	858：2011 Ⅸ 7：日高地方中部	632
826：2009 Ⅹ 12：会津地方	599	859：2011 Ⅹ 5：熊本地方	633
827：2009 Ⅻ 17：伊豆半島東方沖	599	860：2011 Ⅺ 20：茨城県北部	633
828：2010 Ⅰ 25：大隅半島東方沖	599	861：2011 Ⅺ 21：広島県北部	633
829：2010 Ⅱ 27：沖縄本島近海	602	862：2011 Ⅺ 24：浦河沖	633
830*：2010 Ⅱ 27：チリ中部沖	602	863：2011 Ⅺ 25：広島県北部	633
831：2010 Ⅲ 14：福島県沖	606	864：2011 Ⅻ 14：美濃東部	633
832：2010 Ⅴ 1：中越地方	606	865：2012 Ⅰ 28：富士五湖地方	633
833：2010 Ⅵ 13：福島県沖	606	866：2012 Ⅱ 8：佐渡付近	633
834：2010 Ⅶ 4：岩手県内陸南部	606	867：2012 Ⅲ 14：千葉東方沖	633
835：2010 Ⅸ 29：福島県中通り	609	868：2012 Ⅲ 27：岩手県沖	634
836：2010 Ⅹ 3：上越地方	609	869：2012 Ⅴ 24：青森県東方沖	634
837：2010 Ⅻ 2：石狩地方中部	609	870：2012 Ⅶ 10：長野県北部	634
838：2011 Ⅱ 21：和歌山県南部	609	871：2012 Ⅷ 30：宮城県沖	634
839：2011 Ⅱ 27：飛騨地方	609	872*：2012 Ⅻ 7：三陸沖	634
840*：2011 Ⅲ 9：三陸沖	609		

［付表2］ 外国沿岸の地震による津波のうち，日本およびその付近に被害を及ぼした津波について ………… 637

［付録1］地震保険 ………… 639

［付録2］古文書の利用に当っての私見 ………… 647

［巻末注］ ………… 651

被害地震の震央分布Ⅱ（1872年以前） ………… 696

被害地震の震央分布Ⅲ（1873〜1950年） ………… 698

被害地震の震央分布Ⅳ（1951〜2000年） ………… 700

執筆者一覧 ………… 702

被害地震の震央分布Ⅰ（1873〜2012年全震央） ………… 表見返し

被害地震の震央分布Ⅴ（2001年以後） ………… 裏見返し

1
序
地震と災害

　わが国では，大地震はそのまますぐ大災害――恐慌へ直結している．実際に，大地震が瞬時に家を潰し，地割れ・山崩れを生み，津波や災害を誘発することを考えれば，こういう感情も当然である．しかし，死者数からいえば，1万人以上の死者を出す地震はめったにあるものではない．それにひきかえ，年々の交通事故による死者は1万人前後，自殺者は約3万人である．要は同じ場所で瞬時に多数の犠牲者を出す地震の性格と，広い地域にわたって生まれる荒廃状態が恐怖へとつながっているのであろう．

　地震災害は防げないものなのだろうか？　阪神・淡路大震災以後は国や自治体がハザードマップを作り，緊急システムなどの整備を行っている．わが国の政府・自治体が，その気になれば地震に伴う災害を大幅に減らすことはできよう．それには，たとえば危険な地盤のところには建物を建てない，自動車の人口密集地域への流入を制限する，といった抜本的対策を講ずる必要がある．このような対策は実際的ではなく，日常生活に多大な不便をもたらす．日常生活を便利に楽しくする高度成長が次々と新しい型の災害を生み出している．

　最近の都市は体系化が進み，物質の流通，エネルギー・情報等の流れがシステム化されているといえるだろう．このシステムは平常は便利であるが，ちょっとした事故が全体に影響する危険を含んでいる．停電があれば，家庭の電化製品が働かなくなり日常生活に不便をもたらすし，揚水ポンプを止めたり，病院での手術を不成功に終わらせることもある．ちょっとした不注意が公害を撒きちらすことにもなりかねない．しかし，都市のシステム化はますます急速に進み，とどまるところを知らないかのようである．万一のときの影響を小さくするような措置が，物質や情報の流れにも講ぜられることが望まれる．

　社会環境の変化による新型の災害に対する調査は十分ではない．造成地・高層ビル・地下埋設物・自動車・ガソリンなどの急増，井戸や緑地の減少などがどういう影響をもたらすだろうか，その調査はやっとはじまったというべきである．人口の過密と社会環境の変化が作る災害のポテンシャルは，実際の対策を上回る速さで増大しているのかもしれないのである．この環境変化と災害の増大可能性との矛盾を解消することは政治家の任務であるが，急速な解決は望めないだろう．

　一方，市民は毎日の生活に追われていて，できることはささやかな自衛措置だけである．市民の側にも矛盾がある．よい生活をしたい．しかも災害は受けたくない．東京のような過密都市ではこの両者は両立しない．自治体の行っている防災対策や，注意・指導等は市民にとって有益なものであることは言をまたないが，必ずしも十分ではなく，市民の感覚とマッチしない

点がある．

　筆者（宇佐美）は災害対策を専門としない．できることは災害を少しでも減らすよう地震の様相・実態を明らかにして平時からの心構えの一助にしたいということである．災害を減らすには，故今村明恒の言葉のように「地震を恐れず，侮らず，地震に対処する」ことが大切であり，そのためには「地震についての正しい知識を身につける」ことが必要であろう．科学としての地震の知識は日進月歩して，一般の人々には理解しにくくなってきている．しかし，地震の理学的側面を普及することが最重要なのではなく，蓄積した事実のうちから，災害の軽減に直接あるいは間接に結びつく事柄を，平易に，しかも正確に普及することがわれわれ専門家の担うべき重要な任務と考えられる．

　もう1つ考えてほしいことがある．現在各自治体で災害対策に力をそそぎ，ハードもソフトも充実されつつある．しかし，筆者から見ると地震は息の長い現象であるということが忘れられているように思う．人々の辛い思い出も緊張感も，体験した人がいなくなる震災の約100年後以降からは，急速に失われていくのが世の常である．エピソードを1つ．明和8年（1771）3月10日，石垣島は大津波に襲われ壊滅的被害を受けた．島の主要集落の4ヵ村と役場も流されてしまった．琉球王府に願い出て3km北の高台に移転したところが，翌々年には生活の不便さから元のところに戻るという意見が強くなり，住民大会を開いて採決の結果，567対23という大差で元の土地に戻ることになった．幸いなことにその後約250年津波に襲われることもなく過ぎている．実用的な地震予知ができていない現状では，これが住民の本当の気持ちであろう．こういう住民の本当の気持ちを汲んだ復興計画が行われているのか不安である．

　本書は，主として地震の専門家に役立つことを目的とすると同時に自治体の災害関係者や，各種の建設事業に携わる人々にも役立ててほしいと考えて編纂した．内容としては，古来の地震の種々相と被害を中心にまとめてある．地震のときに聞かれる，市民の体験的エピソードなどは原則として省いたが災害の防除や地震現象を理解するのに役立ちそうなことは，本文中に適宜盛り込んでおいた．

　このような意味で，本書は資料集の性格をもっている．必要に応じて，本書からいろいろの重要な事実を引き出すことが可能であるが，それには言及していない．十分に活用していただきたい．

2
内容の概説

2–1 取り上げた地震

　わが国には，古くからの地震の記録が多数残されている．明治25年（1892）に震災予防調査会が生まれると，古記録の収集がその仕事の1つとしてはじめられた．以後，主として田山実・武者金吉と引き継がれ，江戸時代までの記録が多く集められ『増訂 大日本地震史料』・『日本地震史料』計4巻に集大成されている．また，新たに東京大学地震研究所編『新収 日本地震史料』計21冊が刊行された．さらに宇佐美が『「日本の歴史地震史料」拾遺』5巻8冊を出版した．明治以後の地震については本章の2–6節に掲げてあるいろいろな文献に詳しい報告が載っている．こういう記録をもとにして，古来の被害地震を網羅した．被害といっても，器の水が溢れたとか，棚のものが落ちた程度のものは省き，家屋・人工構築物・地盤（面）になんらかの損傷・変化のあった地震を取り上げるようにした．また古いもののなかには，地震であったかどうか疑わしいものもある．こういうものや被害程度の小さいもののなかには無番号として採録しているものもある．洋上の地震で，被害は取るに足りないが小津波を伴った地震や，規模の大きい地震のなかには，採用したものもある．外国沿岸の地震で，わが国に津波の被害を及ぼしたものは本書の末尾にまとめると同時に，そのうちのおもなものは本文中に採録されている．

2–2 記　事

　本文は次の各項の順に記述してあるが，該当項目を欠く場合は，その項目を省いてある．簡潔を目標としたので文体は必ずしも統一されていない．とくに，古いものについては誤解を避けるために，原史料の文体をそのまま採用したところもある．多少，読みにくい点があるかと思うが寛容をお願いする．

　　番　　　号　　本書での通し番号．*印を付したものは津波を伴ったことを表す．無番号のものは被害が小さいか，あるいは地震かどうか疑わしいもの．(☆)印は付表1参照のこと．(#)は巻末注参照のこと．

　　発震年月日　　グレゴリオ暦による年月日，和暦の年月日および発震の時刻を示す．明治の改暦以後のものについては，和暦は年のみを示す．なお外国の地震でも日本時間に統一した．地震の発現時は，古いものは数時間の誤差がある．明治になっても数分の違いは

あろう．時分は原則として震源で地震の発生した時刻の秒位を切り捨てたものであるが，出典により1分の差があることもある．刻時の精度と調査方法の差異によるものである．

震央地名 震災の最も強かった地方名，あるいは震央のある洋上名．古いものは国名を使い，新しいものは県名を使うのを原則とするが，ある地方を総称するのに都合のよい名称（たとえば，南海道沖）があればそれを使った．

震源の緯度・経度・規模および深さ 本書はしがき(6)の方針に従った．1884年以前の震央の誤差は，$A≦10\,{\rm km}$，$B≦25\,{\rm km}$，$C≦50\,{\rm km}$，$D≦100\,{\rm km}$ である．深さは，1923年以降のものに与えられている．外国沿岸の地震の各要素値は気象庁のものではない．$λ$は経度，$φ$は緯度で，度・分で与えられている．1923〜1982年までは小数点以下1桁目を四捨五入，1983年以降は小数点以下2桁目を四捨五入した．Mは規模，hは深さを示す．hは全期間を通じて小数点以下1桁目を四捨五入した．

日本付近では，平均して，規模6以上の地震が年間16〜17回，7以上が1〜2回，8以上の地震は10年に約1回の割で起きている．規模6以上の地震が内陸浅所に起これば必ず多少の被害を伴う．条件が悪ければ5程度のときにも小被害を伴う．わが国の地震は洋上にあることが多いので，被害の点では助かっている．

地震の名称 大地震には固有の名称が与えられている．最近のものについては気象庁が命名したものを，それ以前のものについては慣用のものをゴシック体で記した．古いものについては筆者が適宜名づけたものもある．

記　　事 被害を主とした．被害の記述は，小地震ほど詳細に，大地震になると全体像がわかるように概括的になっている．したがって，たとえば大地震の記事中に，井戸水の異常に触れてないからといって，そういう現象がなかったという意味ではない．ほかに記すことが多いために省いた．被害のほかに，震度分布，断層，地面の昇降，火災，津波，地鳴り，温泉等の異常，余震などについて記してある．図や表を豊富に使った．図や表を見れば気づくことはいろいろあるが，そういうことはいちいち本文中に書き込まなかった．注意して，隠されている事実をつかみとってほしい．とくに，地形図をかたわらにしながら読んでほしい．また，噴火に伴う地震については，地震を主とし，噴火の記事は必要な範囲にとどめた．被害一覧表で合計の合わないものもあるが，原典のとおりに記してある．本文を読むに当って注意してほしいことは以下のとおりである．

・記事中にある年月日は和暦．
・表および文中の被害数で，死10(6)のようにかっこでくくってあるものは異説を示す．被害実数は出典により大いに異なる．筆者の見解によって1つ，あるいは2つを採用した．近年のものについては，できるだけ警察・消防庁調査を採り，不備な点は県市町村調査で補うこととした．
・津波の「波高」・「波の高さ」はある基準海水面上の波の高さを示す．基準海水面としては平均海水面，当時の潮位などがあるが，はっきりしているものについては基準を明記してある．振幅・全振幅という語は物理学の慣用に従って使った．
・1996年3月以前の震度（推定が多い）はローマ数字で示す．V^+は震度Vの強いほう（あるいは5強），V^-は弱いほう（あるいは5弱）の意味．図中で各地点の震度に算用数字を使った場合もあるが，誤解することはないと思う．1996年4月以降の震度は計

測震度のため，アラビア数字で表記した．
- M_{VI}, S_{VI} などのように，ローマ数字の添字は，その震度から求めたもの，またはその震度に関係のあることを示す．S_{VI} は震度 VI 以上の地域の面積，M_V は震度 V 以上が関係する量（たとえば V 以上の地域の面積）から求めた規模を示す．
- 原則として図中の地点で ● は本文中，あるいは古文書中に記事または被害のあるところ，○ は位置を示すための地点．
- 図の記号のうち，とくに断わらない限り次のものは本書を通じて共通である．

    〰〰 津波に襲われた海岸
    +++ 隆起海岸
    --- 沈降海岸
    ×   本震の震央：拡大した内陸地震の震央域図で震央が被害甚大域からはずれることがある．震央を経緯度 0.1° で表しているためである．震央は常に被害域の中央にあるとは限らないが，多くの場合は被害甚大域内に入る．
    ⬳   津波の波源域：津波は海底の昇降によって生ずる．通常は震央を取り巻くかなり広い地域が津波の発生域となる．

- 282 番浜田地震（1872 年）までの震度分布図の凡例は以下のとおり．

    ◎ VII   ● V   S 強地震
    ◉ VI～VII   △ IV～V   E 大地震
    ○ VI   □ IV   M 中地震
    ◐ V～VI   ⊿ III～IV   e 地震

記号の大きさには意味がない．震度がやや大きい場合は記号の右肩に＋をつけた．
- 766 番以降の震度分布図の凡例は以下のとおり．

    ◎ 7   ● 5 強   ● 3
    ○ 6 強   △ 5 弱   ● 2
    ◐ 6 弱   □ 4   ● 1

- 図中に北を示す矢印のない場合は，真上が北を示す．ただし震度分布図など，図からおおよその北方がわかる場合は，この限りでない．また，必要と思われる図には距離を示すスケールを入れてある．
- 記事の末にある［ ］内の算用数字は津波の規模で次のとおり．また，アンダーラインは Hatori［1969］，羽鳥［1974, 1996］ほか，2002 年以降は羽鳥［私信］による．

    ［−1］波高 50 cm 以下，無被害．
    ［0］波高 1 m 前後で，ごくわずかの被害がある．
    ［1］波高 2 m 前後で，海岸の家屋を損傷し船艇をさらう程度．
    ［2］波高 4～6 m で，家屋や人命の損失がある．
    ［3］波高 10～20 m で，400 km 以上の海岸線に顕著な被害がある．
    ［4］最大波高 30 m 以上で，500 km 以上の海岸線に顕著な被害がある．

文　献　参照した文献のうち，2-6 節に掲載していないもの，あるいは，とくに参考になるものだけを各地震の記述の末尾にあげてある．

　用語の解説　必要と思われる事項について簡単に解説する．**規模**は決め方や，使用した

表 2-1 過去のおもな地震の規模
（M_S は表面波マグニチュード，M_W はモーメントマグニチュード，M_J は気象庁の決めた規模）

地震名	年 月 日	M_J	M_S	M_W	備考
関　東	1923　9　1	7.9	8.2	7.9	
青森県東方沖	1931　3　9	7.6	7.8	7.3	
三陸沖	1933　3　3	8.1	8.5	8.4	
福島県沖	1938 11　5	7.5	7.7	7.8	
日向灘	1941 11 19	7.2	7.8	—	
東南海	1944 12　7	7.9	8.0	8.1	日本付近
南　海	1946 12 21	8.0	8.2	8.1	$M_S \geq 7.8$
十勝沖	1952　3　4	8.2	8.3	8.1	または
房総半島沖	1953 11 26	7.4	7.9	7.9	$M_W \geq 7.8$
十勝沖	1968　5 16	7.9	8.1	8.2	の全地震
北海道東方沖	1969　8 12	7.8	7.8	8.2	(1923〜
根室半島沖	1973　6 17	7.4	7.7	7.8	2011)
日本海中部	1983　5 26	7.7	—	7.7	
北海道南西部	1993　7 12	7.8	—	7.7	
北海道東方沖	1994 10　4	8.1	—	8.3	
十勝沖	2003　9 26	8.0	—	8.3	
東北地方太平洋沖	2011　3 11	8.4	—	9.0	
福島県沖	1938 11 14	6.0	7.0	—	津波地震
ウルップ島沖	1963 10 20	6.7	7.2	7.9	の例
色丹島沖	1975　6 10	7.0	6.8	7.6	

観測点によって異なる値を与える．一般的には，規模にはおおよそ 1/4 以下の誤差がある．したがって，地震相互の比較のためには，同一方法で求めた規模を使うのがよい．表 2-1 はおもな地震の規模［宇津徳治：地震活動総覧（1999），東京大学出版会に加筆］で，決め方による差がよくわかる．M_J は日本で通常使っている気象庁のマグニチュードである．M_S は表面波マグニチュードで，遠方において観測される，より長周期の地震波から決める規模．M_W はモーメントマグニチュードで，地震を起こした偶力の大きさから決める規模である．東北地方太平洋沖の超巨大地震や津波地震では，一般に $M_J < M_S < M_W$ の傾向がある．本書の古い地震の規模は M_J に近いものと考えて差支えない．

震源は地下の地震の発生した場所をいう．その位置を決めるには，緯度・経度・深さの 3 要素が必要である．**震央**は震源直上の地表面の地点．緯度と経度によってその位置を示すことができる．

地震波には，縦波（P 波という），横波（S 波という）などがある．縦波は横波より速度が速く観測点にいちばん先に到達し，そのあとに S 波がくる．P 波がきてから S 波がくるまでの時間を **P-S 時間**（初期微動継続時間）という．近地地震の場合，この P-S 時間（秒単位）に 7〜8 をかけると，観測点から震源までの距離が km 単位で求められる．

2 点間の距離 l（たとえば 1 km とする）が，ある期間に Δl（たとえば 2 cm とする）だけ伸び，あるいは縮んだとする．このとき $\varepsilon = \Delta l / l$（今の場合は $2\,\text{cm}/1\,\text{km} = 2/10^5 = 2 \times 10^{-5}$）を**歪**という．地球の場合，この歪がおよそ 10^{-4}（1 km につき 10 cm の伸縮）に達すると破壊する，つまり地震が発生すると考えられている．

観測点に最初に到達する地震波（P 波）を**初動**という．初動の動きは，震源の方向に引か

れるか，震源と反対方向に押されるかのどちらかである．地震の場合，各観測点での初動の方向を地図上に描くと，**押し**の観測所と**引き**の観測所が震央付近を通る2本の線できれいに4グループに分けられる．こういう，押しと引きの観測所の分布を**初動の押し引き分布**という．この分布から，震源における力の働き方，ひいては地震断層の向きや傾斜などがわかる．

　震央距離（観測点と震央との距離）と地震波（P波，S波等）到達所要時間との関係を表すグラフを**走時曲線**という．走時曲線は震源位置の決定や，地球内部構造の研究の基礎となるものである．走時曲線は震源の深さによって異なったグラフとなる．日本では昭和5年11月26日の北伊豆地震（第4章461番の地震）から得られたものを標準走時曲線として使ってきたが，現在では新しいものが使われている．

　走時曲線は地下構造により異なるので，厳密には地域が異なれば，異なる**走時曲線**を使う必要がある．用いる走時曲線が異なれば，決定される震源位置も異なったものとなる．

　「全壊」「半壊」「壊家」などの"カイ"という字は古いものは原典に**潰**が，ほぼ1940年以降には**壊**が使われている．家屋の場合には**壊**より**潰**のほうが実感を表しているといえる．本書では，ほぼ1940年をさかいにして，それ以前は**潰**に，以後は**壊**に統一した．しかし「倒壊」「崩壊」「破壊」などの熟語については，時代にかかわらず**壊**を用いた．

2-3 震　度

　日本では気象庁の決めた震度階級を使っている．震度階級は表2-3 A, B, Cのように数回の改訂を経て現在に至っている．本文および図の中で「弱」「強」などと表現した場合は，その地震当時の震度階級によっている．ローマ数字で示したものは，すべて現行の震度階級に引き直したものである．また，各地点の震度は図中に算用数字で示した場合もある．これも，現行震度階級による．なお，明治18〜43年の中央気象台の地震報告では震度分布は表2-2のようになっているから，明治40年以前の資料では，微震が有感覚なのか，無感覚なのか注意する必要がある．

　気象庁の震度は1996年4月1日から表2-3 Bのように，さらに2009年3月31日から表2-3 Cのように解説表が変更になった．

表2-2　地震報告における震度区分［気象庁の資料による．1971］

年　　　　次	震度分布図中の階級
1885〜1890（明治18〜23）	感ず・弱・強の3区域
1891〜1904（明治24〜37）	微 (slight)・弱 (weak)・強 (strong)・烈 (violent) の4区域，ただし明治24年のみさらに劇震 (very violent) がある．
1905〜1907（明治38〜40）	微・弱・強・烈・無感覚微震部の5区域
1908〜1910（明治41〜43）	有感覚微震部・弱震・強震・烈震の4区域

2 内容の概説

表2-3 A 震度観測の変遷[1] [三浦, 1964]

1884～1897[2] (明治17～30年[3]) 『地震報告心得』第5条[4]による	1898～1907 (明治31～40年)	1908～1935 (明治41年～昭和10年) 『中央気象台年報,地震ノ部』(明治41年)による	1936～1948 (昭和11～23年) 『地震観測法』(昭和11年発行)による	1949～1996 (昭和24～平成8年) 『地震観測法』(昭和27年発行)による
	0：微震 (感覚ナシ)	0：無感覚地震 地震計ニノミ感ジタル地震	無感 地震動を人身に感知出来ないもの．例えば戸障子等が動く音が聞えあるいは電燈等の垂下物の動揺が目撃されても震動を直接身体に感じなければ有感とは云はない	0：無感 (No Feeling) 人体に感じないで地震計に記録される程度 加速度[5] 0.8 gal (cm/sec^2)以下
微震 (Slight) 僅ニ地震アルヲ覚ヘシ者	1：微震	1：微震 静止セル人若シクハ地震ニ注意深キ人ノ感ジタル極メテ軽微ナル地震ナリ	Ⅰ：微震 静止している人や特に地震に注意深い人にのみ感じた程度の地震	Ⅰ：微震 (Slight) 静止している人やとくに地震に注意深い人だけに感ずる程度の地震 0.8～2.5 gal
弱震 (Weak) 震動ヲ覚ユルモ戸外ニ避(ヨケ)ルニ足ラザルモノ	2：弱震 (震度弱キ方)	2：弱震(震度弱キ方) 一般人ニ感セシ程度ノ地震ニシテ僅ニ戸障子ノ動ク音ヲ聞ク程度ノモノナリ	Ⅱ：軽震 一般の人に感ずる程度のもので戸障子の僅かに動く位の地震〔従来弱震(弱き方)と呼ばれてゐたもの〕	Ⅱ：軽震 (Weak) 大ぜいの人に感ずる程度のもので戸障子がわずかに動くのがわかるぐらいの地震 2.5～8.0 gal
	3：弱震	3：弱震 家屋動揺戸障子鳴リ振子時計止リ垂下物動揺，液体ノ動揺等ヲ目撃セシ程度ノモノナリ	Ⅲ：弱震 家屋が動き戸障子が鳴動し電燈の様な吊下物や器内の水面の動くのが判る程度の地震	Ⅲ：弱震 (Rather Strong) 家屋がゆれ，戸障子がガタガタと鳴動し，電燈のようなつり下げ物は相当にゆれ，器内の水面の動くのがわかる程度の地震 8.0～25.0 gal
強震 (Strong) 往々物品ノ倒伏(タヲレ)液体ノ溢出(コボレ)等アリ人々戸外ニ来リ避(ヨケ)ル者	4：強震 (震度弱キ方)	4：強震(震度弱キ方) 家屋烈シク動揺シ座リ悪キ器物ノ倒伏液体ノ溢出等ヲ目撃シタルモノ或ハ之レニ相当スルモノナリ	Ⅳ：中震 家屋の動揺が烈しく座りの悪い器物は倒れ器内の水は溢れ出る程度の地震〔従来強震(弱き方)と呼ばれてゐたもの〕	Ⅳ：中震 (Strong) 家屋の動揺が激しく，すわりの悪い花びんなどは倒れ，器内の水はあふれ出る．また歩いている人にも感じられ，多くの人々は戸外に飛び出す程度の地震 25.0～80.0 gal
烈震 (Violent) 屋宇(タテモノ)ヲ毀損(コワシ)若クハ倒伏(タヲシ)或ハ地面ノ変化ヲ起ス者	5：強震	5：強震 壁ニ亀裂石碑石燈籠ノ顛倒煙突ノ破損等ヲ目撃シタルモノ又ハ之ニ相当スルモノナリ	Ⅴ：強震 壁に割目が入り墓石，石燈籠が倒れたり煙突や土蔵も破損する程度の地震	Ⅴ：強震 (Very Strong) 壁に割目がはいり，墓石，石どうろうが倒れたり，煙突，石垣などが破損する程度の地震 80.0～250.0 gal
(備考)明治24年版『地震報告』震度分布図では烈震の上に劇震 Very Violent あり，ただし定義はない	6：烈震	6：烈震 屋宇ヲ倒シ山嶽ヲ崩壊シ地割レヲ生ジ断層ヲ生ズル等地盤ニ大変動ヲ生ジタルモノナリ	Ⅵ：烈震 家屋が倒壊し山崩れが起り地割れを生ずる程度以上の地震	Ⅵ：烈震 (Disastrous) 家屋の倒壊が30%以下で山くずれが起き，地割れを生じ，多くの人々は立っていることができない程度の地震 250.0～400.0 gal Ⅶ：激震 (Very Disastrous) 家屋の倒壊が30%以上におよび山くずれ，地割れ，断層などを生ずる 400.0 gal 以上

1) 英語と加速度は説明本文にはないが他にあるもの．説明を多少前後させたところあり．2) 西暦，3) 和暦，4) 文献．出典で示す．
5) 石本博士が水平最大加速度との比較実験から，0.5, 2.0, 8.0, 32.0, 128.0, 512.0 gal を震度(Ⅰ～Ⅵ)の下限としたのが最初である．

2-3 震　度　9

表 2-3 B　気象庁震度階級関連解説表　この表は 1996 年 4 月 1 日から（震度 5，震度 6 の分割は 1996 年 10 月 1 日から）実施　　　　平成 8 年 2 月

震度は，地震動の強さの程度を表すもので，震度計を用いて観測します．この「気象庁震度階級関連解説表」は，ある震度が観測された場合，その周辺で実際にどのような現象や被害が発生するかを示すものです．この表を使用される際は，以下の点にご注意下さい．
(1) 気象庁が発表する震度は，震度計による観測値であり，この表に記述される現象から決定するものではありません．
(2) 震度が同じであっても，対象となる建物，構造物の状態や地震動の性質によって，被害が異なる場合があります．この表では，ある震度が観測された際に通常発生する現象や被害を記述していますので，これより大きな被害が発生したり，逆に小さな被害にとどまる場合もあります．
(3) 地震動は，地盤や地形に大きく影響されます．震度は，震度計が置かれている地点での観測値ですが，同じ市町村であっても場所によっては震度が異なることがあります．また，震度は通常地表で観測していますが，中高層建物の上層階では一般にこれより揺れが大きくなります．
(4) 大規模な地震では長周期の地震波が発生するため，遠方において比較的低い震度であっても，エレベーターの障害，石油タンクのスロッシングなどの長周期の揺れに特有な現象が発生することがあります．
(5) この表は，主に近年発生した被害地震の事例から作成したものです．今後，新しい事例が得られたり，建物，構造物の耐震性の向上などで実状と合わなくなった場合には，内容を変更することがあります．

計測震度	震度階級	人間	屋内の状況	屋外の状況	木造建物	鉄筋コンクリート造建物	ライフライン	地盤・斜面
0～0.5	0	人は揺れを感じない．						
0.5～1.5	1	屋内にいる人の一部が，わずかな揺れを感じる．						
1.5～2.5	2	屋内にいる人の多くが，揺れを感じる．眠っている人の一部が，目を覚ます．	電灯などのつり下げ物が，わずかに揺れる．					
2.5～3.5	3	屋内にいる人のほとんどが，揺れを感じる．恐怖感を覚える人もいる．	棚にある食器類が，音を立てることがある．	電線が少し揺れる．				
3.5～4.5	4	かなりの恐怖感があり，一部の人は，身の安全を図ろうとする．眠っている人のほとんどが，目を覚ます．	つり下げ物は大きく揺れ，棚にある食器類は音を立てる．座りの悪い置物が，倒れることがある．	電線が大きく揺れる．歩いている人も揺れを感じる．自動車を運転していて，揺れに気付く人がいる．				
4.5～5.0	5弱	多くの人が，身の安全を図ろうとする．一部の人は，行動に支障を感じる．	つり下げ物は激しく揺れ，棚にある食器類，書棚の本が落ちることがある．座りの悪い置物の多くが倒れ，家具が移動することがある．	窓ガラスが割れて落ちることがある．電柱が揺れるのがわかる．補強されていないブロック塀が崩れることがある．道路に被害が生じることがある．	耐震性の低い住宅では，壁や柱が破損するものがある．	耐震性の低い建物では，壁などに亀裂が生じるものがある．	安全装置が作動し，ガスが遮断される家庭がある．まれに水道管の被害が発生し，断水することがある．〔停電する家庭もある．〕	軟弱な地盤で，亀裂が生じることがある．山崩れで落石，小さな崩壊が生じることがある．
5.0～5.5	5強	非常な恐怖を感じる．多くの人が，行動に支障を感じる．	棚にある食器類，書棚の本の多くが落ちる．テレビが台から落ちることがある．タンスなど重い家具が倒れることがある．変形によりドアが開かなくなることがある．一部の戸が外れる．	補強されていないブロック塀の多くが崩れる．据付けが不十分な自動販売機が倒れることがある．多くの墓石が倒れる．自動車の運転が困難となり，停止する車が多い．	耐震性の低い住宅では，壁や柱がかなり破損したり，傾くものがある．	耐震性の低い建物では，壁，梁，柱などに大きな亀裂が生じるものがある．耐震性の高い建物でも，壁などに亀裂が生じるものがある．	家庭などにガスを供給するための導管，主要な水道管に被害が発生することがある．〔一部の地域でガス，水道の供給が停止することがある．〕	
5.5～6.0	6弱	立っていることが困難になる．	固定していない重い家具の多くが移動，転倒する．開かなくなるドアが多い．	かなりの建物で，壁のタイルや窓ガラスが破損，落下する．	耐震性の低い住宅では，倒壊するものがある．耐震性の高い住宅でも，壁や柱が破損するものがある．	耐震性の低い建物では，壁や柱が破壊するものがある．耐震性の高い建物でも，壁，梁，柱などに大きな亀裂が生じるものがある．	家庭などにガスを供給するための導管，主要な水道管に被害が発生する．〔一部の地域でガス，水道の供給が停止し，停電することもある．〕	地割れや山崩れなどが発生することがある．
6.0～6.5	6強	立っていることができず，はわないと動くことができない．	固定していない重い家具のほとんどが移動，転倒する．戸が外れて飛ぶことがある．	多くの建物で，壁のタイルや窓ガラスが破損，落下する．補強されていないブロック塀のほとんどが崩れる．	耐震性の低い住宅では，倒壊するものが多い．耐震性の高い住宅でも，壁や柱がかなり破損するものがある．	耐震性の低い建物では，倒壊するものがある．耐震性の高い建物でも，壁や柱が破壊するものがかなりある．	ガスを地域に送るための導管，水道の送水施設に被害が発生することがある．〔一部の地域で停電する．広い地域でガス，水道の供給が停止することがある．〕	
6.5～	7	揺れにほんろうされ，自分の意志で行動できない．	ほとんどの家具が大きく移動し，飛ぶものもある．	ほとんどの建物で，壁のタイルや窓ガラスが破損，落下する．補強されているブロック塀も破損するものがある．	耐震性の高い住宅でも，傾いたり，大きく破壊するものがある．	耐震性の高い建物でも，傾いたり，大きく破壊するものがある．	〔広い地域で電気，ガス，水道の供給が停止する．〕	大きな地割れ，地すべりや山崩れが発生し，地形が変わることもある．

＊ライフラインの〔　〕内の事項は，電気，ガス，水道の供給状態を参考として記載したものである．

表2-3C 気象庁震度階級関連解説表 この表は2009年3月31日から実施

使用にあたっての留意事項

(1) 気象庁が発表する震度は、原則として地表や低層建物の一階に設置した震度計による観測値です。この資料は、ある震度が観測された場合、その周辺で実際にどのような現象や被害が発生するかを示すもので、それぞれの震度に記述される現象から震度が決定されるものではありません。

(2) 地震動は、地表や地形・地盤によって大きく影響されます。震度は震度計が置かれている地点での観測値であり、同じ市町村であっても場所によって震度が異なることがあります。また、中高層建物の上層階では一般に地表より揺れが大きくなるなど、同じ建物の中でも、階によって揺れの強さが異なります。

(3) 震度が同じであっても、地震動の振幅(揺れの大きさ)、周期(揺れが繰り返す時の1回あたりの時間の長さ)及び継続時間などの違いや、対象となる建物や構造物の状態、地盤の状況により被害は異なります。

(4) この資料では、ある震度が観測された際に発生する現象や被害の中で、比較的多く見られるものを記述しており、これより大きな被害が発生したり、逆により小さな被害にとどまる場合もあります。また、それぞれの震度階級で示されている全ての現象が発生するわけではありません。

(5) この資料は、主に近年発生した被害地震の事例から作成したものです。今後、5年程度で定期的に内容を点検し、新たな事例が得られたり、建物・構造物の耐震性の向上等により実状と合わなくなった場合には変更します。

震度	人の体感・行動	屋内の状況	屋外の状況	木造建物(住宅) 耐震性が高い	木造建物(住宅) 耐震性が低い	鉄筋コンクリート造建物 耐震性が高い	鉄筋コンクリート造建物 耐震性が低い	地盤の状況	斜面等の状況
0	人は揺れを感じないが、地震計には記録される。	―	―	―	―	―	―	―	―
1	屋内で静かにしている人の中には、揺れをわずかに感じる人がいる。	―	―	―	―	―	―	―	―
2	屋内で静かにしている人の大半が、揺れを感じる。眠っている人の中には、目を覚ます人もいる。	電灯などのつり下げ物が、わずかに揺れる。	―	―	―	―	―	―	―
3	屋内にいる人のほとんどが、揺れを感じる。歩いている人の中には、揺れを感じる人もいる。眠っている人の大半が、目を覚ます。	棚にある食器類が音を立てることがある。	電線が少し揺れる。	―	―	―	―	―	―
4	ほとんどの人が驚く。歩いている人のほとんどが、揺れを感じる。眠っている人のほとんどが、目を覚ます。	電灯などのつり下げ物は大きく揺れ、棚にある食器類は音を立てる。座りの悪い置物が、倒れることがある。	電線が大きく揺れる。自動車を運転していて、揺れに気付く人がいる。	―	―	―	―	―	―
5弱	大半の人が、恐怖を覚え、物につかまりたいと感じる。	電灯などのつり下げ物は激しく揺れ、棚にある食器類、書棚の本が落ちることがある。座りの悪い置物の大半が倒れる。固定していない家具が移動することがあり、不安定なものは倒れることがある。	まれに窓ガラスが割れて落ちることがある。電柱が揺れるのがわかる。道路に被害が生じることがある。	―	壁などに軽微なひび割れ・亀裂がみられることがある。	―	―	電裂や液状化が生じることがある。	落石やがけ崩れが発生することがある。
5強	大半の人が、物につかまらないと歩くことが難しいなど、行動に支障を感じる。	棚にある食器類や書棚の本で、落ちるものが多くなる。テレビが台から落ちることがある。固定していない家具が倒れることがある。	窓ガラスが割れて落ちることがある。補強されていないブロック塀が崩れることがある。据付けが不十分な自動販売機が倒れることがある。自動車の運転が困難となり、停止する車もある。	―	壁などにひび割れ・亀裂がみられることがある。	―	壁、梁(はり)、柱などの部材に、ひび割れ・亀裂が入ることがある。	地割れが生じることがある。	がけ崩れや地すべりが発生することがある。
6弱	立っていることが困難になる。	固定していない家具の大半が移動し、倒れるものもある。ドアが開かなくなることがある。	壁のタイルや窓ガラスが破損、落下することがある。	壁などに軽微なひび割れ・亀裂がみられることがある。	壁などにひび割れ・亀裂が多くなる。壁などに大きなひび割れ・亀裂が入ることがある。瓦が落下したり、建物が傾いたりすることがある。倒れるものもある。	―	壁、梁(はり)、柱などの部材に、ひび割れ・亀裂が多くなる。	地割れが生じることがある。	がけ崩れや地すべりが発生することがある。

2-3 震 度

6強	立っていることができず、はわないと動くことができない。揺れにほんろうされ、動くこともできず、飛ばされることもある。	固定していない家具のほとんどが移動し、倒れるものが多くなる。	壁のタイルや窓ガラスが破損、落下することがある。補強されていないブロック塀のほとんどが崩れる。	壁などに大きな亀裂・ひび割れが見られることがある。壁、梁（はり）、柱などの部材に、斜めやX状のひび割れ・亀裂がみられることがある。1階あるいは中間階の柱が崩れ、倒れるものがある。	壁、梁（はり）、柱などの部材に、斜めやX状のひび割れ・亀裂がさらに多くなる。1階あるいは中間階の柱がさらに崩れ、倒れるものが多くなる。	大規模な地割れが生じることがある。大規模な崩壊や山体の崩壊が発生することがある。
7		固定していない家具のほとんどが移動したり倒れたりし、飛ぶこともある。	壁のタイルや窓ガラスが破損、落下する建物がさらに多くなる。補強されているブロック塀も破損するものがある。	壁、梁（はり）、柱などの部材のひび割れ・亀裂がさらに多くなる。1階あるいは中間階の柱が崩れ、倒れるものがさらに多くなる。	壁、梁（はり）、柱などの部材に、斜めやX状のひび割れ・亀裂がさらに多くなる。1階あるいは中間階が変形し、まれに傾くものがさらに多くなる。	
(注)				(注1) 木造建物（住家）の耐震性は、建築年代の新しいものほど耐震性が高い傾向にあり、概ね昭和56年（1981年）以前は耐震性が低く、昭和57年（1982年）以降には耐震性が高い傾向にある。しかし、構造の配置や耐震壁のバランスにより耐震性が異なることがあるため、必ずしも建築年代が新しいというだけで耐震性の高低を判断することはできないものもある。耐震診断により把握することができる。(注2) この表における木造建物の被害は、地震の際の建物の周期の1～2秒の揺れに対して特に影響を受けるものであり、軟弱地盤等における揺れの増幅に注意が必要である。(注3) 大規模な地震の際には、平成20年（2008年）の岩手・宮城内陸地震のように、震度に比べて建物被害が少ない事例もある。	(注) 鉄筋コンクリート造建物では、建築年代の新しいものほど耐震性が高い傾向にあり、概ね昭和56年（1981年）以前は耐震性が低く、昭和57年（1982年）以降は耐震性が高い傾向にある。しかし、構造の配置や耐震壁のバランスにより耐震性が異なることがあるため、必ずしも建築年代が新しいというだけで耐震性の高低を判断することはできないものもある。既存建築物の耐震診断、耐震改修により、建物のひび割れ等の発生を軽減することができる場合もある。	※1 亀裂は、地割れと同じ現象であるが、規模の小さい地割れを亀裂として表記している。※2 地下水位が高い、ゆるい砂質地盤では、液状化が進行すると、地面から水や砂が噴き出す、地盤の沈下が起こる、構内や岸壁等に被害が発生したり、建物が沈下したり傾いたりすることもある。※3 大規模な盛土造成地では、大雨等により地盤が緩み、大雨の場合に地すべり的な崩壊が発生することがある。地形によっては天然ダムが形成されることもある。また、崩壊土砂などが土石流化することもある。

●ライフライン・インフラ等への影響

ガス供給の停止	安全装置のあるガスメーター（マイコンメーター）では震度5弱程度以上の揺れで遮断装置が作動し、ガスの供給を停止する。さらに揺れが強い場合には、安全のためガス供給が広域で停止することがある。
断水、停電の発生	震度5弱程度以上の揺れがあった地域では、断水、停電が発生することがある。
鉄道の停止、高速道路の規制等	震度4程度以上の揺れがあった場合には、鉄道、高速道路などで、安全確認のため、運転見合わせ、速度規制、通行規制が、各事業者の判断によって行われる。（安全確認のための基準は、事業者や地域により異なる。）
電話等通信の障害	地震災害の発生時、揺れの強い地域やその周辺の地域において、電話・インターネット等による安否確認、見舞い、問合せ等が増加し、電話等がつながりにくい状況となることがある。そのための対策として、震度6弱程度以上の揺れが起こった地域などに災害用伝言ダイヤルや災害用伝言板などの提供が行われる。
エレベーターの停止	地震管制装置付きのエレベーターは、震度5弱程度以上の揺れがあった場合、安全のため自動停止する。運転再開には、安全確認などのため、時間がかかることがある。

※震度6強程度以上の揺れとなる地震があった場合には、広い地域で、ガス、水道、電気の供給が停止することがある。

●大規模構造物への影響

長周期地震動による超高層ビルの揺れ	超高層ビルは固有周期が長いため、固有周期が長い地震動に対して共振しやすい状況となり、ゆっくりとした揺れが長く続き、揺れが大きい場所では、固定の弱いOA機器などが大きく移動し、人も固定していない家具とともに揺れに合わせて大きく移動することがある。
石油タンクのスロッシング	長周期地震動により石油タンクのスロッシング（タンク内の液体の液面が大きく揺れる現象）が発生し、石油がタンクから溢れ出たり、火災などが発生したりすることがある。
大規模空間を有する施設の天井等の破損、脱落	体育館、屋内プールなど大規模空間を有する施設では、建物の柱、壁など構造自体に大きな被害を生じない程度の地震動でも、天井などが大きく揺れたりして、破損、脱落することがある。

※規模の大きな地震が発生した場合、長周期の地震波が発生し、震源から離れた遠方まで到達して、平野部では地盤の固有周期に応じて長周期の地震波が増幅され、継続時間も長くなることがある。

2–4 震央分布図

本書に採録した番号付きの地震で，震央位置が求まっているものを5枚の図（見返しと巻末）にまとめた．明治6（1873）年から2012年までの全震央を集約したものと，年代別に，明治5（1872）年以前，1873年から1950年まで，1951年から2000年まで，2001年以後と分けたものである．北米や南米の地震は割愛した．丸印の大きさは規模による．地震の番号は使わず，各地震の起きた西暦年を示してある．この5枚の図を見ると，日本中，隙間なく，被害地害に見舞われていることがわかる．しかも，太平洋上のものは規模が大きく，日本海側のものは，やや規模が小さく，内陸では条件が悪いと，小さい地震でも被害の出ていることが理解される．また，明治以後を考えると，平均して1年に4.3回の被害地震がある．対策が重要となるゆえんである．

2–5 基本公式

この節に記す公式については宇津徳治『地震活動総説』（1999，東京大学出版会）に詳しい解説がある．

地震の規模と密接な関係があるおもな量の関係式を示す．

$$\log E \text{（エルグ）} = 1.5M + 11.8 \tag{2-1}$$

M は地震の規模．E はエルグ単位で示した波動エネルギー．これから，規模が1ふえるとエネルギーは約32倍，2ふえると1,000倍になることがわかる．規模が6だと $E = 6.3 \times 10^{20}$ エルグとなり，これは広島型原爆のエネルギー 8×10^{20} エルグにほぼ等しい．

$$\begin{aligned}
\log S_{\text{IV}} &= 0.82M - 1.0 & \text{勝又ほか [1971]} \\
\log S_{\text{V}} &= M - 3.2 & \text{村松 [1969]} \\
\log S_{\text{VI}} &= 1.36M - 6.66 & \text{村松 [1969]}
\end{aligned} \tag{2-2}$$

たとえば S_V は震度V以上の地域の面積で単位は km^2．この地域は円形になるとは限らない．もし，円形と仮定して，その半径を r（単位 km）とすると，

$$\begin{aligned}
\log r_{\text{IV}} &= 0.41M - 0.75 \\
\log r_{\text{V}} &= 0.5M - 1.85 \\
\log r_{\text{VI}} &= 0.68M - 3.58
\end{aligned} \tag{2-3}$$

となる．

$$\begin{aligned}
\log A &= 0.93M_0 - 3.18 & \text{海の地震} & \text{ 宇津ほか [1955]} \\
&= M_0 - 4.1 & \text{陸の地震} & \text{ Utsu [1969]} \\
&= M_0 - 3.7 & \text{全体} & \text{ Utsu [1969]}
\end{aligned} \tag{2-4}$$

A は余震域の面積で単位は km^2．M_0 は主震の規模．規模が1ふえると面積は10倍になる．

$$\tilde{D}_1 = 5.0 - 0.5M_0 \quad M_0 \geq 6 \quad \text{Utsu [1969]} \tag{2-5}$$

$\tilde{D}_1$ は $D_1 = M_0 - M_1$ の中央値．M_1 は最大余震の規模．したがって $M_0 = 8$ なら $\tilde{D}_1 = 1$，$M_0 = 6$ なら $\tilde{D}_1 = 2$ となる．余震の規模は主震よりも平均して1以上小さいことになる．エネルギーにすれば1/30以下となる．余震を必要以上に恐れることはない．この式による D_1 の値のばらつきは大きい．

$$\log \tilde{t}_1 = 0.5\,M_0 - 3.5 \quad M_0 \geq 6 \quad \text{Utsu [1969]} \tag{2-6}$$

$\tilde{t}_1$ は主震から最大余震が起きるまでの時間間隔の中央値で単位は日．$M_0=8$ なら $\tilde{t}_1=3.2$ 日，$M_0=7$ なら $\tilde{t}_1=1.0$ 日となる．

$$\log S = 1.07\,M_0 - 4.12 \quad \text{Hatori [1969]} \tag{2-7}$$

S は津波の波源域の面積で km^2 単位．この式は三陸沖の地震で深さ 40 km 未満のものに当てはまる．余震域の式とくらべると，規模が同じなら余震域と波源域の広さはほぼ等しいことが理解できる．

また，

$$m = 3.03\,M - 21.73 \quad \text{羽鳥 [1995]} \tag{2-8}$$

m は羽鳥の津波マグニチュード，M は地震のマグニチュードを示す．

$$\log r = 0.51\,M_0 - 2.27 \quad \text{檀原 [1966]} \tag{2-9}$$

r の単位は km．r は内陸の地震で地殻変動が認められた地域の広さを示す．必ずしも半径とは限らない．

$$\log l = 0.6\,M - 2.9 \quad \text{松田 [1975]} \tag{2-10}$$

$$D = l/10000 \quad \text{松田ほか [1980]}$$

l は断層の長さで km 単位．D は断層面における上下および水平方向の最大ずれ量のうちの大きいほう．

$$\log n(M) = a - b\,M \tag{2-11}$$

a, b は定数．$n(M)$ は規模が M である地震の回数．b の値は場所により，あるいは地震の種類や深さにより異なるが，日本ではおおよそ 0.93〜1.07 で，ほぼ 1 と見なせる．いいかえれば，規模が 1 小さくなると，地震数は約 10 倍になる．

2-6 参考文献

各種の史料や資料，およびそれを見やすい形にとりまとめたもののうち，本書を編むについて参考にしたものとして次の文献がある．

青森地方気象台，1970：青森県 60 年間の異常気象（1901〜1960），気象庁技術報告，第 73 号．
秋田地方気象台，1970：秋田県 60 年間の異常気象（1901〜1960），気象庁技術報告，第 70 号．
宇佐美龍夫，1966：日本付近のおもな被害地震の表，地震研究所彙報，44, 1571-1622．
宇佐美龍夫，1973：関東地方の古い地震々央位置の範囲，関東大地震 50 周年論文集，1-12．
宇佐美龍夫，1974：歴史的地震の震央位置について，地震研究所速報，No. 12, 1-29．
宇津徳治・関 彰，1955：余震区域の面積と本震のエネルギーとの関係，地震 II, 7, 233-240．
Utsu, T., 1969: Aftershocks and earthquake statistics (I) —Some parameters which characterize an aftershock sequence and their interrelations, *J. Fac. Sci., Hokkaido Univ.*, Series VII, 3, 129-195.
宇都宮地方気象台，1968：栃木県 60 年間の異常気象（1901〜1960），気象庁技術報告，第 64 号．
大森房吉，1920：本邦大地震概表，震災予防調査会報告，No. 88(2)．
勝又 護，1952：最近の顕著な地震の表，験震時報，16(2), 83-97．
勝又 護，1962：最近の顕著な地震の表（1951 年〜1960 年），験震時報，26, 129-133．
勝又 護・徳永規一，1971：震度 IV の範囲と地震の規模および震度と加速度の対応，験震時報，36, 89-96．
神沼克伊・岩田孝行・茅野一郎・大竹政和，1973：図説日本の地震，地震研究所速報，No. 9.

気象庁, 気象要覧（月刊）.
気象庁, 地震月報（月刊）.
気象庁, 1958：日本付近の主要地震の表（1926年～1956年), 地震月報, 別刷1.
気象庁, 1966：日本付近の主要地震の表（1957年～1962年), 地震月報, 別刷2.
気象庁, 1968：日本付近の主要地震の表（1963年～1967年), 地震月報, 別刷3.
気象庁, 1968：地震観測指針（参考篇）.
気象庁, 1972：日本付近の地域別地震表（昭和36年～昭和45年), 地震月報, 別刷4.
札幌管区気象台, 1962：1611～1960年の北海道における地震活動, 気象庁技術報告, 第20号.
仙台管区気象台, 1967：宮城県60年間の異常気象（1901～1960), 気象庁技術報告, 第56号.
竹花峰夫, 1935：自大正8年至昭和9年本邦大地震概表. 験震時報, 8, 179-194.
田山 実, 1904：大日本地震史料, 震災予防調査会報告, No. 46, 甲, 乙, 1-606, 1-595.
檀原 毅, 1966：松代地震に関連した地殻の上下変動, 測地学会誌, 12, 18-45.
中央気象台, 1885～1910：明治18～43年中央気象台地震報告.
中央気象台, 1952：日本附近におけるおもな地震の規模表（1885年～1950年), 地震観測法, 付録12.
中央気象台地震課地震普及会, 1954：日本列島附近の地震災害概表, No. 1, 1886～1912.
東京天文台, 1986：理科年表（昭和61年版), 丸善.
徳永規一・勝又 護, 1971：最近の顕著な地震の表（1961年～1970年), 験震時報, 36, 97-107.
Hatori, T. 1969: Dimensions and geographic distribution of tsunami sources near Japan, *B. E. R. I.*, **47**, 185-214.
羽鳥徳太郎, 1974：東海・南海道沖における大津波の波源, 地震Ⅱ, 27, 10-24.
羽鳥徳太郎, 1995秋：日本近海における津波マグニチュードの特性, 地震学会講演予稿集, B42.
羽鳥徳太郎, 1996：日本近海における津波マグニチュードの特性, 津波工学研究報告, 東北大学工学部, No. 13, 17-26.
福島地方気象台, 1968：福島県60年間の異常気象（1901～1960), 気象庁技術報告, 第65号.
松田時彦, 1975：活断層から発生する地震の規模と周期について, 地震Ⅱ, 28, 269-283.
松田時彦・山崎晴雄・中田高・今泉俊文, 1980：1896年陸羽地震の地震断層, 地震研究所彙報, 55, 795-855.
武者金吉, 1941～43：増訂大日本地震史料, 第1～第3巻, 文部省震災予防評議会.
武者金吉, 1949：日本地震史料, 毎日新聞社.
武者金吉, 1950～53：日本及び隣接地域大地震年表, 震災予防協会.
村松郁栄, 1969：震度分布と地震のマグニチュードとの関係, 岐阜大学教育学部研究報告, 自然科学, 4, 168-176.
山形地方気象台, 1972：山形県60年間の異常気象（1901～1960), 気象庁技術報告, 第82号.

また，次のように大地震の調査報告も気象庁から出版されている．

えびの地震, 1969：気象庁技術報告, 第69号.
1968年十勝沖地震, 1969：気象庁技術報告, 第68号.
チリ地震津波, 1961：気象庁技術報告, 第8号.
新潟地震, 1965：気象庁技術報告, 第43号.
松代群発地震, 1968：気象庁技術報告, 第62号.

また，次のものもたいへん参考になった．

福岡管区気象台, 1970：福岡管区気象台要報, 第25号.
松澤武雄, 1950：地震学, 角川書店.
Matuzawa, T., 1964：*Study of Earthquakes*, Uno-shoten.
三浦武亜, 1964：気象庁震度の変遷, 測候時報, 31, 134-138.
渡辺偉夫, 1998：日本被害津波総覧［第2版］, 東京大学出版会.

いろいろな地震の調査報告は，『震災予防調査会報告』，『地震』第1，第2輯，『験震時報』，

『気象集誌』，『地震研究所彙報』，『地震研究所速報』，『歴史地震』など，各種の定期刊行物や，大地震についての特殊出版物に載っている．こういう報告類を索引風にまとめた便利なものとして次の文献がある．

　　宇佐美龍夫・津野潤三，1969：大地震調査報告文献集，地震研究所彙報，47，271-394．

　地震および地震災害に関する単行本はきわめて多い．とくに地震防災については，消防庁や自治体が出している小冊子によいものがある．

　また，日本における地震学の歴史を取り扱ったものも参考になる．

　　宇佐美龍夫，1967：日本の地震および地震学の歴史，地震Ⅱ，20(4)，1-34．
　　藤井陽一郎，1967：日本の地震学，紀伊国屋書店．

　また，最近のものとしては以下のものを参照した．

　　宇津徳治，1999：地震活動総説，東京大学出版会．
　　萩原尊禮編著，1982：古地震——歴史資料と活断層からさぐる，東京大学出版会．
　　萩原尊禮編著，1989：続古地震——実像と虚像，東京大学出版会．
　　萩原尊禮編著，1995：古地震探究——海洋地震へのアプローチ，東京大学出版会．
　　歴史地震研究会，1987～：歴史地震，第3巻～．

3
被害地震総論

　第4章の各論をもとに，日本の被害地震について，種々の側面からの概括が可能である．本章では，主として地震現象としての側面および被害面からの概括を行う．

3-1　被害地震の統計

　表3-1は西暦590年以降，10年ごとの被害地震数である．外国の地震も数に入れる．「全国」はこれらすべての地震の和である．第4章の地震のうち，無番号のものは除いた．表の(1)は畿内・大和・京都を意味する．表中の「江戸」は，たとえば震央の緯度・経度が江戸にあるもの，および主被害が江戸にあると見なされるものの意である．関東大地震（430番）は震央は小田原付近にあり，大被害は小田原・相模湾沿岸・横浜・東京にわたっているので，表の「鎌倉」・「江戸」の欄には含まれず，「全国」欄にのみ含まれる．また，たとえば，600年代のように表中に欠けている10年には該当する地震が記録されていない．

　この表から，(1)京都付近では590年代から被害地震の記録があるが，鎌倉付近では1210年代，江戸付近では1610年代になってやっと記録が現れる．(2)地震回数は年代が下がるにつれてふえること，とくに明治以後は著しくふえることの2点が読み取れる．これは，被害地震の記録が文化の発展段階に応じていることを示す．ちなみに鎌倉開府は1192年，江戸開府は1603年である．一般的には，東北に行くにつれて，記録の現れる時期がおくれる．東北地方についていえば，被害地震の諸相を概観できるのは江戸時代に入ってからのことになる．

　また，次のことがわかる．(3)京都付近では平安朝から江戸時代初期までは，かなり被害地震が多かったが，それ以後は回数が急減して今日に至っている（たとえば445番の地震は京都府の地震であるが，京都市は被害もなく，震央地域でもないので含まない）．(4)江戸では1600年代の初期と1890〜1920年代に被害地震が多い．(5)全国的に見ると10〜14世紀は地震活動が低調である．古い時代についてはすべての地震が網羅されているとはいえない．落ちが多いので軽々な結論は下せないが，以上の(3)，(4)，(5)から地震活動には長い目で見た消長があると考えられる．もっと短い，数十年といった程度の消長については，第4章から読み取ってほしい．

　無番号の地震を除くと，599年から2012年までの1,414年間の被害地震数は965，明治以後のみでは145年間に623の被害地震となり，年平均は約4.3回である．最近63年間では総数364で年平均は5.8回となる．近年になるほど記録が整って，微小被害地震も漏れなく記録されるようになったからである．

表3-1 10年ごとの被害地震回数

年代(西暦)	(1)	鎌倉	江戸	全国	年代(西暦)	(1)	鎌倉	江戸	全国	年代(西暦)	(1)	鎌倉	江戸	全国
590～599	1			1	1290～1299		1		1	1710～1719				12
670～679				1	1310～1319	1			1	1720～1729				7
680～689				1	1320～1329				1	1730～1739			1	11
700～709				1	1330～1339				1	1740～1749	1			6
710～719				2	1350～1359	1			1	1750～1759	2			6
730～739				1	1360～1369	1			4	1760～1769			1	17
740～749				1	1400～1409				1	1770～1779				7
760～769				1	1420～1429	1			2	1780～1789			1	6
810～819				1	1430～1439				1	1790～1799			1	11
820～829	1			1	1440～1449	1			1	1800～1809				4
830～839				1	1450～1459				1	1810～1819			2	10
840～849				2	1460～1469	1			1	1820～1829				8
850～859	1			2	1490～1499	1			3	1830～1839	1		1	16
860～869				3	1500～1509				1	1840～1849			3	18
870～879				1	1510～1519	1			3	1850～1859			1	32
880～889	1			3	1520～1529		1		2	1860～1869				7
890～899	1			1	1550～1559				1	1870～1879				4
930～939	2			2	1570～1579	1			1	1880～1889			2	14
970～979	1			1	1580～1589				3	1890～1899			3	43
1020～1029				1	1590～1599	1			3	1900～1909			2	49
1030～1039				1	1600～1609				1	1910～1919			1	43
1040～1049	1			1	1610～1619	1		1	7	1920～1929			1	36
1070～1079	1			1	1620～1629			2	5	1930～1939				42
1090～1099	4			6	1630～1639			2	5	1940～1949				26
1170～1179	1			1	1640～1649			3	11	1950～1959			1	27
1180～1189	1			1	1650～1659				6	1960～1969				51
1210～1219		1		1	1660～1669	3			13	1970～1979				46
1220～1229		1		1	1670～1679			1	9	1980～1989			1	45
1230～1239		1		1	1680～1689			1	10	1990～1999				60
1240～1249	1	2		3	1690～1699			1	7	2000～2009			1	90
1250～1259		1		1	1700～1709			1	13	2010～2012				45

(1) 畿内・大和・京都

合　計　35　9　34　965

　表3-2 は各世紀ごとの規模別地震回数で，無番号の地震は統計から除いた．規模としては中央値を採用した．17世紀以後は半世紀ごと，20世紀は 1/4 世紀ごとの地震数が示されている．とくに，明治以前と以後を区別できるように，1867 年での区切を追加した．一般に規模が大きい地震ほど数が少ない（式(2-11)参照）．規模が 1 小さくなると地震数は約 10 倍になる．規模 8 以上の地震が日本付近に起これば，必ず被害を伴う．

　表3-2 から，規模 8 以上の被害地震数は 35，7 以上 8 未満は 173，6 以上 7 未満は 332 であり，それぞれ規模 8 以上の地震数の 10 倍，100 倍の 350，3,500 より少ない．これは規模は 7 以下になると被害を伴わない地震がふえることを意味する．わが国では太平洋上に地震が多く陸上に被害を及ぼすことが少ない．一般に，内陸の浅い地震なら，規模が 6 を越えると被害がある．規模 6 以上の地震は日本付近に，年間約 16～17 回くらいあるが，その大部分は洋上にあったり，震源が深いために被害を伴わない．条件が悪いと規模 6 以下の地震でも小被害を生ずる．松代地震（568 番）のときにも，規模 3.5 の地震で極微小被害が生じた例がある．また，被害を生ずる最大震央距離は，規模 7 の地震で 100 km，6 の地震で 40 km，5 の場合 20 km である．

表 3-2 規模別被害地震回数

西暦 \ M	$M<5$	$5\leq M<6$	$6\leq M<7$	$7\leq M<8$	$8\leq M$	不明	合計
500～599				1			1
600～699				1	1		2
700～799			1	3		2	6
800～899			5	7	2	1	15
900～999			2	1			3
1000～1099			3		2	5	10
1100～1199			1	1			2
1200～1299				3		5	8
1300～1399			4		1	3	8
1400～1499			4	3	1	2	10
1500～1599			5	4		5	14
1600～1649		2	13	6	1	7	29
1650～1699		4	12	8	1	20	45
1700～1749		5	18	4	3	19	49
1750～1799		6	11	13	1	16	47
1800～1849		7	22	7	1	19	56
1850～1867		1	14	9	2	11	37
1868～1899		15	25	15	2	6	63
1900～1924	2	38	44	23	2	1	110
1925～1949	5	21	40	18	2		86
1950～1974	11	28	39	16	7	1	102
1975～1999	17	59	38	11	2		127
2000～2012	28	53	37	14	3		135
計	63	239	338	168	34	123	965

表 3-3 津波の規模別回数

西暦 \ m	-1	0	1	2	3	4	不明	計
500～599								0
600～699			1					1
700～799							1	1
800～899			1	1	1			3
900～999								0
1000～1099			1	1				2
1100～1199								0
1200～1299			1					1
1300～1399					1			1
1400～1499			2		1			3
1500～1599			1	1				2
1600～1649			1	1	1	1		4
1650～1699		1	2	3				6
1700～1749			2		2	1	2	7
1750～1799		1	6	1	2	1		11
1800～1849				3				3
1850～1867				2	1			4
1868～1899	3	4	1	1	1	1		11
1900～1924	1	3	2	2	1			9
1925～1949	9	2	5	1	3		1	21
1950～1974	8	7	4	5	5			29
1975～1999	6	3	3	1	3		1	17
2000～2012	4		2	1	2	1		10
計	31	21	32	22	27	7	6	146

一方，被害を生ずる平均震央距離は，規模 7 の地震で 50 km，6 で 20 km，5 で 10 km である．

3-2 津波に関する統計

表 3-3 は津波の規模別回数表で，西暦年の区分は表 3-2 と同じである．たとえば m が 2～3 とか 2.5 は 3 とし，さらに，-2 は -1 に入れ，アンダーラインのあるものとないものがあるときには大きい方をとった．無番号の地震は除いた．津波の総回数は 146 回，明治以降の 145 年間の回数は 97 回で，その年平均は 0.67 回である．津波については，古いものには記録漏れが多いと思う．とくに規模［-1］については，江戸時代末期までに 1 つもないのはその定義から見てもうなずける．明治以後について見ると，規模［4］=2 回，［3］=15 回，［2］=11 回，［1］=17 回，［0］=19 回，［-1］=31 回と規模が小さくなるほど，回数がふえていて記録漏れは少ないといえる．一般に地震の規模が 6.3 以上になると津波を伴う．しかし，この場合，津波の規模［-1］で被害は伴わない．地震の規模が 7 になると，それに伴う津波の規模は［0］，または［1］くらいが多く，多少の被害が出る．地震の規模が 7¾ を越えると，これに伴う津波の規模は［2］以上となり，かなりの被害を生ずる．したがって，明治以後について見ると，規模［1］以上の多少の被害を伴うものは 43 回で，平均して 3 年に 1 回，また規模［2］以上のかなりの被害を伴うものは 26 回で約 6 年に 1 回の割合で生じていることになる．

上記の数の中には 1960 年のチリ地震津波（546 番）のように外国の地震によるものも含まれ

表 3-4 沿岸別津波回数

m	期間	北海道東南部	東北太平洋岸	関東	東海	紀伊	四国	九州	沖縄	日本海沿岸	瀬戸内海
$\geq[-1]$	江戸末期まで	5	14	8	6	14	6	7	5	7	2
	明治以降	30	38	15	12	10	10	17	6	16	0
$\geq[0]$	明治以降	21	29	13	8	10	8	9	6	9	1

る．外国地震による津波のうち日本沿岸に影響を及ぼしたおもなものは第4章のあとの付表2にまとめた．渡辺［1998］によると，この表のほかにもこういう地震がある．同氏によると，そういう地震は1586年のペルー沖の地震以来1996年までに47を数える．こういう地震の震源地は南米沖，アラスカ・アリューシャン，カムチャツカ・千島列島，フィリピン・インドネシアなどにある．そのうち南米のリマ以南，カムチャツカ，千島北部の地震による津波は日本沿岸にかなりの被害を及ぼす．また，南米リマ以北，アリューシャン列島東半部，フィリピンなどの地震による津波は日本に被害をもたらさない．

日本に津波をもたらした地震数は2012年までで62回となり，16世紀1回，17世紀2回，18世紀3回，19世紀4回，20世紀38回，21世紀14回で，地域別には南米沖22回，アラスカ・アリューシャン7回，カムチャツカ・千島9回，フィリピンその他24回である．

表3-4は，日本の沿岸を大きく11の沿岸域に分け，各沿岸域が何回津波の襲来を受けたかを示す．第4章の無番号のものは除いた．はじめの2行は，津波の規模が小さいものまで，すべての津波を含む．被害のない場合も入っている．第3行目には，津波の規模[-1]の場合は除いた．記録になくても，地震の規模や震央位置から津波があると想像される沿岸は，数に入れなかった．また，大きな津波になると1つの地震で多くの沿岸域に別々に加えられることがあるのはいうまでもない．江戸末期までの場合は記録不十分な場合もある．記録の確かな第3行について見ると，津波襲来回数がいちばん多いのは東北太平洋沿岸，ついで北海道南東海岸となり，西日本に行くに従って回数が減っている．九州がやや多いのは日向灘の地震のためである．太平洋沖の地震による津波は日本の太平洋岸の各地に，なんらかの痕跡を残している．

3-3 被害地震の地理的分布

見返しと巻末の5枚の図を参照のこと．地理的には東北に行くにつれて，地震の記録が整っている期間は短くなるので，実際には，この地方の地震数は，図より多いことを考慮しながら見てほしい．しかし，明治6年以降の図については，こういう心配はない．また，第4章の被害地震がすべて描かれているわけではない．震央の緯度・経度不明のものは除かれている．この点についても，明治6年以降のものについては心配ない．

この図は被害地震のみである．一般の地震活動の程度を調べるには，被害・無被害とか，有感・無感等にかかわりなく，ある規模以上のすべての地震を地図上に描くべきである．こういう図を描いてみると，わが国では北海道から東北地方を経て房総沖に達する太平洋上の地震活動が最も活発である．太平洋上では，伊豆七島，日向灘，紀伊・四国沖がこれに次ぐ．一方内陸で地震活動が最も活発なのは関東地方南部，とくに茨城県南西部と千葉県中部である．しかし，松代地震（568番）や新潟地震（562番），兵庫県南部地震（703番）のような群発性地震や

大地震があると，その前後の期間は，付近の地震活動が活発になるが，そういう地域も長い目で見るとき，地震活動は活発とはいえない．内陸の地震活動度は平均すると，関東以北の太平洋沖のそれに比して 1/10 あるいはそれ以下である．

こういう一般的傾向と，見返しと巻末の 5 枚の図とは差異が著しい．その違いは，内陸では，条件が悪ければ規模が小さくとも被害を生じるし，外洋ではかなり大きな地震でも陸上に被害をもたらさないことと関連がある．

見返しと巻末の図から，被害地震の中には地域的に "群れ" を作っているものが目立つ．たとえば，東京付近・小田原付近・遠州灘・紀伊四国沖・日向灘・金華山沖などはとくに顕著である．内陸では，長野盆地から直江津にかけての地域・信濃川下流域・日光付近・京都大阪付近・安芸灘伊予灘・岐阜県がある．日本海岸では，秋田山形県沿岸・石川福井県沿岸・京都府北部〜鳥取県沿岸がある．また，北海道から東北・関東の沖合は，内陸に比して地域的なまとまりはよくないが，大被害地震の生ずる地域として重要である．以上の "群れ" は数百年〜千年という長い期間を考えた場合の被害地震の "群れ" である．短期間を考えたときのものでもないし，一般の地震を考えたときのものでもないことに注意したい．京都市付近の被害地震活動が近年とみに減少したことは前述のとおりである．また，被害地震の少ない地方として，北海道北部および中央部・福島県東半部・群馬県・岡山県・四国内陸部などがある．しかし，こういう地方でも隣接地域に生じる大地震によって被害を受ける．

日本海および同沿岸の被害地震の規模はたかだか 7 どまりである．日本海中部地震（645 番）の規模 7.7 は例外的に大きい．日本海沿岸の各地は万遍なく過去数百〜千年の間に 1〜3 回くらい被害を受けている．これに比し内陸の被害地震には規模 6 以下のものも多く，通常は規模 7.5 どまりであるが，明治 24 年の濃尾地震（300 番）の 8.0 は例外的に大きい．内陸には過去に 10 回以上も被害を受けている土地や，ほとんど被害を受けていない地域が混在している．太平洋沖は規模 8 クラスの巨大地震の起きる海域であり，地震による被害もさることながら津波による被害が大きい．しかし，日向灘や福島・茨城沖には規模 8 クラスの地震は少ない．

3–4 被害地震の相似性と反復性

同じ "群れ" に属する地震は，互いに "同じ" または近くの地域に発生し，共通の性質をもつと考えられる．最も著しいのは表 3–5 に示す南海道沖の巨大地震である．この表から，(1) 南海道沖には約 100〜200 年ごとに規模 8 クラスの巨大地震がくり返して起こること，(2) 高知市街地の東方の地約 10 km^2 の広さのところが陥没し浸水すること，(3) 室戸岬が地震時に約 1〜2 m 隆起すること，(4) 湯の峰温泉の湧出が止まることなど，がわかる．とくに (2), (3), (4) の現象は史料に記録されていない場合もあるが，表 3–5 のすべての地震に当てはまる共通の性質と考えてよいと思われる．

最近の活断層研究によると，同じ断層は千年あるいはそれ以上の間隔をおいてすべる，つまり地震を生ずるという．しかし，1 本の断層の一部が動いて断層を生じ，引続いて（あるいは，かなりの年月をおいて）同じ断層の他の部分が動くこともある．いずれにしろ震源は断層面上あるいはそのごく近くになければならない．一方，歴史的な地震では，たとえ震央の緯度・経度が与えられていても，それにはかなりの誤差を含むので，地震が現存するどの断層に属する

表 3-5 歴史上の南海地震

番号	和暦	西暦	震央 北緯	震央 東経	規模	高知市の沈降面積・沈降量	室戸岬の隆起量	湯の峰温泉
003	天武13年 X 14	684 XI 29	32¾° N	133¾° E	8¼	10 km²		
026	仁和 3 VII 30	887 VIII 26	33.0	135.0	8¼			
039	康和 1 I 24	1099 II 22	33.0	135.5	8.2	>10 km²		
056	正平16 VI 24	1361 VIII 3	33.0	135.0	8.4			湧出止まる
084	慶長 9 XII 16	1605 II 3	33.0	134.9	7.9			
153	宝永 4 X 4	1707 X 28	33.2	135.9	8.4	20 km², 2 m>	1.5 m	湧出止まる
258	安政 1 XI 5	1854 XII 24	33.0	135.0	8.4	1～1.5 m	1.2 m	湧出止まる
509	昭和21 XII 21	1946 XII 21	33.03	135.62	8.0	15 km²	1.3 m	湧出激減

か同定が困難である．しかし，最近は断層の調査が進み，同一断層で複数回動いたことが確実なものも出てきている．

そこで"同じ"地域として，断層に代えて，地震域（勢力範囲あるいは巣）を考える．地震域として式（2-4）の余震域をとる．式（2-4）は海や陸の地震などによって異なる．おおよそ，規模8の地震の余震域は1辺が100～150 kmの正方形，7の地震では1辺30～45 km，6の地震では1辺10～15 kmの正方形の面積と同じである．宇津［1972］によると北海道南東沖は襟裳岬南西沖から色丹島沖にかけて6つの地震域に分けられる．各地震域の径は150 kmくらいで，各地震域には約百年の間隔で規模8クラスの巨大地震が起きている．この場合，余震域は規模8の地震が関与する面積で，互いに接しており，重複は少ない．

"同じ"地域を上述のように面積としてとらえると，次の組合せは，"同じ"地域の地震と考えられる．

承和8年（015番）と昭和5年（461番）の伊豆地震――間隔1,081年
天平17年（008番）と明治24年（300番）の美濃地震――間隔1,148年
仁和3年（――番）と弘化4年（248番）の信濃北部地震――間隔960年

これらの内陸の大地震は約1,000年間隔で反復している．

表3-5の各地震は同じ地域の地震と考えられる．また，

大宝元年（004番）と昭和2年（445番）の丹後の地震――間隔1,226年
天保4年（239番）と昭和39年（562番）の粟島近海の地震――間隔131年

の組は隣接地域の地震と考えられる．さらに小さい地震に目を向けると，

寛文5年（121番）と宝暦元年（185番）と弘化4年（249番）の上越市付近の地震――間隔85～96年
文久元年（278番）と明治33年（338番）と昭和37年（553番）と平成15年（767番）の宮城県北部の地震――間隔39～62年
享保16年（174番）と昭和31年（536番）の宮城県南部の地震――間隔225年

は，規模は小さいが，それぞれ同じ地域に起きた地震といえる．内陸地震については，一般に同じ地域に地震がくり返す間隔は数百年～千年と考えられているが，例外もあるらしい．

武者［1950～53］によると，宝永7年の因伯美3国にまたがる地震（156番）と宝永8年の同所の地震（157番）は，西暦でいうと1710年10月3日と4日，次いで約5.5ヵ月後の1711年3月19日に起きている．しかも，この3地震とも烈震であった．一方，昭和18年の鳥取地震

表 3-6 関東以西の洋上の巨大地震の系列

関　東　沖		東　海　沖		南　海　沖
				684 XI 29 (003番)
		1096 XII 17 (038番)	約2年 →	887 VIII 26 (026番)
				1099 II 22 (039番)
		1498 IX 20 (068番)		1361 VIII 3 (056番)
		1605 II 3 (084番)	同　日 →	1605 II 3 (084番)
1703 XII 31 (149番)	約4年 →	1707 X 28 (153番)	同　日	1707 X 28 (153番)
		1854 XII 23 (257番)	32時間	1854 XII 24 (258番)
1923 IX 1 (430番)	約21年 →	1944 XII 7 (506番)	約2年 →	1946 XII 21 (509番)

(501，503番) も，3月4日と5日，さらに約6ヵ月後の9月10日に地震が起きている．この2つのグループは震央位置にして約40km東西に離れているが，被害を伴うおのおの3つの地震の時間的な起こり方は非常によく似ている．これも隣接地域の地震と思われるが，注目すべき類似性の一例である．

巨大地震の時間的系列についても著しい例がある．表3-6がそれである．

この表によると，関東以西の太平洋上の巨大地震は，関東沖→東海沖→南海沖という移動が基本のように見える．この系列中に欠ける部分があるが，付表1の図A-1を参照すること．このうち，明瞭な東海沖→南海沖の系列は，約2年以内に引続いて起きている．これに比し，関東沖→東海沖の系列は，それほど明瞭ではない．時間間隔も4〜21年と一定していない．なお，この表では153番の地震は2つの地震と考えた．また，同日は同じ日の意味である．

日本海沿岸の地震の特徴として，地震の数時間前に，海が退いたという記録が目につく．地震の前に陸地が隆起したと考えられる．寛政4年の鯵ヶ沢地震（216番）では地震の5〜6時間前から汐が引いたという．享和2年の佐渡の地震（222番）では地震の数時間前から南西海岸が隆起した．明治5年の浜田地震（282番）では地震の5〜10分前に海水が退き，水深2mくらいのところまで露出したという．さらに昭和2年の北丹後地震（445番）でも，地震の約2時間半前に沿岸が1mあまり隆起したという．昭和14年の男鹿地震（494番）でも戸賀で地震の約3時間前に海水が高さにして約3m干退したという報告がある．

第4章の各論から，このほかにも，被害地震の地域的特質を見出すことは容易である．たとえば，伊豆七島には群発性の地震が発生する，信濃川下流域には被害範囲は狭いが，被害程度の大きな局発型の地震（447，547番）が目立つ，長野盆地には規模6くらいの小被害地震が多く，なかには群発性のものもある．安芸灘・伊予灘には規模7くらいの地震が数十〜100年の間隔をおいて生ずる，北海道留萌付近には極微小被害を生ずるような地震がまれにあるなど，枚挙にいとまがないほどである．

3-5　被害の種々相

表3-7は死者別の地震回数で，第4章の無番号の地震は除いてある．"多数"というのは記録に「死者多数」「死傷多し」「死傷者多し」などと書かれているものを含む．また，たんに「死あり」というのは死者不明に含めたものが多い．古記録の場合，震災地全体にわたっての調査

表 3-7 死者数別地震回数

西暦＼死者数	1～9	10～99	100～999	1,000～9,999	10,000～	不明	多数	計
500～599						1		1
600～699						1	1	2
700～799						5	1	6
800～899		1		1		7	6	15
900～999	1	1				1		3
1000～1099						10		10
1100～1199						1	1	2
1200～1299				1		7		8
1300～1399	1	1				6		8
1400～1499					1	6	3	10
1500～1599			1	1		10	2	14
1600～1699	6	5	5	4		50	4	74
1700～1799	15	8		4	3	65	1	96
1800～1867	3	9	5	6		70		93
1868～1899	5	3	3	1	1	50		63
1900～1949	25	12	2	7	1	149		196
1950～1999	21	7	3	1		197		229
2000～2012	13	3			1	118		135
計	90	50	19	26	7	754	19	965

記録のない場合が多い．また"不明"というのは，第4章の記述や規模から，死者数の推定ができないもの（含死者ゼロ）である．明治以降になると調査の結果も詳しく，正確になり，江戸期以前に比して信頼のおけるものとなる．統計的考察は明治以降の地震によるべきである．明治以降"不明"は死者ゼロである．明治以降のみを見ると，死者数10人未満（死亡ゼロを含む）の地震数は578，10人以上100人未満は25，100人以上1,000人未満は8，1,000人以上1万人未満は9，1万人以上は3で，このうち10万人を越えるのは関東大地震のみである．明治以後の被害地震数は，623でその90％が死者10人未満の地震である．死者100人以上を著しい被害と考えると，そういう地震は20回で約7年に1回の割合で起きていることになる．

以下にはわが国の地震災害のうち，火災・津波・山崩れ・噴砂水（液状化現象）によるものについて，簡単に言及する．わが国は古来木造家屋が多く，地震に火災を伴うことが多い．また，火災により被害が増大するといわれている．表3-8は明治以後の主要地震の死者1人当りの住家全壊数を示す．ゴシック体の番号は全半焼が全壊数の10％以上の地震である．表では原則として住家全壊数を取り上げたが，非住家を含むものや，「建物」という記載もあり必ずしも統一されていない．備考欄参照のこと．また，焼失家屋の非常に少ない場合にはそれを無視した．厳密には同一地震において焼失地域と非焼失地域との差をとるのが望ましいが，表3-8では地震全体について見ている．死者数・住家全壊数は第4章による．ゴシック体の番号のついている地震では死者1人当りの全壊住家数（$c=b/a$）は10以下のことが多い．例外は新潟地震・釧路沖地震・三陸はるか沖地震で，火災が発生してもそのときの条件（このときは昼間であった）によりcの値は必ずしも小さくならないことを示す．一方，火災がなくてもcの値が小さい場合がある．逃げる間もなく壊家に圧し潰されたり，山崩れに埋れたりした場合が多いと推定される．災害は火災によって増大されるが，状況によって著しく左右される．

表 3-8 死者1人当りの住家全壊数

地震番号	地震地名	死者数 (a)	住家全壊数 (b)	c=b/a	備考
282	浜田	552	4,531	8.2	
295	熊本	20	200	10.0	熊本県のみ
300	濃尾	7,273	142,177	19.5	「家屋」
308	東京	24	22	0.92	土屋・石造・煉瓦造を含む．東京府のみ
311	庄内	726	3,858	5.3	山形県のみ，土蔵・板蔵・社寺を含む．他に全焼2,148
317	陸羽	205	5,681	27.7	秋田県のみ，「家屋その他」，他に全焼32
331	紀伊半島	7	35	5.0	木ノ本・尾鷲
338	宮城県北部	13	44	3.4	
358	芸予	11	56	5.1	広島県のみ．非住家を含む
376	姉川	41	978	23.9	彦根の報告による
385	喜界島	7	418	59.7	
398	仙北	94	640	6.8	
427	千々石	26	195	7.5	
430	関東	105,385	128,266	1.2	焼失447,128．行方不明と死者の重複を除いた
435	丹沢	19	596*	31.4	*非住家<35を含む
438	但馬	465	1,733	3.7	焼失2,328（全・半潰の上焼失も含む）
445	北丹後	2,925	5,106*	1.8	*非住家<207を含む．全焼4,960（非住家<367を含む）
461	北伊豆	272	2,165	8.0	焼失74
466	西埼玉	16	76	4.8	
479	静岡	9	363	40.3	
494	男鹿	27	479	17.7	
503	鳥取	1,083	7,485	6.9	全半焼267
506	東南海	1,183	18,143	15.3	
507	三河	2,306	7,221	3.1	
509	南海	1,330	9,070	6.8	他に家屋流失1,451，同焼失2,598
515	福井	3,769	36,184*	9.6	*「全潰」．ほかに 焼失3,851
518	今市	10	290	29.0	
525	十勝沖	28	815	29.1	全半焼20
528	吉野	9	20	2.2	
547	関原	5	220	44.0	
553	宮城県北部	3	340	113.3	
562	新潟	26	1,960	75.3	他に全焼290
577	えびの	3	368	122.7	
580	十勝沖	52	673	12.9	
610	伊豆半島沖	30	134	4.5	他に全焼5
624	伊豆大島近海	25	96	3.8	
629	宮城県沖	28	648	23.1	
645	日本海中部	104	934	9.0	「建物」，うち津波による死者100名
653	長野県西部	29	13	0.45	「建物」
668	千葉県東方沖	2	16	8.0	
689	釧路沖	2	53	26.5	焼失11件（延焼せず）
692	北海道南西沖	230	601	2.6	焼失192棟
698	北海道東方沖	0	9	∞	火災1件（延焼せず）
701	三陸はるか沖	3	48	16.0	火災7件
703	兵庫県南部	6,432	104,906	16.3	全半焼7,459
750	芸予	2	48	24.0	
769	十勝沖	2	116	58.0	火災4件
778	中越	68	3,175	46.7	
785	福岡西方沖	1	144	144.0	
807	能登半島	1	686	686.0	
811	中越沖	15	1,331	88.7	火災1件（建物）
818	岩手・宮城内陸	23	30	1.3	火災4件（建物）
821	岩手沿岸北部	1	1	1.0	火災1件（建物），h=108 km
824	駿河湾	1	0	0.0	火災2件（建物）
841	東北太平洋沖	18,864	128,808	6.8	火災330件，被害はほとんど津波による
842	長野県北部	3	73	24.3	死者は避難中の関連死のみで倒壊によるものではない
852	長野県中部	1	0	0.0	
867	千葉県東方沖	1	0	0.0	

注）845，846番は死者と住家全壊の被害が発生したが，個別の全壊数不明のため除いてある．

わが国は四方海に囲まれているばかりでなく，津波を伴う巨大地震が洋上に多いという条件の下にあるので，古来津波による被害が多い．地震動による被害はほとんどなく，津波による被害のみが主であるような地震には，震源が陸地から遠く離れているものと，そもそも強いゆれを出さずに津波だけが大きいいわゆる津波地震とがある．明治以降では，明治29年（316番）・昭和8年（471番）および平成11年（841番）の三陸沖地震がその例である．その上，昭和35年のチリ地震（546番）の場合のように太平洋上の外国の地震によっても大被害を受けることがある．明治29年の場合は死者21,959人に達し，昭和8年の場合には死・不明計3,064人であった．津波の襲来を受ける地域は決まっている．また，津波は地震後早くて10分以内に，三陸沖の場合では30分以上を経てから沿岸に到達する．日本付近の地震ばかりでなく，全太平洋地域の地震について，津波予報組織ができているので，今後は少なくとも，津波による人命の損害は皆無にすることができるはずである．津波は家屋・船舶はいうまでもなく一木一草まで洗い流す．その様相は震動による災害地よりも悲惨である．津波は波高が陸上に浸水するほどでなくとも，養殖用のカキ・ノリのいかだを流すなどの被害をもたらす．小津波といっても油断はできない．また，最近は沿岸にコンビナートなどの施設が急増しているのでなおさらである．沿岸施設などによる環境の変化が，津波災害の様相にどのような変化を与えるかの予想はむずかしい．

また，わが国は平地に乏しく，山地が大半を占めている．内陸の大地震があれば，当然山崩れがあると思わねばならない．地震動に耐えて残った家でも，山崩れに埋没されればひとたまりもない．山崩れは不意に生じ，瞬時に人命を損うことが多いし，山崩れさえなければ被害が少なくてすんだという例も多い．昭和49年5月9日の伊豆半島沖地震（610番）もそうであった．弘化4年の善光寺地震（248番）では山崩れが4万ヵ所以上生じ，圧し潰された家や人命が非常に多い．その上，この地震では，崩れた土砂が川を塞ぎ，湖をつくった．のち，決壊して下流に洪水を起こした．古記録を精査すると，このような例はよくある．和銅8年の遠江地震（005番），天長7年の出羽地震（013番），慶長16年の会津地震（085番），天和3年の日光地震（135番），享保3年の伊那谷の地震（163番），安政5年の飛越地震（268番）などがおもなものである．明治以後では昭和24年の今市地震（518番）で山崩れが多かった．とくに川を塞いだという例は明治以後では長野県西部地震（653番），新潟県中越地震（778番），岩手宮城内陸地震（818番）などであるが，日本中至るところで，山崩れの可能性があることは忘れてはならない．山崩れの特殊な例として，関東大地震（430番）のときの根府川の山津波のような例もある．防災上，重要な課題である．

噴砂・噴水の現象は古記録に，枚挙にいとまのないほど多く発見される．この現象が大規模に生ずれば，新潟地震（562番）のような被害をもたらす．過去の噴砂水現象による顕著な被害が見当らないとはいえ，鉄筋コンクリート造もなく，人口密度も低い時代の噴砂水の記録から新潟地震の被害を予想することはむずかしい．文化の進展が被害の様相に与える変化の一例といえる．最近では昭和58年の日本海中部地震（645番），兵庫県南部地震（703番），東北地方太平洋沖地震（841番）で沿岸地域に液状化による被害が見られた．地震災害との関連上，重要な課題である．

[付表 1]
おもな地震考古学の成果一覧

　1988 年に地震考古学が生まれ，その上に急速に進展し，多くの成果が発表されるに至った．ここでは，すべての成果を網羅するのではなく，おもなものを表にまとめた．この表は，独立行政法人産業技術総合研究所の寒川旭博士の作成にかかる．第 4 章の（☆）印はこの付表を参照にしてほしいという意味である．

1) 地震番号：第 4 章の地震番号を示す．遺跡の地震跡と地震番号が一対一に対応しないときは，おもなもの 1 つを地震番号欄に記し，ほかの可能性のある地震番号を備考欄に記した．
2) 考古学の時代区分と西暦年との対応は，はっきりと決まっているわけではなく，最近では弥生時代のはじまりを数百年早くする説が有力になった．本書では下図に従って記述している．

3) 遺跡・断層・トレンチ名（所在地）：表題のとおり．
4) 地震跡の種類（推定発生時期）：液状化の痕跡で，液状化したもとの地層まで確認できた場合は「液状化跡」，噴砂・砂脈のみが認められた場合は「噴砂」または「砂脈」とした．その他「断層」「地すべり」「地割れ」などがある．推定時期は発掘調査から判明した上限と下限．
5) 備考：推定時期と遺跡地点・古文書の記述等を対比した上での一応の結論．この結論にはもちろんのこと，地震番号欄の地震も含まれる．「可能性」，「確実」とは，発見された地震跡が，第 1，第 2 欄に示す地震によるものであることの「可能性」，「確からしさ」を示す．

地震番号	地震発生年月日	遺跡・断層名（所在地）	地震跡種類（推定発生時期）	備考
	24000年前	・大竹断層トレンチ（山口県岩国市廿木）	断層（AT火山灰降下直後）	確実．さらに新しい時期（2000年前以前）にも活動
	9000年前	・大竹断層トレンチ（山口県玖珂町臼田）	断層に切られる地層と断層を覆う地層の年代がともに約9000年前	確実．廿木トレンチの2000年前以前の断層活動もこれと同時期か
	7500〜7000年前	・柳ケ瀬断層（滋賀県余呉町椿坂峠の北150〜400m）トレンチ	断層（アカホヤ火山灰降下前）	この断層の北部は10万年間活動していない可能性大
	7000年前頃	・阿久尻遺跡（茅野市金沢木舟）	地割れ（縄文早期末・アカホヤ火山灰降下直前）	
	〃	・郡家遺跡（神戸市東灘区御影町2丁目）	液状化跡（縄文早期末・アカホヤ火山灰降下前）	
	〃	・原口岡遺跡（鹿児島県吾平町）	液状化跡（縄文早期末・アカホヤ火山灰降下中）	鬼界カルデラの活動に伴う地震
	〃	・奥木場遺跡（枕崎市東鹿籠町）	液状化跡（縄文早期末・アカホヤ火山灰降下中）	
	7000〜6000年前	・アチャ平遺跡（新潟県朝日村大字三面）	噴礫を伴う液状化跡（縄文時代前期初頭）	
	〃	・段ノ原遺跡（福島県相馬市椎木字段ノ原）	地割れ跡（縄文時代前期前葉）	双葉断層の活動による可能性あり
	6000年前頃	・志高遺跡（舞鶴市字志高）	液状化跡（縄文前期）	
	〃	・中島ノ下遺跡（指宿市東方字中島ノ下）	亀裂（ピンク火山灰降下直後）	可能性あり．火山活動に伴う地震か
	〃	・第一東海自動車道遺跡群 No.35地点（神奈川県大井町）	地割れ（縄文前期）	地割れに土器がふせてあった．それ以後少なくとも2回の地震があったと考えられる
	5500年前以降	・多摩ニュータウン211遺跡（東京都多摩市）	液状化跡	
	5500年前頃	・上兵庫遺跡群Ⅴ地区（福井県坂井市坂井町上兵庫）	液状化跡（縄文時代中期初頭）	縄文時代中期前半の地層に覆われ，それ以前の地層を引き裂く
	5000年前頃	・荒神山遺跡（長野県諏訪郡湖南）	断層跡（縄文中期）	縄文時代中葉の住居跡を切り，中期後葉の地層に覆われる
	8000〜4000年前	・鹿野断層トレンチ（鳥取県鹿野町法楽寺）	断層	
	8400〜3800年前	・馬籠峠断層の露頭（岐阜県南木曾町一石栃）	断層	道路工事に伴う発見
	3000年前頃	国府津・松田断層帯 ・大井町金子トレンチ	地すべり（3500〜3000年前）	ほかに2000〜1000年前にもイベントあり
		・小田原市上曾我トレンチ	地割れ（古墳時代以前）	
		・小田原市曾我谷津トレンチ	断層（縄文中期〜弥生末）	弥生時代以降にも断層活動が推定される
		・小田原市国府津トレンチ	地割れ・地すべり（2900〜2800年前の縄文後期）	
	3000年前	富士川河口断層帯 ・大宮断層トレンチ（静岡県大宮市山本）	正断層	ほかに1万年〜3400年前にも活動あり
	5500〜2800年前	・津田江湖底遺跡（草津市下物町）	液状化跡（縄文中〜晩期）	
	3300〜3000年前	・北仰西海道遺跡（滋賀今津町）	液状化跡（縄文晩期前半代中頃）	
	4000年前以降	・天白遺跡（三重県嬉野町大字釜生田字天白）	液状化跡（縄文後期後半以後）	

付表1 おもな地震考古学の成果一覧

地震番号	地震発生年月日	遺跡・断層名(所在地)	地震跡種類(推定発生時期)	備考
	3300～3000年前	・下沖遺跡(三重県嬉野町宮野)	液状化跡(縄文晩期初頭)	
	3500～3000年前	・中央構造線(鳴門海峡)	断層(2500～3500 y.B.P注))	ソノプローブによる．5000～3500年前にも同イベントあり．ほかに8500～10000 y.B.Pの活動が認められる
		・中央構造線(紀淡海峡)	断層(3000～5200 y.B.P)	
	3000～2800年前	・酒波断層トレンチ(滋賀県マキノ町石庭)	地層変形	可能性あり
	3000～2400年前	・饗庭野断層トレンチ(滋賀県新旭町饗庭)	断層(2800～2400年前)	
		・饗庭野断層トレンチ(今津町弘川)	3730 y.B.P.以降	付近の800～1300年前の段丘面には変化がなかった
	3300～2800年前	・蔵田遺跡(津市納所町字蔵田)	液状化跡(縄文晩期)	
	2千数百年前	・石田遺跡(京都府向日市森本町)	液状化跡(縄文晩期中～末葉)	
	B.C.2世紀頃	・松林遺跡(高松市多肥上町)	液状化跡(弥生中期中頃)	最大径12cmの礫を含む砂礫層が液状化した．土器が噴礫の上に伏せてあったり，噴礫に立てかけてあった
	B.C.1世紀以降	・太田・黒田遺跡(和歌山市太田)	液状化跡(弥生中期後半以降)	
	7400～2000年前	・日奈久断層トレンチ(熊本県宮原町栴)	断層	日奈久断層の南部
	弥生時代前期以前	・八王子遺跡(愛知県一宮市大和町大字苅宮賀字古宮)	噴砂	
	B.C.5世紀後半頃	・田井中遺跡(大阪府八尾市田井中)	液状化跡(弥生Ⅰ期末頃)	古南海地震の可能性あり
	〃	・池島遺跡(東大阪市池島町)		
	〃	・志紀遺跡(八尾市志紀町)	溝跡に沿う地すべりと液状化跡	
	B.C.2～3世紀頃	・八夫遺跡(滋賀県中主町) ・襖遺跡(草津市御倉町)	液状化跡(弥生時代中頃)	最大径11cmの礫を含む砂礫層が液状化している
	B.C.2～3世紀	・津田江湖底遺跡(草津市下物町)	液状化跡(弥生Ⅱ期～Ⅲ期)	1cm前後の礫が多い砂礫層が液状化している
	B.C.200年前後	・針江浜遺跡(滋賀県新旭町針江沖)	液状化跡(弥生Ⅱ期末～Ⅲ期初)	紀元前200年前後に琵琶湖で発生した大地震による可能性大，湖岸の水没を伴う
	B.C.3世紀～A.D.1世紀	・湯ノ部遺跡(滋賀県中主町)	液状化跡(弥生Ⅱ～Ⅳ期)	
	B.C.1～2世紀	・正言寺遺跡(長浜市南田附町)	液状化跡(弥生Ⅲ期頃)	
	B.C.1世紀～A.D.4世紀	・北白川廃寺跡(京都府左京区北白川上終町)	砂脈(弥生～古墳)	
	B.C.200年前後	・原川遺跡(掛川市領家字原川)	液状化跡(弥生Ⅱ期末～Ⅲ期初)	古東海地震の可能性あり
	B.C.1世紀	・下内膳遺跡(洲本市下内膳)	液状化跡(弥生Ⅲ期末～Ⅳ期初)	ほかに，弥生時代Ⅴ期中頃の地震痕跡が少し見つかった．いずれも古南海地震の可能性大
	〃	・瓜生堂遺跡(東大阪市瓜生堂)	液状化に伴う地すべり跡(弥生Ⅲ期末～Ⅳ期初)	
	2000年前頃	・沓形遺跡(仙台市若林区荒井)	津波痕跡(弥生時代の水田を覆う)	太平洋海底のプレート境界から発生した巨大地震の可能性大

地震番号	地震発生年月日	遺跡・断層名（所在地）	地震跡種類（推定発生時期）	備考
	1～2世紀頃	・黒谷川宮ノ前遺跡（徳島県板野町犬伏字福田）	液状化跡（弥生Ⅴ期中頃）	古南海地震の可能性大
	〃	・黒谷川郡頭遺跡（徳島県板野市大寺字野神）	液状化跡およびこれを覆う焼失家屋（弥生Ⅴ期中頃）	
	1～3世紀前半頃	・鶴松遺跡（袋井市山科鶴松）	液状化跡（弥生Ⅴ期中頃～古墳時代初頭）	古東海地震の可能性大
	1～2世紀	・一時坂遺跡（諏訪市上諏訪）	断層跡（弥生時代後期）	弥生時代後期の住居跡が変位，この被害で廃絶した可能性大
	1～3世紀頃	・小阪遺跡（堺市平井（小阪・伏尾）地内）	液状化跡（弥生後期～古墳時代初頭）	2回のイベントがあった
	2000～1500年前	・野島断層梨本第4トレンチ（兵庫県北淡町梨本）	断層	
	2000～1700年前	・野島断層梨本第1～3トレンチ（兵庫県北淡町梨本）	断層	
	B.C. 90年～A.D. 390年	・金剛断層トレンチ（御所市名柄）	断層	
	2世紀頃	・部入道遺跡（石川県白山市部入道町）	液状化跡（弥生時代後期）	森本・富樫断層帯の最新活動で生じた可能性大
	〃	・森本断層トレンチ（金沢市梅田）	断層（弥生後期）	トレンチで見つかったのは副断層で，主断層も同時に活動したと考えられる
	3世紀前半頃	・黒谷川宮ノ前遺跡（徳島県板野町犬伏字福田）	液状化跡（弥生Ⅴ期末～古墳時代初頭）	古南海地震の可能性大
	〃	・志紀遺跡（八尾市志紀町）	一定方向への地層の急激な移動（弥生Ⅴ期末～古墳時代初頭）	
	〃	・下田遺跡（堺市下田町）	液状化跡（弥生Ⅴ期末～古墳時代初頭）	
	3世紀前半	・門間沼遺跡（愛知県木曾川町大字門間字沼）	噴砂（3世紀前半）	古東海地震の可能性あり
		・一色青海遺跡（愛知県稲沢市一色青海町）	噴砂（3世紀前半）	
	2000年前～奈良	・生駒断層トレンチ（四条畷市南野6丁目）	低角逆断層	
	2500～1500年前	・花折断層トレンチ（京都市左京区修学院月輪寺町）	断層（2500～1500 y.B.P.）	ほかに7800～7000 y.B.P. にも活動あり
	3600～1370年前	糸魚川・静岡構造線活断層系・下円井断層トレンチ（山梨県円野町戸沢）	断層	可能性大．ほかに7900～8400年前にも活動あり
	3世紀以後	・黒塚古墳（天理市柳本町）	石室側壁の石材の落下角度などから強い震動が考えられる（3～14世紀）	古南海地震などの可能性あり．鎌倉時代に盗掘が試みられた時に，側壁の一部はすでに崩れていた
	4世紀末頃	・坂尻遺跡（静岡県袋井市国本）	液状化跡（古墳時代前期末頃）	古東海地震の可能性大．この遺跡では白鳳南海地震に対応する東海地震の液状化跡も見つかる
	〃	・赤土山古墳（天理市櫟本町）	墳丘の地すべり跡（古墳時代前期末頃）	後円部の頂上付近の埴輪列が滑り落ちて埋積された．8世紀後半以降にも，地すべりが生じた．古南海地震の可能性あり
	5～6世紀	・郡家遺跡（神戸市東灘区御影中町2丁目）	地表の変形・噴砂（5世紀末～6世紀中頃）	
	〃	・住吉東古墳（神戸市東灘区住吉宮町）	液状化跡（5世紀末～6世紀中頃）	墳丘が噴砂で引き裂かれ直後の洪水堆積物に埋積されている

付表1 おもな地震考古学の成果一覧

地震番号	地震発生年月日	遺跡・断層名（所在地）	地震跡種類（推定発生時期）	備考
	〃	・新池遺跡（高槻市上土室1丁目）	埴輪窯の地すべり跡（5世紀末～6世紀中頃）	古南海地震の可能性あり
	6世紀前～中期	・三ッ寺II遺跡（群馬県群馬町三ッ寺）	地割れ，液状化跡（古墳時代後期）	榛名山の活動に伴う火山性地震，011番の地震による地割れも出土
	6世紀後半～7世紀前半			
	1500～1300年前	・日奈久断層トレンチ（熊本県宮原町梓）	断層	右横ずれ成分卓越，日奈久断層北部
002	679（筑紫地震）	筑後国府跡第64次調査（久留米市合川町）	断層跡（弥生時代後期終末～9世紀前半）	
	〃	筑後国府跡第97次調査（久留米市合川町）	液状化跡（7世紀後半～8世紀前半）	
	〃	・上津土塁（久留米市上津町）	土塁崩壊（液状化による地すべり跡）（7世紀前半～8世紀後半）	
	〃	・山川前田遺跡（久留米市山川町栗林）	断層跡（3回の活動がわかる，最新のものが7世紀後半）	この地震が水縄断層帯の活動によることが判明した
	〃	・古賀ノ上遺跡（福岡県三井郡北野町）	液状化跡（6世紀後半～8世紀後半）	
		・高良山神籠石（福岡県久留米市御井町高良山）	崩壊跡（7世紀中頃に耳納山地北縁に築造された遺構）	可能性大
		・庄屋野遺跡（久留米市安武町）	地割れ跡（弥生時代前期末の環濠を引き裂く）	可能性大
		・東鳥遺跡（久留米市安武町）	地割れ跡（弥生時代中期の住居床面を引き裂く）	可能性大
		・上岩田遺跡（福岡県小郡市上岩田）	上岩田廃寺金堂基壇の地割れ跡（7世紀後半で造営中の地震）	可能性大
—	（白鳳東海地震）	・坂尻遺跡（袋井市国本）	液状化跡（7世紀後半頃）	7世紀の住居跡が引き裂かれ，地震後に佐野郡衙が築かれた．
	〃	・元島遺跡（静岡県磐田市豊浜）周辺	津波痕跡（7世紀頃）	可能性大（このほか，026・038・068の津波痕跡も検出）
	〃	・川合遺跡（静岡市南沼上）	液状化跡（7世紀後半頃）	
	〃	・田所遺跡（一宮市田所）	液状化跡（7世紀後半頃）	古墳後期の水田を引き裂く
	〃	・大毛池田遺跡（一宮市大毛字池田）	液状化跡（古墳前期～後期）	
				古記録になし．しかし684年の南海地震に対応する東海地震の可能性大
003	684・11・29（白鳳南海地震）	・川辺遺跡（和歌山市川辺）	液状化跡（7世紀中期～8世紀初）	可能性大．中央構造線断層帯の活動も併せ考える要あり
		・両槻宮跡（奈良県明日香村岡）	地すべり・地割れ跡（7世紀後半）	可能性あり，斉明天皇が築いた石垣が崩壊
004	701・5・12（大宝丹後）	・志高遺跡（舞鶴市志高）	液状化跡（8世紀）	2km西の桑飼下遺跡でも，この地震によると思われる砂脈などが見られる
		・青野西遺跡（綾部市青野町）	液状化跡（古墳時代前期～平安中期）	可能性あり
007	8世紀頃	中央構造線断層帯（近畿）・根来断層トレンチ（紀の川市枇杷谷）	断層（7世紀以後で9世紀以前）	007番の地震の可能性あり
008	745・6・5	・地蔵越遺跡（愛知県稲沢市北市場八ツ割）	噴砂（奈良～平安前期）	可能性大
		・桑名断層	断層（8～10世紀，14世紀以降）	可能性大
		・養老断層	断層及撓曲崖（7～9世紀，14世紀以降）	

地震番号	地震発生年月日	遺跡・断層名（所在地）	地震跡種類（推定発生時期）	備考
009または014	8〜9世紀	糸魚川・静岡構造線断層帯		
		・神城断層トレンチ（長野県白馬村堀ノ内）	断層（1500年前以降）	約3000年前にも活動あり
		・松本盆地東縁断層トレンチ（大町市三日町）	断層（古墳時代以降〜平安時代以前）	
		・牛伏寺断層トレンチ（松本市中山など）	断層（960〜1640年 y.B.P.）	
		・下蔦木断層トレンチ（山梨県小渕沢村松本平）	断層（約1200年前以降）	4000〜5000年前と6000〜8000年前にも活動あり
011	818（関東諸国）	・筬井八日市遺跡（前橋市筬井町）	液状化跡（6世紀中頃〜1108年）	可能性大.
		・深谷バイパス遺跡G区（深谷市宮ケ谷戸）	液状化跡（古墳時代〜奈良・平安時代）	可能性大
		・今井白山遺跡（前橋市今井町）	液状化跡（6世紀〜9世紀前半）	可能性大. 5世紀の住居跡を引き裂き9世紀後半の住居跡に覆われる
		・瀬戸ヶ原遺跡（群馬県みどり市大間々町）	地割れ跡（6世紀中頃から9世紀後半）	可能性大. 地割れに榛名山二ツ岳軽石が混入し，この上に平安時代の住居が作られている
		・不二山遺跡（群馬県桐生市新里町）	地割れ跡（平安時代前期）	確実
		・砂田遺跡（群馬県桐生市新里町武井）	地割れと泥流（9世紀前半）	確実
		・西迎遺跡（群馬県前橋市粕川町深津）	地割れ跡（9世紀）	可能性大. 9世紀前半の住居跡を引き裂く
		・中原遺跡群（群馬県前橋市上増田町）	地割れ跡と水田を覆う洪水砂（9世紀）	確実
		・明神山遺跡（群馬県前橋市下大屋町）	地割れ跡（6世紀初頭〜平安時代末）	可能性大
		・柳久保遺跡（群馬県前橋市荒子町）	地割れ跡（8世紀後半以降）	可能性大. 住居跡を引き裂く
		・新川大屋H遺跡（群馬県桐生市新里町）	地割れ跡（平安時代前期）	可能性大
		・下田遺跡（群馬県吾妻郡東吾妻町）	地割れ跡（6世紀後半〜11世紀）	可能性大
013	830・2・3（出羽秋田）	・払田棚（秋田県仙北町）	建物倒壊跡（9世紀初頭〜約200年間）	この地震か016番の地震
		・秋田城跡（秋田市）	秋田城内の政庁の立て替え（9世紀第2四半期）	確実
—	6〜9世紀	・松原遺跡（長野市松代町東寺尾）	砂脈（奈良時代〜9世紀後半）	古記録になし，また長野盆地西縁の活断層系が約1000〜1500年前に活動したことが明らかになっている．先善光寺地震
	〃	・篠ノ井遺跡（長野市篠ノ井塩崎）	砂脈（1100〜1300年前）	
019	863・7・10（越中・越後）	・八幡林遺跡（新潟県長岡市島崎）	地割れ（9世紀中頃）	可能性大
		・釈迦堂遺跡（新潟県黒崎町木場字大南）	砂脈（9世紀後半）	2回のイベント．可能性大
		・下ノ西遺跡（新潟県長岡市小島谷）	流動変形（9世紀後半）	可能性あり（八幡林遺跡の南西1km）
		・野中土手付遺跡（新潟県加治川村野中）	砂脈（9世紀〜14・15世紀）	可能性あり
		・腰廻遺跡（新潟県笹神村山倉村）	砂脈・流動変形(8,9世紀〜12世紀前半)	可能性あり

付表1 おもな地震考古学の成果一覧

地震番号	地震発生年月日	遺跡・断層名（所在地）	地震跡種類（推定発生時期）	備考
020	868・7・13（播磨・山城）	・前田遺跡（新潟県笹神村山倉村）	マウント状堆砂・噴砂（9世紀後半）	可能性あり
		山崎断層帯		
		・大原断層トレンチ（岡山県英田郡大原町西町）	断層（910〜1260年 y.B.P.）	可能性大
		・安富断層トレンチ（兵庫県安富町安志）	断層（750〜1170年 y.B.P.）	可能性大
		・暮坂峠断層トレンチ（兵庫県山崎町川戸）	断層（900〜1410年 y.B.P.）	可能性大
		・草谷断層トレンチ（兵庫県稲美町草谷）	断層（1000〜1700年 y.B.P.）	可能性大
		・南通り遺跡（姫路市飾磨区中島）	液状化跡（平安初期〜中世）	8世紀前半の遺構を引き裂き16世紀の遺構に覆われている．可能性あり
021	869.7.13（貞観地震）	・多賀城跡（宮城県多賀城市市川城前）	政庁の修復と瓦の葺き替え（9世紀後半）	確実
		・市川橋遺跡（宮城県多賀城市中谷地）	東西大路の水害による破壊跡（9世紀後半）	可能性あり
026	887・8・26（仁和南海および東海地震）	・川端遺跡（徳島県板野町川端）	砂脈（9世紀以前）	可能性あり
		・敷地遺跡（徳島市国府町敷地）	砂脈（8世紀〜10世紀）	可能性あり
		・平城京大極殿（奈良市平城宮跡）	亀裂と敷石の食い違い（8世紀後半から9世紀）	可能性大
		・地蔵越遺跡（愛知県稲沢市北市場）	噴砂（平安時代前期の遺物包含層上に広がる）	可能性大
		・上土遺跡（静岡市葵区立石）	地すべり跡（Izkt 火山灰（838年）より少し後の年代）	可能性大
032	976・7・22（山城・近江）	・平安宮推定民部省跡（京都市上京区竹尾町通千本東入ル主税町）	築垣倒壊跡（976年）	
		・近江国庁跡（大津市大江3丁目）	第Ⅳ期整地層に大量の瓦礫が含まれる	確実．地震直後の整地，このためか第Ⅴ期の建物は貧弱である
	10世紀後半頃	・箸尾遺跡（奈良県広陵町箸尾）	液状化跡（10世紀後半頃）	
	10〜11世紀	・多肥北原西遺跡（高松市多肥上町）	噴礫（10〜11世紀）	長尾断層の活動による可能性大
	古墳〜中世	・凹原遺跡（高松市多肥下町）	液状化跡（3世紀〜16世紀）	
		・長尾断層トレンチ（香川県三木町氷上宮下）	逆断層（古墳時代以降とくに平安以降の可能性あり）	
039	1099・2・22（康和南海地震）	・瓜生堂遺跡（東大阪市岩田町）	液状化跡（11世紀末〜12世紀）	可能性大
042	1185・8・13（文治）	・苗鹿遺跡（滋賀県大津市苗鹿1丁目）	地割れ跡（古墳時代より後）	可能性大．堅田断層沿い（上盤側）の遺跡で古墳時代前期の住居跡が廃絶して埋まった後に引き裂かれた
		・塩津港遺跡（滋賀県西浅井町塩津）	社殿が（津波で）流された痕跡と砂脈（12〜13世紀）	可能性あり（051の地震の砂脈も含む可能性あり）
	1200年以降	・伊予断層トレンチ（愛媛県伊予市市場）	断層（1281-1955AD）	
		・岡村断層ジオスライサー（愛媛県新居浜市岸ノ下）	断層（1500年以降）	

34　3　被害地震総論

地震番号	地震発生年月日	遺跡・断層名（所在地）	地震跡種類（推定発生時期）	備考
	13世紀前半	・池田断層ジオスライサーおよびトレンチ（愛媛県伊予三島市中之庄町）	断層（13世紀以降）	
		・幸の木遺跡（愛媛県東予市周布）	液状化跡（12世紀～1854年）	
		・久枝遺跡（愛媛県東予市周布）	遺構面変形（13世紀～14世紀）	
		・八町I遺跡（愛媛県今治市八町）	液状化跡（13世紀以降）	
		・石津太神社遺跡（堺市浜寺石津町）	液状化跡（13世紀前半～中頃）	
	〃	・藤並遺跡（和歌山県吉備町）	液状化跡（13世紀頃）	南海地震の可能性あり
	〃	・川関遺跡（和歌山県東牟婁郡那智勝浦町字川関）	液状化跡（12世紀後半以降13世紀前半以前）	南海地震の可能性大．被災した倉庫を再建している
		・上土遺跡（静岡市葵区立石）	地すべり跡（鎌倉時代頃）	東海地震の可能性あり
048	1257・10・9（鎌倉）	・長谷小路周辺遺跡（鎌倉市由比ガ浜3丁目）	液状化跡（13世紀～14世紀前半）	可能性大（この地震には噴砂の古記録あり．049番の地震の可能性もある）
051	1325・12・5（近江北部）	・柳ケ瀬断層トレンチ南部（滋賀県余呉町椿坂）	断層（13～15世紀）	柳ケ瀬断層南部の可能性大
		・柳ケ瀬断層トレンチ中部（滋賀県余呉町椿坂峠）	断層（約7000年前）	
		・敦賀断層トレンチ（敦賀市内，黒河川上流の池の谷流域）	断層（13～15世紀）	可能性大．ただしこの断層の北部は最近約3万年間の活動は認められない
056	1361・8・3（正平南海地震）	・黒谷川宮ノ前遺跡（徳島県板野町犬伏）	液状化跡（14世紀）	可能性大
		・中島田遺跡（徳島市中島田町2丁目）	液状化跡（14世紀）	可能性大
		・カヅマヤマ古墳（奈良県高市郡明日香村大字真弓）	地すべり跡（14世紀頃）	可能性大，地すべりの前と後に行われた盗掘の年代から地震の年代を限定
		・門間沼遺跡（愛知県葉栗郡木曾川町）	液状化跡（14世紀）	1361年に対応する東海地震の可能性あり
		・大毛沖遺跡（愛知県一宮市大毛沖）	液状化跡（14世紀中頃）	
	14世紀以降	・長岡京跡（京都市・向日市・長岡京市）	液状化跡（3地点以上）	ほかに，2650年前，2100年前，古墳中期の8世紀末，8世紀末～14世紀にも地震跡あり
	〃	・砂山中道下遺跡（新潟県加治川村相馬）	噴砂（14・15世紀以降）	
	（明応南海地震）	・アゾノ遺跡（四万十市森沢）	液状化跡（15世紀末頃）	可能性大．噴砂は「配石遺構」を切っている．噴砂発生直後に集落が移転
		・舟戸遺跡（四万十市森沢）	地割れ群と液状化跡（15世紀末頃）	
		・中島田遺跡（徳島市中島田町2丁目）	液状化跡（15世紀末頃）	可能性大
		・宮ノ前・古城両遺跡（徳島県板野町犬伏）	液状化跡（15世紀末～16世紀初）	可能性大
		・瓜生堂遺跡（東大阪市岩田町）	液状化跡（15世紀後半）	可能性大

付表1 おもな地震考古学の成果一覧　35

地震番号	地震発生年月日	遺跡・断層名（所在地）	地震跡種類（推定発生時期）	備考
068	1498・9・20（明応東海地震）	・尾張国府跡（稲沢市国府宮）	砂脈（15世紀末頃）	可能性大．あるいは078番の地震による
		・元島遺跡（静岡県磐田郡福田町豊浜）	液状化跡（15世紀末）	可能性大
078	1586・1・18（天正地震）	・阿寺断層（岐阜県福岡町田瀬の林道沿い）	砂脈（1100〜1600年）	露頭．可能性あり．1つ前の活動は2970〜2760 y.B.P.
		・阿寺断層トレンチ（岐阜県山口村青野原地区）	液状化跡（400〜600年前）	可能性あり
		・阿寺断層トレンチ（同村伝田原地区）	断層に伴う地層の変形（1290〜1628年）	可能性あり
		・小和知断層トレンチ（岐阜県加子母村小郷）	埋れ木（1518〜1955，1435〜1628）	可能性あり．地震による陥没で沼ができたという．陥没地は確認されている
		・白川断層（岐阜県白川村馬狩地区・木谷地区）	断層（2500 y.B.P.以降）	可能性十分に考えられる
		・三尾河断層（岐阜県荘川村寺河戸地区）	断層（840 y.B.P.以降）	可能性大
		・金屋南遺跡（富山市金屋）	液状化跡	確実．ほかに268番の地震の液状化跡もある
		・岩坪岡田島遺跡（富山県高岡市岩坪）	地割れ跡（16世紀頃）	可能性大，ほかに268番の地震の液状化跡も検出された
		・友坂遺跡（富山県婦中町下条地内）	液状化跡（平安時代〜17世紀）	可能性大
		・開馨大滝遺跡（富山県西砺波郡福岡町開馨）	液状化跡（多くは268番の飛越地震による，天正地震によるものもある）	木舟城の城下町（鍛冶職人の住居）の遺構を発見
		・石名田遺跡（富山県小矢部市石名田）	液状化跡（中世以降）	この地震か268番の地震による．木舟城の城下町（武家屋敷）の遺構を発見
		・石名田木舟（富山県西砺波郡福岡町木舟）	液状化跡（室町時代以降）	この地震か268番の地震による
		・木舟城址推定地のトレンチ（富山県福岡町柳川）	噴砂（城内の建物が造られてから後），地すべり	可能性あり．268番の地震の可能性もある
		・横川（清内路村）（天竜川支流）	埋没林の倒木（山崩れによる）（1585年冬〜1586年4月）	年輪の調査から確定
		・桑名断層のボーリング調査	シルト層厚の変化（13世紀以降）	可能性大
		・養老断層のピットとボーリング調査	14世紀以降に活動	ほぼ確実
		・清洲城跡（愛知県清洲町清洲）	液状化跡（16世紀末頃）	確実
		・東畑廃寺跡（愛知県稲沢市稲島町）	液状化跡（中世頃）	可能性大
		・長浜町遺跡（滋賀県長浜市元浜町）	焼土下で天正年間の調度品を多数発見	確実．古文書にある火災も立証される
		・大垣城下町遺跡（大垣市郭町）	地震による火災の痕跡（天正年間）	可能性大，大垣城太鼓門付近で焼土と被熱した陶磁器などを含む地層
081	16世紀末頃	・中央構造線父尾断層トレンチ（徳島県市場町上喜来）	断層（16世紀以降）	四国の中央構造線断層帯の活動．081番の地震の可能性あり
		・大柿遺跡（徳島県三好町大字昼間）	砂脈（16世紀後半〜17世紀初頭）	
		・丸山遺跡（徳島県三野町）	砂脈（16世紀〜17世紀前半）	
		・黒谷川古城遺跡（徳島県板野町古城）	液状化跡（1582〜1600前後）	

3 被害地震総論

地震番号	地震発生年月日	遺跡・断層名（所在地）	地震跡種類（推定発生時期）	備考
082	1596・9・5（慶長伏見地震）	有馬—高槻断層帯（以下の4トレンチ）		有馬—高槻断層帯は2800年前頃にもイベントがあったと考えられる
		・真上断層トレンチ（大阪府茨木市東安威1丁目）	断層（鎌倉・室町～江戸初期）	確実
		・坊島断層トレンチ（大阪府箕面市坊島4丁目）	断層（安土桃山～江戸初期）	確実
		・安威断層トレンチ（大阪府茨木市南安威一丁目）	断層（室町時代～江戸初期，縄文時代晩期，同中期，同早期）	確実（耳原遺跡の一部：ほか3回は2500～3000年の間隔で発生した可能性あり）
		・花屋敷断層トレンチ（兵庫県川西市栄根2丁目）	地割れ・小断層（安土桃山～江戸初期）	確実（栄根遺跡の一部）
		・木津川河床遺跡（京都府八幡市八幡焼木，木津・宇治・桂3川合流地点）	液状化跡（15～17世紀前半）	大部分はこの地震．115番の地震の痕跡も含む
		・内里八丁遺跡（京都市八幡市上津屋）	液状化跡（中世～江戸初頭）	確実
		・志水町遺跡（京都市伏見区志水町）	液状化跡（1600年前後）	確実
		・塚本東遺跡（城陽市寺戸乾出北）	液状化跡（13～14世紀以降，江戸以前）	可能性大
		・魚田遺跡（京田辺市松井）	液状化跡（中世末～江戸初頭）	可能性大
		・八木城（京都府船井郡八木町本郷）	石垣孕み，井戸崩れ	可能性大
		・鹿谷遺跡（京都府亀岡市薭田野町）	液状化跡（室町時代末～江戸初期）	確実
		・玉櫛遺跡（茨木市玉櫛1丁目）	液状化跡（室町時代前半以降，江戸時代以前）	可能性大
		・今城塚古墳（高槻市郡家新町）	墳丘の大規模な地すべり跡（15世紀以降，江戸以前）	確実
		・娯三堂古墳（大阪府池田市五月山）	地すべり跡	この地震の可能性あり
		・有池遺跡（交野市青山3丁目）	液状化跡（室町時代～江戸前期）	確実
		・西三荘・八雲東遺跡（大阪府門真市門真および守口市八雲東町）	液状化跡（16世紀～17世紀初頭）	確実
		・西鴻池遺跡（大阪府東大阪市昭栄町）	液状化跡（南北朝期～1704年）	確実
		・水走遺跡（東大阪市川中）	液状化跡（14世紀前半～18世紀初め）	可能性大
		・吉田遺跡（東大阪市吉田島ノ内）	液状化跡（13世紀前半～近世）	可能性大
		・西岩田遺跡（東大阪市西岩田2～4丁目）	液状化跡（中世～近世）	可能性大
		・若江遺跡（東大阪市若江本町，若江北町，若江南町）	液状化跡（12世紀～16世紀後半）	可能性大．12世紀の井戸の堀形を切っている
		・久宝寺遺跡（大阪府八尾市跡部北の町）	液状化跡（室町時代以降，江戸時代以前）	可能性大
		・高屋城（大阪府羽曳野市古市）	液状化跡（1479～）	1479年に築かれた土塁を引き裂く．可能性大．または070番の地震か
		・狭山池北堤（大阪府狭山市池尻）	液状化跡（室町時代末～江戸時代初）	確実．堤防は1608年に改修

付表1　おもな地震考古学の成果一覧　37

地震番号	地震発生年月日	遺跡・断層名（所在地）	地震跡種類（推定発生時期）	備考
		・大阪城跡（大阪市中央区大手前之町）	地すべり（三の丸築造(1598)以前）	確実．谷地形に沿ってすべり落ちた
		・栄根遺跡（兵庫県川西市栄根2丁目）	地割れ，正断層（安土桃山時代〜江戸初頭）	確実
		・田能高田遺跡（尼崎市田能2丁目）	液状化跡（中世）	可能性大．砂礫層で液状化が生じ最大径7cmの礫が上昇
		・芦屋廃寺跡（芦屋市西芦屋町など）	地割れ跡	確実．地割れに中世後半〜安土・桃山時代の瓦などが落ちているが近世の遺物は認められない．また地割れ形成直後に降雨が推定されたが『孝亮宿禰記』による地震5日後の台風によるか
		・住吉宮町遺跡（神戸市東灘区住吉宮町）	液状化跡	確実，液状化による側方流動で地下に埋設されていた奈良時代の井戸枠が1.9m南方に移動
		・坊ヶ塚・宮町遺跡（神戸市東灘区住吉本町）	液状化跡・正断層（南北朝〜江戸）	可能性大
		・西求女塚古墳（神戸市灘区都通）	前方後方墳の後方部頂上にある石室の崩壊（16世紀後半）	確実．すべり落ちた墳丘が16世紀後半の遺物を多く含む水田面を覆っている
		・兵庫津遺跡（神戸市兵庫区永沢町）	液状化跡（安土・桃山期）	確実
		・兵庫津遺跡（神戸市兵庫区西出町門口町など）	液状化跡	確実．液状化跡の直上で安土・桃山時代頃の焼土も発見，この地震による火災も実証された
		・玉津田中遺跡（神戸市西区玉津町）	液状化跡（中世）	可能性大．砂礫層で液状化が生じ最大径7cmの礫が上昇
		・塩壺遺跡（兵庫県淡路島岩屋字田ノ代）	地割れ，段差（東側12cm up）（弥生後期〜1596）	弥生後期の住居跡の食い違い
		・東浦断層トレンチ（兵庫県東浦町浦字馬場）	断層（室町以降）	可能性大．ほかに2000年前にも活動あり
		・野田尾断層トレンチ（兵庫県津名町佐野興隆寺）	断層（700年前以降）	可能性大．ほかに2000年前にも活動あり
		・先山断層トレンチ（洲本市安坂地区）	断層（12世紀以降）	可能性大
		・佃遺跡（兵庫県津名郡東浦町浦）	液状化跡（室町時代〜江戸中期）	確実
		・志筑廃寺（兵庫県津名町志筑）	地割れ・地すべり跡（中世）	可能性大．中世以降の南海地震の地すべり跡も見られる
		・下内膳遺跡（洲本市下内膳）	液状化跡（中世末〜近世初頭）	可能性大
		・門田遺跡（京都府京田辺市田辺）	液状化跡（中世〜近世）	確実
		・天川遺跡（京都府亀岡市ひえ田野町）	液状化跡（室町地代末〜江戸時代初期）	確実
		・太田遺跡（京都府亀岡市ひえ田野町）	液状化跡・側方流動による井戸跡の変形（中世以降で近世以前）	確実
		・新方遺跡（神戸市西区玉津町）	液状化跡（中世〜近世）	確実．伏見地震の液状化跡が多く，5世紀末〜6世紀中頃の液状化跡がわずかに認められた．
085	1611・9・27（会津）	・大豆田遺跡（福島県会津坂下町樋渡）	地割れ跡（平安以降〜）	可能性大 ｜ 会津活断層系に沿って約2000年に1回の地層の変形あり，最後の1回は近世である
		・杵ヶ森古墳（福島県会津坂下町字稲荷塚）	堤・溝・墳丘の食い違い跡（古墳時代前期以降〜）	可能性あり
		・能登遺跡（福島県会津坂下町）	砂脈（平安以降〜）	可能性あり

38　3　被害地震総論

地震番号	地震発生年月日	遺跡・断層名（所在地）	地震跡種類（推定発生時期）	備　　考
115	1662・6・16（寛文地震）	・花折断層トレンチ（滋賀県今津町途中谷）	断層（400年前頃）	花折断層北部が活動したのは確実（ただし，南部は活動していない）
		・野坂断層トレンチ（敦賀市長谷地区）	断層帯（1425〜1665）	横ずれが卓越，可能性大．ほかに，2万年〜9000年前に活動あり
		・駄口断層トレンチ（敦賀市黒河川の最上流部）	断層（15世紀以降）	可能性あり．051番の地震の可能性もある．ほかに，8000〜5000年前に活動したらしい
		・木津川河床遺跡（京都府八幡市，木津・宇治・桂3川合流地点）	液状化跡（14〜18世紀前半）	082番の地震のほかに，小規模ながらこの地震のものも含まれる
		・螢谷遺跡（大津市螢谷瀬田川河床）	液状化跡（平安時代末〜）	ほかに042番の地震の可能性もある．砂が筒状に噴出し，規模が大きいので可能性大
		・穴太遺跡(大津市穴太二丁目)	亀裂・液状化跡（平安時代〜）	可能性大
		・烏丸崎遺跡（滋賀県草津市下物町）	逆断層跡（14世紀〜）	可能性大（表層地盤の側方流動に伴って生じた断層）
		・野尻遺跡（滋賀県栗東町大字綣）	正断層・液状化跡（鎌倉〜江戸時代中頃）	可能性大
		・堤遺跡（滋賀県中主町堤地先）	液状化跡（江戸時代中頃）	江戸時代中頃までの自然堤防を引き裂く
		・加茂遺跡（近江八幡市加茂町）	液状化跡（南北朝期以降〜）	可能性大
		・大中の湖南遺跡（滋賀県蒲生郡安土町下豊浦）	液状化に伴う杭列の抜け上がり（江戸時代）	可能性大
		・五斗井遺跡（滋賀県蒲生郡日野村井）	液状化跡・亀裂・正断層（平安時代〜）	この地震か229番の地震による
		・殿屋敷城遺跡（滋賀県永源寺町高木）	地割れ，正断層（15世紀以降）	可能性あり
		・琵琶湖西岸各地	古絵図水没遺跡など	海抜高度82.5〜85.5mの範囲で水没が生じた可能性あり
124	1668・8・28（仙台）	・仙台城(仙台市青葉区川内)	石垣の裏込め盛土に地割れ跡（17世紀中頃）	可能性大
135	1683・10・5（日光）	・関谷断層トレンチ（黒磯市百村）	断層（15世紀以降）	可能性大．またB.C.2000年頃にも活動した
		・関谷断層トレンチ（塩原町関谷）	断層（11世紀以降）	可能性大
149	1703・12・31（元禄地震）	・汐留遺跡（JR新橋駅隣り，港区東新橋1丁目）	液状化跡	可能性大．あるいは262番の地震による
153	1707・10・28（宝永地震）	・正貴寺跡遺跡（徳島県藍住町勝瑞）	液状化跡（16世紀以降）	可能性大．16世紀末に建物焼失跡あり．その後に噴砂
		・池島・福万寺遺跡（東大阪市池島）	液状化跡（18世紀前半）	確実
		・川南西遺跡(高松市春日町)	液状化跡（近世中頃）	可能性大
174	1731・10・7（岩代）	・勝口前畑遺跡（福島県八島田）	液状化跡（平安時代〜）	可能性大
	16〜17世紀	・カリンバ2遺跡・中島松7遺跡・ユカンボシE3A遺跡（北海道恵庭市戸磯他）	液状化跡（16世紀後半〜1739）	対応する地震不明
202	1771・4・24（八重山・宮古両群島）	・友利元島遺跡（沖縄県宮古島市城辺友利）	18世紀中頃から後半の石敷・石列を覆う津波堆積物	確実

付表1 おもな地震考古学の成果一覧　39

地震番号	地震発生年月日	遺跡・断層名（所在地）	地震跡種類（推定発生時期）	備　考
213	1792・5・21（雲仙岳）	・嘉良嶽東方古墓群（沖縄県石垣市白保）	地割れ跡とこれを覆う津波堆積物（14～16世紀の遺物を含む地層以降）	確実．強い地震動の存在を示す
		・島原城内（長崎県島原市城内一丁目）	地割れ跡（築城当時の盛土に南北方向の地割れ，地割れ内の腐植土などから年代測定）	可能性大
218	1799・6・29（金沢）	・普正寺高畠遺跡（金沢市普正寺町）	液状化跡（江戸中期～江戸後期）	可能性大
		・畝田東遺跡（金沢市畝田東）	液状化跡（中世～江戸時代後期）	可能性大
235	1828・12・18（越後三条地震）	・石塚遺跡（新潟県南蒲原郡栄町大字茅原）	液状化跡（平安時代～1944年）	この地域に震度VIを及ぼした地震はほかにない．栄町はこの地震の震源域に含まれる
		・三条城址遺跡（新潟県三条市元町）	液状化跡（1640～明治初期）	確実
		・観音寺遺跡（新潟県長岡市中之島）	液状化跡（中世以降で現代より前）	可能性大
		・釜淵遺跡（新潟県加茂市新栄町）	液状化跡（中世以降で現代より前）	可能性大
240	1834・2・9（石狩）	・北大第二農場跡地ほか（札幌市北区北24～27条西12～14丁目）	液状化跡（1739以降）	可能性大
248	1847・5・8（善光寺地震）	・窪河原遺跡（長野県更埴市大字雨宮）	液状化跡（18世紀以降）	可能性大
254	1854・7・9（伊賀上野地震）	・木津川断層トレンチ（三重県上野市東高倉）	断層（安土桃山以降）	木津川断層帯が活動したことは確実．ほかに2320～1180 y.B.P.にも活動があった
		・恭仁京右京関連遺跡（京都府山城町椿井）	液状化跡（18世紀後半以降）	可能性大
257	1854・12・23（安政東海地震）〃	・御殿二之宮遺跡（静岡県磐田市中泉）	液状化跡（1831年以降～）	確実
		・袋井宿東（田代）本陣（袋井市袋井）	液状化跡（この地震で焼け倒れた宿場の焼土層下に噴砂が広がっている）	確実
		・八反田遺跡（山梨県中央市下河東）	液状化跡（江戸時代後期以降）	可能性あり
258	1854・12・24（安政南海地震）	・神宅遺跡（徳島県上坂町神宅）	液状化跡（江戸時代後期）	確実
		・空港跡地遺跡（高松市林町）	液状化跡（近世）	この地震か153番の地震による可能性大．江戸城外濠．また，1636年以前の地割れも見つかっている
262	1855・11・11（安政江戸地震）	・四ッ谷出入口遺跡（東京都四谷見附）	液状化跡（寛永時代以降～）	
		・四谷御門跡遺跡	砂脈・地割れ（17世紀末～19世紀中頃）	確実．149番の地震の可能性もあるか．そのほか，17世紀前葉～1636，1636～1655頃の地震によると思われる痕跡多し
268	1858・4・9（飛越地震）	・茂住祐延断層ジオスライサー（岐阜県吉城郡神岡町）	断層（310±50 y.B.P以降）	確実．ほかに22740～16700 y.B.Pおよび26830 y.B.P以前の2回の活動あり
		・金屋南遺跡（富山市金屋）	液状化跡（近代直前）	確実．ほかに078番の砂脈もある
		・開蕎大滝遺跡（富山県西砺波郡福岡町開蕎）	液状化跡（16世紀の遺構を引き裂く）	078番の地震を一部含む
		・石名田木舟遺跡（富山県福岡町木舟）	液状化跡（16世紀の遺構を引き裂く）	078番の地震の可能性もある

地震番号	地震発生年月日	遺跡・断層名（所在地）	地震跡種類（推定発生時期）	備考
282	1872・3・14 (浜田地震)	・手洗野赤浦遺跡(富山県高岡市手洗野)	液状化跡（江戸時代の遺物を含む地層を引き裂く）	確実
		・岩坪岡田島遺跡(富山県高岡市岩坪)	液状化跡（江戸時代の遺物を含む地層を引き裂く）	確実（ほかに078番の地割れ跡も検出された）
		・横路遺跡（島根県浜田市下府町横路）	砂脈	確実
		・藤ヶ森南遺跡（出雲市今市町）	砂脈（江戸時代末期以降）	可能性あり（258番の地震の可能性もある）
300	1891・10・28 (濃尾地震)	・温見断層トレンチ（福井県大野市温見）	断層（1150年以降）	ほぼ確実．ほかにB.C.180〜A.D.530など3回の活動あり
		・大毛沖遺跡（一宮市大毛）	液状化跡（現在の耕作土の直前）	確実
		・一色青海遺跡（愛知県中島郡平和町）	液状化跡（現在の耕作土の直前）	確実
		・門間沼遺跡（愛知県葉栗郡木曽川町）	液状化跡（現在の耕作土の直前）	確実
		・仲迫間遺跡（美濃加茂市田島町）	砂脈（近世の地層を引き裂く）	確実
430	1923・9・1 (関東大地震)	・東町遺跡（神奈川県厚木市東町）	地割れ・液状化跡（震災時の焼土の下より発見）	確実
		・汐留遺跡（港区東新橋1丁目）	液状化跡（レンガ造りの建物の基礎部分が噴砂で引き裂かれていた）	確実
		・旧相模川橋脚（茅ヶ崎市下町屋）	この地震で水田上に抜け上った中世の橋脚9本を発掘調査で確認	確実
445	1927・3・7 (北丹後地震)	・通り古墳群（京都府中郡大宮町）	地すべりに伴う古墳の主体部の食い違い	確実（地表の食い違いも鮮明に残されていた）
		・スガ町古墳群（京都府網野町）	古墳の主体部を引き裂く地割れ	確実
		・遠所古墳群（京都府竹野郡弥栄町木橋）	古墳の墳丘を引き裂く地割れ	確実
		・桜内遺跡（京都府与謝郡加悦町）	砂脈（平安時代以降）	可能性大
503	1943・9・10 (鳥取地震)	・秋里遺跡（鳥取市秋里）	液状化跡（江戸時代以降）	確実
	〃	・山ヶ鼻遺跡（鳥取市山ヶ鼻）	液状化跡（中世以降）	
506	1944・12・7 (東南海地震)	・東畑廃寺跡（愛知県稲沢市稲島町）	砂脈（現代）	確実
509	1946・12・21 (南海地震)	・宮ノ前遺跡（徳島県板野郡犬伏）	液状化跡（現代）	確実
515	1948・6・28 (福井地震)	・向山古墳群（福井県坂井郡金津町）	地すべり跡（円墳と方墳を切断）	確実（地表の食い違いも鮮明に残されていた）
		・西太郎丸遺跡（福井県春江町）	液状化跡（南北朝期以降）	確実
		・寮古墳群（福井市寮町）	地すべり跡（円墳と方墳を切断）	ほぼ確実
		・今市岩畑遺跡（福井市今市町）	液状化跡（古墳時代以降）	ほぼ確実
		・福井城跡（福井市大手2丁目）	液状化跡と側方流動に伴う石垣の変形	確実
728	1998・9・3	・篠崎断層トレンチ（岩手県雫石町）	断層（1998・9・3） 変位・変形（800〜1300年）	確実

注）y.B.P.とは西暦1950年を規準として過去にさかのぼった年数を示す（たとえば950 y.B.P.＝西暦1,000年）．

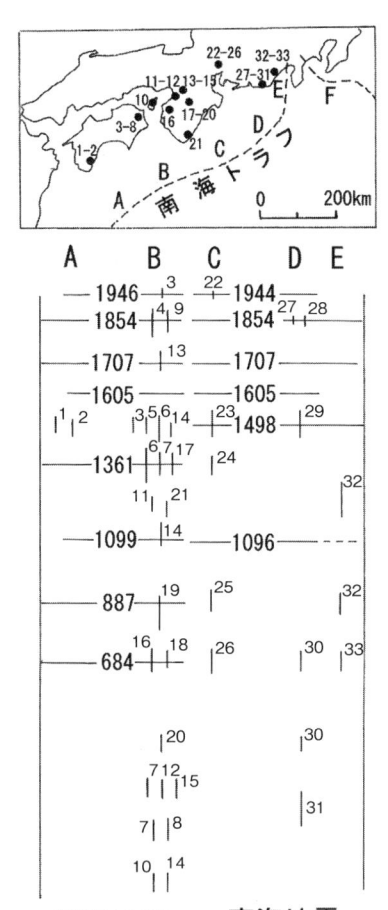

付表1 おもな地震考古学の成果一覧 41

図 A-1 南海トラフの巨大地震の発生時期．西暦で示したのは史料から求めた地震の発生年．数字で示したのは遺跡で見つかった地震跡で，上の図の●は遺跡の位置，下の図の縦線は地震跡の年代幅を示す［寒川，2013，歴史から探る21世紀の巨大地震，朝日新書に加筆］

1 アゾノ 2 船戸 3 宮ノ前 4 神宅 5 古城 6 中島田 7 黒谷川宮ノ前 8 黒谷川郡頭 9 志筑廃寺 10 下内膳 11 石津太神社 12 下田 13 池島・福万寺 14 瓜生堂 15 志紀 16 川辺 17 カヅマヤマ古墳 18 酒船石 19 平城京大極殿回廊跡 20 赤土山古墳 21 川関 22 東畑廃寺 23 尾張国府跡 24 門間沼 25 地蔵越 26 田所 27 御殿二之宮 28 袋井宿 29 元島 30 坂尻 31 鶴松 32 上土 33 川合（1〜33 は遺跡名）

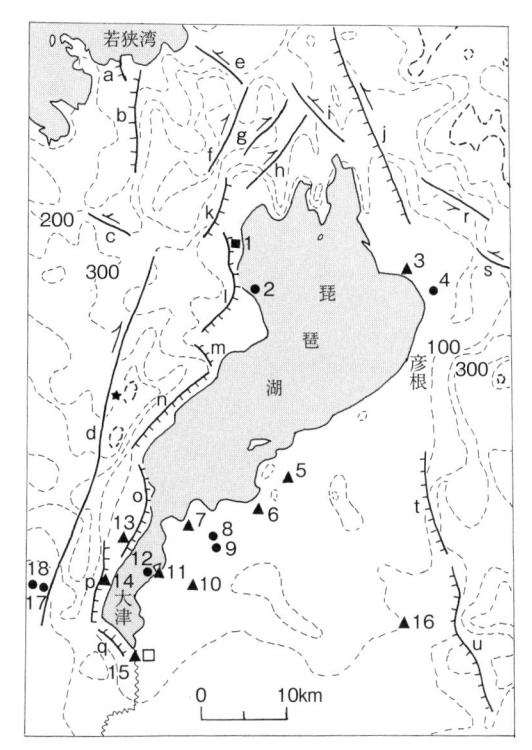

図 A-2 琵琶湖周辺の活断層と地震痕跡が検出された遺跡（太実線が活断層，ケバをつけた側が相対的に下降）［寒川，2011，地震の日本史増補版，中公新書より］

1 北仰西海道 2 針江浜 3 長浜城下町 4 正言寺 5 大中の湖南 6 加茂 7 堤 8 湯ノ部 9 八夫 10 野尻 11 烏丸崎 12 津田江湖底 13 苗鹿 14 穴太 15 蛍谷 16 五斗井 17 北白川廃寺 18 京都大学北部構内（1〜18 は遺跡名で，■は縄文時代晩期，●は弥生時代，▲は中〜近世の地震痕跡，□は近江国庁跡，★は1662年の地すべり跡の位置を示す）

a 日向断層 b 三方断層 c 熊川断層 d 花折断層 e 野坂断層 f 敦賀断層 g 駄口断層 h 路原断層 i 集福寺断層 j 柳ケ瀬断層 k 酒波断層 l 饗庭野断層 m 拝戸断層 n 比良断層 o 堅田断層 p 比叡断層 q 膳所断層 r 鍛冶屋断層 s 関ヶ原断層 t 百済寺断層 u 綿向山断層（k〜q が琵琶湖西岸断層帯）

42   3 被害地震総論

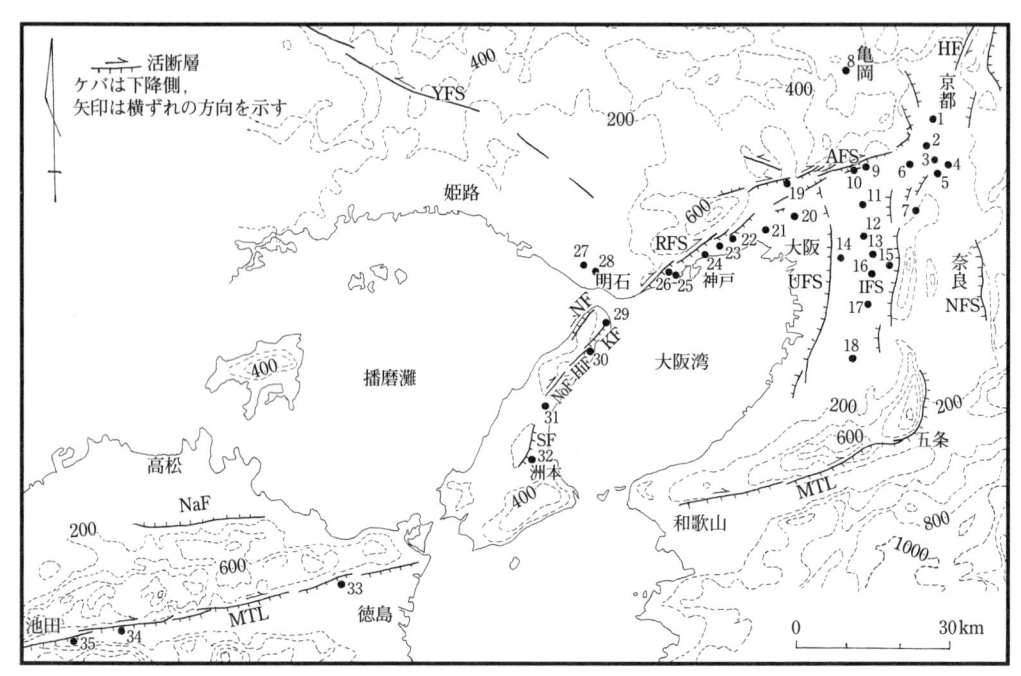

図 A-3   大阪平野周辺の活断層と伏見地震の痕跡を検出した遺跡 [寒川, 2001 に加筆]
●は伏見地震 (082 番) による可能性の高い地震跡を検出した遺跡 (ただし 33〜35 は四国の中央構造線が 16 世紀末頃に活動した際に生じた可能性の高い地震跡を検出した遺跡).

断層系名；AFZ 有馬－高槻断層帯   IFZ 生駒断層帯   MTL 中央構造線断層帯   NFZ 奈良盆地東縁断層帯   RFZ 六甲断層帯   UFZ 上町断層帯   YFZ 山崎断層帯

断層名；HF 花折断層   HiF 東浦断層   KF 楠本断層   NaF 長尾断層   NF 野島断層   NoF 野田尾断層   SF 先山断層

遺跡名；1 志水町   2 木津川河床   3 内里八丁   4 塚本東   5 門田・魚田   6 樟葉野田   7 有池   8 鹿谷・天川・太田   9 今城塚古墳   10 耳原   11 玉櫛   12 西三荘・八雲東   13 西鴻池   14 大阪城跡   15 水走   16 西岩田   17 久宝寺   18 狭山池北堤   19 栄根   20 田能高田   21 高松町   22 芦屋廃寺   23 住吉宮町   24 西求女塚古墳   25 兵庫津   26 長田神社   27 玉津田中   28 新方   29 塩壺   30 佃   31 志筑廃寺   32 下内膳   33 黒谷川古城   34 丸山   35 大柿

4
被害地震各論

— 416 Ⅷ 23（允恭 5 Ⅶ 14） 遠飛鳥宮付近（大和） 『日本書紀』に「地震」とのみあって被害程度不明．ある政治的事件の発端として書かれている．疑わしきか．

001　599 Ⅴ 28（推古 7 Ⅳ 27）　大和　$M=7.0$　倒潰家屋を生じた．『日本書紀』に「地震神を祭らしむ」とある．

— 628 －－（推古 36 －－）　道後温泉塞り，3年を経て再び出る．『伊予温古録』にあるのみ．疑わしきか．

002　679 －－（天武 7 Ⅻ －）夜　筑紫　$\lambda=130.68°E$　$\varphi=33.32°N$（A）　$M=6.5～7.5$　家屋倒潰多く，幅2丈（6 m），長さ3千余丈（10 km）の地割れを生ず．『日本書紀』によれば丘が崩れたが，その上の百姓の家は破壊することなく，家人は丘の崩れたのに気づかなかったという．『書紀』に筑紫とある．『豊後国風土記』によると，五馬山（現大分県日田郡天瀬町五馬市近くか）崩れ温泉がところどころに出たが，うち1つは間欠泉であったらしい．水縄断層系の活動による．震央を水縄断層系の中点とし誤差は断層系の長さ20 kmの半分とする．（☆）

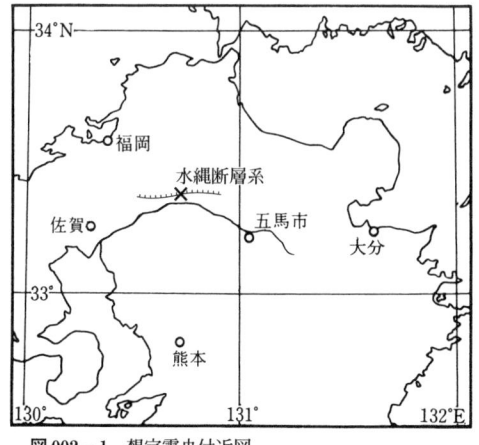

図 002-1　想定震央付近図

003*　684 Ⅺ 29（天武 13 Ⅹ 14）人定（22時頃）　土佐その他南海・東海・西海諸道　$\lambda=133.5～135.0°E$　$\varphi=32\frac{1}{4}～33\frac{1}{4}°N$　$M≒8\frac{1}{4}$　山崩れ河涌き，諸国の郡官舎・百姓倉・寺塔・神社の倒潰多く，人畜の死傷多し．津波来襲し，土佐の運調船多数沈没．伊予の温泉・紀伊の牟婁（現和歌山県白浜町湯崎温泉に比定される．鉛山温泉は別称）温泉湧出止まり，土佐では田苑50余万頃（約10 km²）沈下して海となる．（☆）[3][参考：今村明恒, 1941, 白鳳大地震, 地震, 13, 82-86]

004*　701 Ⅴ 12（大宝 1 Ⅲ 26）　丹波　地震うこと3日．凡海郷（当時南北6.4 km, 東西2.4 kmの島で若狭湾内舞鶴沖にあった）が海中に没し，旧山頂が海面上に残っている．現在の冠島（大島）と履島（小島）であるというが地学的には証明できない．丹波が丹後・丹波に分国されたのは和銅 6（713）

年．記事を掲載している『続日本紀』は延暦16（797）年の成立．分国以前の丹波の中心は，分国後の丹後地方にあったという説もある．後考をまつ．（☆）（#）［参考：萩原尊禮編, 1982, 古地震, 東京大学出版会］

005 715 Ⅶ 4（和銅 8〈霊亀 1〉Ⅴ 25） 遠江 $\lambda = 137.8°$ E $\varphi = 35.1°$ N (B) $M = 6.5 \sim 7.5$ 山崩れ天龍川を塞ぐ．数十日を経て決潰し，敷智・長下・石田の 3 郡，民家 170 余区を没し，あわせて苗を損ず．［参考：今村, 1943, 地震, **15**, 203-207］

006 715 Ⅶ 5（和銅 8〈霊亀 1〉Ⅴ 26） 三河 $\lambda = 137.4°$ E $\varphi = 34.8°$ N (B) $M = 6.5 \sim 7.0$ 前日の地震に続いて起こった．正倉 47 破潰，百姓の廬舎陷没したものあり，三河の国府（現豊川）を震央にとる．

007 734 Ⅴ 18（天平 6 Ⅳ 7） 畿内・七道諸国　天下の百姓廬舎倒潰，圧死多く，山崩れ，川塞ぎ，地割れが無数に生じた．熊野で神倉崩れ，峰より火の玉が海に飛んだという．4 月 17 日に詔書が出され，政事に欠くることなきよう注意された．震域は広かったと考えられる．震央・規模不明．（☆）

—— 744 Ⅶ 6（天平 16 Ⅴ 18） 肥後　雷雨地震．八代・天草・葦北の 3 郡で官舎ならびに田 290 余町（約 290 ha），民家 470 余区，人 1,520 余口水をかぶり漂没．山崩れ 280 余，圧死 40 余．雷雨と地震が発生したと考え，山崩れを地震によるとすると $M \fallingdotseq 7.0$ となるか．（#）［武者, 1950～53, 日本及び隣接地域大地震年表, 震災予防協会．以後, 同氏の意見は主としてこの文献による］

008 745 Ⅵ 5（天平 17 Ⅳ 27） 美濃 $\lambda = 136.6°$ E $\varphi = 35.2°$ N (B) $M \fallingdotseq 7.9$ 美濃にて櫓館・正倉・仏寺・堂塔・百姓廬舎多く倒潰．摂津で余震 20 日間やまず地裂け水湧出する．この間に, 大安・薬師・元興・興福の各寺および平安宮で各種の経典を読ましめた．震央は一応，養老・桑名断層の中央にとる．誤差は断層長の半分とする．（☆）

009 762 Ⅵ 9（天平宝字 6 Ⅴ 9） 美濃・飛騨・信濃 $\lambda = 137.0 \sim 138.0°$ E $\varphi = 35.5 \sim 36.5°$ N $M \geqq 7.0$ 被害不詳．罹災者に対し 1 戸につき穀物 2 斛（斛＝石, 現在の 1 石≒180 l の約 4 割くらい）を賜わった．（☆）

——* 799 Ⅸ 18（延暦 18 Ⅷ 11） 常陸国の鹿島・那加・久慈・多珂の 4 郡に海潮去来．早朝より夕刻まで約 15 回．波は平常の汀線より 1 町（約 110 m）の内陸に達し，平常の汀線より 20 余町（約 2.2 km）の沖まで水が引いた．地震記事見当らず．震源地不明．

011 818 －－（弘仁 9 Ⅶ －） 関東諸国 $\lambda = 139.0° \sim 140.0°$ E $\varphi = 36.0° \sim 37.0°$ N $M \geqq 7.5$ 相模・武蔵・下総・常陸・上野・下野等，山崩れ谷埋まること数里（1 里≒545 m）．百姓の圧死者多数．萩原は津波はなかったとしている．（☆）（#）［参考：萩原編, 1982, 古地震, 東京大学出版会］

012 827 Ⅷ 11（天長 4 Ⅶ 12） 京都 $\lambda = 135\frac{3}{4}°$ E $\varphi = 35.0°$ N (B) $M = 6.5 \sim 7.0$ 舎屋多く潰れ，余震が翌年 6 月まであった．余震は 7 月 26 回以上, 8 月 14 回, 9 月 10 回, 10 月 5 回, 11 月 4 回, 12 月 4 回, 翌年 2 月 3 回, 3 月 2 回, 6 月 3 回が記録されている．

013 830 Ⅱ 3（天長 7 Ⅰ 3）辰刻 出羽 $\lambda = 140.1°$ E $\varphi = 39.8°$ N (B) $M = 7.0 \sim 7.5$ 秋田の城廓・官舎・四天王寺丈六仏像・四王堂舎悉く倒れる．城内の家屋また倒れ，百姓

の圧死 15, 支体折損せるもの 100 余名. 地割れ多く, その大なるものは長さ 20〜30 丈 (60〜90 m), 雄物川の水涸れて溝のごとくなり, 添川 (現旭川)・霜別 (現大平川) の河岸崩れ, 川を塞ぎ, 河水が氾濫した. (☆) [参考：福留, 1997, 古代秋田城下の大地震, 出羽路, 119]

014 841 -- (承和 8 --) 信濃 $\lambda=138.0°\text{E}$ $\varphi=36.2°\text{N}$ (C) $M\geq6.5$ 墻屋が倒潰した. 一度に地震 14 (または 94) 回. 同年 2 月 13 日以前の地震. 信濃の国府 (現松本) を震央と考える. (☆)

015 841 -- (承和 8 --) 伊豆 $\lambda=138.9°\text{E}$ $\varphi=35.1°\text{N}$ (B) $M\fallingdotseq7.0$ 里落完たからず, 人あるいは傷つき, あるいは圧没された. 7 月 5 日にこの地震について詔勅が出され, 税を免じ, 倉を開き賑救を行わしめた. 他の史料から 5 月 3 日以前の地震であることがわかった. 震央は伊豆の国府 (現三島市) とする. [参考：萩原編, 1982, 古地震, 東京大学出版会]

016* 850 -- (嘉祥 3 --) 出羽 $\lambda=139.7°\text{E}$ $\varphi=39.0°\text{N}$ (C) $M\fallingdotseq7.0$ 地裂け, 山崩れ, 国府 (山形県酒田市城輪城輪柵 ($\lambda=139°54'\text{E}$ $\varphi=38°58'\text{N}$)) の城柵は傾頽し, 山裂け圧死者多数. (以上は『文徳実録』嘉祥 3 年の記事による. 以下は『三代実録』の仁和 3 年 (887) の記事による) 最上川の岸崩る. 海水は国府から 6 里 (3 km) のところまで迫った. 最上川衝上断層群に比定する考えもある. [2] [参考：萩原編, 1989, 続古地震, 東京大学出版会]

— 855 Ⅶ 1 (斉衡 2 Ⅴ 10) 奈良 東大寺大仏の頭落つ. 5 月 23 日「毗盧舎那大仏頭自落在地」と奏上あり. 5 月 10 日, 11 日に地震. 地震によるとの明記なきも, 地震による

との解釈もある. [奈良六大寺大観第七巻, 1968, 岩波書店]

017 856 -- (斉衡 3 Ⅲ --) 京都 $M=6.0\sim6.5$ 京都およびその南方で屋舎破潰し, 仏塔傾く.

— 857 Ⅳ 4 (天安 1 Ⅲ 3) 出羽比内 大館地方の松峰山伝寿院の堂舎ゆり崩れ, 山崩れて仏像谷底に埋まる. この地震, 正史に見当らず.

019 863 Ⅶ 10 (貞観 5 Ⅵ 17) 越中・越後 山崩れ谷埋まり, 水湧き, 民家破壊し, 圧死者多数. 直江津付近にあった数個の小島, この地震のために潰滅したという. 確実な史料に津波記事なく, 越中・越後とあるのみにて震央は不明. M は 7 以上か. (☆)

020 868 Ⅷ 3 (貞観 10 Ⅶ 8) 播磨・山城 $\lambda=134.8°\text{E}$ $\varphi=34.8°\text{N}$ (D) $M\geq7.0$ 播磨諸郡の官舎, 諸定額寺の堂塔悉く頽倒. 京都では垣屋崩るるものあり. 震央は一応播磨の国府 (現姫路) とする. 山崎断層の活動によるとも考えられる. (☆)(#)

021* 869 Ⅶ 13 (貞観 11 Ⅴ 26) 夜 三陸沿岸 $\lambda=143\sim145°\text{E}$ $\varphi=37.5\sim39.5°\text{N}$ $M=8.3\pm\frac{1}{4}$ 城廓・倉庫・門櫓・垣壁崩れ落ち倒潰するもの無数. 人々は倒れて起きることができないほどであった. 津波襲来し, 海水城下 (多賀城) に至り溺死者 1,000. 流光昼のごとく隠映したという. これは, わが国最古の発光現象の記事である. 震央を陸に近づければ M は小さくなる. [4] (☆)(#)

— 870 Ⅰ 23 (貞観 11 Ⅻ 14) 肥後 『日本紀略』に「……地震, 風水有災, 舎宅悉仆顚……」とあり, 被害は地震によるものか,

風水によるものか不明．風水による可能性を考えて無番号とする．

022　878 XI 1（元慶 2 IX 29）夜　関東諸国　$\lambda=139.3°$E　$\varphi=35.5°$N　(B)　$M=7.4$
相模・武蔵がとくにひどく，5〜6日震動が止まらなかった．公私の屋舎1つも全きものなく，地陥り往還不通となる．圧死者多数，相模国分寺の金色薬師丈六像1体・挟侍菩薩像2体摧破す．国分尼寺の堂舎頽潰す．京都で有感．大山の大山寺堂塔崩壊ともいう．伊勢原断層の活動によるか？

023　880 XI 23（元慶 4 X 14）　出雲　$\lambda=133.2°$E　$\varphi=35.4°$N　(C)　$M\fallingdotseq 7.0$　神社・仏寺・官舎および百姓の廬舎の倒潰・傾斜・破損するもの多く，京都でも強く感じた．余震は10月22日に至るもやまなかった．国府は現松江市大草町．これを震央と見る．（746番の地震の（#）参照）

024　881 I 13（元慶 4 XII 6）子刻　京都　$M=6.4$　宮城の垣墻（えんしょう）・官庁・民家の頽損するものはなはだ多かった．余震は翌朝まで16回，7日1回，8日4回，9日2回，10日5回，11日数回，12日2回，13・14・17・18日各1回，19日3回，21・22日各2回，23・24・25・29日各1回，翌年1月5回，2月2回など，かなり長く続いた模様．

──*　887 VIII 2（仁和 3 VII 6）夜　越後で津波を伴い，溺死者数千という．京都有感．越後に関する史料の信憑性不十分ゆえ無番号とする．

026*　887 VIII 26（仁和 3 VII 30）申刻　五畿七道　$\lambda=135.0°$E　$\varphi=33.0°$N　(D)　$M=8.0$〜8.5　京都で諸司の舎屋および東西両京の民家の倒潰多く，圧死者多数．五畿内七道諸国同日大地震．津波が沿岸を襲い溺死者多数，とくに摂津の国の浪害が最大．同日3度余震．京都における8月中の余震回数は1日2回，2日3回，4日5回，5日6回，7・9・13・14・16・22・23日各1回，24日2回，28日（これのみ『日本紀略』による）1回．このうち5日の夜の地震が最大の余震らしい．（☆）[3]

──　887 VIII 26（仁和 3 VII 30）　信濃北部
『扶桑略記』に京都の地震記事に続けて「信乃国大山頹崩，巨河溢流，六郡城廬拂地漂流，牛馬男女流死成丘」とある．『類聚三代格』には「重今月8日（仁和4年5月）信濃国山頹河溢，唐突六郡，城廬払地而流漂，戸口随波而没溺」とあり地震の文字はない．疑わし．(#)[参考：荒川，1980，気象庁地震観測所技術報告，1，11-14]

028　890 VII 10（寛平 2 VI 16）辰刻　京都　$M\fallingdotseq 6.0$　舎屋傾き，ほとんど倒潰寸前のものがあった．

──*　922　──（延喜 22 ──）　紀伊浦浦津波，玉石出ず．正史に見当らず．[1]

030　934 VII 16（承平 4 V 27）午刻　京都　$M\fallingdotseq 6.0$　午刻に地震2回，京中の築垣多く転倒す．

031　938 V 22（承平 8〈天慶 1〉IV 15）戌または亥刻　京都・紀伊　$\lambda=135.8°$E　$\varphi=35.0°$N　(A〜C)　$M\fallingdotseq 7.0$　宮中の内膳司頽れ死者4人，その他東西両京の舎屋，築垣倒れるもの多く，堂塔仏像も多く倒れる．高野山の諸伽藍破壊．堂塔は転倒しなかった．8月6日に強震．釜殿転倒し，築垣ところどころ崩れる．余震きわめて多く，4月中の数は不明なれど多数，5月12回以上，6月6回以

上，7月5回以上，8月12回，9月12回以上，10月9回以上，11月7回以上．高野山の史料の信憑度により震央位置はかなりずれる．震央は一応のもので，その精度の決め手はない．

032 976 VII 22（天延4〈貞元1〉VI 18）申刻 山城・近江 $\lambda=135.8°$E $\varphi=34.9°$N (B) $M\geqq6.7$ 宮城諸司・両京屋舎転倒多く，八省院・豊楽院・東寺・西寺・極楽寺・清水寺・円覚寺等転倒，清水寺で僧俗の死者50以上．また近江国分寺の大門倒れ仁王像破損，関寺（大津市）の大仏破損．国府庁以下雑屋30余倒れる．余震回数は19日14回，20日11回，21日13回，22日12回，23日10回，26日8回，29日5回，30日8回，7月11日6回，12日4回，14日2回，18日1回，20日1回，21日3回，23日不絶，9月23日1回．7月13日地震のために貞元と改元．（☆）

—— * 1026 VI 16（万寿3 V 23）亥の下刻 石見 現益田市高津川河口沖にあった鴨島が大波（あるいは大海嘯）によって崩され，海中に没したという．波は川沿いに16 km上流に達したという．被害は50 km以上東の黒松（現江津市黒松町）にまで及んだ．口碑および信憑性の低い史料による．その上，これら口碑・史料に「地震」という語は見出せない．

032-1 1028 V 13（長元1 IV 10） 大宰府 宇佐八幡宮弥勒寺講堂転倒．

033 1038 —－（長暦1 XII －） 紀伊 $\lambda=135.6°$E $\varphi=34.3°$N $(B\sim C)$ 高野山中の伽藍・院宇転倒するもの多し．

034 1041 VIII 25（長久2 VII 20）丑刻 京都 法成寺の鐘楼転倒す．あるいは3月10日か．

—— 1042 I 22（長久2 XII 22） 武蔵 『豊島郡浅草地名考』，『浅草寺縁起』によると大地震により仏閣堂宇が顛倒したという．疑わしきか．

035 1070 XII 1（延久2 X 20）半夜 山城・大和 $\lambda=135.8°$E $\varphi=34.8°$N $(B\sim C)$ $M=6.0\sim6.5$ 東大寺の巨鐘の鈕切れ落つ．京都では家々の築垣を損ず．

—— 1088 VIII 19（寛治2 VII 24） 『立川寺年代記』に「廿四日始大地振動事四十日，人民餓死事無限」とある．羽咋で大地震という．震央および真偽不明．

036 1091 IX 28（寛治5 VIII 7）申刻 山城・大和 $\lambda=135.8°$E $\varphi=34.7°$N $(B\sim C)$ $M=6.2\sim6.5$ 法成寺の仏像（五大堂の軍荼利丈六）倒れ，その他の建物・仏像にも被害．また大和国金峯山金剛蔵王宝殿破損．

—— * 1092 IX 13（寛治6 VIII 3） 越後 柏崎～岩船間の沿岸，海府浦・親不知大津波におそわる．「地震」とある古記あるも，地震の状況を記した古記録未発見．疑わしい．

037 1093 III 19（寛治7 II 14）未刻 京都 $M=6.0\sim6.3$ ところどころの塔破損．

038* 1096 XII 17（嘉保3〈永長1〉XI 24）辰刻 畿内・東海道 $\lambda=137\sim138°$E $\varphi=33.75\sim34.25°$N $M=8.0\sim8.5$ 大極殿小破，京都では震動の割に被害僅少．東大寺の巨鐘また落つ．薬師寺廻廊転倒，東寺塔の九輪落ち，法成寺・法勝寺にも小被害．**038**および**039**の地震で摂津四天王寺の西廊46間，東大門倒る．近江の勢多橋落つ．余震多し．津波が伊勢・駿河を襲う．駿河で仏神舎屋・百姓の流失400余．伊勢阿乃津（津市）で津

図 042-1 日別余震回数

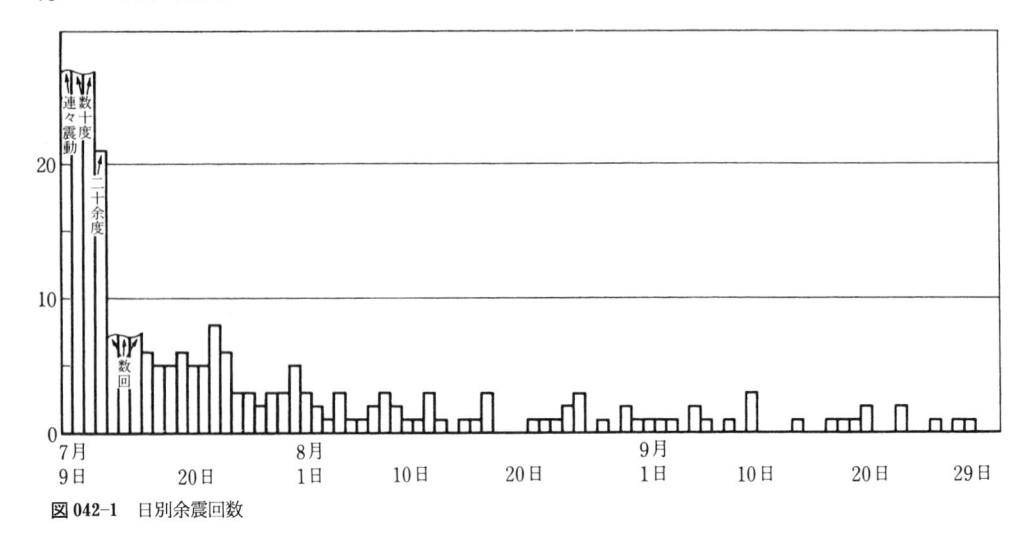

波の被害あり．『近衛家文書』によると木曽川下流の鹿取・野代の地が「空変海塵」の状態となったが数十年後に漸く陸地となり開作可能となった．(#) [2]

038-1 1098 I 1（永長2 XI 20）河内　河内小松寺の毘沙門堂倒潰．日時に誤りあるかあるいは038番の地震によるか．

039* 1099 II 22（承徳3〈康和1〉I 24）卯刻　南海道・畿内　$\lambda = 135 \sim 136°$E　$\varphi = 32.5 \sim 33.5°$N　$M=8.0 \sim 8.3$　興福寺西金堂・塔小破，大門と廻廊が倒れた．摂津天王寺廻廊倒る．土佐で田千余町（約1,000ha）みな海に沈む．津波記事未発見．(☆) (#) [3]

040 1099 IX 20（承徳3〈康和1〉VIII 27）河内　小松寺の講堂倒る．日時に誤りあるか．

041 1177 XI 26（治承1 X 27）丑刻　大和　$\lambda = 135.8°$E　$\varphi = 34.7°$N（B〜C）　$M = 6.0 \sim 6.5$　東大寺大仏の螺髪および巨鐘落ち，印蔵の丑寅の角頽れ落つ．京都にても地震強し．

042 1185 VIII 13（元暦2〈文治1〉VII 9）午刻　近江・山城・大和　$\lambda = 135.8°$E　$\varphi = 35.0°$N（B）　$M ≒ 7.4$　京都の震害とくに大．なかでも白河辺の被害大きく，閑院の皇居棟析け，釜屋以下転倒，西廊倒れ，法勝寺の九重塔大破し倒潰同様，同阿弥陀堂・金堂の東西廻廊・鐘楼・南大門ほか転倒．得長寿院の千体堂，法成寺の廻廊転倒．尊勝寺の講堂・五大堂・築垣・西門倒れ東塔の九輪落ち，最勝寺の薬師堂・築垣倒れ，勧修寺でも鐘楼・経蔵等倒れ，その他の寺院でも堂塔破潰す．民家や築垣の倒潰破損多く，築垣は東西面が倒潰多く南北面はすこぶる残るという．死者多く，宇治橋落つ．渡橋中の10人川に落ち1人溺死．比叡山の諸建物（戒壇八足門・看衣堂四面廻廊・中堂廻廊・恵心院・惣持院・灌頂堂・眞言堂ほか）の倒潰，傾くもの多く，三井寺・醍醐寺・唐招提寺（中門倒壊・千手観音転倒）にも被害．摂津四天王寺で法勝・尊勝の御願少々転倒するも瓦1枚落ちず．琵琶湖の水北流し水減ず．のちに旧に復す．近江で田3町（約3 ha）地裂け淵となる．美濃・伯耆・三河も有感．『山槐記』によると9月末までの有感余震回数は図042-1のとおり．たとえば「地震四五度」のときは図042-1には5回としてある．また8月12日（1185 IX 14）の余震で少々転倒のことありという．震害の

043　1213 VI 18（建暦 3〈建保 1〉V 21）午刻　鎌倉　山崩れ，地裂け，舎屋破潰す．

044　1227 IV 1（嘉禄 3〈安貞 1〉III 7）戌刻　鎌倉　地裂け，ところどころの門扉築垣転倒．

044-1　1230 III 15（寛喜 2 閏 I 22）酉刻　鎌倉　大慈寺の後山頽る．

—　1233 III 24（天福 1 II 5）諸国？『日高郡誌』に「……大地震，大風大雨にて諸国大荒，諸方にて人死之数不知，家潰事数不知」とある．被害は大風大雨によるものか？　真偽明らかならず．［参考：石橋, 1998, 地震II, **51**, 335-338］（☆）

045　1240 III 24（延応 2〈仁治 1〉II 22）卯刻　鎌倉　鶴岡神宮寺風なくして倒れ北山崩る．

046*　1241 V 22（仁治 2 IV 3）戌刻　鎌倉　$M ≒ 7.0$　津波を伴い，由比ヶ浜大鳥居内拝殿流失し，岸にあった船 10 艘破損．［1］

047　1245 VIII 27（寛元 3 VII 27）丑刻　京都　壁・築垣・所々屋々，破損個所多し．羽咋で地裂くという．

048　1257 X 9（正嘉 1 VIII 23）戌刻　関東南部　$\lambda = 139.5°$E　$\varphi = 35.2°$N　(C)　$M = 7.0 \sim 7.5$　鎌倉の神社仏閣一宇として全きものなく，山崩れ，家屋転倒し，築地は悉く破損．ところどころに地割れを生じ水が湧き出た．中下馬橋辺では地裂け，そのなかから青い炎が出た．余震おびただしく翌月におよぶ．同日岩手県の野田と久慈に津波が襲来したというが，疑わしい．この津波を別のものとすると，震源は相模湾内の鎌倉付近とするのがよいだろう．（☆）

049　1293 V 27（正応 6〈永仁 1〉IV 13）卯刻　鎌倉　$M ≒ 7.0$　鎌倉強震，建長寺転倒し，道隆禅師影堂を除き一宇を残さず炎上．寿福寺など潰れ，大慈寺丈六堂以下埋没．死あるいは数千といい，あるいは 2 万 3,024 人という．鳥居辺で死 140 という．余震：14 日間断なく，15 日 6 回，16 日間断なく，17 日 2 回，18 日ときどき，19 日 3 回，20 日・21 日各 1 回，21 日後夜以後 6 回，他 2 回，29 日 1 回．この日，越後魚沼郡で山崩れあり死者多数というも，地震との関係不明．

—　1299 VI 1（正安 1 IV 25）　大阪・畿内　『本朝年代記』によると天王寺金堂倒る．地震の記事見当らず．京都南禅寺堂社も倒れ，畿内で死 1 万余というも，ほかの文献なし．再考を要す．

050　1317 II 24（正和 6〈文保 1〉I 5）寅刻　京都　$\lambda = 135.8°$E　$\varphi = 35.0°$N　(B)　$M = 6.5 \sim 7.0$　これより先 1 月 3 日辰あるいは巳刻に京都に強震．東寺の塔の九輪折れ傾き，寺内の灌頂院破損し多くの余震を伴ったが 1 月 5 日大地震となる．白河辺の人家悉く潰れ死 5 人．法勝寺・法成寺の堂宇門楼傾き倒れる．5 日未の刻に清水寺火を発し塔と鐘楼を焼く．余震は 5 日数十回，6 日数回，7 日 2 回，8 日 2 回，10 日 1 回，11 日 1 回，13・15・18 日各 2 回，20 日 1 回，30 日 2 回，2 月 5・7・9・16・26 日各 1 回，3 月 1・2・8 日各 1 回，4 月 16・17 日各 1 回，5 月 6・15 日各 1 回．6 月なし，7 月 4・22 日各 1 回，10 月 13 日 2 回．

051　1325 XII 5（正中 2 X 21）　亥刻　近江北部　$\lambda = 136.1°E$　$\varphi = 35.6°N$　(B)　$M = 6.5 \pm \frac{1}{4}$　荒地，中山（現愛発，山中？：琵琶湖と敦賀の中間）崩る．竹生島の一部崩れて湖中に没す．若狭国敦賀郡気比神宮倒潰す．延暦寺十二輪燈悉く消え，常燈の過半も消えた．京都で強く感じ，余震年末まで続く．柳ヶ瀬断層／敦賀断層の活動によるか．（☆）

—　1331 VIII 15（元徳 3〈元弘 1〉VII 3）　紀伊　$\lambda = 135.2°E$　$\varphi = 33.7°N$　$(C\sim D)$　$M \geq 7.0$　紀伊国千里浜（田辺市の北）の遠干潟，20余町隆起して陸地となる，という．地質学的調査の結果，千里浜の隆起を直接証明する資料は得られなかった．疑わしい．［参考：萩原編，1995，古地震探究——海洋地震へのアプローチ，東京大学出版会］

—　1331 VIII 19（元徳 3〈元弘 1〉VII 7）酉刻　駿河　富士山頂百余丈崩るという．疑わしきか．［参考：石橋，1999，地学雑誌，**108**，414–417］

052-1　1334～35（建武年中）　美濃・飛騨　$\lambda = 136.9°E$　$\varphi = 35.9°N$　(C)　$M \fallingdotseq 6\sim 7$　高鷲村で山崩れあり，恵里見川の流路変わる．史料少なく，はっきりした結論は得にくい．

053　1350 VII 6（正平 5 V 23）申刻　京都　$\lambda = 135.8°E$　$\varphi = 35.0°N$　(B)　$M \fallingdotseq 6.0$　祇園社の石塔の九輪落ち砕け，余震は 7 月初旬まで続いた．『祇園執行日記』によると余震数は 5 月 5 回以上，6 月 6 回である．

—　1360 XI 22（正平 15 X 5）九ッ頃　紀伊・摂津　$\lambda = 136.2°E$　$\varphi = 33.4°N$　(D)　$M = 7.5\sim 8.0$　『愚管記』に地震記事なし．4 日に大震，5 日に再震，6 日の六ッ時過ぎに津波が熊野尾鷲から摂州兵庫まで襲来し，人馬牛の死多しというも疑わしい．

054-1　1360 — —（正平 15 — —）　上総　$\lambda = 140.0°E$　$\varphi = 35.2°N$　(B)　震災により岩田寺の境内欠崩，堂宇破壊す．

055　1361 VIII 1（正平 16 VI 22）卯刻　畿内諸国　この月 16 日，21 日，京都付近に地震．22 日の地震で法隆寺の築地多少崩る．23 日も地震あり．次の地震の前震か？

056*　1361 VIII 3（正平 16 VI 24）寅刻　畿内・土佐・阿波　$\lambda = 135.0°E$　$\varphi = 33.0°N$　(C)　$M = 8\frac{1}{4}\sim 8.5$　摂津四天王寺の金堂転倒し，5 人圧死，山城東寺の講堂傾く．興福寺金堂・南円堂破損．奈良薬師寺の金堂の 2 階傾き，招提寺塔の九輪大破し廻廊など倒れる．法隆寺の築地，伝法堂の壁少破．紀伊熊野社の社頭ならびに仮殿その他悉く破壊．その他諸堂の破損多し．熊野の山路ならびに山河の破損多く，湯の峯温泉の湧出止まる．津波が沿岸を襲い摂津・阿波・土佐で被害，とくに阿波の雪湊（由岐）では流失 1,700 戸，流死 60（以上？）．津波に先立ち難波浦で数百町干あがった．余震多し．（☆）[3]

057　1369 IX 7（正平 24 VII 28）丑刻　京都　東寺の講堂傾く．史料少なく，λ，φ，M は決めにくい．

—　1390～92（元中の末）　信濃　「大地震，山津波」．現松本市付近に 400×450 m の大山崩れがあったが暴風雨によるものらしい．

—*　1403 — —（応永 10 — —）　紀伊　$\lambda = 136.5°E$　$\varphi = 33.7°N$　(D)　$M \geq 7.0$　津波を伴う．詳細不明．[1]

―― 1407 Ⅱ 21（応永 14 Ⅰ 5）　京都強震．被害はなかったか．

059* 1408 Ⅰ 21（応永 14 ⅩⅡ 14）　紀伊・伊勢　$\lambda=136.0°E$　$\varphi=33.0°N$　(D)　$M=7.0〜8.0$　京都久御山町宝蓮寺の諸堂破壊すという．熊野本宮の温泉の湧出 80 日間止まる．熊野で被害ありしという．紀伊・伊勢・鎌倉に津波があったようである．史料の信憑性に問題なしとせず．[1]

――* 1420 Ⅸ 7（応永 27 Ⅶ 20）　常陸　多賀郡の河原子および相賀に津波寄すること 4 時間に 9 回．地震記事なし．風津波か？遠地津波か？

060　1423 Ⅺ 23（応永 30 Ⅹ 11）辰刻　羽後　$\lambda=140.5°E$　$\varphi=39.5°N$　(B)　$M=6.0〜7.0$　三日三晩にわたって大いに震す．人畜死傷し，建物の倒潰多数．しかし角館では「さまで動かず」という．正史になく新庄の古老の覚書によるという．疑わしきか．

061　1425 ⅩⅡ 23（応永 32 Ⅺ 5）巳刻　京都　$\lambda=135.8°E$　$\varphi=35.0°N$　(B)　$M≒6.0$　築垣多く崩れる．この日終日震う．11 月中の余震 5 日 4 回，8 日 1 回，10 日 2 回，12・13・16・22 日各 1 回．

―― 1432 Ⅹ 18（永享 4 Ⅸ 15）　鎌倉　史料少なく真偽不明．062 番の地震との混同か．「大山崩れ」という．

―― 1432（永享 4 ――）　伊那　幅 1.5 間，長 22 間の地割れできる．史料少なく真偽不明．

062* 1433 Ⅺ 6（永享 5 Ⅸ 16）子刻　相模　$\lambda=139.5°E$　$\varphi=34.9°N$　(C)　$M≧7.0$　相模大山仁王の首落つ．鎌倉で社寺・築地の被害多く，極楽寺塔の九輪落つ．山崩れあり．利根川の水逆流．当時，利根川は東京湾に注いでいた．余震は夜明けまで 30 回余．20 日間続く．京都で有感．信頼のおける史料少なく，津波は明らかならず，新史料の発見にまつところ大なり．[1]

―― 1433 Ⅺ 6（永享 5 Ⅸ 16）　会津　$\lambda=139.8°E$　$\varphi=37.7°N$　$M=6.7$　『異本塔寺長帳』によると，会津塔寺八幡宮の廻廊・拝殿・宝蔵・鳥居など，残らず倒れる．前の地震と同日．『塔寺八幡宮長帳』には記事なし．一応別の地震と考えて掲載しておくが，疑問あり．[参考：石橋，1983，地震Ⅱ，**36**，169-176]

064　1449 Ⅴ 13（文安 6〈宝徳 1〉Ⅳ 12）辰刻　山城・大和　$\lambda=135.75°E$　$\varphi=35.0°N$　(B)　$M=5¾〜6.5$　10 日から地震あり．京都の

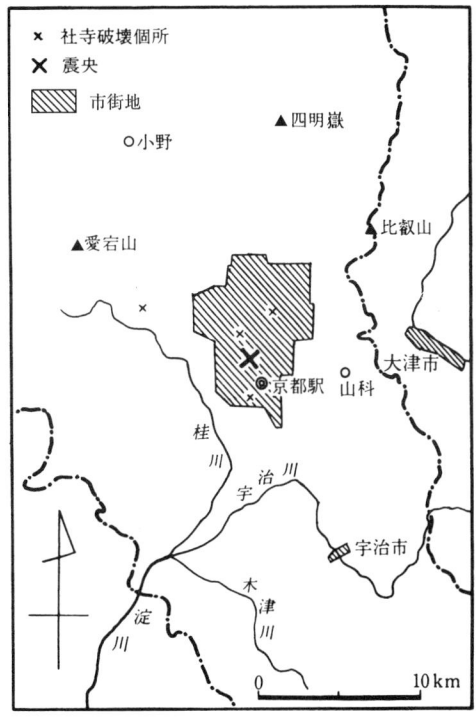

図 064-1　震央地域

仙洞御所傾き，東寺では築地壊れ，南大門など破損．神泉苑の築地壊る．洛中の堂塔，築地の被害多く，嵯峨清涼寺の釈迦仏など転倒．東山・西山でところどころ地裂け，奈良興福寺の築地悉く崩る．若狭街道長坂の辺で山崩れ，人馬多く死す．淀大橋3間，桂橋2間落ちる．余震は18日までに27〜28回，その後7月まで続く．西山［1997，歴史地震，13，23-39］によると全体的に見てたいした被害ではなかったという．

065　1456 II 14（康正1 XII 29）夜　紀伊
熊野神社の宮殿・神倉崩る．京都で強震？

066　1466 V 29（文正1 IV 6）酉〜戌刻　奈良　　天満社・糺社の石灯籠倒る．

──　1466 ──（文正1）北信濃　現上高井郡高山村の松川の流れ変る．『上高井郡誌』にあるのみ．同書の文政元年は文正元年の誤りとみる．

──　1474 あるいは 1475（文明6 冬）　京都（？）　神社仏寺宮殿城廓および屋舎傾き壊れるもの多数．『日本災異志』に載せる．被害地名および具体例なく疑わしい．

067　1494 VI 19（明応3 V 7）午刻　奈良
$\lambda=135.7°$E　$\varphi=34.6°$N　(A)　$M\fallingdotseq6.0$　東大寺・興福寺・薬師寺・法花寺・西大寺破損．矢田庄（大和郡山の西）の民家多く破損，余震翌年に及ぶ．5月中は連日余震，6月に入っても多し．被害程度はそれほどでもなく，築垣破損か，それをやや上回るくらいとも思われる．

──＊　1495 IX 12（明応4 VIII 15）　鎌倉
海水大仏殿に入り，堂舎を壊し，溺死200人．疑わしい．**068**番の地震との混同か．京都有感は確か．この頃大仏殿がなかった可能性大．

067-1　1498 VII 9（明応7 VI 11）巳刻　日向灘　$\lambda=132¼°$E　$\varphi=33.0°$N　(D)　$M=7.0$〜7.5　同日未〜申の頃に畿内地震，被害なし．三河で大地震．それとは別の地震と考える．信憑性は落ちるが『九州軍記』によると九州で山崩れ，地裂け泥涌出し，民屋は一宇も全からず死多数．神社仏閣の鳥居・石碑は過半倒る．伊予で地変多く，明応7年黒島その3/4を失うというも次の地震のことか．中国の嘉定県（上海市）で申刻に「川渠池沼以及井泉悉皆震蕩，涌高数丈良久乃定」があった．これを津波と考え南海地震とする説もあるが，これには異論もあり決着を見ていない．次の地震と一緒に考える必要がある．

068＊　1498 IX 20（明応7 VIII 25）辰刻　東海道全般　$\lambda=138.0°$E　$\varphi=34.0°$N　(D)　$M=8.2$〜8.4　この年6月11日申刻に，かなり震域の広い地震があり，京都・三河・熊野で強かった．これには被害の記録は見当らない．8月25日の地震では紀伊から房総にかけての海岸と甲斐で振動大きく，熊野本宮の社殿倒れ，那智の坊舎崩れ，湯の峰温泉は10月8日（18日という史料もある）まで湧出が止まった．遠江では山崩れ地裂けた．震害に比して津波の被害が大きく，津波は紀伊から房総の海岸を襲った．伊勢大湊では，家屋流出1,000，溺死5,000，塩屋村180軒のうち100軒余浪にとられ，助かるもの4〜5人．志摩荒嶋250余人死．西伊豆仁科郷では津波は寺川のおうせまで達したという．由比ヶ浜では波が大仏殿・千度檀に達し流死200．千葉小湊の誕生寺流没．また，『静岡県志太郡誌』によると同地方の流死2万6,000（260の誤写か？）．『内宮子良館記』によると伊勢志摩で溺死1万という．京都における余震は8月7

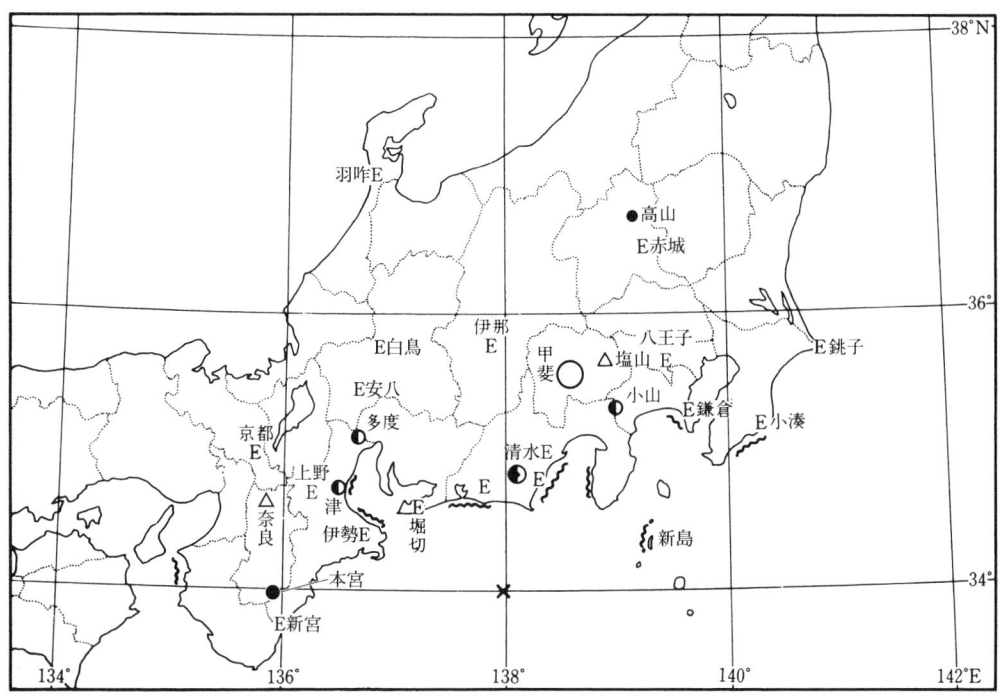

図068-1 震度分布

回以上，9月20回以上，10月9回以上で閏10月18日丑下刻の余震は大きかった．この地震に関する史料のうち，『会津塔寺長帳』は信憑性が低い．八丈島の津波は新史料により新島の津波と考えると図068-1がほぼ矛盾なく理解される．波源域はいろいろと推定されている．伊豆沖〜紀伊沖のどこかとしておく．全体として見ると図068-1は宝永地震・安政東海地震に似る．和歌山市の津波が事実なら震源は南海地域にも及ぶと考えられる．湯の峰温泉の湧出停止は南海地震の特徴であると考えたい．しかし四国以西の史料が少ない（「新居浜市多喜浜の黒島の土地陥落崩潰れ3/4を失う」など）現在では早急な結論は避けるべきであろう．矢田［1996, 日本史研究, 412, 31-52］によると紀伊和田浦，遠江橋本，伊勢安濃津では砂丘が切れ，川が直接海につながり，橋本・安濃津は潰れ，近くに移転したという．(☆)(#)[3][参考：日本物理探鉱㈱, 1985, 遠州灘沖大地震に関する被害調査　総論編］

069　1502 I 28（文亀1 XII 10）巳刻　越後南西部　$\lambda=138.2°E$　$\varphi=37.2°N$　(B)　$M=6.5\sim7.0$　越後の国府（現直江津）で潰家および死者多数．余震5, 6日続く．会津でも強くゆれたという．

070　1510 IX 21（永正7 VIII 8）寅刻　摂津・河内　$\lambda=135.6°E$　$\varphi=34.6°N$　(B)　$M=6.5\sim7.0$　河内の藤井寺・常光寺・剛琳寺潰れ，摂津四天王寺の石の鳥居，金堂の本尊も大破，諸堂転倒多しという．大阪で潰死者あり．大津で震動大．愛知県東春日井郡の定光寺本堂大破すという．余震70余日続く．奈良・京都・安八・甲斐・駿河で大地震．高潮の記事あるも，これは地震によらざるか．

——＊　1510 X 10（永正7 VIII 27）　遠江津波あり．古文書はすべて浜名湖，今切の由来に関するもののみ．地震に由らざるものと考えられる．

070-1 1511 XII 2（永正 8 XI 2） 茂原　藻原寺の大堂・御影堂悉くゆり崩す．同寺文書にあるのみ．

—* 1512 －－（永正 9 VIII －） 阿波　宍喰浦に津波，死 2,200（1988,『日本の歴史地震史料』拾遺，9）というが，地震記事なく，風津波か？

071 1517 VII 18（永正 14 VI 20） 越後　倒家多し．『続本朝通鑑』に載せる．史料少なく詳細不明．

072* 1520 IV 4（永正 17 III 7）申～酉刻　紀伊・京都　λ＝136.0°E　φ＝33.0°N　(D)　M＝7.0～7¾　熊野にて浜の宮寺・本宮坊舎・新宮閼伽井堂崩れ，那智の如意輪堂にじる．沿海の地に津波あり．民家流出す．『二水記』によると京都で禁中築地ところどころ破損すというも大風によるか．[1]

073 1525 IX 20（大永 5 VIII 23） 鎌倉　由比ヶ浜の川・入江・沼，埋まって平地となる．27 日まで昼夜地震あり．

— 1532 VII 12（天文 1 V 29）夜　京都・近江　野史に「清水・大津・相坂・関屋水溢，田園多亡」とあるも，はっきりせず．ほかの文書の発見をまつ．

— 1533 －－（天文 2 －－） 伊予西条　橘神宮神社が地震と高潮に潰没したという．また新居浜市の黒島神社文書によると天文の頃大地震山裂け寺・僧波に成るという．一応ここに記す．

— 1543 －－（天文 12 VIII －）夜　安芸　『双三郡誌』によると，同地方で家屋多く倒れ，死者あり．

— 1544 V 23（天文 13 IV 22）寅　薩摩　田代町宝光寺の古年代記によると，この日夜大地震岸崩るという．薩摩・肥後で有感．

— 1545 II 7（天文 13 XII 16）卯刻　伊豆　朝日村に津波，寺堂山奥に入るという．地震記事なく疑わしい．

075 1552 －－（天文 21 XI －） 紀伊　石垣を崩すという．

— 1553 X 11（天文 22 VIII 24） 鎌倉　鶴岡宮および堂社破壊．風雨も強く，被害は地震によるものか風雨によるものか不明．『続本朝通鑑』に載せるのみ．

— 1555 IX 14（天文 24〈弘治 1〉VIII 19） 会津　滝谷村の堂岩崩れ，聖徳太子の堂，別当松原坊の庵，民家を破壊し，松原坊の子 1 人生き残る．この日大風雨あり．被害は地震によるものかどうか不明．

— 1555 X 21（弘治 1 IX 26）近江　小谷の城石垣崩る．

— 1556 III 16（弘治 2 I 25）京都　禁裏将軍家の殿門多く破壊．横川の中堂半倒破す．

077 1579 II 25（天正 7 I 20）巳刻　摂津　λ＝135.5°E　φ＝34.7°N　(C)　M＝6.0±¼　四天王寺の鳥居崩れ，少々家屋のつかひ離る．余震 3 日にわたるという．

078 1586 I 18（天正 13 XI 29）亥下刻　畿内・東海・東山・北陸諸道　λ＝136.8°E　φ＝35.6°N　(C)　M≒7.8±0.1　飛驒白川谷の保木脇で大山崩れ，帰雲山城埋没し，城主内ヶ島氏理以下多数（1,500 余人という推定

もある）圧死．白川谷全体で倒家埋没300余戸．明方村の水沢上で地すべりあり．越中木船城（高岡市の南西）三丈ばかりゆり沈め崩壊．城主前田秀継（右近）以下多数圧死ともいう．山崩れのため富山県庄川町で庄川が堰止められ20日間水が流れなかった．大垣で城崩れ潰家多く，出火，城中残らず焼失．尾張の長嶋で城の本丸・多門倒れ民家の涌没多し．近江長浜で城主山内一豊の幼女圧死．城および城下の大半潰れ出火．京都では東寺講堂・灌頂院破損，東福寺山門ゆがみ，壬生の堂倒れ，三十三間堂の仏像600体倒るという．木曽川下流で民家のゆり込み，亡所となるところ多し．阿波にも地割れを生じたという．余震は翌年まで続く．『家忠日記』によると三河で翌年2月8日まで連日余震，その後，2月11・12・18日，3月9・10・30日も地震．ただし毎日の地震回数は不明．京都でも1月17～18日ころまで連日余震．その後回数は減ったが余震は約1年余続いた模様．尾張・伊勢の海岸三角州地帯で土地のゆり込み，涌没多し．これは液状化現象であろう．紀伊半島・三河渥美郡・京都・奈良では翌30日丑の刻にも大地震．これは余震か？あるいは別の地震か不明．震央は震度Ⅵの地域の中心と考えておく．Mは決めにくい．確実に震度がⅥ以上の地域の半径≒100 kmとするとM≒7.7となる．いろいろと解明すべき点のある地震．御母衣（白川）断層のほかに阿寺・養老・桑名・四日市の各断層も動いた．図078-1は推定震度．（☆）(#)［参考：安達，1979，日本海学会誌，3，61-76；八木ほか，1984，大阪府立大学歴史研究，23，1-53］

── 1586 ──（天正14 ──） 大和郡山 建設中の郡山城崩る．疑わし．

078-1 1587 Ⅱ 14（天正15 Ⅰ 7） 津軽 ところどころ家蔵潰れ，浪岡京徳寺痛む．

079 1589 Ⅲ 21（天正17 Ⅱ 5）申刻 駿河・遠江 λ＝138.2°E φ＝34.8°N (B) M≒6.7 駿遠両国の民家多く破損す．興国寺・長久保・沼津の各城で城塀二階門など破損．

──* 1590 Ⅲ 21（天正18 Ⅱ 16）夜 関東諸国 諸国大地震．安房・上総で激しく，山崩れ海を埋め社寺・士農工商の家転倒せざるはまれ．明け方，汐にわかに退き30余丁干潟となる．18日子刻，安房・上総・下総に高潮．被害大．数日の後地動止む．常陸の湊もだいたい同様であった．この地震『関八州古戦録』に載せるのみ．疑わし．あるいは084番の地震のことか．

── 1591 Ⅴ 5（天正19 Ⅲ 12）夜 岩代白沢

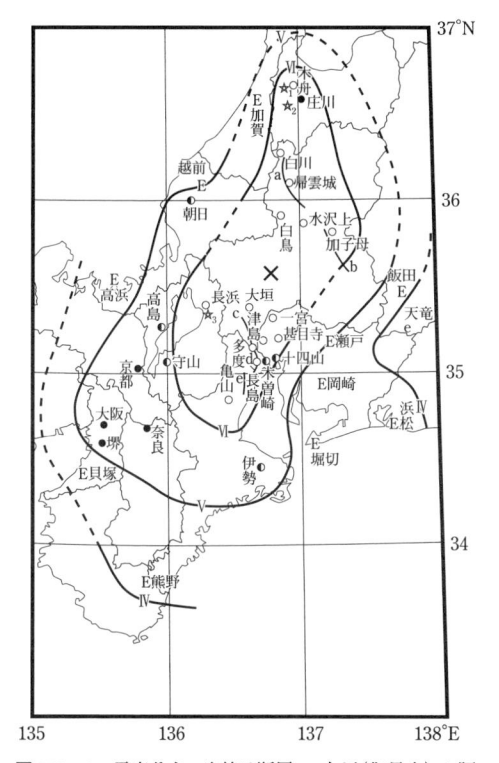

図078-1 震度分布．実線は断層．a白川（御母衣），b阿寺，c養老，d桑名，e四日市
☆は関連遺跡 1．木船城址 2．金屋南遺跡 3．長浜町遺跡

村　　大地震家つぶれる．史料1点のみ．

—— 1592 Ⅱ 26（文禄1 Ⅰ 14）　薩摩田代町　大石大木倒るるほどの地震あり．史料1点のみ．

080　1592 Ⅹ 8（文禄1 Ⅸ 3）巳午の間　下総　$M=6.7$　江戸で多少の被害があった模様．

—— 1595 －－（文禄4 Ⅶ －）伊予壬生川　鶴岡八幡の社殿が悉く陥没したというが真偽不明．次の地震の誤記の可能性あり．

081*　1596 Ⅸ 1（文禄5〈慶長1〉閏 Ⅶ 9）戌刻　豊後　$\lambda=131.6°E$　$\varphi=33.3°N$　(B)　$M=7.0±¼$　7月3日に地震．続いて16日，17日にも地震．23～28日には1日に5～10回の地震．閏7月に入り4日，5日に地震．高崎山その他崩れ，八幡村柞原八幡社拝殿その他倒潰．次いで海上に大音響を発し，海水が遠く引き去り，海底が現れた．のち大津波がきて別府湾沿岸は被害を受けた．沖ノ浜に高さ4mの波が襲い，すべてのものを流し去

る．府内（現大分市）では5,000の家が200になった．由布院で山崩れ，村を埋める．助かったもの数名．日出で山崩れ民家埋没．大分およびその付近の邑里はすべて流失し，同慈寺の薬師堂のみ残ったという．佐賀関で崖崩れ，家屋倒れ，田畑塩田の流没60余町歩（約60 ha）．別府湾内大分市から400～500 m北にあった東西約1里（約4 km），南北20町（約2.2 km），周囲約3里（約12 km）余の瓜生島が80％陥没し，死708人という．この島には1街，12村あって戸数1,000余，人口5,000余であったという．伊予薬師寺（現松山市余土）の本堂・仁王門倒る．道後の日招八幡宮の本堂・仁王門崩る．小松市北条の鶴岡八幡宮の宮殿宝蔵など大半転倒．同市広江では村宅湮没すという．「瓜生島」という名は地震後約100年を経て記された『豊府聞書』に初出する．正しくは府内から約4 km離れてあった「沖ノ浜」という港町が海没したと見るべきであろう．沖ノ浜は陸繋島にあった可能性大．また，慶長3年7月29日に別府の北にある久光村（家数約10軒）も海となった．久光という地名は当時からあった．しかし久

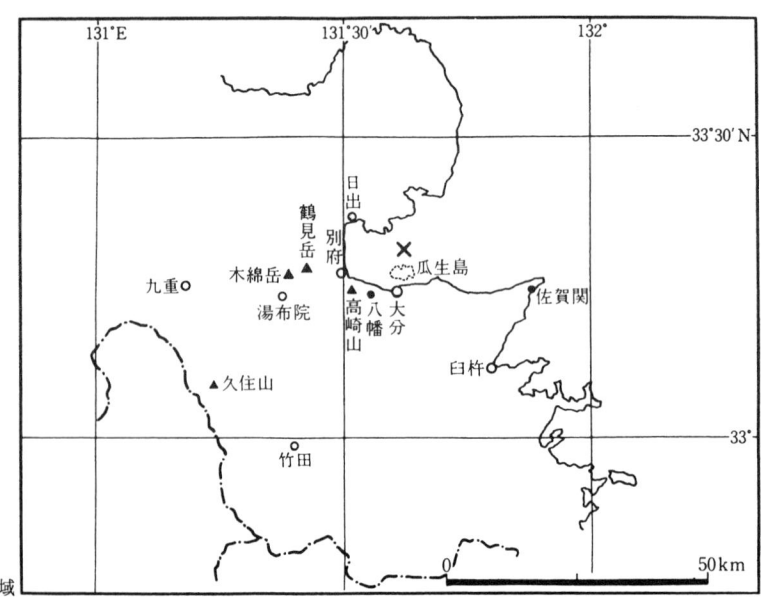

図081-1　震央地域

光島があった可能性はうすい．京都・鹿児島有感．三原市，平田市で大地震．［2］（☆）［参考：「瓜生島」調査会（大分大学教育学部内），1977，沈んだ島——別府湾・瓜生島の謎，301p.］

082 1596 Ⅸ 5（文禄5〈慶長1〉閏Ⅶ13）子刻　畿内および近隣　$\lambda = 135.4°E$　$\varphi = 34.8°N$　(B)　$M = 7\frac{1}{2} \pm \frac{1}{4}$　京都三条より伏見に至る間の被害多く，伏見城の天主大破，石垣崩れ，上﨟73人・中居下女500余人圧死．（二ノ丸で女房300人圧死という文献もある）．「地震加藤」で有名．京都では東寺・天龍寺・大覚寺・二尊院倒潰，民家の倒潰も多く，死傷も多かった．東寺では食堂・講堂・灌頂院・南大門その他転倒した建物と，五重塔・御影堂その他無事のものとがあった．また，京都市内でも東福寺（仁王門のみは転倒）・泉涌寺・三十三間堂・清水寺・方広寺など，被害のほとんどない寺もあった．方広寺の大仏（予定の金銅仏から塑像に変更したためか？　大仏殿は無事）は大破した．瓦葺の建物が倒れたので，禁裏では瓦を降ろした建物もあり，伏見城も瓦葺を禁ずるというお触れがあったという．堺で死600余という．明使と従者5〜6人大阪で死亡．家屋倒潰多し．高野山では大塔の九輪の四方の鎖が切れたという．奈良では唐招提寺で戒壇・僧堂・回廊など倒れ，金堂・講堂・東塔など破壊．法華寺金堂，海竜王寺・興福寺など破壊，般若寺の十三重石塔の上二重と九輪墜つ．大安寺堂舎悉く破滅，薬師寺八幡廊・西院堂，東西両門崩．大山崎八幡離宮の門・鳥居損し，家悉く崩る．竹田の安楽寿院の宝塔倒壊．宇治の塔島十三重塔九輪落ち塔傾く．茨木市の総持寺観音堂破滅，箕面の瀧安寺瓦解．また狭山市の狭山池に噴砂跡と堤体の池の内側へのせり出しが見つかった．この地震による可能性大．亀岡市の与能神社ゆり崩れる．大阪・神戸でも潰家きわめて多く，有馬温泉で湯屋・民家破壊，熱泉に変ず．須磨寺の本堂など崩れ，兵庫で一軒残らず崩れ出火という．近江の粟田郡葉山村も潰家・死者が多かった．高松で山崩れ・地裂ける（？）．三原・島根・鹿児島で大地震．紀州総持寺堂宇

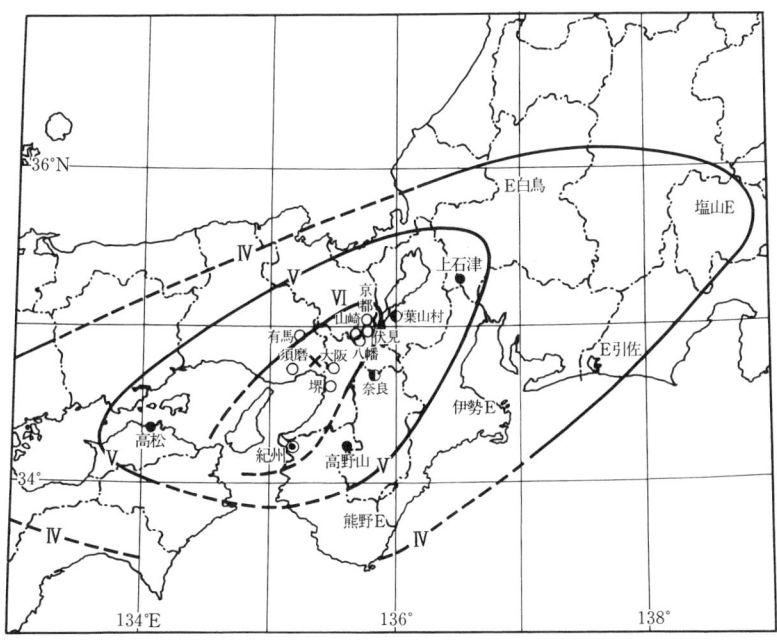

図082-1　震度分布

悉く破壊する．鳴門の撫養で土地がゆり下っ
たという記録もある．一書によると「洛中の
死4万5千…津国・丹波・播州・大和・山
城・近江・和泉・河内一段甚しくゆる」とい
う．全体で死1,500余．余震は翌年4月まで
続いた．図082-1は推定震度．S_{VI}から求める
と$M_{VI}≒7\frac{3}{4}$となる．『宣宗実録』によると同
年9月1日，堺で震度Ⅳ～Ⅴの地震があっ
た．起震断層は有馬～高槻構造線であること
が明らかになった（図082-1）ので震央はこ
の構造線の中央付近とした．図A-3参照（p.
42）（☆）（#）

084* 1605 Ⅱ 3（慶長9 Ⅻ 16）戌刻　東海・
南海・西海諸道　A：$λ=138.5°$E　$φ=33.5°$
N（D）　B：$λ=134.9°$E　$φ=33.0°$N（D）　M
$=7.9$　2つの地震A，Bが生じたものと考
えられる．震害の記録は見当らない．一方，
津波は犬吠埼から九州に至る太平洋岸に押し
寄せ，八丈島で谷ヶ里の家残らず流亡し，死
57（異本によれば75），そのうち17人は小島
の人で，島中の田畑の過半を損じた．房総半
島東岸では，子刻頃津波が襲来したという．
伊豆仁科郷（西岸）ではかき之内の横なわま
で波がきたという．浜名湖近くの橋本では戸
数100のうち80戸流され死多く，船が山際
まで打ち上げられたという．渥美郡に津波，
船を打ち破り網を流す．伊勢の浦々では地震
後数町沖まで潮が引き，約2時間後に津波が
来襲した．紀伊半島西岸の広村では戸数
1,700のうち700戸流失，阿波の鞆浦で波高
10丈（約30 m），死100余人，宍喰で波高2
丈（約6 m），死1,500余，土佐甲浦で死350
余，崎浜で50余，室戸岬付近で400余．野根
浦へは潮が入らなかった．土佐清水市の三崎
で溺死153．南向きの国は破壊され，西北向
きの国は地震のみという．九州では東目より
西目の浜（鹿児島湾内）に大波来たる．上記
以外の土地にも多くの被害が想像されるが古

文書を欠き不明．京都で有感を示すものは
『当代記』のみ．京都には武相大地震の噂が入
ったらしい．と同時に伊勢紫国（四国？）の
地震のことも伝わっている．紀伊以東の津波
は東海沖としても説明される．いずれにして
も"津波地震"の可能性大．[3]［相田，1981，
震研彙報，56，367-390］

085　1611 Ⅸ 27（慶長16 Ⅷ 21）辰の下刻
会津　$λ=139.8°$E　$φ=37.6°$N（B）　$M≒6.9$
岩代国西部，若松城下およびその付近で被害
大．若松城の石垣悉く崩れ，殿守破損．大寺
（磐梯村）・柳津虚空蔵・塔寺（立木）観音・
新宮（熊野神社）・如法寺（西会津町野沢）・
法用寺（会津高田市雀林）等の神社仏寺の堂
塔倒潰・大破多く，民家も多く潰れまたは大
破し（2万余戸），死3,700余．会津川下流で
山崩れ川を塞ぎ，水を湛うること3日3晩，
山崎湖となった（この湖は寛永の末に消失）．
湖の水位は海抜174.5～175 mくらいに達し，
その周辺にあった青木村・西青津村・東河原
村その他の村々が高いところに移った．ま
た，越後街道は地震前には会津若松から堂
畑・立川……勝負沢峠・野沢に出ていたが，
山崎湖の出現，勝負沢峠の山崩れのため，南
方の会津坂下・鐘撞堂峠野沢に至る私道が開
かれた．只見川，その他も山崩れにより堰止
められ各地に沼を作った．それは北は熱塩・
加納から南は大芦・楢原・水引に至る80
kmに及んだ．翌17年春には柳津で地震・
山崩れがあった．図085-1は震央付近の図
で，寺社倒壊は震度Ⅵとした，また山崩れお
よび沼新生（これも山崩れによると考える）
は震度Ⅴ以上と見てよいであろう．また震
度Ⅵの区域の半径12.5 kmから$M_{VI}≒6.9$と
なる．会津活断層系の活動による．震央はこ
の断層の中央とした（☆）(#)［寒川，1987，地震
Ⅱ，40，235-245］

図085-1 震央地域

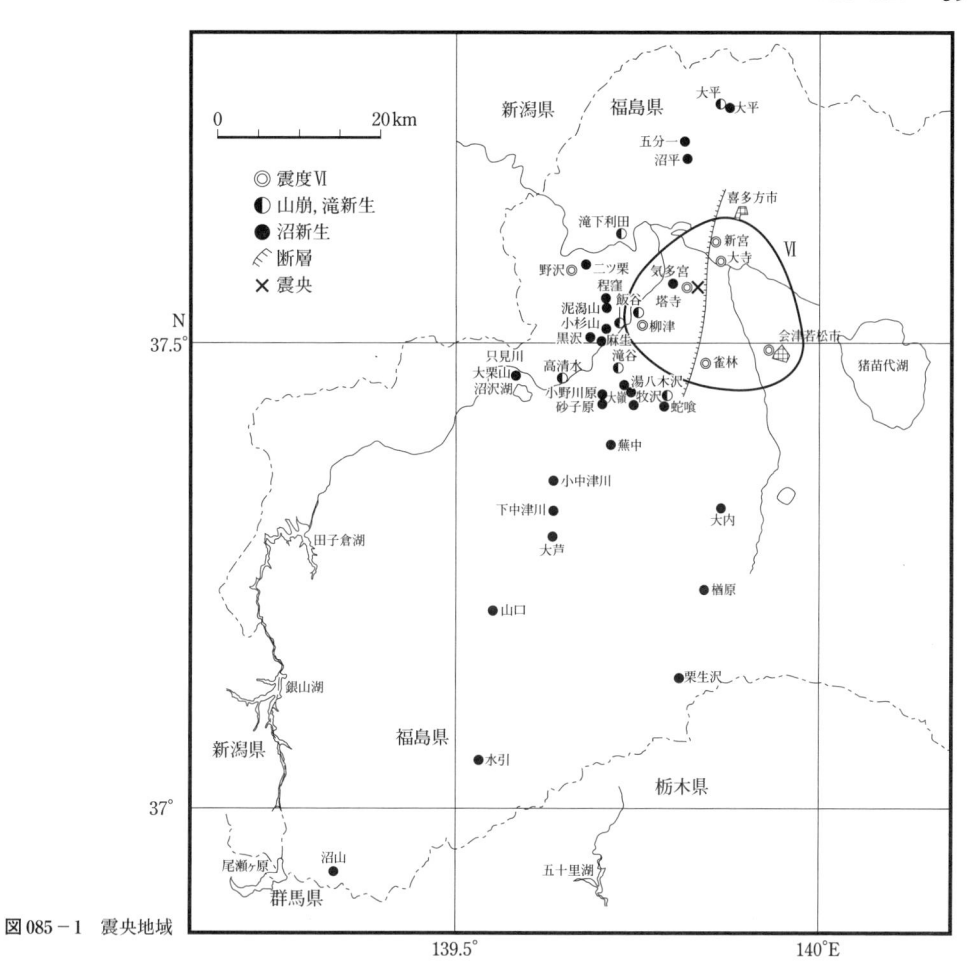

086* 1611 Ⅻ 2（慶長16 Ⅹ 28）巳刻以後 三陸沿岸および北海道東岸　$\lambda=144.4°E$　$\varphi=39.0°N$　(D)　$M\fallingdotseq 8.1$　三陸地方で強震．震害は未発見．津波による被害が大きかった．伊達政宗領内で死1,783人．南部・津軽で人馬死3,000余という．死者は鵜住居・大槌・横沢で800人，船越50人，山田20人，津軽石150人．また，大波が3回押し寄せ，海が鳴ったという．仙台市内の荒浜・三本塚・下飯田新開は荒地となり新田開発が行われた．宮城県岩沼，刈田郡にも津波が押し寄せ，岩沼辺では家屋残らず流出した．この辺では事前に潮の色が異常だったという．相馬中村海岸に被害．相馬領の死700人．今泉（陸前高田市）で溺死50人，家ほとんど流さる．宮古でも一軒残らず波にとられる．宮古では前年に鰯などが大漁であった．北海道東部にも津波押し寄せ溺死者が多かった．津波の波源は昭和8年の三陸地震の波源とほぼ一致する．『玄蕃先代集』によると銚子にて津波上る．（日付は次の地震の日付になっているが，この地震によるか）．［4］

087* 1614 Ⅺ 26（慶長19 Ⅹ 25）午の下刻 越後高田　この地震に関するおもな記録は，①京都で家屋転倒なく，天水桶落ちる，②桑名で家蔵など少し損，崩れるほどではない，③田原（三河）城の矢倉三つ四つゆり崩る，④伊勢に津波，⑤高田で大地震・大津波，死者あり，⑥道後温泉湧出止まる，⑦江戸池

上本門寺の五重塔傾く，⑧銚子に津波，などである．⑤は疑わしい．①〜⑧のすべてを満足する単一の地震はありえない．①〜④を重視すると東海沖，①，⑥を重視すると南海沖の $M=7〜7\frac{1}{2}$ 程度の地震となる．大地震の割に史料が少なすぎる．新史料の発見がまたれる．上記以外に地震記録のあるのは，八王子・小田原・伊豆・安八・伊那・奈良・大阪・田辺などである．また『徳川実紀』によると京洛で死2，傷370，二条城少しも廃損せずということである．(#)[2]

088 1615 VI 26（慶長20〈元和1〉VI 1）午刻 江戸 $\lambda=139.7°E$ $\varphi=35.7°N$ (C) $M=6\frac{1}{4}〜6\frac{3}{4}$ 家屋破潰，死傷多く，地割れを生じた．

089 1616 IX 9（元和2 VII 28）午後3時 仙台 $\lambda=142.0°E$ $\varphi=38.1°N$ (D) $M=7.0$ 仙台城の石壁・櫓等破損．仙台城の発掘の結果，この地震後に修復された石垣が見つかった．津波を伴う？ 江戸で有感？［参考：金森，2000，日本歴史，626，102-111］

090 1618 IX 30（元和4 VIII 12）丑寅の刻 京都 不動院大破する．『京都府寺誌稿』による．

091 1619 V 1（元和5 III 17）午刻 肥後・八代 $\lambda=130.6°E$ $\varphi=32.5°N$ (B) $M=6.0\pm\frac{1}{4}$ 麦島城楼はじめ公私の家屋破壊．『中川史料集』によると岡城中でも諸々破損という．備後で有感．

092 1625 I 21（寛永1 XII 13） 安芸 広島で大震．城中の石垣・多門・塀などが崩潰した．島根有感．

093 1625 VII 21（寛永2 VI 17）夜 熊本 $\lambda=130.6°E$ $\varphi=32.8°N$ (B) $M=5.0〜6.0$ 地震のため熊本城の火薬庫爆発し，天守付近の石壁の一部を崩す．城中の石垣にも被害，死約50人．

093-1 1627 III 8（寛永4 I 21） 江戸 御曲輪(おくるわ)大破．ところどころにて人多く死すという．被害は岡山池田家の『御入国以後大地震考』に載せるのみ．三河で大地震．群馬・佐渡・長野で有感．疑わしきか，あるいは096番の地震との錯簡あるか．

093-2 1627 III 27（寛永4 II 10） 津軽 地割れを生ず．詳細不明．

—— 1627 X 22（寛永4 IX 14） 松代 $\lambda=138.2°E$ $\varphi=36.6°N$ (B) $M=6.0\pm\frac{1}{2}$ 家屋倒潰80戸，死あり．宝永4年10月4日にも同様の記事あり．錯簡あるか．

094 1628 VIII 10（寛永5 VII 11）午刻 江戸 $M=6.0$ 江戸城石垣ところどころ崩れる．戸塚で道路破壊．八王子で有感．

095 1630 VIII 2（寛永7 VI 24）子刻 江戸 $\lambda=139\frac{3}{4}°E$ $\varphi=35\frac{3}{4}°N$ (B) $M\fallingdotseq6\frac{1}{4}$ 江戸城西ノ丸御門口の石垣崩れ，塀も多少損ず．細川家上家敷では白壁少々落ち，塀もゆり割れたが，下屋敷は異常なし．岡崎で有感？

096* 1633 III 1（寛永10 I 21）寅の下刻 相模・駿河・伊豆 $\lambda=139.2°E$ $\varphi=35.2°N$ (B) $M=7.0\pm\frac{1}{4}$ 小田原で最も強く，城の多門矢倉・門塀・石壁悉く破壊．また，小田原市内で民家の倒潰多く，死150人（一説によると一宇も不残，死237人余，地割れあり）．箱根で岩石崩れて道を塞ぎ，通行の人馬死せるものあり（一説に死3人）．三島で地割

れや潰家あり．熱海（と網代？）は津波に襲われた．余震は2月中旬まで続いた．21日7回余，22日9回，23日2回，25日3回，26日5回，27日3回，29日1回，2月2日2回，6・10日各1回，14日2回．江戸・八王子・飯田・松本で有感．[1]

097 1635 Ⅲ 12（寛永12 Ⅰ 23）午の下刻 江戸 $\lambda=139\frac{3}{4}°$E $\varphi=35\frac{3}{4}°$N (B) $M\fallingdotseq 6.0$ 長屋の塀など損ず．増上寺の石灯籠ほとんど倒れる．前震2回あり．戸塚有感．

097-1 1636 Ⅻ 3（寛永13 Ⅺ 6）夜 越後中魚沼郡 $\lambda=138.7°$E $\varphi=37.0°$N (A) $M\fallingdotseq 5.0\sim 5.5$ 外丸村田沢入の鍋倉の土地を押し出し田沢部落（3戸）をはぎとり川を堰止める．20日後に決潰，下手の原村全戸（8〜9戸）埋没．被害200石余．（内164石余は原村）．寛永14年という文書もある．

098 1639 －－（寛永16 Ⅺ －）越前 $\lambda=136.2°$E $\varphi=36.1°$N (B) $M\fallingdotseq 6.0$ 福井城破損．京都・金沢有感．

——* 1640 Ⅶ 31（寛永17 Ⅵ 13）北海道噴火湾 $\lambda=140.7°$E $\varphi=42.1°$N 駒ヶ岳噴火に伴い内浦湾に津波．昆布採取船の流失100余，死700余人という．津軽も地震い，岩木山鳴動す．[2]

099 1640 Ⅺ 23（寛永17 Ⅹ 10）加賀大聖寺 $\lambda=136.2°$E $\varphi=36.3°$N (B) $M=6\frac{1}{4}\sim 6\frac{3}{4}$ 家屋の損潰多く，人畜の死傷も多かった．金沢では堀溝の水を道にゆり上げた．

100 1643 Ⅻ 7（寛永20 Ⅹ 26）朝 江戸 $M=6.2$ 屋根落ち，壁倒れかかる．

101 1644 Ⅳ 15（寛永21〈正保1〉Ⅲ 9） 日光 東照宮の石垣小破か．

102 1644 Ⅹ 18（寛永21〈正保1〉Ⅸ 18）亥刻 羽後本荘 $\lambda=140.0°$E $\varphi=39.4°$N (B) $M=6.5\pm\frac{1}{4}$ 本荘城廓大破し屋倒れ人死す．本荘領内の死63人．市街もまた多く焼失す．金浦で潰家28軒，蔵潰れ5戸，小屋潰5戸，観音堂半潰，潤のうち4尺埋る．石沢村にも潰家および死傷者あり．院内村では地裂け水湧出す．盛岡有感．$r_{Ⅵ}\fallingdotseq 10$ kmとすると$M\fallingdotseq 6.5$．秋田の被害（地裂水湧）も正しいとすると$M\fallingdotseq 6\frac{3}{4}$．

102-1 1645 Ⅺ 3（正保2 Ⅸ 15）辰刻 小田原 御城廻端々破損，詰門付近以西の石垣と櫓三つ崩壊，以後櫓は修復されない．江戸有感．

103 1646 Ⅵ 9（正保3 Ⅳ 26）辰刻 陸前 $\lambda=140.65°$E $\varphi=38.1°$N (C) $M=6.5\sim 6.7$ 仙台城の石垣崩れ，その他破損多し．白石城の石壁（東方および北方）・櫓破損．会津で，少々地割れ，天水の水こぼれ，石垣2〜3間崩る．城内・家中とも破損なし．日光東照宮の瑞垣ならびに石垣破損．江戸でもかなり強く感ず．江戸・小田原・盛岡・宮城県松山町で有感．津波の記事見当らず．089番の参考文献参照のこと．

—— 1646 Ⅻ 7（正保3 Ⅺ 1）亥刻 江戸 方々石垣崩れ，家も損じ地割れあり．江戸城の石垣もところどころ損ず．翌2日まで地震ときどき．被害は『正事記』に載せるのみ．疑わしきか．

104 1647 VI 16（正保 4 V 14）卯刻　武蔵・相模　$M=6.5±¼$　[0]　江戸城の石垣 5～6 間崩る，多門塀破損．大名屋敷・御城破損．死者少なからず．上野東叡山大仏（泥製で石のようにしてある）の頭落つ．（代わって造られたものは土に銅をかぶせたもの）．馬入川渡船場破損．小田原城内石垣崩れ，家中の家 10 間 (ママ) 潰れ，塀 40 間倒る．余震多し．

106 1648 VI 13（慶安 1 IV 22）午刻　相模　$λ=139.2°E$　$φ=35.2°N$　(C)　$M≒7.0$　小田原城石垣 10 間ばかり崩れ，櫓多門少々瓦落ち，塀破損．小田原領内潰家多く，箱根で落石死 1，江戸で船のごとくゆれ武家屋敷・町屋の屋根瓦落ち，土蔵練塀半ば砕け倒れる．京都で有感？

107 1649 III 17（慶安 2 II 5）午刻　安芸・伊予　$λ=132.5°E$　$φ=33.7°N$　(C)　$M=7.0$ ±¼　松山城の石垣 20 間（約 36 m）・塀 30 間（約 55 m）崩れる．宇和島城石垣 116 間（約 220 m）・長屋塀 70～80 間（約 125～145 m）崩れ，民家も破損．広島にて侍屋敷・町屋少々潰・破損多し．京都・佐賀で有感．図 107-1 は推定震度．$r_V=60$ km とすると $M_V≒7.2$．

108 1649 VII 30（慶安 2 VI 21）丑刻　武蔵・下野　$λ=139.5°E$　$φ=35.8°N$　(B)　$M=7.0$ ±¼　川越で大地震，町屋 700 軒ばかり大破，500 石の村，700 石の村で田畑 3 尺（約 1 m）ゆり下る．江戸城二ノ丸石垣・塀破損，その他城の石垣崩れ，藩邸・侍屋敷・長屋の破損・倒潰あり．日光東照宮の石垣・石の井垣破損し，八王子・伊那で有感，余震日々 40～50 回．『玉滴隠見』によれば，このとき，瓦葺が多く倒れたので，コケラ葺になったという？　死 50 人余．余震月を踰ゆ．$r_V≒60$ km とすると，$M_V≒7.2$．（#）

109 1649 IX 1（慶安 2 VII 25）午の下刻　江戸・川崎　$λ=139.7°E$　$φ=35.5°N$　(B)　$M=6.4$　川崎駅の民屋 140～150 軒・寺 7 宇崩潰．その近くの 4～5 村で民屋破倒し人畜の毀傷多し．江戸では雑司ヶ谷薬園の御茶屋・江戸城平川口腰掛および御春屋破損．江戸の余震，25 日 1 回，26 日ときどき，27 日ときどき，28 日 5 回，8 月 2 日 3 回，4 日たびたび，5 日 1 回，6 日ときどき，7 日・9 日各 1 回．（#）

110 1650 IV 24（慶安 3 III 24）寅の後刻　江戸・日光　$M=6.0～6.5$　江戸・日光で地震強く，日光東照宮の相輪塔・石垣破損．

110-1 1650 V 30（慶安 3 V 1）加賀　石垣破損．

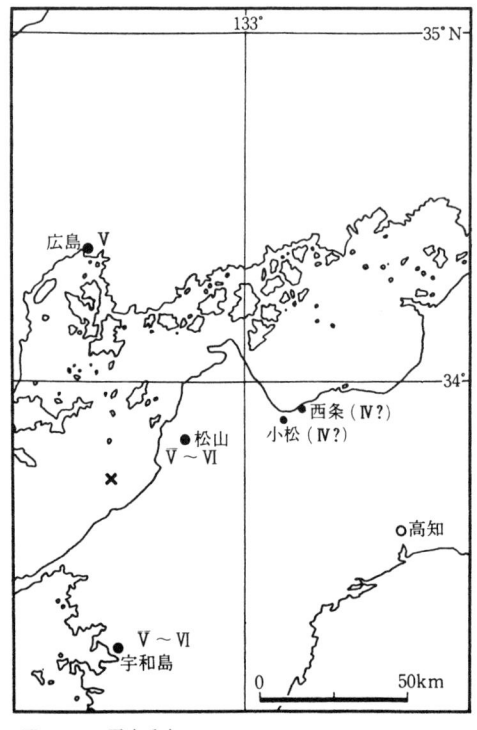

図 107-1　震度分布

110-2 1656 IV 16（明暦 2 III 22）酉刻　八戸
八戸城の御家蔵など戸障子破損，御土蔵の壁
以下振落つ．八戸の震度Ⅳか．盛岡・仙台で
有感．

111 1657 I 3（明暦 2 XI 19）夜　長崎
家の接目が口を開き，柱および壁が倒れたと
いう．

112 1658 V 5（明暦 4〈万治 1〉IV 3）戌刻
日光　軽微な被害あり．

113 1659 IV 21（万治 2 II 30）岩代・下野
$\lambda = 139.8°E$　$\varphi = 37.1°N$　(B)　$M = 6\frac{3}{4} \sim 7.0$
猪苗代御城石垣 2 ヵ所崩る．城下町郷とも破
損なく，南山田嶋町で人家 297（一説 197）
軒，土蔵 30（一説 39）棟押し倒れ，死 8（一
説 14），傷 79，怪我馬 5，南山街道山王峠崩
る．会津領で倒家 309，死 28，傷 100 余．塩
原温泉元湯（約 80 余戸）山崩れのためほとん
ど土砂に埋まり，死 11 人，わずかに梶原の湯
のみを残すという．仙台・日光・江戸有感．
$r_{VI} = 15$ km とすると $M = 7.0$．

114 1661 XII 10（寛文 1 X 19）丑の下刻　土
佐高知　城内石垣の石少々抜ける．

115 1662 VI 16（寛文 2 V 1）午刻　山城・
大和・河内・和泉・摂津・丹後・若狭・近
江・美濃・伊勢・駿河・三河・信濃　$\lambda =$

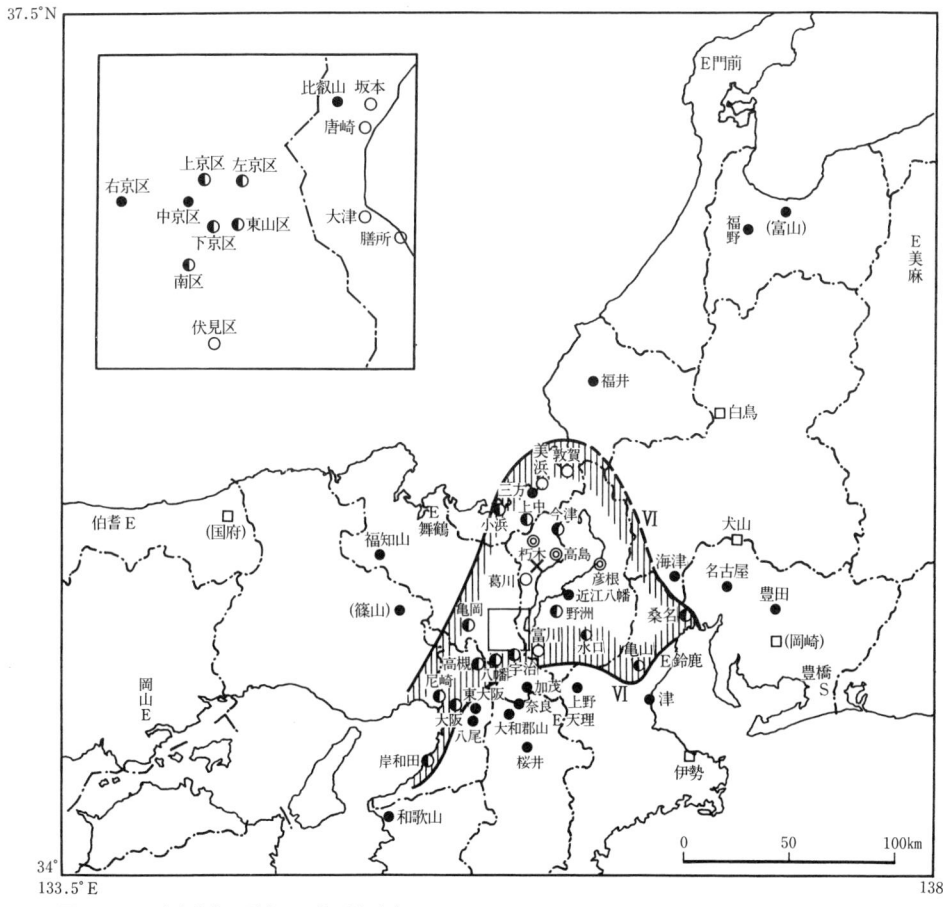

図 115-1　震度分布　震度Ⅵの範囲を示す．

135.9°E　　φ＝35.3°N（B）　　M＝7¼〜7.6
比良岳付近の被害が甚大．唐崎志賀両郡1万4,800石のうち田畑85町（約85 ha）ゆり込み（湖中にか？），潰家1,570．大溝で潰家1,020余（95％以上か？），死37．湖西で沿岸が沈下したことについては考古学的証拠と史料的推定がある．彦根で潰家1,000，死30余．朽木谷・町居村・榎村付近では，大規模な山崩れが発生し，榎村は総戸数50で死300余，榎村の対岸にある町居村でも戸数50，死260余，生存37ともいう．崩土は安曇川を堰止めた．京都で町屋倒潰1,000，死200余ともいう．六地蔵・鞍馬で山崩れ，向島の堤300間（約550 m）余切れ，うち46〜47間（約80 m）は地中へ4〜5尺（1.2〜1.5 m）ゆり込む．彦根・膳所・亀山・小浜・篠山・桑名・高須・大阪・水口・伏見・高槻・岸和田・淀（山城）・尼崎などの諸城では石垣・櫓・塀・多門などにさまざまの被害あり．美浜町浄明寺の庫裏・本堂潰．小浜で城の櫓・多門・石垣・蔵・家中侍屋敷・町屋まで破損．三方断層の西側，三方五湖の久々子湖で約3 m，水月湖東部気山川河口で3〜4.5 m隆起した．福山・江戸にも感じたという．図115-1は推定震度で，余震は非常に多く年を越えた．合計で死880余，家潰約4,500．花折断層北部・三方断層系の同時活動に帰する説がある（☆）（#）[吉岡ほか，1998，地震，51，83-92]．

116* 1662 X 31（寛文2 IX 20）子刻（午前0時ごろ）　　日向・大隅　λ＝132.0°E　φ＝31.7°N（C）　　M＝7½〜7¾　　日向の沿岸に被害．被害は表116-1のとおり．佐土原でこの日40回余震．別府湊（大淀河口）で破船10余隻，穀類約6,000俵潮に濡れる．日向那珂郡（現宮崎県）の沿岸7ヵ村・周囲7里35町（約32 km）田畑8,500石余の地没して海となる．青島付近で3〜4尺（0.9〜1.2 m）沈下．大隅で海が陸となるというが，これは疑わし

い．熊本で大地震，岩国で有感．[2]

117 1664 I 4（寛文3 XII 6）戌刻　京都・山城　　M＝5.9　　二条城および伏見の諸邸破損．洛中築垣ところどころ崩る．吉田神社の石灯籠倒れ，下加茂社の築地石灯籠倒る．誓願寺本堂少損．伏見稲荷で石灯籠すべてころび，蔵損，築地崩れ5〜6間（約9〜10 m）．丹波亀山城の石垣20ヵ所崩る．余震回数は，6日多数，7日すきまなくゆる，8日約10回，9日5〜6回，10日あり，11日1〜2回，12日4〜5回，13日約10回，14日2〜3回，16日4〜5回，18〜25日毎日あり，28日あり．伊賀上野で大地震．

118 1664 VIII 3（寛文4 VI 12）夜七ッ頃　紀伊・熊野　　新宮丹鶴城の松の間崩る．和歌山地震暫くやまず．

119* 1664 －－（寛文4 －－）　琉球　琉球の鳥島地震．風暴飛沙起波吹出石燈．姉女1人石に当って死．家屋土中に覆没．津波ありしか．[1]

120 1665 VI 25（寛文5 V 12）酉刻　京都　M≒6.0　　二条城の石垣12〜13間（約20m）崩れ，塀14〜15間破損，二の丸殿舎など少々破損す．御所方築地所々破損す．地震は12日7〜8回，13日4〜5回，14〜18日毎日あり．

121 1666 II 1（寛文5 XII 27）申の下刻　越後西部　λ＝138.2°E　φ＝37.1°N（C）　M≒6¾　　積雪14〜15尺（約4.5 m）のときに地震．高田城の本丸（角櫓2，土居約50間崩）・二の丸（城代屋敷崩）・三の丸（蔀土居約40間，大手一ノ門，三ノ丸屋敷崩）に被害．侍屋敷700余（民家と合せてという文書もある）潰れる．民家の倒潰も多かった．夜

表 116-1 被害一覧

	佐土原藩 (島津但馬守)	高鍋藩 (秋月佐渡守)	延岡藩 (有馬左衛門佐)	飫肥藩 (伊東監物)	人吉藩 (相良壱岐守)
城	二の丸冠木以頭崩落土蔵潰1,居邸長屋30間崩 (多門覆る)	城中石垣崩	三ノ曲輪,橋脇ノ石垣5間崩	石垣9ヵ所計192間破壊 隠埋り2ヵ所 諸士屋敷土蔵・石垣の破損多し	本丸・三之曲輪東門口の石壁少破
町在	800余戸潰 (800軒余傾覆*)	侍屋敷・町家等278軒崩	1308軒崩る +90 倒れかゝり510軒+120余	○1213潰,内264海に入る	侍屋敷・町・在少々破損
死	多 (人畜少なからず)		5+1	○15 (人口2398人),牛馬5	
地変	地3尺ほど裂け山崩				
田畑	田園損耗 (若干損失)		57町余潮入り+所々破損すたる	○8500石余流失	
破損船			10		
堤			13ヵ所,670間余破損 3ヵ所 140〃 (井手溝) *800間余(含井手溝)崩る		
穀物			濡米5500俵余 +260俵余 〃麦 220俵余 *米7253俵流 *大豆・小豆228俵流	○米粟2350石余流失	
出典	佐土原藩譜 嚴有院実紀	殿中日記	玉露叢 浮藻日記	日向纂記	浮藻日記
備考			*浮藻日記による. +は御預り所本座(?)被害.所領は現延岡付近および宮崎市付近と諸県郡・児湯郡に分かれていた.	○清武領周囲7里35町陥て海となりしことによる(津波による).	

*イタリック体は嚴有院実紀によるもの.

に入って火災,死1,400〜1,500 (600余?). 家老2人死,家中の死155人 (120人) 余. 被害実数は史料による差が大きい. 地割れて,雪上まで青土出る. 在では石すえの家は倒れ,掘立の家は残る. 村上で強くゆれた. 八王子有感.

──* 1666 V 31 (寛文6 IV 28) 尾張知多半島に津波襲来. 新田を破壊. あるいは風津波か. 『殿中日記』に酉の上刻地震とあるのみ.

122* 1667 ── (寛文7 ──) 琉球宮古島で地震強く,洲鎌村の旱田1,210坪 (約40 a) 約3尺 (約0.9 m) 沈下して水田となる. [1]

123 1667 VIII 22 (寛文7 VII 3) 巳刻 八戸 $\lambda=141.6°E$ $\varphi=40.6°N$ (C) $M=6.0〜6.4$ 八戸市中の藩士邸宅および市街商家の建物破損おびただし. 引続き小震あり. 津軽・盛岡大地震,江戸有感.

123-1 1668 VI 14 (寛文8 V 5) 亥の下刻

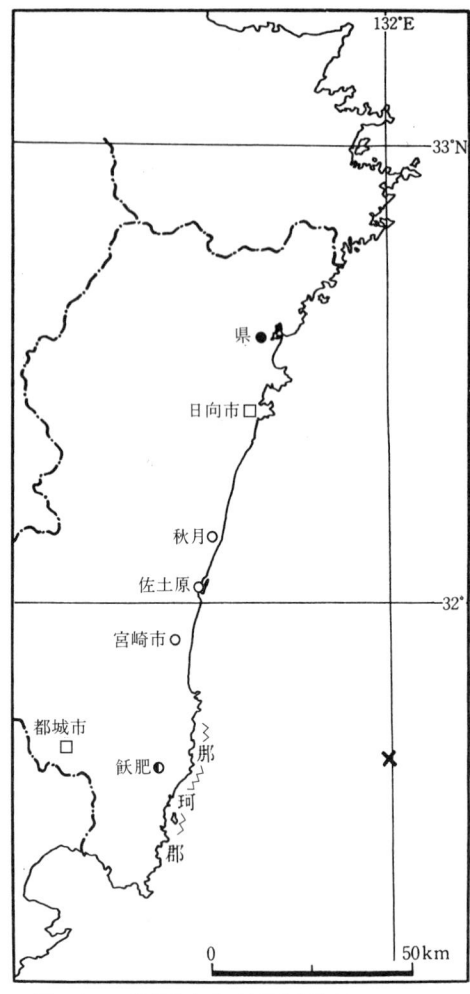

図116-1 震度分布（□は地名を示す）

越中　伏木・放生津・小杉で潰家あり．高岡の城の橋潰る．

124　1668 VIII 28（寛文 8 VII 21）申の下刻　仙台　$M ≒ 5.9$　仙台城本丸石垣計約 90 間（160 m）崩れ，計約 60 間（約 110 m）孕む．迫町で道割れ，家破損．江戸で有感．089 番の参考文献を参照のこと．(☆)

125　1669 VI 29（寛文 9 VI 2）巳刻　尾張　$M=5.9$　名古屋城三ノ丸坤の方の門・舛形の石垣少し崩る．京都・奈良・伏見・小浜・和歌山で有感．

125-1　1670 VI 22（寛文 10 V 5）午刻　越後中・南蒲原郡　$λ=139.15°\mathrm{E}$　$φ=37.75°\mathrm{N}$（C）　$M ≒ 6¾$　城中・家中別条なく，上川4万石（現新津・五泉・水原・安田・寺泊・中之口・燕・三條にまたがる地域）のうち百姓家 503（あるいは 533）軒禿，死 13 人，田畠荒れ，植田ゆり込む．新津正法寺本堂倒壊．新発田・村上・佐渡・盛岡・弘前・江戸有感．(#)

125-2　1671 VII 6（寛文 11 V 30）　江戸　天水桶の水こぼれる．怪我人多数という．

126-1　1671 — —（寛文 11 VIII —）卯刻　花巻　町屋 10 軒ほど倒れ，庇落ち多数．地震戌刻まで 50～60 回．

126-2　1672 VII 28（寛文 12 閏 VI 5）　岩木山　$λ=140.3°\mathrm{E}$　$φ=40.65°\mathrm{N}$（B）　岩木山南之方崩る．

127　1674 IV 15（延宝 2 III 10）辰刻　八戸　$λ=141.6°\mathrm{E}$　$φ=40.6°\mathrm{N}$（C）　$M ≒ 6.0$　八戸城内ならびに諸士屋敷・町家破損多く，南宗寺で御玉屋・石塔・石灯籠ころぶ．弘前・盛岡・角館・迫町・日光・江戸で有感．

—　1675 IV 4（延宝 3 III 10）朝　八戸　諸士屋敷，町屋ともに被害多し．延宝 2 年 3 月 10 日（**127** 番）の地震の誤記と思われる．

129　1676 VII 12（延宝 4 VI 2）午刻　石見　$λ=131.8°\mathrm{E}$　$φ=34.5°\mathrm{N}$（B）　$M ≒ 6.5$　津和野城石垣など崩れ，侍屋敷の石垣・塀破損．本丸櫓 2 ヵ所・出丸櫓 2 ヵ所崩れ，天守は別条なし．石垣崩れ 17 ヵ所，同孕 72 ヵ所．町方家蔵大分損，家屋倒潰 133，うち 16 は土蔵，死 7，傷 35，田畑 50 町ほど潰込みあるいは水除崩る．川筋石垣 533 間崩る．和歌山・

図130-1 毎日余震回数

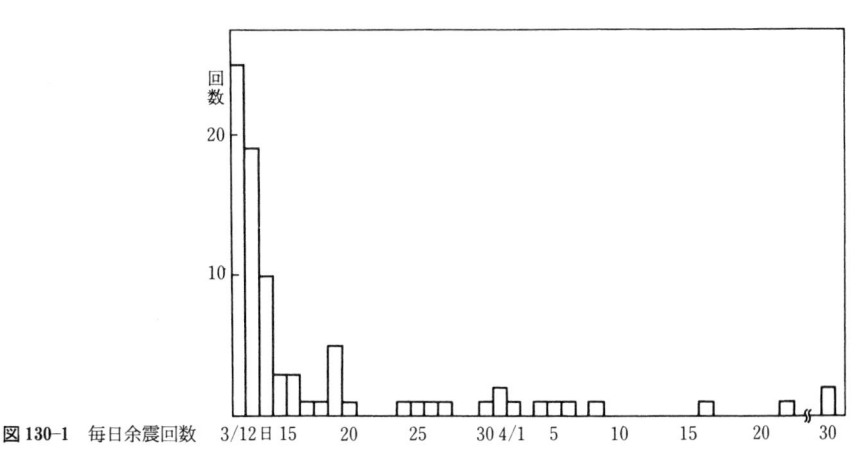

石見・萩・岩国・徳山で有感，防府で昼夜地震8日まで．当初は加計で1日50回ほどの余震．

———* 1676 XI 24（延宝4 X 19） 常陸・磐城 水戸・磐城の海岸に津波．人畜溺死し，屋舎流失す．**131**番の地震の誤りか？

130* 1677 IV 13（延宝5 III 12） 戌刻 陸中 $\lambda=142\frac{1}{4}°$E $\varphi=41.0°$N（C） $M=7\frac{1}{4}\sim7\frac{1}{2}$ 八戸に震害あり．青森・仙台被害なし．震後約1時間で津波来たり，大槌・宮古・鍬ヶ崎等で被害．合計で家屋流潰約70軒，舟流潰60余．波は宮古で13日午前2時までに3回．13日巳ノ刻に大地震．各地の記録を総合すると余震数は図130-1のようになる．小名浜で13日午前6時頃から常より大きい汐の干満，昼までに5～6回，12日子ノ刻の地震が本震である可能性もある．下北半島北岸の下風呂で舟波にとられる．江戸有感．**580**番の地震と似ている．とすると $\lambda=144.0°$E $\varphi=40.0°$N $M=7\frac{3}{4}\sim8.0$ となるか．[2]

——— 1677 VI 28（延宝5 V 28） 申の上刻 津軽 御台所・御蔵の天水溢れる．江戸で天水桶の水$\frac{1}{3}$ひるがえる（？）．盛岡・角館・八戸・鰺ヶ沢・五所河原・仙台・日光・江戸で有感．

131* 1677 XI 4（延宝5 X 9） 夜五ッ時 磐城・常陸・安房・上総・下総 $\lambda=142.0°$E $\varphi=35.5°$N（D） $M\fallingdotseq8.0$ 上旬より地震しばしばあり．磐城から房総にかけて津波襲来．小名浜・中作・薄磯・四倉・江名・豊間などで家流倒約550（あるいは487）軒，死・不明130余（あるいは189）．水戸領内で潰家189，溺死36，舟破損または流失353．房総で倒家223余，溺死246余．奥州岩沼領で流家490余，死123．八丈島や尾張も津波に襲われたという．銚子・一宮・江戸・平で有感．確かな地震記事は房総と江戸に限られる．尾張の津波記事の信憑性を低いとし，地震記事の現れ方に注目して震源と M を推定した．陸に近い M 6クラスの地震という説もある．[2]

132 1678 X 2（延宝6 VIII 17） 夜五ッ時 陸中 $\lambda=142.5°$E $\varphi=39.0°$N（D） $M\fallingdotseq7.5$ 花巻にて城の石垣崩れ，御台所諸士の家も損傷．町屋15（一説に95），土蔵5崩る．死1．白石城石垣5ヵ所，合計6.5間（約12 m）崩る．秋田で家屋損傷あり，米沢で家屋破損．会津若松城小破．江戸で天水桶の水溢る．

———* 1680 VIII 29（延宝8 VIII 6） 遠江 磐田郡沿岸に津波，死94．吉原で海水あふれ民屋悉く崩るという．気象津波か？ 村誌に地

68 4 被害地震各論

震記事あるも，地震によること確かならず．三州堀切常光寺で卯刻に大波，村で3軒潰れ4～5人死．

―― 1682 XII 13（天和2 XI 15）寅刻　津軽　大風大地震あり．ところにより痛家あり．被害は風によるものか地震によるものか不明．盛岡・八戸・秋田湯沢・日光有感．

133　1683 VI 17（天和3 V 23）辰の中刻　日光　$\lambda=139.6°$E　$\varphi=36.7°$N（B）　$M=6.0$～6.5　4月5日より地震多く，とくに17日は37回の地震あり．ところどころ石垣崩る．23日辰の刻大地震．また卯刻から子刻まで地震89回．東照宮・大猷廟・慈眼堂等の石の宝塔の九輪転落，石垣多く崩る．江戸有感．

134　1683 VI 18（天和3 V 24）巳の下刻　日光　$\lambda=139.65°$E　$\varphi=36.75°$N（B）　$M=6.5$～7.0　卯刻から辰刻まで地震7回．巳の下刻大地震．御宮・御堂・御殿・慈眼堂・本坊寺院の石垣残らず崩れ，石灯籠すべて倒る．東照宮・大猷廟の宝塔の笠石その他破損．赤薙山の北方の山崩る．卯上刻から夜中まで地震196回．25日41回，26日17回，17日から閏5月1日まで435回の地震あり．江戸でも強く，城内の築屋少し崩れた．会津若松・諏訪・阿智で有感．

135　1683 X 20（天和3 IX 1）寅の後刻（または卯刻）　日光　$\lambda=139.7°$E　$\varphi=36.9°$N（B）　$M=7.0±¼$　下野三依川五十里村で戸板山（現葛老山）崩れ，川を塞ぎ湖を生ず．40年後の享保8（1723）年8月10日，暴風雨により水面上昇し，決壊，下流域は大洪水となった．二本松城の石垣崩れるというも疑わしきか．福島県本宮で石垣崩る．日光にも山崩れあり，鬼怒川・稲荷川の水流れず．日光では修復半ばの石垣崩れ，堂塔にも被害（堂塔

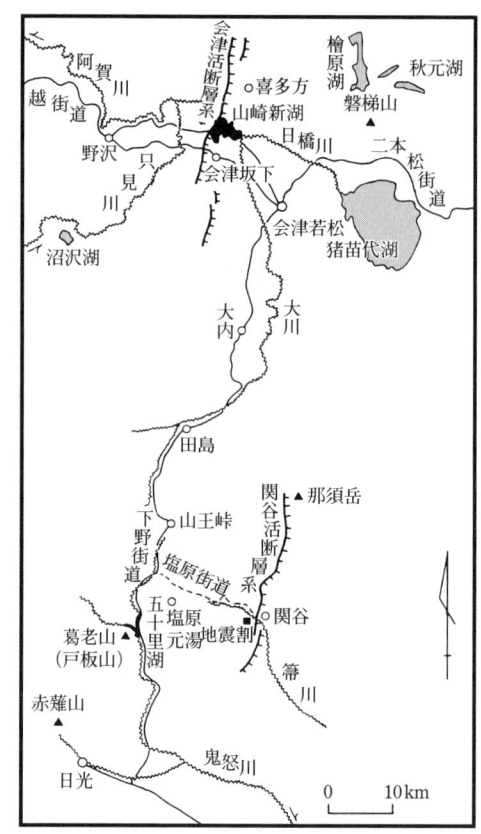

図135-1　震央付近の活断層など［寒川，1992, p.159］

は無事という文書もある）．1日・2日で地震760回余．また1日から晦日までで1,400回余．江戸有感．この地震を関谷断層系の活動によるとする考えもある．図135-1参照．**085**番の地震も参照（☆）［寒川，1992, 地震考古学，中公新書，178-185］

136　1684 XII 22（天和4〈貞享1〉XI 16）　日向　飫肥城本丸裂く．『日向郷土史年表』にあるのみ．疑わしきか．

―― 1685 ――（貞享2 III －）三河　渥美郡，山崩れ，家屋倒潰し，人畜の死多し．『渥美郡誌』にのせるのみ，疑わし．

―― 1685 X 7（貞享2 IX 10）午刻　周防・長門　屋根瓦落ち，泥涌出す．**140**番との

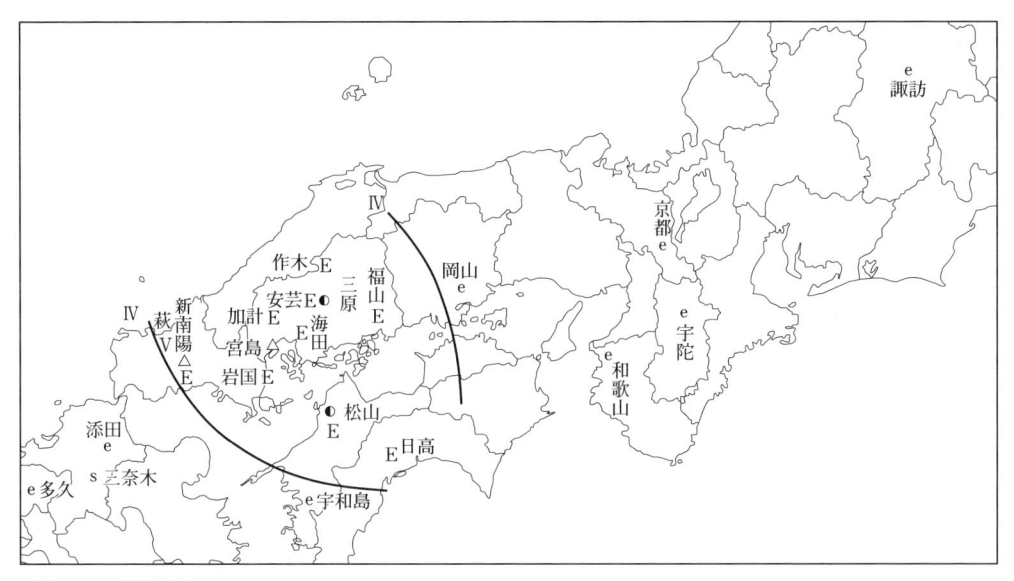

図140-1 震度分布

混同あるか．史料の発見をまつ．

138-1 1685 XI 22（貞享2 X 26）寅中刻　江戸　この日5回．隠州公御屋敷など少々損ず．日光有感．

139 1685 XII 29（貞享2 XII 4）　伊予　$M=5.9$　松山城内石垣28ヵ所で孕みあるいは崩る．道後温泉湧出やむ．10日の地震の前震か．あるいは同じものの誤記か不明．

140 1686 I 4（貞享2 XII 10）巳の下刻　安芸・伊予　$\lambda=132.6°E$　$\varphi=34.0°N$（B）　$M=7.0〜7.4$　広島城廻その他少しずつ破損したが大破ではなく広島県中西部199ヵ村で被害．合計で家損147軒，蔵損39軒，社3，寺5，土手4,734間，石垣損857.5間，田畑損1.19町，死2，死牛馬3．また宮島で大宮・五重塔などの屋根・瓦少損，石垣・井垣崩れあり．萩城内外石垣崩れ12ヵ所，錦帯橋橋台はみ出す．岩国で塀割れ瓦落つ．松山で，城の石垣16〜17ヵ所破損，家中侍屋敷町屋少々破損，道後温泉泥湯涌出．土佐大地震，岩国・宇和島・岡山・加計・多久・福岡・京都・和歌山・諏訪で有感．備後三原城の石垣孕み出す．図140-1は推定震度分布．

141 1686 X 3（貞享3 VIII 16）辰刻　遠江・三河　$\lambda=137.6°E$　$\varphi=34.7°N$（B）　$M=7.0±1/4$　遠江新居の関所・番所・町家など，少々破損，死者あり．三河田原城の矢倉・士屋敷・町屋など破損，死者あり．遠州横須賀城の石垣14ヵ所で崩れ孕み出す．渥美半島南岸の高塚・細谷で谷々欠け，大地割れ（高塚），家倒れ人畜死（細谷）すという．伊勢・京都・奈良・宇陀・和歌山・名古屋・岡崎・滋賀県新旭町・江戸有感．名古屋で余震8回．［中西, 1999, 地震研彙報, **74**, 301-310］

142* 1687 X 22（貞享4 IX 17）　陸前沿岸津波あり，塩釜で潮1.5〜1.6尺（約50cm）上がり，潮の干満12〜13回．この日丑刻琉球に津波．遠地（南米ペルー沖）地震津波．［0］

142-1 1688 XI 28（元禄1 XI 6）夕暮　羽後金浦　地震2回．家々かたがり，石垣崩る．

死なし.『金浦年代記』にあるのみ.

143 1691 －－（元禄4 －－）　加賀大聖寺　$\lambda=136.3°E$　$\varphi=36.3°N$　（C）　潰家あり.

—— 1691 XI 10（元禄4 IX 21）21～22時　長崎　硝子1枚（数枚）破損.余震5回.

144 1694 VI 19（元禄7 V 27）卯の下刻　能代地方　$\lambda=140.1°E$　$\varphi=40.2°N$（B）　$M=7.0$　能代・森岡・檜山・駒形・飛根,その他42ヵ村に表144-1のような被害あり.とくに能代は総戸数1,132戸で潰滅的打撃を受けたことが表からわかる.秋田城下で侍屋敷・町屋少し破損.弘前付近でところどころ地割れ石砂を噴出し,弘前城中ならびに城の石垣破損.岩木山の岩石崩れ落ち硫黄平に火を発す.能代から津軽領の深浦沿岸にかけて山崩れあり.図144-1の震度VIの地域の$r_{VI}\fallingdotseq15$ kmとなり$M\fallingdotseq7.0$.震度Vの地域は北に広がっているように見える.$r_V\fallingdotseq50$ kmとすると$M\fallingdotseq7.0$.『出羽国秋田領高郡合併郡分色目録』によると八郎潟の北岸能代衝上断層と森岳断層の間長さ約7 km最大幅600 mの地隆起し新田となる.

144-1 1694 VII 17（元禄7閏V 25）　伊予大地震,別子銅山火事.焼死300という.坑内での死約200人.

145 1694 XII 12（元禄7 X 26）昼八ッ～七ッ時　丹後　宮津で地割れて泥を噴出.家屋破損.とくに土蔵は大破損.

146 1696 VI 1（元禄9 V 2）宮古島　琉球宮古島で府庫・拝殿・寺院・仮屋などの石垣崩潰す.

——* 1696 XI 25（元禄9 XI 1）　陸前石巻川口にあった高津船300余隻の船頭水手所在

図144-1　震度分布

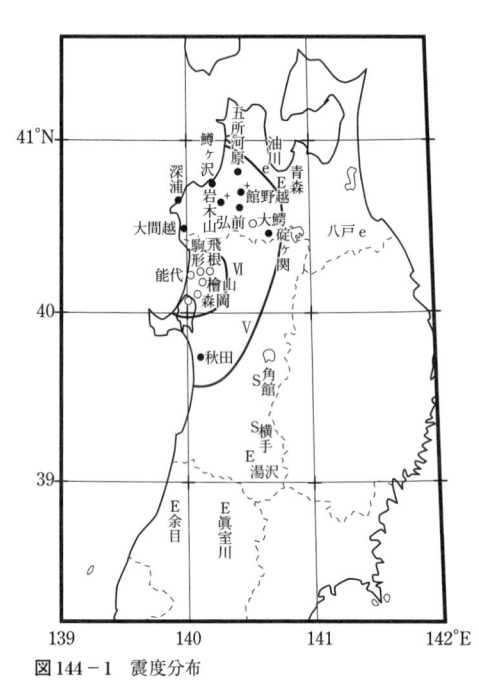

表144-1　被害状況

地名	死	傷	死馬	家屋			土蔵			穀物焼失（石）	
				震崩れ	焼失	破損	震崩れ	焼失	破損	米	他
能代	300		2	350	719	53	26	136		17,300	1,002
森岡	21		10	57	47						
檜山				42							
駒形	6			8	70		1				
飛根	15	100		106			2				
その他42ヵ村	52	98	1	684	23	394	15		15		
計	394	198	13	1,273	859	447	44	136	15	17,300	1,002
総計	429			1,500	1,000		44	136			

を失い，溺死．浦浜水溢る．風津波か？ 地震記事見当らず．

147 1697 XI 25（元禄 10 X 12） 午の後刻 相模・武蔵 $\lambda=139.6°$E $\varphi=35.4°$N（B） $M ≒ 6.5$　鎌倉鶴岡八幡宮鳥居倒れ，潰家あり．江戸城平川口梅林坂多門の石垣崩る．江戸で天水の水溢る．日光で有感．

148 1698 X 24（元禄 11 IX 21） 未の下刻 大分 $\lambda=131.5°$E $\varphi=33.1°$N（B） $M ≒ 6.0$ 大分城の石垣壁など崩る．岡城破損．高鍋城内ところどころ破損．城の大手口東の石垣すべて崩る．（28日というも誤記と考える．）佐賀有感1日に6回．鳥取・徳山・土佐有感．

148-1* 1700 I 27（元禄 12 XII 9） 14時頃 北米オレゴン・ワシントン州沖 $\lambda=125°$W $\varphi=45°$N（C） $M_W=9.0$　9日0時頃から三陸〜紀伊半島にかけて津波来た．和歌山県田辺であびき強く新庄村御蔵へ汐入，跡の浦で田地麦作損あり．三陸沿岸の大槌浦に大汐上がり漁師家2軒，塩釜2工破損．鍬ヶ崎では津波打ち寄せ人々山へ逃げる．13軒波にとられ，20軒焼失．159人に救米．津波高推定値は，鍬ヶ崎 4 m，津軽石 3.2 m，大槌 3.3 m，那珂湊 1 m，三保 1.0〜1.7 m，田辺 5.4 m および 3.3 m．カスケード海溝の巨大地震で北米での津波高 10 m 余．［都司ほか，1998，地震 II, **51**, 1-18］

148-2 1700 IV 15（元禄 13 II 26） 壱岐・対馬 $\lambda=129.6°$E $\varphi=33.9°$N（B） $M ≒ 7.0$ 壱岐で24日8回，26日13回，27日約10回，28日3〜4回，29日2〜3回．26日の地震で村里石垣墓所悉く崩れ，家潰89軒．蔵潰5．対馬で領主・侍・寺社・足軽・町屋の石垣計1,136間崩る．対馬で24日より地震，25・26日強震にて被害．島原・久留米・多久・福岡・佐賀・平戸（城廻および城下の塀瓦落つ・侍屋敷石垣崩）．加計(かけ)有感．朝鮮半島南半分でも有感であった．

148-3 1703 VI 22（元禄 16 V 9） 小城 小城古湯温泉の城山崩れ，温泉埋る．久留米で有感．

148-4 1703 XII 31（元禄 16 XI 23） 丑刻 油布院・庄内 $\lambda=131.35°$E $\varphi=33.25°$N（A） $M=6.5±¼$　府内（大分）別条なく領内山奥22ヵ村で家潰273軒，破損369軒，各種石垣崩れ1万5千間余，地破れ1万7千間余，死1，損馬2．油布院筋・大分郡26ヵ村で百姓家580軒潰，田畑道筋2〜3尺地割れ．豊後頭無村(現日出町豊岡)で人家崩れ人馬死あり．上渕村真願寺屋敷破損，臼杵・宇佐・熊本・延岡有感．

149* 1703 XII 31（元禄 16 XI 23） 丑刻 江戸・関東諸国 $\lambda=139.8°$E $\varphi=34.7°$N（B） $M=7.9〜8.2$　**元禄地震**　相模・武蔵・上総・安房で震度大．この地震の被害を総括的に記したものに『楽只堂年録』がある．これには江戸市中のことは記していないが，この書による死者は全体で約6,700人，潰家と流家は2万8,000軒である．とくに小田原で被害大きく城下は全滅．震後12ヵ所から出火．小田原領の被害は表149-1のとおり．『楽只堂年録』による被害はこれより少ない．また

表 149-1 小田原領の被害状況

	潰家	寺社潰	死者 一般	死者 寺社	牛馬死
小田原府内	残らず	42	843	4	11
相　　州	6,341	237	746	18	80
箱根町	47		18		36
駿　　州	836	19	37		3
豆　　州	476	9	659	2	6
計	7,700<	307	2,303	24	136

表 149-2 甲府領内の被害状況（『楽只堂年録』による）

	死	傷	家 潰	家 半潰	家 破損	蔵 潰	寺社堂 潰	川除土手	土橋石垣	堰川除	備考
町在々			134	166	77	28	11	崩 3600間	崩 2	破損 5	
甲州郡内	83	14	211	59 +56*			8+1*	山崩れ多く 100間以上のもの4			*その後の地震で段々半潰
城内	石垣崩れ計12坪，同孕出し喰違・隅抜け3ヵ所． 西門・多門ひずむ．櫓塀の瓦少々損										

表 149-3 全体の被害状況

	死	家 潰	家 半	寺 潰	寺 半	流家	船	蔵
甲府領	83	345	281	13				潰28
小田原領	2,291	8,007		307			68	
房総	6,534	9,610				5,295	1,173	
江戸	340	22						
関東駿豆(武士)	397	3,666	550	5	6	有	116	
諸国	722	774	160	1		668	82	破5
計	10,367	22,424	991	326	6	5,963 (+490)	1,439	潰28 破5

領内の破船68．箱根の関所で石垣など崩れ，箱根山中で山崩れ，道を塞ぐ．とくに湯本より須雲川までがひどかった．厚木では家が大方崩れ，死59，死馬2．大山で山崩れあり死100という．東海道の宿場は品川では潰家なく，破損のみ．川崎から小田原まではほとんど全滅し，神奈川で3～4軒，川崎で10軒，藤沢で3～4軒，大磯で10軒ほど残っているだけであったという．武蔵国を除く神奈川県各地に死者があった．山中湖北東岸の平野村では山崩れのため集落が移転した．江戸の被害も大きく，江戸城の多門・櫓などの石垣・塀の破損多く，大名屋敷の長屋・塀・本宅の破損，崩れも多く，とくに本所辺の被害が大きく，火災も起こった．また土蔵造の被害が多かったという記事もある．しかし，全般的に見て江戸では大名の居屋敷の被害は少なく，塀・石垣・門・長屋などの付属構造物の被害が大きかったようである．水戸の下御町で土蔵5，家6大破．鎌倉の民家・社寺破損多く，金沢（文庫）でも大半は破損，房総南端の嶺岡山で尾根続きに長さ3里余（約12km）にわたりところどころに幅3～6尺（1～2m）の割れ目ができた．津波が犬吠埼から下田に至る沿岸を襲った．安房小湊・市川で570軒流失，死100，御宿で潰家440，死20余，津波は27年以前のときより2丈（約6.6m）も高かったという．千倉付近では8町～1里（0.9～4.0km）にわたり干潟になった．房州長狭・朝夷郡（京極氏領分）で死42，潰家687．和田町白渚の浅間神社句碑（明治28年建立）によれば浅間山が大きく崩れ死28という．房総の津波被害の死者は6,500人を下らないであろう．また，津波は東京湾内品川なども襲い，鎌倉では二ノ鳥居まで津波がきた．また，伊豆の東岸も津波に襲われ，下田で家流失潰492，死27，破船81．宇佐美で死380余，伊東の玖須美で死163，このあたりで波10丁（1.1km）ほど陸に上がる．

大島で波浮池決潰し，海と連なり，岡田では津波のため家58，船18流没し，死56．八丈も津波に襲われ死1．新島で津波のため死1，小名浜では津波のため大宝切通しが崩れた．この地震は金沢・富山（強震），京都・伊那（潰家あり），飛驒大野郡・大槌・津軽などで有感．日光では石灯籠1つ倒れただけ．松代で屋敷2軒つぶれ，甲州の被害は表149-2のとおり．地震後29日まで連夜，辰巳（東南）の方向に雷のように光る．とくに29日は強く，12月21日も見えたという．今村によると各地の隆起量は次のごとくで**430**番のと

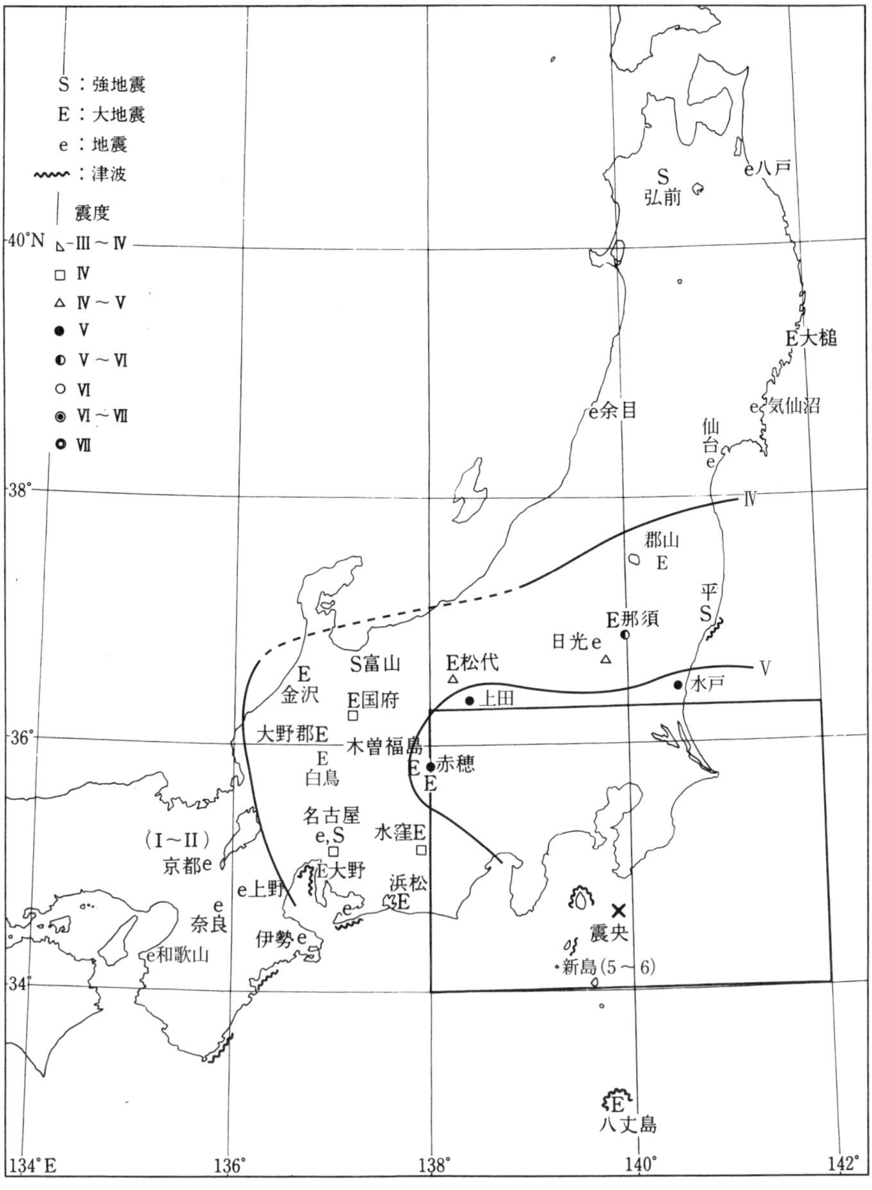

図149-1A 元禄地震の震度分布図 (1),（ ）内の数字は津波高の推定値（単位 m, 羽鳥, 1976, BERI, 51, 63-81. ほかに加筆）

きよりも大きかったという．単位は m，かっこ内は 1923 年の場合．三崎 1.6 (1.4)，鷹島 2.5 (1.6)，洲崎 4.2 (1.6)，布良 4.7 (2.0)，野島崎 5.0 (1.8)，仁右衛門島 5.0 (0.9)，小湊 3.0 (0.5)，勝浦 2.9 (0.4)，大原 1.7 (0.3)，太東 0.7 (0.3)．大磯付近で 2 m くらい隆起した［石橋，1977, 地震 II, **30**, 369-374］という説もある．

図 149-1A，B，C は震度分布図，説明は図中にある．丸印の大小には意味がない．S，E，e は原文書に強地震，大地震，地震と記されていることを示す．震度は不明．図 149-2 は最近の調査によるもの．(☆)(#)[3]

74   4 被害地震各論

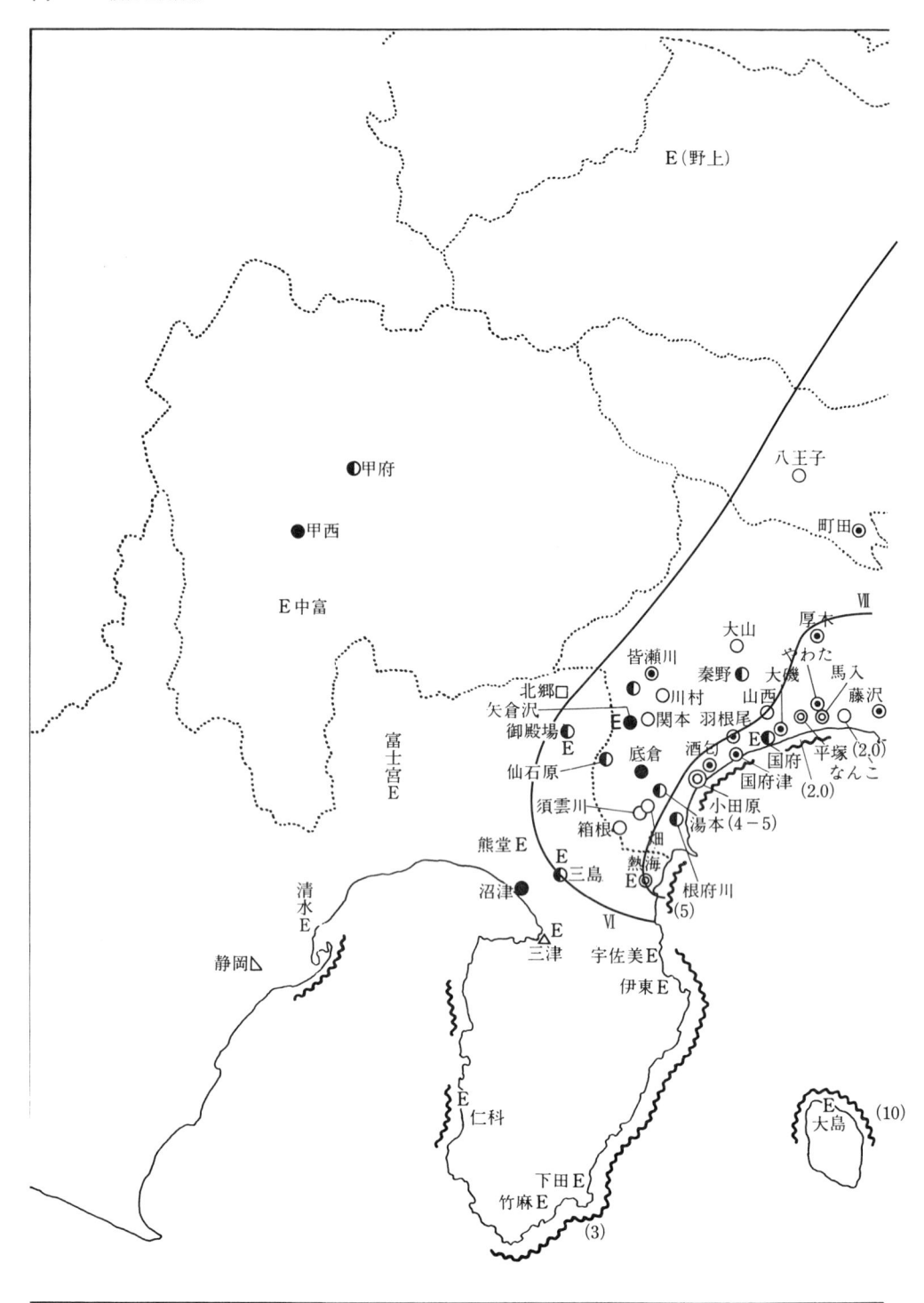

図149−1B　元禄地震の震度分布図 (2)

綾瀬川
古利根川　沿い
古荒川

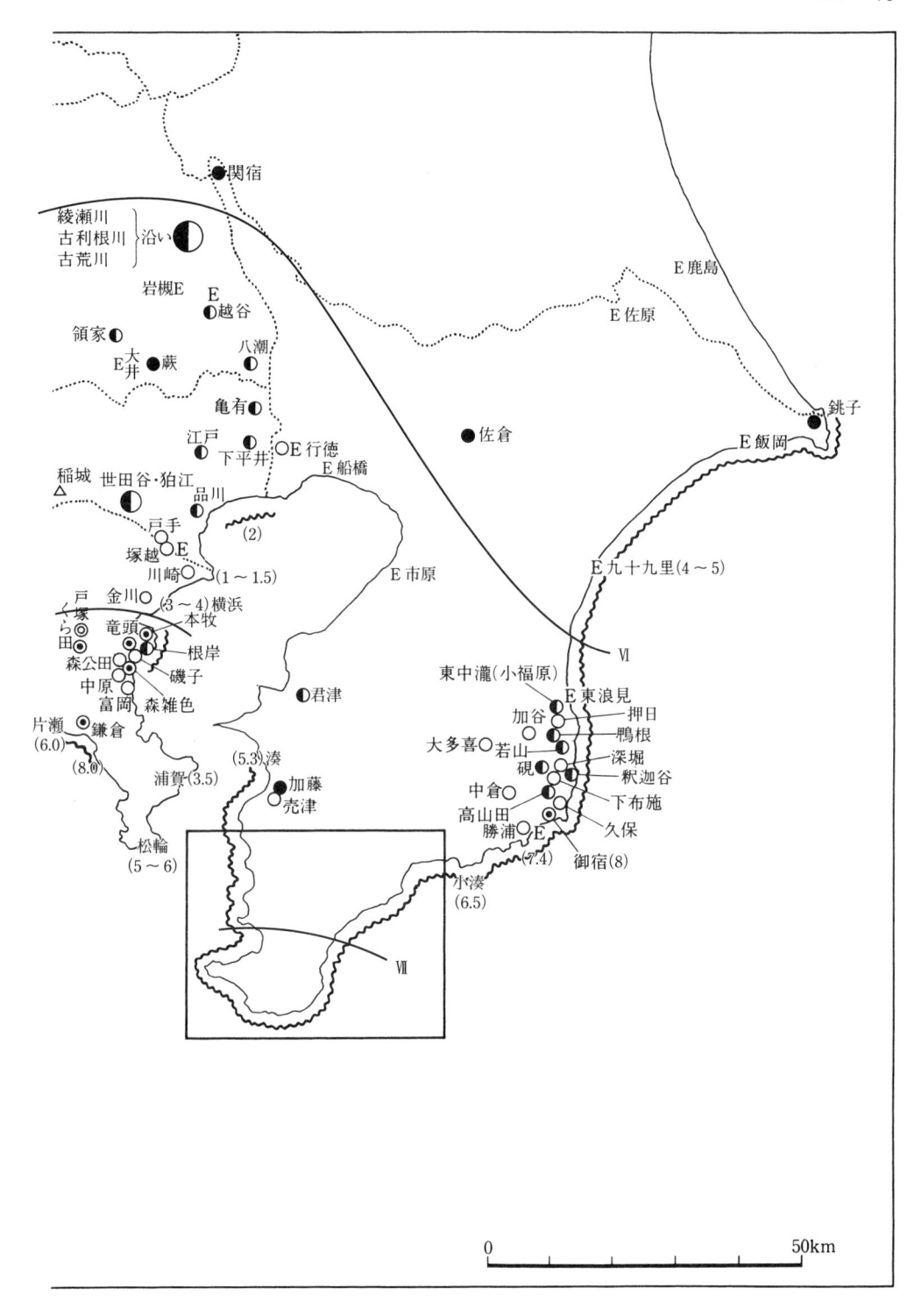

●関宿

岩槻 E
E 越谷
領家 ●
E 大井　● 蕨
八潮
E 鹿島
E 佐原
亀有
江戸　下平井　E 行徳
稲城 △　世田谷・狛江　　E 船橋
　　　　　品川
戸手 E
塚越　　　(2)
川崎 (1〜1.5)
戸 金川　○ 横浜　　E 市原
塚 本牧
ら　竜頭
田 森公田 根岸
中原　磯子
富岡　森雑色
片瀬 ● 鎌倉
(8.0)　(6.0)　浦賀 (3.5)
松輪　　　　(5.3) 湊
(5〜6)　　　● 加藤
　　　　売津

●佐倉

●銚子
E 飯岡

E 九十九里 (4〜5)

Ⅵ

東中瀧 (小福原)
　　　　E 東浪見
加谷　押日
大多喜 ○　若山　鴨根
　　　　硯　深堀
　　　　　　釈迦谷
中倉 ○　　下布施
高山田
勝浦 E　　久保
(7.4)　御宿 (8)

小湊 (6.5)

Ⅶ

君津

0　　　　50km

76　4　被害地震各論

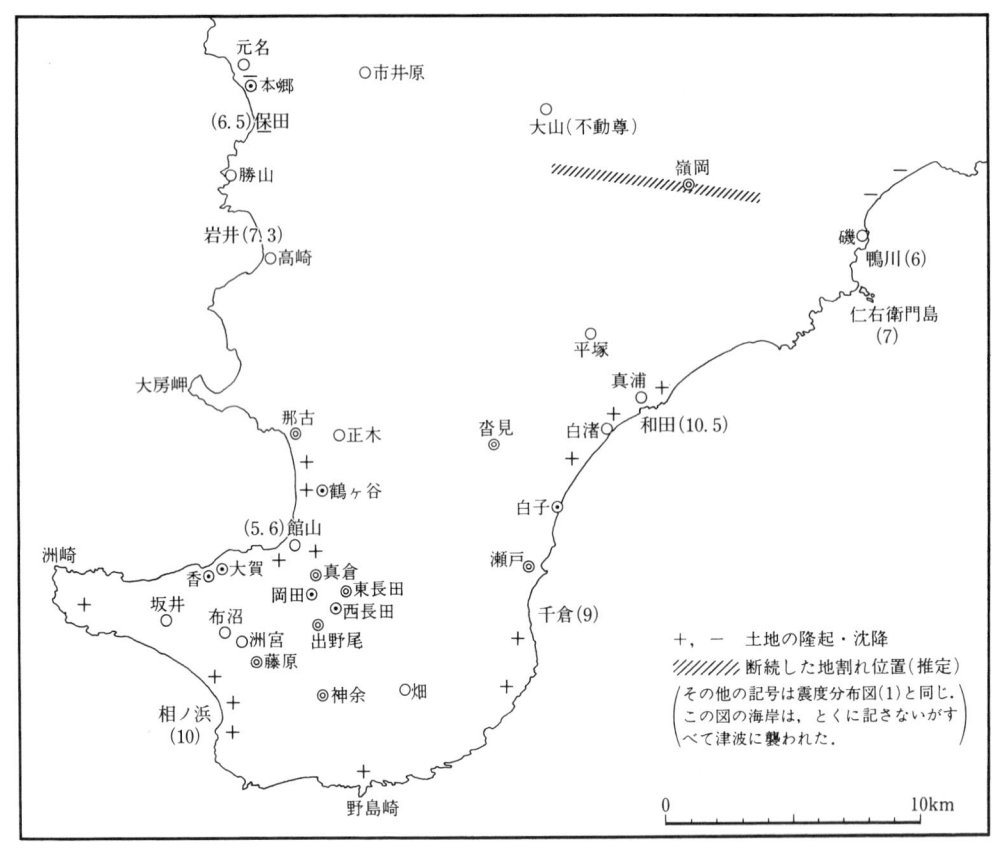

図 149−1C　元禄地震の震度分布図 (3)

150　1704 V 27（宝永1 IV 24）午の下刻　羽後・津軽　$\lambda=140.0°E$　$\varphi=40.4°N$　(A)　$M=7.0\pm1/4$　能代の被害が最大．町家の戸数1,250（享保頃）のうち被害家屋 1,193．内訳は焼失 758，潰 435．土蔵の被害 116 のうち焼失 61，潰 55．寺院の焼失 7，潰 4，死 58（98）．焼失米 4,755 石．同大豆 188.5 石，同小豆 241 石．田畑損 40.4 石，苗代損 108.5 石，堰破損 1,446 間．また，その北方八森村では総戸数 150〜160 のうち 5〜6 戸残ったという．また米代川沿いの川口付近も被害が大で 1/3 は潰れたという．八森から北方深浦に至る海岸も被害多く，とくに山崩れが多かった．崩れ山の崩壊は谷を埋め，今日十二湖として知られている大小多数の湖を生じた．この海岸は隆起し，今村によると岩館付近で最大で 190 cm，それから南北に離れるにつれて隆起量が減っている（古文書によると大間越近くで 1.5〜2 尺〈45〜60 cm〉隆起したらしい）．弘前でも家の破損があった．弘前城の御門・蔵の壁の剥落・破損などあり．大間越で潰家あり．番所にも少被害．弘前平野では田に地割れ多く，荒田 36 町余に及び，用水堰の破損多し．秋田では地震のとき客星が東方に出たという．余震は多かったらしいが能代の記録はなく，その北方大間越では，余震は 5 月 4 日から順次衰え，5 日におおかたやんだ．弘前では余震は 12 月まではときどきあった．北海道松前で有感．図 150-2 により震度Ⅵの地域を長径 30 km，短径 20 km の楕円とすると面積は約 465 km^2 となり，$M_{Ⅵ}\fallingdotseq 6.8$ となる．また震度Ⅴの半径を 80 km とすると $M_Ⅴ$

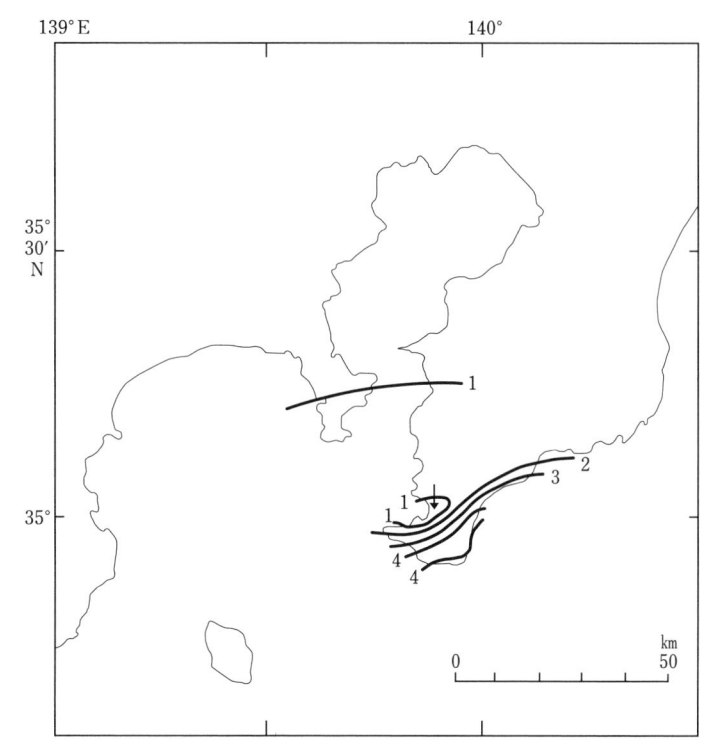

図149-2 元禄地震の隆起量（単位 m）[Matsuda *et al.*, 1978, *Geol. Soc. Am. Bul.*, **89**, 1610-1618] 元禄地震以後の隆起の回復を無視して，元禄地震の海岸線から関東大地震（1923）時の隆起量を引いた値．

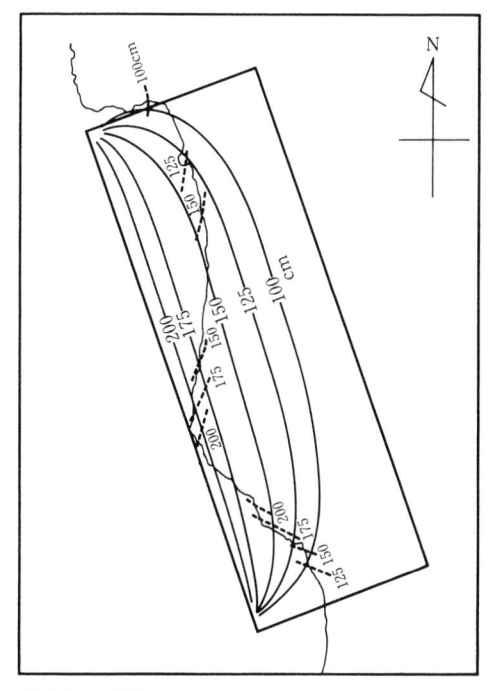

図150-1 断層モデル [佐藤，1980]

≒7.5 となる．図150-1 は佐藤による隆起量とそれに合う断層モデルで $l=28$ km，幅14 km，dip angle：45°，slip：3.5 m である．[注：佐藤, 1980, *Sci. Rep. Hirosaki Univ.*, **27** (2), 152-165]

── 1704 ──（宝永1 Ⅵ ―）越前小浜 城石垣破損．

150-1 1705 Ⅴ 24（宝永2閏Ⅳ2）丑刻 阿蘇付近 $\lambda=131.2°$E $\varphi=33.0°$N (*C*)
阿蘇で坊の大破・崩れあり（この被害の報告のすべてが地震によるとは考えにくい）．また御池ゆり崩れ宮地死多しともいう．岡城中・城外・在中破損多く城の石垣が崩れたともいう．熊本の城中・御花畑は別条なし．福岡・久留米・鹿島・延岡・高千穂・高鍋・岡・出島・宇和島で有感．

78　4　被害地震各論

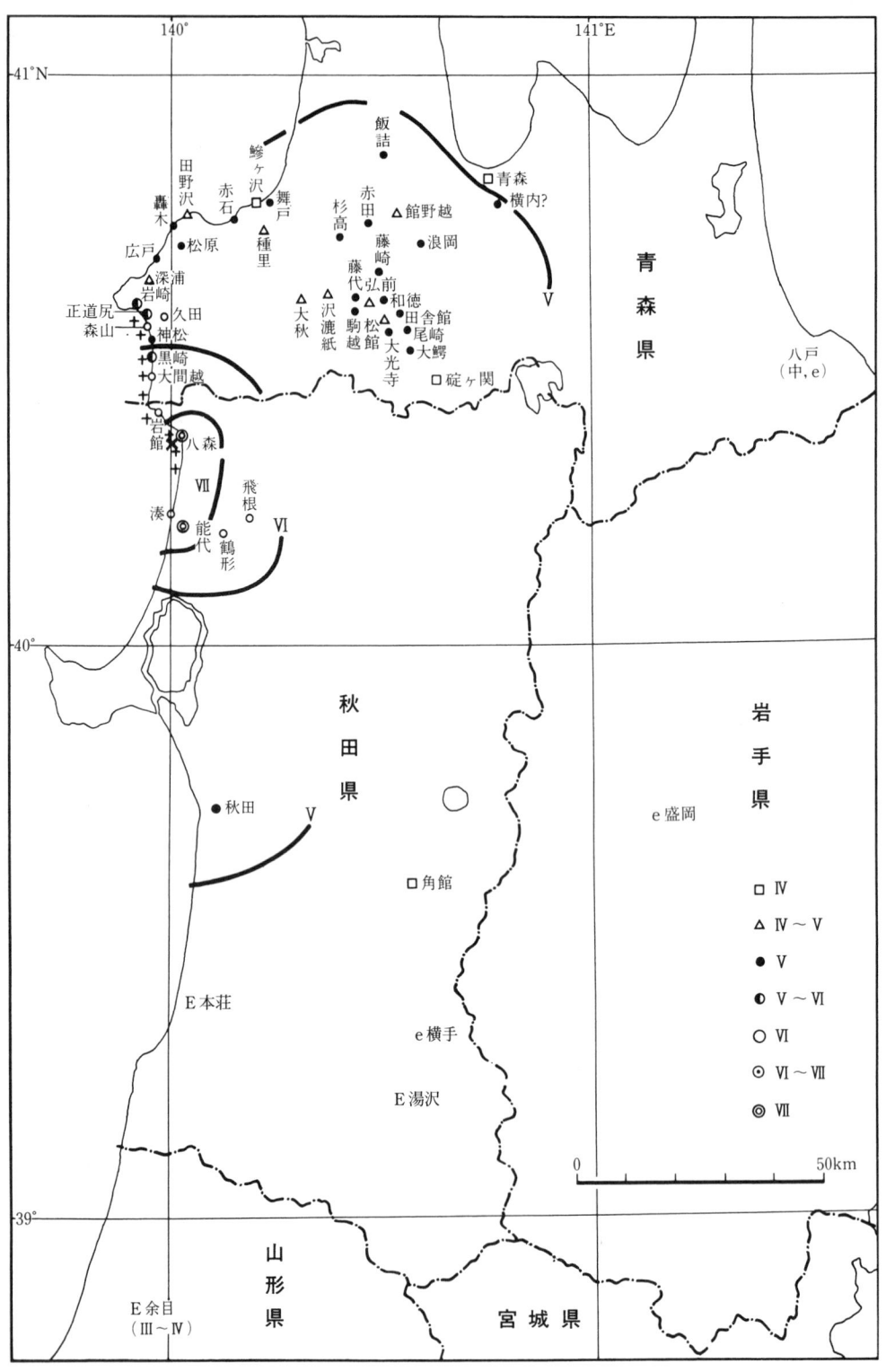

図150−2　震度分布

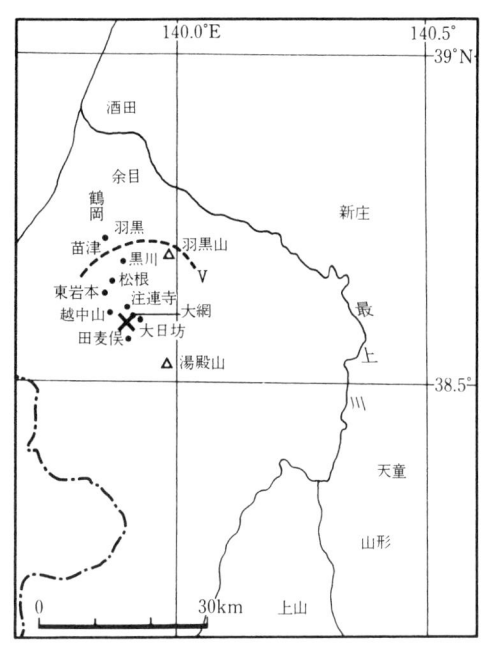

図150-2-1 震度分布

150-2 1706 I 19（宝永2 XII 5）戌の中刻　$\lambda=139.9°E$　$\varphi=38.6°N$　(B)　$M=5\frac{3}{4}\pm\frac{1}{4}$　湯殿山付近　きわめてローカルな小被害地震．11月15日から注連寺では鳴音あり．11月26日頃から有感地震あり．12月5日夜大地震，余震は11日頃まで．被害は小さく，震央付近で家かたがり，造作はずれ，土に少々ひび割れ程度．震動は徐々に北の方にひろがり平地（鶴岡方面）に行くにつれて弱くなる．震度Vの地域の半径を10 kmとすると M_V ≒5.7．図150-2-1，表150-2-1参照．

151 1706 －－（宝永3 －－）　琉球　宮古島地震，死者あり．

—— 1706 VI 5（宝永3 IV 25）肥後　ところどころで岩石抜け，地裂・倒家があり，圧死夥しというが史料少なく真偽不明．

152 1706 X 21（宝永3 IX 15）夜四ッ半　江戸　$\lambda=139.8°E$　$\varphi=35.6°N$　(B)　M≒$5\frac{3}{4}$　江戸城の石垣・塀多少破損．大名の屋敷で張付など損じ，壁・鴨居など落ちるものあり．小石川の水戸屋敷の倉少々壊る．上野津梁院（津軽藩）の仏殿・石灯籠別条なし．江戸の震度はVか．余震数日続く．水戸・日光・青梅で有感．かりに $r_V=10$ km とすると，$M_V=5.7$．

—— 1706 XI 26（宝永3 X 22）夜　筑後　7回地震，うち2回は強く，23日3回，24日2回．久留米・柳川辺で強く，堀の水をゆり上げ，魚死す．熊本で城内別条なし．余震11月中旬まで続く．被害記事見当らず．熊本北方の地震か．隈府・大分も大地震．

—— 1707 VII 7（宝永4 VI 8）伊勢　大地震津波あり．伊勢湾沿岸の輪中の新田沈み込むというも詳細不明．誤りか．

—— 1707 IX 27（宝永4 IX 2）昼八ッ　松代　家中町家とも80軒余倒潰と『飯島家記抄』にあるのみ．次の地震の誤記か．

表 150-2-1 震央付近の地震活動の変遷

月日 \ 場所(報告者)	鶴岡	注連寺	田麦俣	越中山 東岩本	松根 黒川	(大田専助)	(岡本勘六)	(有賀伊右衛門)
11/15		↑ どこともなくトントンと鳴る						
11/20								
11/25			↑ 夜ゆりはじめ					↑ 毎日二、三度ずつ
26								
27								
28				↑ 晩 山鳴（大網村の方）				
29			度々ゆり					
30							五、六度ずつ	
12/1		↓ 昼夜鳴り, もしくは動揺常の地震らしくなし			暮六ツ地震 1回（知らぬ者もあり）昼夜一度ずつ	晩四ツ地震 少々ずつ		
2				ゆりはじめ 朝少々地震				
3								
4				昼夜二、三度ずつ				
5	戌中刻	↓ 大地震	↓ 夜五ツ半強地震		夜五ツ半強し	夜五ツ過ぎ大地震23回	夜五ツ過ぎ大地震5〜6回	四ツ過ぎ大地震20〜30回
6	丑余ほど 3〜4回 昼夜とも少宛		昼夜五、六度		二、三回ずつ			}14回 6日同様
7						昼夜ともに6〜7度弱し		
8		震動昼夜			朝五ツ地震	昼五ツ過ぎ 2回		朝強く 数は6日同様
9						昼夜3〜4回ずつ		朝2〜3回,八ツ1回,夜5〜6回
10							↓ 11日	朝まではゆらず
記事	茶2服ほど飲む間 戸障子1〜2寸開く	寺中残らず外へ出る	家かたがり造作はずれ差物折れ,土少々ひび割れ潰家なし（大網村同様）	家かたがり造作落ちる	家かたがり造作はずる 下方の村々は下ほど弱し		組中村々変わる儀なし	家中壁落ち古家半痛

（ ）内の人名は御郡奉行所へ報告した者の名.

153* 1707 X 28（宝永 4 X 4）未刻　五畿七道　$\lambda=135.9°E$　$\varphi=33.2°N$ (D)　$M=8.6$

宝永地震　わが国最大級の地震の1つ．家屋倒潰地域は，駿河中央部・甲斐西部・信濃・東海道・美濃・紀伊・近江・畿内・播磨・大聖寺・富山，および中国・四国・九州に及ぶ．震害は東海道・伊勢湾沿岸・紀伊半島で最もひどく，袋井で全滅，見付・浜松・鳴海・宮・四日市で半ば潰れ，名古屋では城中ところどころ破損・地割れあり，海岸では地割れから泥を噴出した．紀伊田辺町では被災家411戸中，潰138，大破119，残りの154は流失し，死20人．徳島で630戸倒潰．大坂の被害は文献によりまちまちであるが崩家1,000余，崩橋50余，死500余，ほかに溺死1万余という．また，備後三原で城の石垣孕み，潰家多く，広島で城濠の水が路上に溢れ石壁の崩壊あり（町・郡中で全潰家屋78，半潰68）．伊予大洲城の石垣崩る．筑後でも潰家・死者が出た．また，因幡で破損多く，大聖寺で潰家あり．富山では天水桶悉く転倒し，出雲で倒潰家130．信州の諏訪と南北安曇郡に潰家があった．京都は震動がゆるかったという．江戸で天水桶の水が3分ほどこぼれたという．丸亀城・大垣城破損．飯田で潰家（含土蔵）70余，半潰168．図153-1は推定震度分布図．図中の丸印の大きさには意味がない．表153-2は『楽只堂年録』による．これは幕府への報告を集めたもので，報告時点での正しい被害を示すと思われるが，簡単に過ぎる．各藩の記録の方が詳しいし，数字も異なる．しかし各藩の記録はすべて収集されているわけではないので，全体を総括的に見るためには良い．表153-3は『竹橋余筆別集』による代官預り地の被害である．

津波は伊豆半島から九州に至る太平洋沿岸および大阪湾・播磨・伊予・防長を襲った．さらに南の八丈島も襲った．土佐（高知県）で被害が最大で流失家屋1万1,167，潰家5,608，破損家1,000余，死1,844，不明926，さらに，流・破損船768であった．とくに種崎は一木一草も残らず，死700余．その他死者は，宇佐400，福島100，須崎300，久礼200で，高知市の市街地の約20 km^{2}が最大2 m沈下し船で往来したという．図153-2は沿岸で亡所，半亡所となったところを示す．数字は羽鳥による波高（単位は m）．長崎では潮の満干があり蔵に浸水し，唐人も心配したという．紀伊でも津波の被害は大きく，広村では総戸数約1,000のうち700戸流亡，150戸破損，死292（うち100はよそ者），湯浅では総戸数1,000のうち，流失家屋292，破損275，死53（うち12はよそ者）であった．尾鷲でも641流失，死530余という．新居町で287流失，波高3.0 m．そのため新居・舞坂間の渡舟が不自由となり，浜名湖の北を通る本坂越（姫街道・御油〜見付間）が賑った．伊豆の下田では流失・全潰857，半潰55，死11，流破船215であった．広村では第2波が高く，第3波はそれより低かった．高知近くでは第3波が最も大きかった．

道後温泉が止まること145日に及んだ．紀伊の湯峰・山地・龍神・瀬戸鉛山の湯が止まった．また，讃岐五剣山の一峰崩落．安倍川上流で大谷崩れが発生し，土砂が溜って大池を作った．その池に堆積した泥層の中の木片から1710±140年という年代が出てきた．[静岡県史別篇2, 1996, 静岡県]．また白鳥山が崩れ富士川が堰止められ，長貫で死22，橋上で死8．今村によるとこの地震で室戸岬1.5 m，串本1.2 m，御前崎付近1〜2 mの隆起があった．室戸岬の津呂，室津（1.8 m隆起）では大型船の入津が不可能になった．

この地震の激震地域，津波襲来区域は安政元年（1854）11月4日・5日の地震を合わせたものに似ているので，2つの地震と考えるのが普通である．そのときは，1つの地震の震源は遠州灘沖，他は紀伊四国沖となろう．

82　4　被害地震各論

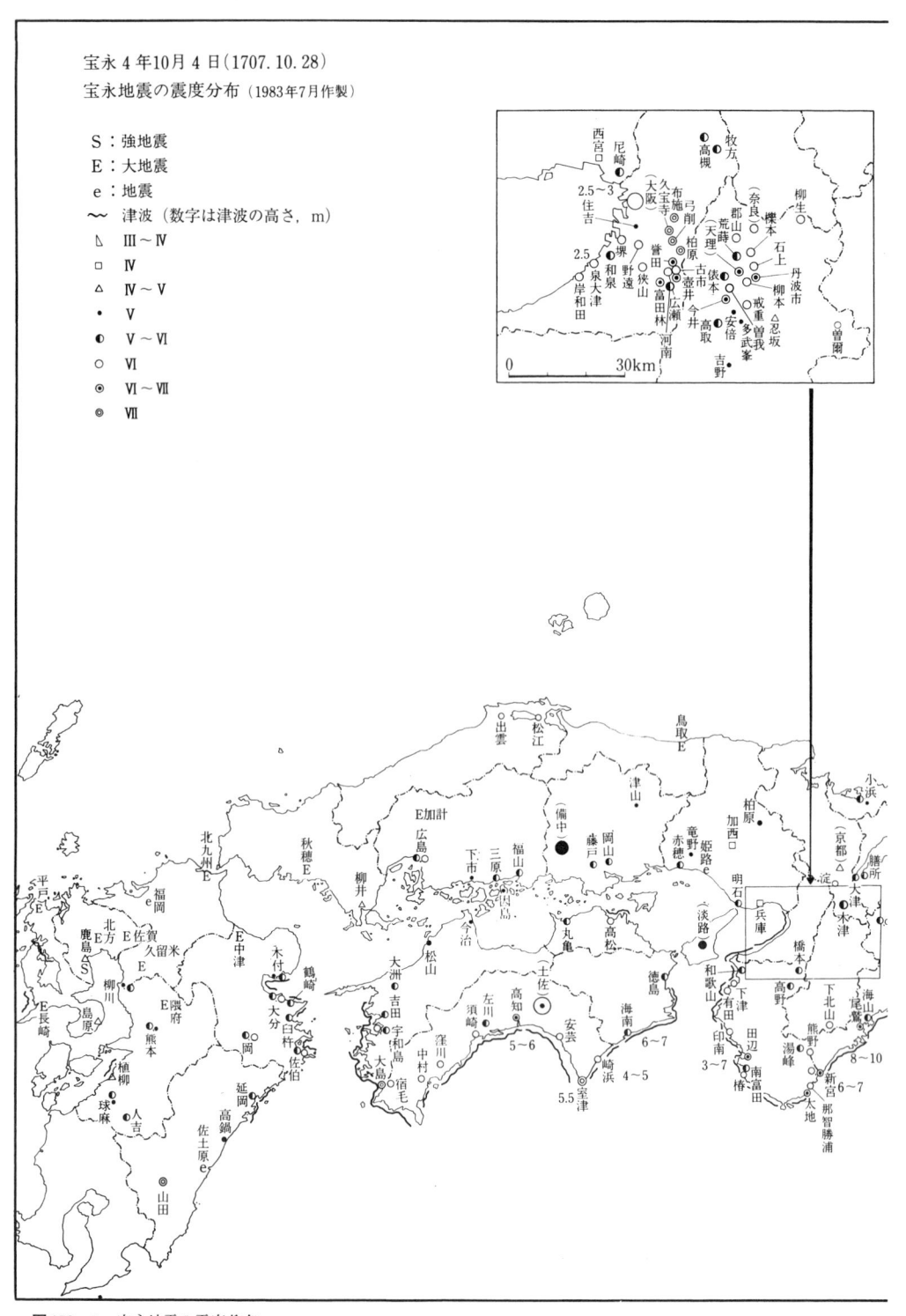

図153-1　宝永地震の震度分布

1707　83

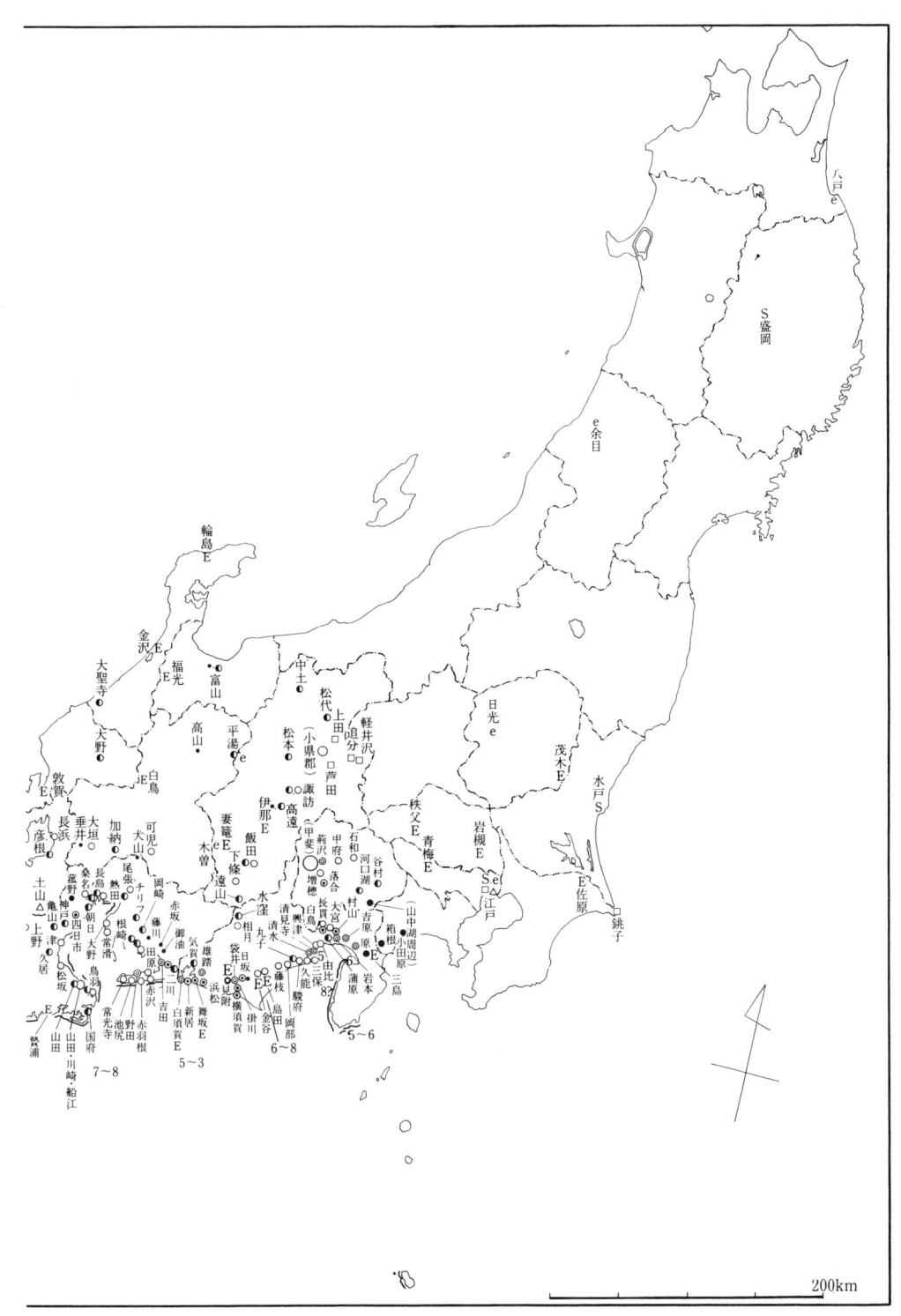

84   4 被害地震各論

表 153-1 被害一覧

	家（除物置，含寺）			土蔵（除納屋等）			死 傷		堤　等	田　畑	橋　道	流破船
	潰△	破損・半	流失	潰	半・破	流						
『竹橋余筆』	13,418	16,245	357				139		187ヵ所 69,588間	245.1町 5,750石	14ヵ所	
土佐	5,608	1,742	11,170				1,844	926	4,109ヵ所	1,550石 45,170石	188 108ヵ所	768
大阪市中	1,061						534				26	約1,000
『楽只堂年録』												
甲斐	7,651						24	62	25,459間		18,875間	
下田) 伊豆)	276		1,062	42		116	11		350間	53.5町		328
駿遠	229	56					7					1
	2,142	1,511					6		2,700間			10
	5,889	2,676	280	9		14	64	62<	1,407間 34,144間	17,743石	55< 889間	256
三尾	8,573	5,918	45	201		299	19	4<	178,970間	(585町) 34,497石	92	342
三重	2,333	4,363	601	79		10	57	73	851ヵ所 51,847間	{20,723石 1,607石 10,080町	6 75間	984
信濃	567	708		40		68	2					
美濃	246								2,016間			
滋賀	80	842		25		54	1		2,750間			
近畿	4,815	6,046		166		248	54	25	17,181間 4ヵ所	46石 10.4町	7	5
中国	178	90		3					2,763間		落18	
播磨	23								520間			
四国	2,334	590	333	49			55	56<	19,960間<	9,633石	4	30
九州	910	284<	16	12		24	44		357間 350町 20ヵ所	80町 2,464石	3	43
浜松付近	122	166	45					1		約5,000石		
山田	307	9		1								43
尾鷲付近	1	110	1,510				1,070<		9ヵ所	5.272町 295石		
紀州	681	609°	1,896	140		186	688	222		320石 (15.2町)	7流 2落	92
奈良	約280	216		8					15間			
中国	636	151		6		199	8		3,824間		12ヵ所 割4	
九州	682	346	10	4		6	1		1,200間	38.6町		13
徳島	230	700<		1			420<					
総　計	5,9272	42,678<	18,025	786	922	302	5,049	1,430	5,180ヵ所 350町 415,051間	15,780町 144,798石	434< 112ヵ所< 19,764間<	3,915

° 太地の流損217を含む．
死は別史料の大阪の1万人を信じるとさらに1万人増えることとなる．
重複を避けた．疑わしいものも避けた．
総計は，この表の最下欄より数十％多いと考えられる．
△長屋1間を1軒として加えてある．

各地の発現時は図153-3のとおり．この図から2つの地震と断定は困難．翌5日卯刻，甲斐を中心に大余震あり，甲斐などでは本震より強く感じ，大きな被害（潰家7,397，同寺254，死24）となった．また，この年の11月23日富士山が大爆発し宝永火口を作った．この地震による被害は全体としてつかみにくいが，確かな死者は5,000余，流失家約1.8万，潰家約5.9万，半潰・破損4.3万，蔵被害2,000，船の流破3,900余，田畑潰14万石と1.6万町歩．$S_{VI}=\pi\times350\times250$ km^{2}とすると$M=8.9$，$S_V=\pi\times420\times330$ km^{2}とすると$M=8.8$．
(☆)(#) [4, 3.5〜4]

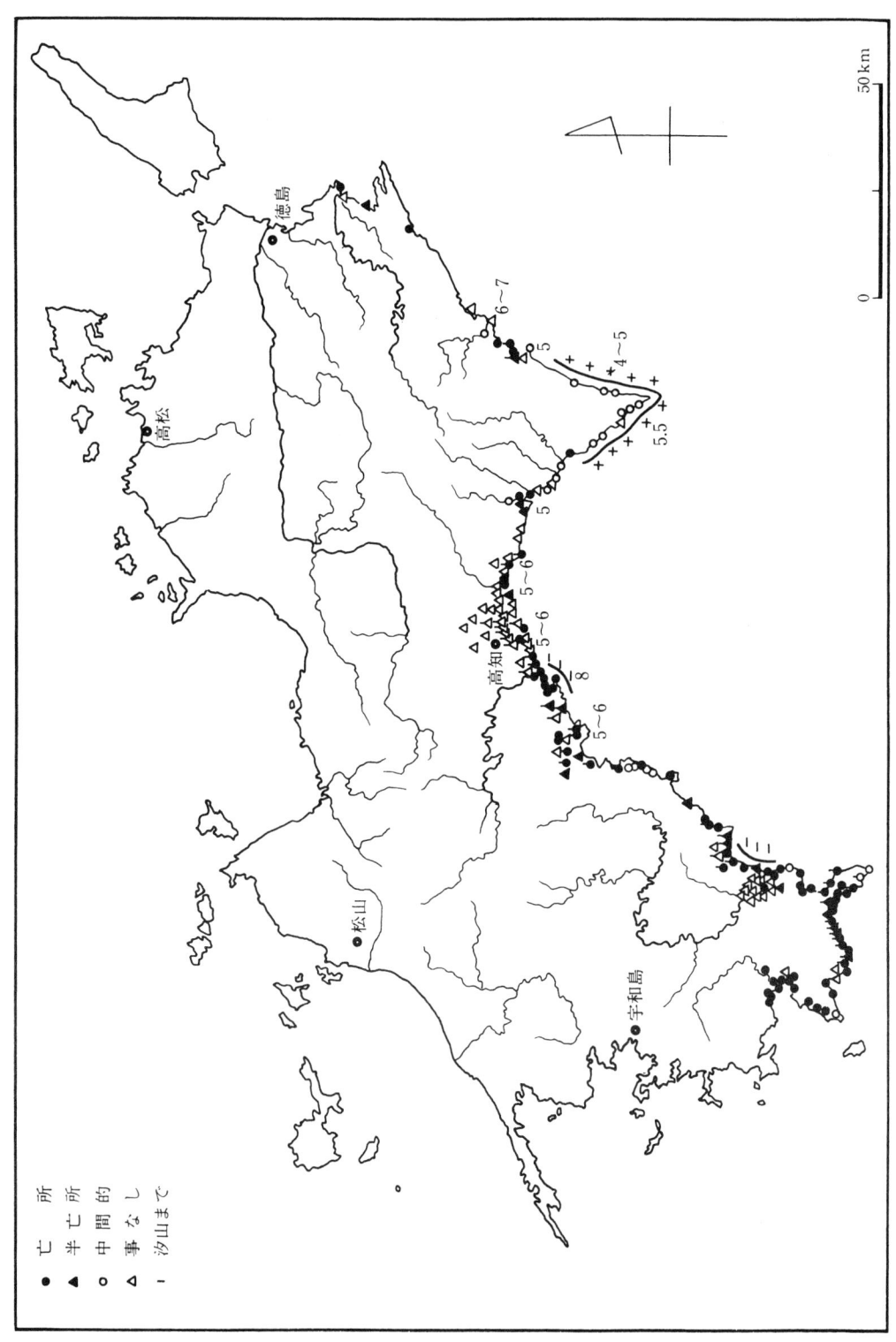

図 153-2 津波被害程度分布 数字は津波の高さ（単位 m）[羽鳥, 1978, 震研彙報, 53, 423-455]

表153-2 『楽只堂年録』による被害一覧

知行主	場所	潰 在家	潰 城下町	潰 寺社	潰 侍屋敷	死	傷	城内(役所)	往還	川除堤土手	家	土蔵	物置等	流破船	田畑荒	網	山崩	その他	備考
松平美濃守 (13)	谷村	28				0													堤切れ、川泥をゆり上げ溢る
〃 (13)	甲斐国	5,621	149	217	小破	9	17	石垣小損、多門・櫓の瓦・壁堀落つ	3,730間余欠	25,459間切込									
〃 (22)	〃 追加	1,599		37		15	45		15,145間欠										
小長谷勘左衛門 (10月)	下田	流 857		流 1		11				被除石堤 350間流	55 禿	流失 116 42 禿	95 流	215	町				米 1,081俵 塩 1,204俵 他
〃	伊豆 35 ヵ村	流 204									221 禿			113	53.46町	147帖流			
徳音院 (6)		所々潰																ネギ番所潰	
星伝右衛門 (6)	久能			1														ネギ番所潰	
	神領内	58		潰 5 大破 3		1													鐘楼薩摩堂・土蔵等大破れ、石鳥居所々崩れ、石灯籠の大倒・破多し
榊原越中守 (7)	久能			(鳥居落) ? 成道寺 ? 大破 ?															震われ水泥出る稲 400 駄流失
	領内	半 156 33		10		2							損 1					石番所々崩れ	
村山三ヶ寺 (10月)	富士山村山	不残				4													
内藤紀伊守 (21)	田中城		2	128 余				蔵潰 1、櫓潰 2 他被害多											城内潰、足軽屋敷 110軒長屋 18 ヵ所、切扶屋敷過半
	内谷村	12				0													
	岡部町	16, 半 91 大破 21																	
	藤枝町	半 59 23				0													

知行主	場所	潰 在家	潰 城下町	潰 寺社	潰 侍屋敷	死	傷	城内(役所)	往還	川除堤土手	家	土蔵	物置等	流破船	田畑荒	網	山崩	その他	備考
	志太郡10ヵ村	1,049半1,213								池堤損 2,057間余									
	益津郡24ヵ村	345半137								150間余				2					
	有度郡5ヵ村	12半6				1				100間余				8					塩浜2ヵ所損
	榛原郡19ヵ村	243半5				5				392間余									
	城東郡7ヵ村	94																	
	合計 所々潰	2,142半1,511				6				2,700間余				10					
久世三四郎(10)	富士郡5ヵ村										潰(津波)32						波除土手崩500間 川除石垣25間 川原石垣100間 猪囲土手500間	津波切9間 ゆり下13間 ゆり下60間 200間	
大久保長門守(16)	駿州知行所																		
御勘定方(10月)	二川宿	4																	
牧野大学(15)	荒井他3ヵ村	129			番所不残潰	19	2				流287			80					
(23)	西三河知行所	1,979								堤8,428間余崩				148	石余5,995				
大草太郎左衛門(4)	袋井	過半倒		御伝馬間97/100		35	多			破損									大田川の板橋ゆり下 陣屋不残倒
松平豊後守(10月)	浜松	820	135	損17	過半大破	1		櫓潰6 蔵潰2他破大		19,421間ゆり込				21	10,300石水入 1,250石震込			土橋55崩	
西尾隠岐守(10月)	横須賀	1,054	67損530	大破7	大破228	3		門潰4,塀崩5 石垣崩592間,他	889間震込	6,295間ゆり込					198石震込				
松平遠江守(10月)	掛川町	326半76		半4	損152損161	5	46	櫓潰7,門潰1,蔵潰5,天守大破他				5 損9							
(13)	掛川領	1,089半1,503		25半49		4	11					4半5		7					潰の内28流失

88　4　被害地震各論

知行主	場所	潰 家 在家	潰 城下町	潰 寺社	潰 侍屋敷	死	傷	城内(役所)	往還	川除堤土手	家	土蔵	物置等	流破船	田畑荒	網	山崩	その他	備考
近藤鎗殻助 (4)	気賀関所							門頃く、柵木残ごろび石垣損等											石垣ガキ倒5-6間
富士大宮別当	富士本宮浅間社							潰7大破7、鳥居大破											
青電院 (14)	三州滝山寺																		
牧野大学 (7, 12, 20)	吉田 (7)	319 半266			196 大破276	11	4	門・塀・櫓多く46ヵ所に及ぶ	橋落4		破損426	半97 152							
	吉田在方 (12)	1,063 半225				2				6,550間余切	流38			16	585町	18帖			
	(10/20)計	3,815								14,978間崩切					13,600石余 1,500石水入	帖余160			
三宅備前守 (10月)	田原	1,280 大破多		大破4	41 大破多	2	多	櫓・門大破*						320余	石余 3,515 汐入			*居宅・長屋悉く潰或は大破	
松平弾正 (12)	三州	202 半190								2,200間余切									
松平監物	碧海郡根崎村	13						(現安城市)		1,000間余の2/3崩								畑ゆり下り田と同じレベルとなる 橋一つも不残	
阿部伊予守 (10)	刈谷				三の丸屋形破損														
水野監物 (24)	岡崎	401						櫓崩1,石垣大形崩		6,915間割損								城内方々地割れ	
土井山城守 (10月)	西尾	138 大破74			破損26			櫓2、ひつみ石垣崩18等		2,017間損	破損	破損6		6	3,282石				
尾張 (10月)	名古屋							天守・櫓4、蔵等大破											
	熱田茶屋						4	多門傾損天守破損											
尾州濃州領		2,225 破4,323							橋88ヵ所	151,860間損	流7	破損139			石損12,600				石垣崩・門・塀等大破
成瀬隼人正 (12)	大山							堀・瓦所々損、石垣所々損				破損104							干鰯1,800俵・稲4,500束流失

知行主	場所	潰 在家	潰 城下町	潰 寺社	潰 侍屋敷	死	傷	城内(役所)	往還	川除堤土手	家	土蔵	物置等	流破船	田畑荒	網	山崩	その他	備考
増山対馬守(15)	長嶋	113			破屋潰長屋潰10間		0	櫓傾1、石垣崩塀倒等あり		5,679間震震込									
石川近江守(9)	神戸	16 大破多			破損		1		橋所々損										
藤堂備前守(11)	久居				居宅小破														
松平越中守(4)	桑名	損21 9		損15	損27			櫓・土蔵崩各1堀・櫓等破損多											
(6)	桑名領	336		損6 2						朝明川の橋75間落	14,772間汰下					1,607石汐入			
板倉周防守(11)	亀山	47			大破			櫓等・塀等大破		15,000間余震込							少々		稲流
長谷川周防守(11)	伊勢・山田	259 破損多		20	役屋破損	7				1,036間堤切	流25	54		17	新田500石高汐入0.3町砂入				船倉損、石垣櫓、穀倉ゆがむ
土方内記(13)	鹿野				小破														
藤堂和泉守(10月)	津	272 半430	72 半110	10 半6 損多93	42 半93 破残	3	8	石垣崩・卒塔破半潰2	橋落6	15,360間切		25 半10			10,080町汐入				山落20ヵ所
	上野	93 大破81	28 大破55	大破8				建物大破石垣約20間崩											
	大和・山城領下	407 半124							4ヵ所										
松平和泉守(10月)	鳥羽	24, 33			25, 14流	20		櫓3、門6崩	橋流1	1,450間崩		12 崩							
松平和泉守(23)	志摩参領分	984, 損3,527				50	72			851ヵ所	576流			967	20,723石	7,887帖			石垣崩800間
白井平右衛門他(5)	大坂城							壁瓦損、塀倒22間											干鰯5,000俵流
青山播磨守(10月)	尼崎	191 大破多		大破11	居宅長屋潰	9		崩櫓9、長屋3蔵6、壁3											石垣崩
永井伝之助(11)	高槻							櫓の壁損石垣少し孕											

知行主	場所	潰 在家	潰 城下町	潰 寺社	潰 侍屋敷	死	傷	城内(役所)	往還	川除堤土手	家	土蔵	物置等	流破船	田畑荒	網	山崩	その他	備考
岡部美濃守 (9)	岸和田	344, 破2,560	69, 破96	12, 破66	9, 破128	5	2	崩 矢倉1門1,15間,垣36間,塀200間余		池77の堤2,547間半崩					46石水押*				94石汐入田地
土屋相模守 (24)	泉州知行所	103		6			1					3							外に江州知行所で山1町崩
本多伯耆守 (10月)	河州知行所	374, 破212				1				大分崩		1, 破5							
内藤式部少輔 (11)	河州若江郡	40 中野村(戸数50) 50荒本89 4斎振13																	其地破損多きも潰れざる分は除く
松平右京大夫 (10月)	摂州領分	67										19							
大久保加賀守 (21)	河州領分	120		2								6							
本多能登守 (26)	和・河領分	14, 半61		2, 半2						1,515間崩		7							播磨国領分,損といふほどの事もなく,浪入り
戸田能登守 (16)	河州	177, 破200		6					橋損37,800間破損9,560間崩れ										
稲葉長門守 (16)	〃	214, 破575		7, 破5		2						7, 破5	3						
永井能登守 (18)	大和12ヵ村	77		2						橋落1	17間	3, 破2							
柳生備前守 (18)	柳生	45, 半96, 破多	6, 半6		悉大破	2						1							
植村右衛門佐 (12)	高取	56		6	5, 半9	8		門2崩,天守2,櫓の壁・瓦落長屋2崩,壁59,半36											
織田監物 (9)	柳本	626, 半115		3						池堤割11町		59, 半25			4町余		154間		屋敷内長屋潰30間余

知行主	場所	潰 在家	潰 城下町	潰 寺社	潰 侍屋敷	死	傷	城内(段所)	往還	川除堤土手	家	土蔵	物置等	流破船	荒田畑	網	山崩	その他	備考
織田内匠 (18)	戒重	331、破537		破7	17	1		堀倒386間				29、半167	長屋・稲屋197、破257						長屋潰73間余 破、200間余
本多能登守 (15)	郡山	399	370	17	21、大破224	7		櫓損12、崩1 石垣・堀の損多		損所々		2							
植村百助 (12)	高市郡新堂村 秋吉村	全潰3	他大破			2(新堂村)		屋敷台所例											
平野右衛門 (13)	俵本	88	118									2							
桑山甲斐守 (9)	境町(堺か)	277、大破37		35		14	3	櫓損1 石垣・堀の大破損多	橋崩2			13						門潰4	
建部内匠 (13)	伏見						11	屋敷台所倒											大破なし
石川主殿守 (6)	淀		1		小破	0	0	櫓2潰、石垣学舗その他破損	道100間崩				既16間潰						
(14)	城州領分	54、大破167		1					橋落1	1,108間 割		10、大破37			6,2町割泥出		5	井路長1,108間余頓割れ	
	河 〃	85、大破803								1,654間 割		4、大破7	33	5	0,2町割泥出				
	江 〃	10、大破6																	
真田伊豆守 (7, 17)	松代	108、半32、破41		破5	5、大破15長屋3							6+3							
諏訪安芸守 (13)	諏訪	234、半327			9、半32			長屋潰多櫓傾石垣崩石垣等小破計78間				小破							本丸座舗54所潰
水野隼人 (10)	松本		67、半79		41、半12、大破15			堀倒73間、石垣等小破				米蔵大破							
堀大和守 (9)	飯田	39、半29	48、半97	大破多	13、半26	2		櫓損1、損2、塀倒405				31、半68							
内藤若狭守 (9)	高遠							石垣小潰塀破損100間											足軽屋敷14、半176間
戸田采女正 (4, 11)	大垣	88	69、大破多	破損	89、大破多			櫓崩4、門5崩天守破損		2,016間							1ヵ所 長500間 幅70間	

92　4　被害地震各論

知行主	場所	潰 在家	潰 城下町	潰 寺社	潰 侍屋敷	死	傷	城内(役所)	往還	川除堤土手	家	土蔵	物置等	流破船	田畑荒	網	山崩	その他	備考
松平丹波守(12)	加納	20	大破	大破	大破			櫓・塀・家居不残損									0		三ノ丸門櫓2階より上崩
井伊掃部頭(11/3)	彦根	67,半240	半41,半蔵39		13,半61	1		塀・石垣崩				25,半15							
本多隠岐守(6,15)	膳所	有	有		小破			櫓・門・天守壁落ひ											
河・江州知行		363破500<				0	0			2,750間					わ れ		有		
酒井修理大夫(11)	小浜	大破潰	大破潰		大破			天守・櫓・門ゆがむ											
松平下総守(11)	福山	49	有	破5	5,損29					2,763間									
鞆津		3,破45	3,破2	破1															
松平豊後守(26)	備中	破8				0	0			630間									
松平庄五郎(26)	出雲	117		1				石垣崩・学	橋落18 622間沈	2,376間 池29ヵ所 520間 沈		3							町内地割れ2尺 ゆり込み 石垣1町余崩
松平左兵衛佐(17)	明石	23,破有			破損多			石塁等崩											
森和泉守(13)	赤穂				破損														
脇坂淡路守(14)	竜野																		大破なし
松平土佐守(19)	土佐領	5,600 流7,160				1,570	780	櫓門・潰1 石垣守崩	180ヵ所 道100"	1,890所				226	30,750				米等流出19,900 石分,亡所浦52
松平伊予守(5)	松山	不明	不明		大破			破損なし											
加藤遠江守(13)	大洲	大破	大破					石垣学・沈											
伊達左京亮(25)	吉田	482 大破多	55 蔵14			12	29	堀倒391間 石垣倒556 間潰2	所々損	2,600間 大破		17			2,360 石荒				米1,450俵 塩870俵流
松平采女	今治	破損	破損					石垣学・崩, 壁損所々			333流								
伊達遠江守(14,25)	宇和島	167 大破578		2	大分損	12	24	石垣破損多 櫓傾*		7,800間< 崩				30	7,273 石汐入			米等流・蒲1,070 *石垣203間崩141.5間など

1707

知行主	場所	潰 在家	潰 城下町	潰 寺社	潰 侍屋敷	死	傷	城内(役所)	住還	川除堤土手	家	土蔵	物置等	流破船	荒田畑	網	山崩	その他	備考
松平隠岐守 (9)	松山		235	5		2													
松平讃岐守 (19)	高松	235	649		45、大破数8	29	3	潰家19、瓦・壁落	橋家4	15,900間〜		18							塩溜所1,227潰
京極若狭守 (29, 11/6)	圓亀	23、半12	413	3	破損多		少々	石垣少々崩		4,060間〜									地割社噴火有、池周の堤909間損
紀伊宰相 (10月)	紀州																		
	勢州																		
	新宮		夥多		不残大破			天守傾、石居塀、大破									有		
細川越中守 (11/3)	肥後	470					0	別条なし	橋9										
稲葉伊予守 (26)	臼杵	79	所々大破		大破35	15		天守傾、石垣・塀崩		土手石垣619間崩		2	2潰			14帖流			
松平対馬守 (19)	府内		52、他大破	12	124大破9	1		塀・壁・石垣・瓦等損*				城内大破、8潰、城下町2		9					*櫓・門・台所潰、石垣240間崩
毛利周防守 (9)	佐伯	78	18、大破多	大破5	大破161	22		石垣崩2、破損多	橋5大破	土手300間〜	409流		大破10	12	2,464石		32		浦方土手57町余崩、浦方汐除場150町余崩
松平日向守 (5)	木付		破損		破損			門・塀破損											地割れ少々
松平主殿 (21)	嶋原		34、破多		3、大破63			壁落有				8							
中川内膳正 (11/5)	岡							石垣崩*、塀・矢蔵崩1、倉潰2											*崩469間余、塀95間余、堀崩893間
相良志摩守 (4)	球麻							城内所々破損											
立花飛騨守 (26)	柳川	損多、潰少々	○		○			○										○大破と申す程の儀なし	
松平主水 (10)	三河	損多	所々損	所々損	数多損		0	壁落有				有					有		
松平兵庫 (5)	美濃(岩村)				所々損														
牧野大学 (28)	參河(吉田郷方)	寺社51、半27、破損9	城下町寺社1、半4、破損23					石垣崩8ヵ所											
三浦壱岐守 (10月)	延岡	9	1、半11			6		瓦落・石垣崩	橋3 大破20ヵ所	大破	16流	1、大破4	15潰	22	80町汐入				城中に地割れ

注 知行主欄の( )内の数字は報告の日付、いずれも10月。単に10月として日付のないものは(10月)と記す。11月のものもわかるように記してある。

4 被害地震各論

表153-3 『竹橋余筆別集』による代官所の被害

	預り人	潰	破損	流	死傷	堤損	田畑	橋	その他
大和	安藤駿河守 中根摂津守	210	349			間 1,569			
	辻弥五左衛門	1,061			30	有	有	有	
	石原新左衛門	337			20				
	雨宮庄九郎 〃 源次郎	165	643			有			
	万年長十郎	265			4				
	古川武兵衛	16							
	桜井孫兵衛	703	2,486		3				役屋敷 大破1
	能瀬又太郎	288				1,384			
	上林又兵衛	41			3				
	平岡次郎右衛門 〃 彦兵衛	133	117		3				
	計	3,219	3,595		63	2,953			
山城	雨宮庄九郎 〃 彦次郎	12	162			有			
和泉	安藤駿河守 中根摂津守	39	75			8ヵ所+2,600 間			
	辻弥五左衛門	28							
	雨宮庄九郎 〃 源次郎	187	564			有			
	長谷川六兵衛	59	340						
	久下作左衛門					90			
	平岡次郎右衛門 〃 彦兵衛	42	17		2				
	計	355	996		2	2,690+8ヵ所			
河内	安藤駿河守 中根摂津守	490	441		1	間 499	190石<		
	小堀仁右衛門	400							
	万年長十郎	419	96		1	17ヵ所			
	長谷川六兵衛	346	51						
	古川武兵衛	154							
	久下作左衛門	294	850						
	上林峯順	58	314		1				
	平岡次郎右衛門 〃 彦兵衛	125	59						
	計	2,286	1,811		3	17ヵ所 499間	190石<		
摂津	安藤駿河守 中根摂津守	100	580		2		汐入 2,070石<		
	小堀仁右衛門	27							

	預り人	潰	破損	流	死	傷	堤損	田畑	橋	その他
	石原新左衛門	35								
	雨宮庄九郎 〃 源次郎	117	485				有			
	万年長十郎	227	530	64	14		162ヵ所	2100石< 汐入		
	長谷川六兵衛	111	129							
	平岡次郎右衛門 〃 彦兵衛	50	141		1					
	計	667	1,865	64	17		162ヵ所	4170石<		
近江	雨宮庄九郎 〃 源次郎	56	964							大津御蔵 瓦庇潰7 番所損3
紀伊	辻弥五左衛門	9	10		1					
美濃	辻六郎左衛門	400	473				6,936.5間			
伊勢	石原清左衛門	914					15,652間		9ヵ所	
	大草太郎左衛門	64					5,552間			
	計	978					21,204間		9ヵ所	
三河	大草太郎左衛門	32					4,083間			
遠江	〃	759					4,787間			
	窪島市郎兵衛	1,201	2,463	142	20		22,976間	町 245.1	5	石垣損 349間
	計	1,960	2,463	142	20		27,763間	245.1	5	349
駿河	窪島市郎兵衛	324	344							
	能勢権兵衛	1,019	1,592		13					
	計	1,343	1,936		13					
信濃	高谷太兵衛	19	番所1		8					
日向	竹村太郎右衛門	410	335	10	1		1,200間	有		
駿河遠江宿々	小長谷助左衛門	1,642	1,639	141						
伊豆	〃			1,168	11					石堤流 350間
播磨	万年長十郎							1,390石<		
大和播磨摂津	石原新左衛門						836間	砂入有		
播磨	〃		有							
山城	小堀仁右衛門						大破			
摂津河内	長谷川六兵衛 万年長十郎						1,424間			
	文書による総計	13,418	16,249	1,525	139		187ヵ所 69,588間	245.1町 5,750石	14	石垣損349間 石堤流350間
	総計	13,388	16,253	1,525	139		187ヵ所< 69,526間	5,750石 245.19町	14	間 石垣損349 石堤流350

4 被害地震各論

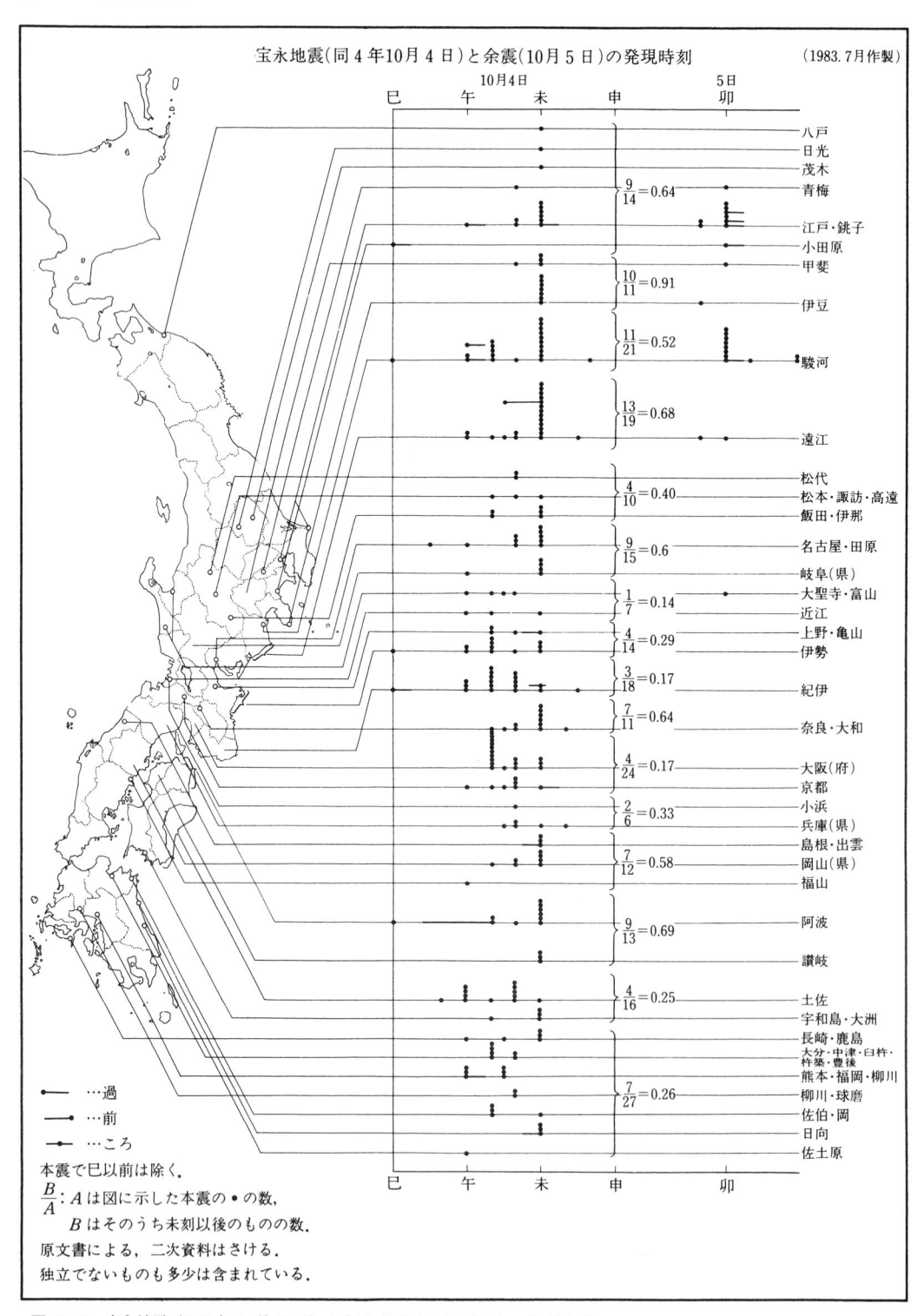

図 153-3 宝永地震（1707年10月28日）と余震（同年10月29日）の発現時刻

153-1 1707 XI 21（宝永 4 X 28） 防長　λ＝131.7°E　φ＝34.2°N （B）　M≒5.5　佐波郡上徳地村で倒家289軒，死3人，傷15人，死牛4匹，地割れあり．地震昼夜40～50回．徳山でも町家・侍屋敷破損多く，田熊・大返村で山崩れ，百姓家倒れる．畑中に穴明き水湧出，2ヵ所あり．往還筋に地割れ石垣崩れあり．

154* 1708 II 13（宝永 5 I 22） 午刻　紀伊・伊勢・京都　地震い，汐溢れ，山田吹上町に至る．海南で浸潮．塩田15町余浸水，塩高758石余損，住宅半潰7，蔵半潰3，塩釜半潰3，同流失18などの被害．ただし海南の潮については，1月とあるのみで日付なし．この地震によるかどうか不明．京都では前年10月4日以来の大震という．また，春に三河で高汐満ち田畑多く破壊（地震記事なし）するという．福光・名古屋・奈良・河南・長島で有感．153番の余震か？［1］

154-1 1710 VI 23（宝永 7 V 27） 夜　別子　翌日土底鈆石堀場天井より崩れ20間潰れ込む．

154-2 1710 VIII 28（宝永 7 VIII 4） 朝五ッ半頃　只見　只見で大地割れ，戸はずる．三更村・水沼村田畑永荒地となる．会津領で百姓家潰・半潰14～15軒．地割れ・山崩れもあった．二本松城の石壁少々崩る．余目・佐渡・日光・佐原・昭和村・沢内・岩槻・江戸で有感．

155 1710 IX 15（宝永 7 VIII 22） 巳の中刻　磐城　λ＝141.5°E　φ＝37.0°N （C）　M＝6.5±½　磐城（平）で城の櫓4ヵ所で壁・瓦落，石垣孕み・抜けなどあり．家中・城下・郷中潰9軒．城下土蔵35軒壁落ちひずむ．20日酉中刻の地震は前震か．20日，22日の地震で仙台城石塁崩る．江戸で天水ひるがえる．本震で日光御宮御安全，江戸で天水ひるがえるほど．盛岡・湯沢・余目・鶴岡・山形県上郷・弘前・水戸・日光・茂木・佐原・江戸有感．20日会津で舎屋破壊．あるいは奥州米沢・白河など大地震という記録もある．

156 1710 X 3（宝永 7 閏 VIII 11） 未刻　伯耆・美作　λ＝133.7°E　φ＝35.5°N （B）　M≒6.5　翌日にも烈震あり．河村・久米両郡（現東伯郡）で被害最大で，ところどころで山崩れ，人屋を圧し潰す．倉吉（V⁺）の士商家の土蔵損じ，ところどころで1尺ほど（約30 cm）の地割れを生ず．八橋町（震度VI）で60余戸潰れ，大山（震度V）で石垣ほとんど崩るも堂舎寺中別条なし（大山で六坊倒るという別の記録もある）．鳥取で一行寺の石地蔵倒る．『鸚鵡籠中記』によると伯耆の被害は死75人，潰1,092軒，土蔵9ヵ所，山崩れ492ヵ所，田畑荒461町余となっている．美作で民家200余倒・傾，山崩れ90ヵ所，死2．「史料」［武者，1941～43］の八幡町は八橋町の誤記．名古屋・上野・京都・宮津・奈良・姫路・琴平・河南（大阪）・津山・伊賀上野・広島県高田郡で有感．

157 1711 III 19（宝永 8〈正徳 1〉II 1） 亥の下刻　伯耆　λ＝133.8°E　φ＝35.2°N （B）　M≒6¼　因伯両国で家380潰れ，死4人，山崩れ，田畠の被害あり．また，美作の大庭・真島両郡（26ヵ村，持高1,723石余）で全潰118，半潰141，堂舎半潰18，山崩れ70ヵ所，田畑の荒廃（9.6反）あり．大山で雪摺落つ．京都で有感．前の地震とこれを合せた地震の起こり方は昭和18年の3月4・5日，9月10日の鳥取地震の起こり方に似ている［武者による］．津山・鳥取・金刀比羅・名古屋・久宝寺・京都・竜野・室（兵庫県御津）・日野郡で有感．前の地震より南と考えられる．

―― 1711 XII 20（正徳1 XI 11）昼八ッ半　讃岐中部　被害は高松領のみ，潰家1,073，死1,000余．道路や堤割れる．海岸に波の打ち寄せること日に10回ばかり．余震は30日続く．この地震，『珍事録』に載せるのみ．疑わし．

158-1 1712 V 28（正徳2 IV 23）申の半刻　八戸　$\lambda=141.5°E$　$\varphi=40.5°N$（C）　$M=5\sim5\frac{1}{2}$　八戸で御屋舗少々破損．御家中・御町別条なし（IV〜V）．余震25日まで．羽前余目・湯沢・盛岡・弘前・板柳で有感．

159 1714 IV 28（正徳4 III 15）亥刻　信濃小谷村　$\lambda=137.85°E$　$\varphi=36.75°N$（B）　$M≒6\frac{1}{4}$　JR大糸線沿いの谷に被害．姫川が満水し，潰家の多くは流失したという．長野善光寺でも石垣崩れ，石塔転倒する．松代領で家潰48，半潰127，寺社潰3，田畑損420石余．被害は表159-1のとおり．余目・江戸・上田・松本・駒ヶ根で有感．

160 1715 II 2（正徳4 XII 28）丑刻　大垣・名古屋　$\lambda=136.6°E$　$\varphi=35.4°N$（C）　$M=6.5\sim7.0$　大垣城（V⁺）石垣15ヵ所崩れ，名古屋城の石垣わずか崩る．土蔵の壁痛み多く，舎塀かなり崩る（V〜VI）．宝永地震に比べると地震のはじめから強く，短しという．福井（V）で崩家ありという．橿原の今井町・京都・伊賀上野・久居・岐阜県田瀬村・松本で有感．名古屋で余震月余にわたる．

――* 1716〜35（享保年間）　陸前　海嘯により田畑の損害あり．地震記事なく，風津波か，あるいは173番のことか？

161* 1717 V 13（享保2 IV 3）未刻　仙台・花巻　$\lambda=142\frac{1}{2}°E$　$\varphi=38\frac{1}{2}°N$（C）　$M≒7.5$　仙台城本丸・二丸石垣崩れ神社などの石灯籠は大方崩る．在々に家・土蔵の崩・破損あり．階上村は津波で田畑損ずという．花巻で破損家多く，地割れ，泥の噴出あ

表159-1　被害一覧

	死	牛馬	潰家	半潰		戸数
坪の沢（千国）	30	8	9		大山崩れ，河原225間堤出来る	千国　57
四カ庄（神城，北城，小谷，中土）の堀の内	14	36	48			
雨中（中谷村）			2			中谷　45
雨中（来馬村）			4			来馬　48
宮本（来馬村）			4			
土谷村下り瀬			6			土谷　82
〃　虫尾			2			
大町組	56（傷37）	46	194	141	田畑損102　石余	
松代領			48　3（寺社潰）	127	田畑損420　石余　道路損38	
青具村			7	2	損	

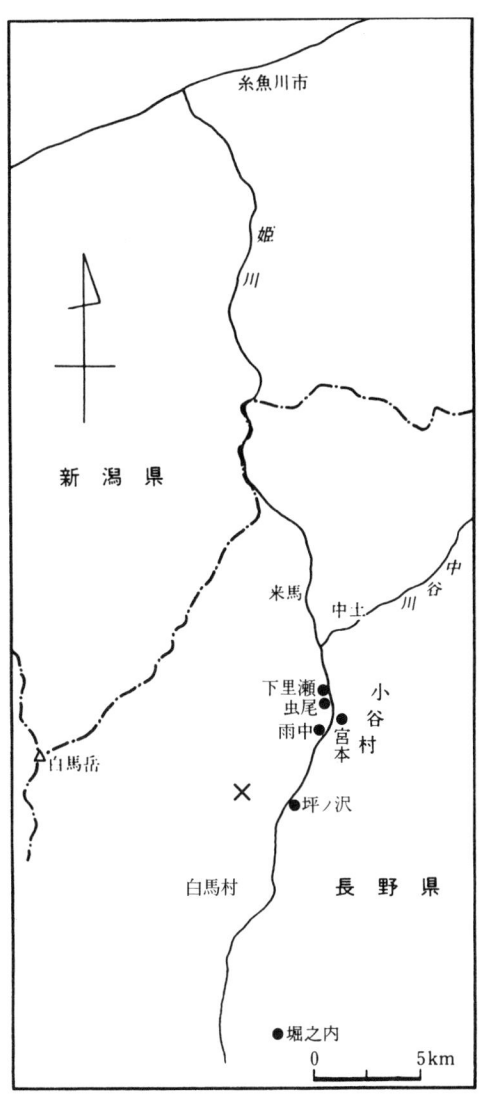

図159-1 震央地域

なしという．小松で家傾き土蔵損多し．酒・醬油の桶をゆりこぼす．史料少なく，要再考．

── 1717 XI 5（享保2 X 3） 盛岡・仙台 小地震のあったことは確か．仙台の被害記事（ところどころ破損）は161番の地震の誤記か．

162 1718 II 26（享保3 I 27） 八戸 $M ≒ 6.2$ ところどころに破損が多かった．疑わしきか．

163 1718 VIII 22（享保3 VII 26） 未刻 三河・伊那 $\lambda = 137.9°E$ $\varphi = 35.3°N$ (B) $M = 7.0 ± 1/4$ 伊那郡遠山谷の満島村諸木改番所全潰のうえ，山崩れのために埋没．和田の盛平山（森山）西方の一角崩れ死5，遠山川を堰止め，同時に1つの山を作った．出山である．遠山川の流路西に移る．川は後に一時に決潰した．南の方三河の佐太村大谷までの間で50余人死，飯田市から天龍川沿いに三河国境まで山崩れ多く，とくに駒場では八分どおり潰という．被害は表163-1のとおり．震度分布は図163-1のとおり．$r_{VI} ≒ 27$ kmとすると，$M ≒ 7 1/4$．山地の崩壊の考え方により M は変化する．三河・遠江で強く，淀城小破（？）．

── 1718 IX 30（享保3 IX 7） 仙台・白石 仙台城被害多く，白石城破壊，史料少なく，詳細不明．疑わしきか．174番の誤記か．

── 1718 X 5（享保3 IX 12） 信濃飯山城ならびに民家大破．『月堂見聞集』にあるのみ．疑わし．

── 1718 X 27（享保3 X 4） 阿波今津村遠見番所の住居屋根，雪隠，壁崩る．宝永4年10月4日の地震の誤りらしい．

り，津軽・江戸で天水桶の水こぼれ，角館・盛岡（土手割れる所あり）・相馬・日光・水戸・佐原など各地で有感．余震は4月いっぱい続く．

161-1 1717 ──（享保2 IV ─） 昼八ッ下リ 金沢・小松 $\lambda = 136 1/2 °E$ $\varphi = 36 1/2 °N$ (B) $M ≒ 6 1/4$ 金沢城の石垣夥しく崩れ，家中の塀・門倒れ多し．浦方で地裂け泥水湧出．黒津舟神社は主従5人家とともに沈没して跡

表163-1 被害一覧

飯田	城内	塀・櫓・石垣等大破
	家中屋敷	数多大破・堀一学屋敷大分損
	町在	7町で潰42, 半潰80, 長屋4 死1. 長久寺唐門潰る. 2階土蔵傾き, 3階土蔵不残潰
	領分	潰350余, 半潰580余 死12, 川路の開善寺池で1人谷底へ埋没
	阿智村	浄久寺境内地割れ, 欠崩
	駒場村	石高661石, 家数64軒 内潰32, 大損32, 井水4筋大分損, 保田・阿瀬欠崩
	駒場・上中関	社半潰. 家潰80%, 死7〜8
	鶯巣村	死7, 傷13余, 山崩れあり
	喬木村	小川の出水止まる (上平・大和地)
	高島城	石垣少破
	松本城	破損, 侍屋敷震崩という
	岩村城	石垣44ヵ所, 石段1ヵ所崩
	苗木城	石垣18ヵ所 (別典26ヵ所) 崩
	犬山城	少破？
	恵那郡	少破橋3, 川除枠・家居・高札場破損
	大井宿(茄子川村)	
	古城村	社損, 関昌寺の林崩.
	下条村	渕出来. 潰4, 死2, 山崩れ多く 4.13反潰地. 山崩家埋約10 鎮西家半潰, 竜岳寺庫裡潰, 大山田神社拝殿潰
	新井村	潰3
	上川原	潰1
	吉岡	潰2
	合原上の原	潰5〜6
	新木田村	山崩れ, 天竜川を塞ぐ
	てうな	大石落, 滝出来
	和合村	潰5, 潰同様14, 死5 損20.31石
	金野村	4.74石損
	小野村	19.33石損
	伊豆木	2.66石損
	妻籠	田畑大分崩れ家・蔵損
	野池	戸数30, 潰5, 破損25 井堰等6ヵ所損
	和田村	龍渕寺大破
		死5, 山崩れ有
	坂部村	死2

——* 1722 IX 24（享保7 VIII 14） 紀伊〜尾張 尾張・伊勢・志摩・紀伊の海岸に津波, 家屋流亡し死あり. 地震記事見当らず.

166 1723 XII 19（享保8 XI 22）朝五ッ時 肥後・豊後・筑後 $\lambda=130.6°$E $\varphi=32.9°$N (B) $M=6.5\pm\frac{1}{4}$ 肥後で倒家980軒, そのうち584軒は半倒, 死2人, 傷25人. 水除石垣・川塘井手塘1,330間余, 田畑8段4畝破損. 熊本城内・御花畑・桜馬場御屋敷別条なく, 飽田・山本・山鹿・玉名・菊池・合志各郡で強く, 玉名知行所下村では地割れ噴水, 掘立小屋2軒倒, 隈府 (菊池) で北宮の鳥居倒れ, 山本郡慈思寺温泉湧き出る. 余震は同日夜九ッ大きく, 翌朝まで小震たびたび. 12月11日, 28日天草に小震. 柳川辺・諫早・佐賀でも強く感じた. 久留米で寺々の石塔倒る. 大きくゆれたところを震度Vとし, $r_V≒25$ km として M を求めた.

167 1725 V 29（享保10 IV 18）未刻 日光 $\lambda=139.7°$E $\varphi=36.25°$N (C) $M≒6.0$ 東照宮の石矢来4〜5間 (7〜8 m), 石灯籠3〜4基倒る. 水戸で酒や藍少々こぼれる. 江戸でやや強く感ず. 弘前藩邸で土蔵・長屋の腰瓦多く落ち, 壁も損ず. 八王子・青梅・鹿島・余目・盛岡で有感. 日光・江戸を震度IVとすると, r_{IV}から $M≒6.0$.

168 1725 VI 17（享保10 V 7） 加賀小松 $\lambda=136.4°$E $\varphi=36.4°$N (B) $M≒6.0$ 城の石垣・蔵等, 少々破損. 1日に地震69回, 金沢で同日4〜5回の地震あり.

169 1725 VIII 14（享保10 VII 7）午の下刻 伊那・高遠・諏訪 $\lambda=138.1°$E $\varphi=36.0°$N (B) $M=6.0〜6.5$ 高遠城の石垣・塀・土居夥しく崩る. 石垣崩壊41ヵ所, 石の容積約500 m³, 土手崩壊14ヵ所, 崩れた土量約

図 163-1 震度分布 左上に震度Ⅵの範囲を示す.

180 m³. なお，高遠城の面積は約 5.6 万 m². 城下・町在の被害記事未発見. 諏訪高島城の石垣・塀・門夥しく崩る. 三の丸座敷・長屋破損. 城内外侍屋敷破損 87 軒，うち 11 軒潰，4 軒半潰. 郷村 36 ヵ村で倒家 347，半倒家 521 軒，死 4 人，傷 8 人，田畑損 500 石余. 川除土手・石垣崩れ 5,060 間余，山崩れ 20 ヵ所など. 11 日，15 日，18 日強い余震. 18 日の地震で諏訪城に破損あり，この地震も，江戸・八王子・奈良で有感. $r_V ≒ 20$ km とすると，$M ≒ 6.3$.

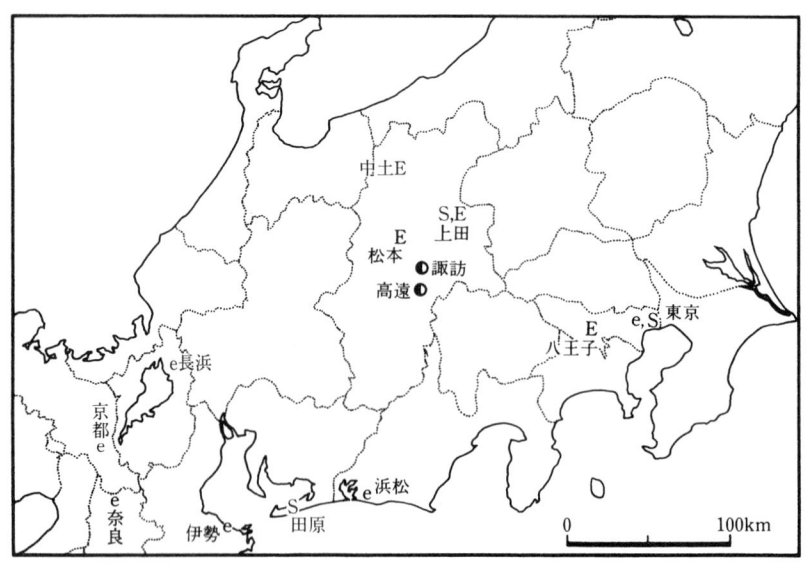

図 169-1　震度分布

170　1725 XI 8・9（享保 10 X 4・5）肥前・長崎　$\lambda=129.8°E$　$\varphi=32.7°N$　(C)　$M≒6.0$　9月26日に80回余の地震を感じた．大分有感．この両日は地震強く諸所破損多し．平戸でも破損多し．天草・大分有感．『出島日記』によると地震は断続的に翌年の8月30日（グレゴリオ歴）まで続く．この年11月25日（同上）06時頃強震出島の建物はすべて小損．大村では感じなかった．翌年1月13日5時（同上）頃の地震で被害かなり．テントに暮す．中国人居留地破壊，また長崎市中にも被害．被害史料少なく詳細不明だったが『出島日記』により，被害が少しわかるようになった．(#)．

——　1726 III 12（享保 11 II 9）　下田　『史料』[武者, 1941〜43]に被害記事あるも，享保14年2月9日の地震の誤記の可能性大．

171　1729 III 8（享保 14 II 9）午下刻　伊豆吉佐美（?）で大地割れ，川筋に水涌く．下田で家・土蔵の傾倒せしものあり．伊浜村で8軒半潰．田畑57ヵ所損．余震20日過ぎまで続く．江戸・日光・静岡・京都・奈良・河南で有感．震源地は伊豆の南岸の沖か？

172　1729 VIII 1（享保 14 VII 7）未刻　能登・佐渡　$\lambda=137.1°E$　$\varphi=37.4°N$　(A)　$M=6.6$〜7.0　珠洲郡・鳳至郡で損・潰家791，蔵の潰16，死5，山崩れ31ヵ所計1,730間．橋3損．輪島村では総戸数593のうち28軒潰れ86軒半潰．能登半島先端で被害大．佐渡・与板で強く感ず．穴水・七尾間で海岸崩れあり．地震は20日過まで続く．総計100回余，仲居村（穴水）で7日34回，8日13回，9日9回，10日3回の地震．金沢で被害なきもよう．佐渡でも潰家および死者ありというも，具体的被害記録未発見．一応能登の局地的地震と考えておく．$r_{VI}=15$ km とすると $M=7.0$，$r_V=30$ km なら $M=6.7$．図172-1中の数字は%で示した潰家率で，曲線は30%を示す．

——　1730 III 12（享保 15 I 24）丑の下刻　対馬　ところどころ石畳損ずという．筑前若松・佐賀で有感．史料少なく，後考をまつ．

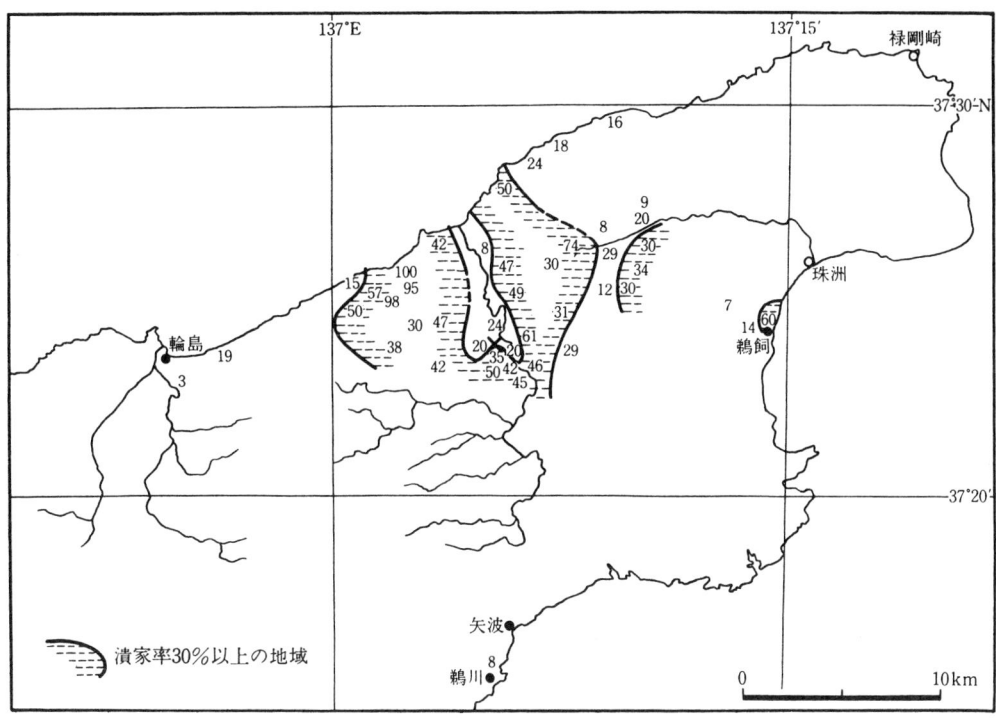

図172-1 潰家率分布（数字は%）

173* 1730 Ⅶ 9（享保15 Ⅴ 25） 陸前
陸前沿岸に海嘯，田畑を損す．酉上刻塩釜に
潮上る．被害なし．大船渡・赤崎では塩場破
壊あり．前日の午前9時（GMT）頃のチリの
バルパライソ沖の地震による津波．[1]

174 1731 Ⅹ 7（享保16 Ⅸ 7） 戌刻 岩代
$\lambda=140.6°$E $\varphi=38.0°$N (B) $M\fallingdotseq 6.5$
桑折で家屋300余崩れ，橋84落ちる．白石城
の石垣・塀・矢倉など崩れ，居家21軒，町屋
12，土蔵18倒る．死者あり．周辺の村で居家
57，土蔵5倒，七ヶ宿でも家・土蔵の壁落ち，
材木岩落つ．蔵王の高湯でも家破損多し．小
原温泉で山崩れ泉脈絶ゆ．仙台城小破損あ
り．梁川で壁崩れ，藤田町で家屋16〜17間崩
る．津軽・上山・余目・平・江戸で有感．
$r_V=25$ km とすると $M\fallingdotseq 6.5$．（☆）

174-1 1731 Ⅺ 13（享保16 Ⅹ 14） 巳刻 近
江八幡・刈谷 近江八幡で青屋橋石垣損
じ，刈谷で本城厩前の塀5間倒る．鯖江・福
井・伊勢・名古屋・京都・池田・枚方・河南
町・彦根・和歌山・江戸・八王子有感．震源
地および M 不明．

—— 1732 －－（享保17夏） 八丈島 汐
上がって麦作皆無となる．地震記事なく，風
津波か？

—— 1732 Ⅻ 21（享保17 Ⅺ 5） 津軽 津
軽城ところどころ破損．詳細不明．津軽家日
記に記事なし．疑わしきか．

176 1733 Ⅸ 18（享保18 Ⅷ 11） 未の中刻
安芸 $M=6.6$ 奥郡に被害あり．因幡でも
地おおいに震う．京都・池田・讃岐・岩国・
鳥取・気高町（鳥取県）・岡山・横田町（島
根県）で有感．

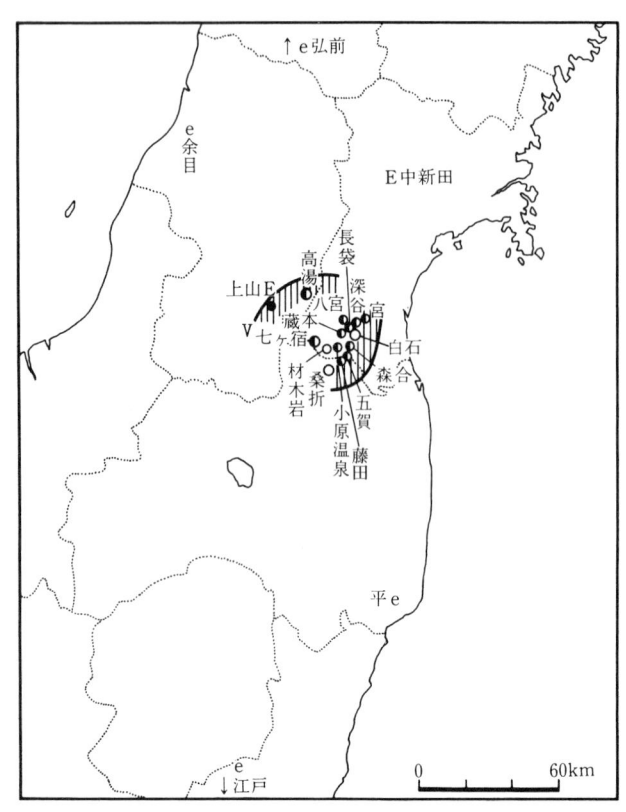

図174-1 震度分布 震度Vの範囲を示す.

176-1 1734 —— (享保19 ——) 美作・備中御津郡　ところどころで土地崩れ, 泥土噴出, 土蔵人家の破損多し. 史料少なく, 新史料の発見をまつ. あるいは **176** 番の誤記か.

177 1735 V 6 (享保20閏Ⅲ14) 巳の後刻　日光・守山　東照宮の石垣少々崩る. 守山 (現郡山市) で稗蔵の壁ところどころ割れる. 江戸で有感. 守山の史料には閏の字が落ちていると考えることにする.

177-1 1735 V 30 (享保20 Ⅳ 9) 巳刻　江戸　幕府御書物方の西・東の蔵の目塗土落つ. 日光有感.

—— 1735 Ⅷ 20 (享保20 Ⅶ 3) 東海道　大風雨, 震動で人家破損. また陸中で舟2, 漁師21人流没というが, 被害が地震によるものかどうか不明.

178 1736 Ⅳ 30 (享保21〈元文1〉Ⅲ 20) 酉刻　仙台　$\lambda=140.8°$E　$\varphi=38.3°$N (?)　$M \fallingdotseq 6.0$　仙台で城の石塁, 澱橋など破損. その他社寺無恙. 地震数十回, 余目・大江町・大迫町・江戸有感. あるいは仙台東方沖の地震か.

178-1 1738 Ⅰ 3 (元文2閏XI 13) 夜四ッ頃　中魚沼郡　$\lambda=138.7°$E　$\varphi=37.0°$N (A)　$M \fallingdotseq 5\frac{1}{2}$　蘆ヶ崎村 (現津南町) 付近で14日朝まで80回余, 14日70〜80回, 同日夜60〜70回, 翌年に及ぶ. 蔵の壁損じ, 釜潰る. 東山所平 (津南町中深見) で屋敷崩れ青とろ出る. 信州青倉村で家蔵大分損. 14日長岡地震. 中条町・上田・十日町・飯山・日光有感. また閏11月6日小国谷で地震ともいう.

179　1739 Ⅷ 16（元文 4 Ⅶ 12）暮六ッ時　陸奥・南部　南部高森でとくに強く，青森で蔵潰れる．八戸で諸士町家ともに被害多し．八戸・弘前で 7 月 27 日朝まで余震連日．震源，M ともに不詳．八戸沖の地震か．14 日樽前噴火．

179-1　1739 Ⅹ 31（元文 4 Ⅸ 29）丑刻頃　佐渡　丑刻より寅の下刻まで 4～5 回地震，相川の小家少々破損．新潟県中条村・日光有感．史料少なく，震央・規模については後考をまつ．

179-2　1740 Ⅶ 20（元文 5 Ⅵ 27）卯の半刻　奈良・畿内　奈良で鳥居 1 つ倒る．池田・伊勢・京都・近江八幡・福井・彦根・大坂・田辺・土佐有感．和泉国助松村で土手かべ多く痛む．

180*　1741 Ⅷ 28（寛保 1 Ⅶ 18）　渡島西岸・津軽・佐渡　北海道西南沖の大島，この月の上旬より活動し，13 日に噴火，15 日には灰降り昼夜を分かたずという．18 日夜（19 日早朝）津波．北海道（松前・熊石間）で死 1,953（1,467），流失家屋 729，同破壊 33，蔵の流失 4，同破壊 25，船 1,521 破壊．津軽で田畑の損も多く，流失潰 125 戸．死 37 人．船の被害 107．油川にも津波，小舟の破損するものあり．佐渡で家屋・船の破損などあり．石川県七浦に津波，人畜の被害ありという．19 日午刻には若狭の小浜にも津波汐込 20 間余ありしという．小橋・野原村（舞鶴市）に高浪 28 軒潰，52 軒痛．合計で死 2,033，家蔵流潰 918，流破船 1,701．古文書に地震と記すもの『眞澄遊覧記』（1785 年記）のみ．図 180-1 は津波の記事のあるところ．佐竹ほか［2002, 月刊海洋　号外 28, 150-160］によると地すべりモデルで各地の津波高を説明できるという．この津波を地震によるものとすると $\lambda = 139.4°$ E

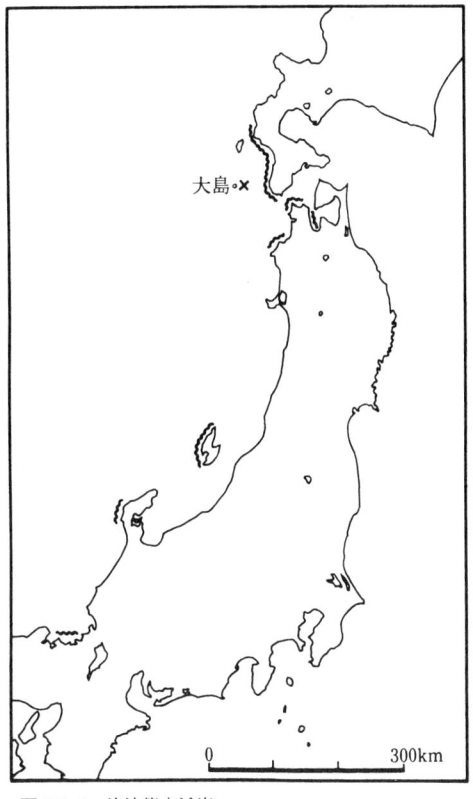

図 180-1　津波襲来沿岸

$\varphi = 41.6°$ N　$M = 6.9$ くらいか．(#)［3］

——　1743 Ⅺ 22（寛保 3 Ⅹ 7）子刻　八戸　『奥南温古集』によると巳刻で被害あり，他の史料はすべて子刻被害なし．また『奥南温古集』の本文は 1743 Ⅷ 7（寛保 3 Ⅵ 18）の地震の記事（1 点のみ）の本文と同文．被害疑わしきか．地震はあった．八戸・角館・弘前・大迫・盛岡・江戸・八王子有感．

182　1746 Ⅴ 14（延享 3 Ⅲ 24）戌の上刻　江戸・日光　$M = ?$　日光東照宮の石矢来約 20 間倒れ，石垣少々崩る．幕府御書物蔵の瓦少々落ち，白壁甚々崩る．岩手県大迫町・宮城県宮崎町・江戸・八王子・日光・福井・京都・津軽で有感．

—* 1747 ―― （延享4 Ⅱ ―） 八丈島 大賀郷に津波打ち上げ漁船流出す．地震記事なく，風津波か？

182-1 1747 Ⅵ 1（延享4 Ⅳ 24）昼八ツ半 瀬戸　瀬戸で陶器竈ゆり崩れる．間数合61間余．茶わんなど割れる．田原で溜の水こぼれる．京都・上野・池田・名古屋・伊勢・高山・美浜・長浜・三河・塩山で有感．$M > 5\frac{1}{2}$か？

— 1748 Ⅰ 27（延享4 ⅩⅡ 27）巳の下刻　若狭　若狭三郡に地震．死615人という．伊勢・金沢・京都・美浜・彦根で有感．被害記録に問題あるか？　この地震酒井家（小浜藩主）編年史料稿本になし．

182-2 1748 Ⅵ 18（寛延1 Ⅴ 23）　松江　雲州地震，松江鵜部屋橋石壁崩れ橋落つという．『出雲私史抜萃』による．被害記事1点のみ．土佐・岩国有感．

— 1748 Ⅷ 19（寛延1 Ⅶ 26）未の下刻　高遠　御城破損というも史料1点のみ．後考をまつ．163番の地震と混同あるか．

183 1749 Ⅴ 25（寛延2 Ⅳ 10）巳の下刻　伊予宇和島　$\lambda = 132.6°E$　$\varphi = 33.3°N$　(C)　$M = 6\frac{3}{4}$　宇和島城ところどころ破損し，矢倉も大破に及ぶ．大洲で櫓の石垣痛む．吉田で家破損．大分で千石橋破損．土佐・広島・岩国・佐賀・延岡で強く感じ，鳥取・諫早などで有感．583番の地震に似ている．

— 1751 Ⅱ 26（宝暦1 Ⅱ 1）昼七ッ時　京都　愛宕山の石灯籠残らず崩れ，近辺の諸山土蔵破損すという．史料1点のみ．184番の地震の誤記と思われる．

184 1751 Ⅲ 26（寛延4〈宝暦1〉Ⅱ 29）未刻　京都　$\lambda = 135.8°E$　$\varphi = 35.0°N$　(B)　$M = 5.5 \sim 6.0$　諸社寺の築地や町屋など破損．土蔵の壁落ち，石灯籠は倒れあるいは損あり．近衛家御構築地内に損所あり．知恩院の高塀，妙心寺の築地石垣少損．御香宮の石鳥居の柱南北に5～6寸ほど筋違になる．また京都で1町に土蔵2つずつ損という文書もある．しかし，具体的な損所の場所を記した史料少なく，震度V⁻か．越中で強く感じ，因幡・金沢・大阪・池田・伊勢・長浜で有感．余震多く5～6月に至ってやむ．$r_V = 10$ kmとして$M = 5.7$．

185 1751 Ⅴ 21（寛延4〈宝暦1〉Ⅳ 26）丑刻　越後　$\lambda = 138.2°E$　$\varphi = 37.1°N$　(A)　$M = 7.0 \sim 7.4$　高田城の多門櫓・三重櫓などところどころ大破または破損．今町約870戸で死47，家潰321，半潰384．おもな被害は表185-1のとおり．また，高田では町方3ヵ所から出火した．鉢崎・直江津・糸魚川間で山崩れ多し．桑取谷・能生谷・名立谷でも山崩れ多く，被害率（%）は図185-2に示す．とくに名立小泊では裏山崩れ，人口525人，戸数91戸のところ圧死406余．81戸埋没，ほかに潰4，半潰3，無難3であった．戸数が地震前の戸数に回復したのは大正初期であった．名立川の小田島付近で山崩れ川を堰止む．全村破壊し，死38．糸魚川で家屋破損1～2戸．富山・金沢で強く感じ，長野で石灯籠多く倒れ，松代城中ところどころ破損．日光で有感．新発田領中ノ島組で潰家31，半潰72，土蔵潰13，畑に10町（約1.1 kmあるいは10 ha）にわたって地割れ，砂を噴出する．震度分布図は図185-1のとおり．伊勢有感，江戸・諏訪・金屋（和歌山）・神郷（岡山）・日野（鳥取）で大地震．Mは$r_{VI} = 20$ kmとして求めたが，あるいはこれより小さいか．しかし図185-1では，$r_{VI} = 30$ kmとなる．山・

表185-1 被害一覧表

		死	傷 多	家 潰	家 半潰	家 破損	家 無難	蔵 潰	蔵 半	蔵 破損	人口	戸数	寺社	苗代損・田畑	山崩れ	道橋	堤・井堰等	地変	備考	領主・代官名
高田	御家中	33(66)		122棟	(77)82棟	66	8棟			150	63,474	(町中)2,941 計12,960	潰他約100 死37 潰75 半75(72)		473 (合川次)	破損54ヶ所 落橋52	用水等168ヶ所 樋潰17	林崩3ヶ所、荒川通通い1 9分通破損村170 8分通破損村60 亡所村 9 鉢崎関所山崩、青海川山崩	合今町（ほか）に、足軽等町中に注むもの、500位潰 高田領324村	
	町中	292	262	2,082	414	445		46												
	郷中	505		2,090(2,096)	3,160(3,062)	36 焼失		36(30)	41											
代官所	荒井	444		445	1,148	5 焼失							潰26(27)						ほかに柏崎死2, 寺社潰1, 又ハ沿死406, 家潰・埋82, 寺社営理・潰6は荒井に含まれる。	富永喜台衛門
	真砂	118	540	1,240	780															田中八兵衛
	川浦	109		1,454	1,408	2 焼失		20												設楽忠兵衛
苅羽・三橋郡		6		88	41								潰16	30ヶ村53ヶ所	川次21 山崩90					松平越中守領分
蒲生郡		1		37	42									所々						堀丹後守〃
苅羽郡蒲原村		1		20	35															堀飛騨守〃
新発田領				32	72			13						地割						溝口出羽守〃
頸城郡苅羽村		16	19	355	432			32					潰10 半1	有	有		用水、桶大破	高野障屋潰、馬正面障屋半潰		牧野駿河守〃
長岡領		2		73	562									有 460町<	1,100ヶ所		約10,000間	地崩れ、噴泥		同上
松代領		12	42	44	32								潰2		14					真田伊豆守〃
合計		1,539 601<		8,088	8,208	511 焼38	8	147	41	150			潰229 半75	53ヶ所+460町<	1,700ヶ所<	52落、54破	168ヶ所+10,000間<			

（注）合計はすべての史料を勘案したときの最小値で本表の合計とは必ずしも一致しない。

108 4 被害地震各論

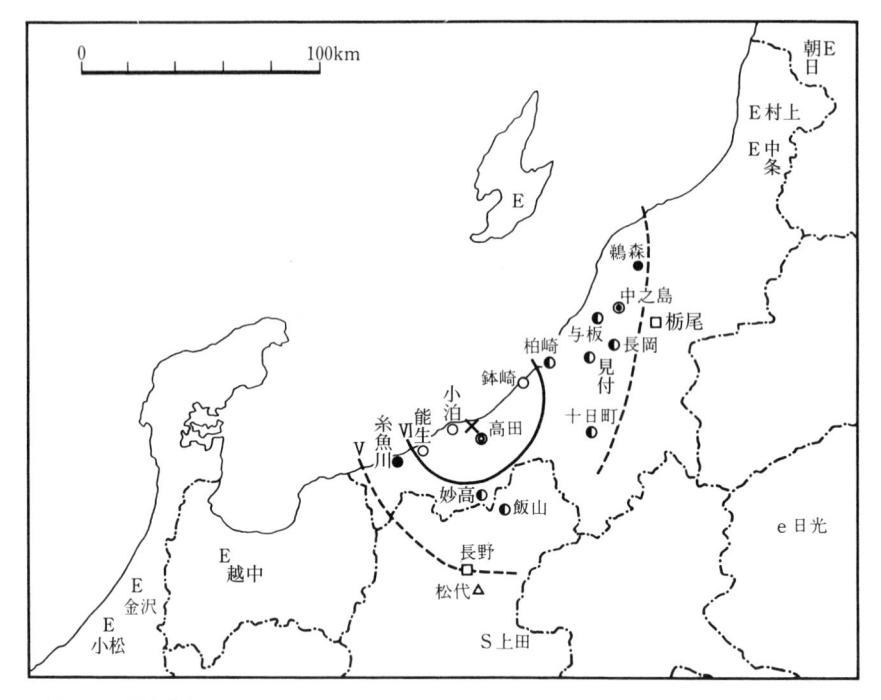

図 185-1 震度分布

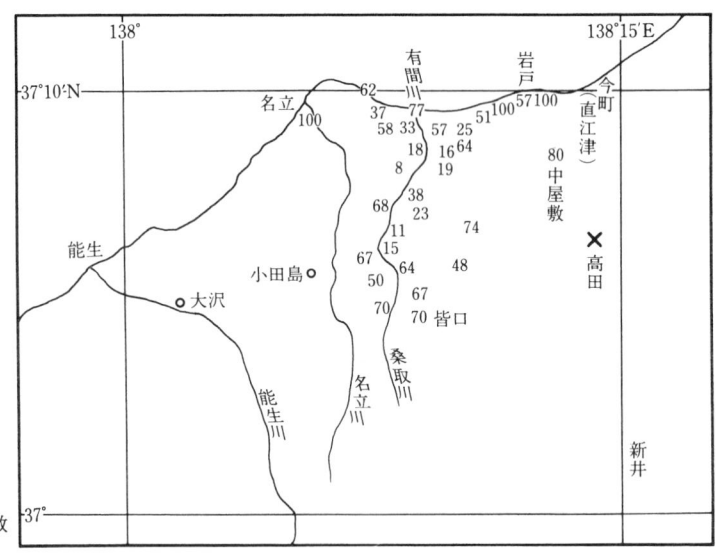

図 185-2 被害率分布（％）
$\left(\text{全潰} + \frac{1}{2}(\text{半潰})\right)/\text{全棟数}$

崖崩れを Ⅵ と見ている．また，4月27日余震で潰家があった．余震は5月10日頃までに約100回．閏6月までは毎日4〜5回，7月11日頃は毎日2〜3回．8月も同じ．9月3日かなりの余震．11月6日・8日・翌年1月2日各1回．(#)

186 1753 Ⅱ 11（宝暦3 Ⅰ 9）丑刻　京都洛中の築地などに小被害．知恩院の石碑少し倒れる．池田・伊勢・鳥取・大山・彦根で有感．

187 1755 Ⅲ 29（宝暦5 Ⅱ 17）申刻　陸奥八

戸　殿中ならびに外通破損あり，南宗寺の廟所も破損．3月5～9日にも地震．津軽・盛岡・軽米・大槌で有感．

188　1755 IV 21（宝暦5 III 10）未刻過ぎ　日光　λ＝139.6°E　φ＝36.75°N（B）　東照宮の石矢来・石垣等に被害あり．江戸・八王子・棚倉・弥彦で有感．

188-1　1756 II 20（宝暦6 I 21）夜四ッ時　銚子　λ＝140.9°E　φ＝35.7°N（B）　M＝5.5～6.0　蔵に痛あり．酒・醬油の桶をゆり返し，石塔倒る．佐原に地割れあり．八王子・塩山・日光有感．江戸では銚子より強かったともいう．

——*　1757 IX 9（宝暦7 VII 26）　土佐　『森沢保如家文書』にあり．地震と記しあるも，気象津波か，不明．

——　1759 VI 15（宝暦9 V 21）暮六ッ頃　金沢　天水桶の水ゆりこぼれる．

189　1760 V 15（宝暦10 IV 1）丑刻　琉球　城墻57ヵ所崩る．余震があった．

190　1762 III 29（宝暦12 III 4）午の上刻　越後　λ＝139.0°E　φ＝37.8°N（B）　M＝5.5～6.0　新潟で土蔵上塗に亀裂を生ず．とくに三条付近で強く感じ，田畑や山林が崩れたという．新発田・佐渡・三條・大形村・日光・佐原・羽前南村山郡で有感．

190-1　1762 X 18（宝暦12 IX 2）昼八ッ頃　土佐　高岡郡で家・蔵の瓦落，山崩る．16日まで少々ずつ地震．岩国・宇和島・小松・土佐宇佐・筑後で有感．

191*　1762 X 31（宝暦12 IX 15）未の中刻　佐渡　λ＝138.7°E　φ＝38.1°N（C）　M≒7.0　石垣ところどころ崩れ，家屋破損．銀山道崩れ，死者あり．真野村順徳院の廓の石垣崩る．佐和田本光寺の鐘楼倒る．鵜島村で津波，潮入り5軒．願村で流失18軒など．新潟で地割れを生じ，砂と水を噴出する．与板で酒をゆりこぼし余震23日まで．温海で土地ひび割れる．酒田・羽前南村山郡・角館・村上・弘前・寒河江・金浦・温海・日光・佐原・江戸で有感．鵜島村を河内［2000，歴史地震，16，107-112］のいう北鵜島村とするとφ＝38.35°Nくらいになるか．［1］

191-1　1763 I 21（宝暦12 XII 8）八戸　御足軽家並御番所小破．大迫町（岩手県）有感．史料2点のみ．

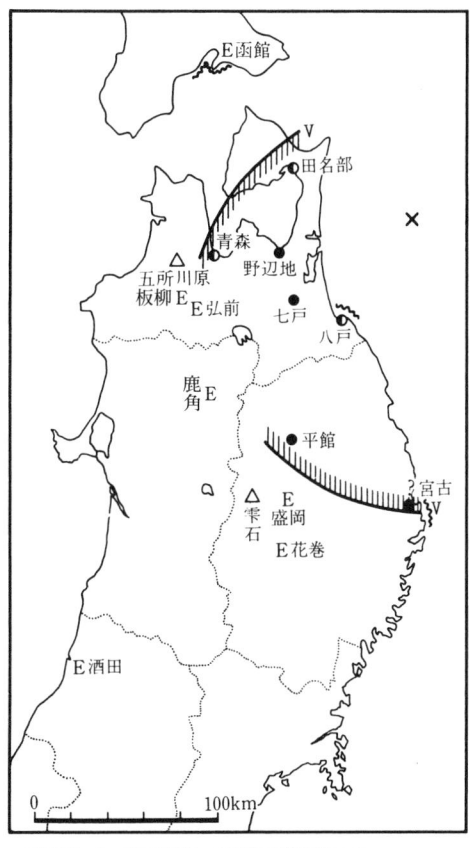

図192-1　震度分布　震度Vの範囲を示す．

192* 1763 I 29（宝暦12 XII 16）酉刻　陸奥八戸　$\lambda=142\frac{1}{4}°$E　$\varphi=41.0°$N　(C)　M=7.4
11月はじめより地震を発し，この日大地震．八戸でところどころ破損，南宗寺の御廟・仏殿破損．夕方小船4隻波で沖に引かれ破船．大橋など落つ．平館で家潰1，死3，野辺地役所および町の土蔵に破損あり．田名部で潰2，大畑で潰2，死1，七戸で代官所および町在で屋敷・土蔵の壁などに損あり．雫石で酒をゆりこぼす．青森で1〜2戸潰れ寺々に被害あり．函館は強く感じ津波あり．余震多し．翌年6月頃まで地震続く．佐渡・佐原・江戸・中条（新潟県）で有感．Mは案外小さいか．580番に似ている．そのことを考えると，$\lambda=143.5°$E　$\varphi=40\frac{3}{4}°$N　M≒7.9とも考えられる．(#)［1］

193* 1763 III 11（宝暦13 I 27）午刻過ぎ　陸奥八戸　$\lambda=142.0°$E　$\varphi=41.0°$N　(C)　M≒7¼　前項の地震以来震動止まらず．この日に強震．土居塀崩れ，殿宇破壊し，市中の建物の倒潰昨冬に倍す．橋梁破壊し，流失船あり．以上は『八戸藩史稿』，『八戸藩史料』による．『八戸藩日記』によると南宗寺の石塔崩れ，近江屋の土蔵大破し，丸木船1隻波にうたれ，破船になるという．後者のほうをとる．弘前・盛岡・花巻・宮古・大槌・渋民・秋田・江戸で有感．詳細は史料の発見にまつ．(#)［0］

194 1763 III 15（宝暦13 II 1）未刻　陸奥八戸　$\lambda=142.0°$E　$\varphi=41.0°$N　(C)　M≒7.0
湊村は津波に襲われ，家屋人馬の流失多し．以上は『八戸藩史料』による．『八戸藩日記』によると城の塀倒れ，御朱印蔵の屋根破損すといい，津波のことを記さず．一応，後者による．盛岡・弘前・大東町（岩手県）で有感．(#)

194-1 1764 X 29（明和1 IX 5）子刻　伊勢
伊勢で大地震，ところどころ破損というも，内院は無事．京都で強く感じ，大坂で長く感ずる．甲府・塩山・彦根・松坂・慈尊院で有感．

195 1766 III 8（明和3 I 28）酉刻　津軽　$\lambda=140.5°$E　$\varphi=40.7°$N　(A)　$M=7\frac{1}{4}±\frac{1}{4}$
弘前から津軽半島にかけて被害大（図195-1参照）．津軽藩の被害は弘前城櫓・門など，破損数多．潰は少なかった．被害実数は出典により一様でない．表195-1は『要記秘鑑』によるもので，弘前城下の被害が少なすぎるようである．表による組ごとの建物被害率の大きいところの中心を震央とした．S_{VI}からM≒7.4．また，松前でも強かった．各地に地割れ，青砂を噴出した．割れ目にゆり込み即死したものもあったという．余震は多く，翌日夜明けまで120回，年末まで続いた．とくに

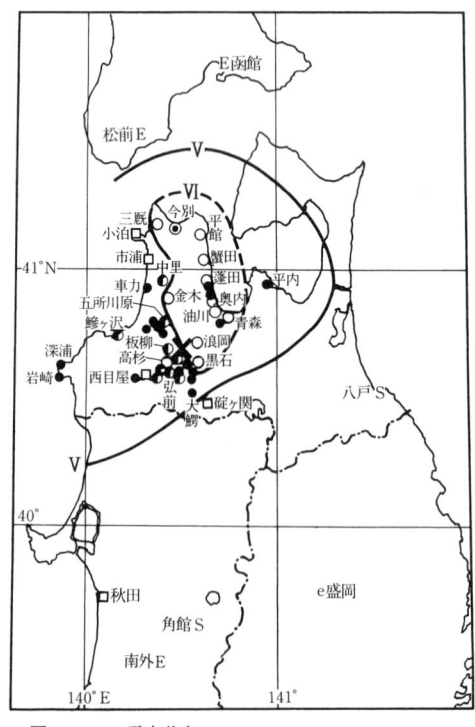

図195-1　震度分布

表 195-1 被害一覧

組	『要記秘鑑』による被害**								明和元年調査			%			備考
	a 被災村数	家 b 潰(半潰)	焼失	土蔵 潰(半潰)	焼失	潰死	焼死	傷	村数	戸数	人口	a/村数	b/戸数	死/人口	
駒　　越	4	6							47	1,170	9,200	8.5	0.5		
高　　杉	10	79				3			31	1,000	6,500	32.2	7.9	0.05	明和頃
藤　　代	8	172	1			8			32	990	6,300	25.0	17.5	0.13	
赤　　石		1				1			53	1,400	10,040			0.01	
大　　鰐	3	3							26	1,000	6,840	11.5	0.3		
尾　　崎	6	47				5			17	700	4,640	35.3	6.7	0.1	
和　　徳	7	18(21)				3			18	570	4,100	38.9	3.2	0.07	
堀　　越	8	18(19)				4			17	670	4,450	47.1	5.5	0.09	
大 光 寺	11	44	4			11			17	470	3,470	64.7	10.2	0.32	
猿　　賀	12	113	1	5		29			19	660	4,500	63.2	17.3	0.64	
藤　　崎	15	302	4			30	17	45	16	690	4,600	93.8	44.3	1.02	
柏　　木	14	244	7	3		27	7	2	17	740	5,500	82.4	33.9	0.62	
常　　盤	18	291	5	5		35	2	46	19	440	3,390	94.7	67.3	1.09	
田 舎 舘	17	223	5	3		35	10	9	19	420	2,940	89.5	54.3	1.53	
増　　舘	15	535	12	7		90	14		16	700	4,780	93.8	78.1	2.18	
浪　　岡	20	633	14	18		116	21		26	780	5,570	76.9	82.9	2.46	
赤　　田	24	621	11	8	10	99	31		33	850	6,030	72.7	74.4	2.65	
広　　田	20	74		2		5			28	1,370	9,700	71.4	5.4	0.05	
飯　　詰	13	190	3	4		31			27	890	6,200	48.1	21.7	0.50	
金　　木	12	68				8			24	1,230	9,450	50.0	5.5	0.08	
浦　　町	1	1(1)		(2)					22	770	5,000	4.5	0.3	0.—	
油　　川	13	412(57)	7	28	13	95	24	8	26	1,500	7,100	50.0	31.7	1.68	
後　　潟	25	360(9)	6	13		83	6	9	39	1,180	9,400	64.1	30.1	0.74	
広　　須	36	52(28)		4		12			62	1,500	14,480	58.1	5.3	0.08	
木作新田	20	19(17)		(5)		2			78	1,000	5,050	25.6	3.6	0.04	
俵元新田	6	29(3)							8	240	1,460	25.0	12.1		
金木新田	12	28	2	2		2			18	600	3,260	66.7	5.0	0.06	
小　計	350	4,583(155)	82	102(7)	23	734	132	119	787	24,610	171,850	44.5	19.5	0.51	
青 森 町		199(70)	108	44	41	101	91			1,500	8,900		20.5	2.10	借家潰 108, 半潰 12, 焼失 25 潰同様：家 32, 蔵 14, 借家 4
鯵 ヶ 沢										730	4,030		51.6	4.64	
十　　三										169					享和2年
蟹　　田		34(13)	4	8	1	14	15	30		140	800		27.1	3.6	
今　　別		43		5		2				53			81.1		寛政2年
黒石 家中		31	1			4△									
黒石 町		273	28			92△(60)									△：死傷の合計
黒石 在		80	2			6△									
弘前家中		21(3)				13		3			31,200			} 0.08	武士町人の合計
〃 当町		64(82)		3		13		1							その他寺社被害
小　計		745(168)	143	60	42	*245	166	34							*うち△102
合　計		5,328(323)	225	162(7)	65	*979	298	153							*うち△102

**寺社の建物・人的被害は含まない．また橋などの被害も含まない．

2月8日の余震は大きく,家屋破損があった.図 195-2 は『津軽藩日記』による毎日の余震回数で2月8日の余震の余震があったことがわかる.破線は「終日震動」を示す.鳴動も含んでいる.また,古文書にある「二,三度」は 2.5 と数え,「度々」は 2 とした.(#)

196 1767 V 4（明和 4 IV 7）朝四ッ過ぎ　陸中　鬼柳（現北上市）で潰家 1,焼失 20 余.青森の記録による.仙台で壁落など少損,慈生君の石碑倒れ,石灯籠倒る.奥筋で地割れ泥水出る由.津軽・八戸・盛岡・花巻・青森・羽前南村山郡・角館・江戸・八王子・甲府・佐原などで有感.強く感じたところ多く,8,9 日にも余震.三陸沖の地震か.

196-1 1767 X 22（明和 4 IX 30）巳の中刻　江戸　$\lambda=139.8°E$　$\varphi=35.7°N$　(B)　$M≒6.0$
津軽家文書によると江戸で瓦落ち,14〜15 軒潰れ,ところどころ破損あり.天水溢るるほど.同日 5 回地震.翌日巳ノ刻再び地震.日光で彫物 1 間落つ.福島県伊達町で土蔵損,地割れあり.仙台で 196 番の地震より強く感じ,塀・門の壁・瓦落ち石垣孕みあり.長野県山口村で強く感じる.弘前・八戸・越後高田・彦根・佐原・甲府・八王子で有感.あるいは福島県沖か.または仙台・江戸の二元地震か？

—— 1768 I 18（明和 4 XI 29）仙台　獅山公霊廟の碑石傾く.

196-2 1768 VII 19（明和 5 VI 6）辰刻　箱根　$\lambda=139.05°E$　$\varphi=35.3°N$　(A)　$M≒5.0$（?）
矢倉沢で田畑損,1 里先は少震という.江戸・八王子・甲府・塩山・伊勢（あるいは別の地震か）で有感.

197* 1768 VII 22（明和 5 VI 9）午刻過ぎ　琉

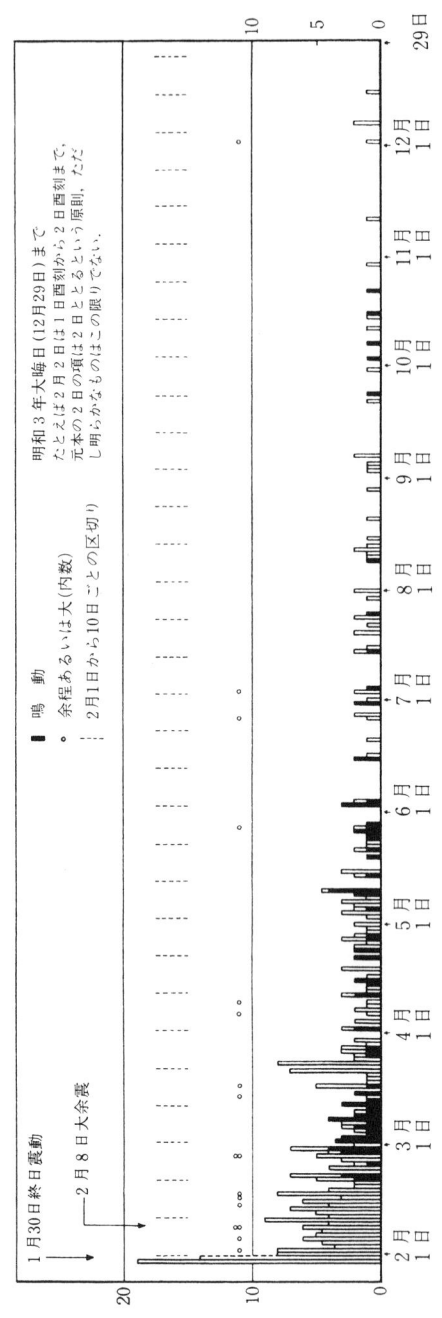

図 195-2　日別余震回数［『津軽藩日記』による］

球　$\lambda=127.5°E$　$\varphi=26.2°N$　王城・三ヶ寺・王陵・極楽陵の石垣が崩れた．津波がきて慶良間島で田園ならびに民家 9 戸を損じた．潮の干満 3～4 尺（0.9～1.2 m）．[1]

198　1768 IX 8（明和 5 VII 28）酉刻　陸奥八戸　29 日にも 2 回の地震あり．29 日の地震で家屋・塀等の被害少なくなかった．和賀郡沢内で震動が強かった．被害記録少し．

198-1　1769 VII 12（明和 6 VI 9）辰刻　八戸　$\lambda=141.6°E$　$\varphi=40.6°N$（C）　$M≒6½$（?）
殿中および諸建物塀墻，諸士町家の損大，御殿通り，ならびに外側通りほかところどころ破損．南宗寺御霊屋・石塔・本堂・庫裡・大門など破損．大橋五間落つ．青森の村井家で座敷壁のところどころで破れ目立つ．弘前・盛岡・花巻・江戸で有感．

200*　1769 VIII 29（明和 6 VII 28）未の半刻　日向・豊後　$\lambda=132.1°E$　$\varphi=33.0°N$（C）
$M=7¾±¼$　翌 29 日朝まで雷雨，翌々 8 月 1 日大風雨洪水，したがって被害を分別しがたい面がある．以下にのべる被害にも暴風雨の被害が混っているかも知れない．延岡城の石垣・塀の破損・崩れ多し．城内外家中屋敷長屋等倒れ・半倒・大破多く，村々で潰 64 軒．宮崎役所塀倒れ村々潰 298 軒．高千穂で山崩れ，潰家 13 軒，落橋 11．豊後の領地村々で，倒 50，半倒 71 軒などの被害．延岡に潮さし来りしも町を通らず．田畑より泥噴出．佐土原で御書院向など城内外大破多し．細島できびしく痛，岡城ところどころ破損．佐伯城石垣崩れ孕み，塀・壁の損ところどころ，家中屋敷の破損・崩れなど 30 余軒．城下中町で蔵大小痛 26 ヵ所，同家 10 軒，船頭町で蔵の大小痛 20，家痛 1．津波というほどではないが海水の上下あり．臼杵で橋大破 3 ヵ所，囲塀不残倒る．潰家 531，半潰 253 軒，潰入田

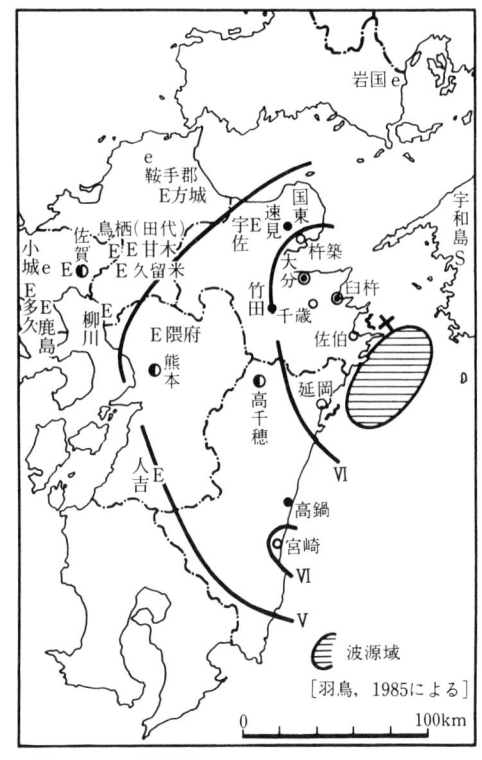

図 200-1　震度分布

畑 2,666 歩．落石 45 ヵ所など．府内（大分）で二重櫓 3 ヵ所潰，城内石垣崩 8，多門櫓不残破損，塀家屋も損多く潰家 271 軒，田畑の損なしという．杵築で城内損所あり．町中とくに六軒町で倒家・倒蔵あり．高鍋で城の塀・石垣大破，門潰 1．熊本領内各地で倒家 115，倒蔵 2，山岸崩れ 122 ヵ所，死 1，などの被害あり．柳川でも被害．宇和島で強く感ず．四国の震度小さく，M は V および VI の面積から求めた．松山・出雲・萩・宿毛で有感．[1]

――　1770 V 27（明和 7 V 3）卯刻　陸中盛岡　ところどころ破損．人馬の死多く，江戸で有感．史料少なく，要再考．

――　1770 X 23（明和 7 IX 5）朝四ッ時　青森　天水桶の水，溢る．

── 1770 XI 23 (明和 7 X 7) 昼八ッ時　紀伊　ところどころ地割れ, 石垣崩れ, 落石あり, 余震数回. 史料少なく, 詳細不明.

202* 1771 IV 24 (明和 8 III 10) 辰刻　八重山・宮古両群島　$\lambda = 124.3°E$　$\varphi = 24.0°N$ (D)　$M = 7.4$　**八重山地震津波**　震害はなかったようである. 津波の被害は石垣島で最大で同島の面積の約40%が波に洗われた. 両群島とも津波は異常退潮ではじまり, 大波は3回襲来した. 八重山におけるおもな被害は表202-1のとおり. 表中の波高は古文書のまま. このほか浸水住家1,003戸. 船流失98. 表中の*印は, その島の住人が石垣島に出張していて死亡したことを示す (西表島のみは死亡者の大部分がそうであった). 表202-3に田畑被害を示す. また, 新城島では行きの波より, 戻りのほうが強かったという. また, 島内に津波で打ち上げられた大石が現在でも見られるが, 海抜30 m以下のところにあり [加藤, 1987], 図202-1のリーフの位置は島による被害の差を考えるのに有効であろう. また, 宮古群島 (表202-2) では波高12~13丈 (約40 m) に達したという (最近の研究によると20 m前後であったらしい). 波は宮古島の東海岸および来間・池間・伊良部・下地・多良間・水納の各島を襲い, 死2,548, 船の破損76. 八重山は1772・1773・1776・1777・1802・1834・1852年に大飢饉や疫癘・麻疹が流行し, 八重山群島の石垣島の人口は図202-2のような推移をたどった. 離島における大津波の直接・間接に及ぼした社会的影響の1つと考えることができる. [4] (☆) [参考: 牧野, 1968, 八重山の明和大津波, p. 447: 加藤, 1987, 地震II, **40**, 377-381]

表 202-1 被害状況

島	村　名	当時の人口	死・不明者数	死亡率 (%)	住家全壊	波高 (m)
石垣島	大川村	1,290	412	32	174	9.2
	石垣村	1,162	311	27	148	9.2
	新川村	1,091	213	20	139	8.2
	登野城村	1,141	624	55	184	12.2
	平得村	1,178	560	48	178	26.0
	真栄里村	1,173	908	77	176	19.4
	大浜村	1,402	1,287	92	210	44.2
	宮良村	1,221	1,050	86	149	85.4
	白保村	1,574	1,546	98	234	60.0
	桃里村	689	0	0	} 52	9.7
	中与銘村	283	283	100		10.7
	伊原間村	720	625	87	130	32.7
	安良村	482	461	96	90	56.4
	平久保村	725	25	3	15	
	野底村	599	24	4		
	桴海村	212	23	11		
	川平村	951	32	3		
	崎枝村 屋良部村	} 729	5	0.7	12	
	名蔵村	727	50	7		
	小　計	17,349	8,439	48.6	1,891	
竹富島		1,313	*27	2.0		
小浜島		900	*9	1.0		
鳩間島		489	*2	0.4		
西表島		4,596	*324	7.5	16	
黒島		1,195	293	25	85	
新城島		554	205	37	184	
波照間島		1,528	*14	0.9		
与那国島		972	0	0	1	
合　計		28,896	9,313	32.2	2,177	

表 202-2 被害状況(『御問合書』による)

村 名	家内数	死	波 高	備 考
宮国・新里・砂川・友利	591	2,015	波高 3.5 丈	宮古島
池間・前里	119	3	波高 2.5 丈	池間島
伊良部・仲地・佐和田・長浜・国仲	75	23 2*	波高 3.5 丈 *来間村で死	伊良部島
下地島			巨石数多打上ぐ波高 12～13 丈, 死馬 55	
来間島		12		宮古島
上地		3		
洲鎌		2		
下里		4		
西里		9		
西仲宗根		2		
保良		1		
長間		1		
多良間島		362	波の遡上高は約20m	人口 3,324
水納島		全滅		

表 202-3 田畑の被害状況

島名	村 名	畑 流失 (町)	畑 作物損 (町)	田 流失 (町)	田 作物損 (町)
西表島	黒嶋	64.	106.666		
	新城	100.266	26.133		
	波照間	10.133	104.		
	南風見	11.316	19.733		
	崎山		11.2		0.646
	西表	1.666	11.2		2.26
	上原		1.866	0.162	1.132
	高那(波照間島)		1.066		4.506
	古見		2.133		11.09
	仲間				1.452
	小浜		9.066		11.093
小 計		187.381	293.063	0.162	32.179
石垣島	新川	5.866	59.2	0.29	7.76
	登野城	50.66		9.7	
	平得	102.933	85.333		
	真栄里	160.	18.666	2.263	1.94
	大浜	163.733	377.6	9.376	3.503
	宮良	260.333	21.333	1.743	
	白保	377.066	386.133	1.746	
	桃里	1.293	106.666	1.293	8.406
	伊原間	222.933	256.22	13.58	
	安良	20.		0.237	
	平久保	7.466	10.666	6.1	1.423
	野広		3.2		0.711
	桴海		1.6		1.916
	川平		10.933	0.129	0.984
	崎枝		29.226	0.273	6.082
	名蔵				0.709
小 計		1,372.283	1,366.778	46.730	32.725
合 計		1,559.664	1,659.841	46.892	64.904

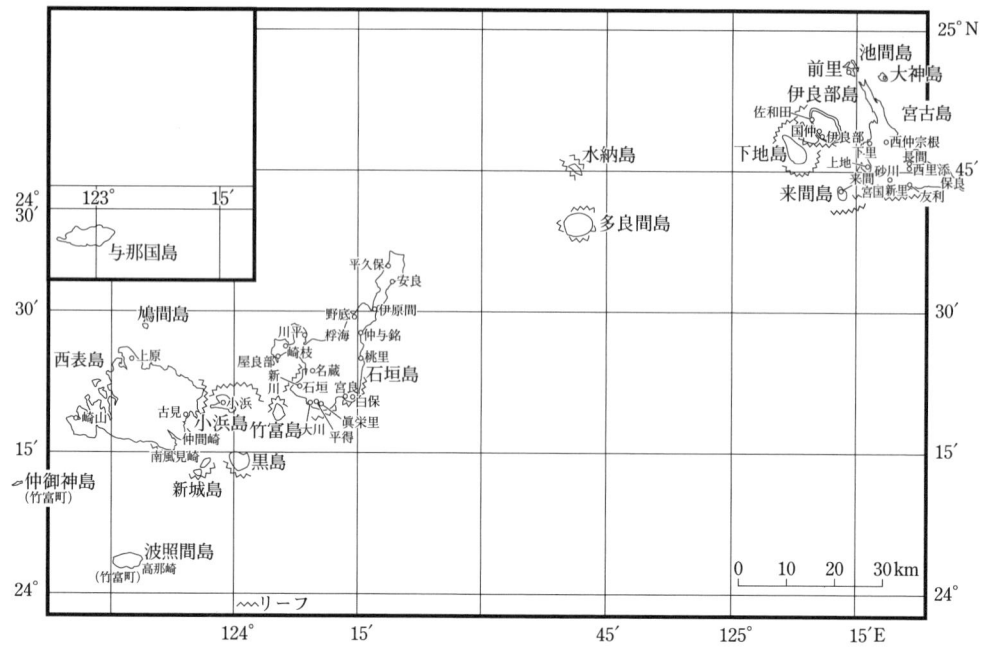

図202-1 震央地域 ○は津波襲来地域の地名.

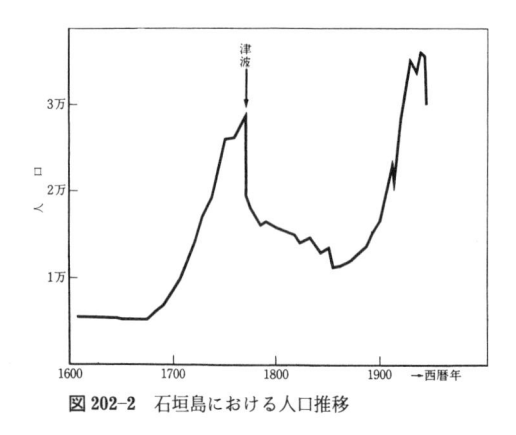

図202-2 石垣島における人口推移

202-1 1771 Ⅷ 29（明和 8 Ⅶ 19） 西表島南風見・仲間の二村で 8 月 5～6 日頃まで毎日 7～8 回の地震．仲間村で地陥り水湧．局所的群発地震か．

203 1772 Ⅵ 3（明和 9〈安永 1〉Ⅴ 3） 巳刻 陸前・陸中 $\lambda = 141.9°\mathrm{E}$ $\varphi = 39.35°\mathrm{N}$ (B) $M = 6\frac{3}{4} \pm \frac{1}{2}$ 花巻城ところどころ破損，地割れあり．盛岡城で石垣孕出 2 ヵ所．城下士屋敷・町屋・百姓家ところどころ破損，地割れあり．遠野・宮古・大槌で落石・山崩れなどあり，死 11 人．士屋敷・町屋・百姓家の破損あり．沢内でも山崩れ死 1，中尊寺付近ではころぶほど強く，農家の倒れ，壁壊れあり．三戸古城で少々石垣孕など．八戸で土蔵ところどころ破損，堤割れ多し．陸前高田で山崩れ，鹿又で町家 17 潰すという．仙台東照宮，灯籠破損 6．角館・日光・八王子・江戸で有感．沢内で当日に余震 6～7 回．5 月 13・14 日各 5～6 回，6 月 9・14 日各 1 回．658 番の岩手県沿岸地震に似るか．

204 1774 Ⅰ 22（安永 2 Ⅻ 11） 亥の下刻 丹後 屋根石多く落ちる．京都・池田で有感．

— 1774 Ⅵ 11（安永 3 Ⅴ 3） 陸中 『大槌旧事梅荘録』に「大地震……，地割れ，地中より泥をふき上げる」（『奥南見聞録』同文）とあるのみ．史料少なく，真偽不明．203 番の地震の誤記らしい．

表 203-1 被害一覧

場所	死	家・蔵	城	地変ほか
盛岡	領内死 11	城下小破	石垣小破(孕2ヵ所)	
花巻			所々破損	大地割れる
三戸			石垣孕2,同崩1,土手走り2	
茂市(新里村)	1(山崩)			
田老(石部崎)	1(落石)			
長沢(宮古市)	1(落石)			
遠野		家小破		地割れ,山川土石抜崩
川井(宮古市)	1(落石)			
大槌	4(落石)			三貫島他浦々岩崩,地割噴泥
沢内	1(落石)			地割れ,山崩
雫石				岩崩
平泉		農家倒・壁落つ		
八戸		土蔵所々損		堤小破所々
南外村		家潰あり		
山田町関谷	戸川通死あり	瀬戸物,酒溢れ		山切れる
陸前高田		土蔵壁落つ		五葉山,神崎山崩
水沢		高寺村,蔵崩2	岩谷堂城くずる	
仙台		家損多		東照宮石灯籠損6
気仙沼				道・田割れ泥になる
鹿又(河南町)		ゆり潰17		地割れ泥溜あり
若柳		蔵倒3,酒溢れ,器物損		
大迫		古屋蔵倒・屋壁損		道地裂け,山崩・畑のうね平になる

—— 1774 X 24 (安永3 IX 20) 午刻 江戸御書物蔵の扉開かなくなったものあり.八王子・日光・三春で有感.

—— 1775 III 14 (安永4 II 13) 夜九ッ時 美作 眞庭郡で棚のもの落ちる.局地的小地震か.

205 1778 II 14 (安永7 I 18) 卯刻 石見
$\lambda = 132.0°E$　$\varphi = 34.6°N$　(C)　$M \fallingdotseq 6.5$
廿日市寺の石灯石倒れ,極楽寺山の石ころ

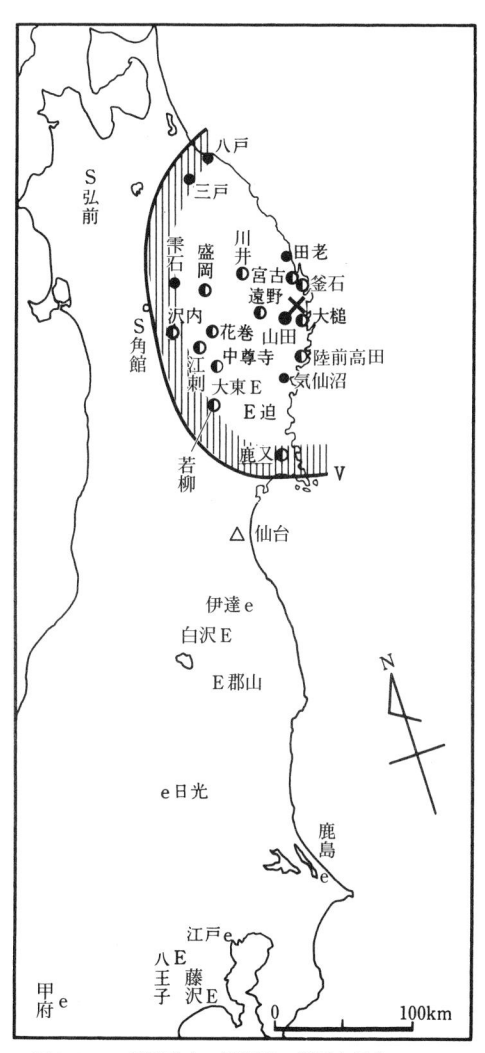

図 203-1 震度分布　震度Vの範囲を示す.

げ，大野村でも大石落ちる．那賀郡波佐村で石垣崩る．都茂村で落石，三隅川沿いで山崩れ・家潰れなどありしとのこと．安芸から備前・備中・備後で強く震い，徳山・筑前鞍手郡・筑前久留米で有感．吉備の史料によると，20日に余震，その後も続き23日3回，28日・2月1日各1回，5日2回，6日3回，8・16日・4月3日各1回．

205-1 1778 XI 25（安永 7 X 7）八ッ時　紀伊　$\lambda = 136.0°E$　$\varphi = 34.0°N$（B）　$M \fallingdotseq 6$（?）　尾鷲・奈良吉野郡で石垣・山・道崩る．尾鷲で翌日午刻までに13回大振れ．京都・大坂・田辺・浅井・長浜で有感．

205-2 1779 XII 17（安永 8 XI 10）夜九ッ頃　佐渡　濁川の町家ところどころ損ずという．長岡で潰家1．江戸で強く感じ，只見で大地震という．十日町・村上有感．被害記録少し．

206* 1780 V 31（安永 9 IV 28）ウルップ島　$\lambda = 151.2°E$　$\varphi = 45.3°N$　$M = 7.0$　震後津波あり．同島東岸ワニノウに碇泊中のロシア船，山に打ち上げられ4人溺死．天明4年および寛政7年の2回この船を引き下げようとしたができなかった．[1]

—— 1780 VII 19（安永 9 VI 18）青ヶ島　18日から地震多く，27日に池の丸橋に火口を生じ，さらに火口の数を増し，熱水が沸騰した．

206-1 1780 VII 20（安永 9 VI 19）朝七ッ時　酒田　$\lambda = 139.9°E$　$\varphi = 38.9°N$（B）　$M \fallingdotseq 6.5$　酒田で町人小関又兵衛の土蔵潰倒れかかり，小家1軒潰れ，死2人．地裂け泥水噴出．亀ヶ崎城内で鴨居・壁落ちるものあり．余目で家痛み，金浦で落石などあり．弘前から村上に至る各地で有感．19日13回，20日5～6回の余震，その後は徐々に減る．

207 1782 VIII 23（天明 2 VII 15）丑刻および戌刻　相模・武蔵・甲斐　$\lambda = 139.1°E$　$\varphi = 35.4°N$（B）　$M \fallingdotseq 7.0$　月はじめより前震しばしばあり，15日に2度大震．戌の刻の地震のほうを強く感じたところも多々あった．16日朝までに15～16回余震．小田原城の天守傾き，櫓石垣破損，人家約800破損．小田原のうち竹の花・大工町辺で強く満足な家1つもなしという．この辺は嘉永6年2月2日の地震でもとくに被害が大きかった．箱根で山崩れ，大山・富士山で山崩れ死者ありという．江戸でも屋根瓦落ち，壁損じ，地裂け，潰家，死者を生じた．とくに赤坂で長屋・土蔵の潰れあり．江戸の平均震度はIV～Vか．

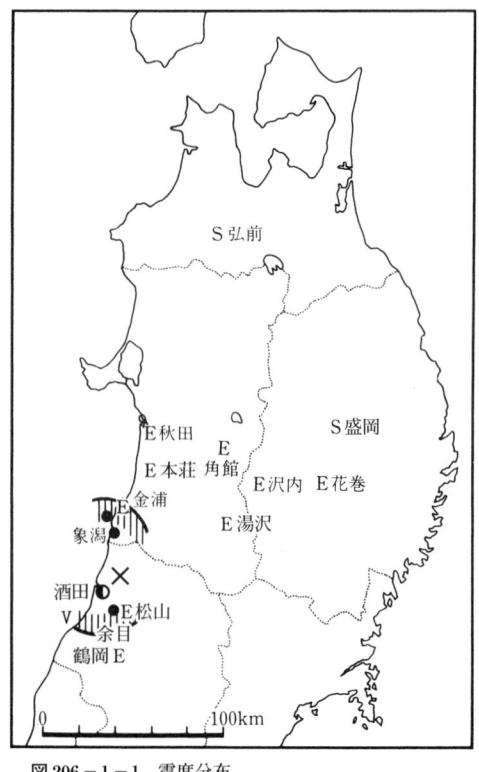

図206-1-1　震度分布

甲州都留郡長池村では家数37軒のうち30潰る．小山市の大御神村など4ヵ村で潰9，半潰4，破損12，寺半潰1，道路崩れ，田畑損あり．裾野茶畑村で家潰9，半潰27軒．八王子で石垣崩れ，長竹で道に割れ目．伊豆田方郡・諏訪・名古屋で地震強く，飛騨・富山・金沢・岡崎・弘前・京都・大阪で有感．甲州筋も強くゆれる．17日には沼津付近で潰家の出るような余震があった．余震は翌月に及んだ．$r_V=30$，50 km とすると $M=6.7$，7.1 となる．熱海に津波があったことを示唆する史料も見つかった［都司，1986，地震II，39，277-287］．これに対する反論［石橋，1997，地震II，50，291-302］もある．津波を重んじると λ, φ, M は変更の必要がある．しかし，その必要性は少ないと思われる．

——　1782 IX 21（天明2 VIII 15）巳刻　陸奥八戸　諸士商家の被害少なからず．被害は大雨によるか地震によるか不明．津軽でも震動強し．大迫・江戸有感．

208-1　1783 III 5（天明3 II 3）丑刻　江戸　天水桶の水溢れ．増上寺御霊屋向大破という．被害は『御入国以後大地震考』に載せるのみ．日光有感．

——　1784 VIII 29（天明4 VII 14）巳の中刻　江戸　$M=6.1$　傾いた家，瓦の落ちた家多し．翌日も地震あり．

210　1786 III 23（天明6 II 24）　箱根　$\lambda=139.1°\text{E}$　$\varphi=35.2°\text{N}$（A）　$M=5\sim5\frac{1}{2}$
23～24日で地震100回余．大石落ち，人家を

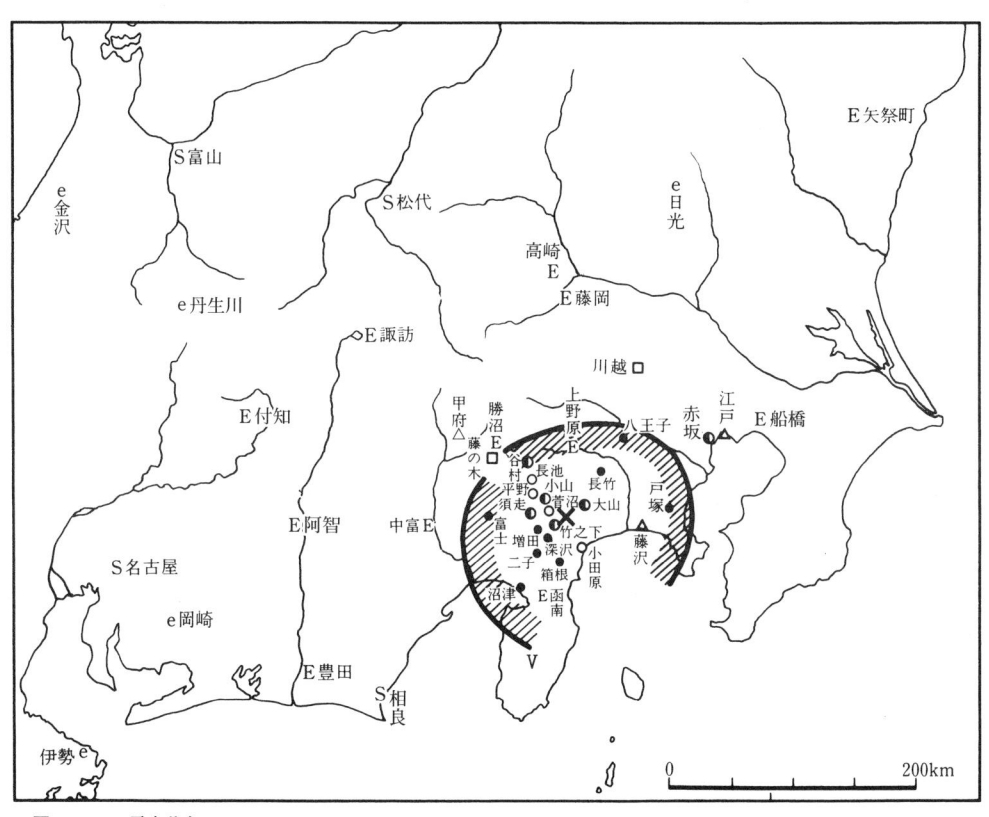

図207-1　震度分布

多く破った．関所の石垣など破損．最大の地震は26日午前2時頃のものか．

―― 1786 XII 27（天明6 XI 7）戌の上刻　金沢　産婦が驚いて死んだという．

211　1789 V 11（寛政1 IV 17）子丑の頃　阿波　$\lambda=134.3°$E　$\varphi=33.7°$N　(B)　$M=7.0\pm0.1$　被害は表211-1のとおり．比較的軽い被害が広範囲にあったようである．京都・鯖江・出雲・広島・鳥取・岡山・山口・佐賀で有感．1955年の地震に似るか．しかし，震央が紀伊水道にある中規模地震という考えもありうるだろう．

―― 1789 VII 10（寛政1 VI 18）　美濃宮山中に山崩れあり．『宮村史』年表にあるのみ．真偽不明．

212　1791 I 1（寛政2 XI 27）夜四ッ時　川越・蕨　$\lambda=139.6°$E　$\varphi=35.8°$N　(A)　$M=6.0\sim6.5$　蕨で堂塔の転倒，土蔵などの損，岩槻浄国寺で阿部侯の廟所の宝塔曲る．川越で喜多院の本社屋根，瑞籬(みずがき)など破損．江戸で土蔵に少損．

――* 1791 V 13（寛政3 IV 11）沖縄本島　津波でところどころ損壊，波高5〜36尺(1.5〜11m)．地震記事なく，原因不明．

212-1　1791 VII 23（寛政3 VI 23）酉刻　松本　$\lambda=138.0°$E　$\varphi=36.2°$N　(B)　$M≒6\frac{3}{4}$　松本城の塀・櫓9ヵ所・石垣196間，蔵34ヵ所など崩る．諸士居宅79ヵ所，在郷百姓家416軒，土蔵316軒，寺社34ヵ所，酒造本家9軒など崩れ，27日暮までに地震79回．横浜・富岡（群馬）・丹生川・高山・甲府・山口村（長野県）・江戸で有感．

表211-1　被害一覧

県名	地名	被害
香川	大内町	所々壁崩れ，長屋わる
	寒川町	池堤130間崩る
	津田町	堤防こわれる
徳島	三岐田町	石垣崩る，井利両方こける，田地悉く割れ，滝崩る
	海部	家・蔵痛む，土手も痛む
	海南	家・蔵少々痛む
	福原（上膳町）	家・蔵損，石鳥居・石塔損　山谷崩れ，川ぶち・田・土手割れ，噴水
	日和佐	家蔵・練塀痛，山ついえ，海川うず立ち
	富岡（阿南）	蔵の壁・瓦など損，山崩れ，堤破れ川水濁る　文殊院本堂・秋葉山拝殿の壁崩る
高知	室津（室戸）	所々石垣崩れ，地割れあり
岡山	美甘	棚のもの落つ
	邑久	池堤破損，田に損あり

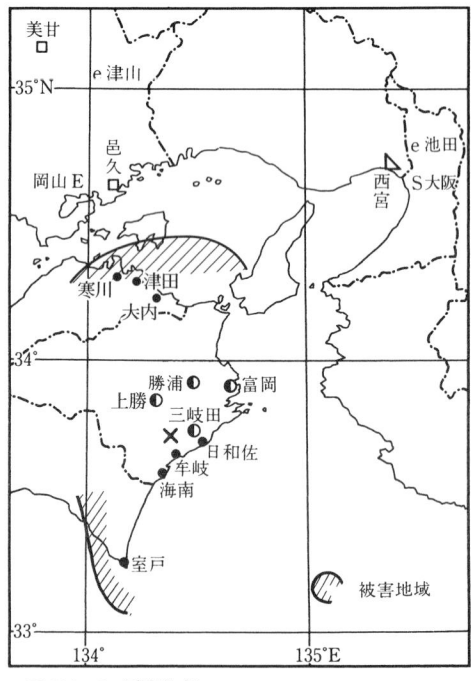

図211-1　震度分布

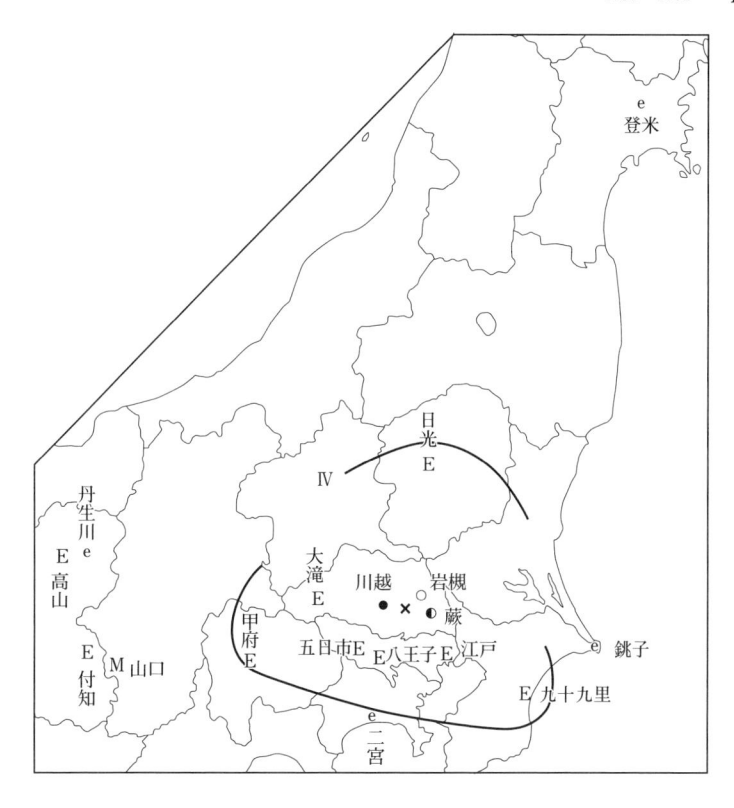

図 212-1 震度分布

── 1791 IX 13（寛政 3 Ⅷ 16）寅刻　信濃　京都・江戸で有感．信州で 15 日夜の大地震で家よほど崩るという．被害は『永書』に載せるのみ．

213* 1792 V 21（寛政 4 Ⅳ 1）酉刻過ぎ　雲仙岳　$\lambda=130.3°E$　$\varphi=32.8°N$　(A)　$M=6.4\pm0.2$　前年 10 月 8 日から地震はじまり，鳴動多く，11 月 10 日頃から地震もようやく強くなり，前山（現眉山）土石崩れ，小浜で山崩れ 2 人死亡．当年 1 月 18 日子の刻地震，普賢岳噴火．2 月 6 日，三会村穴迫谷から噴火，溶岩を噴出し火は杉谷村千本木に至る．2 月 29 日未の下刻，峰ノ窪，閏 2 月 3 日には 2 町ほど西の飯洞岩噴火．3 月 1 日申刻より地震頻発，普賢岳・前山から岩石・砂利など崩れ落ち，とくに 1 日子の刻から 2 日卯の刻は激しく，城内の建具はずれ，幅 1 寸（約 3 cm）の地割れを生ず．この被害，潰家 23，半潰 34，土蔵全半潰 4，死 2．震度分布は図 213-1．3 月 8 日夜半，前山東南面で長さ 180 間（約 330 m）幅 200 間（約 360 m）の地すべり．4 月 1 日酉の刻過ぎに大地震 2 回．このため前山（天狗山）の東部崩れ，崩土約 3 億 2500 万 m³（国土交通省雲仙復興事務所の資料，3 億 4000 万 m³ という資料もある）島原海に入り，津波を生ず．山体はこのため最大 400 m 低くなり，海岸線は最大 700〜800 m（870 m）前進した．波は 3 回きた．波高は 30 尺（約 9 m）と推定されている．島原城瓦・塀などの小破損．震害は少なかったと考えられる（震度は V と VI の間くらいか）．海中に多数の小島を生じた．また陸には小山を生じた．津波は対岸の天草・肥後（飽田・宇土・玉名・益城の各郡）および鍋島領諫早・神代に達した．被害は表 213-1 のとおり．益城郡の被害はよくわからない．肥後のおもな村の流家率（%），死亡率（%）は長浜（流家率 88/ 死亡

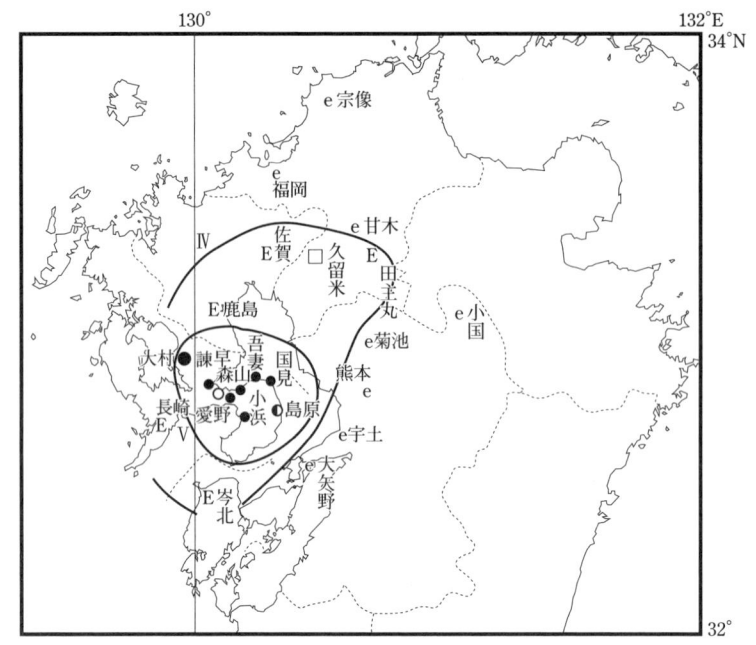

図213-1 3月1日申-酉の頃の地震の震度分布

率44),下網田(24/14), 網田(0.6/2), 戸口(100/67), 上沖須(100/46), 清源寺(52/39), 平原(33/13), 長洲(96/16)である. 相田[1975]によると,この津波のエネルギーは 5×10^{19} エルグ,山崩れの速さ20 m/秒,継続時間2～4分,山崩れ地の面積 10 km^2 である.噴火による総噴出量は3000万m^3,噴火は水蒸気爆発で火砕流は発生しなかった. [3] (☆) (#) [参考: 国土交通省九州地方整備局雲仙復興事務所, 2003, 島原大変 寛政四年(1792年)の普賢岳噴火と眉山山体崩壊, 42p.; 相田, 1975, 地震II, **28**, 449-460]

214* 1792 VI 13 (寛政4 IV 24) 申刻 後志
$\lambda=140.0°$E $\varphi=43\frac{3}{4}°$N (B) $M ≒ 7.1$ 小樽から積丹岬辺で有感.津波あり.忍路で港頭の岩壁崩れ,海岸に引き揚げていた夷船漂流.出漁中の夷人5人溺死.美国でも溺死若干.[2]

—— 1792 VIII 16 (寛政4 VI 29) 辰巳の刻 江

図213-2 震央地域

表 213-1　4月1日の山崩れ・津波による被害

被　害	島　原　領	天草18ヵ村	鹿島領	蓮池領	佐賀領	肥後三郡計
死	10,139人	343	1		17	4,653
傷	601人		1	1	23	811
死　　馬（牛）	469(27)	65(44)				131
田　畑　荒	379町6反3畝21歩	171町4反6畝			106	2,130町9反5畝9歩
船　流　失・損	582	67	17	1	38	1,000＜
流　　　家	3,333＋14棟	725			59	2,252
蔵　流　失・損	308	2				
社　　流　　失	23					1
寺　　流　　失	6					1
塩　浜　荒	22町3反2畝12歩	16ヵ所				20町8反
塩浜石垣・土手崩れ	5,814間	*656間(16ヵ所)				
波　除　石　垣　損	1,200間					
波　戸　崩　損	1,601間					5ヵ所
田畑囲川汐除石垣損	11,558間				700	
往　還　筋　石　垣　崩　れ	4,119間					
往　還　道　筋　損	5,270間		550間		1,770間	
流　損　番　屋　など	35					6
橋　　流　　失	56ヵ所	11			5	
在　方　寺　流　失	10					
御　　高　　札	9	3				4
汐　　　塘						6,350間
備　　　考	猛島神社蔵『大変一件』による．城内は含まずほかに旅船50流失，旅人280死	『見聞雑記』による．*は塩除川土手石垣．	石橋崩 640間 『泰国院様御年譜地取』による．			『寛政四年四月朔日高波記』による．

戸・八王子・甲府・九十九里で有感．『玉穂郡誌』によると29日夜富士山震動し岩石とび死20余人という．

215　1793 I 13（寛政4 XII 2）亥刻　長門・周防・筑前　$\lambda=131.5°$E　$\varphi=34.1°$N　(B)　$M=6\frac{1}{4}\sim6\frac{1}{2}$　防府で人家の損壊が多かったという．また萩では30年以来の大地震．福岡県各地で小被害．対馬で石垣崩る．広島・鳥取・柳川・出雲有感．

216* 　1793 II 8（寛政4 XII 28）昼八ッ時　西津軽　$\lambda=139.95°$E　$\varphi=40.85°$N　(A)　$M=6.9\sim7.1$　鰺ヶ沢・深浦で激しく，鰺ヶ沢ではこの日朝から潮が引いたというが，このことは『弘前藩日記』にない．大戸瀬を中心に約12 kmの沿岸が最高3.5 m隆起，隆起量は今村によると次のとおり．深浦（20 cm），黒崎沢北方（160 cm），風合瀬鳥居崎（170 cm），大戸崎（350 cm），北金ヶ沢弁天崎（150 cm）．追良瀬川山崩れのため通ぜず．日を経て再び流る．小津波あり．被害は鰺ヶ沢（潰23，半潰53，大破57，土蔵損潰88）・深浦（潰21，半潰42，土蔵損潰16，死8）でははなはだしく，被災地全体で潰154，半潰261，大破43，土蔵潰9，同破損113，死12，船の被害22．余震連日多く，翌年正月7日の地震では弘前に潰家もあった．図216-1の被害区域は震度Ⅴの区域，激震区域はⅥの区域と考えてよかろう．鰺ヶ沢，深浦以外の被害は85町村に及び各村ごとに潰家数軒以下のものがほとんど（舞戸村のみ潰13）．登米・秋田・本荘・矢祭で有感．[1][参考：佐藤，1980, *Sci. Rep. Hirosaki Univ.*, **27**, 152-165]

124　4　被害地震各論

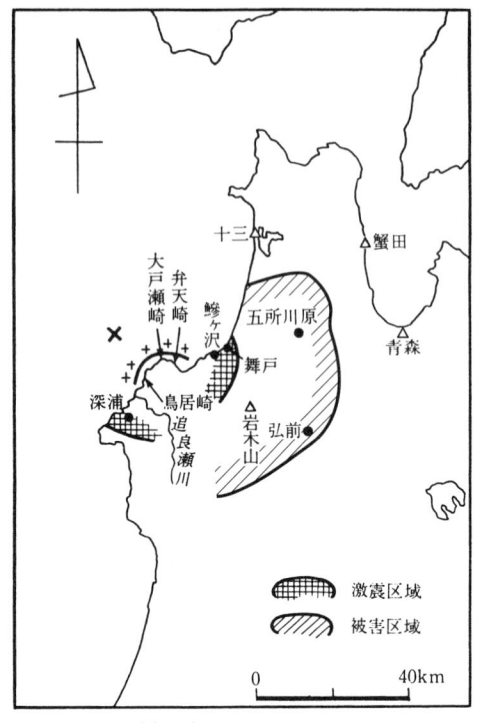

図216-1　震央地域

217* 1793 II 17（寛政5 I 7）昼九ッ過ぎ　陸前・陸中・磐城　$\lambda=144.5°E$ 　$\varphi=38.5°N$ 　(D)　$M=8.0\sim8.4$　陸中・陸前・磐城沿岸・銚子に津波．大槌・両石で流潰家71，死9，流破船19．（両方で死23，死馬5という文献もある．）綾里・気仙沼・鮫（牡鹿半島）における流失家はそれぞれ70〜80，300余，10程度．大船渡で波高9尺（2.7 m）ともいう．津波の被害は陸前でも大きかった．内陸では仙台にも建物に小被害あり．花巻で町家潰6，土蔵潰1，同大破9．（または家ころび42．）黒沢尻で土蔵大破3，南鬼柳にも小家破損あり．仙台卦内(ほうない)で死12，家屋損壊1,060余．登米で倒家10，死2，米岡町で倒46．福島で家蔵潰各20．被害は現岩手・宮城・福島・茨城各県に及び江戸でも極小被害あり．全体で家潰流失1,730余，船流破33，死44以上．図217-1のように，余震が多く相馬では10ヵ月も続いた．また津波は相馬・いわきでは引きでは

じまっている．このことからこの地震は昭和8年よりは明治29年の三陸沖地震に似ている．このことを考慮して，λ，φ，Mを決めた．841番の地震に似ている．[2, 2.5]　(#)　[参考：宇佐美，1983，東京地震地図，新潮社]

217-1 1793 IV 17（寛政5 III 7）酉刻　三陸沖？　笠間の牧野家御殿の壁ところどころ落ちる．津軽から甲府・高田まで有感．前の地震の余震の1つか．

—— 1793 ——（寛政5 VII —）陸前登米町倒家少なからず，破損また多し．217番の誤記か？

217-2 1794 XI 25（寛政6 XI 3）子刻頃　江戸　鳥取藩上屋敷の土蔵2ヵ所崩れ，幕府書物方の蔵の壁大損．引続き地震，5日2回，6・9・10日各1回．津軽・甲府・日光・鹿島・矢祭・花巻で有感．これも217番の余震か．

—— 1795 X 26（寛政7 IX 14）八ッ時　陸中岩泉　炭がまの胄落6．登米で有感．

217-3 1796 I 3（寛政7 XI 24）昼八ッ時　鳥取　$\lambda=134.3°E$ 　$\varphi=35.7°N$ 　(B)　$M=5\sim6$　岩美町で蔵の壁落ち，石塔2/3倒れ，地下水異常あり．余震は翌年正月まであった．池田・豊岡・京都・宮津・出雲で有感．

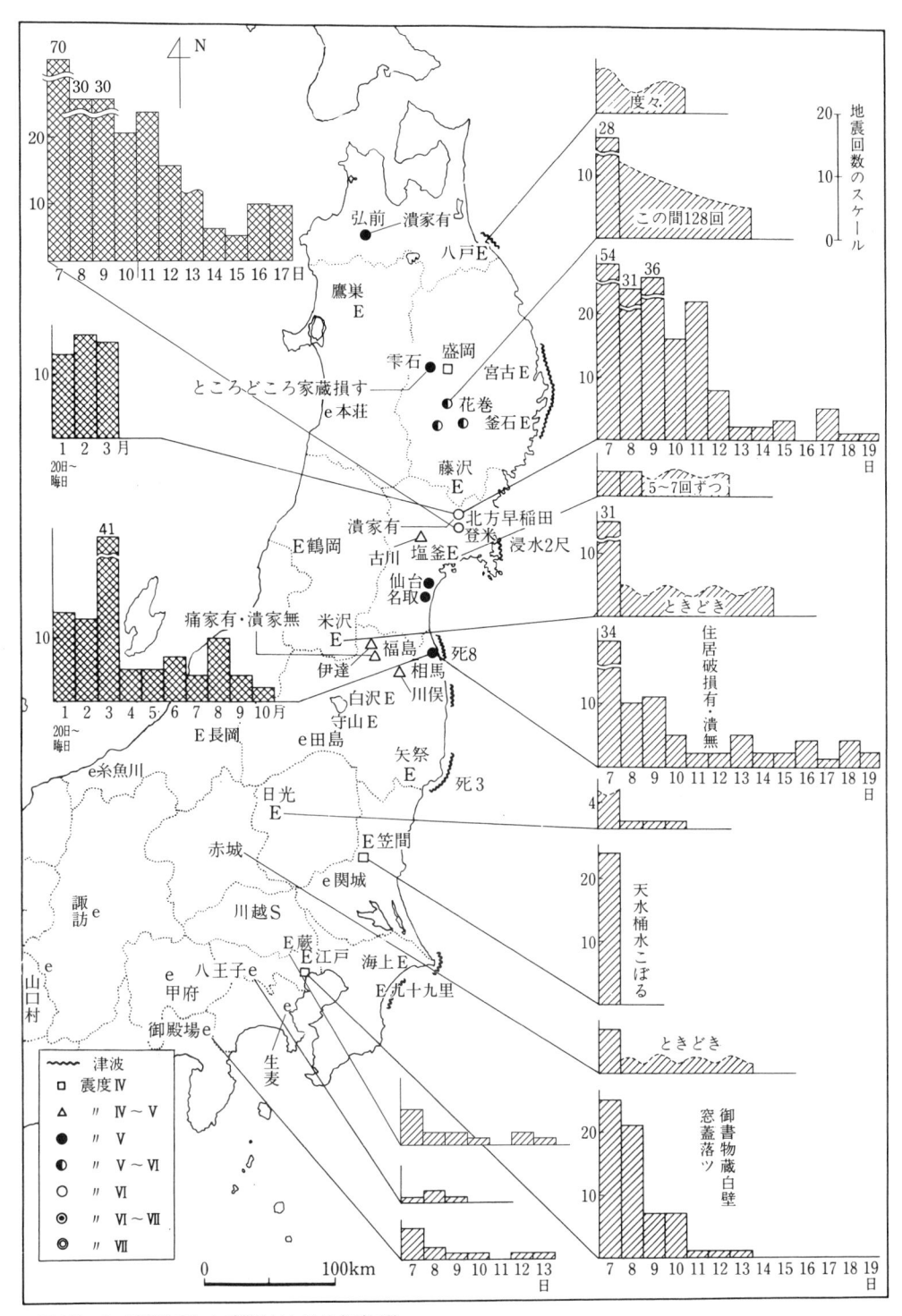

図217-1 震度分布および各地における余震回数

218 1799 VI 29（寛政11 V 26）申刻過ぎ　加賀　$\lambda=136.7°\mathrm{E}$　$\varphi=36.6°\mathrm{N}$　(A)　$M=6.0\pm1/4$　金沢で被害最大．上下動が激しかったらしく，屋根石が1尺（30 cm）とび上がったり，石灯籠の竿石が6尺（1.8 m）とび上がったり，田の水が板のようになって3～4尺（約1 m）上がったなどという記事が見える．地割れがところどころにできた．野田山・卯辰山は被害多く，寺町筋は被害少ないなど，地域の差があった様子．金沢城の石垣の孕み22ヵ所，崩れ6ヵ所，城下の潰家26，損家4,169，土蔵損潰992（うち3は潰）．能美・石川・河北郡では損家1,003，潰家964，土蔵損7，同潰1で死は全体で21であった．河北潟の砂丘崩れた．また，粟崎筋で砂地が八角に割れ，水を噴出したという．宮坂で家11軒のうち，9軒潰る．宮腰で皆潰28，半潰61，大損325（安政5年，1,496軒，人口5,008人）．粟崎皆潰3，半潰土蔵16．激震は煙草を3服吸う間続いたという．日本海沿岸の砂丘で地変大（液状化？）．強く感じたのは松任と石動・津幡・竹橋の間，大聖寺では軽く，小被害，地割れを生ず．能登も高松以北では軽かった．小松では城損じ，越後親不知付近や，江州木ノ本・長浜では微震．白川村（岐阜県）で石垣崩れあり．甲府・江戸有感．余震は26日中に7回，27日8回，28日3回，29日1回，6月10日まで毎日数回，7月2日2回，3日1回地震．Mは$r_\mathrm{V}=12$ kmとして求めた．森本断層の活動によるか．（☆）（#）

219 1801 V 27（享和1 IV 15）暁子　上総　$\lambda=140.1°\mathrm{E}$　$\varphi=35.3°\mathrm{N}$　(B)　$M=6.5$（？）　久留里城内の塀・櫓多く破損し，民家の潰れるもの多し．史料少なく詳細不明．袖ヶ浦・九十九里・江戸・上宮田村（神奈川県）で有感．江戸で14日1回，15日10回余，16日2回，17日1回の地震あり．九十九里町で月末頃まで毎日地震．

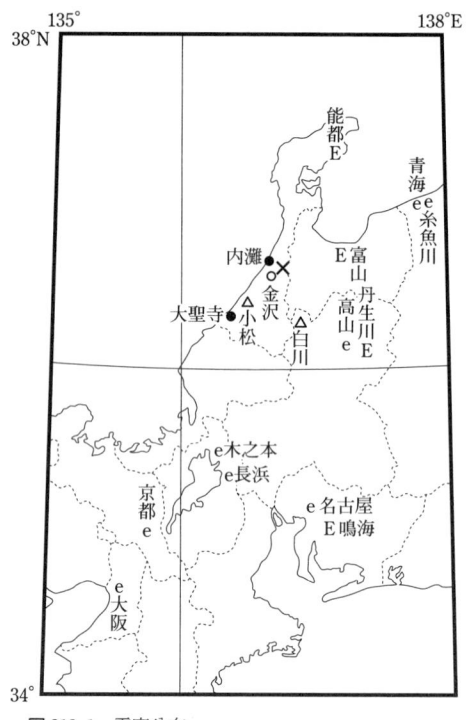

図218-1　震度分布

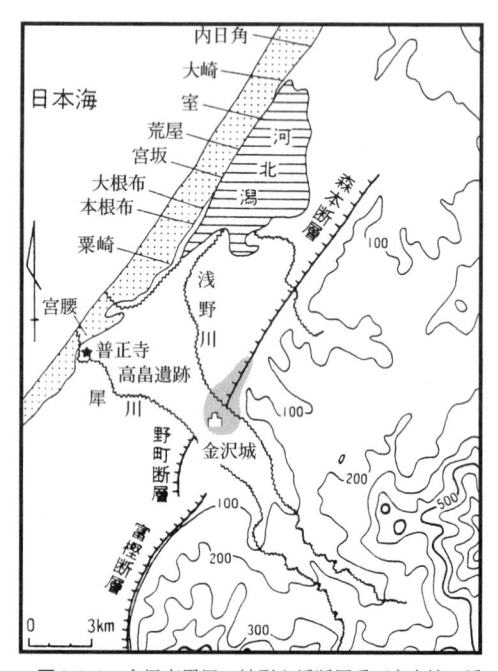

図218-2　金沢市周辺の地形と活断層系（太実線は活断層，ケバで示す側が相対的に下降．粗いアミは砂丘地域．細かいアミは地震動が激しかったことが確実な地域）［寒川，1992，地震考古学，中央公論社］

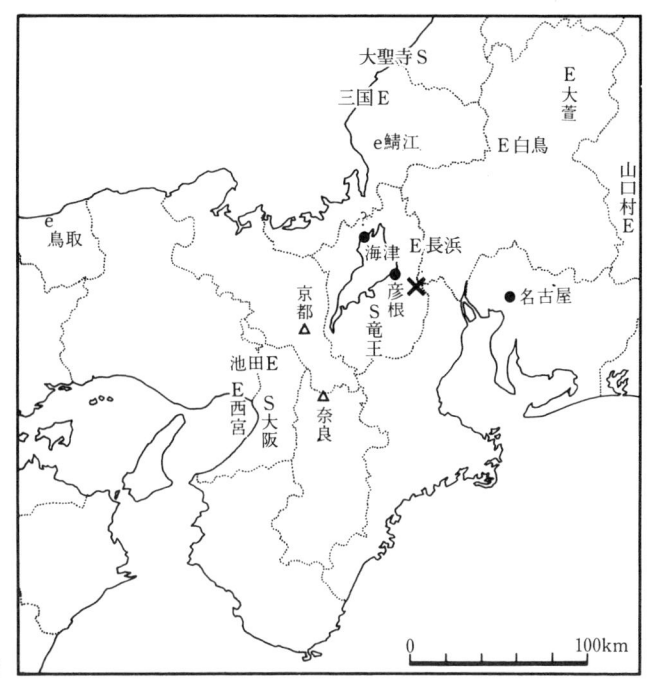

図 221-1-1　震度分布

―　1801 XI 28（享和 1 X 23）暁七ッ時　近江日野町・名古屋　南山王社で籠堂の廊下がゆがみ，鳥居や石灯籠が倒れた．名古屋で大手石垣塀20間ほど崩る．その他損あり．221-1 番の地震の誤記か．

―　1802 XI 15（享和 2 X 20）夜　近江高嶋郡　海津願慶寺の石垣崩る．史料少なく，詳細不明．次の地震のことか．

221-1　1802 XI 18（享和 2 X 23）暁七ッ頃　畿内・名古屋　$\lambda=136.5°$E　$\varphi=35.2°$N（C）$M=6.5\sim7.0$　奈良春日大社・西大寺の石灯籠かなり倒れ，名古屋で本町御門西の土居の松倒れ，高壁崩る．彦根でところどころ壁落ち，領内少々ずつ破損あり．京都で土蔵壁落ち，石塔・石灯籠倒れもあり．大阪・西宮・池田・白鳥・高山で強く感じ，鯖江・鳥取・江戸有感．やや深い地震か．M は一応の目安．229 番の地震に似るか．

222　1802 XII 9（享和 2 XI 15）巳刻および未刻　佐渡　$\lambda=138.35°$E　$\varphi=37.8°$N（B）$M=6.5\sim7.0$　巳刻の地震で微小被害を生じたところもあった．未刻の地震は大きく，西南海岸は隆起（沢崎～赤泊間）した．小木では 2 m 隆起し，60～70 間（約 120 m）干潟となった．また，その東，徳和～岩首間の海岸は沈んだともいう．図 222-1 は地震による隆起量の分布 [太田ほか, 1976]．小木で 453 戸の

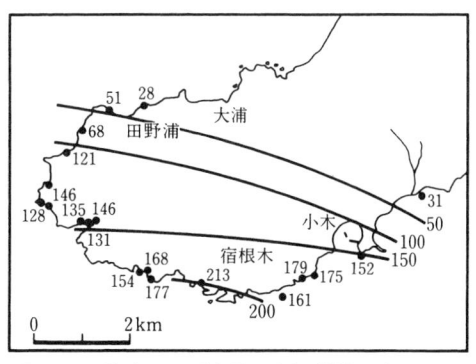

図 222-1　地震による隆起量の分布（単位 cm）[太田ほか, 1976]

128　4　被害地震各論

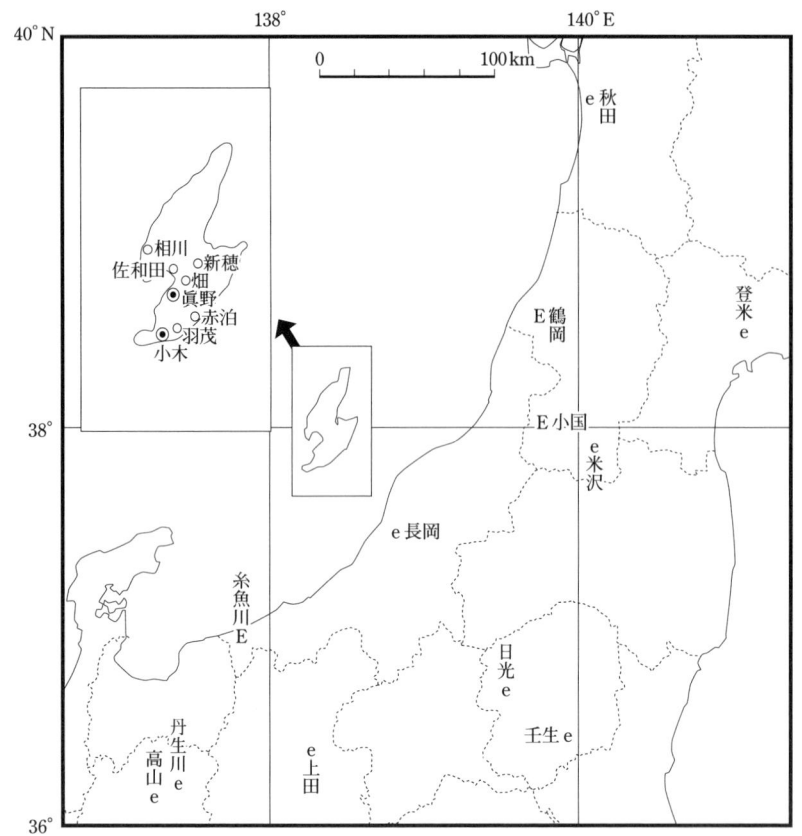

図222-2　震度分布

うち，ほとんど全潰，うち 328 戸焼失，死 18. 佐渡 3 郡全体で焼失 328，潰家 732，破損家 1,423，土蔵潰 1，同破損 37，同焼失 23，死 19. 相川では土蔵や石垣が破損し，地面に割れ目ができ，用水路の破損があった．また，銀山にも被害があった．佐渡のうち被害の大きかったのは，小木半島と国中平野の西半分で，たとえば金丸では 150 軒のうち 100 軒潰，安国寺潰 50，畑片・畑本郷潰 30. 目黒で 100 軒のうち潰 17～18，船代村下村 80 軒のうち潰 30，皆川 60 軒のうち潰 30 などであった．鶴岡で強く感じ，江戸・弘前で有感．$r_V \fallingdotseq 30$ km とすると $M \fallingdotseq 6.6 \sim 6.7$ となる．[参考：太田ほか，1976，地震Ⅱ，29，55-70]

223　1804 Ⅶ 10（文化 1 Ⅵ 4）夜四ッ時　羽前・羽後　$\lambda = 139.95°$E　$\varphi = 39.05°$N　(B)　$M = 7.0 \pm 0.1$　**象潟地震**　5 月下旬より付近に鳴動あり．象潟の東にある長岡・小瀧で地震前に井戸水が減少したり濁ったりした．おもな被害は表 223-1 のとおり．文献により被害実数に差があるので表は参考．その他，鶴岡で潰家 3. 羽黒山で灯籠倒れる．新庄で行灯の火をゆり動かし，板戸きしんで開かない程度．角館(かくのだて)で強かったが被害なく，津軽で有感．秋田で町家潰 12，土蔵破損という．秋田南家の久保田（秋田）長屋大破損．6 日朝五ッ時の余震で酒田に潰家 15. 芭蕉が「象潟や雨に西施が合歓の花」とうたった風光明媚な象潟湖（径約 2 km，深さ 2 m）が隆起して乾陸あるいは沼となる．金浦（象潟の北 6 km）で 1.3 m，象潟で 2 m，吹浦で 1 m 弱の隆起．また，小瀧で 1 m 沈下したという．酒田付近では地割れ多く，井戸水が 1 丈（約 3

表 223-1 被害一覧

場所	戸数	家 潰	家 半	家 破	蔵 潰	蔵 半	蔵 破	稲蔵・小屋 潰	稲蔵・小屋 破	寺社 潰	寺社 破	死	傷	死馬	傷馬	備考
矢島領		36	25		4		73	8			4	}163	143	4	5	飽家中損有り、前郷濁川潰12-13、田畑山裂崩、川を塞ぐ役所潰3、破8、櫓大破6、石垣、塀崩
本荘領・武家		33	-	112	3					※21	※22			95		
〃 ・民		2,041	133	823	169	2	328									※合社家
(内町方)		152	190													
庄内藩 町民		413	424	樋144	182	樋393		9		※100	26	150		142		※合社家 ※合番所
〃 侍*		2,826 40														
城下		380		424	178		383			11	2	10			29 1 2	地割・噴砂・流水あり、地割れに入り死あり
遊佐郷の内 荒瀬 平田 石辻組		1,493 945 471		583 438 491	105 43 6		69 85 59	112 120 60	27 77 101	44 19 7	53 30 25	110 26 6	75 15 22	138 9 1		田畑損1.5万石
宮内組		350		74	22		23	24	13	15	13	16	11	15	8	遊佐郷
		547	焼1	370	23		13	22	1	14	20	50	12	50	6	
江地組		550	焼18	200	42		44	59	12	14	19	43	47	84	14	役所潰4
吹浦		96	内焼11	32	1					29	27	}6*		}3*		神宮寺本堂大破
女鹿		2		45									多			*合竜の浦鳥崎
小砂川		60	焼20									7		20		
関	65	44		22			13	15				10		3		
金浦		100	86	焼1	6	31		35				12	35	3		
象潟	512	389	33		127	1		200		18	半23	74	33	4	4	堪万寺埋、1.8m隆起
北家	6-7			長屋破損												秋田あるいは角館
南家																秋田あるいは湯沢
計		5,393	772	1,079	358	2	794			121	52	313	143			重複を除いた和で最小を示す。表の総計ではない。

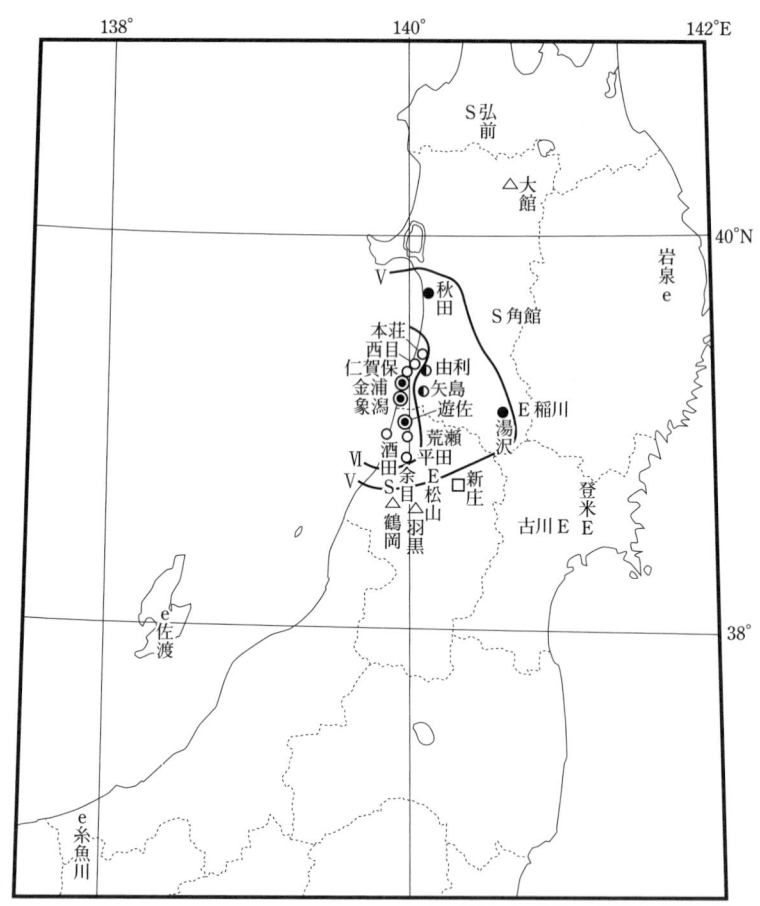

図223-1 震度分布

m）も噴出した（液状化現象らしい記述も見られる）．鶴岡における余震5日13〜14回，6日6〜7回，7日4回，8日4回，9日3回，10日1回，20日3回，21日1回（?），22日3回，23日1回，24・25日各2回，30日2回．この月酒田では毎日地震があった．図223-1の被害域は庄内平野と本荘平野とその間の海岸よりの低地で，東の山地では史料少なし．象潟の地変を重視すると震央は象潟付近となるか．近江八幡で有感？(#)

―― 1804 Ⅶ 20（文化1 Ⅵ 14）昼五ッ時　生野銀山　大地震山崩れありという．

―― 1805 Ⅵ 23（文化2 Ⅴ 26）金沢　城の石垣，町方の蔵崩るという．**218**番の誤記か．

―― 1808 Ⅷ 7（文化5閏Ⅵ 16）岩泉　板橋鉄山の炭釜21筒崩る．

224 1810 Ⅸ 25（文化7 Ⅷ 27）昼八ッ半時　羽後　$\lambda=139.9°$E　$\varphi=39.9°$N（A）　$M=6.5\pm\frac{1}{4}$　男鹿半島東半分．5月頃より鳴動．8月はじめから八郎潟の水色変じ，鯔多く死す（7月15〜16日頃）．7月中旬から地震頻発し8月25〜26日頃は日に70回くらい．27日八ッ半大地震．寒風山を中心に被害．寒風山付近で山崩れ多し．地割れより泥を噴出す．被害は全潰（寺を含む）1,003，半潰400，大破387，焼失5，死57（あるいは163），傷116（『北家御日記』による）．湯本村で湯湧止ま

る．湖の西岸の松木沢，払戸間約1m隆起．秋田で強く感じ角館・大館・鰺ヶ沢・弘前・湯沢・鶴岡で有感．能代市の浜浅口・黒岡両村で潰6．阿仁町小沢銅山で強地震．図の激震区域は大体家屋倒壊率50%以上と思われる地域．ここを震度VIと見ると$M_{VI}≒6.3$，被害区域を震度Vと見ると，$M_V≒6.3$，実際のr_V，r_{VI}はもう少し大きいと思われる．図224-2は村ごとの被害率（（全潰+(1/2)半潰)/全戸数)．ただし，分母は村により1802～50年頃の史料．図494-2参照．494番の地震を参照すると震央を沖にとることも考えられる．

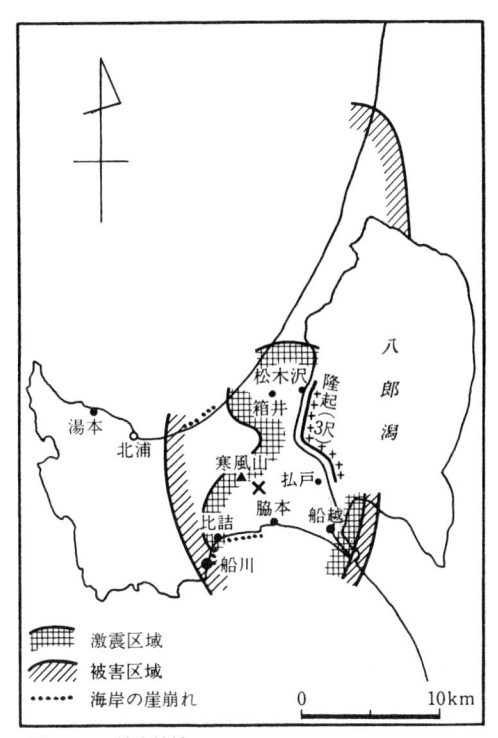

図224-1 被害地域

224-1 1811 I 27～30（文化8 I 3～6） 三宅島 噴火活動による地震．山崩れ・地割れを生ず．

225 1812 IV 21（文化9 III 10）戌の上刻 土佐 $λ=133.5°E$ $φ=33.5°N$ (C) $M≒6.0$？ 高知で土蔵壁落，瓦落下，塀の損所あり．中村のほうが強かったともいう．四国各地・佐賀・広島・大社・出雲・鳥取・岡山・三原・岩国・奈良・大阪（平野区)・京都・松阪で有感．

226 1812 XII 7（文化9 XI 4）昼八ッ半時 武蔵・相模東部 $λ=139.65°E$ $φ=35.45°N$ (A) $M=6¼±¼$ 被害は表226-1，2のとおり．近江八幡で有感？ $r_V≒25$ kmとすると $M≒6.5$．これが上限であろう．

227 1814 XI 22（文化11 X 11）酉の上刻 土佐高知 $M≒6.0$ 垣壁少し破損．松阪・大阪・豊岡・善通寺・出雲・千代田町（広島県)・岡山・琴平・近江蒲生町・臼杵・佐賀で有感．

228 1815 III 1（文化12 I 21）夜四ッ半時 加賀小松 $λ=136.5°E$ $φ=36.4°N$ (B) $M≒6.0$ 小松城破損という．白鳥町（岐阜県)の悲願寺で香炉落る．金沢・穴水で強く，大聖寺・高山・糸魚川・因幡・近江蒲生郡・伊勢・松阪・京都・豊岡・苗木・武生・丹生川・宮津・鳥取・中津川で有感．詳細不明．

228-1 1817 XII 12（文化14 XI 5）昼九ッ頃 箱根 $λ=139.05°E$ $φ=35.20°N$ (A) $M≒6.0$ 箱根で落石．江戸で幕府書物方の蔵の壁に小損あり．秩父・甲府・八王子・川越・壬生・流山・生麦で有感．

— 1818 V 19（文政1 IV 19）播磨安志谷 『安富町史』の記述によると「…震障り余程作方当り申候，夫より同晦日又同所大障りに而…」と作柄不良を述べているが，終わりに「其他，なり木の類，栗柿の枝，打落候」と記してあるので震は雷のことか？ ほかの史料

132　4　被害地震各論

図 224-2　被害率分布

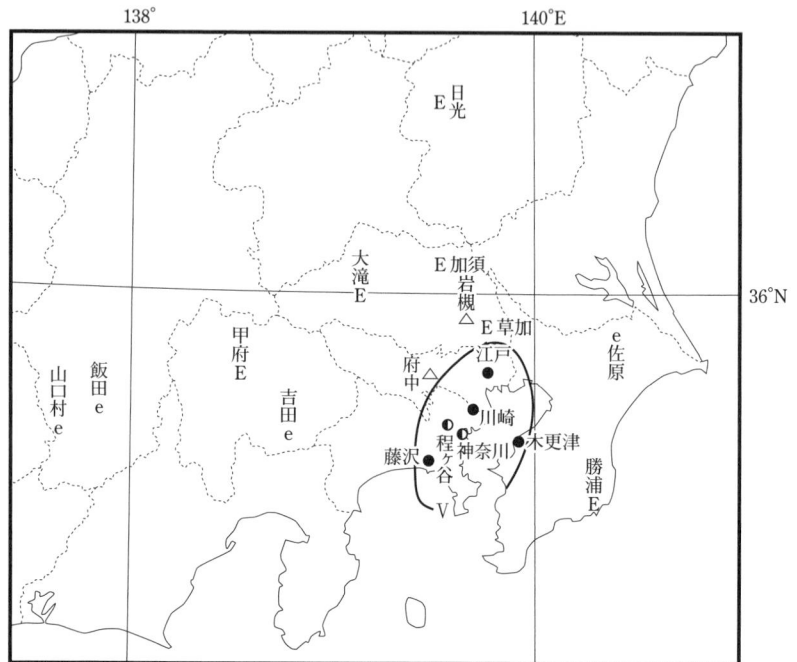

図 226-1　震度分布

表226-1 各地の被害

	被 害
保土ケ谷	本陣1，脇本陣2，伝馬徒士92（潰？）
最戸町	家19，寺堂3，小屋34倒れかかり，小屋1潰
神奈川宿荒宿	家潰約20，寺院ところどころ損 死2（または10）
川崎宿	倒家2（コトロ石橋付近），六郷で4，5軒損 六郷川筋往来裂，噴泥
藤沢	酒蔵損，少々痛あり
戸塚	家こけ20，家蔵損多，本陣大損，隣家少損，宿はなで潰12～13
木更津	証城寺：本堂廊下摧破，仏具・仏像破損
岩槻	浄国寺：石垣，石灯籠，石塔倒る，十数ヵ所
横浜	本法寺，各殿・諸堂・鐘楼門大破，鐘抜け出さる，石塔全倒
府中	六所宮石灯籠倒る

表226-2 江戸の被害

	被 害
書物方	蔵の壁落ちあり
東海寺	破損あり
津山藩	廟所の石灯籠損3
高鍋藩	殿中ところどころ壁損
江戸川	正円寺：宝塔九輪落 近くの石塔多倒
品川辺	死あり
一般	家蔵損有，古いもの壁落ち潰もあり，天水こぼる，土蔵壁落，瓦落あり
白木屋	本店（日本橋）・端々損あり
加賀藩	土蔵，本宅長屋腰瓦，土塀3ヵ所損，大がね・指物落
徳山藩	瑞聖寺墓所破損
増上寺	石灯籠倒7，破損38，ほか小被害あり

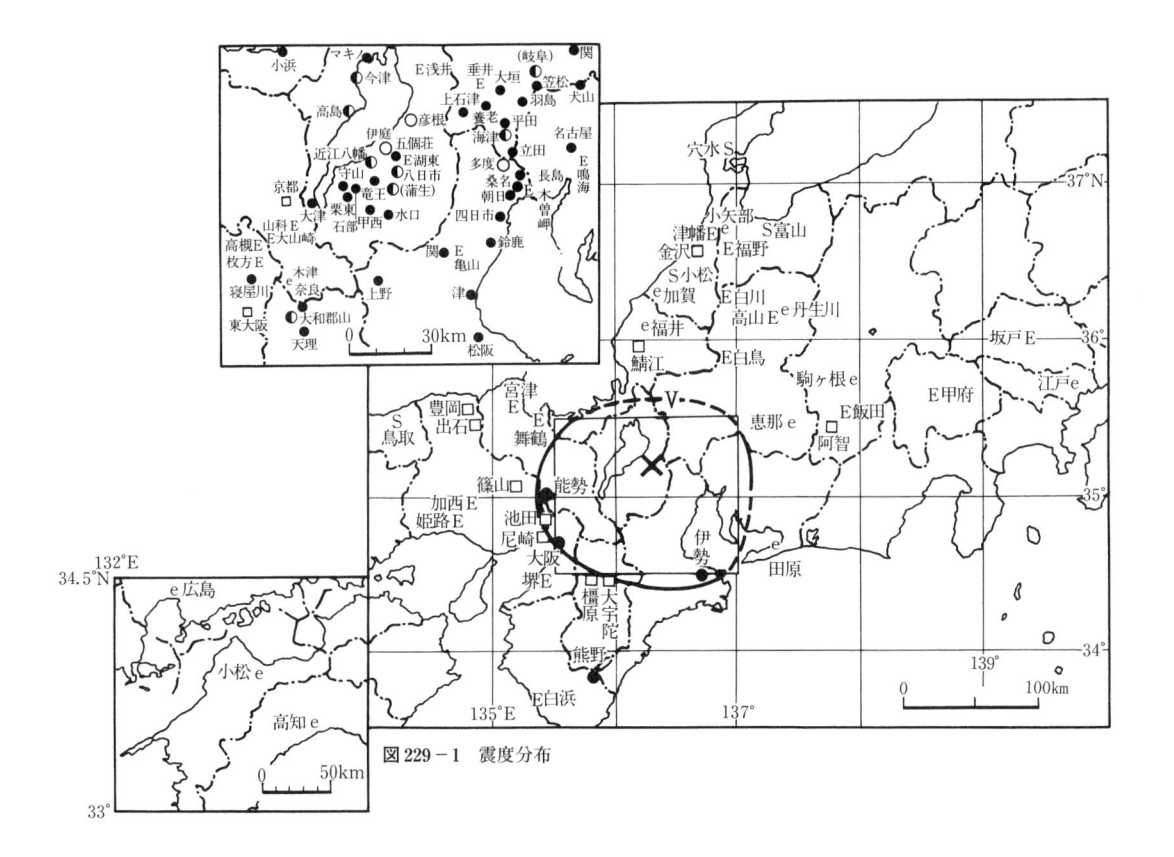

図229-1 震度分布

見当らず．

228-2 1818 Ⅵ 27（文政1 Ⅴ 24） 岩代川俣　屋根石，店の品物など落ちる．矢祭・日光・鶴岡・江戸・生麦・近江八幡（別地震？）で有感．

228-3 1818 Ⅸ 5（文政1 Ⅷ 5） 午刻　江戸幕府御書物蔵の壁に亀裂ができた．

229 1819 Ⅷ 2（文政2 Ⅵ 12）未刻頃　伊勢・美濃・近江　$\lambda = 136.3°$ E　$\varphi = 35.2°$ N　(B)　$M = 7\frac{1}{4} \pm \frac{1}{4}$　近江八幡東漸寺本堂庫裡大破し，潰家82，半潰160，死5．琵琶湖の西北岸大溝でひどく，町屋損ぜざるはないという．その近くの酒波では林2反（20 a）が位置を変えたという．甘呂（彦根の西）では105軒中70余潰れる．彦根では城の石垣・土留石の崩・孕6ヵ所計約70間．膳所で家倒50，死90という．水口では城など小破．木曾川下流では香取（多度町）で40軒が全滅し，金廻では海寿寺潰れて圧死70，傷300余．桑名では城の内外破損し，伊勢神戸でも櫓の壁落ち，塀など破損．犬山城も小破，名古屋では東西の町に強く，庇など落ち，土蔵などに小破損．市内での地域差が目立った．金沢で潰家．宮津で家6～7軒潰，小地割れあり．京都で石灯籠多く倒れ，大垣城小破．四日市で石灯籠多く倒れ，土蔵・塀破損．奈良で春日の灯籠8分どおり倒れ，敦賀・出石・池田・大阪・杭全・大和郡山（家潰34，半潰115，蔵潰3，半潰17）などでも被害あり，江戸で長くゆれる．なお，近江八幡の各町ごとの潰・半潰は表229-1のとおりである．これは地盤の状況によく対応するという［三木晴男よりの書簡による］．出雲・大社で有感．余震記事全く見当らず，深い地震か．(☆)［参考：伊藤ほか，1986，大阪府立大学歴史研究，**24**，1-64］

表 229-1　近江八幡の被害

町　名	潰	半潰
三町縄手未丁	6	2
〃 元町	3	7
鍵之手町	4	2
慈恩寺町上町	3	7
〃 中町	8	5
〃 元町	2	
鍛冶屋町		2
薬師町	1	
生須町	1	
玉屋町		2
東畳屋町		1
博労町中丁		1
〃 上丁	2	3
永京丁上丁		2 ⎫
〃 中丁	1	⎬ 永原町丁カ
〃 元丁		2 ⎭
仲屋丁上丁	2	1
桶屋町		3
為心町上町	3	3
〃 中丁		3
〃 元丁	1	
大杉町		3
魚屋町元丁	2	3
〃 中丁	2	3
〃 上町	1	10
新町四丁目	9	4
〃 三丁目	10	3
〃 二丁目		4
〃 元丁		3
玉木町二丁目	2	4 ⎫
西神町		7 ⎬ 正神町カ
小幡町中丁	2	6 ⎭
〃 上丁	6	4
本町五丁目	24	(半潰カ)
〃 四丁目	3	7
〃 三丁目	3	6
〃 二丁目	3	3
〃 元町		1
池田町二丁目		3
〃 四丁目		2
〃 五丁目	2	6
板屋町	1	
寺内北元丁		2
孫平治町二		1
計（文書による）	82	160
計（筆者の計算）	107	131

― 1820 ――（文政 3 Ⅷ －）駿河　久能山破壊．磐城の史料にあるのみ．

230　1821 Ⅸ 12（文政 4 Ⅷ 16）昼九ッ時　津軽・青森・八戸　青森で小店の屋根落ち，子供 1 人死亡．八戸で蔵・役所・寺の石塔に痛みあり．鶴岡・川俣（福島県）まで有感．

231　1821 Ⅻ 13（文政 4 ⅩⅠ 19）朝五ッ半　岩代　$\lambda=139.6°E$　$\varphi=37.45°N$（A）　$M=5.5\sim6.0$　大沼郡大石組の狭い範囲に強震．130 軒壊れ，大小破 300 余，死若干．上下動が強く，山崩れあり．板下村で地割れから噴砂，硫黄臭，太郎布村で畑の中に砂利砂 5～6 寸雪の上に露出すという．その後余震が翌年正月 26 日頃まで続いた．翌 5 年 1 月 4 日再び強地震．前年のものに劣らない程強く，大石組の村々（人口約 3,600～3,700）の住民全員強制的に移住させられる．移住戸数 486 戸，人数 2,377 人，牛の世話で残留したもの 124

表 231-1　大石組村々家屋の倒壊数

村　名	戸数	全壊家屋数	半壊家屋数	備　考
太郎布村	26	8	10	
沼沢村	63	8	8	
福沢入新田	8		2	
大栗山村	23	16	7	
三更村	13	3	4	上・下大牧，高倉，上田の端村を含む
水沼村	68	11	15	
宮崎村	47	11	16	
坂下村	24	13	10	
大石村	31	5	8	
川口村	42	2	11	
小栗山村	42	12	16	
八町村	27	7	10	
中井村	22	6	9	
玉梨村	43	10	6	
西谷村	44	6	11	
本名村	72	10		
早戸村	45			滝原を含む
合　計	640	128	143	

人．日光・高田・高山・土浦で有感．〔参考：満山，1930，沼沢火山調査報告書，福島県史蹟名勝記念物調査報告，第 6〕

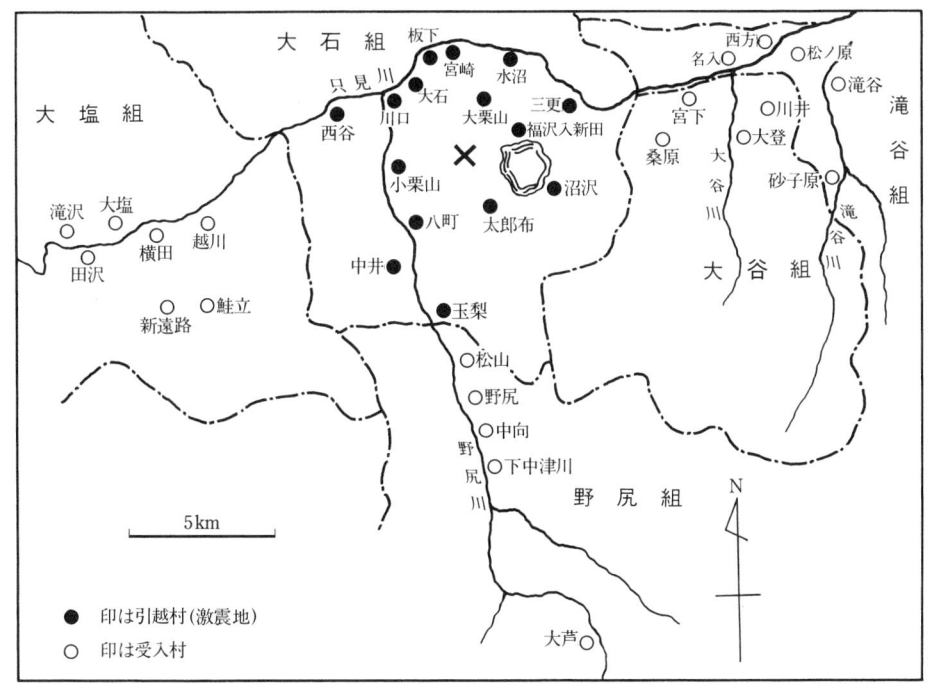

図 231－1　大石組引越村と他組の受入村の略図

136　4　被害地震各論

231-1 1823 I 14（文政5 XII 3）夜八ッ時　石見　美濃郡・那賀郡が激しく，美濃村で潰家10戸．史料少なく，後考をまつ．

232 1823 IX 29（文政6 VIII 25）夜九ッ頃　陸中岩手山　$\lambda=141.1°E$　$\varphi=40.0°N$　(A)　$M=5\frac{3}{4}\sim6$　山崩れあり，西根八ヵ村に被害．潰れ105軒，振込46，損家68（あるいは，潰家20，大破65，山崩れ5ヵ所）．翌年3月頃にようやく鎮まった．被害範囲は上記八ヵ村に限られ岩手山の北微東30 kmにある七時雨山もこのときに崩れ死69，不明4という．

233 1826 VIII 28（文政9 VII 25）四ッ半頃　飛騨大野郡　$\lambda=137.25°E$　$\varphi=36.2°N$　(A)　$M\fallingdotseq6.0$　地裂け・石垣崩る．土蔵土落ち，石塔・石灯籠倒る（以上高山北東の丹生川村の記録）．余震は12月まで続いたか？　隣国はたいしたこともなく高山の北東方のみ強かった．名古屋・大垣・中津川・苗木・金沢・近江八幡で有感．

233-1 1827 VIII 26（文政10 VII 5）丑刻　日光　日光奥院で石柵など少々損．北は米沢，南は神奈川まで有感．

234 1828 V 26（文政11 IV 13）夜四ッ　長崎　$\lambda=129.9°E$　$\varphi=32.6°N$　(B)　$M\fallingdotseq6.0$　出島の周壁数ヵ所潰裂．家屋倒潰なし．天草で激しかったという．高島で石炭坑陥没し，野母崎で石仏が丘上から海中に落ちたともいう．夏中軽い震動続く．天草の海中で噴火に似た現象があったという．

235 1828 XII 18（文政11 XI 12）卯の下刻　越後　$\lambda=138.9°E$　$\varphi=37.6°N$　(A)　$M=6.9$　激震地域は信濃川流域の平地（図235-1参照）で，1964年の新潟地震のときのように，

表 235-1　被害一覧

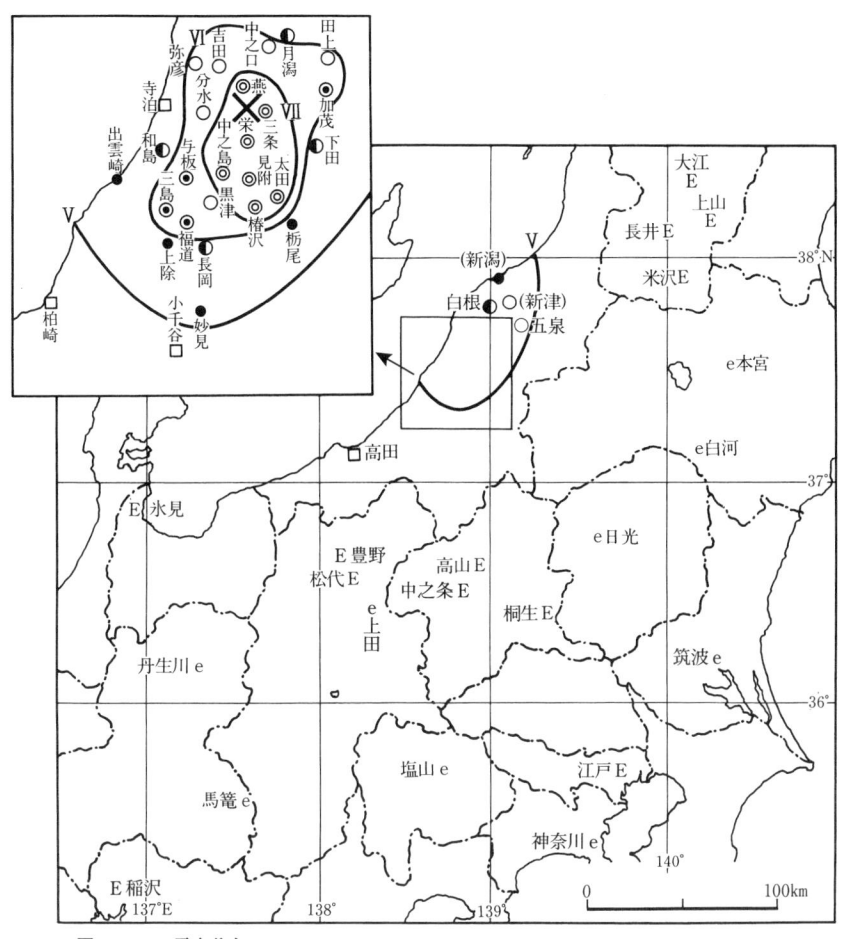

図 235-1 震度分布

地割れから水や青い砂を噴出したり，建物が土中に 3〜4 尺（1 m 前後）ゆり込んだ（流砂現象）という記事が多く見られる．被害実数は出典により異同が大きい．三条は潰 439, 死 205 人，燕で潰 269, 半潰 58 軒，死 221. 見附は全潰 545, 半潰 89, 死 127 人．今町で潰 300, 死 60. 与板町は潰家 263 かまど，半潰 96 かまど，焼失 17 かまど，死 34 などの被害．脇之町は潰 161, 死 5 という．吉田では潰 22, 半潰 19 であった．栃尾でも潰家多く，長岡では城内の石垣崩れ，門・屋敷などの潰や大破多く，郷中を含めて死 442, 傷 552, 潰家 3,500〜3,600 という．新発田領でも死 225, 潰家 1,770, 半潰 695 という．地割れに落ちて見えなくなった人もいた．加茂・芝田・新津は土蔵の壁が落ちる程度．江戸でも強く感じる．被災地は 11 の知行主の交錯しているところで，その全貌の正確な数はつかみにくい．図の震度 VI の地域の面積から M を決めた．鶴岡有感．（☆）（#）

— 1829 VI 25（文政 12 V 24）安芸佐伯郡 大地震・山抜けがあったという．『河内村誌一』に載せるのみ．

236 1830 VIII 19（文政 13〈天保 1〉VII 2）申刻 京都および隣国　$\lambda = 135.6°\text{E}$　$\varphi = 35.1°\text{N}$ (B)　$M = 6.5 \pm 0.2$　烈震地域は京都市内

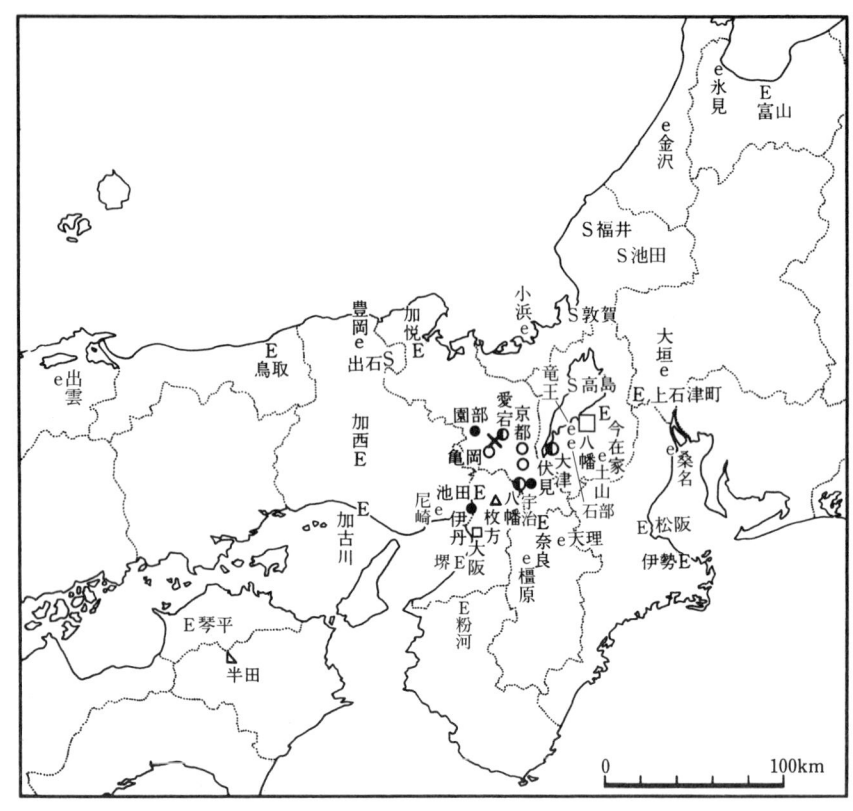

図 236-1 震度分布

に限られる．洛中洛外の土蔵で被害を受けないものはなかったが，民家の倒潰は千に1つもなかったという．全般に見て，堂社仏閣・御殿・表通りの町屋の倒れたものは少なく，石垣・門・塀・築地・番屋・端々の民家の倒潰あり．破損としては，壁・瓦・庇の落ちるもの多く，家が鳥籠のようになったという記録が見られる．御所破損，外廻り築地倒潰，二条城本丸はじめ，その他の石垣の崩れ，諸建物の潰れなど損多く，地割れありて泥を噴出する．両本願寺は1尺（30 cm）ほど傾いた．冷泉家の土蔵潰4．北野や大仏では石灯籠倒れ，祇園で石灯籠全損136．愛宕山・天龍寺に小破あり，宇治川通りの堤割れる．八幡で石灯籠倒18．京都での死280，傷1,300，伏見では町屋の倒潰あり．宇治橋半ば落つ．淀では城の櫓・石垣破損し，領内で潰4．大津では死1，傷2，潰家6．三井寺は障りなしという．丹波亀山（現亀岡市）では城中はたいしたことはなかったが，町在で死4，傷5，崩家41，損所50という．大阪は軽く石灯籠は倒れなかった．高槻・茨木で被害なし．有感範囲は紀伊・伊勢・大垣・氷見・因幡・丹後・美作・四国にまで及んだ．地震は鳴動（あるいは弱い前震？）にはじまり，その直後に大地震となった．上下動が強かったらしい．煙草を3～5服吸うくらいの間，地動が激しかった．余震は非常に多く，2日に400回，3日に600回，4日100回という記事も見える，翌々年に及んだ．［参考：三木晴男，1979，京都大地震，思文閣出版］

236-1　1831 Ⅲ 26（天保 2 Ⅱ 13）未刻　江戸
$\lambda = 139\frac{3}{4}°E$　$\varphi = 35.65°N$　(A)　$M \fallingdotseq 5.5$

幕府書物方の蔵の壁損し，瓦せり出す．船橋・流山で有感．詳細不明．

236-2 1831 III 28（天保2 II 15） 陸中 橋損ず．微小被害か．

236-3 1831 XI 13（天保2 X 10） 夜八ッ頃 会津　横にゆれず，堅にゆれる．沸騰するが如しという．会津若松城内石垣ところどころ崩れ，家中在方禿家多く，ところどころ地割れ青砂出る．城下損じるという．川俣・白河・西川・長井・鶴岡・村上・桐生・上田・宇都宮・日光・船橋・坂戸・江戸で有感．

237 1831 XI 14（天保2 X 11） 丑刻　肥前　$\lambda=130.3°E$　$\varphi=33.2°N$　(B)　$M≒6.1$　佐賀城の石垣崩れ，侍屋敷・町郷に破損多く潰家もあった．詳細不明．

237-1 1832 III 15（天保3 II 13） 午刻　八戸　$\lambda=141.6°E$　$\varphi=40.7°N$　(B)　$M≒6½$　土蔵破損多し．家々も破損ありしが格別のことはなかった．南宗寺・本寿寺の石碑ところどころ痛む．鰺ヶ沢・雫石・稲川・気仙沼・西川・米沢・川俣・坂戸・江戸で有感．

238 1833 V 27（天保4 IV 9） 昼九ッ半　美濃西部　$\lambda=136.6°E$　$\varphi=35.5°N$　(B)　$M≒6¼$　大垣北方の村々で山崩れ．大垣領で山崩れ89ヵ所，半潰家30軒，死11，傷22．余震多く8月まで続く．震源は根尾谷断層の近く．近江八幡で石灯籠倒る．図238-1のほかに広島・鳥取・関ヶ原・上田・飯田・塩山・御坂・静岡・江戸・杉戸で有感．

——* 1833 XI 7（天保4 IX 26） 午刻　能登・信濃　『後者の戒』に能登・信濃の被害を載せる．被害は239番の地震の誤記らしい．池田・奈良・大坂で有感．

図238-1　震度分布

239* 1833 XII 7（天保4 X 26） 申の上刻　羽前・羽後・越後・佐渡　$\lambda=139.25°E$　$\varphi=38.9°N$　(B)　$M≒7½±¼$　おもな被害は表239-1のとおり．秋田で潰18，半潰8，痛家17，潰土蔵5．本荘でも家に被害．塩越では潰家6，流失家・小屋16，死5．鶴岡で被害大．大山で潰20，広野新田では潰66，半潰家16，痛家40ともいう．大町で潰40．酒田で潰32，半潰24，大痛家186，船損27．新発田藩（潰家21，半潰29，破損88，土蔵半潰4，破損7，死5，田畑変地約50町）では地裂け水砂を噴出した．新潟平野で草水坪（石油井）で塵埃砂を噴き出したものあり．新潟湊で佐渡の船破損となるもの3．沼垂（戸数約1,000）で家潰50〜60という．津波が沿岸を襲った．相川では2〜3町（220〜330m），鰺ヶ沢で5〜6町（550〜660m）潮が引いた．函館・福山でも感じ，津波あり，福山では1時間後に波高4尺（1.2m）となった．隠岐で家屋流失60（船越）．波高は2.5mくらい．飛驒・江

140　4　被害地震各論

表 239-1　被害一覧

	地名	家 潰	家 半潰	家 破損	家 流出	土蔵 潰	土蔵 半潰	土蔵 破損	土蔵 流出	寺社 潰	寺社 損	死	傷	船 流出	船 破損	備考
1	湯ノ浜〜油戸間の海岸	⎰ 70 ⎱			8							15		92		6ヵ村
2	油戸〜鼠ヶ関間の海岸	⎰ 230 ⎱			150							23		213		7ヵ村
3	庄内 遊佐	78		529				30		3	11	2				
	荒瀬	107	92	259				18			12	1				
	平田	90	121*					22		1			3			*潰同様
	狩川	⎰17*⎱ 49	17					7								
	中川	99	49	85				7?				3				
	京田			237	25	21		55				11	2		117	1を含む地域
	山浜	72		109	10	22		72	4		2	29	7	2		2を含む地域
	小計	475	176	1,352		12		254	4	2	38	46	12	⎰460⎱ 329	131	橋流8,（山崩れ9）
3'	領内計	468	18	1,851				73		2	1	44	12	11	53	橋流1
4	長岡藩	27		86		2	4	7				5				
5	新発田藩	21	29	88	79	1			1					40	3	堤破損1,439間、変地約50町、橋流失2
6	佐渡	12		235	6		7	9				18	7	⎰205⎱		2に含まれる地域
7	温海	40	20	50		14										
8	輪島	111	54		207	41	20		26	流1		47		64	34	大橋破損（『加賀藩史料』による）
9	象潟	6			17									5	7	全戸数523
10	鼠ヶ関	26	⎰43⎱		3		⎰32⎱					4	3	⎰28⎱		2に含まれる地域
11	秋田		2				2	2								
12	会津											1				
13	鰺ヶ沢									流1	4					
	計	639	101	2,262	287<	56	26	336	31	1	39	97	12	445	221	3,4,5,6,8,11,12,13の和他に村上藩など死50人余

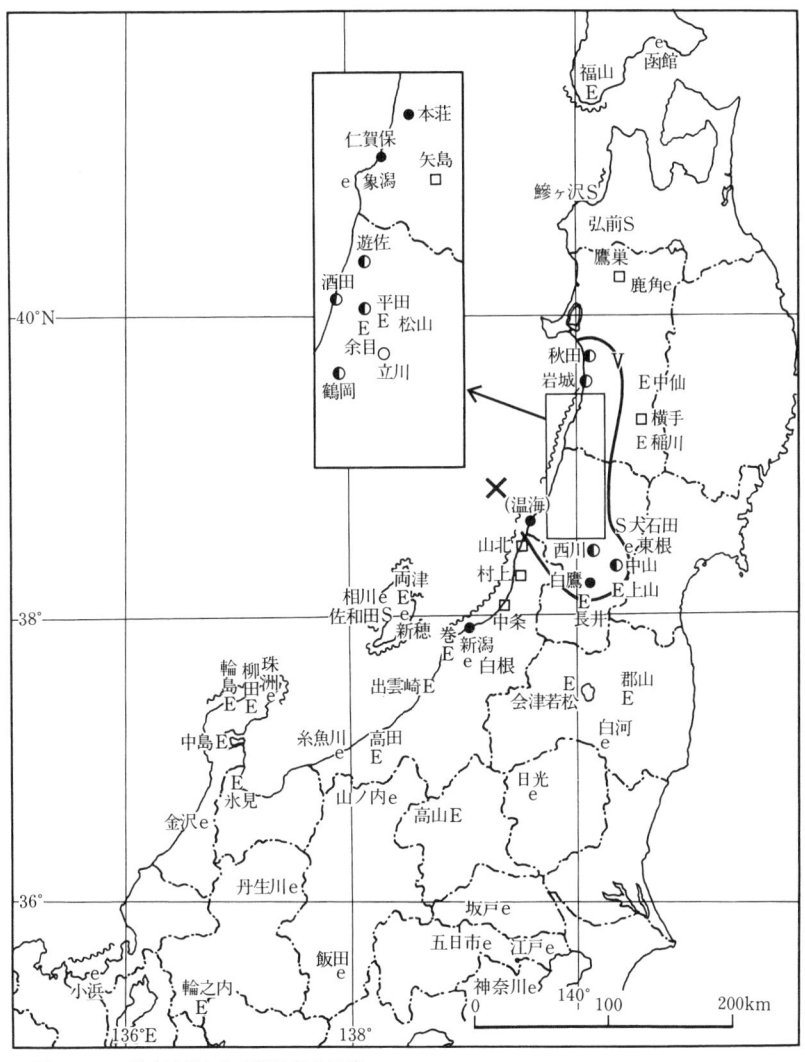

図 239-1 震央地域および津波襲来地域

戸・日光有感. 能登でも津波. 能登で大破流失家約345, 半潰家約85, 流失蔵23, 死約100人 (『応響雑記』による). 小浜で汐の差引あり. [2]

240 1834 II 9 (天保5 I 1) 巳刻過ぎ 石狩 $\lambda=141.4°E$ $\varphi=43.3°N$ (B) $M\fallingdotseq6.4$ 地割れて泥を噴出す. アイヌの家23潰, 3半潰. その他会所潰2, 制札場損1, 板蔵潰4, 半潰23, 魚蔵潰6などの損あり. 余震2月22日まで続く. (☆)

240-1 1835 III 12 (天保6 II 14) 昼四ッ時 石見 $\lambda=132.6°E$ $\varphi=35.1°N$ (B) $M\fallingdotseq5½$ 島根県高畑村で石地蔵・石塔・墓石など倒れ, 蔵の壁破る. 久保・長原で石垣崩る. 広島・福山・鞆・伊予小松・池田・高知で有感.

241 1835 VII 20 (天保6 VI 25) 未刻 仙台 $\lambda=142.5°E$ $\varphi=38.5°N$ (D) $M\fallingdotseq7.0$ 仙台城の石垣崩れ, 藩内で家・土蔵破損すという. 岩手県藤沢町で石垣崩れ, 蔵の壁損ず. 登米・本吉・桃生郡方面で家・土蔵痛. 中村

城で門の石垣崩れ，石灯籠倒れる．弘前から関東・上田・飯田まで有感．藤沢（岩手県）〜仙台間で震度Vと思われる．

241-1 1835 IX 11（天保6閏VII 19）寅刻？ 須賀川　福島県須賀川辺で土蔵ひび割れ壁落ありという（14日）．江戸有感．しかし閏7月19日のことらしい．19日は弘前から近江八幡まで有感．

241-2 1835 XI 3（天保6 IX 13）夜五ッ半 日光　日光で石柵倒れ，ところどころ少損．会津若松・川俣・関東および甲斐・信濃・越後・近江で有感．

241-3 1836 III 31（天保7 II 15）戌亥の頃 伊豆新島　$\lambda=139.2°E$　$\varphi=34.4°N$（C）　$M=5\sim6$　新島で神社・寺の石垣崩る．2月末まで地震続く．江戸・町田・流山・山之内（長野県）有感．

— 1836 VIII 7（天保7 VI 25）仙台　仙台城下で家屋破損．詳細不明，疑わしい．241番の地震の誤りか．

241-4* 1837 XI 9（天保8 X 12）チリ沖 $M>8$　午前0時頃三陸に津波．田荒，塩流失2,000俵（大船渡），鮭川留破る（今泉）などの被害．［1〜2］

242 1839 V 1（天保10 III 18）昼八ッ時　厚岸　$M≒7.0$　国泰寺客殿辺の石灯籠飛散大破し，戸障子破損．津軽で強く感じた．江戸有感．

243 1841 IV 22（天保12 III 2）昼八ッ時　駿河　$\lambda=138.5°E$　$\varphi=35.0°N$（B）　$M≒6\frac{1}{4}$　駿府城の石垣30間（約50 m）ほど崩れ，久能山東照宮の堂・門など破損．石灯籠倒る．

江尻・清水辺で家や蔵の壁落ち，地裂けて水を吹き出す．三保の松原の砂地3,000坪（100 a）ほど沈下するという．江戸で壁落などの少損あったらしい．塩山・甲府・伊那・山口村・松本・更埴・丹生川・氷見・近江八幡・水口・亀山（三重県）・京都などで有感．

243-1 1841 XI 3（天保12 IX 20）夕七ッ時 宇和島　$\lambda=132.4°E$　$\varphi=33.2°N$（C）　$M≒6.0$　宇和島城の塀・壁などに損あり．四国・中国の西部および筑後で有感．

— 1841 XI 10（天保12 IX 27）豊後鶴崎 倒家多しというも史料少なく，後考をまつ．

243-2 1841 XII 9（天保12 X 27）　信濃 長野で石垣崩る．上田・馬屋（新潟県清里村）で有感．

244 1842 IV 17（天保13 III 7）　琉球　宮古島で3月5〜14日の間に数十回の地震．7日の地震で島内の石墻多く崩る．多良間島でも7〜13日の間毎日地震あり．図244-1は毎

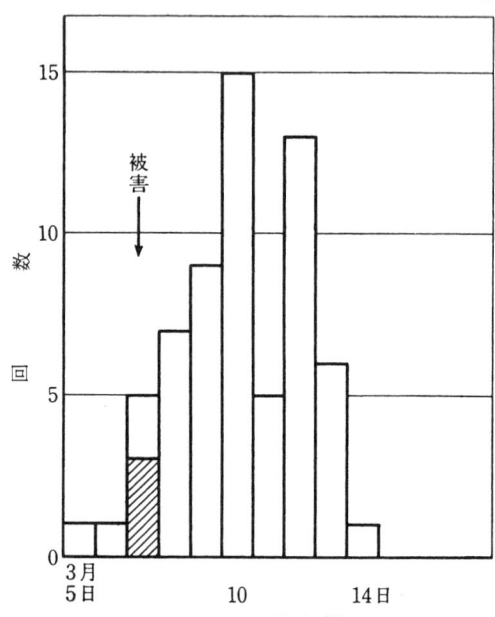

図244-1 宮古島における日別地震回数

245　1843 Ⅲ 9（天保 14 Ⅱ 9）巳刻　御殿場・足柄　$\lambda=139.1°\text{E}$　$\varphi=35.35°\text{N}$　(B)　$M=6.5\pm\frac{1}{4}$　江戸で天水こぼれる．足柄萱沼村で石垣・堤の崩れ多く，津久井で地割れ・石灯籠倒れ，御殿場の近くでも石灯籠倒れ，寺社の破損あり．小田原で城内に破損あり，幸田町屋敷長屋破損．藤沢・三浦・江戸・八王子・立川・茂原・銚子・赤尾（山梨県）・坂戸・高山（群馬県）・府中・五日市・藤枝・氷見・苗木・名古屋・新島などで有感．

246*　1843 Ⅳ 25（天保 14 Ⅲ 26）暁六ッ時　釧路・根室　$\lambda=146.0°\text{E}$　$\varphi=42.0°\text{N}$　(D)　$M≒7.5$　厚岸の国泰寺の八幡社 4～5 寸（12～15 cm）いざり，床落ち，門外の石灯籠・石仏などが倒散，庭のところどころ 4～5 寸（12～15 cm）の地割れを生ず．津波が襲来し，向う岸の番屋，アイヌ家全部流失，アイヌ 34 人流死，ポロトでも 11 人流死．野付（根室）では増水のみ．亀田津波ありしも損害なく，八戸にも津波で痛・流失納屋など 27～28 軒あり．松前・津軽でも強く感じ，東北各地および江戸・坂戸・生麦で有感．全体で死 46，家屋破壊 76，破船 61．〔2〕

246-1　1843 Ⅵ 29（天保 14 Ⅵ 2）暮六ッ時　陸中沢内　$\lambda=140.7°\text{E}$　$\varphi=39.45°\text{N}$　(B)　$M=5～6$　ところどころ欠崩，家痛む．雫石山崩るという．弘前～涌谷・米沢の東北各地で有感．

246-2　1843 Ⅸ 27（天保 14 Ⅸ 4）子刻　江戸　幕府書物方の庫に少々の損あり．

246-3　1843 Ⅻ 16（天保 14 Ⅹ 25）申刻　江戸　幕府書物方の庫に損し個所あり．高山村（群馬県）・日光・御前山村（茨城県）・坂戸・塩山で有感．

―　1844 ――（弘化 1 Ⅲ ―）飛驒吉城郡　『宮川村誌』によると，戸谷・桑野・加賀沢・鮎飛・巣納谷などで立木の損，山抜けなどあるも，史料少なく，詳細不明．地震の日時不明．

247　1844 Ⅷ 8（弘化 1 Ⅵ 25）肥後北部　$\lambda=131.3°\text{E}$　$\varphi=33.0°\text{N}$　(B)　28 日まで地震多く，久住北里でとくに強かった．杖立村で落石により百姓屋崩る．その他落石あり．久住山 6～7 ヵ所崩落．天草・玉名で有感．

247-1　1847 Ⅱ 15（弘化 4 Ⅰ 1）夜五ッ半過ぎ　越後高田　（城内？）諸所破損．長屋も破損．明方までに数回．下妻・江戸（夜九ッ）などで有感？

248　1847 Ⅴ 8（弘化 4 Ⅲ 24）夜五ッ時～四ッ時　信濃北部および越後西部　$\lambda=138.2°\text{E}$　$\varphi=36.7°\text{N}$　(B)　$M=7.4$　**善光寺地震**
夜 9 時頃，震度分布は図 248-1 A，B のごとくで，高田では，被害は 29 日にもあったが分離がむずかしいのですべての被害は 24 日に発生したとして震度を決めている．図の高田付近の強い震度は 29 日の地震によると思われる．とくに水内・更級（さらしな）の 2 郡の被害が最大であった．被害実数は古文書による異同が激しく，全貌をつかみにくい．松代領（10 万石）では幸いに火災はなく，潰 9,550，半潰 3,193，大破 3,918，死 2,695，傷 2,289 でうち洪水による死は 22 のみ．山崩れ 4 万 1,051 ヵ所，田畑の損 7 万 1,645 石．飯山領（2 万石）では潰 1,977（あるいは 2,977），半潰 830，死 586，荒地 7,260 石ともいう．善光寺領では潰 2,285，焼失 2,094，死 2,486 ともいう．戸数は 3,069 戸あったらしい．別本では潰 2,350，焼失 2,194，死 1,457 という．善光寺では 3 月 10 日から御本尊の開帳があり全国から参詣者が集

144　4　被害地震各論

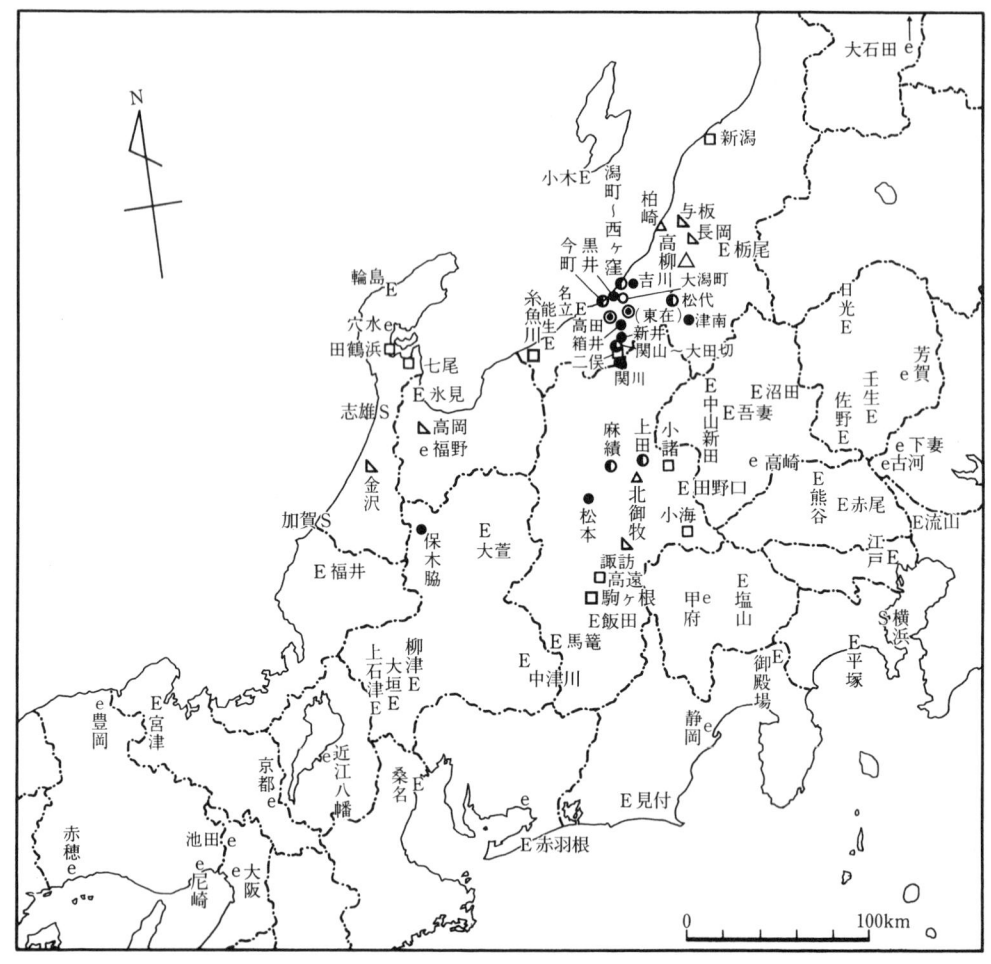

図248-1A　震度分布

まり 7,000〜8,000 人の旅宿人がいた．地震のあと火災が起こり，そのうち生き残ったものは約1割ともいう．善光寺では本堂・山門・経蔵・鍾楼・万善堂が残り，その他の建物は，潰・破損または焼失した．各村々の被害をとりまとめたよい史料は少ない．表 248-2 は松代藩家老の記した『むしくら日記』による．信憑性が高いと思われる．この表以外で被害の大きかった村々は次のとおりである．かっこ内は倒潰率と死者数．牟礼 (182/189；88)，大古間 (107/109；16)，柏原 (154/274；38)，野尻 (143/333；17)，戸隠村 (30/60；7)，小沼村 (37/160；13)，中曾根村 (25/35；76)，石村 (59/100；18)，三才 (80/100；38)，吉村 (70/150；140)，塩崎村 (1,400/1,600；40)，権堂村 (274/307；89)，水内郡中宿村 (34/42)，上駒沢村 (93/106)，金箱村 (58/59)，黒川東村 (84/92)，同西村 (55/63)，新井村 (39/49)，富竹村 (111/115)，津野村 (14/26)．山地では山崩れが多く，そのために潰れた家が多かった．上記のおおかたは飯山から長野へ連なる村々である．また，松本領では潰 396，半潰 761，死 67，山崩れ 1,477ヵ所で城内は壁・瓦の落ちる程度であった．篠井で潰 70，柳屋に宿泊していた 80 人はおおかた死んだ．屋代で潰 34，

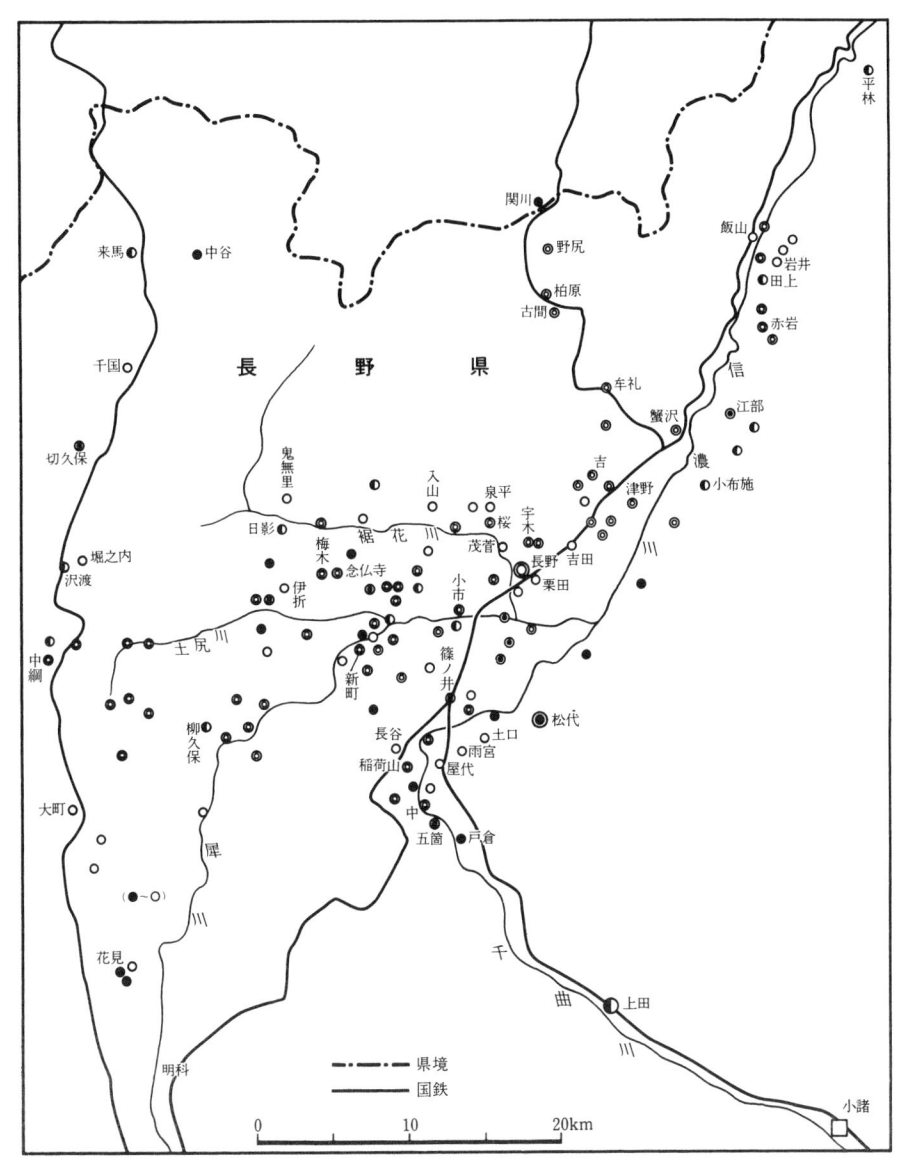

図 248-1B 震度分布

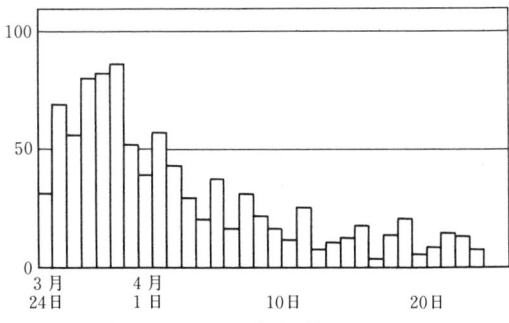

図 248-2 松代における日別余震回数

死 12〜13. 上田で潰約 10. 別所温泉が止まる. 松代加賀井の湯口は 24 日夜は 6 尺（1.8 m），25 日は 3 尺（0.9 m），26 日は 5〜7 寸（15〜21 cm）の高さに噴き上げた．長浜（毛無山の北）では潰 63，死 204 もあった．飛騨保木脇で山崩れ，圧死数十人．大垣・宮津・福井・江戸・平塚などで強く感じた．図 248-2 は松代における日別余震回数（もれたものはあるが加えたものはない）であり，8 月 7

表 248,249-1 被害一覧

場所	報告年月日	石高	戸数	人口	家 潰(焼)	家 半潰	家 破水泥入	蔵(△は合物置) 潰	蔵 半潰	蔵 破損	寺社堂楼 潰	寺社堂楼 半潰	寺社堂楼 破損	死	傷	流失 家	流失 田畑	流失 用水路	流失 堤土手	道	橋	山崩れ	備考
善光寺領	4月	1,000			335 焼(焼2,183)			焼1			16 焼63		10	1,457 1,029旅人	1,460								高札場12
中野代官所		58,362 91ヵ村	743	3,404	2,169 焼10 埋16	782		357			66			578			40,585石						
中ノ条代官所	12月	(3〜5万、106ヵ村)			549																	1	溜池潰1
				←地名辞典																			
上田領	5/29	53,000			663	136	数百 △453	△684	△135	△数百 泥261	11 流1	3	3以上	189 旅人196 圧死22	215	72	(5,000石の場所)	▽4 135間 ×10 24,900間	420間	5ヵ所 162間	22	数十ヵ所	櫓帆2、石垣崩・学家来宅大破8＋小破数6、住居向破損
須坂領	7月	10,000			55 93	51 6	94 628	5	4	14	1		寺14 3	8 3		24		数百ヵ所	950間 数百ヵ所				陣屋・住居向・土塀、家来宅・長屋向所々大破損
椎谷領		10,000			56	77								46	4 ←お手当金		5,147石						草間・羽場・清水・中山田・間御所・中御所・奥山田・大熊村
松本領	5/7	60,000			396 342	761 628	72 31	26 247◎ 270△	99 24		18(14) 52◎ 167◎	5(9) 1		67 161	5 25		579石	73 (900間)	泥水溜 41	137ヵ所 (30,233間)	49	1,477	城内損あり、一は別史料
飯山領	5/6	20,000		城内 城下 郷	85 980◎△ 1,333◎△	11 730	4		1	6 10				86 307 1,122			5,161石 2,207石	5ヵ所切 計563間		4 9		3	城内櫓潰損2 石垣崩れ3 塀倒数10
高田領	5/28	150,000		→城内建物	477		1,541 132	24		248 4	4		10	5	28		泥沼454村	244ヵ所損				24	主手・塀・塀・櫓・橋大破
松代領	7/9	100,000		町家中在	175 38 9,337	105 286 2,802	144 654 5,627	41 35 857	30 111 634	60 176 430	4 276	1 80	12 1,484	32 2,653	24 2,262		石 32,805 ×38,840	×間 97,160 ▽10ヵ所 31,482間 ▽14	146ヵ所 4,674間 水津 53ヵ所 27,303間	131,252間 33,489間	113 260 181損	40,979 ヵ所 72	城中・櫓・塀、関川関所・塀大破9 蔵破倒1、小破
		5,000		洪水										22									
(松平邦馴守) (塩崎・今井・上・中水鉋)			(305)	(1,456)	264 5	264 5		61 48	112		5		1	87 圧死9	20		2,724石				7		←流出
稲荷(権堂領・栗田村→大島村)	4月		307 120	1,163 558	274◎ 4	33		△48	△15		3			89 5									
川浦陣屋(小笠原信助)		37,257	8,865		293	1,034	248	2		43→17		←45		16	77		6.2町	┐24ヵ所		有		6	
松代(八幡神領支配(飯縄領)	4月				41 4	22 4		△51	△5 1		1	8		17 3	18 3			┘					
上記の計					19,831 7,109 (含洪水)		9,525	2,586	1,151 1,210 △43→		689	114 45	1,534	8,174	4,116	120	6.2町 454村 133,048石	数百ヵ所 155,140間 33,347間	245ヵ所 33,347間 24 (▽を除く)	155ヵ所 195,136間	635	42,569	

×埋、▽トイ、◎合焼失

表248-2 『むしくら日記』による被害．これは巡回による調査

村　名	惣家数	居家 潰	居家 押埋	居家 焼	居家 半潰	人口	死者	備　考
茂　菅	41				1	200	1	山抜，岩抜
鑪	15	13				70	3	〃，皆潰同様
桜　平	50	22				280	10	山抜
泉　平	25	6				140	3	〃，遠見のみ
上　屋	130	20			20		8	山抜多，枝村グンダリは全村傷寒にて難渋．モス原耕地大抜
広　瀬	100	10	8	15	15	500		
入　山（清水，影山，犬飼）	200	40		有		900		
栃　原	220	8			15	1,000	3	←山抜見えず
志　垣	60	6			8	360	1	｝善光寺より紙買入商人来らず困窮す
追　通		0					0	
上祖山	112	3			22	520	4	
下　〃		13						13軒は抜落，家族全滅4軒，寺1押埋
小　鍋（千木・中・国見組）	150	30	2		6	900	18	中組は抜多く，国見組は抜あれど格別の事なし
山田中（上組・下組）	100	13	39		10	500	50	大抜，耕地半ば抜崩
宮野尾	100	30		3*	15	500	10	*潰の上焼失
坪　根	61	35	2		16	380	10	飯綱山抜落
倉　並	41	11	22		6	220	60	山上より一時に大岩等落下
五十平	68	30			6	340	10	地割れ多
橋　詰	160	60		1	6	800	40	上組30軒皆潰，用水止る
岩　草	150	105			30	700	5	抜多し
念佛寺	130	85	3		30	700	30	臥雲院抜落
梅　木	110	50	6		30	600	70	
地京原	130	全滅か	10			700	80	虫倉嶽8分目より抜落
伊　折（上組，中組）	170	15	17		10	500	90	凡10軒50人大岩の下敷になる
和佐尾	80	18	5		7	390	7	抜崩あり
椿峰	130	8						被害少し
瀬戸川		有			有			地上り多く，押埋なし，1町もすべりそのまま住める家あり
古　山	100	13	6			510	10	小さい山抜あり
上　野								明松寺庫裡・本堂押埋，山門潰
花　尾	82	37	2	9		430	40	山抜多
竹　生	130	27	6			680	13	山抜あり
小弥山	200	7			40	1,000	1	
立屋（棒峰の内）	42					200		
久　木								山抜あり，遠見のみ
夏和・奈良井		多						田畑損所・山抜は格別にはなし
中　条	130	87			22	600	44	田畑所々崩
青　木								水入有，田畑格別荒所なく，潰も中条より軽し
専　納	36	27			6			耕地大半抜落
長　井	110	68*					20	*含流失
五十里								大抜なく，耕地水入り
大安寺								無難の様子，土尻川橋落
笹　平	79	70			3	390	25	耕作者少く，商人多し
瀬　脇								抜所多く，田畑多分流失
吉　窪								〃，田畑損多し
深　沢								山抜，堰止め高さ4〜5丈，耕地水入

148　4　被害地震各論

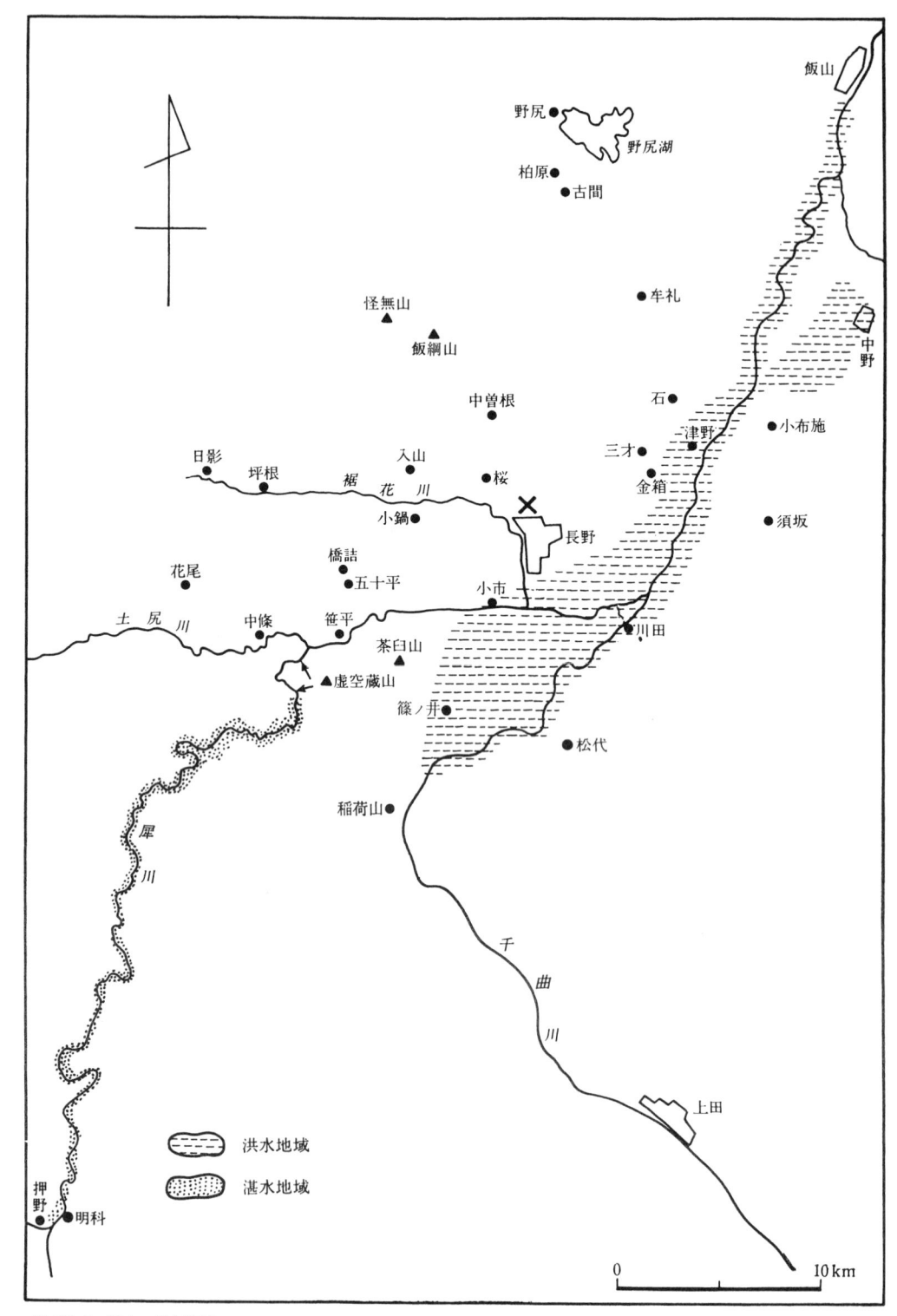

図 248-3　湛水・洪水地域

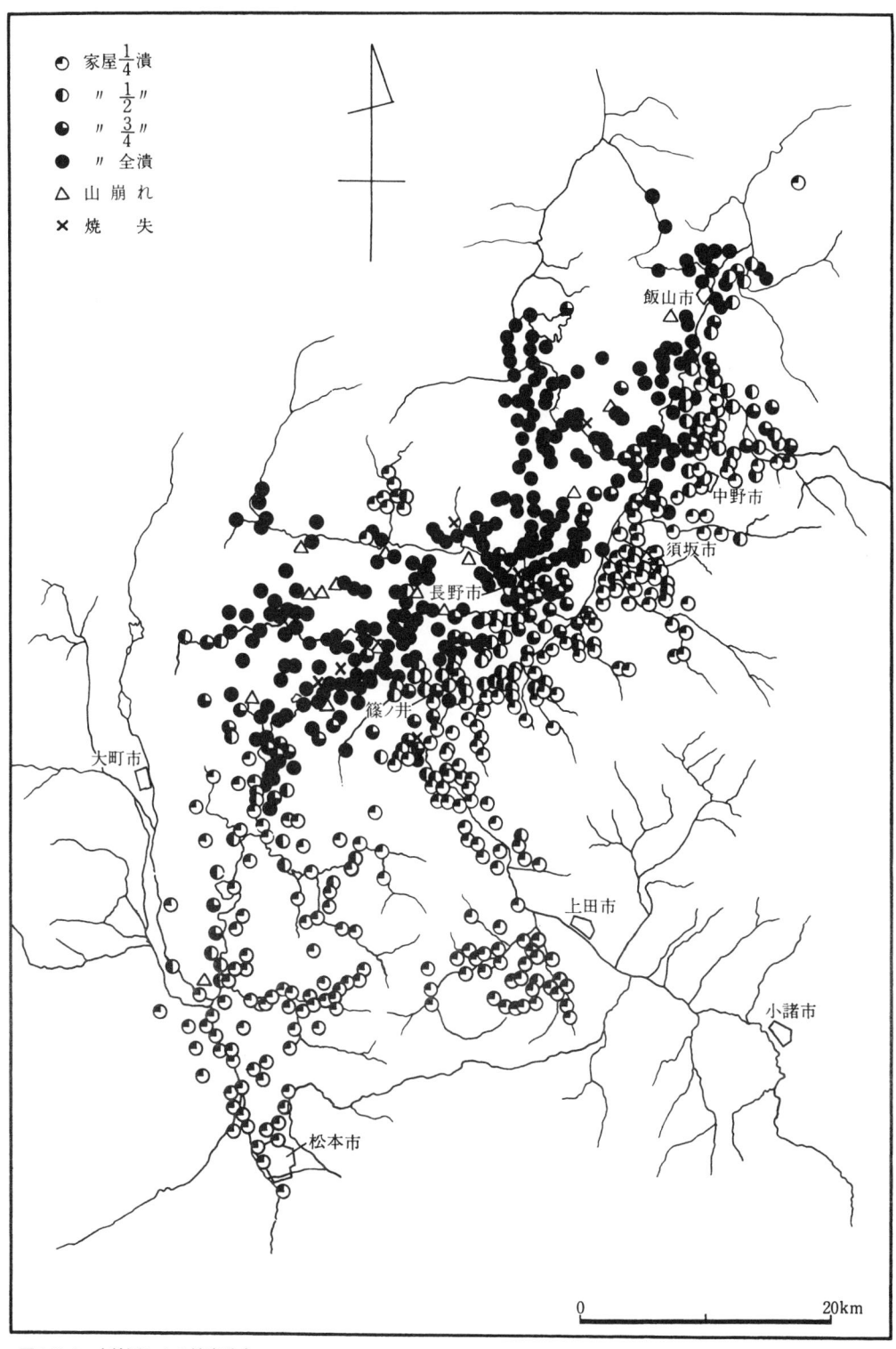

図 248-4　古絵図による被害分布

日夕七ッ半時の余震はことに強く，壁割れ，石垣が崩れた（稲荷山，松代）．

この地震で犀川の右岸，虚空蔵山が崩れた（図248-3 矢印）．崩壊は2ヵ所で上流のものは高さ約18丈（48 m）（ここと押野との落差は約100 mある．一説によると30丈（90 m））の土堤となり，川を堰止めた．下流のものは高さ約10丈（30 m），長さ200間（360 m）たらずで藤倉・古宿の2村を埋めた．このため上流は湖となり，高瀬川との合流点押野（現明科町）まで水をたたえ，数十ヵ村が水没した．また，犀川口の小市村で山崩れがあり，川へ80間（140 m）ほど押し出し，川幅がわずかになったので，これを取り除く作業を行っていたが，4月13日に至り，上流の土堤が崩れ，水が一時に流出し，下流で流失810，泥砂入家屋2,135，流死100余人となった．洪水高は小市で6.5丈（21 m）（？），千曲川で2丈（6 m），松代で2尺（0.6 m），川田（犀川と千曲川の合流点）で5尺（1.5 m），飯山で1.3丈（4 m），長岡で5尺（1.5 m，あるいは1丈（3 m））という．小千谷でも水嵩が増し，信濃川河口で1丈（3 m）余（？）という．このほかにも裾花川の岩下で山崩れのため川が止まり，高18丈（48 m）の土堤となり湖（幅4町（440 m），長20町（2.2 km））を作ったが7月20日夕決潰した．また，土尻川も山崩れのため中条村五十里で堰止められ4月10日に決潰した．また信州新町の柳久保川も堰止められ，3年かかって湛水し，現在の柳久保池となった．

長さ約40 kmに及ぶ地震断層が出現した．飯山市の北方から長野盆地の西縁に沿って長野市小松原に及ぶほぼNE-SW方向のいくつかの断層が同時に活動した．上下変位は6尺～1丈で西側が隆起している．また，長野付近で落差2.4 m．図248-4は『弘化丁未春三月廿四日信州大地震山頽川塞湛水之図』（江戸日本橋一丁目山城屋佐兵衛・信州善光寺大門町蔦屋伴五郎発行）の古絵図から作った被害分布図で千曲川北西の山地に被害が大きく，千曲川の低地とその南東には被害が少ないことがはっきりわかる．山崩れが被害を大きくしていることもうなずける．表248, 249-1 は被害一覧．249番の地震の被害を含む．高田領の被害はほとんど249番による．有感は茂原（千葉県），秋田県仁賀保，仙台，山形県西川町・鶴岡市・立川町．（☆）（♯）

249 1847 Ⅴ 13（弘化4 Ⅲ 29）昼九ッ時　越後頸城郡　$\lambda=138.3°E$　$\varphi=37.2°N$　(B)　$M=6\frac{1}{2}\pm\frac{1}{4}$　図249-1は震度分布で図中のアンダーラインは24日より弱く感じたところ．オーバーラインは24日より強く感じたところ．24日の地震被害と区別できないところが多い．頸城地方で潰家・大破ならびに死傷あり．地割れを生じ，泥を噴出し，田畑の埋没したところもあった．川浦陣屋大破，黒井で半潰10，今町（現直江津）の川端町で潰40，液状化現象もあったらしい．24日の地震で無難・小破の家が29日にそれぞれ破損・大破になったともいわれる．また，29日の地震で高田家中皆潰17，足軽長屋残らず大破ともいう．今町で300余潰という記事もある．東在（高田の東方という意か）でも潰あり．当日および3月24日の地震で頸城郡の代官領の村々136ヵ村（戸数4,596）で潰293，半潰1,034，大破148（または248），死16という．また，高田城内（異本によると町在）で全潰447，破損1,671，死5人あった．山形県立川町有感．

——＊　1847 Ⅷ 27（弘化4 Ⅶ 17）　陸前沿岸に海潮溢れ，大小船75艘漂蕩し漁夫335人溺没すという．地震記事なく，風津波か？

250 1848 Ⅰ 10（弘化4 Ⅻ 5）　筑後　$\lambda=130.4°E$　$\varphi=33.2°N$　(B)　$M=5.9$　柳川

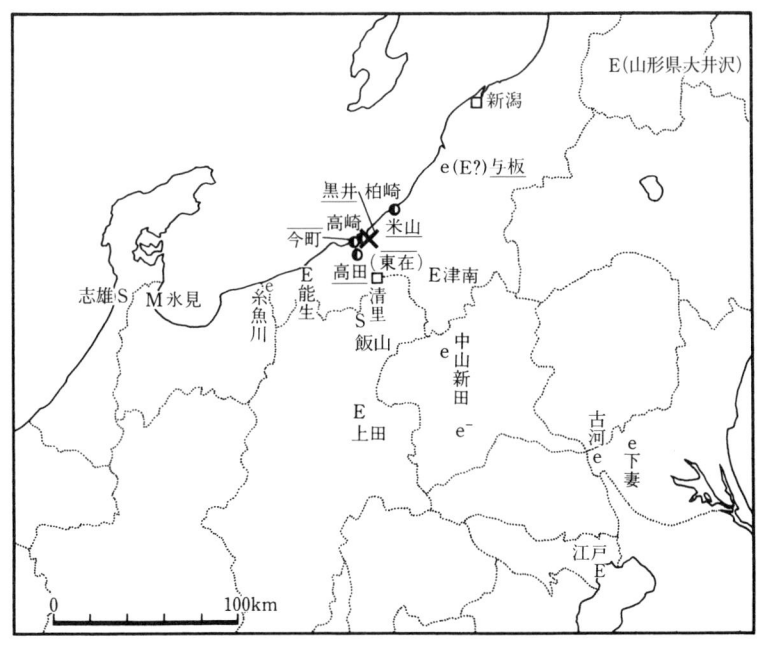

図249-1 震度分布

で家屋倒潰あり．

251 1848 I 14（弘化4 XII 9）八ッ時（暁）過ぎ　津軽　$\lambda=140.6°$E　$\varphi=40.7°$N（A）　$M=6.0\pm0.2$　弘前城内各所で塀の倒れ，壁土の落下あり．弘前で蔵の壁落ちた家，梁の落ちた家，商店の瀬戸物の痛んだ家あり．黒石・猿賀（弘前の北東）辺でとくに強く，潰家ある由．ところどころで土蔵損．青森で棚の上の物が落ちた．浪岡で小被害．鰺ヶ沢・比内・平賀で有感．

251-1 1848 I 25（弘化4 XII 20）昼四ッ頃　熊本　$\lambda=130.65°$E　$\varphi=32.85°$N（B）　熊本城内石垣損じ，座敷などの壁落ちる．隈府でもろみこぼれる．甘木・柳川・佐賀・福岡・神崎・牛津・河内町（熊本県）・萩で有感．

251-2 1848 IV 1（嘉永1 II 28）明け六ッ時　長野　横山（現長野市城山）で瓦の落ちた家ある由．羽尾村（現戸倉町）で潰家16軒という．江戸・高田・糸魚川・秩父・近江八幡・柏崎・清里・稲荷山・諏訪・高崎で有感．

251-3 1848 VI 9（嘉永1 V 9）寅の下刻　江戸　両国で行灯倒れる．加賀藩邸土塀少々損．山形県西川町・高崎・栃木県二宮・黒羽・壬生・秩父・古河・銚子・流山・立川・甲府・駒ヶ根・飛騨で有感．

—— 1851 XII 30（嘉永4 XII 8）津軽　棚の上の物落ちる．

—— 1852 －－（嘉永5 VI －）堺　『堺市史』に「それ程の被害に至らなかったが……」とあるのでわずかの被害はあったのかもしれない．

—— 1852 X 8（嘉永5 VIII 25）安芸　『加茂郡志』に「…然れども害客年（嘉永4年）

152　4　被害地震各論

より減ず」としてあるので，少々の被害はあったのかも知れない．しかし嘉永4年の地震未発見．

252　1853 I 26（嘉永5 XII 17）午刻過ぎ　信濃北部　$\lambda=138.1°$E　$\varphi=36.6°$N（B）　$M=6.5\pm\frac{1}{4}$　善光寺本堂裏石塔・夜灯大半倒れ，長野市中下屋の損あり．松代藩の水内・更級郡での被害は居家潰23，半潰15，大損9軒，土蔵潰3，半潰1，郷蔵潰2，堂潰2，宮半潰1，山抜崩210ヵ所，道裂破損930間余，橋落損45ヵ所．赤倉で潰4軒．上田・水戸・秋田・米沢・山形県西川町・清里・妙高・糸魚川・氷見・坂城で有感．

253　1853 III 11（嘉永6 II 2）巳刻頃　小田原付近　$\lambda=139.15°$E　$\varphi=35.3°$N（A）　$M=6.7\pm0.1$　小田原で被害大．天守の瓦・壁落ち，城内ところどころ潰・大破多し．大砲台三ヵ所破損．おもな被害は表253-1のとおり．とくに小田原城下19町のうち竹ノ花町・須藤町・大工町は町家総潰れ．箱根・根府川等の関所破損．二子山付近で落石のため道路2日不通となる．山崩れは341ヵ所，道了権現大破．真鶴にも被害．おもな村の被害は以下のとおり．

須雲川　箱根山中の旧東海道には大きな被害があり，通行が3日途絶えたという．鑽雲庵では地蔵堂半潰，小家潰3軒，灰小屋潰1軒，石垣崩れ16間であった．

山田村　以下 (x, y) の x は潰，y は半潰の意味．居宅（14, 24），小屋（5, 2），灰小屋

表 253-1　小田原領の被害

		死	傷	潰	半潰	破損
小田原領	侍屋敷			31	28	192
	侍土蔵				30	
	長屋等			8	1	41
	町屋		3	20	103	430
	同土蔵			28	276	84
	町寺社			72	132	
	同蔵			3	13	
	百姓家	23	10	824	1,405	1,260
	同土蔵			88	282	145
足柄郡山田村	家	1		14	24	
	土蔵				10	
	計	24	13	1,088	2,304	2,152

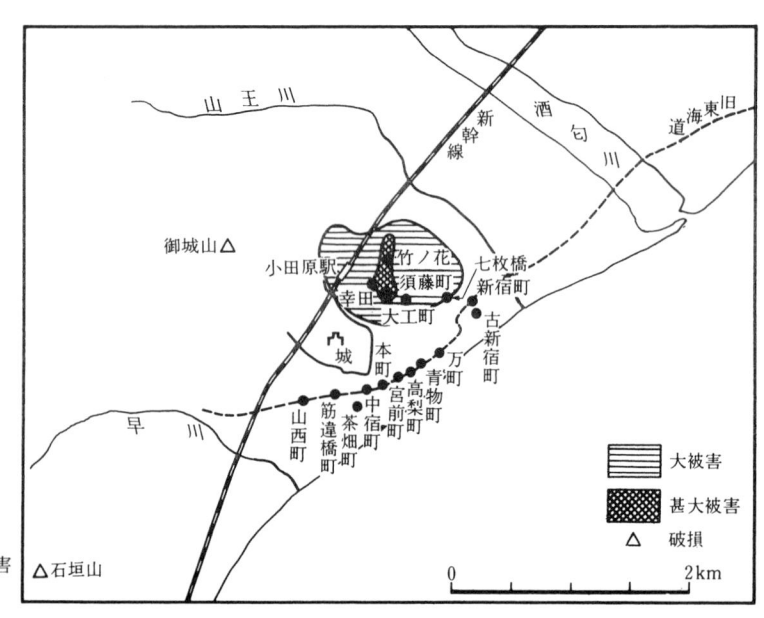

図 253-1　小田原市内の被害地点

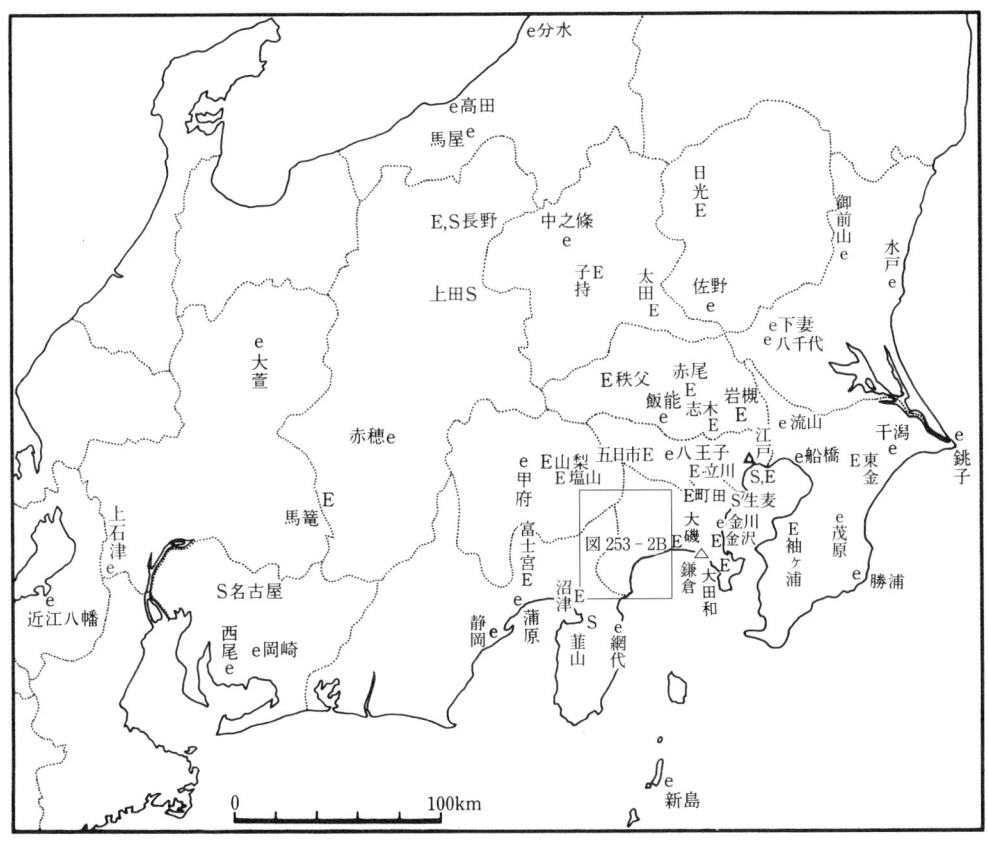

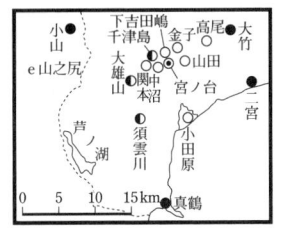

図 253－2A　震度分布

図 253－2B　震度分布

表 253-2　関所の被害

関所名	番所	門	高札場	柵	石垣	番人居宅
箱　　　根	椽頬・根太大破			ところどころ損	25 間余孕む	
根　府　川				惣体倒損	ところどころ崩れ	
矢　倉　沢	大　　　破	大　　　破	損		同　　　上	大破 3
谷ヶ村*		損		16 間余倒	27 間崩れ	
川　　村**	大　　　破			ところどころ破損	ところどころ崩れ	
仙　石　原	傾　大　破	傾　大　破		150 間損	41 間崩れ	半潰 1

*その他地割れ・岩崩落ところどころにあり．
**別の資料によると，このほか門破損，番人住居 2 損じ．

表 253-3 箱根往還の被害

宿	石垣崩れ	往還地割れ	往還道欠け堀崩れ	敷地崩れ	敷地割れ	敷地欠け	その他
箱　　根	2間2尺						
畑	4間5尺	52間					二子山付近落石（大は8～9尺の石），往還へ数不知.
須雲川		89間		112間	61間		
湯本茶屋	5.5間		7間半				
湯　　本	5間1尺		53間半	120間	27間	7間	敷地堀崩れ 18間
入生田	4間			4尺			同　　上　12間
風　　祭	7尺					2.5間	
板　　橋	4間				110間		御用水路，欠所315間3尺5寸.
網一色		20間					
前　　川						14間	
川勾						3間	
山　　角							御用水路崩れ 451間3尺，うち394間町内水道.
筋違橋							御用水路崩れ 164間，御林地崩れ 76ヵ所，根返松 150本.

表 253-4 高尾村の被害

高尾村	本宅	本室	板蔵	灰屋	馬屋	薪部屋	高札場	金山権現	清雲寺庫裡	ほかに
潰	4	1	0	8	5	3	1	1		死2人
半潰	1	1	2	7	1	1			1	傷1人

（被害家の数18軒）

(17, 17)，水車 (2, 0)，馬屋 (7, 14)，物置 (0, 2)，土蔵 (1, 1)，ほかに土落5，酒蔵 (0, 1)，ほかに土落1，醬油蔵土落1，死1，高札場1，半潰（弥酒堂，慈悲庵），本潰（了義寺の弁才天・門），鐘楼堂1ヵ所.

金子町　本家 (52, 45)，土蔵 (2, 6)，馬屋 (32, 14)，灰屋 (48, 11)，隠居 (1, 0)，物置 (1, 7).

府川　家 (4, 19)，灰小屋 (1, 0)，板倉 (0, 1)，厩 (0, 1)，物置 (0, 2)，居宅 (0, 1). そのほか，田畑堤などの被害が大きかった.

小竹　潰家が数軒あったらしいが正確なことは不明.

地震は引続いて2度あったらしい. 『乙卯珍話』によると余震は2日30回，3日25回，4日2回，また3日と13日の余震は強かった. (#) [参考：宇佐美，1977，震研彙報，52, 333-342]

254 1854 Ⅶ 9（嘉永7〈安政1〉Ⅵ 15）丑刻　伊賀・伊勢・大和および隣国　$\lambda = 136.1°E$　$\varphi = 34.75°N$ (A)　$M = 7\frac{1}{4} \pm \frac{1}{4}$　6月12日頃から前震があり，13日午刻過ぎ，未刻前に大震あり. 夕刻までに小震27回. 14日には数が少なくなった. 15日卯辰の頃に上野・奈良を中心としてかなり大きい余震があった. 6月21日20時頃にもかなりの余震. 伊賀上野・四日市・奈良・大和郡山付近で被害が大きく，おもな被害は表254-1のとおりである. 奈良の古市では堤が決壊し，濁流のため約60人が死んだという. 木曾川・町屋川・朝明川・鈴鹿川などの土堤には裂け目ができたり，沈下したりしたところが多かった. 紀伊半島沿岸では震度Ⅳ～Ⅴと推定され，住民は津波の心配をしたという. 丹後の宮津・信州の伊那・大垣・岡崎でかなりゆれ，広島で有感. 信州の妻籠付近で往還損じたという. また，ある古文書には"地震寸法"とし

1853～1854

表 254-1 被害一覧

地名	領主名	郡名(国名)	万石	家 潰	家 半	家 破	蔵 潰	蔵 半	蔵 破	小屋等 潰	小屋等 半	小屋等 破	寺 社 潰	寺 社 半	寺 社 破	石垣	堤	橋	山崩れ	死	傷	その他
長島	増山河内守	桑名・三重	2.0	1						1			1			崩れ1	引割どころ					櫓傾1、住居同、多門破損
桑名	松平越中守	桑名・三重・員弁	11.3	1 137	42 2 256	32	2 3 5	11 1 58	9	6 100	1 65		5 28		15		2万間<損	4		4 26	1 17	城内櫓・塀・多門等潰・破損多［城内城下在］
八田	加納備中守	員弁・三重	1.3	7	8	20	1	2		2	8	4						1				#四日市東阿倉川に陣屋あり
菰野	土方備中守	多気 員弁15ヵ村 栗田3ヵ村	1.1										1				川筋割れ5					
神戸	本多伊予守	三重・鈴鹿・河内	1.5	37 144 130	6			23 24 83	26 183 327	9 106 632	6 92 818	32 304 171	8 11 116	9 ヵ所 189	140		14 ヵ所	3		8+2 36		町方 城内石垣等所々破損 ←郷内町・鍋小屋
亀山	石川主殿頭	河曲・鈴鹿・三重	6.0	6 61 271	35 99 939	163 819 3,023											42,620間	235 道926間 作道576ヵ所		1,633	38	52	櫓・天守等破損多 武家町在
津	藤堂和泉守	伊勢	27.1	90	208		42	60		220	158		13		4		*49,552間	61	632 落石85	13	22	表には城内を含まず
	藤堂佐渡守	伊賀		2,270 3,883			306	654		2,007 3,146			144		140		*369,910間	385	471 943ヵ所	625	994	城内大破
久居		山城・大和	5.3	245	661		131	273		201	345		14		13		*32,067間	28	731	65	75	*含道、田畑、山川、池次
	藤堂佐渡守	伊勢・山城 大和	5.3	89	191		37	45		121	88		19		9		計2,096間	21	209	1	21	田畑欠613所 (47.68町)
郡山	松平時之助	大和・河内 近江	15.1	2 141 9	388 21	30	29 5	25 247 3	7	100 11	40 10	1	63	22 120間	19		587ヵ所 8,332間	道141ヵ所 1	1	44 4 2	21	城内大破 武家 紀州・田畑2,588所(17.82町) 江州 櫓11 大破、1倒、門朋3
膳所	本多隠岐守	近江・河内	6.0	96	228					164			27				1,288間 +3,942間			8	24	大破9
水口	加藤越中守	甲賀・河内 坂田	2.5	181	479	232		572			1,115			118		364間	2,971間	道2,970ヵ所 143ヵ所		9	15	櫓等大破
他	松平周防守	甲賀・野洲・蒲生		254	352		375		419*				85					道206ヵ所 14	80			
五井	松平伯耆守			10	69		37(合小屋)										16ヵ所 860間	道95間崩れ 1			32<	役所向半潰、土蔵大破2、塀倒、高札場潰1
四日市	有馬備後守		1.0	82	35			34		64	15		22		15		有			9	13	
奈良				347 (780)			(69)						10							198<		
大阪府				700- 800					3											280	300	奉行所これる、土蔵壁落多
他				145<	15<		2					1							32< 数十		
	多羅尾久右衛門	近江・山城・河内・伊勢 野洲・蒲生	1.2657	(50) 1-2	(18) 8		1		2<												含四日市
				807 焼62	1,098		113 10	90		200 51	104		97		26		約53万間 622ヵ所	897ヵ所 道347+ 576ヵ所+ 約4,000間		179* 焼死69	*(合傷) 63 (傷) 焼	四日市は最後の行に含まれているらしいので除く *：傷を部分的に含む ▽：含小屋（部分的）
計				5,787 9,138 4,334			1,246 1,848 ▽8473,995 4,881 512						570 85 127 433 159							4,506 1,308* 1,664		

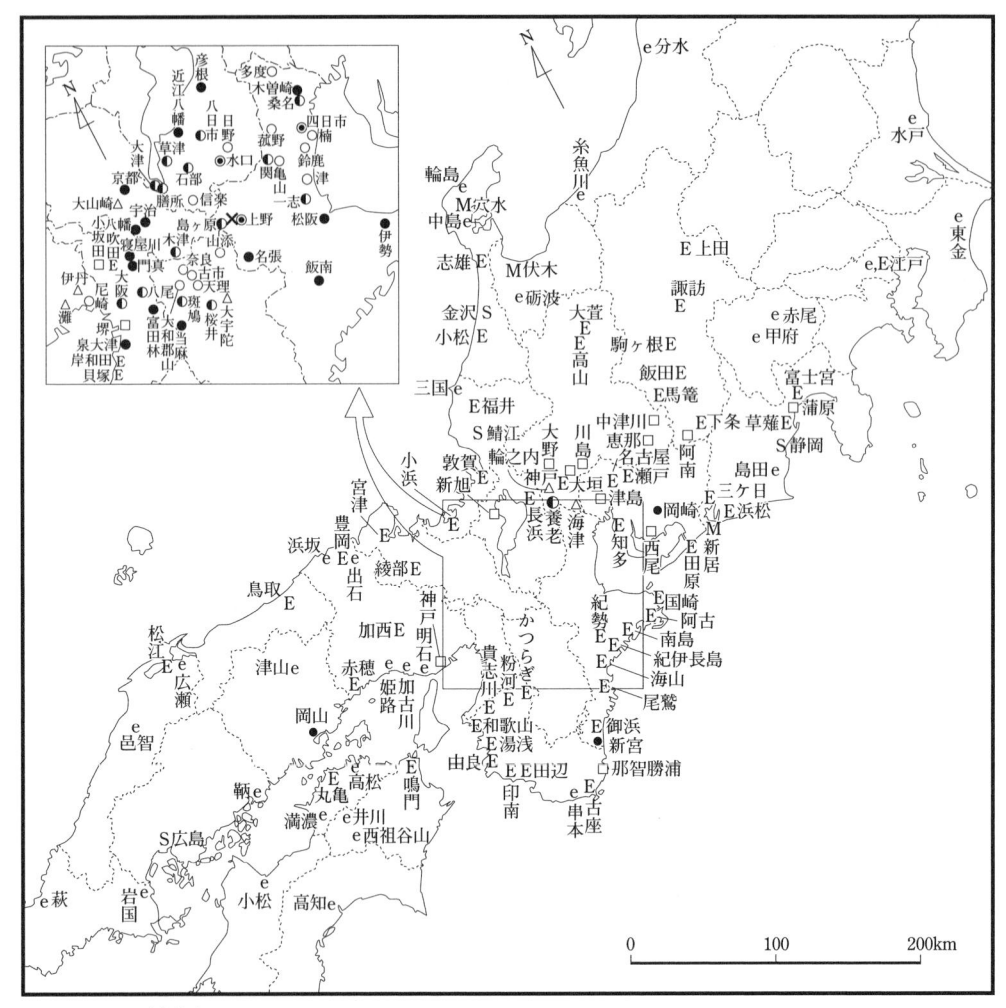

図 254-1 震度分布

て，奈良・上野 1.8 尺，郡山・四日市・古市・木津・河州 1.5 尺，江州 0.9～1.2 尺，福井 1.0 尺，京都 5 寸，大阪・堺・紀州・丹波・丹後・播州 3～4 寸と記されている．図 254-2 は大阪と奈良における余震数の一例である．文献による差異が大きい．また，図 254-1 に推定震度分布図を示してある．震源断層は木津川断層系に比定される．震央はこの断層系の中央にとった．(☆)(#) [参考：萩原編, 1982, 古地震, 東京大学出版会；中西ほか, 1999, 歴史地震, **15**, 138-162]

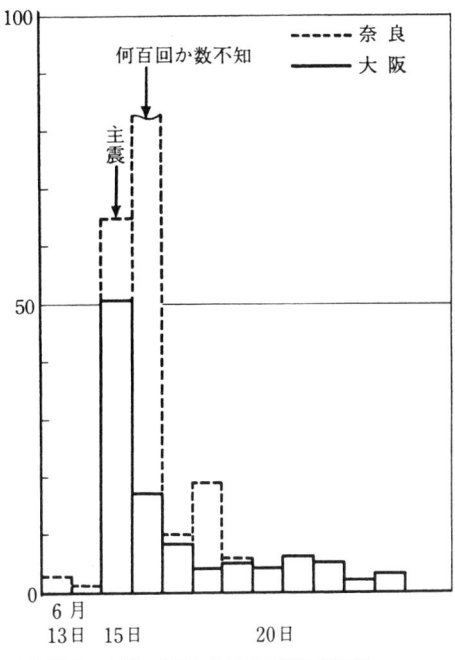

図254-2 大阪・奈良における日別余震回数

— 1854 Ⅷ 25（嘉永 7〈安政 1〉閏 Ⅶ 2）子刻　八戸　城内朱印蔵，その他土蔵破損，家士町屋の被害多し．次の地震の誤記の可能性あり．

255-1　1854 Ⅷ 28（嘉永 7〈安政 1〉閏 Ⅶ 5）夜四ッ頃　陸奥　$\lambda=141.6°$E　$\varphi=40.6°$N　(B)　$M=6.5±\frac{1}{4}$　三戸で蔵の壁痛，弐階落ち，屋根石転落などあり．八戸で御朱印蔵などの蔵大破，地割れあり．米沢・秋田・花巻・黒石・弘前・鰺ヶ沢・青森・江戸で有感．

—* 1854 Ⅹ 11（嘉永 7〈安政 1〉Ⅷ 20）伊勢　木曾川堤破壊し，桑名郡老松輪中の地の家屋流失し，死 70 余．史料少なく要再考．

257*　1854 Ⅻ 23（嘉永 7〈安政 1〉Ⅺ 4）五ッ半過ぎ　東海・東山・南海諸道　$\lambda=137.8°$E　$\varphi=34.0°$N　(D)　$M=8.4$　**安政東海地震**　地震 257, 258, 259 の被害は重なり合って分離し難い面がある．表 257, 258, 259-1 は上記 3 地震の被害一覧で少なめに見積ってある．表中では同類のものの和となっているので，文中の被害数とは異なる場合もある．図 257-1 の海岸の数字は津波の高さ（単位 m），傍線つきの地名は，そこでは 5 日の地震より強く感じたことを示す．図には震度を決めた地点のうちの一部を示している．詳しくは「わが国の歴史地震の震度分布・等震度線図」[平成 6・3, 日本電気協会]を参照のこと．ただし本書の震度分布と多少の差異がある．被害区域は関東から近畿に及ぶ．有感範囲は東北から九州東半に及ぶ．推定震度は図 257-1 のとおり，ただし天龍川沿いの山中の震度は不明．有感範囲の広さと震度 Ⅴ, Ⅵ 以上の地域の面積から求めた M を 1944 年の東南海地震とくらべると，M の値がほぼ妥当なことがわかる．震害の最もひどかったのは沼津から伊勢湾にかけての海岸で倒潰率は 10% 以上，過半に達する宿も多く，佐夜の中山全潰，袋井も 9 割方潰れ，死 200．また出火も多かった．小林（愛鷹山のふもと）では長さ 2 丁（220 m），幅 50 間（90 m）の地がめり込み民家 12 軒が土中となり，やっと棟が見える程度であったという．富士川流域の白鳥山で山崩れ，橋上で死 6，富士川はそのために水が止まり，徒歩で渡れたという．同支流の稲子川の上稲子付近，安倍川および同支流の藁科川流域の多数の地点，大井川支流の笹間川流域の遠見場山や東光寺山などでも山崩れが発生した．沼津城内住居向残らず潰れ，侍屋敷潰 62，領内の駿河・伊豆・三河で家潰 1,648，半潰 823，土蔵潰 416，半潰 72，死 51 人．久能では陣屋ほか，与力・同心住居残らず大破，百姓家潰 257，半潰 88，死 10．三島宿は 986 潰，

158   4 被害地震各論

図257-1 震度分布

1854

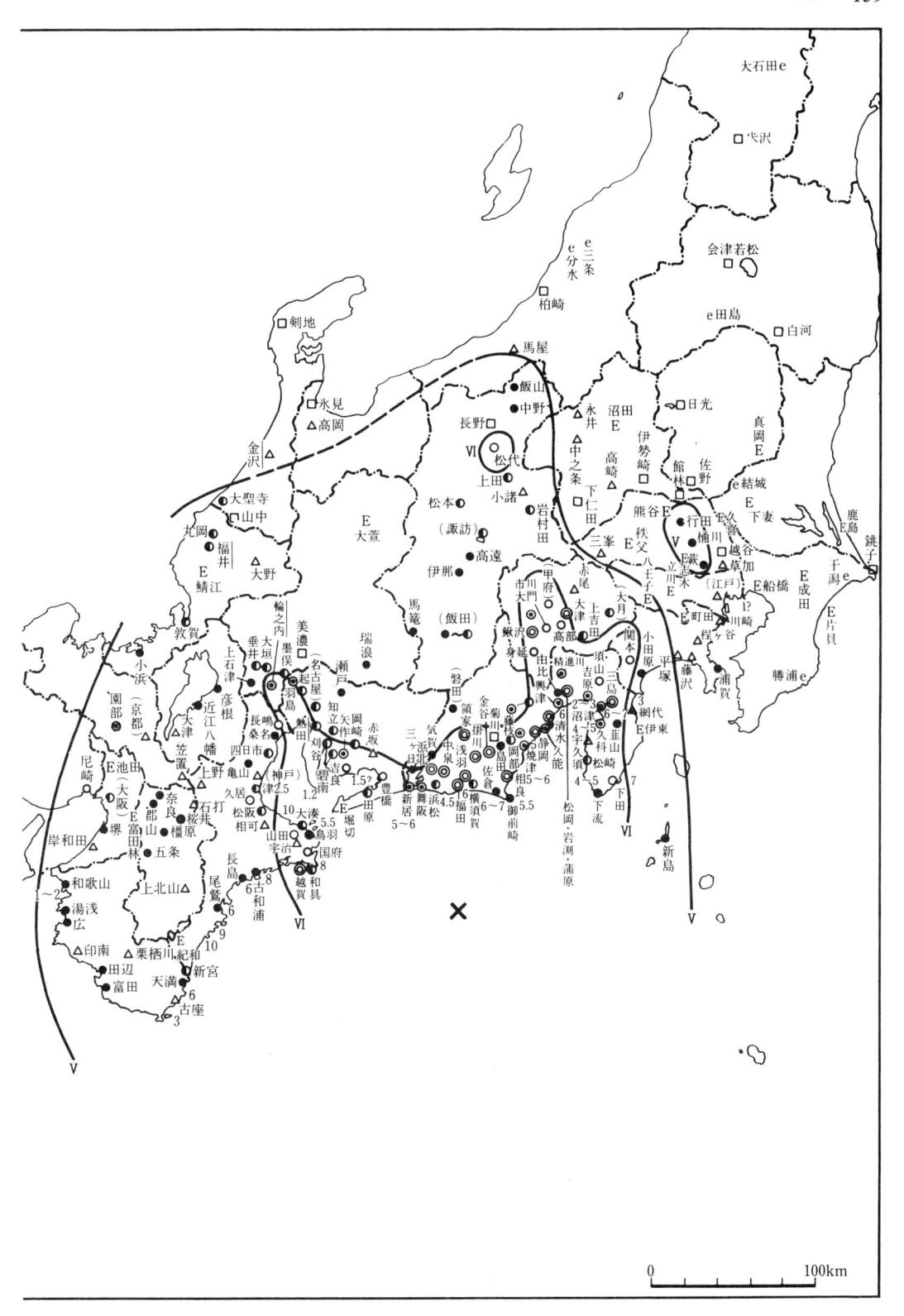

160　4　被害地震各論

表 257, 258, 259-1　被害一覧

知行主	場所	死	家 潰	家 流	家 半	蔵 損	蔵 潰	蔵 半	蔵 損	寺社 潰	寺社 半	寺社 損	城・役所向	堤	堰	舟	田畑	道	橋	地変、井戸水	津波	その他
荒井清兵衛	甲府	5<	32		343									欠崩割れ多し						湯涌出、井増水		
森田岡太郎	甲州村々		1,500〜		2,300〜															地割れ・噴泥ところどころ		
	石和代官46ヵ村	20〜	243		477		206			66												
寺西直次郎	巨摩郡山梨郡21ヵ村		23			59			52△													
真田信濃守	松代藩		29		114		22	86		4		14	瓦・壁落、建物倒156間く、ところどころ破				1,263石	523間	19	山崩れ35		
	城下	5	103		202		201	70						5	205間							
	在方		20		260		3	92		2		5										
諏訪因幡守	諏訪藩家中		9		7	29			5				櫓ゆがみ2、門潰4、塀・石垣、住居向ところ大破							震割れ・震込120間、地変あり		
	町在		56		113					1				120間く					15間<			
飯田		2〜3											櫓半3、石垣、居向大破ところ々							地割れ噴砂山崩れあり		
	町在		2		3(589)		(1)		1	1		1(正念寺)								天竜川濁る		
松木町在		3	41焼91		76	36	3	193		2		57	櫓大破2、石垣崩20間									
上田藩			10(19+5)		3	23(26)				1		大3	石垣崩8間2尺 1ヵ所									
内藤豊後守	岩村田		3(35+6)		14	8		1	2													4日と5日
松平越前守	福井藩家中		65		48		6			4		22ヵ所	櫓・蔵の壁落多く、反り	12ヵ所						北海浦・地割れ、噴水、家ゆり込み1尺		
	町		30		125		6	12		1												
	在		112		215		5	15														
竹腰兵部少輔	今尾城		3		1	10				5		4						1				
	今尾領内		229		136		8	21														
戸田采女正	大垣城		53		78					13			天守・櫓・多門(153ヵ所)住居向他破損、壁多し									4日と5日
	町	2	57		31		25			4								3,580間ゆり下り				
	在		151		145		20															

1854

知行主	場所	死	家 潰	家 流	家 半	家 損	蔵 潰	蔵 半	蔵 損	寺社 潰	寺社 半	寺社 損	城・役所向	堤	堰	舟	田畑	道	橋	地変	津波	その他
幕領	下田	99	986+ 19 焼45	(816) 841	(43) 30		173	15								33<				地割れ・噴泥有		
	岡方			(112)	96																	
	柿崎	23		(111)	75																	
	木郷			(69)	13																	
	中		(12)																			三嶋明神全潰
	三島				47		223+ 4 焼26	29		22カ寺+ 6+18	1カ寺+ 11+3							割れ12 カ所	9			
水野出羽守	沼津 家中城		68 焼3		30		7	4					門:潰2、破3 石垣など潰・ 役所破損多し							*他に埋10	
	駿河	51	1,417*	3	637	390	395 流11	54		270	32		塀倒50間<、役所 家中・長屋大破			24					
	伊豆		144	11	44	56	20	13	3	3	6										
	三河大浜陣屋								3												
	三河		87		142	206	1	5		40	2										
	江尻 13町	21	125		123							54									
	清水 8町	(50) 56	33,潰 焼705 (760)				潰2 170			焼2 7			(___は潰焼)								
松平丹後守	小島領府辺 村々	3	267, 焼5		298	268	6	11	8	7	13											1,174
	府中宿	9	潰焼 274										御殿向・橋・多門 崩、石垣孕み多し			50				地割れ、噴泥・ 水、安倍川地割 れ、増水		人口 家数 1,175 274
	府中惣町94 町	52	408, 焼578		365	3,066																20,544 4,417
	浅間社									有												
	久能山		61< 焼2<							29<	9	7<	石灯籠 159倒									
	各組												柵崩れ多し									
酒井求次郎	神領	10	259		88		10	4		15				崩7	損9	18			流1 破2	山崩れ107		
本多豊前守	田中	2	58		111	148	5										ゆれ 込み 黒砂 噴出					

162　4　被害地震各論

知行主	場所	死	家 潰	家 半	家 流	家 損	蔵 潰	蔵 半	蔵 損	寺社 半	寺社 損	城・役場・住居	堤	舟	田畑	道	橋	地変	津波	その他
田沼玄蕃頭	城下	15	20 焼38	202		559	1			84 焼1	8	多門潰4, 蔵潰4, 石垣崩25, 屋敷潰54, 長屋潰36他	割れ 崩れ	損	潰, 割	2≪		山崩れ, 地割れ		
	町在		1,174 焼54	1,303			116	117		128]										
	相良・家中		長屋3				10			56		陬屋・門・玄関						地割れ多 土地3尺隆起 温泉出る(坂井村)		
松平能登守	" " 領	37	1,587	3		2,000 焼93	153 流1	99 焼20		10 焼1	16	住居向不残潰								
	志太・有度 郡						2													
増山河内守	郷		186	171			20	1		12	9	侍屋敷潰6, 蔵潰6, 役場向潰	3,022 間	107カ所	汐入			地裂け, 噴泥		
大田摂津守	榛原郡	2	237	256			6	14		12	15	役場向・長屋潰・石垣・塀破損	1,130 間		誠 ゆり凸 凹あり			山崩れ1		
	掛川		89	88			10			1								地割れなど多		
	城下		374		焼2 597		焼312			焼20		天守半潰, 櫓潰5, 蔵潰13 潰多	割れ崩れ有		有			山崩れなど多		
西尾隠岐守	領内	87	3,749	1,320	焼 3,857	1,243	458+46 186+19	30+2		112	56	3 門潰15, 天守破損, 櫓損, 住居破損								
	横須賀城	4	81	69		106	9			4		門潰1, 天守破損, 石垣崩, 住居向潰								池35潰
井上河内守	町	20	288 焼50	107			54	47 焼1		1			88,826 間				44	山欠崩れ275		
	在			1,113	焼205		243	23			34									
	浜松城		4	14		60	2						38,512 間		9,175 石		30	山崩れ56		
	城下		42	198			115	201				櫓潰1, 門潰5, 住居向玄関潰 塀1, 771.5間 石垣49.5間								
近藤鎌殿助	在	15	1,576	1,363 焼3		3,603	151+8	370		186	155									
	気賀(関所)											門・番所・役所向不残潰, 辰巳櫓潰・塀・石垣倒								
阿部播摩守	豊田・山名・ 引佐・鹿玉郡	17	966	142		62	64	50 焼2		15			3,814 間		2,800 石汐下 80町<	889間	7カ所			
松平美作守	山名・周智・ 豊田郡	24	540	91			52+10	27		32	7	3 隅屋・役所向不残潰	1,000<			199間				
松平伊豆守	吉田城		10	46		107	5	6		1	8	辰巳櫓潰, 住居向大破, 門潰, 櫓損多し								
	29町240村		653	808	焼4		155	151		31	26		30,884 間		5,680 石+ 90.1町		7			大田川・刈谷川 堤3,900間<
	今切関所		16			33								140						

知行主	場所	死	潰	家 流	半	損	蔵 潰	半	損	寺社 半	損	城・役所向	堤	堰	舟	田畑	道	橋	地変	津波	その他
本多中務大夫	岡崎城										41	石垣崩4ヵ所	14,342間	15ヵ所		2,035石	104ヵ所	21			矢作橋めり込む
大岡越前守	西大平家中 領		84		180				25												
徳川権大納言	名古屋		5		4 174	1	4	10	2	3				19ヵ所			3ヵ所(津波)				
	城下	4(7)	°147		4,081		253		146ヵ所			城内大破は無し、浜御殿大破、灯籠の倒損多し、舟蔵損有り									°武家屋敷(カ所) *堤根尾井桁長
戸田淡路守	渥美・額田郡	1	22		52▽	783▽	48△	2				陣屋・家中長屋大破	10.5*万間	840間		損6,940石	857	73			
増山対馬守	長嶋領	(71)	9		145	111<		15	3	61		櫓崩1、住居向等ところどころ破損	ゆり下り1,700間< 他1,660間< 破れる			510.8石					
笠松代官	15ヵ村							80		1							有				12ヵ村震下り
	四日市	170	140																		5日、他4日に潰50軒
藤堂和泉守	津城							1			9	櫓・住居向破損、石垣の孕・損多									
	町	2	50 汐入13	115	308		12	32	192	10(6)			20,335間*		1町3汐入	179.3町人	25		山崩れ57		*合道・溝手等
	領	2	157 汐入56	607	553▽		61	286	192	15			31,197間*	3ヵ所	(12)			4	山崩れ40		汐留破損133
	伊賀		118	1,387	1,680		8	3	3	4	7	住居向、侍屋敷小破									
	山城・大和		19	164				78		1	3										
藤堂佐渡守	久居(武家方)		°93間(24)	°10間(41)	°68間(1)		2(33)	8(1)	27		1	住居向・役所・同屏などところどころ大破、高塀倒559間、大殿破損	*622間								°長屋
(和歌山領)	伊勢・大和領		28	233			8	19					切れる			割19欠5	3		山崩14		屋敷欠4
	松阪(合近村)		49	440			20	478		3	42										
	山田町		284	626+29	1,196		31	142	498	5		子良館の板壁・屋根小損、石垣損10ヵ所							地割れ・噴水有	有	
	神宮		8	3	20		1	5	11												
	大湊	20-50		50				有				石灯籠倒									

164　4　被害地震各論

知行主	場所	死	家 潰	家 流	家 半	家 損	蔵 潰	蔵 半	蔵 損	寺社 潰	寺社 半	寺社 損	城・役所向	堤	堰	舟	田畑	道	橋	地変	津波	その他
本多伊予守	江村(神宮領)		1	4																		戸数133
	神戸 城		2		5	6		4	3		2		櫓半潰1, 役所向・石垣,塀等ところどころ潰・損	1,000間<				地割れ2				
	町		3		20		3	3			2											
	在																					
稲垣摂津守	鳥羽城		16	34	8	24 汐入27		2 汐入54	3 汐入7				櫓多門・住居向・塀・役所向ところどころ大破			90				有	
	町	2	2	5	45 汐入441	68			21													
	志摩町在	77	150	570	266 汐入2,761	1,129	27 流104	39 汐入55	217	3 流11	2 汐入4	7		18,390間<		1,869	米流2,421俵					田畑荒10,731石<
	勢州		9	2	28 汐入80	69	3	32	65	1 流1	3	4				18	米流26俵					
徳川家茂	紀州・勢州	699	8,498	18,086 (5)	焼(355)					流8	64			12,812間		1,992	16.8万石		28	山崩れ216		
安藤飛騨守	田辺町		28<		139<																	温泉異常あり
	在																			21	山崩れ4		
加納備中守	町在	24	255	532	焼441	264	1 流2	焼(366)		焼3			役場半潰	61ヵ所		93	331.6町		1			
	員弁・三重・多気		71	10	82	138	3, 流4	14	8	1				1,387間切れ		28	1.9町砂入					
有馬備後守	河曲・多気		2	5	9	21	2		29	流1		1		1,583間地割れ,流失								
松平越中守	桑名城	1											櫓傾2, 門・塀の損多し								有	
	町				約10				3<			7										
	在								3		石灯籠倒多し											
岡部美濃守	大阪三郷45町	275	88		83		7		5				櫓大破5, 住居向, 役所向ところどころ大破	4<		1,843			損1落10	地割れ, 青泥噴出		
	岸和田城					有							櫓・土居の壁, 石垣, 門の屋根等損									
	預所		7		5						10	1										
	城下領内		99		440	915	16	18	50		13	6										
土岐美濃守	若江・志記		88		180					3		7, 石灯籠17倒										

知行主	場所	死	家 潰	家 流	家 半	家 損	蔵 潰	蔵 半	蔵 損	寺社 潰	寺社 半	寺社 損	城・役所向	堤	堰	舟	田畑	道	橋	地変	津波	その他
一橋知行所	大鳥・泉		85		7	285	1		1	1												
淀領	淀岡		15(12)		(48)	11(18)				5,鳥居1			門番詰所半潰{8,高塀倒200間									
井伊掃部頭	彦根 城下		20		150		88+13															
	郷中		40		100		8															
			80		150		50		8													
松平伯耆守	甲賀・蒲生				56		12															井溝欠崩48間(2ヵ所)
加藤越中守	水口												桝形・渡櫓下石垣孕,石垣掛所,門等半損	150間(6ヵ所)								
本多隠岐守	膳所		4(14-15)				1		石灯籠33				高塀2,小門2倒,他所2ヵ所損				水出る31ヵ所					万福寺・聖護院等に破損あり
京都市中			99		89	116	1		1				塀倒34間						1折			
松平兵部大輔	明石領		30 100-300 400		100	100						13	石垣孕み12ヵ所							池沈1		『在方諸事控』による
松平遠江守	尼崎	(180) 100															2.4石					
池田相模守	鳥取		10			46	7		14								噴水243 4ヵ所		55			池川堤11,061間
池田慶政	岡山		△703		△964								御用場・蔵10半潰	海堤2,468間								
阿部伊勢守	福山城下					67							城内ところどこ 弓損									
浅野安芸守	町在		58			386	6		136				{城内櫓損3 {石垣孕みあり	25ヵ所			32ヵ所					塩浜損4ヵ所
	広島藩 城							2<														
	町在		22	焼1	39	523	41		205													
	(竹原)		19		49	40		4	3													
松平阿波守	徳島藩	110	2,795	3,801	焼3,570		焼229 流200		焼46 101 流	鳥居54				切れ 15,814			875 85,004 4,903	380		山崩れ2,989ヵ所 岸崩れ25,808間	はげしい	塩浜153.6町
淡路			271		774		24		24					石垣889間損			石 2080.9 石辰割11.9町		7	山崩れ13		塩浜荒2.5反
松平越後	小豆島(津山藩)		147			179*			3				門:破損3,石垣崩1ヵ所									*屋敷・門・長屋
京極佐渡守	丸亀藩 城																					

知行主	場所	死	家 流	家 潰	家 半	家 損	蔵 潰	蔵 半	蔵 損	寺社 潰	寺社 半	寺社 損	城・役所向	堤	舟	田畑	道橋	地変	津波	その他
	播州 町在	2		196			3	4		4	15	5		1,300間(13ヵ所)		地割れ損4ヵ所	割れ多 2	山崩れ2		
松平讃岐守	高松藩領	3		102	62焼7	203	55		102					7,680間			148 8			
	城内	5(29)		2,961	焼4								天守櫓・屋根瓦落.多門損,石垣崩れ,多門損							
	多度津			12<									櫓・塀・瓦落							
	金比羅宮									3		6寺鳥居2								
倉敷代官所	直島諸島					16<			1			石灯籠1<		損数十ヵ所				地割れあり		
松平駿河守	今治藩			50	120								櫓・門・塀、壁・瓦落、石垣みあり					山崩れ2,地割れ		
松平左京大夫	西条藩家中			104	150								尾藪門潰1,役所向潰4(24)							
一柳因幡守	町在			130		181	1	1		鳥居7石灯籠43	5	22								
	小松藩家中 城中			1	2	11	3	2			1		屋敷向・役所向の壁・屋根落多く、塀の倒多し				4			
	町			2	16	11	2	2		2	1,2鳥居1									
	在			11	20	18<	2	12		3鳥居2.石灯籠倒6	1	15								
松山藩家中	城中	2		134 68			17 4						(石垣孕み3,塀の屋根損,住居向破損)	22≪	2		2	地割れ、噴砂,		
	町			1,273			1,139△											噴水あり		
加藤出羽守	大洲藩 町在	10		8-9			2						(櫓損2,家中居敷・囲長屋大破どころどころ)	84*			202	地割れ、噴砂あり	有	道後温泉絶ゆ,*合樋
伊達若狭守	吉田藩町	6(5)		30		12		3					轅屋・役所向どころどころ潰、少屋多れ					泥水出る	汐上る	
	家中			3			1			3							3			
	村				25	23	23	3											有	石垣500間崩
	魚棚町			9																

1854

知行主	場所	死	家 潰	家 流	家 半	家 損	蔵 潰	蔵 半	蔵 損	寺社 潰	寺社 半	寺社 損	城・役所向	堤	堰	舟	田畑	道	橋	地変	津波	その他
伊達遠江守	宇和島 在	2			2,360				459*	石灯籠多		53	矢倉の破損多塀・石垣損・役所向の損・多石塔の五輪落 多し	1,743間			223町	2,025間(155ヵ所)	19		薜井 石垣862間 川除9,338間 有	*汐込を含む
松平土佐守	土佐藩 城 家中	106	長屋41 968		309	焼1,866 166	上蔵4 長屋4	2	41				門破損10<、天守土台割れる石垣狂れ多							山崩れ		石垣崩れ4
	町 香我美郡	20	148	481	460	623 汐入41	17		9汐入80 2	1			役所潰5 半11 損2 13	6		86	17,828石 161町		4 3			
	安芸郡	19	291	96	294	994 汐入148	44△	12		1						60			3			
	高岡郡	81	236	1,921	365	汐人148	639△	8	流1		5					262	4,214.3石					
	土佐郡	10	452	1	577		402△		流2	1							300石<		4			
	吾川郡	6	30	18	522		78△			4						112	883石		3			
	長岡郡	3	54	3	229	汐入6						86<				4			6			
	幡多郡	62	626	708	1,114	焼158										(463)			40			
	甲浦		48	30																		
	家中		93		254	焼12																
	計 町郷 役屋	372	2,939	3,182	8,888 焼2,460	1,687 流588	880	805 流19	焼48 45 135			53,052間		776	21,530石	9,227間	65				
立花飛驒守	柳川		52	20	132	焼10		51	13 鳥居18	3												
	郷町		23		22	42	8	63				役所向半潰1						12崩れ				
相良志摩守	人吉家中		4		45	163	2								11							
	町		29		29	93	3	31	9 15	33		門・長屋・役所向の潰・大破ところどころ										*含土手・溝
	郷		31		18	87		54	寺社の蔵→1	4												
				56	477		15	11									72間*		山崩れ54間(39ヵ所)			

知行主	場所	死	潰	流	家 半	損	潰	蔵 半	損	潰	寺社 半	損	城・役所向	堤	舟	田畑	道	橋	地変	津波	その他
細川越中守	米良・椎葉					90													山岸崩れ・谷崩れあり		
	城内		3		2	1	2	10	13										岸崩れ13		
	熊本領	6	907		941	877	254	58	359			46 鳥居9	51			30		21	岩崩200ヵ所〜地割れ1,250ヵ所		
松平市正	杵築 城下		2(役所)		16		3		1												
	城下町		26		6	27	4	2	8					(住居向・大破、多門向大破、石垣多破、蔵損・石垣孕みあり)							
	郷	1	57		217	13	63				59 鳥居12	16 鳥居2	石灯籠倒800						7ヵ所	山抜岸崩212ヵ所 土手損56ヵ所		
稲葉伊予守	臼杵		63		147		108 147(寺社の蔵全潰6、半潰63)				23 鳥居31	126 鳥居63		(櫓損20、蔵損14、役所向・居向大破・住居向大破・潰	川土手27ヵ所							
	町在	3	409		1,044	3	120									24	59.2町	42ヵ所	6	山合岸崩れ387ヵ所		
松平左衛門尉	府内(大分) 城						30	6	1			3		(櫓潰4、大破5、門潰8、石垣多損・役所向潰、住居向・石垣多損、塀の倒・天守台石垣大破)								
	家中		193		203		94	132			21 蔵8											
	町		1,833 焼18	2			1,512		360		39 焼1											
	在	18	2,565		1,093		175	203						本丸大破、城下大損				数十ヵ所		各所荒252ヵ所		
	竹田								20													
毛利安房守	佐伯 家中		44		72	261	18	88	62					(門破損6、櫓大破2、役所潰1、大破5、石垣損14ヵ所)	土手2,481間(92ヵ所)			4	3			
	在	1	13	2	(18)	764	5	(41)	325		6 鳥居・石灯籠	6		(石垣損各所、そのほかところどころ損)		11	166.8町					
内藤淡路守	延岡 城					35		5				3										
	城下					111		13										有	有3〜			
	城付村々		19				1		1			1		役所向破損		6	3.8町〜	有	有			
	高千穂					1									土手崩12				10	山崩れ7		
	宮崎郡		11		210		1		9									有		岩崩れ1		
	豊後		218		86		2		2						土手2〜		1ヵ所					

知行主	場所	死	家 潰	家 流	家 半	家 損	蔵 潰	蔵 半	蔵 損	寺社 潰	寺社 半	寺社 損	城・役所向	堤	堰	舟	田畑	道	橋	地変	津波	その他
総	計	2,658	44,966 焼12,846	17,486	30,147	26,703	9,182 流913 焼1,657	4,381	4,236	1,677 流86 焼83	872	801		47.67万間 285ヵ所	285間 134ヵ所	8,493	1,168町 2,506 526間	4.90万間 +5,248ヵ所	1,118	山崩れ4,261ヵ所		
			1,635		20,446		1,525	162									30.61万石					
			5,093			780		81		96	150						11,061間					
											14											
											52											

・破損は「大破、中破、小破」など「破」という文字と、「損」という文字を含むものの和とした.
・原則として厩・灰屋・小屋その他小屋的建物は除いた.
・総計には建物の汲入を除く. 田畑の汲入値を含む. 長屋は軒=間として合計した. 潰の上焼は潰としてまた△, ▽も含む. 寺社では寺と棟を分けないで合計した. ○〜○のように範囲を示したものは最小値をとる.
( ): 別史料, あるいは信頼性劣る, △: 含物置, ▽: 含蔵・物置.

1854　169

半潰47, 焼失45でほとんど全滅. 相良陣屋住居向残らず潰, 百姓家潰1,587, 大破2,000, 死37. 掛川城天守半潰その他城内潰多く, 13町の潰・焼失1,116, 死58, 在・町で居宅潰3,857, 死50. 遠州横須賀で城内住居向残らず倒れ, 領内を含め居宅潰4,500余, 死114. また甲府から松本・松代にかけても被害多く, 松本で潰家52, 半潰76, 焼失51, 死5人. 松代藩では家の潰152, 半潰・大破576, 蔵の潰225, 同じく半潰・大破207, 死5, 傷29, 山崩れ35ヵ所もあり, 甲府では町家7割潰れ, 鰍沢では住家9割潰れたという. 福井や津では局地的に被害が大きく, 福井では城内の櫓・塀など大破し, 領内で潰240, 死4, 津では潰157, 半潰607, 死4, 傷5であった. 江戸では丸の内辺が強く, 家屋に小被害. 京都では夏（Ⅵ 15）の地震より軽かったが長くゆれたという. 駿府では城の石垣崩れ, 潰家多く, 石灯籠はすべて倒れる. 人口2万0,541のところ死200余, 戸数4,417のうち焼失約600であった.

　津波は房総から土佐の沿岸を襲い, 江戸でも山谷堀の水位が1mくらい高くなったという. とくに被害の目立ったのは, 下田・遠州灘・伊勢志摩・熊野灘沿岸で, 下田では震後約1時間で津波が襲来し, 840軒流失全潰, 30軒半潰水入り, 4軒無事というありさまで, 人口3,851人のうち122人が死んだ. 波高は約5m, 9波まであった. 下田に碇泊中のプチャーチンの乗っていたロシアの軍艦ディアナ号が大破し, 27日に沈没した. 隣村の柿崎村は戸数150のうち流失75, 残りは浸水し, 波高約6.7m, 岡方村も96流失, 半潰水入り13で全滅した. 伊豆半島西海岸で波高は3〜6mに達した. 舞坂で波高4.9m, 榛原で1.8丈（5.4m）, 内海で4〜5尺（1.2〜1.5m）という. 志摩半島の甲賀では波高35尺（10m）, 流失家屋134, 同土蔵31, 死11, 鳥羽で波高15尺（4.5m）, 村方では20〜30

尺（6〜9 m）のところもあったという．和具では400余軒のうち270流失，死42であった．長島では戸数約800のうち80軒残り，死23という．尾鷲では戸数959のうち流失661，半流失68で，人口3,913のうち死198で波高は約6 m，二木島で200戸のうち28戸残り，死13，波高は3丈（9 m）という．新鹿・大泊でも8割流失した．この地震の津波は太平洋をわたり北米沿岸に達し，振幅はサンフランシスコで1フィート弱．

　御前崎付近の相良では約3尺（0.9 m）水深が減り，地盤隆起のため干潟となること数十間（10間＝18 m）という．また浜名湖北端の気賀では2,800石の地が汐下となり，三河幡豆郡，吉田・大島・高島・松木島の各村々（矢作川沖積地？）も沈下した．この地震による居宅の潰・焼失は3万軒に達すると思われるが，死者は2,000〜3,000人というところか．（☆）（#）[3, 3]［参考：檀原，1980，自然災害資料解析研究，**7**，87-94］

258* 　1854 XII 24（嘉永7〈安政1〉XI 5）申の中刻　畿内・東海・東山・北陸・南海・山陰・山陽道　$\lambda=135.0°$E　$\varphi=33.0°$N　(D)
$M=8.4$　**安政南海地震**　この地震は前の地震の32時間後に起きた．そのため近畿地方およびその周辺での震害や津波の様子を古文書からはっきりと2つに区別できないものが多い．とくに余震については判別の方法がない．図258-1は高知における，図258-2は高知付近における月別（太陰暦）余震回数である．旧暦12月晦日には高知に近いところで大きな余震があった（図258-3参照）．被害区域は中部から九州に及ぶ．有感範囲は新潟県に達する．図258-4の傍線は4日（近畿方面），7日（九州）の地震より強く感じたことを，また二重線は4日と同程度に感じたことを示す．海岸の数字は津波の高さ（m），震度を決めることのできる地点の一部のみを図示

してある．（　）は広域の震度．詳しくは「わが国の歴史地震の震度分布・等震度線図」，平成6・3，日本電気協会を参照のこと．ただし本書の震度分布と多少の差違がある．

　この地震で湯の峰温泉止まり，翌年2, 3月頃から出はじめる．道後温泉も止まり，翌年2月23日から再び湧き出し，紀伊鉛山湾（白浜の海岸）の温泉群も止まり，翌年5月頃冷たい湯が出はじめ，翌々年1月4日にはすべての湯が出はじめ，冷たいが入湯可能となるものもあり，その年の4月頃に旧に復した．

　震源近くでは震害と浪害の区別がつきにくい．紀伊田辺領で潰255，流失532，焼失441，土蔵焼失264，寺焼失3，死24といい，津波は4回押し寄せ第3波が最大．和歌山領（勢州領分も含む）で潰・破損家1万8,086，流失8,496，焼失24，流死699，山崩れ216ヵ所であった．広村は戸数339のうち125流失，10潰，46半潰，158汐入破損し，人口1,323のう

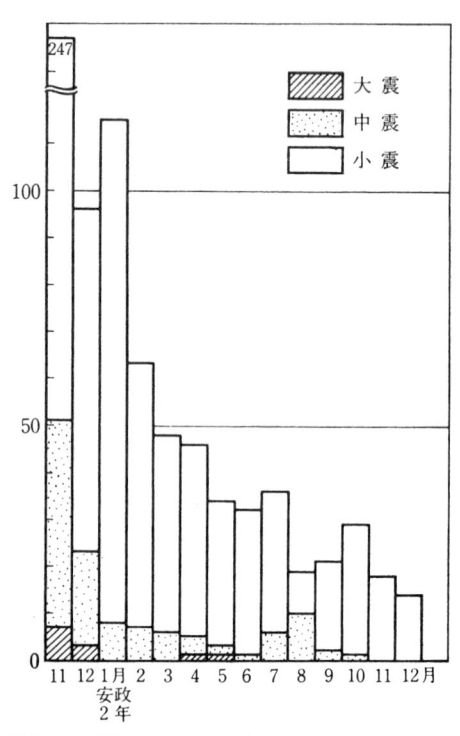

図258-1　高知における月別余震回数

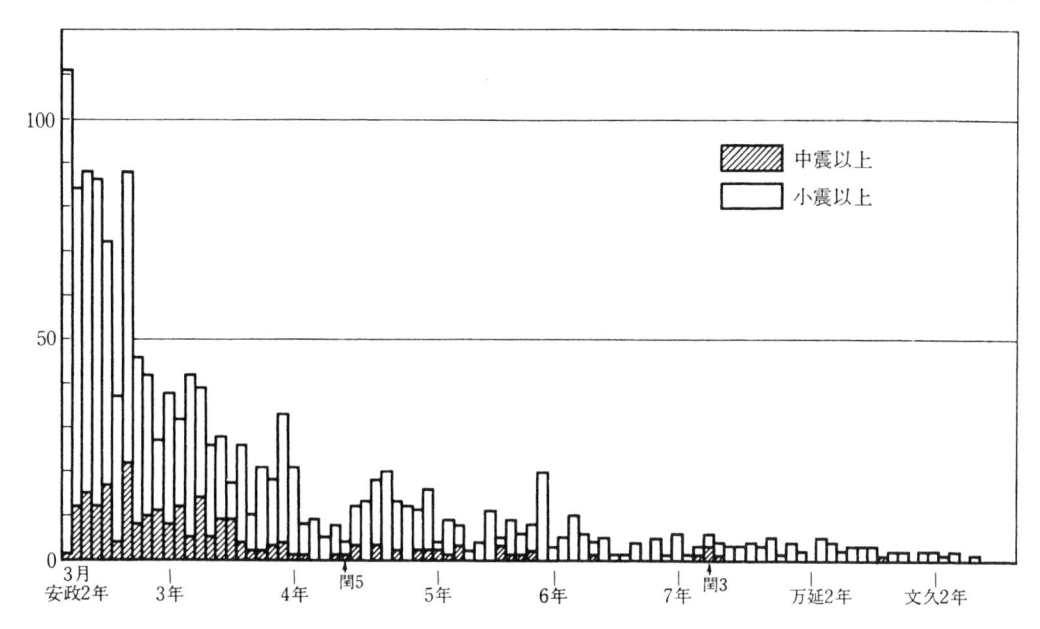

図 258-2 高知付近における月別余震回数

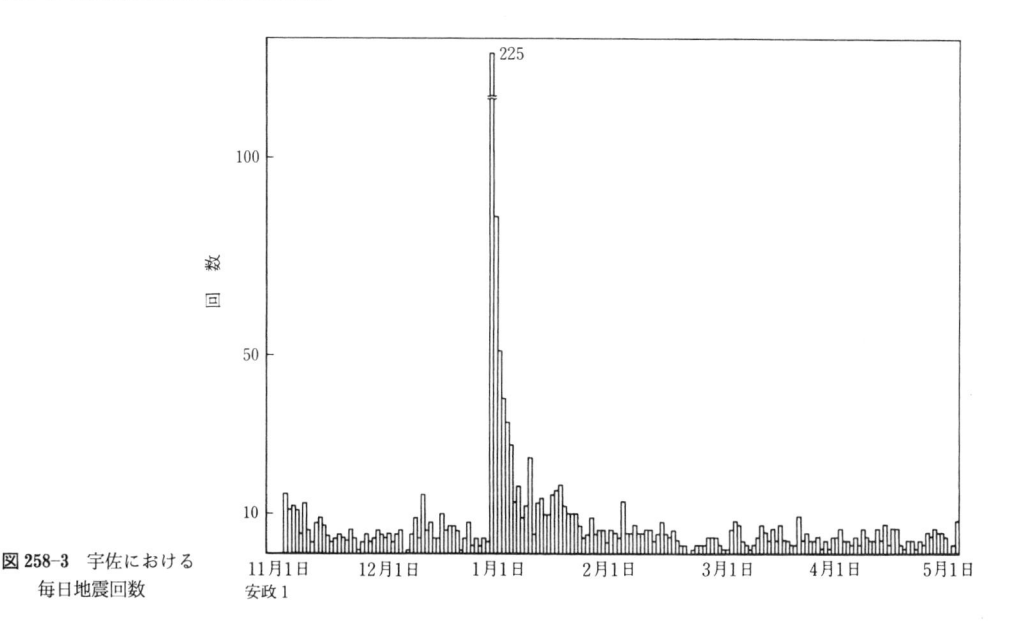

図 258-3 宇佐における毎日地震回数

ち, 死 36 であった. 紀伊沿岸は熊野以西で大半流失した村々が多かった. 波高は串本で 5 丈 (15 m), 古座で 3 丈 (9 m) あった. 阿波の被害も大で, 牟岐では波高 3 丈 (9 m), 家屋全滅し死 20. 宍喰では波高 2 丈 (6 m), 橘では波高 18 尺 (5.5 m), 流失家屋 134 であった. 小松島は 1,000 軒のうち潰, 火災, 津波などの災害を受け, 残 80 (あるいは 30) という. また土佐では城内の天守櫓・屋敷など大破・破損多く, 領内で潰 3,082, 流失 3,202, 焼失 2,481, 半潰 9,274, 死 372, 傷 180 であった. 波高は久礼で 16.1 m, 種崎 11 m, 室戸 3.3 m であった. 日向では外ノ浦港の新堤壊れる. 大阪では津波が木津川・安治川を逆流

172　4　被害地震各論

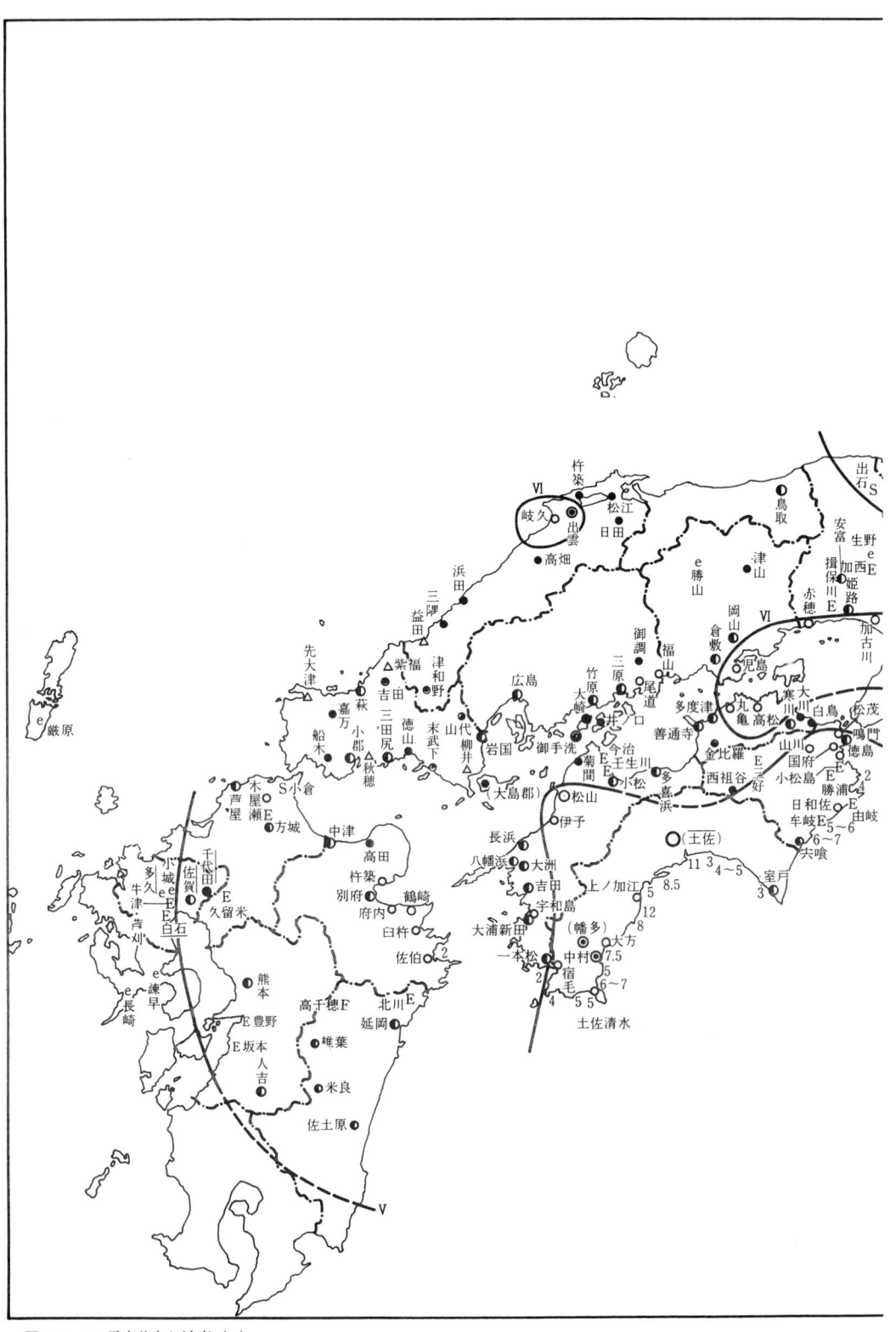

図 258-4　震度分布と波高 (m)

1854　173

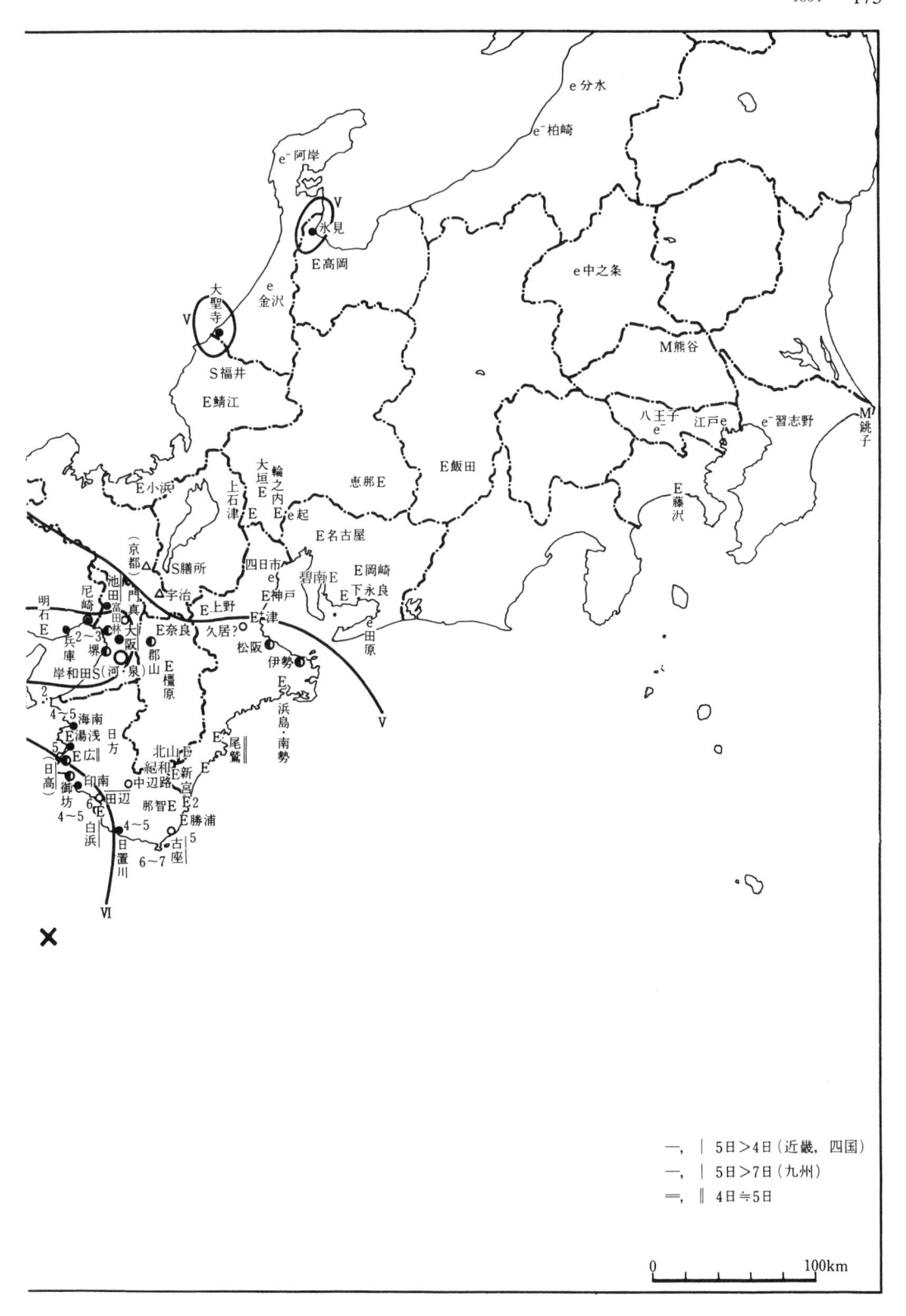

e 分水
e⁻ 阿岸
e⁻ 柏崎
V 氷見
E 高岡
e 中之条
e 金沢
大聖寺 V
S 福井
E 鯖江
M 熊谷
E 小浜
上石津 輪之内
E 大垣 e 起
恵那 E
E 飯田
八王子 e⁻
江戸 e
e⁻ 習志野
M 銚子
(京都) S 膳所
宇治
四日市 e
E 名古屋
E 岡崎
E 藤沢
明石 E
尼崎 池田 門真 高槻
大阪 E 上野 E 津
堺 E 奈良 久居？ 碧南 E 下永良
兵庫 郡山 松阪 神戸
岸和田 S(河・泉) E 橿原 伊勢
2~3 E 浜島・南勢
4~5 海南 日方 北山 E
E 湯浅 紀和 E 尾鷲
E 広 中辺路 新宮
日高 印南 田辺 E 勝浦
御坊 6 那智 E
4~5 白浜 古座 5
日置川 6~7
Ⅵ
×

一，｜ 5日＞4日（近畿，四国）
一，｜ 5日＞7日（九州）
二，‖ 4日≒5日

0　　100km

し，碇泊中の船多数（8,000 ともいう）破損し，橋を壊し，死多数（7,000 ともいう），潰痛家も多かった（1,000 ともいう）．大阪市中での津波の高さは最大 1.9 m と推定されている．高松で天守櫓の瓦・壁落ち領内潰 2,973．丸亀で潰 50，大破 1,000 余，徳島領で潰居宅 3,066，宇和島で城内ところどころ崩れ郷中居宅潰・流失 2,360．また出雲付近が局地的に大きくゆれた．大分藩では居宅潰 4,546，死 18，臼杵藩で居宅潰約 500，延岡藩で同 248．さらに広島では屋根のゆれ幅が 1.6〜1.7 尺（0.5 m）あったという．

この年 9 月に有田郡横浜村では大あぶき高汐が 2 回あったという．これは津波らしい．また 10 月中旬から汐の干満が常ならなかったし，10 月下旬から小地震を感じたという．前震があったとも考えられる．

この地震で高知市の一部は約 3.5 尺（約 1 m）沈下し浸水した．この沈降からの回復の様子は 509 番地震の場合と非常によく似ている．［宇佐美・上田，1990，歴史地震，6，181-188］浸水区域は 509 番の地震とほとんど同じであった．また上ノ加江付近でも 4〜5 尺（1.2〜1.5 m）沈下した．今村によると室戸付近で 1.2 m 隆起し，甲浦で 1.2 m 沈下したという．串本付近で 3〜4 尺（約 1 m）隆起し，和歌山付近の加太で 1 m 沈下した．この津波も北米沿岸に達した．(☆)(#)[4, 3]

259 1854 XII 26（嘉永 7〈安政 1〉XI 7）朝四ッ頃 伊予西部 $\lambda=132.0°$ E $\varphi=33\frac{1}{4}°$ N (B) $M=7.3\sim7.5$ 図 259-1 で地名に線が引かれているところでは 5 日の地震より強かった．被害は 5 日の地震によるものとの分離ができない．伊予大洲・吉田で潰家あり，広島では 5 日と同じくらいに感じ，豊前では 5 日よりも強く感じ，豊後や小倉で 5 日の地震で残った家々の潰が多かった．鶴崎で倒れ屋敷 100 戸という．土佐でも強く感じた．(#)

259-2 1855 III 15（安政 2 I 27）夜四ッ 遠州・駿州 大井川堤ゆれ込み，焼津で古い割れ目から水噴出．

260 1855 III 18（安政 2 II 1）昼八ッ頃 飛驒白川・金沢 $\lambda=136.9°$ E $\varphi=36.25°$ N (C) $M=6\frac{3}{4}\pm\frac{1}{4}$ 白川郷野谷村の浄蓮寺本堂庫裡よほど損じ，民家に破損あり．保木脇村で民家 2 軒山抜けのため潰れ死 12，金沢城内で石垣・塀崩れ，土蔵少損，城端で石垣崩れ 7 ヵ所．余震は月末まで続いた．

260-1 1855 ――（安政 2 III ―）尾鷲 馬越峠茶屋崩壊．史料 1 点のみ．

―― 1855 VIII 5（安政 2 VI 23）二戸 土蔵倒 1，壁落あり．古老の話による．震度は V くらいか．263 番の誤りらしい．

261 1855 VIII 6（安政 2 VI 24）杵築 城内破損する．

261-1 1855 VIII 16（安政 2 VII 4）八ッ時 米子 米子城内石垣ところどころ崩れ，あるいは孕み・地割れもあり，8 月 4 日にも地震あり．

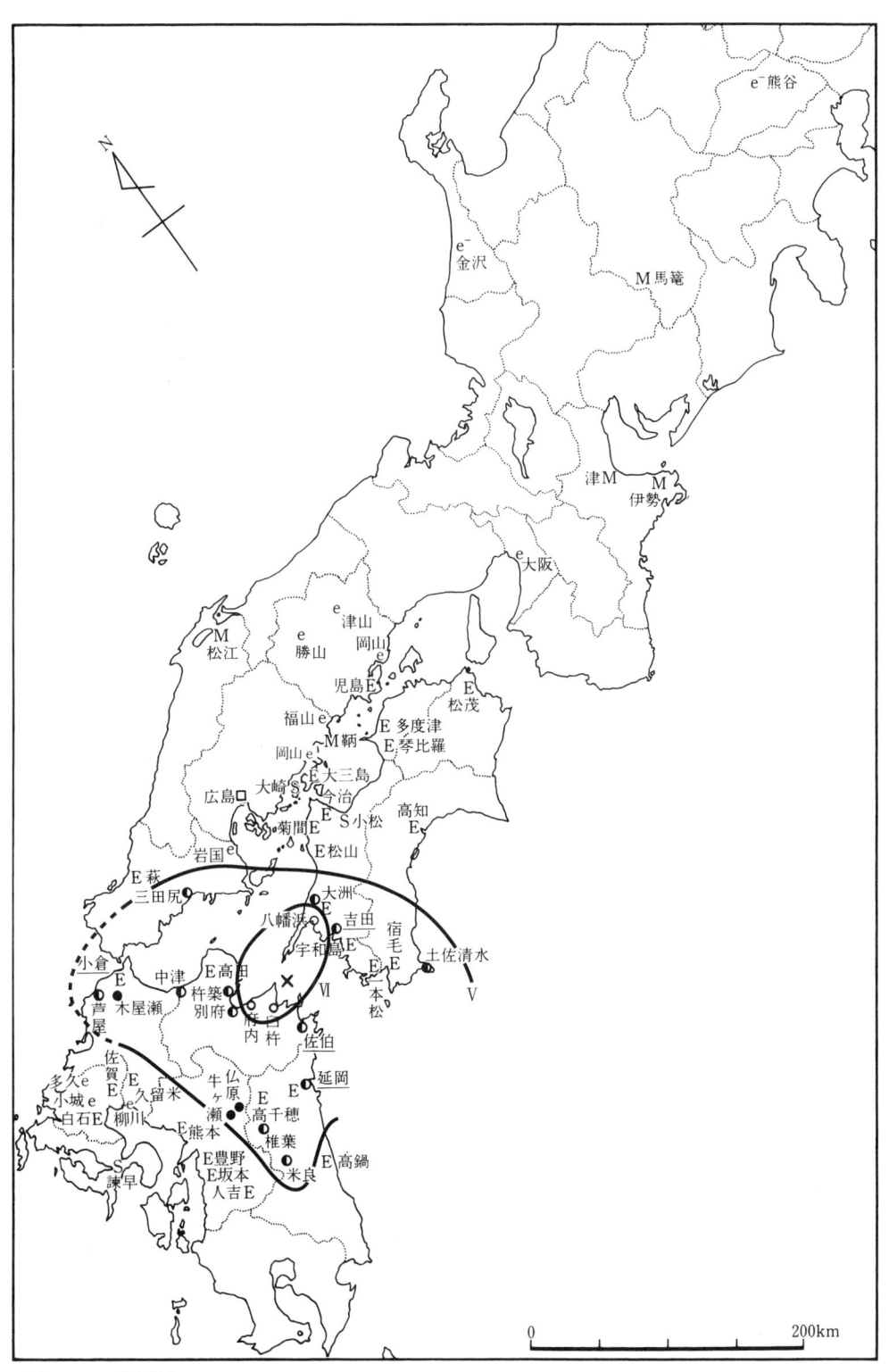

図 259-1　震度分布

図259-2-1 震度分布

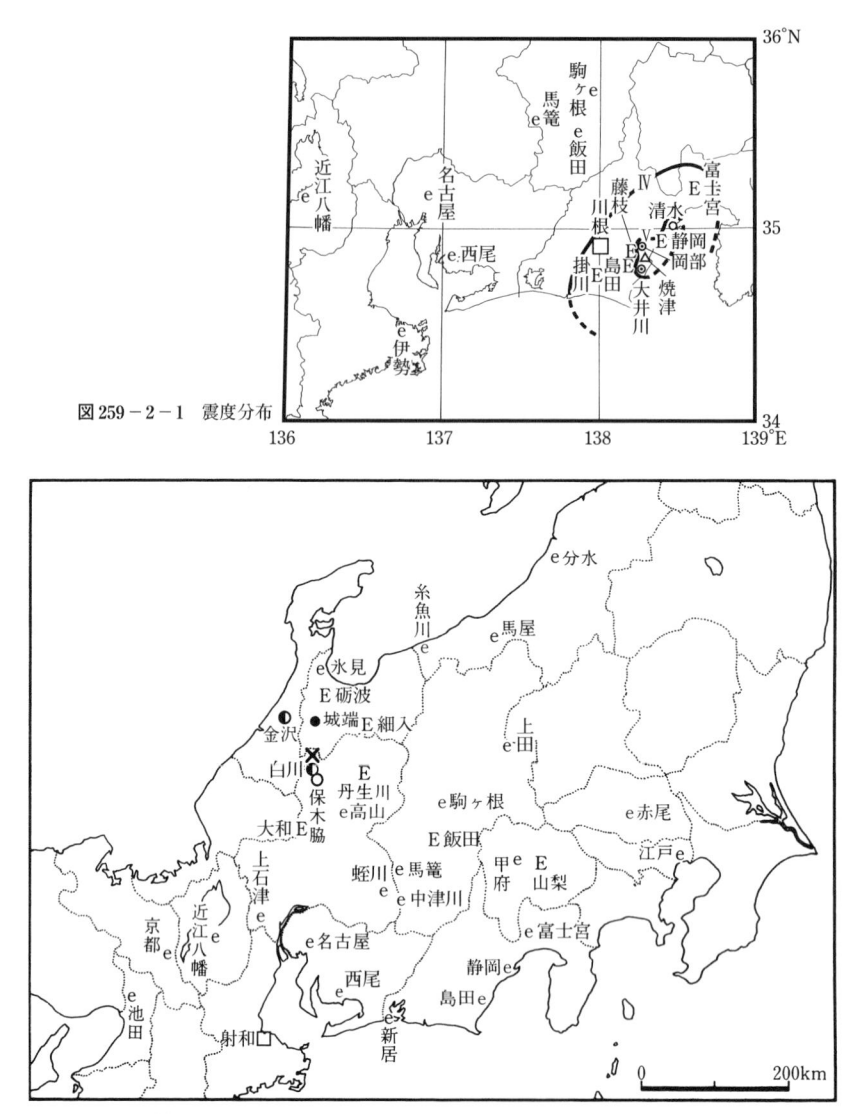

図260-1 震度分布

261-2 1855 IX 13（安政2 VIII 3）午刻　陸前　$\lambda=142.0°$E　$\varphi=38.1°$N（C）　$M=7\frac{1}{4}\pm\frac{1}{4}$
仙台で屋敷の石垣ところどころ崩る．堂寺の石塔・灯籠崩る．秋保温泉湧出止まる．翌3年2月8日再び湯出る．秋田，山形県大江町・石田町・長井市，岩手南部，新潟県分水町・常陸太田・江戸有感.

261-3* 1855 XI 7（安政2 IX 28）酉刻　遠州灘　$\lambda=137.75°$E　$\varphi=34.5°$N（C）　$M=7.0$〜7.5　前年の安政東海地震の最大余震．遠州灘沿岸に高潮あり．舞阪〜相良の沿岸地域に被害あり．田原城内で石垣損2ヵ所，書院・玄関・広間など傾く．浜松で町方全潰7，本堂庫裡潰6ヵ寺，山門潰2ヵ寺．土蔵大破多く，長屋潰れ多し．死2. 掛塚，下前野，袋井・掛川辺がひどくほとんど全滅．米津村で全潰27ともいう．有感地域は山形〜山口県に及ぶ．

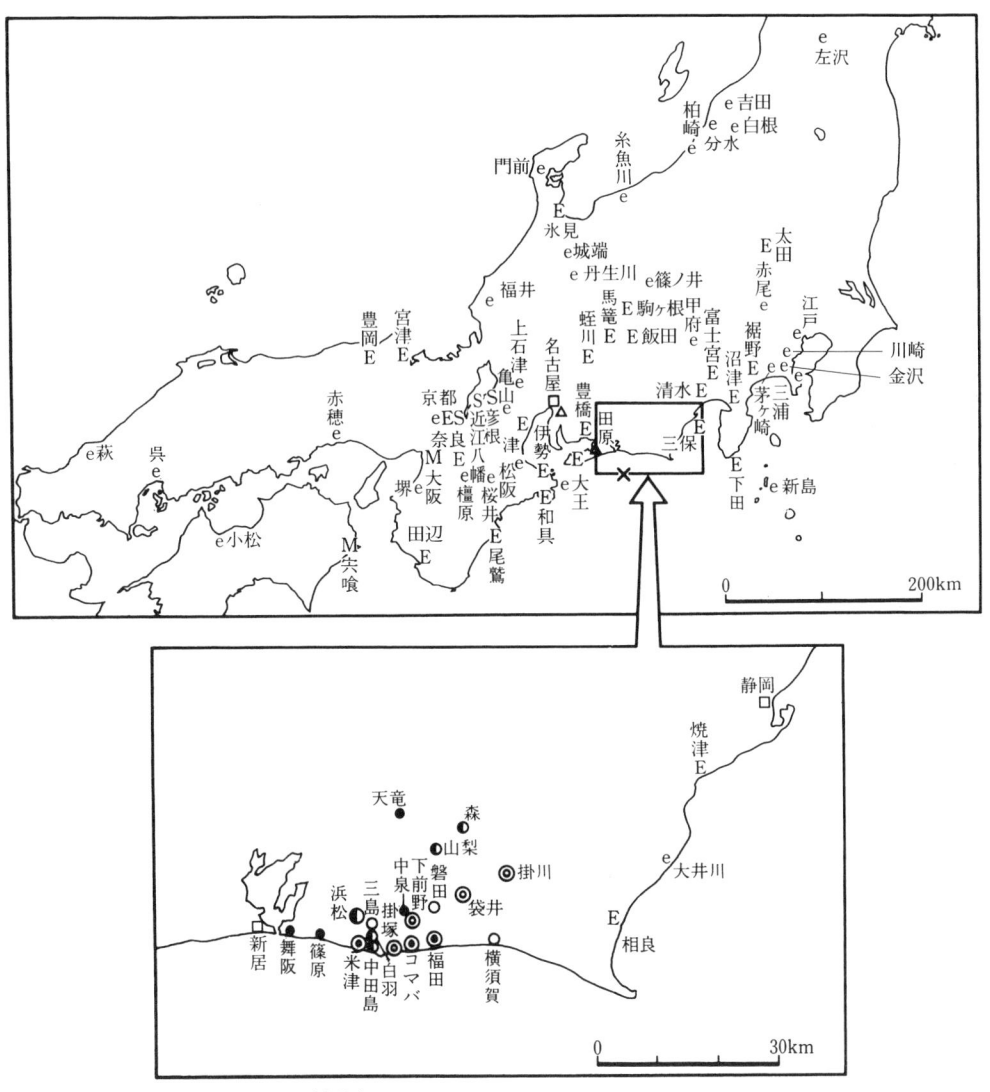

図261-3-1 震度分布

262 1855 XI 11（安政2 X 2）夜四ッ頃 江戸および付近 $\lambda = 139.8°E$ $\varphi = 35.65°N$ (A) $M = 7.0 \sim 7.1$ **江戸地震** 推定震度分布は図262-1A，1Bのとおり，震度VIの区域の中心を震央とする．1B図で江戸は震度VIになっているが，細かく見るとVIとVの地域が混在している．この1A，1B図は原図の震度地点の一部を省略・簡略化したもの．激震地域は江戸の下町で，なかでも本所・深川・浅草・下谷・小川町・曲輪内が強く，山の手は比較的軽かったが土蔵の全きものは1つもなかった．浅草寺の五重塔の九輪曲り，谷中天王寺塔の九輪は落ちた．また火の見は倒れなかったという．江戸城でも石垣崩れ，住居破損，潰多く，四ッ谷で玉川上水の樋が崩れて出水，品川二番台場では含薬に引火し，死20余，有名社寺の本堂・本殿は無事なもの多く，小寺社・下寺・末社の被害あり．

178　4　被害地震各論

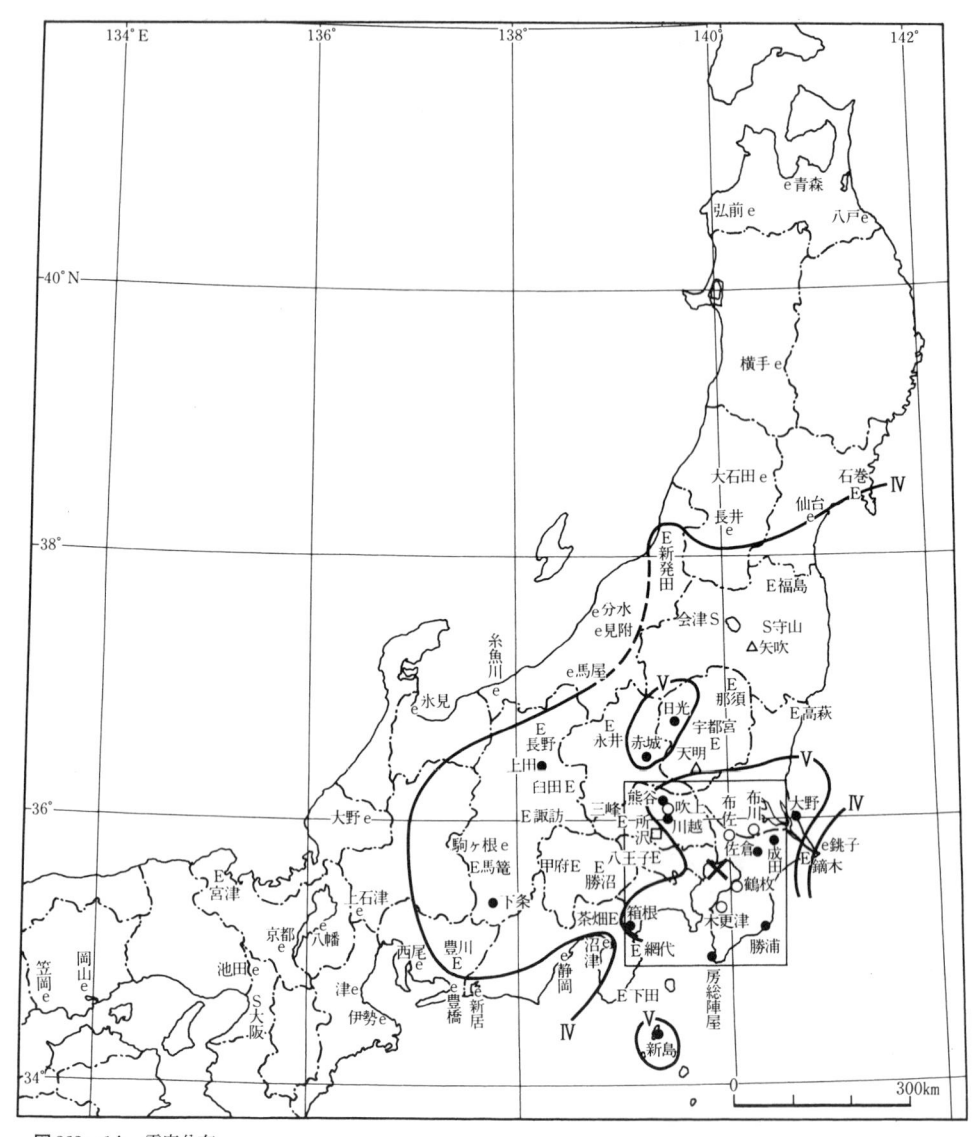

図262-1A　震度分布

民家の潰も多く1万4,346軒という．また土蔵潰1,410であった．地震後30余ヵ所から出火し焼失面積は2町（0.22 km）×2里19町（10 km）に及んだ．幸いに，風が静かで大事に至らず，翌日の巳刻には鎮火した．町人の死は表262-3を参照．武家方の死は約2,600．この頃の江戸では武家関係や寺社の総面積は町家よりも広かったので死は計1万くらいであろう．武家屋敷の被害も予想以上に大きなものであった．大名小路にある細川越中守上屋敷では被害個所38，長屋13棟のべ400間余崩れ，17棟の土蔵大破などの被害があった．大名の被害はおして知るべきである．また旧河川跡の震動が強かったことが気づかれている．橋は破損したが落ちたものは少なかった（道三橋・龍閑橋）．なお，大名家被害一

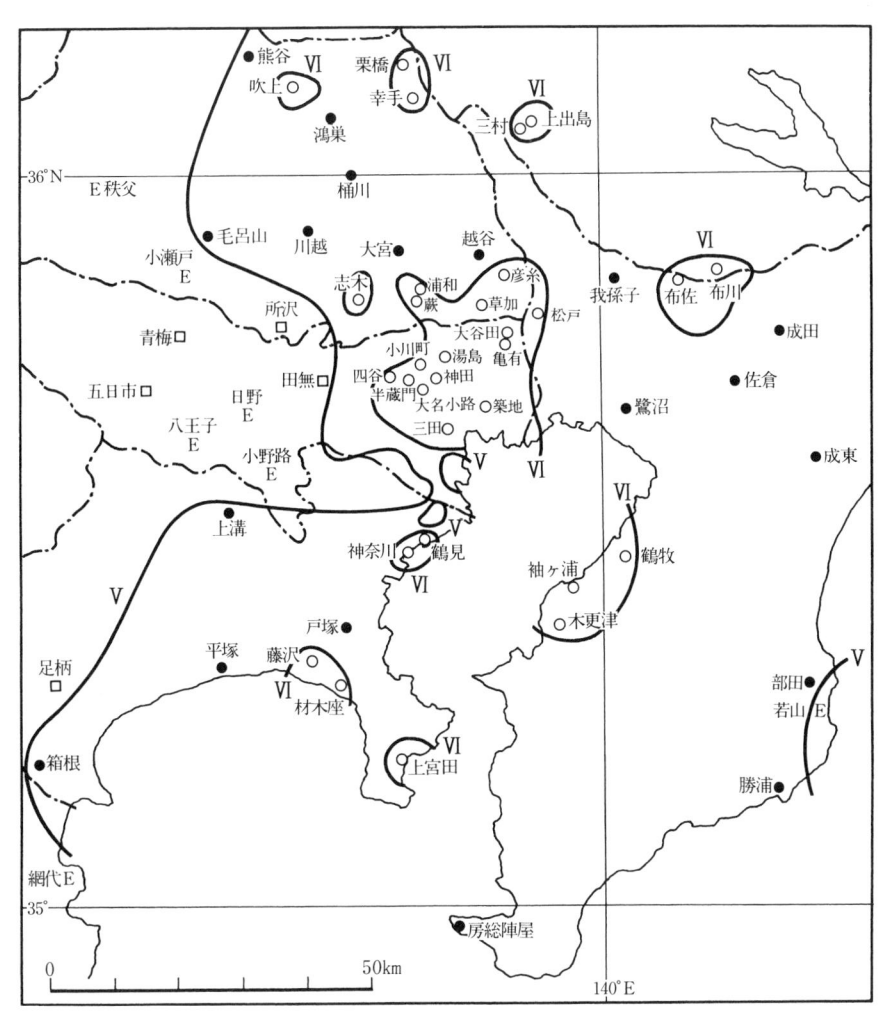

図 262-1B 震度分布

表 262-1 おもな被害総括（少なく見積ったもの）

被害	潰	半	破
屋敷・住居	1,727 棟	4,071	1,251
	15,294 軒		
寺社・寺中	165	47	209
蔵	1,736	749	1,225
		8	28
	17		
長屋	1,315	465	947
	23		
	+448 間	+114 間	+49 間
死	7,468		

表 262-2 被害の中間集計

- 江戸城内：櫓潰1，大破5，石垣崩れ125間，多門潰多し，死10
- 江戸城諸門

被害程度	△屋敷 潰	半	破	多門	櫓	門	番所	升形	長屋	土手	腰掛	石垣	塀	°死
A				2	1	3	16	2	2	8間		1 748間+2ヵ所	800間	2
B							1							
C				9	9	22	7		1			孕み72, 5間 13間 +3ヵ所	27間	61
D						3	3							
E							3				2		50間	

● 諸役所

被害程度	△屋敷 役所	△蔵	△長屋	既	石垣	塀
A	14	9	19		1748間+2ヵ所	800間
B	3					
C	15	8+多	2	門1 252間<		
F	12+多					
死°	35			3		

- 玉川上水：石垣・樋　A・C多し（新宿～四谷～喰違門）
- 合場：損所多く，第二合場では煙硝蔵に火移る．死35．
- 大名など

	△屋敷 潰 半 破	△蔵 潰 半 破	△長屋 潰 半 破	門 潰 半 破	塀 潰 破 損	°死
御三家・御三卿	16 29 7 +245 坪	18 131 69	51 151 239間 50間	21 9 3	2,000間潰・損	2
大名	145 62 253	219 217 915	┌23┘ 672 254 883 209間 64間 49間 (65 20 147)	132 23 95 ┌長屋カマド数	163ヵ所 48ヵ所+275間 5,683間 256間	15 144間
その他 武家方	437 199 167		561 58 46	23 4 5	73ヵ所 195間 3	40件

● 町方

	潰家*	△潰土蔵*	傷	°死
	14,346軒 1,727棟	1,410	男1,705 2,759{男1,552 女2,580 {女1,207 朱明456	4,741

● 寺社

	△寺社 A B C	△中 A B C	本堂・庫裡・堂など A B C	鳥居	宝塔 A B C	△家 A B C	△蔵 A B C	°死
朱引内	49 3 50 29 9 43					2 136 16 484	1 102	15
朱引外	5 2 17 4 44							3

● 近県

地名 県名	△寺社 A B C	△長屋 A B C	△家 A B C	△蔵 A B C	△寺社 半 破	°死 傷	
神奈川	7 6 12 2		64 126 220	6 2 19 E1	10 12 46 151 +16間	37 75	226 他に寺社蔵C 2．箱根崩る．寺社蔵C 2, E 2
埼玉	4 E3		27 3,245*31* E1	6 7+多 3*1,724 D1, E4	47 12 61 174 +16間	3	1,966 傷1,432 *合幸手村々，合幸手C2, E2
上下野	未社にAありも	E2		1 E1			土浦・水戸に家屋被害あるも，合めず
茨城			27	21	2		417
千葉	17 11 39		82 391 52<	70 398 82 E7	174 46 151	20	役所C 1（長野県）・上田城（佐野県）に被害．橋・堤の損多し

A：潰，B：半潰，C：破損，D：傾，E：ゆがみ，壁・瓦落，F：焼失．
°，△，の和が表262-1になっている．

表 262-3 安政江戸地震における町方の被害

番組	死者 初回調べ	死者 次回調べ	傷者	潰家	潰土蔵	備考	文政11年 家数	倒潰率 %	人数	死傷者率 %
1	81 {男41 女40}	96 {男47 女49}	24 {男11 女13}	133軒	23ヵ所	日本橋より今川橋辺				
2	89 {31 58}	86 {31 55}	75 {44 31}	{185 61棟}	57	葺屋町より両国横山町 お玉ヶ池辺				
3	566 {263 303}	578 {269 297 不明12}	271 {152 119}	1,047	41	浅草御門外より花川戸辺	11,436	9.2	45,744	1.9
4	15 {7 8}	17 {8 9}	5 {3 2}	{42 3棟}	7	日本橋南方より左右御堀端まで通四丁目まで				
5	27 {10 17}	29 {12 17}	29 {16 13}	66棟	18	中橋より南方左右御堀端まで京橋限り				
6	8 {6 2}	5 {4 1}	19 {11 8}	6棟	5	京橋より南方新橋まで左右御堀端限り				
7	67 {19 48}	69 {25 44}	87 {51 36}	156	26	八丁堀・霊岸島・京橋辺				
8	79 {42 37}	81 {35 46}	41 {20 21}	494	63	兼房町・芝方面	6,674	7.4	26,696	0.5
9	18 {5 13}	18 {6 12}	8 {5 3}	115	10	金杉橋南方,麻布辺一円	10,036	1.1	40,144	0.1
10	11 {5 6}	10 {6 4}	21 {9 12}	29	0	青山一円,芝台町,高輪辺	4,028	0.7	16,112	0.2
11	73 {28 45}	75 {29 46}	65 {38 27}	154	32	今川橋より北之方内神田一円				
12	11 {5 6}	24 {9 15}	21 {9 12}	66棟	6	外神田一円,湯島本郷辺	5,264	1.3	21,056	0.2
13	372 {161 211}	366 {152 214}	199 {121 78}	1,525棟	138	上野辺山下,下谷中一円	9,893	15.4	39,572	1.4
14	31 {12 19}	30 {16 14}	45 {23 22}	743	19	駒込,小石川一円,本郷の一部,小日向辺				
15	62 {25 37}	63 {27 36}	96 {53 43}	337	39	飯田町,麹町,牛込,四ッ谷一円				
16	387 {169 218}	384 {164 220}	392 {239 153}	2,307	116	向両国一円,堅川通				
17	868 {453 415}	1,186 {519 667}	820 {461 359}	4,903	785	深川と唱候場所一円	11,611	42.2	46,444	4.3
18	417 {189 228}	474 {210 264}	508 {268 240}	3,415	22	本所と唱候場所一円	3,649	93.6	14,596	6.7
19	0	0	0	5		麻布善福寺・芝広岳院・渋谷長谷寺門前町				
20	5 {3 2}	5 {3 2}	10 {6 4}	4	1	牛込弁財天ほか	3,012	0.1	12,048	0.04
21	72 {36 36}	65 {28 37}	11 {6 5}	254	1	浅草阿部川町・36ヵ寺門前など				
品川	6 {3 3}	6 {2 4}	12 {6 6}	18	0	番外				
吉原	685 {118 567} (不明444)	530 {103 527} (不明444)	(後調べ27)	5	1	番外				
合	4,394 {1,631 2,319 不明444}	4,741 {1,705 2,580 不明456}	2,759 {1,552 1,207}	{14,346軒 1,727棟}	1,410	上記の和				
計	3,950 {1,634 2,316} 3,895 {1,616 2,279}	4,293 {1,700 2,581 不明12}		焼失とも {14,346軒 1,724棟}	焼失とも 1,404	奉行所調べ (古文書のまま)				

右の4列に文政11年の番組ごとの家族と人口に対する被害率を加えてある. 家数・人口の不明な番組もある.

182 4 被害地震各論

表 262-4 『安政二年十月大地震ニ付潰家其外取調書上帳』による幸手付近の被害

村　　名	家数(a)	潰家(b)	人家土蔵物置等潰同様(c)	震破	死	傷(d)	(b+0.5c)/a	d/a	備　考
小　立　村	57軒	2軒	17棟その他不残			31	0.18	0.54	
天 神 嶋 村	47		20	〃		25	0.21	0.53	
蓮　沼　村	37		28	〃		35	0.38	0.95	
松　石　村	25		8	〃		5	0.16	0.20	
吉　野　村	27	1	13	〃		3	0.28	0.11	
下 高 野 村	127		137	〃		75	0.54	0.59	
千　塚　村	65		28	〃		38	0.22	0.58	
高 須 賀 村	51		18	〃		15	0.18	0.29	
外　野　村	30		15	〃		15	0.25	0.50	
遠　野　村	32		17	〃		0	0.27	0. －	
平　野　村	30		13	〃		7	0.22	0.23	
下 川 崎 村	43		18	〃		21	0.21	0.49	
中　野　村	23		17	〃		0	0.37	0. －	
安　戸　村	46		7	〃		3	0.08	0.07	
上 吉 羽 村	65		23	〃		45	0.18	0.69	
八　甫　村	152		58	〃		18	0.19	0.12	
平 須 賀 村	105		18	〃		59	0.09	0.56	
本　郷　村	62		45	〃		21	0.36	0.34	
中　　　村	108		53	〃		108	0.25	1.00	
樋　竜　村	56		17	〃		37	0.15	0.66	
栗　原　村	38		49	〃		3	0.64	0.08	
堤　根　村	205		107	〃		207	0.26	1.01	
不 動 院 野 村	72		35	〃		70	0.24	0.97	
茨　嶋　村	44		15	〃		27	0.17	0.61	
広 戸 沼 村	13		19	〃		19	0.73	1.46	
并　塚　村	91		27	〃		5	0.15	0.05	
才　羽　村	80		25	〃		3	0.16	0.04	
内 国 府 村	72		12	〃		7	0.08	0.10	
長　間　村	41		38	〃		0	0.46	0. －	
大　塚　村	38		27	〃		7	0.36	0.18	
神　扇　村	48		18	〃		2	0.19	0.04	
円 藤 内 村	37		15	〃		0	0.20	0. －	
大　嶋　村	27		7	〃		0	0.13	0. －	
上 宇 和 田 村	28		18	〃		10	0.32	0.36	
中 川 崎 村	28		20	〃		15	0.36	0.54	
下　野　村	37		25	〃		5	0.34	0.14	
八 丁 目 村	110		42	〃		18	0.19	0.16	
下 吉 羽 村	56		37	〃		7	0.33	0.13	
東 大 輪 村	63		28	〃		0	0.22	0. －	
倉　松　村	65		40	〃		3	0.31	0.05	
佐 左 衛 門 村	85		98	〃		23	0.58	0.27	
幸　手　宿	1,089	2	1,027	〃		189	0.47	0.17	
西 大 輪 村	95		43	〃		18	0.23	0.19	
清　池　村	203		198	〃		98	0.49	0.48	
上 高 野 村	145	11	120	〃		100	0.49	0.69	
上　戸　村	15		18	〃		3	0.60	0.20	
権 現 堂 村	104	22*	50	〃		20	0.45	0.19	*大破潰家震込み
上 川 崎 村	32		18	〃		9	0.28	0.28	
杉　戸　宿	589		207	〃		239	0.18	0.41	
神 明 内 町	58		25	〃		10	0.22	0.17	
大 鳴 新 田	35		28	〃		7	0.40	0.20	
小　淵　村	120	1	97	〃		58	0.41	0.48	
計	5,041	17	3,243			1,724	0.33	0.34	合計は古文書による.

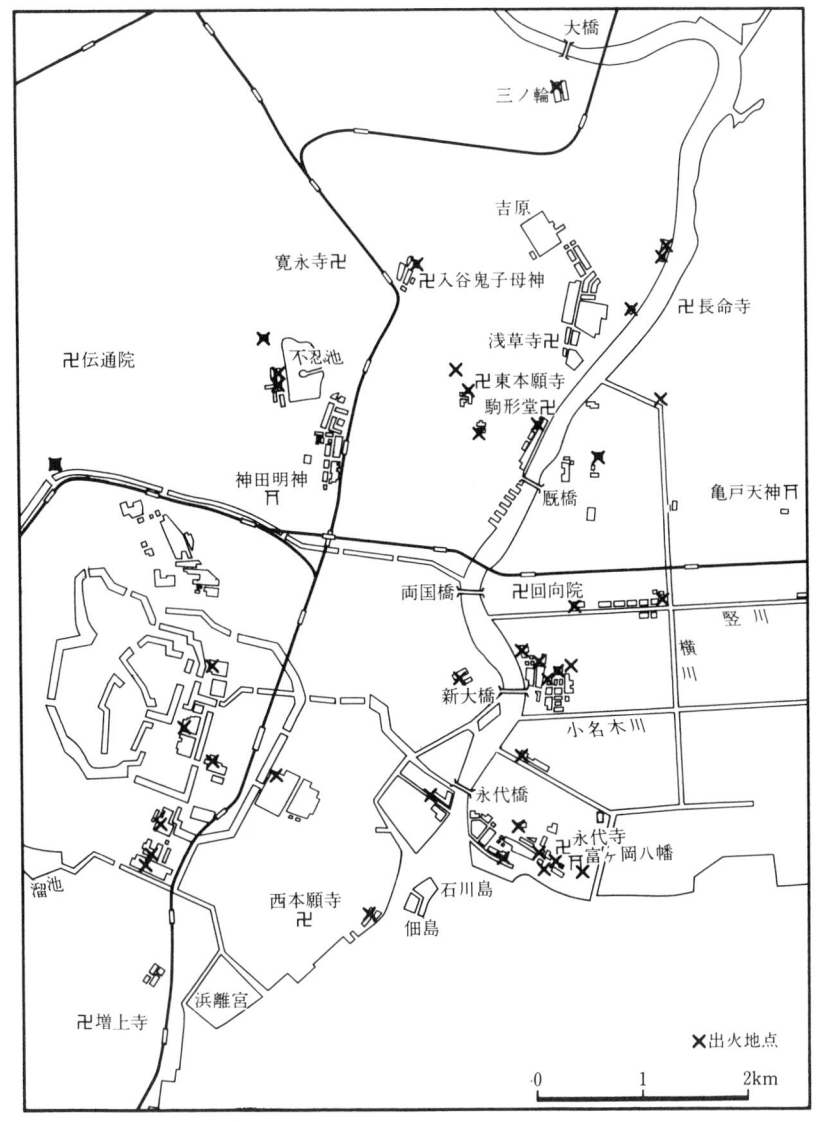

図 262-2 安政江戸地震の焼失地域 ［神宮文庫蔵『安政地震焼失図』による］

覧表は東京大学出版会のホームページに掲載してある．

　亀有では損3万石に達し，田畑に小山や沼ができた．江戸川区桑川町では著しい液状化現象が現れた．また幸手(さって)付近の被害図262-3は液状化現象によるものと思われるが図の範囲内で，倒れない家もすべて潰同様になった．松戸・蕨で潰家あり，佐倉領内で百姓潰家破損家285軒，土蔵潰破損294，佐倉城内地割れあり，塀崩れ・瓦落つ．木更津では家

184　4　被害地震各論

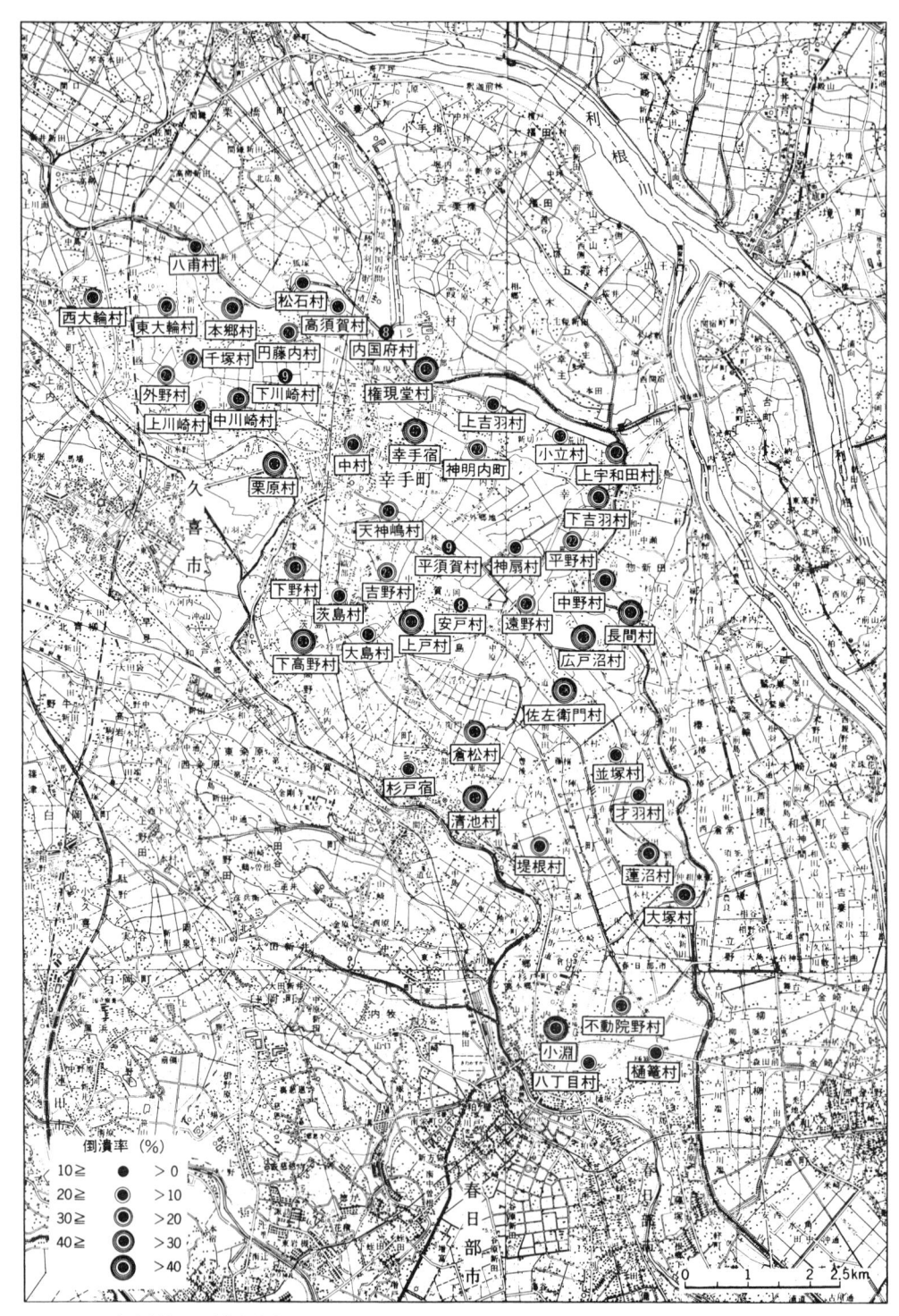

図 262-3　幸手宿村々の建物倒潰率

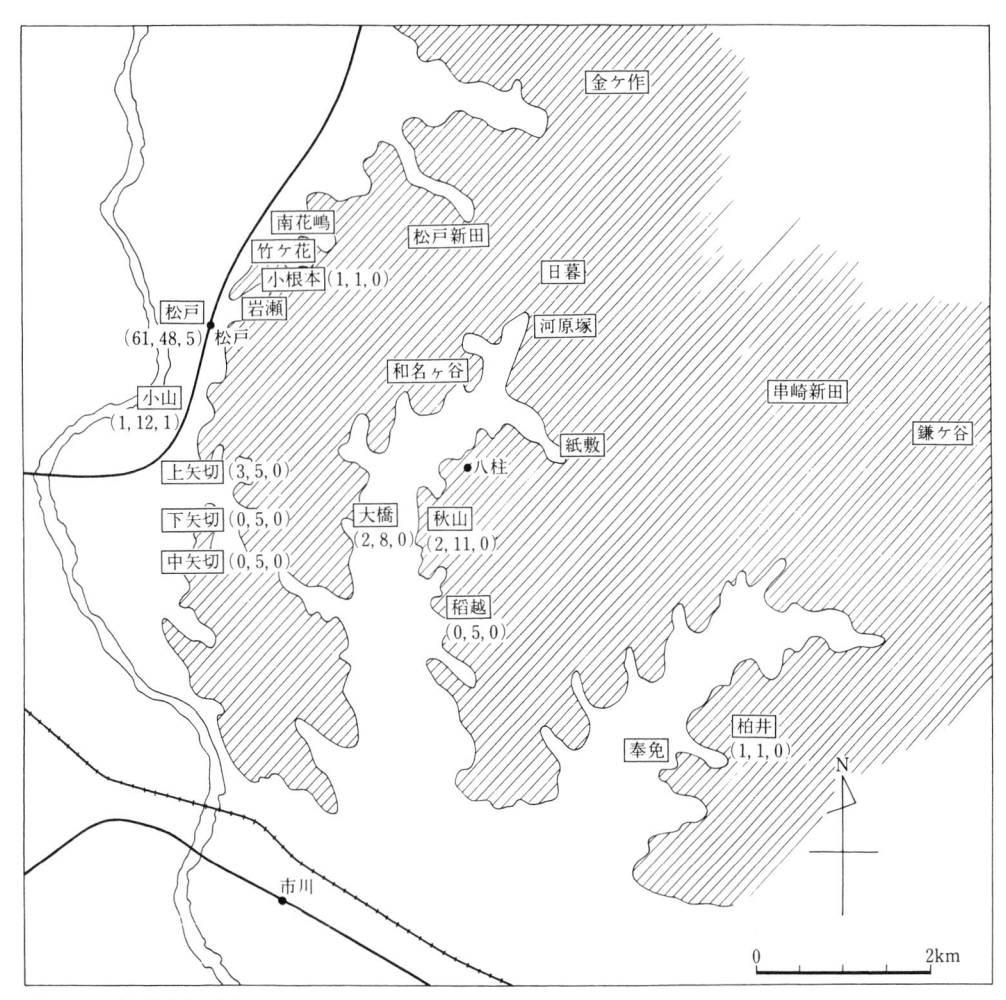

図262-4　松戸付近の被害分布
　斜線は丘陵地を表す．かっこ内は（全潰家屋・社寺・蔵等，半潰家屋・社寺・蔵等，死者数）を示す．村名のみで（　）のない村には被害がなかった．

の潰破損12，蔵の潰破損227であった．布佐・布川では破損家あり，成田では石灯籠が倒れた．松戸付近および城南方面の被害を図262-4，262-5に示す．水戸の下町で瓦落ち，蔵大痛，上町でも瓦落ち，土蔵少損，土浦で蔵の潰，大破あり．
　また武家・寺社の土塀で全きものはなかったという．発光現象の記事が目立つ．神田・蔵前（地震に先立つ9月21日）・平永町では地震前に水が湧き出したというし，深川では地震の日の昼に井戸を掘ったが地底が鳴り仕事にならなかったという．また浅草茅町の眼鏡屋では3尺余（約1m）の磁石に吸いつけてあった釘や鉄片が地震の2時間前に落ちた

186　4　被害地震各論

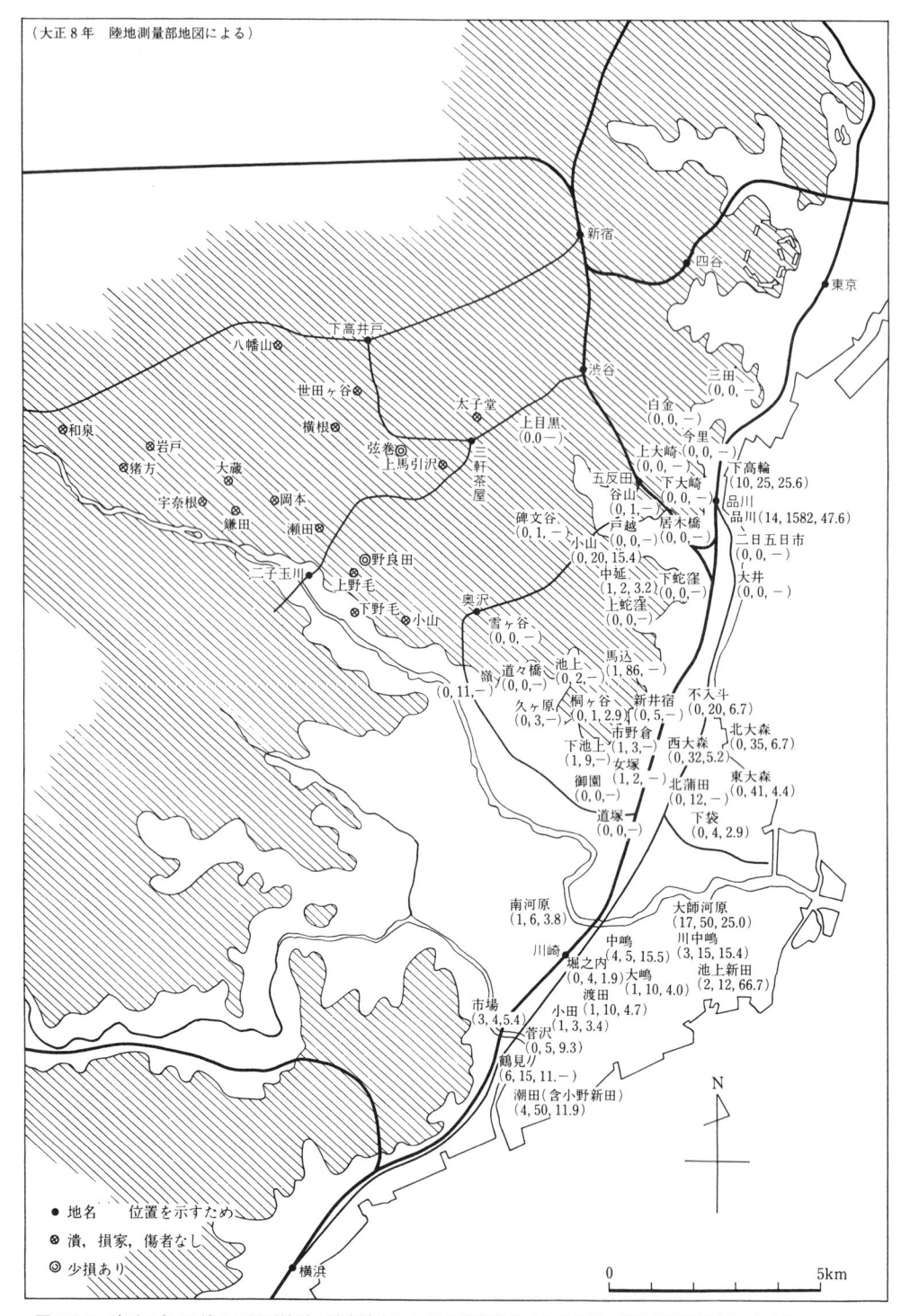

図262-5　安政2年10月2日江戸地震の城南地方における被害分布［大正8年，陸地測量部地図による］
●は位置を理解するために入れた地名で，古文書に出てくる地名ではない．（　）の中の数字は左から，潰〜大破家数，破損家数，被害率（%）である．斜線は高地．

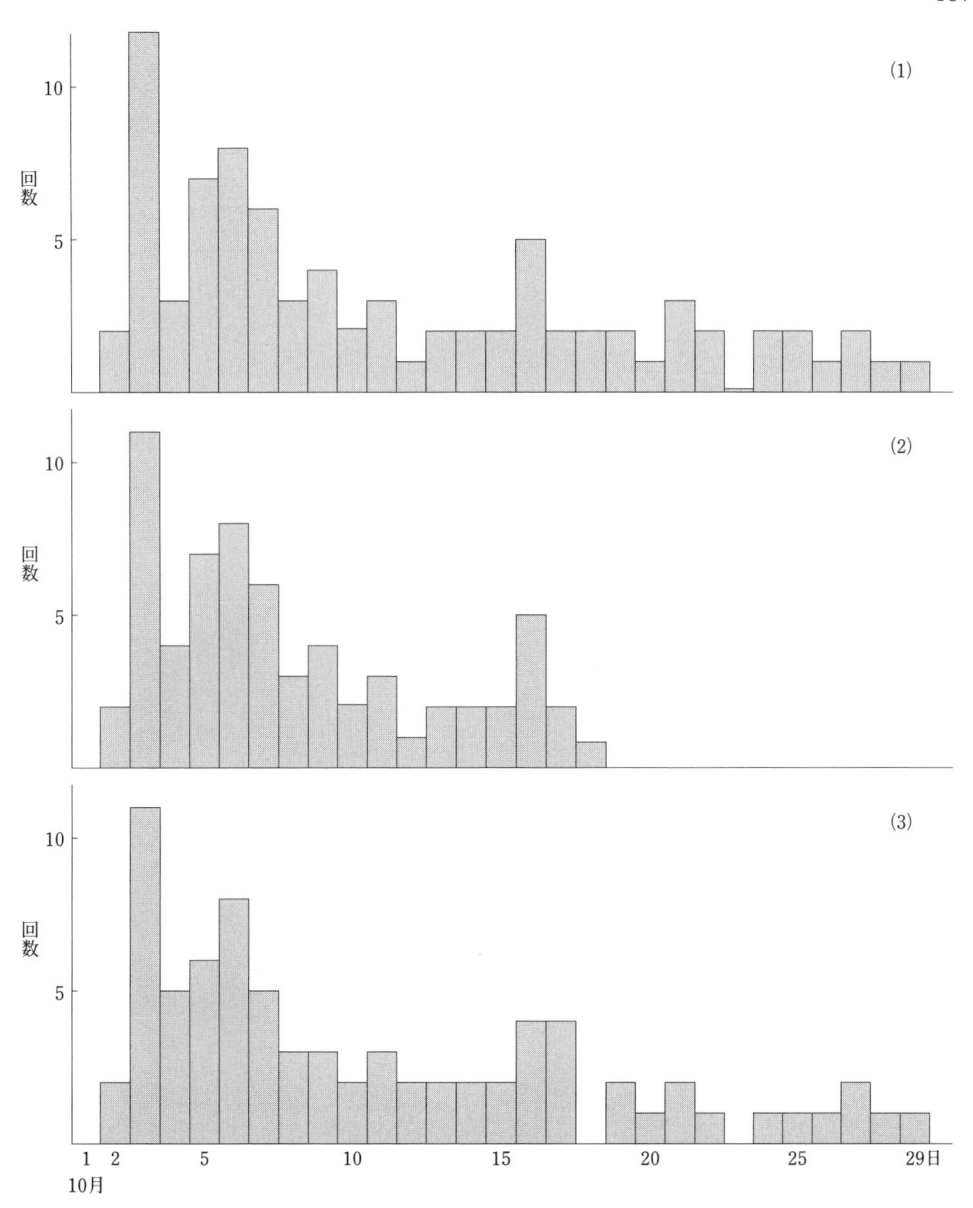

図 262-6 江戸における日別余震回数（発現時刻の明記してあるもの）
(1)『別本藤岡屋日記』『破窓の記』『安政二年乙卯珍話』による，(2)『安政2年10月2日以降地震度数等』による，(3)『自身の噂』による．

という．これをもとにして佐久間象山は地震予知の機械を作った．「地下鉄 7 号線溜池・駒込間遺跡発掘調査報告書 4-3，四谷御門外橋詰・御堀端道・町屋跡」[1997，帝都高速度交通営団地下鉄 7 号線溜池・駒込間遺跡調査会発行] によると四谷で 88，104，108，109，262 番の各地震による地震跡が発見されたという．

　津波はなかったが深川蛤町・木更津辺で海水の動揺があったという．余震は多かったと思われる．図 262-6 に出典の異なる 3 例について余震数の変化を示した．表 262-3 は佐山 [1973]（参考の東京都のもの）の調査によるものに追加．（☆）[参考：佐山，1973，安政江戸地震災害誌，東京都；宇佐美，1983，東京地震地図，新潮社；宇佐美，1980，自然災害資料解析，**7**，15-23；宇佐美，1995，安政江戸地震の精密震度分布図]

── 1855 Ⅺ 16（安政 2 Ⅹ 7）伊予　山崩れ家倒 20 軒というも同元年 11 月 7 日の地震によるか．史料 1 点のみ．

── 1855 Ⅻ 10（安政 2 Ⅺ 2）豊後立石　家屋倒壊せしもの多し，史料 1 点のみ．ほかの地震との混同あるか．

263* 　1856 Ⅷ 23（安政 3 Ⅶ 23）午刻　日高・胆振(いぶり)・渡島(おしま)・津軽・南部　$\lambda = 142\frac{1}{2}°$ E $\varphi = 41.0°$ N （C）　$M \fallingdotseq 7.5$　震害は少なく，八戸城内でところどころ破損したという．青森で蔵潰れる．襟裳岬付近で山崩れ．有感範囲は中仙道におよび，江戸では柔らかいが長くゆれたという．この地震の前に 19 日に 3 回，20 日 2 回，23 日 2 回の前震があった．図 263-1 の中の算用数字は津波の波高で単位は尺（1 尺 = 0.3 m）．震後津波が三陸および北海道の南岸を襲った．

　津波は函館で 7〜8 回（波の高さは最大 12〜13 尺（3.6〜3.9 m）），宮城県の十五浜村で 14〜15 回襲来したという．浦河付近で 500 石積以上の船 2 隻転覆し，十勝西部で岩石崩れ道をふさいだ．八戸付近では流家，浸水，流橋があり，馬淵川は上流 11 km の櫛引まで逆流したという．南部藩の被害は流失 93，潰 100，破損 238，蔵の潰 1，同破損 91，溺死 26 であった．また八戸藩では侍屋敷破損数軒，土蔵（侍・町・在とも）169 ヵ所，百姓家潰 189，半潰 53 軒，流家 33，船流失破損 93 艘，田畑損 1,700 石余，死 5 などの被害が出た．仙台藩で死 6．余震は文書により異なるが，日別回数の最大をとると 7 月 23 日 10 回，24 日 30 回，25 日 15〜16 回，26 日 11 回，27・28 日 11 回以上，29 日 4〜5 回，8 月 1 日 6〜7 回，2〜4 日 4〜5 回，などと 12 月まで続いた．7 月 26 日朝五ッ時の地震はかなり強く各地で少損あり．この地震の様子は 580 番の十勝沖地震によく似ている．580 番の長宗による S 波震源は図 263-1 の×に近い．これは震度分布の中心と推定される．もし，263 番の地震の発現機構が 580 番に似ていると仮定すると，本地震の震央は，$\lambda = 143.5°$ E　$\varphi = 40.5°$ N（図 263-1 の＋印）　$M = 7.8 \sim 8.0$ となろう．[2，<u>2.5</u>]［参考：羽鳥，1973，地震Ⅱ，**26**，204-205］

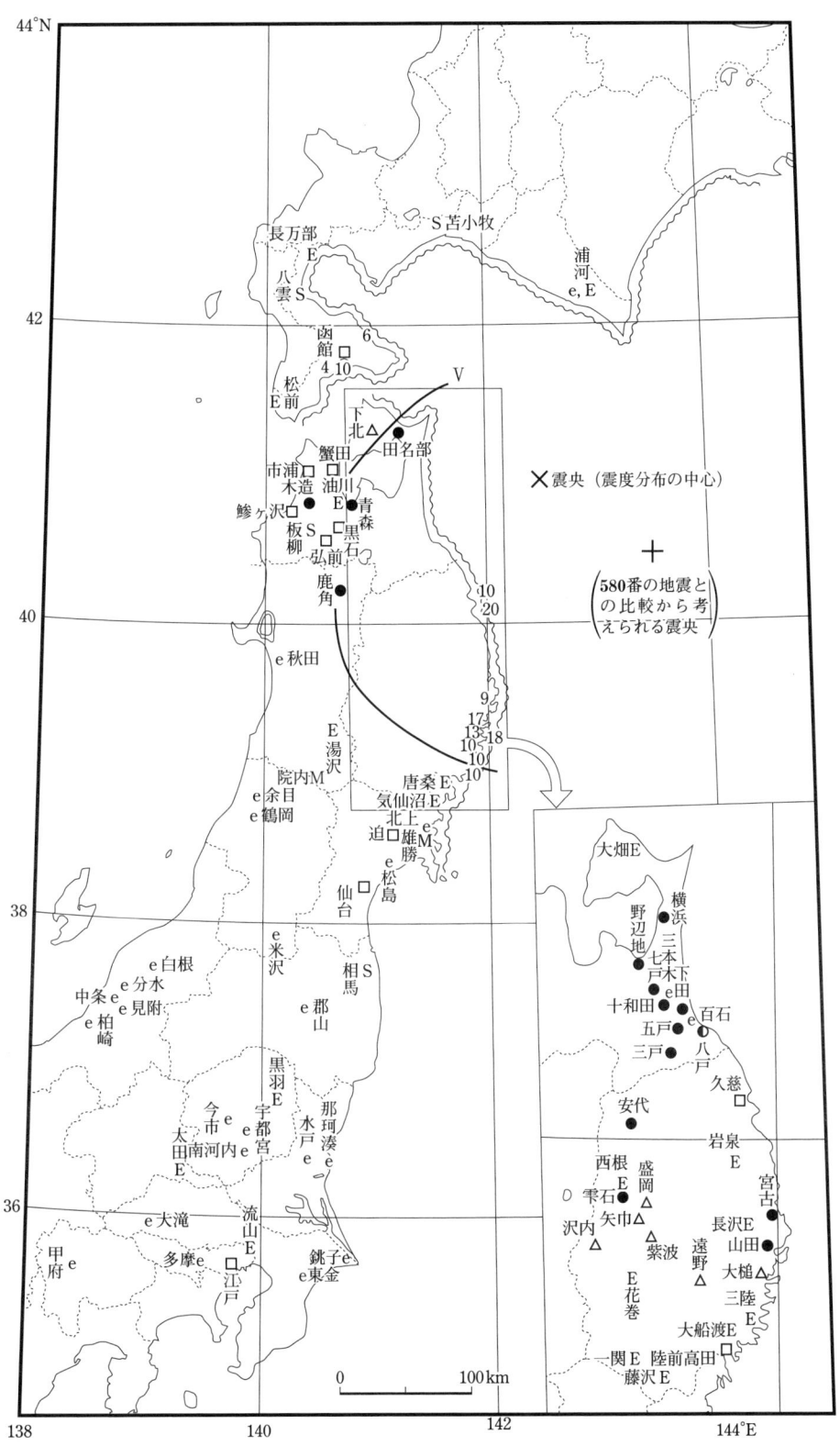

図 263-1 震度分布と津波襲来地域

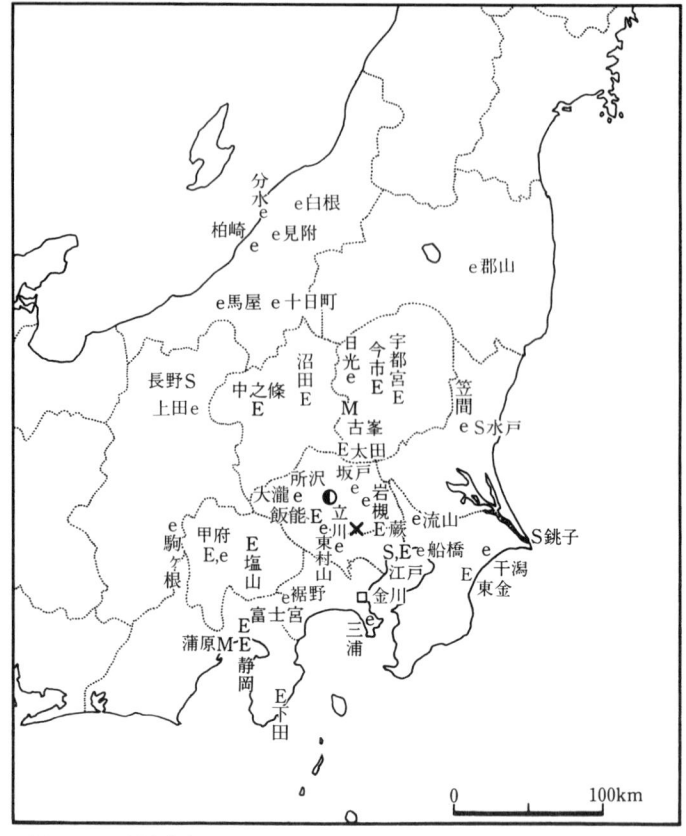

図264-1 震度分布

264 1856 Ⅺ 4（安政3 Ⅹ 7）朝五ツ頃　江戸・立川・所沢　$\lambda=139.5°E$　$\varphi=35.7°N$　(B)　$M=6.0～6.5$　江戸で壁の剥落，天水桶の水こぼる．積瓦落ちて23人傷．立川で天水の水こぼれ，粂川（めがわ）（東京都）で家屋倒潰15という．図264-1のほか，愛知県佐屋で有感．

264-1 1856 Ⅻ 9（安政3 Ⅺ 12）夕方　益田住吉社の石鳥居倒れる．墓石の転倒，土蔵潰れ，民家の倒壊あり．史料少なく新史料の発見をまつ．

264-2 1857 Ⅶ 8（安政4閏 Ⅴ 17）朝四ツ半ごろ　萩　$\lambda=131.4°E$　$\varphi=34.4°N$　(B)　$M≒6.0$　城内ところどころで石垣，壁，塀，屋根などの少損あり．石灯籠の倒れもあり．市中少損．死なく，傷あり．広島で相応に強く，岩国で長くゆれ，防府で少損，福岡県鞍手郡・筑上郡で有感．

265 1857 Ⅶ 14（安政4閏 Ⅴ 23）明六ツ半～七ツ半ころ　駿河　$\lambda=138.2°E$　$\varphi=34.8°N$　(A)　$M=6¼±¼$　駿河田中（大井川下流）城内の塀・石垣などところどころ破損，蔵少破．藤枝で強くゆれ静岡で灯籠数個倒れ，相良で人家倒れありという．江戸で用水桶の水が動いた．

図 265−1 震度分布

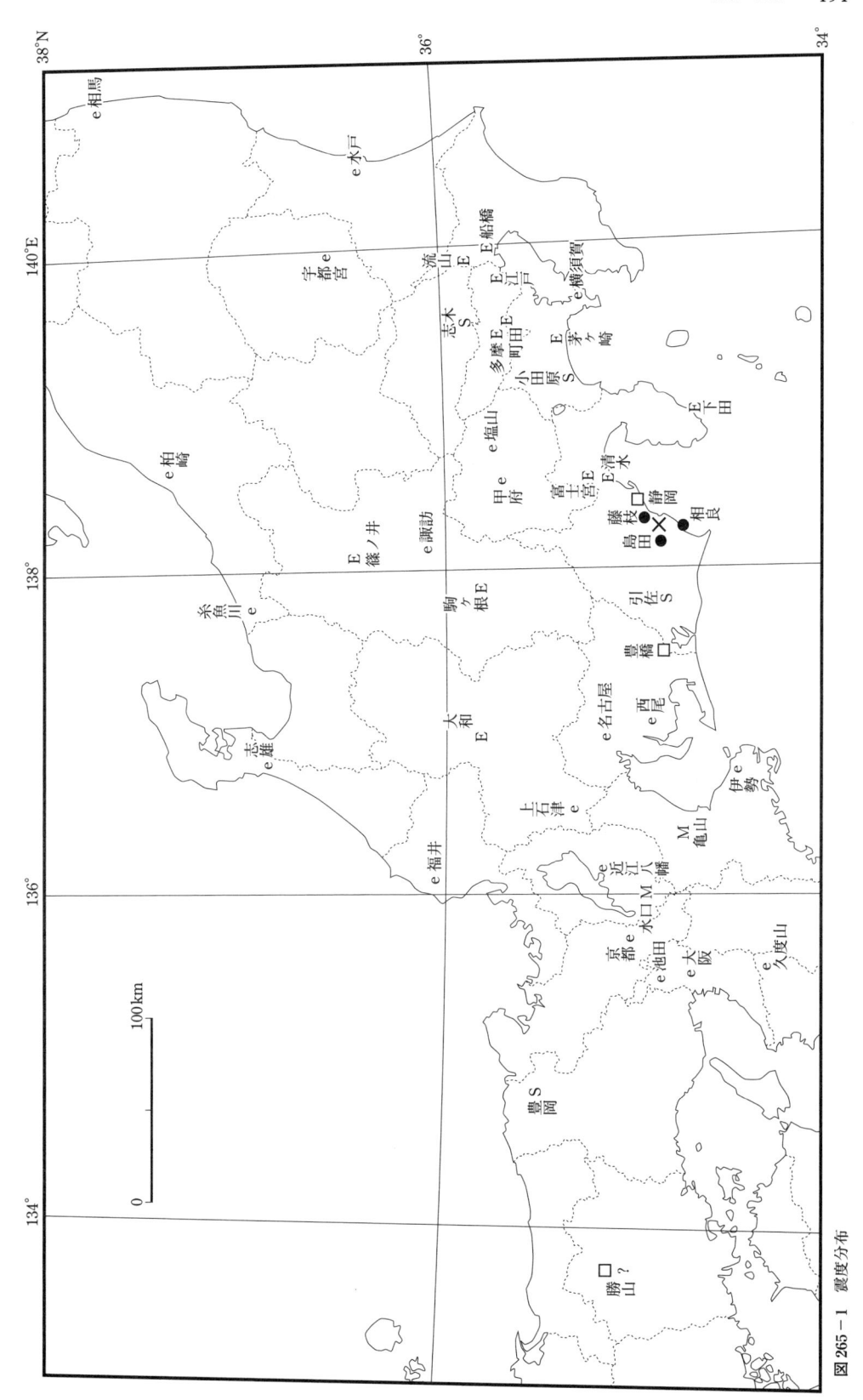

192   4 被害地震各論

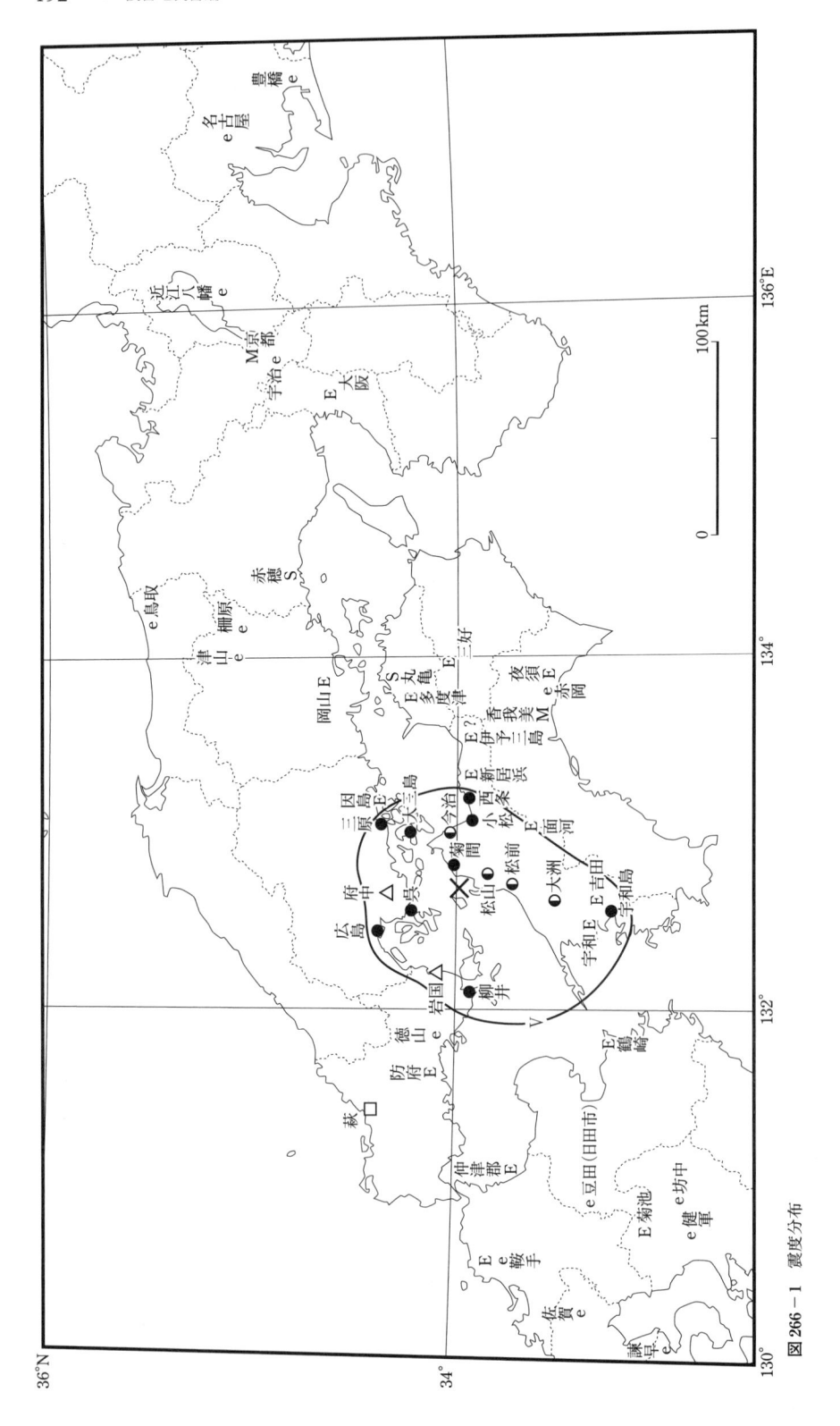

図266-1 震度分布

266　1857 X 12（安政 4 Ⅷ 25）辰の中刻　伊予・安芸　$\lambda=132.75°E$　$\varphi=34.0°N$　(B)　$M=7\frac{1}{4}\pm0.5$　今治では城内の石垣孕み，塀が倒れ，その他ところどころ破損した．また郷町の潰家 3，半潰 8，死 1．宇和島で藩主廟の灯籠かなり倒れる．松山で城内破損所不少という．松前辺で家ころげ，練塀多くころげるという．郡中で死 4，菊間で居宅屋根瓦落つ．大洲で城の石垣崩る．小松で塀壁など小破．三原で藩主の石塔など破損．広島で家屋の破損あり．呉で石垣崩れ，門倒れなどあり，郷原（呉市）で土堤割れなどあり，岩国で練塀など崩る．大分県鶴崎で 3 軒倒れたとの由．震度 V 以上の地域の半径 80 km から M を求めた．

266-1　1858 I 13（安政 4 XI 29）戌刻　青森　「蔵には可成の痛にて…」という記事が『多志南美章』にある．弘前・鯵ヶ沢・八戸・三戸・宮古・花巻・大館・上山・相馬・水戸・土浦・鹿沼・太田・江戸で有感．とくに相馬・土浦・太田・江戸で長くゆれたという．三陸沖の地震か？

―　1858 Ⅱ 3（安政 4 Ⅻ 20）昼四ッ頃　熊本　熊本城石垣ところどころ損し，あるいははみだし御蔵など引割る．原史料の発見をまつ．[参考：福岡管区気象台要報，1970，**52**]

268　1858 Ⅳ 9（安政 5 Ⅱ 26）八ッ半頃　飛驒・越中・加賀・越前　$\lambda=137.2°E$　$\varphi=36.4°N$　(B)　$M=7.0\sim7.1$　**飛越地震**　飛驒北部・越中で被害大．飛驒の高原・小鳥・小鷹利（高原川・宮川流域）・白川各郷および照蓮寺領で戸数 1,227，人口 8,456 のうち潰 323，半潰 377，死 203，傷 45，図 268-2 は跡津川断層付近の村の潰家率（％）で中沢上・森安では 100％であり，50％以上の村は断層沿いに集中している．断層からの距離と潰家率を流域別に示したのが図 268-3．

この地震は跡津川断層の運動（右横ずれ，北側隆起）によると考えられる．山崩れも多く，小鳥川流域の元田荒町，保木村などでは崩土が川を堰止めた．また高原川流域（神岡付近）の 15 村で潰 32，半潰 106，死 10，無難の家 63 という．常願寺川流域の本宮付近で死 36，山崩れがあった．富山城の石垣・門・塀破損，家中・足軽の潰・半潰 318，在町の潰・半潰 1,872，土蔵の潰・半潰は 40（家中・足軽），1,095（在町）．在方の土地・田の割れ損 20 町歩余，各地で地裂け水を噴き出す．高岡で地割れ，寺傾く．石動で潰 20，半潰 5，城端でも潰あり．金沢では城の石垣や土塀が破損し，城下で潰・半潰 114 を生じた．丸岡で家中・町家潰 30，半潰 130，土蔵の潰・半潰 70，城の塀・石垣・櫓・門破損．勝山で本丸の石垣崩れ，民家の壁落つという．大聖寺で家潰 148，同大破 370，土蔵潰 142，同大破 174，寺潰 12，同大破 35，（家中）住居向大破 27．また飛驒の高原筋 25 ヵ村での倒木などの損は表 268-3 のとおりで，これは，安政 6 年 5 月の調査報告による．

常願寺川上流の大鳶・小鳶山崩れ，湯川を堰止め大きな池を作った．また真川谷も山崩れ多く，川を堰止め，長さ 2 里（約 8 km）にわたり水をたたえた．その他の支流でも数ヵ所堰止められ，3 月 10 日に至り眞川（湯川という文献もある）の堰崩れ泥水・大木を押し出し，下流の村々は洪水となった．これは 271 番の地震が引き金となって崩れたらしい．ついで 4 月 26 日今度は湯川（眞川という文献もある）の堰が崩れて泥水を押し出し，神通川（や白岩川）に流れ込んだ．この結果金沢領 148 ヵ村で，変地高数 2 万 5,798 石，流失および潰家 1,612，溺死 140 の被害を出した．また，富山領 18 ヵ村で変地 6,250 石の損であった．規模は震度 V の地域の面積を $\pi\times30\times70$（km^2）とすると $M\fallingdotseq7.0$ となる．

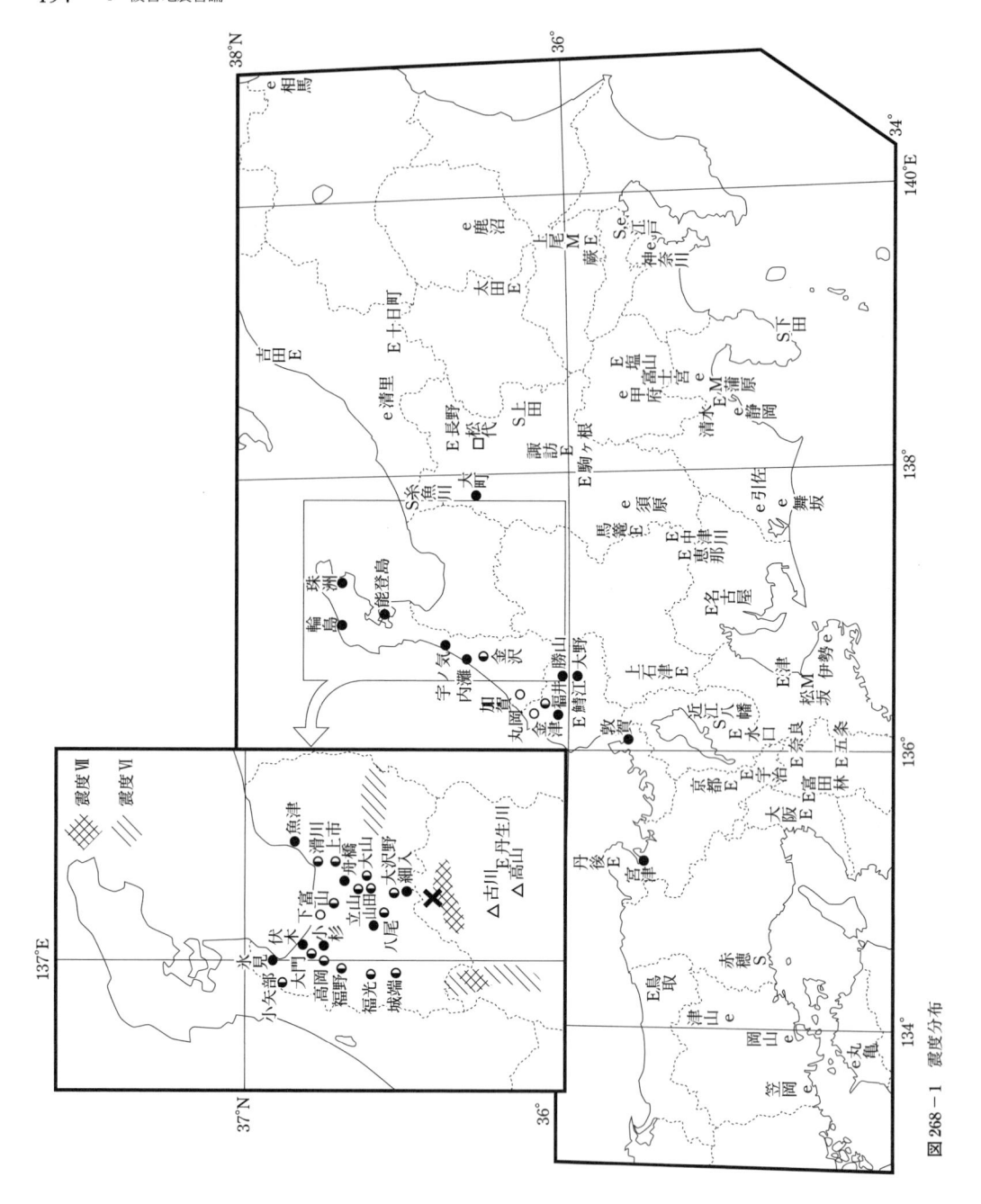

194　4 被害地震各論

図268-1　震度分布

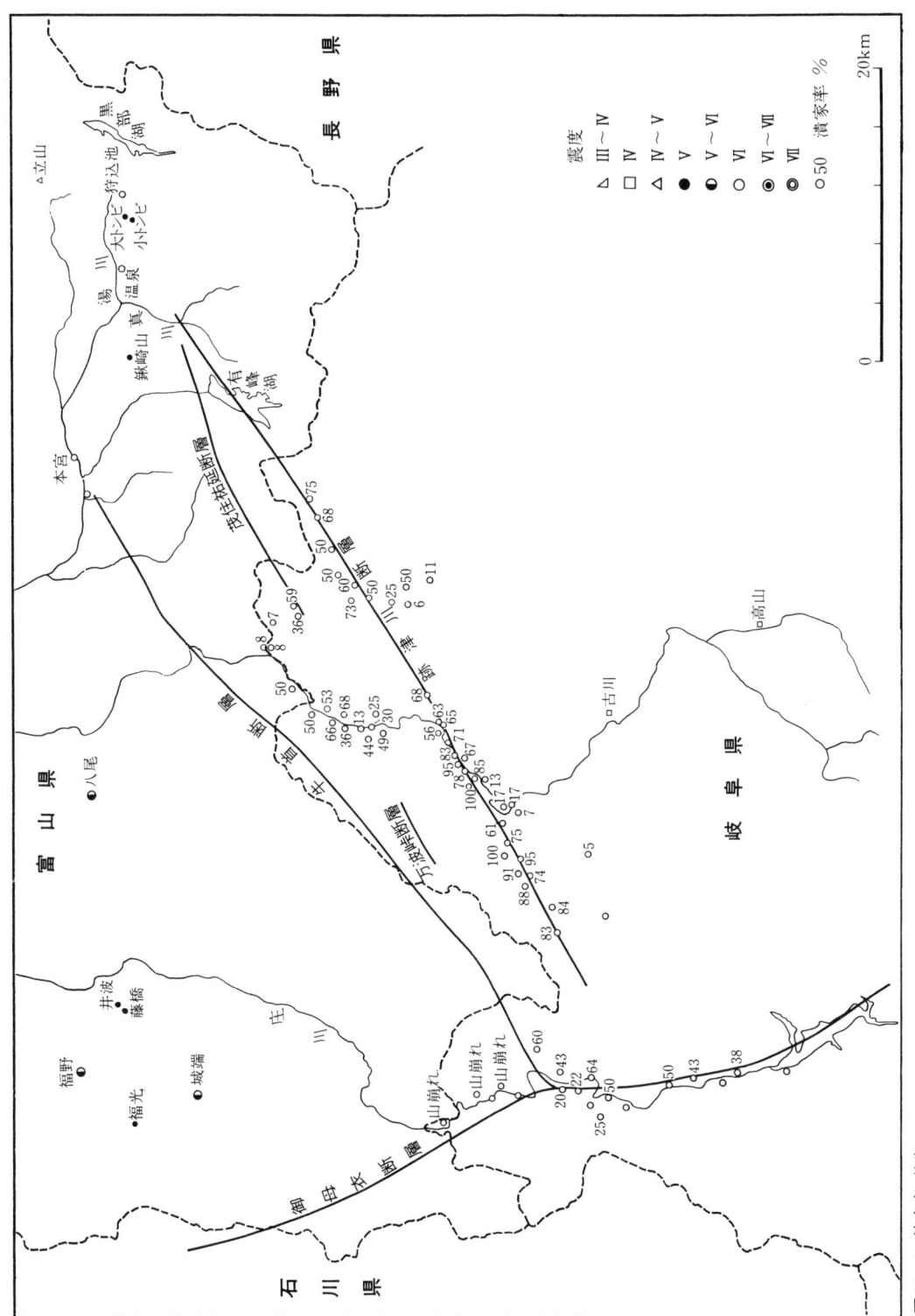

図 268-2 潰家率 (%)

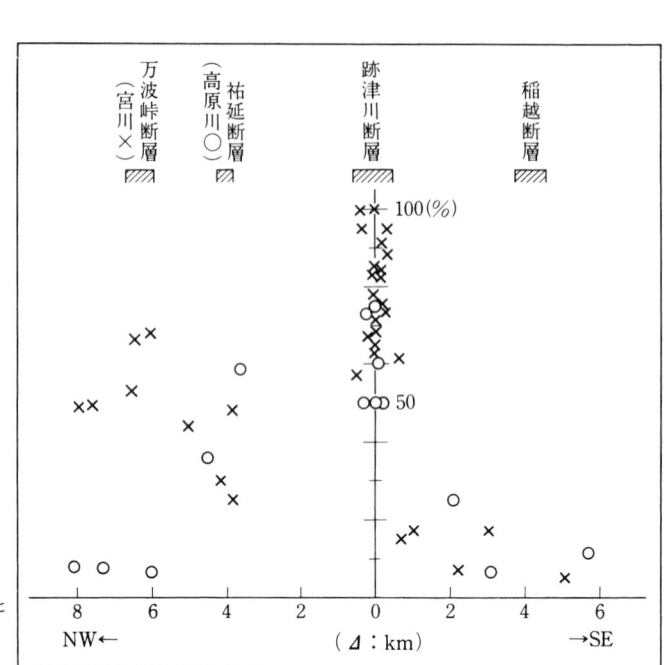

図 268-3 跡津川断層からの距離 $\varDelta$ と
被害率（％）[松田原図]
　○：高原川沿い，×：宮川沿い．

表 268-1 被害一覧（含洪水被害）

地名	被害村数	死	傷	牛馬死	人口	戸数	石高	家 潰	家 半	家 流	家 焼	蔵 潰	蔵 半	蔵 流	寺堂社 潰	寺堂社 半	寺堂社 痛	小屋 潰	小屋 半	小屋 流
飛驒	70	209	45	87	8,456	1,227	3,493	323	377	4	5	18	53	3	14棟	11棟		74	75	3
加賀藩		146						⌊1,172⌋		損162 +1,319°		⌊283⌋		損19 +477△	⌊35⌋			111		損2
福井								17	81			7	12							
勝山									少損											
大野								1				大破4								
大聖寺		1	351					148		沈35	大破397	142	大破174		12	大破35				
富山		70	250	39				⌊2,190⌋				⌊1,183⌋			⌊30⌋		2	⌊260⌋		
計		426	646	126																

° 含寺，△ 含納屋．

(☆)(#)［参考：宇佐美ほか，1978，予知連会報，21，115-119］

表 268-2 越中洪水被害一覧

	組	太田	嶋	広田	高野	上条	計
	村数	28	44+1（新庄新町）	3	42	22+1（西水橋）	139+2 (1524)
	家計	585	777		162	(50)	1,574 取りこわし 931
家	流	99	150, 半流 7		3	39　半 7	291　半 14
	潰	33	17		9	4	60 (63)
	半潰及泥込	173	半流 102				295 (295)
	泥込	276	501		150		(927)
	泥付	59					(59)
	死	54	63	19	6		146 (142)
物置・土蔵	潰	3	47				(50)
	流	3	9				
	泥入・半潰		2				
	泥入		36				
納屋等	流	710	28			} 29	836
	泥入・半潰		20				(787)
	変地高	10,217.6 石	10,113.6	28.2	4,177.1	1,049.8	25,586.3
	同上（別史料）	〃	10,321.6	22.7	4,166.1	1,072	

（　）は著者の計算による．

表 268-3　飛騨の樹木の損

槻		桂		栗		姫子		栩		檜	
本	尺〆	本	尺〆	本	尺〆	本	尺〆	本	尺〆	本	尺〆
331	5658	84	992	247	1547	254	2498	40	219	53	114

270　1858 IV 9 （安政 5 II 26）昼七ッ時頃　丹後・宮津　宮津では地割れを生じ，家屋大破す．岩ヶ鼻（丹後半島の伊根付近）で蔵の壁痛み，岩瀧辺も強かった．

271　1858 IV 23（安政 5 III 10）巳刻　信濃大町　$\lambda=137.9°E$　$\varphi=36.6°N$　（B）　$M=5.7\pm0.2$　大町組で家・蔵の潰などあり．山崩れ多し．被害総計は家潰 71, 半潰 266, 損 903, 蔵潰 7, 半潰 63, 損 206, 寺社堂半潰 18, 道損 54 ヵ所, 山崩れ 160 ヵ所, 橋 19 ヵ所, 田畑損 1,012 俵取余．図 271-1, 2 は有感域と大町組の被害を示す．図 271-2 の範囲は震度 V〜VI と考えられる．この地震が引き金となって 268 番の地震後の泥洪水が発生したと考えられる．震源域は跡津川断層の延長と糸静線の交点付近であろう．$r_v=10$ km として M を求めてある．石川県門前・志雄で有感．

——　1858 V 11（安政 5 III 28）夜五ッ頃　八戸　土蔵破損あり．『多志南美草』にあるのみ．五月の誤りか．

272　1858 V 17（安政 5 IV 5）信濃諏訪　上諏訪で 3〜4 軒潰れる．疑わしい？『大沼氏記録』にあるのみ．

198　4　被害地震各論

図271-1　安政5年3月10日の地震の震度分布

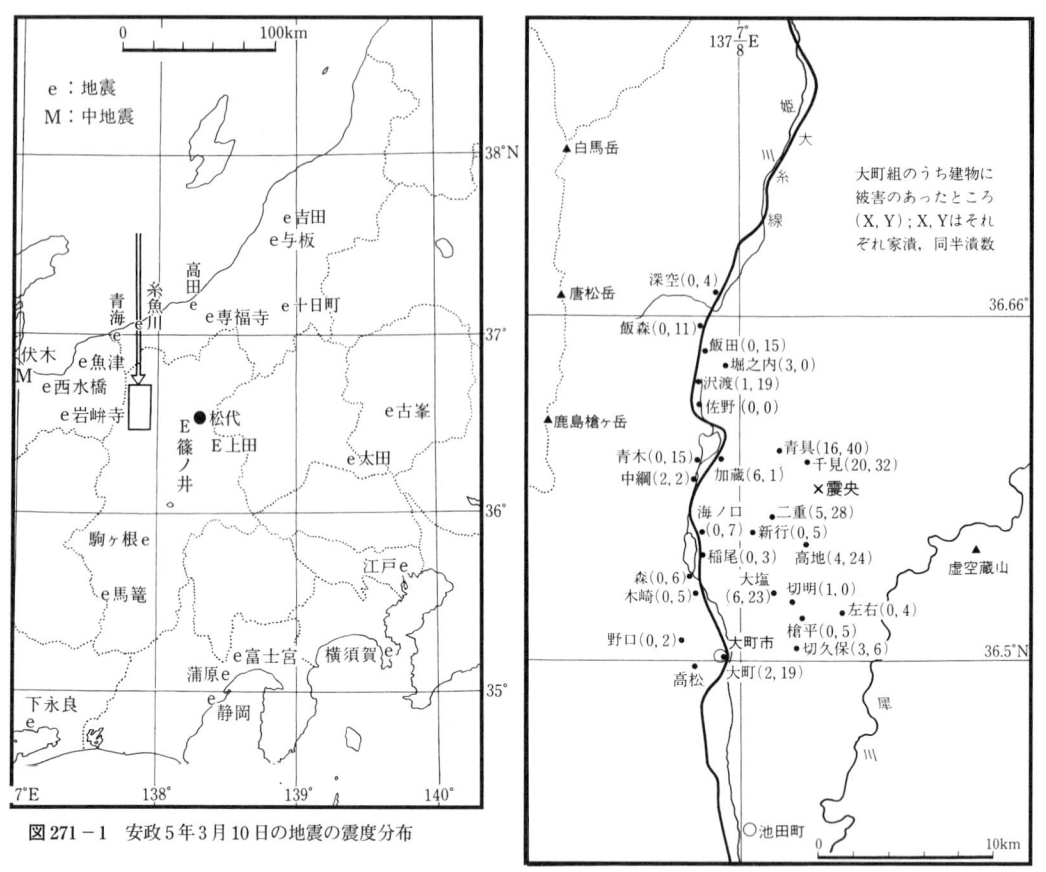

図271-2　安政5年3月10日の地震の被害分布

272-1　1858 VII 8（安政5 V 28）夜五ッ時　八戸・三戸　$\lambda=142.0°E$　$\varphi=40.75°N$　(C)　$M=7.0〜7.5$　八戸で土蔵破損・堤水門の損あり．三戸で土蔵・橋などところどころ損．青森・弘前・むつ・田名部・鰺ケ沢・秋田・大館・花巻で強く感ず．クナシリ・長万部・秋田県田代町・山形県大石田町・大江町・宮古市長沢・相馬・白河郡中石井村・佐野・鹿沼・太田・水戸・流山・江戸・蕨・富士宮で有感．

273　1858 VIII 24（安政5 VII 16）紀伊　田辺で瓦落ち壁が崩れた家あり．昼八ッと夜四ッの2回地震．岩国・広島・呉・岡山・丸亀・赤穂・宮津・近江八幡・岐阜養老郡・伊勢・大阪・京都・水口で有感．

274　1858 IX 29（安政5 VIII 23）朝五ッ半過ぎ　青森　$\lambda=140.8°E$　$\varphi=40.9°N$　(B)　$M≒6.0$　安方町にある4間×25間の米蔵潰れる．狩場沢村（現平内町）で道路亀裂あり．弘前・大館・田代町（秋田県）・相馬・山形県村山郡山辺村・川俣（福島県）で有感．

275　1859 I 5（安政5 XII 2）暮六ッ　石見　$\lambda=131.9°E$　$\varphi=34.8°N$　(B)　$M=6.2±0.2$　島根県一帯，とくに那賀郡・美濃郡が強く，波佐村で山崩れがあり，周布村では潰家数戸．下道川村（匹見町）で家・土蔵小損4．美濃郡では明治5年の浜田地震より強く感じ，

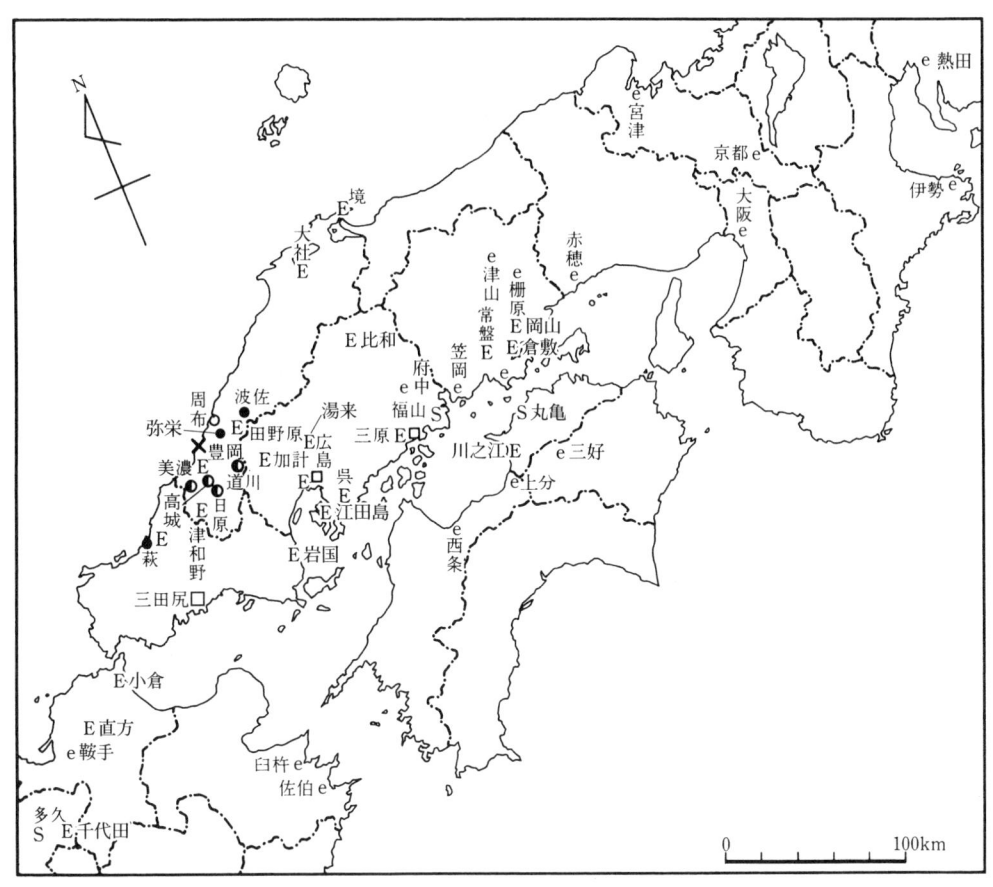

図275-1 震度分布

美濃村で潰家10. 豊田村では塀が東に倒れ，青土および火の如きもの噴出. 高城村で石垣，吉賀川の堤防崩る. 被害総計，家潰56，蔵損14，寺社倒2，山崩れ10，田畑損31町余，ほか道・橋・堤損多し. 広島・三原で灯籠など少損. 萩で勘場少損. 余震約1ヵ月続く. 呉で2日22回，3日11回，4日2回，5日3回，7日3回，11日2回，12・17日各1回の地震あり.

276 1859 I 11 （安政5 XII 8）昼午頃　岩槻
$\lambda=139.7°E \quad \varphi=35.9°N \quad (B) \quad M\fallingdotseq 6.0$　居城本丸櫓・多門その他ところどころ破損. 江戸・多摩・神奈川・佐野・鹿沼・水戸・太田・鳩山村・白河郡中石井村で有感.

277 1859 X 4 （安政6 IX 9）昼四ッ時　石見
$\lambda=132.0°E \quad \varphi=34.5°N \quad (B) \quad M=6.0〜6.5$　島根県那賀郡で強く，周布村でも数戸倒潰し，地割れあり，匹見町では田地・往還・橋などの損がところどころにあり，居宅大損4があった. 広島城内休息所入口の鴨居落ち，多門の瓦落つ. 刀かけの刀残らず落ちる. 11日巳刻の地震は広島地方で強く，多門・屋形まわり破損，萩市川嶋庄で倒家2. 余震10月19日に及ぶ.

277-1 1860 -- （万延1 --）甲斐
巨摩郡関口村密蔵寺本堂潰るという. 史料1点のみ疑わしきか.

200　4　被害地震各論

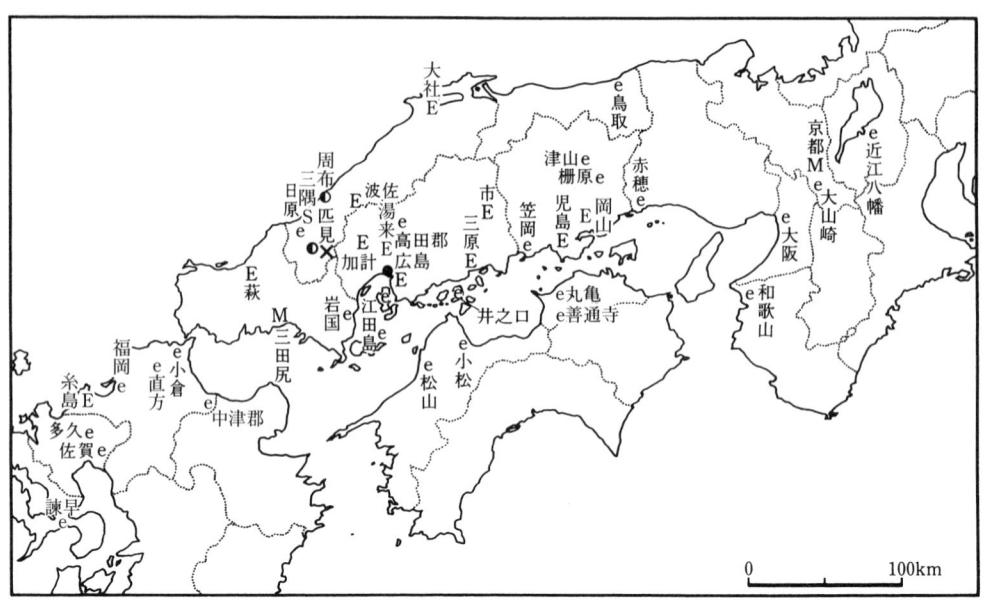

図277-1　震度分布

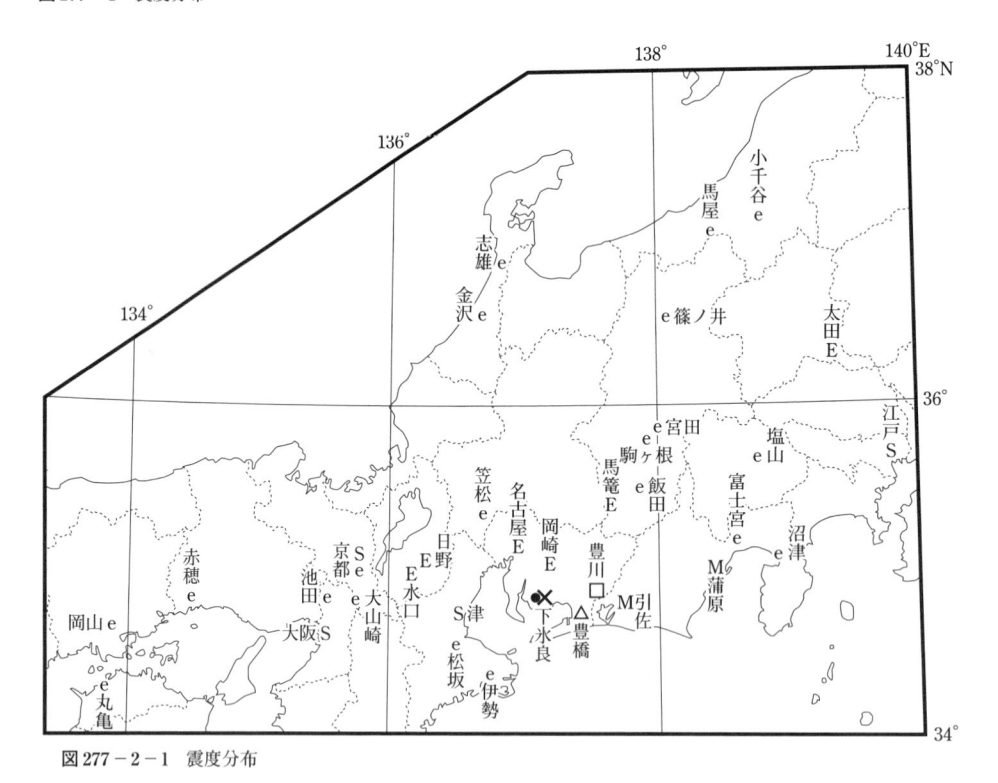

図277-2-1　震度分布

277-2　1861 Ⅲ 24（文久1 Ⅱ 14）寅刻　西尾　$\lambda = 137.1°$ E　$\varphi = 34.8°$ N　(B)　$M ≒ 6.0$　丑・寅と続いて大地震，寅のほうが強かった．『下永良陣屋日記』によると永良村才目池堤少々ゆり込み，白鳥村庄屋の柱折れなどの少破損があった．額田郡4ヵ村で大破家あり．

278 1861 X 21（文久1 IX 18）暁七ッ時　陸中・陸前・磐城　$\lambda = 141.15°$E　$\varphi = 38.55°$N（A）　$M = 6.4$　『気象集誌』第19年第7号ほかによる被害は表278-1のとおり．福島県相馬における余震は18日7〜8回，19日3回，20日1回，24日たびたび．10月2日1回，4日2回，6・8・10・19・25・27日各1回，11月5日2回，6・18・24日各1回，12月10日2回，24・26日各1回．津波記事を無視する．震源を宮城県沖とする意見もある．(#)

—— 1864 III 29（元治1 II 22）陸中　『岩手県誌資料』に「三閉伊海岸に地震，ところどころ破損」とある．江戸で朝地震，史料不十分．疑わし．

279 1865 II 24（元治2〈慶応1〉I 29）1時　播磨・丹波　$\lambda = 135.0°$E　$\varphi = 35.0°$N（B）　$M \fallingdotseq 6\frac{1}{4}$　加古川上流の杉原谷で家屋多く破壊すという．多田銀山（現猪名川町）でこの日14〜15回の地震．加西市吉野町で大地震を感ず．震源付近で田畑損5石＋1.3町，毛替12.4石，石垣崩れ1,965間，山崩れ500間，地割れ10筆．(#)

280-1 1866 XI 24（慶応2 X 18）暁七ッ頃　銚子　銚子市後飯町現浅間社の石の鳥居倒る．仙台・日光・相馬・宇都宮・成田・江戸・干潟（千葉県）・成東・川崎で有感．

280-2 1868 ――（明治1 ――）伊豆　『小室村誌』に石垣土手の崩壊多しとあるのみ．

280-3 1868 ――（明治1 ――）宮古島　棚上のもの落ち，鴨居外れ，石垣崩れ，地裂あり．

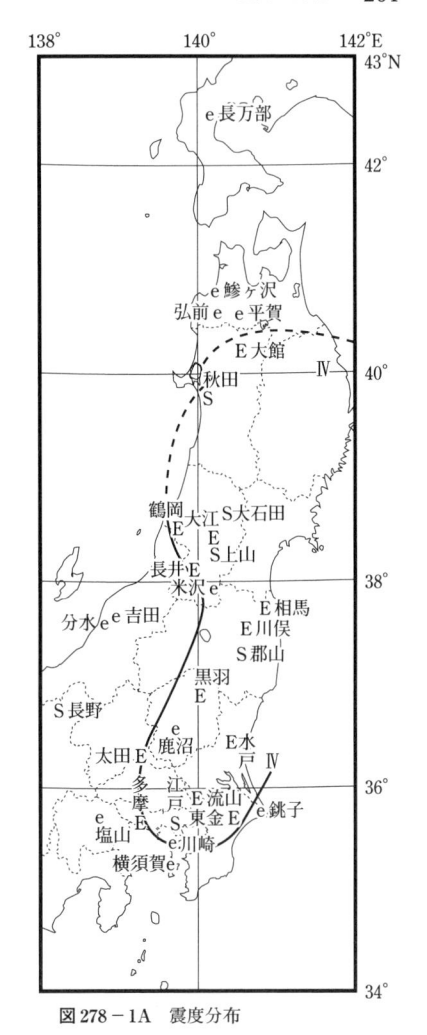

図278-1A　震度分布

図278-1B　震度分布

表 278-1 おもな被害

町　　村　　名			被　　害
陸前国	遠田郡	小牛田村　字北浦	潰家多く，死あり
		小牛田村　字下小牛田	破損あり，土蔵崩壊す
		南郷村	（ところどころ人家潰れ，破損多く，死あり）
		涌谷町	家130余打壊る
	志田郡	古川町	土蔵の潰 10 余
	栗原郡	松尾村　字栗原	家屋小破
		若柳町	土蔵小破（家潰，地さける）
	登米郡	米山町	潰 11，死傷あり
		安生津　字二つ屋	潰 10，傷あり（赤生津か？）
		米岡町（米山町西野）	死 5，傷約 25，家痛 130
	桃生郡	中津山村　字寺崎	潰 10 余，（酒樽倒れ）
		鹿又村	潰 20 余，死傷あり（死 4 または潰 64）
		粕川村	（潰 6）
		野蒜村	家破損，津波あり
		辻堂町（河北町）	潰 1，半潰 2，大曲り家多
		飯野川仲町	家々痛む
	黒川郡	吉岡町	器物の破損
		仙台市	家屋破損，土蔵破る
		宮城町	落合橋落つ
	宮城郡	広瀬村　字上愛子	家屋破損 3，道路亀裂
	牡鹿郡	石巻町	家屋潰 2～3，（湊町で倒家約 30）
	名取郡	中田村　字前田	家屋破損，壁崩る
		岩沼町	家屋小破損
磐城国	刈田郡	白石町	家屋破損，壁崩る
	伊具郡	金山町	土蔵の壁に亀裂
出羽国		秋田湯沢	水桶あふれる

（　）は別史料．

――　1869 III 18（明治 2 II 6）安芸　高田郡・双三郡で強く感じ，人家の損家が多かった．あるいは明治5年の誤りか．

――　1869 IV 9（明治 2 II 28）六甲　六甲山東手に地割れ．幅3尺，長20町．深さまちまち．地震のためという．『西灘村史』に載せるのみ，疑わしきか．

281-1　1870 V 13（明治 3 IV 13）暁七ッ頃　小田原　$\lambda=139.1°$E　$\varphi=35.25°$N（A）　$M=6.0\sim6.5$　小田原城内ところどころで壁・塀・屋根瓦の損あり．町田・多摩・江戸・川崎・御殿場・静岡・塩山・馬籠・分水町（新潟県）で有感．

281-2　1872 I 27（明治 4 XII 18）暁八ッ頃　磐城沖？　相馬市原釜，地震により大浪，漁船の14人溺死．史料少なし．

282*　1872 III 14（明治 5 II 6）17時頃　石見・出雲　$\lambda=132.1°$E　$\varphi=35.15°$N（B）　$M=7.1\pm0.2$　浜田地震　地震後40年を経て，明治末年に本格的調査が行われた［島根県浜田測候所，1912］．それによると発震時は16時40分頃，約1週間くらい前から鳴動，当日午前11時頃微震．ついで本震の約1時間前にかなりの地震．また8～10分前に微震

図 282-1 震度分布

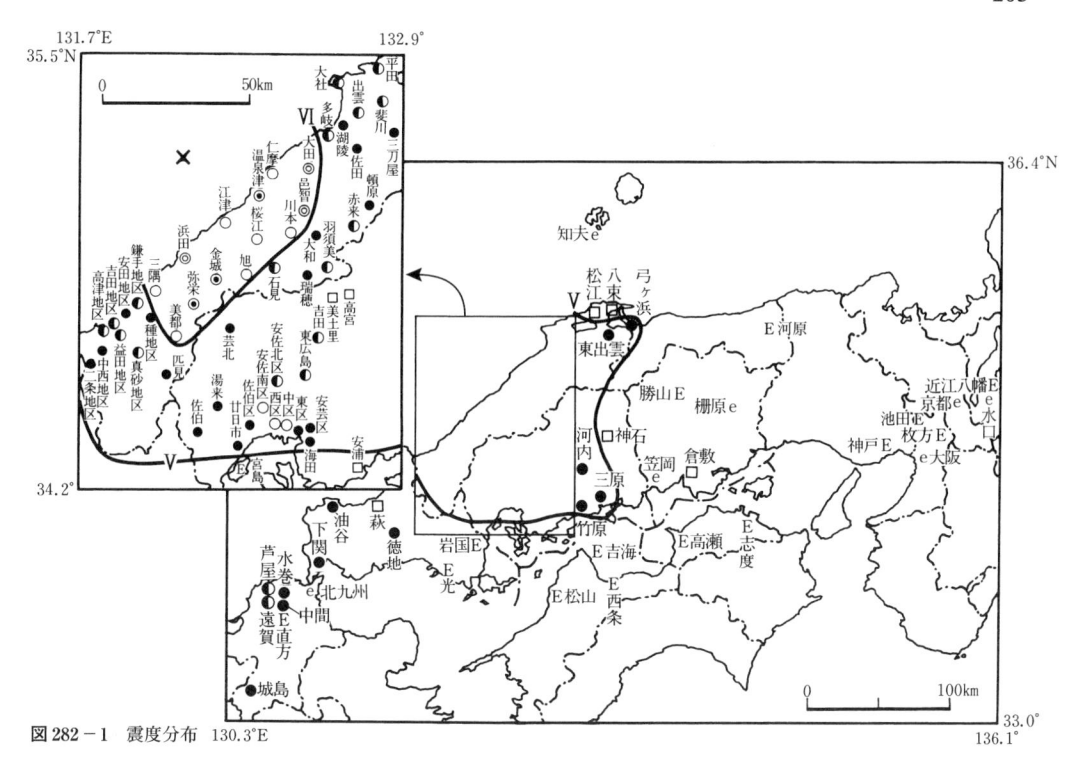

表 282-1 被害一覧

県名	死	傷	家 潰	家 半	家 損	家 焼	蔵 潰	蔵 半	蔵 損	山崩れ	道・橋	田畑	堤防・用水	その他
浜田県	536	574	4,049	5,429	6,734	230	┗547┛			6,567ヵ所	3,911ヵ所	*809.144町	9,769ヵ所	*他に岸崩れ 11,016ヵ所 (明治25年: 57,486戸)
出雲県	15	8	457	643										
広島県	0	3	20	28 ┗19┛	53		13	1	+2 231	66ヵ所 (山林損所)	530ヵ所	151ヵ所 +666ヵ所 (含・宅地)	169, 井出 <57	他に田畑岸・ 宅地崩れ 4,628
その他	4		1	1							9反割れる			寺社破損4, 三原城の櫓 崩る

あり．これらの前震や鳴動は主として石見東部・出雲西部で感じた．被害は文献により異なる．被害は表282-1, 2, 3のとおり．図282-2, 3は新資料による対人口被害率で，人口は明治9年のもの．ただし人口不明の村については，被害率を示していない．図282-2の対人口被害率10‰の区域を震度VIとすると $M_{VI}≒7.4$, 50‰をとると，$M≒6.5$となる．山崩れも多く邇摩郡では33戸が埋没した．広島県中野村（現芸北町）で亀裂（延長500m）

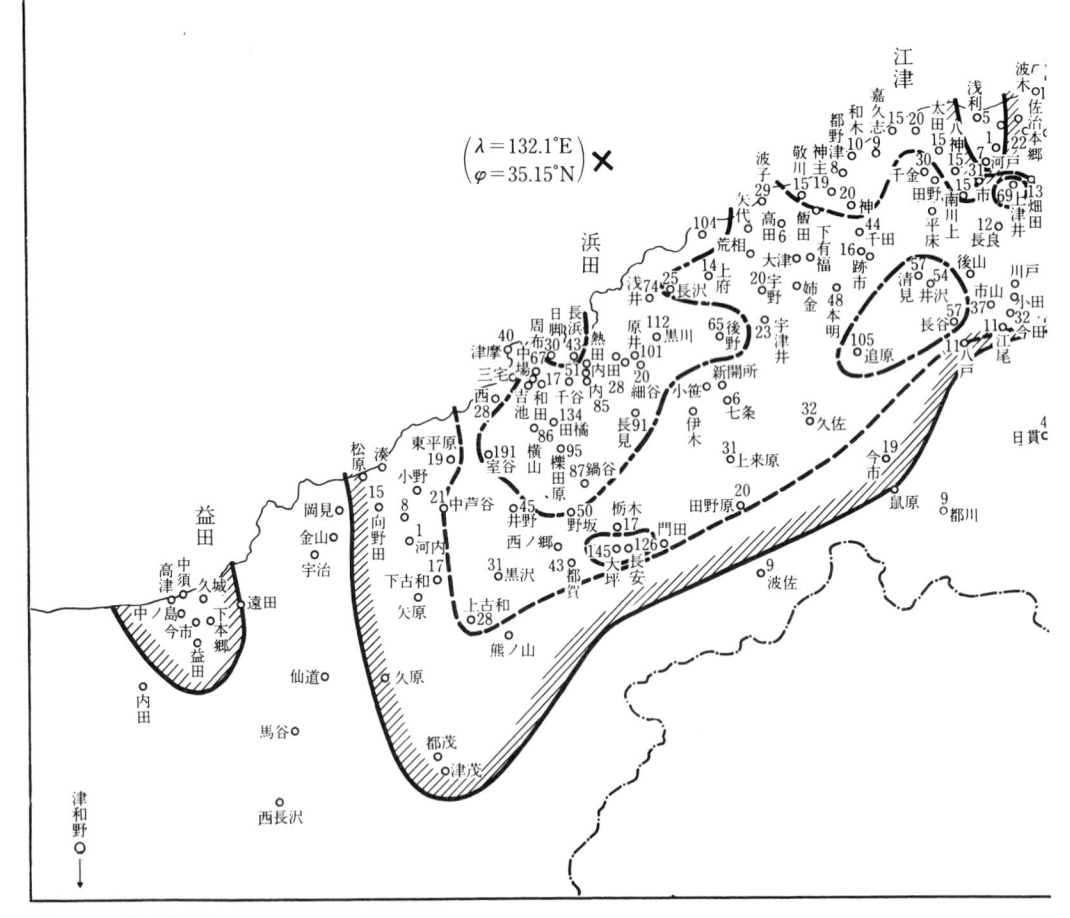

図 282-2 被害率分布

1872

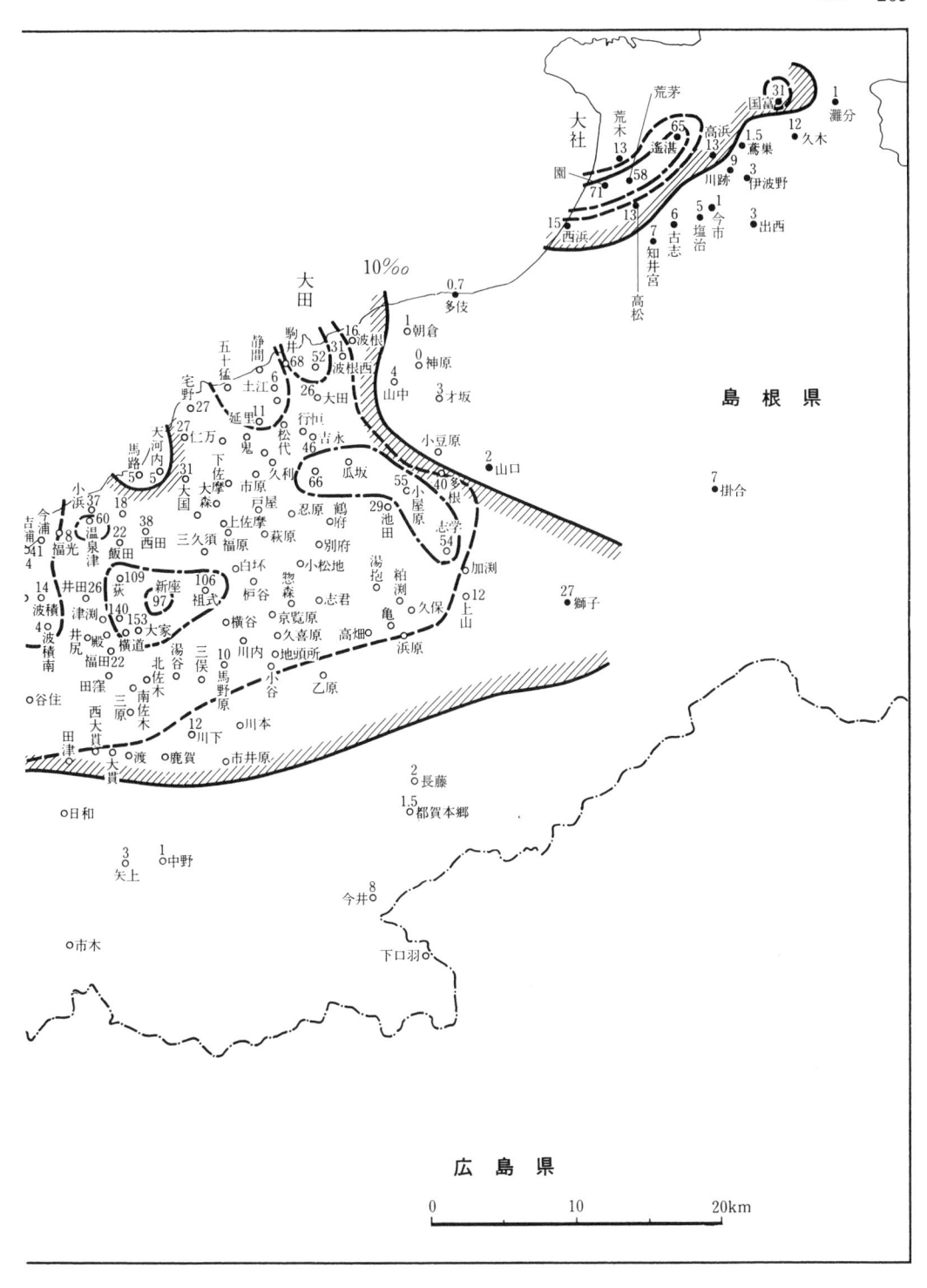

島根県

広島県

0 10 20km

206   4 被害地震各論

表 282-2 浜田県管下震災表

被害	那賀郡	浜田町両浦	邑智郡	邇摩郡	安濃郡	美濃郡	括
田畑損所	321町9反1畝13歩 岸崩れ 11,016ヵ所		184町3反4畝	257町3反5畝19歩	37町6反8畝21歩	7町8反5畝	田畑809町1反4畝13歩 同岸崩れ 11,016ヵ所
田方水源切	113町1反4畝15歩 ほかに23ヵ所						
堤防水除 溜井用水	5,784ヵ所		2,603ヵ所	454ヵ所	101ヵ所	826ヵ所	9,769ヵ所
道路橋梁	道路1,637ヵ所 橋梁 159ヵ所		1,373ヵ所	道路408ヵ所 橋梁 63ヵ所	道路53ヵ所 橋梁 11ヵ所	207ヵ所	3,911ヵ所
山崩れ	2,522ヵ所		1,927ヵ所	1,487ヵ所	124ヵ所	507ヵ所	6,567ヵ所
焼失家	188軒	うち 92軒	20軒	19軒	3軒		230軒
潰家	2,303軒	うち543軒	485軒	742軒	440軒	79軒	4,049軒
半潰家	2,396軒	うち210軒	868軒	1,294軒	671軒	200軒	5,429軒
大損家	2,391軒	うち168軒		2,317軒	2,026軒		6,734軒
郷倉・土蔵	郷倉 125軒 土蔵 262軒	うち 土蔵142軒 うち焼失 11 潰 42 半 56 損 32		郷倉 3軒 土蔵 72軒	土蔵 85軒		郷倉128軒 土蔵419軒
死人	288人	うち 97人	80人	137人	32人		536人
怪我人	378人	うち201人	75人	101人	18人	2人	574人
死牛馬	28疋		21疋	38疋	22疋		109疋
怪我牛馬	25疋		8疋	31疋	4疋		68疋

表 282-3 浜田町の被害

浜田町区名	全潰	半潰	焼失	人口
新 町	49	32	45	454
紺 屋 町	77	23	14	508
蛭 子 町	32	10		240
桧 物 屋 町	41	18		258
辻 町	20	15		133
片 庭 町	54	2		210
原 町	33	7	20	385
門 ヶ 辻 町	33	26		323
松 原	93	48		923
浜田浦・瀬戸ヶ島	111	39	13	1,200

人口は明治9年のもの.

を生じ家土蔵半潰15,橋梁落下2を生じた.福山で潰家2〜3軒,三原城矢倉倒るともいう.赤間関で鳥居倒,寺門大破などあり.図282-4のようにこの地震で著しい海岸の昇降(単位は尺≒30 cm)が見られた.浜田付近の大潮時の干満差は約20 cm[『理科年表』]である.またこの隆起部分と沈降部分は直線で分けることができる.出雲地方では亀裂や地面の昇降があった.また邇摩郡・那賀郡の海岸では海水の変動が見られた.地震の5〜10分前に海水が引いた.浜田で約7〜8尺(2.1〜2.4 m)(3町(約330 m)沖にある鶴島までの海底が露出し,歩いて行けた),邇摩郡五十猛村で8尺(2.4 m),那賀郡長浜村で3〜4尺(0.9〜1.2 m)引き,山口県見島では約4尺(1.2 m)高くなったという.小津波があったが被害はなかった.福岡県久留米付近で液状化による被害があった.また広島県内各地で小被害があり家屋倒壊もあったが,いわゆる被害率が1%に達するものはほとんどなかった.震央は図282-2の対人口被害率50‰の線を見て決めた.余震は半年余続いた.(☆)
[0][参考:島根県浜田測候所,1912,明治5年旧2月6日浜田地震;今村,1913,震災予防調査会報告,77, 43-77;宇佐美,1982,地震保険調査研究 2, 37-60]

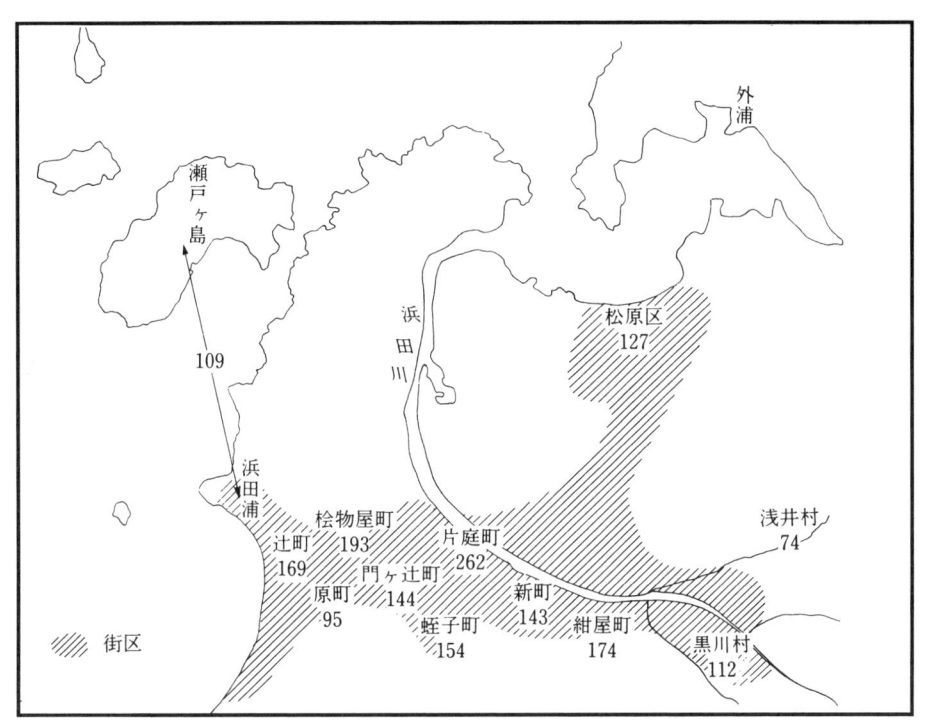

図282-3 浜田地震の浜田町対人口被害率（‰）分布（新資料による被害，明治9年の人口）

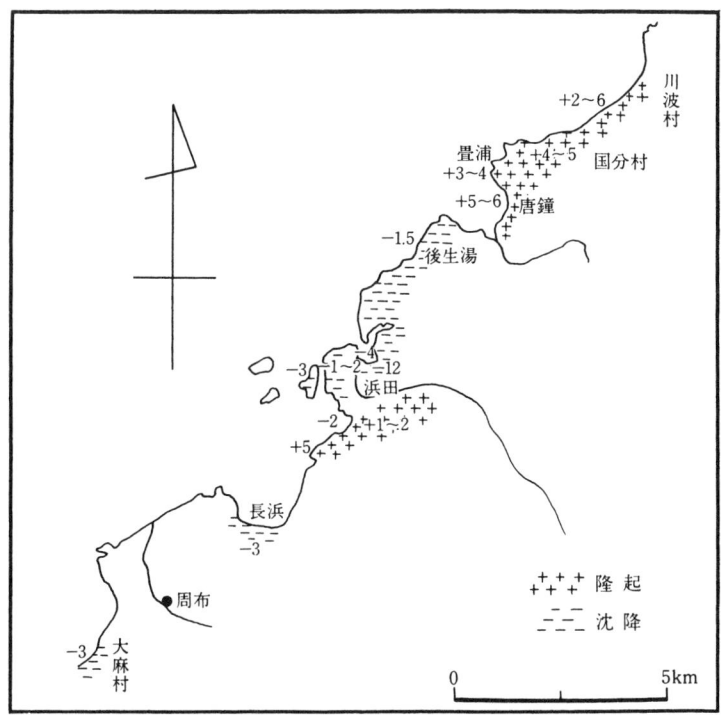

図282-4 地盤昇降図（単位尺）［今村, 1913］

283 1874 Ⅱ 28（明治 7） 天塩　$\lambda=141.6°$E　$\varphi=44.6°$N　(C)　$M \fallingdotseq 5.5$　苫前郡風連別で止宿所の台所破損. 橋過半破損. ここから北へ約 20 km くらいの海岸で山崩れ 10 ヵ所余り. この日大江町（山形県）で地震度々というも, この地震によるか？

284 1880 Ⅱ 22（明治 13）　0 時 50 分頃　横浜　$\lambda=139.75°$E　$\varphi=35.4°$N　(B)　$M=5.5$〜6.0　横浜では丘の頂や麓のほうが平地より被害大. 東京では感じなかった人も多い. 横浜で煙突の倒潰・破損多く家屋の壁落つ. とくに崖上の煙突の半数は多少の損害を受けた. 東京は横浜より軽く煙突の倒れ, 壁の剝落があった程度. この地震を機として日本地震学会が生まれた. 震源は図 284-1 の推定震度 Ⅲ の地域の中心と考えた. また震度 Ⅳ 以上の地域の半径を 50 km とすると $M_\mathrm{IV} \fallingdotseq 6.0$ となる. 日記類によると東京大地震, 銚子・栃木市・山形県上山市・下田村（新潟県）で地震.

285 1881 Ⅹ 25（明治 14） 21 時 22 分　北海道　$\lambda=147.3°$E　$\varphi=43.3°$N　(D)　$M \fallingdotseq 7.0$

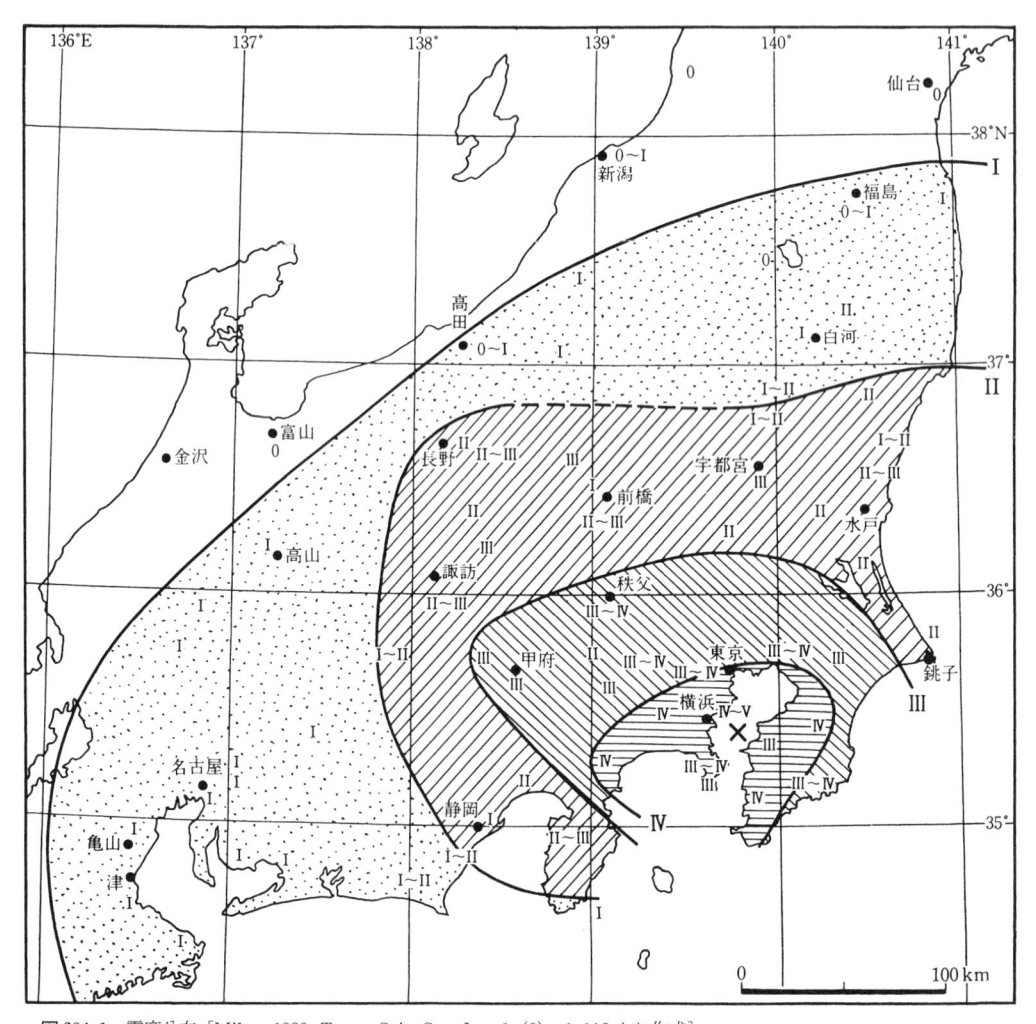

図 284-1　震度分布［Milne, 1880, *Trans. Seis. Soc. Jap.*, **1** (2), 1–116 より作成］

国後島泊湊で板蔵など倒れまたは大破．根室で陶器の破損あり．津軽でも強く感ず．

286 1882 VI 24（明治15）11時02分　高知市付近？　高知市中で壁落ち，板塀倒れ石灯籠の頭落ち，器物破損あり，震度Ⅳか？

—— 1882 Ⅶ 13（明治15）　13時頃　伊予・土佐境　笹山で潰家3〜4戸．近くに温泉噴出2（東京日日新聞による）．

286-1 1882 Ⅶ 25（明治15）01時15分〜02時の間　那覇・首里付近　家屋の倒潰なし，那覇各村で241ヵ所，首里各村で252ヵ所の石垣崩壊．余震多く，同日夜明けまでに42回という．8月11日午後4時最大余震．夜中まで6〜7度地震あり．糸満市兼城で有感．$M=5.7$という推定もある．〔加藤・森，1995，地震Ⅱ，48，463-468〕

287 1882 Ⅸ 29（明治15）05時頃　熱海付近　$\lambda=139°05'$E　$\varphi=35°07'$N（A）　熱海で落石，墓石の転倒あり．原・八王子で有感．

288 1884 Ⅹ 15（明治17）04時21分　東京付近　$\lambda=139.75°$E　$\varphi=35.7°$N（B）　多数の煙突倒れ，煉瓦造の壁に亀裂．博物館の陳列品破損26．府下で石灯籠倒れ，柱時計の70〜80%止まる．静岡県原で有感．

289 1886 Ⅶ 23（明治19）00時57分　信越国境　$\lambda=138.5°$E　$\varphi=37.05°$N（A）　$M=5.3$　野沢温泉止まる．東頸城郡仁上村で土蔵4破損．水内郡照岡村で家屋・土蔵の倒潰2，傾斜3．その他道路・石垣の破損，山崩れあり．また上高井地方では前震があり，7月17日以後は1日に10回以上に達した日もある．柏崎有感．

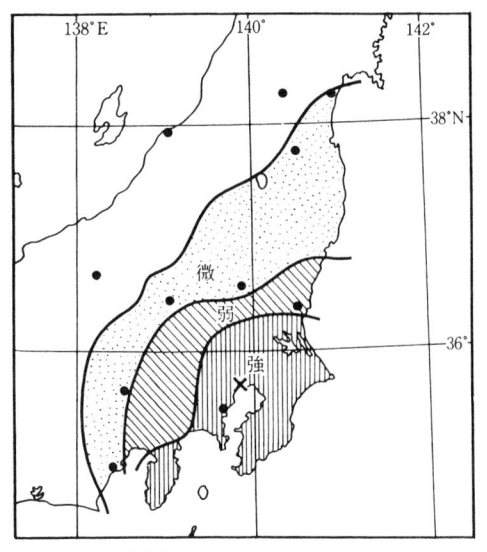

図288-1　震度分布〔Sekiya, 1887, Trans. Seis. Soc. Jap., **11**, 79-89, w. 3pl.〕

290 1887 Ⅰ 15（明治20）18時51分　相模・武蔵南東部　$\lambda=139.25°$E　$\varphi=35.5°$N（A）　$M=6.2$　局地的なものらしく，相模の愛甲郡で地裂・山崩れ・家屋の損あり．横須賀・横浜で海震があったらしい，将来の研究課題であろう．東京・八王子・府中・生麦で強く感じる．〔参考：池上，1986，地震Ⅱ，**39**，323-324〕

291 1887 Ⅶ 22（明治20）20時27分　新潟県古志郡　$\lambda=138.9°$E　$\varphi=37.5°$N（A）　$M=5.7$　古志郡で土蔵の2/3は壁に亀裂．剝落も多し．家屋潰・半潰あり．傷1，地割れ100ヵ所余．隣接の郡にも地割れ・壁の亀裂等の被害あり．概して信濃川沿岸が激しかった．柏崎で柱時計止まる．

292 1888 Ⅳ 29（明治21）10時00分　栃木県　$\lambda=140.0°$E　$\varphi=36.6°$N（B）　$M=6.0$　那須郡で堤防破損．宇都宮および下都賀郡で壁に亀裂，芳賀郡中央部でも強く感じた．

293 1889 Ⅱ 18（明治22）06時09分　東京

4 被害地震各論

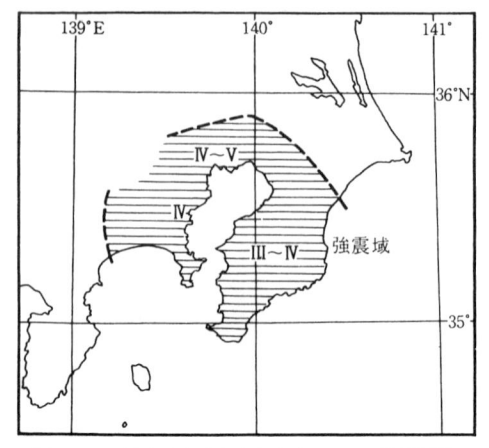

図293-1 震度分布［中央気象台，1892，地震報告より］

湾周辺 $\lambda=139.7°E$ $\varphi=35.5°N$ (B) $M=6.0$ 東京で壁に亀裂を生じ，土蔵の鉢巻の崩れたもの，石灯籠の倒れたものあり，愛甲郡や剣崎で土蔵の壁に亀裂を生じた．余震は同日06時27分，07時49分，8時頃，10時11分にあった．

294 1889 Ⅴ 12（明治22）10時42分 岐阜付近 $\lambda=136.8°E$ $\varphi=35.4°N$ (B) $M=5.9$ 美濃南部・尾張北部が強くゆれ，家屋の壁に亀裂を生ず．岐阜市内の長良川の堤に亀裂を生ず．池田市有感．

295 1889 Ⅶ 28（明治22）23時45分 熊本 $\lambda=130.65°E$ $\varphi=32.8°N$ (A) $M=6.3$ 熊本市付近で被害大．おもな被害は表295-1のとおり．また熊本で地割れ13ヵ所．城内の石垣崩れ29ヵ所．飽田郡では地割れ612ヵ所．被害は西山に近いほどひどく，田圃（2町3反（約2.3 ha））に凹凸ができ噴砂もあった．隣接の都市でも同様な小被害があった．とくに，山鹿・山本・菊池の各郡あわせて潰20，半潰10，傷2があった．その上，島原半島の眉山に山崩れあり，柳川方面で潰家60余．また，8月3日02時18分の余震は大きく，熊本で地面に亀裂を生じた．この地震はポツダムの重力計に記録され，遠地地震観測の端緒となった．しかしこれより前，明治22年4月18日の下田付近の地震もポツダムとウィルヘルムハーフェンの微動計に感じた［気象集誌，1894］．図295-1は震度分布図．算用数字は当時使われた震度で現在の震度との対応は図の右下に示されている．曲線は現行震度による等震度線で大塚［1890］によるもの．図295-2は熊本県庁における毎日の有感余震回数．余震は年内一杯続いた．図295-3は家屋の被害率（＝［全潰戸数＋（半潰戸数）/2］/全戸数）の分布図で震央は金峯山付近．［気象集誌，1894, **13**, 325；Otsuka, 1890, *Trans. Seis. Soc. Japan*, **15**, 47-62］

表295-1 被害状況［河南町史資料編第3，(1991)による］

地名	家屋全倒	家屋半倒	圧死	負傷	裂地	道崩	路崩	山崩	林崩	耕地壊崩	宅地崩	堤崩	防崩	橋壊	梁崩	橋破	梁損	井水増	井水減	井水濁
熊本市	31	17	男2 女1	男2 女3	38									3		3				3
飽田郡	143	122	男7 女8	男19 女15	642	99	9			3267		28		10		17		15	1	84
託麻郡	11	52		男5	13	4	1			2				2		4				7
玉名郡	13	27	男1	男1 女6	142	24	2			23		12		3		14				36
山鹿郡	11	4			11	4				6								2		3
山本郡	8	6		女1	24	3	2			26								2		3
菊池郡	1				6		1			5										2
合志郡					2		2				1									
上益城郡	14				13	3				5		4		4		3				
下益城郡	2	1			2									2						
計	234	329	男10 女9	男27 女26	893	137	17			3336		45		24		41		19	1	138

県庁調査による

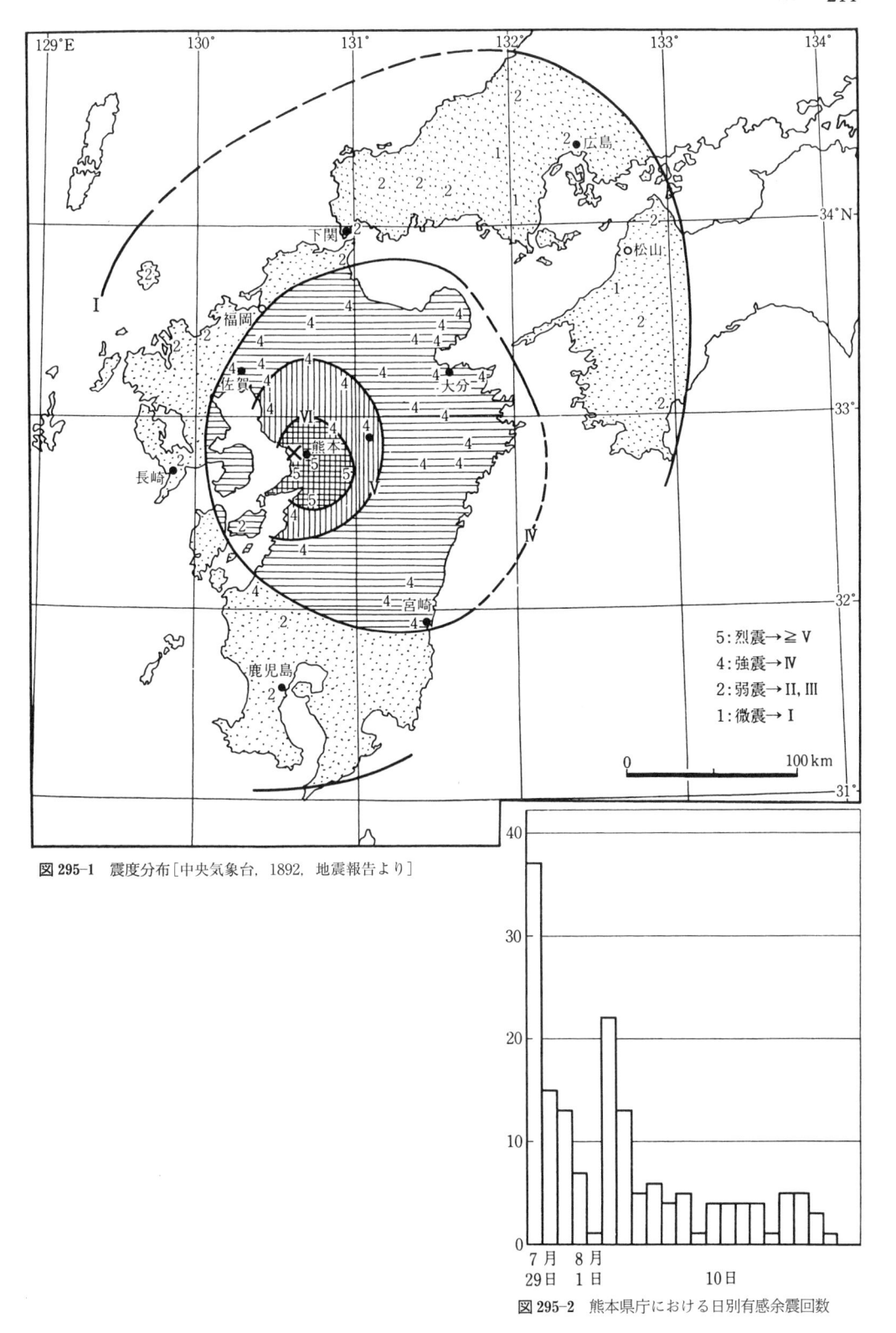

図 295-1 震度分布［中央気象台，1892，地震報告より］

図 295-2 熊本県庁における日別有感余震回数

212   4 被害地震各論

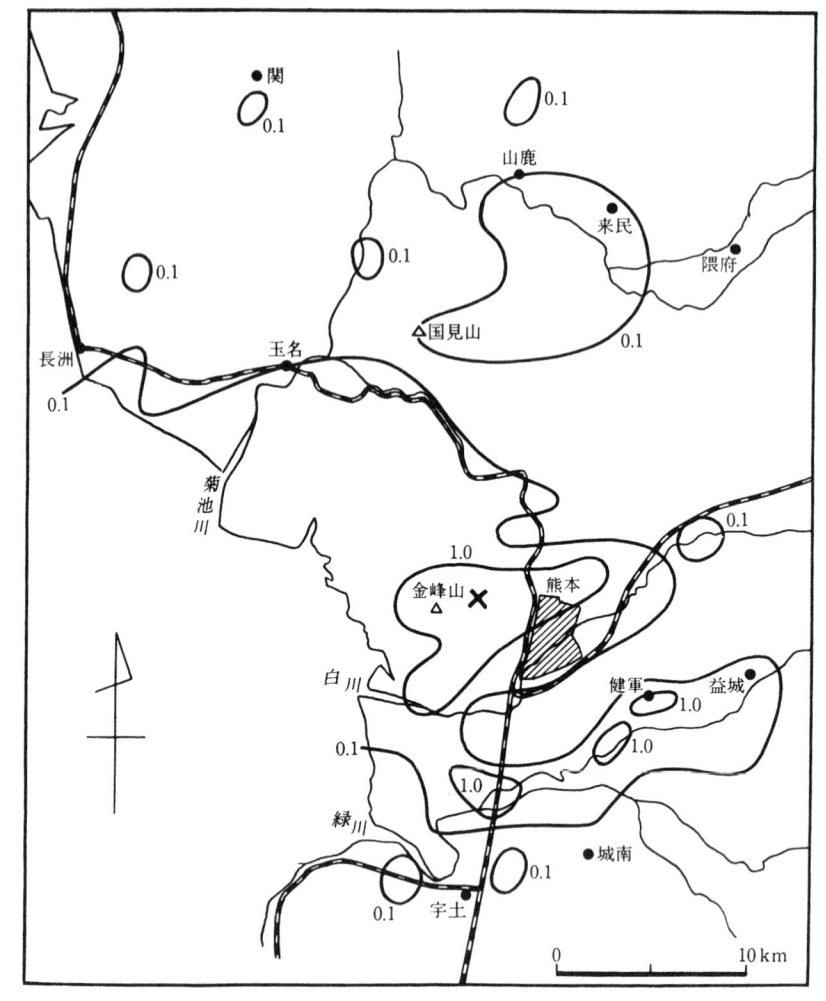

図 295-3 家屋被害率分布（数字は％）[今村, 1920, 震災予防報告, **92**, 4-17]

296 1889 X 1 (明治 22) 01 時 50 分　奄美大島近海　$\lambda=130°E$　$\varphi=28°N$　(D)　$M=6$
名瀬で棚のもの落ち, 地割れあり. 15 時までに余震 30 余回. [参考: 1889, 気象集誌, **8**, 626]

297 1890 I 7 (明治 23) 15 時 43 分　犀川流域　$\lambda=137.95°E$　$\varphi=36.45°N$　(B)　$M=6.2$
被害域は東は聖山, 西は青具峠, 南は生阪村, 北は虫倉山に囲まれた南北 25 km, 東西 15 km の狭い地域で, 生阪村では山崩れ, 道路破損し, 家屋・土蔵の損多く, 石碑は 80～90％倒れ, 傷 1, 北安曇郡広津村で山崩れ, 家屋の傾くものあり. また山腹の土地に亀甲型の亀裂を生じた. その他更級郡信田村・上水内郡津和・南小川・北小川の各村々で壁の亀裂・落石・石碑の倒れなどの小被害あり. 北小川村で死 1, 鹿教湯と川原湯の湯量増し, 温度高まる. また北安曇郡美麻村における前震と余震は 7 日 10 時頃, 15 時 48 分, 17 時頃, 18 時頃, 8 日 11 時 18 分, 20 時 03 分にあった.

298 1890 IV 16 (明治 23) 21 時 34 分　三宅島付近　$\lambda=139.3°E$　$\varphi=34.2°N$　(B)　$M=$

6.8　三宅島で海岸崩れ，道路を埋め，亀裂を生じた．下田付近も強く感じた．

299　1891 X 16（明治 24）07 時 06 分　豊後水道　$\lambda=131.8°E$　$\varphi=33.2°N$（A）$M=6.3$　豊後東部が最もひどく，家屋・土蔵・墻壁の壁の亀裂，瓦の墜落，練塀の破損などの被害あり，直入郡で山崩れおよび石垣の潰れあり．

300　1891 X 28（明治 24）06 時 38 分 50 秒　愛知県・岐阜県　$\lambda=136.6°E$　$\varphi=35.6°N$（B）　$M=8.0$　**濃尾地震**　仙台以北を除き日本中で有感．激震地域は根尾川・揖斐川上流地方，わが国の内陸地震では最大のもの．おもな被害は表 300-1 のとおり．とくに根尾谷での被害は大きく，家屋はほとんど 100% 倒潰した．この谷では総人口 3,346 のうち死 142，傷 290，総戸数 715 のうち倒潰 675 もあった．また，前表のうち住家の全潰は約 8 万戸で 11 戸当りに 1 人の死者の割合であった．名古屋市にあった煉瓦造の名古屋郵便電話局は瞬時に崩れたという．同じく煉瓦造の尾張紡績工場も崩れ，当時働いていた 430 人中 38 人が死に，114 人が傷ついた．福井県では大野郡・今立郡・足羽郡の被害が大きく，足羽郡木田村の下馬は戸数 93 のうち潰 77，ほかは大破．その他の集落でも倒潰率 60% 以上の

表 300-1　被害状況〔中央気象台，明治 24 年地震報告，14-15〕

地方名	死	傷	家屋全潰	同半潰	道路破裂	橋梁損落	堤防崩壊	山崩れ
美 濃	4,889	12,311	70,048	30,994	15,217	8,198	4,562	9,929
尾 張	2,331	4,550	67,771	43,570	3,540	1,931	1,101*	29
越 前	12	105	1,089	1,205	492	12	110	198
三 河	8	44	1,128	2,158	677	236	1,072	65
近 江	6	47	404	776	47	7	177	1
伊 勢	1	17	625	752	24	2	95	
摂 津	23	76	247	148			3	
大 和	1	2	16	28	5			
和 泉	1	16	14	2				
河 内		2	750	558				
山 城			13	8	22	2	33	
遠 江			32	31	19	1	24	
信 濃	1	2	1	5	18	1		1
甲 斐		3	4	8				
飛 驒					5	2		
加 賀			25	80				
越 中			2	1	1			
伊 賀			7					1
若 狭			1					
計	7,273	17,175	142,177	80,324	20,067	10,392	7,177	10,224

* 木曽川，庄内川の分の多くは省いてある．

表 300-2　濃尾地震断層系を構成する主要断層の諸元〔岡田篤正編集；栗田ほか，1999，地調速報，EQ/99/3，115-130 を参考〕

地震断層及び活断層名	長さ	走向	地震断層の最大値	変位量の最頻値	活動間隔（年）	活断層としての変位速度（m/千年）
温見断層[1]	20 km	NW-SE	3.5 m	1-3 m	2000-3000 年	変位速度 A 級？
根尾谷断層[2]	約 30 km	NW-SE	7.4 m	4-6 m	2000-3000 年	≧ 2 m（変位速度 A 級）
梅原断層	28 km	WNW-ESE	5.3 m	≧ 2 m	約 2 万年	変位速度 B～C 級

1) 温見断層の全線は約 36 km であるが，第四紀末期の活動が認められる温見峠より北西側の長さや諸性質を示す．
2) 根尾谷断層の全線は約 36 km にわたって追跡されるが，濃尾地震時の動きが認められた範囲を示す．

214   4 被害地震各論

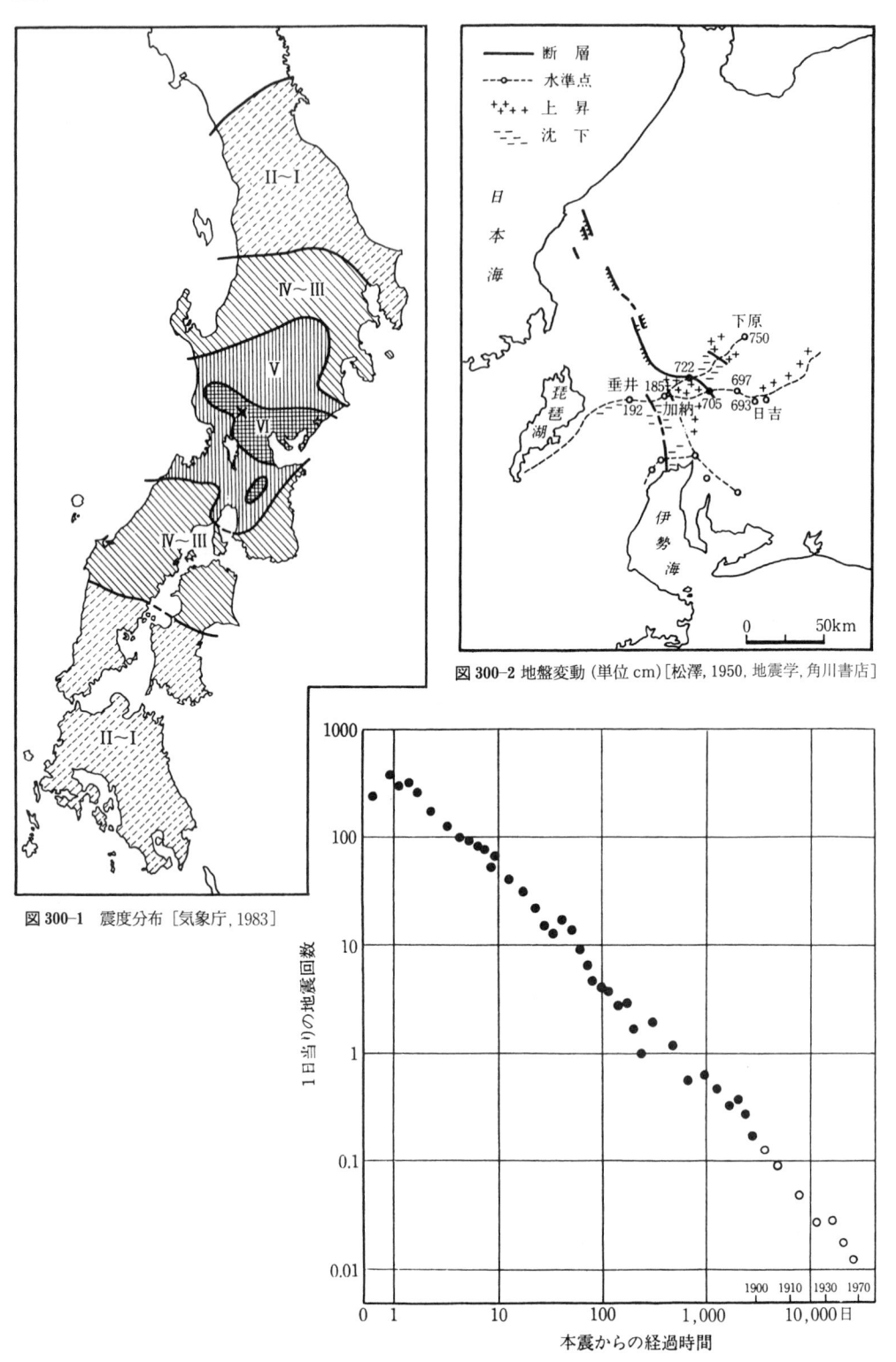

図 300-1 震度分布 [気象庁, 1983]

図 300-2 地盤変動 (単位 cm) [松澤, 1950, 地震学, 角川書店]

図 300-3 岐阜県における日別有感余震回数の変化 [Utsu, 1969]

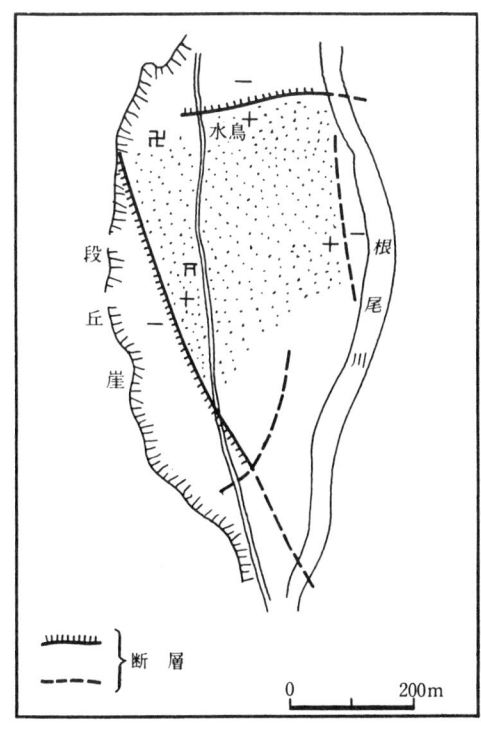

図300-4　水鳥付近の断層［津屋，1937］

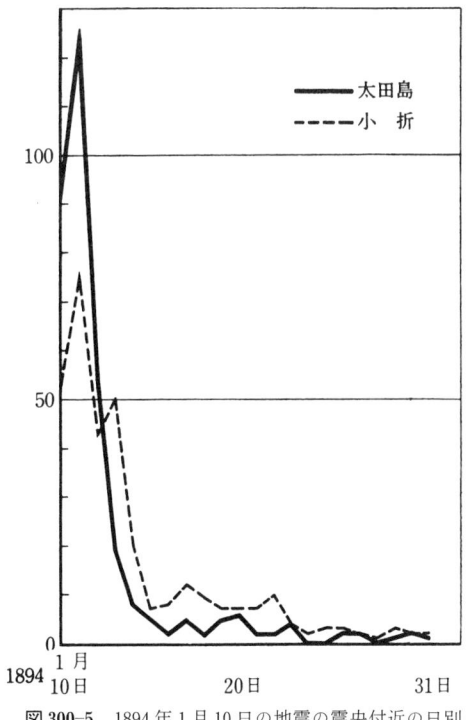

図300-5　1894年1月10日の地震の震央付近の日別有感余震回数［中央気象台，1897，地震報告，31-33］

ところがあった．東海道線の長良川の鉄橋は5スパンのうち3スパンが落ちた．

　山崩れ・陥没・地割れ・噴砂などの地変が，美濃の山中や田畑に多く見られた．とくに著しいのは水鳥(みどり)を通る大断層で，NNW-SSEの方向に延長約80 kmにわたり本州を横断している（図300-2）．水鳥付近では西側が約6 m隆起し，SSE方向に約2 mずれた(注1)．図300-7と表300-2は起震断層に関するもの［村松ほか，2002，濃尾地震と根尾谷断層帯，古今書院］．山崩れにより川を堰止め池を作ったところも多かった（例：根尾谷の板所村，福井県大野郡土荘（上庄か）村の真名川）(注2)．この地震で温泉は増量したところが多く，岩代・伊豆から西は美作に及んでいる．この地震はその前後における地磁気3成分の変化が測定された最初のものである（1887および1891～92年）．

　前震は10月16日に1回（？），10月25日は21時14分のほかに同日に3回起きている．余震数は非常に多く，岐阜では10月中に720回にも達した．余震数は一定の法則によって減少し，1970年に至っていることが図300-3（岐阜における有感地震数の1日当り回数）からわかる．図の黒丸は大森による資料，白丸は岐阜測候所による資料．とくに翌年1月3日16時21分（名古屋）（$\lambda=137.1°$E $\varphi=35.3°$N (B)　$M=5.5$）の余震では春日井郡で田の陥没・地割れ・噴水砂などがあり，建物で傾いたり壁に亀裂が入ったものもあった．同年9月7日05時42分（岐阜）（$\lambda=137.0°$E　$\varphi=35.7°$N (B)　$M=6.1$）の余震で山県郡や信濃の東筑摩郡で瓦や屋根石の転落あり．また，明治27年1月10日18時45分（$\lambda=136.7°$E　$\varphi=35.4°$N (B)　$M=6.3$）の余震では葉栗郡・安八郡・丹羽郡で屋根瓦の墜落，壁の亀裂・剥落，地割れなどあり．とくに葉栗郡宮田村近くでは家の破損・石垣の崩

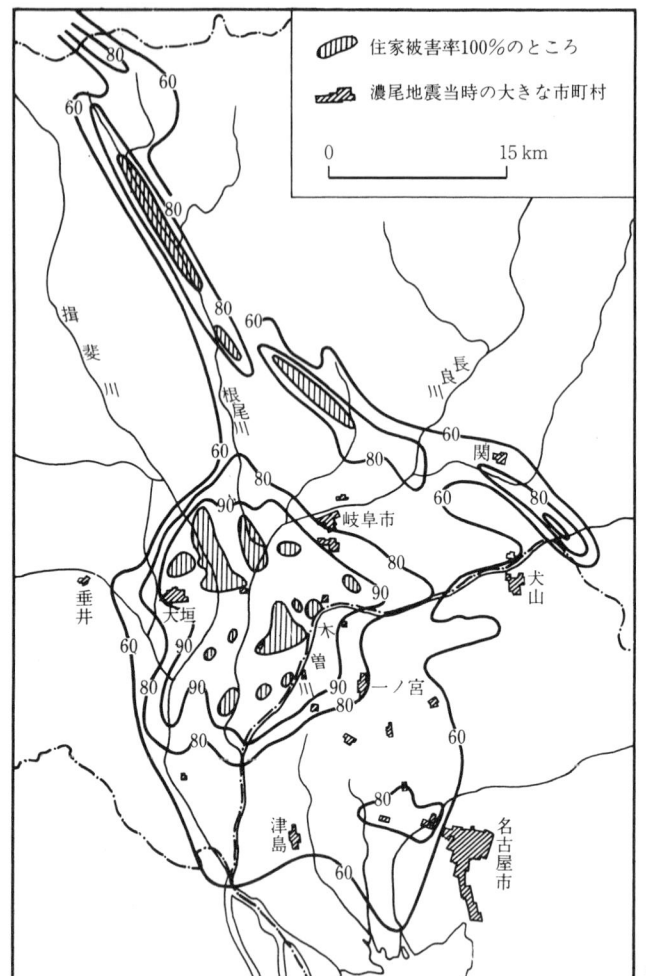

図300-6 住家被害率分布 [村松, 1983]

潰多く，石碑・石灯籠はほとんど倒れた．震央に近い太田島・小折の有感余震数は図300-5のとおり．

この地震を機として翌明治25年震災予防調査会が発足した．その後の地震に比し，調査は十分でない模様．測量の結果によると1888年8月〜1929年2月の間に岐阜の東で約1m隆起している．図300-6は震央地域の住家被害率の分布 [参考：村松, 1983, 岐阜大学教育学部研究報告, **7**, 867-882] で，この被害率は

愛知県：{[全壊＋(半壊＋破損)/2]÷戸数}×100

岐阜県：{[全壊＋(半壊)/2]÷戸数}×100

を示す．(☆) (#) [参考：三雲・安藤, 1975, 科学, **45**, 50-58] (注1：有名な根尾谷断層は西側が沈下している．水鳥付近では図300-4の点々の部分が隆起した．図の根尾川沿いの破線のものが本州を横断する大断層線と最も深く関係する [参考：津屋, 1937, 地震, **9**, 398-410]．屈曲している断層線に沿って左ずれに変位したため屈曲部が隆起したという考えもある [参考：松田, 1974, 震研速報, **13**, 85-126]，また，松田の話によると水鳥の水平ずれは4mという．また，岐阜の北の金原では水平ずれが8mに達した．注2：鳥羽川の深瀬

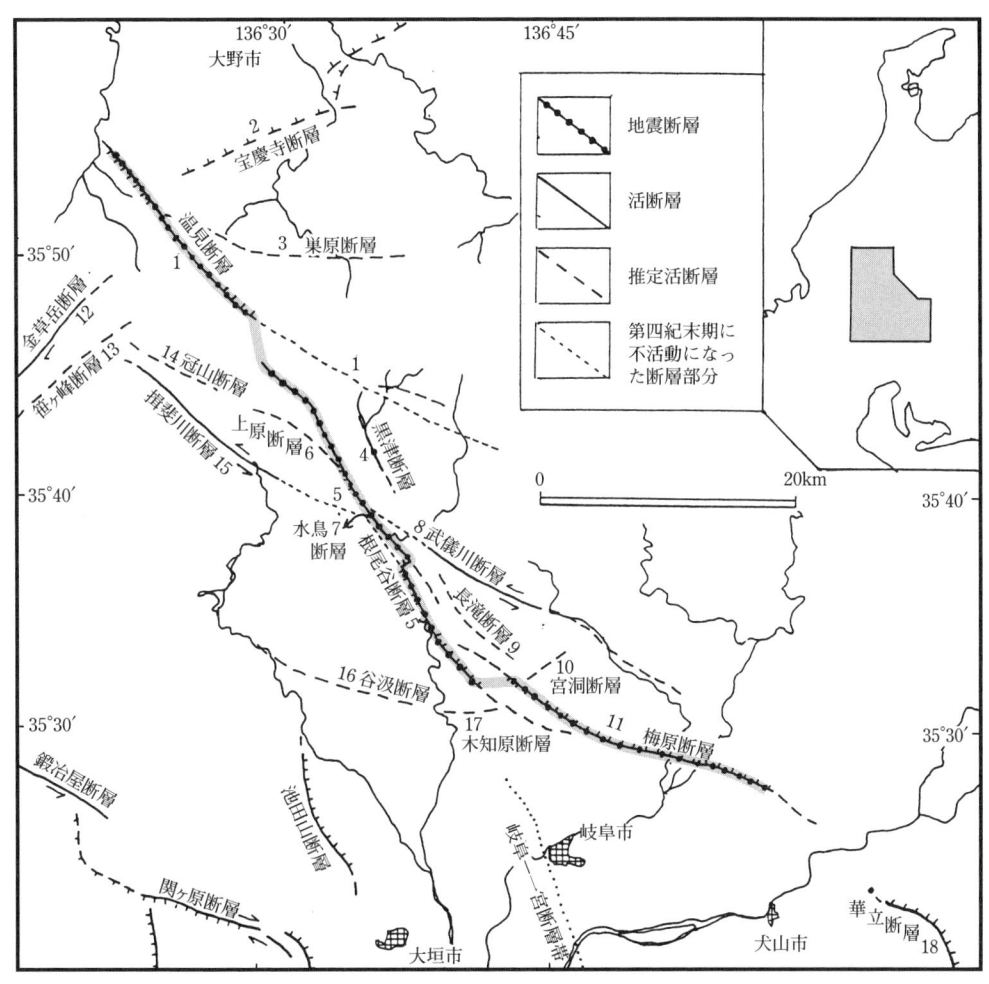

図300-7 濃尾地震断層系および周辺の活断層［松田, 1974の図を岡田篤正修正・追加, 村松ほか, 2002］
アミは温見・根尾谷・梅原などの濃尾地震断層系主要部がほぼ直線状に延びることを示す.

では断層線の北東側が陥没したため, 川が堰止められ池ができた［参考: Kotô, 1892, *J. Coll. Sci. Imp. Univ.*, **5**, 295-353］)

301　1891 XII 24（明治24）05時35分頃　山中湖付近　$\lambda=138.9°E$　$\varphi=35.4°N$　(B)　$M=6.5$　山梨県北都留郡で地割れ数ヵ所, 家・土蔵の壁落ち, 落石あり. 神奈川県足柄上郡で鉄路に亀裂, 足柄下郡で壁の震落あり. 静岡県駿東郡で土地の陥没・道路の亀裂・山崩れなどあり. また, 沼津や三島で土蔵の小破あり.

302　1892 VI 3（明治25）07時10分　東京湾北部　$\lambda=139.9°E$　$\varphi=35.7°N$　(B)　$M=6.2$　東京で家屋破損5, 土蔵破損24, 煙突崩壊2, その他小被害あり. 一般に下町に強く, 赤坂・溜池で大建物の壁に亀裂を生じ, 古壁が崩れたところもあった. 千葉県市原郡で山林崩壊し, 1戸埋没, 死傷なし.

303* 　1892 XII 9（明治25）10時42分　能登　$\lambda=136.7°E$　$\varphi=37.1°N$　(B)　$M=6.4$　11日01時30分頃に続震（$\lambda=136.7°E$　$\varphi=37.0°N$　(B)　$M=6.3$）. 続震は本震よりやや

南に生じたらしい．羽咋(はくい)郡高浜町で地割れ，家屋・土蔵に破損（9日）．同郡火打谷村では家屋・土蔵に破損（11日）．また，堀松村末吉では全潰2，死1，傷5，家屋破損多しという（11日）．加賀・越中の海岸で潮位の異常ありしというも資料少なく疑わしきか．[0]

304* 1893 VI 4（明治26）02時27分 千島南部 $\lambda=148°E$ $\varphi=43\frac{1}{2}°N$ (D) $M=7\frac{3}{4}$ 色丹島で津波7〜8尺（2.1〜2.4 m），蘂取(しべとり)郡には震後約20分で津波が襲い，波高5尺（1.5 m），エトロフ島沿岸で岩石の崩壊あり．[1, 1]

304-1 1893 VI 13（明治26）19時42分 根室沖 $\lambda=145\frac{1}{2}°E$ $\varphi=42\frac{1}{2}°N$ (C) $M=6.9$ 根室の商店に品物の被害，厚岸灯台の火舎数十本破壊．

305 1893 IX 7（明治26）02時25分頃 知覧 $\lambda=130.5°E$ $\varphi=31.4°N$ (A) $M=5.3$ 鹿児島県知覧村付近の局所的地震．知覧で土蔵破損10，石垣破損88ヵ所，居宅半倒1，堤防破壊1，井水，河水の異変あり．同村永里付近が最もひどかった．同村桑代で山林45間×150間（約80 m×270 m）の地すべりあり（変移60〜70間（約110〜130 m））．阿多郡白川村で堤防に亀裂，喜入村で石垣破壊2ヵ所計1,440間（約2.6 km），田畠の損あり．揖宿郡今和泉村および川辺郡東南方村で倒家各1．また，知覧村では上下加速度がgを超えたと見られる現象があった．同村における7日21時以後の余震は図305-2のとおり．

306 1894 I 4（明治27）22時09分 薩摩 $\lambda=130.5°E$ $\varphi=31.4°N$ (B) $M=6.3$ 知覧村付近，阿多・川辺・日置・谷山の4郡で山崩れ29，道路決潰11，橋梁決潰1，田畑の被害約7畝（約7 a）．

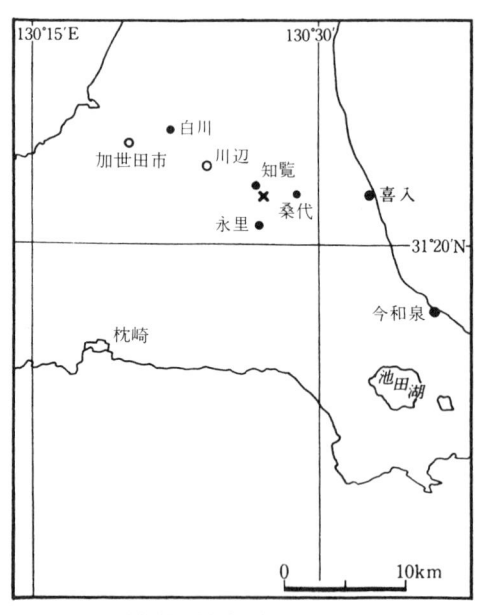

図305-1 震央地域［中央気象台，1896より作成］

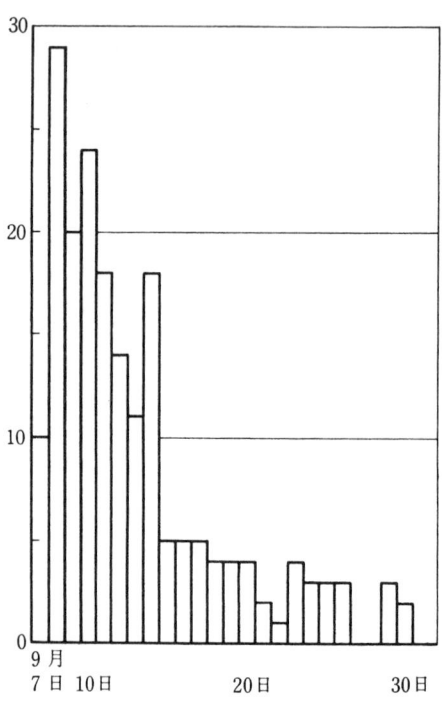

図305-2 知覧村における日別余震回数［中央気象台，1896，地震報告，21-24］

307* 1894 Ⅲ 22（明治 27）19 時 23 分　根室南西沖　$\lambda = 146°\mathrm{E}$　$\varphi = 42\frac{1}{2}°\mathrm{N}$　(C)　$M = 7.9$　同日 03 時 49 分，14 時 22 分，同 33 分，同 37 分に前震あり．被害は表 307-1 のとおり．国後島では震後 30 分で津波，波高 3～4 尺（0.9～1.2 m）で破損 12 戸，舟の流失 4，同破損 3．三陸沿岸にも小津波（宮古 4.0 m，大船渡 1.5 m）．図 307-2 には津波の波源域も示してある．また，図 590-6 も参照されたい．根室における日別余震回数は図 307-1 のとおり．また，月別では 3～12 月で，順次に 348, 111, 48, 37, 23, 22, 21, 30, 17, 14 回であった．[2, 2.5]

表 307-1　被害状況

	死傷	家屋		破		損	
		潰	半潰	土蔵	煉瓦造	建物	石蔵
根　室	4			26	4	39	1
厚　岸	1(3)	11	17				
釧　路	1 1(2)						
霧多布			1	2（潰）			

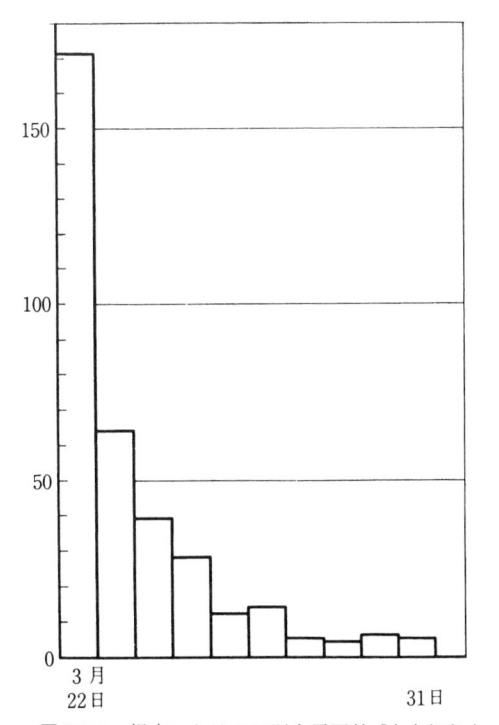

図 307-1　根室における日別余震回数［中央気象台, 1897, 地震報告, 35-38］

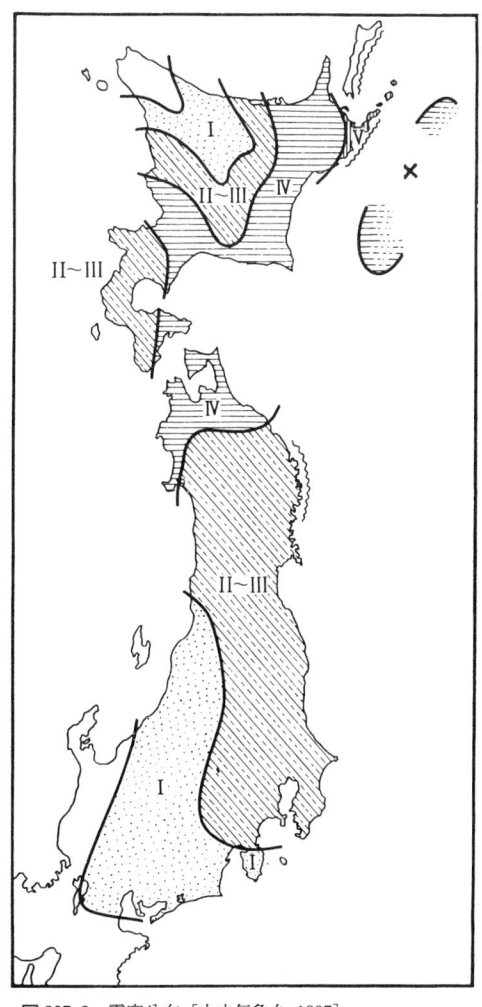

図 307-2　震度分布［中央気象台, 1897］

308 1894 VI 20（明治27）14時04分　東京湾北部　$\lambda = 139.8°$E　$\varphi = 35.7°$N　(B)　$M = 7.0$　被害の大きかったのは東京・横浜などの東京湾岸で，内陸に行くにつれて軽く，安房・上総は振動がはるかに弱かった．この地震は震災予防調査会成立後，はじめての大地震であり，しかも東京に生じたこともあって，被害が詳しく調べられ，統計も細かにとられている．とくに明治以後の洋風建築・煙突についてゆきとどいた調査が行われた．東京では低地に被害が大きく，構造別に見た家屋破損の百分率は石造3.5％，煉瓦造10.2％，土蔵造8.5％，木造0.5％であった．このほか，橋梁（石造）破損3，道路堤防破壊5（品川），

表308-1　東京府の被害［中央気象台，1897，地震報告，38-47］

	署名	死	傷	家屋* 全半潰	破損	煙突 **倒潰	亀裂	地盤(ヵ所) 亀裂	凹落
市部	麹町	2	10		351	149	206	1	
	神田	2	19	17	152	18	1	1	
	日本橋		8	4	849	2	6	1	
	京橋	1	29	2	569	9	44		
	芝	2	6	5	345	18		34	
	麻布			3	177	24			
	赤坂	5	13	1	165	36	51	14	1
	四谷				93		3	3	
	牛込				110	24			
	小石川	1	2		105	10			
	本郷		5	3	185	5		1	
	下谷		3	1	115	6		1	
	浅草	1	6	1	94		14		
	本所		8	11	294	12	8	1	2
	深川	8	39	39	388	14	18	1	2
	水上	2	1		3			2	
郡部	品川				649	25		14	1
	新宿		2		59	15	74	5	
	板橋			1	18		7		
	千住		4	1	145	5	11	227	1
	小松川			1	7	4	10	7	
	八王子		1		12			2	
府部	府中				34				
	青梅		1		3			1	
	計	24	157	90（うち全潰22）	4,922	376	453	316	7

* 含土蔵・石造・煉瓦造．
** 含全半潰・一部潰．

表308-2　神奈川県の被害［神奈川県警，1895，震災予防報告，3，166］

		死	傷	建物 全半潰	破損	煙突崩れ	石垣崩れ	山崩れ	地盤亀裂
横浜市		4	34	10	480	172	8	3	22
武蔵国	久良岐郡				25	4	1	27	12
	橘樹郡	3	4	24	2,434	17	4	10	71
	都筑郡				114	1		1	43
相模国	鎌倉郡		1	3	126		1	6	61
	高座郡			1	70				1
	大住郡			1	94				13
	その他		1	1	33				18
	計	7	40	40	3,409	194	14	47	241

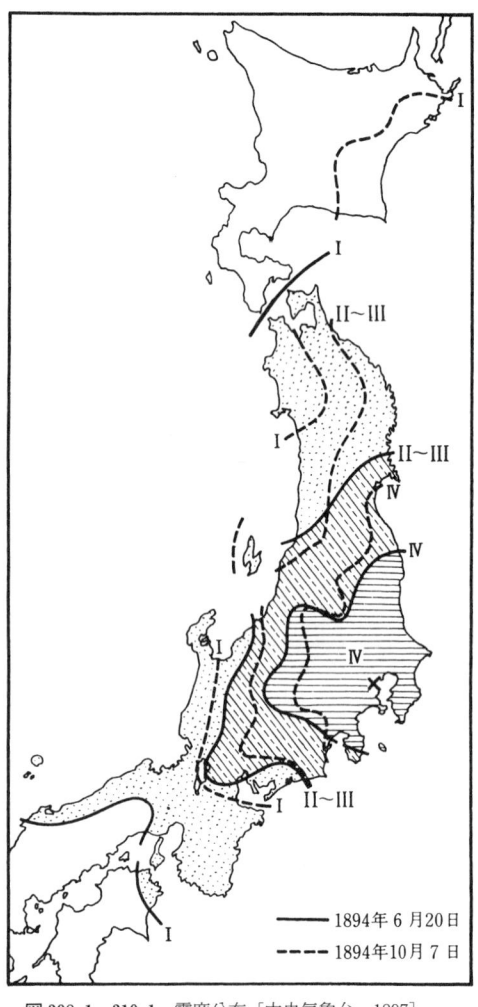

図308-1, 310-1　震度分布［中央気象台，1897］
―――― 1894年6月20日
------ 1894年10月7日

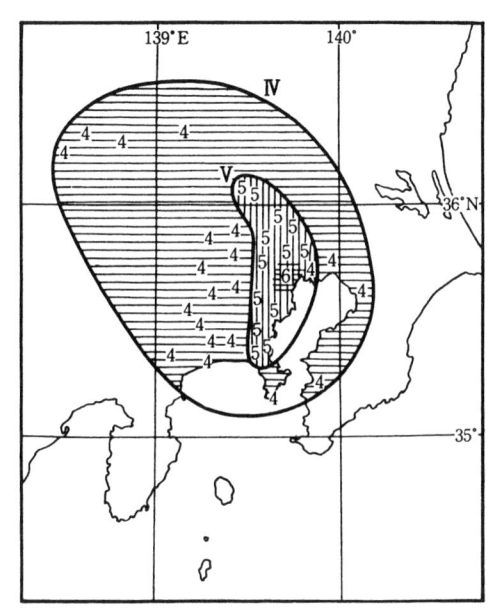

図308-2 震度分布［萩原，1972，予知連会報，7，27-31］

崖または石垣崩れ71などの被害があった．鹿鳴館の正面の甍と軒蛇腹が落ち馬車馬の圧死1．日枝神社の鳥居が落ちた．樋口一葉の日記によると本郷丸山福山町には損所なしという．東京で橋の被害は少なかった．神奈川県の被害は表308-2のとおり，このほかに橋の破損11ヵ所．最もひどかったのは横浜市と橘樹郡で，横浜のWilson茶焙場の煉瓦壁倒れて死4，川崎大師の石塀倒れ死3．埼玉県は南部で被害があった．飯能では山崩れ（延長約700mの斜面に多数の崩壊が発生）あり，鳩ヶ谷で土蔵の崩壊10，家屋破損5，川口で家屋・土蔵の破損25，南平柳村で家屋小破50，土蔵の大破3，水田の亀裂から泥を噴出した．鴻巣や菖蒲では亀裂多く泥を噴出し，荒川・江戸川・綾瀬川筋の堤に亀裂を生じた．千葉県の被害は軽く，群馬・宇都宮・岩村田でも小被害があった．図308-2は萩原による震央付近の震度分布図．測量の結果，地震後約2年間に松戸から市川をへて日本橋までが全体として約4cm沈下し，そのうち小松川が相対的に約2cm隆起した．

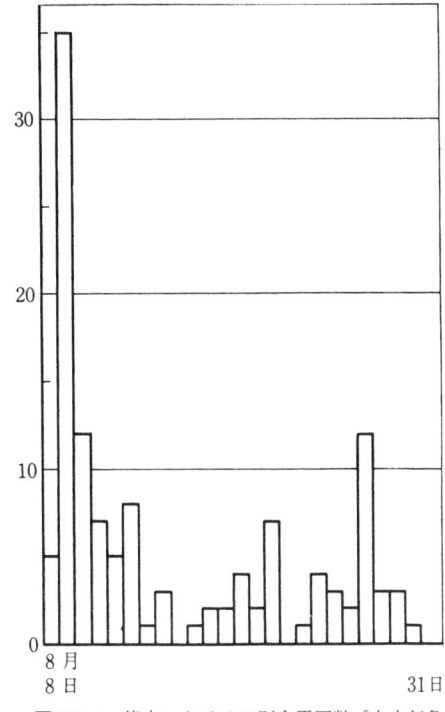

309 1894 Ⅷ 8（明治27）23時19分　熊本県中部　$\lambda=131.0°\text{E}$　$\varphi=32.85°\text{N}$　(B)　$M=6.3$　阿蘇郡永水村で家屋・土蔵の破損15，石垣の崩壊多く，長陽村で家屋破損1，石垣崩壊9，山崩れ18，久木野で家屋破損1，石垣崩壊4，山崩れ2，山西村で石垣崩壊17，錦野村で家屋・土蔵の破損5，その他宮地・黒川・白水の諸村で小被害．図309-1は熊本における余震回数．

図309-1 熊本における日別余震回数［中央気象台，1897，地震報告，47-49］

310 1894 Ⅹ 7（明治27）20時30分　東京湾北部　$\lambda=139.8°\text{E}$　$\varphi=35.6°\text{N}$　(B)　$M=6.7$　震度分布図は図308-1を参照．芝区桜川町・赤坂溜池・下谷御徒町で建物の屋根や壁に小被害．南足立郡小台村は震度やや強く，煉瓦製造所の煙突3本（一時修理したもの）折れ，屋根・壁等の小破多し．横浜ではところにより壁土剥落す．

311 1894 Ⅹ 22（明治27）17時35分　庄内

222　4　被害地震各論

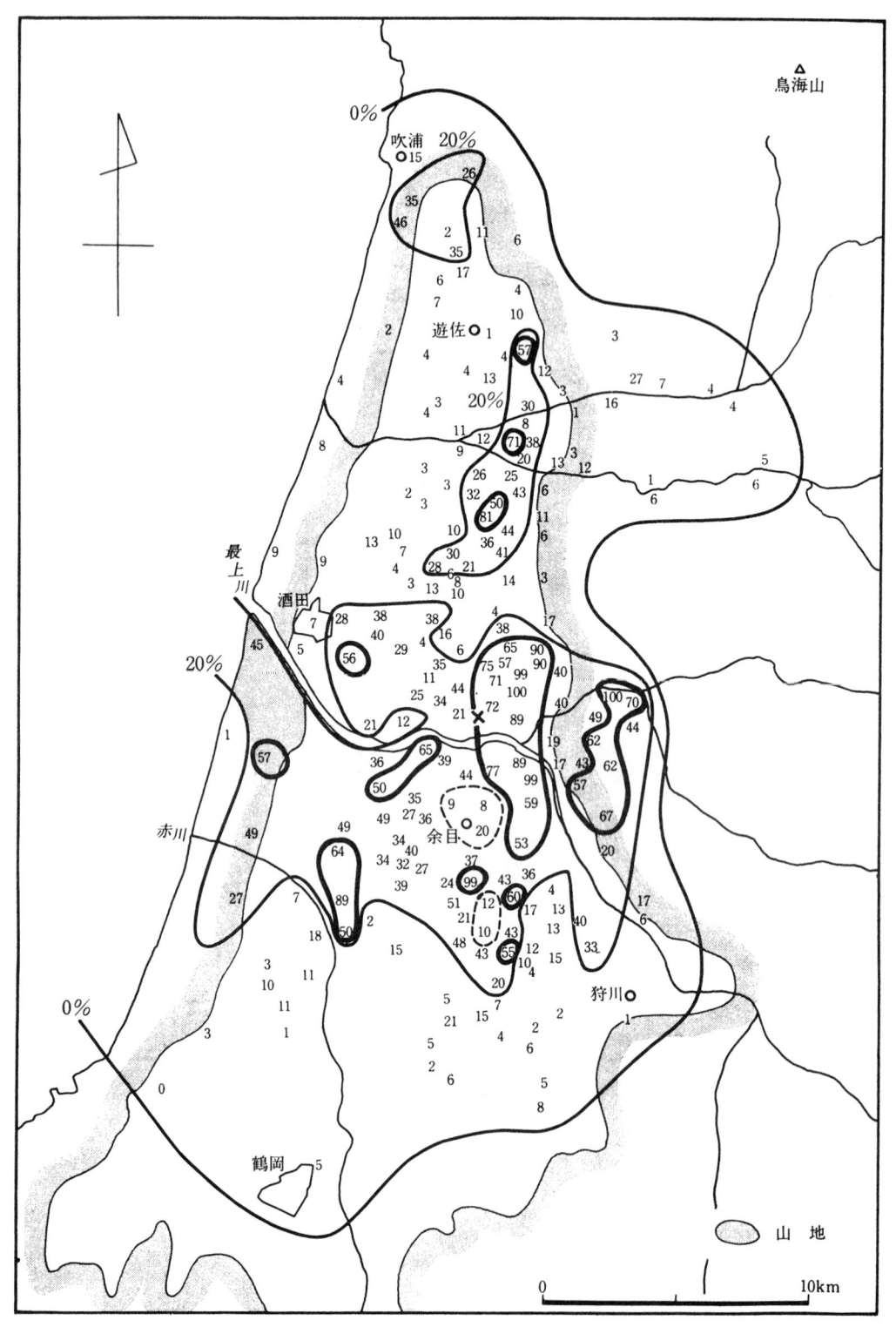

図 311-1　家屋倒潰率分布（％）［大森，1895，震災予防報告，**3**，79-106 より作成］

表311-1 山形県の被害［大森，1895］

郡町名	総戸数	全焼*	全潰*	半潰*	破損*	死	傷
酒田町	3,460	1,747	240	93	329	162	223
△松嶺町	430	172	394	217	41	15	133
†飽海郡	9,652	87	1,521	1,271	5,188	305	315
西田川郡	1,615	80	285	130	1,001	63	103
東田川郡	6,831	62	1,418	686	1,304	181	213
計	21,988	2,148	3,858	2,397	7,863	726	987

*学校・土蔵・社寺・板蔵等を含む；△現松山町，†酒田，松嶺を除く．

平野　$\lambda=139.9°E$　$\varphi=38.9°N$　(A)　$M=7.0$

庄内地震　酒田付近では地震の約20日前から川水減り，井戸涸渇し，吹浦では地震の14～15日前から海水の引くこと1.5尺（約45cm）に及んだという．震度分布は図311-2のようで，被害は主として庄内平野に集中した．図311-1は家屋倒潰率［全潰＋(半潰)/2］/(全戸数)の分布で山際で大きい．図の太い実線は50％以上の地域を示す．山形県内の被害は表311-1のとおり，死者は全潰および全焼8戸につき1人の割で多い．被害総計は文献によって多少の異同がある．被害範囲は最上川沿いに新庄から山形まで，北は本荘まで及んでいる．本荘では郡役所の壁落ち，倒潰家屋は少なかったが，由利郡の村々（？）で破損1,548，傾斜870，亀裂・落壁1,329あり，土蔵の破損が目立った．酒田では地震により大火となった．新潟県の金屋でもごく小被害があった．庄内平野では土地の亀裂や陥没が多く，土砂も噴出した．西田川郡黒森村の砂丘では幅1町（約110m）の土地が30尺（9m）沈下し，浜中村では高さ1丈（3m）の小丘ができた．山崩れも各所に生じた．

　この地震は和風の木造建築の耐震性に対する注意を促し，被災建物の詳しい調査が行われた．これに基づき翌年には震災予防調査会が木造建物の改良仕様書を発表した．木造建築の欠点として次のものがあげられた．地形の不完全，屋根の過重，各種継手の不備，洋風建の咀嚼不十分．

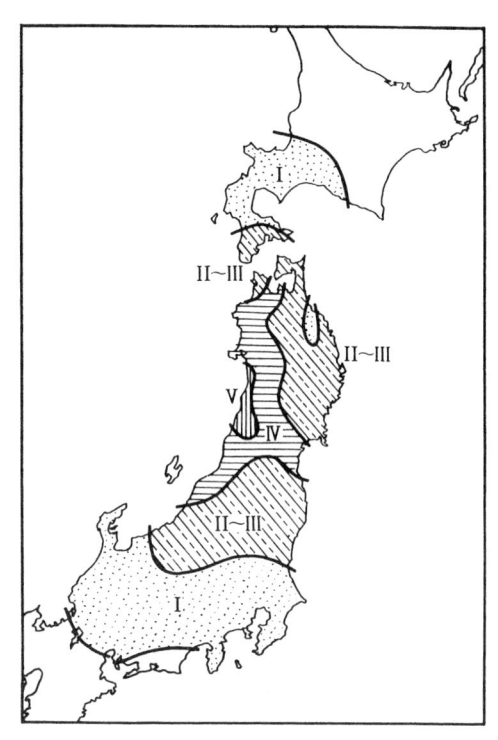

図311-2　震度分布［中央気象台，1897，地震報告，51-57］

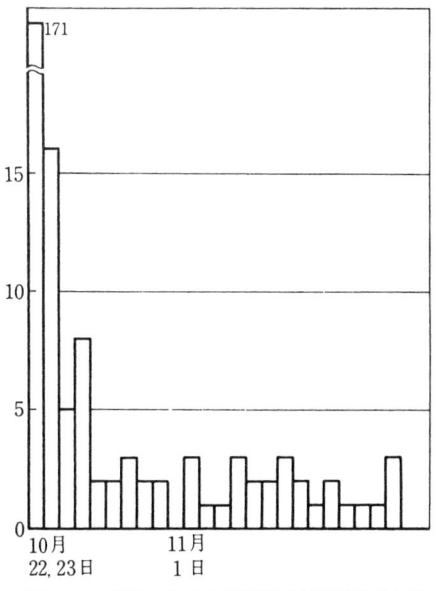

図311-3　酒田における日別有感余震回数［大森，1895より作成］

224   4 被害地震各論

酒田における余震は図311-3のように急速に減少した.

312　1895 I 18（明治28）22時48分　霞ヶ浦付近　$\lambda=140.4°$E　$\varphi=36.1°$N　(B)　$M=7.2$　局部的被害はそれほど大きいとはいえないが被災範囲が広い．とくに被害の大きかったのは茨城県の鹿島・新治・那珂・行方各郡と水戸で，東京の下町にもかなりの被害があった．このほか，千葉県では銚子で小被害，松戸で土蔵の落壁および亀裂あり．佐原町では倒潰家屋1，その他土蔵の破損等数十．取手で土蔵の半潰1，土蔵壁の破損．また，福島県猪苗代・群馬県佐波郡でも小被害．

313　1895 VIII 27（明治28）22時42分　熊本　$\lambda=130.95°$E　$\varphi=32.85°$N　(A)　$M=6.3$　阿蘇郡山西村で土蔵の破損400，堤防の亀裂7，石垣の崩壊32あり，石碑・石灯籠の転倒多し．永水村で家屋破損5，道路・障壁の亀裂あり．その他，錦野・黒川・長陽・白水の各村で小被害．阿蘇山の鳴動大なり．

314*　1896 I 9（明治29）22時17分　鹿島灘　$\lambda=141°$E　$\varphi=36\frac{1}{2}°$N　(C)　$M=7.3$　水戸付近から久慈・那珂両川の沿岸地方で家屋・土蔵の小破あり．また猪苗代湖でも小被害があった．弱い津波あり（周期8分）．［0,0］

315　1896 IV 2（明治29）01時41分　能登半島　$\lambda=137.3°$E　$\varphi=37.5°$N　(A)　$M=5.7$　局所的な地震．蛸島村で土蔵倒潰2．家屋破壊15，土蔵壁落11．禄剛崎の燈台破損．その近くで土蔵壁に亀裂．飯田町で道路に小亀裂．

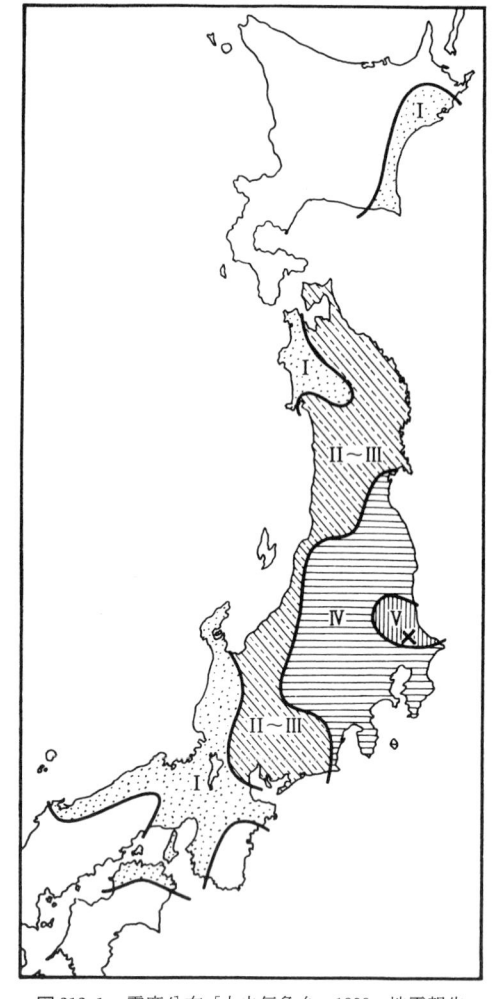

図312-1　震度分布［中央気象台，1899，地震報告，pl.2］

表 312-1 被害一覧 [中央気象台, 1898, 地震報告, 30-38]

府県名	郡市区名	死	傷	家屋 潰	家屋 半潰	家屋 破損	土蔵(非住家*) 潰	土蔵 半潰	土蔵 破損	煙突 崩壊	煙突 破損	亀裂陥没	橋の破損	備考
茨城県	水戸	1	10	4	2	29	5	1	55	5				とくにひどかったのは水戸市下市・那珂郡湊町・鹿島郡豊津村・新治郡石岡町であった.
	東茨城			6	1	140			32	3		4		
	那珂		5	5	2	132			21	2		17		
	鹿島	3	7	9	37	81		3	6	1				
	行方		5	4	2	35			2			7	1	
	新治		3	3	1	435			176	17				
	筑波			1		77		2				1		
	豊田					79								
	県合計	4	34	37	53	1,190	6	9	375	33		49	3	2
東京府	神田	1	6			59			70		3			下町の被害が目だつ. しかし破損は軽微なものがほとんど. 橋は吾妻橋の筋違い吊り金物が落ちただけ.
	日本橋		1		1	53		2	95					
	京橋					57		1	4					
	芝		1	1	2	62			48					
	麻布		3		1	23		1	31					
	赤坂		3			77			67			1		
	四谷		1			88			38	2	3			
	浅草		2			34			42		3			
	本所		2			41		1	71		27		1	
	深川					18	1		59		11			
	千住		11	1	1	55	3	1	44	9	9			
	府合計	1	31	4	5	615	4	6	677	15	68	3	1	1
埼玉県	北足立					100			54		4	48		浦和・岩槻辺で強く, 亀裂からは泥砂を噴出した.
	南埼玉					95			26		1	31		
	県合計					210			89		6	134	3	
神奈川県	横浜	1	3			29			19		4			家屋破損は木造についての数字. ほかに煉瓦造・石造の破損 64.
栃木県	真岡				1	3	多							矢板, 鹿沼でも小破害.
	足利								6					

* 東京の場合のみ, 非住家.

316* 1896 VI 15 (明治29) 19時32分 三陸沖 $\lambda = 144°$E $\varphi = 39\frac{1}{2}°$N (C) $M = 8\frac{1}{4}$
明治三陸地震津波 震害はなく, 地震後約35分で津波が三陸沿岸に来襲した. 津波来襲直前に鳴響のあったところが多く, 第2波が最大だった. またちょうど満潮時に当っていた. 波高の最も高かったのは綾里村で, 被害の大きかった山田町では, 戸数約800のうち100戸ばかりが残り, 死者1,000人を算した. 津波の被害は表316-1, 2のとおり. 津波は襟裳岬で高さ約4m, 室蘭・函館で溢水があり, 小笠原の父島で波の高さ約1m, 翌日の午前4時頃であった. ハワイには16日7時38分頃到着し全振幅は2.5〜9mで, 多少の被害があった. また, 北米サンタクルスにも波及し波の高さは2m足らずであった. この地震は地震動に比して津波が大きく, かつ海水の干退が比較的小さかったのが特徴である. この地震津波による被害は文献により多少異なる. 表中に出典が示されている. この表には比較のために, 471番 (1933年), 546番 (1960年), 841番 (2011年, 波高のみ) の被害, 波の高さも同時に示してある. 表316-3は岩手県の被害としては最も信頼のおけるもの [山下, 1982]. したがって死者総数は343 (青森), 18,158 (岩手), 3,452 (宮城), 6 (北

226　4　被害地震各論

表 316-1　三陸沿岸の津波被害と集落移動*

市町村名 (現在)	地名 1933年	1896年 (明治三陸津波)			1933年 (昭和三陸津波)					集落移動形式		1960年 (チリ津波)				2011年 (東日本大震災)	
		波高 (m)	流失家屋戸数	旧町村死者 人口	波高 (m)	流失倒潰家屋数**	集落戸数	死者	集落人口	1896年後	1933年後	波高 (m)	死者 (現市町村別)	流失家屋 (現市町村別)	被災世帯 (現市町村別)	罹災者数 (現市町村別)	市町村名 地名	波高 (m)

青森県
東通村	六ヶ所村	東通村				221			30					3		31,792	六ヶ所村尾駮	3.38
六ヶ所村	三沢市	三沢村	***	}16					26					0	0	8	48	天森	5.01
三沢市		砂森															砂森	5.99
		塩釜	}5	28		100					分散移動		1.9				塩釜	5.11
		織笠	53	23	4.5												織笠	5.67
		六川目	12		3.0						同						六川目	5.50
		細谷	3								同						細谷	5.93
		淋代		17							同						淋代	5.46
		五川目	20	17	4.5		12		1	分散移動	同		2.2				五川目	7.85
		四川目	34	2						同	分散移動		1.8				四川目	9.61
		鹿中	6							同								
		百石町																
		三川目	41	36	4.0		12		1		分散移動		1.2	0	4	31	197	三川目 (三沢漁港)	6.32
		二川目			1.8						同		1.1					
		深沢			2.7		19			同	分散移動		1.1					
		川口									同							
		市柳向																
		八戸市			3.0		36			同							おいらせ町市川漁港	8.00
		階上町					54							2	56	5,890	30,964	八戸市大蛇	10.2
														0	0	8	61	階上町大蛇	9.6

岩手県
種市町	種市町	(12.0)	30	100	4,685	(7.0)	4,327	219	2,658	1,109		分散移動	2.9	61	883	6,832	35,279	種市町	14.69
	川尻	(12.0)				(7.0)	53	99	101	490		集団移動		0	1	16	64	川尻	8.1
	八木	10.7				6.0	8	22		132		分散移動						八木	
久慈市	中野村		53	151	1,695	7.0	37	98	79	487			2.4						15.1
	有家						3	420	6	2,895			3.0					中野南六木沢	
	小子内	(20.0)	50	100	1,397	(6.6)	-	205	0	1,385									
	侍浜村	(26.0)				10.0	2	117	2	827	分散移動	分散移動		0	1	40	192	侍浜町	19.1
	横沼					(6.6)	0	98	4	683	同	同						本波	20.1
	夏井村						0		2	687									
	閉伊井口		100	400	4,092	4.5	2	128	1	399								閉伊井口	17.88
	大崎						1	73	0									大崎	11.60
	久慈町	(15.7)					0	55	0	288								久慈港	16.53
野田村	長内町	(23.0)	53	125	2,719	(6.5)	36	160	10	901								長内玉の脇	14.28
	大尻	(23.0)				(6.5)	6	38	8	226									
	三子					8.2	20	20	2	117									
	下長内					5.5	10	102	6	558				0					
	宇部町		48	160	2,244		5		5		分散移動	分散移動	3.8					宇部町	12.3
	小柚						3	62	1	326			4.1					小柚	16.20
	久慈						2	3	8	8		同			9	20	132	久慈	
野田村	野田村		90	258	2,590		62	6	2	26								野田漁港	21.71
	十府ヶ浦						3	43	0	238								十府ヶ浦	23.30
	新山						43	4	0	20									
	広内						4												
普代村	前浜	18.3	258	330	1,010	2,038	6	6	0	34			8.1	0	0	0	0	米田	37.82
	米田	(9.2)				5.8	79	318	137	1,437								玉川	28.60
	玉川					(4.0)	0	45	2	178								安家	16.77
	下安家																	黒崎	16.29
	黒崎																		

	堀内	(12.9)					(9.1)	4	78	7	321								堀内	18.10
	大田名部	15.2					13.0	43	58	99	255		集団移動						大田名部	12.46
	普代	(18.1)					11.5	32	137	29	683			2.4					普代浜	21.00
田野畑村			325	465	98	3,025		131	304	83	1,764				0	0	0	0	田野畑村	
	切牛							0	32	1	171								切牛	28.68
	島越	(19.6)					9.7	54	95	18	554		集団移動						島越	27.58
	和野							3	22	0	164								和野	
	羅賀	29.0					13.0	73	109	59	551								羅賀	27.83
	平井賀	(15.8)					8.2						集団移動						平井賀	20.23
	明戸	12.2					16.9	1	28	4	184								明戸	22.05
岩泉町	小本村		330	386	367	2,090		97	290	156	1,600				0	0	0	0	小本	22.17
	小成							4	23	1	134								小成	
	茂師	(20.2)					(17.0)	12	36	37	234								茂師	24.50
	中野							2	86		440								中野	
	小本	12.2					13.0	79	145	118	792		集団移動						小本	20.39
田老町（宮古市）	田老村		230	666	1,400	3,747		500	559	901	2,773				0	0	0	0	田老地区	
	小港	(10.0)					(7.0)	2	3	8	28								沼ノ浜	29.99
	樫内	(10.0)					(7.0)	2	24	7	12								樫内	25.52
	下摂待	(10.0)					(7.0)	2	30	7	42		地区改正						摂待	27.92
	田老	14.6					10.1	358	362	763	1,798		同	2.6					和野	35.22
	乙部	(13.6)					(7.6)												乙部	23.31
宮古市	崎山村		100	155	90	982		1	37	0	297				0	99	729	3,797	小堀内	37.88
	女遊戸						7.5	0	24	0	188	分散移動							女遊戸	25.99
	宿							1	4	0	39								崎山町松月	31.42
	鍬ヶ崎町	(8.4)	250	701	100	3,459	(3.4)	11	1,210	24	6,171			2.2					鍬ヶ崎町下町	8.19
	(1896)																			
	宮古町	4.6	20	993	12	5,157	3.6	7	2,210	21	11,955			2.2						
	磯鶏村		18	365	3	1,996		11	315	4	2,267									
	白浜	8.5					2.1	0	38	0	273			3.2					白浜	11.60
	金浜	4.0					1.2	1	51	0	367			5.5					金浜	12.17
	高浜	(7.3)					(2.3)	6	97	4	698			5.3					高浜	17.57
	磯鶏	6.1					4.5	4	127		915								磯鶏	7.43
	津軽石村		221	434	1,028	2,618		3	517	3	3,204									
	法脇						1.6	0	358	2	2,219			4.3					法脇	11.6
	赤前						2.1	3	159	1	985			4.8					赤前	12.27
	重茂村		103	236	496	1,493		56		174									重茂村	
	追切									2										
	鵜磯	(8.2)					4.5	2						2.2					鵜磯	27.12
	荒巻																		荒巻	27.8
	音部	9.2					7.6	6		13				0.8						
	川代						4.5	1		4				2.9					川代	30.1
	石浜						12.0	2		7				2.7					石浜	27.3
	千鶏	17.1					13.6	2		10				3.0					千鶏	31.80
	姉吉	18.9					12.4	15		89			分散移動	1.5					姉吉	38.8
	里						10.9	28		47				1.6					里	33.97
山田町	大沢村		193	199	500	1,036		73	217	1	1,385				0	133	1,494	7,971	山田町	
	大沢	4.0	193	199	500	1,036	6.0	73	217	1	1,385	分散移動		2.9					大沢	8.7
	山田町		660	782	1,000	3,746		266	591	8	3,162								山田町	
	山田	5.5	660	782	1,000	3,746	4.5	266	591	8	3,162		一部分散移動	3.3					山田	10.13
	織笠村		20	303	200	1,800		1	234	6									織笠村	
	跡浜	(4.4)					(2.9)	0	63	2									跡浜	8.2
	細浦	(4.4)					(2.9)	1	6	3									細浦	10.19
	織笠	3.4					2.4	0	165	1		分散移動		4.2					織笠	9.4
	船越村		104	474	1,250	2,295		211	566	5	3,763								船越村	
	大浦	(7.9)					(4.8)	5	179	0	1,267		分散移動						大浦	11.1
	田浜	9.2					6.0	183	223	2	1,471		集団移動						田浜	12.5
	船越	10.5					6.0	23	164	3	1,025	集団移動							船越	29.7
	前須賀												分散移動							
大槌町	大槌町		500	1,192	900	6,555		483	870	61	11,250				0	80	1,251	6,542	大槌町	
	浪坂	10.7					5.5					分散移動		3.0						
	吉里吉里	10.7					6.0	119	458	10	2,885	分散移動	集団移動	3.1					吉里吉里	22.53
	安渡	4.3					4.2	140	311	22	1,859		同	4.2					安渡	12.7
	大槌	2.7					3.9							3.6					大槌	8.6
	小槌							224	101	29			集団移動							
	小枕												同							

市町村名 (現在)	地名 1933年	1896年 (明治三陸津波) 波高 (m)	流失家屋	旧町村戸数	死者	旧町村人口	1933年 (昭和三陸津波) 波高 (m)	流失倒潰家屋	集落戸数**	死者	集落人口	集落移動形式 1896年後	1933年後	波高 (m)	1960年 (チリ津波) 死者 (現市町村別)	流失家屋 (現市町村別)	被災世帯 (現市町村別)	罹災者数 (現市町村別)	2011年 (東日本大震災) 市町村名 地名	波高± (m)
釜石市	鵜住居村		350	511	1,069	3,147		145	388	7				3.8	0	28	1,351	6,524	鵜住居	13.8
	根浜	(6.9)					5.2	4	16	0		集団移動								
	室浜	(6.4)					5.4	12	52	4		分散移動								
	片岸	(8.5)					(4.4)	23	52	0										
	桑浜	(8.5)					(4.4)	6	15	0									桑浜	18.3
	白浜	(8.5)					(4.4)	1	52	0									白浜	14.5
	稲崎						(4.4)	10	95	0		分散移動							稲崎	17.6
	両石	11.6					6.4	86	92	0				3.4					両石	32.4
	釜石町		612	1,223	5,000	6,557		301	3,170	†361	7,420		集団移動	3.9						
	平田	(7.5)					(4.5)	28	189	†10	1,134	一部分散移動	同	3.2						
	弧崎	(7.9)					5.4						同	3.5						
	釜石												同							
	幡崎																			
	台村																			
	坊主山	4.4					4.2	77	207	2	1,242			3.1						
	唐丹村		129	474	328	2,807		240	549	360	3,380								唐丹町	16.5
	大石	(12.5)					3.0	9	78	11	490	集団移動	集団移動	2.8						
	荒川	(13.0)					(7.8)	0	71	6	447	同	同							
	片岸							30	48	7	301								下荒川	
	小白浜	16.7					6.0	98	160	6	958	分散移動	同	3.6						
	本郷	14.0					6.0	101	101	326	620	集団移動	同	4.0					本郷	13.08
	花露辺	(13.8)					(8.3)	11	66	0	403	分散移動	同	2.2					花露辺	
三陸町 (大船渡市)	吉浜村		70	133	982	1,075		14	233	17	1,430							55	吉浜沖田	16.3
	根白	(13.6)					(6.1)	1	69	0	471								吉浜根白	15.6
	本郷	24.4					9.0	13	164	17	959	分散移動	一部分散移動	3.7						
	越喜来村		120	322	802	2,449		138	513	87	3,190									
	甫嶺	(13.3)					4.2	30	94	9	550	分散移動	分散移動	3.3					甫嶺	16.1
	泊						4.0	20	57	1	381	同	同	4.0					泊	18.8
	浦浜	9.8					3.2	56	197	27	1,139	分散移動	分散移動							
	崎浜	(11.6)					(7.8)	32	165	50	1,120	地区改正	同						崎浜	13.1
	綾里村		290	451	330	2,803		244	410	178	2,640								綾里村	14.2
	小石浜	38.2△					3.8	13	29	8	203	分散移動	分散移動	2.1					小石浜	13.9
	砂子浜	10.4					2.3	3	16	2	156	同	同	4.7					砂子	23.8
	白浜	22.0					23.0	2	42	66	312	集団移動	集団移動						白浜	
	野々浦							6	46	1	337	同	同							
	岩崎							18	62	89	369	同	同							
	港	10.7					4.5	117	118	9	617	集団移動	分散移動	3.5						
	石浜	(13.0)					(9.0)	26	46	2	307	同	同							
	田浜	(11.0)					(7.7)	3	51	100	339	集団移動	同	2.8						
大船渡市	赤崎村		130	389	506	2,985		119	212	2	1,389				53		384	1,353	6,973	赤崎町	10.17
	宿	(2.7)					(1.8)	27	33	0	194									
	生形						2.8	10	26	3	179								山口	10.45
	山口							7	19	0	179								永浜	9.26
	永浜	(5.5)					(3.1)	22	40	15	272								清水	7.15
	清水							14	25	20	120								蛸ノ浦	11.82
	蛸ノ浦	(6.1)					4.3	29	53	33	357								長崎	21.1
	長崎	(18.0)					7.3	2	8	28	35								合足	
	合足							8	11	0	55									
	大船渡町		77	306	832	2,304		23	266	2	1,523		分散移動	3.0					大船渡町平	7.6
	下舟渡	5.5					3.0	6	54	0	264			3.3					下舟渡	
	永沢							0	25	0	121								永沢	9.19
	笹崎							0	10	0	63									
	赤崎前							1	7	0	129									
	末崎村		59	400	960	2,965		156	80	39	503									
	泊里	(3.2)					(1.8)						分散移動							
	小河原	(8.0)					3.5	20		12									門ノ浜	14.76
	門ノ浜						5.7	8		1				5.1						
	小細浦	(8.9)					(6.5)	1		0									小細浦	7.79
	茶屋前							12		1										

228　4 被害地震各論

陸前高田市	細浦	6.7		182	381	2,519	3.1	31	99	601	1			8	148	558			17.1
	舟河原						3.9	8	2	21	18								
	小友ノ浦							38	2	5	18							小友村	3,029	
	塩谷	2.4						0	1	3	0						塩谷		14.1
	森崎						1.0	0	30	165	0								14.6
	三日市						3.0	1	27	164	0						唯出		
	両替	10.7					3.4	5	35	224	8	分散移動						広田町根岬		
	唯出							31	583	4,533	45		分散移動					大隅		11.9
	広田村	(9.0)	130		231	3,102	3.5	132											
	六ヶ浦								75	587	4								
	長見洞	7.6						7	56	512	9							米崎町		18.1
	大隅						4.5	4	114	752	3							高田前		18.9
	泊			212	321	2,460		45	79	595	17		分散移動					陸前高田市		14.1
	中沢浜			30	14	3,489	11.2	18	23	622	7							長部漁港		
	米崎町	(32.6)		1	616			4	18	9	8								
	高田町			35	569	3,651	3.0		4	554	32		同							
	長部						3.2	50	78											
		34					4.6						地区改正							
宮城県																				
唐桑町	唐桑村	8.5		1,096	4,362	30,019		1,392	972	6,781	307				54	1,009	11,610	60,123	14.9
(気仙沼市)	只越	8.5		228	514	3,387	7.0	307	75	560	59		集団移動		0		125	695	只越	
	石浜	7.5		51	54	836	5.6	123	86	691	24		同							
	小鯖	4.3		15	69	406	2.3		322	2,131	7		集団移動							
	宿	4.0		26	46	504	3.3	58	110	1,370	17		同							
	鮪立			24	115	359	3.0	36	193	633	0									13.1
	舞根	4.0		24	35	175	3.0	13	57	424	0								馬場	
	馬場	5.9		45	67	765		16	18	103	5									
	大沢	6.4		8	13	163		3	111	806	2									
	鹿折村			5	38	158	3.5	45												
気仙沼市	大島村			1	174	685			23	224	4						2,096	10,335		
	大谷村			16	6	399		0	78	468	4		分散移動		2	15				
本吉町	階上村	5.2		19	61	144	3.5	6	156	1,914	0		同		0	0		15	大谷(明神岬)	15.0
(気仙沼市)	杉ノ下			82	319	1,696		7	156	1,019	1		集団移動						階上村	13.6
	波路上	(5.6)		67	237	1,512		19	65	505	1		分散移動						杉ノ下	11.8
	大谷			97	59	710	3.0	19	65	505	1		集団移動						波路上	
	松岩村(片浜)			4	248	437	(2.7)	7		116										
	小泉村				15	7	(2.8)		0		0									
	二十一浜	(7.9)		52	219	1,013		0	43	258	15		分散移動		0					
	蔵内	(11.5)		31	145	1,555	(3.7)	60	43	258	15		同							
	御嶽村			17	59	304	(7.5)	60												15.42
歌津町	歌津村	8.2		22	2	181	3.0	1	112	769	0		分散移動		38	601			歌津	
(南三陸町)	田ノ浦	(6.5)		58	58	397	(4.3)	152	567	3,898	84		分散移動							
	石浜	(7.5)		261	512	3,474	(5.4)	18	80	511	5		同							
	名足	14.3		39	64	418	7.6	48	70	471	29		同							
	中山	9.4		52	55	409	4.6	14	42	318	16		同				65	419		
	馬場	10.8		18	34	266	(6.7)	4	82	525	2		同							
	伊里前	(7.5)		26	65	406	4.6			552	}32		同							
	泊	3.4		33	39	314		10	76	868	0		同							
				14	21	149			139	653	0									
志津川町	志津川	2.1		49	77	482	1.7	12	78	4,926	1		分散移動			1,516	7,619	志津川	15.50
(南三陸町)	清水	3.4		172	292	1,773	3.6	1	834	2,829	0							長清水	11.3
	細浦	3.7				377			522	2,139	0									
	戸倉村			60	67	396	2.4	11	312	937	1		分散移動							
	波伝谷	3.2		34	38	276	2.4	23	128	423	0		同						波伝谷	12.88
	藤浜	5.0		42	256	1,901	2.4	5	57	147	1		集団移動							
	寺浜	6.8		7	32	84	2.4	15	21	159	0									
	長清水	4.9		5	11	281	1.2	8	57	435	0									
	折立	2.7		4	12	102	(0.3)	10	20	208	0		分散移動							
	水戸辺	(0.9)		14	20	151		29	30		0									
				1	68	435		4												
					71	496		0												

230　4　被害地震各論

表 316-2　4つの地震津波による被害の比較

(a)明治29年の三陸津波 [震災予防報告，11による]

	死者	傷者	計	流失家屋	倒潰家屋*	浸水家屋	計	船舶流失破損	流失1戸当りの死者数
青森県	343	214	557	602	264	93	959	329	0.57
岩手県	22,565	2,943	25,508	6,156	726	1,173	8,055	5,456	3.67
宮城県	3,452	1,241	4,693	3,121	854	2,426	6,401	1,145	1.11
計	26,360	4,398	30,758	9,879	1,844	3,692	15,415	6,930	2.67

注：岩手県の死者，流失家屋数は宮古測候報告書による．*全半潰社寺学校納屋等を含む．

(b)昭和8年の三陸津波 [各測候所の報告による]

	死者	傷者	計	流失家屋	倒潰家屋	浸水家屋	計	船舶流失破損	流失1戸当りの死者数
青森県	30	70	100	85	136	107	328	631	0.35
岩手県	2,658	881	3,539	3,850	1,585	2,520	7,955	5,860	0.69
宮城県	307	145	452	950	528	1,520	2,998	1,373	0.32
福島県	—	—	—	—	—	—	—	13	
計	2,995	1,096	4,091	4,885	2,249	4,147	11,281	7,877	0.61

(c)昭和35年のチリ津波 [チリ地震津波調査報告別冊（仙台管区気象台）による]

	死者	傷者	計	流失家屋	全半潰住家	浸水住家	計	被害人口	船舶破損	流失1戸当りの死者数
青森県	3	4	7	10	122	5,246	5,378	31,785	485	0.30
岩手県	61	307	368	472	1,511	4,653	6,636	35,274	2,626	0.13
宮城県	54	478	532	306	1,840	8,948	11,094	60,123	3,986	0.15
福島県	4	2	6	—	—	65	65	(300)	—	
計	122	791	913	788	3,473	18,912	23,173	127,482	7,097	0.15

(d)平成23年の東日本大震災 [平成25年4月10日警察庁集計より作成，漁船被害は平成24年3月5日農水省集計]

	死者・行方不明者	負傷者	計	全壊家屋	浸水家屋	計	被災漁船数	全壊1戸あたりの死者数
青森	4	111	115	308		308	620	0.01
岩手	5,824	212	6,036	18,370	6	18,376	13,271	0.32
宮城	11,152	4,144	15,296	85,260	15,037	100,297	12,029	0.13
福島	1,817	182	1,999	21,149	1,399	22,548	873	0.09
合計	18,797	4,649	23,446	125,087	16,442	141,529	26,793	0.15

家屋被害は流失と倒壊との合計であるが，東北4県に関しては流失が大半であろう．

表 316-3 岩手県海嘯被害戸数および人口調査表（明治29年7月10日調べ）[山名宗真による]

郡	町村	集落(字)別	被害前戸数	戸数 流失	戸数 全潰	戸数 半潰	家屋棟数 流失	家屋棟数 全潰	家屋棟数 半潰	被害前人口	死亡 男	死亡 女	重傷 男	重傷 女
気仙郡	唐丹村	大石	51	1			1			323	5	5		
		荒川	38	24			21			260	53	62		2
		片岸	26	26			26			156	47	51	3	6
		小白浜	124	107	3		104	3		629	212	263	12	6
		本郷	166	165			128			873	338	431	3	3
		花露辺	41	34	3	1	35	3	1	294	98	119		
		計	446	357	6	1	315	6	1	2,535	753	931	18	17
	吉浜村	本郷	87	35		1	33			1,059	83	121	5	5
	越喜来村	甫嶺	84	18			18			603	22	37		3
		泊	32	12		1	12		1	284	12	18	1	2
		浦浜	103	29			29			828	63	59	2	
		崎浜	97	66			66			680	128	121	1	
		計	316	125		1	125		1	2,395	225	235	4	5
	綾里村	田浜	64	58	5	1	58	5	1	421	163	173	4	5
		石浜	28	25		1	25		1	187	73	73	4	
		港	118	118			82			607	144	230	1	
		岩崎	46	24	9	2	24	9	1	242	48	76		1
		野々前	34	4			4			257	14	18		
		白浜	36	31			31			236	80	95	2	2
		砂子浜	18	3			3			144	6	12		
		小石浜	23	13		2	15		2	257	25	39	1	4
		計	367	276	14	6	242	14	5	2,251	553	716	12	12
	小友村	只出	60	54		1	52		1	422	78	131	7	6
		浦浜	61	5		22	5		17	356		2		
		計	121	59		23	57		18	778	78	133	7	6
	高田町	長砂	14	1			1			111		1		
		町									11	10		
		計	14	1			1			111	11	11		
	米崎村	勝木田	21	5	2	1	5	2	1	119	2	2		1
		脇ノ沢	6			1			1	30	1	3		
		沼田	19	5	2	5	5	2	5	110	7	10	1	2
		計	46	10	4	7	10	4	7	259	10	15	1	3
	広田村	中沢浜	51	17			17			318	24	24	3	
		泊浜	83	49	4	3	41	4	3	371	45	81	1	1
		集リ	11	10			10			86	35	25		
		根崎	26	12	1	1	12	1	1	172	30	36	1	
		六ヶ浦	28	7	1					186	7	12		
		田谷	29	18			17			151	18	33		
		大野	34	18		2	18		2	230	20	23	1	2
		大陽	49	6			6			368	6	13		
		長洞	31	17			17			210	35	51	1	1
		計	342	154	6	6	138	5	6	2,092	220	298	7	4
	気仙村	三本松	10							49				
		川口	3							15				
		湊	35	26	3	4	26	3	4	265	13	11	4	4
		古谷	11							82		1		
		双六	12			2			2	92		2		

郡	町村	集落(字)別	被害前戸数	戸数 流失	戸数 全潰	戸数 半潰	家屋棟数 流失	家屋棟数 全潰	家屋棟数 半潰	被害前人口	死亡 男	死亡 女	重傷 男	重傷 女
気仙郡	気仙村	要谷	35	1		2	1		2	259				
		福伏	31							255		1		
		町裏									6	8		
		計	137	27	3	8	27	3	8	1,017	19	23	4	4
	大船渡村	下船渡	59	32	2		32	2		406	18	38	1	1
		平	37	5	2	3	5	2	3	296	7	4		
		長井沢	21	1	2	1	1	2	1	206	1			1
		笹ヶ崎	39	17	3		17	3		282	12	14		
		茶屋	30	8		4	8		4	212	3	3	1	
		欠ノ下	3	2		1	2		1	31	3	7		
		計	189	65	9	9	65	9	9	1,433	44	66	2	2
	赤崎村	中井	25							176	1			
		沢田	32							247	1	2	1	
		佐野	30							222	1			
		宿	43	27		2	27		2	301	31	21	3	5
		生形	50	19		8	18		8	443	10	28	2	2
		山口	40	18		1	18		1	243	14	18	1	1
		永浜	35	18		3	18		3	351	25	40	1	3
		清水	18	10		4	10		4	167	15	20	2	2
		上蛸ノ浦	30	21	3		21	3		228	25	40	3	1
		下蛸ノ浦	34	24		1	24		1	239	20	16	1	
		長崎	43	9	1	3	9	1	3	390	21	30	1	1
		合足	13	12		1	12		1	129	40	36	1	4
		計	393	158	4	23	157	4	23	3,136	204	251	16	20
	末崎村	泊	61	53		4	53		4	474	91	139	3	4
		門ノ浜	22	18			18			195	33	55	4	5
		梅神	17	1		1	1		1	126	3	3		
		山岸	12	6		2	6		2	93	10	13	1	
		船川原	11	2			2			117	2	2		
		石浜	9	6			6			65	10	18	2	
		細浦	73	67		2	64		2	550	109	163	2	3
		小川原	14	7		4	7		4	101	12	13	1	1
		計	219	160		13	157		13	1,721	270	406	13	13
	合計		2,677	1,427	46	98	1,327	45	91	18,787	2,470	3,206	89	91
南閉伊郡	大槌町	大槌	428	217		47	220		25	2,516	67	76		3
		小槌	469	89		20	150		20	2,822	49	39	3	2
		吉里吉里	275	138		12	234		12	1,645	157	212	5	2
		計	1,172	444		79	604		57	6,983	273	327	8	7
	鵜住居村	両石	144	141			139			939	350	440	10	2
		箱崎	112	40	7		41	1		712	103	71	9	
		鵜住居	143	6	2		8		2	930	9	6		
		片岸	75	14	18		38	18		563	24	25	3	
		計	474	201	27		226	19	2	3,144	486	542	22	2
	釜石町	釜石	956	705		24	525		24	5,687	1,385	1,522	34	34
		平田	149	106		2	100		2	1,299	393	465	12	14
		計	1,105	811		26	625		26	6,986	1,778	1,987	46	38
	合計		2,751	1,456	27	105	1,455	19	85	17,113	2,537	2,856	76	47

4 被害地震各論

郡	町村	集落(字)別	被害前戸数	戸数 流失	戸数 全潰	戸数 半潰	家屋棟数 流失	家屋棟数 全潰	家屋棟数 半潰	被害前人口	死亡 男	死亡 女	重傷 男	重傷 女
東閉伊郡	船越村	船越	123	108			95			749	99	109	4	4
		田ノ浜	238	229			183			1,128	242	320	19	15
		大浦	96	30	8		30	8		455	12	22	3	1
		計	457	367	8		308	8		2,332	353	451	26	20
	織笠村	織笠	334	70	5	13	72	4	6	1,902	30	42		
	山田村	山田	799	412	84	59	195	46	53	4,413	283	545	21	34
	大沢村	大沢	212	196	2		179	2		1,197	158	257	2	4
	田老村	田老	242	242			210			1,547	663	636	5	5
		乙部	93	93			89			628	255	258	6	6
		摂待	10	10			10			73	28	27		
		計	345	345			309			2,248	946	921	11	11
	宮古町	宮古	981	23	3	5	33	6	17	5,782	38	32	3	5
	鍬ヶ崎町	鍬ヶ崎	677	43	200	52	20	160	34	3,818	59	66	6	3
	崎山村	女遊戸	20	18		2	18		2	121	30	38	4	
		宿	3	2	1		2	1		12				
		大沢	14	8		1	8		1	82	17	15	1	
		日出島	10	5	1	1	5	1	1	77	13	16		
		計	47	33	2	4	33	2	4	292	60	69	5	
	津軽石村	津軽石	263		1			1		1,940	5		1	
		赤前	141	9	3		20	1		889	5	6		
		計	404	9	4		20	2		2,829	10	6	1	
	磯鶏村	磯鶏	137	32	21	9	32	20	9	777	26	33	12	5
		高浜	83	30	12	16	30	10	16	481	5	20	12	10
		金浜	48	12	7	3	12	7	3	278	3	13	1	
		計	268	74	40	28	74	37	28	1,536	34	66	25	15
	重茂村	川代	15	15			15			94	26	32	1	1
		石浜	26	17		2	17		2	166	32	41	2	1
		千鶏	33	17			17			209	39	51	1	
		姉吉	11	11			11			91	37	38		
		重茂	67	53		1	51		1	409	100	130		1
		音部	51	42		1	41		1	359	97	111	1	2
		鶏磯	5	3			3			37	2	11		
		仲組	11							64	2	3		
		追切	14	2		1	1		1	118	5	4	3	1
		荒巻	6							41	3			
		計	239	160		5	156		5	1,588	343	421	9	6
	合計		4,763	1,732	348	166	1,399	267	147	27,937	2,314	2,876	109	98
北閉伊郡	田野畑村	嶋ノ越	60	33	1		31	1		297	48	90	1	1
		羅賀	33	17	2		17	2		232	40	54		2
		計	93	50	3		48	3		529	88	144	1	3
	普代村	黒崎太田名部	41	37	3		37	3		267	43	153		1
		普代	58	28	2	2	28	2	2	326	20	75	13	8
		堀内	50	6			6			332	3	8		1
		計	149	71	5	2	71	5	2	925	66	236	13	10
	小本村	小本	66	55		10	55		10	344	49	64	5	

郡	町村	集落(字)別	被害前戸数	戸数 流失	戸数 全潰	戸数 半潰	家屋棟数 流失	家屋棟数 全潰	家屋棟数 半潰	被害前人口	人員 死亡 男	人員 死亡 女	人員 重傷 男	人員 重傷 女
北閉伊郡	小本村	須賀	28	28			28			173	75	83	1	
		中野	60	40		2	40		2	241	31	38	3	1
		小成	20	9			9			62	10	14	1	1
		計	174	132		12	132		12	820	165	199	10	2
	合 計		416	253	8	14	251	8	14	2,274	319	579	24	15
南九戸郡	野田村	城内	109	55		15	51		15	803	73	86	5	2
		米田	30	14		1	14		1	176	22	30		1
		玉川	56	6		1	6		1	315	9	6		
		下安家	11	9			9			58	12	22	1	
		計	206	84		17	80		17	1,352	116	144	6	3
	宇部村	久喜	59	38		1	39			410	87	67	5	8
		小袖	46	11		2	13			298	12	21	2	7
		三崎	7							58	3	1		
		計	112	49		3	52			766	102	89	7	15
	長内村	下長内	63	2			2			510	5	5	1	
		二子	16							74	2			
		大尻	24	2			1			102	2	6		
		計	103	4			3			686	9	11	1	
	久慈町	港	96	82		1	82		1	688	72	131	5	
		源道	37	8	4	4	8	4	4	301	2	3		
		長久寺	23	2			2			175	2	2		
		計	156	92	4	5	92	4	5	1,164	76	136	5	
	夏井村	閉伊ノ口	40	4		1	4		1	244	4	3		
		大港	19	9		4	9		4	137	13	21	1	1
		計	59	13		5	13		5	381	17	24	1	1
	合 計		636	242	4	30	240	4	27	4,349	320	404	20	19
北九戸郡	侍浜村	桑畑	31							261	3			
		荒戸	65							438				
		横沼	14	2		2	2		2	117	7	7	1	2
		白前	21				2			162	4	2		
		本波	19							143				
		麦生	43							286				
		計	193	2		2	4		2	1,407	14	9	1	2
	中野村	小子内	47	14		1	13		1	301	17	24		2
		原子内	22	13		3	13		3	187	11	14	1	
		中野	111							785	2			
		有家	52							597				
		計	232	27		4	26		4	1,870	30	38	1	2
	種市村	八木	36	29	1		29	1		253	57	69	2	5
		宿戸	71	7			7			586	26	12		1
		鹿糠	128	1			1			902	2	2		
		川尻	52	5			3			298	9	6		
		平内	48	2			2			338	3			
		戸類家												
		玉川												
		角浜												
		計	335	44	1		42	1		2,377	97	89	2	6

郡	町　村	集落(字)別	被害前戸数	戸　　　数			家屋棟数			被害前人口	人　　　員			
				流失	全潰	半潰	流失	全潰	半潰		死　亡		重　傷	
											男	女	男	女
	合　　　計		760	73	1	6	72	1	6	5,654	141	136	4	10
	総　　　計		12,003	5,183	434	419	4,744	344	370	76,114	8,101	10,057	322	280

備考　罹災者の死亡負傷のみを記し他の欄に記入なきはその集落は無害なるも住民の旅行先において災に罹りしものなり.
注：原表には，このほか「浸水戸数」「床上」「床下」「軽傷」「男」「女」，「家屋以外流出破壊棟数」の項があるが，省略した．総数（県）は次のとおり.
　　浸水戸数，床上 607. 床下 568.
　　軽傷，男 1,222. 女 1,119.
　　家屋以外流出破壊棟数 2,531.

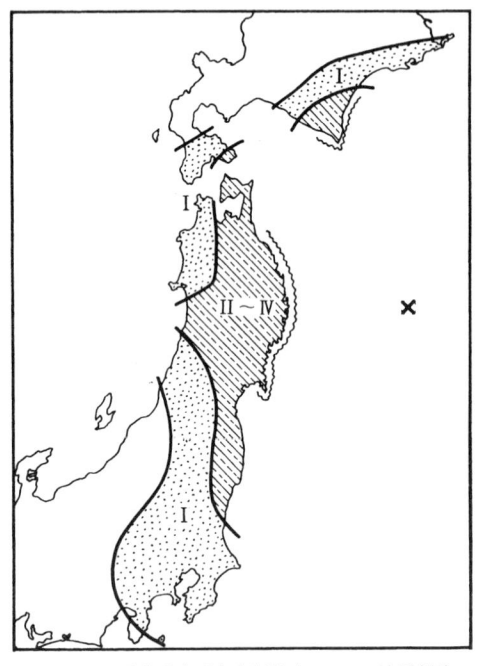

図 316-1　震度分布［中央気象台, 1900, 地震報告, pl.2］

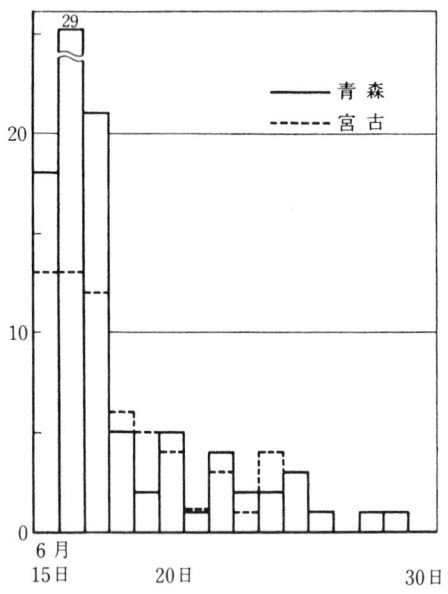

図 316-2　日別有感余震回数［大森, 1901, 震災予防報告, **34**, 5-79］

海道）の計 21,959 人である．有感余震回数は図 316-2 のようで，あまり多いとはいえない．(#) [4, 3.5]［参考：山下文男, 1982, 哀史三陸大津波, 青磁社］

316-1　1896 Ⅷ 1（明治 29）11 時 49 分　福島県沖　$\lambda=141\frac{1}{2}°\text{E}$　$\varphi=37\frac{1}{2}°\text{N}$　(C)　$M=6.5$　仙台で土蔵の壁落ち，平（いわき市）で坐りの悪いもの倒伏し，銚子測候所で液体溢出す．

317　1896 Ⅷ 31（明治 29）17 時 06 分　秋田・岩手県境　$\lambda=140.7°\text{E}$　$\varphi=39.5°\text{N}$　(A)　$M=7.2±0.2$　**陸羽地震**　8 月 23 日から前震があり，その回数は 23 日 18 回, 24 日 6 回, 25 日 2 回, 26 日 2～3 回, 27 日 2～3 回, 28 日 1 回, 31 日 9 回. 23 日 15 時 56 分の前震（$\lambda=140.8°\text{E}$　$\varphi=39.7°\text{N}$　(B)　$M=5\frac{1}{2}$）はやや強く，仙岩峠付近で道路の亀裂，壁土墜落等の被害があった．また 31 日 08 時 38 分（$\lambda=141°\text{E}$　$\varphi=39°\text{N}$　$M=6.8$），16 時 37 分（$\lambda=140.7°\text{E}$　$\varphi=39.6°\text{N}$　(B)　$M=6.4$）の前震も大きかった．本震の被害は秋田県仙

表 317-1 被害一覧［中央気象台, 1900, 地震報告, 48-62］

	郡 市 名	死	傷	家屋その他建物 焼失	全潰	半潰	破損	破損 道路	橋梁	堤防	山崩れ	田野被害
秋田県	仙北郡	184	603	30	4,444	1,820	7,233	3,725	192	108	5,742	3,350町歩
	平鹿郡	18	111	1	1,019	690	6,707	124	80	27	545	218
	雄勝郡	1	21	1	179	296	3,415	161	14	31	3,578	63
	河辺郡				9	7	558	19	1		22	6.4
	南秋田郡				17	24	253	6				3.5
	由利郡				5	30	5,156	17			11	0.9
	山本郡	2			3	2	87	3				0.024
	北秋田郡				1		99	4	1	1	1	
	秋田市		1		5	20	556					
	計	205	736	32	5,682	2,889	24,064	4,059	288	167	9,899	3,642

	郡 市 名	死	傷	全潰*	半潰*	大破*	小破*	山林	備考
岩手県	盛岡市						63	町	
	南岩手郡			10	23	99	951	20.3	岩手県ではこのほかに
	北岩手郡						15		土蔵　　全潰 15
	紫波郡	1	1	5		17	213	0.01	半潰 70
	稗貫郡	1	4	44	31	377	328	0.77	大破415
	東和賀郡				8	15	675	17.8	小破858
	西和賀郡	2	38	51	94	212	293		その他建物　全潰185
	胆沢郡						26		半潰 83
	江刺郡						48		大破223
	西閉伊郡					2	1		小破920
	南九戸郡					46	4		橋梁　　墜落 32
	二戸郡						8		大破 4
	南磐井郡							0.2	小破116
	計	4	43	110	156	768	2,598	39.08	堤防崩壊3，田地被害35.2町

* 家屋のみ

表 317-2 断層の諸元［松田ほか, 1980］

番号	断層名	長さ	走向	最大隆起	
①	生保内(おぼない)	5.5 km	N 30°E	2 m	東側隆起	全長 36 km 一般走向 N 20°E 最大変位（上下）3.5 m 横ずれ変位 0 逆断層（東傾斜）
②	白岩	5	} NS	2.5	
③	太田	3.5		2.5	
④	千屋	12		3.5	
⑤	川舟	6	N 45°E	2	西側隆起	西へ傾く逆断層

238   4 被害地震各論

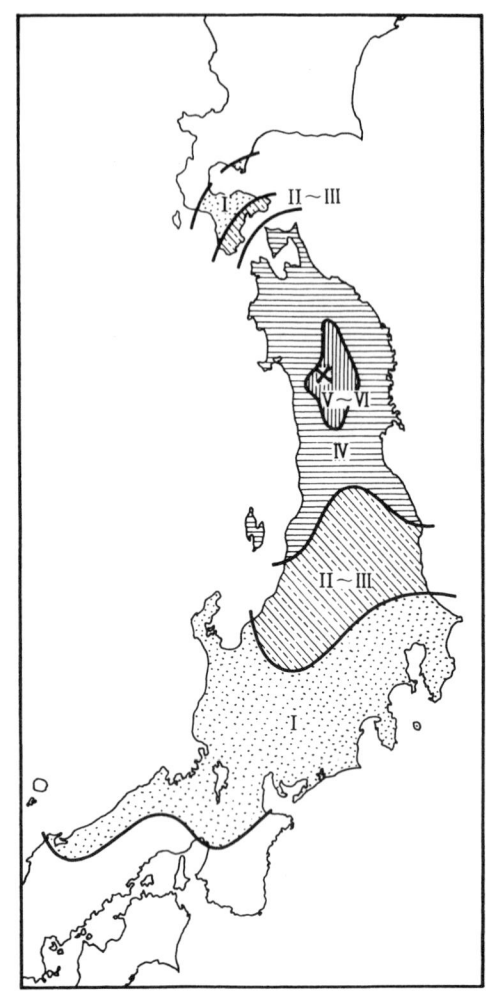

図 317-1 震度分布 [中央気象台, 1900]

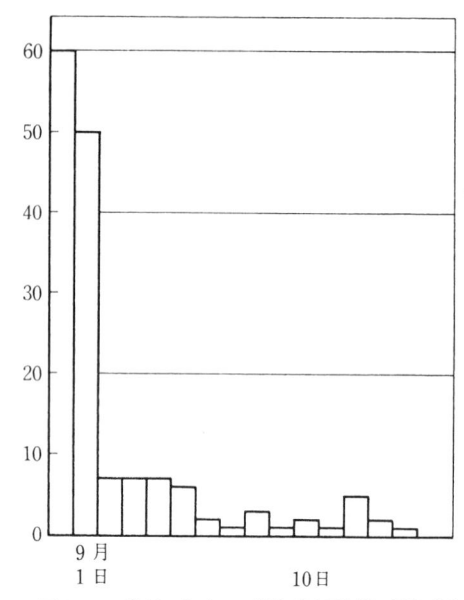

図 317-2 秋田における日別有感余震回数 [秋田測候所, 1897, 震災予防報告, 11, 113-120 より作成]

北郡・平鹿郡・岩手県西和賀郡・稗貫郡で大きく，表317-1のようである．被害実数は文献により10%くらいの違いがある．図317-3は激震地の住家全潰率 [今村, 1913] を示す．とくにひどかったのは仙北郡の千屋・長信田・畑屋・飯詰・六郷等の町村で，半潰家屋を含めると被害家屋は全戸数の75%以上を越えている．善知鳥川赤石台では大規模な山崩れが川を堰止めた．雫石では家屋全潰8，半潰6，破損240，その他の被害あり．花巻は北上川を埋め立てた町で，家屋全潰44，半潰33，破損492の被害があった．また山形県寒河江・鶴岡・新潟県新発田・村上（岩船郡）などでも壁の剝落などの小被害があった．また図317-3のような千屋・川舟などの断層を生じた．千屋断層は生保内から横手に至る約50km，東側が最大2.5m隆起した．川舟断層は長さ約15km西側が最大2m隆起し，大塚 [1938] によるとdip60～80°の逆断層である．また両断層とも断層線に沿う方向の水平のずれが見つからなかった．表317-2は最近の研究 [松田ほか, 1980] による断層の諸元で番号は図317-3の番号に対応する．

図317-2は秋田測候所における有感余震数

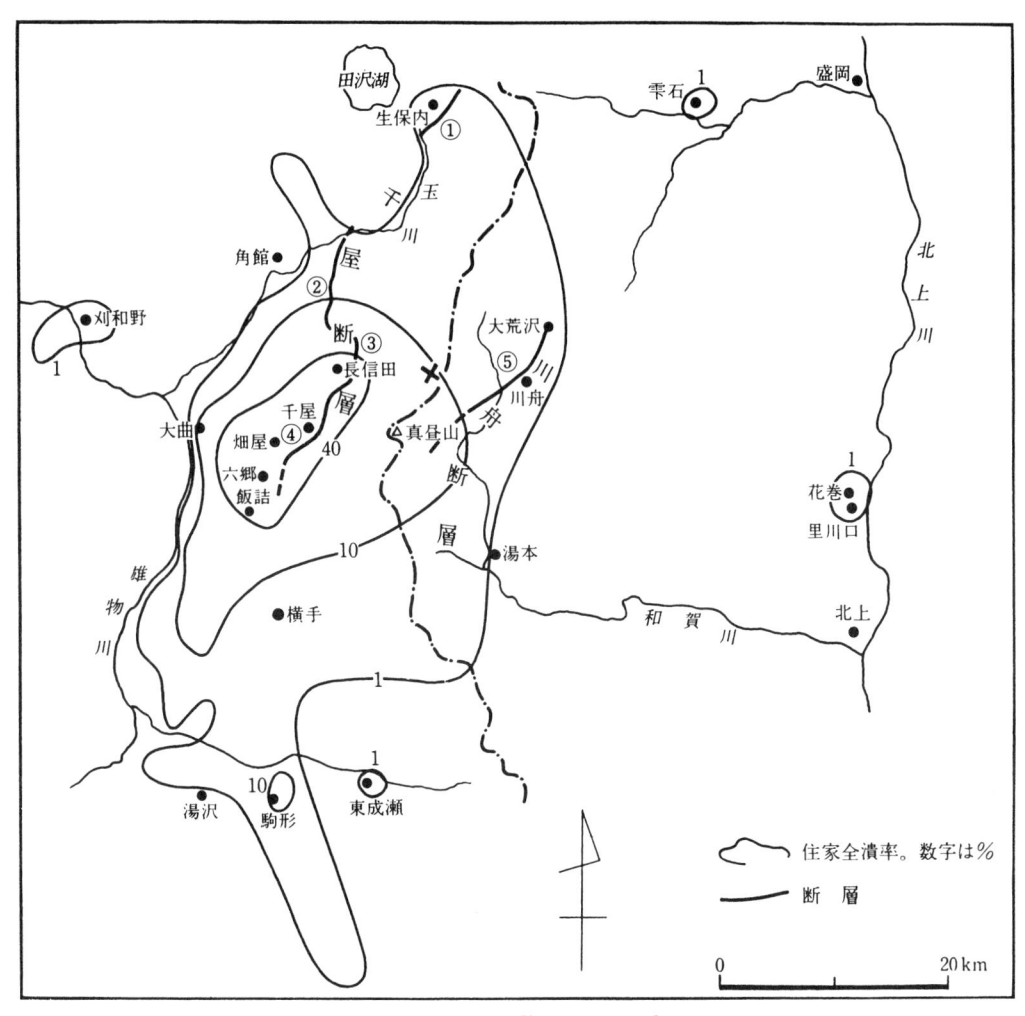

図 317-3　住居全潰率（単位％）［今村，1913］と断層の図［松田ほか，1980］

（31日の前震7つを含む）の日別変化である．また，この地震でも従来の和風木造建物の被害調査が行われ，破壊の原因として基礎の粗略，筋違のない構造，屋根の過重，鴨居下の明け放しなどが指摘された．震災予防調査会から震害家屋修繕についての注意が出された．梅ノ湯温泉（仙北郡外小友村湯本）は湧出量が1/4となり，泉温も冷水近くまで下がったが，3年目から温度が増し9年目に地震前の旧状にもどった［碧海，1915］．その他にも異常を認めた温泉が多かった．地鳴りあり．

［今村，1913，震災予防報告，**77**，78-87；大塚，1938，地震，**10**，469-476；碧海，1915，震災予防報告，**82**，31-36；松田ほか，1980，震研彙報，**55**，795-855］

318 1897 I 17（明治30）00時49分　利根川中流域　$\lambda=139.9°E$　$\varphi=36.2°N$（B）　$M=5.6$　利根川流域で障壁に多少の亀裂を生じた．とくに結城郡宗道寺村では，土蔵壁に亀裂を生じた．茨城県南西部で震度大．

240   4 被害地震各論

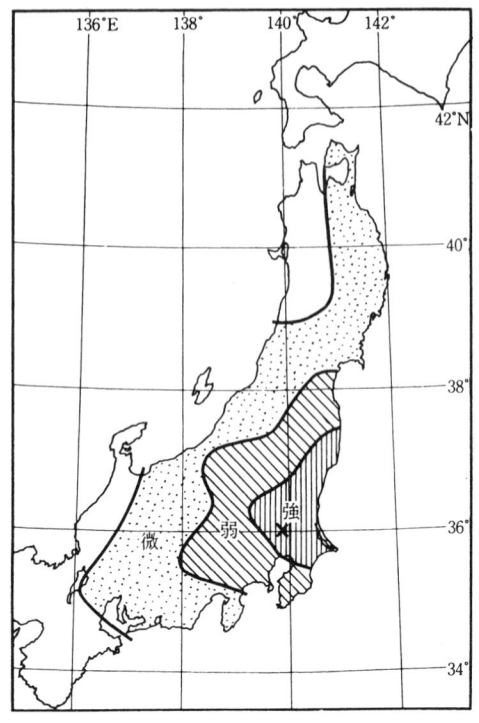

図 318-1 震度分布 [中央気象台, 1900, 地震報告, pl. II]

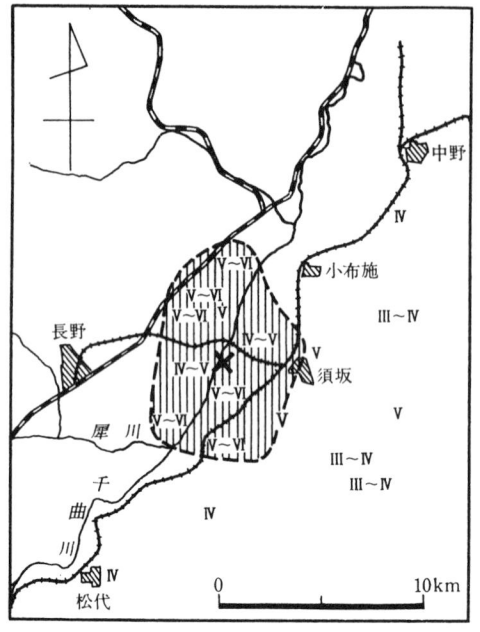

図 319-1 震度分布

319 1897 I 17 (明治30) 05時36分 長野県北部 λ=138.25°E φ=36.65°N (A) M=5.2 局地的な小被害地震. 被害範囲は松代から小布施に至る千曲川沿いの低地. 古里村・長沼村・柳原村・長陽村・大豆島村・綿内村・井上村・豊洲村・小布施村・松代町などで, 田畑の亀裂多く砂や泥を噴出し, 土蔵・家屋の傾斜, 壁の亀裂などの被害があった. 図 319-1 は推定震度分布で破線内は強震地域. 前震は16日21時頃, 17日3時頃から数回あった. 群発性の地震だった. 4月30日には12時45分, 14時27分, 15時07分に地震 (このうちあとの2回は震度Ⅲくらい) があり, 16時02分にかなりの地震 (λ=138.3°E φ=36.7°N (A) M=5.4) があり, 小布施などで家屋・土蔵の壁の亀裂, 井水混濁, 落石などの被害, 余震は1月のものよりも多く, 本年中の有感余震回数は計358になる. 内訳は次のとおり.

1月17日～4月30日　震度Ⅰ～Ⅲ　42回
4月30日～5月3日　震度Ⅲ以上　44回
5月3日～12月末日　有感　132回

[参考: 西沢, 1898, 震災予防報告, **21**, 71-78]

320* 1897 Ⅱ 20 (明治30) 05時50分 仙台沖 λ=141.9°E φ=38.1°N (B) M=7.4 被害範囲は広く, 岩手・山形・宮城・福島各県に及ぶ. しかし, 被害は小規模. 仙台の煉瓦造2階建では多少の亀裂の入らないものはなかった. 和風木造は壁の亀裂程度で無事. 石巻で住家全倒1, 半潰数十, 地盤に亀裂を生じ, 近くの虻田・渡波・飯野辺で強くゆれた. 岩手県では宮古で土蔵に小破損, 久慈で微小被害, 花巻で地裂け噴泥水, 土蔵に小被害, とくに県南で強くゆれ, 一ノ関で家屋の大破60, 小破12, 土蔵の大破23, 小破44, 煙突破損6, 土蔵の亀裂60, 山目村で家屋小破2, 土蔵の大破5, 小破29, 亀裂25, 中里

1897～1898

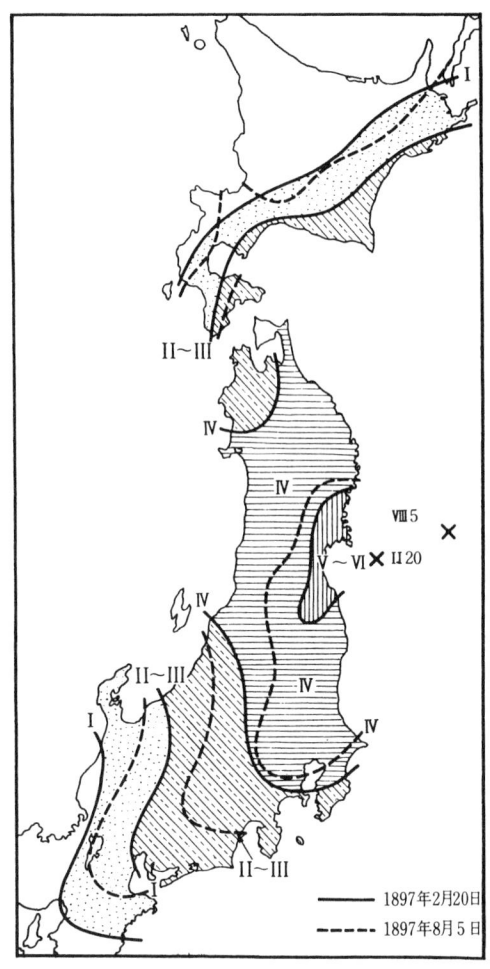

図320-1, 321-1 震度分布 [中央気象台, 1900, 地震報告, pl.Ⅱ]

村で家屋小破 32, 土蔵大破 20, 亀裂 20. 黄海地方でも被害. その他土地の亀裂多し. 福島で土蔵の破損など 81, 飯坂で 2 温泉湧出止まる. また, 桑折 (倉倒 4), 川俣, 白河, 山形県天童で小被害, 金華山灯台も小被害. 盛町で海水が 3 尺 (0.9 m) 増潮した. 石巻での当年中の余震 173 回. また, 5月23日21時22分 ($\lambda=142.8°$E $\varphi=39.0°$N (C) $M=6.9$) 頃にも地震があり, 一ノ関付近で古い土蔵の壁土が落ちた. [0, 0] [参考:木村, 1898, 震災予防報告, 21, 51-56]

321* 1897 Ⅷ 5 (明治30) 09時10分 仙台沖 $\lambda=143.3°$E $\varphi=38.3°$N (C) $M=7.7$ 震害はなかった (桑折で倉小破 1) が, 小津波が釜石から雄勝あたりまで襲来した. 釜石では波高 4 尺 (1.2 m), 北上川河口で 1～2 尺 (0.3～0.6 m), 盛では約 1 丈 (約 3 m) だった. 襲来時刻は北上川河口で震後 10 分, 盛で 30 分, 志津川で 15 分である. 盛では津波は 6 回, 周期約 10 分であった. 被害は表 321-1 のとおり. 16日16時50分頃 ($\lambda=143.6°$E $\varphi=39.6°$N (C) $M=7.2$), かなりの余震があった. 震度分布図は図 321-1 にある. [1, 2]

表 321-1 おもな被害 [中央気象台, 1900, 地震報告, 57-60]

	浸水家屋	浸水耕地	堤防決潰
赤崎村	24	13 町	250**間
綾里	2		50
大船渡	3*	8*	100
米崎・小友	27*	10*	330

*損害, **含道路.

322 1897 Ⅹ 2 (明治30) 21時45分 仙台沖 $\lambda=141.7°$E $\varphi=38.0°$N (C) $M=6.6$ 金華山灯台およびその付近で微小被害. 福島県郡山で壁に亀裂を生じた.

322-1 1898 Ⅱ 13 (明治31) 23時58分 茨城県南西部 $\lambda=139.8°$E $\varphi=36.2°$N (B) $M=5.6$ 鹿沼・真岡・熊谷地方でとくに強く感じ土蔵の壁落ち, 液体溢出などあり.

323 1898 Ⅳ 3 (明治31) 06時09分 山梨県南西部 $\lambda=138.4°$E $\varphi=35.4°$N (A) $M=5.9$ 南巨摩郡睦合村 (現南部町) で地盤の亀裂, 石碑・石塔の転倒, 家屋の小破損あり. その西にある安倍嶽で山崩れあり. 明治33年1月17日に同地方にかなりの地震があったが被害はなかった.

324* 1898 Ⅳ 3 (明治31) 15時48分 山口県見島 $\lambda=131.2°$E $\varphi=34.6°$N (B) $M=$

6.2 見島の西部で最も強く，石垣の崩壊・地面の亀裂・軒瓦の墜落・家屋の破損など多く，対岸の正明市（現長門市）では神社仏閣の損傷多く，なかには倒潰したものもあった．井水は数日間飲料に供せなかった．その他，大津・阿武両郡の沿岸地方で土蔵の壁破損．[−1]

325* 1898 Ⅳ 23（明治 31）08 時 37 分　宮城県沖　$\lambda=142.0°E$　$\varphi=38.6°N$　(C)　$M=7.2$　有感地域は北海道南半分から近畿に及ぶ．岩手県沿岸に小被害．釜石では家屋土蔵に小破損あり，近くで山崩れ．花巻では家屋半潰 1，土蔵全潰 1，その他小破損．また土地に亀裂を生じ土砂を噴出した．一ノ関は土蔵の破損，崩壊はなはだしく，遠野町で石碑・石灯籠過半倒潰した．宮城県では石巻で土蔵壁に亀裂．金華山で家屋の屋根・屋壁・煙突に被害．福島県郡山・桑折，宮城県亘理で小被害，青森県では八戸で土蔵壁に亀裂，七戸で壁に亀裂を生じた．小津波（鮎川で全振幅 20 cm）あり．[−1，−1]

326 1898 Ⅴ 26（明治 31）03 時 00 分　新潟県六日町付近　$\lambda=138.9°E$　$\varphi=37.0°N$　(B)　$M=6.1$　局発的地震で，六日町で土蔵・家屋の壁の亀裂，墓碑の転倒，田畑の亀裂・噴砂などがあった．群馬県の藤原では付近の山が崩れ，地面の亀裂・家屋の破損などがあった．

327 1898 Ⅷ 10（明治 31）21 時 57 分　福岡市付近　$\lambda=130.2°E$　$\varphi=33.6°N$　(A)　$M=6.0$　12 日 08 時 35 分にも同程度の地震（$\lambda=130.2°E$　$\varphi=33.6°N$　(A)　$M=5.8$）があった．また 10 日 22 時 20 分と 12 日 13 時 03 分にもかなりの地震があった．地鳴，不漁，海流異常などの前兆があったという．糸島半島の頸部，国鉄の北側の沿線に被害が集中し

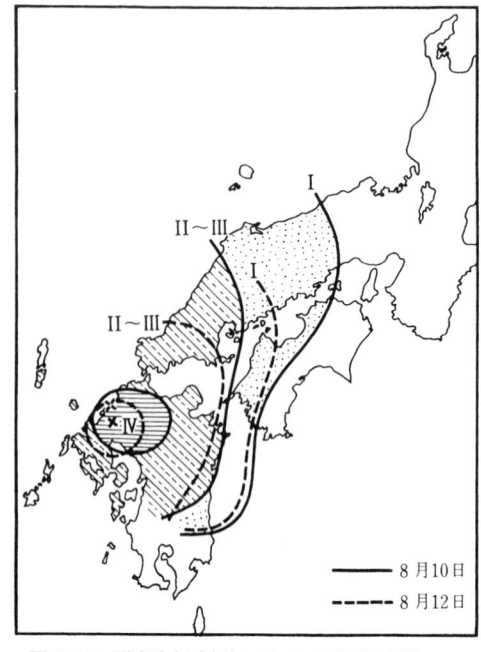

図 327-1　震度分布［大森，1899，震災予防報告，**29**，11-16］

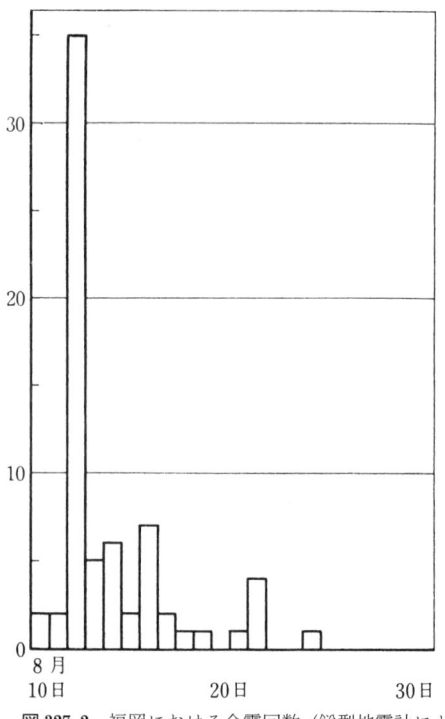

図 327-2　福岡における余震回数（鋏型地震計による）［大森，1900，震災予防報告，**32**，47-54］

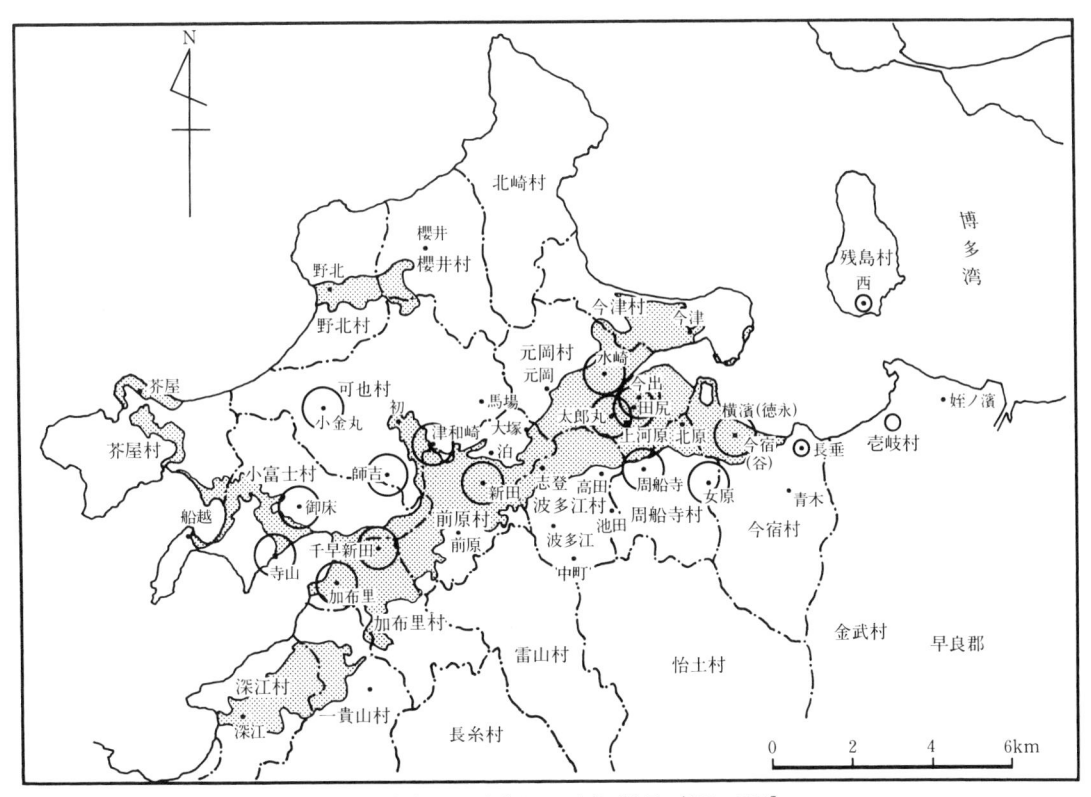

図 327-3 噴砂・噴水・井戸水の混濁などが報告された大字または字名［太田・松田，1994］
大丸：噴砂・噴水・湧水・水位上昇．小丸：井戸水の混濁．アミ掛けの部分は標高5m以下の沖積低地．

表 327-1 福岡県糸島郡役所調査の被害表（福岡測候所，1898，1901による）［太田・松田，1994］

家　　屋			堤防破損		道路破損		橋梁破損箇所	石垣破損箇所
全壊	半壊	破損	延長	箇所	箇所	延長		
7	10	201	131	2,089	59	1,084	4	52

た．全体で傷3，家屋破損58，同傾斜15，土蔵破損13，神社破損8などの被害があった．
表327-1（福岡測候所）と表327-2（中央気象台）の被害にはかなりの差があることに注意．とくに被害の大きかったのは波多江村と可也村で，可也村の小金丸では長さ50間（約90m）ばかりの楕円形の土地が陥没し，亀裂を生じた．亀裂線のおもなものは4本あってそこから四方に延びていった．この線に沿って被害が大きかった．亀裂からは水や砂，ときには塩水を噴き出した．今宿村や深江村の沖の漁船は海震を感じた．福岡では12日の地震で家屋・土蔵の壁に亀裂を生じた．早良郡壱岐村・金武村・残島村でも，土蔵・石垣などに小被害があった．図327-2は福岡における余震回数で，鎹(かすがい)型地震計による．主震と多くの余震に地鳴りを伴った．［太田・松田，1994，九大理研究報告，地球惑星科学，**18**，131-153］

244   4 被害地震各論

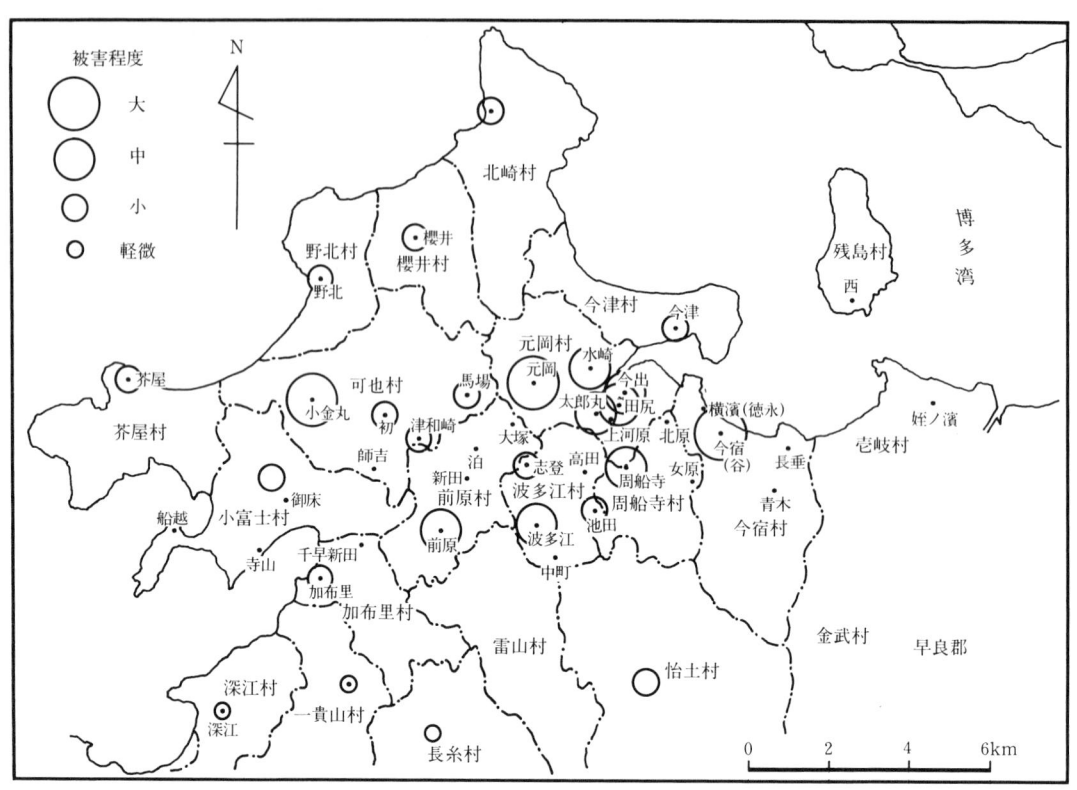

図 327-4 糸島郡における村落被害程度［太田・松田，1994］

表 327-2 福岡県糸島郡村別被害表（中央気象台，1902に加筆）［太田・松田，1994］

村　名	人口*	戸数*	負傷者	家屋 破損	家屋 傾斜	土蔵 破損	小屋 破損	神社 破損	塀破損	鳥居 転倒	道路 亀裂	堤防 決壊	石橋 墜落	山岳 崩壊
前 原 村	3,092	537		3				6	5		11	多数	4	
怡 土 村	4,438	908		2	4	1			3		多数	多数		
波 多 江 村	1,606	309	1	24	10		18	7	5	1	21			
周 船 寺 村	1,904	346	1				1				多数	多数		1
今 宿 村	2,333	473	1	3			1	1	1		多数	多数		
元 岡 村	2,451	507		3		4	2		多数	2	多数	多数	1	
今 津 村	1,695	319		6					3		7			
櫻 井 村	1,674	313		2					多数		7			
野 北 村	1,642	303		2					2		多数			
可 也 村	2,920	561		13	1	2			4	2	1			
加 布 里 村	2,688	506					6		2		6		1	
一 貴 山 村	2,481	464							3		2			

*人口と戸数は福岡県（1934）による．数字は字別の数字を村ごとに合計したもの．

328 1898 IX 1 (明治 31) 18 時 00 分　八重山群島　$\lambda=124.75°$E　$\varphi=24.5°$N　(C)　$M=7$
石垣・宮古両島で家屋半潰 2, 堤防破損 1 (長さ 3 間 (約 6 m)), 道路破壊 16 ヵ所 (延長 8 間 (約 14 m)), 橋梁の破損 1, 石垣の崩壊 1,124 ヵ所, 山崩れ 7 ヵ所の被害があった.

329 1898 XI 13 (明治 31) 11 時 33 分　木曾川中流域　$\lambda=136.7°$E　$\varphi=35.3°$N　(B)　$M=5.7$　濃尾地震の余震. 愛知県葉栗郡太田島村で家屋の傾斜, 土蔵壁の亀裂・墜落などがあった. その他黒田町・中島郡稲沢町・大垣町 (河水が灰白色となり, 石灯籠の転倒多し)・伊勢の沿岸で小被害あり.

330 1898 XII 4 (明治 31) 01 時 45 分　九州中央部　$\lambda=131.1°$E　$\varphi=32.7°$N　(C)　$M=6.7$
熊本県東部・大分県西部で強く, 大分 (古い家・蔵の小破数棟)・人吉 (壁の亀裂)・宮崎および同県東臼杵郡岡富村 (家・蔵の壁に亀裂) で小被害. 深さ約 150 km.

331 1899 III 7 (明治 32) 09 時 55 分　紀伊半島南東部　$\lambda=136.1°$E　$\varphi=34.1°$N　(B)　$M=7.0$　奈良・三重・和歌山各県に被害. とくに奈良県吉野郡・三重県南牟婁郡で被害が大. 三重県では木ノ本・尾鷲の被害大. 木ノ本で石垣崩れ, 倉庫倒壊などあって傷 7. 新鹿・飛鳥等では山崩れ 6 ヵ所 (その大なるものは, 長さ 270 間 (約 500 m), 幅 140 間 (約 250 m) に及んだ), 田畑を埋め, 潰家 2, 半潰 6. 有井村も倉庫全潰 28, 家屋半潰 7, 死傷 5, 長島で山崩れ. 表 331-1 は警察署の調査によ

表 331-1　震央付近の被害 [中央気象台, 1903, 地震報告, 54-62]

町村名	死	傷	家屋 潰	家屋 半潰	家屋 破損	道路破損	土塀・石垣破損	山崩れ
木ノ本	5	21	30	31	13	46	176	207
尾鷲	2	41	5	9	9	40	多	多

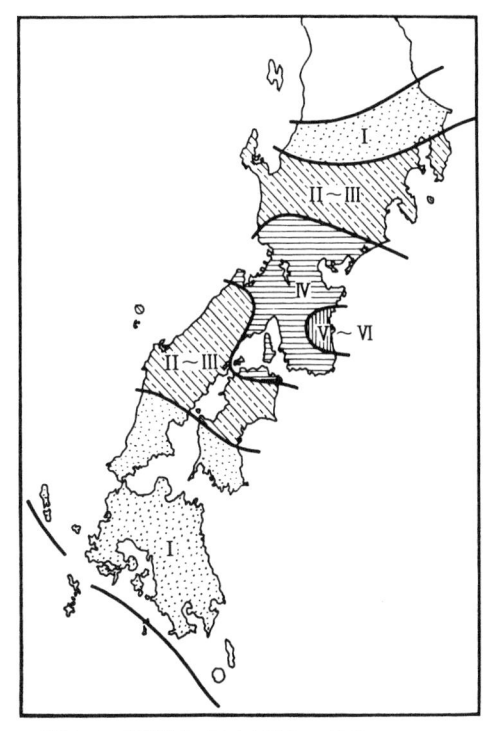

図 331-1　震度分布 [中央気象台, 1903]

る. このほか宇治山田・島津・鵜倉・松阪 (小学校の破壊多く, 生徒に死傷あり)・白子・神戸・亀山・上野 (布引村で落石, 橋・道路・溜池の堤など破損) に被害があった. 奈良県では北山筋で被害が大きく, 山崩れ・落石・土地の亀裂などがあり, とくに下北山村寺垣内では家屋・土蔵の転倒・傾斜などがあり, 土地に亀甲状の地割れができた. 小森村でも家屋の転倒, 傾斜したものがあり, 上市でも家屋に小被害があった. 大和高田では, 家屋全潰 2, 半潰 3, 傷 3 があり煉瓦煙突の折損, 傾斜もあった. 奈良で春日の石灯籠 87 倒れ, 奈良博物館 (煉瓦造) 無事. 和歌山県では新宮で家屋・土蔵の破損. 和歌山で土蔵の壁落があり, 大阪府でところどころに小被害. 大阪市では煉瓦煙突 1 が破壊し, 小学校 1 棟が破損した. 煙突破損もあったが被害が少なくて済んだのは, 1 つには大阪では濃尾地震以来工場などの耐震対策がなされてき

246   4 被害地震各論

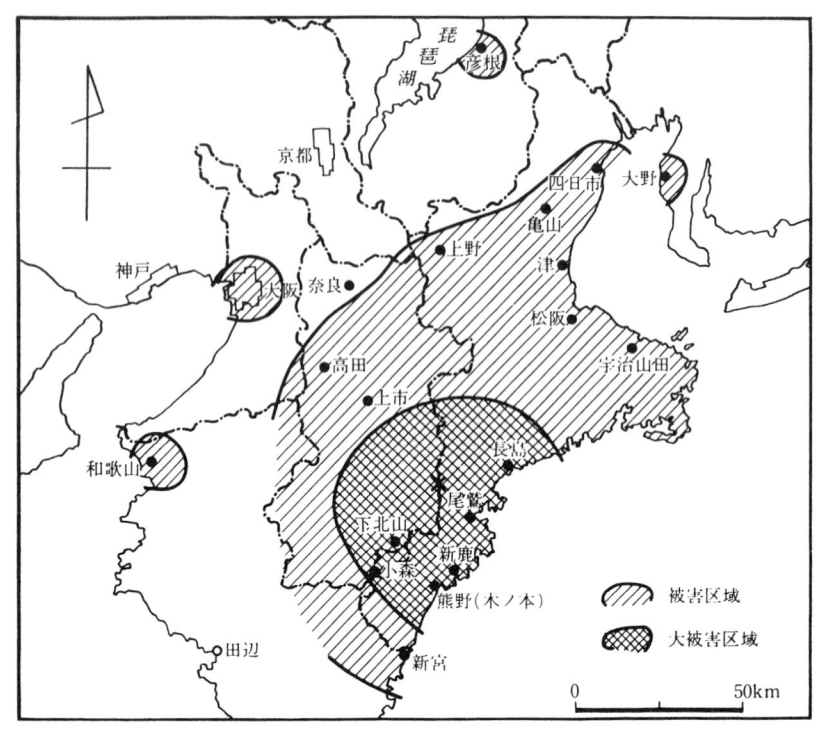

図 331-2 被害地域

たためといえる．その他彦根・愛知県大野町でも家屋・土蔵に小被害があった．当時，付近を航行中の太平洋郵船のタコマ号は海震を受け，16 秒間激しくゆれ，甲板上に倒れた者がいたという．

332　1899 III 24（明治 32）13 時 05 分　宮崎県南部　$\lambda = 131.1°$E　$\varphi = 31.8°$N　(B)　$M = 6.4$　宮崎県南部で強く，次のような小被害あり．宮崎市（壁の亀裂など），都城町（家屋・土蔵壁に亀裂），飫肥（地面の亀裂），大分市（土蔵壁の亀裂，瓦の墜落）．深さ約 100 km．

333　1899 III 31（明治 32）23 時 01 分　岐阜県根尾谷付近　$\lambda = 136.6°$E　$\varphi = 35.6°$N　(A)　$M = 5\frac{1}{2}$　きわめて局所的な地震．中根尾村で山崩れ・落石，家屋・土蔵の亀裂などがあった．余震十数回あり．

333-1　1899 IV 15（明治 32）19 時 25 分　茨城県沖　$\lambda = 141.0°$E　$\varphi = 36.3°$N　(C)　$M = 5.8$　霞ヶ浦・利根川付近に小被害．

334　1899 V 8（明治 32）12 時 29 分　根室沖　$\lambda = 146.2°$E　$\varphi = 42.8°$N　(C)　$M = 6.9$　根室で土蔵・家屋の破損 15～16 棟．壁の損傷なきものはほとんどない．主として古い土蔵に被害があった．落石岬で瓦の墜落・壁の亀裂あり．また厚岸でも土地の亀裂，堤防・石垣の破損があった．同年 11 月 10 日にも地震（$\lambda = 146.0°$E　$\varphi = 43.0°$N　(C)　$M = 6.5$）があり落石灯台で微小被害．

335*　1899 XI 25（明治 32）03 時 43 分，03 時 55 分　日向灘　$\lambda = 132.0°$E　$\varphi = 31.9°$N　(B)　$M = 7.1$；　$\lambda = 132.3°$E　$\varphi = 32.7°$N　(C)　$M = 6.9$　第 2 の地震の震央は第 1 のものより北にあるらしい．被害の大きかったのは宮崎県南部で，宮崎市で家屋の破損，

瓦・壁土の墜落があり，飫肥で墻壁の崩れたもの，都城で石垣の崩れ，家屋・土蔵の破損などがあった．また広瀬村・下田島村でも土地の亀裂などがあった．大分地方では第2の地震のほうが強かった．大分では土蔵・家屋の破損があり，鶴崎で古い土蔵の潰2，その他屋壁の崩壊するものが多かった．また長洲町・杵築町で土蔵の破壊があり，大野郡犬飼町では土蔵の破損などの小被害があった．細島の検潮儀に最大全振幅32 cmの津波らしきものを記録した．〔−1，−1〕

336 1900 Ⅲ 12 （明治33）10時34分 金華山沖 $\lambda=141.9°$ E $\varphi=38.3°$ N (B) $M=6.4$ 石巻で土蔵壁の亀裂・瓦の墜落などがあった．当時，金華山の北々東40 kmの沖を航海していたフランス船が強い海震を感じた．

337 1900 Ⅲ 22 （明治33）00時55分 福井県鯖江付近 $\lambda=136.2°$ E $\varphi=35.8°$ N (A) $M=5.8$ 局所的な地震で日野川沿岸で被害大．県全体で家屋全潰2，半潰10，破損488，土蔵全潰1，破損24，石垣および障壁の破損98，鳥居・石灯籠・墓石の転倒32，山崩れ1，堤防破損・亀裂41の被害を生じた．最も強かったのは鯖江で，傷6，家屋・土蔵の倒潰・破損などがあり，丹生郡吉川村では家屋の半潰・土蔵の破損などがあった．その他，石垣・堤防・道路の損壊のあったところは低湿地で，吉江・下野田・真栗・高森（現武生市）などの村々で多かった．

338 1900 Ⅴ 12 （明治33）02時23分 宮城県北部 $\lambda=141.1°$ E $\varphi=38.7°$ N (A) $M=7.0$ 遠田郡で被害最大，桃生・登米・志田の各郡も強かった．被害は文献により異なる．警察による統計は表338-1のようになっている．遠田郡南小牛田村は64戸のうち45戸が大破・転倒した．

柱が折れ，傾いた家が多かった．栗原郡若柳町で家屋全潰5，半潰2，破損27，土蔵崩壊20があった．仙台では壁の小亀裂にとどまり，塩釜で煙突倒れ，石垣が崩れた．地震前（？）に地鳴りがあった．範囲は盛岡と平（いわき市）を端とする楕円形の中で西は新庄まで聞こえた．図338-3は渡辺〔1993，地震Ⅱ，**46**，59-65〕による震源域の震度分布図 (#).

表 338-1 宮城県の被害〔中央気象台，1907，地震報告，68-77〕

郡　名	死　傷	家　屋 全潰	半潰	破損	道路堤防決壊	橋梁破損
桃　生	1	6	5	257	18	5
登　米	2	7	4	190		
遠　田	11	21	33	570		2
志　田	2	7	4	400		
その他*	1	3	2	57	2	

* 黒川・名取・伊具・牡鹿・玉造・栗原の各郡．

248 4 被害地震各論

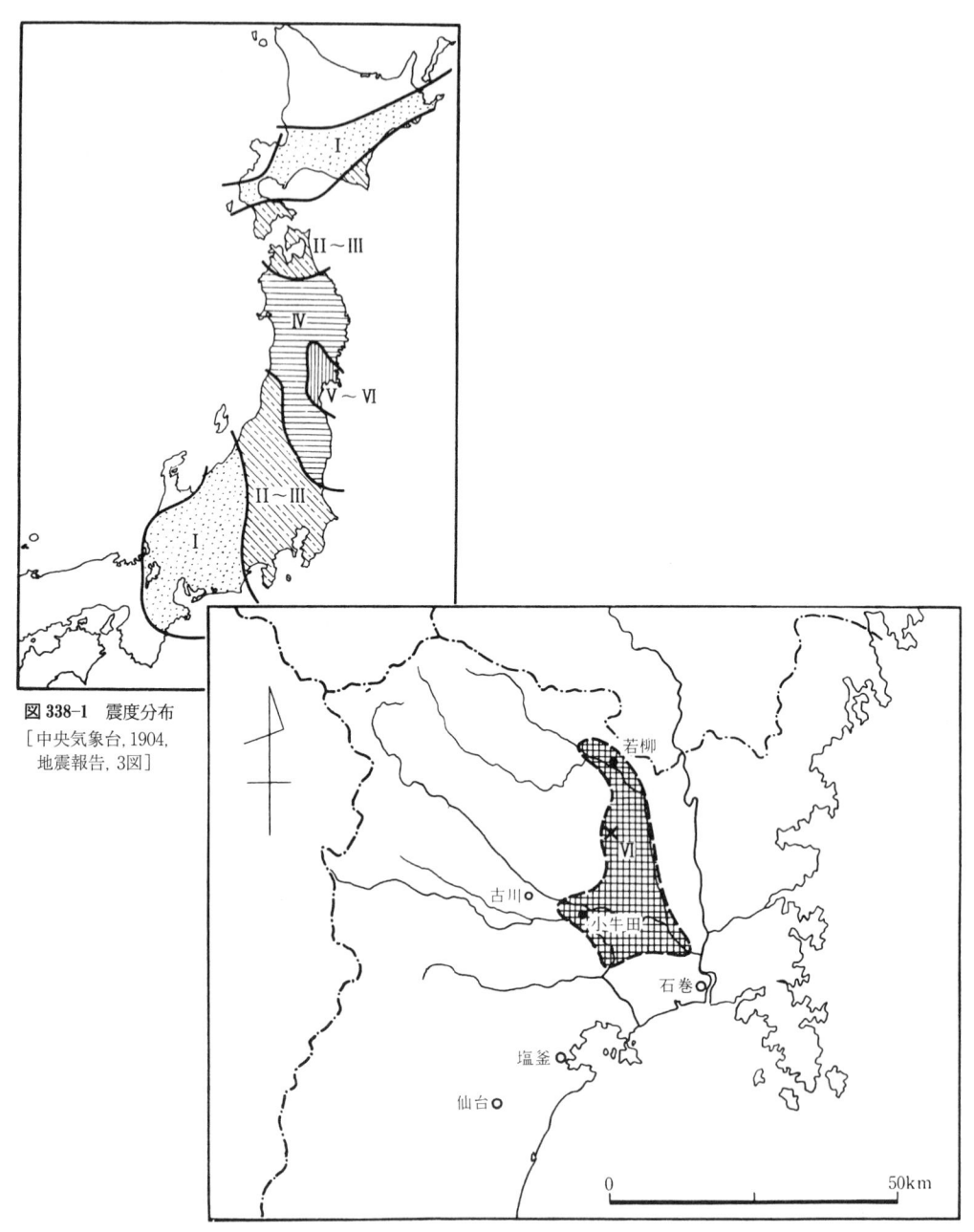

図 338-1 震度分布
[中央気象台, 1904, 地震報告, 3図]

図 338-2 烈震域（破線）[菊池, 1901, 震災予防報告, **35**, 85-106 の震度を渡辺, 1962, 験震時報, **27**, 91 が変換したものから作成]

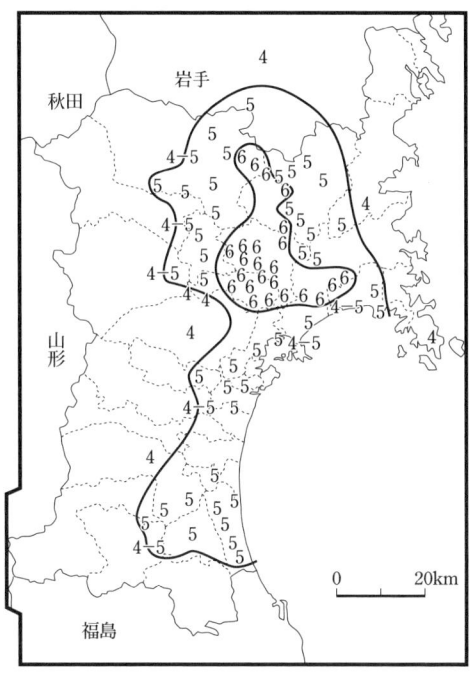

図 338-3 烈震域（宮城県）の震度分布［渡辺，1993］

339 1900 V 31（明治33）17時43分　岐阜県根尾谷付近　$\lambda=136.6°E$　$\varphi=35.7°N$　(B)　$M=5.3$　中根尾村でところどころ山崩れ．

339-1 1900 VII 25（明治33）17時29分　長野県仁礼村付近　$\lambda=138°20'E$　$\varphi=36°48'N$　(A)　$M=5.0$　仁礼村で石垣崩壊，土地の小亀裂あり．8月中旬まで日夜数十回の鳴動を伴う地震が続いた．

340 1900 XI 5（明治33）16時42分　御蔵島・三宅島付近　$\lambda=139.4°E$　$\varphi=33.9°N$　(B)　$M=6.6$　4日正午頃三宅島で前震．その後5日6時頃から地震がはじまり，14時9分頃にはやや強い前震があった．御蔵島で被害が最大．しかし木造家屋の破損はなく，落石・石垣・断崖の崩壊，地裂があり，また墓石の2/3が倒れた．傷1，震度はVと推定される．三宅島では家屋の損害・墓石の転倒なく，石垣・断崖の崩壊，地割れ，落石などがあった．神津島でも同様な被害のほか家屋全潰2，半潰3があった．余震は多く，12月に入っても感じた．［参考：福地，1902，震災予防報告，**38**，39-54］

250   4 被害地震各論

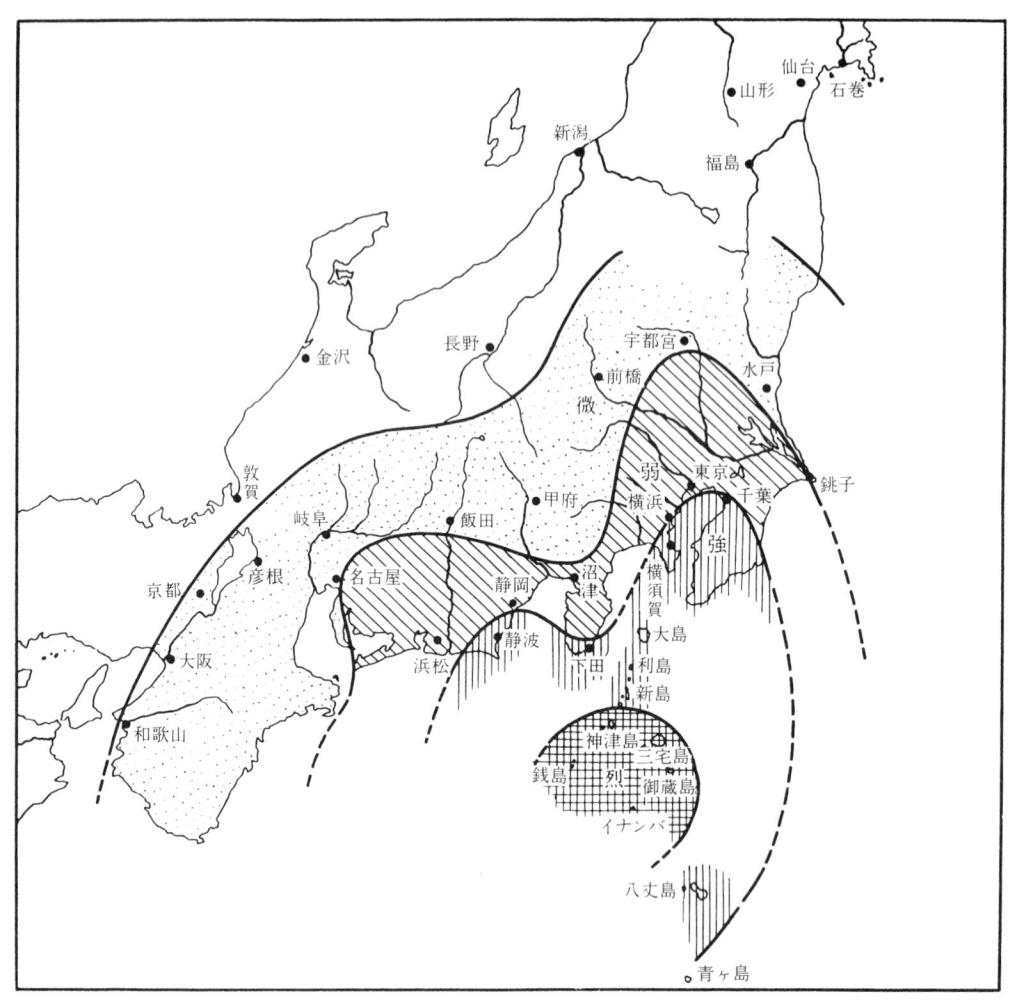

図 340-1 震度分布 [福地, 1902]

341 1900 XII 25（明治 33）14 時 09 分 根室沖 $\lambda=146°$E $\varphi=43°$N （D） $M=7.1$
北海道・青森の沿岸で壁の脱落などの微小被害.

341-1 1901 I 14（明治 34）07 時 41 分 十勝沖 $\lambda=143.8°$E $\varphi=42.3°$N （C） $M=6.8$
広尾郡茂寄村で器物の転倒，硝子・陶器の少被害あり．陸奥東海岸に多少の損傷あり．

—— 1901 I 16（明治 34）11 時 00 分 鳥取県西部 $\lambda=133.7°$E $\varphi=35.3°$N （B） 震源地付近で時計止まり，液体溢出し，坐りのわるいものが倒れた．御来屋で続震 4 回．M は 5 クラスと思われる．

342* 1901 VI 15（明治 34）18 時 34 分 陸中沖 $\lambda=143°$E $\varphi=39°$N （D） $M=7.0$
津波があり，宮城県で苗代約 50 町歩（約 50 ha）に被害．[0, 0]

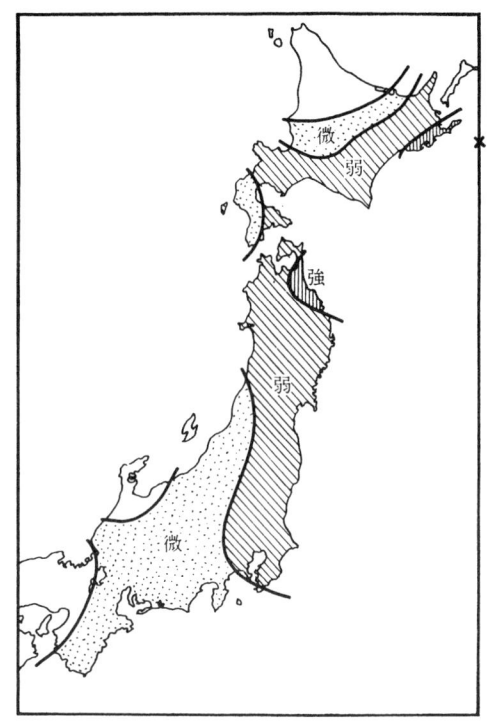

図 341-1 震度分布 [中央気象台, 1904, 地震報告, 第5図]

343* 1901 Ⅵ 24 (明治34) 16時02分 奄美大島近海 $\lambda=130°\mathrm{E}$ $\varphi=28°\mathrm{N}$ (D) $M=7.5$ 震域は広い. 被害は少なく, 名瀬市内で石垣の崩壊, 瓦の墜落などの小被害あり. 宮崎県細島で16時55分頃から約4寸 (12 cm) の高潮があり, 20時30分～23時の間が最高で, 7～8寸 (21～24 cm) に達した. [-1, 1]

344* 1901 Ⅷ 9 (明治34) 18時23分 青森県東方沖 $\lambda=142.5°\mathrm{E}$ $\varphi=40.5°\mathrm{N}$ (B) $M=7.2$ 翌10日03時34分 ($\lambda=142.3°\mathrm{E}$ $\varphi=40.6°\mathrm{N}$ (B) $M=7.4$) にも地震があった. 青森県三戸郡で被害が最大で上北郡がこれに次ぐ. 青森県全体で死傷18, 木造潰家8, 家屋破損615 (内訳: 木造328, 土造286, 煉瓦造1), 道路亀裂134, 橋梁破損10, 堤防破壊25, 鉄道破壊16 などの被害があった. とくに八戸町では全潰2, 根岸村は戸数50のうち全潰2, 半潰25, 河原木村萱刈で半潰4, 土蔵が破損し, 同村小田で土蔵は大半崩壊し, 家屋の半潰あり. 五戸町で土蔵壁落28, 家破損6, 三本木は家屋破損33, 土蔵の破損27があった. 秋田県では小坂・毛馬内で強く, 土蔵の亀裂・壁落が多く小坂鉱山の煉瓦煙突 (高160尺 (48 m)) が上から70尺 (21 m) のところで折れた. 野辺地で土蔵壁悉く裂ける. 岩手県では二戸・九戸両郡の北部が強く, 壁落・亀裂があった. 岩手郡大更村で家屋大破2, 沼宮内で家屋破損24, 土蔵の破損42, 渋民村でも堤防が破損した. その他橋の破損は

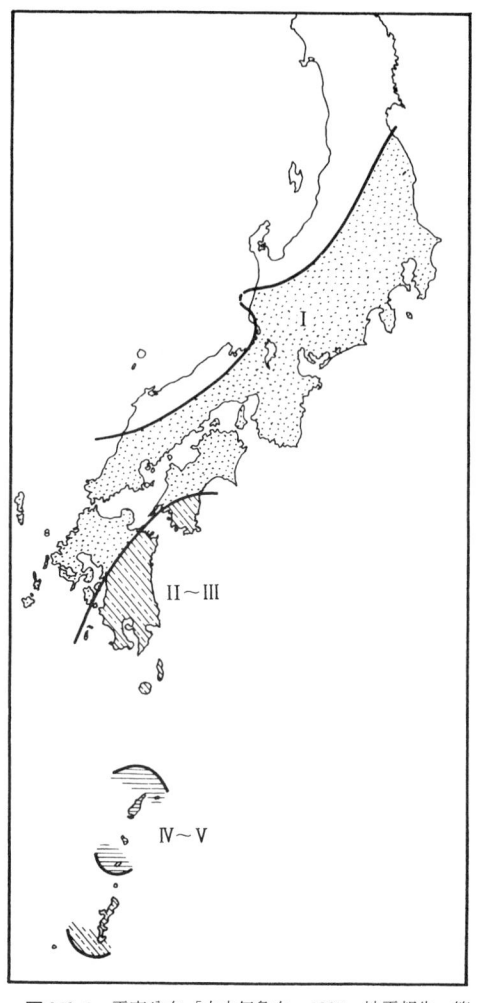

図 343-1 震度分布 [中央気象台, 1905, 地震報告, 第4図]

252   4 被害地震各論

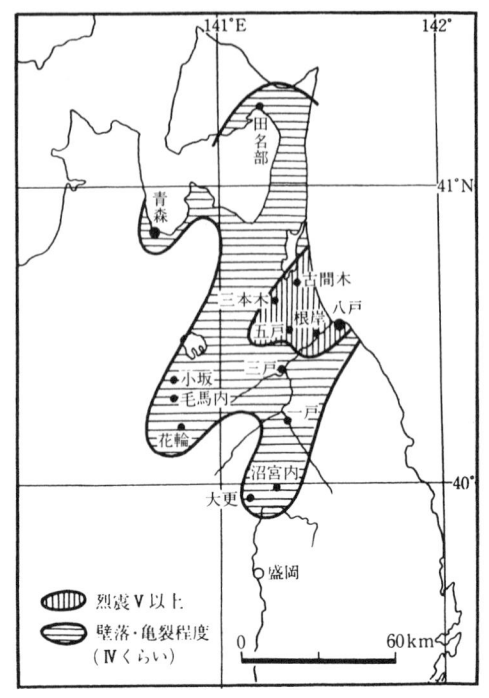

図 344-1 被害地域［中央気象台，1905，地震報告，70-81］

大更村で3，沼宮内で1，計4あった．宮古近海で9日夜，高さ2尺(0.6m)くらいの小津波が7〜8回来襲したが，10日にはなかった．鮎川の験潮儀によると，9日18時52分から津波（全振幅46cm，周期7.5分，7回）があった．また，10日4時00分にも津波（全振幅50cm，周期7.5分，3回）があった．根室では9日19時20分，全振幅7cm，10日4時36分，7時48分（最大全振幅4cm）の3回津波があり，銚子の験潮所にも痕跡が認められた．[0, 0]，10日の地震で[0, 0]

345 1901 IX 30（明治34）19時19分 岩手県久慈沖 $\lambda=141.9°E$ $\varphi=40.2°N$ (B) $M=6.9$ 19時44分（$\lambda=142°E$ $\varphi=40°N$ (D) $M=6.2$）にもかなりの地震があった．久慈で土蔵壁の崩壊・亀裂などがあった．八戸でも微小被害．

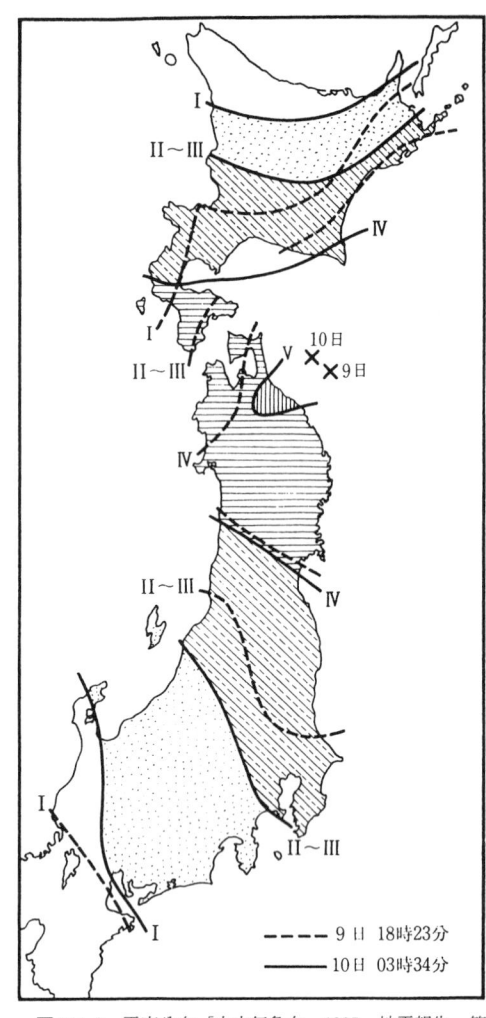

図 344-2 震度分布［中央気象台，1905，地震報告，第5図］

346 1902 I 30（明治35）23時01分 三戸地方 $\lambda=141.3°E$ $\varphi=40.5°N$ (B) $M=7.0$ 前年8月の地震の余震？ 三戸郡豊崎村で最も激しく，家屋倒潰焼失1，死1，傷2，建物の破損330，道路・堤防に亀裂多し．その他，中沢村（家屋撓屈，土蔵壁亀裂）・五戸村（家屋土蔵の亀裂37），小中野村（同20）およびその付近の町村で小被害．野辺地で土蔵壁少破．海中寺仏像倒る．上北郡七戸村で家屋倒潰2，田名部で土蔵壁に亀裂．八戸でも家屋・土蔵壁の亀裂・墜落などがあった．図346-1の●印は被害のあったところ．

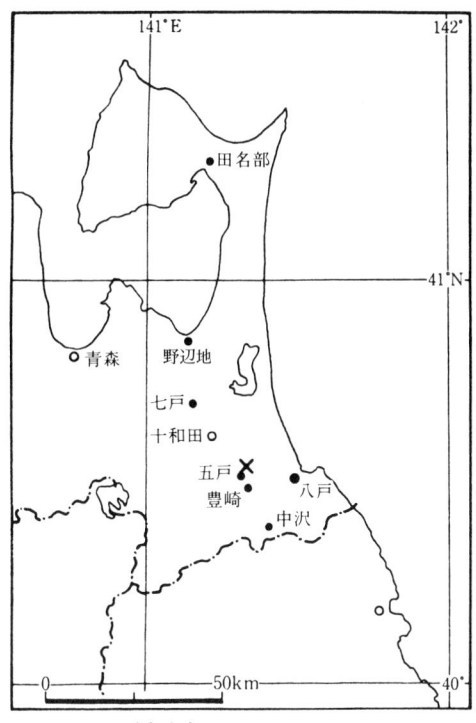

図346-1 震央地域

347 1902 Ⅲ 25（明治35）14時35分　千葉県佐原町付近　$\lambda=140.5°$E　$\varphi=35.9°$N（B）$M=5.6$　きわめて局所的な地震で，佐原で壁土の墜落あり．

348 1902 Ⅴ 25（明治35）20時29分　甲斐東部　$\lambda=139.0°$E　$\varphi=35.6°$N（B）$M=5.4$　南都留郡から神奈川県北部にかけて，地面の亀裂・土蔵損など，微小被害．東八代郡日影村でも地裂があった．

349 1902 Ⅴ 28（明治35）18時01分　釧路沖　$\lambda=144.8°$E　$\varphi=42.8°$N（C）$M=6.5$　厚岸灯台構内に地割れ（幅1～7寸（3～21 cm），長1～10間（1.8～18 m））．標茶地方で河水混濁し一時使用不能となる．

350 1902 Ⅻ 11（明治35）05時06分　甑島近海　$\lambda=130.0°$E　$\varphi=31.0°$N（C）$M=5.3$　屋久島・甑島で強く，屋久島灯台，釣掛崎灯台で小被害．

351 1903 Ⅲ 21（明治36）19時36分　瀬戸内海中部　$\lambda=132.25°$E　$\varphi=33.75°$N（B）$M=6.2$　愛媛県大洲付近で落石．大阪商船の須磨丸は $\lambda=132°18'$E　$\varphi=33°44'$N 海深35尋のところで強い海震を感じた．

352 1903 Ⅶ 6（明治36）13時55分　三重県菰野付近　$\lambda=136.5°$E　$\varphi=35.0°$N（B）$M=5.7$　菰野で警察の壁，その他家屋に小破損あり．池田市で有感．

353 1903 Ⅷ 10（明治36）13時40分　乗鞍岳西方　$\lambda=137.5°$E　$\varphi=36.2°$N（A）$M=5½$　岐阜県吉城郡平湯で強く，道路の崩壊あり．近くで山崩れ，余震多し．旗鉾村で強烈震6回，井水涸渇し，3日で余震おさまる．きわめて局所的な地震．

354 1903 Ⅹ 11（明治36）01時41分　日向灘　$\lambda=132.0°$E　$\varphi=31.8°$N（C）$M=6.2$　宮崎県鞍崎灯台で微小被害．

254 4 被害地震各論

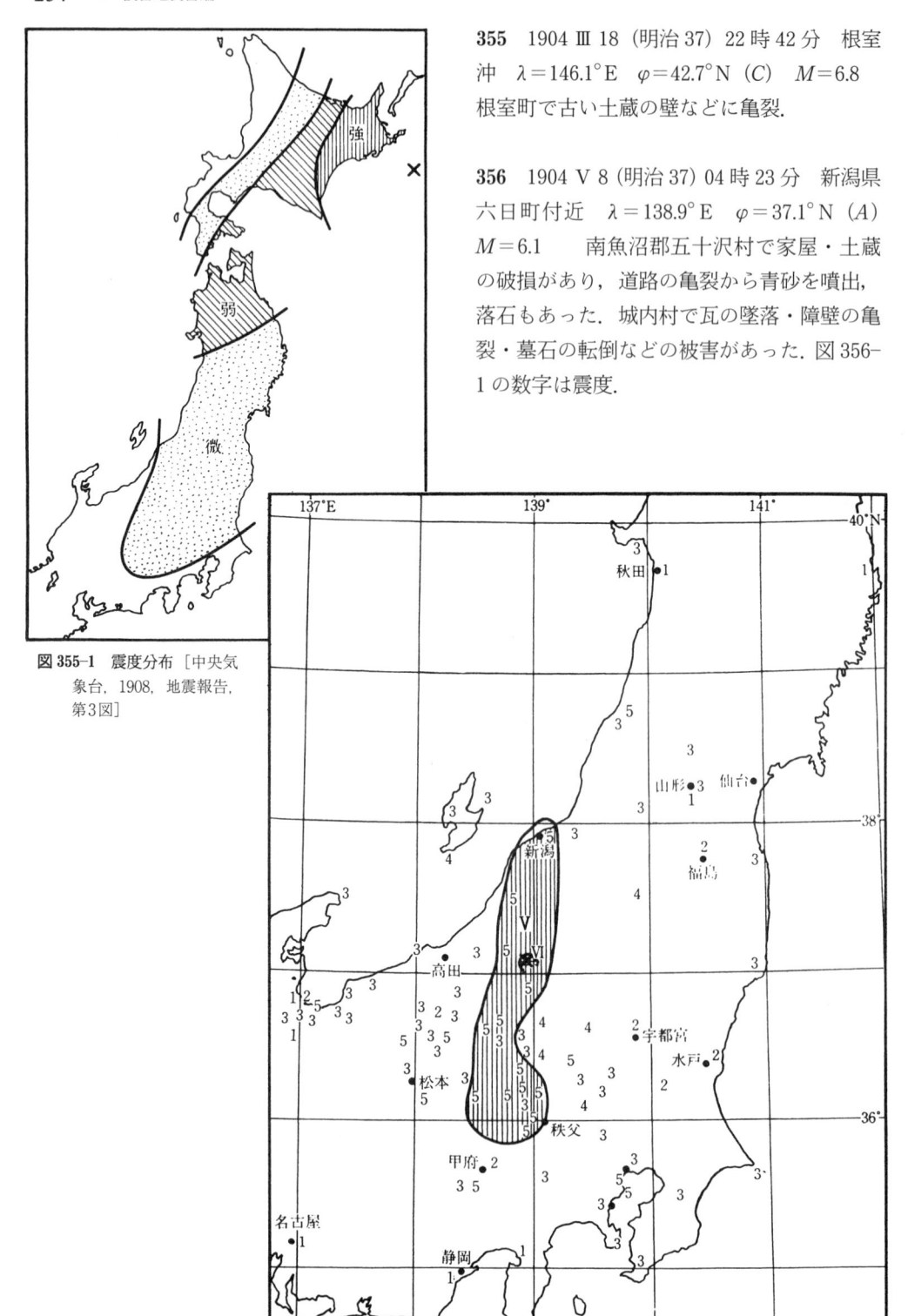

355 1904 Ⅲ 18（明治37）22時42分　根室沖　$\lambda=146.1°E$　$\varphi=42.7°N$ (C)　$M=6.8$
根室町で古い土蔵の壁などに亀裂.

356 1904 Ⅴ 8（明治37）04時23分　新潟県六日町付近　$\lambda=138.9°E$　$\varphi=37.1°N$ (A)　$M=6.1$　南魚沼郡五十沢村で家屋・土蔵の破損があり，道路の亀裂から青砂を噴出，落石もあった．城内村で瓦の墜落・障壁の亀裂・墓石の転倒などの被害があった．図356-1の数字は震度.

図355-1　震度分布［中央気象台, 1908, 地震報告, 第3図］

図356-1　震度分布

357 1904 Ⅵ 6 (明治 37) 11 時 51 分　宍道湖付近　$\lambda=133.2°E$　$\varphi=35.3°N$　(A)　$M=5.8$
同日の 3 時 40 分に λ, φ を同じくする $M=5.4$ の地震があった．後のほうがやや強かった．前の地震で能義郡大塚村で家屋の壁破損 1，同郡母里村で堤防の亀裂 2．本震で能義郡宇賀荘村で堤防の亀裂，大塚村・母里村で瓦の墜落などの被害があった（被害地はいずれも現安来市と伯太町の中間）．

357-1 1904 Ⅶ 1 (明治 37) 22 時 27 分　色丹島沖　$\lambda=146.4°E$　$\varphi=42.8°N$　(C)　$M=6.4$
厚岸灯台で液体溢出，硝子の破損などあり．

358 1905 Ⅵ 2 (明治 38) 14 時 39 分　安芸灘　$\lambda=132.5°E$　$\varphi=34.1°N$　(A)　$M=7.2$　**芸予地震**　明治 36 年以来，この近くで地震が多く，36 年に 9 回（**351** 番の地震を含む）．37 年に 3 回，38 年に 3 回（この日以前）あった．広島・愛媛の沿岸，とくに広島・呉・江田島・宇品・松山・三津浜・郡中（現伊予市）で強かった．中央気象台の年報によると表 358-1 の被害と多少数字は異なる．とくにかっこ内の数字はその著しいもので，海軍鎮守府内のものを含めていると考えられる．広島監獄は埋立地にあり，第 14 工場が倒潰し死 2，傷 22 を出した．その他瓦・壁土・庇の墜落があり，広島停車場の入口の庇と廊下が倒れ傷 11，宇品は明治 17 年以降の埋立地で被害大きく，江田島の兵学校内にも亀裂や建物の被害があった．愛媛県では三津浜で家屋全潰 1，半潰 16，破損 38，傷 4 で，堤防や橋の破損もあった．郡中では家屋の半潰 4，破損 69，傷 4 の被害があった．その他，水道管や鉄道の被害もかなりあった．山口県でも倉庫・家屋などに小破損があった．その後同日 19 時 55 分にかなりの余震（$\lambda=132.5°E$　$\varphi=34.0°N$　(A)　$M=6.0$）がやや南方寄りにあり，多少の被害があった．この年 12 月 8 日

表 358-1　被害総括［今村，1906，震災予防報告，**53**，2-22］

郡市名	死	傷	家屋* 全潰	半潰	破損	煙突損壊
広島市	4	70	36	20	125	25
呉　市	6	86	5(51)	25(57)	(5,957)	
安芸郡	1	1	1	1		
賀茂郡		2	5		14	1
佐伯郡			2	1		
安佐郡		1	7		1	
計	11	160	56	47	140	26
松山市		3	1	17	2	3
温泉郡		7	5	33	74	2
越智郡		3	1		14	11
伊予郡		4		8	141	
北宇和郡			1		2	
西宇和郡					2	
計		17	8	58	235	16

（広島県・愛媛県）

* 非住家も含む．

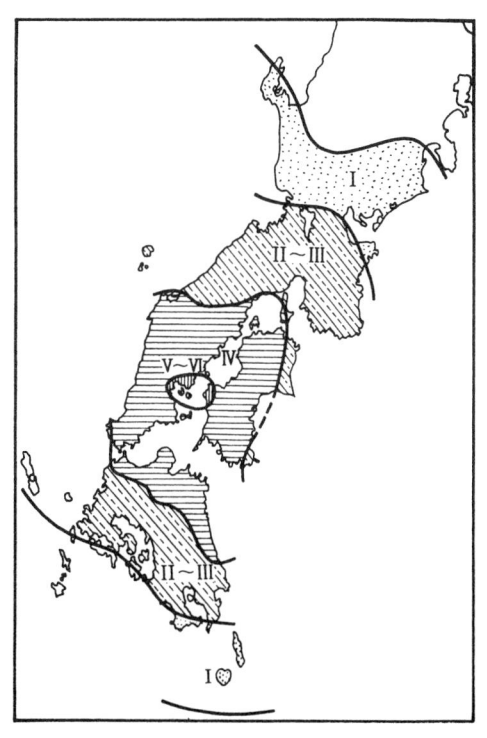

図 358-1　震度分布［中央気象台，1911，地震報告，第 3 図］

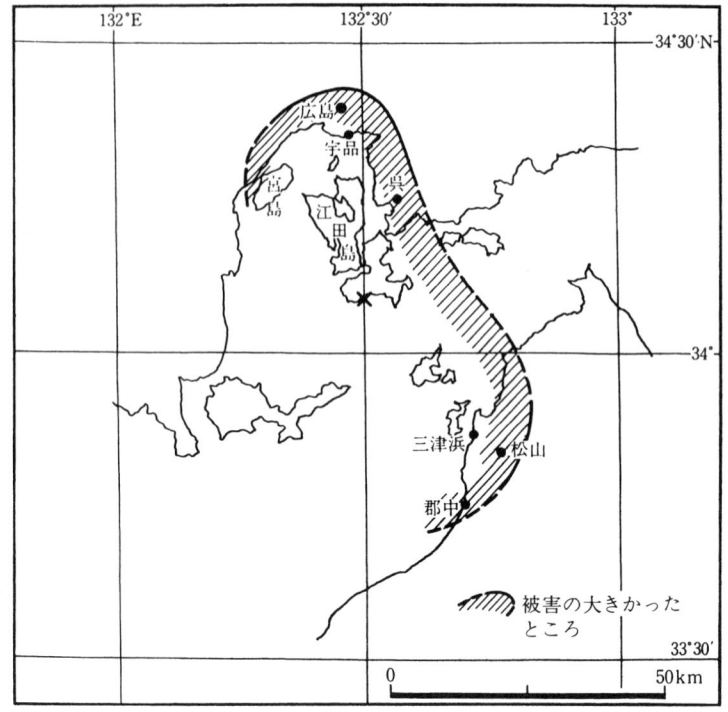

図 358-2　被害地域

12 時 08 分（λ＝132.6°E　φ＝34.1°N　(A)　M＝6.1）と，同日 13 時 25 分（λ＝132.4°E　φ＝34.0°N　(A)　M＝6.2）にかなりの余震があった．（#）

359　1905 VI 7（明治 38）14 時 39 分　大島近海　λ＝139.3°E　φ＝34.8°N　(B)　M＝5.8
群発地震．5 月 28 日頃から大島で地震を感じ，1 日 2〜3 回あった．6 月 2〜4 日は一時平穏となり，6 月 5 日 00 時 30 分頃から弱震が生じ，01 時 45 分，08 時 44 分にかなりの地震があった．地震回数は 6 月 5 日 63 回，6 日 49 回で 7 日午前は 6 回の地震ののち，主震となった．7 日午前は 20 回，8 日 19 回，9 日 11 回と順次に数は減り，15 日以降は有感地震はなくなった．大島の北西部で小被害．とくに野増村で家屋 3 が傾いた．崖・切割りなどで土地・石垣・道路の崩壊・亀裂が多かったが，平地または通常の山腹には生じなかった．
［参考：福地，1905，震災予防報告，**53**，87-95］

360　1905 VII 23（明治 38）17 時 26 分　新潟県安塚町付近　λ＝138.45°E　φ＝37.15°N　(A)　M＝5.2　安塚町で屋壁に亀裂．きわめて局所的なもの．

361　1905 XII 23（明治 38）11 時 37 分　宮城県沖　λ＝141.8°E　φ＝38.5°N　(C)　M＝5.9
岩手県千厩町（震度 IV⁻）で屋壁に亀裂・漆喰の剥落があり，その他盛・石巻で微小被害があった．

361-1　1906 I 21（明治 39）22 時 49 分　三重県沖　λ＝137°E　φ＝34°N　(D)　h＝350 km　M＝7.6　剣崎灯台で点灯用火舎破壊，千葉県片貝村で地面の亀裂，陶器類の損傷あり．

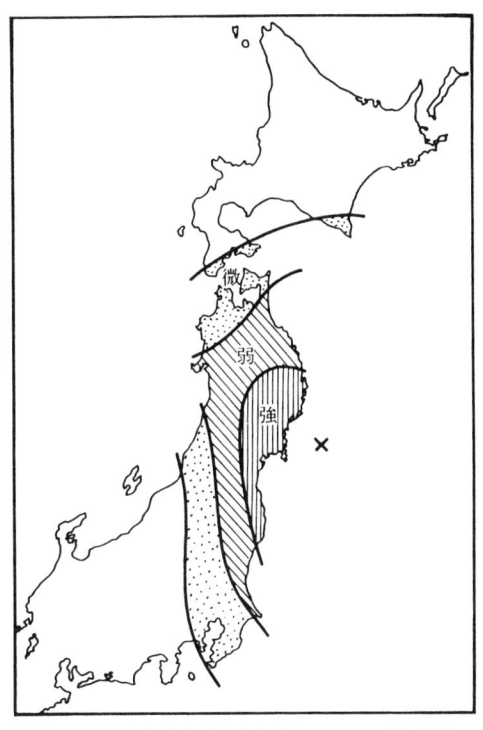

図361-1 震度分布 [中央気象台, 1911, 地震報告, 第5図]

灘北部沿岸で棚のもの落下.

362 1906 Ⅱ 23（明治39）18時49分　安房沖　$\lambda=139.8°$E　$\varphi=34.8°$N（C）$M=6.3$　安房の北条町・平群村などで壁に小亀裂を生じた．剣崎でも強く感じた．

363 1906 Ⅱ 24（明治39）09時14分　東京湾　$\lambda=139.75°$E　$\varphi=35.45°$N（B）$M=6.4$　とくに京浜地方に強く，東京では麻布・芝・赤坂方面がひどく，土蔵に小被害．麻布警察署（煉瓦造）に亀裂などの小被害．淀橋・四谷でも土蔵に小被害．横浜山下町で煉瓦煙突の破損・倒潰があり，南京町で瓦の墜落・煉瓦塀の破損があった．横須賀・千葉県の木更津・湊（現富津市）でも壁土・瓦の墜落などの被害があった．

363-1 1906 Ⅲ 13（明治39）22時27分　宮崎県沖　$\lambda=132.2°$E　$\varphi=32.5°$N（B）$M=6.4$　熊本市内で硝子・瀬戸物に被害．日向

364 1906 Ⅳ 21（明治39）04時38分　岐阜県萩原付近　$\lambda=137.2°$E　$\varphi=35.9°$N（A）$M=5.9$　前日20日21時48分（$\lambda=137.2°$E　$\varphi=35.9°$N（A）　$M=4.9$）に強震があり，引続いて2〜3の微震があって本震となった．萩原村で道路・障壁の破損，下呂村で倉庫壁に破損，小坂町で道路の亀裂，積石の崩壊，吉城郡古川町で石碑・石灯籠が倒れた．同日15時53分（$\lambda=137.2°$E　$\varphi=35.8°$N）にもかなりの地震があった．局所的な地震で余震も数回あった．

365 1906 Ⅴ 5（明治39）08時09分　紀伊中部　$\lambda=135.3°$E　$\varphi=33.9°$N（B）$M=6.2$　御坊・湯浅で壁に亀裂，田辺で壁落下・瓦の墜落，有田郡八幡村で土塀破損し，本宮で落石などの小被害．

366 1906 Ⅹ 12（明治39）10時04分　秋田県北部　$\lambda=140.5°$E　$\varphi=40.0°$N（A）$M=5.4$　同日09時56分（$\lambda=140.5°$E　$\varphi=40.0°$N（A）　$M=5.6$）にも同程度の地震があった．北秋田郡阿仁合町で石塀の崩壊などの小被害あり．

367 1907 Ⅲ 10（明治40）22時03分　熊本県中部　$\lambda=130.7°$E　$\varphi=32.9°$N（A）$M=5.4$　鹿本郡植木町で煉瓦煙突の破壊1，家および倉庫壁の亀裂3，同郡山鹿町で微小被害．この日19時16分（λ, φは同じ，M不明），19時48分（λ, φは同じ，M不明）に前震があった．

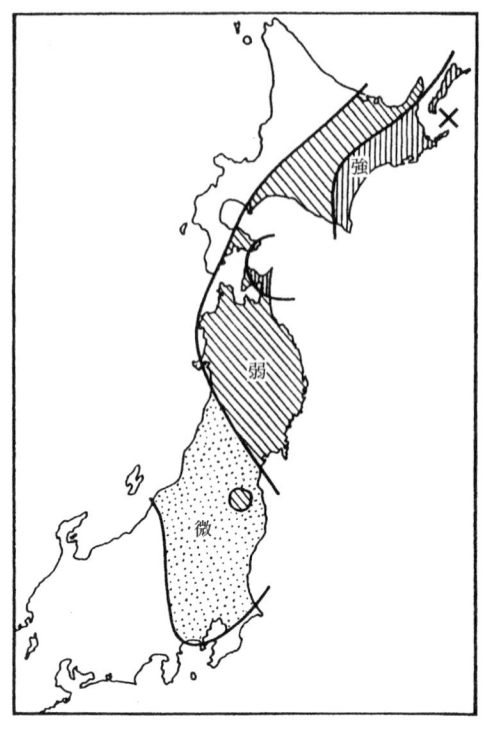

図 368-1 震度分布〔中央気象台, 1913, 地震報告, 第4図〕

368 1907 Ⅶ 6 (明治 40) 00 時 46 分 根室海峡 λ＝145.5°E φ＝43.7°N (C) M＝6.7 根室で土地に小亀裂. 白糠村・厚岸灯台・落石岬灯台で微小被害. 深さ約 100 km.

369 1907 Ⅻ 2 (明治 40) 22 時 53 分 青森県東方沖 λ＝142.3°E φ＝40.1°N (C) M＝6.7 七戸町で家屋・土蔵壁に亀裂. 盛岡・花巻・塩釜で極微小被害. 八戸で翌午前 2 時まで 7 回の微震があった.

370 1907 Ⅻ 23 (明治 40) 10 時 13 分 根室支庁北部 λ＝145.0°E φ＝43.8°N (C) M＝6.9 白糠停車場の煙突折れ, 大黒島で地割れ. 深さ約 150 km.

371 1908 Ⅳ 16 (明治 41) 12 時 27 分 鹿児島県中部 λ＝130.55°E φ＝31.7°N (A) M≒4 局発的なもの. 吉田村字本城で瓦の墜落や落石があり, 余震は 19 日まで日に数回あり, 20 日以後は鳴動のみとなった.

372 1908 Ⅻ 28 (明治 41) 17 時 08 分 山梨県中部 λ＝138.65°E φ＝35.6°N (A) M＝5.8 甲府市付近で障壁の亀裂・石碑の倒伏などの微小被害.

373 1909 Ⅲ 13 (明治 42) 08 時 19 分 銚子沖 λ＝141.7°E φ＝34.7°N (C) M＝6.7 銚子付近で地盤の亀裂, 家屋傾斜 2, 煙突の挫折などがあった. 次の地震の前震か？

374 1909 Ⅲ 13 (明治 42) 23 時 29 分 房総半島南東沖 λ＝141.5°E φ＝34.5°N (C) M＝7.5 横浜で煙突の倒潰・煉瓦壁の崩壊・瓦の墜落・水道管の破損などの被害があり, 傷 3.

375 1909 Ⅶ 3 (明治 42) 05 時 54 分 東京湾西部 λ＝139.8°E φ＝35.6°N (A) M＝6.1 東京湾の西岸で強く, とくに本所・深川辺で古い土蔵壁に亀裂を生じた.

376 1909 Ⅷ 14 (明治 42) 15 時 31 分 滋賀県姉川付近 λ＝136.3°E φ＝35.4°N (A) M＝6.8 **江濃 (姉川) 地震** 被害および震度分布図 (図 376-1 参照) は出典により多少の相違あり. 被害は琵琶湖東北岸虎姫付近で大きく, その東方の岐阜県にも及んでいる. 図 376-3 は住家倒潰率 ([全潰戸数＋半潰戸数/2]/総戸数). 50％以上の集落は速水村今 (58.1％), 小今 (59.8％), 虎姫村五 (67.5％), 田 (61.6％), 大寺 (65.6％), 大郷村曾根 (64.3％) である. 虎姫村では 60％以上の集落もあり, 死 16 (17), 傷 1,261 (70), 寺院 28 のうち全潰 2, 半潰 11 に及んだ. 次に被害が大きかったのは速水村で, 湯田村の尊勝寺にある称名寺本堂 (秀吉の造営) が倒潰した. 姉

川尻で泥水が6個の穴から高さ2.5mに噴出したという．また姉川河口の琵琶湖で高さ6尺（1.8m）の波が押し寄せ，河口の湖底は東西200間（360m），南北300間（540m）にわたって2尺（0.6m）から15～20丈（45～60m）の深さになったという．東浅井郡を中心に井水の異常があった．湯田村（北部）・小谷村（南東部）・虎姫村では寺院の本堂や鐘楼が倒れずして，次のように移動した．

　　小谷村留目，願教寺鐘楼　　約 1.0 m N40°E
　　湯田村尊勝寺，称名寺鐘楼　0.98 m N31°E
　　虎姫村五村，東本願寺本堂　10～30 cm
　　湯田村尊勝寺，慶徳寺鐘楼　約 1.0 m NE

今村によると加速度が400ガルに達したところもあった．被害は表376-1, 2のとおり．岐阜県では，滋賀県に比し，山崩れなどの地変が多く，噴水個所は稲葉郡2,230，羽島郡1,328，安八郡3,134，その他9ヵ所（ただし本巣・揖斐両郡を除く）となっている．とくに揖斐郡春日村（粕川上流）は県下最大で，山崩れ70ヵ所計50町歩（50 ha）に及んだが，建物の被害は全潰9，半潰10，破損78にすぎなかった．滋賀県の東浅井郡東南部では，

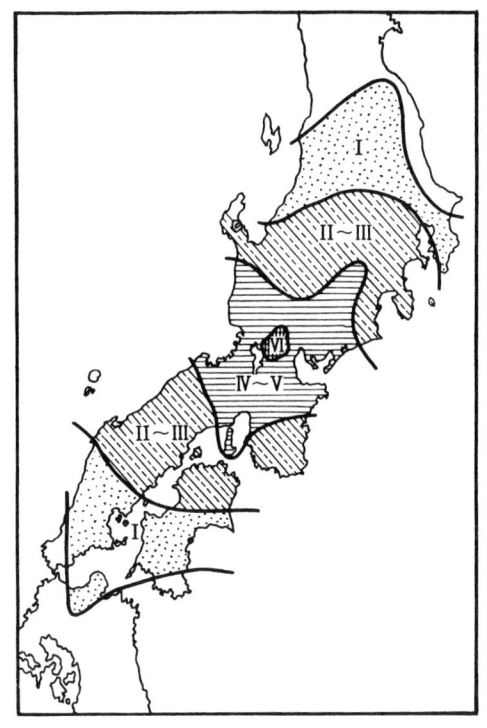

図 376-1　震度分布［岐阜測候所, 1910］

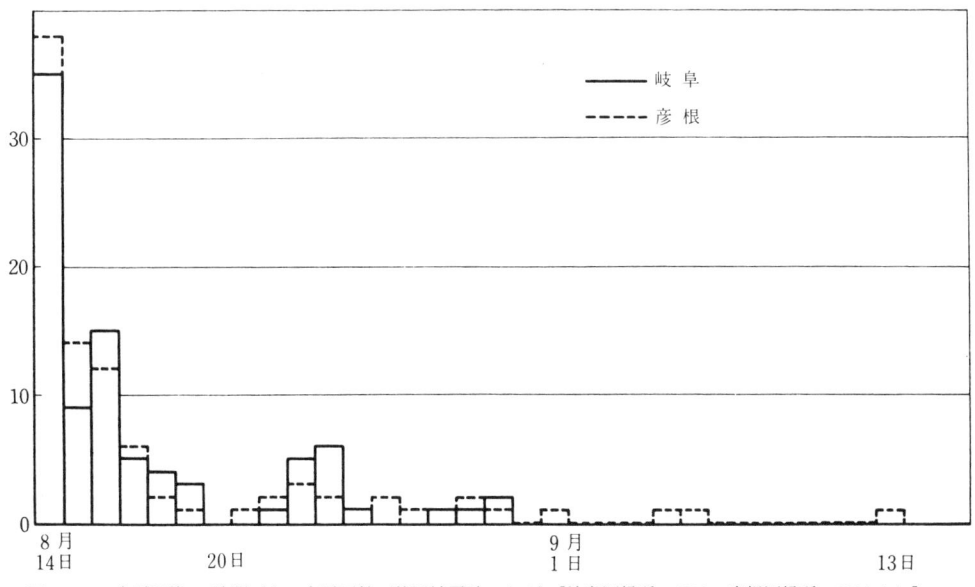

図 376-2　本震以後24時間ごとの余震回数（普通地震計による）［岐阜測候所, 1910；彦根測候所, 1911 より］

260   4 被害地震各論

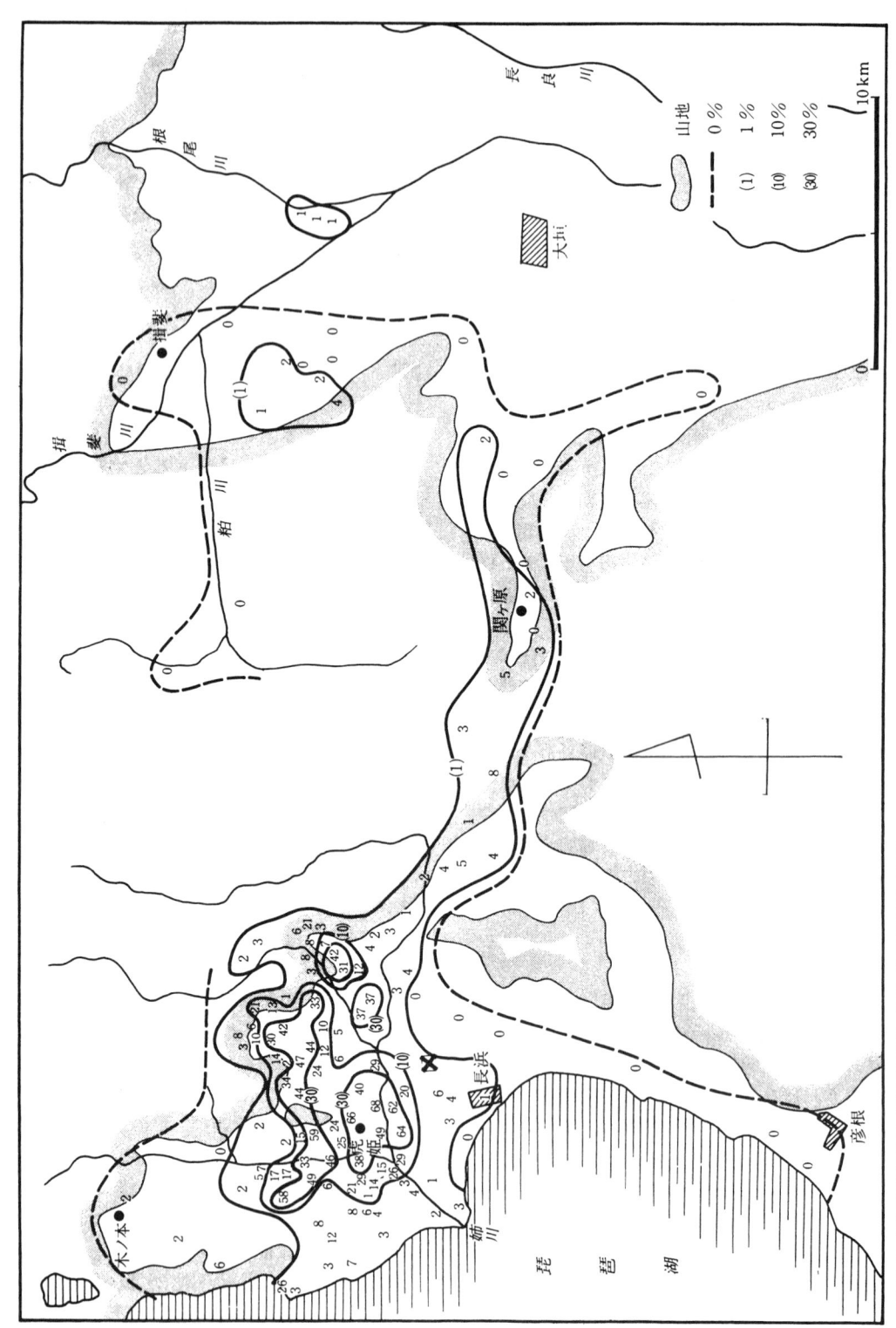

図 376-3 家屋倒潰率分布 [彦根測候所, 1911; 岐阜測候所, 1910]

表 376-1 滋賀・岐阜両県の被害

郡市名		人口	死 傷		戸数	住家 全潰	住家 半潰	住家 破損	非住家 全潰	非住家 半潰	非住家 破損
滋賀県	東浅井郡	33,256	34 / 30	602 / 279	8,205 / 7,533	892 / 552	2,164 / 1,564	**	1,144 / 516	3,556 / 914	**
	坂田郡	(21,871)	1 / 1	23 / 14	6,193 / 5,193	73 / 36	170 / 67	**	45 / 32	43 / 35	**
	伊香郡	(5,999)		13 / 5	1,463	5 / 7	29 / 12	542	31 / 9	19 / 6	106
	犬上郡	4,858		5 / 5	1,195	2 / 2	4 / 4				
	神崎郡							6 / 6	1		4 / 4
	県合計		35 / 31	643 / 303		972 / 597	2,367 / 1,647		1,220 / 558	3,619 / 956	
岐阜県	岐阜市		4 / 4		8,864 / 8,864						1
	不破郡		3 / 3	17 / 17	6,441			43			1,007
	揖斐郡		2 / 2	33 / 33	9,214	5	28	493	29	36	277
	安八郡			44 / 44	9,337		1	143	4		102
	養老郡			4 / 4	4,344	1	5	237	3	3	70
	海津郡			6 / 6	5,278			5			6
	本巣郡		1 / 1	14 / 14	6,020			36	2	2	31
	稲葉郡			7 / 7	12,385			13	1		18
	羽島郡			10 / 10	9,266			11			3
	山県郡			2 / 2	3,028						
	県合計		6 / 6	141 / 141	74,178	6 / 6	77 / 77	1,945 / 1,945	45 / 45	61 / 61	811 / 811

** すべての家が多少の損害．かっこ内はこれよりも人口が多いことを示す．上段は彦根測候所［1911］，下段は岐阜測候所［1910］の報告．

表 376-2 土木構造物などの被害［今村，1910，震災予防報告，70，1-64］

	堤防破損*	道路破損*	橋梁破損*	山崩れ
滋賀県	4,419間	1,585間	5ヵ所	△
岐阜県	19,279	8,388	29	262ヵ所

*修繕を必要としたもの．
△伊吹山1.6町歩（1.6 ha）．

表 376-3 死者数の被害に対する割合

地震	陸羽 (明29)	濃尾 (明24)	庄内 (明27)	姉川 (明42)
全潰住家／死者数	21.2	11.0	5.9	24.0
傷者数／死者数	3.7	2.4	1.3	19.2

1 km以内の距離で，激震域と被害の少ない（たとえば潰0，土蔵の亀裂なし）集落とが錯綜していた．滋賀県では家屋の構造がよくできていて，破壊の割に死者が少なかった．このことは表376-3から読み取れる．震災予防調査会は修理・改築に際しての注意事項を，被災両県に送った．図376-2は本震以後24時間ごとの余震回数で，たとえば8月14日15時30分から24時間内に起きた地震数を示している．［参考：岐阜測候所，1910，江濃地震報告，186；彦根測候所，1911，近江国姉川地震報告，94］

377 1909 Ⅷ 29（明治42）19時27分　沖縄　$\lambda=128°$E　$\varphi=26°$N　(D)　$M=6.2$　沖縄本島で強く，石垣など倒れ，那覇・首里で死1，傷11，他地方で死1，傷2，全半潰家屋は那覇・首里で6，他地域で10であった．また，両地区で石垣780間（約1.4 km）が倒れた．［参考：大森，1909，地学雑誌，**21**，721；加藤，1997，地震Ⅱ，**49**，423-428］

378 1909 Ⅸ 17（明治42）04時39分　襟裳岬沖　$\lambda=142.0°$E　$\varphi=42.0°$N　(C)　$M=6.8$　北海道南岸で強く，広尾郡茂寄村で石灯籠が転倒し恵山岬・浦河灯台などで小被害．青森県田名部町でも壁に小亀裂などあり．

379 1909 Ⅺ 10（明治42）15時13分　宮崎県西部　$\lambda=131.1°$E　$\varphi=32.3°$N　(B)　$M=7.6$　宮崎県では宮崎市付近で被害大きく，煙突・障壁の倒潰，瓦の墜落などがあり，海岸地方では土地の亀裂，半潰家屋などがあった．東臼杵郡日平鉱山で落石のため人家の全潰2，破損3．その他県内で落石などがあり傷3．大分県では南部の海岸地方で壁の亀裂・瓦の墜落，崖崩れなどがあった．鹿児島市内で，土蔵壁の亀裂，屋久島で石塀の破損があった．高知県では高知市内で家屋の小破，負傷者あり．愛媛県三津浜で傷2，家屋倒壊1．熊本県人吉，広島県賀茂郡吉川村で壁に小亀裂．岡山県では都窪郡撫川で全潰1，壁の墜落などあり，高梁町で塀の倒壊など，吉備郡庭瀬町で半潰2，味野地方で半潰1，塩田の亀裂，石灯籠の倒壊などの被害があった．深さ約150 km．

379-1 1910 Ⅳ 12（明治43）　石垣島北西沖　$\lambda=123.0°$E　$\varphi=25.0°$N　(C)　$M=7.6$　$h=200$ km　石垣島で石垣崩壊68ヵ所．

380 1910 Ⅶ 24（明治43）15時49分　有珠山　$\lambda=140.85°$E　$\varphi=42.5°$N　(A)　$M=5.1$　7月15日に最初の地震．以後しだいに頻繁となり，19日02時02分頃，やや強い地震．22日朝には有珠山鳴動をはじめ，15時すぎまでに14回の有感地震．23日は有感121回（うち強震10回），24日午前中に強震12回，有感数十回，午後はやや大きいもの8回，そのうちの1回がこの地震．虻田村で半潰・破損家屋15，道路の破損あり．壮瞥・伊達村でも小被害．同日23時21分有珠山噴火．大森によると，7月21日313回の地震があり，22日には西紋別で25回の有感地震があった．

381 1910 Ⅸ 8（明治43）11時50分　北海道鬼鹿沖　$\lambda=141.65°$E　$\varphi=44.15°$N　(A)　$M=5.3$　鬼鹿村で海中（深さ5尋）に亀裂を生じ，海水を湧出する．家屋小破3，寺小破1．余震は10日16時までに59回．

382 1910 Ⅸ 26（明治43）19時26分　常陸沖　$\lambda=141.5°$E　$\varphi=36.8°$N　(C)　$M=5.9$　塩屋崎灯台の水銀こぼれ，古い煉瓦塀に多少の亀裂があった．

383 1911 Ⅱ 18（明治44）05時14分　宮崎付近　$\lambda=131.5°$E　$\varphi=31.9°$N　(B)　$M=5.6$

宮崎市付近で強く，壁の亀裂・煉瓦煙突の倒伏・家屋の小破損などがあった．

384 1911 Ⅱ 18（明治44）23時45分　姉川付近　λ=136.3°E　φ=35.4°N　(B)　M=5.5
虎姫村で障壁に亀裂．姉川地震の余震か？

385* 1911 Ⅵ 15（明治44）23時26分　喜界島近海　λ=130.0°E　φ=28.0°N　(C)　M=8.0　6月13日に5回，14日に11回，15日に12回の前震があった．被害は表385-1のように奄美大島・喜界島・徳之島・沖縄島などに生じた．とくに喜界島の被害が最大である．名瀬では煉瓦煙突の倒潰・破損，倉庫の破損等があり，鎮西村に小津波，人家過半浸水するという．那覇では煉瓦煙突の崩壊・亀裂，石垣の崩壊，橋台の破損，家の傾斜2～3などがあった．首里では王城の城壁の倒潰

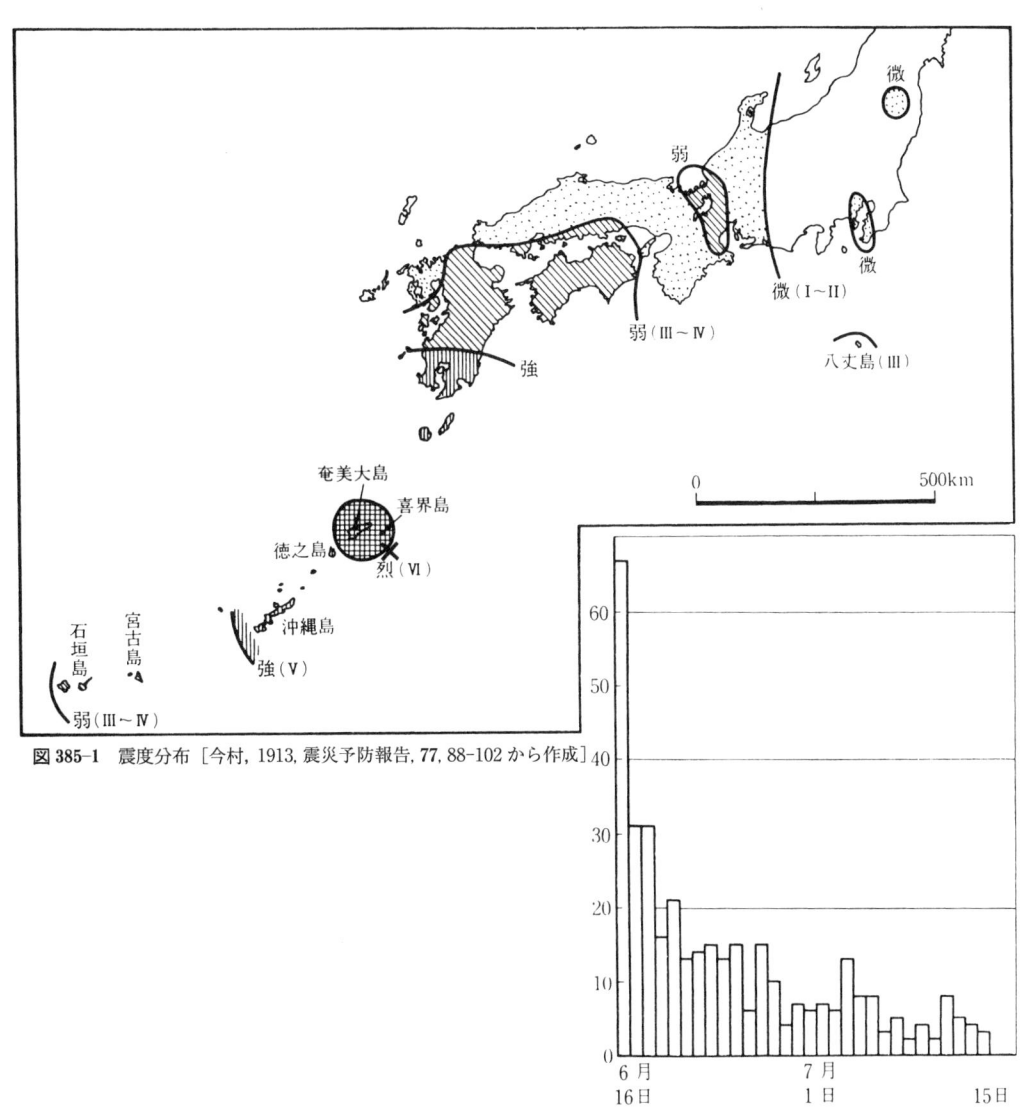

図385-1　震度分布［今村，1913, 震災予防報告, 77, 88-102から作成］

図385-2　名瀬における余震回数［20倍地震計観測による；今村，1913より作成］

表 385-1 南西諸島の被害

島名	死傷	住家 全潰	住家 半潰	住家 破損	非住家* 全潰	非住家* 半潰	非住家* 破損	石垣破壊	山崩れ
喜界島	1 9	401	533		1,449	915		3,253所	37
奄美大島			11	28 65**		50	188 45	>195所	20
徳之島	5 6	5	1		1			834間	
沖永良部島								多し	
沖縄島	1 11	1	3					598所	

* 含牛馬豚舎. ** 含倉庫.
今村 [1913] から作成. すべての被害を網羅しているとはいいがたい. ___は確度が低い.

が著しかった. 宮崎県でも小煙突の破損, 壁の亀裂などの小被害があった. 別の文献 (注) によると, この地震の総被害は死12, 全潰家屋422, 半潰家屋561 である. 深さ約100 km. [0, 1.5] [注: 中央気象台地震課地震普及会, 1954, 日本列島付近の地震災害概表, No. 1]

386 1911 Ⅷ 22 (明治44) 07時48分 阿蘇山付近 $\lambda=131.0°E$ $\varphi=32.9°N$ (A) $M=5.7$ 阿蘇郡で強く, 長陽村で石垣破損・山崩れなどがあった.

387 1911 Ⅸ 6 (明治44) 09時54分 カラフト南方沖 $\lambda=143°E$ $\varphi=46°N$ (D) $M=7.1$ 青森県田名部町で古い土蔵壁に亀裂があった. 深さ約350 km.

388 1912 Ⅳ 18 (明治45) 16時37分 宮城県沖 $\lambda=142.0°E$ $\varphi=38.6°N$ (C) $M=5.8$ 岩手県千厩町で壁に亀裂を生ず.

389 1912 Ⅵ 8 (明治45) 13時41分 青森県東方沖 $\lambda=142.0°E$ $\varphi=40.5°N$ (C) $M=6.6$ 青森県七戸町で土蔵壁に亀裂を生ず.

390 1912 Ⅶ 16 (明治45) 07時46分 浅間山 $\lambda=138.55°E$ $\varphi=36.4°N$ (A) $M=5.7$ 牙(ぎっぱ)山の崖約100 m崩れる. その他大落石あり. 鬼押出し熔岩もところどころ破壊・転落あり.

391 1912 Ⅷ 17 (大正元年) 23時22分 長野県上田町付近 $\lambda=138.25°E$ $\varphi=36.4°N$ (A) $M=5.1$ 上田で土地の亀裂3 (7), 土塀石垣の崩壊6 (7), 屋壁の破損などがあった. かっこ内は異説. 8月中の余震は18日1回, 19日2回, 21日2回, 22・23日各4回, 24日1回, 27日3回であった. とくに21日19時30分頃, 22日12時35分頃の余震が大きかった.

392 1913 Ⅱ 20 (大正2) 17時58分 日高沖 $\lambda=142.3°E$ $\varphi=41.8°N$ (B) $M=6.9$ 帯広で地盤に小亀裂.

393 1913 Ⅳ 13 (大正2) 15時40分 日向灘 $\lambda=132.0°E$ $\varphi=32.0°N$ (C) $M=6.8$ 宮崎市で壁の亀裂などの小被害.

394 1913 Ⅵ 29 (大正2) 17時23分 鹿児島県串木野南方 $\lambda=130.35°E$ $\varphi=31.65°N$ (A) $M=5.7$ 28日15時06分にはじまり, 29日17時23分の地震で西市来村湊町 (串木野の南) で崖崩れあり. その後11回の小地震ののち, 30日12時26分, 16時08分 (λ, φ上と同じ, $M=$不明) にかなりの地震があり, 次いで小地震2回の後16時45分 ($\lambda=130.3°E$ $\varphi=31.6°N$ (A) $M=5.9$) に強震. この地震で鹿児島市で家屋・土蔵の壁崩れ各1, 西市来村大里で傷1, 永吉村永吉で山崩れ, 家屋倒潰1, 土蔵壁に亀裂少なからず生ず. 鹿児島における地震数は28日1回, 29日11回, 30日10回, 7月1日10回, 2日5回, 3日4回であった. 図394-1の斜線は被害の生じた地域. 地鳴りを伴った.

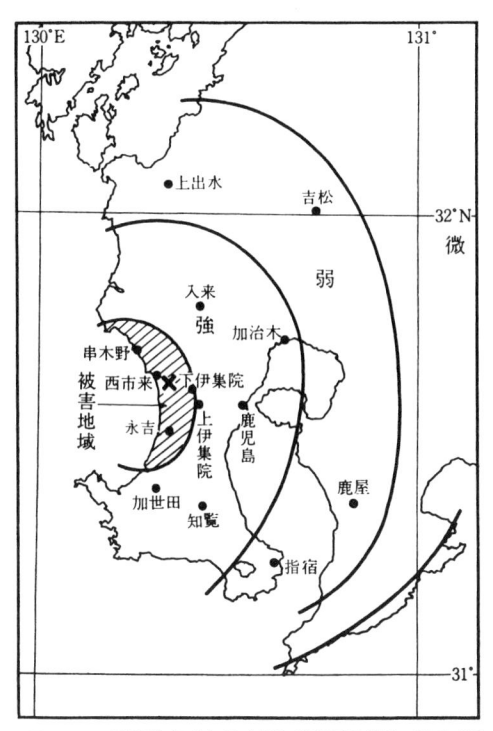

図 394-1 震度分布 [今村, 1920, 震災予防報告, 92, 1-94]

図 397-1 地盤昇降図 [Omori, 1916, Bull. Imp. Earthq. Inv. Com., 8, 152-179.]

395 1913 Ⅷ 1 (大正 2) 07 時 06 分 浦河沖 $\lambda=142.5°\mathrm{E}$ $\varphi=41.8°\mathrm{N}$ (B) $M=5.7$ 浦河地方で壁の脱落あり．

396 1913 Ⅻ 15 (大正 2) 11 時 02 分 東京湾 $\lambda=140.0°\mathrm{E}$ $\varphi=35.5°\mathrm{N}$ (B) $M=6.0$ 横須賀で古い家の壁に亀裂 2～3 ヵ所生ず．

397* 1914 Ⅰ 12 (大正 3) 18 時 28 分 桜島 $\lambda=130.6°\mathrm{E}$ $\varphi=31.6°\mathrm{N}$ (A) $M=7.1$ 桜島の大噴火に伴った地震．前年 12 月下旬から前兆があり，1 月 10 日に鳴動・地震があり，11 日 15 時ころから山頂の崩壊が，12 日 10 時ころから噴火がはじまり，18 時 28 分大地震，九州一円で有感．震害のひどかったのは鹿児島市，とくに城山以東の海岸沿いの地であった．1 月末の県庁調べによると鹿児島市で死 13，傷 96，住家全倒 39，半倒 130．また市内で一部破損 977，石塀倒潰 463 などの被害があった．また付近で死 22，傷 16，家屋全倒 81，半倒 65 などの被害があった．また，不明 23，焼失 2,148 があったが，これは主として噴火によるものである．このほか，地面の亀裂，水道・煙突の破損などが多かった．13 日 20 時頃から熔岩を流出し，29 日には桜島と大隅半島がつながった．大森による噴出総量（熔岩と降灰）は 2.2 km³．小津波あり，鹿児島市沿岸で道路浸水，船舶全潰 13，破損 22．図 397-1 のように桜島を中心に同心円的に広い範囲にわたって地盤が沈んだ．また，この地盤変動は 1918 年以後は復旧しつつあったが，1946 年の噴火のときに再び沈降があったらしい．[1] [参考: 1914, 気象要覧, 臨時増刊, 桜島山噴火概況]

398 1914 Ⅲ 15 (大正 3) 04 時 59 分 秋田県仙北郡 $\lambda=140.4°\mathrm{E}$ $\varphi=39.5°\mathrm{N}$ (A) $M=7.1$ **秋田仙北地震** 仙北郡で最もひどく，

266　4　被害地震各論

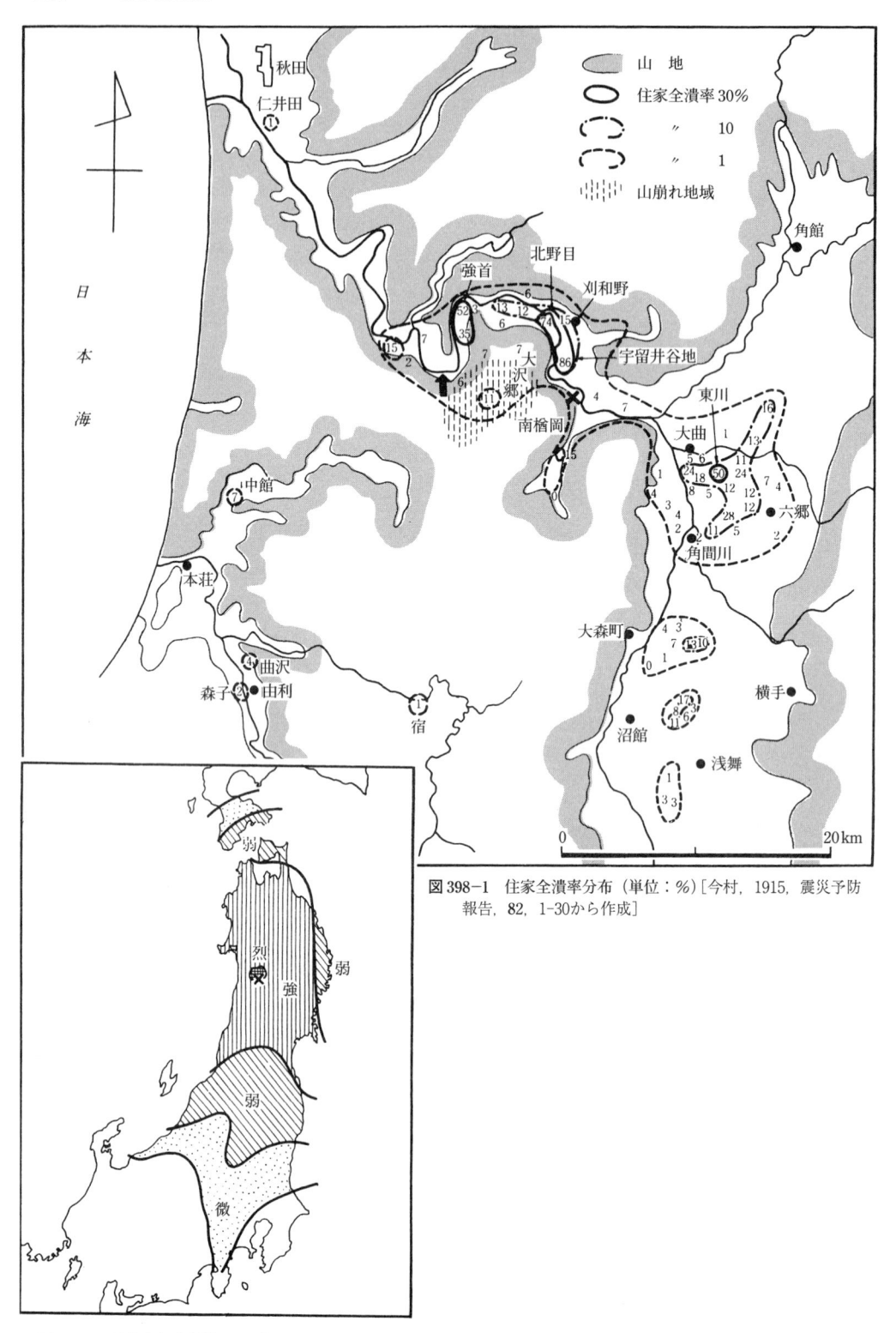

図398-1　住家全潰率分布（単位：%）[今村, 1915, 震災予防報告, 82, 1-30から作成]

図398-2　震度分布 [今村, 1915]

表 398-1 秋田県の被害 [今村, 1915 より作成]

郡　市　名	死	傷	住　家（戸数）				非　住　家（棟数）			
			全潰	半潰	焼失	破損	全潰	半潰	焼失	破損
秋　田　市		5	3	4		93	2	3		102
河　辺　郡		3	5	17		74	11	30		219
南　秋　田　郡			1	1		2				34
由　利　郡	4	29	18	45		708	27	24		804
仙　北　郡	86	278	580	483	3	2,664	232	221	3	928
平　鹿　郡	4	8	33	25		656	13	27		234
雄　勝　郡		1				35				4
計	94	324	640	575	3	4,232	285	305	3	2,325

表 398-2 激震地における被害 [今村, 1915 より作成]

		強首村強首	強首村木原田	大沢郷村北野目	神宮寺村宇留井谷地	淀川村小種新田	刈和野村
全　戸　数		141	51	65	66	25	442
被害住家	全　潰	74	18	47	47	7	52
	半　潰	38	17	2	2	11	58
	破　損	29	16	8	2	7	290
	計	141	51	57	51	25	400
戸数100戸に対する全潰戸数の割合		52.5	35.3	72.3	71.2	28.0	11.8
戸数100戸に対する被害戸数の割合		100.0	100.0	87.7	77.3	100.0	90.5
全　人　口		898	442	368	452	187	2,355
死傷者	死　者	19	8	6	14	8	6
	負傷者	81	12	44	33	6	16
	計	100	20	50	47	14	22
人口100人に対する死者の割合		2.12	1.81	1.63	3.10	4.28	0.252
人口100人に対する死傷者の割合		11.1	4.52	13.6	10.4	7.49	0.934
死者1人に対する全潰戸数		3.89	2.25	7.81	3.36	0.875	8.69

全体で死 94, 傷 324, 家屋全潰 640, 半潰 575 を生じた. 激震地域は横手盆地とその西の雄物川沿いの地で, 横手盆地は明治 29 年の陸羽地震のときにも被害を受けた. 強首・宇留井谷地・刈和野での最大推定加速度は 450 ガルに達した. 図 398-1 は住家全潰率を示す. とくにひどかったのは大曲町東川 50%, 神宮寺村宇留井谷地 86%, 強首村強首 52%, 大沢郷村北野目 74% である. 大沢郷村, 南楢岡村では山崩れ多く, 一時的に池を生じたところも多い. 由利郡大正寺村では雄物川中に高さ 35 m, 幅 35 m, 長さ 160 m の小島を作った (図中の矢印). 図 398-3 は水沢（大森式地震計, 倍率：100＝東西成分, 20＝南北成分）における前震と, 17 日 18 時～21 日 13 時 30 分までの大曲町（大森式地震計, 倍率 100）における余震数であるが, 実際には水沢で観測されるような前震はなかった. 仙北郡外小友村湯本の梅ノ湯温泉は陸羽地震 (明治 29 年) のときに泉量が 1/4 になったが, 9 年後に復旧し, 今回の地震後まったく涸渇した. また, 激震地について表 398-2 のような統計がある.

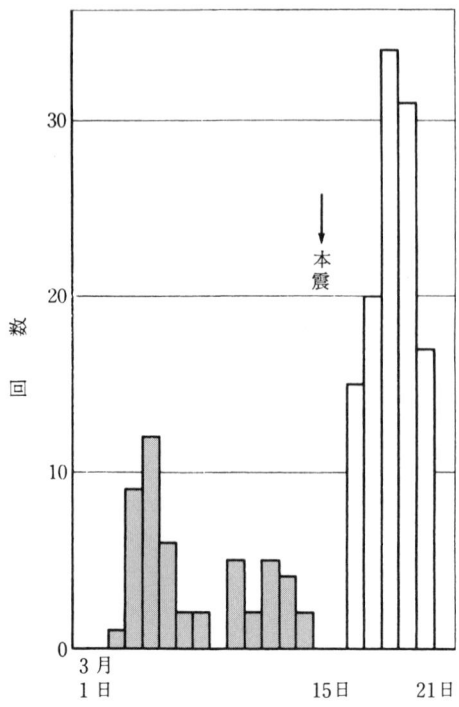

図 398-3 日別前震（水沢）および余震（大曲）回数 [今村, 1915 より作成] 前震（アミ部）は現在は否定されている.

399 1914 III 28（大正3）02時50分　秋田県平鹿郡　$\lambda=140.4°E$　$\varphi=39.2°N$　(A)　$M=6.1$　前の地震の最大余震．金沢西根村で家屋小破18戸，藤木村で住家全潰1戸（本震で半潰状態になっていた）．堀・鈴木 [1973] によると沼館町で家屋全潰数戸？ [参考：堀・鈴木, 1973, 地震 II, **26**, 355-361]

400 1914 V 23（大正3）12時38分　出雲地方　$\lambda=133.2°E$　$\varphi=35.35°N$　(A)　$M=5.8$　島根県能義郡・八束郡・大原郡で壁の亀裂，土地の崩壊・亀裂などがあり，玉造温泉は湧出量が3倍となり昇温した． [参考：石田, 1915, 気象集誌, **34**, 61]

401 1914 XI 15（大正3）22時29分　高田付近　$\lambda=138.1°E$　$\varphi=37.1°N$　(A)　$M=5.7$　同日11時10分, 12時10分に有感前震あり．高田・直江津・桑取谷で家・土蔵の壁の落

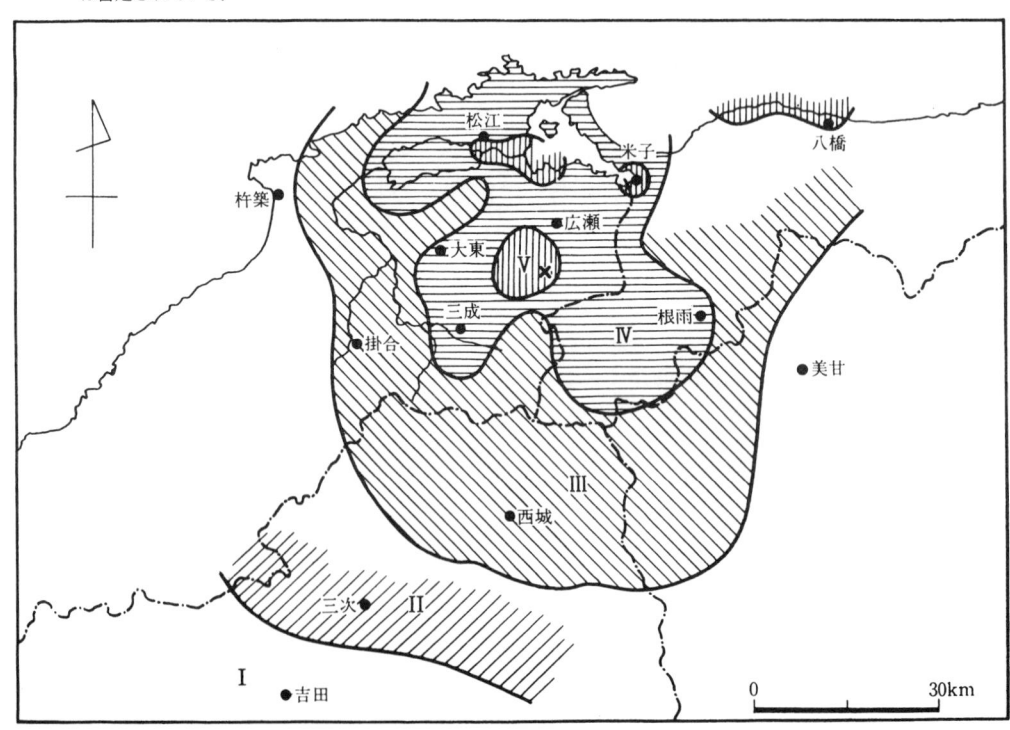

図 400-1 震度分布 [石田, 1915]

下・亀裂，屋根石の転落・石碑転倒があり，桑取谷の谷筋では山崩れがあった．

401-1　1915 Ⅰ 6（大正 4）08 時 26 分　石垣島北方沖　$\lambda=123.3°$E　$\varphi=25.1°$N（C）　$h=150$ km　$M=7.4$　石垣島で石垣崩壊 105 ヵ所，長さ 135 間に及ぶ，台湾では瓦落下し，家屋の破損せしところあり．

402　1915 Ⅲ 18（大正 4）03 時 45 分　広尾沖　$\lambda=143.6°$E　$\varphi=42.1°$N（C）　$M=7.0$　芽室村字美生村と戸蔦村で，家屋倒潰のときに死各 1 名ずつ．

403　1915 Ⅵ 20（大正 4）01 時 01 分　山梨県南東部　$\lambda=139.0°$E　$\varphi=35.5°$N（B）　$M=5.9$　強震域は相模湾沿岸で，足柄上郡で壁の剝落，甲府で地下水道管の亀裂 4〜5 ヵ所などの被害があった．

404　1915 Ⅶ 14（大正 4）21 時 13 分　栗野・吉松地方（霧島山の西）　$\lambda=130.82°$E　$\varphi=31.92°$N（A）　$M=5$　県道が崩れ，栗野嶽温泉では道路亀裂・石垣の石の墜落などがあった．湯之野では沸騰した泥土を 10 尺（3 m）の高さに噴出した．

405*　1915 Ⅺ 1（大正 4）16 時 24 分　三陸沖　$\lambda=142.9°$E　$\varphi=38.3°$N（C）　$M=7.5$　石巻辺で屋上の天水桶墜落，小津波あり．志津川湾，荒浜村で高さ 2〜3 尺（0.6〜0.9 m）．[0, 0]

406　1915 Ⅺ 16（大正 4）10 時 38 分　房総南部　$\lambda=140.3°$E　$\varphi=35.4°$N（B）　$M=6.0$　下香取郡万才村・長生郡西村・その他 2〜3 ヵ所で崖崩れあり，そのため傷 5．人家・物置の潰れがあった．群発地震で同月 12 日 35 回，14 日 5 回，15 日 2 回，16 日 21 回，17 日 2 回の地震があった．

407　1916 Ⅱ 22（大正 5）18 時 12 分　浅間山麓　$\lambda=138.5°$E　$\varphi=36.5°$N（A）　$M=6.2$　浅間北麓で激しく，嬬恋村で山崩れ，家屋倒潰 7．大笹村で同半潰 3．その他，大笹・大前・三原・千俣・田代・鎌原・芦生田で家屋破損 109，土蔵破損 164．同日 20 時 31 分にかなりの余震があった．

408　1916 Ⅲ 6（大正 5）18 時 12 分　大分県北部　$\lambda=131.6°$E　$\varphi=33.5°$N（B）　$M=6.1$　大野郡・直入郡で強く感ず．大野郡三重町で忠魂碑 1 倒れ，直入郡宮砥村で墓碑 1 倒る．

409　1916 Ⅷ 6（大正 5）愛媛県宇摩郡関川村傷 1，落石あり，林道および埋立地に細い亀裂（延長数百間（百間=182 m））を生じた．地震は同日の 07 時 52 分（$\lambda=133.4°$E　$\varphi=34.0°$N（A）　$M=5.7$），08 時 48 分，7 日 07 時 29 分，09 時 35 分にあった．

410　1916 Ⅸ 15（大正 5）16 時 01 分　房総沖　$\lambda=141.2°$E　$\varphi=34.4°$N（C）　$M=7.0$　御蔵島で道路破壊あり，横浜で練習用灯台の水銀こぼれる．八丈島で有感．

411　1916 Ⅺ 26（大正 5）15 時 08 分　神戸　$\lambda=135.0°$E　$\varphi=34.6°$N（A）　$M=6.1$　死 1，傷 5．神戸・明石・淡路北部で家屋倒潰 3，破損数十，山崩れ 1，その他の小被害あり．有馬温泉の泉温が 1℃ 上がって 53.4℃ となった．明治 32 年 7 月に鳴動がしきりに起こり，その前に 37℃ だった泉温が翌年 10 月は 47.9℃ になった．図 411-1 はその泉温の変化を示す．

270   4 被害地震各論

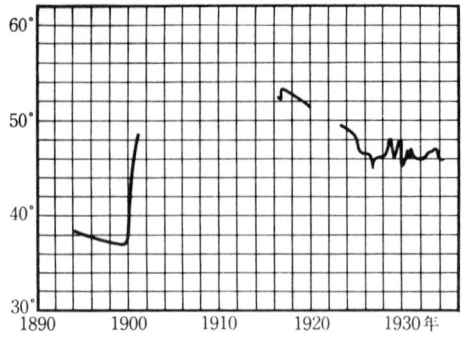

図 411-1 有馬温泉における泉温の変化 [松澤, 1934, 地震, **6**, 119-124]

412 1916 XII 29（大正 5）06 時 41 分　熊本県南部　$\lambda = 130.45°$E　$\varphi = 32.25°$N　(A)　$M = 6.1$　水俣・佐敷地方がひどく，数日間に数十回の地震．石垣の崩壊・壁の亀裂・田の亀裂などがあった．

413 1917 I 30（大正 6）箱根地方　群発地震．畑宿で家屋に小被害，地面に小亀裂．31 日も地震多く，1 日以後は急に減じた．有感地震は計 249 回に達した．31 日 00 時 40 分の地震は，$\lambda = 139.0°$E　$\varphi = 35.2°$N　(A)　$M = 4\frac{1}{2}$．

414 1917 V 18（大正 6）04 時 07 分　静岡県　$\lambda = 138.1°$E　$\varphi = 35.0°$N　(B)　$M = 6.3$　死 2（防火壁の倒潰による），傷 6，地裂，煙突の被害あり．静岡市ではとくに煉瓦塀・煉瓦煙突の被害多く，清水・江尻でも同様の小被害あり．

415 1918 V 26（大正 7）07 時 30 分　留萌沖　$\lambda = 141.65°$E　$\varphi = 44.15°$N　(B)　$M = 5.8$　鬼鹿で震度 V，軽被害．[参考：気象庁, 1968, 地震観測指針（参考編）]

416 1918 VI 26（大正 7）22 時 46 分　山梨県上野原付近　$\lambda = 139.1°$E　$\varphi = 35.4°$N　(A)　$M = 6.3$　神奈川・山梨の県境，道志川沿いに被害．青根村で石垣崩れ，石塔倒れ，土蔵壁落ち，地割れを生ず．その付近で同様の小被害．谷村（現都留市）でも石垣崩れ，石塔の転倒あり．図 416-1 は被害域（震度 IV 以上の地点には，どこでも微小被害があった）．図中のローマ数字は震度を示す．

417* 1918 IX 8（大正 7）02 時 16 分　ウルップ島沖　$\lambda = 152°$E　$\varphi = 45\frac{1}{2}°$N　(D)　$M = 8.0$　沼津まで有感．津波あり．同島岩美

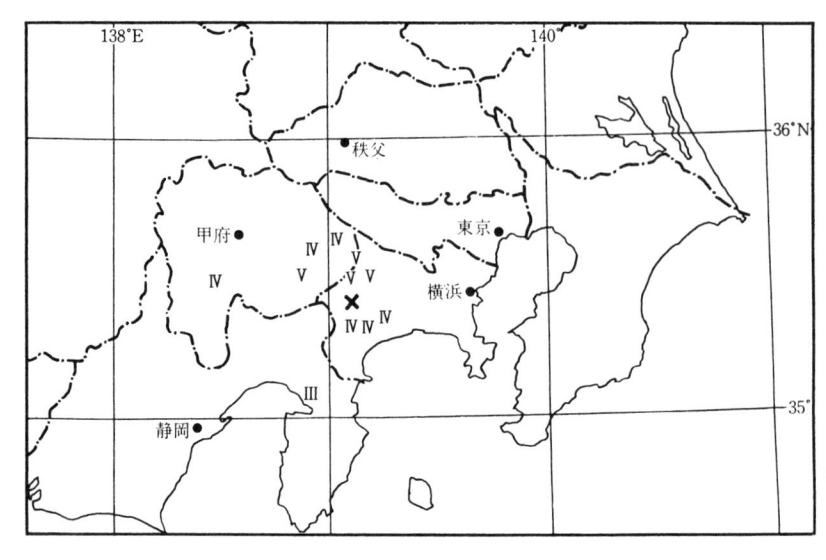

図 416-1 震度分布 [気象要覧より作成]

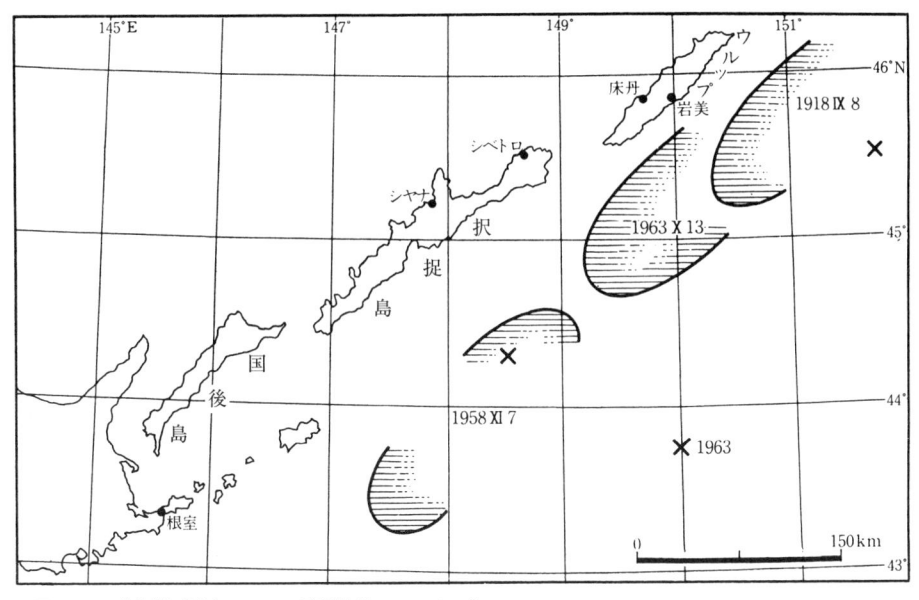

図 417-1 波源域 [羽鳥, 1971, 震研彙報, 49, 63-75]

湾では震後 35 分で津波来襲し家屋など全滅. 当時そこにいた 63 名中 24 名死亡. 波高は 6〜12 m. 同島西岸床丹も震後 30 分して津波がきたが陸上の被害はない. 津波の高さは根室 1 m (8 回来襲す), 紗那 (択捉島) 2 m, 花咲 1.1 m, 函館 50 cm (周期 15〜20 分), 鮎川 45 cm, 銚子 20 cm. また父島で波高 1.5 m, 床上浸水 11, 橋梁流失 2. また, 前日 23 時 55 分 (GMT) ころホノルルに達し, 高さ 1.5 m. 同日の 02 時 40 分 (GMT) 頃サンフランシスコに達した. 図 417-1 は, この地方の地震の波源域を示す. なお, 図 590-6 も参照のこと. [1, 3]

── * 1918 XI 8 (大正 7) 13 時 38 分 ウルップ島沖 $\lambda = 150\frac{1}{2}°$ E $\varphi = 44\frac{1}{2}°$ N (D) $M = 7.7$ 東京で有感. 小津波あり. 父島では 16 時 30 分に津波. 最大振幅 50 cm. 周期は 18 分. [0, 2]

418 1918 XI 11 (大正 7) 02 時 58 分, 16 時 03 分 長野県大町付近 $\lambda = 137.88°$ E $\varphi = 36.45°$ N (A) $M = 6.1, 6.5$ **大町地震** λ, φ は両地震に共通. 被害のあったのは北は木崎湖, 南は池田町, 東は犀川, 西は高瀬川に囲まれた地域. 表 418-1 は北安曇郡役所調査の被害で単位は棟. 大町警察署の調べとは, かなり異なっている. このほか石垣被害 334 ヵ所, 道路崩壊・亀裂延長 1,507 間 (約 2.7 km), 河川その他決潰・亀裂延長 3,344 間

表 418-1 姫川沿いの被害 [大森, 1921, 震災予防報告, 94, 16-69]

町 村 名	居 宅 全潰	居 宅 半潰	居 宅 破損	付属建物土蔵など 全潰	付属建物土蔵など 破損	官公署・学校・社寺の破損
大　　町		241	867	6	692	84
社　　村	4	16	270	7	350	18
常 盤 村	1	28	585		476	11
松 川 村					13	2
池 田 町			7		42	1
会 染 村			3		14	2
七 貴 村			2			8
陸 郷 村		1	370		386	
広 津 村		1	1	1	3	6
八 坂 村	1	9	67	2	71	7
平　　村		3	309		188	6
美 麻 村		4	68		38	145
計	6	305	2,547	16	2,273	290

272　4　被害地震各論

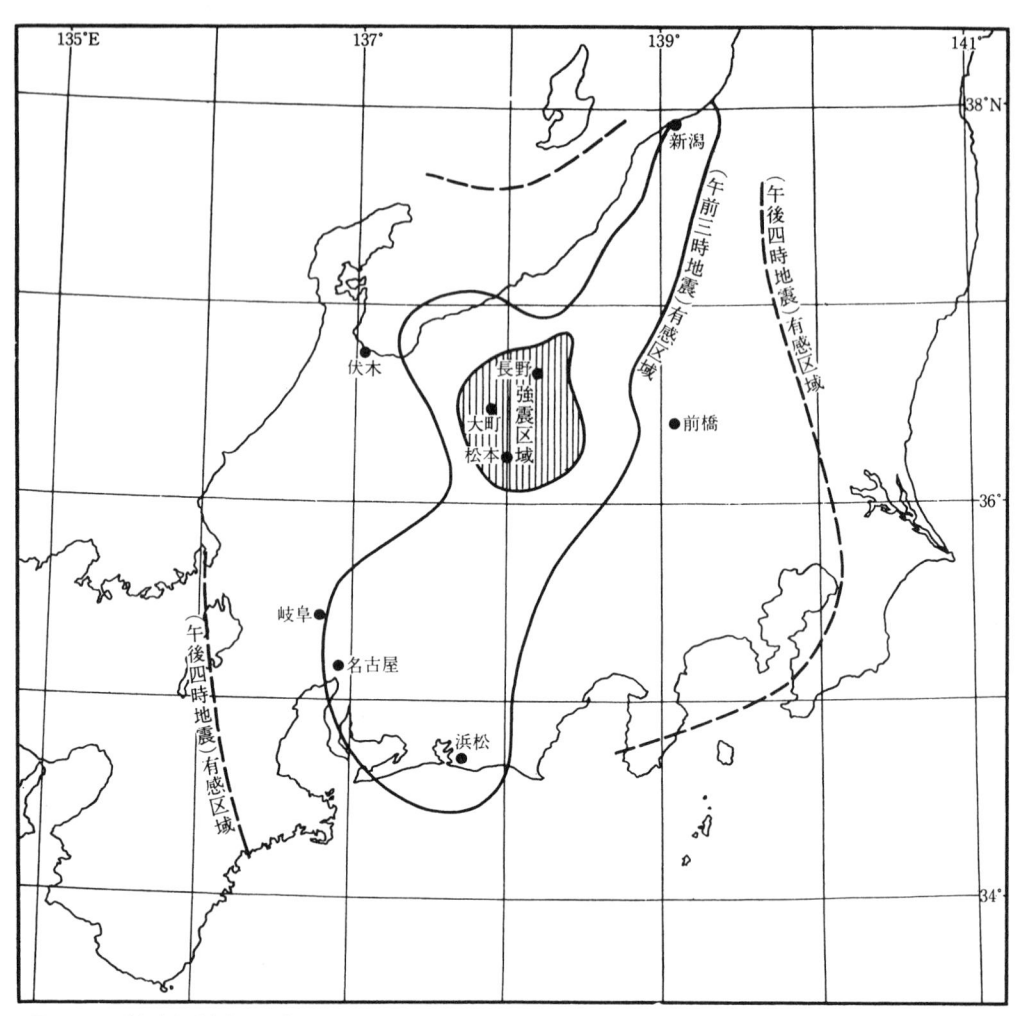

図 418-1　震度分布［大森, 1921］

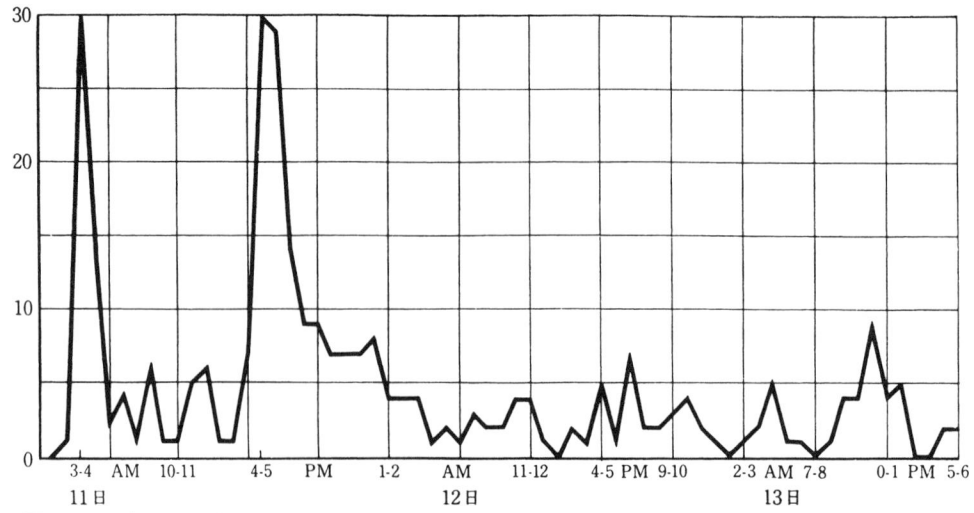

図 418-2　1時間ごとの余震回数（長野測候所の微動計による）［大森, 1921］

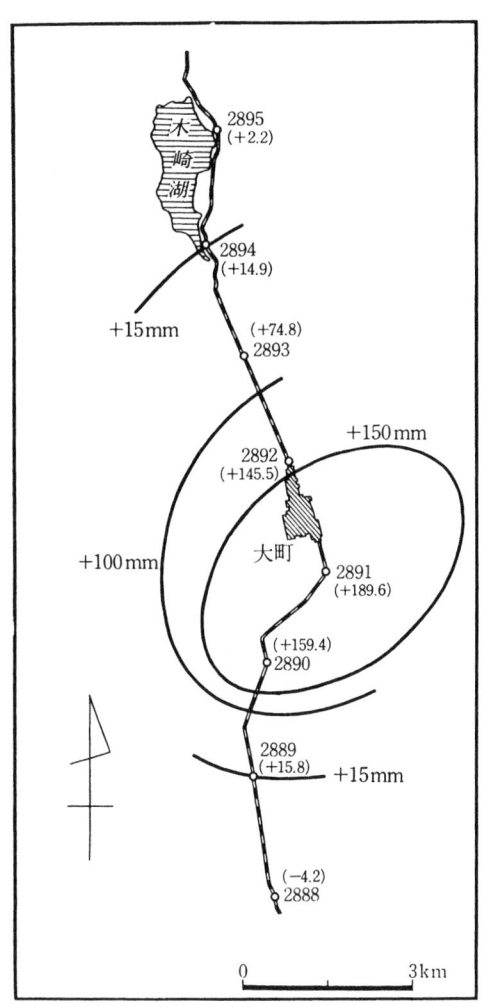

図418-3 松本を不動点としたときの大町付近の地盤
　　　　［大森, 1921］

図418-4 震央地域

(約6km). また，上水内郡水内村（亀裂，瓦・壁土の落下）・日里村（土蔵全潰1），更級郡大岡村（落石）でも小被害，傷者5.「土蔵壁の地震」といわれる．壁土の不良，壁と下地の施工上の習慣が原因．余震に伴う「地鳴り」は著しかったが高瀬川沿い平地の東縁を境とし，その東では聞えなかった．長野測候所の微動計観測による余震回数の変化は図418-2および表418-2のとおり．前日（10日）に震源地付近で2〜3回の前震あり．震後，大正9年6〜9月に行われた水準測量の結果を明治24〜26年の結果とくらべると（松本を不動点とする），図418-3のように大町付近の隆起が認められる．かっこ内の数字はmm単位の隆起・沈降量，小断層（？）あり［河内, 2000, 地震Ⅱ, 52, 65-72］. 第1回目の地震は大町に近く，第2回目は常盤村に近かった．

418-1 1919 Ⅲ 29（大正8）07時40分　長野県北部　$\lambda=138.4°$E　$\varphi=36.9°$N　(A)　$M=5.4$　野沢温泉湧出口閉止．石垣崩壊，便所

表 418-2 長野における日別余震回数［大森, 1921］

日＼月	11	12	1	2
1		2	2	0
2		1	2	0
3		3	2	0
4		2	3	1
5		1	1	0
6		3	1	0
7		2	0	0
8		0	0	0
9		3	2	1
10		0	2	2
11	118	1	0	0
12	69	2	0	0
13	50	2	0	1
14	12	11	1	0
15	14	2	1	0
16	12	0	0	0
17	4	0	1	0
18	7	1	0	0
19	1	0	0	1
20	8	0	1	0
21	3	5	2	0
22	4	6	1	0
23	5	1	0	1
24	3	0	1	0
25	6	2	0	0
26	9	0	0	1
27	8	0	4	0
28	4	0	0	1
29	4	0	0	—
30	3	2	1	—
31	—	0	0	—
合計	344	52	28	9

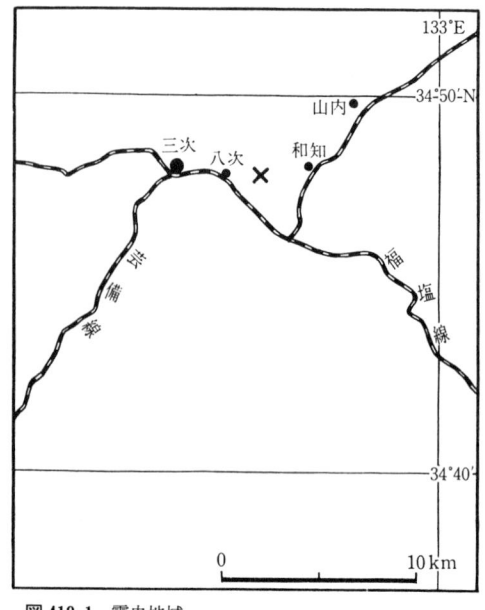

図 419-1 震央地域

19 時 08 分の余震はやや強かった．

倒潰などの小破損あり．飯山で長屋の壁落つ．

419 1919 XI 1（大正 8）08 時 36 分 広島県三次付近 $\lambda=132.9°$E $\varphi=34.8°$N（A）$M=5.8$ 三次・山内西・八次・和田（和知は和田村の一部）の各町村で煉瓦窓の破損・土蔵壁の亀裂・石垣の小破壊・石碑の転倒などの被害．井水の増減あり，地鳴りは本震後数日間，しばしばあった．10 日までの毎日余震数は順次に 17, 10, 6, 10, 6, 8, 8, 9, 2, 4 の計 80 回，そのうち 2 日 08 時 27 分と 3 日

420 1920 XII 27（大正 9）18 時 21 分 箱根山 $\lambda=139.05°$E $\varphi=35.23°$N（A）$M=5.7$ 箱根町・元箱根で石垣の崩れ，壁土の落下，石灯籠・墓石の転倒など小被害．27 日朝から箱根町で鳴動．前震 26 日 11 時 40 分，27 日 08 時 44 分，17 時 20 分（強）．余震多く，27 日中に 47 回あった．

421 1921 IV 19（大正 10）02 時 58 分 大分県佐伯付近 $\lambda=132.1°$E $\varphi=32.6°$N（B）$M=5.5$ 数日前からの降雨で弛緩した崖が崩れ津久見・臼杵間で機関車脱線し機関手および同助手負傷．

422 1921 IX 6（大正 10）05 時 02 分 千島中部 $\lambda=153.0°$E $\varphi=47.8°$N エトロフ丸が 152°19′E 47°14.5′N の地点で海震を感ず．新知島西北端崖崩れ，地割れを認める．

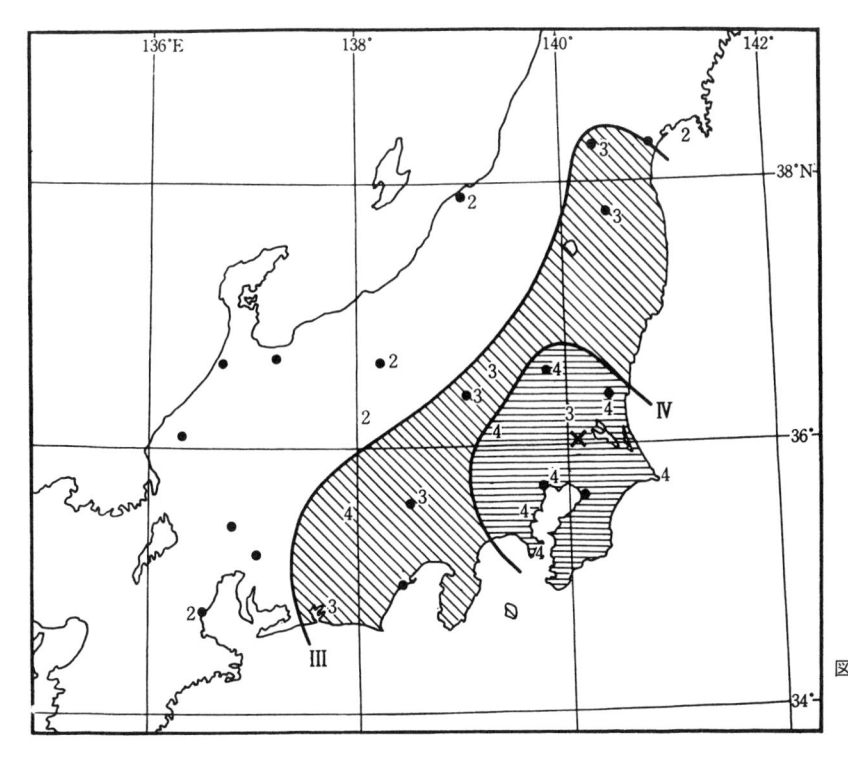

図423-1 震度分布
［気象要覧より作成］

423 1921 XII 8 (大正10) 21時31分 茨城県龍ヶ崎付近 $\lambda=140.2°$ E $\varphi=36.0°$ N (B) $M=7.0$ 千葉県印旛郡で土蔵破損数ヵ所，道路に亀裂を生ず．茨城県龍ヶ崎で墓石多く倒れ，田畑・道路に亀裂．また，栃木県芳賀郡で石塀潰れ，河内郡で壁や瓦の落下などがあった．千葉・成田・東京でも微小被害があった．余震（東京の地震計による）は8日12回，9日28回，10日4回（08時11分まで）だった．図423-1の数字は震度．

424 1922 I 23 (大正11) 07時05分 磐城沖 $\lambda=141.5°$ E $\varphi=37.5°$ N (C) $M=6.5$ 福島県東部でトンネル内に小亀裂．陶器窯の破損したものがあった．

425 1922 IV 26 (大正11) 10時11分 浦賀水道 $\lambda=139.75°$ E $\varphi=35.2°$ N (B) $M=6.8$ 東京湾沿岸に被害あり．東京で死1，傷21，土蔵壁の破損・落下86，建築中の鉄骨煉瓦造に小被害，通常の木造建物は壁の亀裂，瓦の落下程度の被害のみ．石造・煉瓦造の被害が目立つ．横浜で死1，傷2，とくに山下町・南京町の被害が大きく37軒に被害があり，構造別に見ると木骨石造は56%，煉瓦造11%，木骨煉瓦造13%，木造平瓦張17%，石造は3%の被害率で，通常の木造，鉄筋コンクリート造には被害はなかった．横須賀で土蔵破損・壁の亀裂などあり，浦賀・走水・三崎・葉山・逗子でも小被害．布良で崖崩れのため住家倒潰3，館山・北条で煉瓦煙突の折損，壁の亀裂．佐貫付近で鉄道に小被害．木更津で倉庫・土蔵壁の落下あり．大多喜で土蔵壁落下あり．千葉県で建物全潰8，破損771，東京・横浜で水道管破損多し．図425-1

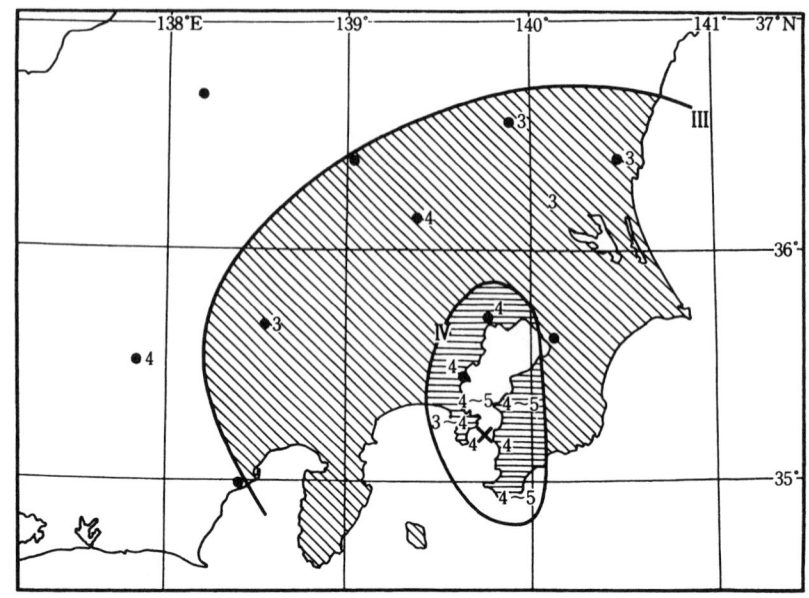

図 425-1 震度分布

は推定震度分布を示す．数字は震度を示す．

426 1922 Ⅴ 9（大正 11）12 時 28 分　茨城県谷田部付近　$\lambda=140.0°$ E　$\varphi=36.0°$ N　(B)　$M=6.1$　土浦で電話線切断 3．館野の高層気象台で壁に亀裂を生ず．

427 1922 Ⅻ 8（大正 11）千々石湾　01 時 50 分（$\lambda=130.1°$ E　$\varphi=32.7°$ N　(A)　$M=6.9$）と 11 時 02 分（$\lambda=130.1°$ E　$\varphi=32.7°$ N　(A)　$M=6.5$）の 2 回．前者のほうが大きく，主として島原半島南部に強く，後者は同西南部小浜付近で強かった．長崎県の被害は表 427-2 のとおり，とくに被害の大きかったのは北有馬村橋口部落で 22 戸のうち住家全潰 13，死 11 を出し，東有家村中須川では死 4 を出した．被害の一因は「練り塀」という不規則な形の石で積んだ石垣にある．同半島で地割れ・山崩れ・噴砂・井水の異常があった．熊本県の被害は表 427-1 のとおりで天草がひどかった．2 回目の地震では小浜村・北野付近がひどく，全体で死 3，家屋倒潰 70 を出し

た．余震数の変化は表 427-3 のとおり，上段は全数，下段はそのうちの有感余震数．また，翌大正 12 年の測量を明治 27〜30 年の測量とくらべると，長崎市の南深堀の変動を 0 として島原半島はその東岸を通る測線にそって，3〜6 cm 隆起していることがわかった．

表 427-1　熊本県の被害［気象要覧，大正 11 年 12 月，364］

郡名	土地亀裂	土地崩壊	壁破損	石碑倒潰	道路・橋梁破損	煙突破損	家屋破損
宇土					1		1
天草	1	8	3	80	4		1
八代			1	1		1	2
計	1	8	4	81	5	1	4

表 427-3　毎日の余震数（上段は全数，下段は有感）［気象要覧，大正 11 年 12 月，366］

日	12月7	8	9	10	11	12	13	14
長崎	12	626	211	147	120	63	78	
	2	37	22	7	7	2	3	
熊本	5	76	22	11	8	2	2	2
	1	14	0	0	1	0	0	0

表 427-2 長崎県の被害［長崎測候所調査］

郡	町　村　名	死	重傷	軽傷	全潰 住家	全潰 非住家	半潰 住家	半潰 非住家	戸数**	人口**
南高来	山　　田					4	2	4		
	愛　々　野				1	8	7	9		
	千々石				1	2	5	14		
	小　　浜*	3	3	1	38	54	232	253	1,362	8,045
	北　串　山				5	18	19	37	642	3,923
	南　串　山		1	2	12	32	35	52	1,078	6,534
	加　津　佐	2	1	1	9	26	31	59	1,825	10,663
	口　之　津	1	1	1	2	1	20	10	1,891	8,579
	南　有　馬	2	1	2	24	28	61	29	1,648	8,598
	北　有　馬	13	6	10	51	145	68	123	1,215	6,338
	西　有　家	1	1	2	35	61	52	54	2,104	11,971
	東　有　家	4	3	3	12	59	106	109	1,320	7,023
	堂　　崎				1	9	11	8	750	4,326
	布　　津				1	2	11	2		
	深　　江				2		1			
北高来	江　ノ　浦					5				
	田　結									
	小戸野石				1			2		
西彼杵	日　見							1		
	深　堀							1		
	計	26	17	22	195	459	661	767		

*主として第2回目の地震による．**郡役所報告による．

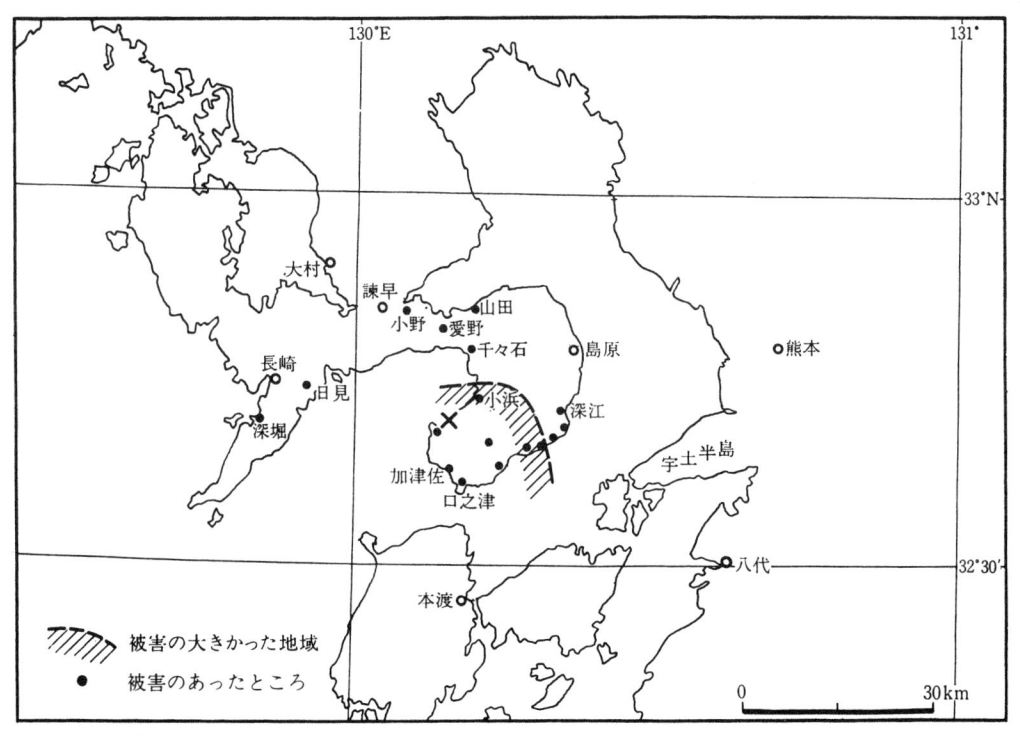

図 427-1　被害地域

428 1923 I 14（大正12）14時51分　水海道付近　$\lambda=140°03'$ E　$\varphi=36°05'$ N（A）　$M=6.0$　$h=87$ km　東京で傷1，家屋小破数軒．

429 1923 Ⅶ 13（大正12）20時13分　種子島付近　$\lambda=131°00'$ E　$\varphi=30°52'$ N　$M=7.1$　$h=60$ km　種子島の中種子村で住家小破27，非住家小破5，煙突破損1，南種子村で住家小破約30，非住家小破約15，北種子村安城で小学校小破，土地や壁に亀裂，小崖崩れあり．翌14日08時55分（$\lambda=131.2°$ E　$\varphi=30.6°$ N（C）　$M=6.6$）にかなりの余震．

430* 1923 Ⅸ 1（大正12）11時58分　関東南部　$\lambda=139°08'$ E　$\varphi=35°20'$ N　$M=7.9$　$h=23$ km　**関東大地震**

〔一般〕震央は多くの研究者により求められている．一例として［金森・宮村，1970］$\lambda=139.2°$ E　$\varphi=35.4°$ N で発震時は11時58分32秒，$M=8.16$ がある．今村［1925］は $\lambda=139°21.8'$ E　$\varphi=34°58.6'$ N，宇津［1979］は $\lambda=139.5°$ E　$\varphi=35.1°$ N，浜田［1987］は $\lambda=139.15°$ E　$\varphi=35.35°$ N　$h=25$ km としている．規模はデータの違いから多少異なるが，いずれも8前後である．東京で観測した最大地動振幅14～20 cm，周期約1.2秒，震後各地で火災を発し，被害を増大した．推定最大震度は重力加速度の60％に達する．図430-1は震度分布図，図430-2は全潰木造建物（住家非住家）の全戸数に対する百分率で1, 10, 50％の線を引いてある．東京市部は省略．市内で全半潰の多かったのは，隅田川以東・神保町～東京駅・根津・神田川沿いの谷・溜池付近・芝網代町などである．最も激しかったのは小田原付近で，小田原では城の石垣が大崩壊した．鎌倉の大仏が S15°E 方向に 40 cm ずれ，30 cm 沈んだ．茅ヶ崎では往古の橋の根が7本水面上に現れた．平（福島県）では

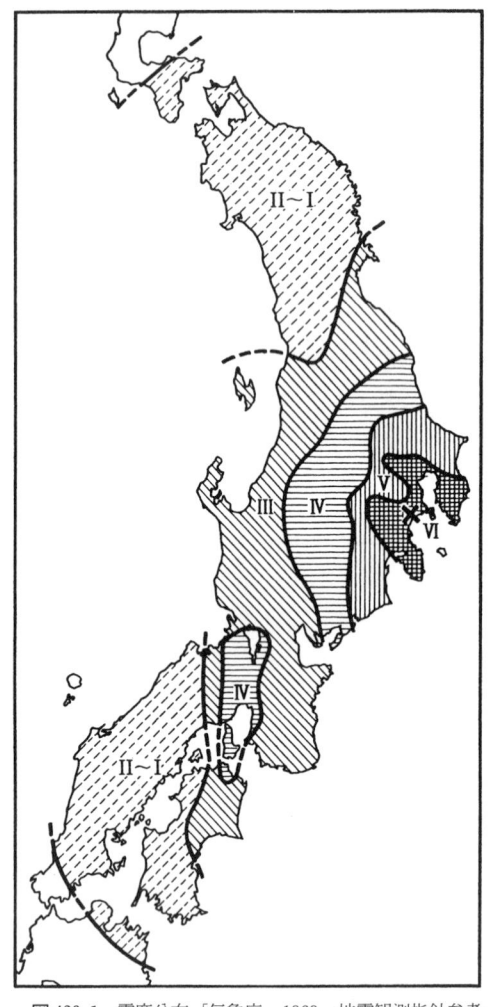

図 430-1　震度分布［気象庁，1969，地震観測指針参考編より］

煙突が倒れ，付近の住家を破損し傷7を出した．この地震を契機として地震研究所が大正14年に生まれ，震災予防調査会が震災予防評議会となった．毎日の余震数の変化は図430-3のとおり，図430-5は1923年9月の余震の分布である．［金森・宮村，1970，震研彙報，**48**，115-125；今村，1925，震災予防報告，**100**甲，21-66；宇津，1979，震研彙報，**54**，253-308；浜田，1987，験震時報，**50**，1-2号別冊，1-6］

〔構造物の被害〕東京での木造建物の被害は表430-2のとおりで，焼失区域内では浅草北部・神保町付近に被害が集中し，本所深川

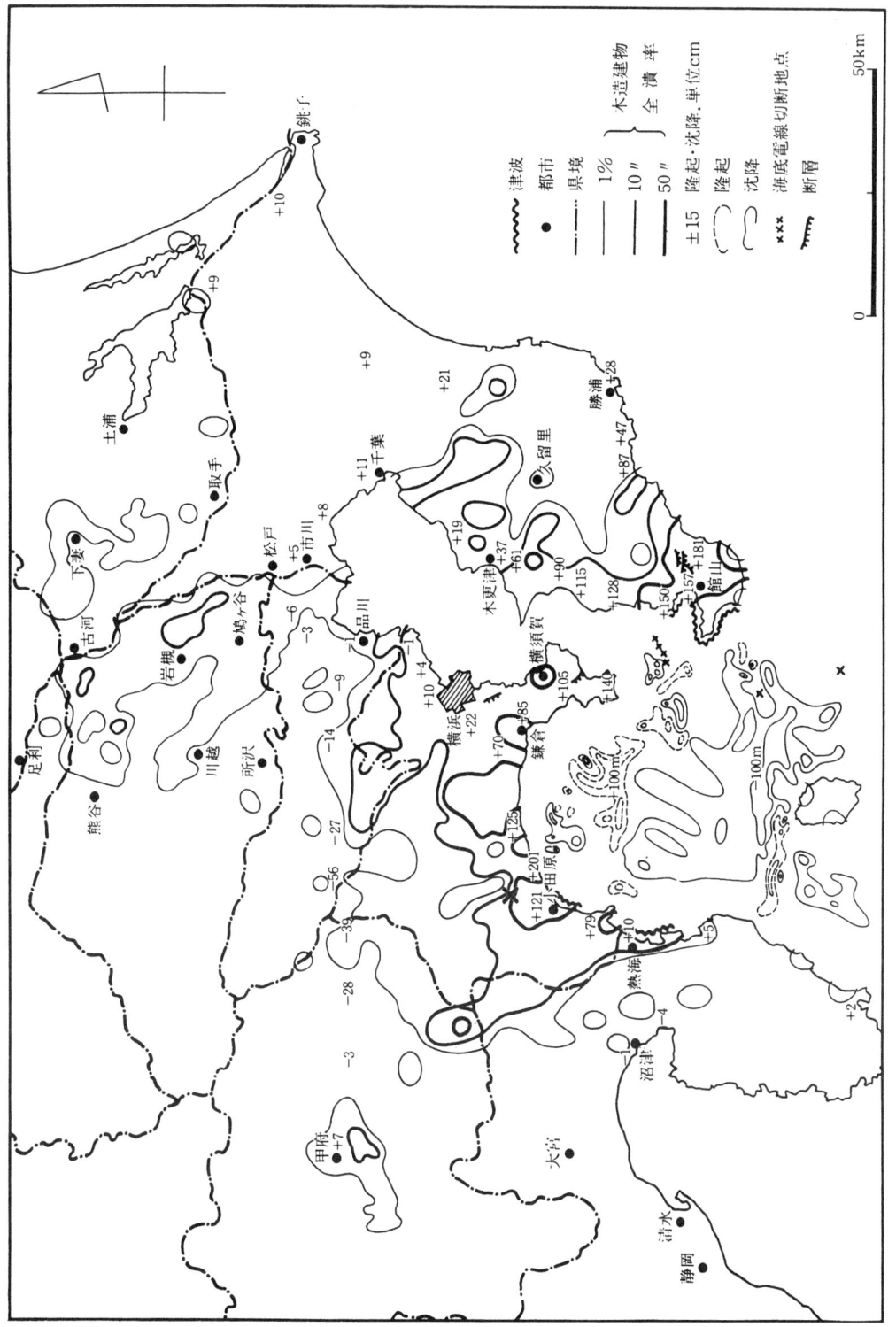

図 430－2　木造家屋全壊率および地盤昇降図［松澤, 1925, 震災予防報告, 100甲, 163-260 と今村, 1925, 震災予防報告, 100甲, 21-65 などより作成］

280　4　被害地震各論

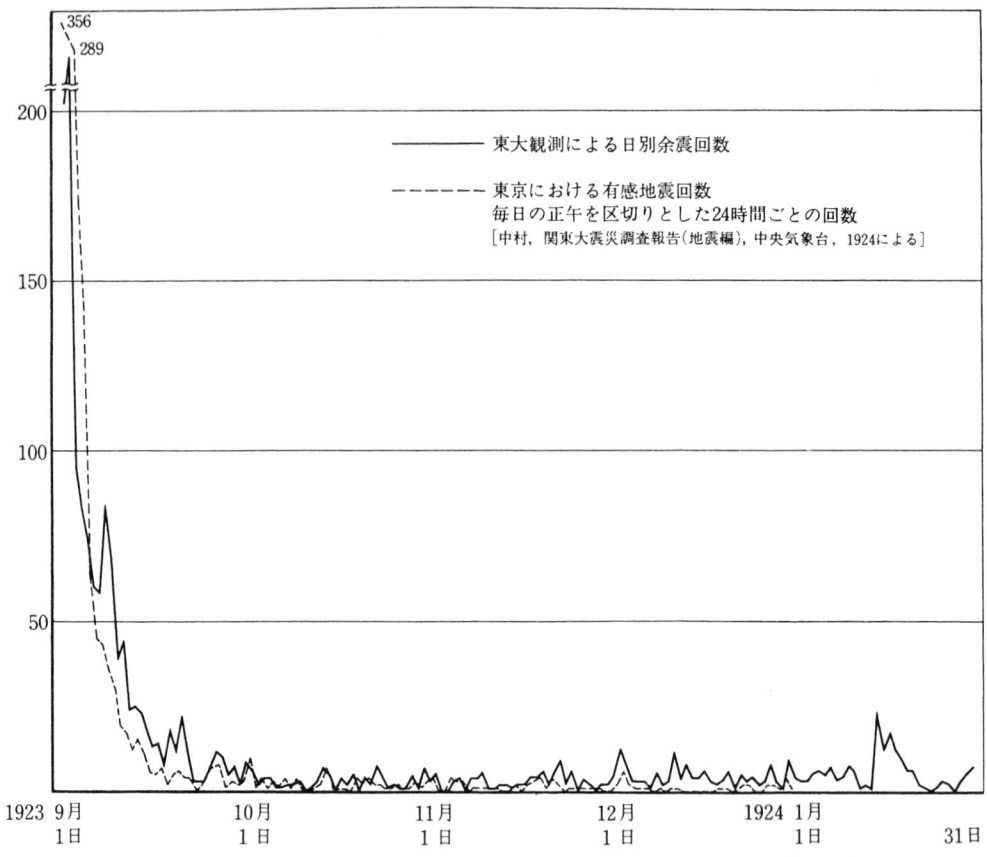

図 430-3　日別余震回数 ［保田, 1925, 震災予防報告, **100** 甲, 261-310 と中村, 1924, 関東大震災調査報告, 48-49 より作成］

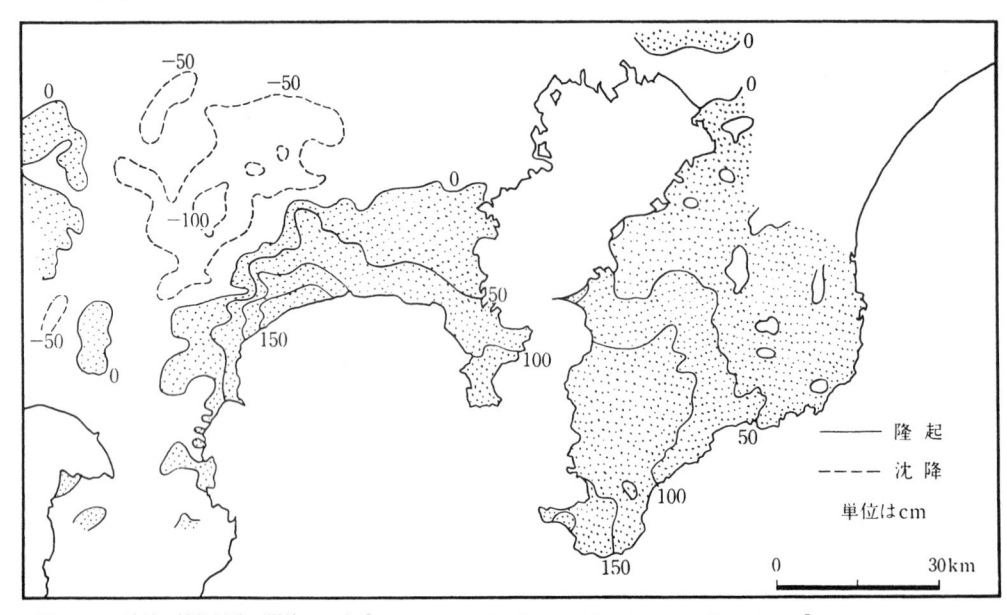

図 430-4　陸地の地盤昇降（単位：cm）［Matuzawa, 1964, *Study of Earthquakes*, Uno-shoten］

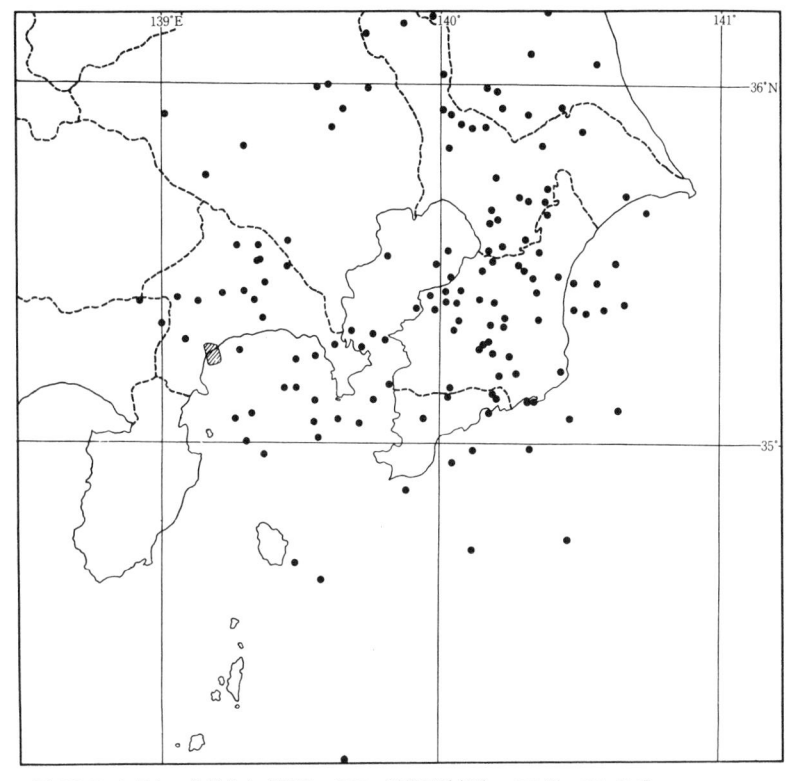

図 430-5 9月中の余震分布［保田, 1925, 震災予防報告, 100甲, 261-310］

では全区にわたって散在して多かった．また，非焼失区域では台地の間の谷筋に被害が多く，四ッ谷から新宿の間もかなり被害があった．郡部では大森・馬込・千住・三河島・王子，あるいは町田町で被害が大きかった．土蔵は山手や高台でも被害が出た．木造の被害率は約 11% になる．表 430-3 は構造別の被害で，鉄筋コンクリート造の被害率は小破を除くと約 8.5%，煉瓦造で 85.3%，石造では 83.5% になる．表 430-4 は横浜における統計である．橋の被害も多く神奈川県では総数 1,253 の 93% に被害を生じた．千葉県では 690 のうち 65 に，埼玉では 1,332 のうち 27 に被害．東京市では 675 のうち震害を受けたもの 18, 火害を受けたもの 340 で，木造および鉄造の橋が火害を最も多く受けた．府下では 1,669 のうち 115 が損害を受けた．横浜では 108 のうち 91 が被害．その他，道路・鉄道・上下水道など多大の被害を受けた．そのうちの海底電線の切断は 6 ヵ所に及び，図 430-2 に記入してある（×印）．また，浅草のいわゆる十二階（高 172 フィート（約 52 m），10 階までは煉瓦造, 11, 12 階は木造, 地面での直径約 50 フィート（約 15 m））が 8 階床上から折れ崩れた．

〔地変〕地震後の水準測量によると，水準原点を不動として，相模湾北岸小田原付近から南東に房総半島先端に至る地域が最大約 2 m 隆起し，東京湾内では北に進むにつれて隆起量は急減する．また，東京から西に甲府に至る測線上には沈降が見られ，最大 56 cm（小仏峠）に達する．図 430-2 の＋または－の符

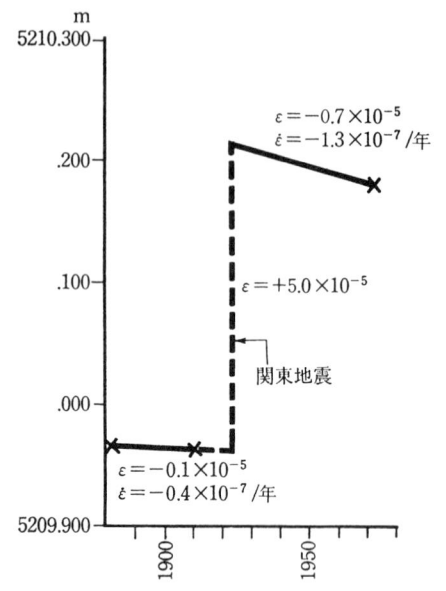

測定年	測定長
	m　　mm
1882 (明15)	5209.9697 + 3.07
1902 (明35)	5210.0129 + 1.09
1910 (明43)	5209.9641
1924 (大13)	5210.2125 + 0.93
1972 (昭47)	5210.179

図 430-6　相模野基線長の時間的変化 [国土地理院, 1973, 予知連会報, 9, 40-41]

表 430-1　被害総括 [今村, 1925, 震災予防報告, 100 甲, 34]

府県名	死	傷	不明	家屋 全潰	半潰	焼失	流失	計(除半潰)
神奈川県	29,065	56,269	4,002	62,887	52,863	68,569	136	131,592
横浜市	23,440	42,053	3,183	11,615	7,992	58,981		70,496
横須賀市	540	982	125	8,300	2,500	3,500		11,800
東京府	68,215	42,135	39,304	20,179	34,632	377,907		398,086
東京市	59,065	15,674	1,055	3,886	4,230	366,262		370,148
千葉県	1,335	3,426	7	31,186	14,919	647	71	31,904
埼玉県	316	497	95	9,268	7,577			9,268
山梨県	20	116		1,763	4,994			1,763
静岡県	375	1,243	68	2,298	10,219	5	661	2,964
茨城県	5	40		517	681			517
長野県				45	176			45
栃木県		3		16	2			16
群馬県		4		107	170			107
計	99,331	103,733	43,476	128,266	126,233	447,128	868	576,262

計は府県の合計.

号つきの数字はこの上下変動量で単位は cm. しかし油壺水準点の中等海水面上の高さの補正を行うと, この数字から 4〜5 cm 引いたものが真正の上下変動量となる. 図 430-4 も参照のこと. 図 430-6 は相模野基線の長さの変化で関東地震のときに約 25 cm 延びたことがわかる. 図中の ε は歪量である. 図 430-2 で小田原から南東に引いた線の北側は隆起し, 南は沈降した. この隆起沈降地域を示す線の内側の線はその量が 100 m 以上になる区域を示しているが, これには多少議論がある. また, 表 430-6 のような, いくつかの小断層が見出されている. 初島にも小断層が見られた. さらに, 山崩れや崖崩れは無数

表 430-2 東京市の家屋被害

区 名	木造** 総数*	全潰	半潰	大破	土蔵** 総数	全潰	半潰	大破	小破
麹町	15,175	140	144	82	338	3	1	31	11
神田	18,732	1,260	674	354	3,553			45	41
日本橋	19,474	87	298	290	6,072			7	18
京橋	21,551	88	58	76	2,621			7	7
芝	29,241	397	412	206	1,256	1	11	20	3
麻布	14,330	322	116	182	511	5	6	22	
赤坂	11,689	350	269	221	413	3	13	17	
四ッ谷	11,409	58	90	270	550	16	10	87	
牛込	19,897	202	390	554	707	4	14	73	
小石川	23,376	144	135	579	589	6		44	
本郷	21,210	153	245	411	933		2	32	10
下谷	30,087	1,105	852	1,562	995	1	2	18	1
浅草	31,900	2,362	2,229	2,905	1,780			27	74
本所	32,927	4,417	4,824	2,120	1,016			5	61
深川	25,233	1,970	1,841	368	1,199			3	7
計	326,231	13,055	12,567	10,180	23,056	39	49	438	234

*大正10年，**北沢，1926，震災予防報告，100 丙，20．

表 430-3 東京の構造別建物被害 [佐藤, 1926, 震災予防報告, 100 丙, 56]

構造	焼失	全潰	半潰	大破	計	総数
石造	1,251	15 / 41	16 / 29	26 / 36	1,308 / 106	1,693
煉瓦造	5,296	58 / 164	68 / 78	259 / 23	5,681 / 265	6,969
鉄筋コンクリート		7 / 8	13 / 9	111* / 12*	593 / 118	

下段は郡部，上段は市部． *含小破．

表 430-4 横浜市における構造別被害 [田中, 1926, 震災予防報告, 100 丙, 379-401]

構造	震災 全潰	半潰	無事	火災 全焼	半焼	無事	全棟数
煉瓦造	98	27	35	110	5	45	160
鉄筋コンクリート	27	14	48	56	9	24	89
鉄および鉄骨	5	18	22	17	4	24	45

横浜の統計．

表 430-5 東京市の焼失統計 [竹内・中村, 1925, 震災予防報告, 100 戊より作成]

区 名	死者1人当り人口	焼失面積百分率	焼失戸数
麹町	606	20.5	5,733
神田	206	77.9	46,709
日本橋	493	95.2	26,020
京橋	535	81.5	28,298
芝	797	23.9	15,658
麻布	2,687	0.1	9
赤坂	916	0.8	2,272
四ッ谷	20,956	2.0	877
牛込	2,564	0.1	4
小石川	807	1.9	956
本郷	2,631	16.4	5,893
下谷	1,027	50.4	33,595
浅草	127	95.2	52,883
本所	6	100.0	55,300
深川	70	82.6	41,880
計			316,087

表 430-6 断層とその諸元 [山崎, 1925, 震災予防報告, 100 乙, 11-54 より作成]

名 称	位 置	走 向	長 さ	変位 上下	水平
下浦	三浦半島先端武山の南東	EW	1 km	0.3〜1.5 m南下り	?
新川	横浜市磯子付近	N 30°W〜S 30°E	1 km		
延命寺	千葉県館山の東	E〜W	3 km	南下り	
宇戸	同上	S 70°W〜N 70°E	0.7 km	約1 m南下り	
瀧川	同上	N 70°E〜S 70°W	2.5 km	同上	有

にあったが，特筆すべきは根府川の2つの土砂災害である．1つは，地震とほぼ同時に根府川駅の裏山が崩れて駅もろとも列車を海中に押し流し100名以上が亡くなったもの，もう1つは山津波で，白糸川の上流から，約4kmの距離を5分ほどで100〜300万m³の土砂が流れ落ち，根府川集落の半数近くの家を土中に埋め，289名が死亡した．

〔津波〕熱海には震後約5分で津波が襲い，湾奥で波高40尺（12 m），湾口で5〜10尺（1.5〜3 m），波は東北からきて，第2波のほうが大．波の高さは，網代湾の湾奥で24尺（7.2 m），湾口で10〜15尺（3〜4.5 m）で東北から襲ってきた．また初島で5〜6尺（1.5〜1.8 m），小田原で小津波．いずれも被害なし．房総では相浜で波の高さ31尺（9.3 m），布良20尺（6 m），浜田13尺（3.9 m），館山6尺（1.8 m），豊岡5.5尺（1.65 m）で，津波は南西から押し寄せた．なお検潮儀によると，この津波の振幅は銚子30 cm，小名浜35 cm，鮎川18 cm，鮫40 cm，串本18 cm，大阪33 cm，浦戸21 cm，細島20 cmである．また，東京湾に振幅約60 cmの静振が生じた．周期は横須賀で126分，千葉で125分で，両地点における位相は逆だった．［2, 2］

〔火災〕東京の火災については中村［1925］の調査が有名．これによると，市・郡を含み消火火元79，延焼火災84，神田の神保町・今川小路，浅草の千束町・光月町は火元の密度が濃い．だいたいの鎮火は9月2日06時頃，すっかり鎮まったのは3日10時頃．焼失面積約1,150万坪（約3,830 ha）で安政江戸地震の20倍近く．延焼速度は18〜820 m/時．全体が41の火系に分けられるという．また，橋の焼失246，大破・墜落31であった．とくに本所の被服廠跡における惨状は有名で周辺部を含めて4万4,030人が焼死した．その他，東京で焼死者100以上の場所と死者数は次のとおり．田中小学校（浅草）（1,081），横川橋北詰（773），錦糸町駅（630），吉原公園（490），東森下町（273），伊予橋際（209），枕橋際（157），緑町3丁目竪川河岸（125），東大工町丈六原（113），神田駅（108）．火災に遭った区域は皇居から東，隅田川を越えて現江東地区に及び，北は千住に達する区域である．神田佐久間町一円は焼失区域の中にあって焼け残ったが，住民の協力がこの成果をもたらした．この頃の東京市の総戸数は約45万戸でそのうちの約65%に当る30万戸が焼失した．東京の火災が有名だが，その他にも火災が多かった．とくに横浜では火元は東京を上回る150ヵ所以上，宅地面積の約75%に当る285万坪（950 ha）を焼き，6万3000戸を焼失した．これは全戸数の約65%に当る．その他横須賀（4,700）・鎌倉・厚木・秦野・浦賀・小田原（3,400）・眞鶴・房州の船形等で大きな火災があった（かっこ内の数字は焼失戸数）．被害実数は文献により多少相違がある．たとえば表430-5の最後の欄の合計は表430-1と一致しない．(☆)(#)［中村，1925，震災予防報告，**100** 戊，81-134］

431 1923 Ⅸ 1（大正12）16時37分 山梨県東部 $\lambda = 138°46'$ E $\varphi = 35°14'$ N $M = 6.6$ $h = 0$ km 震央地方に多少の被害．関東地震の余震．

432* 1923 Ⅸ 2（大正12）11時46分 千葉県勝浦沖 $\lambda = 140°03'$ E $\varphi = 34°41'$ N $M = 7.3$ $h = 14$ km 関東地震の余震．勝浦では本震より強く感じ瓦の落下などの小被害．小津波あり．洲崎で高さ30 cm．津波の被害なし．［−1, −1］

433 1923 Ⅸ 10（大正12）02時10分 伊豆大島付近 $\lambda = 139°09'$ E $\varphi = 34°42'$ N $M = 5.9$ $h = 31$ km 関東地震の余震．伊豆の稲取・下河津付近で道路破損などの小被

害.

434 1923 Ⅸ 26（大正 12）17 時 23 分　伊豆大島付近　$\lambda=139°13'$ E　$\varphi=34°42'$ N　$M=6.8$　$h=0$ km　大島東岸で瓦の落下程度の小被害.

435 1924 Ⅰ 15（大正 13）05 時 50 分　丹沢山塊　$\lambda=139°03'$ E　$\varphi=35°20'$ N　$M=7.3$　$h=0$ km　関東地震の余震．神奈川中南部で被害大．とくに被害の大きかったのは高座郡の小出・御所見・有馬の各村，中郡太田村・愛甲郡厚木町などである．被害家屋のうちには，関東地震後の家の修理が十分でないことによるものが多い．甲府で震度 Ⅵ．図 435-1 の実線は著者による震度分布．破線は勝又による．釧路・函館でも有感.

436 1924 Ⅲ 15（大正 13）19 時 31 分　樺太エストル付近　$\lambda=142.0°$ E　$\varphi=49.3°$ N　$M=6.8$　$h=18$ km　北名好で家屋傾き壁落ち，地割れ・崖崩れあり，傷 2，エストル村白坂で家屋倒壊 4.

437 1924 Ⅷ 13（大正 13）03 時 18 分　紀伊　$\lambda=135°14'$ E　$\varphi=33°37'$ N　$M=6.1$，$h=46$ km　強震域は和歌山県中部．日高郡で落石・瓦落下などがあり西牟婁郡で粗悪な石垣崩る．漁船は海震を感じた.

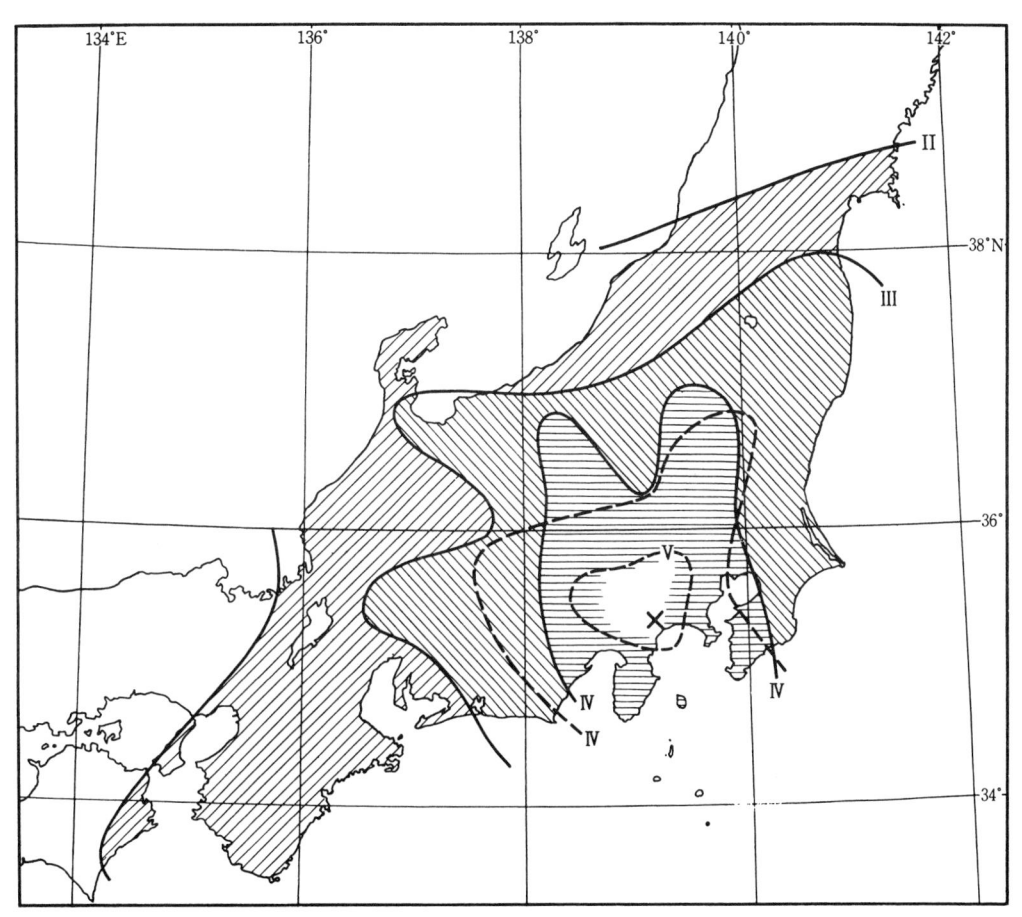

図 435-1　震度分布［実線は宇佐美，破線は勝又，私信による］

表 435-1 被害総括

郡市名		死	傷	住家 全潰	住家 半潰	住家 破損	非住家 全潰	非住家 半潰	非住家 破損	破損 道路	破損 橋梁	破損 崖崩れ
東京府	東京市	1	52	10*	8*	247*						
	同上郡部	5	64	15*	70*	1,445*					24	
	計	6	116	25*	78*	1,692*					24	
神奈川県	横浜市	3	101	25	65		10	8		20	4	218
	久良岐郡		2		4		6	1		2	1	2
	橘樹郡		22	1	13		11	5		7	3	12
	都筑郡				1		13	19			1	1
	鎌倉郡		74	6	261		229	293		7	1	3
	三浦郡		14	5								10
	高座郡	7	148	283	1,448		308	982		11	2	2
	中郡	3	37	129	635		89	319		9	5	
	足柄下郡		44	19	34		2	3		14	1	3
	足柄上郡		5	3	70		4	79		5		5
	愛甲郡		19	45	438		20	259		13	3	6
	津久井郡		2	3	55		7	39		6		15
	計	13	466	561	3,064		700	2,005		94	21	279
山梨県	甲府市						1					
	南都留郡		30	1	49	378	2	26	142			
	北都留郡			1			1					
	計		30	2	49	378	4	26	142			
静岡県	駿東郡		26	10*	243*							
	総計	19	638							94	45	279

*住家と非住家の合計．震災予防報告，1925, 100甲, 61, 103, 339 による．

438 1925 V 23（大正14）11時09分　但馬北部　$\lambda = 134°50'$ E　$\varphi = 35°34'$ N　$M = 6.8$　$h = 0$ km　**北但馬地震**　震央は円山川河口，城崎付近．被害の激しかったのは円山川流域の河口から南，豊岡に至る狭い地域．被害実数は文献により多少異なる．表 438-1 [今村, 1927] の焼失は全・半潰または破損の上焼失したものを含む．全潰百分率は焼失なきものと見なした場合．豊岡では 3 ヵ所から出火．うち 2 つは消したが 1 つが延焼した．城崎は木造の 3〜4 階建が多く，川筋で潰多く，出火のため大半焼失した．港村の田結は 83 戸中 82 潰れ，3 ヵ所から出火したがただちに消火につとめ，消火後家の下敷になっていた人たち 58 人を救出した．気比でも出火はすぐに消され，焼失は 2 戸のみであった．久美浜湾では葛野川河口付近の水田・桑田約

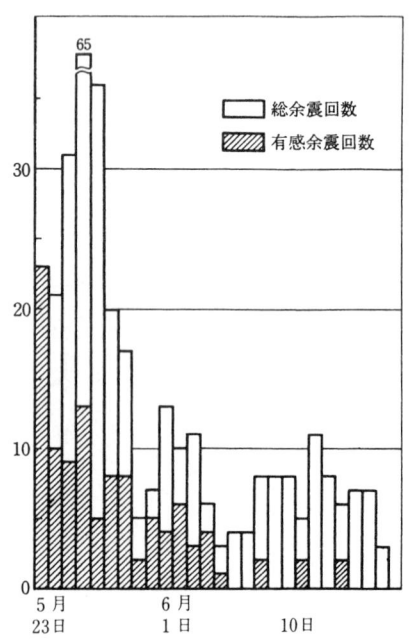

図 438-1　豊岡における日別余震回数 [今村, 1927 より作成]

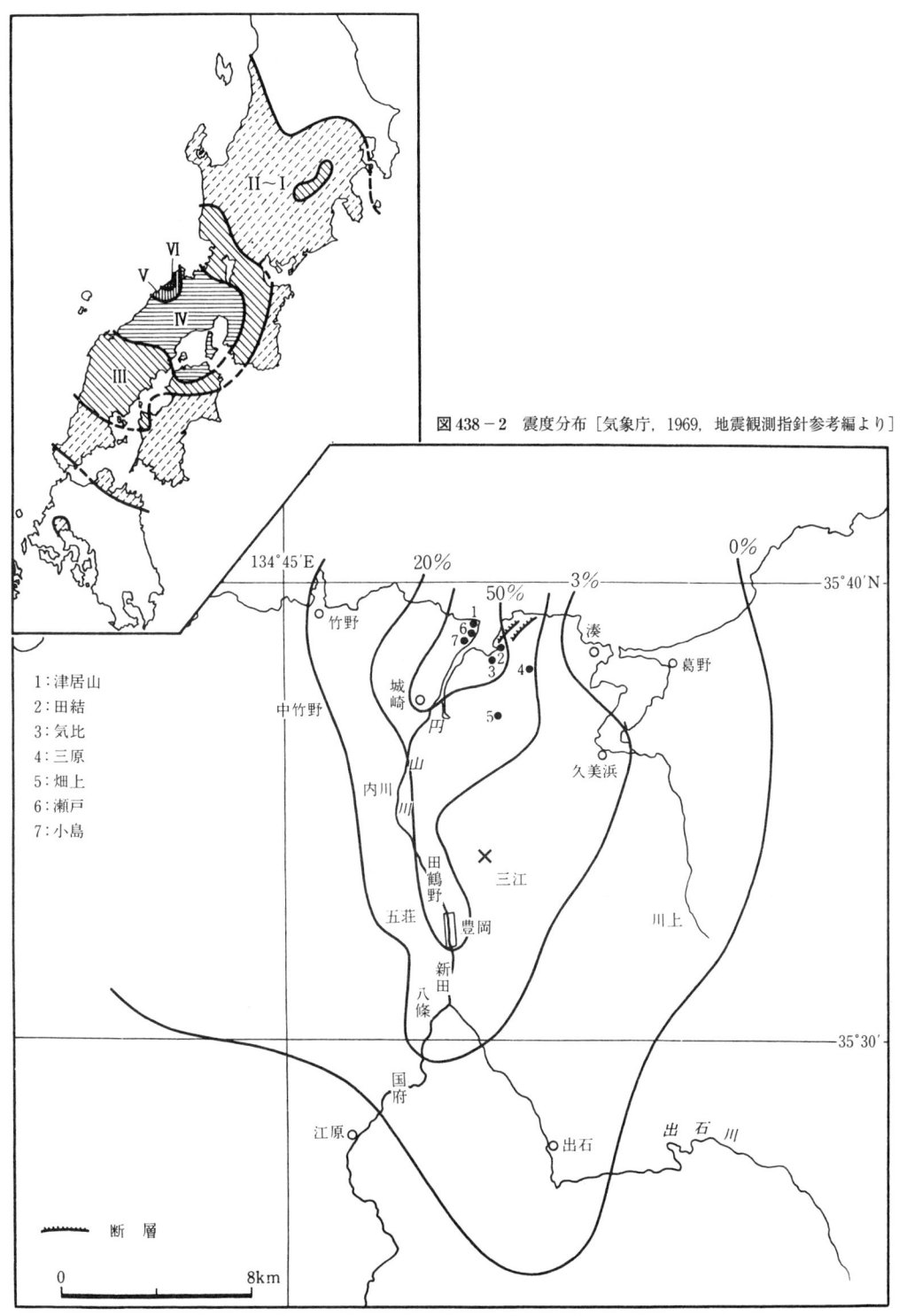

図438-2 震度分布 [気象庁, 1969, 地震観測指針参考編より]

1：津居山
2：田結
3：気比
4：三原
5：畑上
6：瀬戸
7：小島

図438-3 全潰率分布 [今村, 1927から作成]

表 438-1　おもな被害［今村, 1927］

	町村名	戸数	焼失	全潰	同 %	半潰	破損	計	人口	死	傷
兵	豊　　岡	2,178	1,483	489*	25	30	122	2,124	11,097	87	293
	八　　条	368		13	4	42	224	279	1,910	2	7
	新　　田	480		28	6	121	301	450	2,449	1	3
	三　　江	408		15	4	50	225	290	2,527		8
	田 鶴 野	444		102	23	118	208	428	2,311	8	13
	五　　荘	677		56	8	20	421	497	3,293	5	9
	内　　川	305		61	20	50	79	190	1,642	11	13
	城　　崎	702	548	30△	50△	10	16	604	3,410	272	198
庫	港	813	148	438	72	142	3	821	4,434	33	243
	竹　　野	648		31	5	61	199	291	3,540		8
	中　　筋	498	1	8	2	40	254	303	2,761		4
	中 竹 野	405				11	394	405	2,531		
	香　　住	1,055					53	53	6,135		
	口 佐 津	528		1		5	368	374	3,326		4
	国　　府	701		3		23	309	335	3,370	2	1
京都	久 美 浜	458		20	4	50		70		7	30
	計		2,180	1,295		773	3,266	7,514		428	834
港	小　　島	83		23	28	52	6		390	1	5
	瀬　　戸	116	1	48	41	53	14		574	4	33
	津 居 山	250	145	68	85▽	37			1,377	19	82
	気　　比	191	2	162	85		27		1,129	6	15
	田　　結	83		82	99		1		494	7	46
村	畑　　上	59		34	57		25		317		
	三　　原	31		21	68		20		153		
	計	813	148	438		142	93		4,434	37	182

* 不確実.
△ 計算が合わない．「北但震災誌」では，城崎の全焼は――になっている．潰家との区別がつかないためだろう．
▽　　〃　　．本文には「全潰百分率は焼失なきものと見なした場合」とある．

10町歩（約10 ha）が陥没して海となり，湾の北半に高さ1 mのセイシュ（seiche, 静振；港湾や湖沼におこる水面の固有振動）を起こした．また，田結では2本の平行した（約400 m離れている）断層が見出された．長さはおのおの約1.6 km，西側が落ちその差は大きいところで60〜85 cmに達した．また，海震は津居山〜香住の沖10海里までは感じたが25海里沖では感じなかった．豊岡における6月17日09時までの余震数は図438-1のとおり．5月23日には地震計が故障していた．図438-3は全潰率分布．［―1］［今村, 1927, 震災予防報告, **101**, 1-30］

439　1925 Ⅶ 4（大正14）04時20分　美保湾　$\lambda=133°25'$ E　$\varphi=35°21'$ N　$M=5.7$　$h=0$ km　境・米子付近で強く，壁の亀裂，屋根瓦の落下，道路・堤防の亀裂，石垣の破損も多く，地割れからの噴水や，細砂を噴出し埋没した井戸があった．墓石の転倒・回転もあった．同日04時34分，08時53分，5日23時53分，11日17時33分に日野川沿いに余震があった．

440　1925 Ⅶ 7（大正14）01時46分　岐阜付近　$\lambda=136°45'$ E　$\varphi=35°16'$ N　$M=5.6$　$h=42$ km　四日市で煙突の倒れたもの，塀の壊れたものあり．

441 1925 Ⅷ 10（大正 14）09 時 36 分　日田地方　$\lambda=131°04'$ E　$\varphi=33°26'$ N　$M=4.7$　$h=0$ km　同月 4〜13 日の間に 21 回の有感地震．地面の亀裂・地下水の異常あり．

442 1926 Ⅵ 29（大正 15）23 時 27 分　沖縄本島北西沖　$\lambda=126°46'$ E　$\varphi=27°47'$ N　$M=6.7$　$h=150$ km　那覇市・首里市で石垣崩壊あり．名瀬で震度 Ⅱ．

443 1926 Ⅷ 3（大正 15）18 時 26 分　東京市南東部　$\lambda=139°44'$ E　$\varphi=35°35'$ N　$M=6.3$　$h=57$ km　横浜で水道鉄管，東京でガス管破裂あり．横浜・横須賀で石垣崩れや崖崩れあり．測量の結果，この地震後羽田地塊が沈降したことがわかった．

444 1926 Ⅸ 5（大正 15）00 時 37 分　襟裳岬沖　$\lambda=143°42'$ E　$\varphi=42°27'$ N　$M=6.7$　$h=66$ km　十勝郡大津村で家屋の微小被害．十勝川下流域の軟弱地盤に亀裂を生ず．

445* 1927 Ⅲ 7（昭和 2）18 時 27 分　京都府北西部　$\lambda=134°56'$ E　$\varphi=35°38'$ N　$M=7.3$　$h=18$ km　**北丹後地震**　被害は丹後半島の頸部が最も激しく，その他淡路島の北半で土塀の崩壊，家屋の小破．大阪の鶴町で道路の地割れから泥水を噴出し浸水家屋あり．鳥取市で傷 1，米子で家屋倒壊 2，破損 2，西伯郡で土蔵倒壊 1，境で破損 1 があった．また，滋賀・岡山・福井・徳島・三重・香

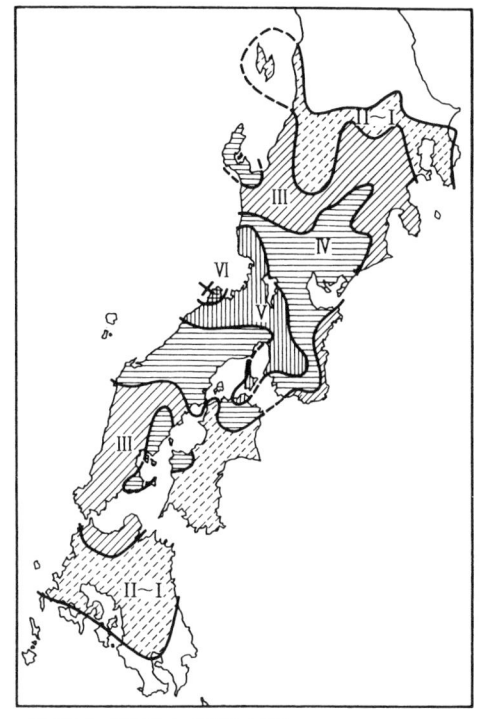

図 445-1　震度分布［佐藤, 1928］

表 445-1　被害状況［佐藤, 1928, 験震時報, 3, 9-40］

	郡　名	人口	死	傷	戸数	住　　宅* 全潰	半潰	全焼	非　住　家 全潰	半潰	全焼
京都府	与謝	58,085	575	1,324	11,752	1,861	1,666	416	3,863	2,462	690
	中	22,914	1,492	3,590	4,657	1,318	1,524	991	1,671	1,859	462
	竹野	30,853	812	2,608	6,619	1,570	888	612	1,483	726	476
	熊野	16,546	6	73	3,454	150	525		461	869	
	計		2,885	7,595		4,899	4,603	2,019	7,478	5,916	1,628
兵庫県	城崎			50		40	191				
	出石		3	5		3					
	美方			3			5				
	県合計		6	85		80	250				
大阪府			21	126		45	74				
総計			2,912	7,806							

数字は出典により多少異なる．*兵庫では非住家も含む．

290　4　被害地震各論

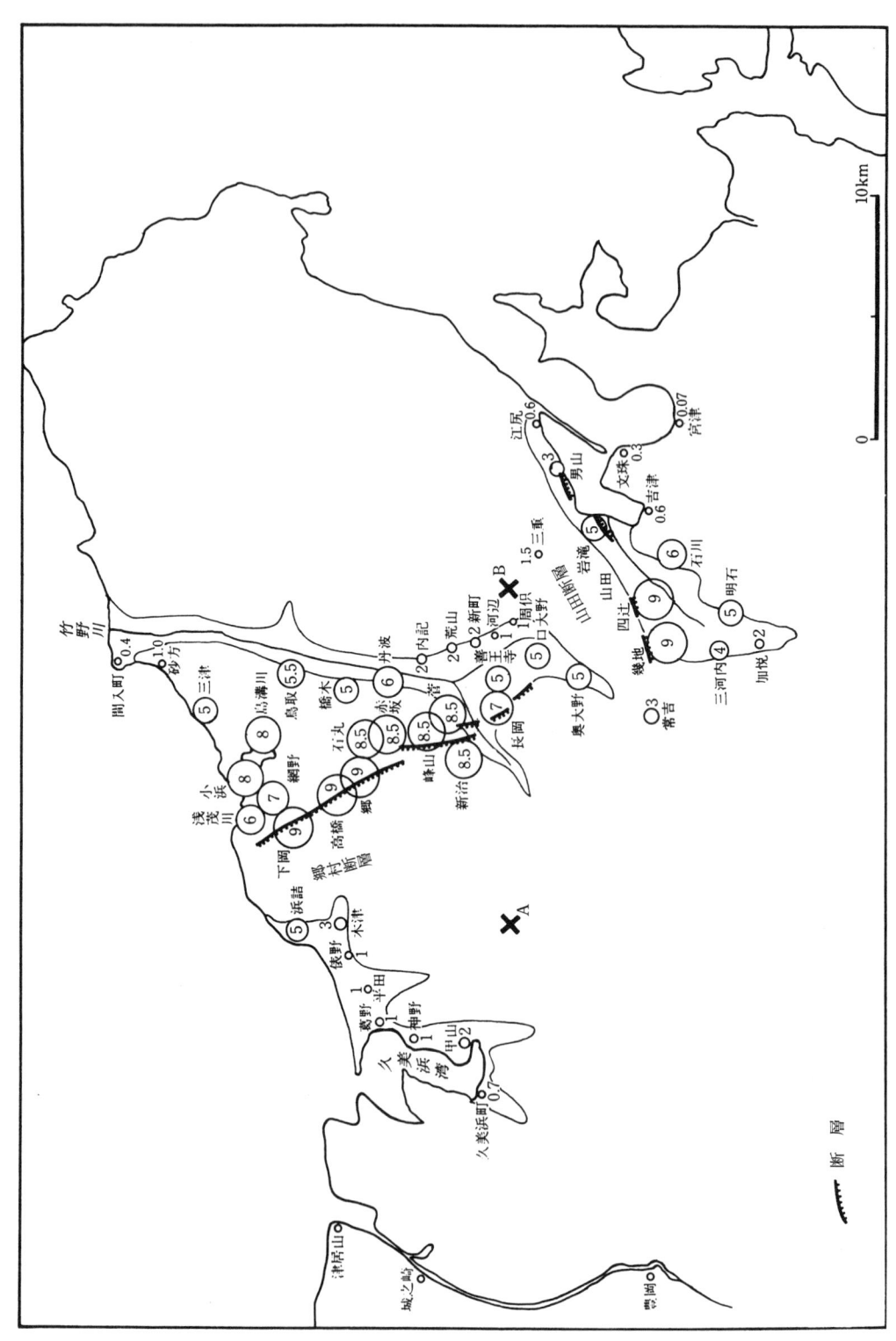

図4.45-2　建物倒潰率分布 [谷口, 1927, 震研彙報, 3, 133-162] 単位は10%. 気象庁の震央Aは断層からずれている. Bは従来の震央.

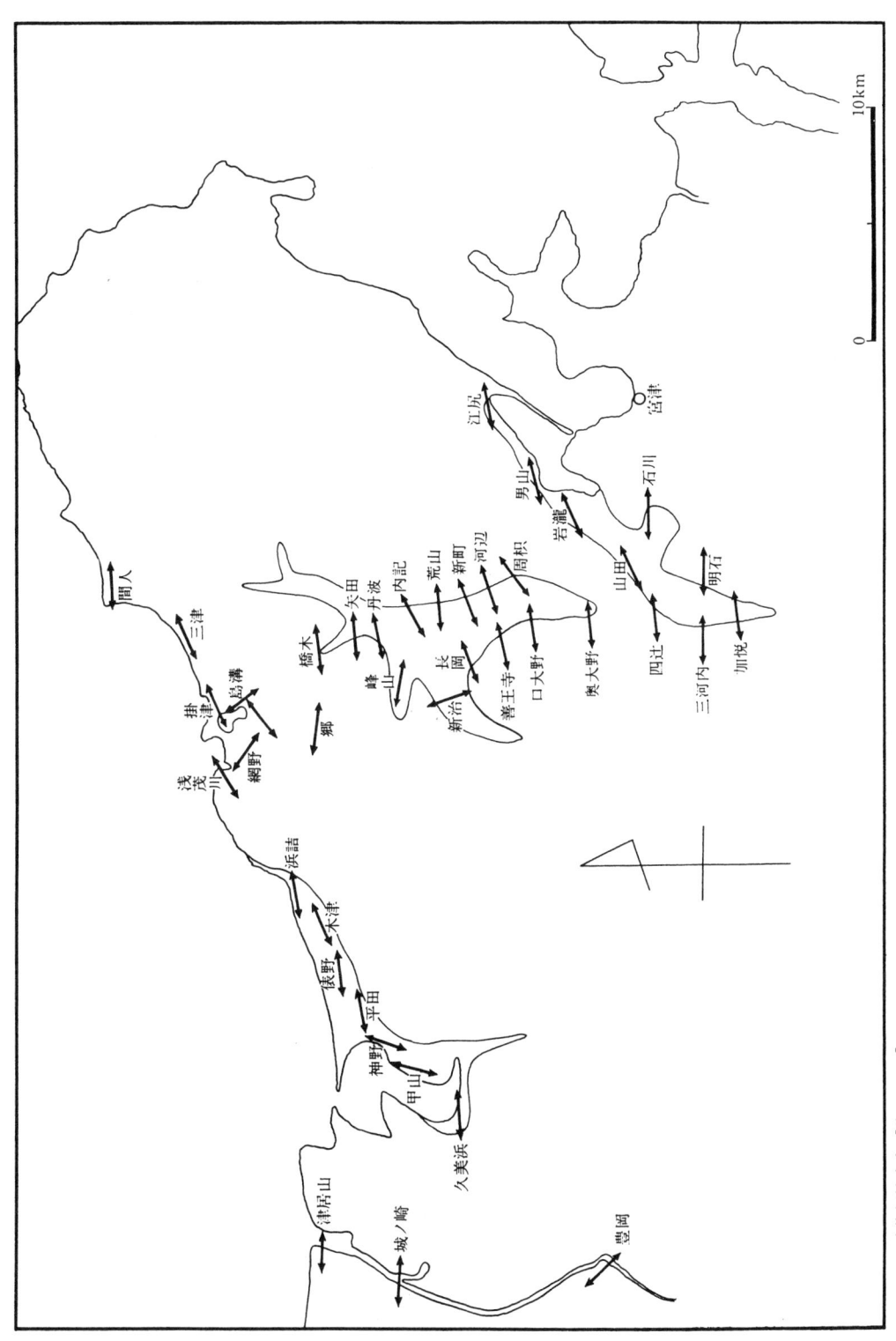

図 445-3 建物倒壊方向 [谷口, 1927]

292   4 被害地震各論

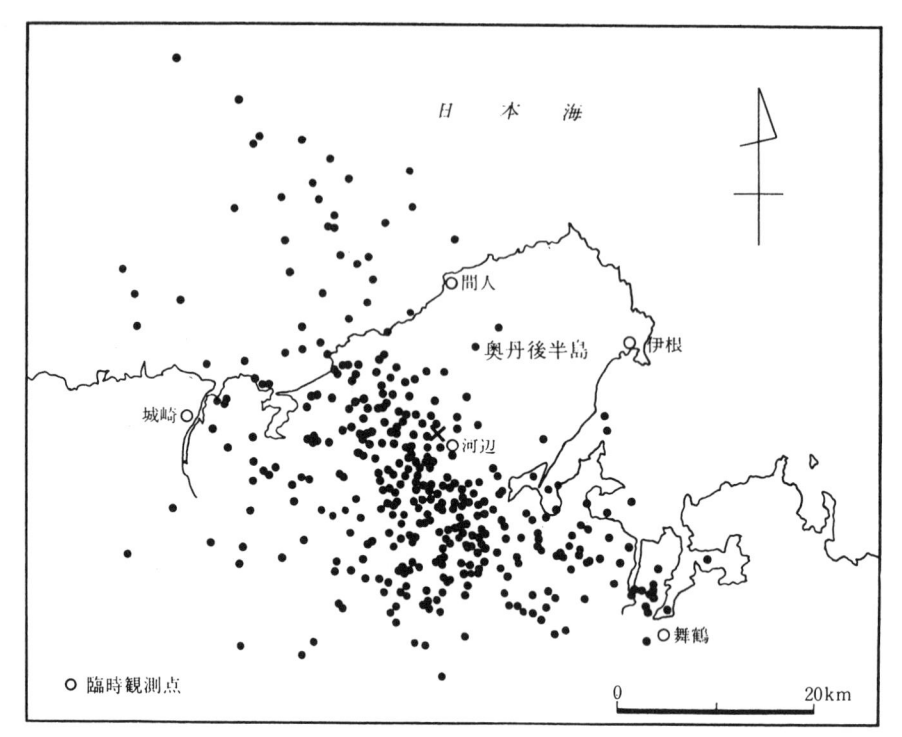

図 445-4 余震分布 [那須, 1929, 震研彙報, 6, 245-332]

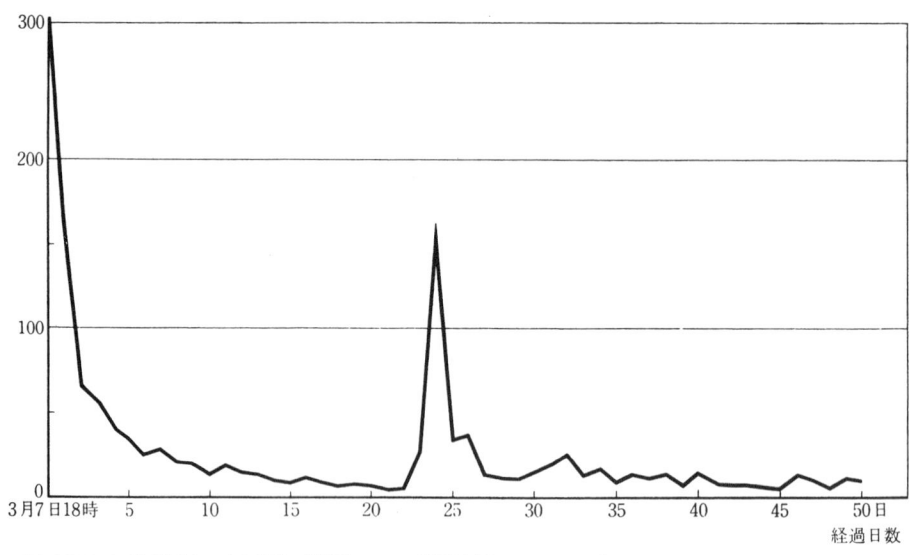

図 445-5 24時間ごとの余震回数 [鷺坂, 1928, 験震時報, 3, 107-124]

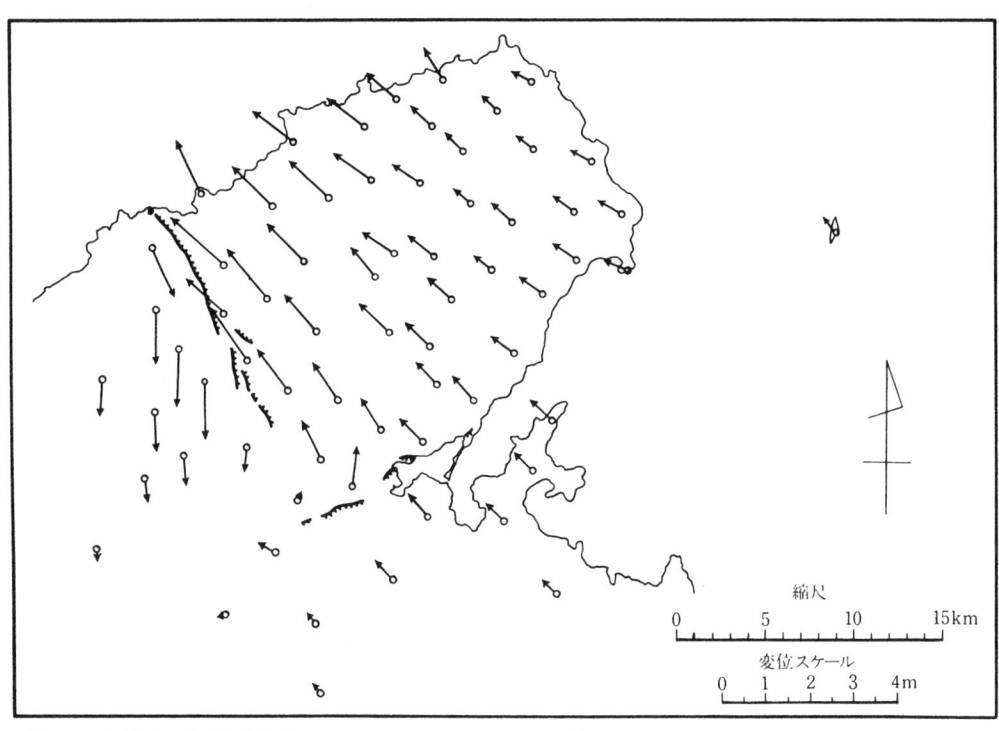

図 445-6　三角点の水平変位量 [Tsuboi, 1930, *BERI*, **8**, 153-338]

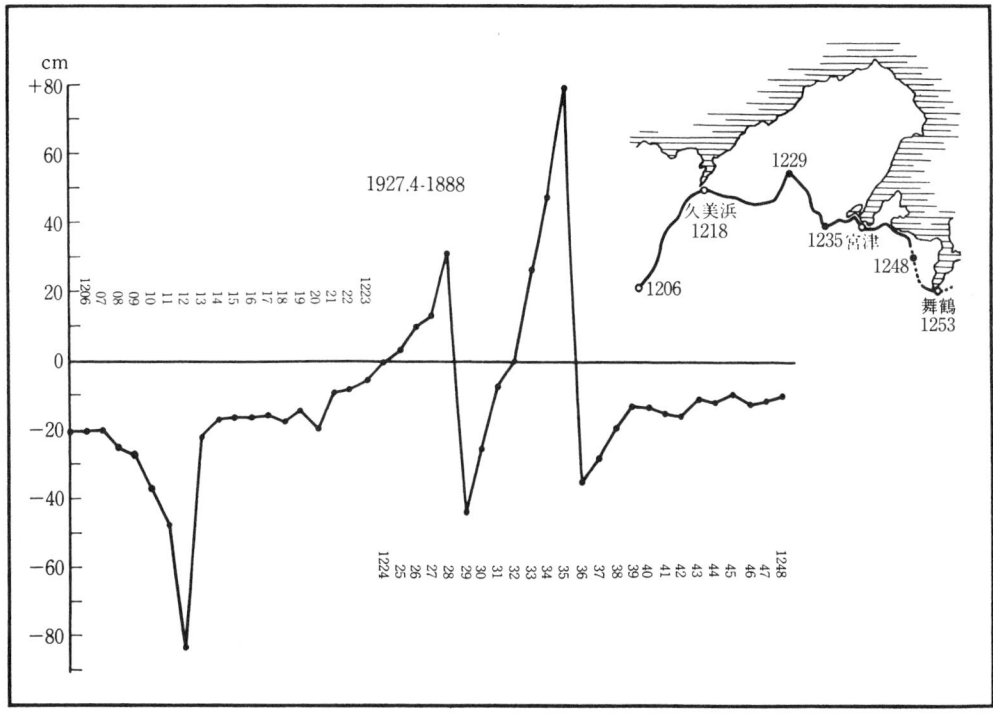

図 445-7　水準路線の垂直変動 [檀原, 1966, 測地学会誌, **12**, 18-45 と Tsuboi, 1931, *BERI*, **9**, 423-434 より作成]

川・奈良各県で小被害があった．

死亡率は峰山町で22%，吉原村10.1%，島津村8.2%，市場村12.2%など大きく，家屋焼失率と並行関係にある．峰山町ではほとんど全部が全潰または全焼した．この地震で断層が2つ生じた．郷村断層（NNW-SSE，長さ18 km，西側が最大80 cm隆起し，かつ南へ最大270 cm移動）・山田断層（前者に直角に走る．長さ7 km，北側が最大70 cm隆起し，東へ最大80 cm移動）である．図445-2は建物倒潰率の図で数字は10%単位である．倒潰率の大きいところは，この断層線に沿った地域に限られている．図445-3は建物の倒れた方向を示す．

この地震は地震研究所ができて，はじめての大地震であり，いろいろな調査が行われた．余震調査のための臨時観測も行われ，余震の立体分布（3月10日頃〜8月31日）がはじめて明らかにされた．結果は図445-4に示される．図445-5は余震の日変化で18時を1日の境としている．とくに4月1日06時08分（$\lambda=135°09.2'$ E　$\varphi=35°35.2'$ N　$M=6.4$　$h=4$ km）の余震は大きく，それに伴う余震の余震があったことがよくわかる．また，この地震後に海底および陸上の測量が行われ，地震に伴う地殻の変形が明らかにされた．図445-6は水平変位量で，断層の両側で向きが逆で，断層から遠ざかると小さくなることを示す．この断層は図445-7の水準測量の結果にもよく現れている．また，小学校で被害を受けたもの30校，うち13校は全潰または全焼，3校は大修理の上で使えるもの，14校は局部修理で使えるものでこのうち5校が全半焼した．地震が放課後であったのが不幸中の幸いであった．また，地震の約2.5時間前に三津・砂方などの沿岸が1.3 m隆起したという．さらに，浜詰村夕日港から網野にかけて隆起し，とくに夕日港では約80 cmに達した．また，沿岸の砂丘地方では地すべりなど

があり，島津村遊のものは，長さ400 m，幅100 mの地を覆った．円山川河口の津居山港で，高さ30 cmの小津波を記録した．（☆）
[−1, 0]

446* 1927 Ⅷ 6（昭和2）06時12分　宮城県沖　$\lambda=142°10'$ E　$\varphi=37°54'$ N　$M=6.7$　$h=25$ km　石巻で家屋小破，渡波で学校の壁に亀裂を生じ，岩石煙突折損3．涌谷町で亀裂から濁水が噴出した．白河城址の石垣崩れ，その他福島県でも小被害あり．塩釜で小津波，全振幅15 cm [−1, −1]

—* 1927 Ⅷ 19（昭和2）04時27分　房総沖　$\lambda=142°25'$ E　$\varphi=33°49'$ N　$M=6.4$　$h=11$ km　小津波．銚子で全振幅36 cm．津波から推定されたマグニチュードは7.4で，津波地震の特徴を示す．[−1]

447 1927 Ⅹ 27（昭和2）10時53分　新潟県中部　$\lambda=138°51'$ E　$\varphi=37°30'$ N　$M=5.2$　$h=0$ km　**関原地震**　局部的強震．新潟県三島郡関原（長岡市の西約8 km）・宮本・日吉の3村，直径3 kmの地に被害があった．日吉村の鳥越・雲出関の県道大破．宮本村西田の田圃内に石油ガス噴出孔（約300 mにわたりN60°W方向の直線上に並ぶ）を生じ，青砂と石油を噴出．前震は10時10分，同35分，同36分の3回．余震は同日中に60回．震後11〜12月に行われた水準測量と同年7月の測量結果をくらべると，震央付近約6

表447-1　被害一覧[松澤，1928，震研彙報，5, 29-34]

村　名	傷	住家 半潰	住家 大破	非住家 大破	破損 道路	破損 堤防
日 吉 村	2	9	190	10	4	
関 原 村		8	13	8	3	
宮 本 村		6	31			1
計	2	23	234	18	7	1

km の間で約 2 cm 隆起した.

448 1927 XII 2 (昭和 2) 15 時 55 分　有田川流域　$\lambda=135°08'$ E　$\varphi=33°58'$ N　$M=5.4$　$h=42$ km　湯浅町で土塀倒壊, 土地の亀裂などの小被害. 有感余震約 50 回.

449 1928 V 21 (昭和 3) 01 時 29 分　千葉付近　$\lambda=140°04'$ E　$\varphi=35°40'$ N　$M=6.2$　$h=75$ km　江戸川河口付近で土壁の亀裂・崩壊あり. 千住で高さ約 20 m の煙突が倒れた.

—* 1928 V 27 (昭和 3) 18 時 50 分　三陸沖　$\lambda=142°58'$ E　$\varphi=40°04'$ N　$M=7.0$　$h=27$ km　喜多丸は震央付近を航行中海震を感じ, 甲板上で自己の中心を失うほどであった. 小津波, 石巻で全振幅 25 cm. [-1, $\underline{-1}$]

450 1928 XI 5 (昭和 3) 13 時 40 分　大分県西部　$\lambda=131°07'$ E　$\varphi=33°22'$ N　$M=4.7$　$h=40$ km　北小国地方で小崖崩れ 4.

451 1929 I 2 (昭和 4) 01 時 40 分　福岡県南部　$\lambda=130°52'$ E　$\varphi=33°07'$ N　$M=5.5$　$h=4$ km　小国地方で家屋半潰 1, 県道の亀裂, 崖崩れ, 落石, 石灯籠・墓石の転倒あり.

452 1929 V 22 (昭和 4) 01 時 35 分　日向灘　$\lambda=131°53'$ E　$\varphi=31°45'$ N　$M=6.9$　$h=59$ km　宮崎市で煉瓦煙突の崩壊多く, 土壁や屋根の破損あり. 青島村内海で岸壁に小亀裂.

453 1929 VII 27 (昭和 4) 07 時 48 分　丹沢山付近　$\lambda=139°05'$ E　$\varphi=35°31'$ N　$M=6.3$　$h=37$ km　東京市内で微小被害. 神奈川県ではところどころで地割れ (鎌倉・藤沢・厚木など), 壁の亀裂 (横浜・戸塚・中野) などがあった.

454 1929 VIII 8 (昭和 4) 22 時 33 分　福岡県　$\lambda=130°16'$ E　$\varphi=33°32'$ N　$M=5.1$　$h=9$ km　雷山付近. 震央付近で, 壁の亀裂, 崖崩れなどを生じた.

455 1929 XI 20 (昭和 4) 14 時 54 分　有田川河口　$\lambda=135°09'$ E　$\varphi=34°06'$ N　$M=5.8$　$h=3$ km　御坊港で大阪商船那智丸が海震を感じた. 有田川堤防に小亀裂, 箕島・湯浅およびその付近で家屋・煉瓦煙突・塀などに微小被害, 地割れもところどころにあった.

456 1930 II 5 (昭和 5) 22 時 28 分　福岡県西部　$\lambda=130°19'$ E　$\varphi=33°28'$ N　$M=5.0$　$h=0$ km　福岡市の南々西 15 km の雷山付近. 小崖崩れ・小地割れなどがあった. 7 日 12 時 35 分頃強い余震.

457 1930 II 11 (昭和 5) 09 時 12 分　和歌山付近　$\lambda=135°12'$ E　$\varphi=34°08'$ N　$M=5.3$　$h=9$ km　和歌山市で傷 1, 家屋破損 5, その他土蔵破損, 土塀の崩壊あり. 海草郡紀三井寺およびその東 4 km 以内の地で土塀の崩れたものがあった.

458 1930 II 13〜V (昭和 5)　伊東沖　**伊東群発地震**　2 月 13 日 22 時 20 分頃にはじまり, 図 458-2 のような変化をして 5 月末にほぼおさまった. 伊東における有感地震回数は 2 月 214 回, 3 月 2,274 回, 4 月 159 回, 5 月 1,368 回である. 地震は 3〜4 月上旬の群と 5 月の群に分かれる. そのうち大きい地震

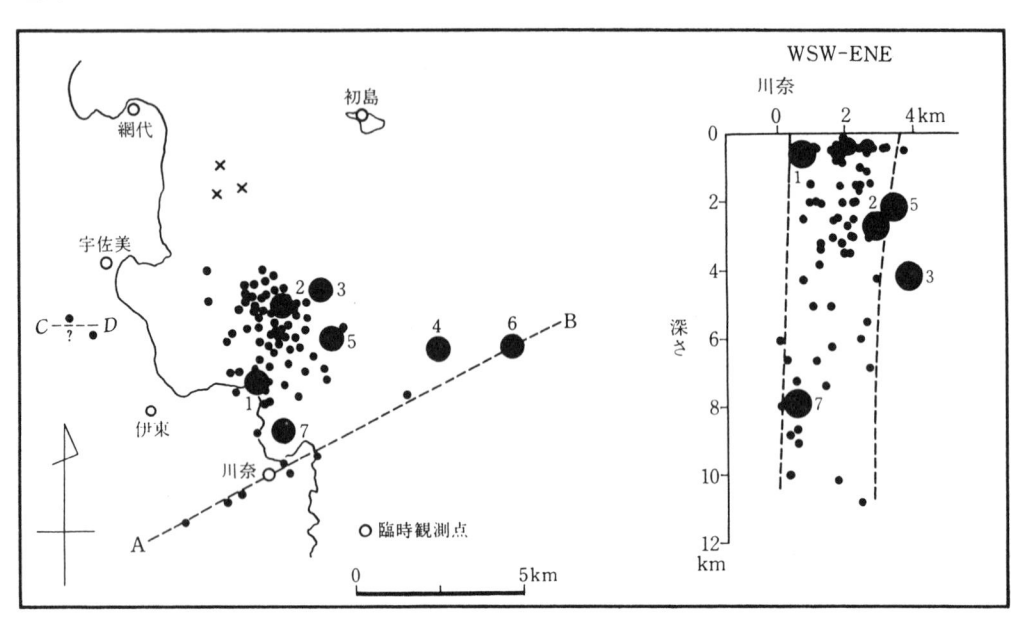

図 458-1 震央分布 [那須ほか, 1931, 震研彙報, 9, 22-35]

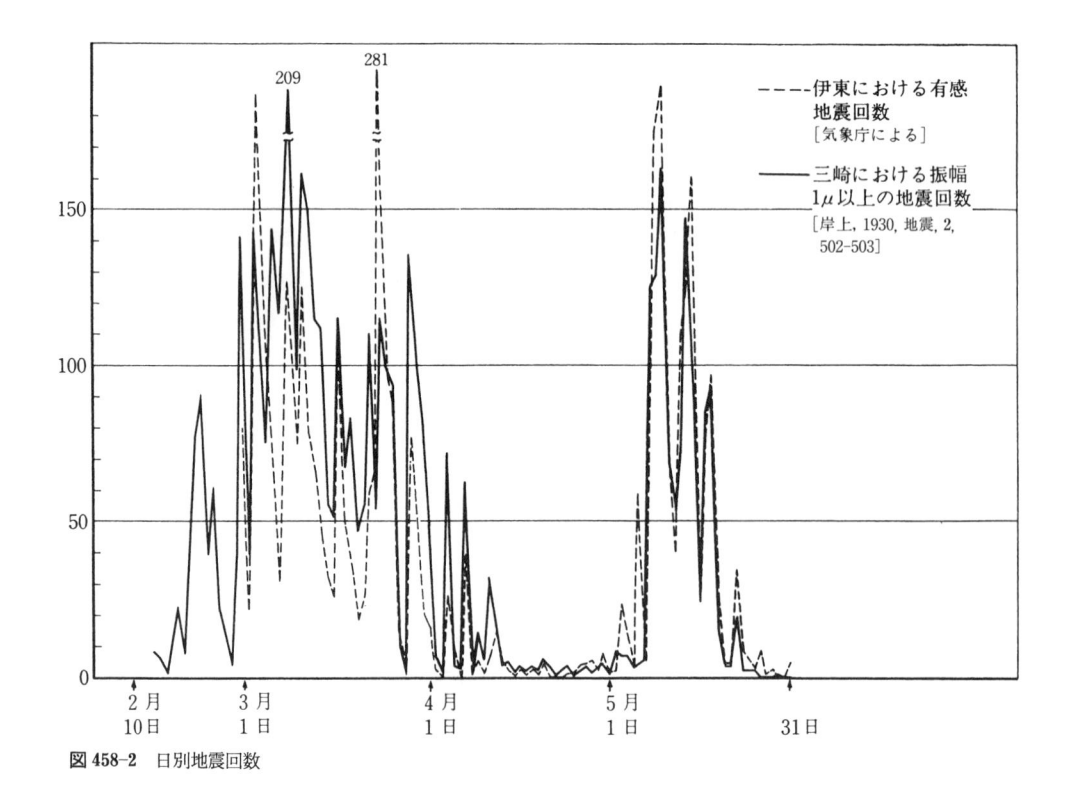

図 458-2 日別地震回数

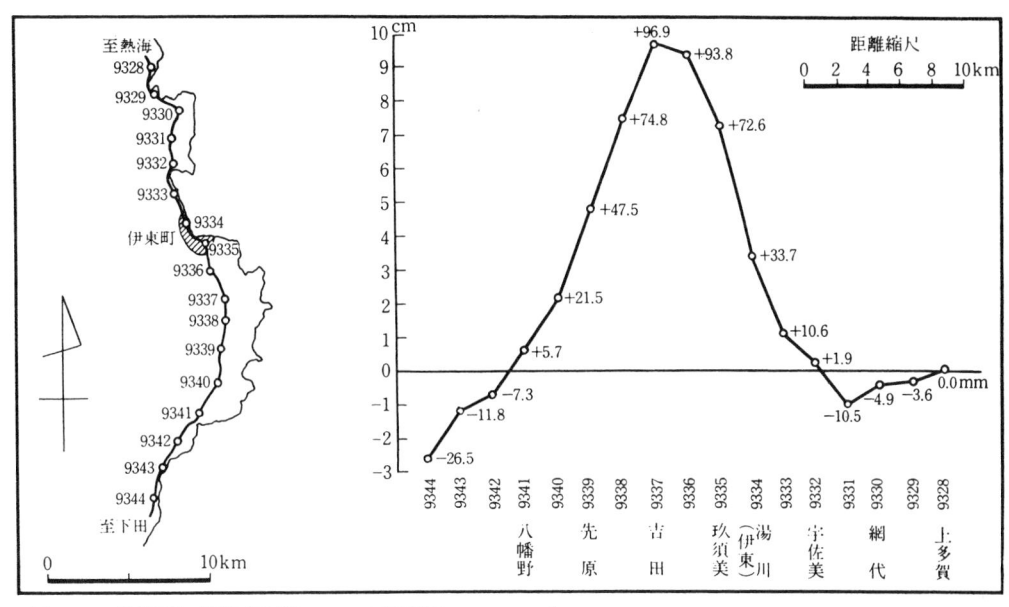

図 458-3 地盤昇降 [陸地測量部, 1931, 震研彙報, 9, 109-110]

は3月9日19時54分（$\lambda=139°10'$ E $\varphi=34°59'$ N $M=5.3$ $h=10$ km），3月22日17時50分（$\lambda=139°06'$ E $\varphi=35°02'$ N $M=5.9$ $h=10$ km），5月17日05時14分（$\lambda=139°08'$ E $\varphi=34°54'$ N $M=5.8$ $h=13$ km）で，3月22日の地震で伊東で屋根瓦の落下，壁の亀裂があった．初期には干潮時に地震が多く満潮時は少ない傾向があったが，3月の後半，とくに3月22日の地震以後はこの関係ははっきりしなくなった．また4月初旬の測量の結果を大正13年の結果とくらべると，伊東を中心とし南北各約10 kmの海岸が相対的に最大約10 cm隆起した（図458-3参照）．また地震は図458-1のように伊東沖，半径2 kmの狭い円筒形の範囲内に起きている．右図はAB断面上への投影．

459 1930 VI 1（昭和5）02時58分　那珂川下流域　$\lambda=140°32'$ E $\varphi=36°26'$ N $M=6.5$ $h=54$ km　水戸（煉瓦塀倒る），久慈（崖崩れ1，倉庫傾斜1，煙突倒壊1），鉾田（石垣崩る），石岡（土蔵に亀裂），真壁・土浦（壁の剥落），宇都宮（神社の灯籠の頭が落ちた）などの被害があった．

460 1930 X 17（昭和5）06時32分；06時35分　大聖寺付近　$\lambda=136°18'$ E $\varphi=36°25'$ N $M=5.3$ $h=12$ km；$\lambda=136°15'$ E $\varphi=36°26'$ N $M=6.3$ $h=10$ km　大聖寺・吉崎・小松付近で煙突の破損，落壁，石灯籠・墓石の転倒あり．付近で砂丘による崖崩れ・亀裂あり．とくに佐美山の崖崩れは大きく長さ150 mにわたった．小松町などで噴水．吉崎や橋立の漁夫は海震を感じた．片山津で死1．

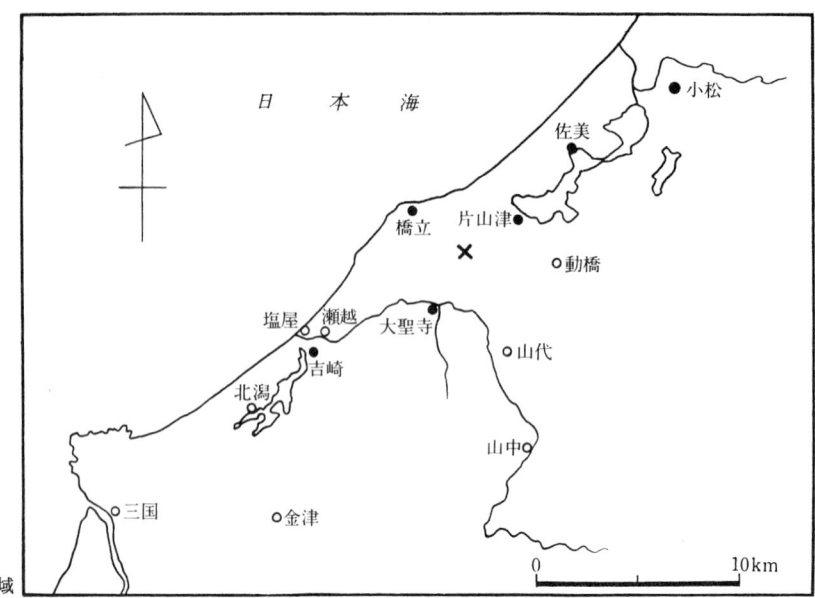

図460-1　震央地域

461　1930 XI 26（昭和5）04時02分　伊豆北部　$\lambda=138°58'$ E　$\varphi=35°03'$ N　$M=7.3$　$h=0$ km　**北伊豆地震**　前震が著しく11月7日に三島で無感地震を2回記録した．その後11日から数がふえ，13日には有感地震も混じ，25日16時05分（$\lambda=138°54.1'$ E　$\varphi=35°01.9'$ N　$M=5.0$　$h=15$ km）にかなり強い地震があり，翌朝の大地震となった．図461-1は三島における地震回数の変化である．被害は図461-3のように伊豆半島北部に集中し，世帯数に対する全潰住宅数の百分比を見ると断層付近および韮山の平地に多くなっている．被害実数は表461-1のように文献により異なる．韮山村は死者最大の村なので例に取り上げた（表461-2）．表461-1の上段は中央気象台［1931］，下段は今村［1931b］の第1表．また今村第2表［1931b］もある．気象庁の資料は納屋・倉庫等を除いたものである．また図461-3の被害百分率（全壊住宅数／総世帯数）は今村第2表による．余震のうち震央の求まったものは図461-4のとおりで断層の西側に集中している．図461-3のように箱根から南姫之湯にかけていろいろな型の数条の断層を生じた．(1)箱根町断層，(2)丹那断層，(3)浮橋断層（東と西の2本ある）．(4)小野断層，(5)加殿断層，(6)姫之湯断層がおもなもので，全体的に見て東側が北に動き，(6)では北側が東に動き最大87 cm隆起した．総延長約35 km，水平変位は丹那盆地で最大約3.5 m，丹那トンネル内で約2.7 m，(2)〜(5)は蝶番断層で上下変位は場所によって異なるが，その最大は約2.4 mである．(1)は東側が約50 cm隆起した．また，種々の地変（山津波・大陥没・地割れなど）が生じた［松田，1972］．中伊豆を中心に大規模な山崩れが多数発生し，修善寺町奥野山の地すべりは，一時狩野川を堰止めた．この地震で芦ノ湖にセイシュが見られた．振幅は地震後4時間で9 cm，16時間で5 cm，30時間で1 cmで周期6.6分の第1高調波が卓越した．また，各地で地鳴りが聞えたが，その範囲は図461-2に示すとおりである．発光現象が各地で見られ，武者は関東南部・静岡県東南部の中学校に郵便を出して調査をした．形はオーロラ状が多

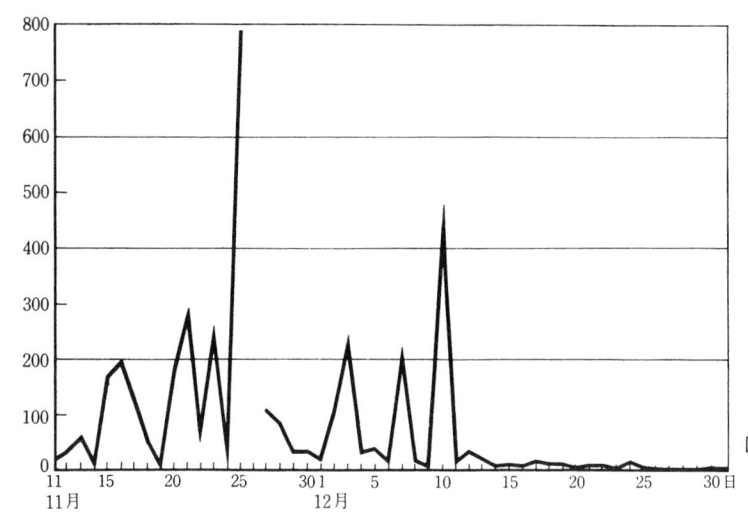

図 461-1 日別地震回数 [岸上, 1964, 地震, 8, 585-591]

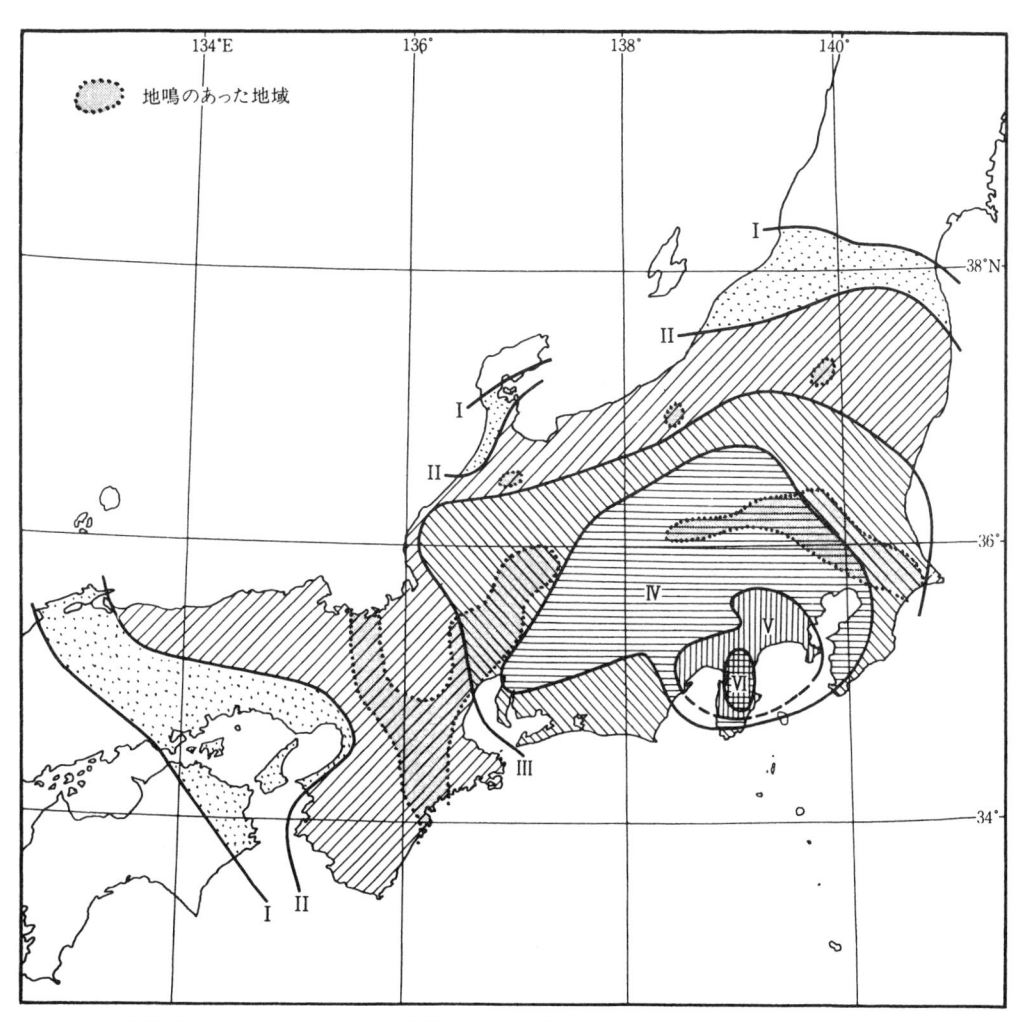

図 461-2 震度分布 [中央気象台, 1931, 験震時報, 4, 260-406]

300   4 被害地震各論

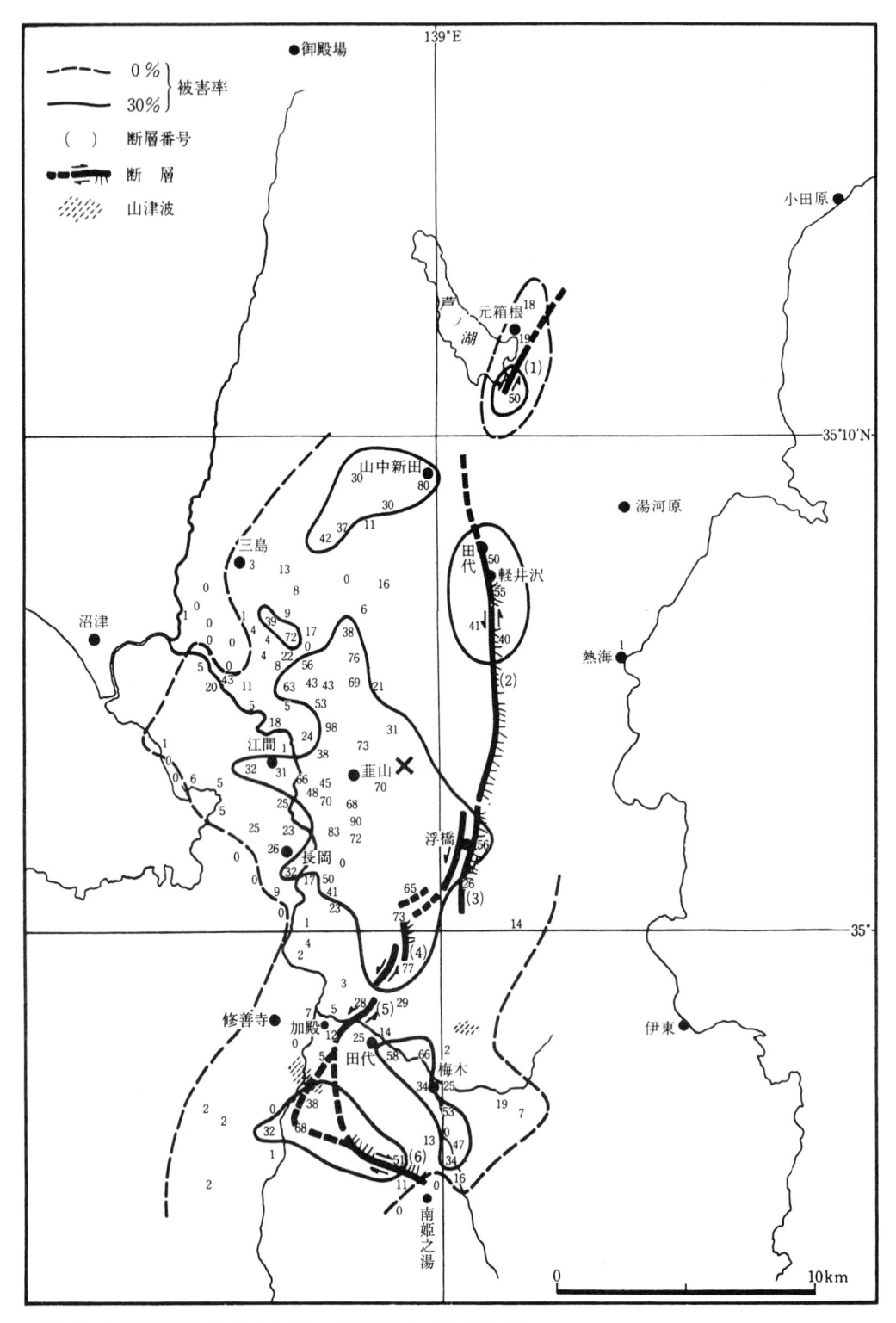

図 461-3　住宅被害百分率 ［今村, 1931a, 震研彙報, 9, 36-49 より作成］

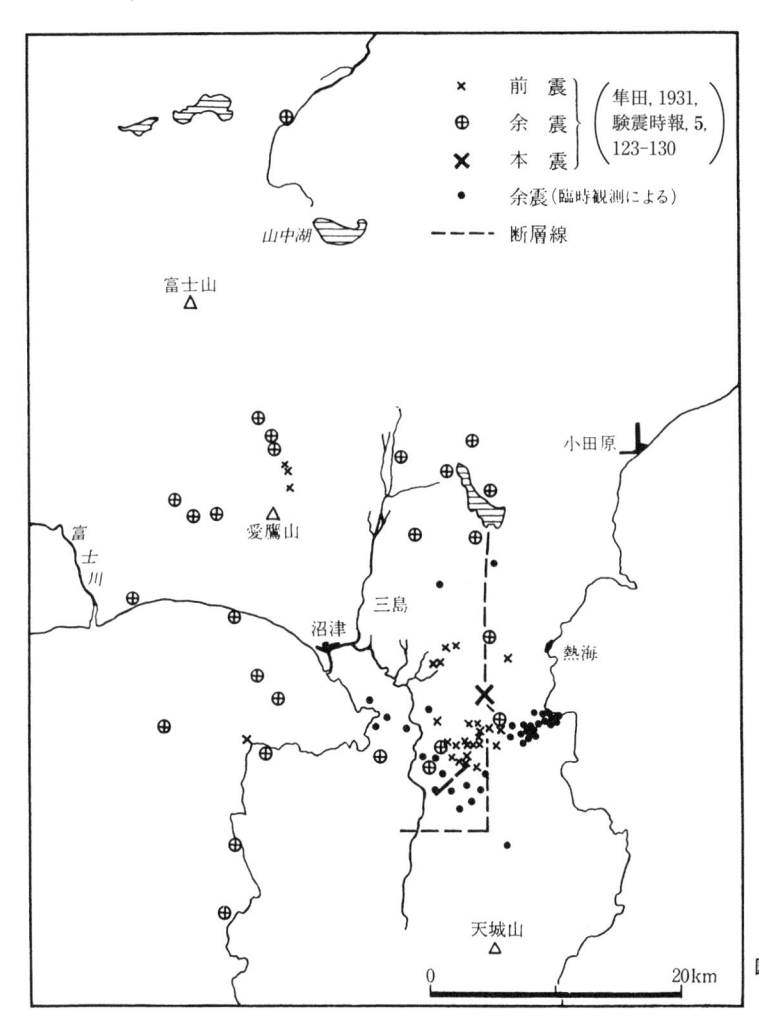

図 461-4 震央分布 [Matuzawa, 1964, BERI, 14, 38-67 に加筆]

表 461-1 被害一覧

県名	死	傷	住家 全潰	半潰	焼失	非住家 全潰	半潰
静岡	259	566	2,077	5,424	75		
	255	741	2,072	3,697		5,896	
神奈川	13	6	88	92			
	4	19	70	118		61	35
計	272	572	2,165	5,516	75		
	259	760	2,142	3,815			

上段は中央気象台 (1931), 下段は今村 (1931b) の第1表.

表 461-2 韮山の被害

文献	世帯数	人口	死	傷	住家 全潰	半潰	非住家 全潰 半潰	備考
					戸	戸		
中央気象台			76	152	463	420		他に焼失3
今村第1表	1,276	7,423	75	105	517	335	1,084	
今村第2表	1,228		77	332	737	346	1,083	

く37%，色は青がいちばん多く28%．時刻は前日25日の午後5時頃から26日の本震後1時間くらいまでの間で，地震の最中が最も顕著であった．水準測量や，丹那トンネル内と地表での地震動の比較観測も行われた．地震後約2年の間に伊東付近は最大137 mmも隆起している．とくに地震学的にはこの地震の走時曲線が詳しく調べられ，日本付近の標準走時曲線が作られ，約50年にわたって震源の決定に使われた．とくに震央付近の箱根・元箱根・山中新田・韮山・塍之上・平井・田代・梅木では家屋や門で最大70 cm水平方向にずれたものが見られたし，江間村江間小学校にあった魚形水雷のずり跡から最大動は約40 cmに及ぶものと考えられる．
(#)〔中央気象台，1931，験震時報，**4**，260-406；今村，1931b，地震，**3**，1-38；松田，1972，伊豆半島，東海大学出版会，73-93〕

462 1930 XII 20 (昭和5) 23時02分 三次付近 $\lambda=132°51'$ E $\varphi=34°56'$ N $M=6.1$ $h=12$ km 有感余震回数は表462-1のとおり．このうち，21日21時14分 ($\lambda=132°52'$

表462-1 日別有感余震回数〔気象要覧，1930年12月より〕

日	20	21	22	23	24	25	26	27
回数	3	9	6	9	2	1	1	1

E $\varphi=34°52'$ N $M=5.9$ $h=0$ km) のものが最大であった．三次の北方，君田・布野・作木・河内の村々，とくにその北半分で強く感じた．各所で石崖が崩れた．櫃田で住家破損1，茂田で土蔵壁破損，石崖崩れは西野で4，光守5，大畠2，上郷で20あった．その他三次・八次・十日市・庄原・島根県赤名で微小被害．震央地方では本震以来絶えず地鳴りを聞いた．また，付近で井水，湧水が涸れたり，濁ったりした（増水したところはなかった）．発光現象の報告あり．

463 1931 II 17 (昭和6) 03時48分 浦河付近 $\lambda=143°06'$ E $\varphi=42°07'$ N $M=6.8$ $h=33$ km 浦河でほとんどの家の壁に亀裂．町立病院の壁ほとんど脱落．地震時に電光がひらめいたという．浦河の東の鱗別で簞笥の倒れないものはなかった．19日新冠川河

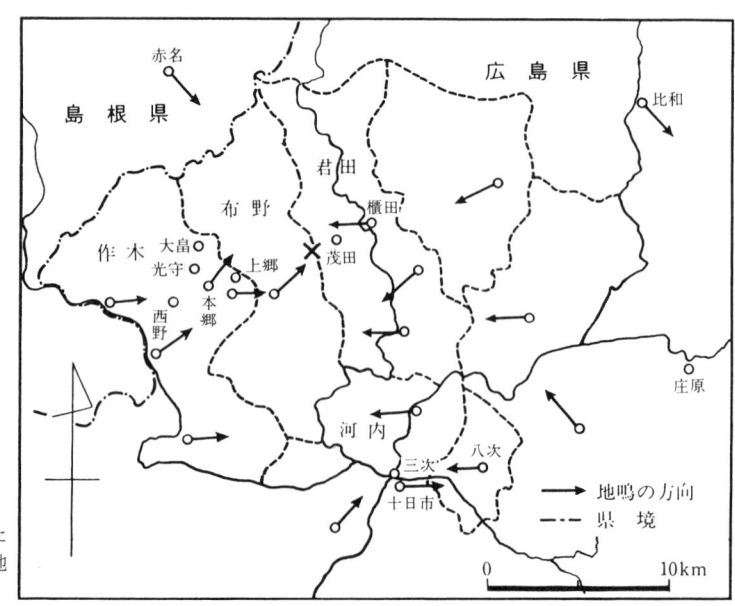

図462-1 地鳴りの聞こえた方向〔小平，1931，地震，**3**，155-166〕

表 463-1 日別余震回数（浦河）[北田, 1932, 験震時報, 6, 133-154]

日	17	18	19	20	21	22	23	24	25	26	27	28	計
有感	47	7	7	2	1	1	0	0	0	0	0	1	66
無感	112	17	8	5	8	5	9	6	6	5	6	0	187

口付近に死魚が多数打ち上げられた．浦河における余震回数は表463-1のとおり（ただし17日04時以後のもの）．

464* 1931 III 9（昭和6）12時48分 青森県南東沖 $\lambda=143°20'$ E $\varphi=40°09'$ N $M=7.6$ $h=0$ km 八戸市で壁の剥落，煉瓦煙突の折損多し（ただし，被害は沖積層に限られる）．函館で煉瓦煙突倒壊や煉瓦塀・壁の亀裂があり，湯ノ川温泉は一時濁り泉量がふえた．青森で壁に亀裂．八戸で津波の全振幅39 cm．[−1, −1]

465 1931 III 30（昭和6）02時51分 音別付近 $\lambda=143°54'$ E $\varphi=43°02'$ N $M=6.4$ $h=62$ km 釧路で被害なく，音別村で壁の亀裂・剥落があった．

466 1931 IX 21（昭和6）11時19分 埼玉県中部 $\lambda=139°15'$ E $\varphi=36°10'$ N $M=6.9$ $h=3$ km **西埼玉地震** 震央は埼玉県西部の山沿いであるが被害は中部・北部の荒川・利根川沿いの沖積地に多かった．図466-3はこの地震による地鳴りの聞こえた範囲を示す．被害の密度は小さく，住家・非住家の全半壊をすべて含めても戸数に対する倒潰家屋の比は最大の笠原村で7.3%，小谷村で3.1%にすぎない．笠原・深谷・鴻巣・吹上付近の被害が大きく，吹上村大芦（180余戸中）で全潰家17棟，半潰22棟で，氷川神社の社務所・神楽殿も潰れた．深谷では煉瓦煙突（高125尺（37.5 m））は地上85尺（25.5 m）のところで折れた．秩父では古い家の壁の亀裂・剥落程度であった．図466-4は町村別全潰家

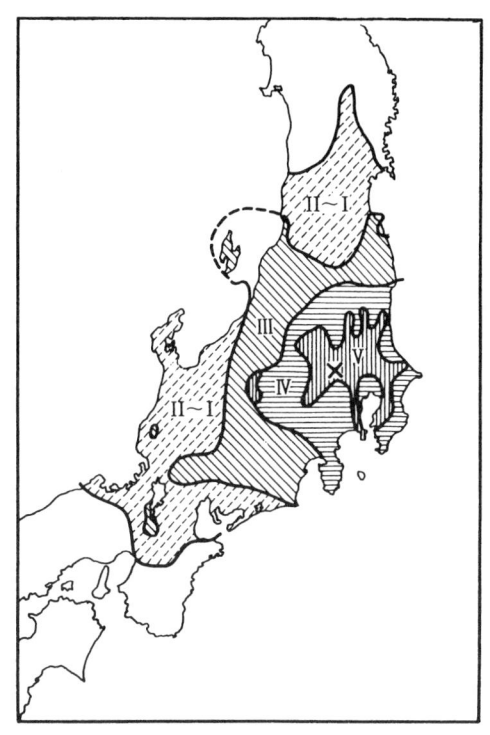

図 466-1 震度分布 [国富, 1932, 験震時報, 5, 217-222]

表 466-1 被害一覧 [竹花, 1935, 験震時報, 8, 179-194]

県名	死	傷	住家 全潰	住家 半潰	非住家 全潰	非住家 半潰	煙突 倒壊
埼玉	11	114	63	123	109	157	84
茨城	0	1	0	0	2*	1	1
群馬	5	30	13	1	20	3	48
東京	0	1	0	0	0	0	0
計	16	146	76	124	131	161	133

* 焼失1を含む．

屋（含非住家）数で，震度の強かった地域を示している．この地震で至るところに亀裂を生じ，地下水や土砂を噴出し，水を4尺（1.2 m）の高さに噴出したところもあった．砂の色は青・褐・黒などがあり，多くは石英・長石の混合物であった．また，井戸水も広範囲にわたって濁った．県南の井水の濁らなかった村々は地割れのない村々とよく一致する（図466-5, 6）．群馬県利根川流域でも井水の混濁・土砂の噴出があった．埼玉県比企郡岩

304　　4　被害地震各論

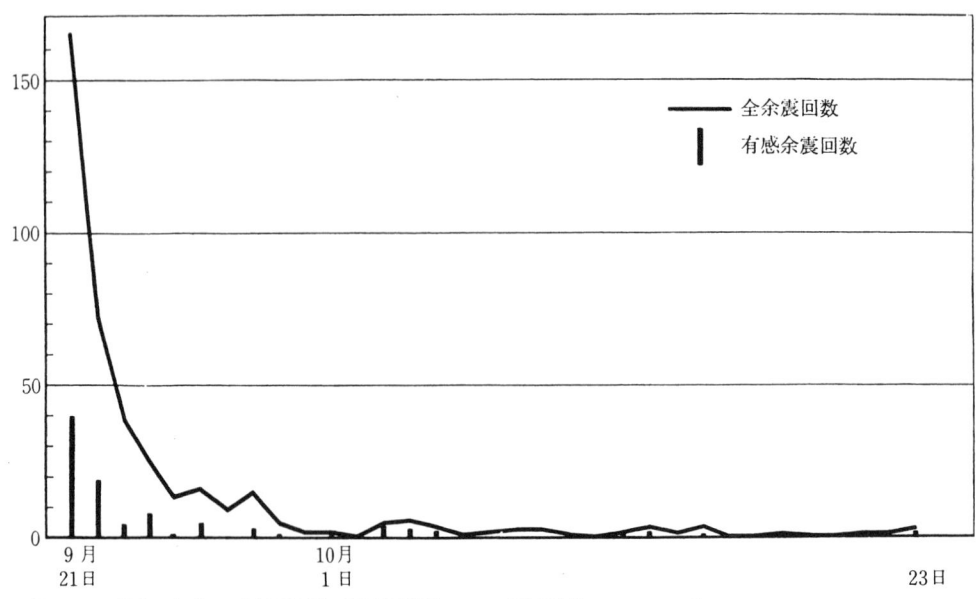

図 466-2　熊谷における日別余震回数 [熊谷測候所, 1932, 験震時報, **5**, 277-317]

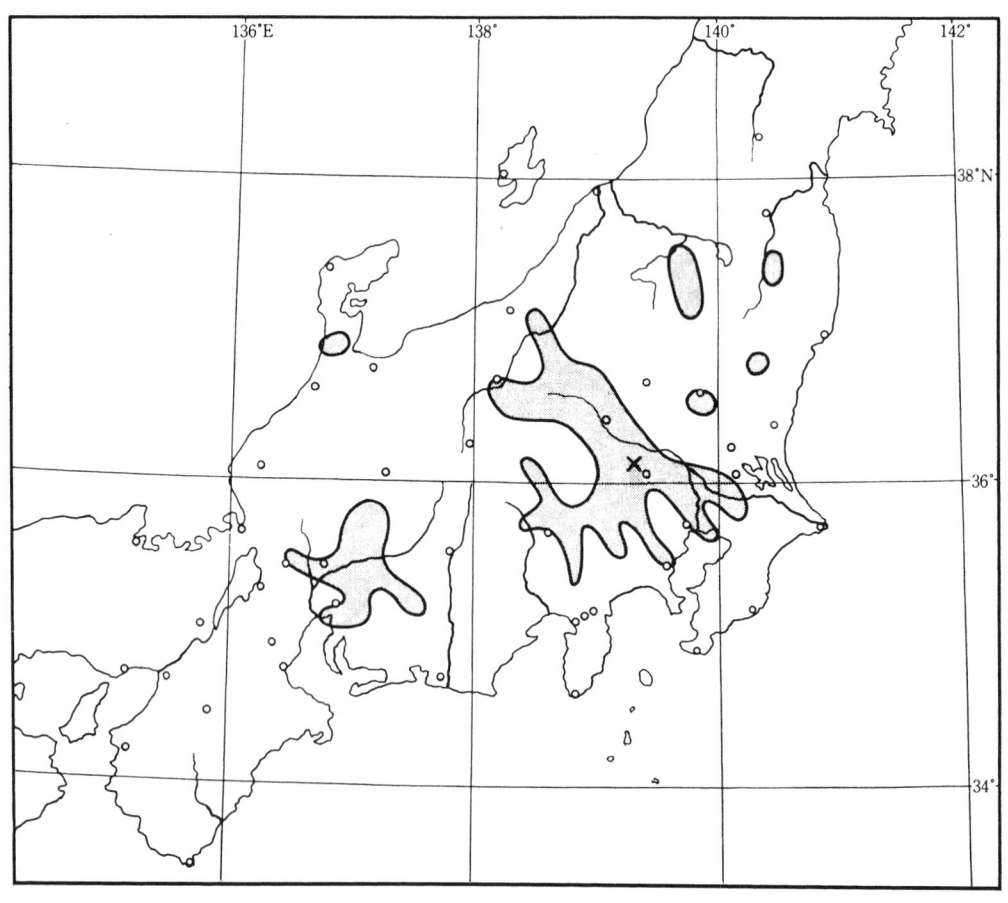

図 466-3　地鳴りの聞こえた地域 [国富, 1932]

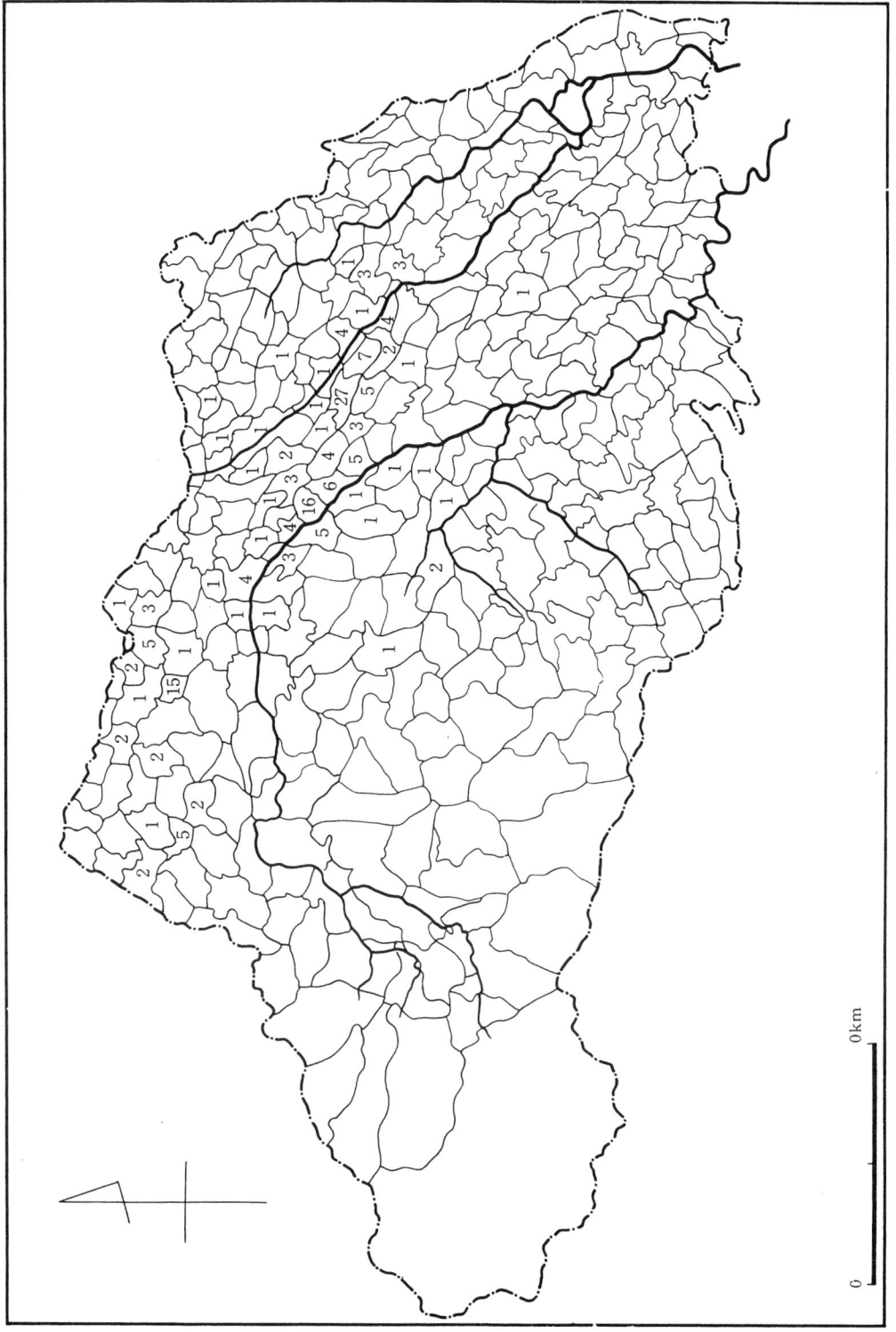

図 466-4 町村別家屋(住・非住)全潰数 [熊谷測候所, 1932]

306   4 被害地震各論

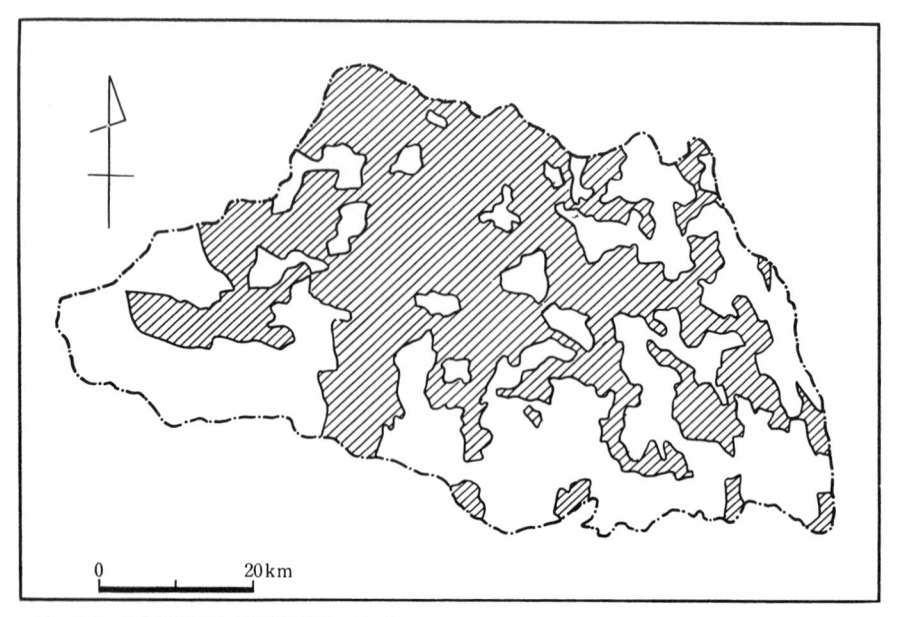

図 466-5 井水混濁区域 ［熊谷測候所，1932］

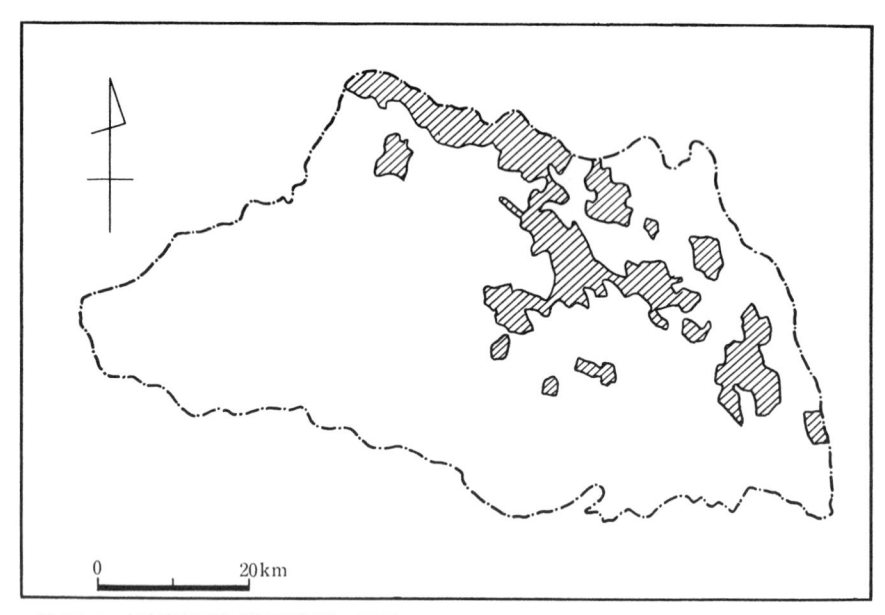

図 466-6 土砂噴出区域 ［熊谷測候所，1932］

殿山・秩父郡太田村八人峠にかなりの地すべりがあり，比企郡大河村南城山にはかなりの亀裂（幅40 cm，深さ40 cm，長さ50 m）があった．なお群馬県の被害は利根川流域，高崎・藤岡・佐波郡に多かった．栃木県では宇都宮（屋根・壁の亀裂や崩壊），日光（石垣の崩れ），栃木・佐野地方（水道管の破裂）で被害があった．余震回数の変化は図466-2のとおりで9月26日～10月3日の余震の震央は小川町付近と，秩父の南東10 kmの付近に集中している．

467* 1931 XI 2（昭和6）19時03分　日向灘 $\lambda = 132°00'$ E　$\varphi = 31°47'$ N　$M = 7.1$　$h = 28$ km　同日03時53分に前震（$\lambda = 132°16'$ E　$\varphi = 32°02'$ N　$M = 6.0$　$h = 4$ km）があった．被害は表467-1のとおり．宮崎・都城・佐土原・生目などで被害が大きく，鹿児島県では志布志で全潰1，半潰11，煙突倒潰16を生じた．宮崎における余震回数は表467-2のとおり．海震（内海の沖）を感ず．別府湾から南へ200 kmにわたり発光現象があり，海の方向に見たという報告もある．室戸で津波の全振幅85 cm．[-1, -1]

468 1931 XI 4（昭和6）01時19分　岩手県小国付近　$\lambda = 141°50'$ E　$\varphi = 39°29'$ N　$M = 6.5$　$h = 15$ km　10月25～27日に4回の前震あり．下閉伊・上閉伊両郡境界の山間で道路の亀裂，石垣の崩壊，壁の亀裂・剝落などがあった．盛岡における余震回数は11月4～30日まで順次，次のとおり．25, 9, 6, 2, 1, 4, 1, 3, 2, 8, 1, 2, 2, 4, 2, 3, 2, 2, 1, 0, 0, 0, 1, 1, 0, 1, 0.

469 1931 XII 21（昭和6）14時47分　熊本県大矢野島　$\lambda = 130°29'$ E　$\varphi = 32°29'$ N　$M = 5.5$　$h = 0$ km　群発地震．熊本における地震回数は21日8回，22日7回，23日5回，26日1回，27日3回，28日1回，29日5回，30日2回，31日2回計34回でうち有感は5回であった．22日22時07分（$\lambda = 130°30'$ E　$\varphi = 32°30'$ N　$M = 5.6$　$h = 15$ km）と26日10時42分（$\lambda = 130°32'$ E　$\varphi = 32°30'$ N　$M = 5.8$　$h = 17$ km）が大きく，21, 22日の地震では大矢野島・天草上島で強く八代町沿岸に多少の被害，26日の地震は八代海沿岸田浦付近に小被害（壁脱落50～60戸，田浦川堤防亀裂，石垣の崩壊など）．さらに眉山の一部が崩れた．被害は家・土蔵の壁の亀裂・剝落，道路の小亀裂などである．大矢野島の護岸堤防決壊．

470 1932 XI 26（昭和7）13時23分　新冠(にいかっぷ)川流域　$\lambda = 142°28'$ E　$\varphi = 42°21'$ N　$M = 6.9$　$h = 66$ km　浦河およびその付近で土地の亀裂・家屋の傾斜，壁落などがあり，登別の紅葉谷で崖崩れ．とくに静内で最も被害が大きかった．浦河における余震回数は図470-1のとおり．

470-1 1933 II 19（昭和8）13時26分　台湾東方沖　$\lambda = 122°50'$ E　$\varphi = 24°31'$ N　$M = 5.9$　$h = 37$ km　石垣町大川で家6坪陥落．

表467-1　被害一覧［気象要覧, 1931年11月, 1608-1619］

県名	死	傷	家屋 全潰	家屋 半潰	家屋 破損	倒潰 煙突	倒潰 墓石	倒潰 石燈籠	倒潰 石垣	土地破損 地割れ	土地破損 道路	土地破損 山崩れ	土地破損 地すべり	橋梁破損
宮崎	1	29	4	10	46	198		862	6	3	4	8	1	5
鹿児島			1	11		17			2			1		1

表467-2　宮崎における日別余震回数［同上］

日	2	3	4	5	6	7	8	9	10	11	計
有感	13	5	1	0	0	0	0	0	0	0	19
無感	47	38	3	0	2	2	4	2	0	2	100

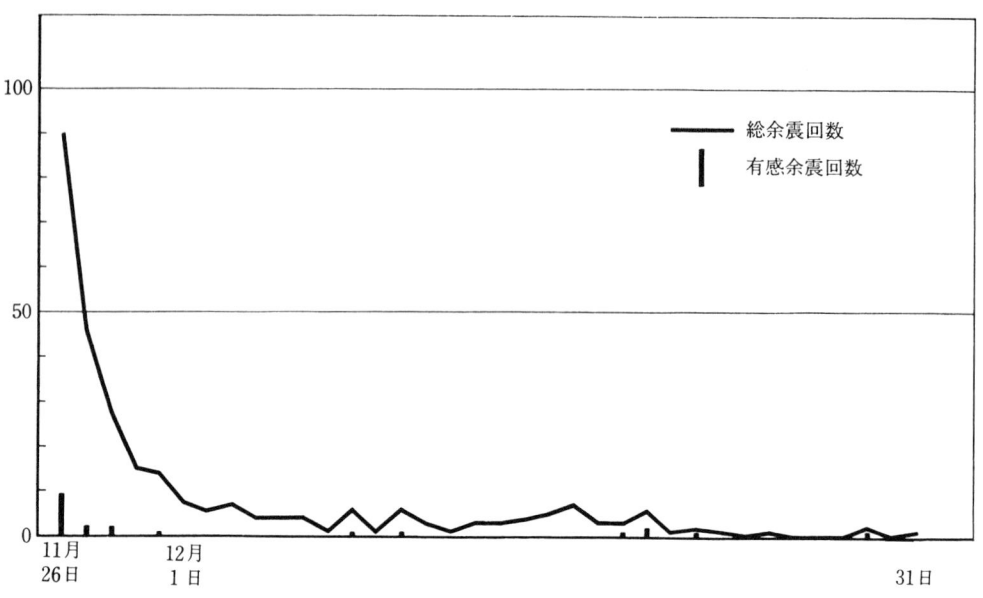

図470-1 浦河における日別余震回数［北田，1933，験震時報，7，103-110］

471* 1933 Ⅲ 3（昭和8）02時30分 三陸沖 $\lambda=145°07'$E $\varphi=39°08'$N $M=8.1$ $h=0$ km **三陸地震津波** 地震による被害は少なく，三陸地方で壁の亀裂，崖崩れ，石垣・堤防の決壊があった程度．震後約30分〜1時間の間に津波が北海道・三陸の沿岸を襲い大きな被害が出た．とくに，岩手県田老村田老では人口1,798人のうち，死763，傷118，戸数362のところ358軒が流失し，全滅といってよいほどの被害を受けた．また，その北の小本村小本でも，戸数145のところ流失77，人口792のうち死118もあった．綾里湾では波の高さが28.7 mにも達し，白浜では戸数42のうち32が流失し，死66もあった．同村の港上，港下もほとんど全滅した．この津波は近代的な研究体制が整ってはじめてのものだったので各種の研究が行われ，V字形の湾，U字形の湾の順に波高が低く，遠浅の凹凸の少ない海岸では大津波にならないことが明らかにされた．北海道では一般に波は低く，襟裳岬付近でやや高かった（図471-3）．津波の振幅は銚子で10 cm，宮崎15 cm，鳥羽7.5 cm．ハワイ島のコナ（Kona）では3 mで小被害を伴い，カリフォルニアで10 cm，チリのイクイク（Iquique）で20 cmであった．津波の波源はかなりの広がりをもっている．図471-4のように長軸の長さ500 km，短軸の長さ145 kmに及ぶ大きなものであった．また，津波の周期としては5分くらいのものと10分くらいのものが著しかった．明治29年の津波の教訓を生かしたところでの被害は少なくて済んだ．また，この津波の後に集落移転，避難道路・防潮堤・防潮林などの対策をとった町村が多い．各地の波高・被害については1896年の三陸地震津波の項（316番）を参照のこと．この地震で地鳴りや大砲のような音が東北地方各地で聞こえた．この原因については一部は津波によるものとの説もあるが井上［1934］は本震および余震に伴った地鳴りと考えた．また，各地から発光現象の報告があったが，確からしいのは三陸沿岸で見られた津波に伴うもので波の山が光ったりした．これは発光性浮遊生物が原因とも考えられている．さらに，末広［1934］の

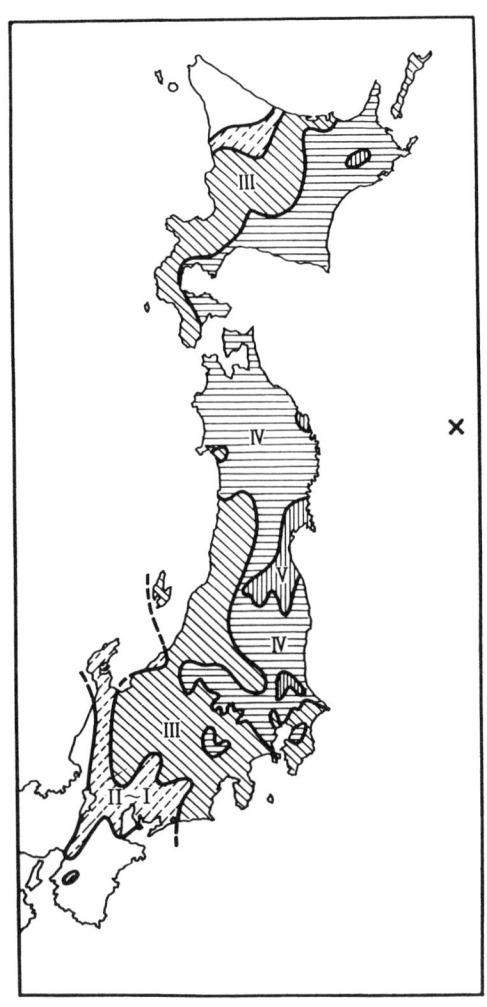

図471-1 震度分布 [本多・竹花, 1933, 験震時報, 7, 197-213]

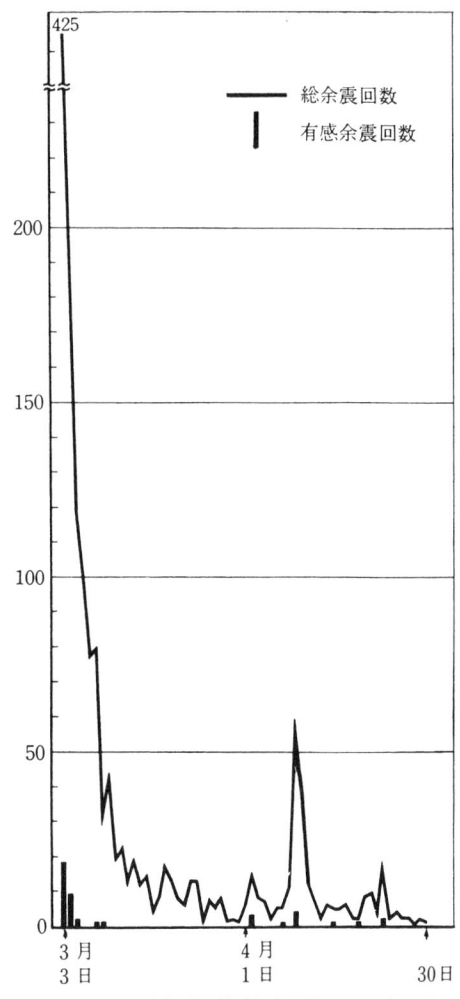

図471-2 日別余震回数 [気象要覧, 1933年3月, 309]

表471-1 被害総括 [那須・高橋, 1933, 地震, 5, 202-261]

県　　名	死	傷	不明	計	家　　　　屋					船　舶	
					流失	倒潰	焼失	浸水	計	流失	破損
岩　　　手	1,316	823	1,397	3,536	2,914	1,121	216	2,259	6,510	5,860	
宮　　　城	170	145	138	453	950	528		1,520	2,998	948	425
青　　　森	23	70	7	100	151	113		107	371	320	312
北　海　道	13	54		67	19	48		131	198	162	44
福　　　島								1	1	5	2
山　　　形						7			7		
計	1,522	1,092	1,542	4,156	4,034	1,817	216	4,018	10,085		

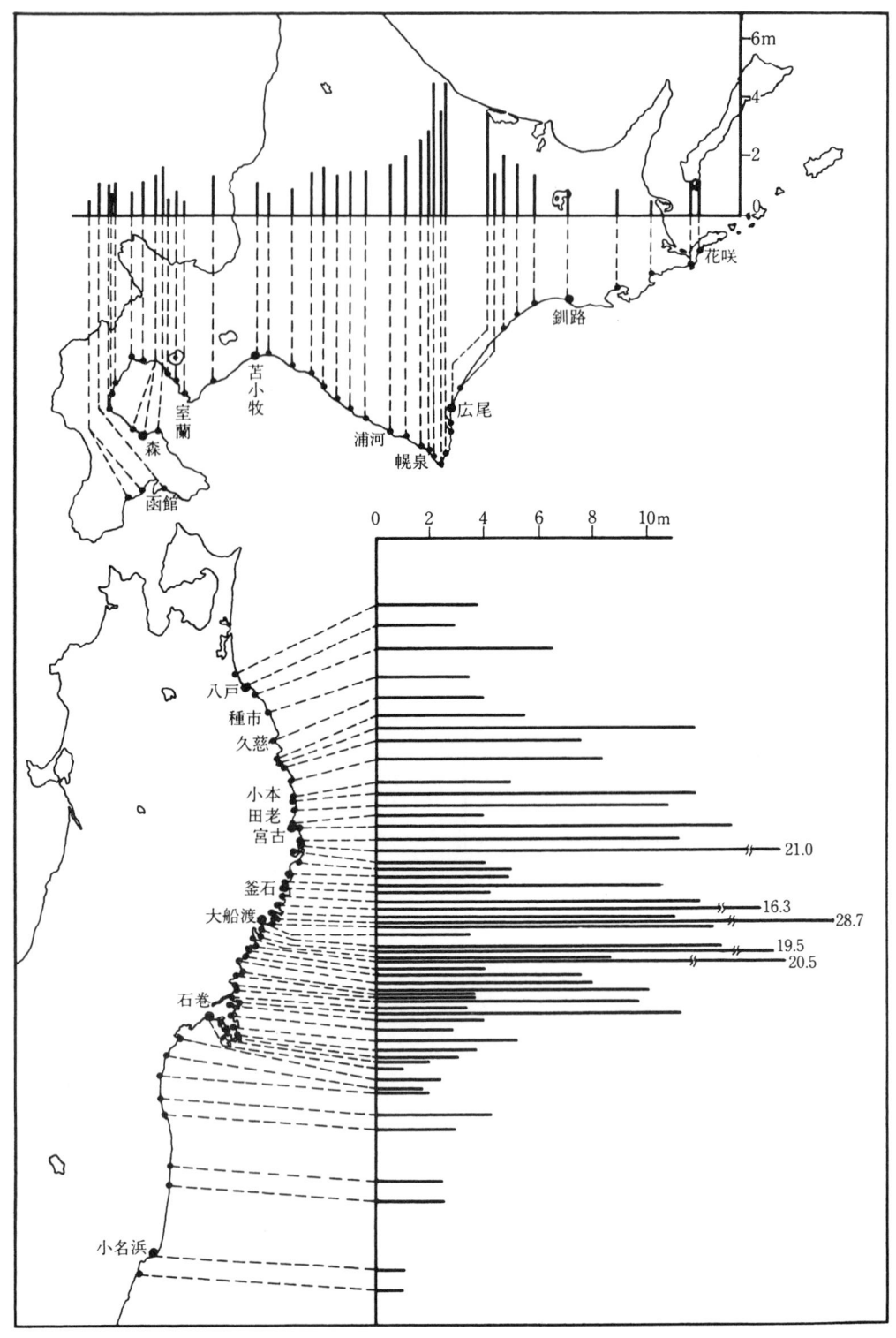

表 471-3 津波波高（平均海水面上）[Watanabe, 1964, *Geophys. Mag.*, **32**, 1-65]

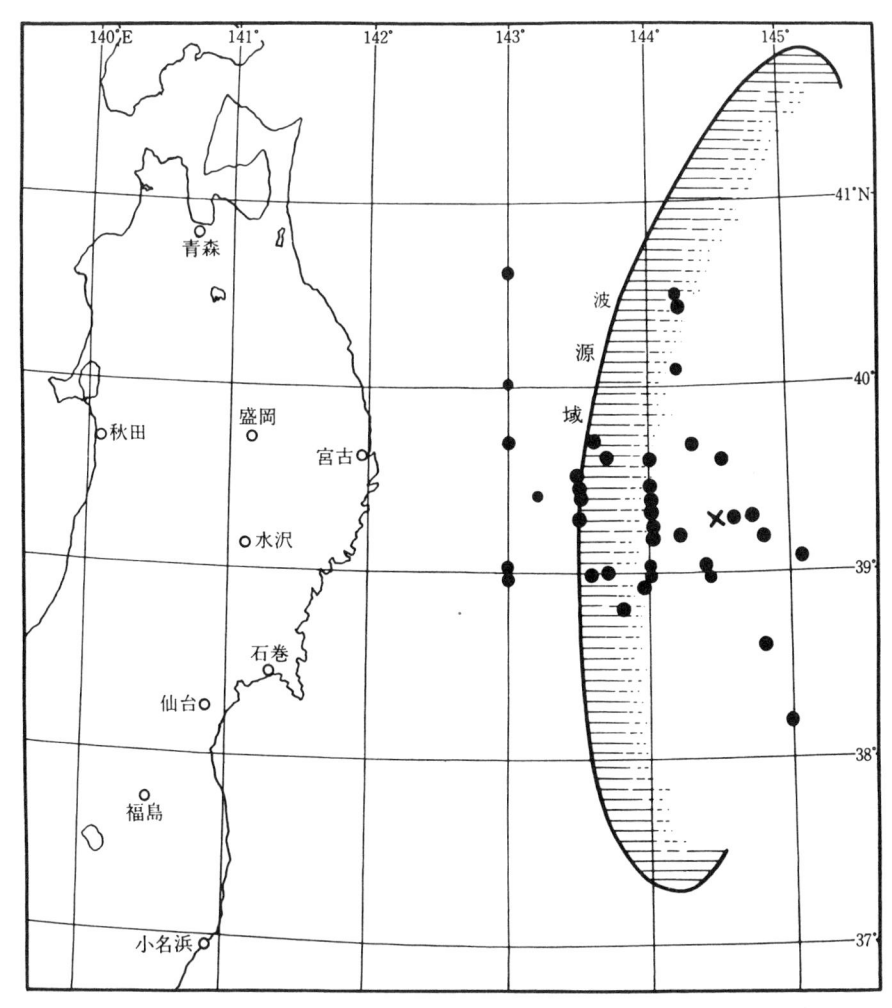

図 471-4　本震および余震 (3, 4月中) の震央 [本多・竹花, 1933, 験震時報, 7, 171-180 に加筆]

表 471-2　海震の報告 [1934, 震研彙報別冊, 1(2), 215-217]

船　　　名	トン数	λ	φ	時　刻	備　　　　　考
もんてびでお丸		151°27′E	40°35′N	3時40分	強いエンジンの racing のような振動, 4分間.
小　倉　丸	7,270	143°45′	34°36′	2 33	激動, 3分間.
摩　耶　丸	3,145	141°36′	37°38′	2 32	激動, 3分間, 全速でエンジンを後退したよう.
東　星　丸	5,484	144°13′	39°45′	4 36	激動, 2秒, その後2回の微動.
平　安　丸		149°30′	41°50′	2 31	5分間, 上下の激動, 羅針儀が飛び出すかと思うほど.
得　撫　丸		142°32′	39°57′	2 33頃	強烈な振動, 1分間.
盛　進　丸	50			2 30	船が折れるかと思うほどの上下の激動, 5分間.
光　洋　丸		146°32′	36°37′	2 50	強い上下動, 3分間.

調査によると底着性珪藻類が地震に先立って海の表面に出現したらしい．このほか，前兆現象としては三陸沿岸で2月頃から井水が減じたり，2日くらい前から潮位が低下したことが報告されている．海震の報告も多く，表471-2のとおりである．余震回数は図471-2のとおりで，図471-4は3，4月中のおもな余震の震央を示している．[3, 3][井上，1934，震研彙報別冊，1, 77-86；末広，1934，震研彙報別冊，1, 228-231]

472　1933 Ⅳ 8（昭和8）20時54分　熊本県中部　$\lambda=130°39'E$　$\varphi=32°42'N$　$M=4.3$　$h=1$ km　緑川流域で崖崩れあり．

473*　1933 Ⅵ 19（昭和8）06時37分　宮城県沖　$\lambda=142°19'E$　$\varphi=38°07'N$　$M=7.1$　$h=12$ km　石巻で山崩れ，万石浦で道路の亀裂あり．[−1]

474　1933 Ⅸ 21（昭和8）12時14分　能登半島　$\lambda=136°57'E$　$\varphi=37°05'N$　$M=6.0$　$h=20$ km　七尾湾沿岸が最も強く，鹿島郡の被害は死3，傷55，家屋の倒潰2，傾斜12，破損131，土蔵の倒潰2，傾斜44，破損275，その他の建物の倒潰8，傾斜8，破損56．道路および鉄路の亀裂101ヵ所，崩壊13，煙突倒潰75であった．また富山県で傷2があった．とくに石川県石崎村でひどく死2．世帯数に対する建物被害率（含納屋等）は図474-2のように最大34％に達した．赤浦潟では地割れができ，沈降した模様．また，地割れから砂や泥を噴出した．図474-2は世帯数に対する被害建物（含非住家）数の百分比で，斜線はとくに被害の大きかったところ，×印は震央，余震は有感3回，無感6回であった．主震および余震にさいして震央付近で地鳴りがあった．

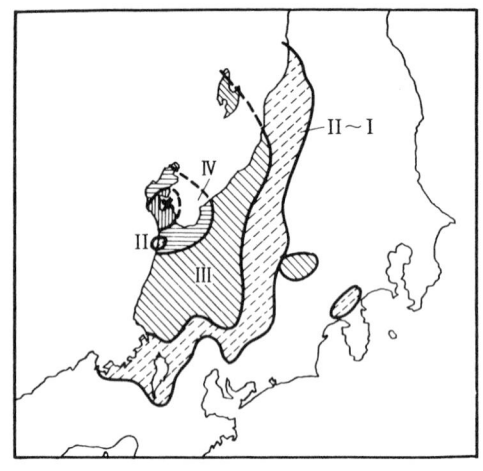

図474-1　震度分布［中央気象台地震掛，1933，験震時報，7, 393-397］

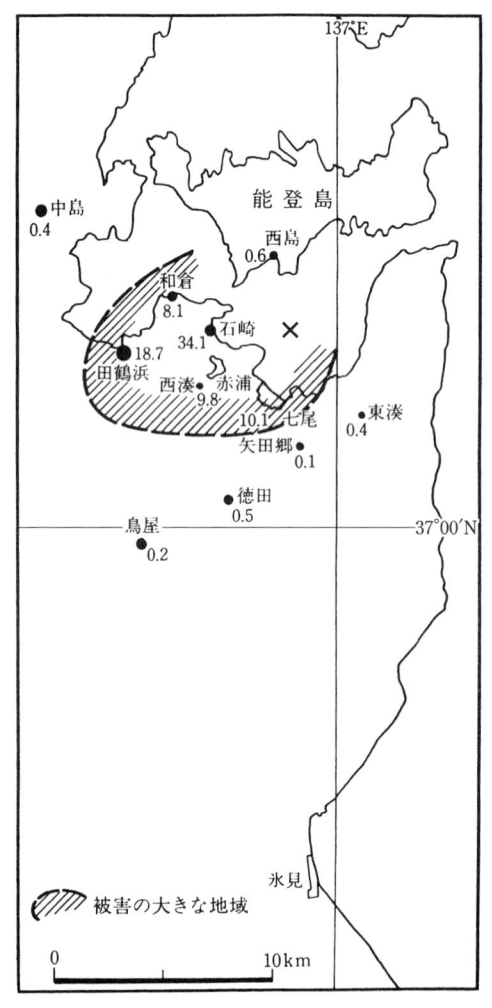

図474-2　建物被害率（％）［鈴木，1934，震研彙報，12, 44-51より作成］

475 1933 X 4（昭和8）03時38分 新潟県小千谷 $\lambda=138°58'$ E $\varphi=37°14'$ N $M=6.1$ $h=0$ km 小千谷付近の川口，堀之内，田麦山等の村々で強く，屋根石の落下，壁の亀裂などがあった由．

475-1 1934 I 9（昭和9）08時07分 徳島県西部（吉野川上流域） $\lambda=133°58'$ E $\varphi=33°59'$ N $M=5.6$ $h=36$ km 岡山県庭瀬町で壁の亀裂，土壁倒潰あり．

476 1934 III 21（昭和9）12時39分 伊豆天城山 $\lambda=138°57'°$ E $\varphi=34°53'$ N $M=5.5$ $h=0$ km 局部的強震で，湯ヶ島・天城峠間で崖崩れ10余，湯ヶ島・与市坂・白田・上河津村で墓石の転倒あり．伊豆半島の温泉に多少の異常あり．余震約20回，うち有感約10回．震央の北方で地鳴りがあった．

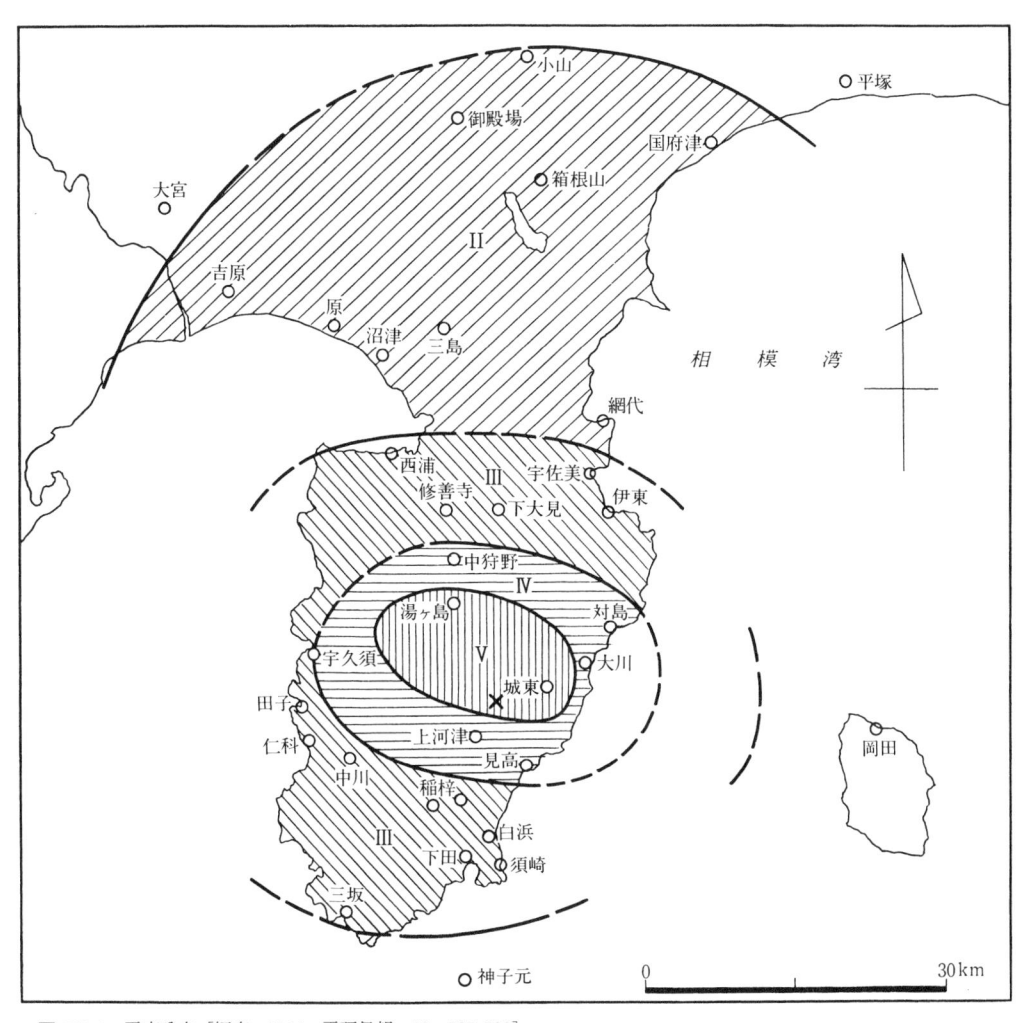

図 476-1 震度分布［福富，1934，震研彙報，**12**，527-538］

477 1934 Ⅷ 18（昭和 9）11 時 38 分　岐阜県八幡付近　$\lambda=137°04'$ E　$\varphi=35°38'$ N　$M=6.3$　$h=6$ km　岐阜県郡上・武儀・加茂郡で強く，長良川沿いの下川・相生・八幡の町村で土蔵壁の亀裂・剝落，落石などあり，相生村で重傷 1．近くの金山・菅田・神淵(ふち)・下麻生・河合の町村で地割れ・小山崩れ多く岐阜の余震は 18 日 26 回，19 日 2 回，20 日 7 回，27・31 日各 1 回であった．震央付近で地震後しばしば鳴動を聞いた．

478 1935 Ⅶ 3（昭和 10）09 時 16 分　大淀川流域　$\lambda=131°23'$ E　$\varphi=32°04'$ N　$M=4.3$　$h=11$ km　09 時 19 分にも地震（$\lambda=131°11'$ E　$\varphi=31°47'$ N　$M=4.7$　$h=8$ km）．宮崎市で強く感じ，高岡・本庄付近で道路決壊などの小被害．

479 1935 Ⅶ 11（昭和 10）17 時 24 分　静岡市付近　$\lambda=138°24'$ E　$\varphi=35°01'$ N　$M=6.4$　$h=10$ km　**静岡地震**　静岡市と清水市の間，有度山の周囲で被害があった．とくに有度山塊の西縁および西南端付近がひどく，家屋全潰率（％）は下島 1.4，敷地 5.2，宮竹 3.8，高松 31.8，西大谷 24.3，東大谷 12.4，中平松 1.5，八幡本七 1.4，小黒一 2.0，小黒二 1.8，小黒三 7.1，曲金一 3.7，曲金三 1.5，曲金五 4.0，小鹿 3.5，池田 14.9，聖一色 6.8，国吉田 16.1，栗原 8.3，古庄 5.5，長沼 4.1（以上静岡市），辻 1.6，江尻 1.4，入江 1.6（以上清水市），今泉 8.0，渋川 5.1，上原・馬走・北脇新田・楠新田・楠各 1（以上有度村）である．有度山塊の南部に崖崩れ多く，清水港の岸壁と倉庫が大破した．また，井水位の変化が認められ，地鳴りが震央付近で聞こえた．家屋被害の地域性を示す一例としてあげた図 479-1 は集落ごとの家屋被害程度を示し，その基準は，被害の小さいほうから順に次のようになっている．

表 479-1　被害一覧〔金原・竹村，1935，震研彙報，13，966-984〕

	死傷	住家 全潰	住家 半潰	非住家 全潰	非住家 半潰
静岡市	8　218	237	1,412	372	1,042
有度村	8	73	151	47	97
清水市	1　68	53	263	28	103
その他	5		4	4	4
計	9　299	363	1,830	451	1,246

Ⅰ　被害なし．柱時計の止まったものもあるし，止まらないものもある．
Ⅱ　棚の上のもの落下し，壁にやや亀裂の入ったものが多い．
Ⅲ　壁の落ちたものかなり，家屋がやや損傷を受け，壁に亀裂の入ったものが多い．
Ⅳ　半潰もときどきあるが，おおかたは大破ないし壁の落下程度のものが多い．
Ⅴ　半潰がかなりあり，大破が多い．
Ⅵ　おおむね半潰．被害の少ないものでも大破が多い．
Ⅶ　全潰がかなり．ほかはおおむね半潰あるいは大破．

家屋の滑動が多く 55 cm に及ぶものがあった．その方向は図 479-3 のように東向きがほとんどで，家屋の傾き方向，石灯籠の転倒方向の分布も図 479-3 に非常によく似ている．伊豆蓮台寺温泉の水位が約 5 日前から 70 cm も上昇し，地震後急降下し 8 月 5 日までに 262 cm も水位が下がった．余震はきわめて少なく三島で 11 日 3 回，12 日 5 回（うち有感 1 回）であり，その後は臨時観測を行ったが 8 月 7 日までに 7 回しかなかった．

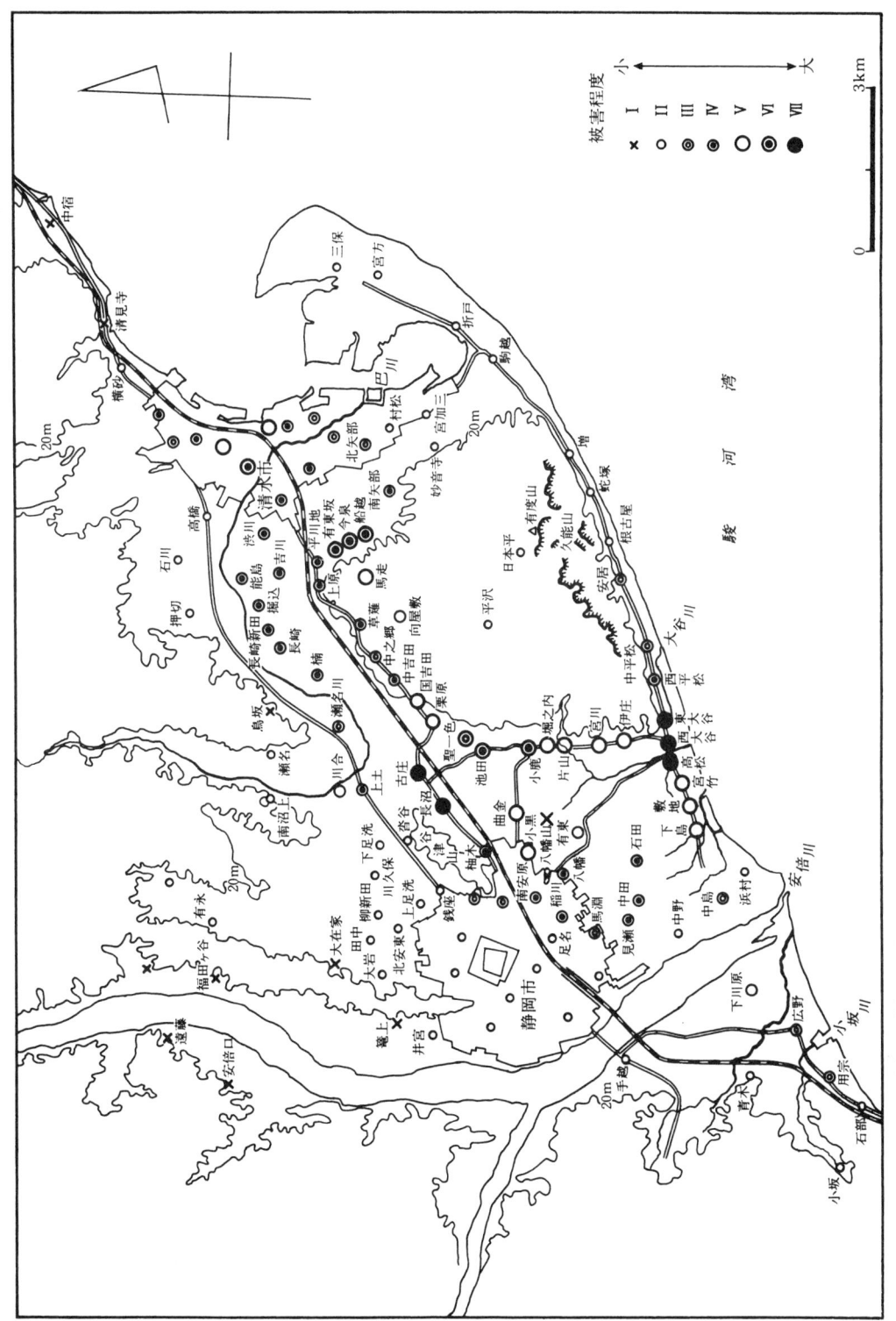

図479-1　集落別家屋被害程度 [金原・竹村, 1935]

316   4 被害地震各論

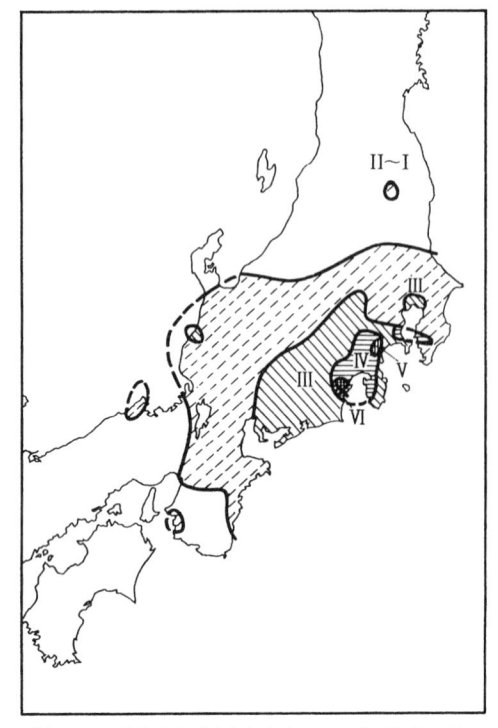

図 479-2 震度分布 [中央気象台, 1937, 地震年報, 38]

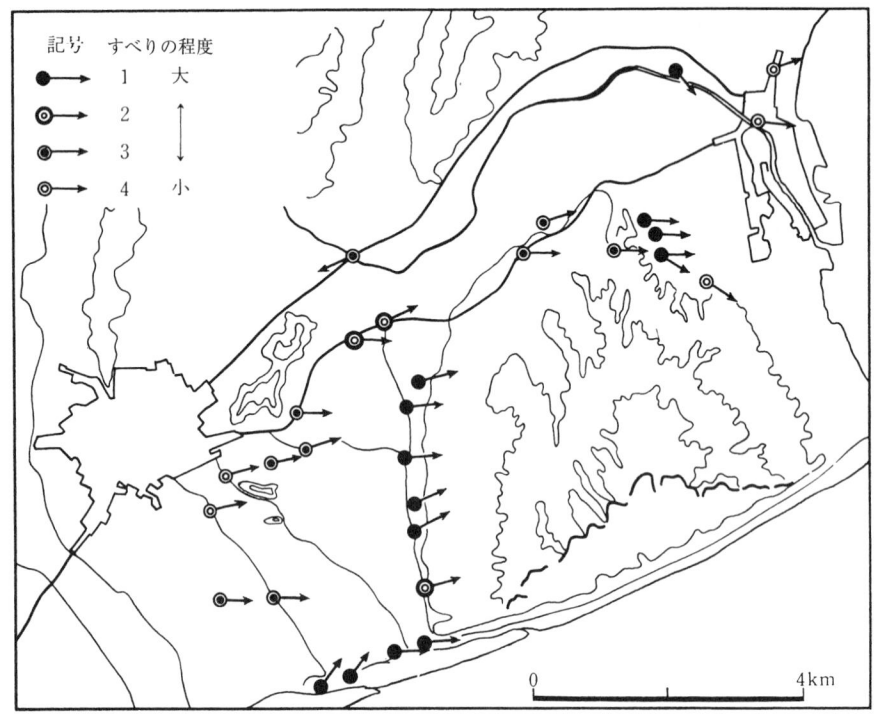

図 479-3 家屋のすべり方向 [金原・竹村, 1935]

480 1936 Ⅱ 21（昭和11）10時07分　大和・河内　$\lambda = 135°42'$ E　$\varphi = 34°31'$ N　$M = 6.4$　$h = 18$ km　**河内大和地震**　奈良・大阪両府県の境で震動が強かった．全壊家屋が少なく，とくに被害の集中した町村はな

表480-1　被害一覧［竹花, 1936, 験震時報, 9, 105-109］

		死	傷	住家			非住家		
				全潰	半潰	破損	全潰	半潰	破損
大阪府	大阪市	3	19	0	0	87	0	1	1
	その他	5	33	4	53	0	14	35	0
奈良県		1	7	(2)	1,175*		(39)	361*	
	計	9	59						

＊ 損傷，大阪府より基準が甘いと考えられる．かっこ内は倒壊．

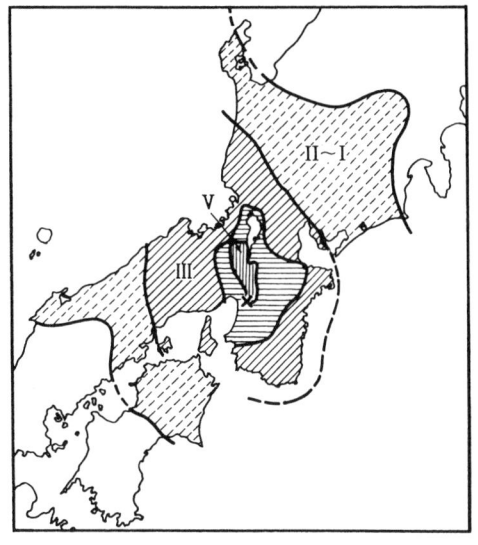

図480-1　震度分布［竹花・森田, 1936, 験震時報, 9, 92］

表480-2　日別余震回数［石川, 1936, 験震時報, 9, 110-122より作成］

日	21	22	23	24	25	26	27	28	29	3月	計
有感	14	7	2	1	2	1	1	0	1	1(3日)	30
無感	58	9	2	5	0	2	1	0	0	5	82

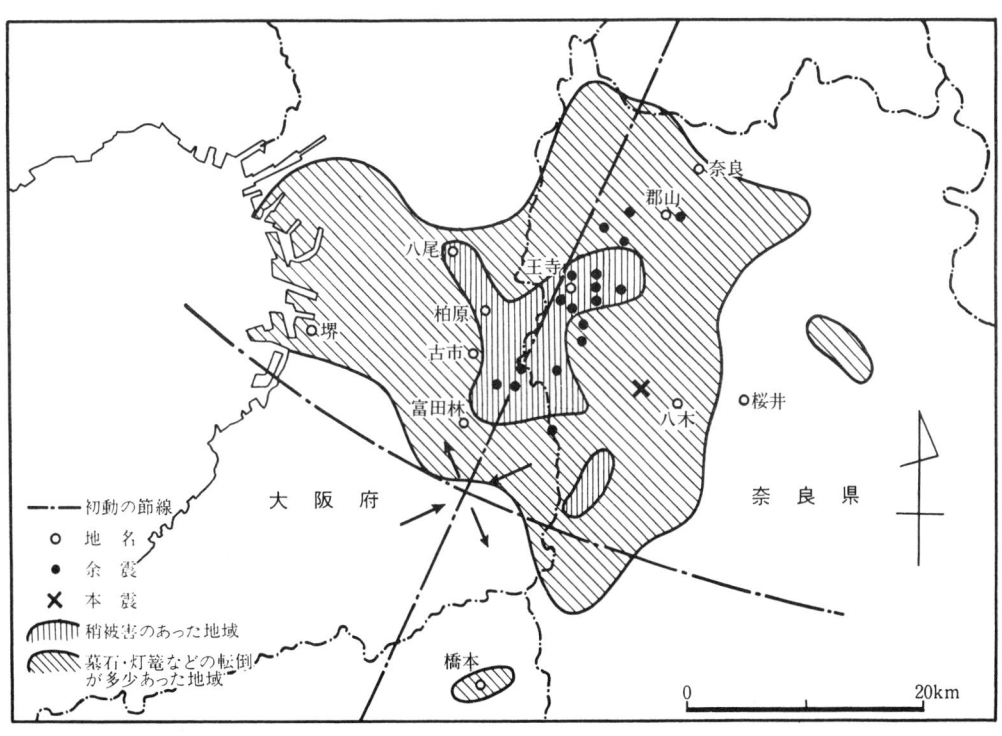

図480-2　余震分布および被害地域［竹花, 1936と石川, 1936より作成］

い．柏原で瓦や土蔵壁の損傷，国分村で石切場の崖崩れあり．法隆寺・唐招提寺・薬師寺で土塀の損傷や建物基台に亀裂が入った．震央付近に地鳴りがあった．石灯籠・墓石の回転・倒壊が各地に多少あった．地面の亀裂もところどころに見られた．また，道明寺村，山田村畑等，数ヵ所で噴砂・湧水現象が見られた．余震回数は表480-2のとおりで，22日から29日まで和歌山方面に地震がふえた．

481* 1936 XI 3（昭和11）05時45分　金華山沖　$\lambda = 142°04' E$　$\varphi = 38°16' N$　$M = 7.4$　$h = 61$ km　宮城県で傷4，全潰非住家3，半潰住家2，同非住家2，道路欠損35ヵ所，計225間（約410 m）の被害があった．また，仙台大崎八幡の灯籠約60個のうち3つが倒れた．その他宮城・福島両県の沿岸で，瓦の落下，土蔵壁の剥落，道路の亀裂などがところどころに見られた．小津波あり．八戸で全振幅67 cm，女川で波の高さ約3尺（約0.9 m）という．［-1, 0］

482 1936 XI（昭和11）　会津若松市付近　1日から10日頃まで会津若松を中心に頻発．市内で井水が3〜4尺（0.9〜1.2 m）減ったところあり．神指村黒川で土蔵壁の亀裂や剥落などがあった．2日02時53分の地震が大きく，$\lambda = 140°01' E$　$\varphi = 37°22' N$　$M = 4.1$　$h = 1$ km．

483 1936 XII 27（昭和11）09時14分　新島近海　$\lambda = 139°17' E$　$\varphi = 34°17' N$　$M = 6.3$　$h = 20$ km　26日頃から数回の前震があり，とくに27日09時12分のものは強かった．新島・式根島，とくに海岸で崖崩れ多く，落石や亀裂が見られた．被害は表483-1のとおり．抗火石を建物の一部または全部に使ったものが多く，抗火石を利用した部分の損傷が目立った．余震は多く，27日18時から28

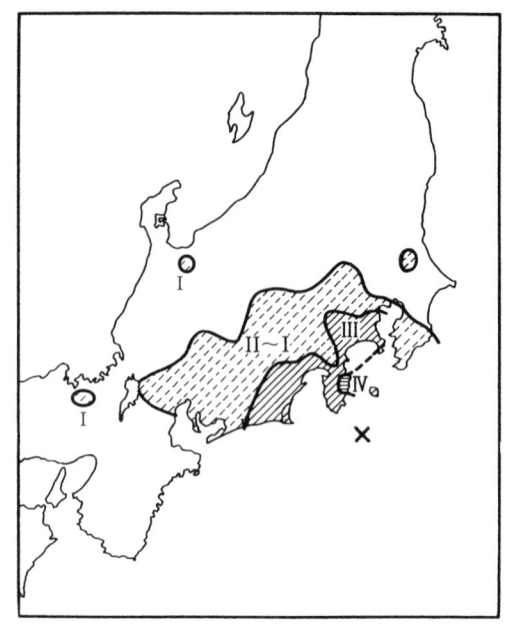

図 483-1　震度分布［三浦, 1937, 験震時報, 10, 65-77 による］

表 483-1　被害一覧［本多, 1937, 験震時報, 10, 147-150］

島 名		戸数	人口	死	傷	民家全潰	民家半潰	民家破損	村営家屋半潰	村営家屋破損
新島	本村	570(728)	3,918	1	50	18(14)	430	512	5	11
	若郷村	65(66)	476	1	20	20	40	63	6	3
式根島				1		1	3			
計				3	70			473		

かっこ内は異説．

日06時までに有感余震300回を数えた．

484 1937 I 27（昭和12）16時04分　熊本付近　$\lambda = 130°49' E$　$\varphi = 32°47' N$　$M = 5.1$　$h = 9$ km　上益城郡秋津村で長さ10間（18 m），幅3尺（0.9 m）の石橋が大音響とともに崩れ落ちた．

484-1 1937 II 27（昭和12）23時41分　瀬戸内海西部　$\lambda = 132°07' E$　$\varphi = 33°52' N$　$M = 6.0$　$h = 63$ km　三津浜で缶詰会社の煙突倒壊．松山市武徳殿のガラス破損．

485 1937 Ⅶ 27（昭和 12）04 時 56 分　金華山沖　$\lambda=142°00'$ E　$\varphi=38°07'$ N　$M=7.1$　$h=56$ km　石巻で水道鉄管一部破損．道路亀裂，石灯籠倒壊16 などの小被害があった．

486 1938 Ⅰ 2（昭和 13）16 時 53 分　岡山県北部　$\lambda=133°18'$ E　$\varphi=34°59'$ N　$M=5.5$　$h=19$ km　伯備線備中神代駅で落石あり，貨車と付近の家屋に小被害．

487 1938 Ⅰ 12（昭和 13）00 時 11 分　田辺湾沖　$\lambda=135°19'$ E　$\varphi=33°37'$ N　$M=6.8$　$h=47$ km　紀伊水道沿岸で小被害．とくに和歌山県日高郡・西牟婁郡などの沿岸地方で土塀の崩壊・家屋の小破，道路の小亀裂などが生じた．また，徳島・富岡付近で壁・塀・道路に亀裂を生じ，撫養の製塩工場の煙突が倒れた．田辺で岸壁に亀裂．鉛山付近の温泉異常あり．紀伊水道沿岸で地鳴り聞こえ（図 487-2），井水位の増減あり（図 487-3）．

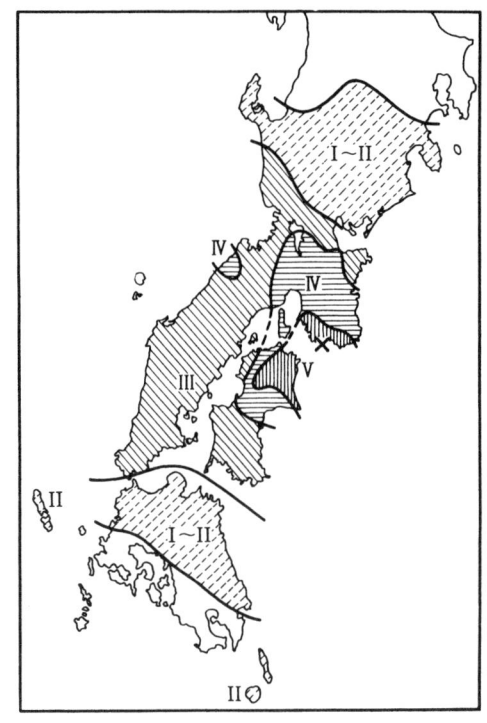

図 487-1　震度分布　[中央気象台地震掛, 1939, 験震時報, **10**, 266-276]

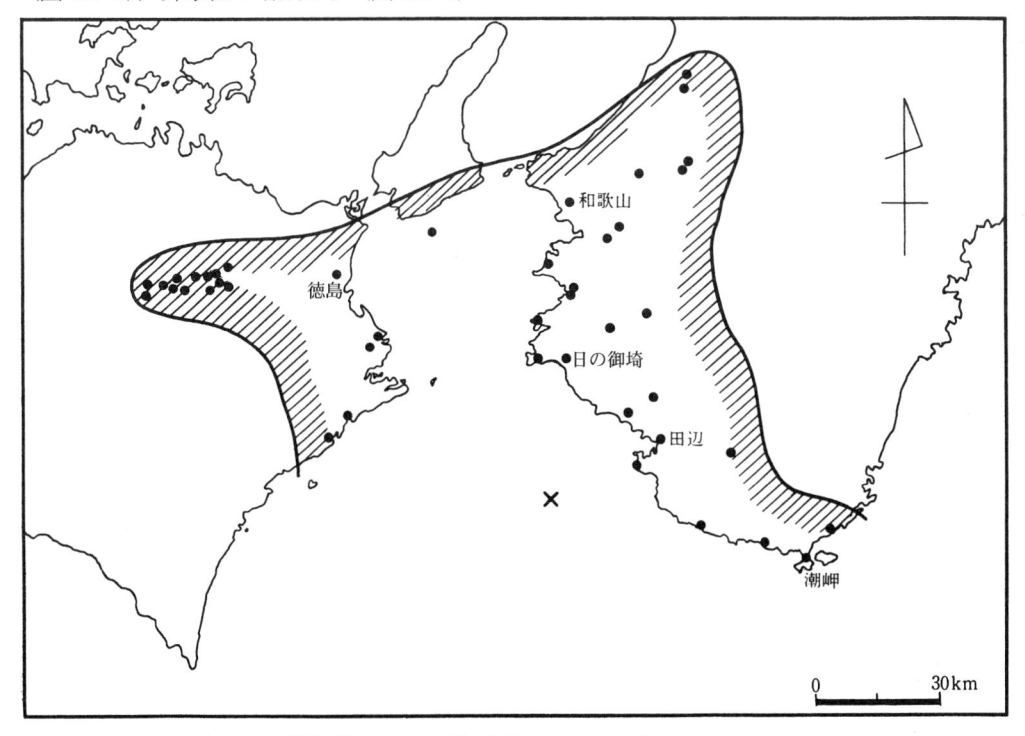

図 487-2　地鳴りの聴取された地域　[水上, 1938, 震研彙報, **16**, 470-483]

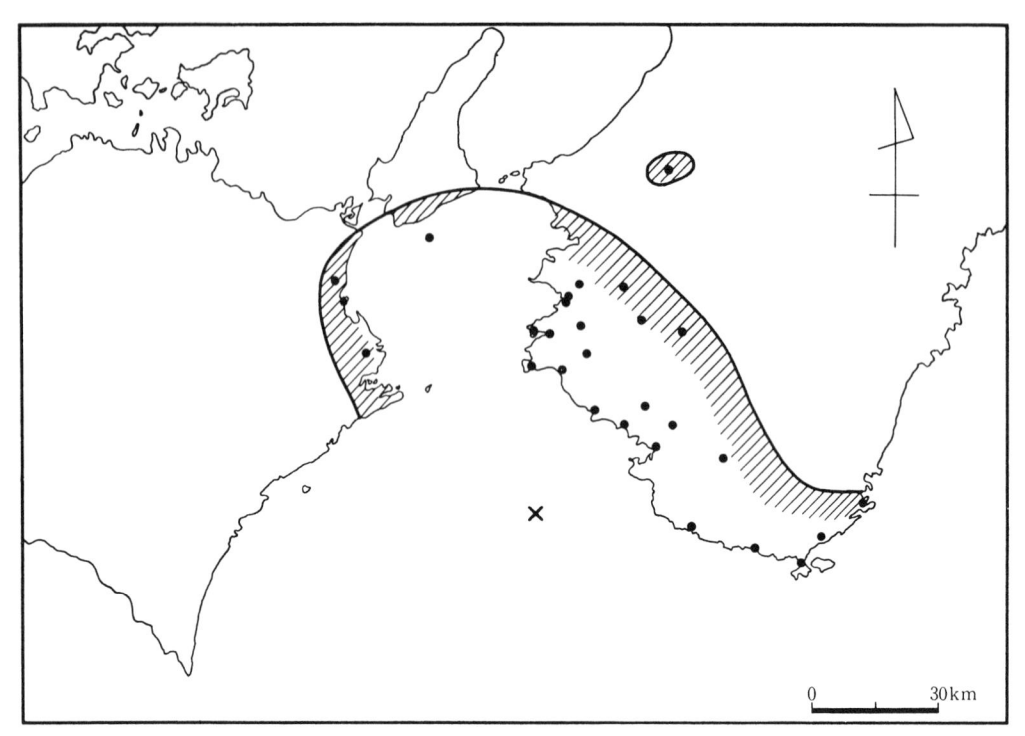

図 487-3 井戸水の異変を生じた地域 [水上, 1938]

海震あり．余震は少ない．

488* 1938 V 23（昭和13）16時18分　塩屋崎沖　$\lambda = 141°19'$ E　$\varphi = 36°34'$ N　$M = 7.0$　$h = 0$ km　被害は小名浜付近の沿岸と，内陸の福島・郡山・白河・会津若松付近にあった．とくに郡山・須賀川・猪苗代の付近で強く，煉瓦煙突の折損，壁落，壁や道路の亀裂があった．小名浜でも同様の小被害があり，小崖崩れもあった．小名浜に震後22分で小津波（全振幅83 cm）が押し寄せた．福島県の被害は家屋250ヵ所，煙突の倒折7，橋梁・堤防損6，水道管破損2ヵ所などで，茨城県でも煙突5本折損し，磯原で土蔵の倒壊1，岩代熱海・湯本・飯坂などの温泉に異常があった．[-1, 0.5]

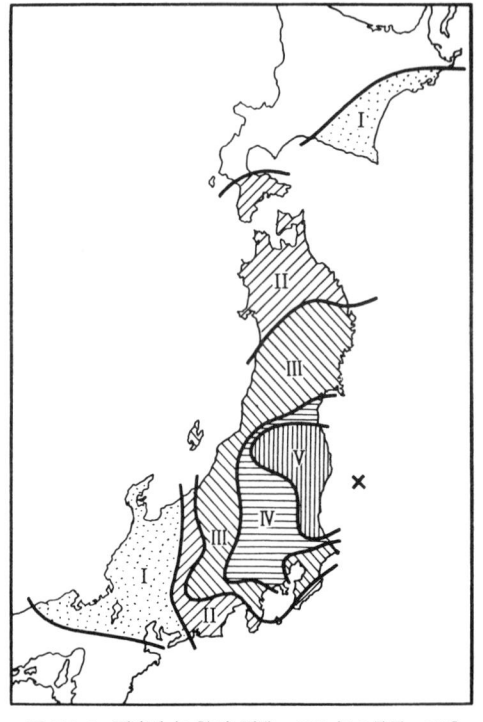

図 488-1　震度分布 [気象要覧, 1938年5月号, 569]

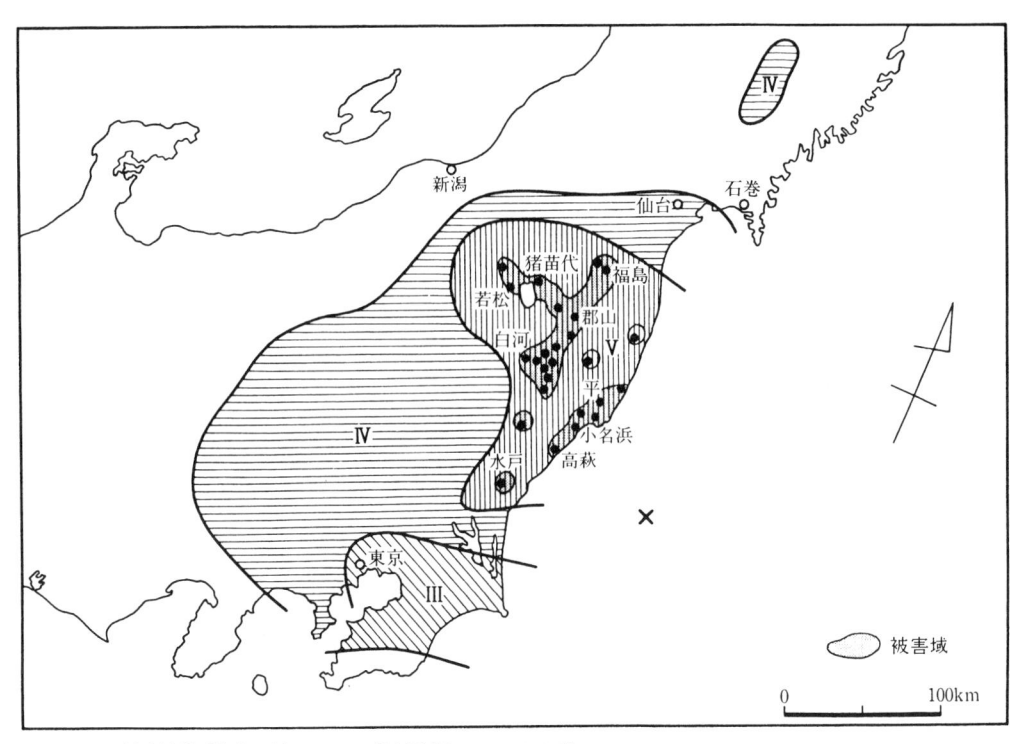

図488-2 被害地域［竹花・副田, 1938, 験震時報, **10**, 303-309］

489* 1938 V 29（昭和13）01時42分 屈斜路湖付近 $\lambda=144°27'$ E $\varphi=43°31'$ N $M=6.1$ $h=0$ km 屈斜路湖付近（和琴・尾札部・ポント・サッテキナイ・札友内・弟子屈・美留和・川湯・仁伏など）で小被害，サッテキナイで死1，家屋倒潰5，全体で死1，家屋倒潰5，半崩2，破損36，道路破損延長5,010 m，橋梁破損2．地震10分くらい前に地面の昇降があったらしい．湖の南部に亀裂・山崩れ，沈降などの地変が目立ち（図489-2, 3参照），コタン以北で20 cmくらいの隆起，南と西で20〜30 cmくらいの沈降が見られ，和琴半島頸部などで新温泉が湧出し，同半島北端で噴気が著しく活発になった．和琴半島頸部では東から西に湖水が流れ朝6時ころまで水が差し引きした．これは土地の傾斜（隆起や沈降）による小津波と考えられ波の高さは90 cmに達した．余震は多く当日は有感で100回くらいといわれる．10日

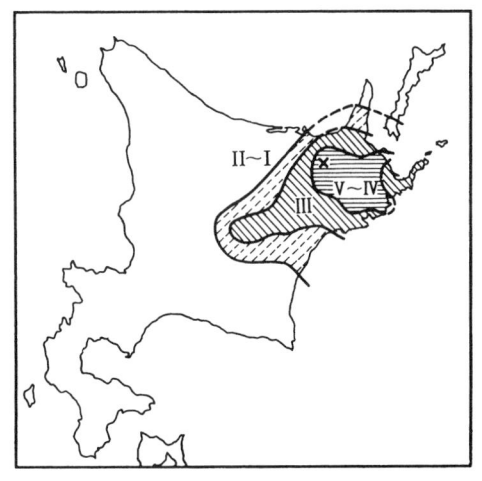

図489-1 震度分布［気象要覧, 1938年5月号, 577より］

322　4 被害地震各論

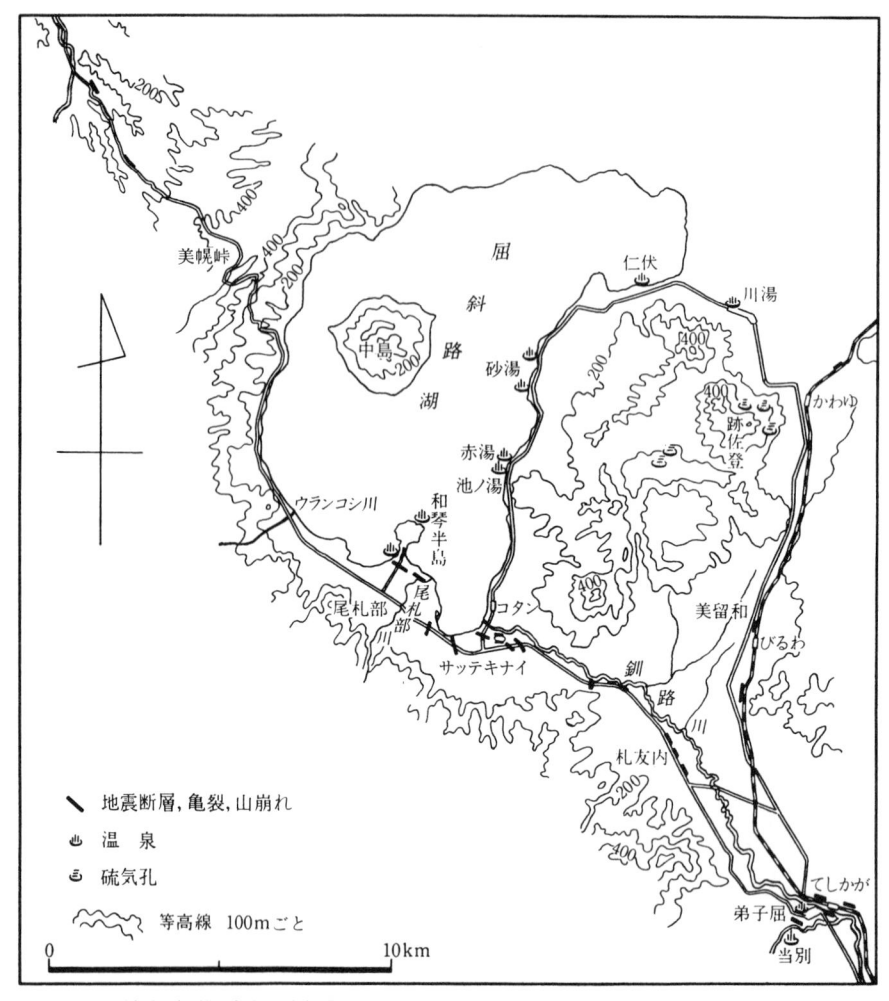

図 489-2　断層・亀裂・山崩れ地点 [石川, 1938, 科学, 8, 409-414]

間くらいで急激に減少した．[-1]

490* 1938 VI 10（昭和13）18時53分　宮古島北々西沖　$\lambda=125°02'$ E　$\varphi=25°33'$ N　$M=7.2$　$h=22$ km　震後小津波が近くの島を襲った．宮古島平良港では震後10分で津波がきた．波の高さ 1.5 m で，桟橋の流失

などの微小被害を生じた．6月中の余震回数は表490-1のとおり．[1, 1]

491 1938 IX 22（昭和13）03時52分　鹿島灘　$\lambda=141°03'$ E　$\varphi=36°27'$ N　$M=6.5$　$h=48$ km　水戸（震度V）で僅少被害．

表 490-1　日別余震回数 [気象要覧, 1938年6月号より]

日	10	11	12	13	14	15	16	17	18	19	20	21	22	23	24	25	26	27	28	29	30	計
有感	3	6	2	0	1	0	0	0	0	1	0	0	0	0	0	0	1	0	1	0	0	15
無感	81	143	53	23	14	6	4	5	7	10	4	2	4	5	3	11	4	3	0	4	2	388

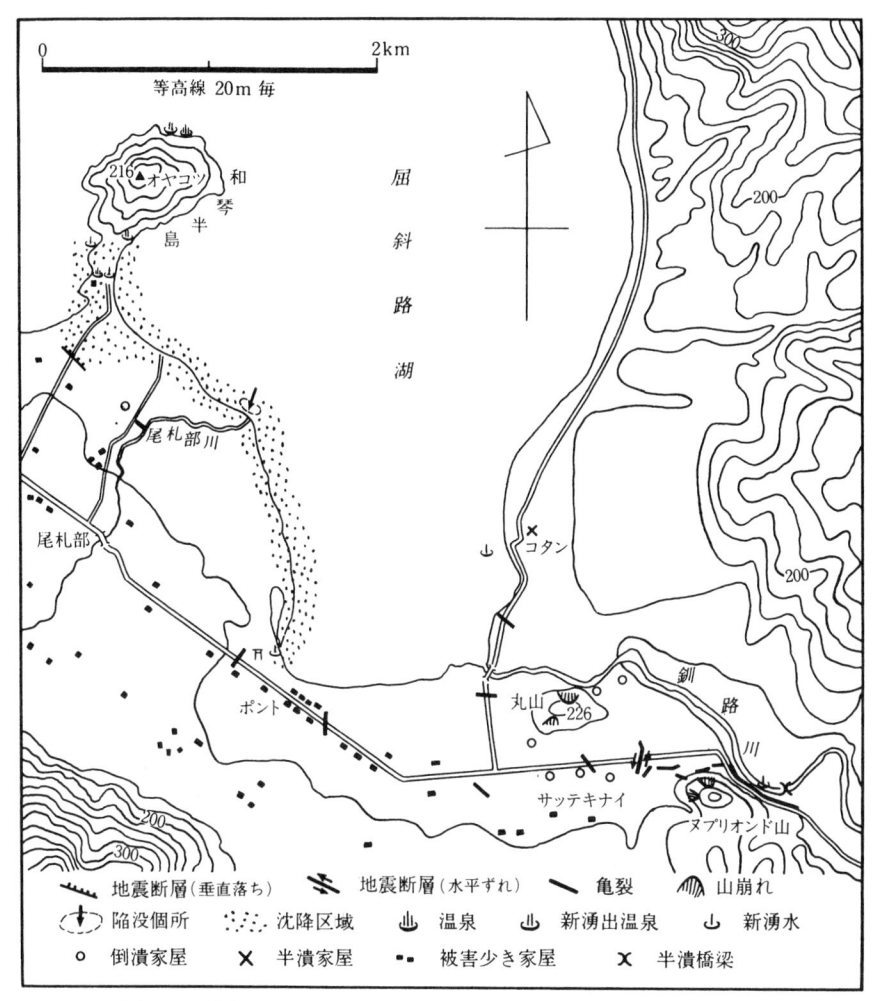

図 489-3 被害および地変 ［石川, 1938］

492* 1938 XI 5（昭和13）17時43分 福島県東方沖 $\lambda=141°55'$ E $\varphi=36°56'$ N $M=7.5$ $h=43$ km **福島県東方沖地震** 大地震が相次ぎ余震のうち規模6.9以上のものは，5日19時50分（$\lambda=141°28'$ E $\varphi=37°26'$ N $M=7.3$ $h=30$ km [0, 0]），6日17時53分（$\lambda=141°54'$ E $\varphi=37°22'$ N $M=7.4$ $h=10$ km [0, 1]），7日06時38分（$\lambda=142°18'$ E $\varphi=37°01'$ N $M=6.9$ $h=5$ km [0, 0]），22日10時14分（$\lambda=142°13'$ E $\varphi=36°42'$ N $M=6.9$ $h=7$ km [−1, −1]），30日11時30分（$\lambda=141°56'$ E $\varphi=$

表 492-1 津波の高さ（全振幅）［本多, 1940, 験震時報, 10, 528-545］

地名＼地震	5日17時43分	6日17時53分	7日6時38分
石　巻	40 cm	10 cm	
花淵(宮城)	113		
塩釜(尾島)	32	10	
鮎　川	104	124	124
月　浜	64	15	
宮　古	41	21	
八　戸	24	14	
小 名 浜	107	38	50
田中(茨城)	42	14	
祝　(茨城)	88	53	
波源の大きさ 面　積	$8.8×10^3$ km²	7.0	8.5
長軸長さ	120 km	100	120
短軸長さ	90 km	90	90

324   4 被害地震各論

図 492-1 震度分布 [本多, 1940]

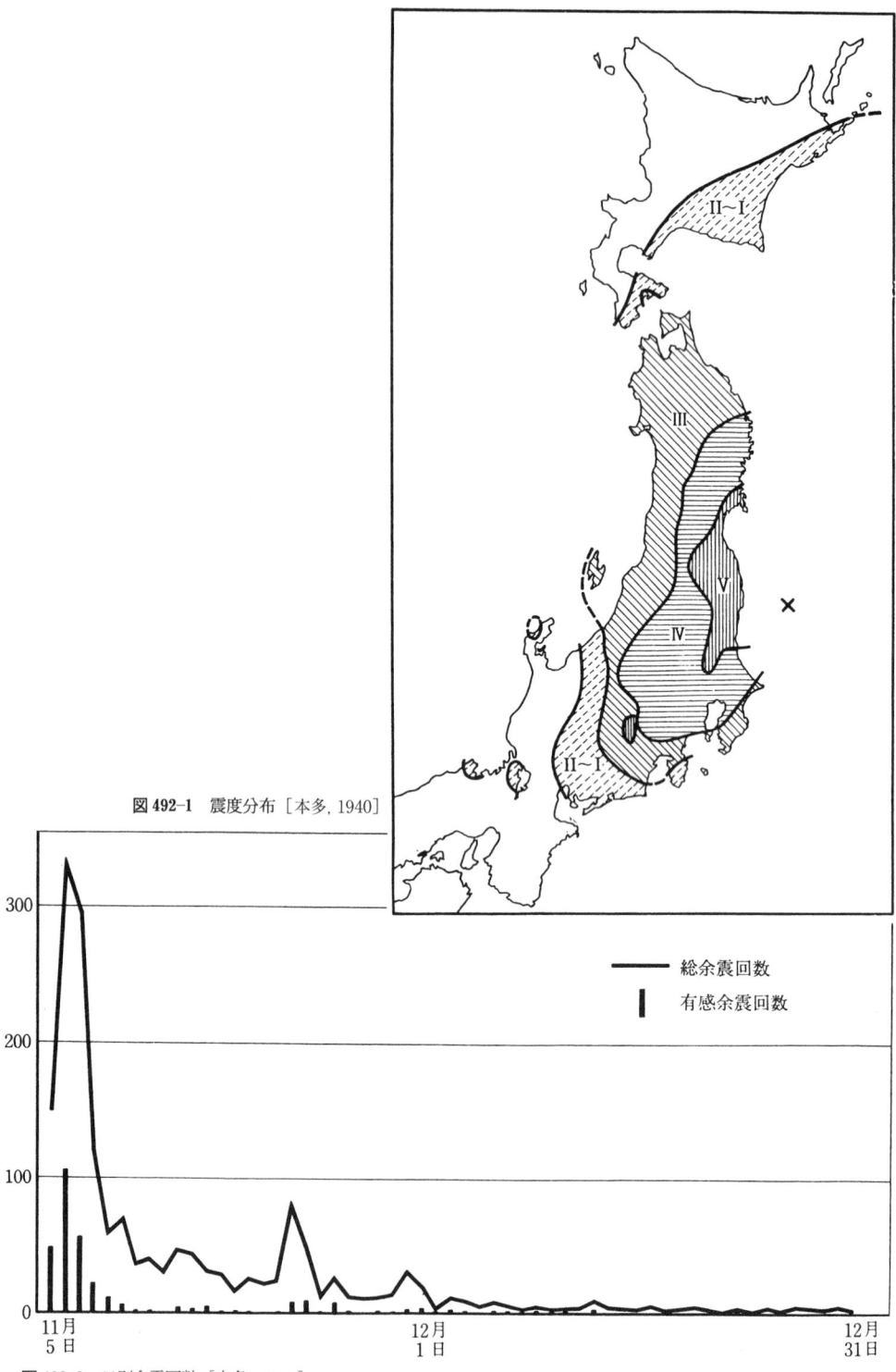

図 492-2 日別余震回数 [本多, 1940]

凡例:
— 総余震回数
| 有感余震回数

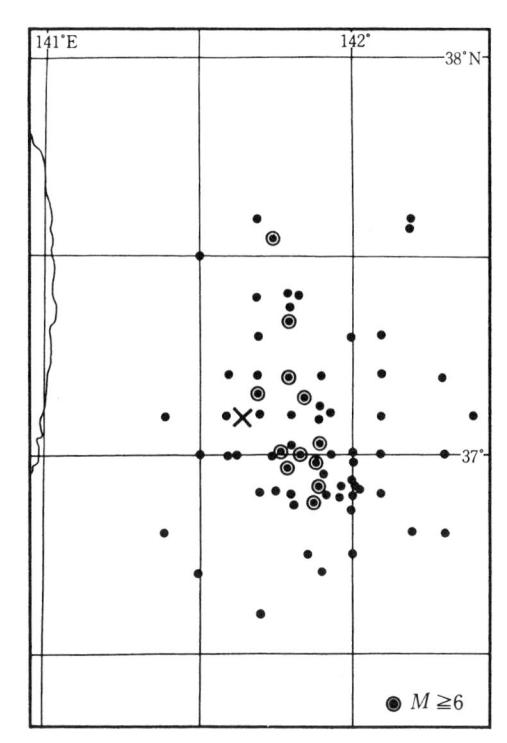

図 492-3 余震分布 [本多, 1940]

37°03′N $M=6.9$ $h=47$ km [-1, $\underline{-1}$])
である. 震害は少なく浪江・福島・請戸等,
県内東部の各地で, 小被害. 塩屋崎灯台で水
銀ほとんど溢れ出る. 福島県で死1, 傷9, 住
家全潰4, 半潰29, 非住家全潰16, 半潰42,
その他小崖崩れ, 道路の亀裂, 鉄路の被害が
ところどころにあった. 茨城・宮城両県でも
微小被害. 津波が沿岸を襲った. 検潮儀によ
る津波の最大全振幅は表 492-1 のとおり. こ
のほかにも 5 日 19 時 51 分, 9 日 11 時 22 分,
16 日 20 時 08 分の地震も津波を伴った. 津波
の被害なし. 余震は多く, 11 月中の総計
1,626 (うち有感 300), 12 月中 155 (23) であ
る. 12 月末までのおもな余震 (小区域地震以
上) の分布を図 492-3 に示す. 二重丸は規模
が 6 以上の余震. [0, $\underline{1}$]

493* 1939 Ⅲ 20 (昭和 14) 12 時 22 分 日向灘 $\lambda=131°45′$ E $\varphi=32°05′$ N $M=6.5$ $h=57$ km 大分県沿岸 (とくに, 佐伯・蒲江・津久見・臼杵町など) で家屋の壁の落下, 土地の小亀裂などの小被害. 宮崎県で死1, 傷1, 家屋半潰1, 煙突倒潰3, 道路崩潰7. 余震少ない. 小津波, 室戸岬で全振幅 80 cm. [-1, $\underline{-1}$]

494* 1939 Ⅴ 1 (昭和 14) 14 時 58 分 男鹿半島 $\lambda=139°47′$ E $\varphi=39°57′$ N $M=6.8$ $h=0$ km **男鹿地震** 2 分後にも $M=6.7$ の地震 ($\lambda=139°36′$ E, $\varphi=40°00′$ N, $h=0$ km) があった. 男鹿半島頸部に被害. 集落によっては全滅したところ (安田・木曾) もある. 概して土蔵の被害が少なかった. 家屋全潰率 (図 494-2) が 40% 以上のところは砂地が多い. 図では崖崩れによるものは除いてある. また, 水平移動した家も多く移動量は 40 cm に及ぶものもあった. 北浦町では海岸に沿って約 1 km の長さの土地が海に向かって

表 494-1 被害一覧 [波佐谷, 1940, 験震時報, 10, 585-586]

町 村 名		死者	負傷者	住 家		非住家	
				全潰	半潰	全潰	半潰
南秋田郡	五里合村	6	14	193	154	23	19
	払戸村	1	1	28	69	5	1
	潟西村	—	1	15	104	6	5
	南磯村	—	—	1	1	—	—
	北浦町	3	11	40	49	9	18
	戸賀村	1	—	—	—	—	1
	船川港町	8	15	97	119	28	45
	脇本村	3	2	25	194	13	13
	男鹿中村	5	7	69	105	20	42
山本郡	能代港町	—	1	—	2	1	—
	浜間口村	—	—	11	61	1	12
合 計		27	52	479	858	106	156

なお秋田市では薬品倉庫 2 棟, 船越では 9 棟全焼した.

表 494-2 日別余震回数

日	1	2	3	4	5	6	7	8	9	10	11〜31	計
有感	25	11	3	3	1	0	0	0	0	0	0	43
無感	62	80	34	29	18	17	3	1	0	1	3	248

326　4　被害地震各論

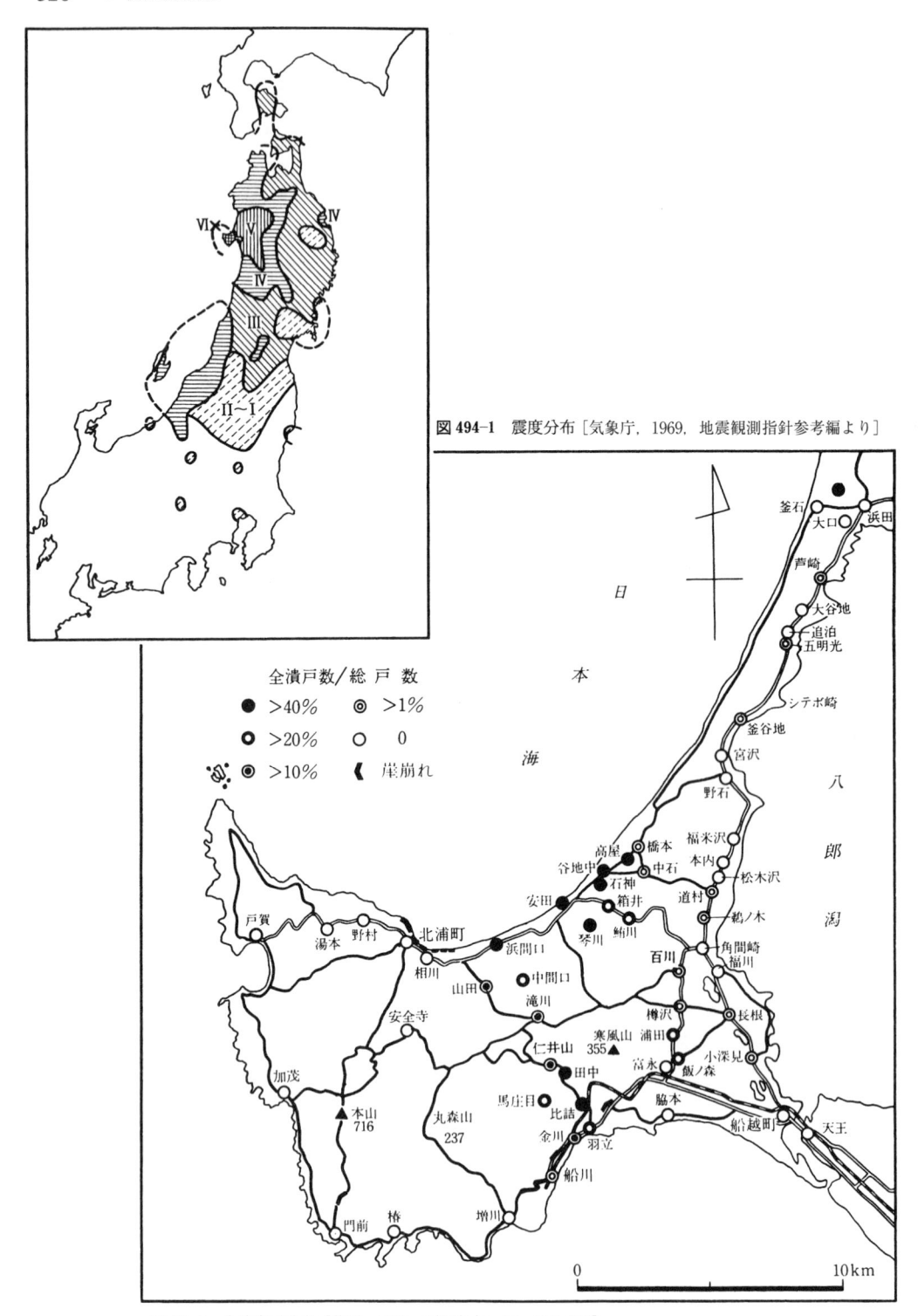

図 494-1　震度分布 [気象庁, 1969, 地震観測指針参考編より]

図 494-2　全潰家屋分布 [萩原, 1939, 震研彙報, 17, 627-637]

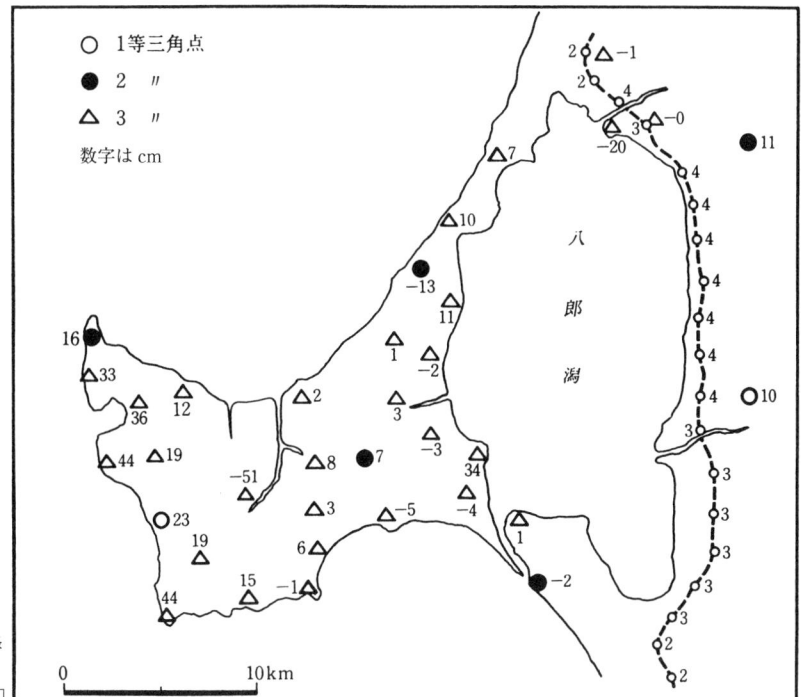

図 494-3 三角点昇降
　　　分布 [今村, 1941, 地震, 13, 207-215]

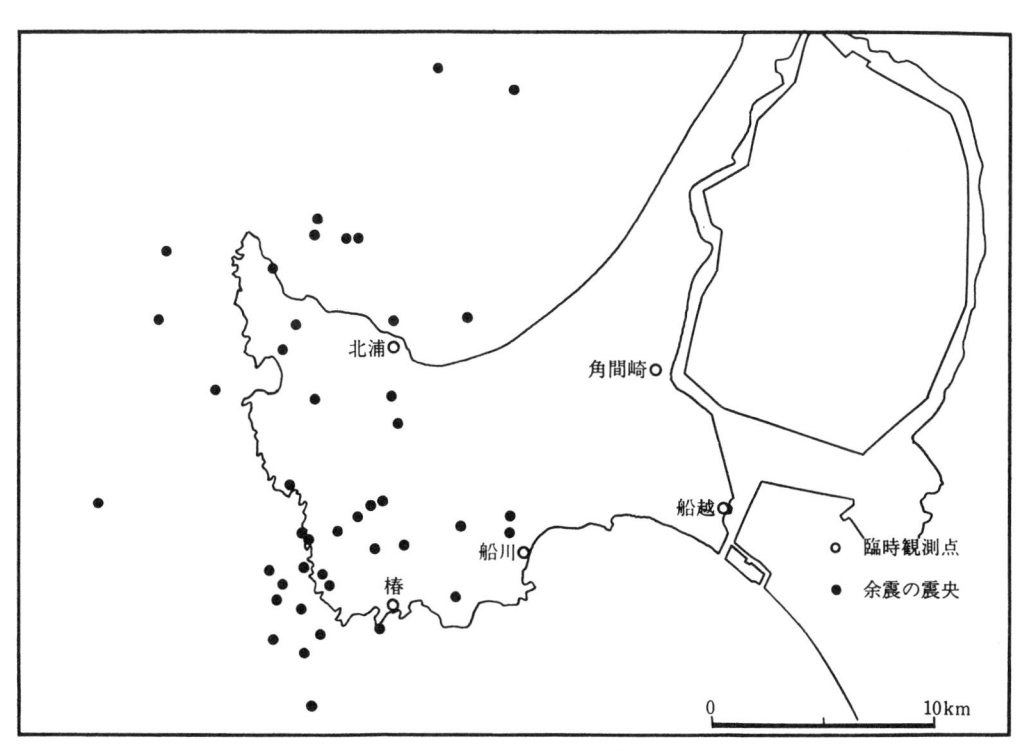

図 494-4 余震分布（5月2〜26日）[Hagiwara, 1940, BERI, 18, 252-264]

すべり，同地域内の約50戸がすべて全潰した．寒風山の北麓には地すべりを生じ，潟西（五明光・釜谷地間）でも地割れがあり，この付近は土地が沈降した．半島の北西部は隆起した．図494-3は1935年8〜9月と1940年10月の測量結果から求めた水準変化で数字は隆起・沈降（−）をcmで示す．北浦町の湯本温泉等4ヵ所で震後温泉が湧出した．苗代の被害（転苗）が強震地域に見られた．地震の前日から付近の海で蛸の上陸，岩館・八森で鱒獲の倍増など，魚族の異常が見られ，戸賀では地震の3時間くらい前に海水の大干退（垂直に約10尺（約3m））があったという．北浦の北2kmのところで15時頃海震を感じた．また，小津波が震後20〜40分で観測された．第1波の最大振幅は能代（+5cm）・土崎（+17cm）・酒田（+10cm）・鯵ヶ沢（−5cm）であった．余震回数は表494-2のとおりで，図494-4はおもな余震の分布図である．3日頃までの余震にはほとんど地鳴りを伴った．[−1, −1]

495* 1940 VIII 2（昭和15）00時08分 神威岬沖 $\lambda=139°49'$ E $\varphi=44°22'$ N $M=7.5$ $h=0$ km 地震による被害はほとんどない．津波が日本海沿岸各地を襲った．全体で死10，流失家屋20，船舶流失644，同破損612であった．天塩・羽幌で波の高さは2mに達し，天塩川河口付近で死者があった．利尻では3mに達したという．その他，津波の高さは沓形2m，茂生1.2m，小樽1.5m，余市1.2m，岩内1.7m，美国1.5m，留萌・増毛2m，樺太西海岸2m，輪島・佐渡・朝鮮半島でも津波が記録された．佐渡・朝鮮半島（咸鏡北道鏡城郡大津港）でも小被害があった．[2, 2]

496 1941 III 7（昭和16）12時00分 長野県中野付近 $\lambda=138°22'$ E $\varphi=36°43'$ N M

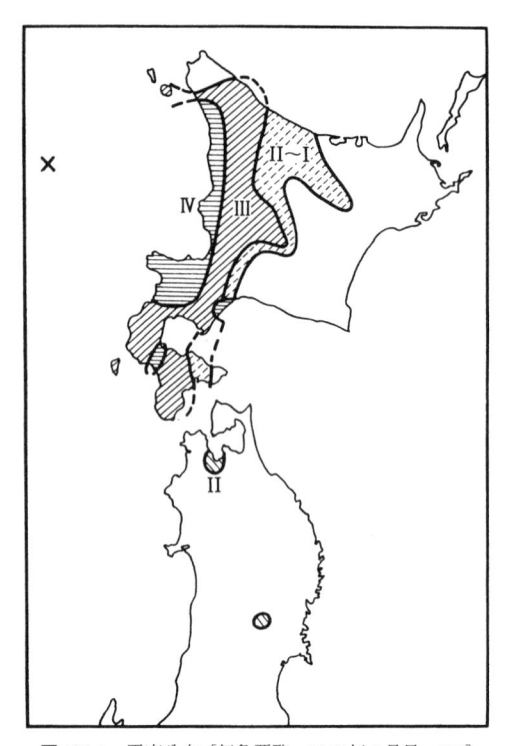

図495-1 震度分布［気象要覧，1940年8月号，954］

$=5.0$ $h=11$ km 震央の中野付近・穂波村・夜間瀬村などで岩石・土砂の崩壊あり．地鳴りを伴う小余震が若干あった．

497 1941 IV 6（昭和16）01時49分 山口県須佐付近 $\lambda=131°38'$ E $\varphi=34°32'$ N $M=6.2$ $h=2$ km 山口・島根県境付近に小被害．須佐・江崎およびその付近で土塀崩壊・墓石転倒・崖崩れ・道路の亀裂などがあり，益田・石見津田駅間で線路約10cm沈下し貨車が転覆した．余震は有感5，無感6であった．

498 1941 VII 15（昭和16）23時45分 長野市付近 $\lambda=138°12'$ E $\varphi=36°39'$ N $M=6.1$ $h=5$ km 長野市の北東，神郷・若槻・浅川・柳原・古里・豊洲などの村々（直径約10kmの範囲内）で被害，死5，傷18，住家全壊29，半壊115，非住家全壊48，半壊

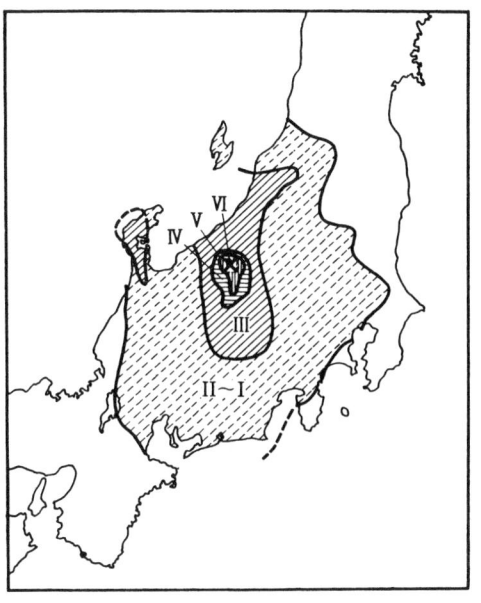

図 498-1 震度分布 [気象要覧, 1941 年 7 月, 1160-1164]

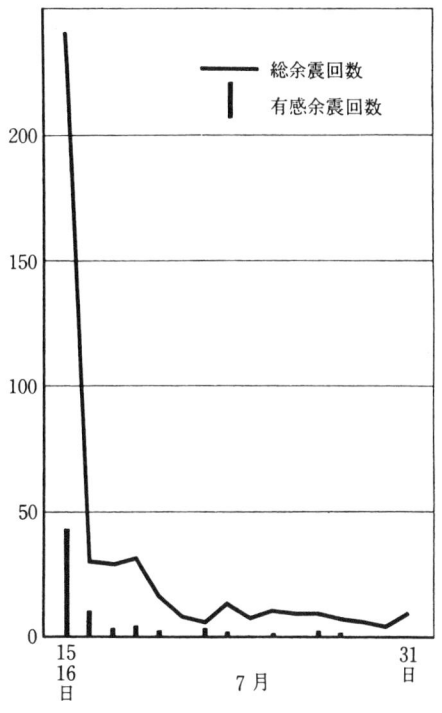

図 498-2 日別余震回数 [気象要覧, 1941 年 7 月]

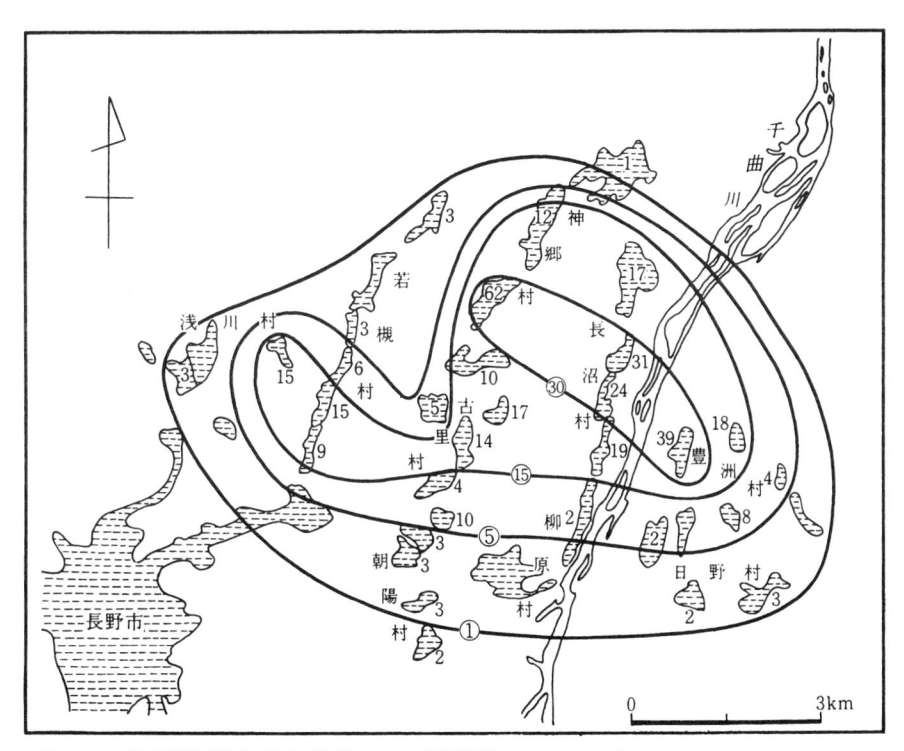

図 498-3 住家倒壊率分布（％）[金井, 1941, 震研彙報, **19**, 647-660]

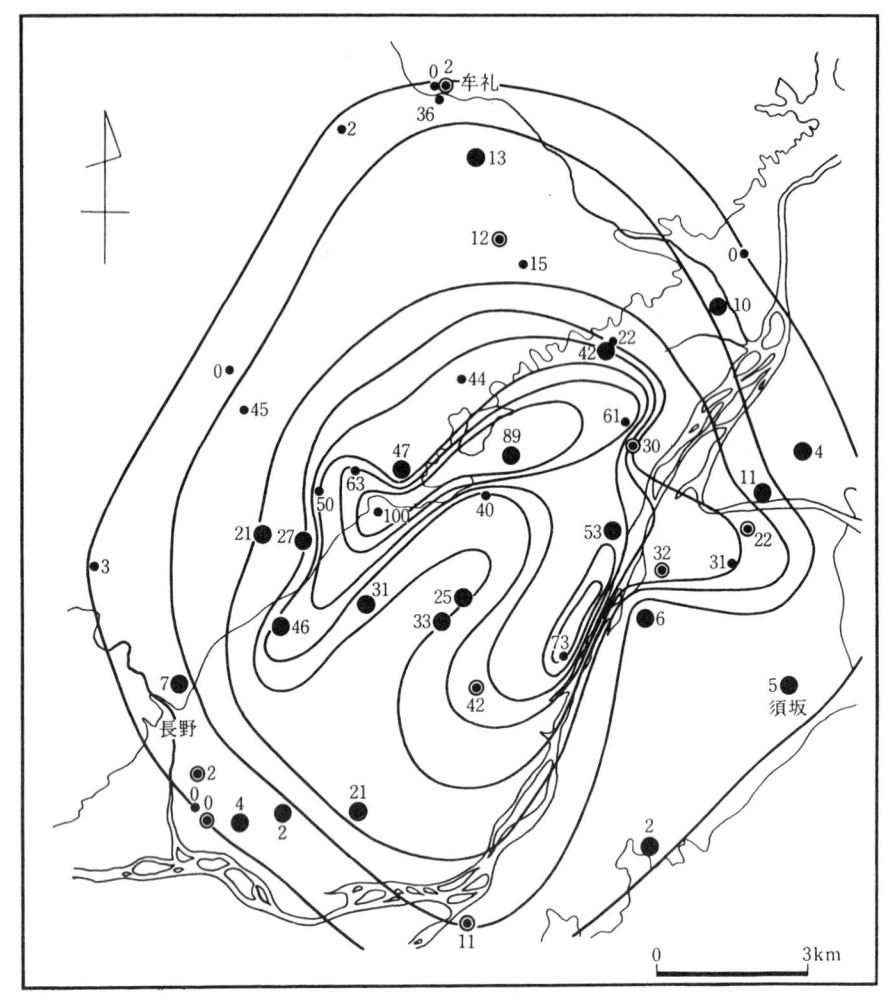

図 498-4 墓石の転倒率 (%) [岸上ほか, 1941, 震研彙報, **19**, 628-646]

122 を出した．とくに長沼村での被害が大きかった．千曲川沿いの地では井戸から泥を噴き出し，井戸が埋ったところもあった．また割れ目が多く，噴砂水が見られた．図 498-3 は住家の全半壊総棟数の全戸数に対する百分比で神郷村内郷では 62% になっている．図 498-4 は墓石の転倒率 (%) で，図 498-3 と合わせて震央付近の震度の分布が推定される．前震は 21 時 45 分（震度 III）と 22 時 58 分（震度 I），さらに引続き無感が 6 回あった．地鳴りがあった．発光現象の報告もあるが高圧線の断線によるものらしい．付近の温泉や井水にも変化があった．図 498-2 は余震数の変化である．震央は激震地域より西に 4〜5 km ずれている．

499* 1941 XI 19 （昭和 16）01 時 46 分　日向灘　$\lambda = 132°08'$ E　$\varphi = 32°07'$ N　$M = 7.2$　$h = 33$ km　宮崎・大分の沿岸や熊本・愛媛で多少の被害があった．延岡で被害が大きく石垣の破損・道路の亀裂・堤防の小破損・壁の剝落などがあり，宮崎ではほとんどの家の壁に亀裂や剝落が見られ，煉瓦煙突も 1 本倒れた．その他宇和島・宿毛で軽微な被害が

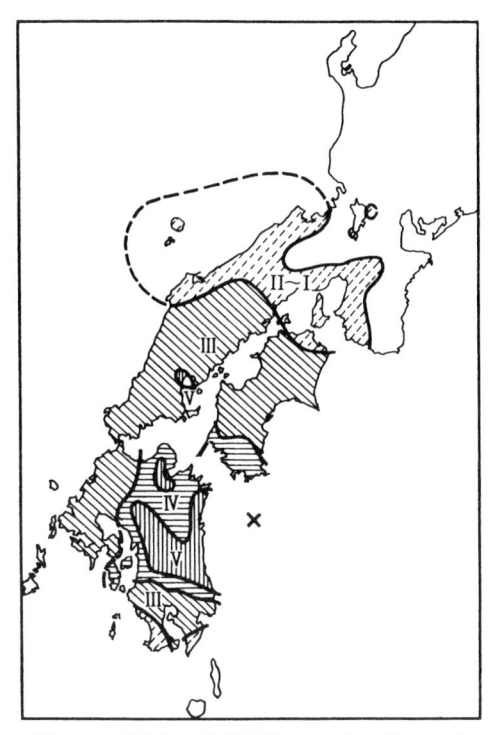

図 499-1 震度分布［気象要覧，1941 年 11 月，1836］

表 499-1 被害一覧［鷺坂ほか，1942，験震時報，**12**，162-180 より作成］

県　名	死	傷	全　壊*	半　壊*
大　分		6	8	10
宮　崎		5		1
熊　本	2	7	19	21
計	2	18	27	32

* 含非住家.

表 499-2 日別余震回数［気象要覧，1941 年 11 月］

日	19	20	21	22	23	24	25	26	27	28	29	30	計
有　感	16	1	2	1	0	0	0	0	1	0	1	1	23
無　感	38	11	4	4	2	0	2	2	0	1	2	5	71

あり，とくに熊本県人吉では死 1，傷 5，住家全壊 6，半壊 11，非住家全壊 5，半壊 10 を出した．細島の検潮場で約 8 cm 土地が沈下した．津波が日向灘沿岸を襲ったが最大の波の高さ 1 m（細島・青島・宿毛）で船舶に若干の被害があった程度．余震回数は表 499-2 のとおり．[1, 1]

500 1942 Ⅱ 21（昭和 17）16 時 07 分　福島県沖　$\lambda=141°51'$ E　$\varphi=37°43'$ N　$M=6.5$　$h=42$ km　宮城県刈田郡の遠刈田発電所のコンクリート堤防に亀裂が入った．

500-1* 1942 Ⅱ 22（昭和 17）09 時 47 分　佐田岬付近　$\lambda=132°23'$ E　$\varphi=33°32'$ N　$M=5.4$　$h=68$ km　八幡浜に小津波，小舟破損 3，『双海町誌』による．

501 1943 Ⅲ 4（昭和 18）19 時 13 分　鳥取市付近　$\lambda=134°06'$ E　$\varphi=35°27'$ N　$M=6.2$　$h=5$ km　引き続いて 19 時 35 分（$\lambda=134°12'$ E　$\varphi=35°30'$ N　$M=5.7$　$h=16$ km）に地震があり，翌 5 日 04 時 50 分（$\lambda=134°14'$ E　$\varphi=35°28'$ N　$M=6.2$　$h=9$ km）にも地震があった．鳥取市，気高(けたか)・岩美・八頭(やず)の各郡，とくに海岸に小被害．軽傷

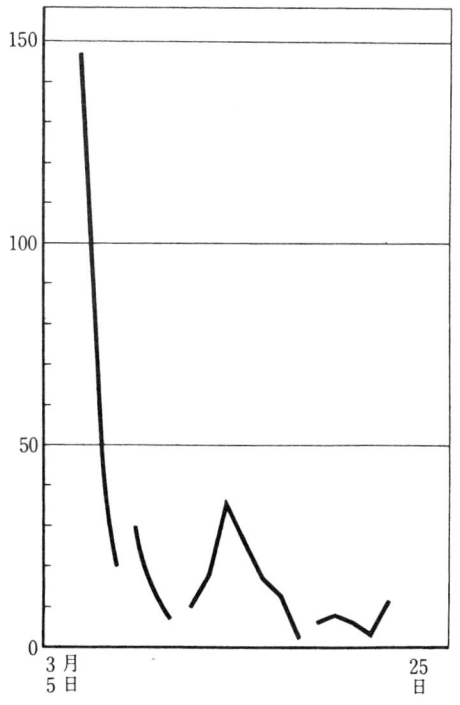

図 501-1　24 時間ごとの余震回数［表，1943，震研彙報，**21**，435-457］

332　4　被害地震各論

3月4日19時13分　　　3月5日04時50分

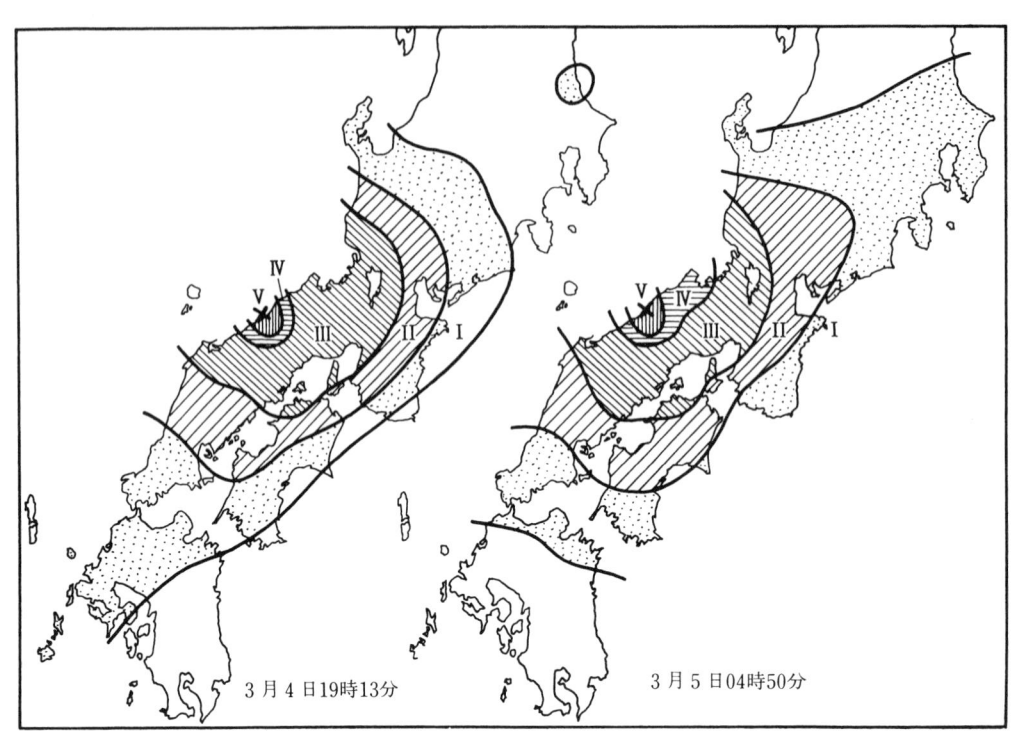

図 501-2　震度分布［気象要覧, 1943 年 3 月, 320, 328］

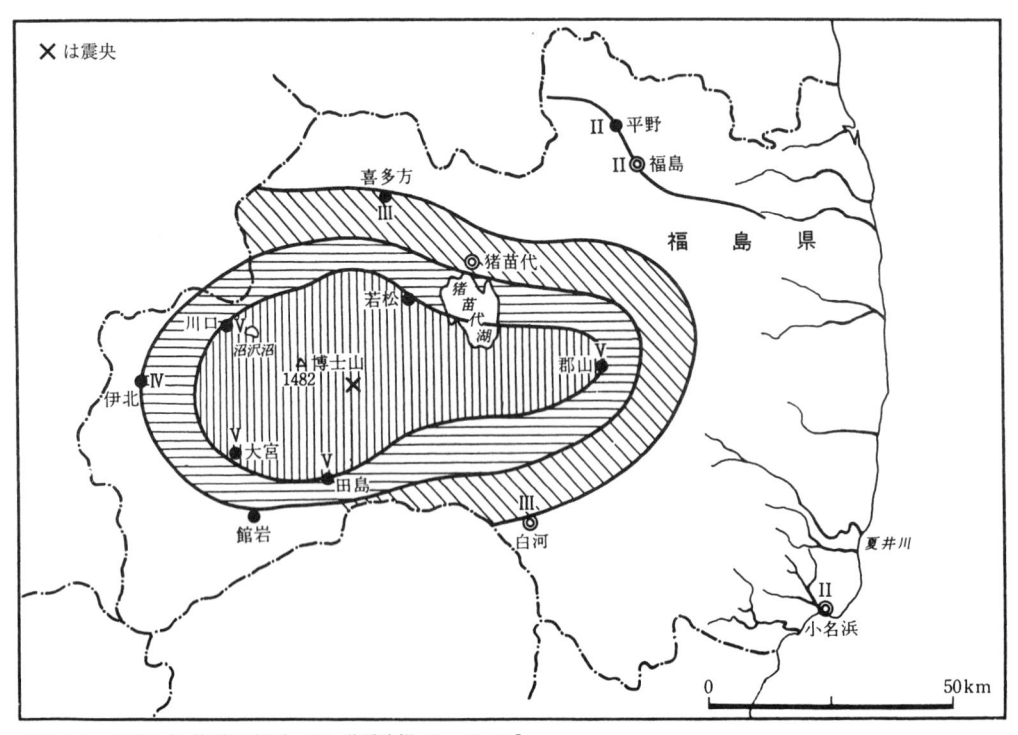

図 502-1　震度分布［福島測候所, 1943, 験震時報, 13, 479-480］

11,建物(含非住家・塀など)倒壊 68,同半壊 515.だが,住家の倒壊は 10 軒未満だったらしい.賀露港(かろ)の護岸 3 ヵ所で崩れ,湖山村で延長 300 m の崖崩れあり.地鳴りも各地で聞こえ,温泉や井水の異常もあった.発光現象も見られた.余震数(19 時を境とする 24 時間ごと.たとえば 5 日は 4 日 19 時～5 日 19 時を意味する)は図 501-1 のように減っている.とくに 8 日 11 時,13 日 00 時 24 分($\lambda = 134°10'$ E $\varphi = 35°29'$ N $M = 5.9$ $h = 7$ km)にやや大きい余震があった.

―* 1943 Ⅵ 13(昭和 18)14 時 11 分 八戸東方沖 $\lambda = 142°50'$ E $\varphi = 41°00'$ N $M = 7.1$ $h = 24$ km 八戸で最大全振幅 60 cm の津波があった.[-1, -1]

502 1943 Ⅷ 12(昭和 18)13 時 50 分 福島県田島付近 $\lambda = 139°52'$ E $\varphi = 37°20'$ N $M = 6.2$ $h = 26$ km **田島地震** 震央付近で傷 3(8),土蔵や住家の壁落ちや亀裂などがあった.その他小規模な崖崩れがあった.8 月中の余震は有感 18 回,無感 21 回であった.図 502-1 は震度分布を示す.翌年 4 月 22 日 12 時 15 分にかなりの余震($\lambda = 139°25'$ E $\varphi = 37°24'$ N $M = 5.0$ $h = 3$ km)があった.

503 1943 Ⅸ 10(昭和 18)17 時 36 分 鳥取付近 $\lambda = 134°11'$ E $\varphi = 35°28'$ N $M = 7.2$ $h = 0$ km **鳥取地震** 被害は表 503-1 のようで,鳥取市の被害は全体の約 80%に達す

表 503-1 被害一覧[井上,1943,昭和 18 年 9 月 10 日鳥取地震概報,15-27]

郡市別	死	重傷	軽傷	全壊	半壊	全焼	半焼
鳥取市	854	544	1,988	5,754	3,182	250	16
岩美郡	56	12	137	694	916		
八頭郡	49	11	15	3	28		
気高郡	120	100	450	1,014	1,703	1	
東伯郡	4	2		20	329		
計	1,083	669	2,590	7,485	6,158	251	16

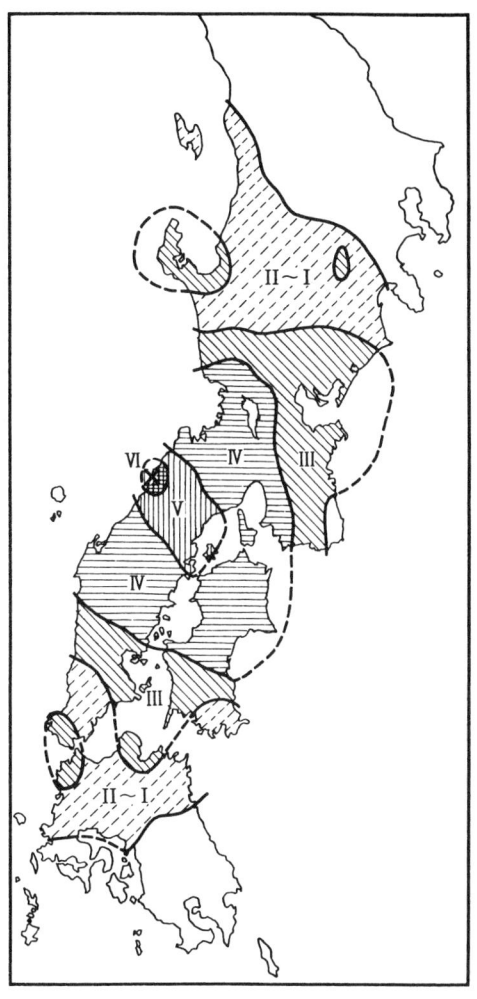

図 503-1 震度分布[気象要覧より作成]

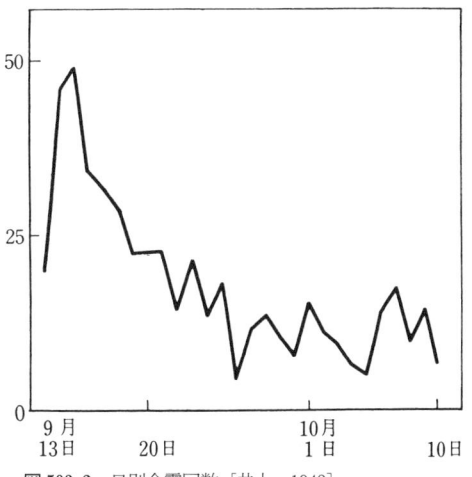

図 503-2 日別余震回数[井上,1943]

334   4 被害地震各論

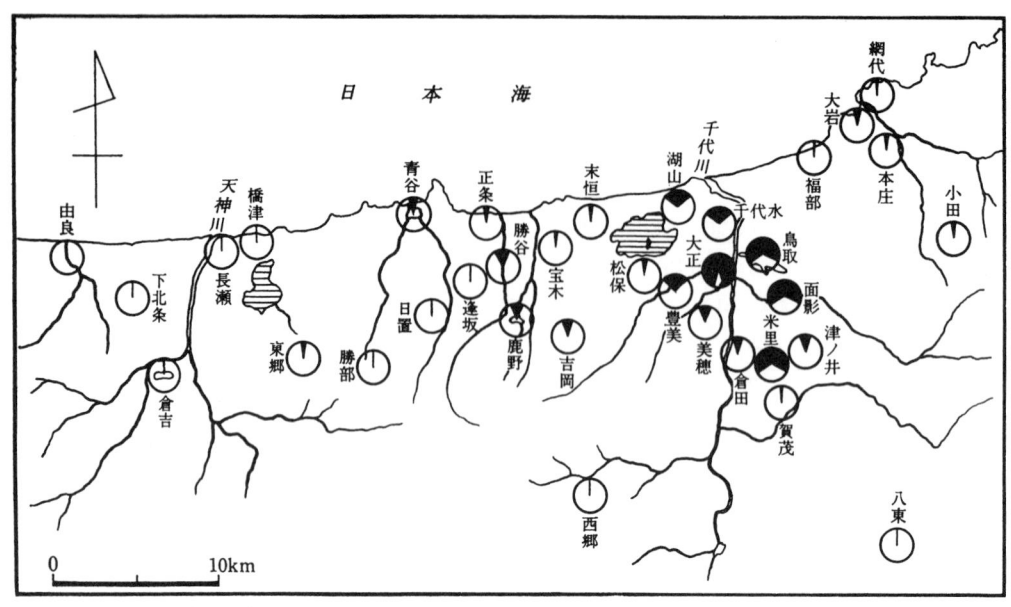

図 503-3 町村別の家屋全壊率 [岸上, 1943, 地震, 15, 253-258]

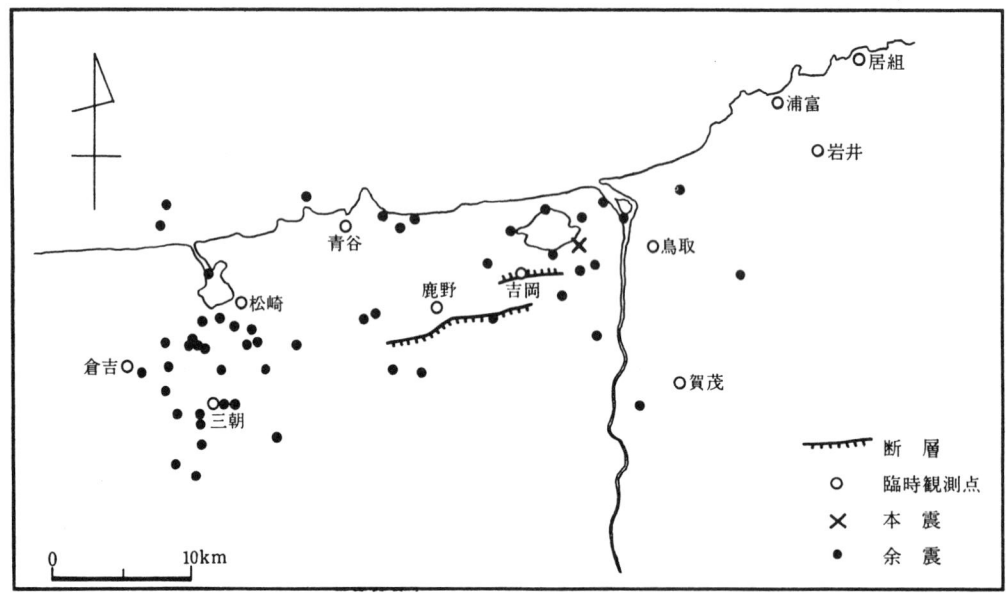

図 503-4 余震分布 [Omote, 1956, BERI, 33, 641-661]

図 503-5 生野鉱山の傾斜変化 [佐々, 1944, 科学, 14, 220-221]

る．とくに沖積地の被害が大．市内で12ヵ所から出火，のちにさらに4ヵ所から出火した．吉岡断層（長さ4.5 km，北側は最大50 cm沈下し，東方へ最大90 cm動く．断層面はほとんど垂直な逆断層）と鹿野断層（長さ約8 km，南西翼では北が南に対し最大75 cm沈下し東方に最大150 cmずれ，北東翼では南側が最大50 cm沈下し，西方にわずかずれ，断層面は60〜70°で北に傾く）［以上は地質学的調査の結果］を生じた．鹿野断層上の家は倒れなかった．家の下部は裂けていたが，棚のものは落ちなかったし，外に出たら断層ができていたという．また，測量の結果によると1935〜43年9月の間に鳥取市の南方で約20 cmの沈降が認められた．図503-3は全壊家屋の全戸数に対する村別の比を示す．余震が多く図503-2は鳥取市における臨時観測による余震回数の変化で，図503-4は9月14日〜10月10日の間のおもな余震の分布図である．このほかに，道路損55ヵ所，橋梁損19ヵ所，堤防損42ヵ所，工場の全壊70棟などの被害があった．兵庫県北西部浜坂村にも小被害があった．また，地割れや地変も多かった．被害実数は文献により約1割の違いがある．また，図503-5のように生野鉱山（震央距離60 km）坑内の水平振子傾斜計は地震の6時間前から震央方向が隆起するような傾動を示した．（#）（☆）

504 1943 X 13（昭和18）14時43分　長野県古間村　$\lambda=138°13'$ E　$\varphi=36°49'$ N　$M=5.9$　$h=0$ km　震央付近で被害．最もひどかったのは古間村針ノ木で，家屋の半数は復旧困難な程度に破壊された．このほか道路の亀裂・土砂崩壊・鉄路の破損などがあった．余震は図504-1のように減り，10月中の有感8回，無感152回であった．［参考：八木，1958，上水内郡地質誌］

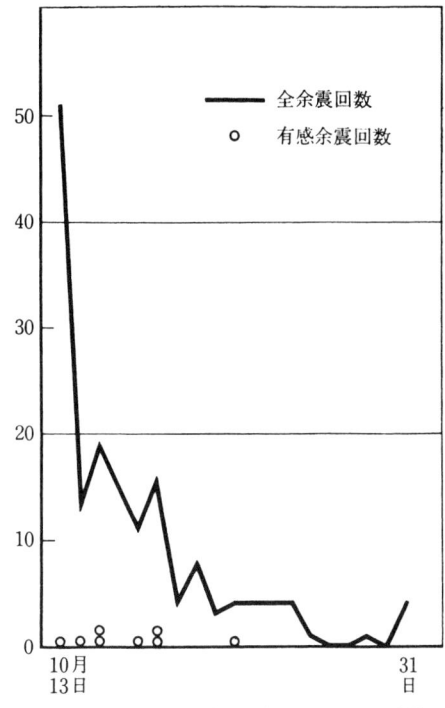

図 504-1　日別余震回数［宮内，1967，気象庁技術報告，**62**，240-247 より］

表 504-1　被害一覧［八木，1958］

村　名	死	傷	住　　家		非 住 家	
			全壊	半壊	全壊	半壊
古 間 村	1(1)	11(9)	11(24)	39(17)	15(38)	36(69)
柏 原 村		3(1)		4(2)		1
富士里村			2(4)	12(8)	5(8)	12(10)
信濃尻村			1(1)	11(2)		1
	1	14	14	66	20	50

かっこ内の数字は別の統計［気象庁技術報告，**62**，p.246］による．

505 1944 XII 7（昭和19）01時26分　山形県左沢町（あてらざわ）　$\lambda=140°22'$ E　$\varphi=38°22'$ N　$M=5.5$　$h=0$ km　本郷村荻野付近で納屋倒壊1，土蔵破損多く，家屋の傾斜移動数戸．左沢でも煙突折損．山崩れ・地割れが生じた．左沢における震度II以上の余震は7日50回，8日30回，9日70回，10日9回くらいで，常に地鳴りを伴った．

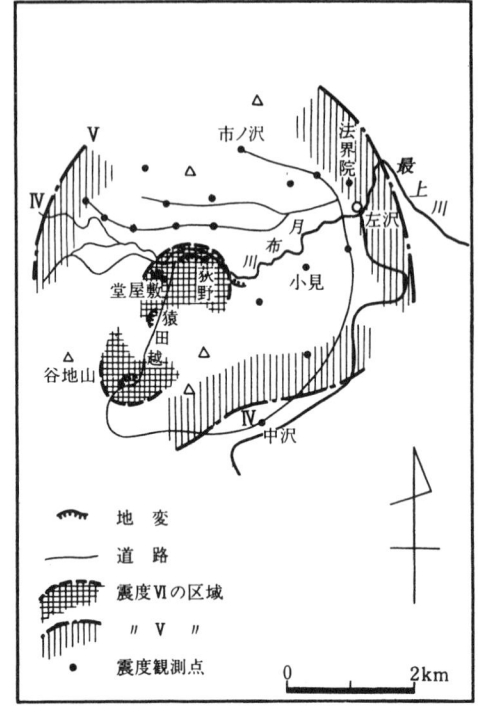

図 505-1 震度分布および地変［山形地方気象台, 1972, 山形県災異年表, 86］

506* 1944 XII 7（昭和 19）13 時 35 分　東海道沖　$\lambda=136°11'$ E　$\varphi=33°34'$ N　$M=7.9$　$h=40$ km　**東南海地震**　被害は静岡・愛知・岐阜・三重の各県に多く，滋賀・奈良・和歌山・大阪・兵庫の各県にも小被害があった．文献により被害実数が著しく異なる．表 506-1 は最近の調査で，全体で死者 1,183，重傷 2,853，住家全壊 1 万 8,143，半壊 3 万 6,638，流失 2,400 となっている．表 506-2 は名古屋市の被害である．図 506-2 は住家被害率｛［全壊＋(半壊)/2］/ 全戸数｝を％で示す．和歌山・京都等は未調査である．震源からの距離に関係なく，沖積地・埋立地に被害大．とくに名古屋では住家の全壊 1,221，半壊 6,340 に達した．また，静岡県太田川流域で住家全壊率が大きく　南 御厨村では 78.5％，今井村で 100％に達した．地動は比較的緩やかで，家屋倒壊までに 1 分くらいの余裕があったらしい．工場の被害は基礎の不同沈下によるもの

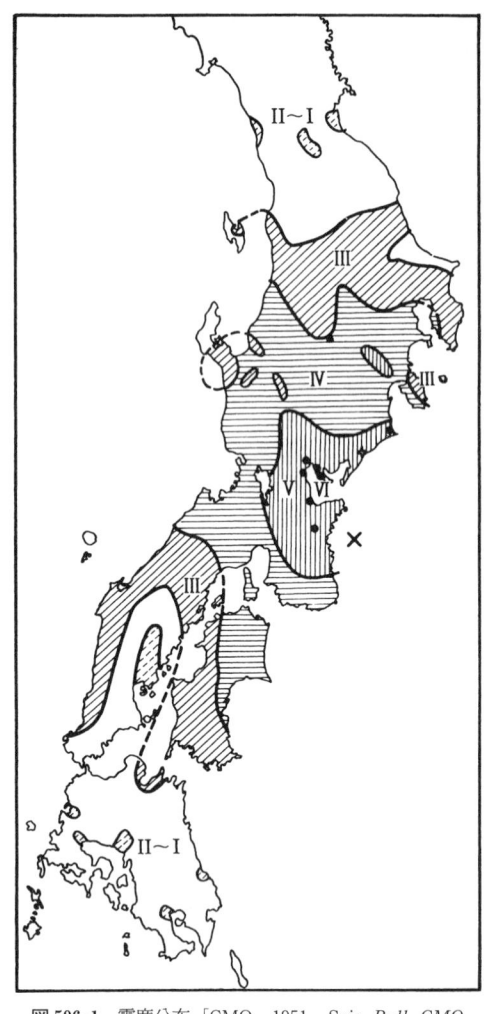

図 506-1 震度分布［CMO, 1951, Seis. Bull. CMO, 1944, 26］

（名古屋・浜松市南部）が目立った．また，紡績工場を飛行機工場に転用した軍需工場での全壊被害が大きく，名古屋市の三菱重工道徳工場で少なくとも 57 人，半田市の中島飛行機山方工場他で 154 人が犠牲となった．山崩れは一般にないといってよく，紀伊沿岸に微小規模なものがあった程度．内陸の諏訪では軟弱地盤の被害（表 506-3）が大きかった［宮坂・市川, 1992］．津波が伊豆半島から紀伊半島の間を襲った．波の高さは熊野灘沿岸で 6～8 m，伊勢湾・渥美湾内は約 1 m 内外，遠州灘沿岸で 1～2 m，とくに伊豆下田で最大

表506-1　県別のおもな被害［武村，2012，地震学会予稿集，D21-07，126］

県 (元資料)	住家全潰 (宮村)	(飯田)	住家半潰 (宮村)	(飯田)	非住全潰 (宮村)	(飯田)	非住半潰 (宮村)	(飯田)	死者 (宮村)	(飯田)	傷者 (宮村)	(飯田)	流失(住) (飯田)	流失(非) (飯田)
静岡県	5,829	6,970	7,765	9,522	4,141	4,862	4,572	5,553	255	295	697	842		
愛知県	5,859	6,943	17,497	19,666	9,189	10,145	14,833	15,838	350	435	556	1,142		
岐阜県	390	406	541	541	439	459	436	395	15	16	37	38		
三重県	1,442	3,376	2,573	4,353	865	1,429	2,074	2,249	231	373	522	607	2,238	775
奈良県	89	89	163	176	234	234	168	214	1	3	17	17		
滋賀県	7	7	76	76	28	28	38	38						
石川県		3		11		6		8						
山梨県		13		11		14		3						
大阪府		199		1,629		124		63		14		135		
兵庫県		3		23		9						2		
福井県		1		2		2		3						
長野県		12		47		1		2						
和歌山県		121		604		47		62		47		70	162	85
合計	13,616	18,143	28,615	36,638	14,896	17,374	22,121	24,437	852	1,183	1,829	2,853	2,400	860

表中，(宮村)は宮村［1948，震研彙報，24，87-98］の市町村単位のデータを再集計したもの．(飯田)は飯田［1985，東海地方地震・津波災害誌，449-570］を再集計したもの．
ただし，和歌山県は飯田［1985］に市町村データがなく中央気象台［1945，昭和十九年十二月七日東南海地震調査概報］と和歌山県［1963，和歌山県災害誌］によった．

表506-2　名古屋市の被害（飯田，1985より集計）

町村	戸数	人口	住家全潰	住家半潰	非住全潰	非住半潰	死者	傷者	全焼	半焼
栄区	17,586	87,912	1	3	3	2	0	2		1
千種区	20,904	106,666	2	1	1	0	0	5		
東区	21,212	113,588	0	18	3	5	0	1		
北区	16,778	85,946	0	1	2	0	0	1		
西区	25,792	125,997	0	1	6	2	1	4		
中村区	26,433	122,034	25	9	6	32	1	1		
中区	21,016	107,050	3	3	1	0	1	4		
昭和区	20,979	101,614	9	23	5	5	0	1		
瑞穂区	17,707	89,035	18	53	21	10	2	20		
熱田区	18,169	106,223	103	462	34	58	4	90		1
中川区	21,302	105,377	50	223	19	26	10	18		
南区	20,309	125,834	392	3,733	68	652	91	189	2	7
港区	10,031	66,824	618	1,810	79	110	11	149		
合計	258,218	1,344,100	1,221	6,340	248	902	121	485	2	9

表506-3　諏訪の被害［宮坂・市川，1992］

被害	工場事業所	民家	学校・寺院	計
全壊	8	13	0	21
半壊	7	73	2	82
損害あり	10	304	2	316

表506-4　津波によるおもな被害［表，1948，震研彙報，24，31-57より］

県名	死	傷	不明	家屋			
				流失	全壊	半壊	浸水
三重	144	55	445	1,918	832	585	5,122
和歌山	45	74	5	153	57	490	1,479

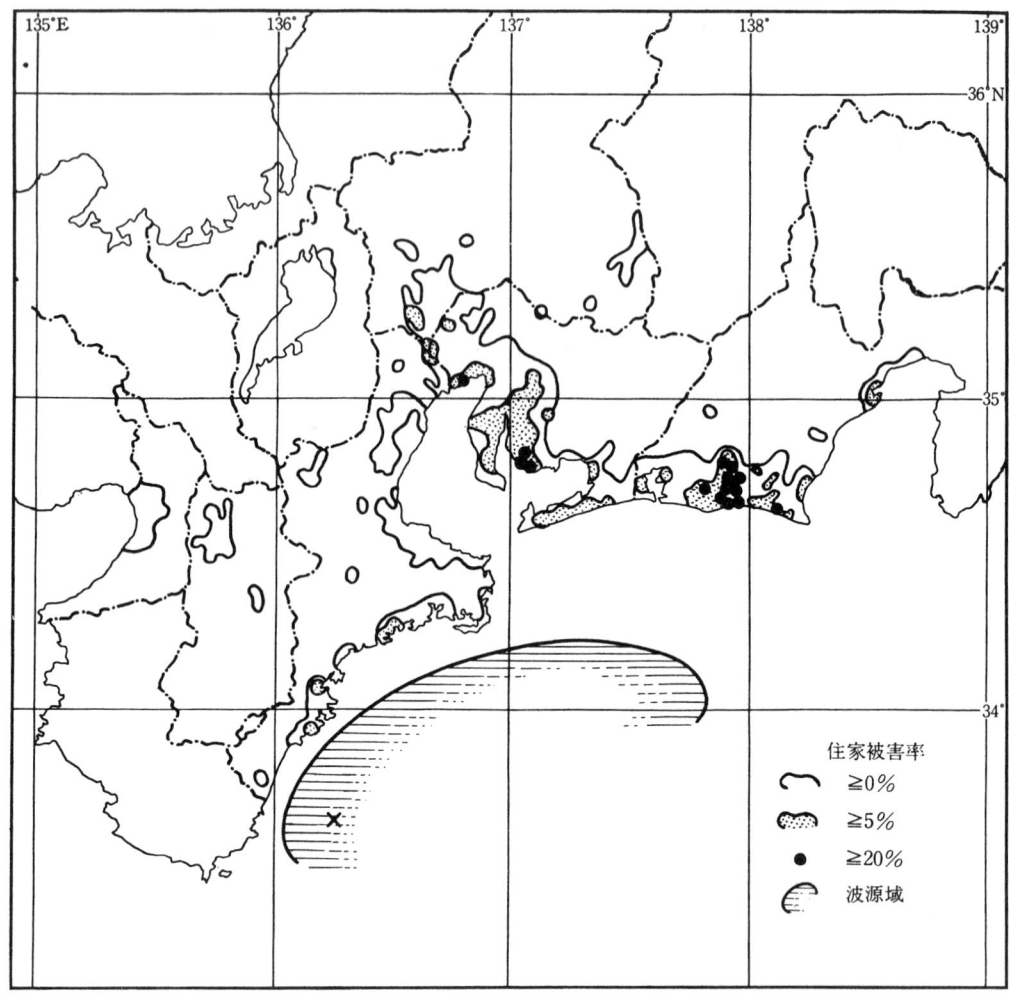

図506-2 住家被害率分布 [宮村, 1948, 震研彙報, 24, 99-134]

2.1 m, 松阪で1.25 m, 尾鷲で8〜10 m, 新鹿で8.4 mで, 紀伊半島東部の海岸は30〜40 cm沈降したらしい. 津波は太平洋を横断しハワイやカリフォルニアで10〜30 cmの高さを示した. 津波の被害は三重県・和歌山県に集中した (表506-4). とくに尾鷲・錦・吉津などの町, 村で大きかった. 波源域は図506-2に示すとおりで, その面積は約1.5万km^{2}である. [3, 2.5] (☆) [注:宮坂・市川, 1992, 戦争が消した諏訪 "震度6", 信濃毎日新聞社]

507* 1945 I 13 (昭和20) 03時38分 愛知県南部 $\lambda=137°07'$ E $\varphi=34°42'$ N $M=6.8$ $h=11$ km **三河地震** 11日に有感5回, 無感5回, 12日に無感2回の前震があった. 被害が大きく全体で死1,961 (1,180), 重傷896 (傷521), 住家全壊5,539 (3,046), 半壊1万1,706 (2,278), 非住家全壊6,603 (1,489), 半壊9,976 (1,218) (かっこ内は別の文献による)で, とくに渥美湾岸の幡豆郡の被害が大きく (表507-1), そのなかでも死者が100人を越えたのは西尾町, 横須賀・福地・三和の各村であった. 地動は急激だった

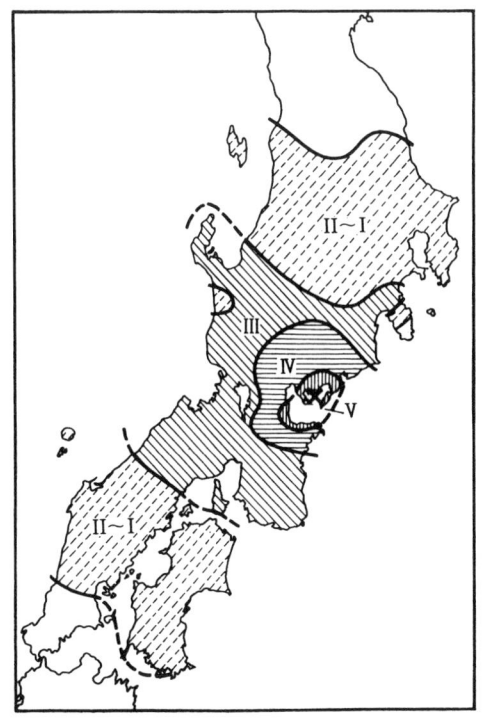

図 507-1 震度分布 [金沢, 1950, 験震時報, 14, 56-62]

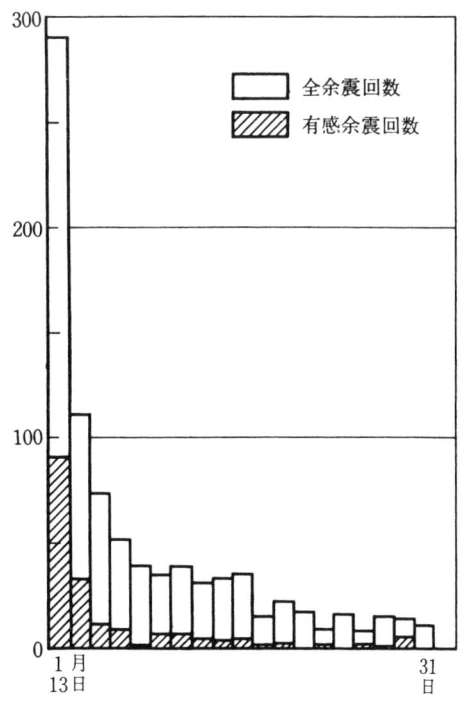

図 507-2 日別余震回数 [金沢, 1950]

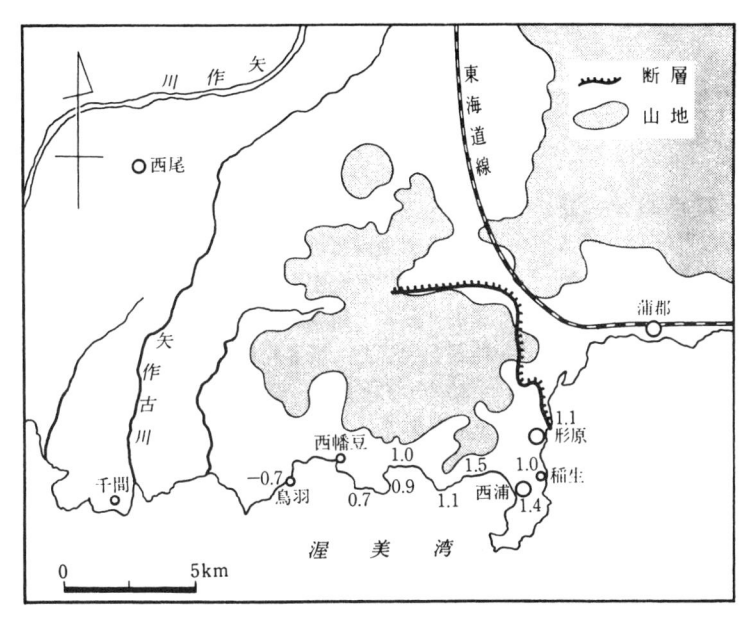

図 507-3 地変分布 (m) [井上, 1950, 験震時報, 14, 49-55 と表, 1948, 震研彙報, 24, 87-98 から作成]

340   4 被害地震各論

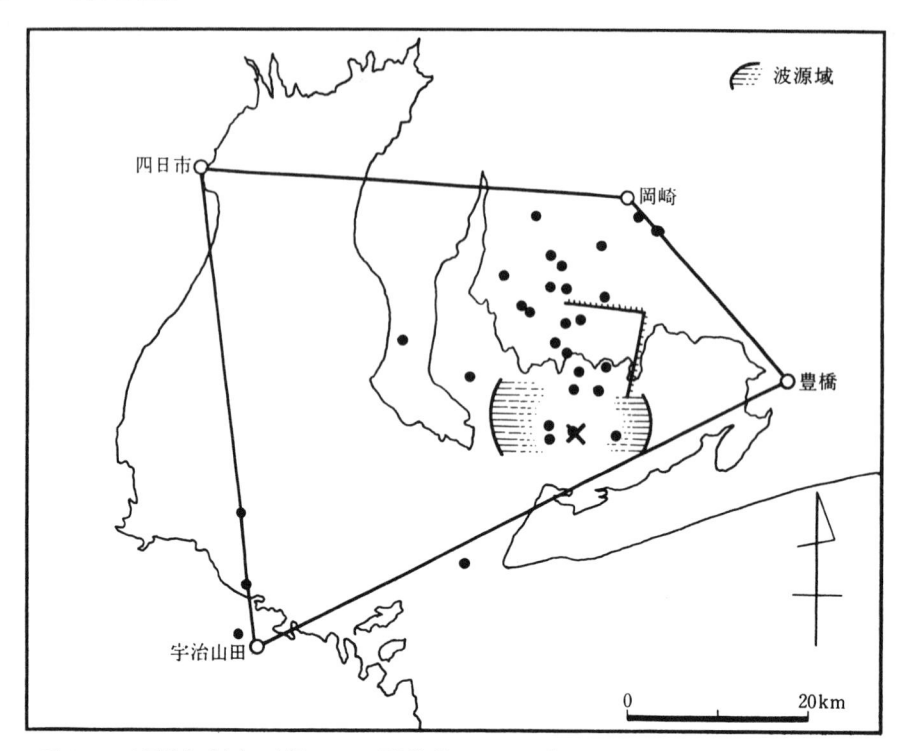

図 507-4 余震分布［水上・内堀, 1948, 震研彙報, **24**, 19-30］

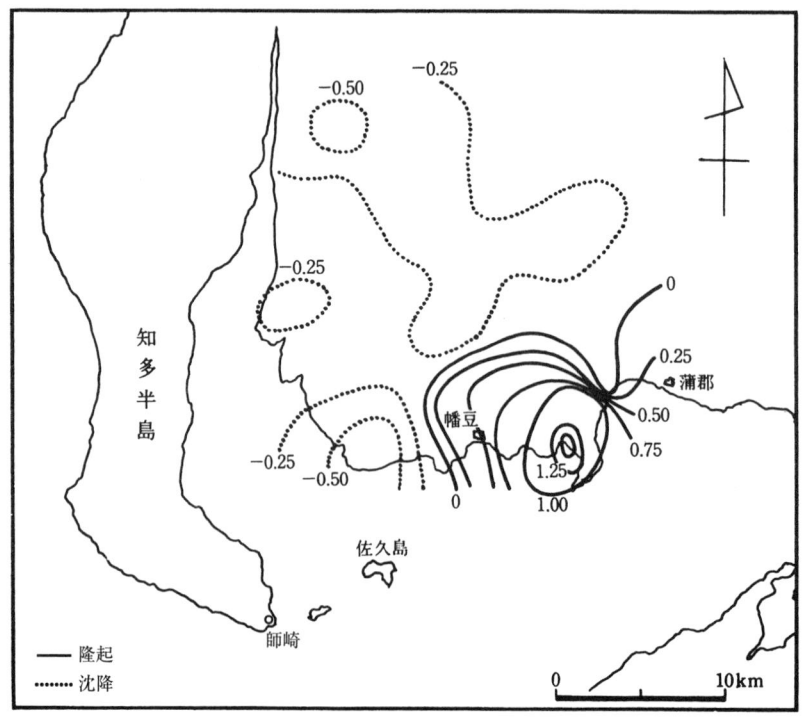

図 507-5 地盤昇降 (m)［檀原, 1966, 測地学会誌, **12**, 18-45］

表 507-1 愛知県被害一覧 [飯田, 1978, 昭和20年1月13日三河地震の震害と震度分布, 愛知県, 96]

郡市	住家 全壊	住家 半壊	非住家 全壊	非住家 半壊	死者	負傷者
名古屋市	72	460	141	562	8	26
豊橋市		39	5	3	1	4
半田市	124	333	31	79	12	5
知多郡	33	388	109	193		2
碧海郡	2,829	6,950	4,812	7,485	851	1,134
幡豆郡	3,693	6,388	3,468	5,751	1,170	2,520
額田郡	41	81	16	6	26	18
宝飯郡	333	1,443	515	770	237	151
渥美郡	92	459	83	261	1	6
愛知郡	2	9				
中島郡	2	2	5	11		
葉栗郡		3	2	3		
合計	7,221	16,555	9,187	15,124	2,306	3,866

ようで東南海地震に比し沖積地の福地・吉田・一色では全壊家屋が少なく，山地の室場・豊坂・三和・幡豆では多くなっている．深溝断層を生じた．長さ約9 km で断層の北東側が約2 m 沈下した．南翼では西側が50 cm 以上北へ動き，北翼では南側が1 m 内外東へ動いた．逆断層である．断層の上盤で被害が大きいことが注目された．地変を伴い断層の西側，形原・西浦で約 1.2〜1.5 m 隆起し，西へ行くにつれて隆起量が減り西幡豆では±0, 鳥羽では 0.7 m 沈降した．図 507-3 の数字は海岸の隆起量 (m)．小津波が発生し，波の高さは蒲郡で約1 m, 師崎で 20 cm, 千間で 30 cm, 稲生で 25 cm であった．波源域は図 507-4 に示してある．図 507-4 は2月14日〜3月2日までの臨時観測によって求められた余震の震央分布である．図 507-2 は日別余震回数の変化．図 507-5 は土地の隆起・沈降分布で，単位は m．[−1, −1]

508* 1945 II 10 (昭和20) 13時58分 八戸北東沖 $\lambda=142°23'$ E $\varphi=40°57'$ N $M=7.1$ $h=60$ km 八戸, 小中野・三田町方面で微小被害．青森県で倒壊家屋2棟，死2人．八戸で津波全振幅 35 cm. [−1, −1]

508-1 1946 XII 19 (昭和21) 11時57分 石垣島近海 $\lambda=122°30'$ E $\varphi=24°45'$ N $M=6.8$ $h=100$ km 石垣崩る．

509* 1946 XII 21 (昭和21) 04時19分 南海道沖 $\lambda=135°51'$ E $\varphi=32°56'$ N $M=8.0$ $h=24$ km **南海地震** 被害は中部地方から九州にまで及んだ．全体で死 1,330 (1,362), (傷 2,632, 不明 102), 家屋全壊1万1,591 (1万 1,506), 半壊2万 3,487 (2万 1,972), 流失 1,451 (2,109), (浸水3万 3,093), 焼失 2,598 (2,602), (船舶破損流失 2,991). 被害実数は文献により異なる（かっこは別の文献による）．表 509-2 はその詳細である．一般に震害はそれほどでもなかった．いちばんひどかった高知県中村町は全世帯数 2,177 で全壊家屋 2,421, 半壊 773, 全焼 62, 死 273, 傷 3,358 に及んだ．また，四万十川にかかる鉄橋9スパンのうち6スパンが落ちた．また，家屋被害の原因として基礎の不同沈下が注目された．(全壊戸数/死者) の率は不同沈下によるものは5くらい，振動的原因による場合は15くらいで，不同沈下のほうが倒壊が早いことを示している．震害のあったところは四国の太平洋岸，吉野川流域，瀬戸内海沿岸（本州側は明石辺から広島辺まで，四国側は高松辺から松山付近まで），九州の国東半島・別府湾の沿岸，出雲地方，大阪湾沿岸，伊勢湾沿岸，岐阜地方に及んでいる．図 509-3 は高知県下における建物の倒壊率 {[全壊+(半壊)/2]/戸数} を示す．津波は房総半島から九州に至る沿岸を襲った（図 509-5）．その被害は地震によるものよりも大きく，表 509-2 の死傷者数などには津波によるものも含まれている．波高は紀伊の南端袋で 6.9 m（平水上）に達し，三重・徳島・高知の沿岸で 4〜6 m に達した．また，これはハワイやカリフォルニアにも達し，高さ 7〜25 cm に及んだ．流速

表 509-1 日別余震回数 [気象要覧, 1946年12月]

日	21	22	23	24	25	26	27	28	29	30	31	計
無感余震	243	30	8	3	3	3	11	16	14	16	6	353
有感余震*	74	43	16	10	10	9	9	3	4	3	2	183

* 概数．

342　4　被害地震各論

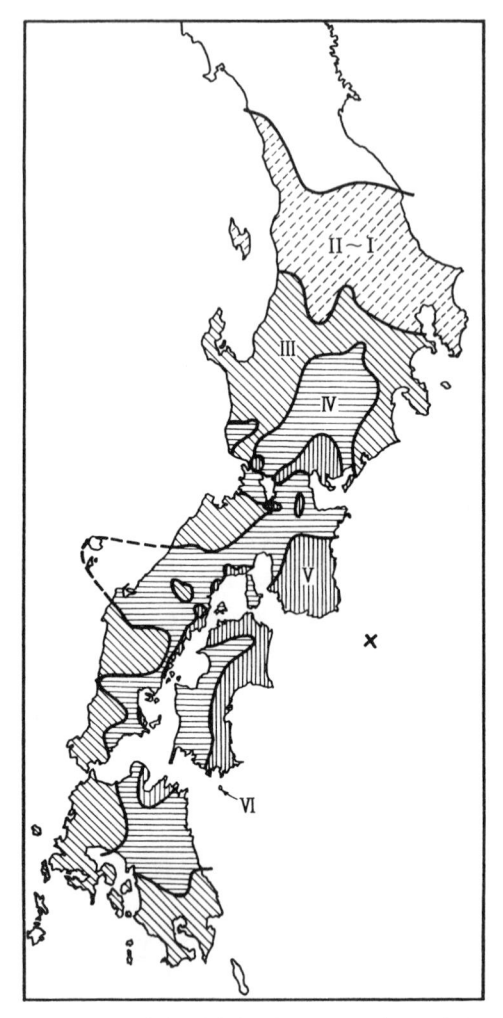

図509-1　震度分布［中央気象台, 1947, 南海道地震調査概報］

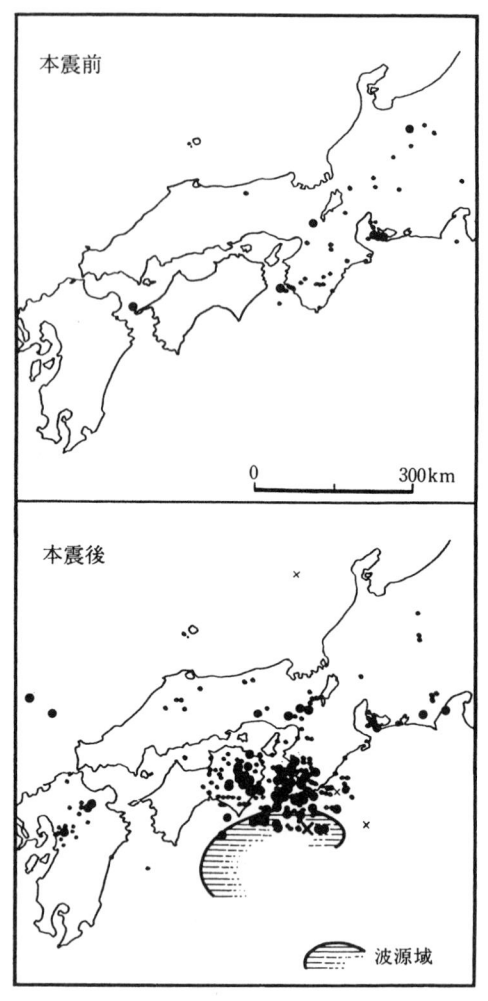

図509-2　南海地震前後6ヵ月間の地震の分布［宇津, 1957, 地震II, 10, 35-54］

は一般に緩く, 大人の駆け足程度というのが多かった. 津波の周期は震央の近くでは10〜20分のものが多く, 震後10分経たないうちに襲われたところもあった. 田辺市旧新庄村は全戸数630のうち79戸流失, 浸水401, 全壊50, 半壊35, 死は26, 傷30で, 地震による倒壊は古い家2〜3のみであった. 波源域は面積2.8万 km^2 で, 図509-2のとおりである. 海震の報告もいろいろある. マニラからの復員船7,500トンは潮岬沖で機雷を受けたような衝動を感じたという. 徳島県板野町の宮ノ前遺跡では, この地震による液状化現象

の痕跡が見つかっている. この地震で高知市付近・須崎付近・宿毛付近でそれぞれ9.3, 3.0, 3.0 km^2 の地に海水が入った. また, 室戸岬（＋1.27 m）・潮岬（＋0.7 m）・足摺岬（＋0.6 m）の先端が南上りの傾動を示し, おのおのかっこ内の量だけ隆起し, これに隣接する地域では沈降を示した. 沈降量は高知・須崎で1.2 mに達した. 室戸岬はその後徐々に旧に復しつつあるのは図509-6のとおりである. 図509-7はこの地方における過去の地震のときの隆起・沈降量をm単位で示す. 余震は多く, その日別変化は図509-4のとお

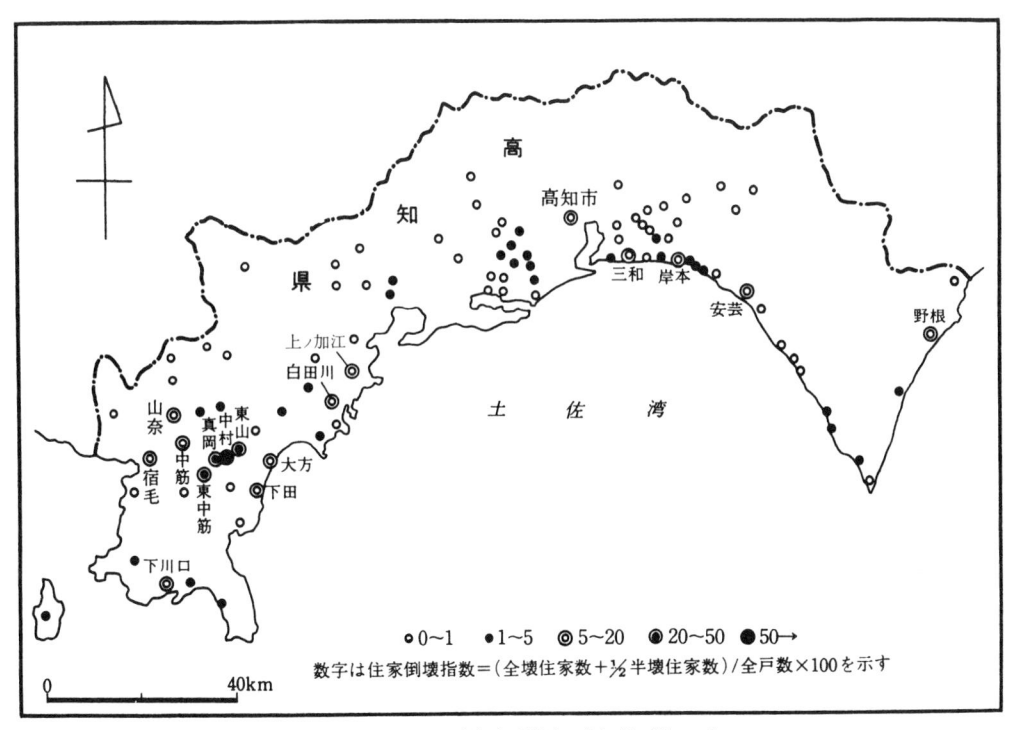

図 509-3 住家倒壊率分布（％）［金井ほか，1949，南海大震災誌，高知県，附 p.12］

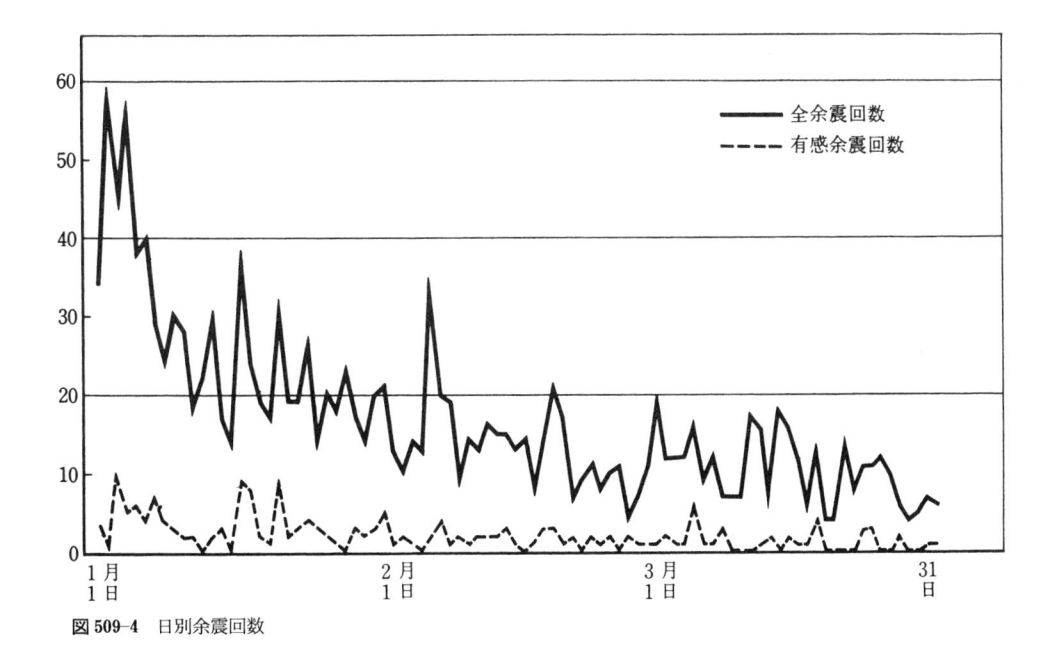

図 509-4 日別余震回数

344 4 被害地震各論

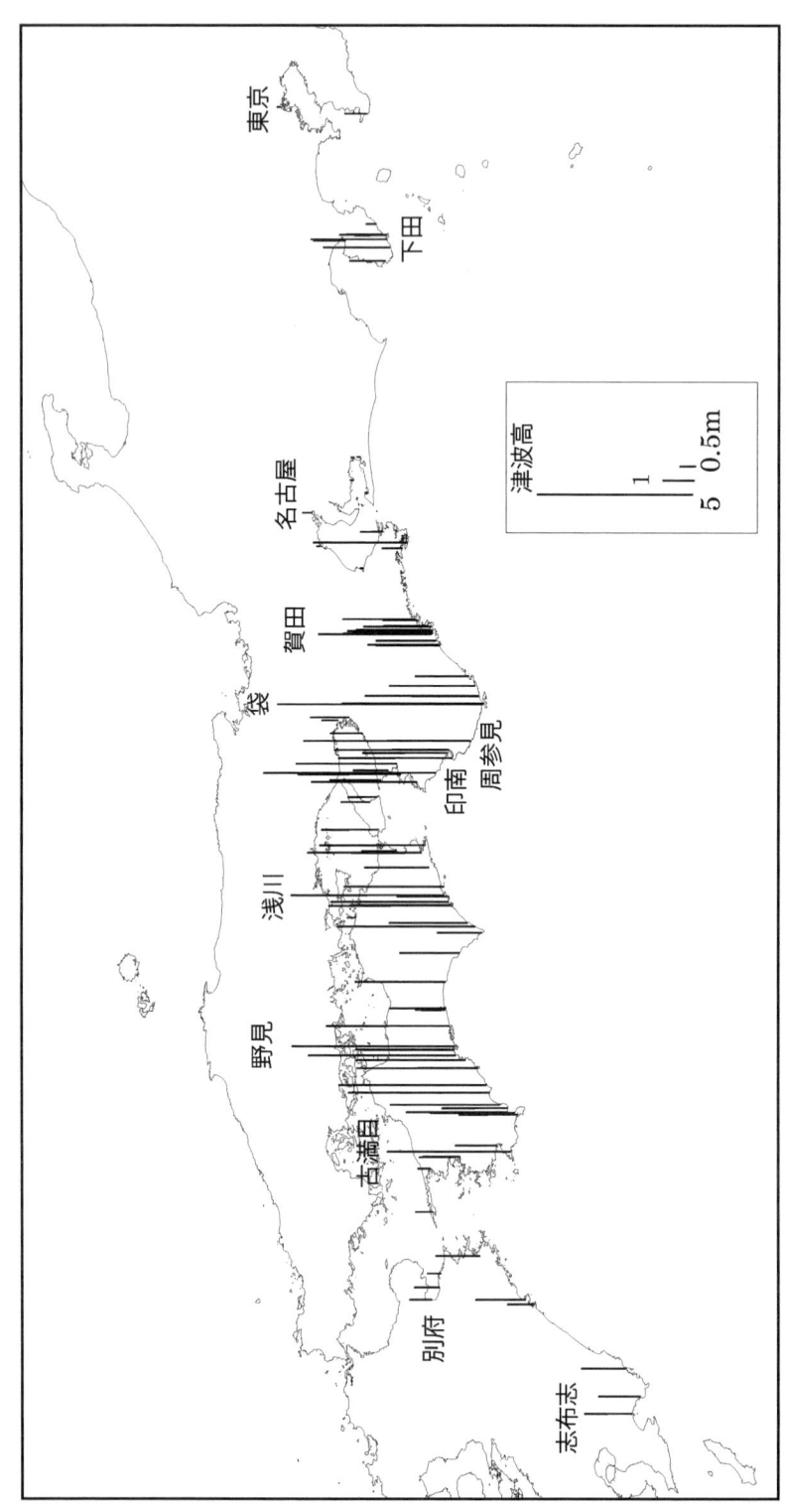

図 509-5 津波の高さ分布（平水上）[水路要報増刊号（1948年3月）から作成]

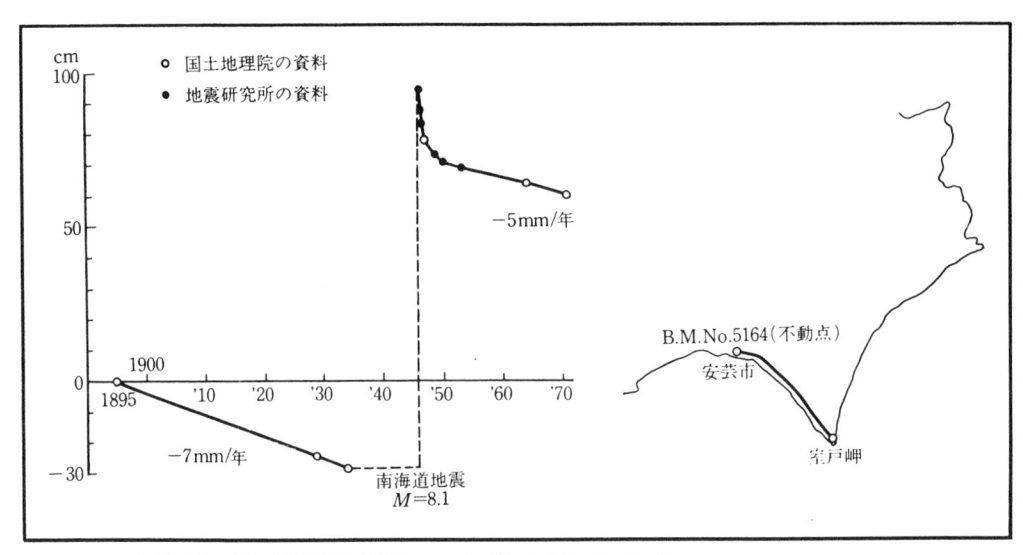

図 509-6　室戸岬水準点経年変動 [国土地理院, 1972, 予知連会報, 7, 45-46]

表 509-2　被害一覧

府県名	死	傷	不明	住家 全壊	住家 半壊	非住家 全壊	非住家 半壊	工場・他 全壊	工場・他 半壊	家屋 浸水	家屋 流失	家屋 焼失	船舶 損失	田畑 流浸水	損壊 道路	損壊 橋梁	損壊 堤防
長野				2	4		5							町	13		
岐阜	32	46		340	720	246	232	8	6			1		0.6			
静岡		2			1					296			105				
愛知	10	19		75	122	81	69	18	6		1			9ヵ所			
三重	11	35		65	92	71	18			1,435	23			48	28		41
滋賀	3	1		9	23												1
京都													64				
大阪	32	46		234	194	27	23					1					
兵庫	50	91		330	759	370	242	6		786				2.1			
奈良		13		37	46	106	350	3	6						100	1	
和歌山	195	562	74	969	2,442					14,102	325	2,399	723	625	128	29	240
鳥取	2	3		16	8	6	5										
島根	9	16		71	161	202	84								1	1	1
岡山	51	187		478	1,959	614	1,798	2	1			1		293	38	15	91
広島		3		19	42	30	32								2		
山口					2		1								1		1
徳島	181	665	30	1,076	1,523	301	456			5,562	536		656	2,730	201	24	31
香川	52	273		317	1,569	291	840	12	28	505					238	78	154
愛媛	26	32		155	425	147	118			320					56	8	67
高知	670	1,836	9	4,834	9,041			21	32	5,608	566	196	800	3,030	716	多	多
福岡				1		5											
長崎					2												
熊本	2	1		6	6	3											
大分	4	10		36	91	21	18								8	1	
宮崎		1			1		2			265			2		2	3	
計	1,330	3,842	113	9,070	19,204	2,521	4,283	70	79	28,879	1,451	2,598	2,349	6,718	1,532	>160	>627

内務省警保局公安第一課による.

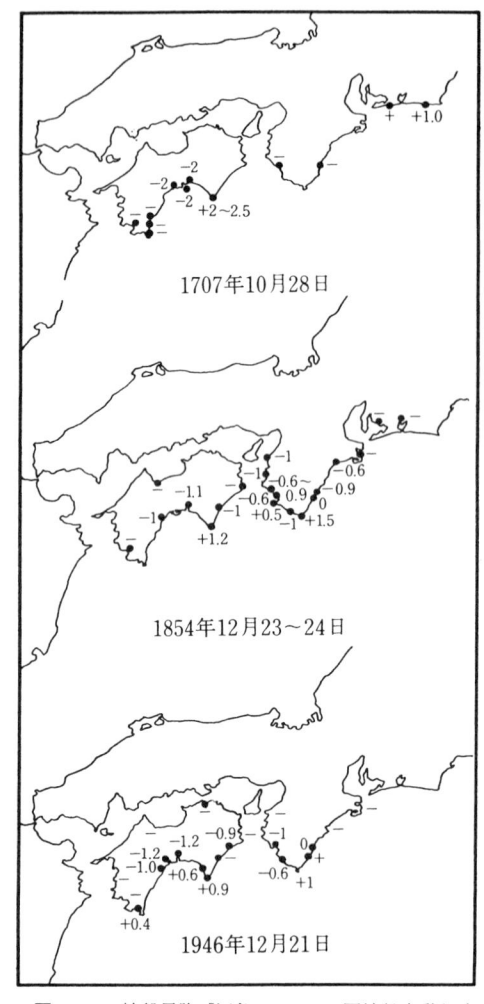

図509-7 地盤昇降［河角, 1956, 四国地盤変動調査報告書］

り．これと出典は異なるが，『気象要覧』による12月中の余震数は表509-1のとおり．また，図509-2は南海道地震前後各6ヵ月間のこの地方の地震の分布で，下の図の地震のうち四国と紀伊半島のものを直接の余震と見ることができる．また，この地震が，九州の金峯山や中国地方の地震を誘発したと考えることもできる．(☆)[3, 3]

510 1947 V 9（昭和22）23時05分　大分県日田地方　$\lambda=130°57'$ E　$\varphi=33°22'$ N　$M=5.5$　$h=7$ km　日田町・中川村・三芳村で壁の亀裂・剝落，崖崩れ，道路破損，墓石転倒などの小被害があり，余震が数日続いた．

511 1947 IX 27（昭和22）01時01分　石垣島北西沖　$\lambda=123°12'$ E　$\varphi=24°42'$ N　$M=7.4$　$h=96$ km　石垣島で死1，石垣市で屋根瓦落下2軒，石垣港コンクリート桟橋に亀裂，その他，島内で石垣の崩壊・山崩れなどがあった．また，西表島で死4，祖納地方で瓦の落下が目立った．そのほか，地割れ・落石がところどころに見られ，地鳴りもあった．

512* 1947 XI 4（昭和22）09時09分　留萌西方沖　$\lambda=140°48'$ E　$\varphi=43°55'$ N　$M=6.7$　$h=1$ km　余震多し，小津波を起こし，稚内区内で波の高さ2mに達し，小舟や漁具に損害があり，羽幌付近では波の高さは最高70 cmに達し，小樽で数十cmに達した．[1, 1]

513 1948 V 9（昭和23）11時09分　日向灘　$\lambda=131°25'$ E　$\varphi=31°16'$ N　$M=6.4$　$h=19$ km　宮崎・鹿児島両県の一部で壁土の落下や，瓦のずれがあった．余震あり．

514 1948 VI 15（昭和23）20時44分　田辺市付近　$\lambda=135°17'$ E　$\varphi=33°43'$ N　$M=6.7$　$h=0$ km　和歌山県・奈良県南部で小被害．とくに西牟婁地方で被害が大きかった．合計で死2，傷33，家屋倒壊60，損害家屋多数．震央付近で地すべりや道路・堤防などの被害があった．和歌山の被害は死1，傷18，家屋全壊4，半壊33，道路崩壊597，橋落下2，山崩れ51など．余震多数．

515 1948 VI 28（昭和23）16時13分　福井平野　$\lambda=136°17'$ E　$\varphi=36°10'$ N　$M=7.1$

表 515-1 被害一覧［山口，1948，験震時報，14，S9-11 より］

	市 郡 名	全戸数	全 壊	半 壊	焼 失	全人口	死	傷	全壊率	全壊数/死者数
福井県	福 井 市	15,525	12,425	4,418	1,859		930*	10,000	80%	13.4
	足 羽 郡	5,450	2,328	980	2		134	344	43	17.4
	吉 田 郡	10,343	6,713	707	156		861	4,992	65	7.8
	坂 井 郡	25,000	13,707	3,399	1,832		1,747	6,305	55	7.8
	大 野 郡		0	0	0		6	0	0	
	今 立 郡	9,461	194	865	0		30	118	2.1	6.5
	丹 生 郡	6,476	15	173	2		34	31	0.2	0.44
	小 計	72,465	35,382	10,542	3,851	368,039	3,728*	21,750		
石川県	江 沼 郡	14,842	791	1,231		72,411	39	451	5.3	20.3
	能 美 郡	7,704	7	35		38,987	0	1	0.1	大
	河 北 郡	1,952	1	2		10,152	0	0	0.05	大
	小 松 市	12,684	3	6		61,898	2	1	0.02	1.5
	金 沢 市	50,650				231,441				
	小 計	87,832	802	1,274		414,889	41	453		
合 計		160,297	36,184	11,816	3,851	782,928	3,769	22,203		

＊福井市の死者930［福井烈震史，1978，福井市］を採用すると福井県計3,742，合計は3,783となる．

表 515-2 火災被害の統計

市 町 名	人 口	総住戸数	焼失戸数	出火件数	人口1,000に対する出火数	出火1に対する戸数	出火1当り焼失戸数	出火1当り焼失坪数
福 井 市	86,141	15,525	2,069	24	0.279	647 280*	86 275*	13,700*
丸 岡 町	6,800	1,760	1,360	4	0.589	440	340	14,000
金 津 町	5,330	1,230	224	3	0.563	410	112*	6,500*
松 岡 町	5,414	1,613	127	4	0.740	404	32	1,830
春 江 町	11,050	2,504	114	5	0.452	502	23	1,560
森 田 町	7,800	1,779	37	3	0.385	593	12	700

＊市内集団地区によるもの．

$h=0$ km **福井地震** 規模の割合に被害が大きく，福井平野では全壊率が100％に達する集落も多かった．この地震を機として気象庁震度階級に震度Ⅶ（激震：家屋の倒壊30％以上，加速度400ガル以上）が生まれた．被害の実数は文献により多少異なる．図515-1, 2は全壊率分布図．図515-1は総戸数に対する家屋全壊率で国警および調査委員会の資料による．図515-2は住家のみの全壊率で，資料に十分な吟味を加えてある．地盤との関係（とくに山地と沖積地との差）がよく理解できる．両者を比較してほしい．資料の収集・整理の方法により，この程度の差はふつう．

福井平野の中央の沖積地は被害が大きく，丸岡・森田等の町は文字どおり全壊した．振動の激しかったのは30〜40秒くらいで，家屋は5〜15秒くらいの間に倒壊した．とくに福井市で戦災を受けた焼けビルの大和百貨店（鉄筋コンクリート造）が破壊したのは有名．震後，表515-2の各都市で大火災を生じた．このほかにも数件の小火災があり，焼失戸数の総計は3,960に達した．また，この地震で地割れが無数に生じたが，福井市東南部の和田出作町で田の草取り中の女性が地割れに挟まれて死んだ．これは日本では珍しい確かな実例である．また，福井付近で3本の列車が

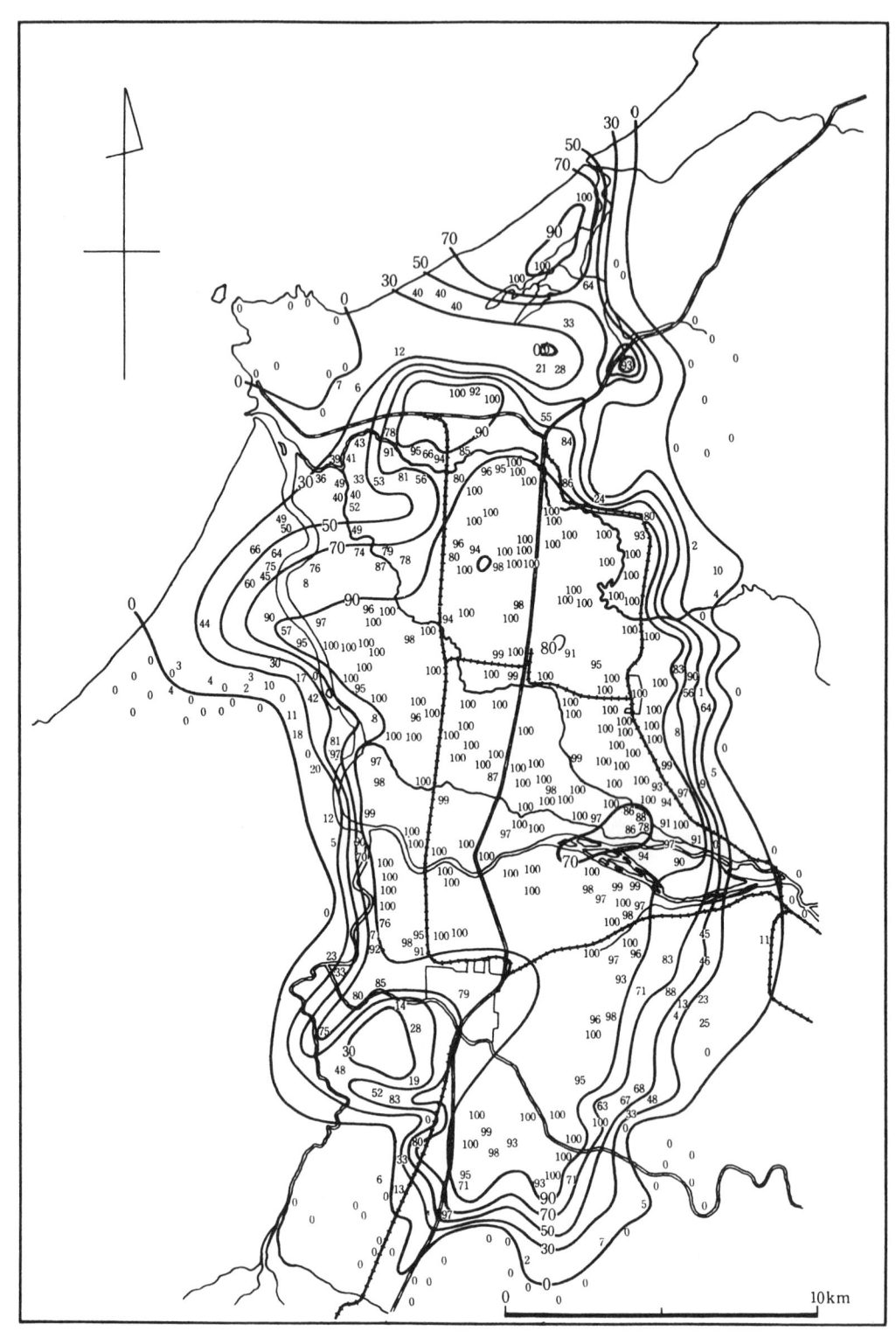

図 515-1 総戸数に対する家屋全壊率分布（％）［河角，1949，昭和23年福井地震調査研究速報，1-14］

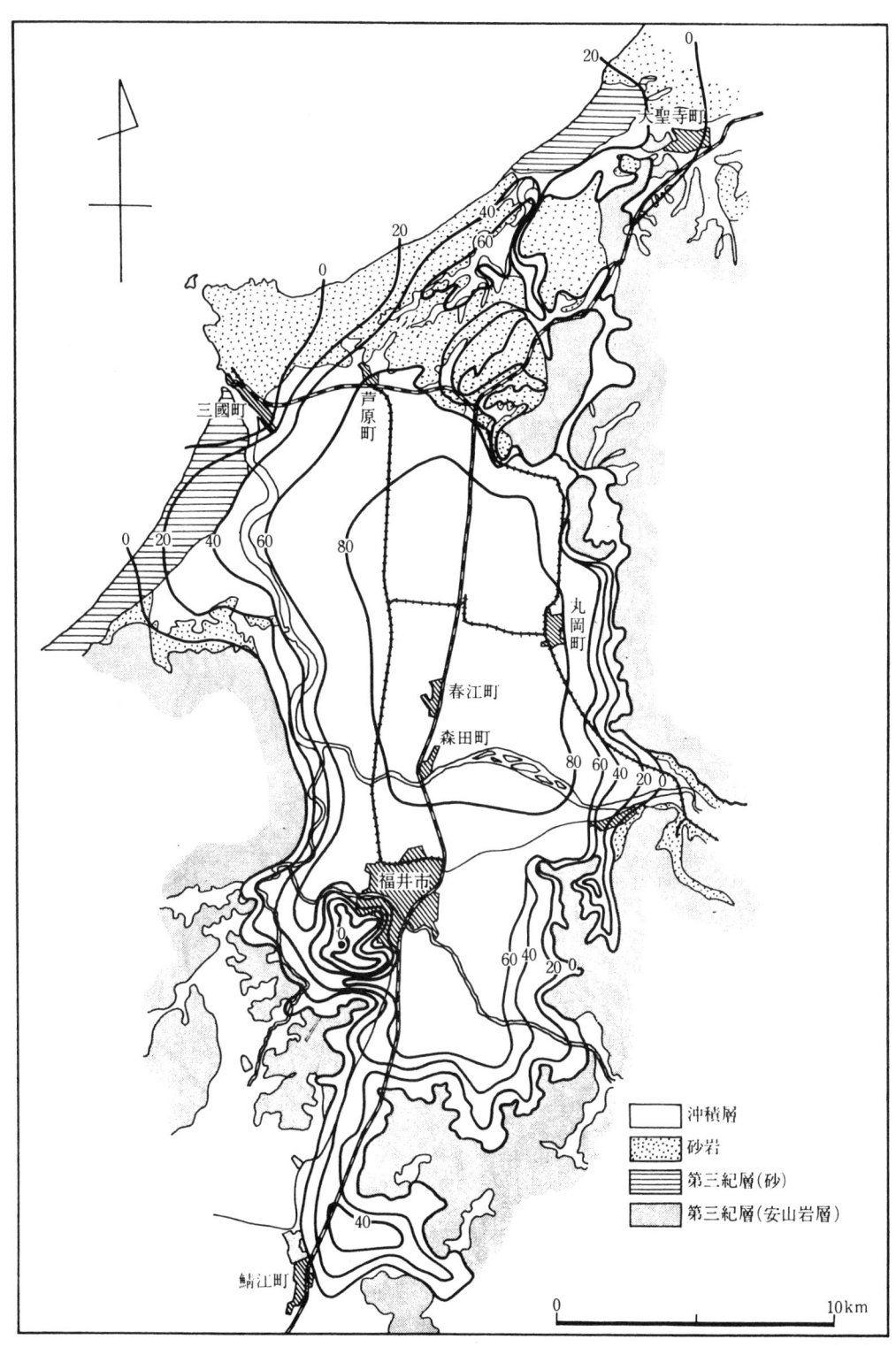

図 515-2　住家全壊率分布 (%) [地理調査所, 1949, 福井地震の被害と地変, 13]

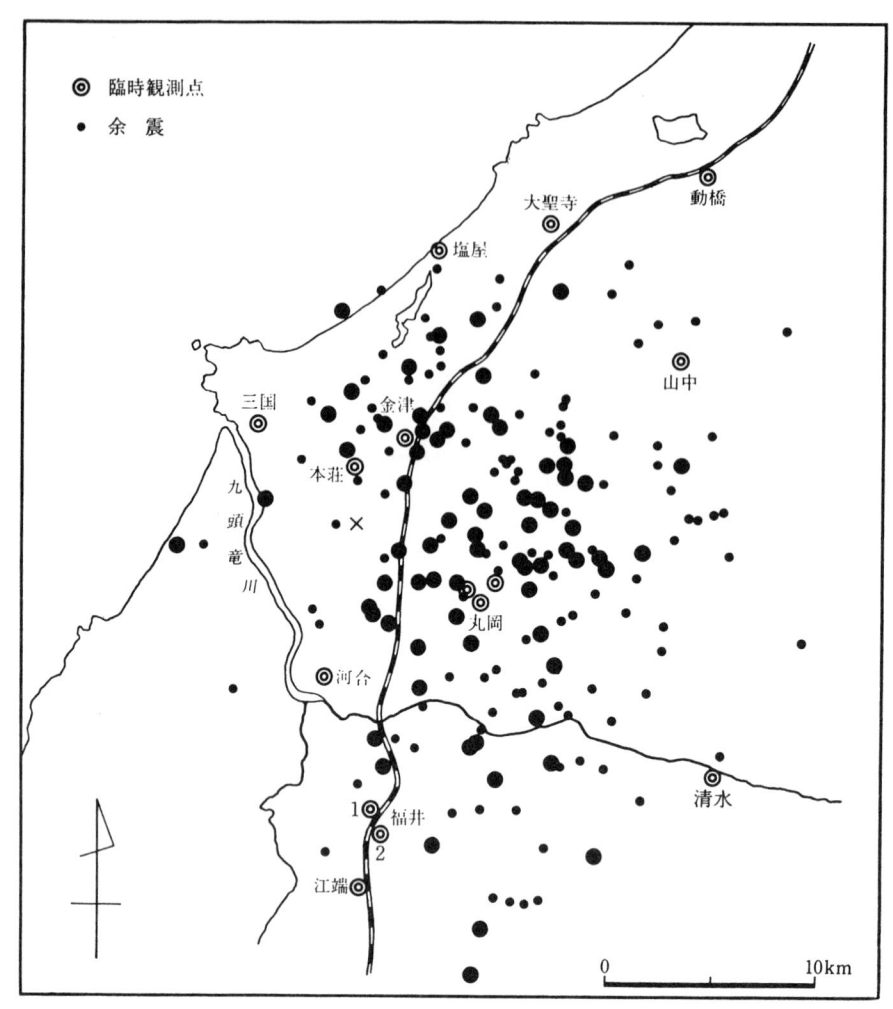

図 515-3 余震分布 ［表ほか，1949，福井地震調査研究速報，37］

脱線転覆した．そのほか鉄路や路盤の波状起伏や蛇行がところどころに生じた．北陸線の九頭龍鉄橋のほか13のおもな橋（九頭龍川・足羽川・日野川・竹田川にかかるもの）が墜落した．余震は多く，福井では図515-6のように減っている（本震を起点として毎24時間ごとの数）．福井では地震計の観測がはじまったのは7月5日からなので，この日以前の無感地震は図に入っていない．また，この本震は5.8秒をおいて2つの地震が続いたものと考えられている．図515-3は臨時観測によって決めた余震の震央分布図で小さい丸は3点観測によるもの，大きいものは4点観測によるものである．なお，この地震のとき，日本ではじめて微小地震の観測が行われた．この地震では目に見える断層は生じなかったが，精密測量の結果，NNW-SSE方向の断層が福井平野の東に見出された（図515-4）．断層は左ずれで，東側が相対的に最高約70cm隆起し，西側が南に最大約2m近くずれていることがわかった．また，福井平野で泥水の噴出があった．

土木構築物に対する被害も大きく，鉄道（線路や基盤の変状，築堤の崩壊など）・道路

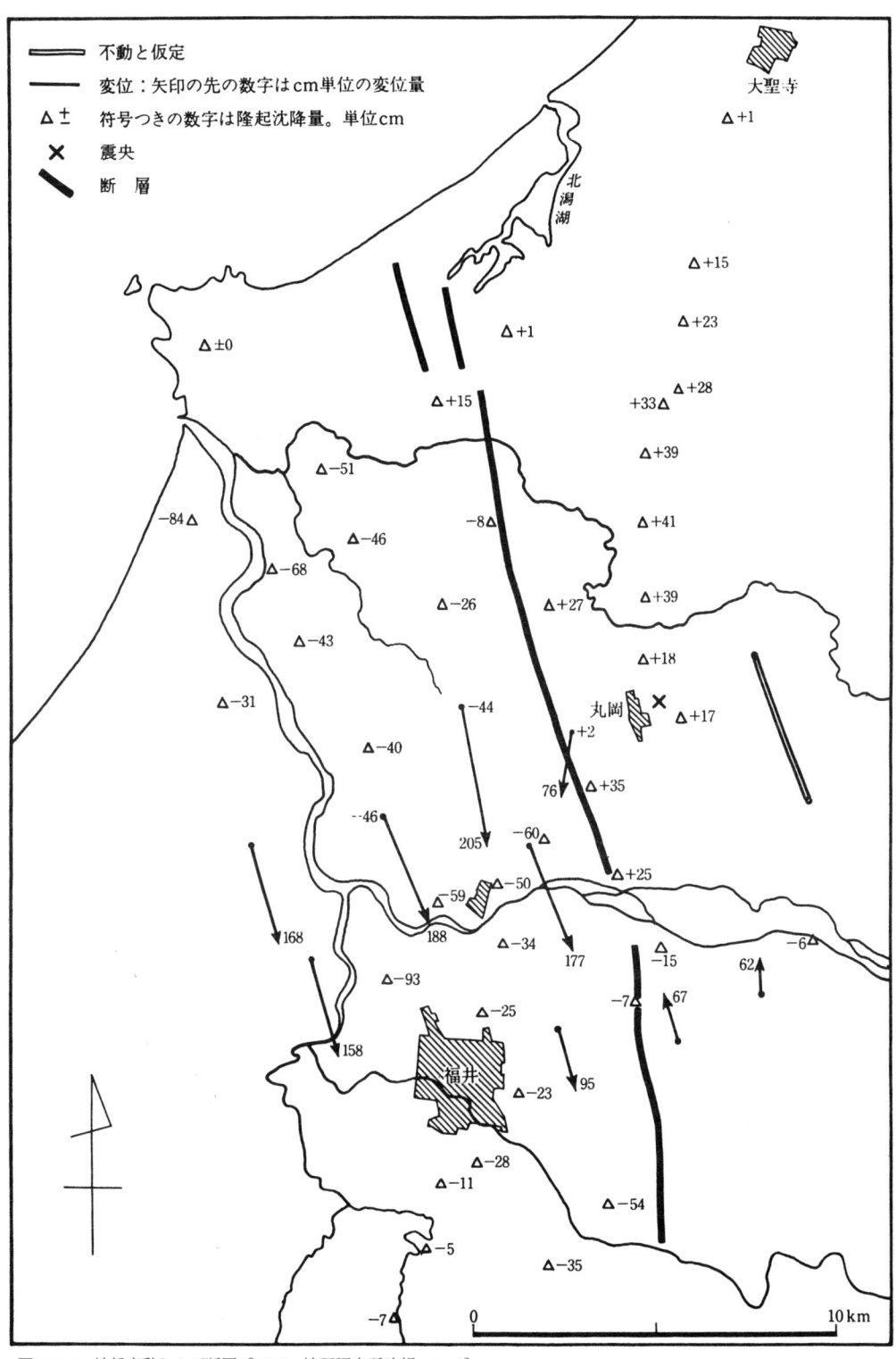

図 515-4 地殻変動および断層 [1949, 地理調査所時報, 5, 2]

(亀裂・沈下・移動など，とくに浜坂集落付近で高さ 60 m の砂丘が東方に向かって約 1 町歩（約 1 ha）の広さに大崩壊し，人家 13，村民 26，トラック 1 台，県道 50 m を一気に埋没した）．河川とくに九頭龍川堤防の沈下，道路橋・鉄道橋の転落，橋脚の沈下，上下水道の各種管の破損など，枚挙にいとまのないほどである．（☆）［参考：北陸震災調査特別委員会，1950〜51, 昭和 23 年福井地震震害調査報告，I 土木部門，II 建築部門；福井地震調査研究特別委員会，1949, 昭和 23 年福井地震調査研究速報，日本学術会議；Special Comm. for the Study of the Fukui Earthquake, 1950, The Fukui Earthquake of June 28, 1948；なお［特集］「1948 年福井地震」，1999, 地震 II, **52**, 109–198 参照．］

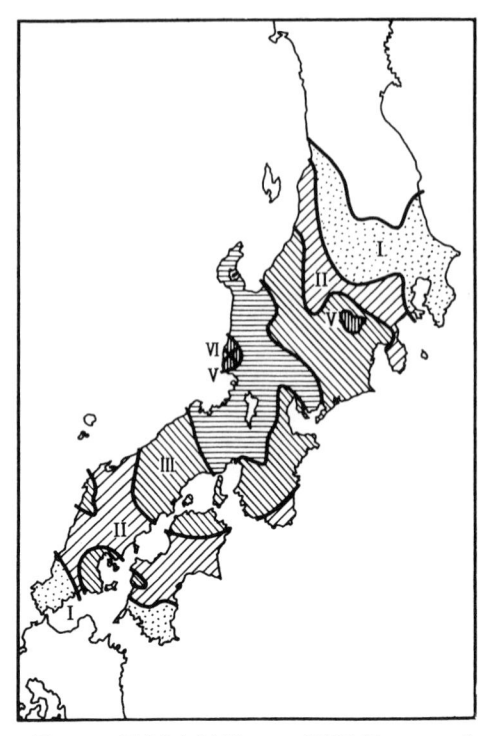

図 515-5 震度分布［広野，1949, 験震時報，14, S4-9］

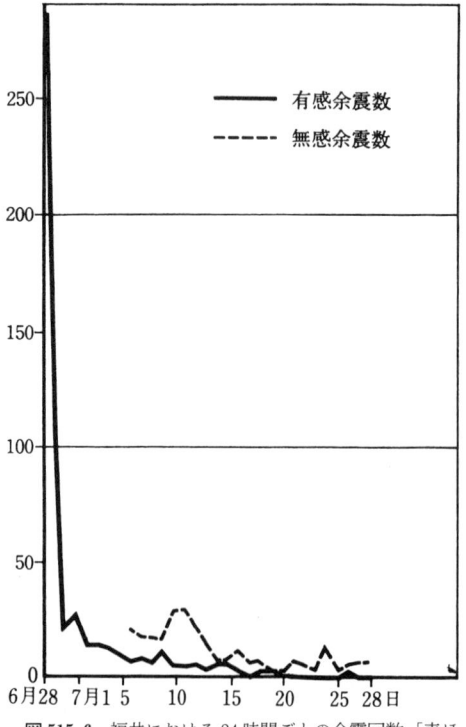

図 515-6 福井における 24 時間ごとの余震回数［表ほか，1949］

516 1949 I 20（昭和 24）22 時 24 分 兵庫県北部 $\lambda = 134°29'$ E $\varphi = 35°36'$ N $M = 6.3$ $h = 14$ km 震央に近い照来村で土蔵の屋根の移動，壁の落下．温泉町で家屋傾斜数戸．浜坂町で微小被害があり，余震少数．

517 1949 VII 12（昭和 24）01 時 10 分 安芸灘 $\lambda = 132°45'$ E $\varphi = 34°03'$ N $M = 6.2$ $h = 25$ km 呉で死 2, 道路の亀裂多く，水道管の切断，山林一部崩壊などの被害あり，下松市で傷 2, 壁土落下 50 軒，電線切断，商店のガラス破損などの小被害．

518 1949 XII 26（昭和 24）08 時 17 分，08 時 24 分 今市地方 $\lambda = 139°42'$, $139°47'$ E $\varphi = 36°42'$, $36°43'$ N $M = 6.2, 6.4$ $h = 1$ km, 8 km **今市地震** 同程度の地震が 2 度続いて生じた．震央位置は両者とも鶏鳴山付近．被害は表 518-1 のとおりで，山崩れが多いのが特徴．被害は比較的には，木造に小さく，石造および貼石木構造の倉などに大きい傾向を示す．図 518-3 は被害率分布 {［(全壊)＋(半壊)/2＋(一部破損)/3］/(全戸数)}

図 518-1 震度分布［中央気象台, 1950, 験震時報, **15**, 3-19］

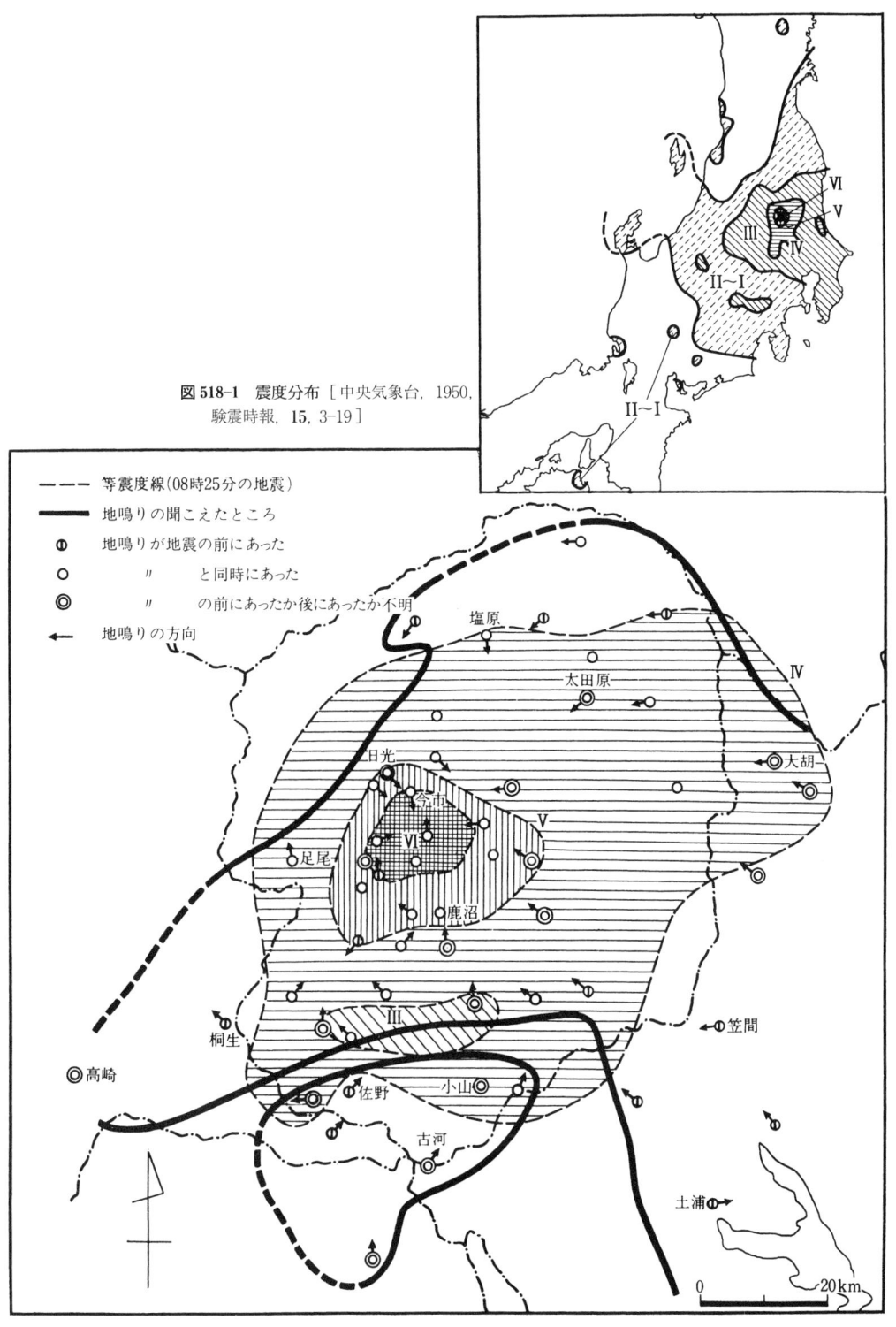

図 518-2 震度分布と地鳴りの聞こえた地域［加登・山口, 1950, 験震時報, **15**, 54-60 より］

354   4 被害地震各論

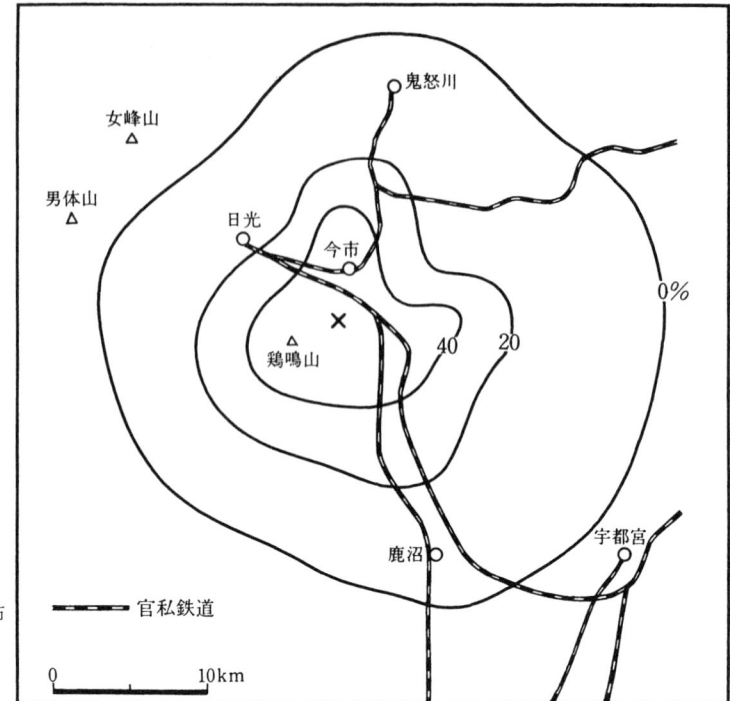

図 518-3 建物被害率分布（％）［宇都宮測候所, 1950, 験震時報, **15**, 14-29］

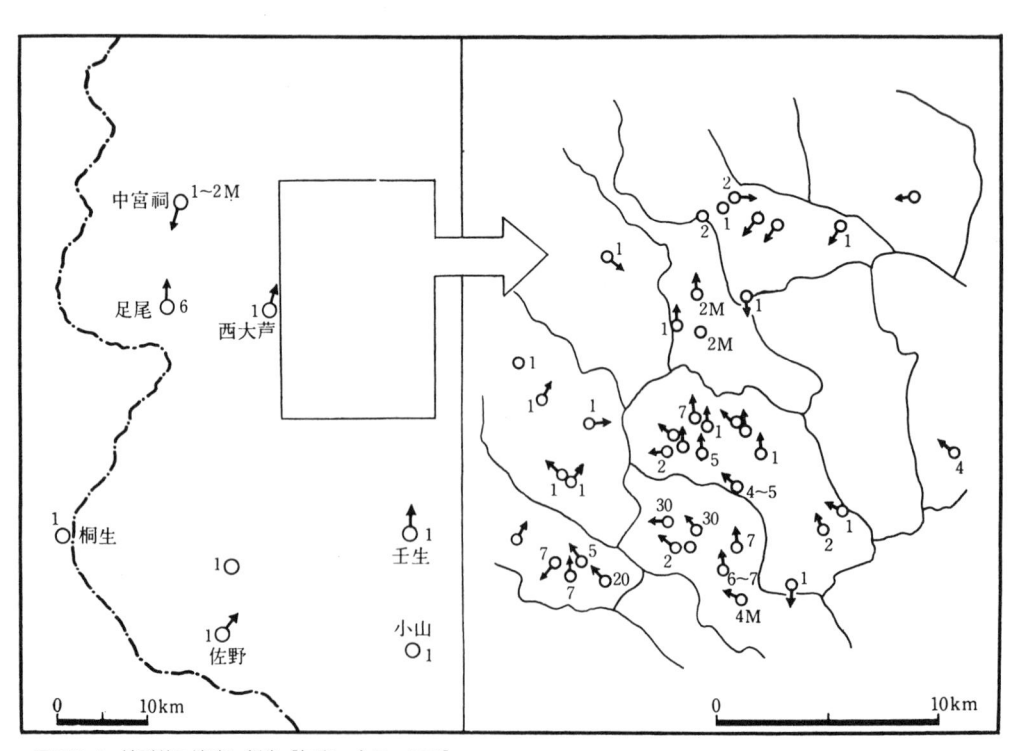

図 518-4 地震前の地鳴り報告［加登・山口, 1950］

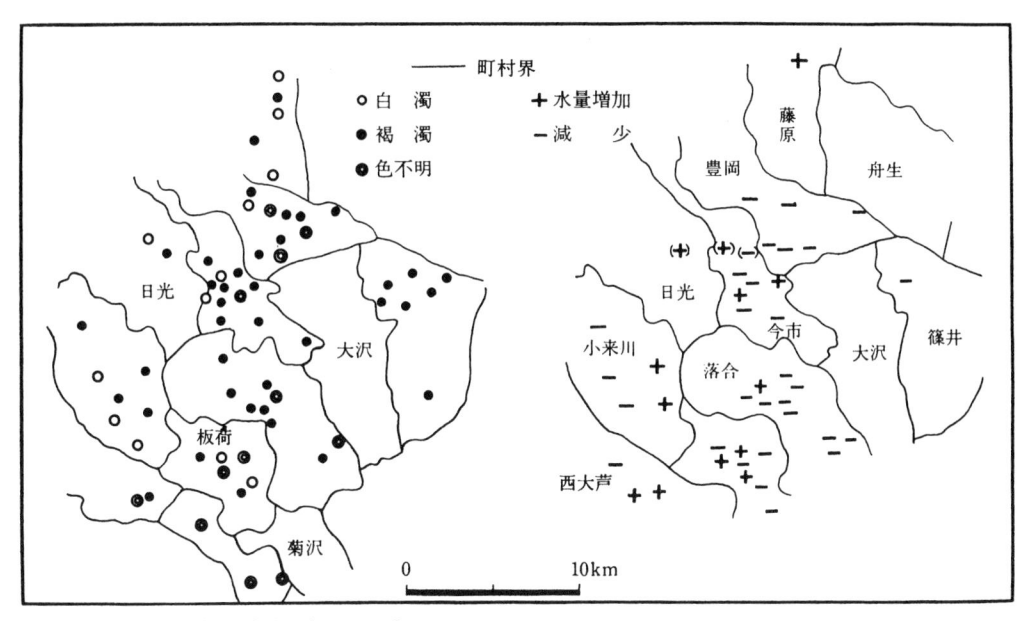

図 518-5　井戸水の変化［加登・山口, 1950］

表 518-1　町村別被害一覧［Kawasumi, 1951, BERI, 28, 355-367］

町村名	死	傷	住家 全壊	住家 半壊	住家 一部破損	非住家 全壊	非住家 半壊	非住家 一部破損	山崩れによる林地崩壊
今　　　市	5	159	228	2,820	496	303	713	146	462.0 町
大　　　沢	1		1	9	134	58	163	212	210.0
落　　　合	1		49	49		137	52	47	52.4
日　　　光	1		6	22	66	2	13	4	22.0
板　　　荷				2	200	9	49	250	
篠　　　井				1	13	7	65		
豊　　　岡				62	750	82	1,200	2,200	
小　来　川			4	6		1	25	100	115.0
東　大　芦			2	8		10	16		
西　大　芦	1			13					80.0
加　　　蘇						5	8		
舟　　　生	1	4			1	3	2	20	
大　　　宮				2					
菊　　　沢						1	1		
計	10	163	290	2,994	1,660	618	2,307	2,979	

表 518-2　宇都宮における日別余震回数［中央気象台, 1950, 験震時報, 15, 3-13］

日	12月 26	27	28	29	30	31	1月 1	2	3	4	5	6	7	8	9	10	11	12	13	14	15	16	17	18	19	20	21	22	23	24	25	計
有感	26	19	4	4	1	0	1	4	3	0	0	2	1	1	0	2	4	0	1	2	0	1	0	0	0	1	1	0	1	0	0	79
無感	524	374	185	72	44	42	41	25	19	23	10	13	18	14	8	13	9	15	3	14	7	7	14	6	4	3	9	5	6	1	6	1,534

図 518-6 山崩れ分布 [本多, 1950, 験震時報, 15, 49-54]

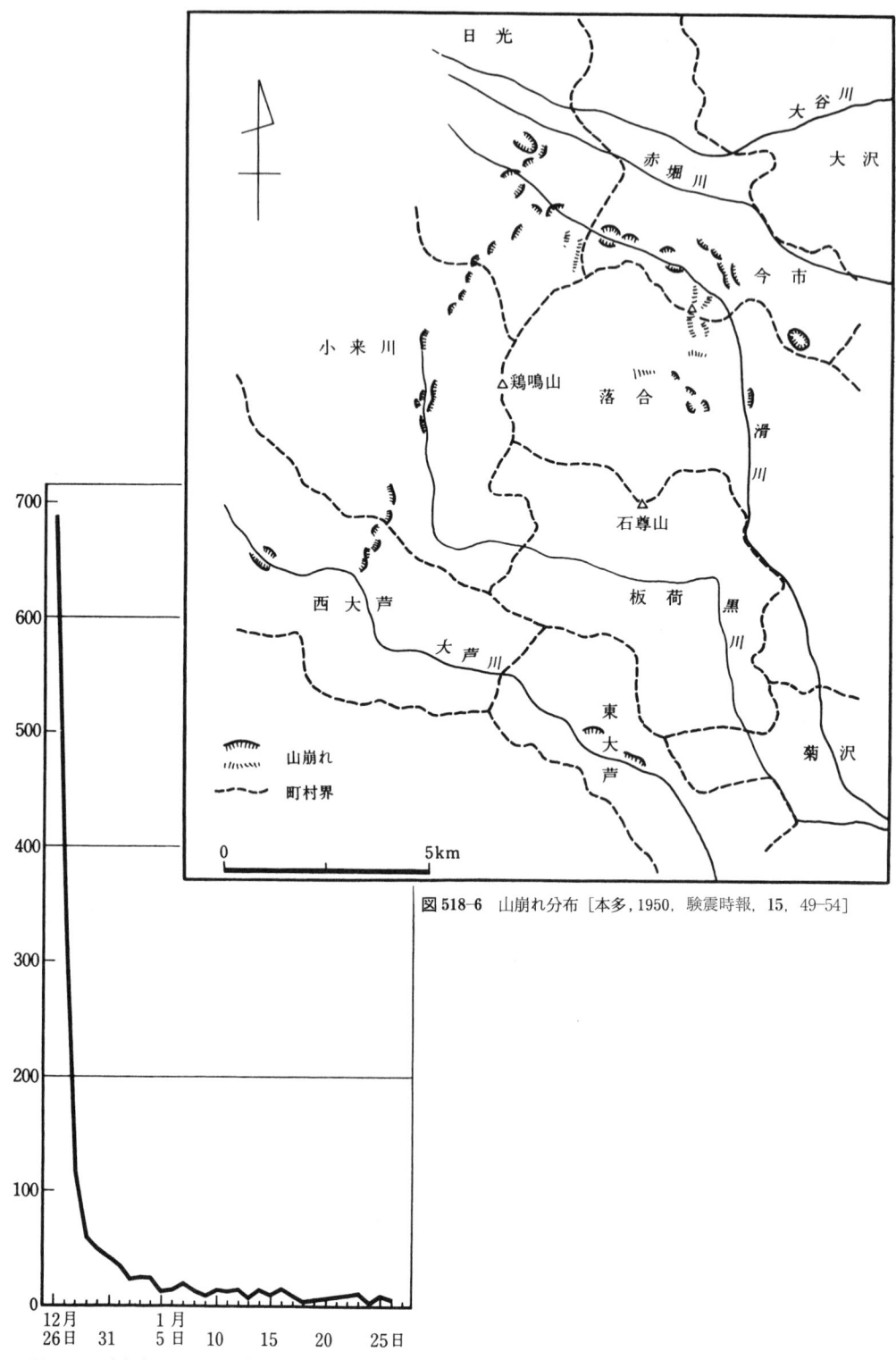

図 518-7 宇都宮における 24 時間ごとの余震回数 [中央気象台, 1950]

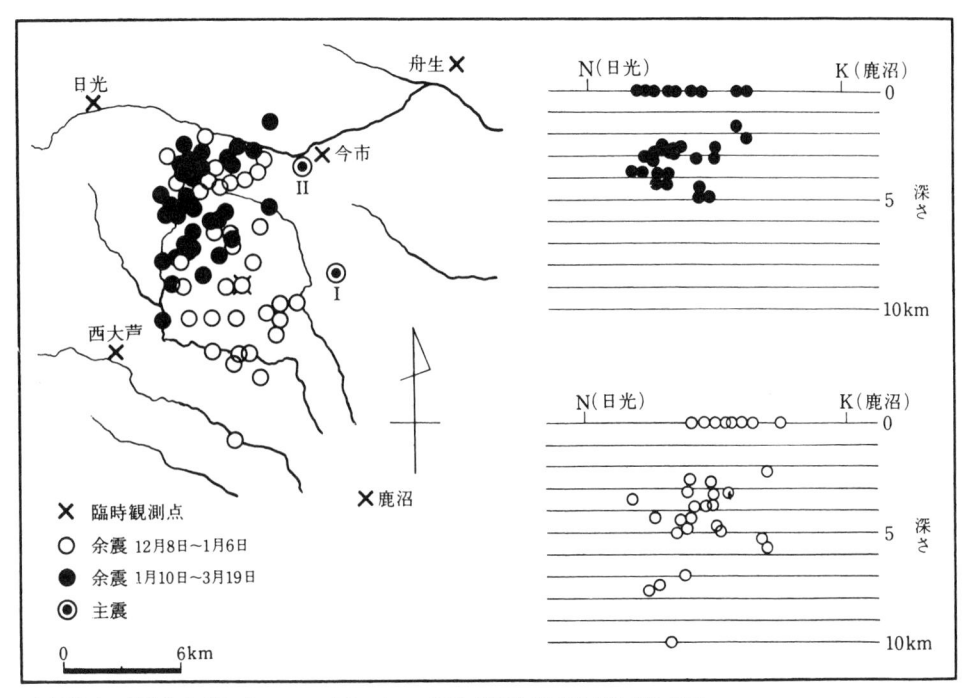

図 518-8 余震分布 [Hagiwara and Kasahara, 1951, *BERI*, **28**, 387-392, 393-400]

で一部推定のところがある．この地震は通信調査が行われ，地鳴り（図 518-2, 4）・井戸水の変化（図 518-5）などが調べられた．とくに図 518-4 は地震の数日ないし数ヵ月前から地鳴りがあったという報告をまとめたもので，数字は何日前からかを示す．とくに M は月を意味する．大小さまざまな山崩れが生じた．中でも今市町室瀬行川一帯の被害は甚大で，金沢山の山崩れにより死 5，崩土は行川を堰止めた．そのうちおもなものは図 518-6 にあるとおり，大きいものは崩壊面積 8 万 m^2 に達するが，大部分のものは数百 m^2 のものであった．地すべりと地質との関係が詳しく調べられた．また，井戸の調査から今市町を中心とする大谷川と赤堀川・田川に挟まれた地（約 3.4 km^2，厚さ 6〜7 m）が土地の傾斜方向に 7 cm 移動したことがわかった．余震は多く図 518-7（本震を起点として 24 時間ごとの地震，宇都宮測候所のウ式地震計による）および表 518-2 のように減っている．また，臨時観測による余震の震央分布も図 518-8 に示してある．地震後の測量の結果，震央付近で最大 30 cm に達する隆起があり，その周辺で多少沈降した．変動区域は半径 10 km の範囲内のみである．

519 1950 Ⅳ 26（昭和 25）16 時 04 分　熊野川下流域　$\lambda=135°54'$ E　$\varphi=33°57'$ N　$M=6.5$　$h=47$ km　木ノ本（現熊野市 - 矢ノ川峠 - 尾鷲に通ずる山道）の 10 ヵ所以上で山崩れ・落石による被害を受けた．畑の石垣崩壊（木ノ本）あり．墓石の転倒はなかった．

520 1950 Ⅷ 22（昭和 25）11 時 04 分　三瓶山付近　$\lambda=132°39'$ E　$\varphi=35°10'$ N　$M=5.2$　$h=4$ km　震央付近で崖崩れ・壁の亀裂・墓石の転倒・井水の白濁などの微小被害があった．

521 1950 Ⅸ 10（昭和 25）12 時 21 分　九十九里浜　$\lambda=140°33'$ E　$\varphi=35°18'$ N　$M=6.3$　$h=56$ km　千葉県一ノ宮の堤防に地割れを生ず．その他，電線切断などの微小被害あり．

522 1951 Ⅰ 9（昭和 26）03 時 32 分　千葉県中部　$\lambda=140°04'$ E　$\varphi=35°27'$ N　$M=6.1$　$h=64$ km　横浜で壁土の落下，停電あり．久留里で家屋に小被害．

523 1951 Ⅷ 2（昭和 26）18 時 57 分　新潟県南部　$\lambda=138°30'$ E　$\varphi=37°10'$ N　$M=5.0$　$h=17$ km　震央付近で墓石の転倒・窓ガラス破損・炭焼小屋倒壊などの僅少被害あり．

524 1951 Ⅹ 18（昭和 26）17 時 26 分　青森県北東沖　$\lambda=142°08'$ E　$\varphi=41°20'$ N　$M=6.6$　$h=47$ km　八戸市内で壁の亀裂，煉瓦煙突破壊，停電などの微小被害があった．

525* 1952 Ⅲ 4（昭和 27）10 時 22 分　十勝沖　$\lambda=144°09'$ E　$\varphi=41°42'$ N　$M=8.2$　$h=54$ km　**十勝沖地震**　地震による被害は北海道に限られている．津波は本邦の太平洋岸を襲った．被害は（国警本部による）死 28，不明 5(1)，傷 287(621)，家屋全壊 815(1,614)，半壊 1,324 (5,449)，一部破損 6,395，流失 91，浸水 328 (399)，全半焼 20 (焼失 15)，非住家被害 1,621 (5,667)，船舶の沈没 3，流失 47，破損 401，道路破損 31，橋梁破損 13，その他となっている．かっこ内は 3 月 11 日現在の被害で，『北海道旬刊弘報』による．道内の震度分布図は図 525-1 のとおりで，十勝地方その他の泥炭地に被害が大きく，震源に近い広尾町はほとんど被害がなかった．とくに十勝川・大津川下流域は震害が最大で，大津・浦幌・豊頃では全半壊家屋が 50％以上に達した．札幌管区気象台の行った通信調査による付随現象の分布図を図 525-2, 3, 4 に示す．

　阿寒は前年 7 月 30 日から鳴動をはじめ，当年 1 月中旬まで活動し，2 月中はほとんど鳴動を生じなかったが，この地震を機として約 34 時間の間，連続的に鳴動を生じた．図 525-5 は雌阿寒岳の 1 時間ごとの鳴動回数である．

　新冠駅北方約 1.5 km に泥火山帯があり，大小 8 つの泥火山がある．そのうちの最南のものが地震のときに活動し，頂部に径 15 m 内外の亀裂地帯を生じ，その中心に径 80 cm，高さ 60 cm のドーム状の噴泥塔を生じた．また，釧路では炭坑のズリ山が崩れ（2.4 万 m^3），死 8，傷 7，埋没家 2 棟，一部倒壊 2 棟の被害を出した．この山崩れの速度は 11 m/ 秒くらいと推定されている．橋の被害は前掲の数字と異なり 69（道庁調べの流失数）というのも 128（北海道開発庁土木試験所報告）というのもある．しかし永久橋では橋桁の落下は皆無であった．鉄道橋は古い設計の煉瓦下部構造のものが多く，被害が顕著

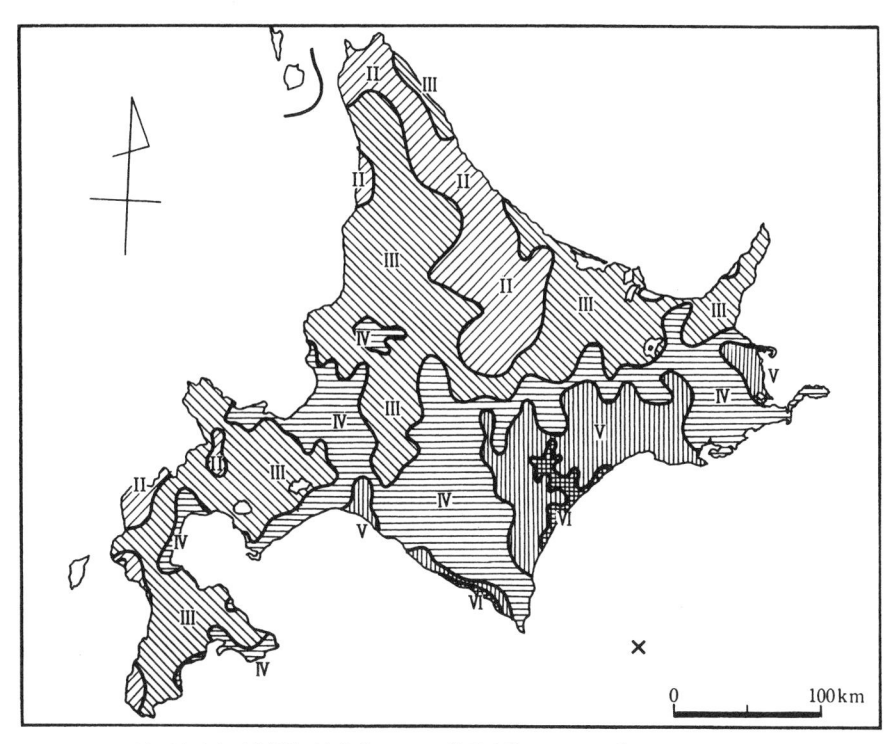

図 525-1　道内震度分布［札幌管区気象台，1953，験震時報，**17**，76-82］

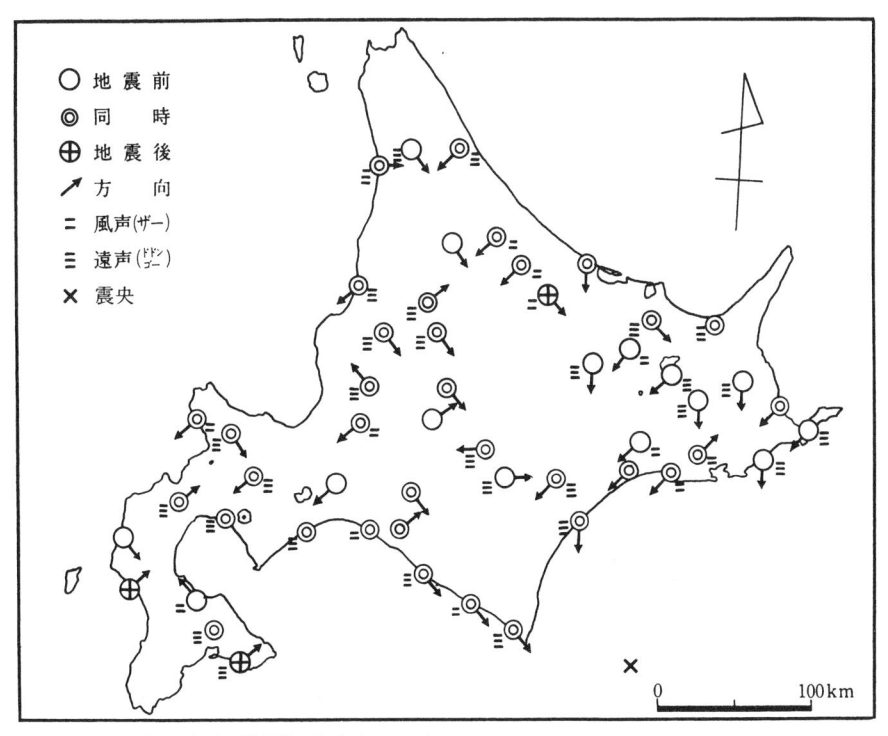

図 525-2　地鳴りの報告［札幌管区気象台，1953］

360　4　被害地震各論

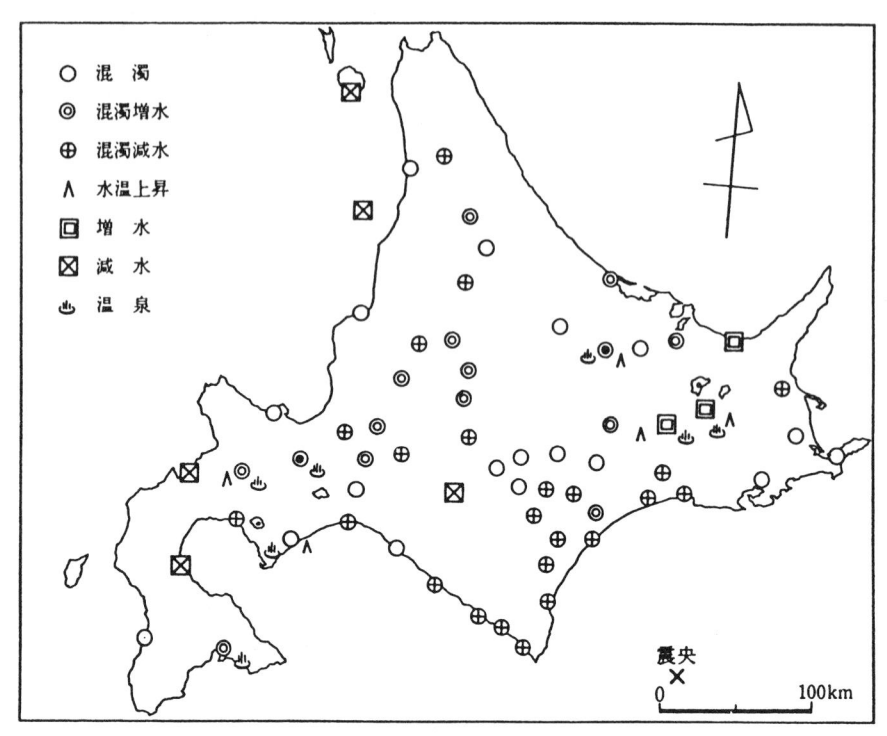

図 525-3　井戸水温泉の変化 [札幌管区気象台, 1953]

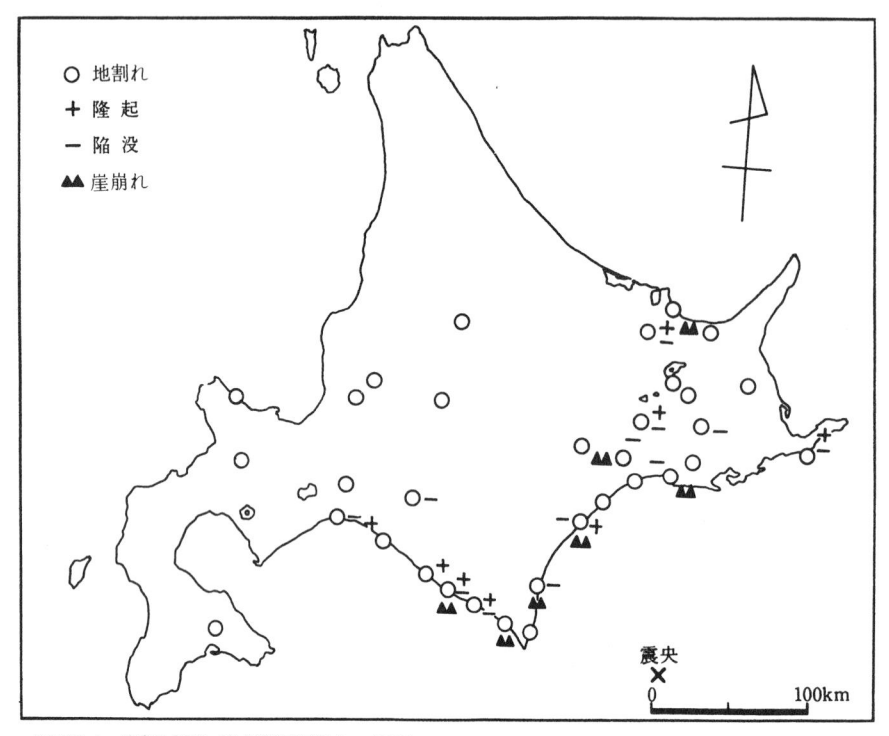

図 525-4　地変の報告 [札幌管区気象台, 1953]

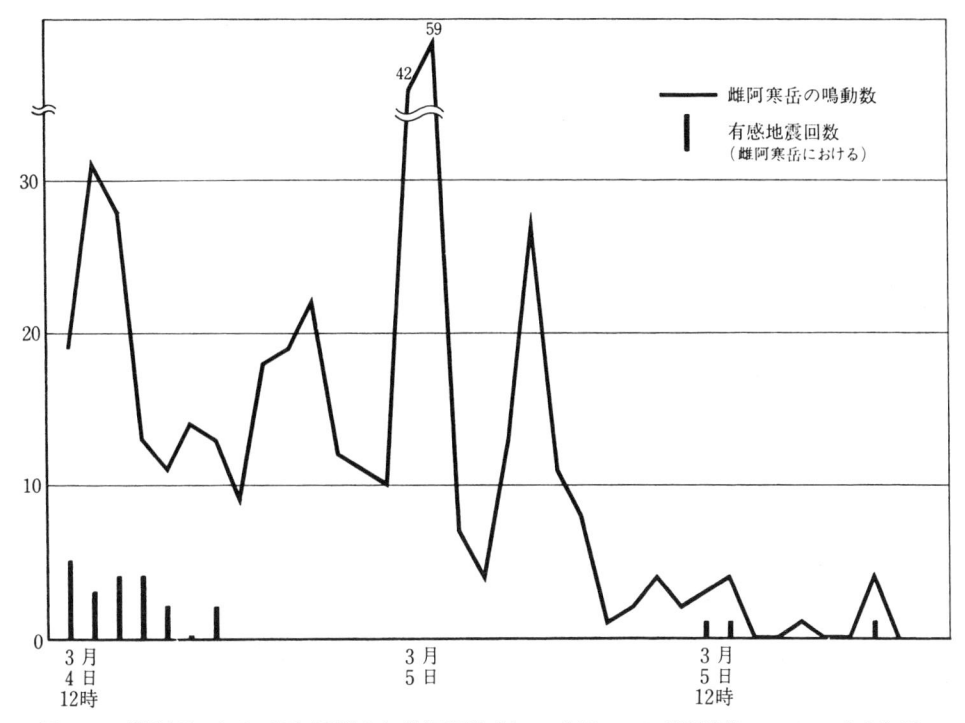

図 525-5　雌阿寒岳における毎時鳴動数と有感地震回数 ［山口・大野，1953，験震時報，**17**，69-76 から作成］

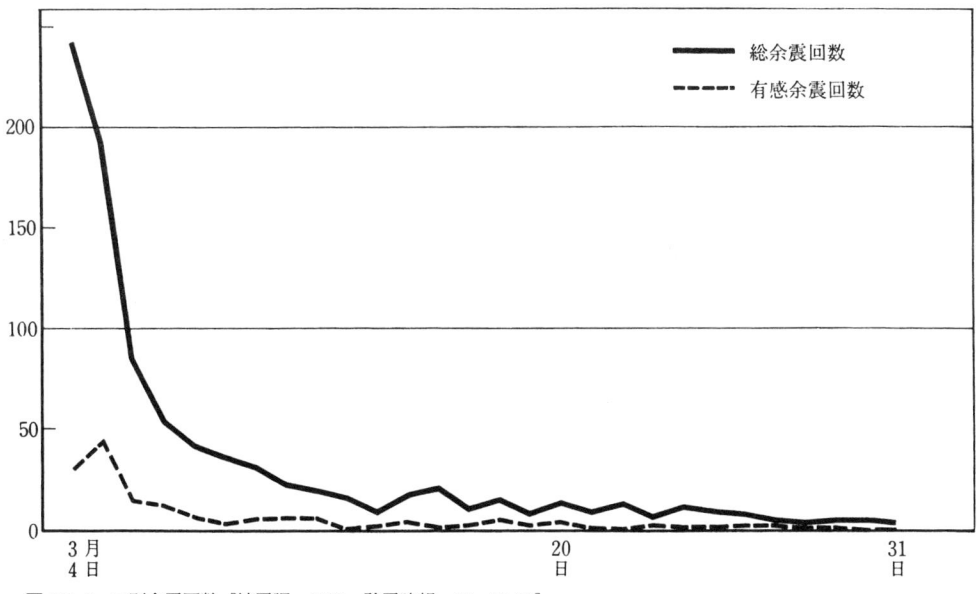

図 525-6　日別余震回数 ［地震課，1953，験震時報，**17**，12-18］

362   4 被害地震各論

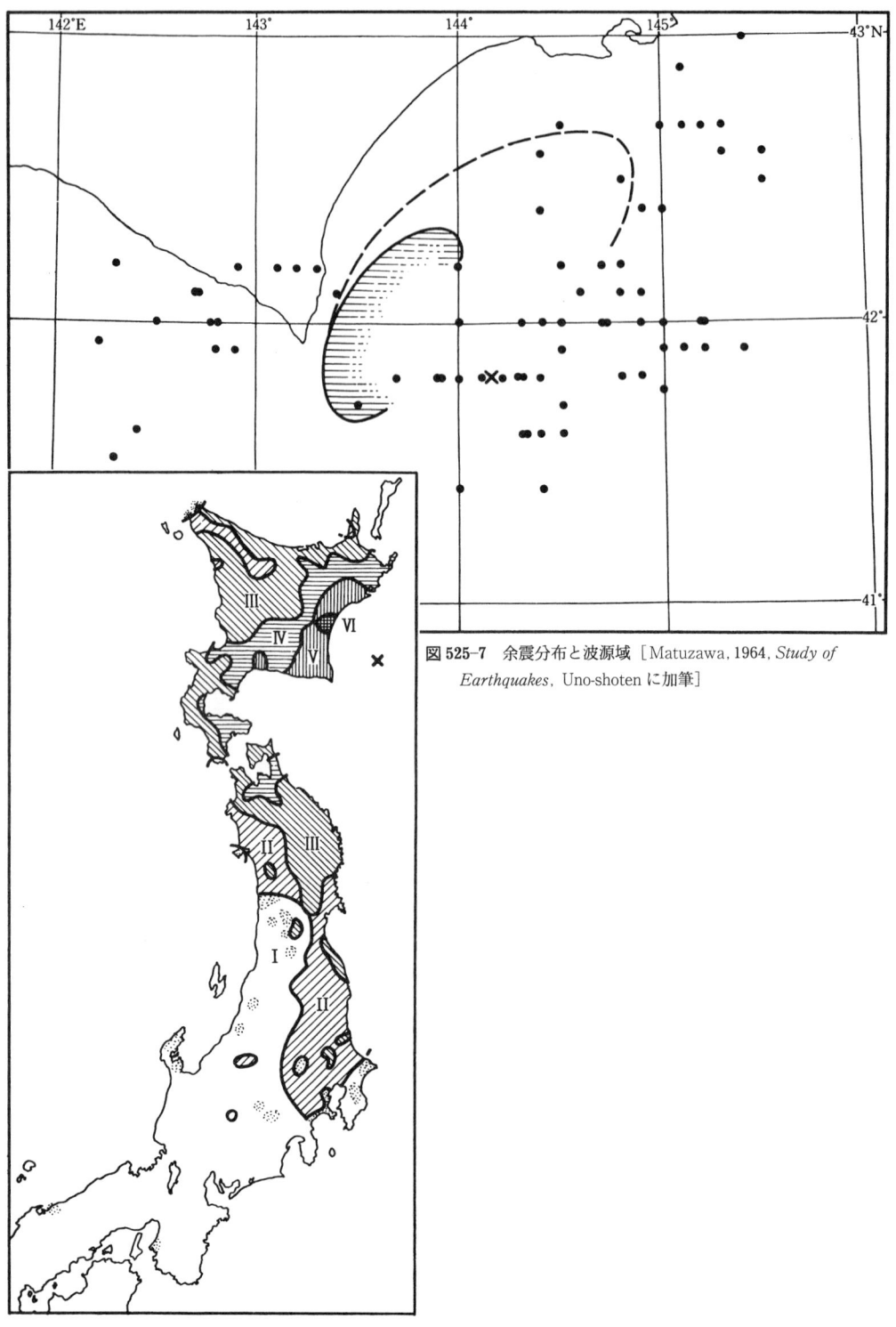

図 525-7 余震分布と波源域 [Matuzawa, 1964, *Study of Earthquakes*, Uno-shoten に加筆]

図 525-8 震度分布 [地震課, 1953, 験震時報, **17**, 3–12]

で，橋梁変状92に達し，脱線も4件（うち1件は浦幌付近で22輛編成の貨車のうち14が脱線転覆した）あった．また，北海道ではサイロの被害が多く全壊90，中壊155，亀裂104に達した．とくに池田町付近では58中52に被害があり，そのうち約2割が倒れた．また，津波により船舶や漁具の被害も大きく，漁船の滅失102，修理不能186，大破などでも修理可能480，合計768隻が被災した．とくに厚岸町と浜中村での被害がその大半を占めている．その他各種の魚網やノリ・コンブ・カキなどの養殖施設にも多大の損害があった．

津波は浜中・厚岸に最大の被害をもたらした．琵琶瀬湾からの津波が霧多布を通り抜けて浜中湾に出て高さ約3mに及んだ．このときに琵琶瀬湾の流氷が割れて（2m^2，厚さ0.6mくらい〜5m^2，厚さ1.3m）押し寄せ家を壊した．厚岸では波高6.5mに達した．一般に波高は北海道で3m前後に達し，三陸沿岸では1〜2mのところが多かった．なお，検潮儀による津波の高さは八戸2m，広尾1.8m，女川1.1m，銚子16cm，横浜10cm，伊東5cmで，痕跡は四国まで観測された．

この地震は気象庁で1952年津波警報システムが正式に実施される直前の大地震であったが，地震の前日3月3日は昭和8年の三陸沖地震の記念日でもあって，津波訓練をしたばかりであったので津波予報が有効に働いて，被害を軽減することができた．

余震数は図525-6のように減少し，そのうち1952年中の規模が5以上の余震の分布は図525-7のとおりである．なお図590-2を参照されたい．図525-7の破線は新たに決められた波源域で，前に求められたもの（実線）より，はるかに大きい．この地震で震央距離800km以遠で太平洋岸の気象官署の記録に顕著な相が見られた．その速度は約0.9km/秒とおそいが，まだ解析されていない．[2, 2.5]［参考：十勝沖地震調査委員会，1954，十勝沖地震調査報告，1952年3月4日；羽鳥，1973，地震II，26，206-208］

526 1952 III 7（昭和27）16時32分 大聖寺沖 $\lambda=136°09'$E $\varphi=36°30'$N $M=6.5$ $h=17$km **大聖寺沖地震** 片山津・大聖寺・金津付近で震度V．北潟・塩屋村などで被害が大きく壁の剥落・山崩れ・道路の亀裂などがところどころに見られた．金津町では用水池の堤防が壊れ，田4町歩（4ha）を埋没し，北陸本線は細呂木の北で最大約90cm床が沈んだ．橋立沖にいた漁船は海震を感じた．被害合計は石川県で死7，傷8，建物半壊4，破損82，焼失9棟，床下浸水30，非住家被害7，田畑冠水60町歩（60ha），橋梁破損7，堤防決壊2，山（崖）崩れ5，道路損2．また，福井県でも民家埋没1，傾斜60，その他道路・宅地に被害があった．日別余震回数の変化は図526-2のとおり．

図526-1 震度分布［地震課, 1953, 験震時報, **17**, 95-102］

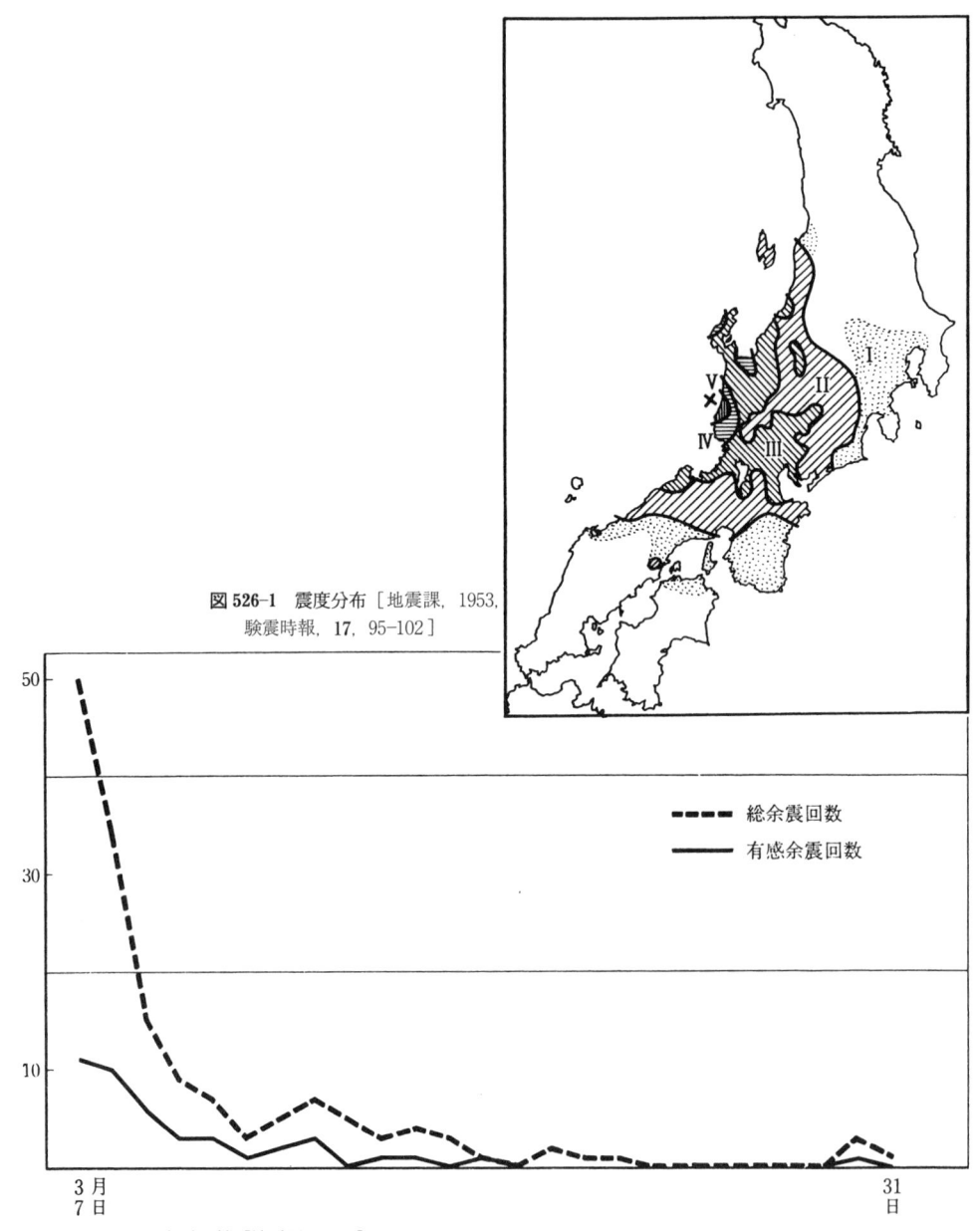

図526-2 日別余震回数［地震課, 1953］

527* 1952 Ⅲ 10（昭和27）02時03分　十勝沖　$\lambda=143°26'$ E　$\varphi=41°45'$ N　$M=6.9$　$h=74$ km　　十勝沖地震の余震，北海道では，本震で破損した家が倒壊するなどの軽微な被害があった．小津波を伴い，八戸で全振幅30 cm．［−1，−1］

528 1952 Ⅶ 18（昭和27）01時09分　奈良県中部　$\lambda=135°46'$ E　$\varphi=34°27'$ N　$M=6.7$　$h=61$ km　**吉野地震**　被害は表528-1のとおり．和歌山・愛知・三重・岐阜・石川の各県でも小被害があった．奈良春日社の石灯籠約1,600のうち650が倒壊し

表 528-1 被害一覧［地震課・橿原測候所，1953，験震時報，17，83-96］

県　名	死	傷	住家 全壊	半壊	破損	非住家被害	道路破損	橋梁破損
大　阪	2	75	9	7	3	13	2	3
京　都	1	20	5	10	8	24	3	
兵　庫	1	13			6	5	1	1
奈　良	3	6		1	18	7	8	
滋　賀	1	13	6	8	240	2	3	
その他	1	9			3	1	9	
計	9	136	20	26	278	52	26	4

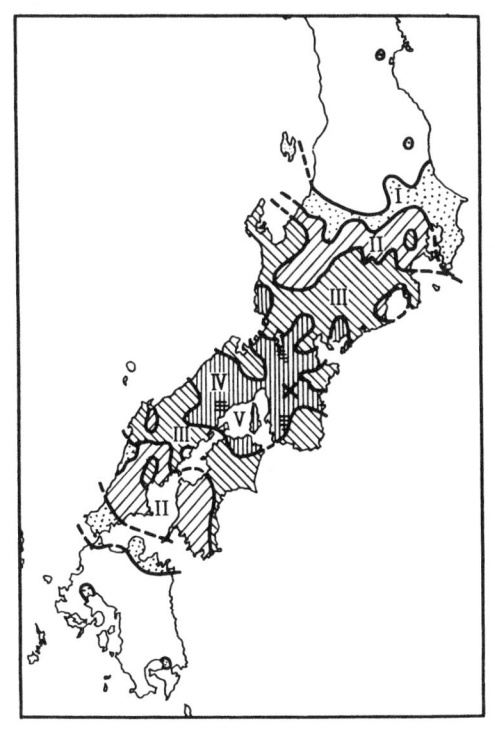

図 528-1 震度分布［地震課・橿原測候所，1953］

た．震源がやや深いために，被害のあった区域が広くなっている．余震は少なく 18 日 2 回，19 日 1 回，8 月 9 日 1 回の計 4 回のみである．

529* 1952 XI 5（昭和 27）01 時 58 分　カムチャッカ半島南東沖　$\lambda=159°30'$ E　$\varphi=52°45'$ N　$M_W=9.0$　$h=0$ km　地震は日本から 1,500 km 以上離れているが，三陸沿岸・北海道東部・輪島・日立などで有感だった．震後 2〜5 時間して北海道から九州に至る太平洋岸に津波が来襲した．波の高さは北海道で約 1 m，三陸沿岸では 1〜3 m で十勝沖地震のときよりも高く，福島県沿岸で約 1 m，下田でも 1 m，尾鷲で 60〜70 cm，九州でも 1 m 近かった．各地で田畑や家屋に浸水し，ノリ・カキ養殖施設や漁船・漁具の破損・流失があった．浸水家屋は計 1,200 戸に達した．［1］

529-1 1953 VII 14（昭和 28）21 時 44 分　檜山沖　$\lambda=139°55'$ E　$\varphi=42°05'$ N　$M=5.1$　$h=15$ km　熊石で強震，地すべりなどあり．

530* 1953 XI 26（昭和 28）02 時 48 分　房総半島沖　$\lambda=141°24'$ E　$\varphi=34°09'$ N　$M=7.4$　$h=39$ km　**房総沖地震**　海上はるか沖にあったため，地震による被害は軽微で，館山・富崎で墓石が転倒し，犬吠埼灯台で水銀がこぼれた．伊豆諸島で道路の破損．八丈島で発電所の水圧鉄管に亀裂が入った．津波が房総半島およびその付近を襲ったが被害はなかった．波の高さは銚子付近で最大 2〜3 m，八丈島で振幅 1.5 m くらいであった．また，中央気象台の補給船黒潮丸は 145°16′ E，33°54′ N の地点で 02 時 50 分頃海震を感じた．震度 IV に相当するほど激しかった．余震は図 530-2 および表 530-1 のように変化している．その分布（1954 年 5 月末まで）は図 530-3 に示すとおり．［1，2］

表 530-1　月別余震回数［井上，1954］

年	1953		1954				
月	11	12	1	2	3	4	5
有感	26	10	3	3	0	1	0
無感	394	205	36	39	7	6	11
計	420	215	39	42	7	7	11

図 530-1 震度分布［井上, 1954, 験震時報, 19, 42-70］

図 530-2 日別総余震回数［井上, 1954］

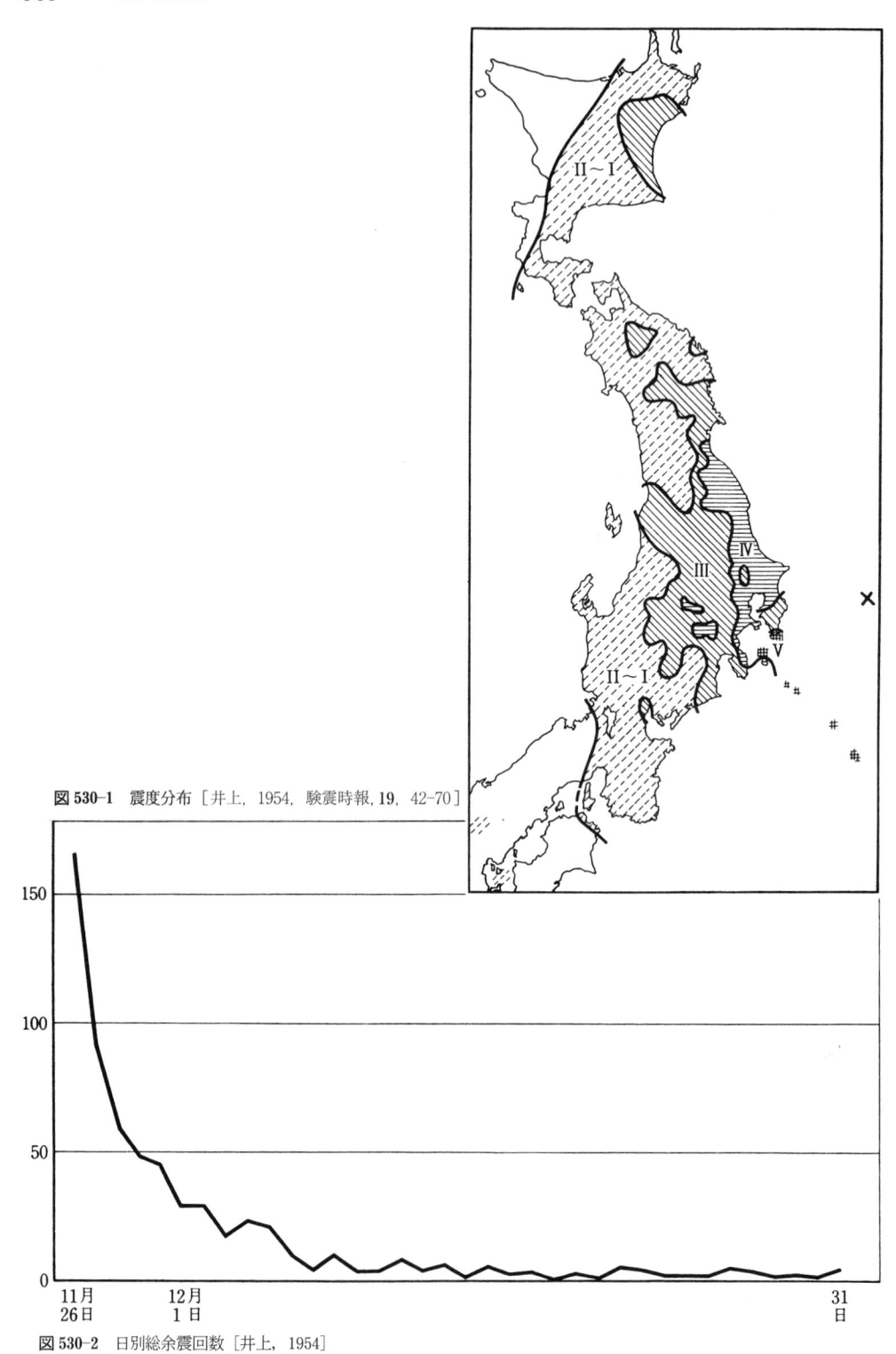

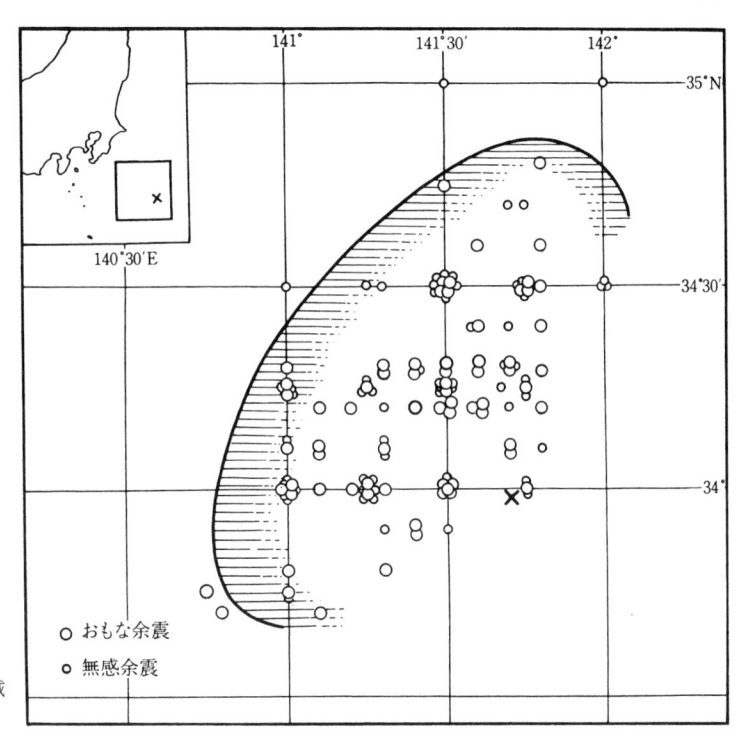

図530-3 余震分布と波源域
[井上, 1954に加筆]

531 1955 VI 23（昭和30）22時41分　鳥取県西部　$\lambda=133°23'$ E　$\varphi=35°18'$ N　$M=5.5$　$h=10$ km　同日22時19分（$\lambda=133°19'$ E　$\varphi=35°14'$ N　$M=4.6$　$h=20$ km），23時13分（$\lambda=133°20'$ E　$\varphi=35°13'$ N　$M=4.3$　$h=10$ km）にも日野郡根雨地方に地震があった．根雨町付近で石垣の破損・落石・橋の脚台破損などの小被害．地震は5月22日からあった．毎日の有感地震回数と根雨における震度は表531-1のとおり．―印は震度不明，記載のない日には地震はなかった．

表531-1 日別有感地震回数と震度［米子測候所, 1956, 験震時報, **20**, 165-169］

5月 22	23	25	26日	6月 7	17	21	22	23	24	26日
Ⅱ	Ⅱ	Ⅰ～Ⅱ Ⅰ～Ⅱ	Ⅰ	Ⅱ	Ⅱ	―	Ⅱ	Ⅳ, Ⅵ Ⅲ	Ⅰ	―

532 1955 Ⅶ 27（昭和30）10時20分　徳島県南部　$\lambda=134°19'$ E　$\varphi=33°44'$ N　$M=6.4$　$h=10$ km　宮浜村・平谷村・木頭村・上木頭村などの那賀川・海部川上流域が震央で，死1，傷8，山（崖）崩れが随所に生じた．そのほか道路の亀裂，落石多く，家屋の壁の亀裂などがあった．また，トンネルの埋没，墓石の転倒などもあった．

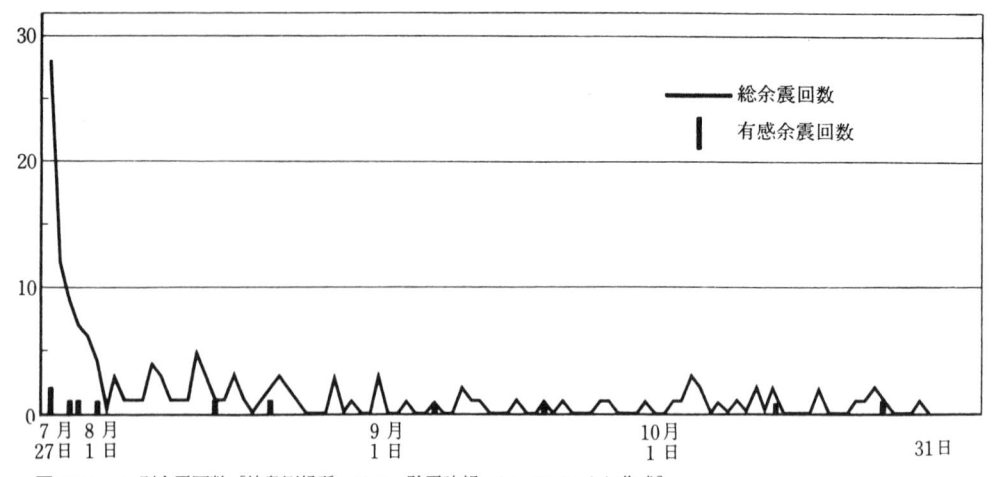

図 532-1 日別余震回数 [徳島測候所, 1956, 験震時報, **21**, 21-26 より作成]

533 1955 Ⅹ 19 (昭和30) 10時45分 米代川下流 $\lambda=140°11'$ E $\varphi=40°16'$ N $M=5.9$ $h=0$ km **二ッ井地震** 被害はほとんど二ッ井町・響村に限られる. 死者および住家全壊はなく, 表533-1のほかに橋梁破損

表 533-1 被害一覧 [嶋・柴野, 1956, 震研彙報, **34**, 113-129]

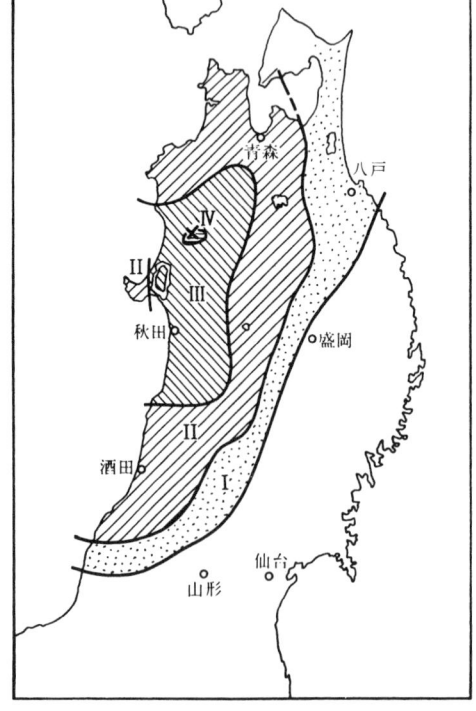

町村名	傷	住家 半壊傾斜	住家 一部破損	非住家 全壊	非住家 半壊傾斜	非住家 一部破損	公共建物 一部破損
二ッ井町	1		109	1	293	819	2
響村	3	3 81	65		17 28	31	2
計	4	3 81	174	1	310 28	850	4

図 533-1 震度分布 [仙台管区気象台, 1956, 験震時報, **21**, 27-41]

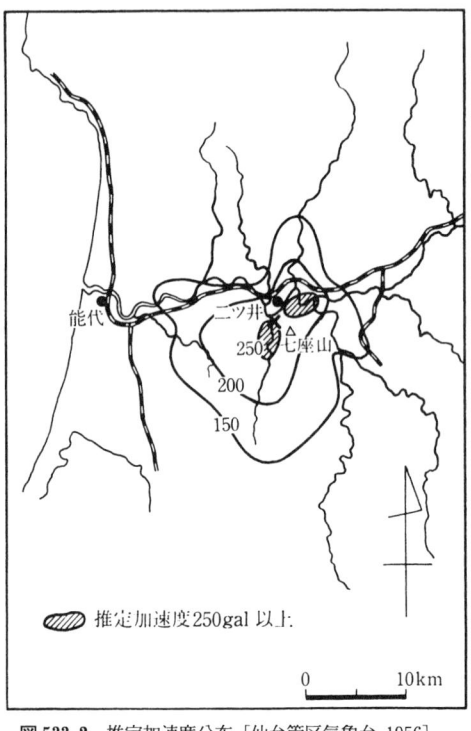

図 533-2 推定加速度分布 [仙台管区気象台, 1956]

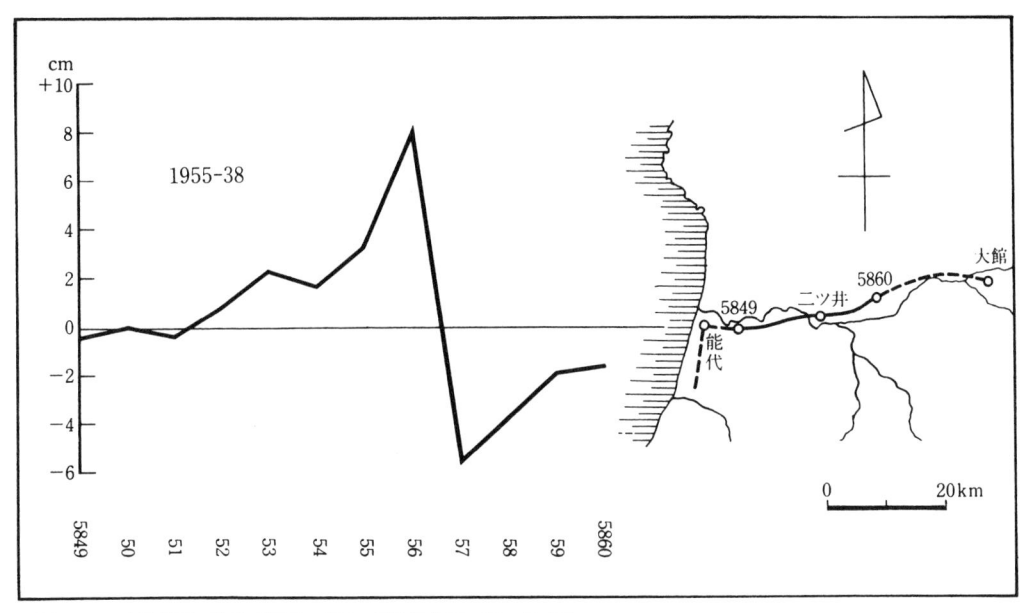

図 533-3 水準測量の結果 ［檀原，1966，測地学会誌，**12**，18-45］

4（除鉄道），柱上変圧器落下 5 などがあった．地鳴りあり．地割れがところどころに生じ，七座山南方の嶽山で崖崩れあり，その他落石があった．余震は多く，約 1 日の間に有感余震が約 100 回あり，それ以後は急激に減少した．図 533-2 は推定加速度の分布図で単位はガル，図 533-3 は水準測量の結果で二ッ井付近に断層（？）らしいものが見られる．

534 1956 Ⅱ 14（昭和 31）09 時 52 分 東京湾北岸 $\lambda=139°57'\,E$ $\varphi=35°42'\,N$ $M=5.9$ $h=54\,km$ 東京・横浜で震度Ⅳ，市川でⅤ．都内でコンクリート煙突折損 1，ガス管，水道管破裂各 1，電線切断，ガラス破損数ヵ所．

535* 1956 Ⅲ 6（昭和 31）08 時 29 分 網走沖 $\lambda=144°07'\,E$ $\varphi=44°21'\,N$ $M=6.3$ $h=4\,km$ 地震により，ごく軽微な被害．小津波（網走で全振幅 40 cm）あるも津波による被害なし．［-1，-1］

536 1956 Ⅸ 30（昭和 31）06 時 20 分 宮城県南部 $\lambda=140°37'\,E$ $\varphi=37°59'\,N$ $M=6.0$ $h=11\,km$ 死 1，傷 1，塀・垣根・風呂場など倒壊 17 件．土蔵・家屋に亀裂多く，鉄道・電力線に小被害．小規模な地割れ・崖崩れところどころにあり．震央付近の小原温泉塩倉集落で墓石の転倒率 40％．同温泉の湧出量が変化した．また，白石付近で地鳴りがあった．水準測量の結果，震央付近の斎川で 8 mm くらいの沈下が観測された．白石にお

表 536-1 白石における日別有感余震回数［仙台管区気象台，1957，験震時報，**22**，147-155］

9月 30日	10月 1	2	3	4	5	6	7	8	9	10	11	12	13	14	15	16	17	18	19	20	21	22	23	24	25	26	27	28	29	30日
18	0	2	1	2	1	2	3	2	1	1	1	0	1	4	0	1	0	2	0	0	1	1	0	0	0	0	0	0	1	0

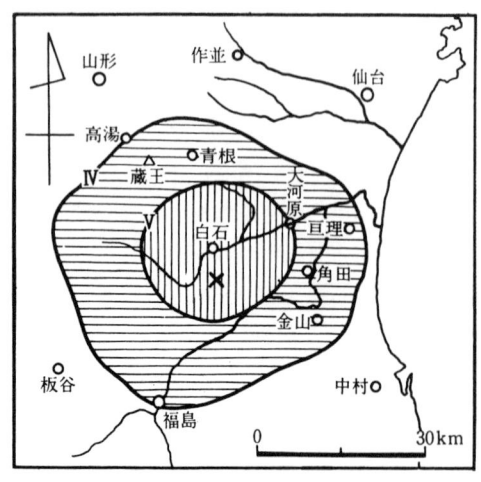

図 536-1 震度分布〔仙台管区気象台, 1957〕

表 538 の次—* 被害一覧〔函館海洋気象台, 1957, 海洋時報, **108**, 79；青森地方気象台, 1970, 技術報告, **73**〕

		住家床上浸水	同床下浸水	半壊	磯舟	
北海道	広尾町	24	4	1		
	幌別町	1	15		流失 1	
	室　蘭		1			
	亀田郡石井村				大破18	
	臼尻村	9	7			
	福島町					道路決壊 1
	木古内	3				
	知内村		13			
	計	37(41)	40(44)	1	19	(堤防損壊 1)
青森県	大間町下手与		27			
	風間浦易国	} 23		大破 1	家屋一部破損 5	
	白　糠	5		破損 3		
	計	} 55		4		

( ) は別の資料（相違部分のみ記す）による．

ける日別有感余震回数は表 536-1 のとおり．また, 11月3・8・13日におのおの1回の余震があった．

537 1956 IX 30（昭和 31）08 時 20 分　千葉県中部　$\lambda=140°11'$ E　$\varphi=35°38'$ N　$M=6.3$　$h=81$ km　東京で傷 4, ほかに一般建造物・配電線などに軽微な被害あり．

538 1957 III 1（昭和 32）01 時 56 分　秋田県北部　$\lambda=140°19'$ E　$\varphi=40°12'$ N　$M=4.3$　$h=14$ km　二ッ井付近でごく軽微な被害．

—* 1957 III 9（昭和 32）23 時 22 分　アリューシャン列島　$\lambda=175°25'$ W　$\varphi=51°35'$ N　$M_W=9.1$　$h=35$ km　台湾北方海域で発生した低気圧が発達しながら本州南岸から千島南方海域に達し, 960 hPa と発達したまま停滞気味となったため, 10 日未明から太平洋沿岸一帯に高波が押し寄せた．この高潮にこの地震の津波が加わって, 北海道南部と青森県東部で表 538 の次—*の被害が生じた．津波より気象要素が大きいので無番とする．

539 1957 XI 11（昭和 32）04 時 20 分　新島近海　$\lambda=139°19'$ E　$\varphi=34°16'$ N　$M=6.0$　$h=17$ km　群発地震で三宅島の観測によると同月 6 日頃からはじまり, 前震 56 回, 余震 250 回があった．被害は式根島で石造家屋全壊 2, 半壊 2, 亀裂 6, 石垣崩壊 20. 新島で石造家屋の亀裂 6, 崖崩れ 2 など．木造家屋に被害なし．石造は抗火石積みである．図 539-1 はおもな余震の分布である．

540 1958 III 11（昭和 33）09 時 26 分　八重山群島　$\lambda=124°30'$ E　$\varphi=24°45'$ N　$M=7.2$　$h=80$ km　八重山で死 1, 傷 1, 宮古で死 1, 傷 3, 家屋破損, 水田・道路・護岸・塀・堤防などの陥没・決壊などの被害あり．

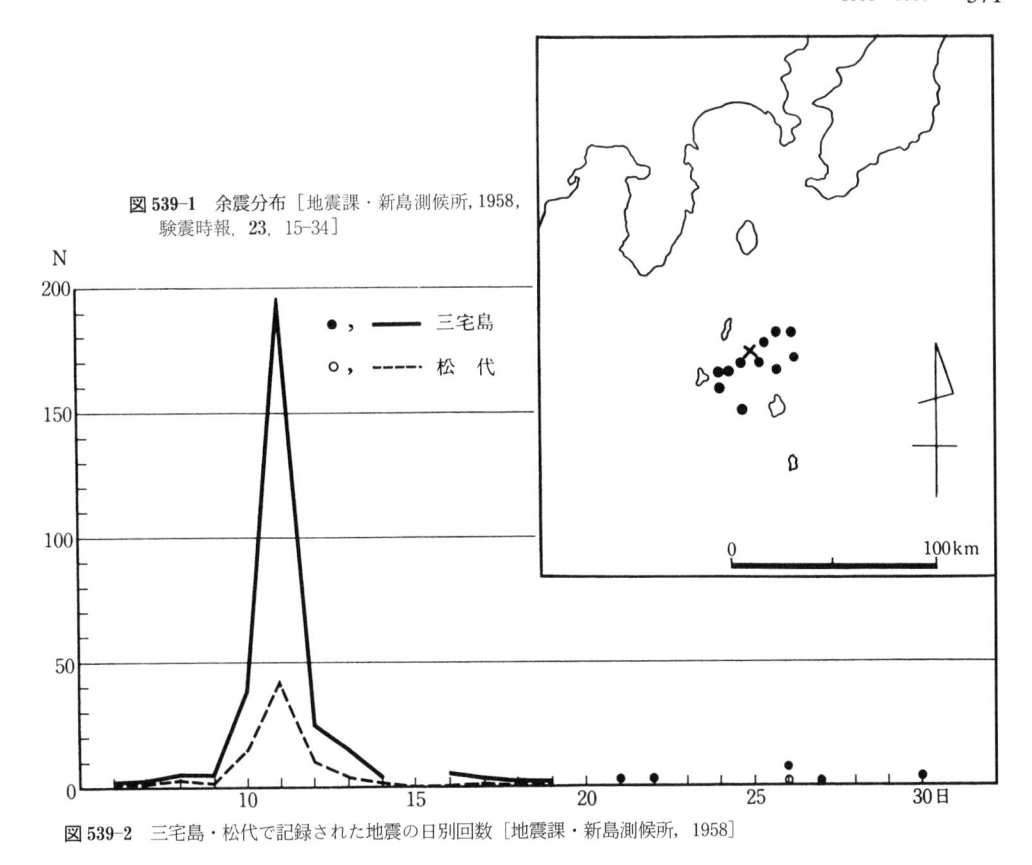

図 539-1　余震分布［地震課・新島測候所，1958，驗震時報，23，15-34］

図 539-2　三宅島・松代で記録された地震の日別回数［地震課・新島測候所，1958］

541* 1958 XI 7（昭和33）07時58分　択捉島沖　$\lambda=148°30'$ E　$\varphi=44°18'$ N　$M=8.1$　$h=80$ km　地震による被害は少なく，釧路地方で電話・鉄道その他の僅少被害のみ．余震分布とその時間的変化は図541-1，3のとおり．震後津波が日本の太平洋岸・オホーツク沿岸を襲った．波の高さは花咲における81 cmを最高とし，浦河がこれに次いで65 cmであり，宮古では養殖のカキ棚が流失したくらいで被害は少なかった．また，択捉における波の高さは1.5 m，ハワイで10～15 cmであった．海震の報告が2つあった．波源域は図417-1，図590-6を参照のこと．［1，2］

542 1959 I 31（昭和34）05時38分，07時17分　弟子屈付近　$\lambda=144°25'$ E　$\varphi=43°23'$ N　$M=6.3$　$h=39$ km；$\lambda=144°29'$ E　$\varphi=43°29'$ N　$M=6.1$　$h=34$ km　約2時間をおいて2つの地震が生じ，後のもので被害が生じた．弟子屈町・阿寒町・阿寒湖畔に被害多く，集合煙突の倒壊，学校・住宅の壁・天井の亀裂・落下，サイロの亀裂・傾斜，道路破損，橋梁破損などの被害があった．奥春別では澱粉工場倒壊1，民家半壊1，ほとんどの民家の壁に亀裂・脱落あり，阿寒湖の氷は地震で湖水全面に亀裂．地鳴りあり，阿寒では地震後2月1日までに14回の鳴動を感じ，1月22日にも地震（16時33分　$\lambda=144°16'$ E　$\varphi=43°27'$ N　$M=5.6$　$h=20$ km）があった．図542-1は震度分布．温泉と地下水の変化は図542-2，4のとおり．図542-3，5は余震分布とその回数．

372   4 被害地震各論

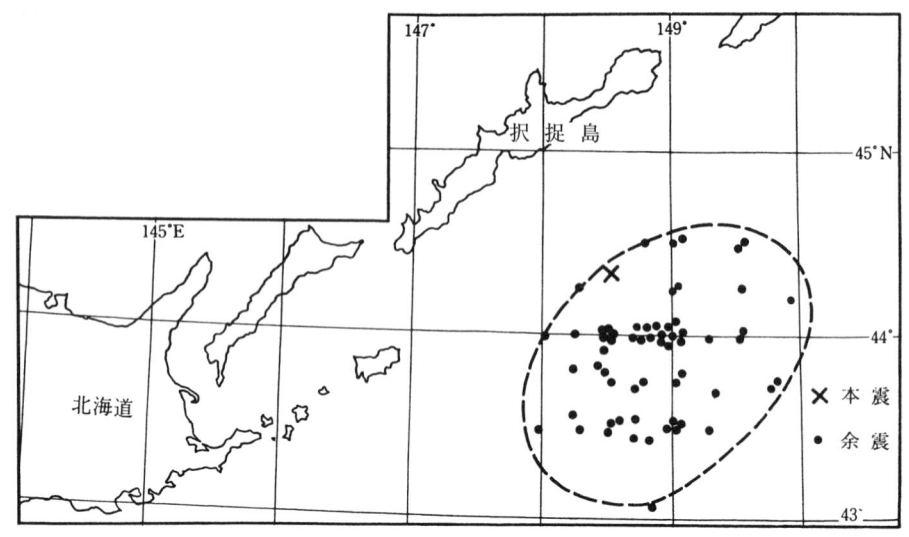

図 541-1 おもな余震の分布（11月7日〜12月末）[広野, 1959, 験震時報, **24**, 66-77]

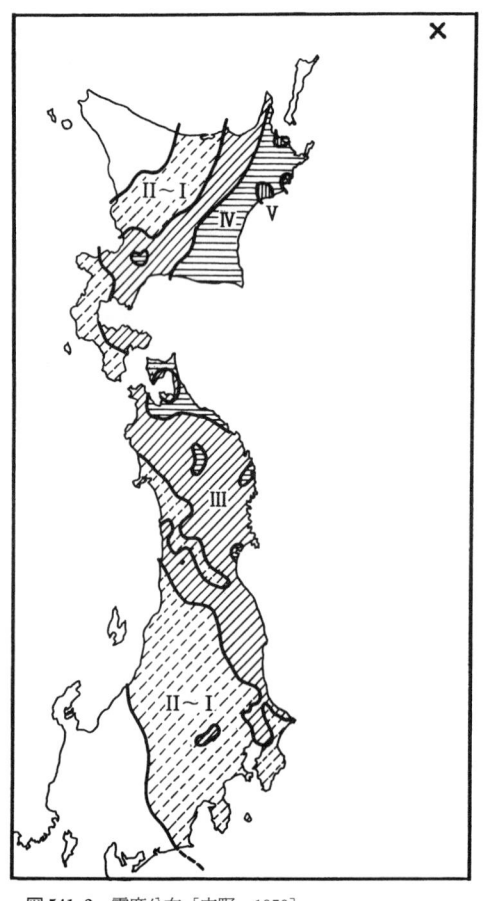

図 541-2 震度分布 [広野, 1959]

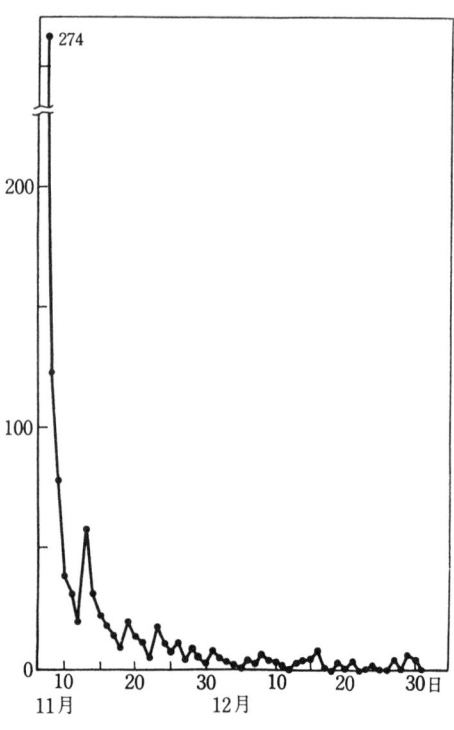

図 541-3 日別余震回数 [広野, 1959]

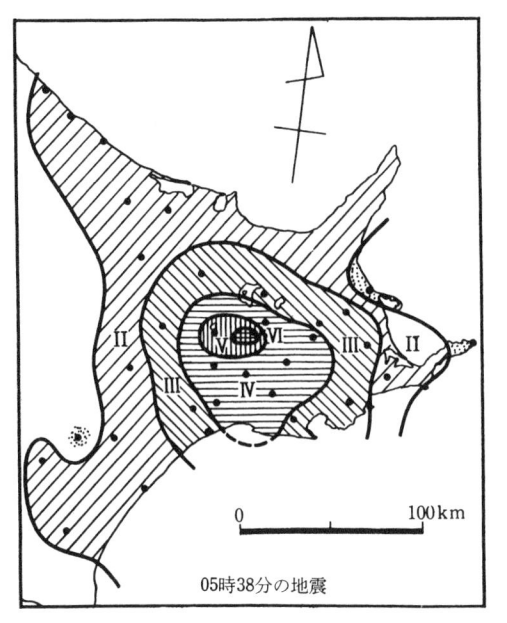

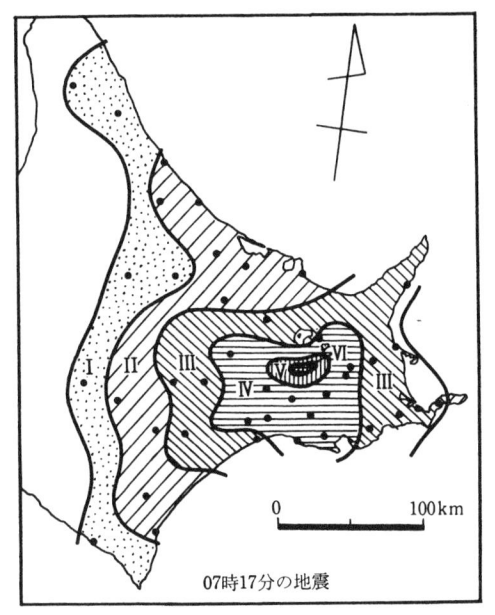

図542-1 震度分布［札幌管区気象台，1960，験震時報，25，9-20］

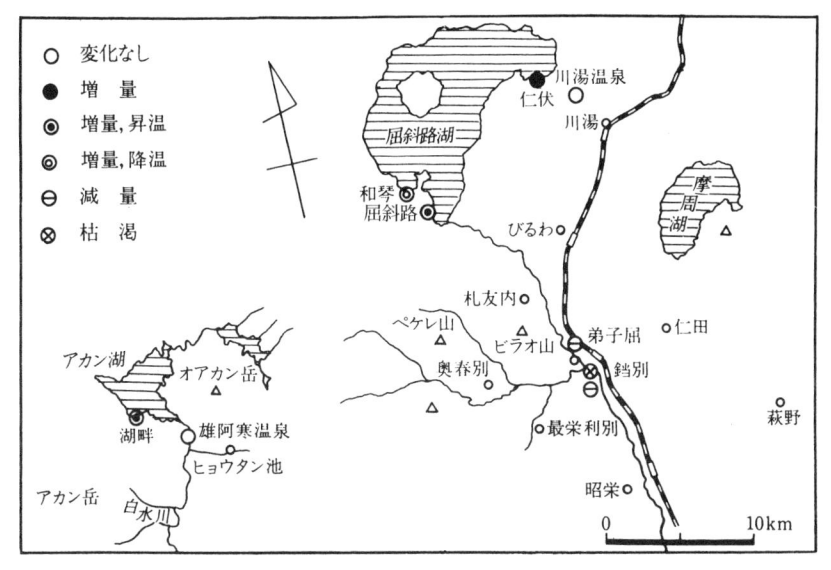

図542-2 温泉の変化［釧路地方気象台，1959，験震時報，24，47-56］

374 4 被害地震各論

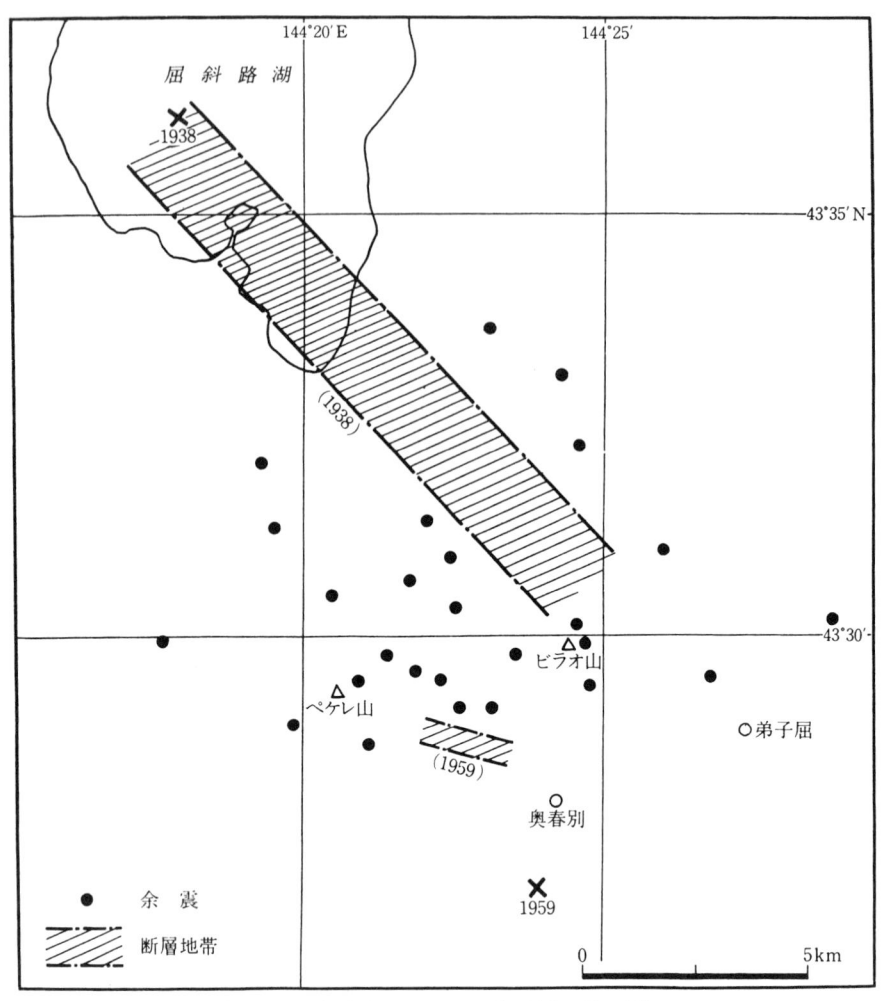

図 542-3 余震分布［松本, 1959, 震研彙報, **37**, 531-544］震央は引用文献のまま.

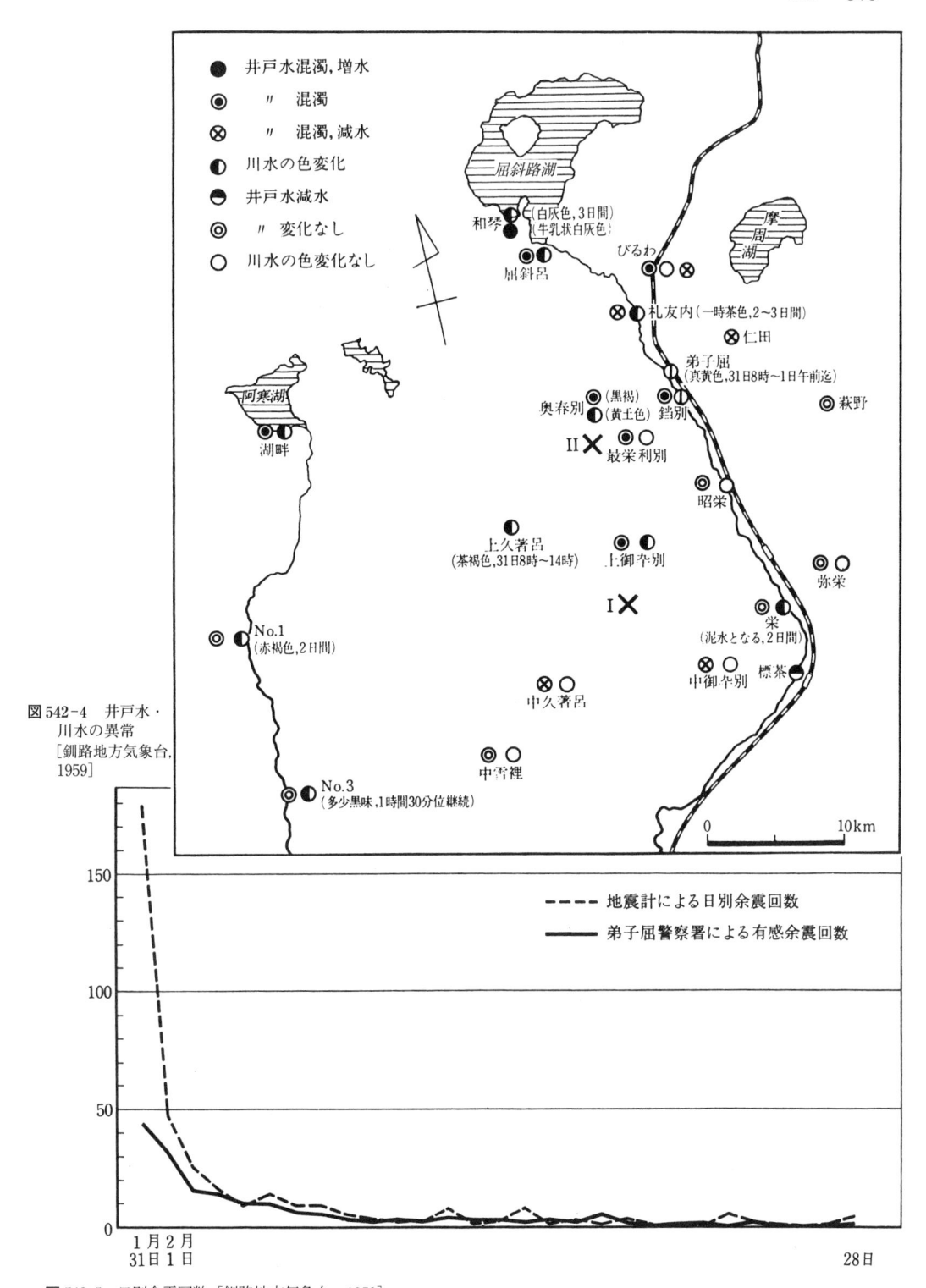

図 542-4 井戸水・川水の異常 [釧路地方気象台, 1959]

図 542-5 日別余震回数 [釧路地方気象台, 1959]

543 1959 Ⅱ 28（昭和 34）05 時 56 分　沖永良部島近海　$\lambda=129°25'$ E　$\varphi=27°01'$ N　$M=5.9$　$h=20$ km　沖永良部で震度Ⅳ．かつ軽微な被害あり．

544 1959 Ⅺ 8（昭和 34）22 時 54 分　積丹半島沖　$\lambda=140°41'$ E　$\varphi=43°47'$ N　$M=6.2$　$h=0$ km　札幌・小樽地方で変電所などに軽微な被害．余震は表 544-1 のとおり．

表 544-1　日別余震回数［気象要覧，1959 年 11 月，69］

8日	9	10	11	12	13	14	15	16	17	18	19	20	21	22	23	計
47*	51	5	10	0	1	0	0	2	5	0	0	1	0	0	1	123

* うち有感 2 回．

545* 1960 Ⅲ 21（昭和 35）02 時 07 分　三陸沖　$\lambda=143°21'$ E　$\varphi=39°54'$ N　$M=7.2$　$h=0$ km　前日の 22 時 36 分（$\lambda=143°08'$ E　$\varphi=39°55'$ N　$M=5.7$　$h=30$ km），22 時 44 分（$\lambda=143°19'$ E　$\varphi=39°55'$ N　$M=5.2$　$h=10$ km）に前震あり．本震により青森・岩手・山形の各県にわずかな被害と地変を生じた．津波を生じ，三陸沿岸で波の高さ 50〜60 cm で被害なし．23 日 09 時 23 分（$\lambda=143°19'$ E　$\varphi=39°31'$ N　$M=6.6$　$h=0$ km［−1, 0］）に最大の余震を生じ小津波を発生した．波の全振幅は八戸 16 cm，宮古 16 cm，釜石 20 cm，鮎川 29 cm の小さいものだった．余震は表 545-1 および図 545-1（3 月末まで）のとおり［0, 0.5］．

表 545-1　日別余震回数［気象要覧，1960 年 3 月，71］

日	21	22	23	24	25	26	27	28	29	30	31	計
有感余震	9	7	14	7	1	0	0	0	0	0	2	40
無感余震		163	67	99	69	24	13	10	10	5	2	4	466

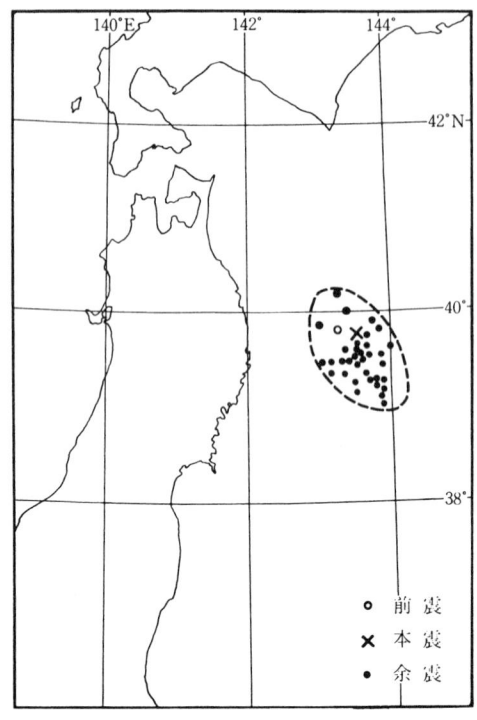

図 545-1　余震分布［気象要覧，1960 年 3 月］

546* 1960 Ⅴ 23（昭和 35）04 時 11 分　チリ沖　$\lambda=73°03'$ W　$\varphi=38°18'$ S　$M_W=9.5$　$h=35$ km　**チリ地震津波**　地震の翌日 02 時 20 分頃から津波が日本の各地に押し寄せ，日本海岸にも達し，多大の被害を出した．全国で死 119，不明 20，傷 872．被害は表 546-1 のとおりである．到着時刻は西に行くほど遅れ，九州では 3 時半頃になり，日本海側では 6〜13 時頃になっている．図 546-1 はおもな検潮所の最大全振幅であり，表 546-2 はおもな海岸での浸水高と波の周期である．波の高さは東北日本で大きく，西に行くに従って減り，日本海および瀬戸内海では全振幅 20〜50 cm くらいであった．また岬の先端ではその付近に比して波高が高く，20〜30 分の比較的に短い波が顕著だった．沖縄にも 6 時 10 分頃襲来し，奄美大島で波の高さ 4.4 m，沖縄本島大浦（久志）で 3.3 m に達した．このよ

表 546-1 被害総括 [気象庁, 1961, 技術報告, 8, 257;琉球気象台, 1960, 琉球におけるチリ津波調査報告]

被害区分			北海道	青森	岩手	宮城	福島	茨城	千葉	東京	静岡	愛知	三重	和歌山	兵庫	高知	徳島	愛媛	宮崎	鹿児島	熊本	総計	沖縄
人	死者	人	8	3	58	45	4		1													119	3
	行方不明		7		4	9																20	
	負傷者		15	3	206	641	2		2							1			2			872	2
建物	全壊	棟	38	24	523	977							2			7						1,571	28
	半壊		82	91	709	1,167			11				85			38						2,183	109
	流失		158	8	656	434							1			2						1,259	
	床上浸水		2,082	1,476	3,628	6,035	6		2	1	1	3	3,267	920		619	1,055	5	168	595	3	19,863	602
	床下浸水		985	2,490	2,239	3,628	59	1	86		234	44	2,885	1,633	70	475	1,032	168	145	1,145	13	17,332	813
	一部破損		1		40								3									44	
	非住家被害		593	242	1,453	541			3		13		901	84		113	10			9		3,962	
耕地	水田 {流埋	ha		2	72	202							27			40		1				344	436町歩
	冠水		595	45	246	273			137				292	150		170		31	17	59	10	2,025	(田畑
	畑 {流埋			1	131	42							5			5	1					185	冠水)
	冠水		3,966	33	145	114		5	36				92	73		12	189	3		14		4,682	
道路損壊		カ所	3	1	29	62		2			16	1		1		2						117	11
橋の流失			2	1	5	22		1			6	2	1						4			44	9(破壊)
堤防決壊			3	6	19	46	1				25	1	1		10	1	1		10			124	
山(崖)崩れ				1							1											2	
鉄軌道被害			1	1	6	4										9						21	
船舶被害	沈没	隻	33	12	17	13	1	4			2	2	6			3	1					94	⎫
	流失		93	7	233	674					3	5	21									1,036	⎬8
	破損		78	342	391	208	6	26	5		28	3	24	5	1	18		8				1,143	⎭
	ろ・かい舟		19	150	884	126		76	2	1	36		20	33		31		11	2			1,391	

1960年6月9日現在. 警察庁による. 他に沖縄での被害を追加した. これは総計に入っていない.

うに日本で波が大きかった一因は，震源から四方に出た波が日本付近で収斂したためである．とくに被害の大きかったのは宮城県の志津川で，波は約1km内陸に達し，死34，傷560，不明3，家屋全壊986，半壊364，流失186，床上浸水1,756に達した．別の資料（『鹿児島県災異誌』1967，鹿児島県，鹿児島地方気象台）によると奄美大島で床上浸水637，床下浸水1,268，田畑冠水流失261.9haという．津波警報は発令されたが，津波の第1波がきてからである．場所によっては遅ればせながら警報が有効に働いたが，一部では不十分な点があり，これを機とし，遠地地震に対する津波警報システムが確立された．この津波は，日本近海地震による津波と異なった性質を示した．周期が近地津波より長く，日本海や半島の裏側にも達した．図546-2はその例

で，黒は1933年の三陸津波，白はチリ津波で，棒の長さは半島の両側における比＝（東側の波高）/（西側の波高）である．また，大船渡湾や広田湾では湾口より湾奥で波高が2〜3倍大きかったが，三陸津波（1933）のときには，逆に湾口のほうが湾奥より2〜3倍大きかった．類似の現象がいくつかの湾で見られた，表546-3はチリ津波と東南海・南海各地震による津波の高さの比較であり，東北地方のものについては明治29年の三陸地震の項（316番）を参考にしてほしい．[2〜3]

表 546-2 おもな海岸での津波の様子

場　所	浸水高	周　期
霧多布	3.3 m	30～40分
釧路	1.8	40
浦河	2.5	50
函館	2.2	50, 130
八戸	3.3	50
宮古	1.2	40
釜石	2.8	35
大船渡	4.9	30
気仙沼	2.6	30
女川	4.2	30
塩釜	2.8	40, 110
小名浜	2.4	30, 40
銚子	2.1	40
布良	0.3	20
八丈島	0.9	40
舞阪	1.1	45
鳥羽	1.6	60
尾鷲	3.4	80
串本	2.2	25
和歌山	1.3	40
高知	1.3	60
土佐清水	1.5	20
油津	1.3	40
西之表	1.8	—
名瀬	3.4	20, 50
富江	0.7	40

参考: Comm. Field. Invest. Chilean Tsunami of 1960, 1961, Report of the Chilean Tsunami of May 24, 1960, as observed along the coast of Japan.

表 546-3 3つの地震津波の比較

場　所	東南海	南海	チリ
伊東	m	0.7 m	0.9 m
下田	2.0	3.0	1.8
清水	1.1		1.3
御前崎	2.0	2.0	
舞阪	0.8	1.0	1.1
形原	0.5		1.12
師崎	0.5		0.94
桑名	0.5		2.33
津	1.0		1.84
松阪	1.0		1.18
二見	2.0	1.0	2.20
鳥羽		1.2	1.64
鏡浦	2.0		2.48
的矢	3.0		0.95
名切	3.5	1.0	1.85
和具	5.0	1.0	1.70
御座	2.5	1.6	1.52
浜島		1.0	1.83
南張	3.5	2.0	2.60
五ヶ所浦	3.0	1.6	3.08
長島	4.0		2.91
錦	6.0	2.0	2.10
矢口	7.5	2.3	3.47
引本	3.0	0.8	2.89
尾鷲	5.0	2.0	3.36
九木	2.8	0.8	
三木浦	5.0	2.8	1.38
三木里	5.5	3.8	1.51
曾根	6.0	4.5	1.48
甫母	5.5	3.0	2.05
二木島	6.0	3.5	2.10
新鹿	5.5	3.0	1.08
古泊	5.5	2.1	1.49
大泊	5.0	2.0	1.59
木ノ本	3.0	4.0	1.29
阿田和	4.0	2.0	0.21
鵜殿	3.5	1.5	0.61
新宮	3.0	3.5	0.5
那智	4.5	3.0	1.28
勝浦	2.4	2.0	1.90
太地	4.5		0.80
浦神	6.2	3.0	2.39
古座	3.5	3.6	1.15
串本	2.0	4.2	2.15
江住	2.5		1.00
周参見		4.2	0.98
田辺	1.0	2.7	
御坊	0.5	3.0	
下津	0.5	3.0	1.02
和歌山		1.9	1.34
岸和田		1.0	1.00
洲本		0.9	0.78
小松島		2.0	1.25
甲浦		4.6	1.82
須崎		3.3	2.10
下田		3.5	0.81
以布利		2.7	1.57

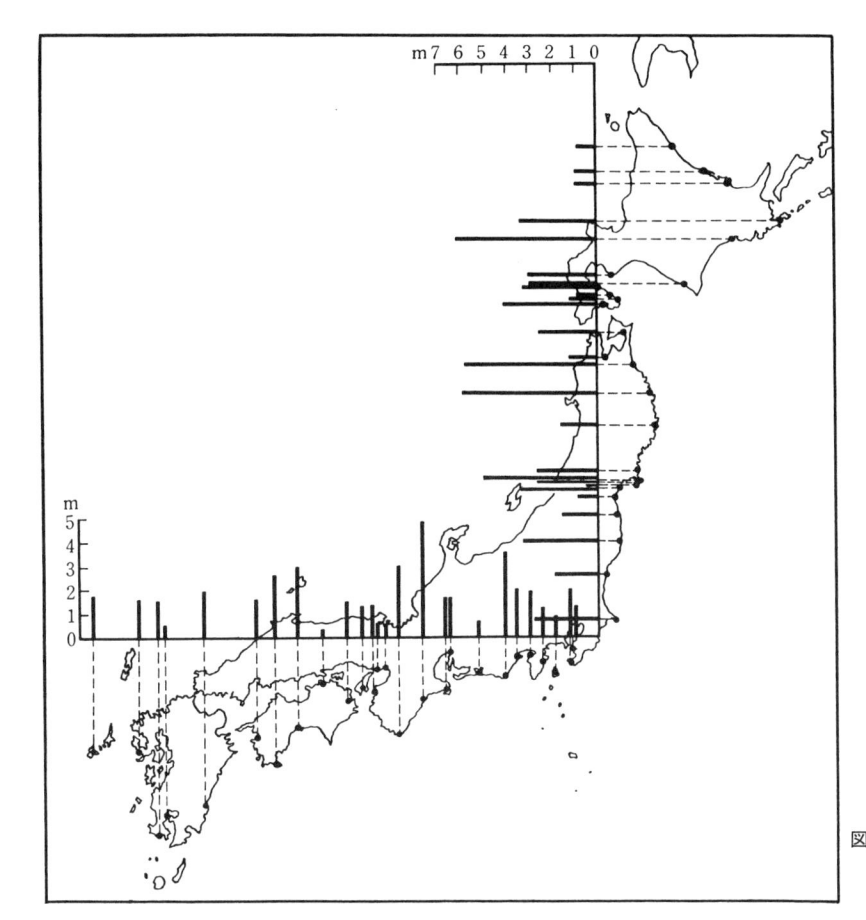

図 546-1 津波の最大全振幅 [気象庁, 1961, 技術報告, 8, 43]

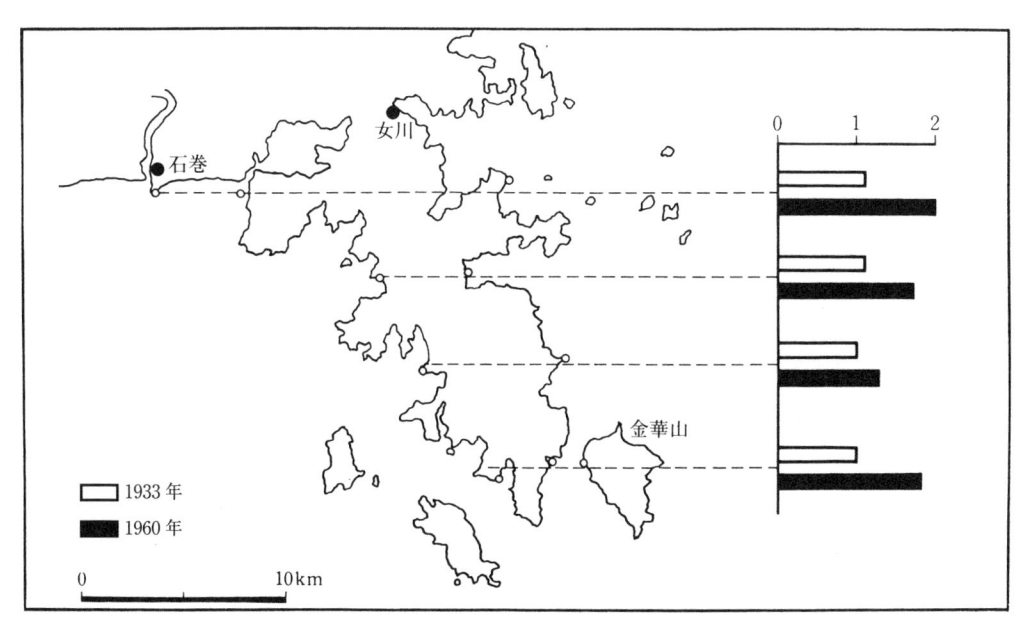

図 546-2 牡鹿半島の東側と西側における波高の比 [Kato *et al.*, 1961, Rep. Chilean Tsunami, 東大地震研, 67-76.]

547 1961 Ⅱ 2 (昭和 36) 03 時 39 分　長岡付近　$\lambda=138°50'$ E　$\varphi=37°27'$ N　$M=5.2$　$h=0$ km　典型的な局発被害地震．被害域の中心から東へ約 2 km 離れた長岡旧市内で被害はほとんどなかった．震度Ⅵの地域は径約 3 km の狭い範囲．積雪は非住家に対して被害を増大し，墓石などの被害を抑える働きをした．井戸水の変化，噴泥も認められた．震央付近で地鳴りを聞いた．三郷屋温泉に小変化あり．住家の倒壊では 1 階が潰れて 2 階がそのままというのはなく，2 階が倒壊したものがあり多くの死傷者を出した．1 階は傾いても雪のために倒れなかったものもかなりある．一般に屋根が重く，耐震用の斜材を使っていない家が多かった．有感余震（長岡での）回数は 2 日 40 回，3 日 10 回，4 日 5 回，5 日 3 回，6 日 2 回，7 日 6 回，8 日 2 回，9 日 7 回，12 日 1 回，3 月 6 日 3 回，7 日 2 回，19 日 1 回で 5 月 30 日に最大の余震（？）が発生した．震後 1961 年の測量の結果，喜多付近は 1958 年以来約 5 cm 隆起していることがわかった．被害は表 547-1 に示すとおり．

表 547-1　被害一覧 [新潟地方気象台・長岡気象通報所，1961，験震時報，**26**，65-80]

部落名	総世帯数	住家 総戸数	全壊	半壊	小壊	被害戸数	全壊率(%)	非住家 全壊	半壊	小壊	死者	傷者
古 正 寺	56	53	28	25	0	53	53	1	0	0	1	12
寺　　宝	28	27	14	13	0	27	52	2	1	2	0	8
王 番 田	79	79	20	33	26	79	25	7	4	7	0	4
寺　　島	18	15	5	10	0	15	33	0	0	0	0	0
福　　道	89	88	42	43	3	88	48	5	0	0	4	3
南 新 保	13	12	8	4	0	12	67	2	0	1	0	0
堺	82	―	19	51	10	80	23	15	5	0	0	0
宝　　地	42	―	10	25	6	41	24	4	11	0	0	1
福　　戸	22	―	3	19	0	22	14	1	2	2	0	0
雨　　池	25	25	7	14	4	25	28	0	0	0	0	0
高　　瀬	48	47	28	19	0	47	60	0	0	0	0	0
喜　　多	70	―	1	56	13	70	1	2	0	2	0	1
河 根 川	63	62	5	21	36	62	8	0	0	0	0	0
蓮　　潟	64	―	14	40	5	59	22	0	0	0	0	0
大　　島	592	495	9	18	468	495				1		1
小　　沢	17	15		11	4	15						
三 郷 屋	17	16	2	12	2	16						
岡　　村	97		1	13	15	29						
大 荒 戸	71		4	34	31	69						
高　　野	54			1	28	29						
石　　動	38				38	38						
七 日 町	70				70	70						
福　　山	23				23	23						
関 原 地 区	1,008			3	8	11		5	3			
上　　除	324				14	14						
合　　計	3,010		220	465	804	1,489		39	28	18	5	30

548* 1961 Ⅱ 27 （昭和 36） 03 時 10 分　日向灘　$\lambda = 131°53'$ E　$\varphi = 31°39'$ N　$M = 7.0$　$h = 37$ km　被害は表 548-1 のとおりで，とくに大きいとはいえない．宮崎県では，中部・南部・南西部に被害があり，大淀川鉄橋の橋脚が沈下，宮崎飛行場の滑走路に亀裂などがあった．鹿児島県では大隅半島，とくに大崎町・志布志町で家屋の全半壊が多く死傷者を出した．同県中央部で崖崩れが多かった．震後小津波があり，油津では地震後 1 分足らずで津波がきた．波の高さは土佐清水 50 cm，細島 45 cm，油津 34 cm で被害はなかった．波源域は日向灘に沿い南北に約 80 km の長さと考えられる．図 548-2，3 は余震の分布と変化を示す．発光現象の報告あり．[0, 0]

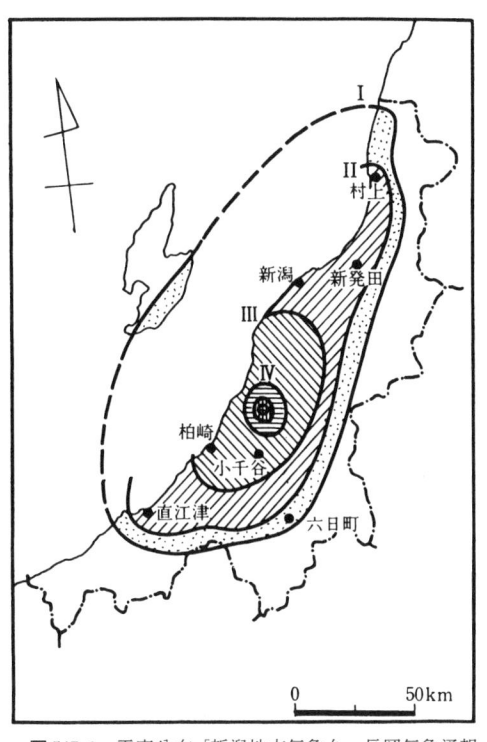

図 547-1　震度分布 [新潟地方気象台・長岡気象通報所，1961]

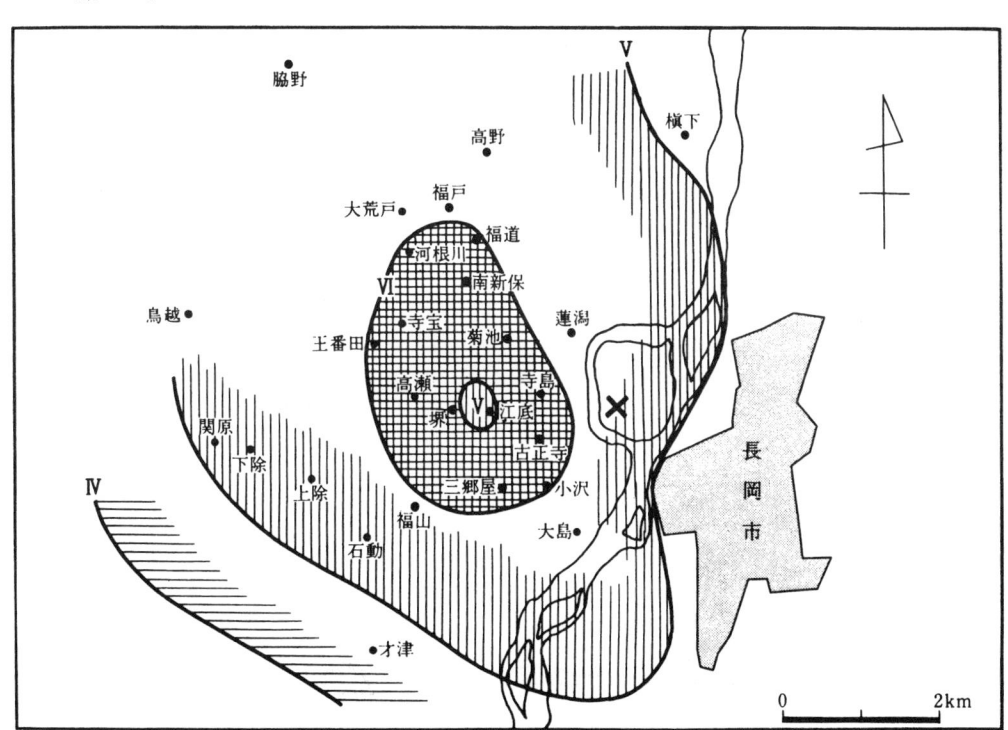

図 547-2　震央付近の震度分布 [新潟地方気象台・長岡気象通報所，1961]

382   4 被害地震各論

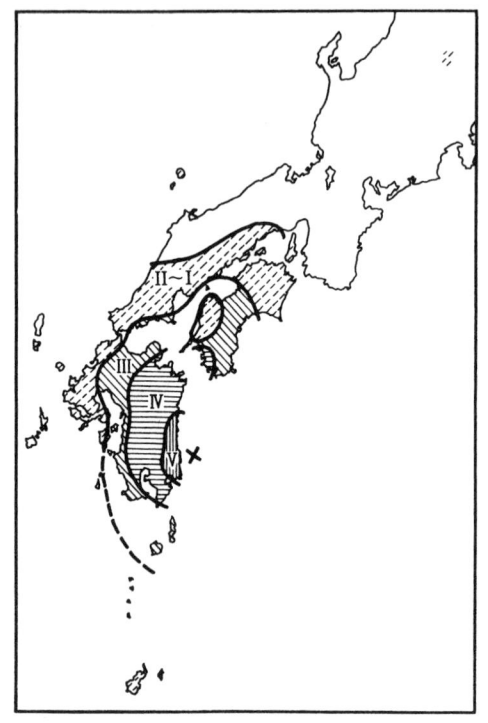

図 548-1 震度分布 [地震課, 1961, 験震時報, **26**, 81-108]

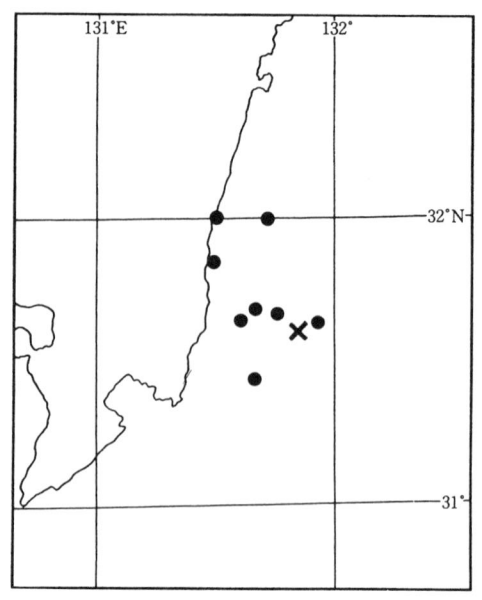

図 548-2 3月までのおもな余震分布 [地震課, 1961]

表 548-1 被害一覧 [地震課, 1961 より作成]

県 名	死	傷	建物被害 全壊	半壊	一部破損	非住家被害	道路損壊	橋梁損壊	堤防決壊	山(崖)崩れ	鉄軌道被害
宮崎	1	4	1	4	104	37	20	2	4	15	3
鹿児島	1	3	2*	11*	7*	6	4			5	1
計	2	7	3	15	111	43	24	2	4	20	4

* 家屋被害.

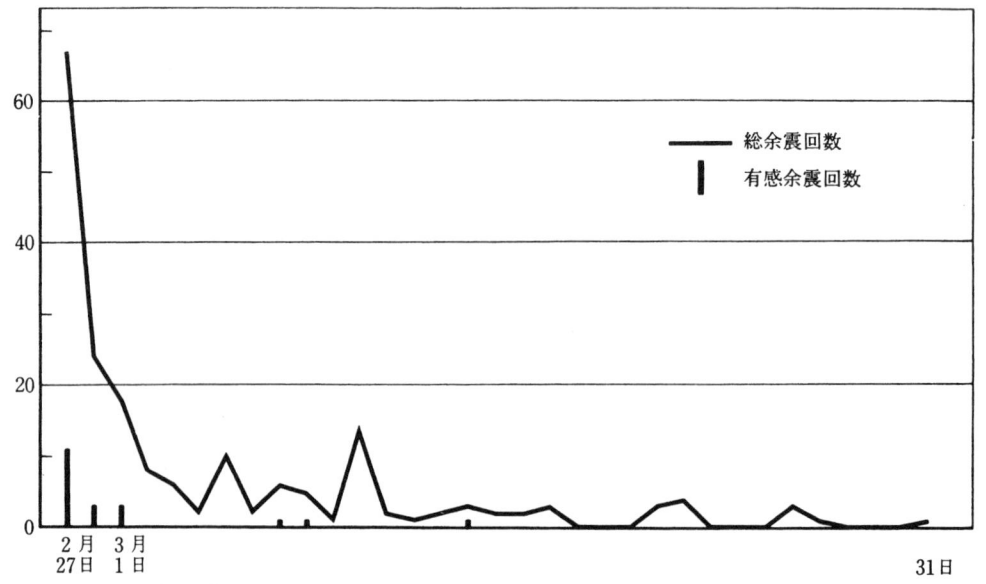

図 548-3 日別余震回数 [地震課, 1961 より作成]

549 1961 Ⅲ 14（昭和36）18時26分　えびの付近　$\lambda=130°42'E$　$\varphi=31°59'N$　$M=-$　$h=0\,km$　吉松町で道路の崖崩れ・地割れ・落石などの被害．吉松では16日以後有感地震回数がふえ，しばらく続いた．

549-1 1961 Ⅴ 7（昭和36）21時14分　兵庫県西部　$\lambda=134°31'E$　$\varphi=35°03'N$　$M=5.9$　$h=23\,km$　姫路市で小屋倒壊1，各地で棚のもの落下．

549-2 1961 Ⅶ 22（昭和36）16時24分　伊豆大島近海　$\lambda=139°19'E$　$\varphi=34°52'N$　$M=4.6$　$h=0\,km$　岡田港付近で崖崩れ3ヵ所．

550* 1961 Ⅷ 12（昭和36）00時51分　根室沖　$\lambda=145°17'E$　$\varphi=42°54'N$　$M=7.2$　$h=49\,km$　傷4，家屋一部破損11，集合煙突倒壊15，道路損壊1，木橋全壊1などの被害が釧路支庁にあった．当時震央付近を航行中の船（341総トン）は激しい海震を感じた．余震回数は表550-1のとおりである．また，小津波があり花咲で波の全振幅13 cm．［−1，−1］

551 1961 Ⅷ 19（昭和36）14時33分　福井・岐阜県境　$\lambda=136°42'E$　$\varphi=36°07'N$　$M=7.0$　$h=10\,km$　**北美濃地震**　震源地は石徹白付近で，福井県の勝原−岐阜県の石徹白間で山崩れ・道路破損が多く道は寸断された．中洞集落で墓石の転倒100%，その上わらぶき家屋全部の柱が約3 cm動いた．石川県では白山方面に被害多く白峯からの登山道は落石・亀裂が多かった．岐阜県石徹白で墓石の80%転倒，白鳥・御母衣方面にも被害多く，御母衣第2ダム建設現場で落石のため死4，崖崩れのなかには2万 m^3 に及ぶ落石を出したものもあった．また，御母衣ダムの水が西から東に流れた．波長は2 mで水の高さは水平面より40 cm高かった．余震の変化は図551-2のとおりである．図551-3は気象庁で観測した12月末日までの余震分布，図551-4は臨時観測によるもので8月27日〜9月14日のもの．観測方法と期間により，この程度の差があることに注意．表551-1の富山県の傷者は同日22時23分（$\lambda=136°47'E$　$\varphi=35°59'N$　$M=4.9$　$h=0\,km$）の地震による黒四ダムサイトの落石によるもの．

表551-1　被害一覧［長宗・金沢，1962，験震時報，27，43-67］

県名	死	傷	家屋(戸) 全壊	半壊	一部破損	非住家被害(戸)	道路損壊	山崩れ
石川	4	7		1		3	5	5
福井	1	15	12	2	2	5	111	94
岐阜	3	15					4	
富山		6						
計	8	43	12	3	2	8	120	99

表550-1　日別余震回数［釧路地方気象台，1962，験震時報，27，41-42］

日	12	13	14	15	16	17	18	19	20	21	22	23	24	25	26	27	28	29	30	31	計
有感	9	2	0	0	0	0	0	2	0	0	1	0	1	1	1	0	0	1	0	0	18
無感	19	6	3	4	3	3	0	1	1	2	0	1	1	0	1	1	1	7	0	1	55

384 4 被害地震各論

図 551-1 震度分布 [長宗・金沢, 1962]

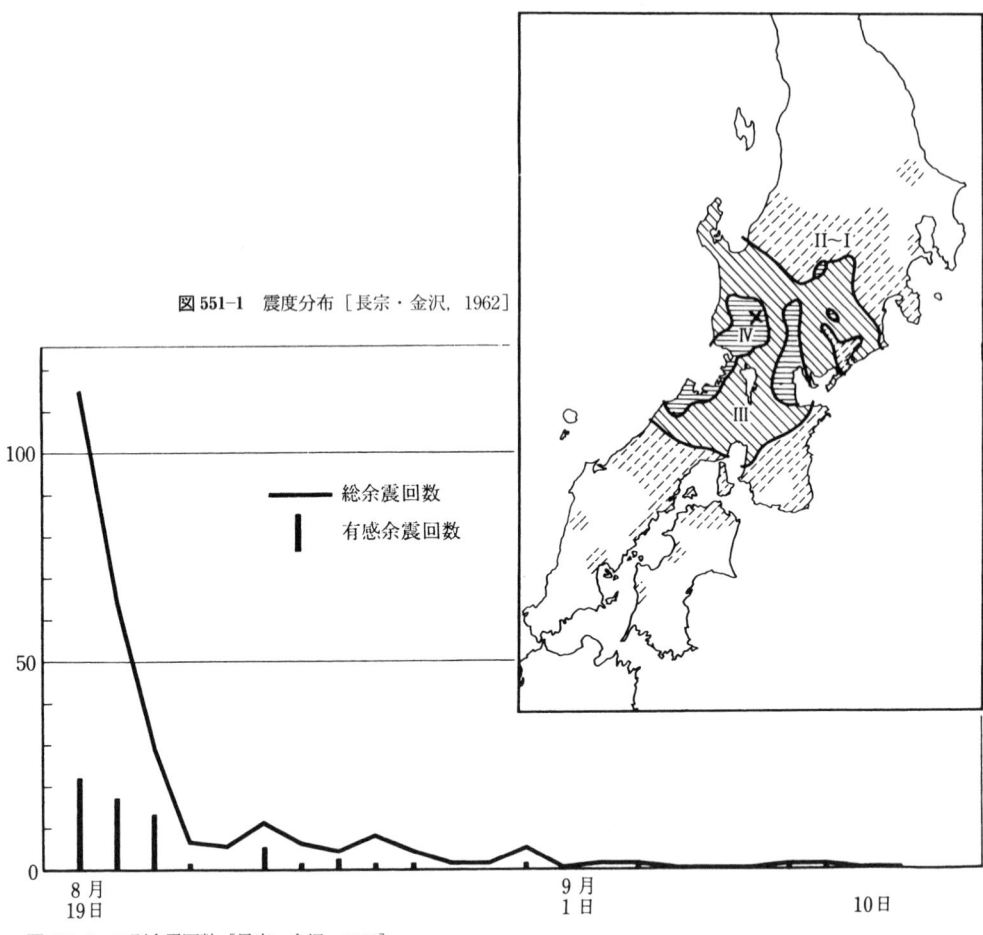

図 551-2 日別余震回数 [長宗・金沢, 1962]

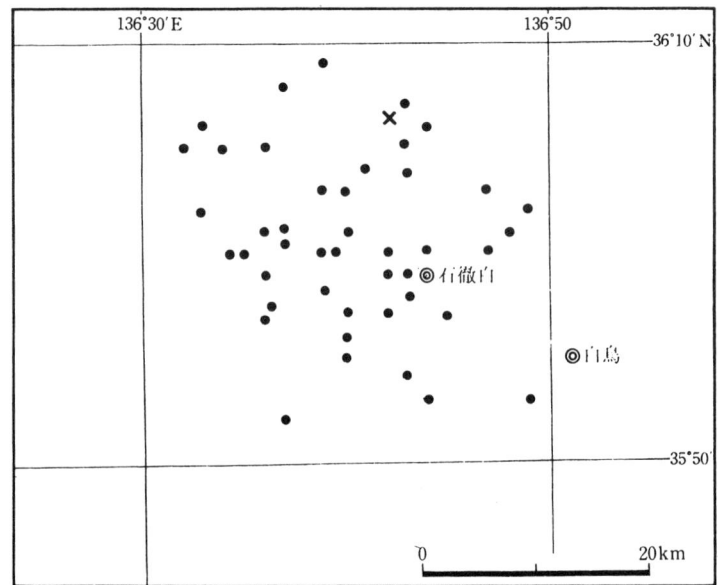

図 551-3 余震分布 [長宗・金沢, 1962]

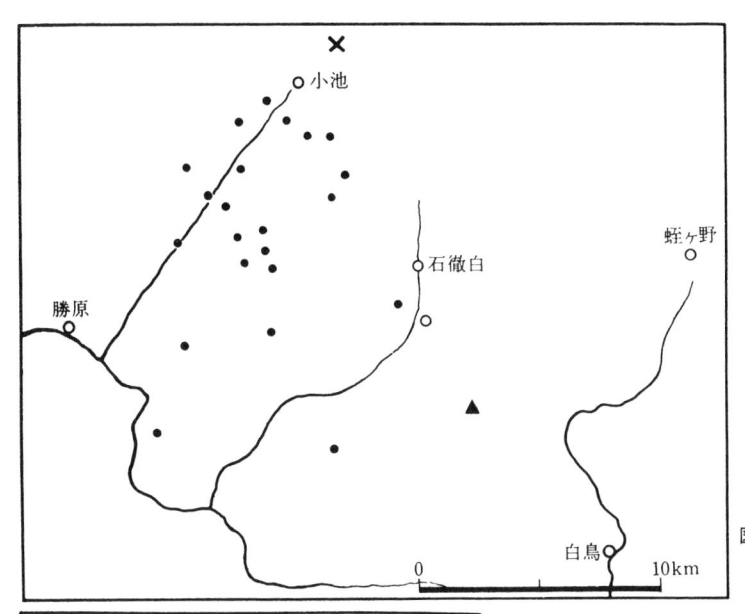

図551-4 余震分布［表ほか，1961，震研彙報，**39**，881-894］

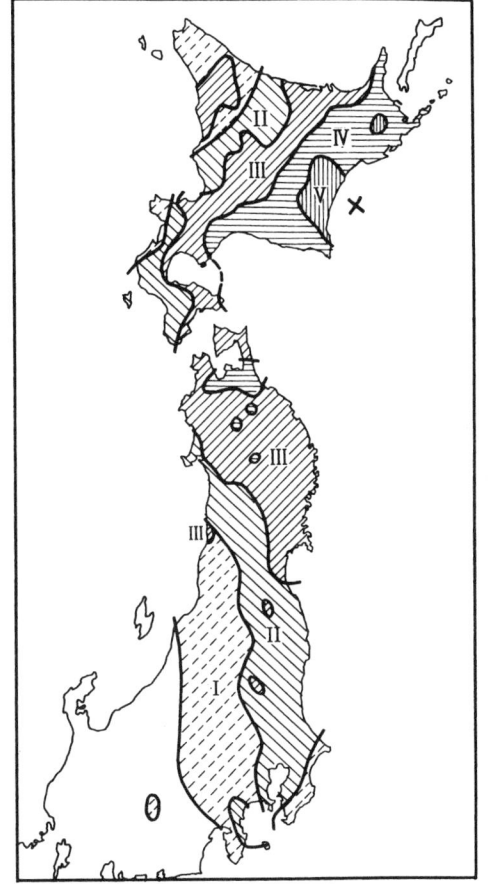

図552-1 震度分布［札幌管区気象台・帯広測候所，1962，験震時報，**27**，69-77］

551-1* 1961 XI 15 (昭和36) 16時17分 根室沖 $\lambda=145°22'$ E $\varphi=42°45'$ N $M=6.9$ $h=37$ km 釧路を中心に電話線22回線不通．厚岸高校の天井・壁5 m² 落ち傷1，国鉄（厚岸－厚床間）で路床7 cm 浮上．[－1]

551-2 1962 I 4 (昭和37) 13時35分 和歌山県西部 $\lambda=135°18'$ N $\varphi=33°39'$ N $M=6.4$ $h=45$ km 土塀・道路の亀裂，山崖崩れ若干あり．震度Ⅳは和歌山・徳島・洲本・室戸．

552* 1962 Ⅳ 23 (昭和37) 14時58分 広尾沖 $\lambda=143°46'$ E $\varphi=42°28'$ N $M=7.0$ $h=69$ km 津波被害はなかった．十勝川流域の池田地方に被害の中心があった．傷3，住家被害158，集合煙突の破損多く，建物は半倒壊2で，ほかは小被害．道路の亀裂・崩壊も諸所にあった．余震は23日15回(2)，24日8回，25日3回，26日(1)，27日2回，28日1回，5月4日3回(2)，7日(1)でかっこ内は有感回数を示す．波源域については，図590-6

386 4 被害地震各論

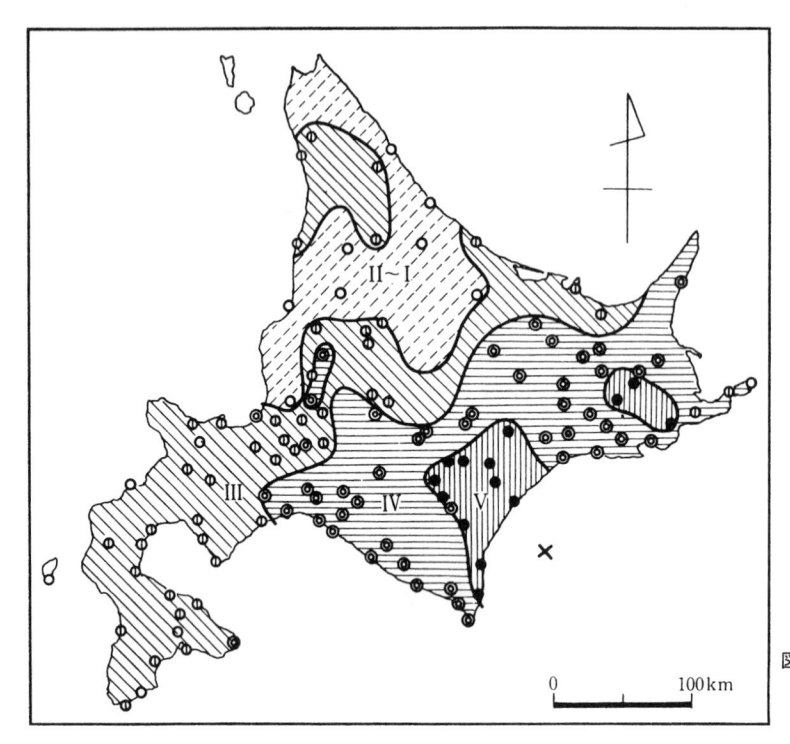

図552-2 道内震度分布 [札幌管区気象台・帯広測候所, 1962]

を参照のこと．[−1.5]

553 1962 IV 30（昭和37）11時26分 宮城県北部 $\lambda = 141°08'$ E $\varphi = 38°44'$ N $M = 6.5$ $h = 19$ km **宮城県北部地震** 被害が大きかったのは田尻町・南方村で詳細は表553-1のとおり．国道・鉄道ともに盛土部分の被害多く，瀬峰駅の南で貨車脱線転覆．振動によるものと考えられる．古川市の北の江合橋は桁が水平15 cm，上下5 cmのずれを示した．南方村大袋・野谷地で水田中に軽石状の小石を噴出した．井水はふえたものが多かった．図553-4は建物の倒壊率［(全壊＋半壊)／住宅数］で，このほか集落別に見ると南方村一の曲で90％，同野谷地69％，若柳町大林88％，田尻町田尻29％である．震後の測量の結果，築館付近が約4 cm隆起した．図553-2は余震の減衰，図553-3は詳しい震度分布を示す．

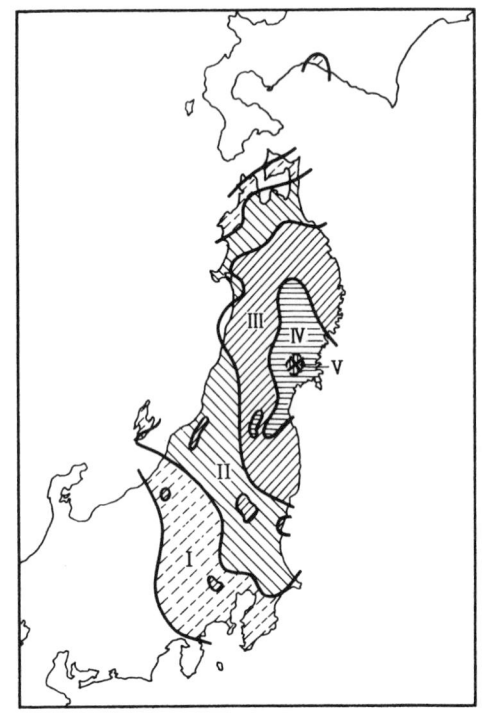

図553-1 震度分布［渡辺, 1962, 験震時報, **27**, 79-99］

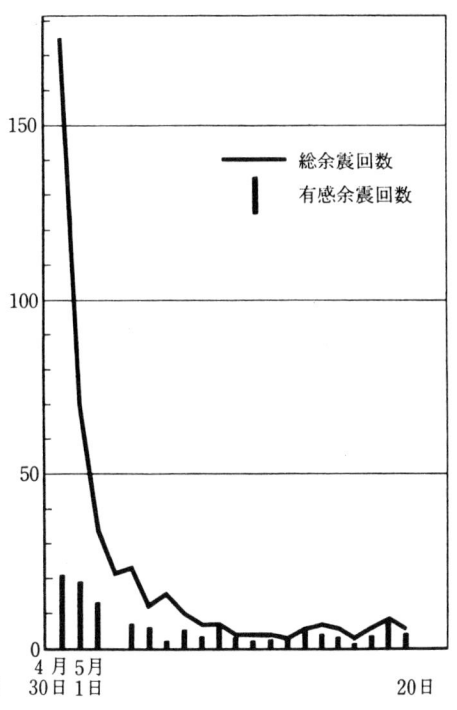

図 553-2 日別余震回数 [渡辺, 1962]

表 553-1 被害一覧 [佐藤ほか, 1962, 震研彙報, **40**, 591-612]

市町村名	死	傷	家屋被害 全壊	半壊	一部被害	非住家損害	苗代(坪)	河川	道路	橋梁
古 川 市	2	91	18	23	9,836	9,093	15,900	1	12	4
涌 谷 町		11	5	5	3,440	1,600	3,900	6	7	
○田 尻 町	1	19	105	317	660	405	21,900	9	6	2
○小 牛 田 町		22	21	177	3,000	380	26,400	3	1	
南 郷 町		1		2	31	15	1,800		2	4
松 山 町					300	55	900			
三 本 木 町					176	35	1,200		1	
築 館 町		12	3	16	1,000	2,144	5,000	10	24	
○若 柳 町		41	35	149	2,874	3,798	5,000	6	5	
栗 駒 町		3			200	90		2	6	1
高 清 水 町		6	2	13	957	682	1,500		4	2
瀬 峰 町		5	3	18	900	535	6,000	4	14	6
一 迫 町		36			95	103	3,000		20	
○金 成 町		8	49	155	519	1,046	3,000	4	1	1
志 波 姫 町		5	2	2	824	1,261	8,000	1	2	3
○迫 町		2	21	76	3,983	12,212	30,000	13	23	6
豊 里 町		1				1	4,000			
○米 山 町		1	23	84	370	452	6,400	1		1
石 越 町		4			1,000	172	3,000	6	2	
○南 方 村		4	53	77		279	6,000	4	6	1
そ の 他							20,600	3	17	4
計	3	272 (276)	340 (369)戸	1,114 (1,542)戸	30,165 (25,575)戸	34,358 (37,003)棟	173,500	73 (390)	153 (283)	35 (187)

○は災害救助法適用. かっこ内の数字は別の資料による.

388   4 被害地震各論

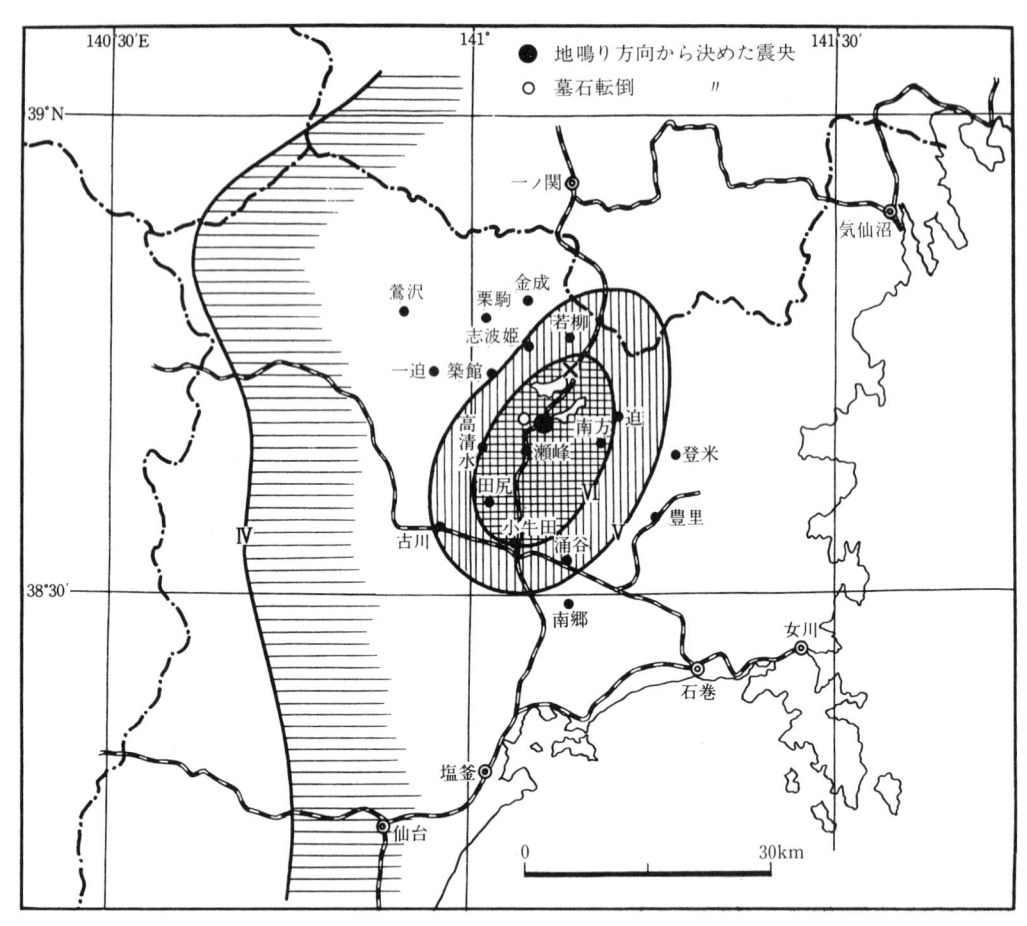

図 553-3 震央付近の震度分布 ［渡辺，1962 と佐藤ほか，1962 より作成］

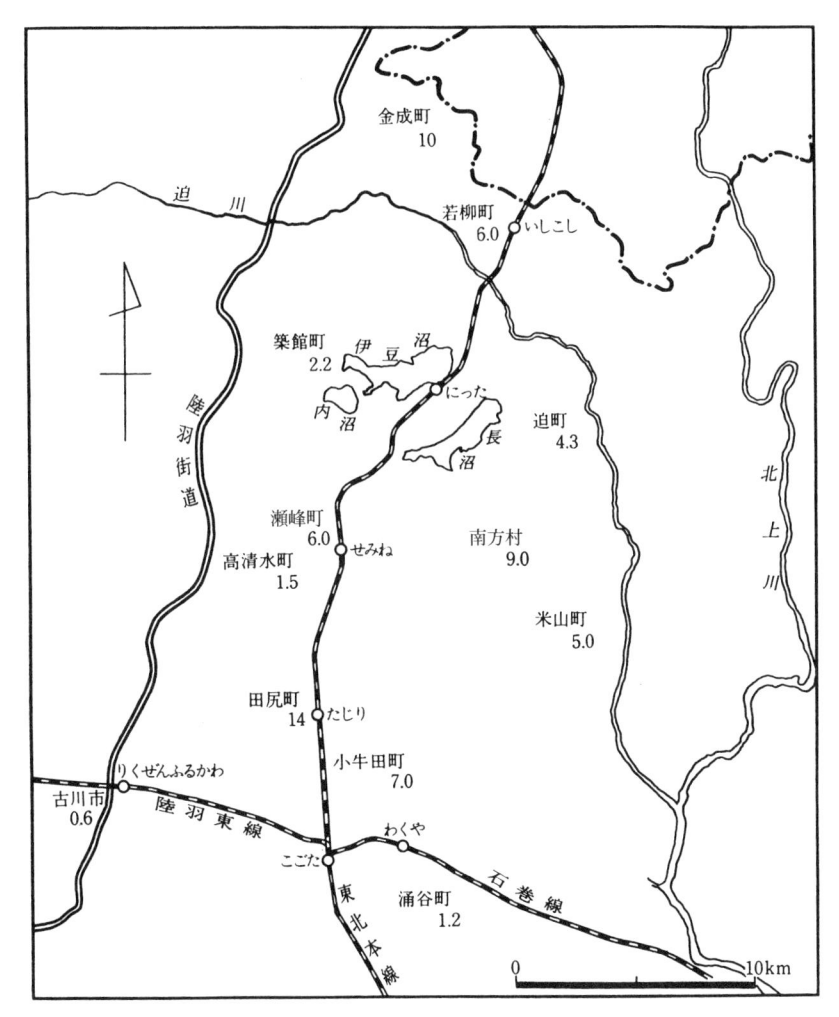

図 553-4　家屋被害分布 (%) [大沢・細田, 1962, 震研彙報, **40**, 639-643]

554 1962 Ⅷ 26（昭和 37）15 時 48 分　三宅島近海　$\lambda = 139°24'$ E　$\varphi = 34°07'$ N　$M = 5.9$　$h = 33$ km　　8 月 24 日 22 時 20 分に三宅島に噴火が発生した．地震は同日 20 時 57 分頃から群発し，噴火は 26 日 05 時頃終わったと見られる．この噴火と地震のため，小中学校の学童ら 1,700 余人 (9 月 1 日～14 日)，その他島民も 2,000 人近くが本土に疎開した．被害は傷 30，住宅の屋根・壁の破損 141 棟，溶岩に埋没焼失したもの 5 棟，小学校小破 6，ほかに道路の亀裂，石垣の崩壊などがあった．図 554-1, 2 は地震の回数変化と震央の分布 (1962 年 8 月～12 月，$M \geqq 3.5$) である．なお，三宅島では 8 月中に震度 V が 14 回以上，Ⅳ が 43 回以上あった．月別の地震数変化は表 554-1 のとおり．

表 554-1　月別地震回数 [気象庁地震課ほか, 1964, 験震時報, **28**, S1-22]

月	1962年 1	2	3	4	5	6	7	8	9	10	11	12	1963年 1	2	3	4	5	6	7	8
有感	0	0	0	0	18	8	6	>630	230	9	5	6	1	0	1	0	0	2	0	0
無感	2	0	3	2	286	80	50	>3,600	2,475	106	62	8	10	8	3	4	5	5	3	3

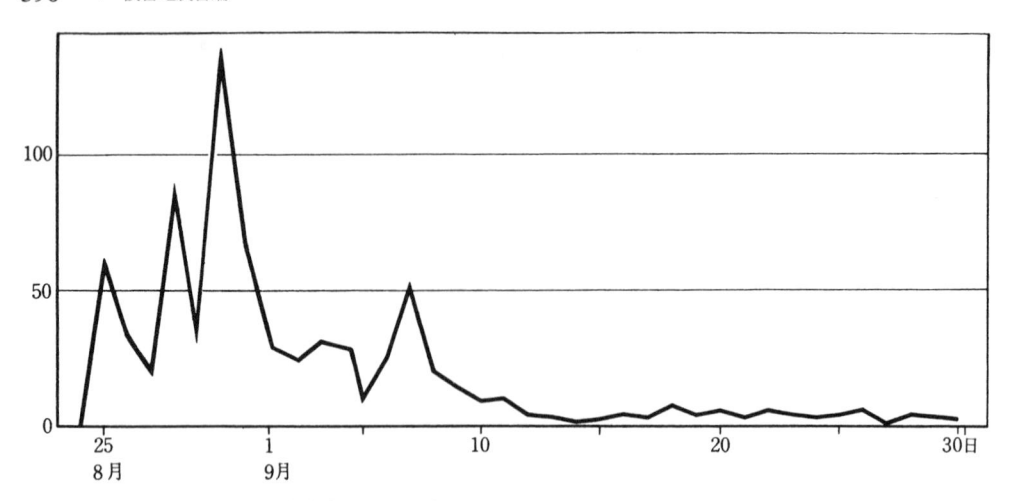

図 554-1　日別余震回数　[気象庁地震課ほか, 1964]

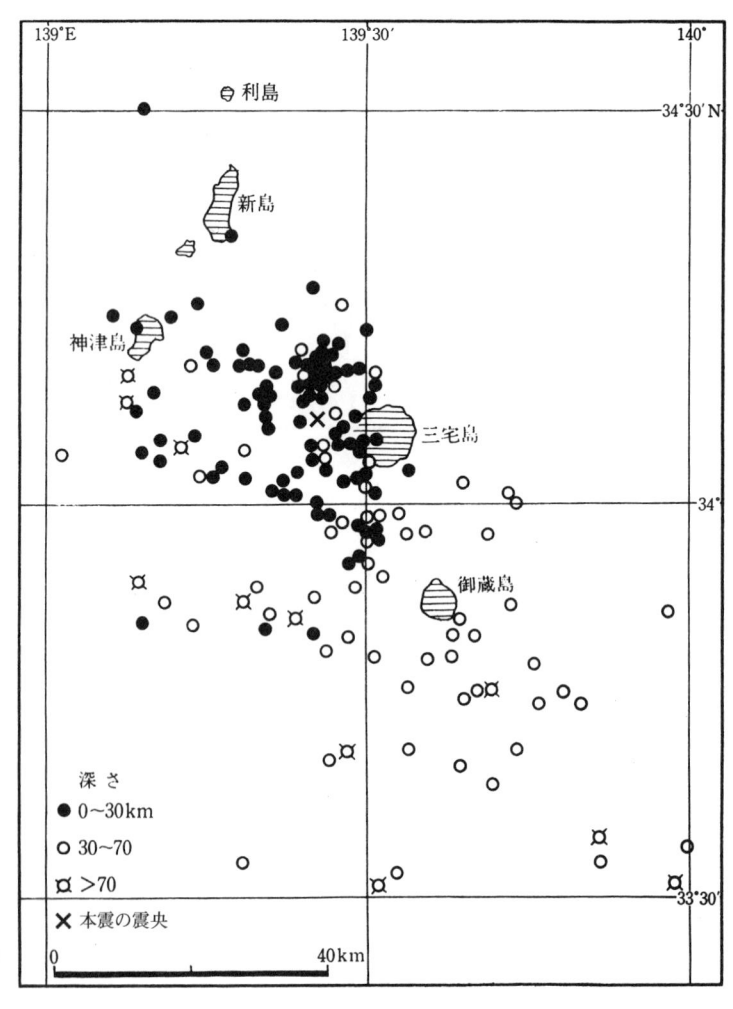

図 554-2　震央分布　[気象庁地震課ほか, 1964]

555 1963 I 28（昭和38）13時05分　北海道東部　$\lambda=144°43'$ E　$\varphi=43°35'$ N　$M=5.3$　$h=10$ km　震源地は中標津町，養老牛付近で，壁のひび割れ・剥離，サイロのひび割れ，水道管の一部破損などの小被害があった．地鳴りを伴った余震が生じ2月13日のものが大きかった．有感余震は3月いっぱい続いた．

556 1963 III 27（昭和38）06時34分　福井県沖　$\lambda=135°48'$ E　$\varphi=35°49'$ N　$M=6.9$　$h=14$ km　**越前岬沖地震**　敦賀湾・若狭湾沿岸沿いの約50 kmにわたって小被害．住家全壊2（美浜町），半壊4，非住家全壊3，半壊2，山崩れ1，土砂崩れ3，その他道路の亀裂，墓石の転倒などの小被害があった．

557* 1963 X 13（昭和38）14時17分　択捉島沖　$\lambda=149°50'$ E　$\varphi=44°03'$ N　$M=8.1$　$h=0$ km　遠い地震のため，震度分布は図557-1のようになり，とくにI〜IIの地域は孤立している．最大震度IV．津波があり三陸沿岸で漁業施設に軽微な被害．津波の最大全振幅は花咲121 cm，釧路90 cm，函館60 cm，八戸130 cm，大船渡120 cm，御前崎86 cm，土佐清水54 cm，ハワイでは波の高さ40 cm，カリフォルニアで50 cm，ウルップ・択捉両島でかなりの被害があった．12日20時26分に前震（$\lambda=149°27'$ E　$\varphi=44°06'$ N　$M=6.3$　$h=33$ km　[-1, -2]）があった．また20日09時53分に余震（$\lambda=150°00'$ E　$\varphi=44°06'$ N　$M=6.7$　$h=0$ km　[2, 2]）があり，択捉島で津波の高さ8 m，ウルップで10〜15 mとなり被害があった．波源域については図590-6参照のこと．なお，この地震は武村・小山［1983, 地震II, **36**, 323-336］によれば $M_W=7.9$（表2-1参照）で津波地震の特徴を示す．[2, 3]

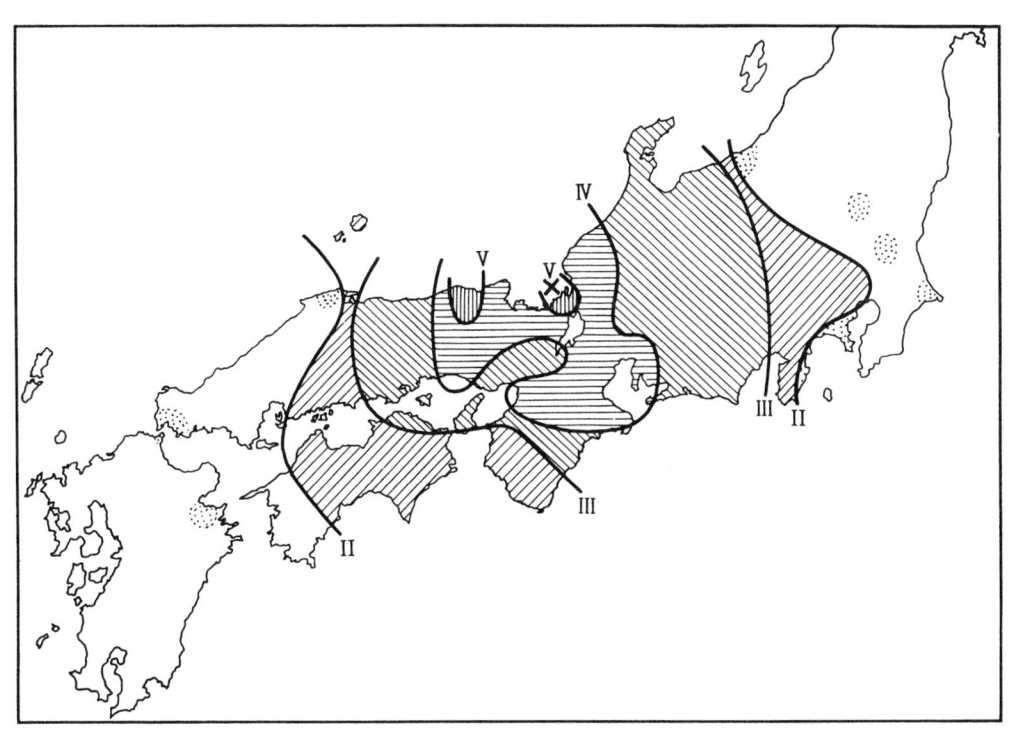

図 556-1　震度分布

558 1963 XI 13（昭和38）14時01分　三宅島付近　$\lambda=139°13'E$　$\varphi=34°16'N$　$M=4.7$　$h=9$ km　新島・式根島で崖崩れなどの軽い被害あり．

559 1964 I 20（昭和39）02時10分　羅臼付近　$\lambda=145°10'E$　$\varphi=44°01'N$　$M=4.5$　$h=0$ km　1月8日頃から羅臼温泉付近に地震が頻発．14日頃から毎日4〜5回の有感地震．20日02時01分（$\lambda=145°13'E$　$\varphi=44°02'N$　$M=4.5$　$h=0$ km）にもかなりの地震があった．羅臼温泉旅館で集合煙突や壁に小亀裂．地鳴りあり．有感の余震は表559-1のとおり．ほかに，2月12日・13日・24日・3月1日各1回，3月3日2回．

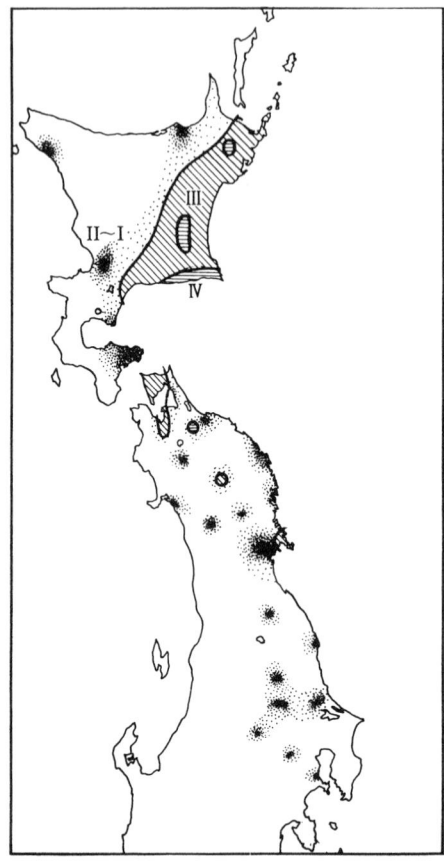

図 557-1　震度分布［気象庁による］

表 559-1　日別有感余震回数［網走地方気象台ほか，1965］

20*日	21**	22***	23	24	25	26	27	28	29	30	31
23	13	12	不明	4	5	3	5			2	2

2月1	2	3	4	5	6	7	8	9
2	2	4		3	1	2		1

* 21日08時まで，** 21日18時〜22日09時30分，
*** 22日17時〜23日06時30分．

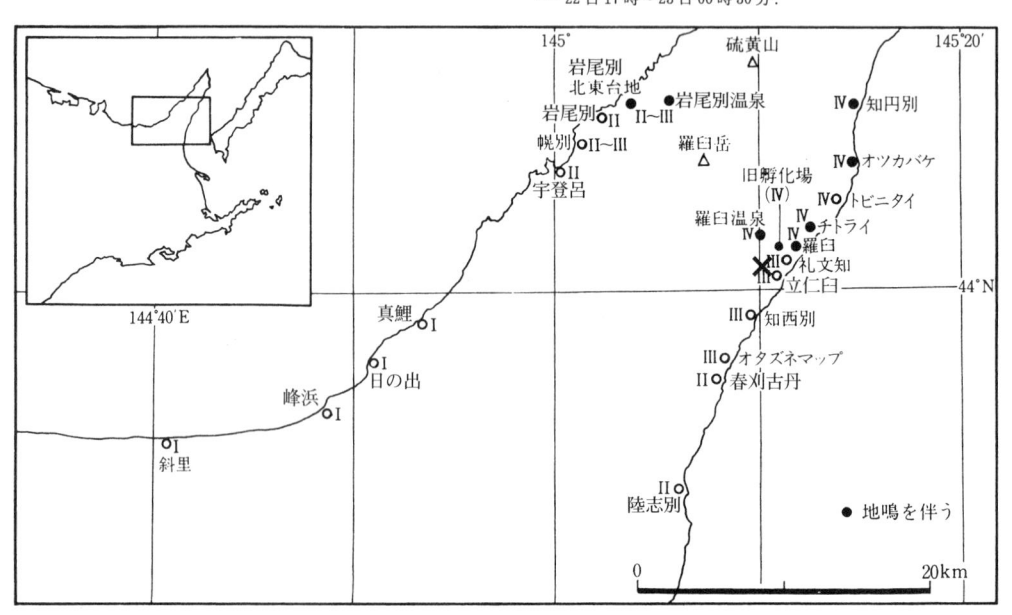

図 559-1　震度分布［網走地方気象台ほか，1965，験震時報，**29**，127-129］

560* 1964 Ⅲ 28（昭和39）12時36分　アラスカ南部　$\lambda=147°38'$ W　$\varphi=61°01'$ N　$M_W=9.2$　$h=6$ km　津波が太平洋沿いの各地を襲い，全振幅は花咲で 70 cm，釧路 164 cm，八戸 140 cm，大船渡 130 cm，ハワイ6フィート（1.8 m），Kodiak 30 フィート（9 m）で三陸沿岸の南部で軽微な被害．[0]

561* 1964 Ⅴ 7（昭和39）16時58分　男鹿半島沖　$\lambda=138°40'$ E　$\varphi=40°24'$ N　$M=6.9$　$h=24$ km　被害は青森・秋田・山形3県に及ぶ．被害実数は出典により異なる．民家全壊3，半壊5，一部破損51以上．主と

図 561-1　震度分布［仙台管区気象台, 1967, 験震時報, 30, 135-147］

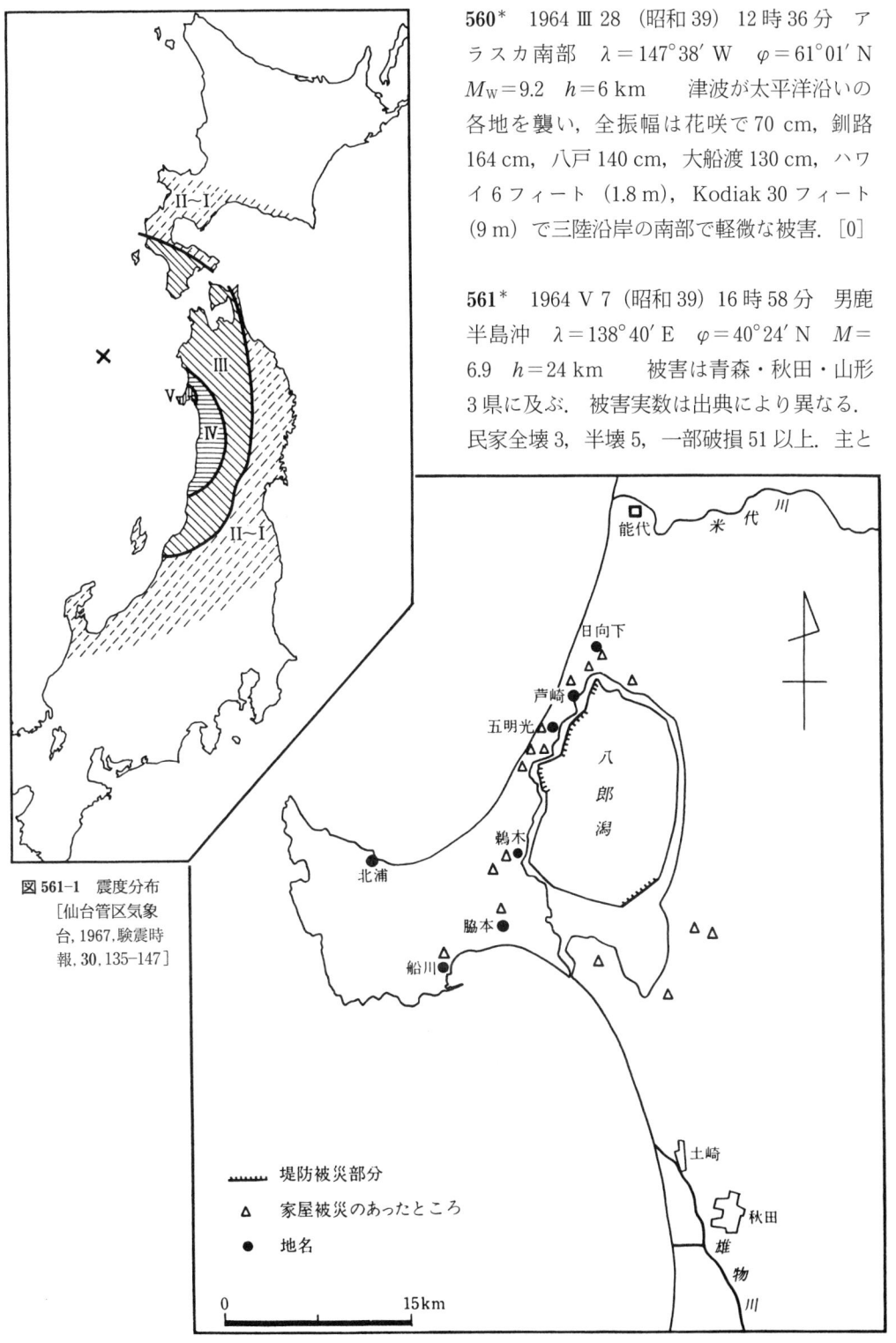

図 561-2　被害分布［南雲，1964，震研彙報，42，597-608 と仙台管区気象台，1967 より作成］

表 561-1　日別余震回数 [仙台管区気象台, 1967]

日	5月7	8	9	10	11	12	13	14	15	16	17	18	19	20	21	22	23	24	25	26	27	28	29	30	31	計
総数	115	122	52	27	5	13	9	5	3	1	0	4	1	3	0	0	1	2	1	4	0	0	2	1	0	371
有感	5	7	1	2	0	0	0	1	0	0	0	0	0	0	0	0	0	0	0	0	0	0	0	0	0	16

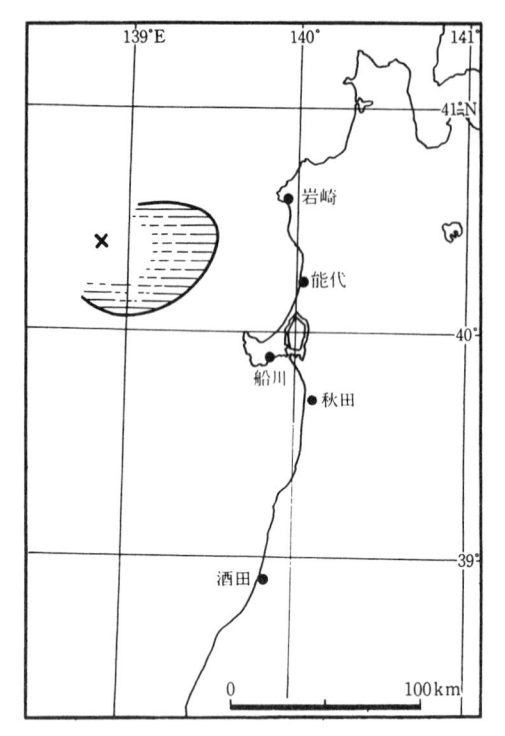

図 561-3　波源域 [Hatori, 1965, BERI, 43, 149–159]

して八郎潟西岸に多く，不同沈下によるものといえる．五明光で湧水・噴泥があり，芦崎で被害を受けた家屋（13戸）は N75°E の方向に約 400 m にわたる直線上にほぼ並んでいた．八郎潟の干拓堤防に沈下や破壊を生じた．とくに西部堤防で強く，最大沈下 1.7 m に及び，軟弱地盤上にある部分は全般的に約 1 m ほど沈下した．余震回数は表 561-1 のとおり．

津波が江差から直江津の間に記録された．最大全振幅は深浦港で 90 cm，岩船で 47 cm，江差 22 cm，土崎 19 cm だった．図 561-3 は波源域を示す．[−1, −0.5]

562* 1964 Ⅵ 16（昭和 39）13 時 01 分　新潟県沖　$\lambda = 139°13'$ E　$\varphi = 38°22'$ N　$M = 7.5$　$h = 34$ km　**新潟地震**　被害は新潟・山形を中心として 9 県に及んだ．とくに住家全壊の多かったのは新潟市・村上市（神林町）・中条町・水原町と山形県の酒田・鶴岡・遊佐・温海の各市町である．神林町の塩

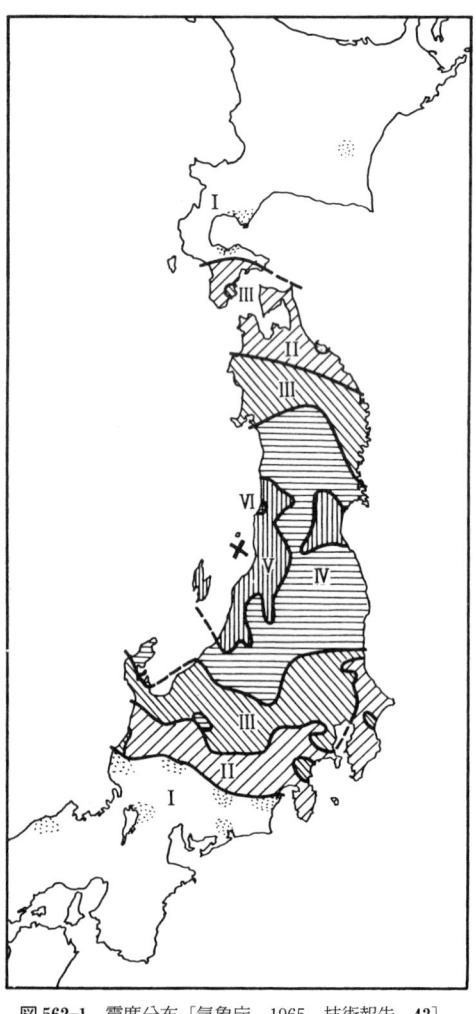

図 562-1　震度分布 [気象庁, 1965, 技術報告, 43]

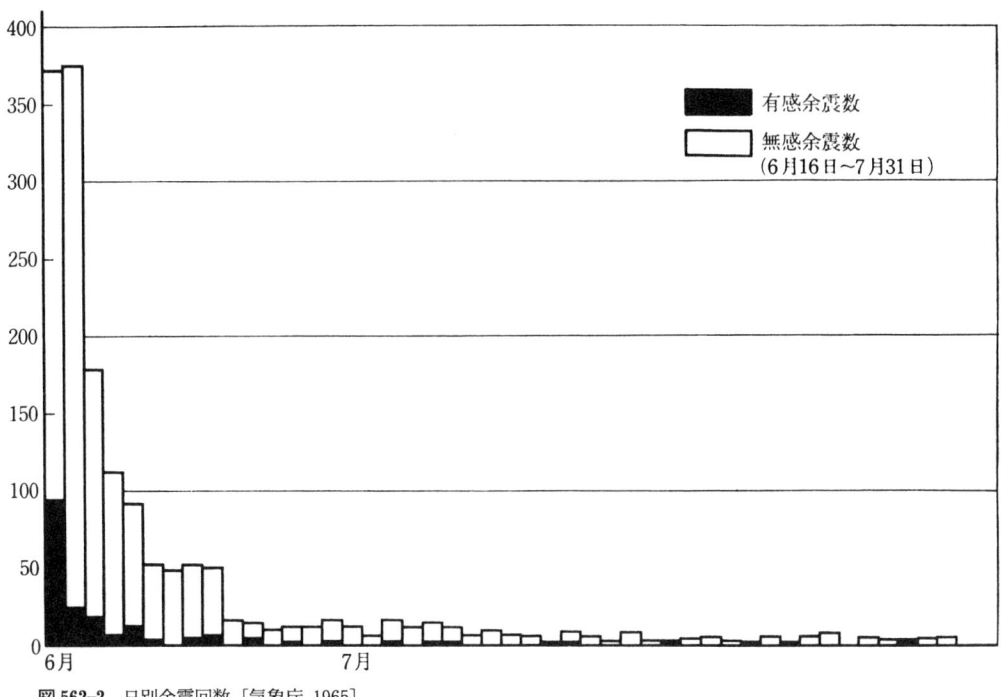

図 562-2　日別余震回数 [気象庁, 1965]

表 562-1　被害総括 [気象庁, 1965]

県名	死	傷	住家(棟) 全壊	半壊	全焼	床上浸水	床下浸水	一部破損	非住家被害(棟)	水田** 流失・埋没	冠水	畑** 流失・埋没	冠水	道路被害	橋被害	山(崖)崩れ	堤防決壊	鉄軌道被害	船舶沈没・流失	その他
新潟	13	315	1,448	5,376	290(1)*	9,446	5,544	19,472	10,556	3,624	2,111	392	476	759	67	111	56	86	26	208
山形	9	91	486	1,189		16	23	42,077	1,772	787	42			185	4	35	6	22		4
秋田	4	25	8	65		9	142	6,116	3,859	47	25			47	7	1	1	10	3	5
宮城		1						13								3		5		
福島		12	8	6				83	86					15		17		5		
群馬		1						1	5					1		1		1		
長野		2		4				25	5									1		
石川						3	113					75								
島根							1	38				10								
計	26	447	1,960	6,640	290	9,474	5,823	67,825	16,283	4,458	2,263	392	476	1,007	78	168	63	130	29	217

* 半焼 (外数), ** 単位 ha.

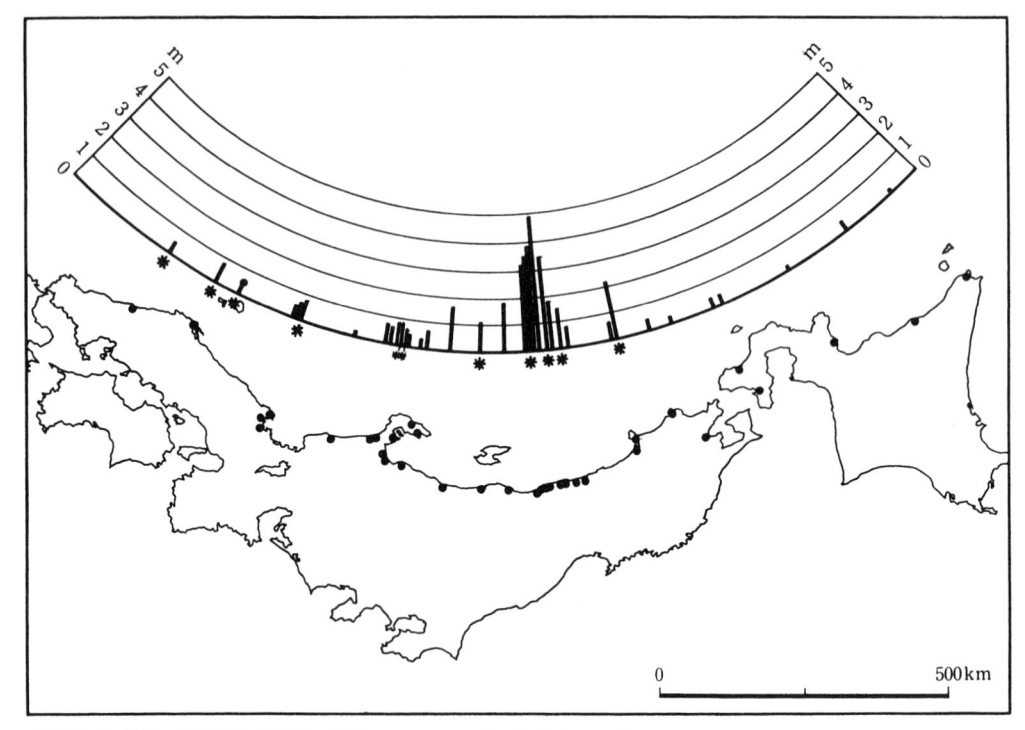

図 562-3 津波の最高水位（平均海水面上，＊は T.P. 上）[気象庁, 1965]

谷集落では全戸数 316 のうち全半壊 152 にのぼった．鶴岡市の西，大山町では戸数 50 のうち 10 が全壊し，墓石の転倒も道林寺では 90％に達した．

余震の減り方および分布は図 562-2, 4 のとおり．図 562-2 の無感余震は気象庁の 2 つ以上の観測所で観測されたもの．津波が本震の約 15 分後から日本海沿岸各地を襲い，島根県隠岐島でも水田が冠水した．図 562-3, 5 は津波の最大波高を示し，図 562-6 は，波源域と海底の隆起量（単位 m）および平均海水面上の津波の高さ（単位 m）を示す．最大波高が 2 m 以上のところは震源地に近い海岸の狭い部分に限られている．

粟島は全体として約 1 m 隆起し，かつ東側が上がるように約 55.7″ 傾いた．その傾きの軸は N28.6°E である．実際には島の東は平均して 1.3 m, 西は 0.9 m 隆起した．地震後は旧に復しつつあり，1 年後の 6 月の測量による と東側は 1.2 m, 西側は 0.75 m の隆起量になり，傾きは東上りに 46.5″, その軸は N23.3°E となった．また，断層は見つからなかった（海底にそれらしいものがあるという報告もある）．図 562-7 は 1900 年以来の沿岸各地の標高の変化で北のほうはゆるやかに上昇し，南のほうは下降しているが地震の数年前から隆起している．これは地震の予知に役立つ現象である．岩室以外は地震のときに 10 cm 前後沈降している．

新潟市では 9 件の出火．うち 4 件はすぐに消され，2 件は昭和石油のもので，石油タンクに引火して 7 月 1 日 17 時に鎮火した．ほかの 3 件も幸い大火に至らなかった．この石油タンクの火災は地震防災に問題を投げかけた．

この地震の特徴として噴砂水がある．新潟市や酒田市などの低湿地から砂と水を噴き出し，砂が 1 m も堆積したところもある．この

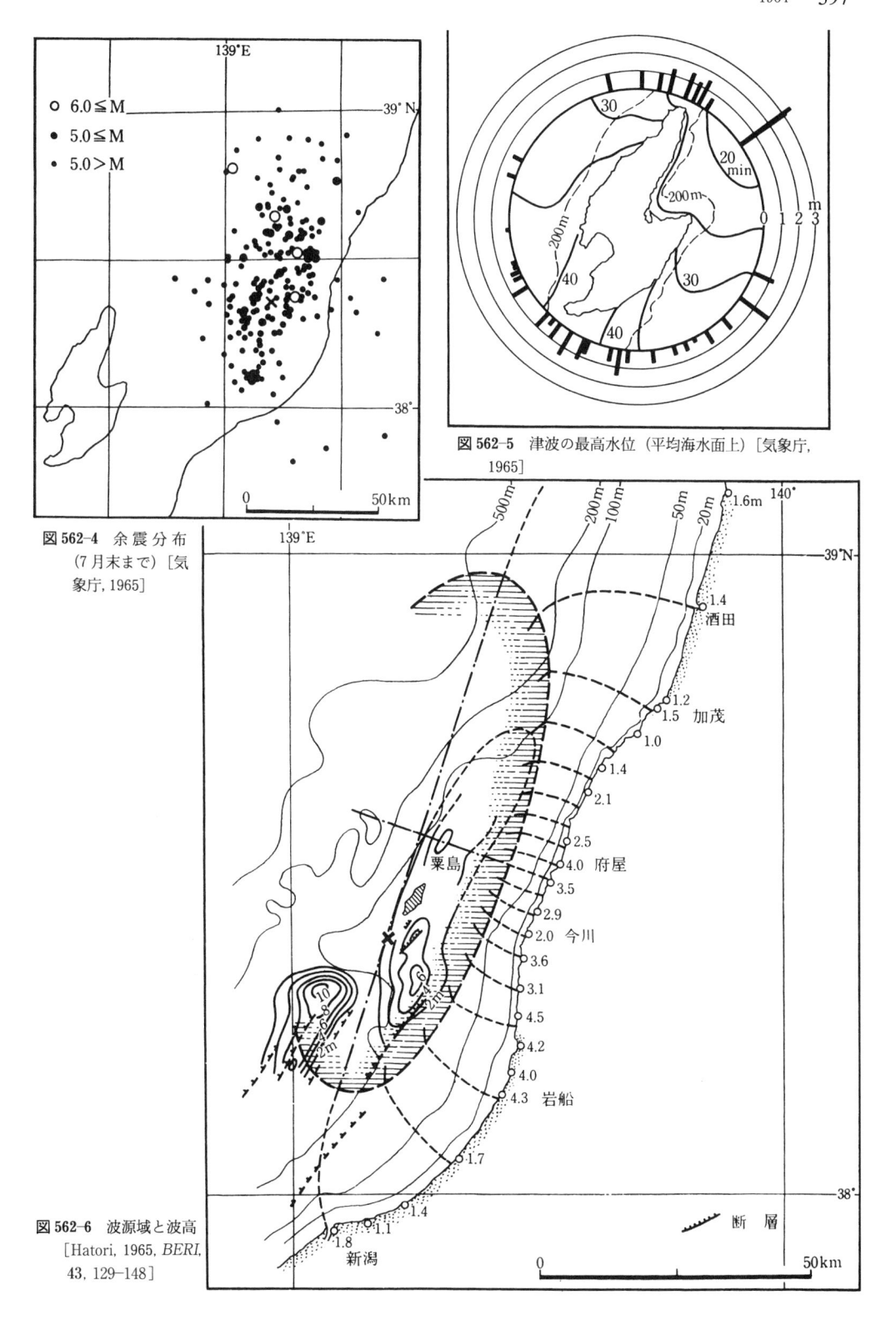

図 562-4 余震分布 (7月末まで) [気象庁, 1965]

図 562-5 津波の最高水位 (平均海水面上) [気象庁, 1965]

図 562-6 波源域と波高 [Hatori, 1965, BERI, 43, 129-148]

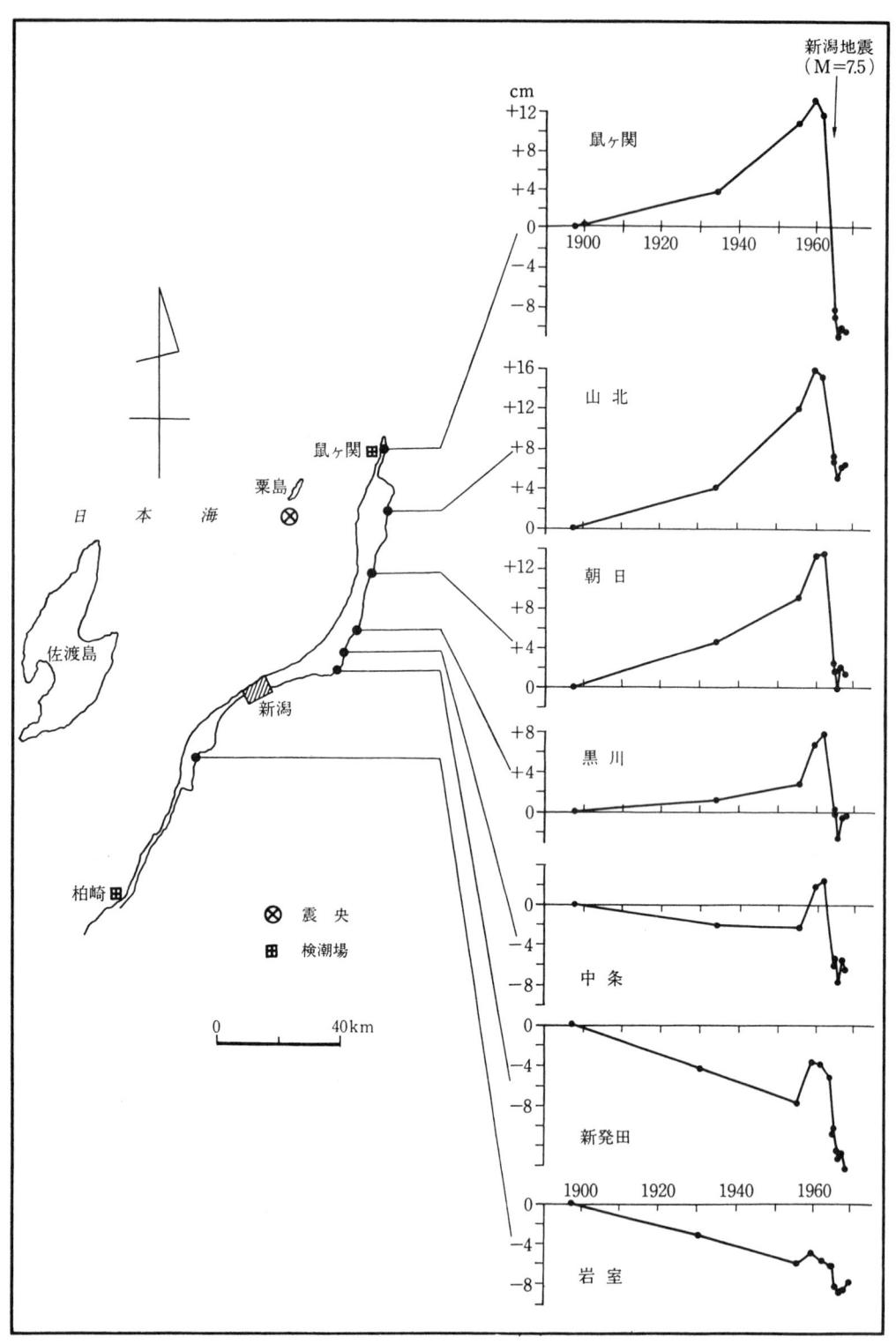

図 562-7 新潟地震前後の水準点の変動 [檀原, 1973, 予知連会報, **9**, 93-96]

図 562-8 ビルの傾斜角分布 [Osaki, 1968, General Rep. Niigata Earthq. 1964, ed. Kawasumi, Tokyo Electr. Engine. Coll. Press, 369]

ような砂の流動化現象による被害がとくに目だった．とくに有名なのは川岸町のアパートで鉄筋コンクリート4階建のアパートがそのまま傾き倒れたが，建物そのものに被害はなかった．新潟市内で1,500の鉄筋コンクリートの建物のうち310が被害を受け，そのうちの2/3が全体として傾いたり沈んだりして，上部構造の被害はなかった．また，深さ20mの基盤まで杭を打った建物は被害を受けなかった．図562-8は建物の傾斜量の調査で，図562-9は深さ8mにおけるN値の12より大きいところ（○）と小さいところ（×）である．

A地域は被害のほとんどないところ，B地域は小被害，C地域は大被害の区域で図562-8の傾斜量から求められた区分である．この両図がよく対応している．

土木構築物の被害も大きかった．新潟市内の昭和大橋は竣工間もない橋だったが10スパンのうち5スパンが落ちた．道路は山形・新潟の沿岸地方に被害が多く，沈下・亀裂・盛土部分の破損などがあった．鉄道も各地で被害を受け，とくに新潟駅は駅舎やホームが波打ち，線路の蛇行，跨線橋の落下などの被害があった．その他港や新潟の飛行場，河川

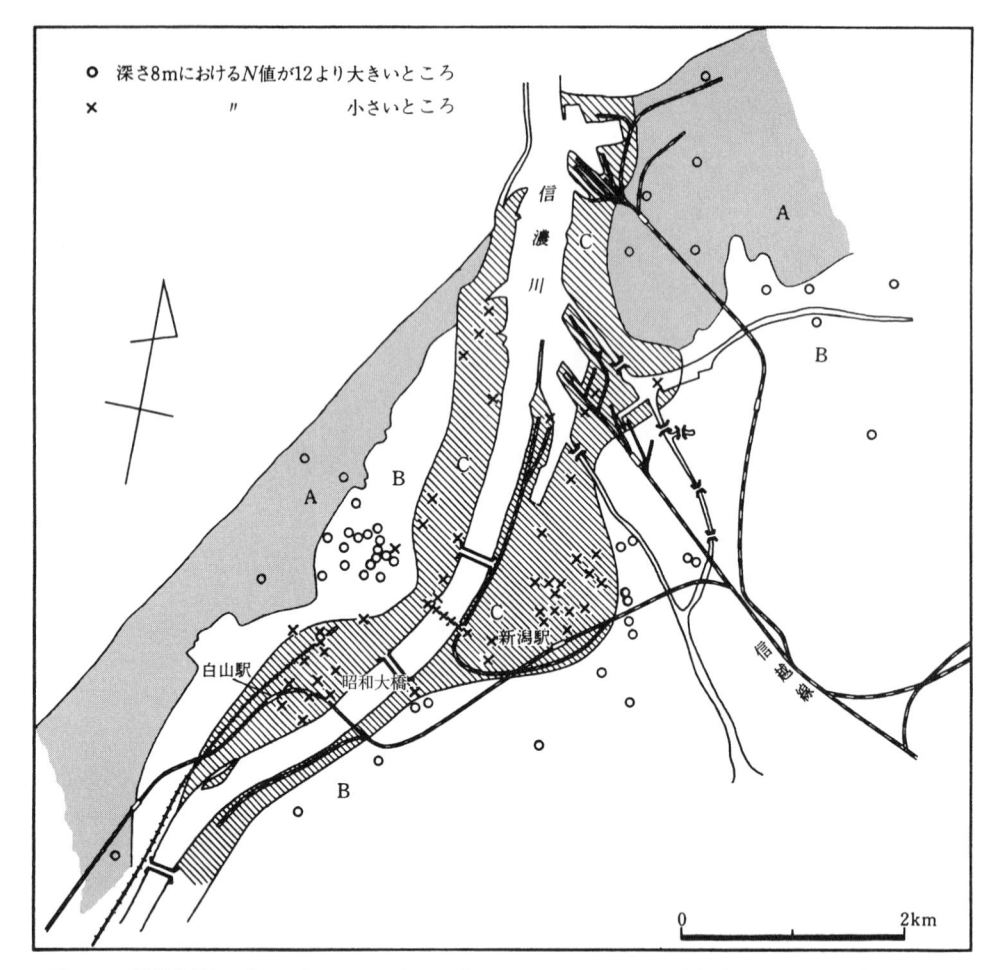

図 562-9 液状化現象の生じやすいところ（×）と生じにくいところ（○）の分布 [Osaki, 1968, 379]

の堤防なども大被害を受けた．

トランジスターラジオが正確な情報を伝え，デマの発生を防ぐのに役立った．[2, <u>2</u>]
[参考：震研速報, 1964, 8；Kawasumi, H. (ed.), 1968, General Report on the Niigata Earthquake of 1964, Tokyo Electrical Engineering College Press；Satake and Abe, 1983, *J. Phys. Earth*, **31**, 217-223]

563 1964 Ⅵ 23（昭和 39）10 時 26 分　根室沖　$\lambda=146°09'$ E　$\varphi=43°05'$ N　$M=6.8$　$h=62$ km　　釧路で震度Ⅳ，傷 1，鉄道の築堤変化 9 ヵ所，最大沈下量は 1 m．器物破損あり．

564 1964 Ⅻ 9（昭和 39）02 時 49 分　伊豆大島　$\lambda=139°18'$ E　$\varphi=34°34'$ N　$M=5.8$　$h=3$ km　　新島・利島で石垣崩れ・崖崩れ・道路損壊などの軽い被害．12 月 6 日から群発し，12 月中で有感 100 回余．25, 26 日頃が最盛期で，25 日 22 時 50 分（$\lambda=139°20'$ E　$\varphi=34°44'$ N　$M=5.3$　$h=13$ km）の地震で大島で 7 ヵ所の崖崩れ．26 日 02 時 01 分（$\lambda=139°18'$ E　$\varphi=34°39'$ N　$M=5.5$　$h=13$ km）の地震で大島・利島に軽い被害．12 月 29 日から翌年 1 月 7 日まで噴火活動があった．

565* 1964 XII 11（昭和39）00時11分　秋田県沖　$\lambda=139°00'$ E　$\varphi=40°26'$ N　$M=6.3$　$h=57$ km　八郎潟干拓堤防約1 kmが20 cm沈下，亀裂2．津波は深浦で全振幅10 cm．[-1，-2]

566* 1965 II 4（昭和40）14時01分　アリューシャン列島中部　$\lambda=178°36'$ E　$\varphi=51°18'$ N　$M_W=8.7$　$h=40$ km　津波により三陸地方南部沿岸の養殖貝類に多少の被害．津波の最大全振幅は花咲42 cm，大船渡73 cm，長津呂25 cm，串本76 cm，油津47 cm，波の高さはSemya島で10 m，アッツ島で3.2 m．[0]

567 1965 IV 20（昭和40）08時42分　静岡付近　$\lambda=138°19'$ E　$\varphi=34°55'$ N　$M=6.1$　$h=26$ km　死2，傷4，住家一部破損9．鉄道の路盤が長さ40 mにわたり波状を呈した（草薙東方0.4 km）．清水平野北部で被害は大きく，梅ヶ谷・押切・下野・原などでは壁の破損・瓦の墜落，土台の破損・柱の移動などがあり，その他小学校・病院・市庁舎等にも同様の小被害．清水港の岸壁背後の天盤が約

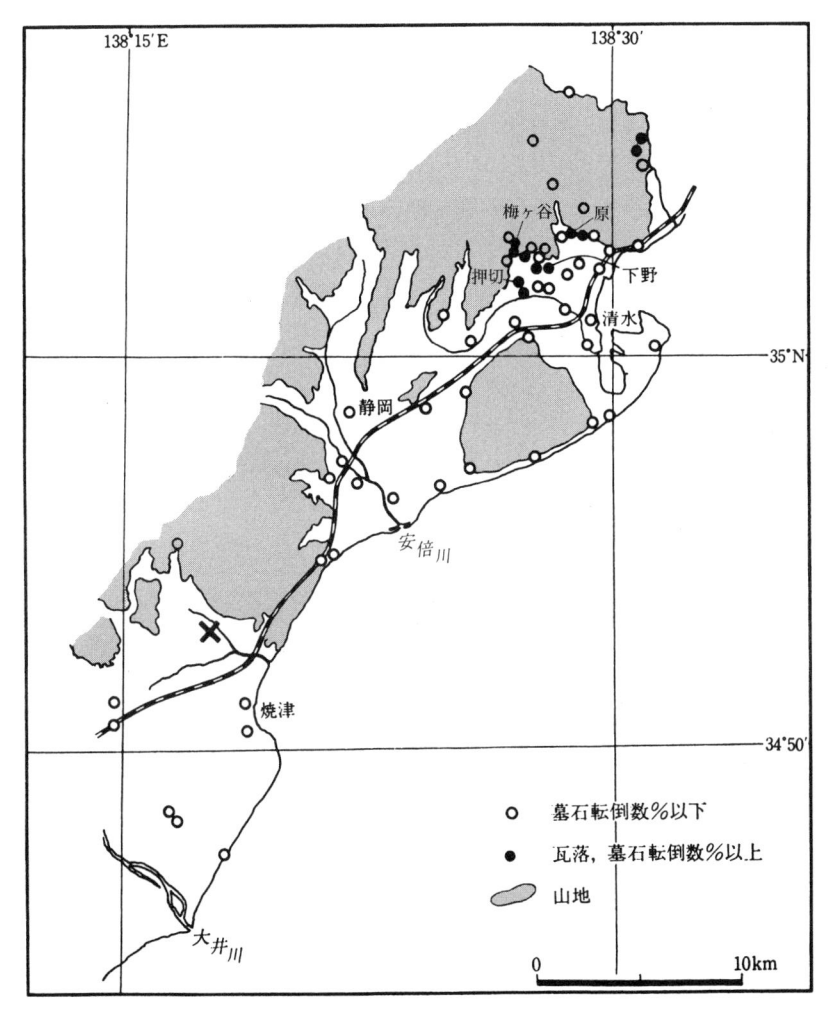

図567-1　被害分布［松田・柴野，1965，震研彙報，43, 625-639から作成］

120 m にわたり最大 27 cm 沈下した．最大震度Ⅳで被害も軽微だったが，清水市市役所・藤枝市立志太病院・浜松消防署望楼・清水市庵原中学校（いずれも鉄筋コンクリート造）の窓ガラスが総計 200 枚以上割れた．原因は「逃げ」のない構造のためである．

568　1965 Ⅷ 3～（昭和 40）松代付近　松代群発地震

〔概説〕　松代における毎日の有感地震回数の変化は図 568-2 のとおりで，1966 年に 2 回の活動期があり，その後は徐々に沈静し，1970 年末には，ほとんど終息した．1970 年末までに震度 Ⅰ：5 万 7,627 回，Ⅱ：4,706 回，Ⅲ：429 回，Ⅳ：50 回，Ⅴ：9 回，有感地震総

表 568-1　年別地震回数〔徳永・勝又，1971，験震時報，**36**，97-108〕

年	有感地震数	震度Ⅴ	震度Ⅳ	$M \geq 5$ の地震数	被害地震数
1965	6,990	0	10	1	3
66	52,151	8	37	12	31
67	2,351	1	1	5	13
68	745	0	2	2	3
69	388	0	0	0	0
70	201	0	0	0	1
計	62,826	9	50	20	51

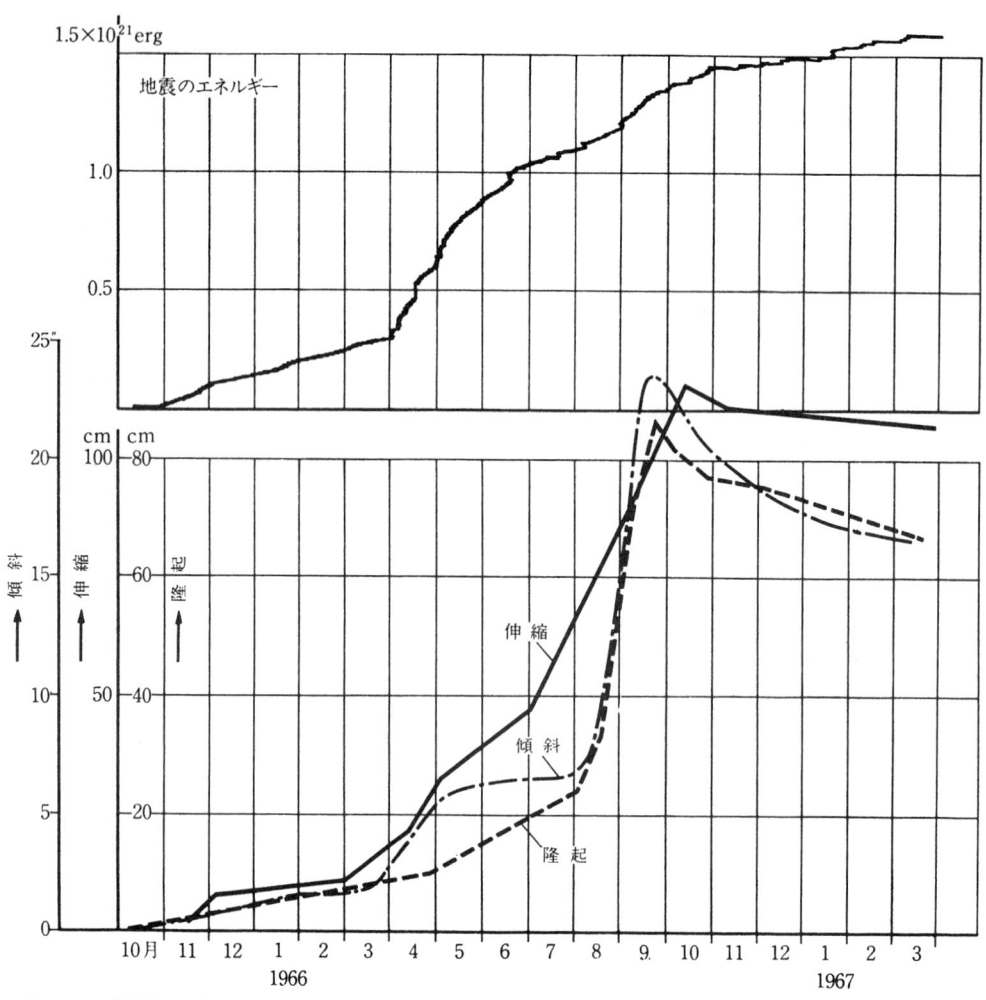

図 568-1　各種地変の変化〔Kasahara, 1970, *BERI*, **48**, 581-602〕

松代

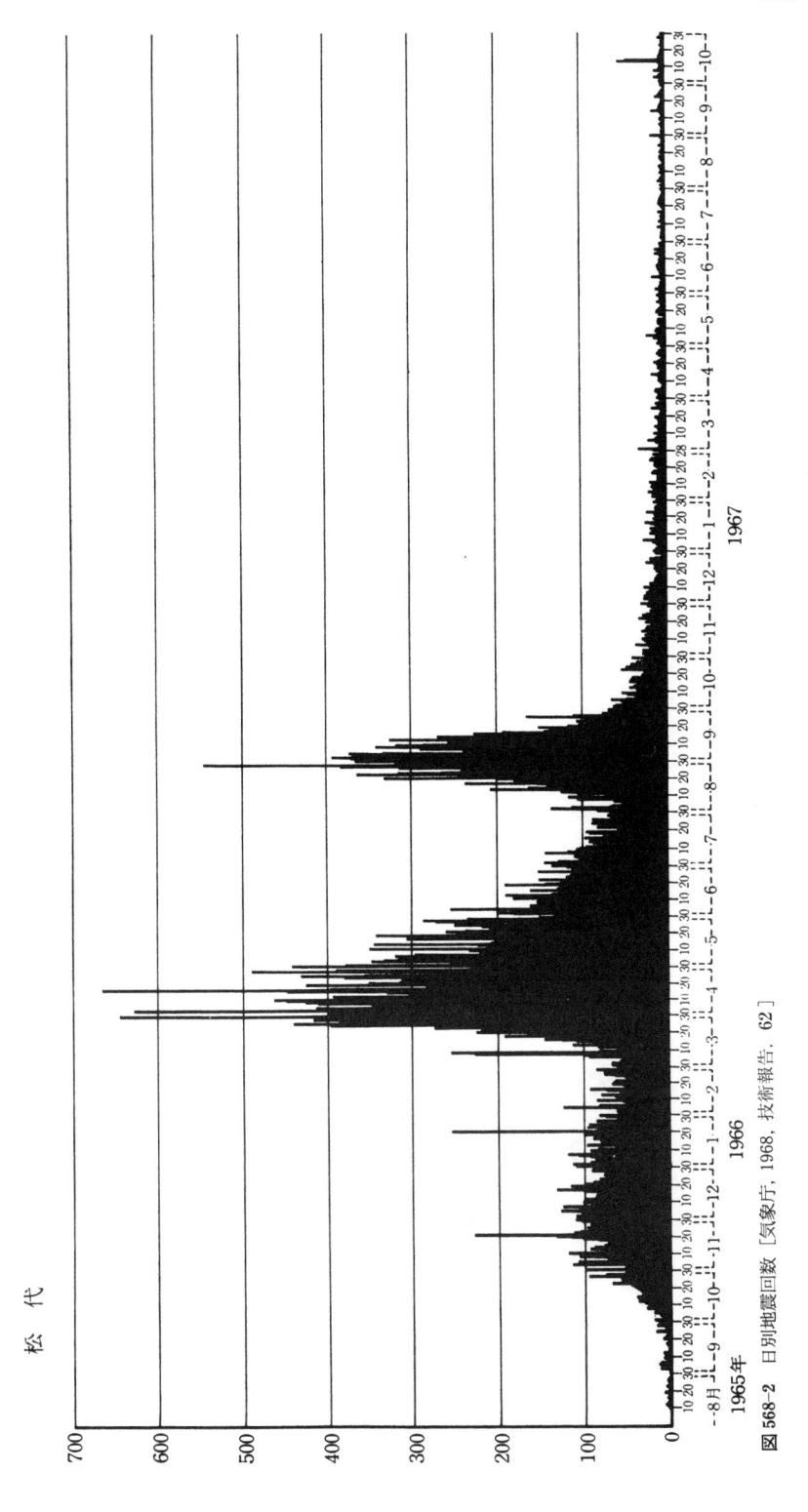

図 568-2 日別地震回数 [気象庁, 1968, 技術報告, 62]

404   4 被害地震各論

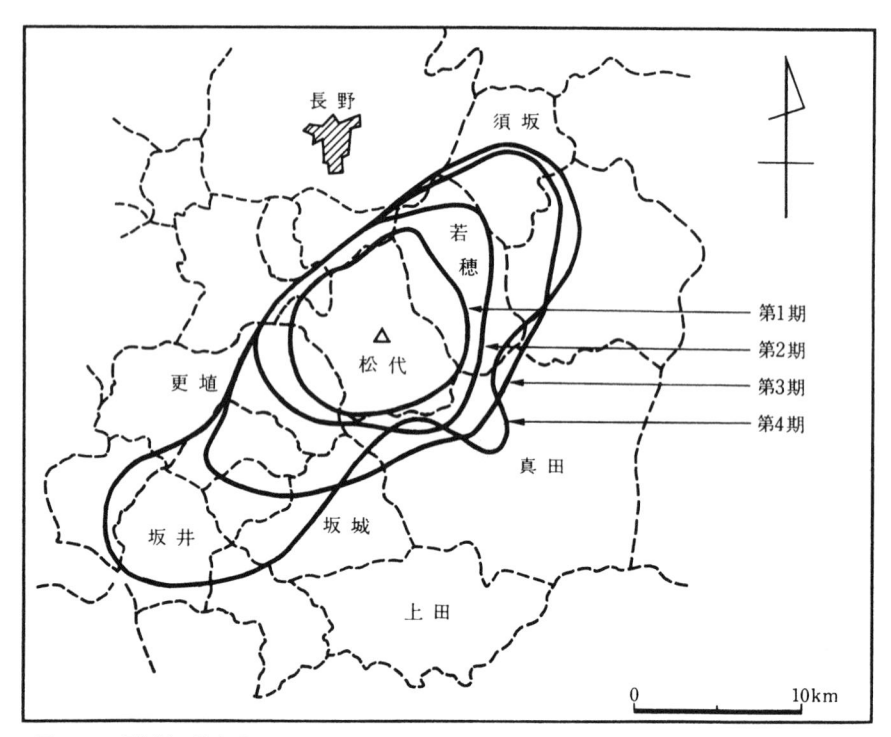

図 568-3 震源域の拡大 [Hagiwara and Iwata, 1968, *BERI*, **46**, 485-515]

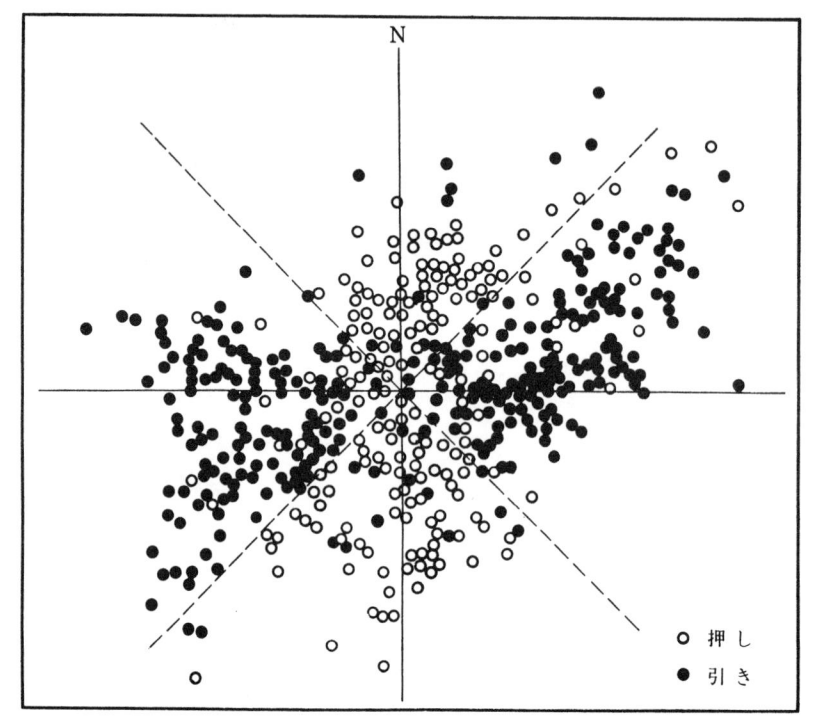

図 568-4 地震初動の分布 [Party for Seismographic Obs. of the Matsushiro Earthquake, 1967, *BERI*, **45**, 197-223]

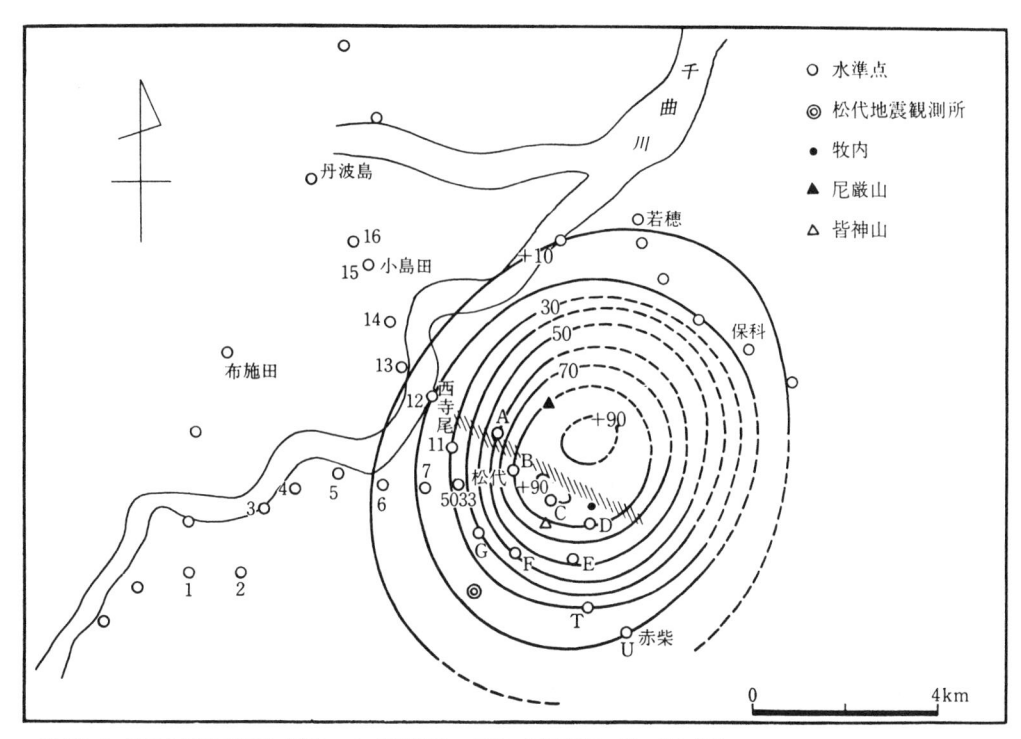

図 568-5 皆神山付近の隆起（単位 cm）［坪川ほか，1968，震研彙報，46，417-429］

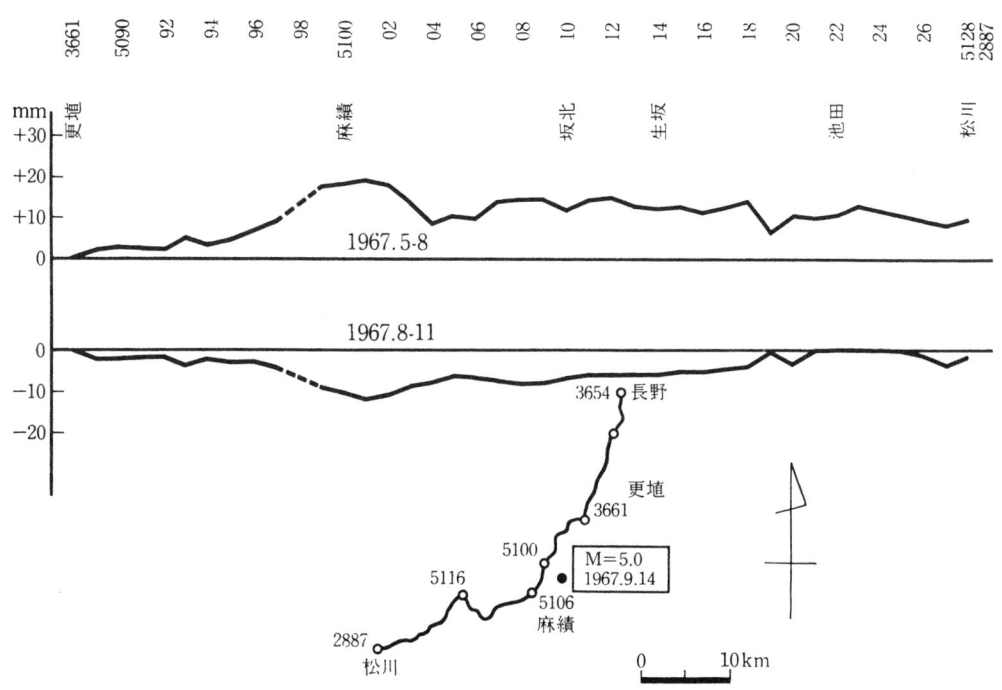

図 568-6 地震前の土地隆起［坪川，1969，測地学会誌，15，75-88］

計6万2,821回,全地震数71万1,341回である.1つの地震の規模で最も大きいのは $M=5.4$ で,地震の全エネルギーは,規模6.4の地震1つに相当する.震害(1967年10月まで)は傷15,住家全壊10棟,半壊4棟,一部破損7,857棟(1万2,386件)で,家屋の傾斜・土台の損壊・壁や瓦の破損などが多く,道路損壊29,山(崖)崩れ60で,統計上は軽い被害といえるが,長期にわたって住民に与えた不安・間接的な損害ははかり知れないものがある.

〔変遷〕 全体を次の5期にわける.第1期は1966年2月までで,震源は皆神山を中心とする半径5kmの範囲内にあった.第2期は1966年7月までで,震源域がNE-SWの方向に広がり,地震活動・地殻変動が最も活発な時期で,湧水・地割れなどの地表現象が出はじめる.第3期は1966年12月までで,震源域はさらに広がり,皆神山周辺の活動は減少し,地割れの発達に伴う湧水により牧内地区に地すべりが生じた.第4期は1967年5月までで,震源域がNE-SW方向に伸び周辺部に活動が移り,中央部の活動は減少した.第5期はそれ以後で,活動は急速に衰えている.図568-3は各期の有感地震発生区域を示す.第5期にはその区域は第4期より縮小している.震源の深さは平均して約4kmである.

〔地殻変動〕 皆神山を中心とし,ここから可候(そうべく)・西寺尾・象山(ぞうざん)の3方向の距離の変化を測定したところ,第2〜第3期に著しい変動があり,震源域はNS方向に約3kmにつき116cm($400×10^{-6}$の歪に当る)伸び,WNW-ESEの方向に約2.4kmにつき22cm($90×10^{-6}$の歪に当る)縮んだが,旧に復しつつある.このことは図568-4の地震初動の押し引きの分布(たとえば,引きは震源の方向に引かれる意味)とともに,震源域には東西方向に圧縮力が,南北方向に引張力が加わってい

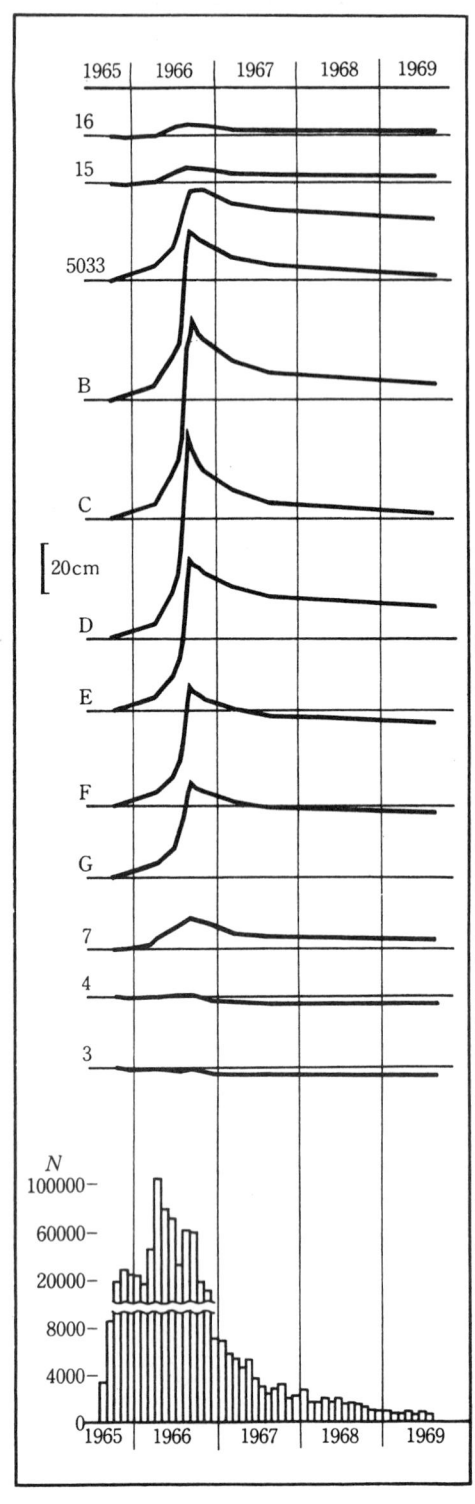

図568-7 図568-5に示す個々の水準点の変動と毎月の地震回数〔測地移動班,1970,震研彙報,**48**,341-344〕

ることを示す．図 568-5, 7 は皆神山周辺の隆起を示す．図 568-5 の斜線は潜在断層（左ずれ，垂直なストライク・スリップ型で変化量は 2 m，深さ 3 km，長さ 7 km で地表下数百 m のところにある）を示す．1966 年 7～11 月の間に急速に隆起し，山は約 90 cm 高くなったが，その後は旧に復しつつある．図 568-1 には以上をまとめてある．図 568-6 は地震と土地の隆起の関係を示し，予知の可能性を暗示する例である．

〔地変〕 第 2 期になると，松代の東北を N 55°W の方向に走る長さ約 4 km の地帯にエシェロン状の割れ目が多く発生した．これは水平変位量 42～57 cm の左横ずれ断層の存在を示している．第 2 期から皆神山付近の隆起地帯にはじまっていた湧水は第 3 期に入ると盛んになり畑に水が溢れ，1～2 ヵ月後に湧水は衰えた．その総湧出量は 1,000 万 m³ と推定される．この湧水により 1966 年 9 月 17 日には牧内地区で地すべりを生じ，民家 11 棟が押し倒されたが，予測されたため人畜の被害はなかった．このほかにも，いくつかの地すべりがあった．また，地震後，加賀井に新しく温泉が湧出したが，その泉量は群発地震が最大のときに，最小となった．

〔その他〕 発光現象が何回も観測され，カラー写真がとられた．継続時間は 10 秒～1 分，色は赤・青を帯びたものが多く，地震との前後関係は一定していない．

この地震は長期化したために，社会的に問題となった．とくに，将来の見通しについて的確な情報を流し，いたずらな不安や混乱を避けることが重要となり，情報の発表は長野地方気象台一本とした．一方，各機関の観測陣による情報を交換するために 1966 年 4 月 25 日に北信地域地殻活動情報連絡会が生まれ，資料を検討し，統一見解を打ち出すことを目的とした．地震活動の予測に関する情報も多々発表されたが，こういうことははじめてであり，将来の地震予知に関する情報公表の技術的な問題や，必要な観測方法・体制について貴重な経験となった．また，この地震に関する資料の収集・整理・保管のために松代地震センターが生まれ，1967 年 2 月 8 日から仕事をはじめた．

岩の中に注水すると地震が生じやすくなるという，いくつかの事例を検証するためにわが国ではじめての試錐が 1969 年から国民宿舎松代荘ではじまり 1,933 m（深さ 1,800 m）掘って，1970 年 1 月 15 日～18 日，1 月 31 日～2 月 13 日の 2 回にわたり計 2,883 m³ の水を注入した．その結果 [Ohtake, 1974] 注入地点の 3 km 北で，1 月 25 日 02 時頃から急に地震がふえ，この 1 日で 54 回に達した．地震活動は注水中続き，注水後徐々におさまった．この地点での地震活動は注水前は 1 日 2 回くらいだった．この地震は傾斜方向 N50°E，傾斜角 65°で NE 方向に深くなる平面上をすべり降りるように広がった．潜在断層によって水が運ばれたと考えられる．[Kasahara, 1970, BERI, 48, 581-602; : Ohtake, 1974, J. Phys. Earth, 22, 163-176]

569 1965 Ⅷ 3（昭和 40）17 時 30 分　新島付近　$\lambda=139°18'$ E　$\varphi=34°16'$ N　$M=5.0$　$h=0$ km　3～9 日にかけての群発地震．新島・式根島で崖崩れ・落石などの軽い被害．表 569-1 は有感地震回数．かっこ内は無感の回数．

表 569-1 有感地震数 [地震月報]

日	新　島	式根島	三 宅 島
3	9	18	2(39)
4	4	5	1(15)
5	1		
9	1	8	

570 1965 Ⅷ 31（昭和 40）16 時 49 分　弟子屈付近　$\lambda=144°26'\text{N}$　$\varphi=43°29'\text{N}$　$M=5.1$　$h=0$ km　17 時 04 分（$\lambda=144°26'\text{E}$　$\varphi=43°27'\text{N}$　$M=5.0$　$h=0$ km）にも地震あり．札友内で集合煙突の小被害 9 基．びるわ地区でブロック家 2 戸使用不能になる．そのほか，サイロの亀裂 4，壁の亀裂などがあった．地鳴りがあった．足寄町野中温泉（弟子屈の西約 45 km）の地震計による余震回数は図 570-1 のとおり．

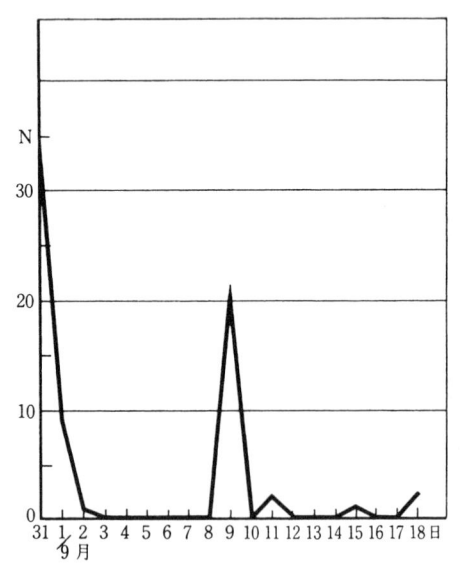

図 570-1　足寄町野中温泉における 56 型地震計による日別余震回数［釧路地方気象台，1968，験震時報，**32**，51-62］

571 1965 Ⅹ 26（昭和 40）07 時 34 分　国後沖　$\lambda=145°31'\text{E}$　$\varphi=43°44'\text{N}$　$M=6.8$　$h=160$ km　釧路市・浜中町・白糠町で器物破損．霧多布で学校の集合煙突倒壊．

572 1965 Ⅺ 6（昭和 40）07 時 02 分　神津島　$\lambda=139°02'\text{E}$　$\varphi=34°08'\text{N}$　$M=5.2$　$h=0$ km　地震頻発．同日 17 時 57 分（$\lambda=139°01'\text{E}$　$\varphi=34°03'\text{N}$　$M=5.6$　$h=20$ km）に続震．神津島で石垣・崖崩れあり．有感地震回数は，6 日 6 回，11 日 1 回，15 日 7 回，17 日 1 回，25 日 1 回．

573* 1966 Ⅲ 13（昭和 41）01 時 31 分　台湾東方沖　$\lambda=122°40'\text{E}$　$\varphi=24°14'\text{N}$　$M=7.8$　$h=42$ km　与那国島で死 2，家屋全壊 1，半壊 3，石垣崩壊 23，その他小被害．台湾で死 4，傷 11，沖縄・九州西海岸に小津波．震度は与那国島（Ⅴ），石垣島（Ⅳ），宮古島（Ⅲ），那覇（Ⅰ）だった．[0]

574 1966 Ⅺ 12（昭和 41）21 時 01 分　有明海　$\lambda=130°16'\text{E}$　$\varphi=33°04'\text{N}$　$M=5.5$　$h=20$ km　屋根瓦や壁の崩れあり．

575 1967 Ⅳ 6（昭和 42）15 時 17 分　神津島近海　$\lambda=139°09'\text{E}$　$\varphi=34°13'\text{N}$　$M=5.3$　$h=10$ km　6～8 日の間に群発．そのうちの大きい地震は 6 日 17 時 49 分（$\lambda=139°10'\text{E}$　$\varphi=34°19'\text{N}$　$M=5.2$　$h=0$ km）と 6 日 18 時 06 分（$\lambda=139°11'\text{E}$　$\varphi=34°17'\text{N}$　$M=4.9$　$h=20$ km）．有感地震回数は表 575-1 のとおり．被害は式根島で住家全壊 7，半壊 9，一部破損 61，道路一部破損 11，神津島で傷 3，崖崩れ 26（別の報告によると家屋一部

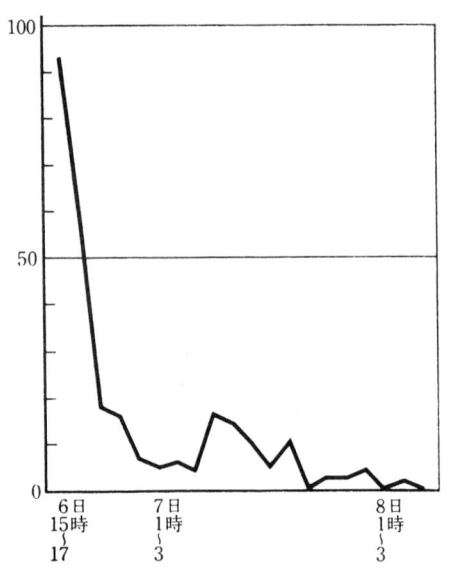

図 575-1　神津島の加速度計による 2 時間ごとの地震回数［下鶴ほか，1967，*BERI*，**45**，1313-1326］

表 575-1　日別有感地震回数［地震月報より］

	新島				式根島					神津島			
震度	I	II	III	IV	I	II	III	IV	V	I	II	III	IV
6日	4	1	1	2	50	4	2	1	2	41	4	2	1
7	1			1	52	5	1	1		17	2	1	
8					5	1				1			

表 576-1　被害一覧［釧路地方気象台，1969］

町　名	傷	家屋	
		半壊	一部破損
弟子屈町	1	1	7
阿寒町	1		1

破損 2），新島で電柱倒壊 1．神津島の観測によると，これに先立って 4 月 1 日 06 時～09 時の間に 17 回の地震が島の近くにあった．図 575-1 は神津島の加速度計による 2 時間ごとの地震回数．

576　1967 XI 4（昭和 42）23 時 30 分　弟子屈付近　$\lambda=144°16'$ E　$\varphi=43°29'$ N　$M=6.5$　$h=20$ km　　表 576-1 のほかに道路の地割れ，落石等の小被害が阿寒・屈斜路湖付近に生じた．図 576-1 のローマ数字は震度．

577　1968 II 21（昭和 43）10 時 44 分　霧島山北麓　$\lambda=130°43'$ E　$\varphi=32°01'$ N　$M=6.1$　$h=0$ km　**えびの地震**　前年の 11 月 17 日頃から地震がはじまり 2 月 11 日に 6 回（すべて有感）地震があった．被害を伴った地震は本震のほかに表 577-1 の前震と余震がある．毎日の余震回数は図 577-2, 3 のように減っている．3 月 1 日現在の県別被害は表 577-2 のとおり．このほかに 3 月 25 日の地震で傷 3，住家全壊 18，半壊 147 などの被害があった（別の資料によると傷 3，住家全壊 51，半壊 357，破損 482 など）．被害の大きかったのは径 10 km くらいの地域で，とくに京町，亀

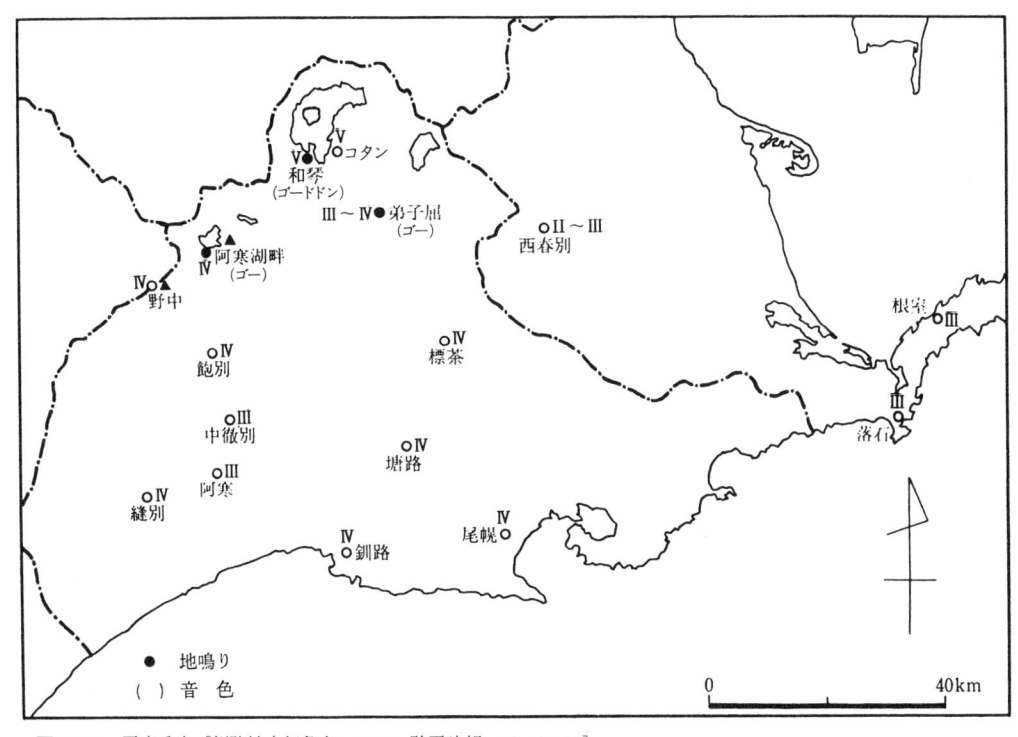

図 576-1　震度分布［釧路地方気象台，1969，験震時報，**33**，31-36］

410　4　被害地震各論

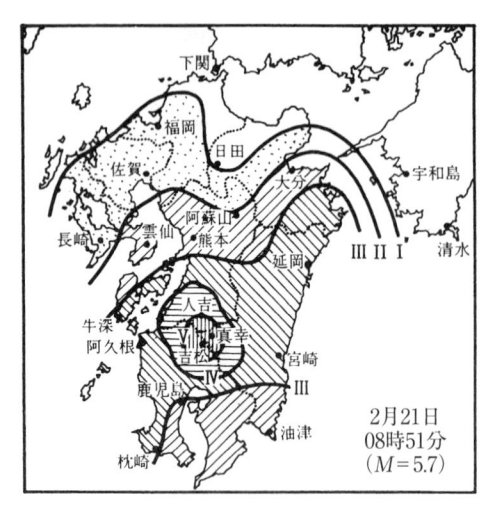

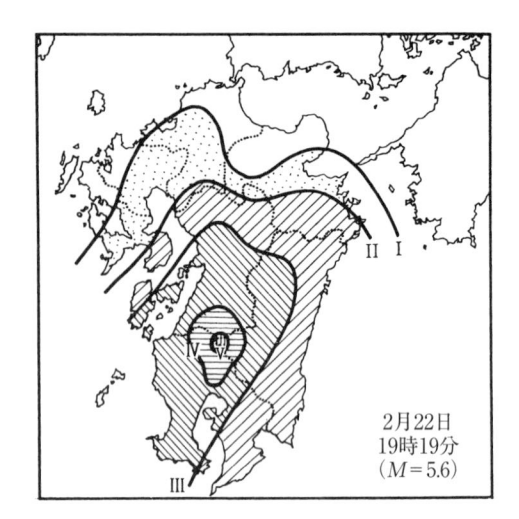

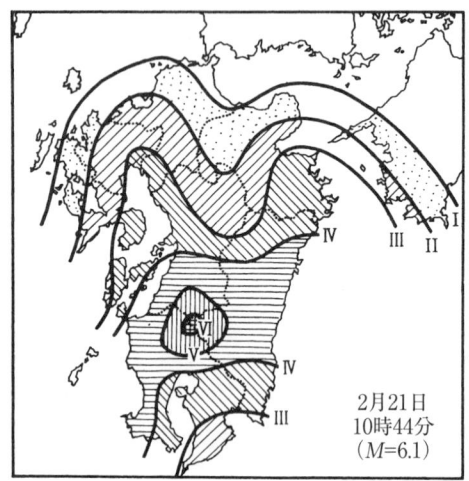

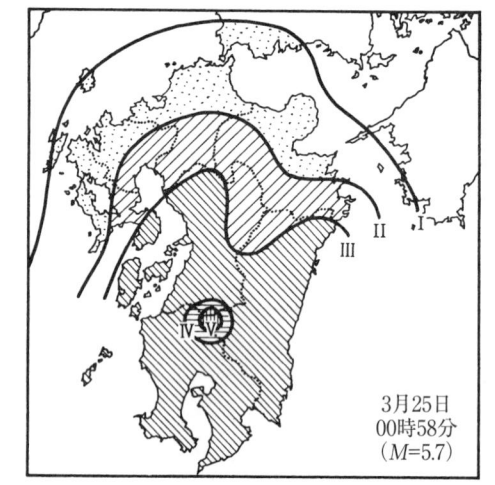

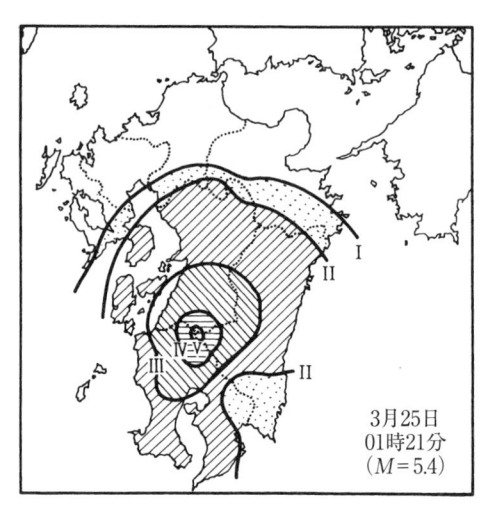

図 577-1　震度分布［気象庁, 1969. 技術報告. 69］

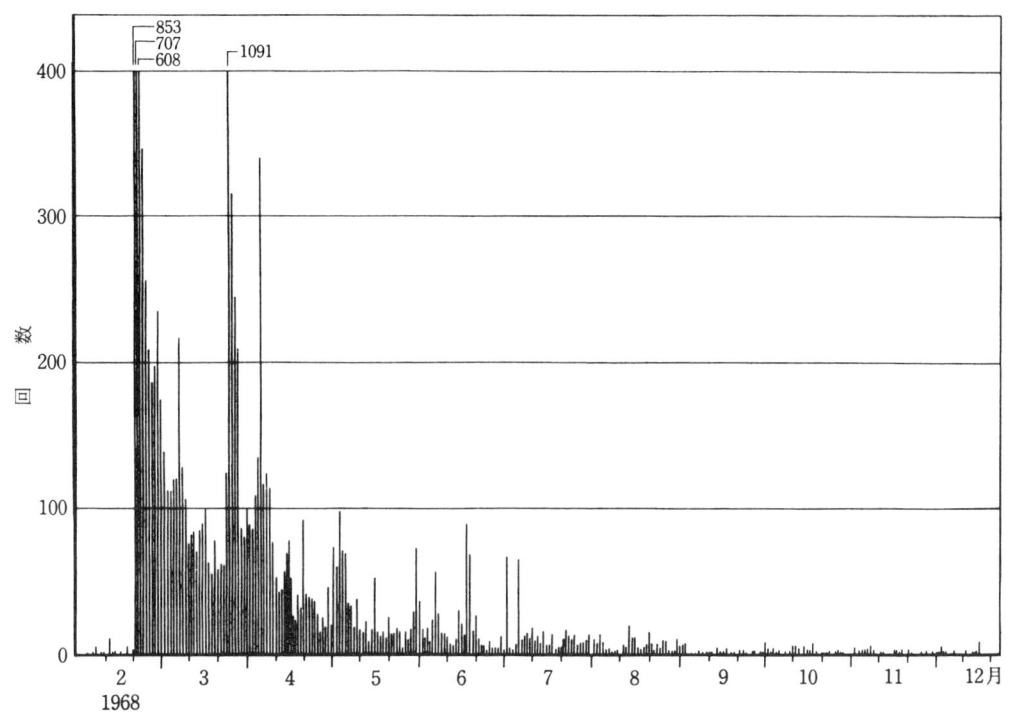

図 577-2 霧島火山観測所の観測による日別余震回数 ［気象庁, 1969］

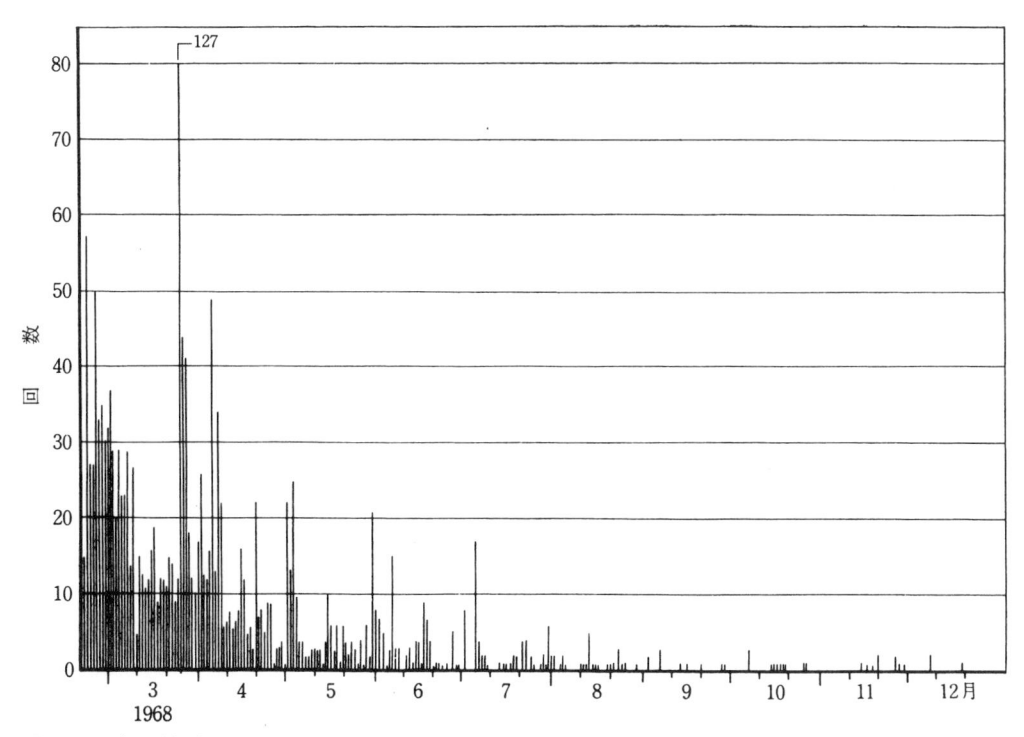

図 577-3 京町派出所での日別有感地震回数 ［気象庁, 1969］

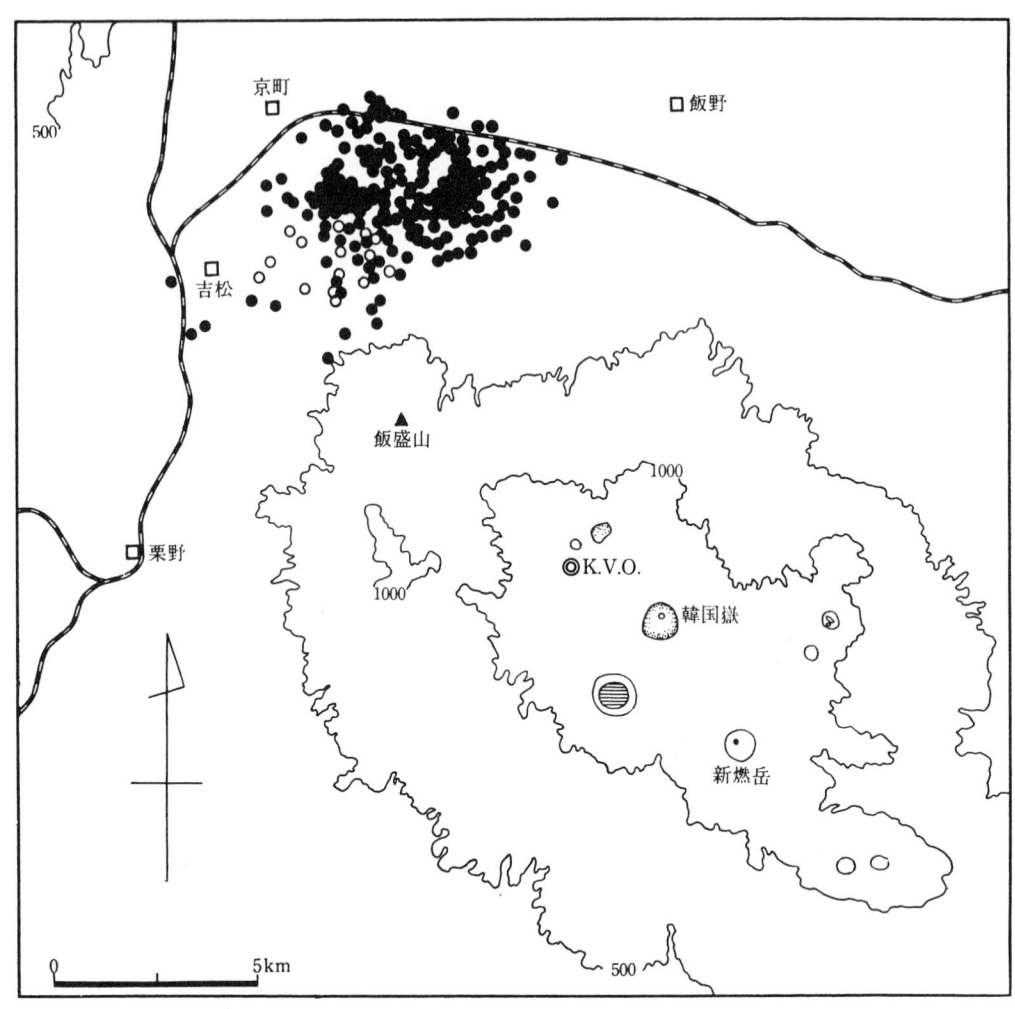

図 577-4 本震および余震分布 [水上ほか, 1969, 震研彙報, **47**, 745-767]

表 577-1 被害を伴った地震 [気象庁, 1969]

日　　時	東経	北緯	M	深さ	震央付近の震度
2月21日08時51分	130°43′E	32°01′N	5.7	0 km	V
2月22日19　19	130°46′	32°00′	5.6	0	V
3月25日00　58	130°43′	32°01′	5.7	0	V
3月25日01　21	130°44′	31°59′	5.4	10	V

表 577-3 家屋被害程度 [大沢ほか, 1968]

	典型的家屋	構造的に悪いものまたは老朽(白蟻)家屋
I	無被害	
II	障子・板戸の被害がまれにある程度	障子・板戸に軽い被害
III	障子・板戸に軽い被害	軽い傾斜, 主要骨組の折損まれにある
IV	障子・板戸に被害	中傾斜, 主要骨組の少数折損
V	軽い傾斜, 主要骨組の少数折損	大傾斜, 主要骨組多数折損
VI	傾斜, 主要骨組の多数折損	倒壊

表 577-2 被害一覧 [大沢ほか, 1968, 震研彙報, **46**, 1345-1354]

県名	死	傷	住家 全壊	半壊	一部破損	非住家被害	道路損壊	橋梁損壊	山(崖)崩れ	鉄道被害
宮崎	0	32	333	434	1,725	701	66	9	30	3
鹿児島	3	10	35	202	1,443	793	7	0	11	3
熊本	0	0	0	0	8	0	0	0	3	0
計	3	42	368	636	3,176	1,494	73	9	44	6

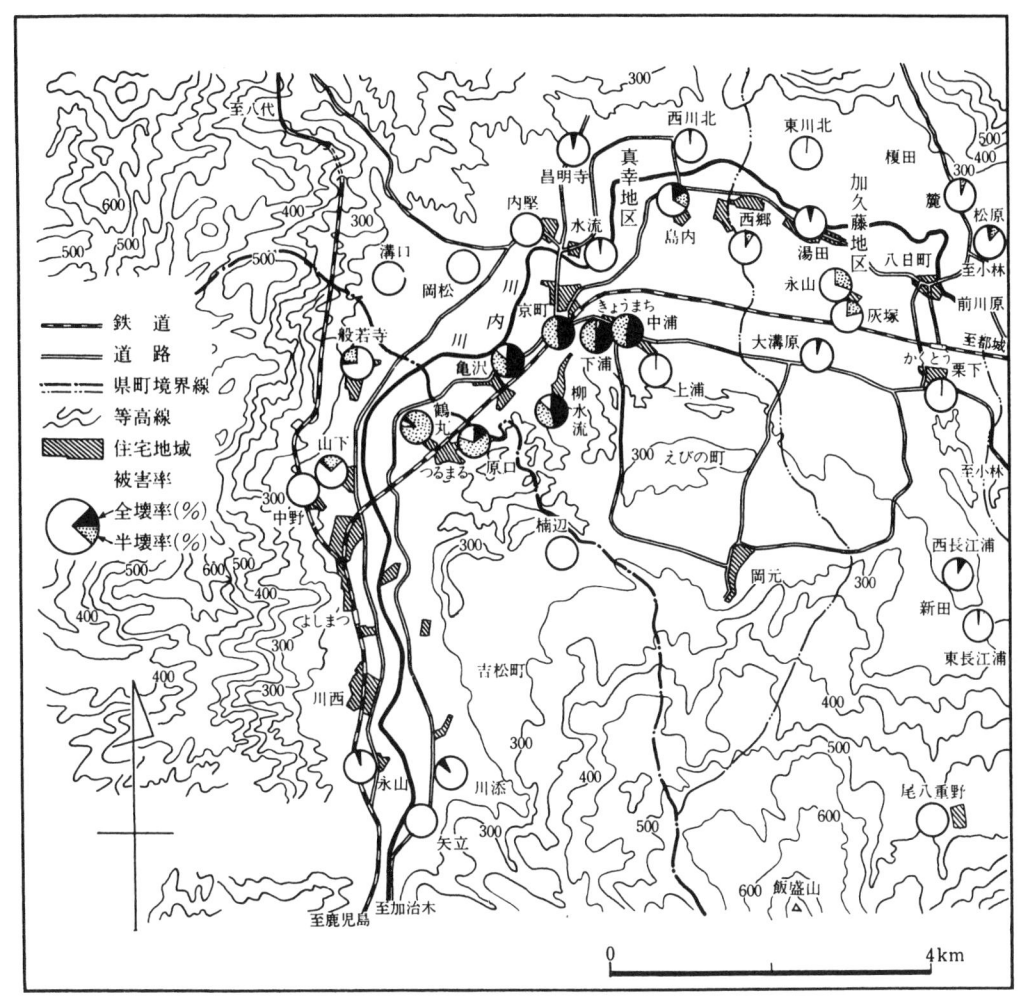

図 577-5 住家被害分布（県発表による）[大沢ほか, 1968]

沢，柳水流，上向江の下浦・中浦では住家の全壊率が 40% 以上に達している．図 577-5 は住家被害率の分布，図 577-6 は家屋被害程度と地質との関係で，火山灰地帯（シラス）に山・崖崩れが多く，被害もその縁辺に大きいことがわかる．家屋被害程度は表 577-3 の規準によっている [大沢ほか, 1968].

また，この地方の木造建物は振動的には強い構造でなく，平地の建物は振動による被害を受けた．亀沢・鶴丸地区の水田に土砂の噴出が見られた．京町・池牟礼付近のシラスの崩壊が多く，その場合崩壊物質の量は少な

く，多くは急な斜面の表層がはがれてすべるような形式となっている．図 577-4 は 2 月 11 日〜8 月 31 日までの余震の分布で白丸は前震を示す．震源の深さは 3〜9 km の範囲にあり，とくに 5〜7 km のところに多い.

578 1968 Ⅱ 25（昭和 43）　新島近海　群発地震．おもなものは次のとおり.

25日00時24分 $\lambda=139°15'$ E $\varphi=34°14'$ N $M=5.0$ $h=0$km

00	34	〃	07	〃	08	5.0	20
01	01	〃	14	〃	07	4.9	10
01	49	〃	13	〃	11	4.9	20

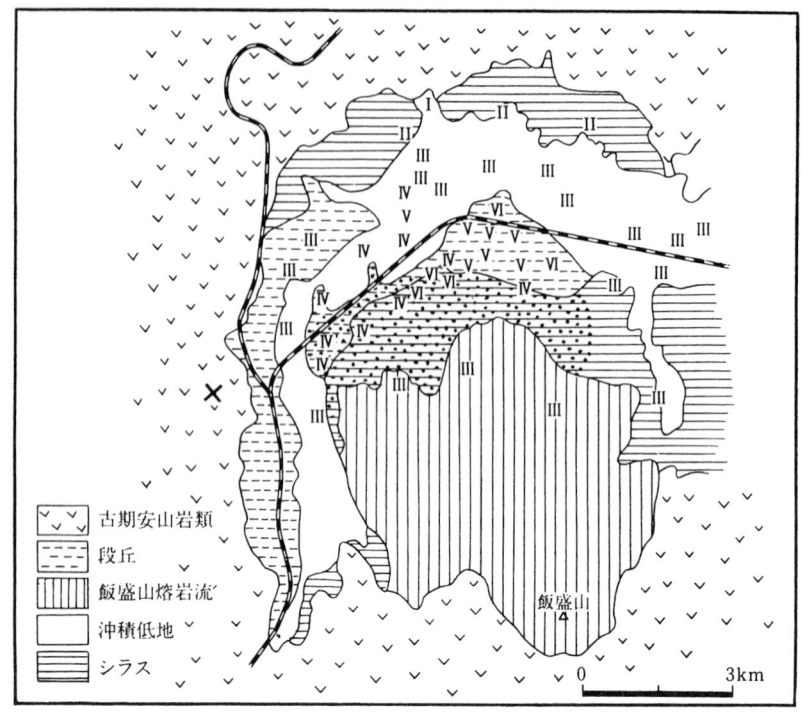

図 577-6 家屋被害程度（表 577-3）と地質 ［荒牧, 1968, *BERI*, **46**, 1325-1343 と大沢ほか, 1968 より作成］

式根島で住家全壊 2, 半壊 4, 道路損壊 4, 神津島で住家一部破損 1, 山（崖）崩れ 6. 有感地震回数は表 578-1 のとおり.

表 578-1 日別有感地震回数 ［地震月報より］

島　名	新　　島	三宅島	式　根　島	神　津　島
震　度	I II III IV	I II III	I II III IV V	I II III IV V
24日			2	
25*	3 3 4 2	3 3	29 5 6 4 3	32 15 9 4 4
26**	4 2		2	2 1 1
27	2		10 1	

神津島については, * 25 日 00 時〜26 日 08 時 27 分, ** 26 日 08 時 27 分〜27 日 09 時 46 分.

579* 1968 IV 1 (昭和 43) 09 時 42 分　日向灘　$\lambda=132°32'$ E　$\varphi=32°17'$ N　$M=7.5$　$h=30$ km　**1968 年日向灘地震**　被害の大きかったのは高知・愛媛の両県で表 579-1 のほか, 港湾施設に小被害. 津波が生じ床上浸水, 真珠イカダ・ハマチ網などの水産施設に被害があった. 各地の波高と波源域は図 579-3, 4 に示すとおり. ［1, 1.5］

表 579-1 被害一覧 ［田中ほか, 1968, *BERI*, **46**, 1169-1182］

県	負傷者		住家			非住家被害	土木被害			
	重傷	軽傷	全壊	半壊	一部破損		道路	橋梁	河川	港湾
高知	3	35	1	29	5,767	17	21	10	3	8
愛媛	2	1	1	1	1,230	425	5		4	4
大分		1			335	2	18	1	3	17
宮崎	2	13		1	9	14	13			25
熊本					42	13	2		1	
鹿児島					7					
合計	7	50	2	38	7,383	471	59	11	11	54

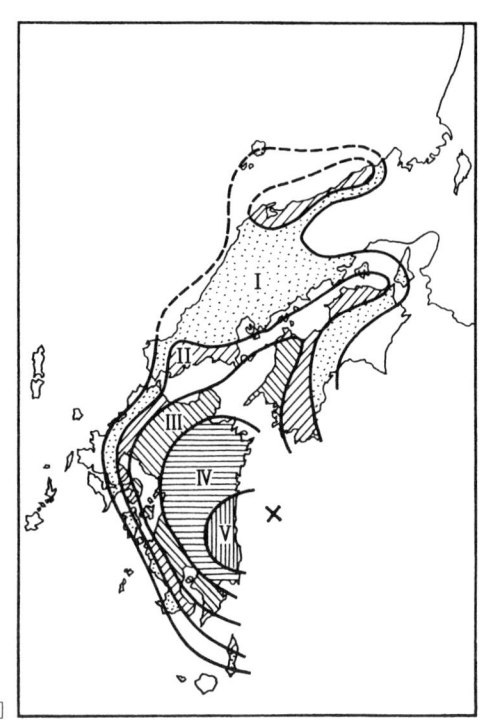

図 579-1 震度分布 [気象庁による]

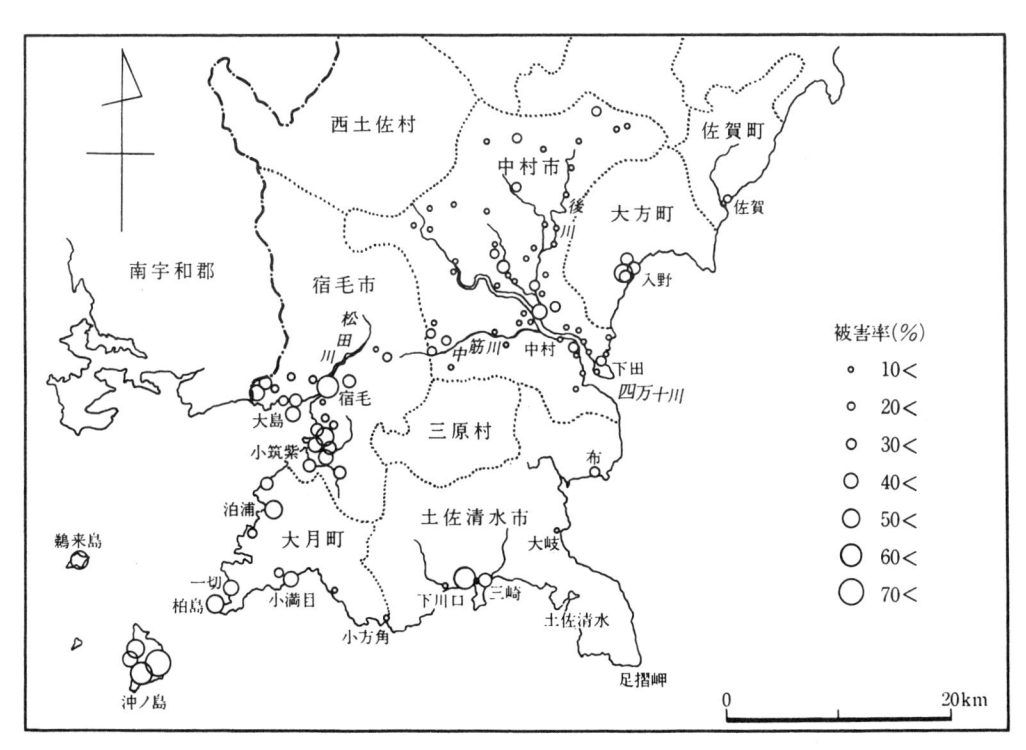

図 579-2 高知県下における集落別住家被害率の分布（一部破損を含む）[田中ほか，1968]

図 579-3 津波の最大全振幅（単位：cm）[梶浦ほか, 1968, BERI, 46, 1149-1168]

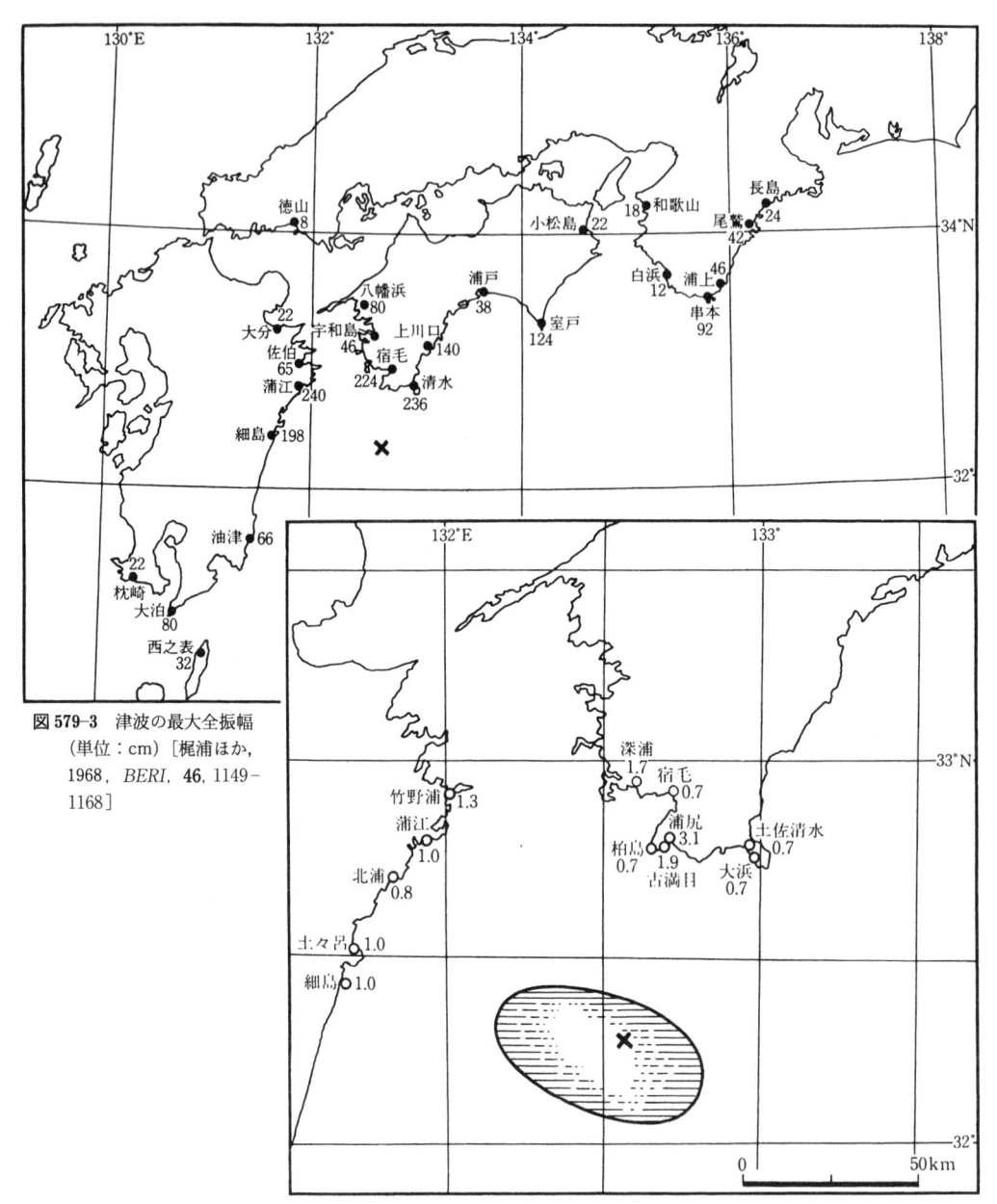

図 579-4 波源域と最大波の T.P. 上の高さ（単位：m）[梶浦ほか, 1968]

580* 1968 V 16 （昭和43） 09時48分 青森県東方沖 $\lambda=143°35'$ E $\varphi=40°44'$ N $M=7.9$ $h=0$ km **1968年十勝沖地震**

被害は北海道・青森・岩手を主とし南は埼玉にまで及んでいる．表580-1のように青森県で被害が多かったのは，前日までの3日間に県東部の火山灰地帯に100 mm以上の雨が降り（図580-2）地すべりを生じたことが一因となっている．また，長宗［1969］は横波（S波）からやや遅れた顕著な波は09時49分38秒に本州に近い $\lambda=142°20'$ E $\varphi=40°35'$ N を震源とするS波であることをはっきりさせた．これも一因と考えられる．余震回数は図580-3のように減っている．とくに16日19時39分（$\lambda=142°51'$ E $\varphi=41°25'$ N $M=7.5$ $h=40$ km ［-1, 1］）と6月12日22時41分（$\lambda=143°08'$ E $\varphi=39°25'$ N $M=7.2$ $h=0$ km ［0, 1］）は大きい余震だった．余震分布と津波の波源（上記の大余震（図580-4の●）によるものも併記）は図580-4に示してある．

この地震に先立ち5月11〜12日に宮古東方約100 km沖の3点に海底地震計を設置し，16〜17日に引き上げた（うち1点の地震計は発見できなかった）．これによりはじめて震源域における前震活動についての貴重なデータが得られた．

この地震によりかなりの津波が生じ，太平洋沿岸の各地を襲った．図580-5に検潮儀による潮位からの最大波の高さを，図580-6には東北地方における最大波のT.P.上の高さ（平均潮位からの高さ＋約75 cm）を示す．実線は外洋に面した沿岸，破線は湾内の値である．また，図580-7（数字はT.P.上の波の高さで単位 m）は1952年の十勝沖地震のときとの比較で，今回のほうが約2倍くらいになっている．波のいちばん高かったのは八戸の北（百石－北沼），野田・宮古湾・大槌湾などで，平均潮位上約5 mに達した．ちょうど干潮時であったせいもあり，津波の被害はそれほどでもなかった．浅海漁業施設に被害を及ぼし（北海道・青森・岩手），浸水家屋を出した．チリ津波後防潮堤を築いたために被害が少なくてすんだところも多い．

この地震の直後09時51分から十勝岳の地震活動が活発化し，6月30日までに有感10回を含む291回の火山性地震が観測された．図580-9はその日変化である．また，噴煙量が地震後多くなったが17・18日は天気が悪いため観測できず，19日には平常に復している．

住家の被害は室蘭・八戸・三沢・十和田・むつの各市，東北・五戸・六戸の各町で多く，次の各集落では住家全壊率が10％を越えた（かっこ内は％）．八戸市上七崎（19.6），滝谷（36.4），五戸町志戸岸（18.4），豊間内

表580-1 被害総括［気象庁，1969，技術報告，68］

県　名	死	傷	建物 全壊	半壊	全半焼	床上浸水	床下浸水	一部破損	非住家	道路損壊	橋流失	山（崖）崩れ	鉄軌道被害	船 沈・流失	破損	ろ・かい舟	堤防決壊
北海道	2	133	25	81	2	11	19	898	90	26		18	13	5	2	6	1
青　森	47	188	646	2,885	16	100	145	14,705	1,521	375	25	24	34	24	51	3	34
岩　手	2	4	2	37		109	144	82	160	16			9	11	93	66	96	3
宮　城	1	1		1			1		12	7	2			1	5	7		2
秋　田		2							3	1				1				
埼　玉		2																
計	52	330	673	3,004	18	221	308	15,697	1,781	420	25	51	60	127	126	105	40

418　4　被害地震各論

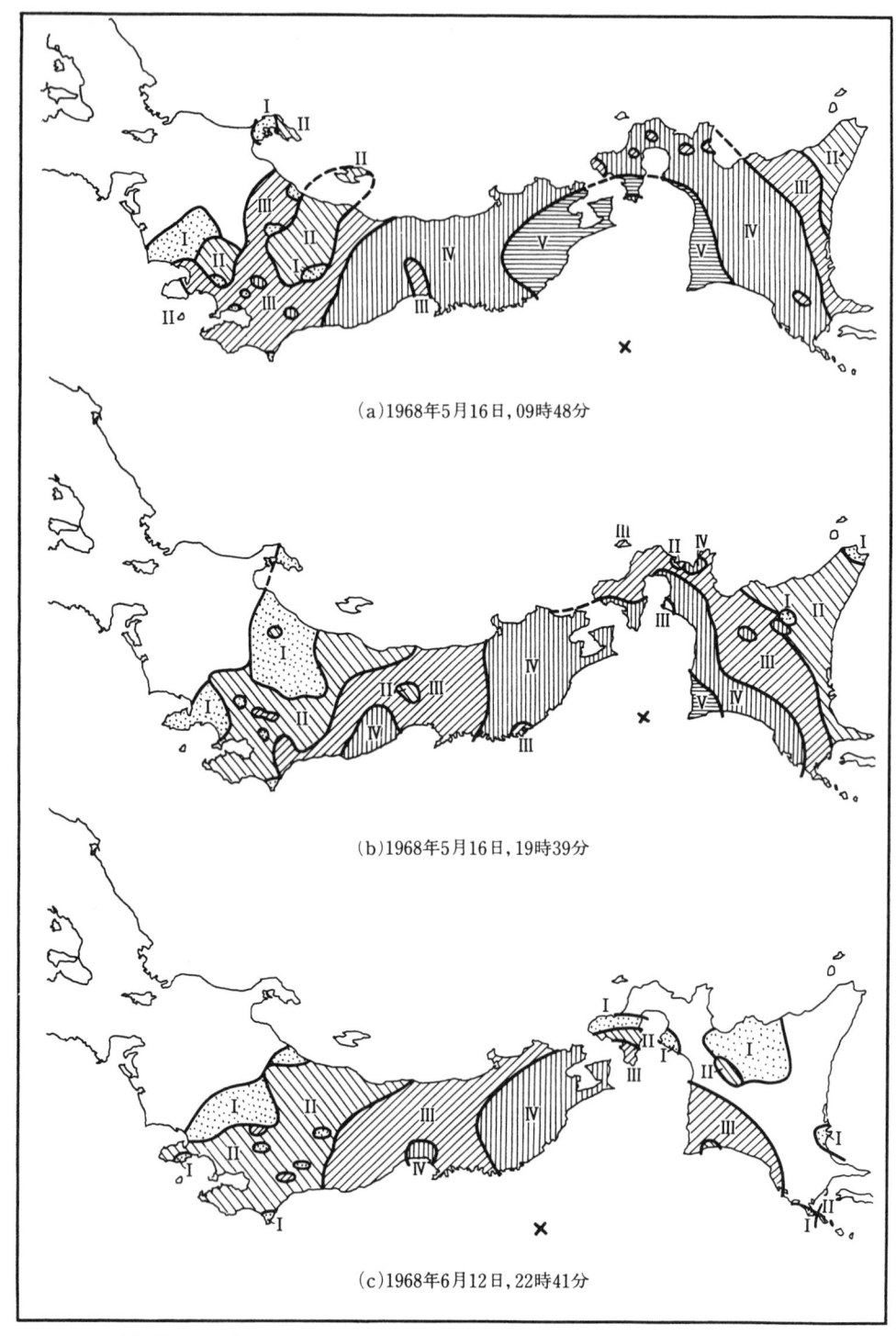

(a) 1968年5月16日, 09時48分

(b) 1968年5月16日, 19時39分

(c) 1968年6月12日, 22時41分

図 580-1　震度分布 [気象庁, 1969]

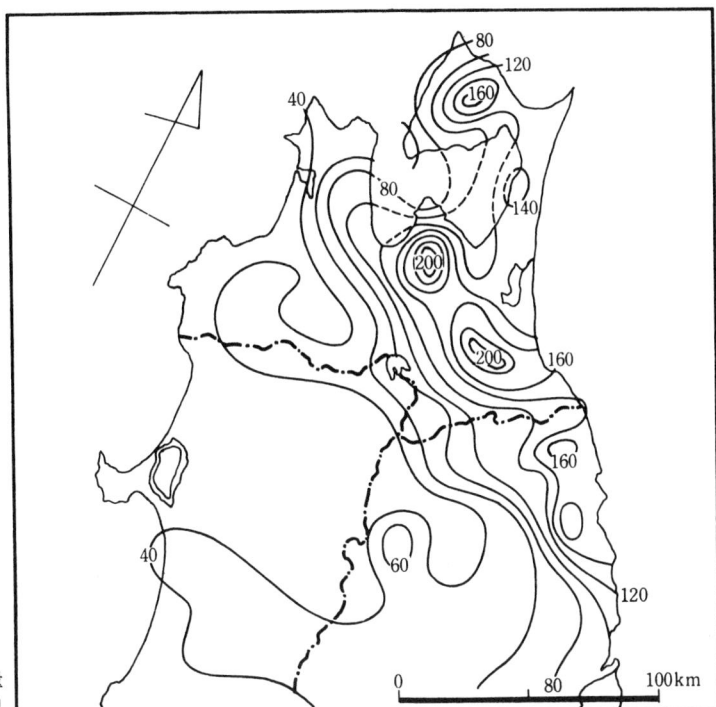

図580-2 5月13〜15日の雨量
（単位：mm）[気象庁, 1969]

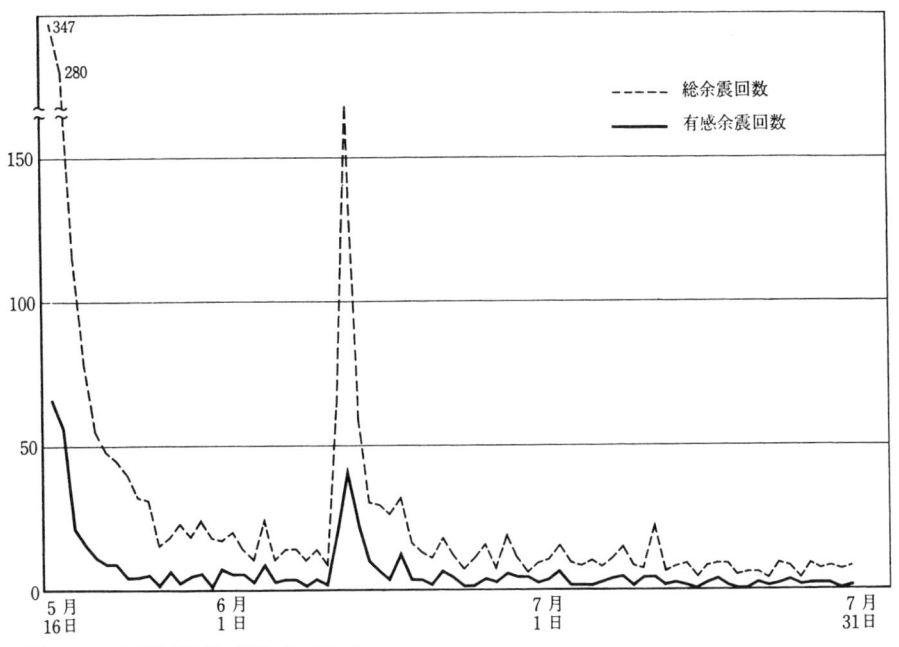

図580-3 日別余震回数 [気象庁, 1969]

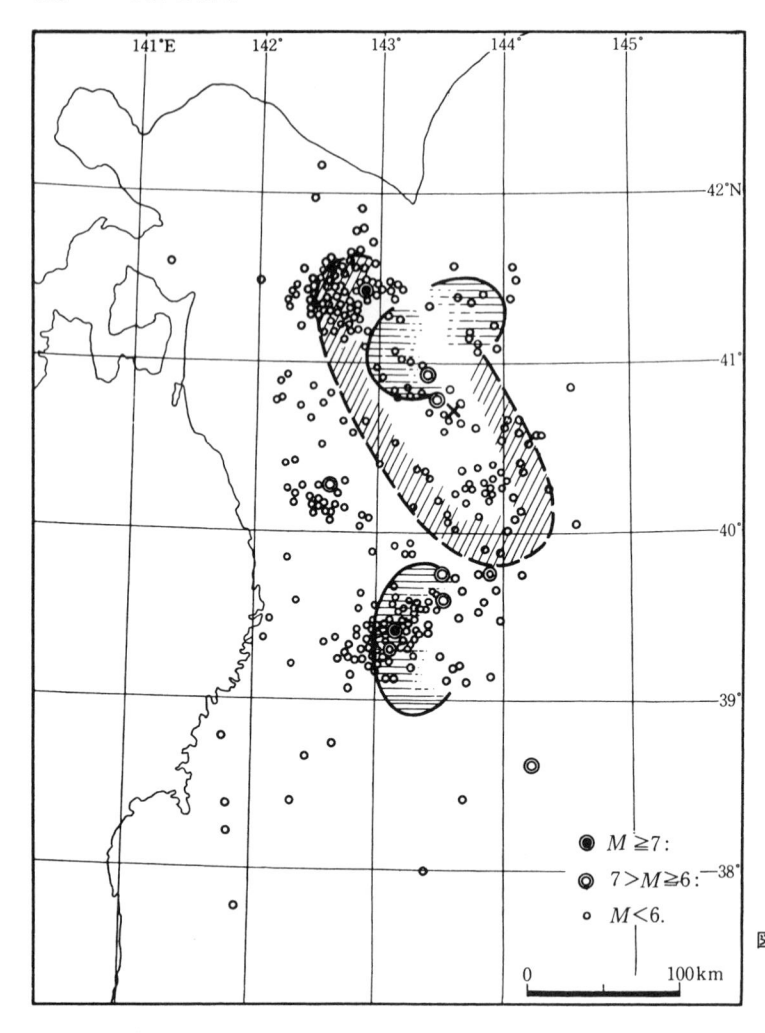

図 580-4 余震分布（5〜7月）と波源域［気象庁，1969の図に加筆］

(11.3), 十和田市東一番町 (38.6), 東二番町 (20.4), 下平 (12.4), 牛泊 (75.0), 里ノ沢 (10.0) がそれである. 図 580-10 は八戸市の全壊率の分布である. 被害のおもな原因は崖（山）崩れ, 埋立地（牛泊）や低湿地・軟弱地盤・盛土のすべり, 老朽家などが主で, 滝谷の被害は主として震動によるものである. 火災は少なかったが十和田市では使用中の石油ストーブの 1.32%（9件）から出火している. また, この地震では鉄筋コンクリート造に被害があり, 八戸市では約 10%に当る 6棟がかなりの補修・部分的建直しを必要とする. とくに函館大学の 1階が圧壊したのは話題となった. その他, むつ市役所・三沢商高で一部が圧壊した. 柱の剪断破壊が目立った. 構造上の問題や地盤との関係が見直されるようになった. 公立学校の校舎の全半壊が多く, 小・中・高・高専・大学あわせて 232 校に達した. また, 道路や鉄道では盛土部分の被害が目立った.

図 580-8 で細い曲線は地震波から求めた断層による隆起（実線）と沈降（破線）を示す. これと, 津波の波源域における, 初動の上昇（太い実線）と沈降（太い破線）の一致を示す. 一点鎖線は上昇・沈降ゼロを示す. [2, 2.5]［参考：Abe, 1973, *Phys. Earth Planet. Inte-*

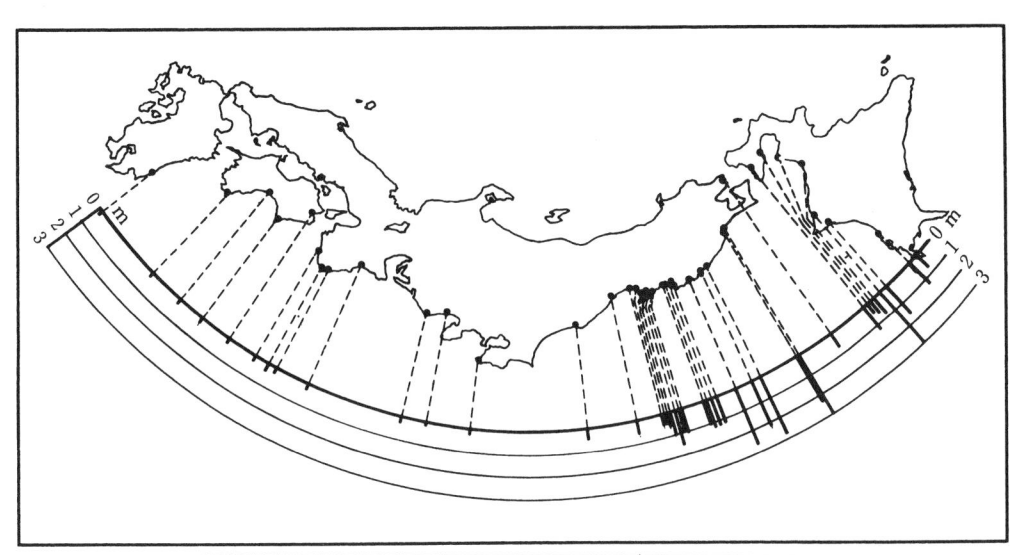

図 580-5 潮位上の津波の高さ [気象庁, 1969]

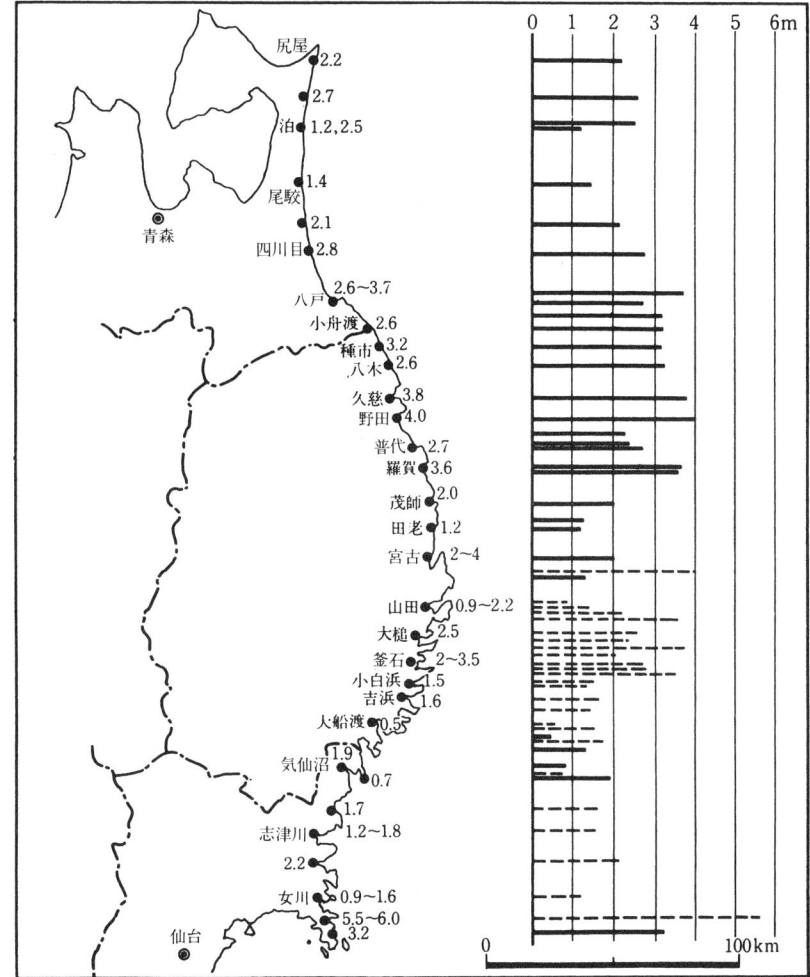

図 580-6 T.P.上の津波の高さ（単位 m）[梶浦ほか, 1968, 震研彙報, 46, 1369-1396]

422　4　被害地震各論

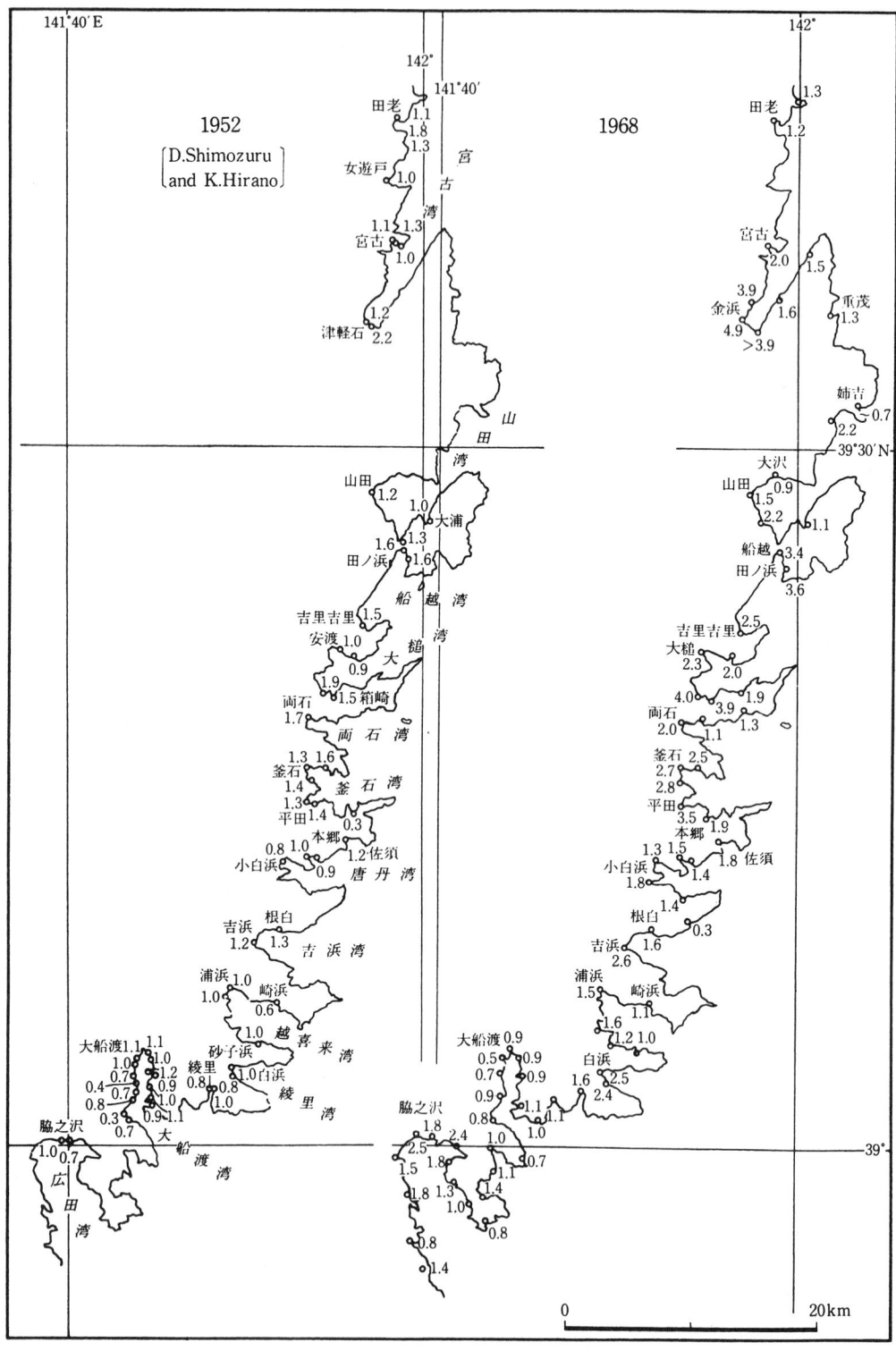

図 580-7　1952年と1968年の津波の高さ（T.P.上）の比較　[梶浦ほか, 1968]

図 580-8 断層による海底変動と波源域 [Abe, 1973]

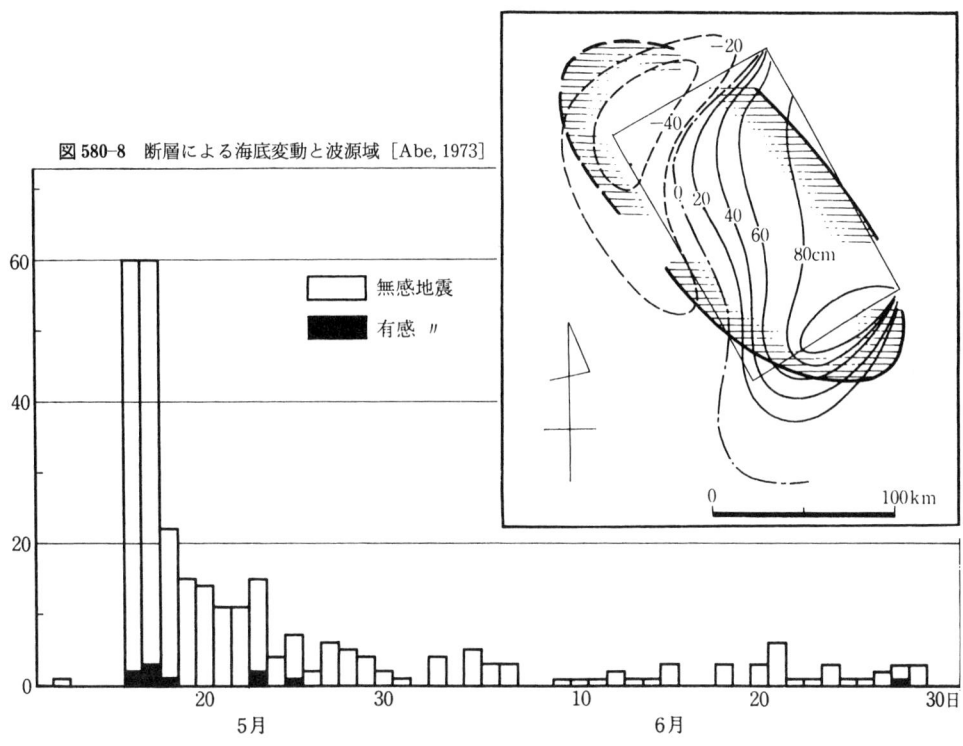

図 580-9 十勝岳における毎日の火山性地震回数 [気象庁, 1969]

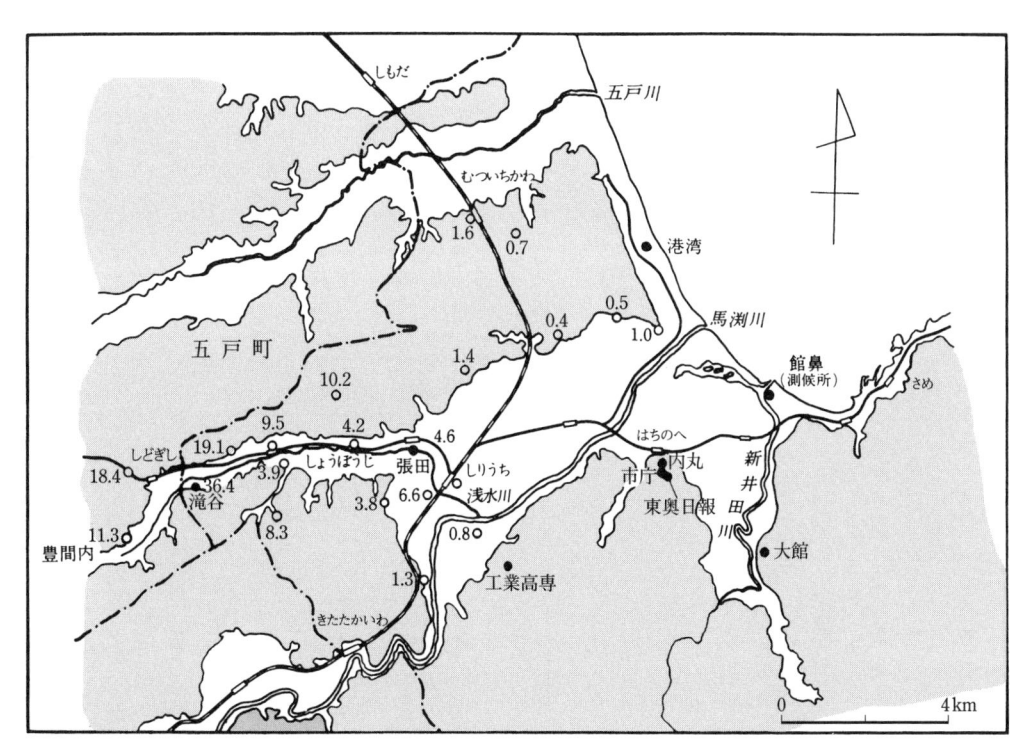

図 580-10 余震観測点（黒丸）および集落別住家全壊率（％）[田中・長田, 1968, 震研彙報, 46, 1461-1478]

424   4 被害地震各論

rior, **7**, 143-153；長宗，1969，地震II，**22**，104-114]

581 1968 VII 1（昭和 43）19 時 45 分　埼玉県中部　$\lambda=139°26'$ E　$\varphi=35°59'$ N　$M=6.1$　$h=50$ km　被害は東京で傷6，家屋一部破損15，非住家破損1，栃木で傷1．深さが50 km のため規模の割に小被害で済んだ．

582 1968 VII 17（昭和 43）01 時 53 分　天塩付近　$\lambda=142.0°$ E　$\varphi=44.9°$ N　$M=4$　$h=0$ km　中間寒の豊神地区で強く震度V，地鳴りあり．中学校（傾斜，ブロック煙突折損，壁落など），学校住宅に軽微な被害．余震は同夜に4回．

583 1968 VIII 6（昭和 43）01 時 17 分　愛媛県西方沖　$\lambda=132°23'$ E　$\varphi=33°18'$ N　$M=6.6$　$h=40$ km　愛媛県を中心に被害．表

表 583-1　被害一覧

県　名	傷	家屋 全焼	家屋 一部破損	非住家被害	道路損壊	山(崖)崩れ
愛　媛	15		6	1	13	33
大　分		1	1		2	4
高　知	7				4	7
宮　崎					1	
計	22	1	7	1	20	44

583-1 のほか，船舶・通信施設・鉄道に小被害．宇和島では重油タンクのパイプが折損し，重油 170 kl が海上に流出した．

584 1968 VIII 18（昭和 43）16 時 12 分　京都府中部　$\lambda=135°23'$ E　$\varphi=35°13'$ N　$M=5.6$　$h=0$ km　綾部市で住家半壊1，一部破損1，和知町周辺で落石・道路の亀裂などの小被害．余震回数は表 584-1 のとおり．

表 584-1　日別余震回数［気象庁，地震月報より作成］

日	18	19	20	21	22	計
有感	5	1		3		9
無感	29	3	3	2	5	42

585 1968 IX 21（昭和 43）07 時 25 分　長野県北部　$\lambda=138°16'$ E　$\varphi=36°49'$ N　$M=5.3$　$h=10$ km　県北に小被害を生じた．被害は表 585-1 のほかに石垣損壊13．水道管・鉄道施設にも小被害．長野で震度IV．

表 585-1　被害一覧

市町村名	傷	住家 一部破損	非住家 一部破損	道路損壊	山(崖)崩れ
豊田村		90	1	2	
信濃町	1	53	5	1	
三水村		54		1	2
飯山市	1	20			
牟礼村		7	2		
計	2	224	8	4	2

586 1968 IX 21（昭和 43）22 時 05 分　浦河沖　$\lambda=142°48'$ E　$\varphi=41°59'$ N　$M=6.8$　$h=80$ km　浦河で震度V，傷4，住家一部破損など，軽微な被害．

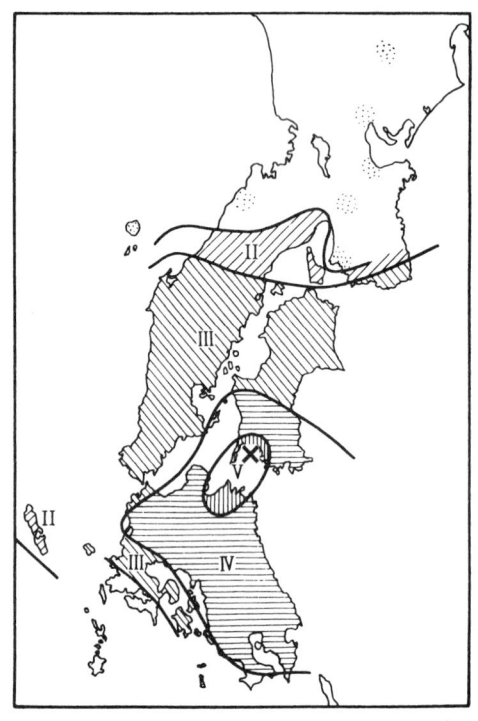

図 583-1　震度分布

587 1968 X 8（昭和43）05時49分　浦河沖　$\lambda=142°43'$ E　$\varphi=41°49'$ N　$M=6.2$　$h=60$ km　国鉄日高線で路盤の沈下，橋脚の亀裂等の軽い被害．浦河・広尾・帯広で震度IV．

588 1968 XI 12（昭和43）09時44分　沖永良部島　$\lambda=128°25'$ E　$\varphi=27°28'$ N　$M=5.6$　$h=20$ km　沖永良部村の役場と体育館の壁にひびが入った．震度IV．有感地震十数回．

589* 1969 IV 21（昭和44）16時19分　日向灘　$\lambda=132°07'$ E　$\varphi=32°09'$ N　$M=6.5$　$h=10$ km　宮崎県西臼杵郡で落石のため傷2．［−1］

590* 1969 VIII 12（昭和44）06時27分　北海道東方沖　$\lambda=147°37'$ E　$\varphi=42°42'$ N　$M=7.8$　$h=30$ km　津波により北海道東部で国鉄護岸の前傾（厚岸−門静間），浜中町琵琶瀬湾で養殖わかめの筏破損などのごく軽

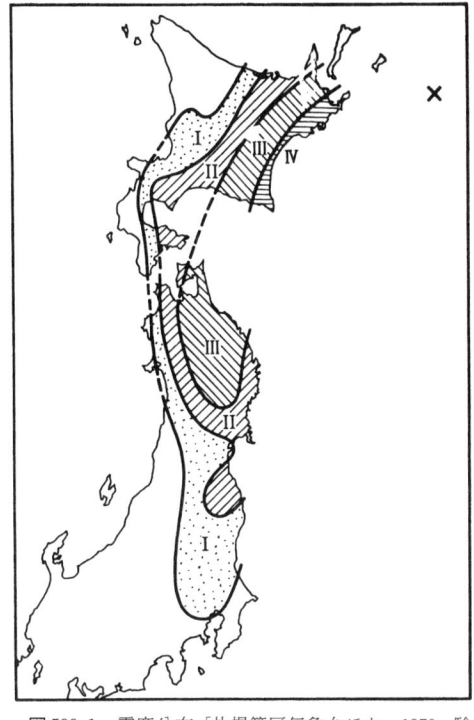

図 590-1　震度分布［札幌管区気象台ほか，1970，験震時報，**35**，15-36］

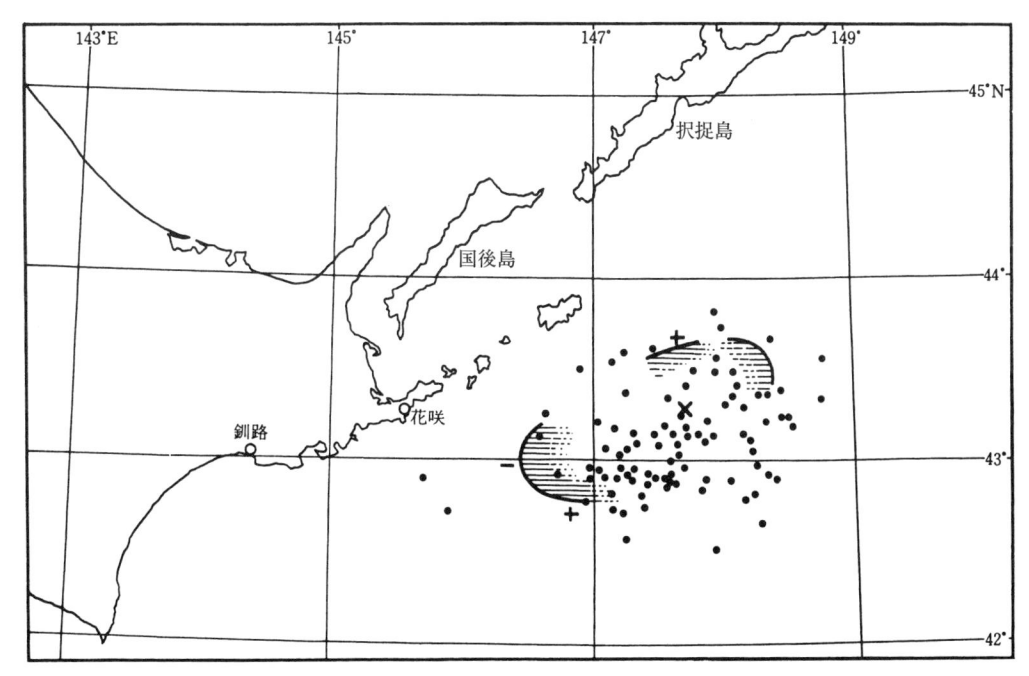

図 590-2　8月中の余震分布と波源域［Hatori, 1970, BERI, **48**, 399-412］

図590-3 各観測所における余震回数 [札幌管区気象台ほか, 1970]

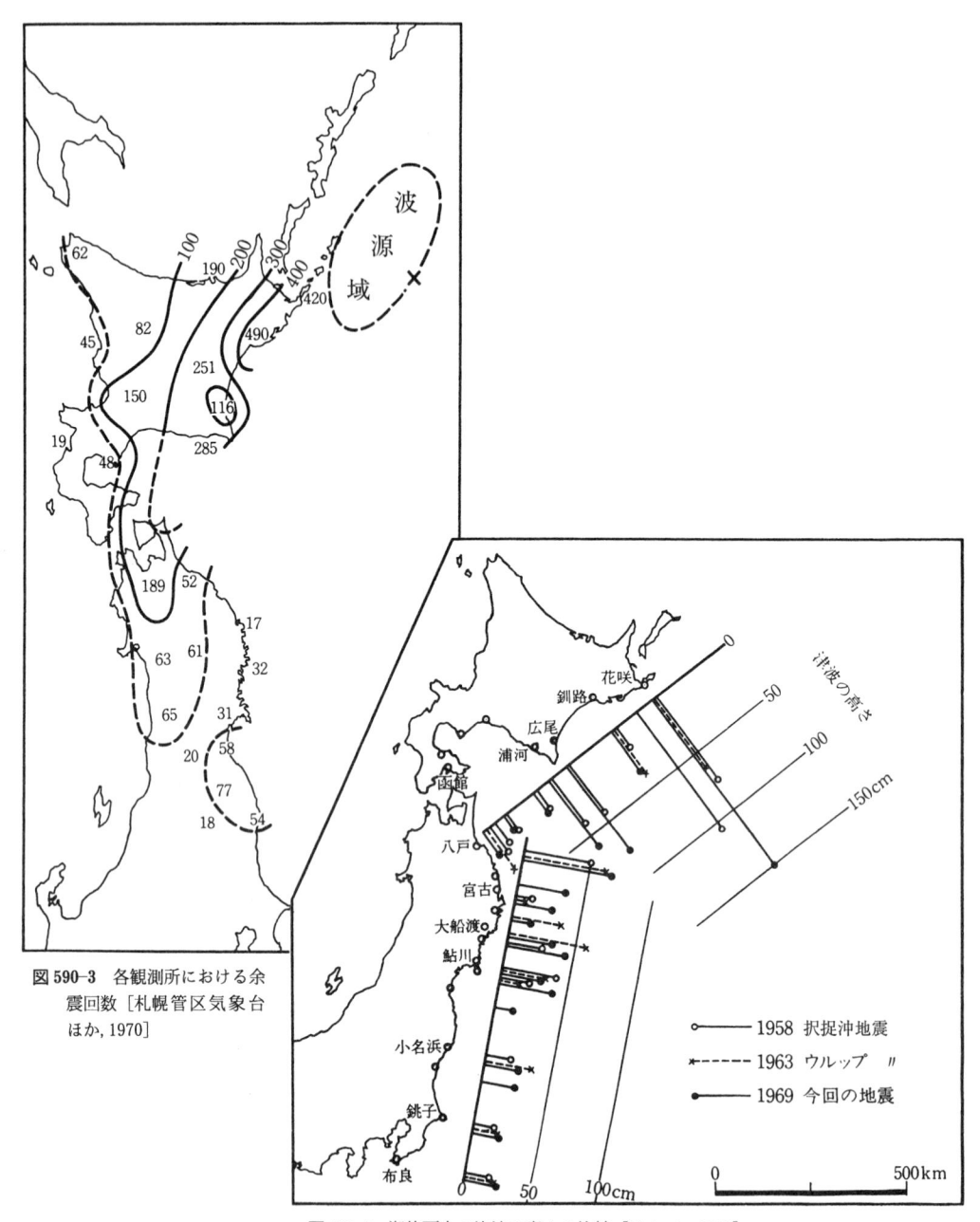

図590-4 潮位面上の津波の高さの比較 [Hatori, 1970]

い被害. 津波の高さは花咲129 cm, 釧路93 cm, 函館47 cm, 網走37 cm, 稚内22 cm, 八戸109 cm, 大船渡64 cm, 鮎川70 cm, 銚子38 cm, 串本62 cm, ハワイ22 cm であった. 図590-4は潮位面上の最大波の高さ, 図590-2は波源域と8月中の余震の分布. 余震は10月末までに有感89回, 無感493回である. 図590-3は観測された余震回数の分布で100倍地震計に換算してある. 図590-5は余震の減り方, 図590-6はこの地方の津波を伴ったおもな地震の波源をまとめたもの. [0, 2.5]

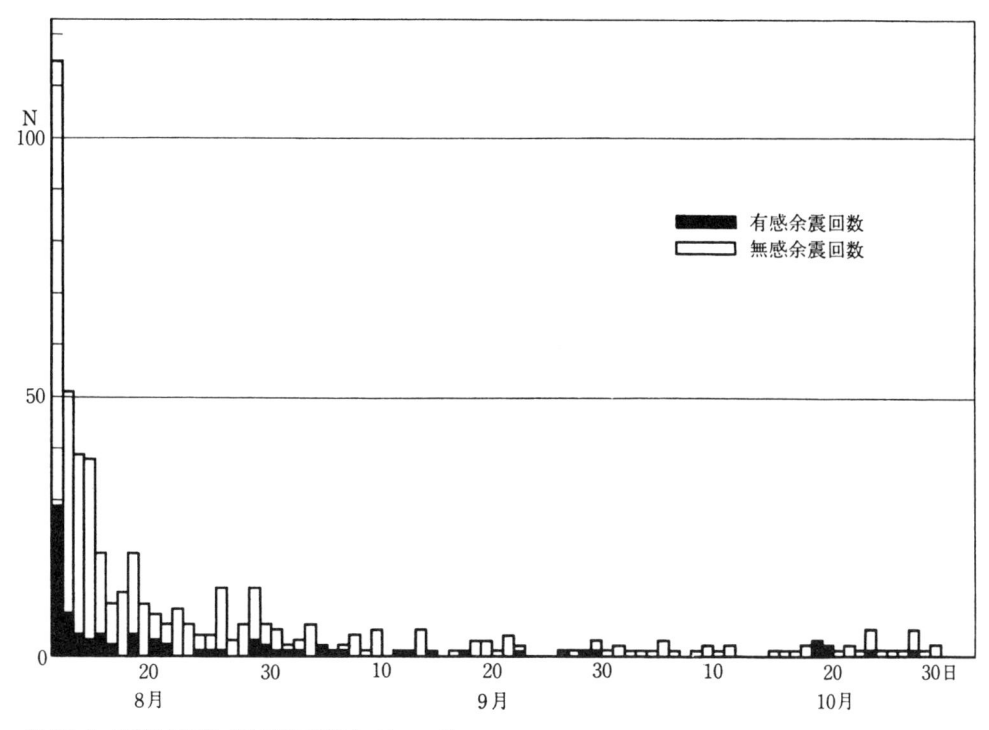

図 590-5　日別余震回数　[札幌管区気象台ほか, 1970]

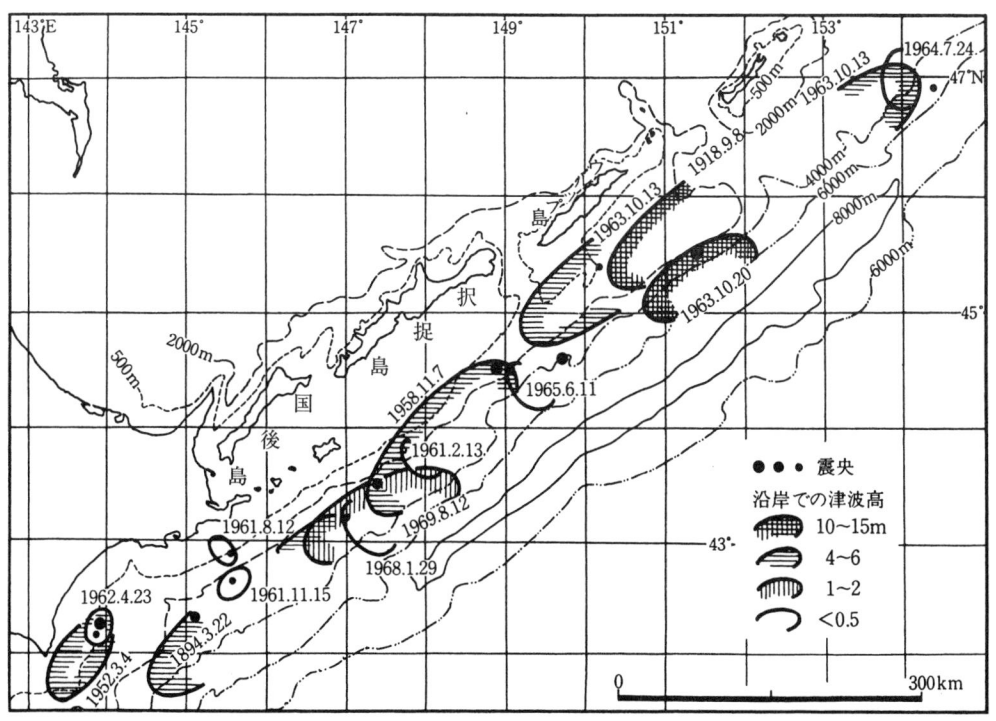

図 590-6　千島付近の津波の波源域　[Hatori, 1971, BERI, 49, 63-75]

591 1969 IX 9 (昭和 44) 14 時 15 分　岐阜県中部　$\lambda = 137°04'$ E　$\varphi = 35°47'$ N　$M = 6.6$　$h = 0$ km　死 1, 傷 10, 住家一部破損 86, 非住家被害 49, 道路損壊 7, 山 (崖) 崩れ 36, 郡上郡奥明方村・和良村で被害が大きく, 益田郡馬瀬村・萩原町・金山町でも被害. 山地のため山・崖崩れが多く, このために道路が塞がれ不通になったところ (奥明方村小川－金山線, 白鳥線) が目立ち, 小川・寒水・畑佐地区は一時孤立した. また, 負傷者や家屋被害はほとんど落石によるものである. その

図 591-1　岐阜県内震度分布 [気象庁・岐阜地方気象台, 1970, 験震時報, **34**, 157-176]

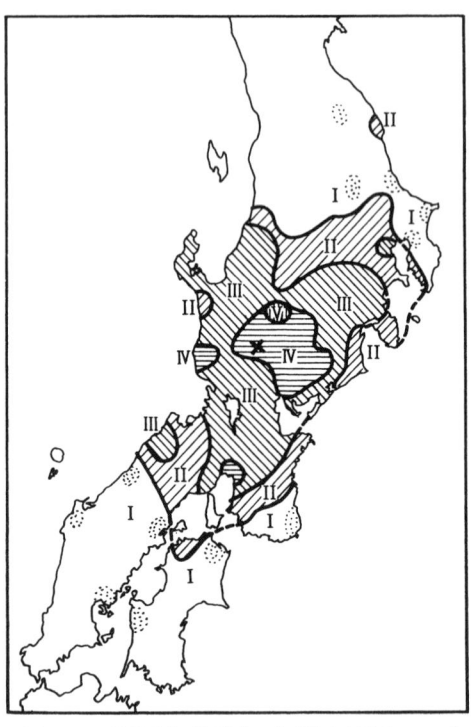

図 591-2　震度分布 [気象庁・岐阜地方気象台, 1970]

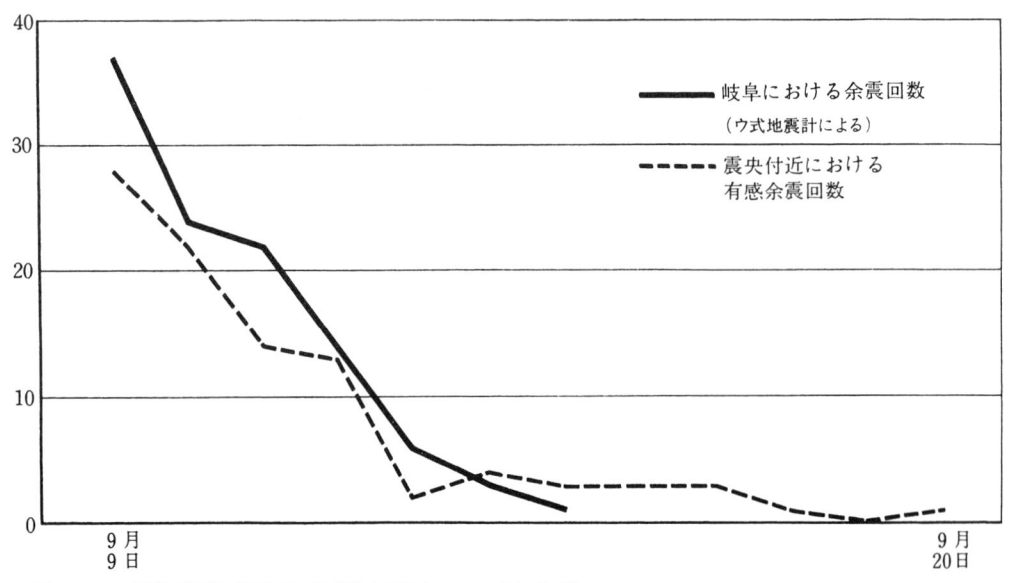

図 591-3　日別余震回数 [気象庁・岐阜地方気象台, 1970 より作成]

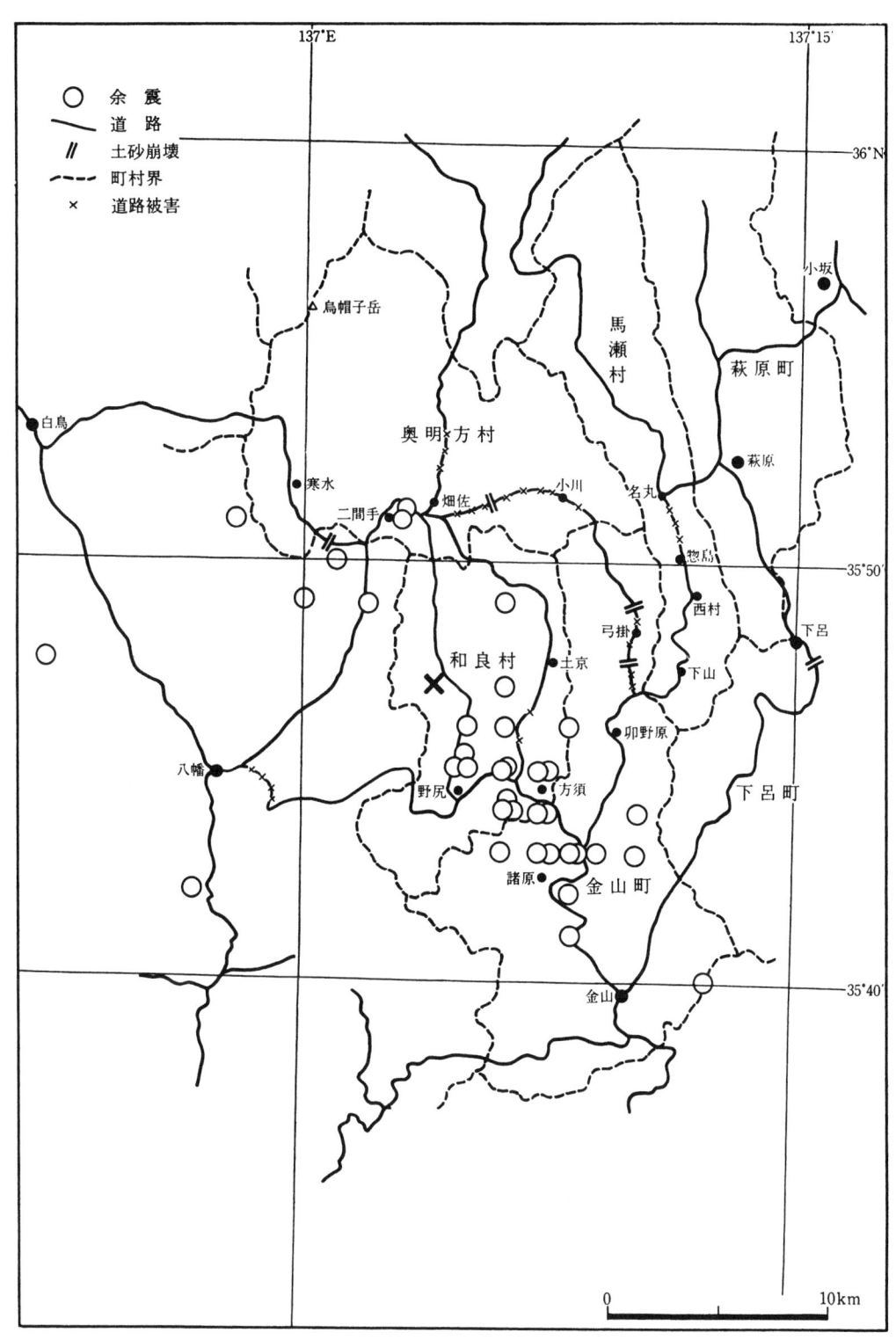

図 591-4 被害および余震分布 [気象庁・岐阜地方気象台, 1970 より作成]

ほか道路の亀裂や墓石の転倒多く, 畑佐地区で墓石・石像の倒壊率は 90% くらいだった. 地震前に鯉の動きに異常が見られた. 全国の伸縮計の解析から仮想断層の横ずれ量は 0.3 m と求められた. 主震に地鳴りを伴った.

592　1970 I 1 (昭和 45) 04 時 02 分　奄美大島近海　$\lambda=129°13'$ E　$\varphi=28°24'$ N　$M=6.1$　$h=50$ km　震度は名瀬で V, 屋久島・沖永良部で Ⅲ, 奄美本島の名瀬市・大和村に被害が多く, 本島で傷 5, 崖崩れ 4, 徳之島伊仙町で崖崩れ. 全体で住家一部破損 1,462, 水道関係 32 ヵ所, 土木関係 14 件の被害あり. 名瀬港埠頭のコンクリートに亀裂を生ず. 1 月中の有感余震回数は表 592-1 のとおり.

593　1970 I 21 (昭和 45) 02 時 33 分　北海道南部　$\lambda=143°08'$ E　$\varphi=42°23'$ N　$M=6.7$　$h=50$ km　震度 V は広尾・帯広・浦河. 日高地方で小被害. 傷 32 (39), 住家全壊 2(1), 半壊 7(7), 一部破損 139 (389), 非住家被害 60 (79), その他道路・鉄道の被害あり. かっこ内は別の資料によるもの. 有感余震回数は表 593-1 のとおり.

594　1970 Ⅲ 13 (昭和 45) 22 時 27 分　広島県北部　$\lambda=132°49'$ E　$\varphi=34°56'$ N　$M=4.6$　$h=10$ km　沓ヶ原付近に地震が頻発した (4 月末頃まで). 落石多く, それにより農家の納屋破損.

595　1970 Ⅳ 9 (昭和 45) 01 時 43 分　長野県北部　$\lambda=138°06'$ E　$\varphi=36°26'$ N　$M=5.0$　$h=0$ km　坂井村でブロック塀の倒壊・屋根瓦の破損などの軽微な被害.

596* 　1970 Ⅶ 26 (昭和 45) 07 時 41 分　日向灘　$\lambda=132°02'$ E　$\varphi=32°04'$ N　$M=6.7$　$h=10$ km　傷 13, 道路損壊 5, 山・崖崩れ 4 などの小被害. 被害は宮崎・日南両市に多かった. 小津波あり. 全振幅は油津 39 cm,

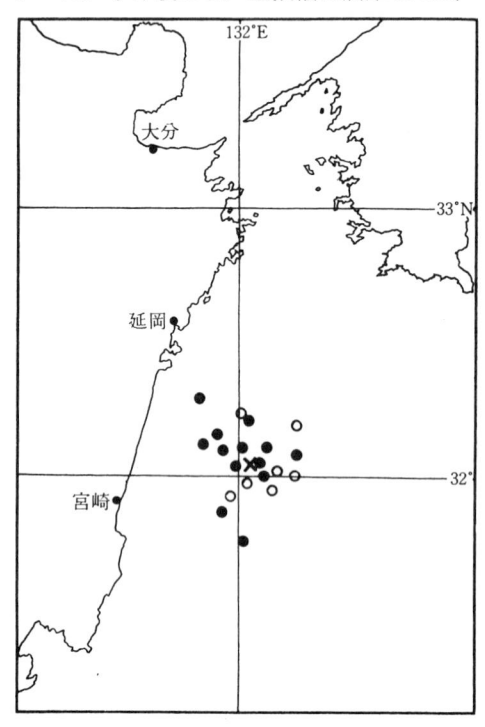

図 596-1　28 日 03 時 12 分までの余震分布 [福岡管区気象台, 1971, 験震時報, **36**, 77-84]

表 592-1　日別有感余震回数 [福岡管区気象台ほか, 1972, 験震時報, **37**, 25-32]

日	1	2	3	4	5	6	7	8	9	10	11	12	13	14	15	16	17	18	19	20	21	22	23	24	25	26	27	28	29	30	31	計
有感	10	5	4	3	1	2	3	2	2	0	3	1	1	2	1	1	0	0	5	7	5	0	2	2	1	1	0	0	0	1	2	67

表 593-1　日別有感余震回数 [気象庁データより作成]

日	1月 21	22	23	24	26	27	30	2月 4	6	9	15	16	17	21	24	25	28	3月 7
有感余震数	28	6	4	3	2	1	3	1	2	1	1	2	1	1	2	1	1	1

土佐清水 44 cm，串本 17 cm．余震の最大のものは同日 16 時 10 分（$\lambda=132°06'$ E $\varphi=32°07'$ N $M=6.1$ $h=10$ km）に起きた．余震の震央は図 596-1 のとおり．白丸は福岡管区気象台で，黒丸は気象庁本庁で決めたもの．［-1，-0.5］

597 1970 IX 29（昭和 45）19 時 11 分 広島県南東部 $\lambda=133°18'$ E $\varphi=34°26'$ N $M=4.9$ $h=10$ km 御調郡久井町で用水路破損し，水田が冠水した．

598 1970 X 16（昭和 45）14 時 26 分 秋田県南東部 $\lambda=140°45'$ E $\varphi=39°12'$ N $M=6.2$ $h=0$ km 傷 6，住家全焼 1，半壊 20，一部破損 446，非住家被害 33，道路損壊 36，山（崖）崩れ 19．被害は主として秋田県南東部（東成瀬村・山内村）と岩手県湯田町に大きかった．肴沢・岩井川およびその近くで墓石転倒率が 50% 以上に達した．本震の 32 分前に前震があり，さらに東成瀬村肴沢で当日午前 3 回，午後 1 回の前震があったという．最大の余震は 16 日 19 時 43 分（$\lambda=140°47'$ E $\varphi=39°14'$ N $M=4.9$ $h=10$ km）のものである．図 598-2 は東北大学の観測所が求めた余震の震央で，白×印と白丸は 7 月 10 日にあった地震の本震と余震である．この地震に先立って 9 月 18 日から秋田駒ヶ岳が 1932 年以来の噴火をはじめた．駒ヶ岳付近の臨時観測点での余震回数と駒ヶ岳の爆発回数の関係は図 598-4 のようで，地震の 3 日後の 19 日頃から噴火回数が急減した．

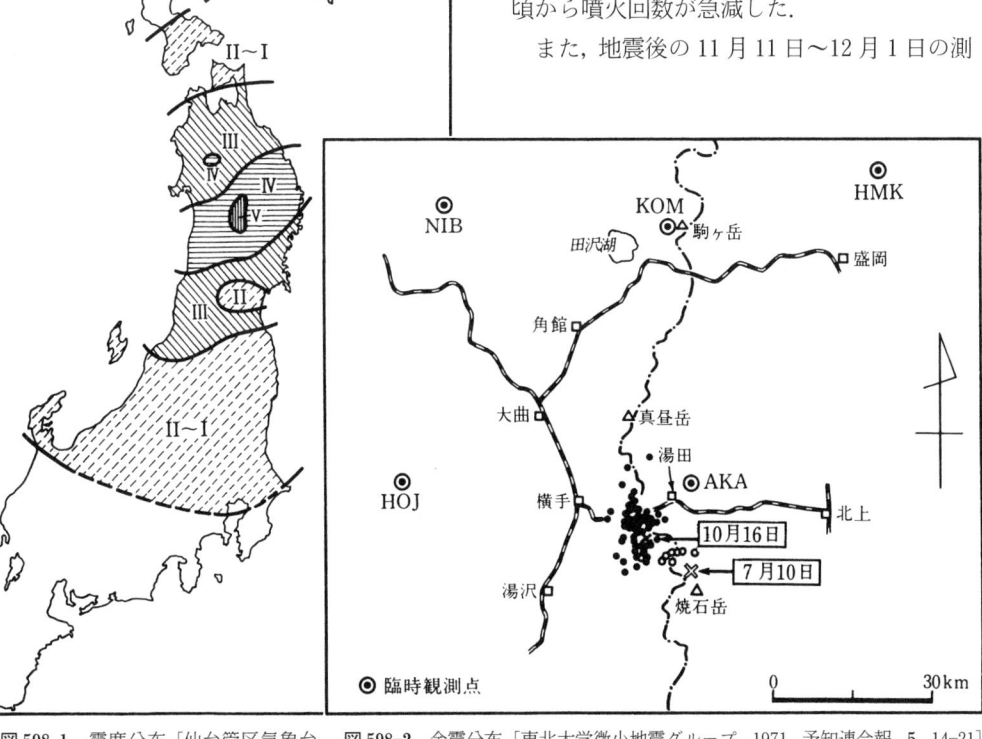

また，地震後の 11 月 11 日〜12 月 1 日の測

図 598-1 震度分布［仙台管区気象台ほか，1971，験震時報，**36**，45-75］ 図 598-2 余震分布［東北大学微小地震グループ，1971，予知連会報，**5**，14-21］

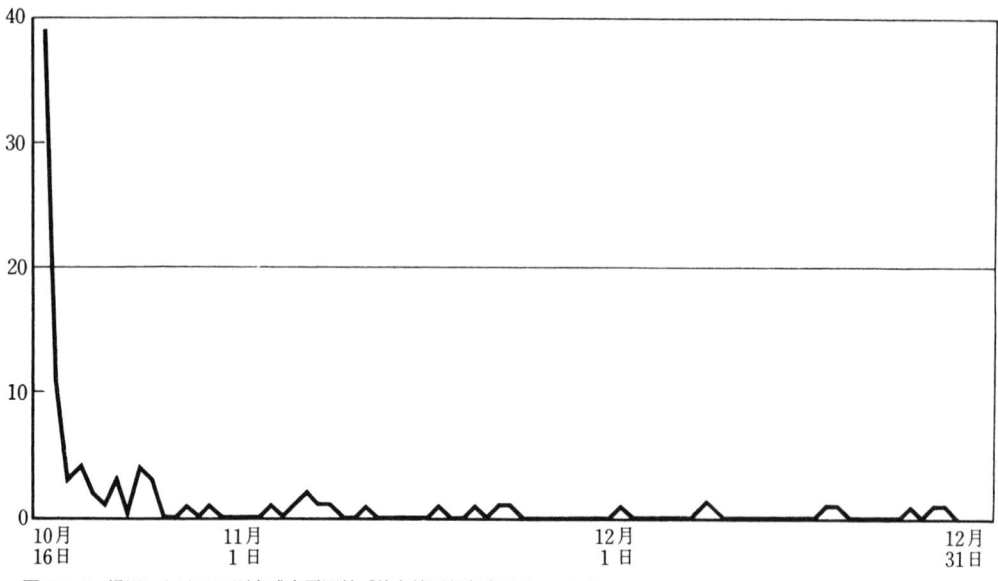

図 598-3 湯田における日別有感余震回数 [仙台管区気象台ほか, 1971]

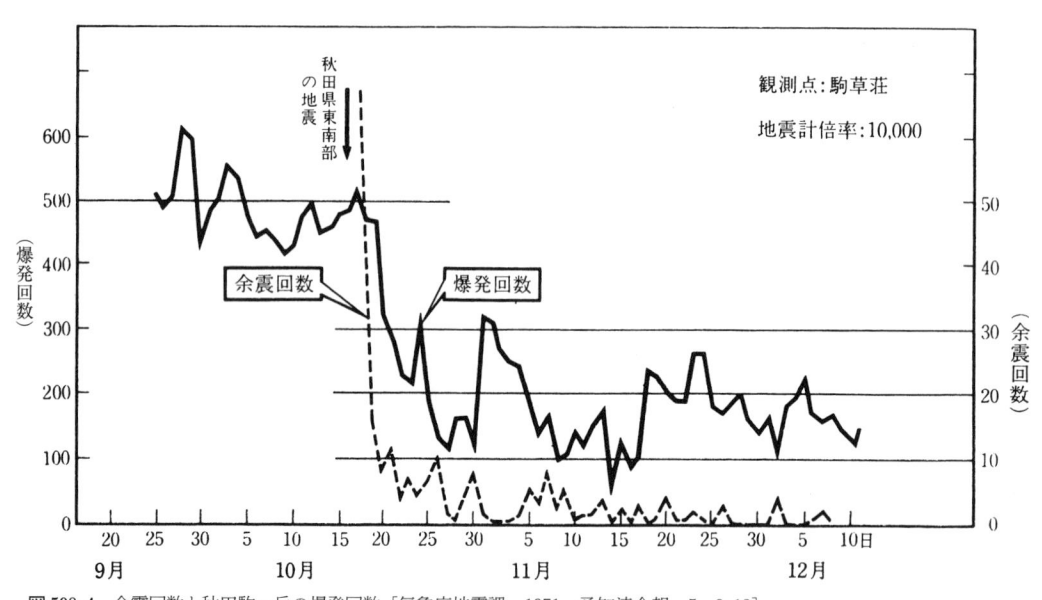

図 598-4 余震回数と秋田駒ヶ岳の爆発回数 [気象庁地震課, 1971, 予知連会報, 5, 9-13]

量の結果は図 598-5 のようで, 県境付近が約 3〜4 cm 隆起し, 東に行くにつれて沈下していることがわかった. この沈下は湯田ダムの貯水 (1965 年 3 月から本格的貯水) による人為的沈下の影響かもしれない. 1896 年 8 月 31 日の地震を参照のこと. 図 598-6 は建物に被害のあった町村を黒丸で示している.

[参考：村井, 1973, 震研速報, **10**(3), 16-26]

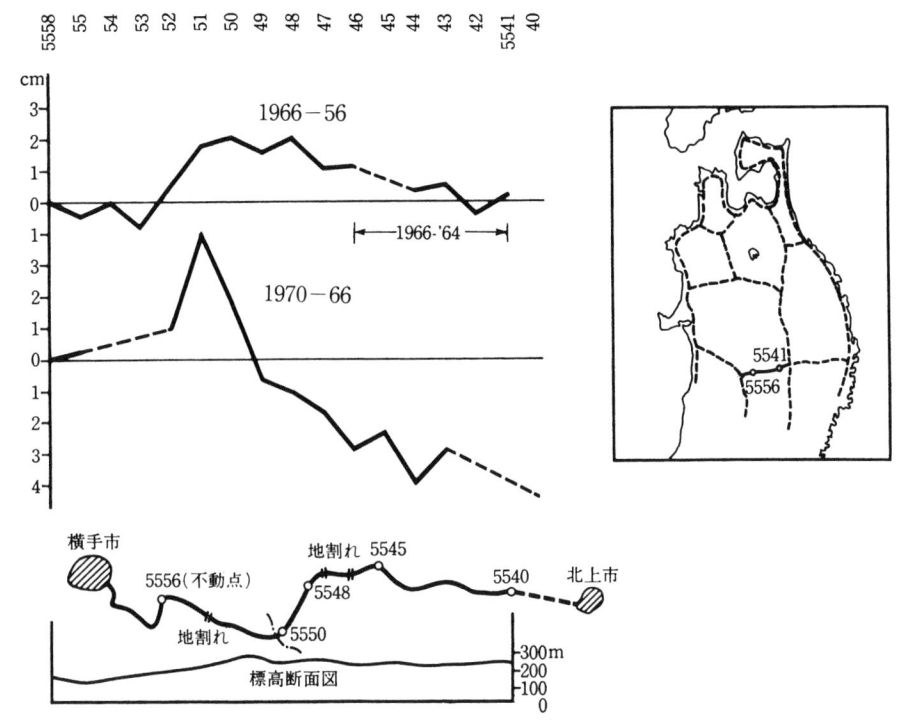

図 598-5 水準点の上下変動 [国土地理院, 1971, 予知連会報, 5, 3-8]

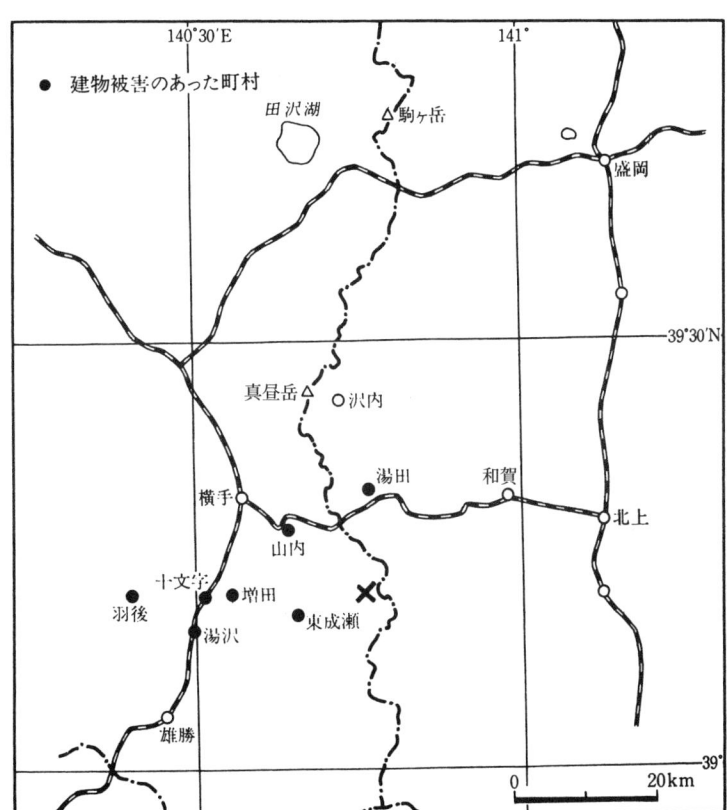

図 598-6 震央地域 [村井, 1973 などから作成]

4 被害地震各論

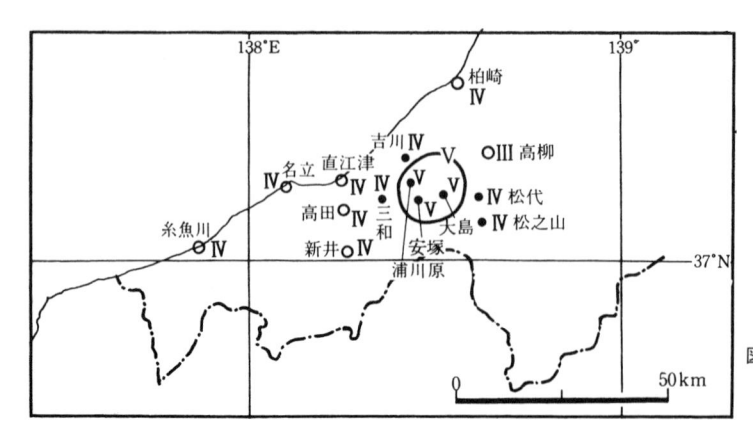

図599-1 震度分布 [気象庁, 1971, 予知連会報, **6**, 7-11]

599 1971 II 26（昭和46）04時27分 新潟県南部 $\lambda=138°21'$ E $\varphi=37°08'$ N $M=5.5$ $h=0$ km 震央付近で地盤沈下・ガラス破損などの被害．傷13，住家半壊1，浦川原村宝生寺地内で崖崩れ（200 m³）国道を塞ぐ．その他松代・松之山・大島の各町村で雪崩あり，高田における有感余震数は26日8回，27・28日各1回，3月1日・2日各2回であった．図599-1は震度分布を示す．

600* 1971 VIII 2（昭和46）16時24分 浦河沖 $\lambda=143°42'$ E $\varphi=41°14'$ N $M=7.0$ $h=60$ km 北海道南部で鉄路の狂い，壁・水道管のひび割れ，小崖崩れなどの小被害．津波の高さは広尾20 cm，八戸15 cm，浦河13 cm，宮古9 cm．[−1, −0.5]

601 1971 XI 10（昭和46）17時37分 長野県北部 $\lambda=138°20'$ E $\varphi=36°37'$ N $M=4.5$ $h=0$ km 須坂市付近で壁の亀裂，落石などによる軽い被害あり．

602 1972 I 14（昭和47）16時14分 大島近海 $\lambda=139°19'$ E $\varphi=34°48'$ N $M=3.8$ $h=0$ km 群発地震．14日から15日朝までに無感を含めて183回の地震．大島で崖崩れなどの小被害．21日にも地震が群発した．

比較的大きい地震は次のとおり．

14日16時18分	139°15′E	34°44′N	$M=3.4$	$h=0$km
16 26	15′	46′	3.8	0
20 18	17′	40′	3.2	10

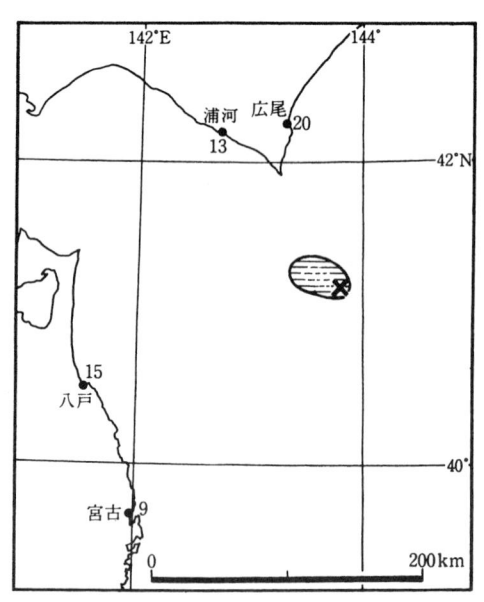

図600-1 津波の高さ（単位cm）と波源域 [羽鳥, 1972, 地震II, **25**, 362-370に加筆]

603* 1972 Ⅱ 29（昭和 47） 18 時 22 分　八丈島近海　$\lambda = 141°16'$ E　$\varphi = 33°11'$ N　$M = 7.0$　$h = 70$ km　被害は八丈島で一部破損など 25，道路損壊 115．総戸数 3,535 のうち水道管の破損で 2,130 戸が断水した．発光現象が報告され，海震もあった．建物の被害は少なく，壁の亀裂・剥落程度であった．御蔵島で落石のため漁船大破 2 という．小津波あり，高さは布良 19 cm，小名浜 14 cm であった．図 603-2 は 2 月中の余震分布と津波の波源域．[−1, 0.5]

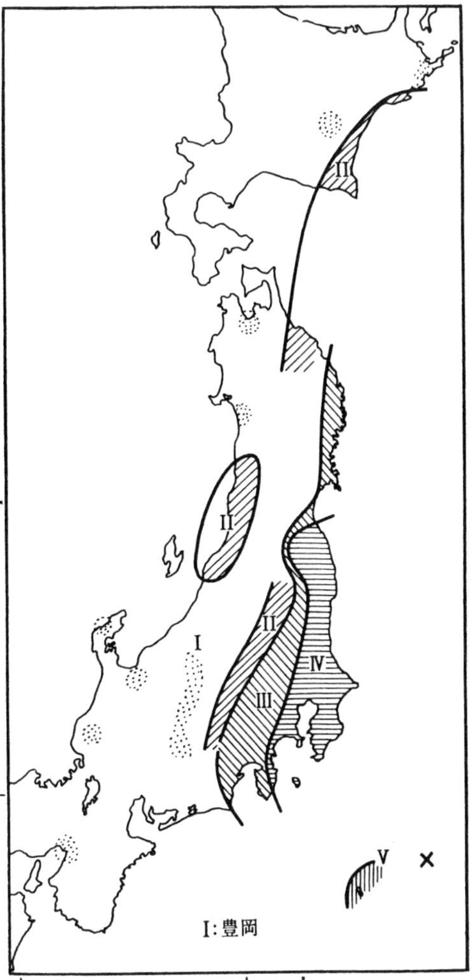

図 603-1　震度分布　[気象庁, 1972, 予知連会報, 8, 55-60]

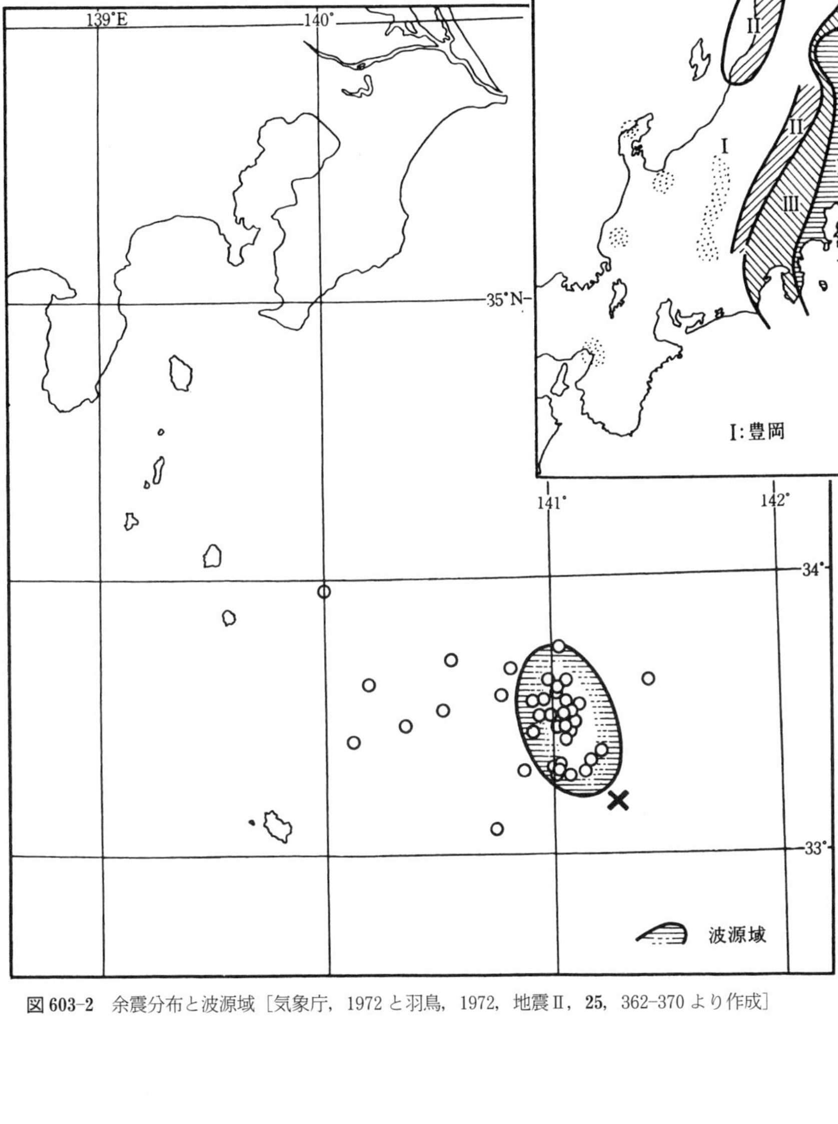

図 603-2　余震分布と波源域　[気象庁, 1972 と羽鳥, 1972, 地震Ⅱ, 25, 362-370 より作成]

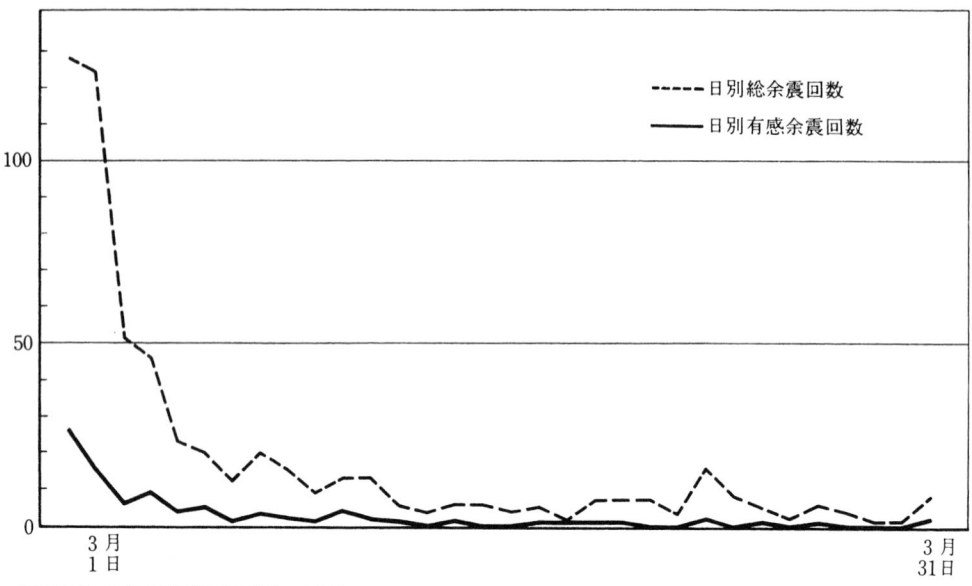

図 603-3 日別余震回数 [気象庁, 1972]

604 1972 Ⅶ 7 (昭和 47) 13 時— 小宝島近海 $\lambda = 129.3°$ E $\varphi = 29.2°$ N $M = 3\frac{1}{2}$ $h =$ 極浅　12 時 40 分から 13 時 55 分までの間に 9 回の有感地震. 地割れ・瓦のずれなどを生じた. これに先立ち 6 月 21 日に 2 回, 7 月 3 日に 1 回の有感地震があった.

605 1972 Ⅷ 20 (昭和 47) 19 時 09 分 山形県中部 $\lambda = 139°57'$ E $\varphi = 38°36'$ N $M = 5.3$ $h = 20$ km　湯野浜でコンクリートアパートの壁 2 m² 落ち, 鶴岡市で停電 600 戸.

606 1972 Ⅷ 31 (昭和 47) 17 時 07 分 福井県東部 $\lambda = 136°46'$ E $\varphi = 35°53'$ N $M = 6.0$ $h = 10$ km　大野市・和泉村に落石あり. バスに軽微な傷つく. 高鷲村で停電.

— 1972 Ⅸ 6 (昭和 47) 20 時 42 分 有明海 $\lambda = 130°26'$ E $\varphi = 32°45'$ N $M = 5.2$ $h = 10$ km　清水・坪井・京町・池田町方面で 2 万 5,000 戸停電.

607* 1972 ⅩⅡ 4 (昭和 47) 19 時 16 分 八丈島近海 $\lambda = 141°05'$ E $\varphi = 33°12'$ N $M = 7.2$ $h = 50$ km　**1972 年 12 月 4 日八丈島東方沖地震**　八丈島で震度Ⅵ, 断水 3,169 世帯, その他道路損壊 4, 地割れ 4, 落石 9, 土砂崩壊多数などの被害があったが, 建物の被害は軽微だった. 青ヶ島でも落石 4, 土砂崩壊 3 があった. 図 607-1 は八丈島における月別有感地震回数で, 1972 年 4 月以降 12 月 4 日までに 55 回 (Ⅲ-5 回, Ⅱ-15 回, Ⅰ-35 回), 12 月 4 日から 1973 年 4 月末までに 202 回 (Ⅵ-1 回, Ⅲ-22 回, Ⅱ-39 回, Ⅰ-140 回) であった. 12 月中の余震の分布と波源域は図 607-4 のとおりで, いずれも **603** 番よりやや西に寄っている. 小津波あり. 津波の最大高さは八丈 23 cm, 小名浜 17 cm, 館山 23 cm, 尾鷲 19 cm, 潮岬 26 cm であった. [−1, 1]

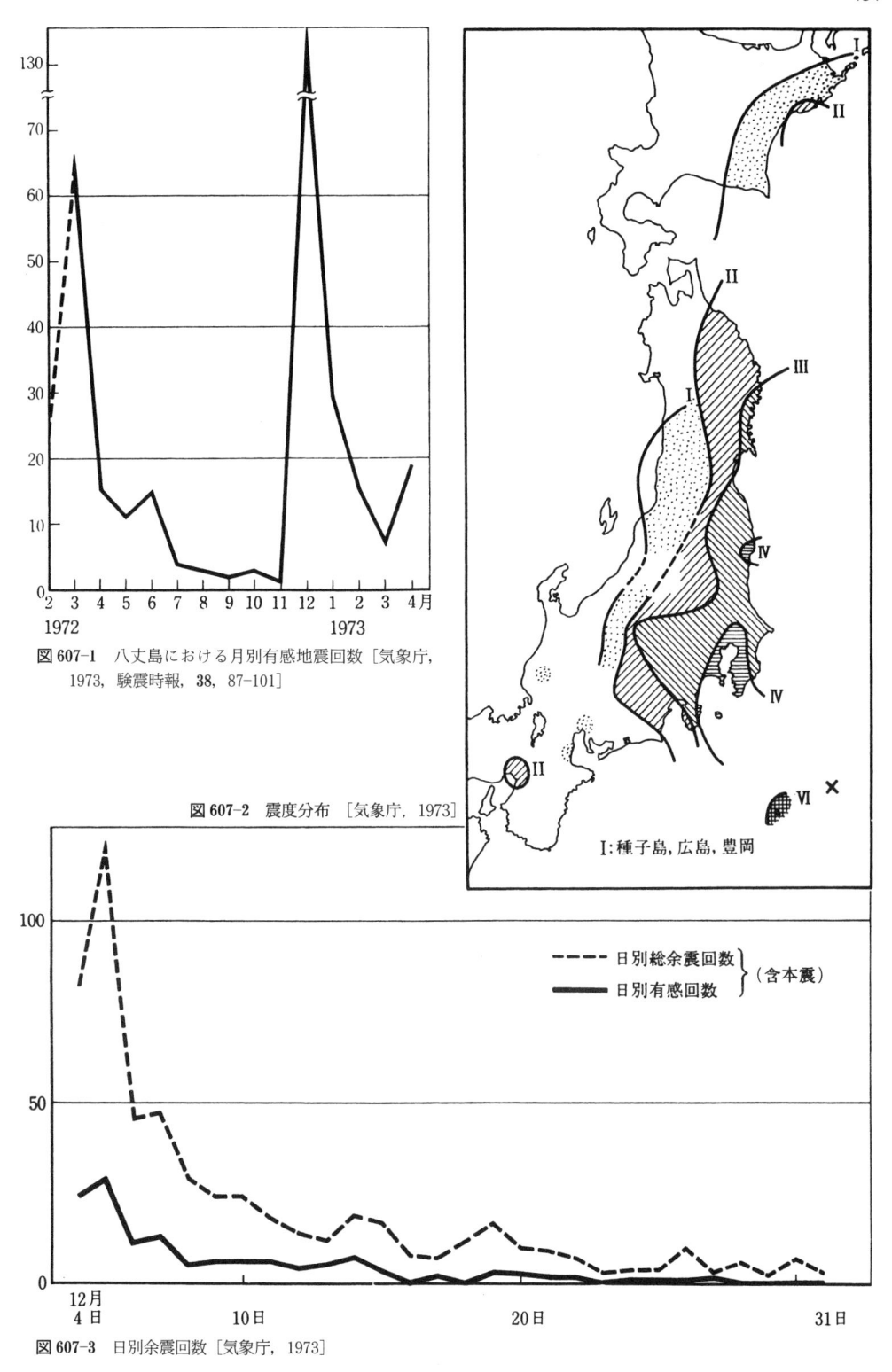

図 607-1 八丈島における月別有感地震回数 [気象庁, 1973, 験震時報, **38**, 87-101]

図 607-2 震度分布 [気象庁, 1973]

I：種子島, 広島, 豊岡

図 607-3 日別余震回数 [気象庁, 1973]

日別総余震回数　(含本震)
日別有感回数

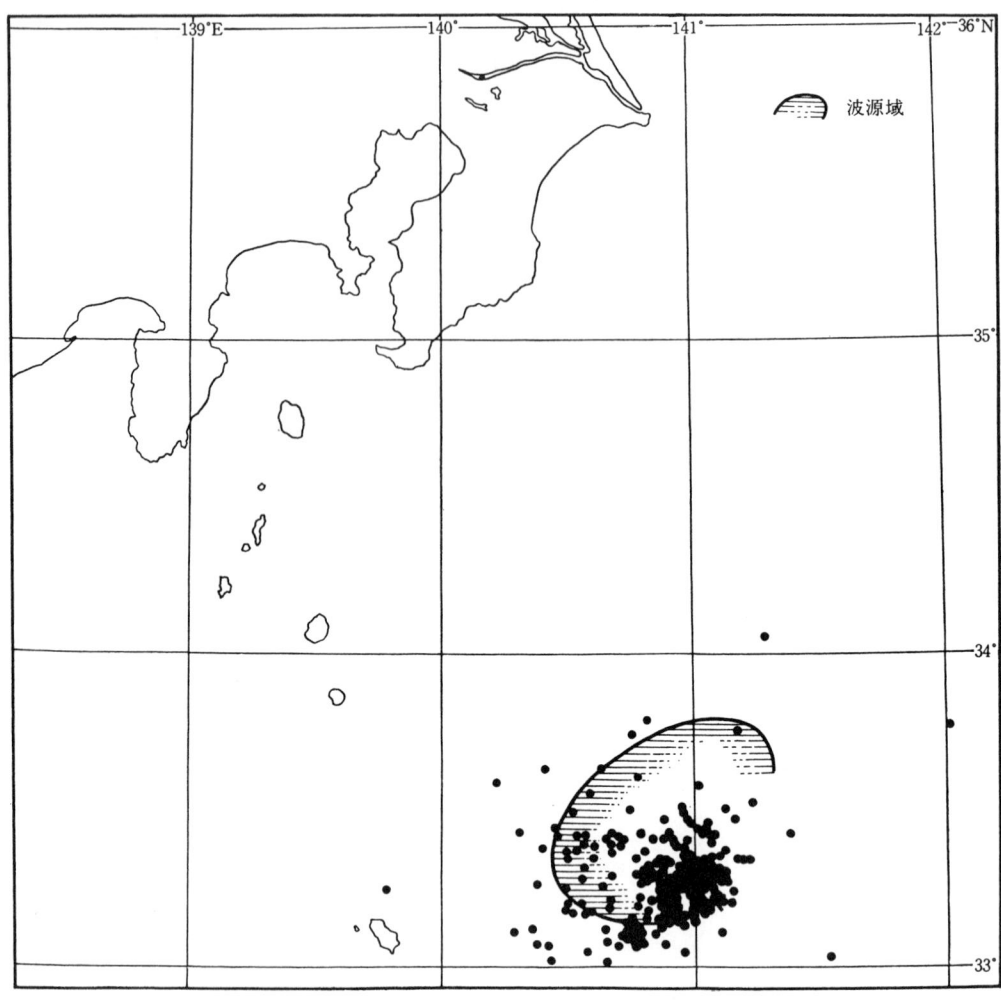

図 607-4　12月中の余震分布と波源域［気象庁, 1973 と羽鳥, 1973, 地震II, 26, 285-293 から作成］

608* 1973 VI 17（昭和48）12時55分　根室半島南東沖　$\lambda=145°57'E$　$\varphi=42°58'N$　$M=7.4$　$h=40$ km　**1973年6月17日根室半島沖地震**　最大震度はV．根室・釧路地方に被害．傷26, 家屋全壊2, 同一部破損1, 床上浸水89, 床下浸水186, 船舶沈没3, 流失1, ろ・かい船6などの被害（6月18日警察庁調べ）があった．津波を伴い, 波高は花咲で2.8 m, 十勝港で1.1 mに達した．また, 同月24日11時43分の余震（$\lambda=146°45'E$　$\varphi=42°57'N$　$M=7.1$　$h=30$ km）で, 根室で傷1, 厚岸で家屋一部破損2などの小被害があった．

この地方は, かねてから漠然と大地震が予想されていた地域で, 昭和45年2月20日, 地震予知連絡会によって「特定観測地域」に指定されて, 地震の起こり方や地殻変動について調査・研究されていた．この地震に際しはじめて, 地震予知連絡会は, 地震の将来についての見解をまとめて公表した．

震度分布・日別余震回数・余震分布は図608-1, 2, 3のとおり．地震後, 余震や地殻変

動の調査が行われ，この地震がかねて予測されていた大地震そのものなのか，あるいは大地震の前兆なのか（このときには近い将来，$M=8$クラスの大地震が生ずる）に議論が集中した．本震で [0, 2]，24日の余震で [-1, 0.5]．

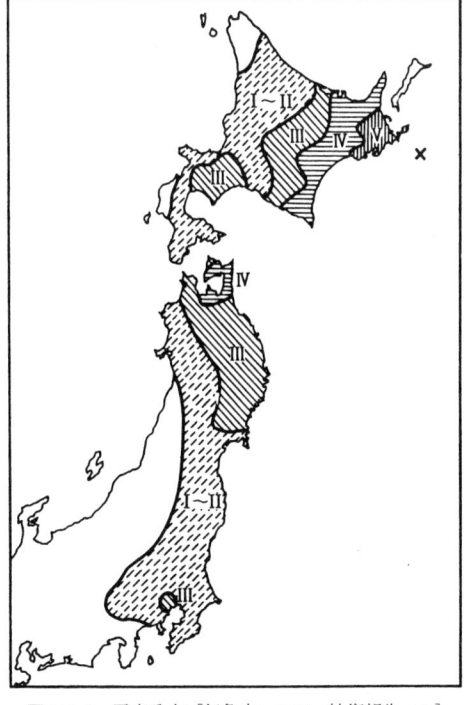

図 608-1　震度分布 [気象庁，1974，技術報告，87]

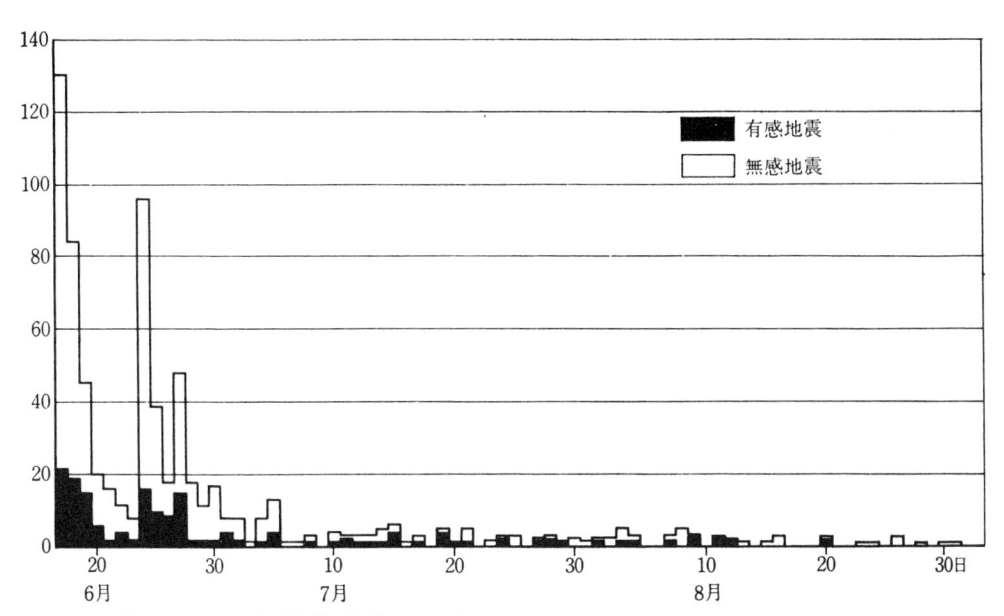

図 608-2　根室における日別余震回数 [気象庁, 1974]

440   4 被害地震各論

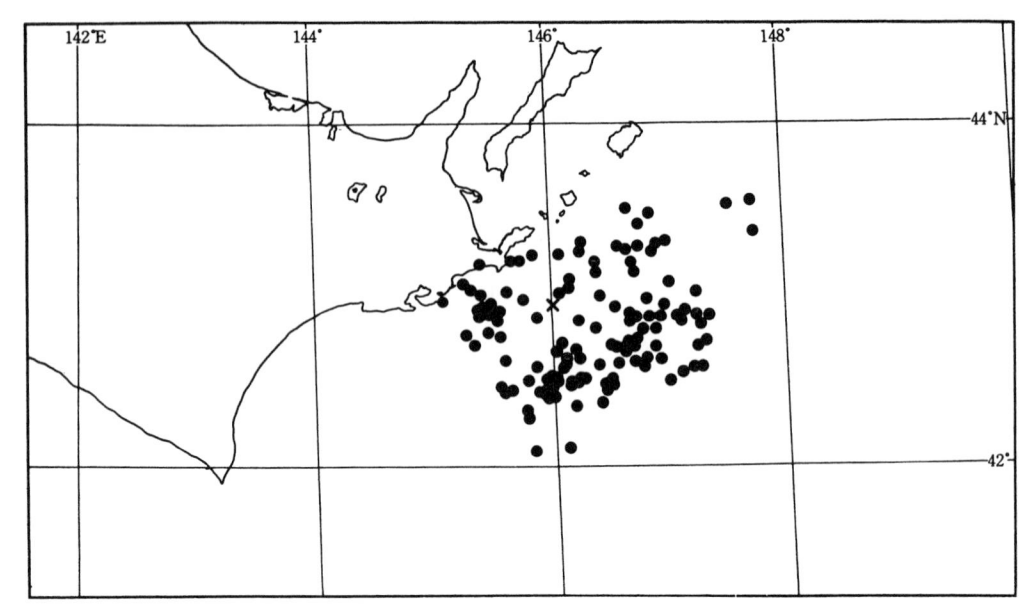

図 608-3 本震および余震の震央分布（6〜8月）［気象庁, 1974］

609　1973 XI 25（昭和 48）13 時 25 分　和歌山県西部　$\lambda=135°25'$ E　$\varphi=33°51'$ N　$M=5.9$　$h=60$ km　　和歌山県で傷 2．また，同日 18 時 19 分にもほぼ同じ地点（$\lambda=135°23'$ E　$\varphi=33°53'$ N　$M=5.8$　$h=60$ km）にかなりの地震があったが，被害はなかった．

610*　1974 V 9（昭和 49）08 時 33 分　伊豆半島南端　$\lambda=138°47'$ E　$\varphi=34°38'$ N　$M=6.9$　$h=9$ km　**1974 年伊豆半島沖地震**　余震は，6 月末までに有感 197 回，無感 88 回，計 285 回（気象庁による）であった．5 月 10 日から天城山西方に余震が発生し，11 日夜にはかなり顕著な余震が同方面にあった．図 610-3 は 5 月 13〜31 日（ただし，25〜27 日を除く）の高感度地震計による余震分布である．被害は表 610-1 および図 610-5, 6, 7 のとおりであるが，南伊豆町中木地区では城畑山の斜面が地すべり（約 5 万 m³ の土砂量）して民家 22 戸を埋没し，27 人が死亡した．

また埋没家から出火した．その他入間地区でもほとんど全戸に損壊があった．別の統計によると，この地震全体で道路損壊 129，橋梁損壊 3，地すべり 153，水道管破損 129 件などがあった．小さな津波が観測された（御前崎で全振幅 12 cm，南伊豆町で 11 cm）．温泉の湧出量や温度の増加が 8 温泉地で観測されたが，湧出量や温度が減少した温泉地はなかった．また，測量の結果，この地震の前後に，伊豆半島南端が 3〜5 cm 沈下していることがわかった．石廊崎町から N55°W の方向に長さ 5.5 km に達する右ずれの断層が出現した．その相対変位は上下で最大 45 cm，水平で 25 cm で南西側が上昇した．海上自衛隊の潜水艦「あさしお」が付近の海中でこの地震にあい，下から突き上げられ，上下に激しくゆすられ緊急浮上した．［−1, −2］

図 610-1 震度分布 [気象庁, 1975, 験震時報, 39, 89-120]

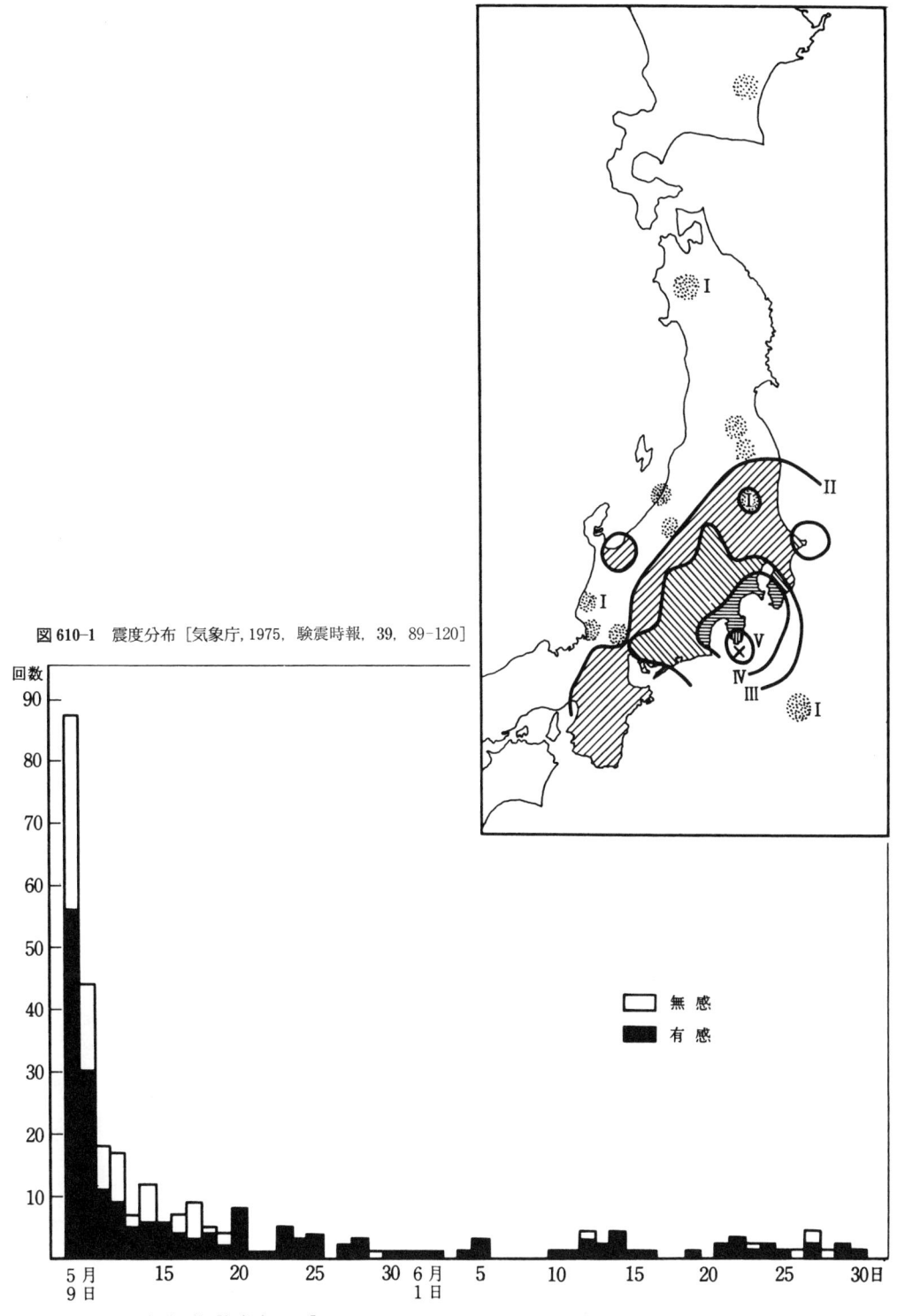

図 610-2 日別余震回数 [気象庁, 1975]

442　4　被害地震各論

図 610-3　余震分布 [唐鎌ほか, 1974, 震研速報, **14**, 55-67]

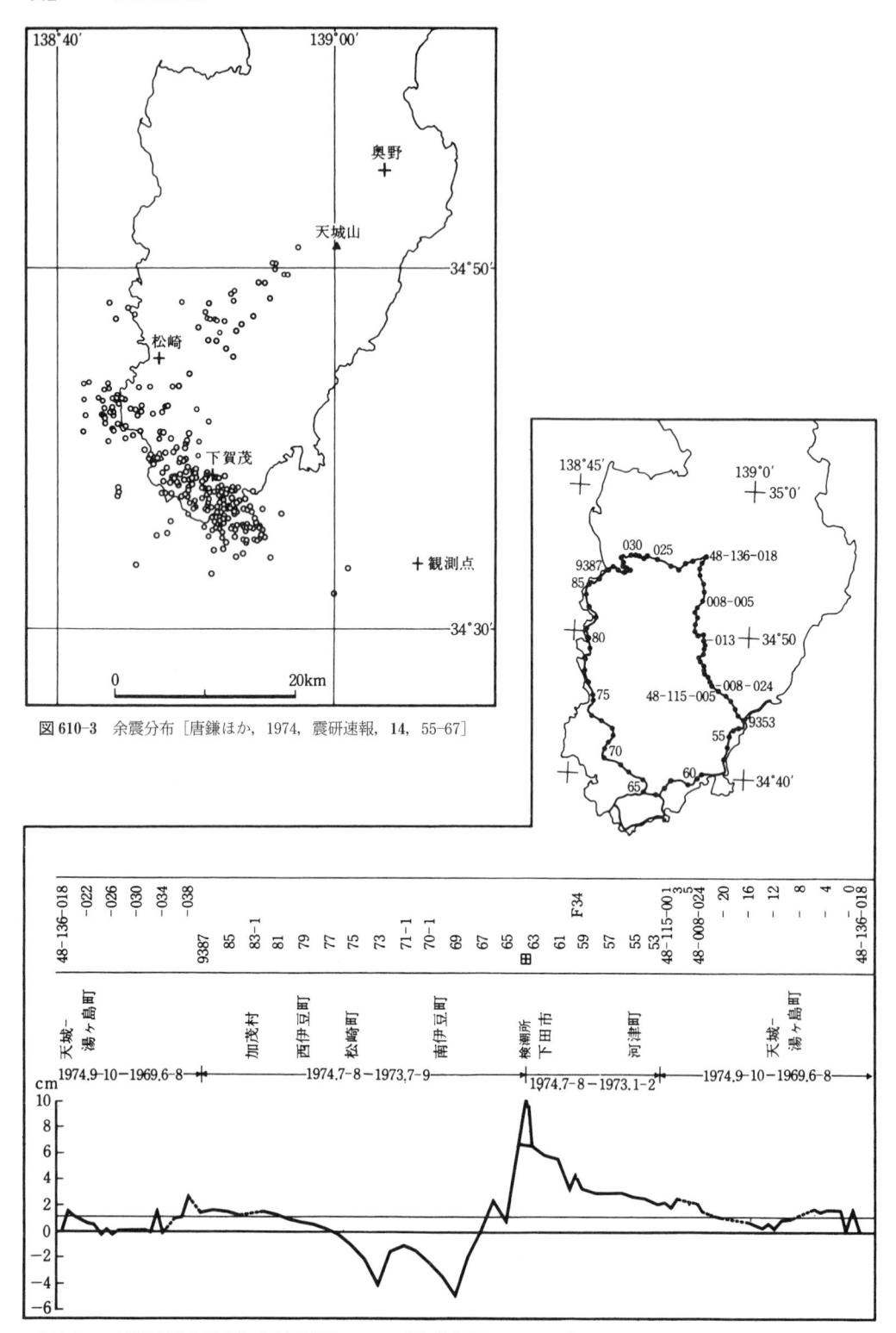

図 610-4　水準路線と上下変動 [国土地理院, 1975, 予知連会報, **13**, 69-74]

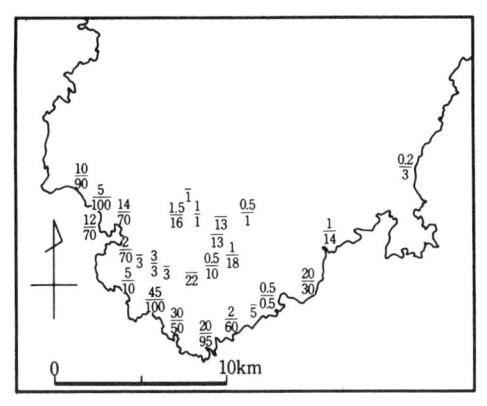

図 610-5　家屋被害率（全半壊率／被害率）[村井・金子, 1974, 震研速報, 14, 159-203]

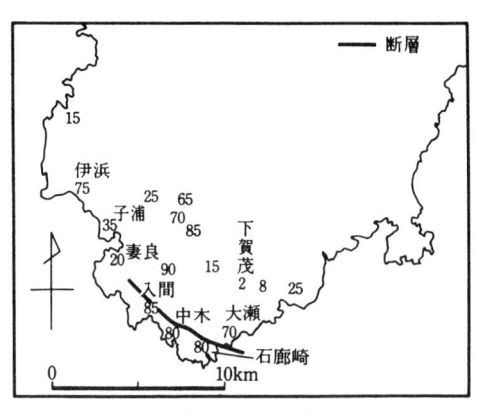

図 610-6　墓石転倒率（%）[村井・金子, 1974 に加筆]

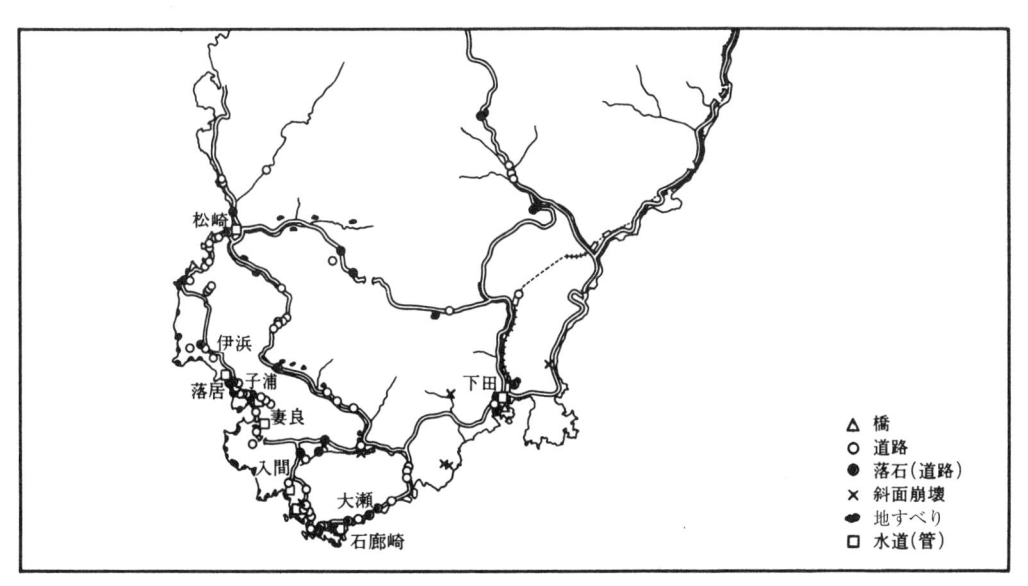

図 610-7　土木構造物の被害 [伯野ほか, 1974, 震研速報, 14, 221-240]

表 610-1 被害一覧［気象庁，1975，験震時報，39，89-120］

市町村 (地区名)			死者	負傷者	家屋の被害								非住家	道路被害箇所	山(崖)崩れ
					全壊		全焼		半壊		一部損壊				
					棟数	世帯人員	棟数	世帯人員	棟数	世帯人員	棟数	世帯人員			
南	中	木	27	8	30	114	5	17	3	8	19	69		11	1
	入	間		3	31	143			22	94	12	44		1	3
	伊	浜	1		1	3			14	53	29	115	2	5	3
	落	居			1	2			1	2	2	8		1	2
	妻	良		2	1	5			11	41	60	210	3	2	
	西子	浦	1	3	6	15			37	131	12	39	4	5	3
	東子	浦		1	5	16			8	27	11	42			
伊	石廊	崎		4	25	104			21	75	44	175		1	12
	下賀	茂		6	3	13			19	78	40	161			6
	上賀	茂		3							12	43			
	大瀬		1	3	1	5			6	21	45	218		4	6
豆	上小	野		1							2	11			
	下小	野			1	5									
	湊			1					10	29	18	76	4	2	
	加	納			2	6			17	63	32	146		1	1
	差	田							1	5	10	46		3	2
	下	流		1							1	5		1	5
町	手	石		2					9	28	44	158		1	
	石	井									10	46			
	吉	祥		1	4	20			10	39	27	102			
	吉	田							1	2			1	1	
	青	野									2	7			
	一条										1	8			1
	二条			1							6	24		1	1
	毛倉	野							1	5					
	青	市		2							3	8			
	その他の地区			16										10	
南伊豆町計			30	58	111	451	5	17	191	701	442	1,761	14	50	46
下田市				34	23	92			42	176	1,118	3,635	193	9	25
東伊豆町											17	70	4		18
西伊豆町									1	5	8	35	21	3	4
松崎町				8					6	23	277	1,110	189	19	1
河津町				2							55	231	31	5	7
合計			30	102	134	543	5	17	240	905	1,917	6,842	452	86	101

静岡県災害対策本部による．

611 1974 Ⅵ 23（昭和 49）10 時 40 分　宮城県北部　$\lambda=141°11'$ E　$\varphi=38°41'$ N　$M=4.7$　$h=0$ km　迫町でコンクリート床にひび入る．県道に小さな割れ目（長さ 17 cm）できる．

611-1 1974 Ⅵ 27（昭和 49）10 時 49 分　三宅島南西沖　$\lambda=139°12'$ E　$\varphi=33°45'$ N　$M=6.1$　$h=10$ km　御蔵島で落石による傷者 3 人．

612 1974 Ⅷ 4（昭和 49）03 時 16 分　茨城県南西部　$\lambda=139°55'$ E　$\varphi=36°01'$ N　$M=5.8$　$h=50$ km　傷者は埼玉 8 人，東京 9 人，千葉・茨城各 1 人，ショック死東京・茨城で各 1 名．震央付近で屋根瓦の落ちた家が十数軒あった．

613　1974 IX 4（昭和 49）18 時 20 分　岩手県北岸　$\lambda=141°56'$ E　$\varphi=40°11'$ N　$M=5.6$　$h=40$ km　久慈市で土砂崩れ，落石あり．盛岡で 1 万 6,000 戸，八戸で 1,000 戸停電．田野畑村村道で土砂崩れ（長 20 m，幅 5 m，高 1 m）．

614　1974 XI 9（昭和 49）06 時 23 分　苫小牧付近　$\lambda=141°47'$ E　$\varphi=42°29'$ N　$M=6.3$　$h=130$ km　浦河で傷 1．浦河・平取・静内・門別・新冠などで壁の亀裂，導水管破損などの小被害あり．

615　1975 I 23（昭和 50）23 時 19 分　阿蘇山北縁　$\lambda=131°08'$ E　$\varphi=33°00'$ N　$M=6.1$　$h=0$ km　前日（1 月 22 日 13 時 40 分）にも地震（$\lambda=131°08'$ E　$\varphi=33°02'$ N　$M=5.5$　$h=0$ km）．震央付近の三野地区で被害が大きかった．石積みなどの基礎の破壊によるもの，上部構造の震動によって破損したものなどの建物の被害があったが，潰れた家はない．その他道路の亀裂，山（崖）崩れ，落石などがあり，異常の認められた温泉もあった．表 615-2 は阿蘇山における余震回数，図 615-3 は震央から 100 km 離れた赤間における高感度地震計による．図 615-1 は 22 日 13

表 615-1　被害一覧［福岡管区気象台，1975，験震時報，40，55-72］

県名	被　害　種　類	単位	数量
熊本県*	人的被害　負　傷　者	人	10
	建物被害　全　　　壊	棟	16
	半　　　壊	〃	17
	一 部 破 損	〃	181
	非住家被害	〃	10
	その他被害　道路決壊と損壊	ヵ所	12
	山（崖）崩れ	〃	15
	被 災 世 帯	戸	33
	罹災者概数	人	166
大分県**	建物被害　一 部 破 損	棟	4
	その他被害　道 路 損 壊	ヵ所	1
	山（崖）崩れ	〃	7
	石 垣 破 損	〃	3
	屋内器物破損	件	2

* 1月 25 日現在，熊本県警による．
** 1月 24 日現在，大分県警による．

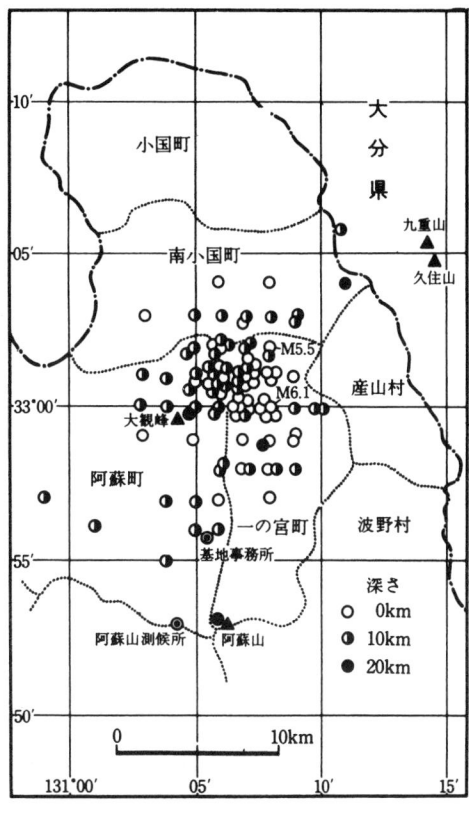

図 615-1　震央分布［福岡管区気象台，1975］

表 615-2　日別余震回数（阿蘇山）［福岡管区気象台，1975］

日	1月22	23	24	25	26	27	28	29	30	31	2月1	2	3	4	5	6	7	8	9	10	11	12	13	14	15	16	17	18	19	20	21	22	23	24	25	26	27	28	合計
有感	8	21	21	7	2	1	2	0	1	6		1	0	1	1	0	2	1	0	0	0	1	1	0	0	0	0	0	0	0	0	0	0	0	0	0	0	1	78
無感	57	89	153	27	14	8	23	9	8	11		3	8	5	10	3	3	5	10	0	6	1	3	0	3	1	4	1	1	0	0	1	0	0	0	0	0	0	467
計	65	110	174	34	16	9	25	9	9	17		4	8	6	11	3	5	6	10	0	6	2	4	0	3	1	4	1	1	0	0	1	0	0	0	0	0	1	545

446   4 被害地震各論

1975年1月22日, 13時40分   1975年1月23日, 23時19分

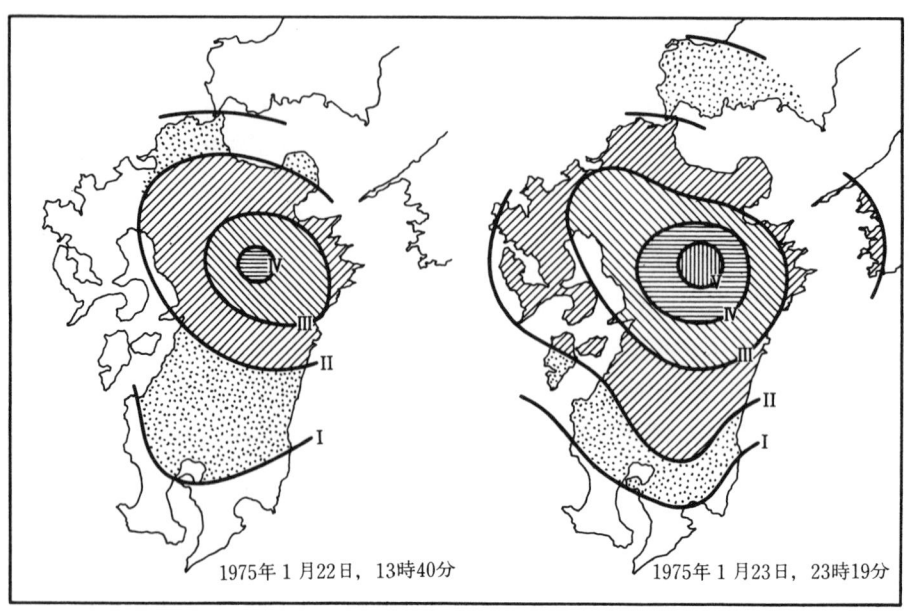

図 615-2 震度分布 [福岡管区気象台, 1975]

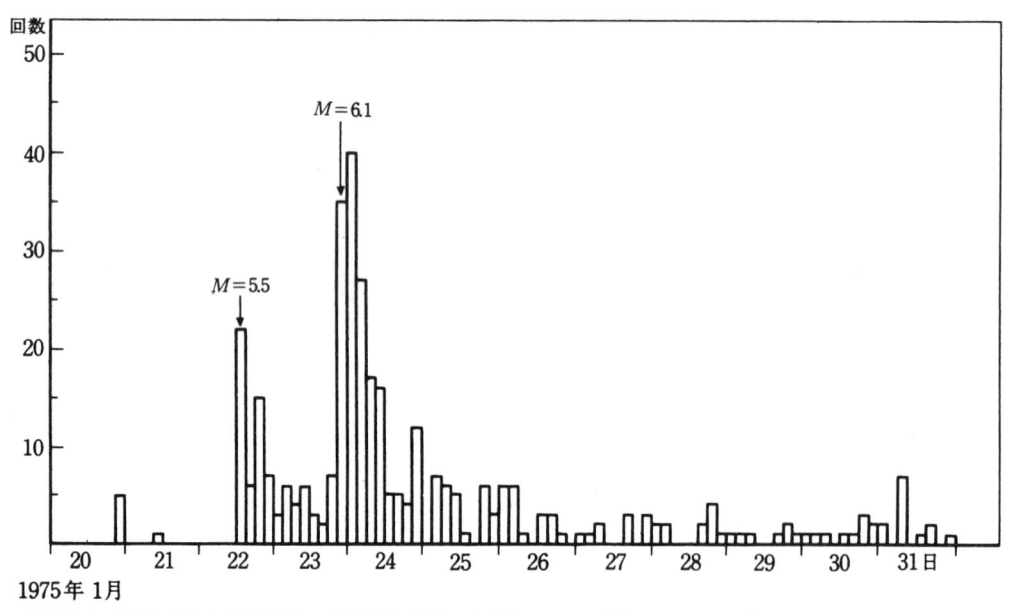

1975年1月

図 615-3 赤間における3時間ごとの地震回数 [三浪・久保寺, 1975, 地震 II, **30**, 73-90]

時40分から2月末までの震央分布である.

616 1975 IV 21 (昭和50) 02時35分 大分県中部 $\lambda=131°20'$ E $\varphi=33°08'$ N $M=6.4$ $h=0$ km 震央付近の内山・扇山では2~3日前に山鳴りがあった.本震の頃,震央付近に発光現象(赤~オレンジ色,火柱が立つよう)が見られた.本震および余震に伴って地鳴りがあった.被災範囲は狭かったが,家屋被害率100%に達する集落もあった.山下池畔の九重(くじゅう)レークサイドホテル(鉄筋コンクリート造,地上4階・地下1階)の東側ブロックの1階玄関部分が完全に潰れた.地下水・温泉に変化のあったところが数ヵ所あ

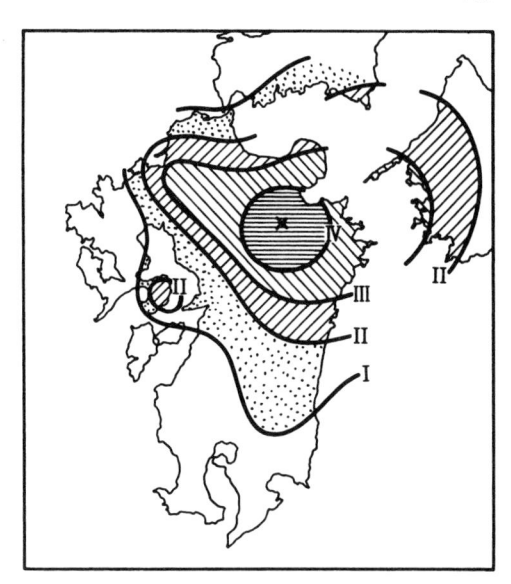

図 616-1 震度分布 [福岡管区気象台, 1976]

表 616-1 被害一覧

人的被害	重傷		3人	
	軽傷		19人	
住家被害	全壊	58棟	268人	56世帯
	半壊	93棟	387人	91世帯
	一部破損	2,089棟	7,938人	1,980世帯
非住家(土蔵,倉庫,納屋など)	全壊:36棟,半壊:68棟			
簡易水道報告	5施設			
学校等教育施設被害	全壊:1校 (36㎡) 一部破損:13校 その他(校地,施設):22件			
河川被害	6ヵ所			
道路被害	182ヵ所			
橋の被害	3ヵ所			
農地被害	1,366ヵ所 (218 ha)			
林地(崩壊,地崩れ)	94ヵ所			
鉄道施設被害	28ヵ所			
通信施設被害	2ヵ所			
被害総額	29億3,500万円			

4月24日午後4時現在,大分県庁災害対策本部による.

表 616-2 日別余震回数 [福岡管区気象台, 1976, 験震時報, 40, 81-103]

余震	4月 21	22	23	24	25	26	27	28	29	30日	計
有感	6	2	0	1	0	0	0	0	0	0	9
無感	19	5	3	2	3	2	1	1	0	0	36
計	25	7	3	3	3	2	1	1	0	0	45

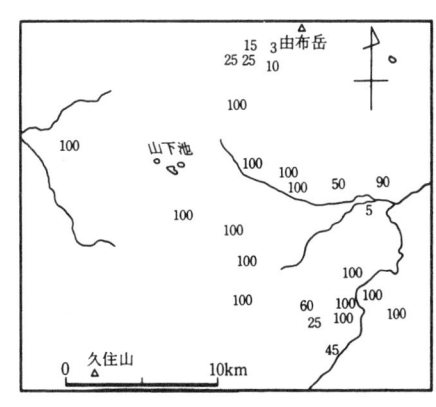

図 616-2 墓石転倒率 (%) [村井・松田, 1975, 震研彙報, 50, 303-327]

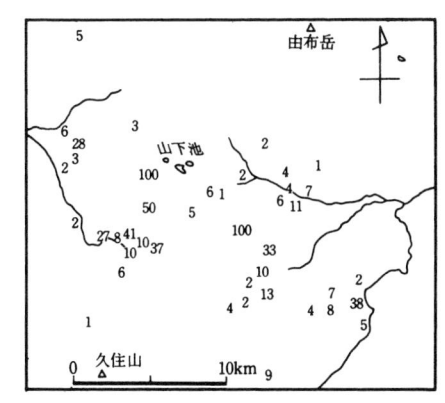

図 616-3 家屋倒壊率 (%) [村井・松田, 1975]

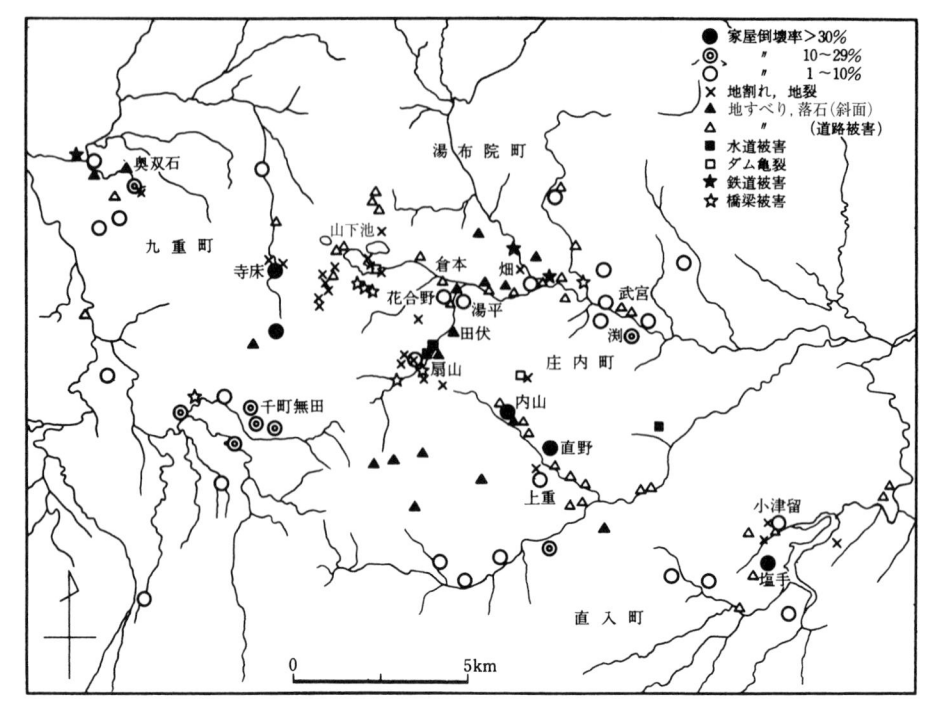

図 616-4 被害分布図［村井・松田, 1975］

った．大分における日別余震回数は表 616-2 のとおりで，5月1日にも震度Iの地震があった．被害分布は図 616-2, 3, 4 のとおり．

——* 1975 VI 10（昭和 50）22 時 47 分　根室半島南東沖　$\lambda = 148°13'$ E　$\varphi = 42°46'$ N　$M = 7.0$　$h = 0$ km　根室で最大波高 93 cm の津波が観測されたが，被害はなかった．武村・小山［1983, 地震 II, **36**, 323-336］によれば，この地震は $M_W = 7.6$（表 2-1 参照）で津波地震の特徴を示す．また 6 月 14 日 03 時 08 分，$\lambda = 147°30'$ E　$\varphi = 42°54'$ N に $M = 6.5$　$h = 0$ km の地震があったが津波はなかった．［0, 1.5］

617　1975 VIII 15（昭和 50）03 時 09 分　福島県沿岸　$\lambda = 141°08'$ E　$\varphi = 37°04'$ N　$M = 5.5$　$h = 50$ km　いわき市内でアスファルト道路の盛り上がり（長 32 m，幅 8 m），水道管の破裂あり．

618　1975 IX 25（昭和 50）07 時 22 分　小宝島付近　$\lambda = 129°19'$ E　$\varphi = 29°05'$ N　$M = 5.1$　$h = 0$ km　小宝島の道路に地割れ，同日 06 時 29 分にも $M = 5.3$ の地震（$\lambda = 129°39'$ E　$\varphi = 29°03'$ N　$h = 0$ km）があった．

619　1976 VI 16（昭和 51）07 時 36 分　山梨県東部　$\lambda = 139°00'$ E　$\varphi = 35°30'$ N　$M = 5.5$　$h = 20$ km　被害そのものは軽微であったが，著しい破砕帯を伴う断層または活断層の近くの被害が目立った．しかし，余震は

表 619-1　都県別被害状況［気象庁ほか，1977，験震時報，**41**，63-74］

被害種類		都　　県　　名			
		山梨	東京	神奈川	計
人的被害	負傷者	0	0	0	0
建物被害	半壊戸	0	0	0	0
	一部半損	20	13	36	69
	非住家被害	0	0	0	0
その他	道路損壊	8	1	3	12
	山(崖)崩れ	0	0	6	6

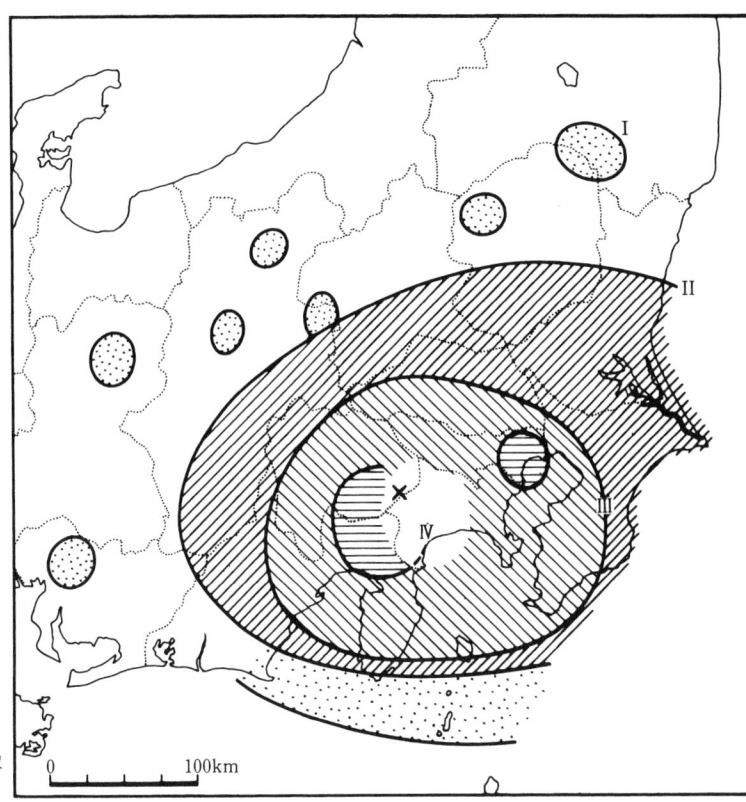

図 619-1 震度分布 [気象庁ほか, 1977]

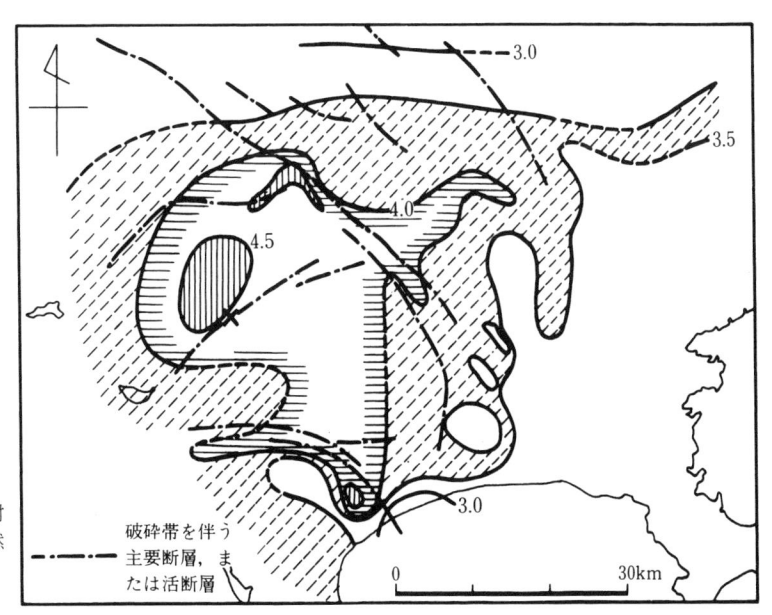

図 619-2 震度分布 [村井・土, 1982, 自然災害資料解析, **9**, 107-123]

破砕帯を伴う主要断層, または活断層

断層沿いにはなく，震央付近に集中した．家屋被害は瓦の落下，壁の亀裂・剥落程度の軽いものであるが，震央から15 km以上も離れた，津久井・上野原・八王子・町田市の一部に集中して発生した．墓石は，都留市曾雌地区で50%が転倒または回転，道志村神地区では80%がNNW-SSEの向きに転倒またはN20°Eの方向に回転．藤野町の浄光寺では80のうち，30移動，20には台石に亀裂が入った．

620 1976 Ⅶ 5（昭和51）11時47分 鳴子付近 $\lambda=140°41'E$ $\varphi=38°46'N$ $M=4.9$ $h=10$ km 気象庁による震度は，新庄・築館Ⅲ，大船渡Ⅰのみ，東北大学による震央および震度分布は図620-1のとおり．建物被害は壁の亀裂・剥落程度．吹上墓地（図620-1のA点）では約80%の墓石が転倒（ENE-WSW方向が卓越）し，ほとんどすべての墓石がすべった（EW方向多し）．また，すべりによる擦痕が明らかに印されているものがあった（図620-2）．そのほか墓石の転倒，棚の物の落下などがあった．鬼首で道路に亀裂．
［参考：佐藤ほか，1979，地震Ⅱ，**32**，171-182］

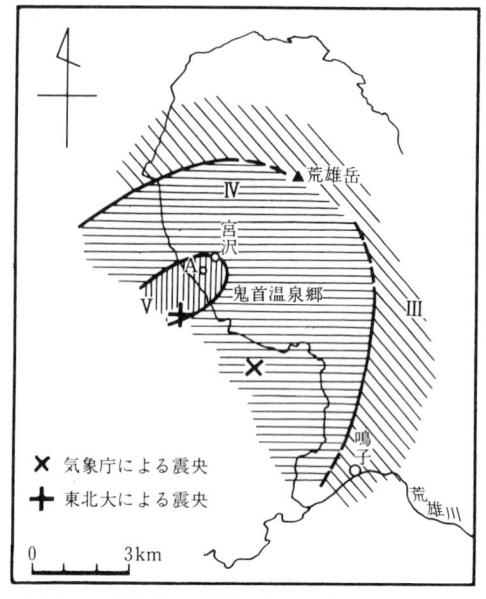

図620-1 震度分布［佐藤ほか，1979］

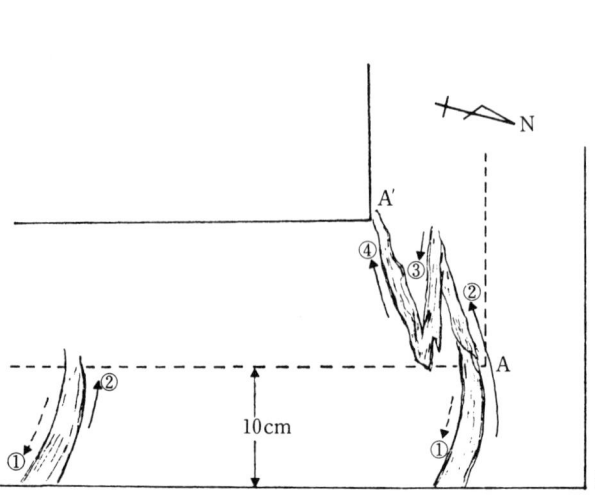

図620-2 墓石の擦痕［佐藤ほか，1979］

621 1976 Ⅷ 18（昭和 51）02 時 18 分　伊豆半島東部　$\lambda = 138°57'$ E　$\varphi = 34°47'$ N　$M = 5.4$　$h = 0$ km　被害は河津町に限られ，8 月 19 日 08 時現在の県警本部の調べによると家屋半壊 3 戸，同一部破損 61 戸，非住家破損 6, 道路損壊 2, 震央付近での震度はⅤと推定される．同月 26 日 13 時 55 分頃の余震（$\lambda = 138°57'$ E　$\varphi = 34°49'$ N　$M = 4.5$　$h = 0$ km）による中心地の震度はⅣと推定される．

622 1977 Ⅴ 2（昭和 52）01 時 23 分　三瓶山付近　$\lambda = 132°42'$ E　$\varphi = 35°09'$ N　$M = 5.6$　$h = 10$ km　気象庁による震度分布は図 622-1 のとおり．しかし震央付近の八神・角井・志津見ではⅣ～Ⅴと見られる．震央付近では有感余震が約 1 ヵ月後まで感じられた．震央付近で壁の亀裂，剥落，崖崩れ，地割れなど軽微な被害が見られた．掛合町小原地区では墓石がすべて倒れた．

表 622-1　被害一覧［大阪管区・島根気象台，1978；昭和 52 年 6 月 21 日，島根県消防防災課］

被害種類 ＼ 町名	掛合町	頓原町	赤来町	その他	計
住　　　　家	97 棟	10	2	1	110 棟
非住家, 公共建物	63 棟	4	65	1	133
〃　その他	47		1		48
農　　　　地	40 件	13	7	4	64 件
農業用施設	34	12			46
山　　　　林				4	4
道　　　　路	16	13		18	47
砂防施設				1	1

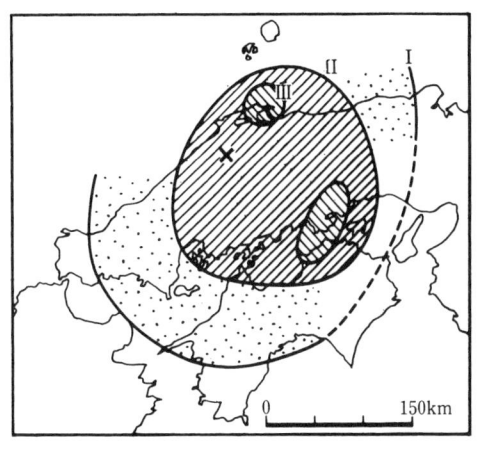

図 622-1　震度分布［大阪管区・島根気象台，1978，験震時報，**42**，61-72］

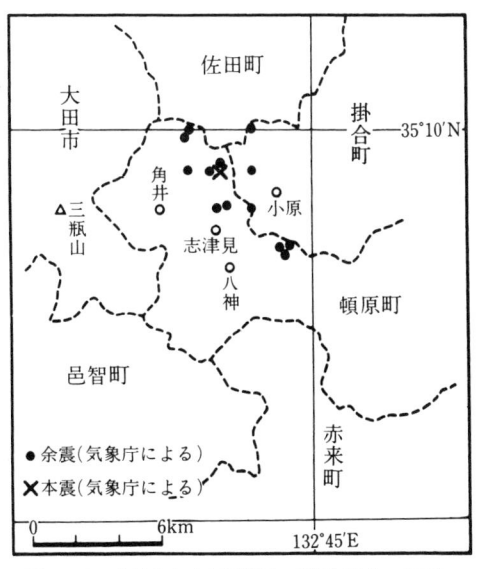

図 622-2　余震分布［大阪管区・島根気象台，1978］

623 1977 VI 8（昭和52）23時25分　宮城県沖　$\lambda=141°40'$ E　$\varphi=38°28'$ N　$M=5.9$　$h=70$ km　宮城江ノ島で石垣の一部崩壊・道路の亀裂, 墓石の回転などの微小被害あり.

―― 1977 X 5（昭和52）00時38分　茨城県南西部　$\lambda=139°52'$ E　$\varphi=36°08'$ N　$M=5.5$　$h=60$ km　東京で傷者数人あり.

624* 1978 I 14（昭和53）12時24分　伊豆大島近海　$\lambda=139°15'$ E　$\varphi=34°46'$ N　$M=7.0$　$h=0$ km　**伊豆大島近海地震**
前震は前日からあった. 当日09時45分（$\lambda=139°16'$ E　$\varphi=34°44'$ N　$M=5.2$　$h=0$ km），09時47分（$\lambda=139°13'$ E　$\varphi=34°40'$ N　$M=5.2$　$h=0$ km）の2つが最大の前震で気象庁では当日10時50分に「(今後)多少の被害を伴う地震が起こるかも知れない」という地震情報を発表した. 最大余震は15日07時31分（$\lambda=138°53'$ E　$\varphi=34°50'$ N　$M=5.8$　$h=20$ km）に発生した. 東海大地震説が出されてまもなくのことであり, 各種の調査が実施された. 図624-1は気象庁による本震と最大余震の震度分布, 図624-3はアンケート調査による震度分布で, 稲取・見高入谷では震度VIを越えるところもあった. 図624-2は気象庁による前震・余震分布.

　図624-4は1月19～31日の余震と主・副両断層の関係である. 斜線は津波の波源域, 数字は波源での水位変動（cm）. 津波振幅は大島岡田で最大で31 cm, 津波による被害はなかった. 被害は表624-1のとおり, これは震後1ヵ月を経た市町村の集計, 表624-2は地震の翌日の警察の集計で, 双方を比較してほしい. 被害は震源に近い大島よりも伊豆半島に大きく, 伊豆半島西部では翌日の最大余震によって被害を生じた. 図624-6の伊豆半島西部のNNE-SSWに伸びた楕円はこの余震による被害率を示す. 大島では元町の被害が大きかった. 伊豆は山岳地であり山・崖崩れや落石が多かった. 死者25人はすべて山・崖崩れ, 落石, 堰堤決壊によるもので梨本の県道ではバスが土砂に埋り死者3人を出した. 河津町見高入谷では大規模な崩壊が発生し, 死者7人. 伊豆急行電鉄の稲取トンネルを稲取-大峰山断層が横切った. そこで右ずれ50～70 cmの変位が認められた.

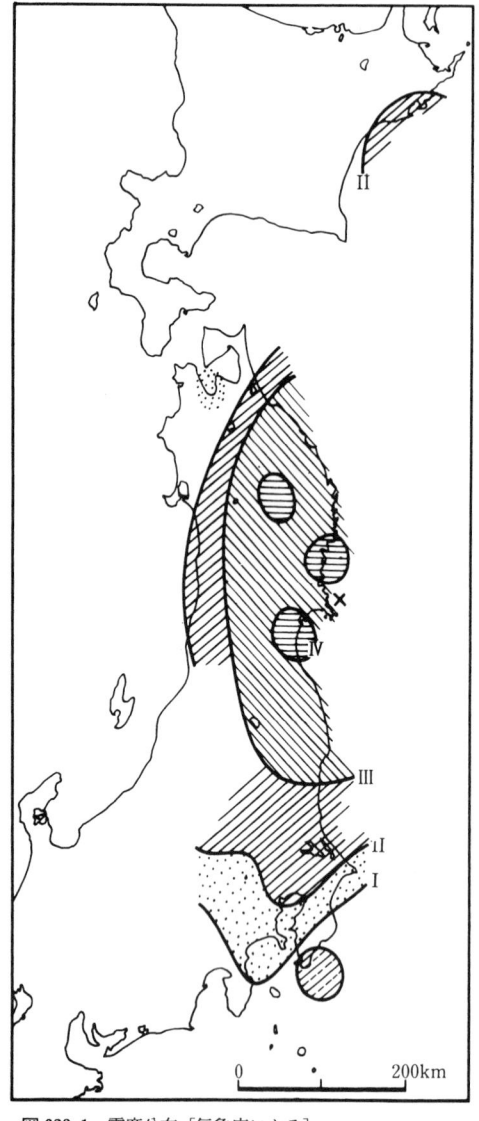

図623-1　震度分布［気象庁による］

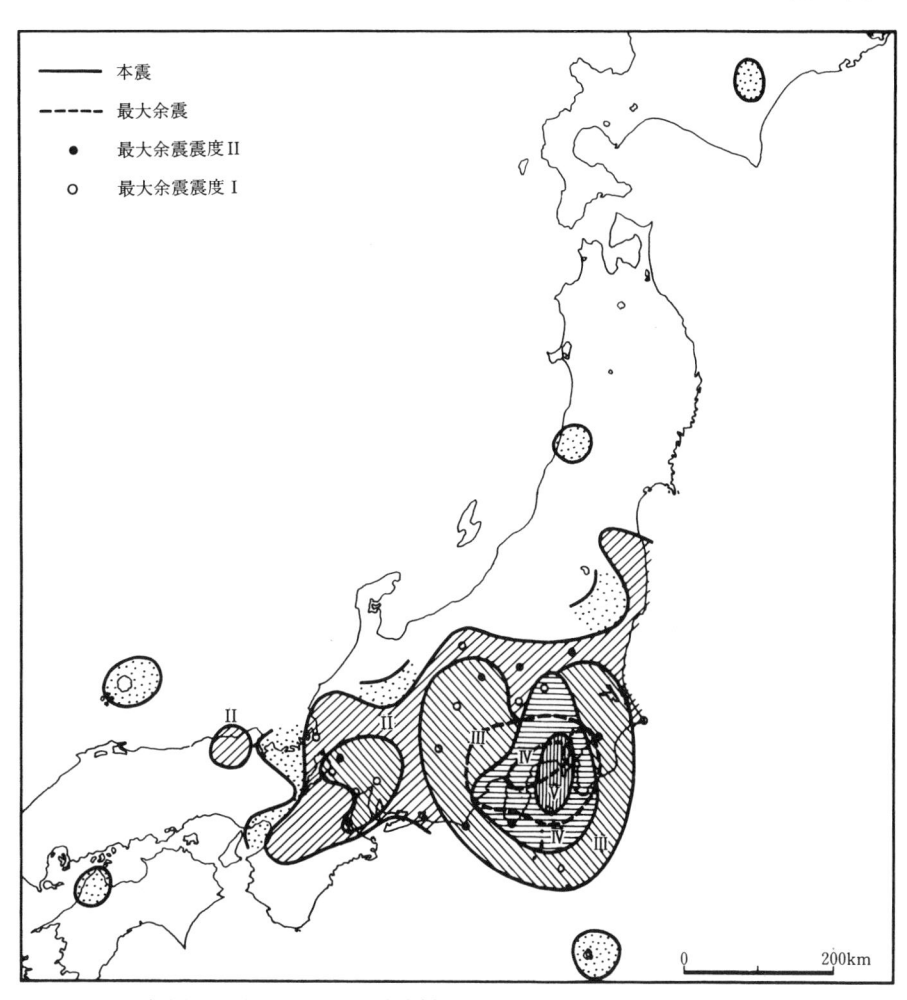

図 624-1 震度分布［地震課ほか, 1978, 験震時報, **43**, 21-57］

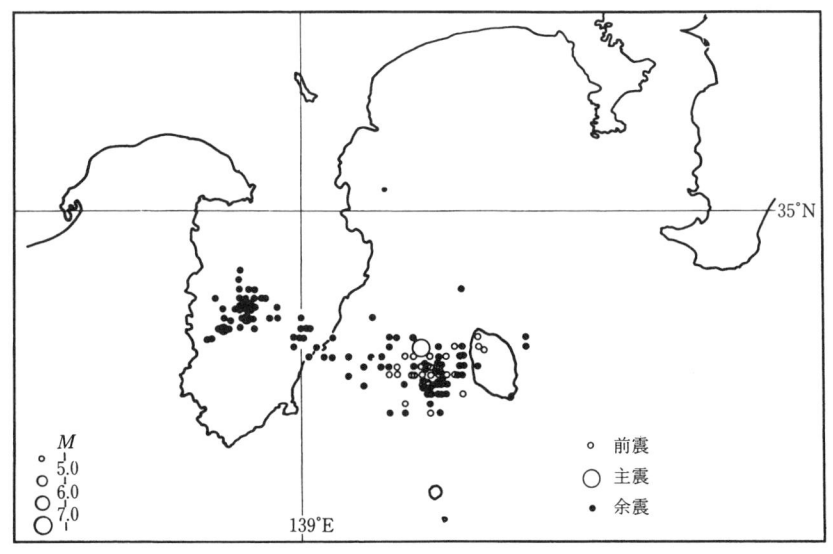

図 624-2 前震・余震（1月13～20日）の分布図［地震課ほか, 1978］

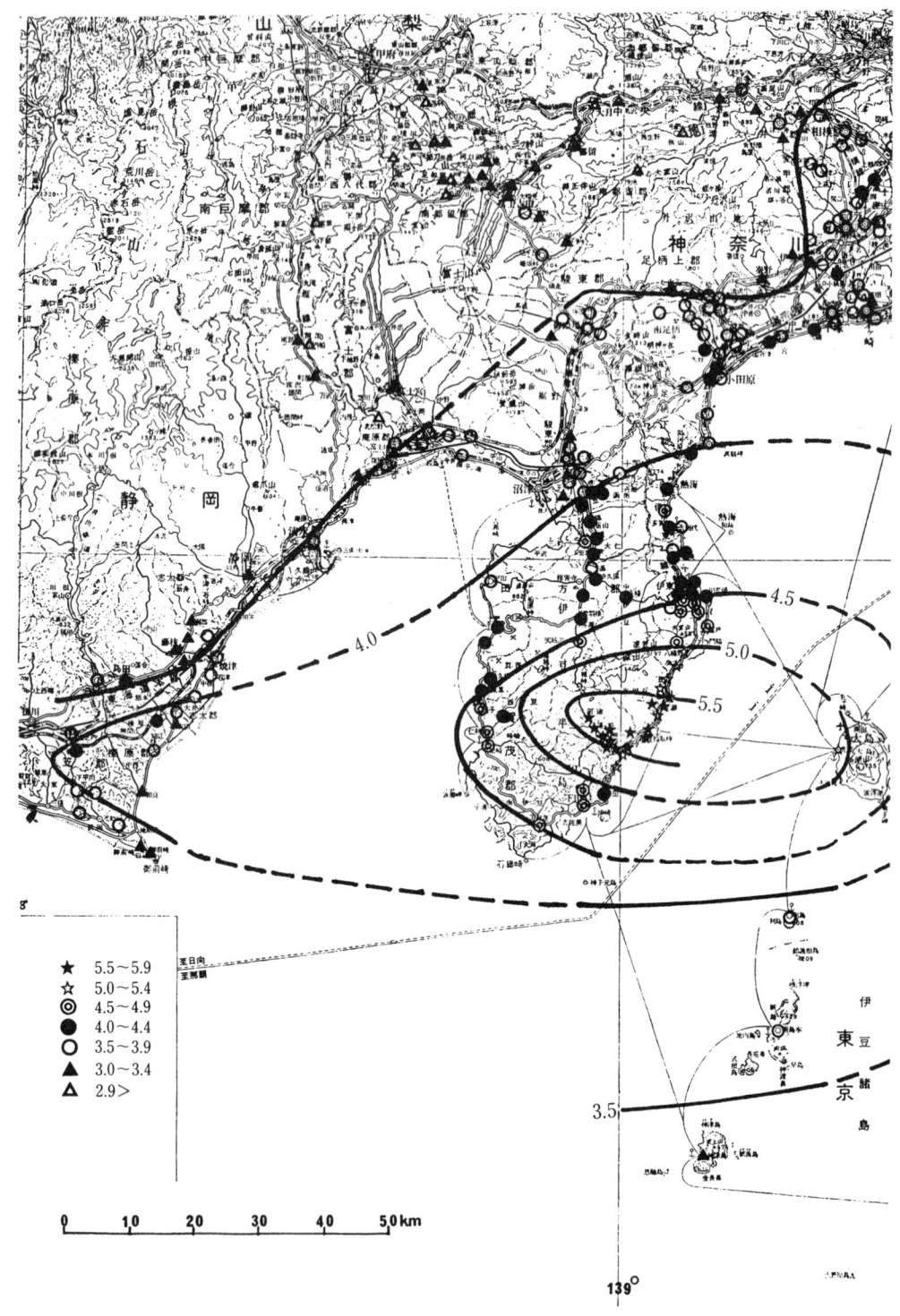

図 624-3 震度分布 [村井ほか, 1978a, 震研彙報, 53, 1025-1068]

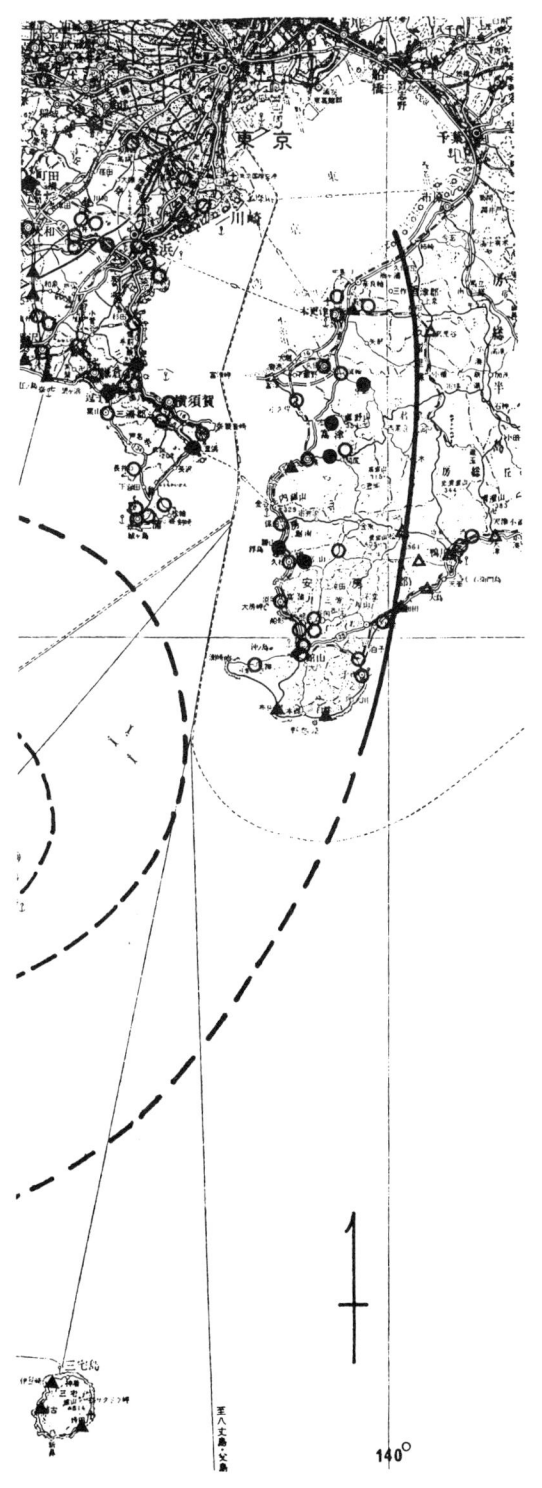

地上に現れた断層は表624-4のとおり.

天城湯ヶ島町の中外鉱業持越鉱業所の鉱滓(きい)堆積場のかん止堤が決壊し, 有毒なシアン化ナトリウムを含む鉱滓10万トン余が持越川・狩野川・駿河湾に流入し, 汚濁した. これは鉱滓の液状化現象によるらしい. 図624-7のPは地震の前兆と見られる. 図624-8には稲取・大峰山断層がよく現れている. 図624-9は伊豆半島の上下変動 (1978〜67) と重力変化 (1978〜76) で両者はよく対応している. 図624-10は動物異常行動のアンケート結果である.

1月18日の国の非常災害対策本部の「…余震は, 可能性としてはM6程度の発生もありうる…被害は大きくなることもある」という見解に基づいて静岡県知事が18日13時30分に余震情報を公表した. これは一般的注意を促すものであったが, 「今日夕方余震がある」などと誤って伝えられた. 住民は落ち着いて行動し, いわゆるパニック状態にはならなかった. これは地震の予知・情報伝達についてさまざまな問題を投げかけた. 〔−1, −1〕

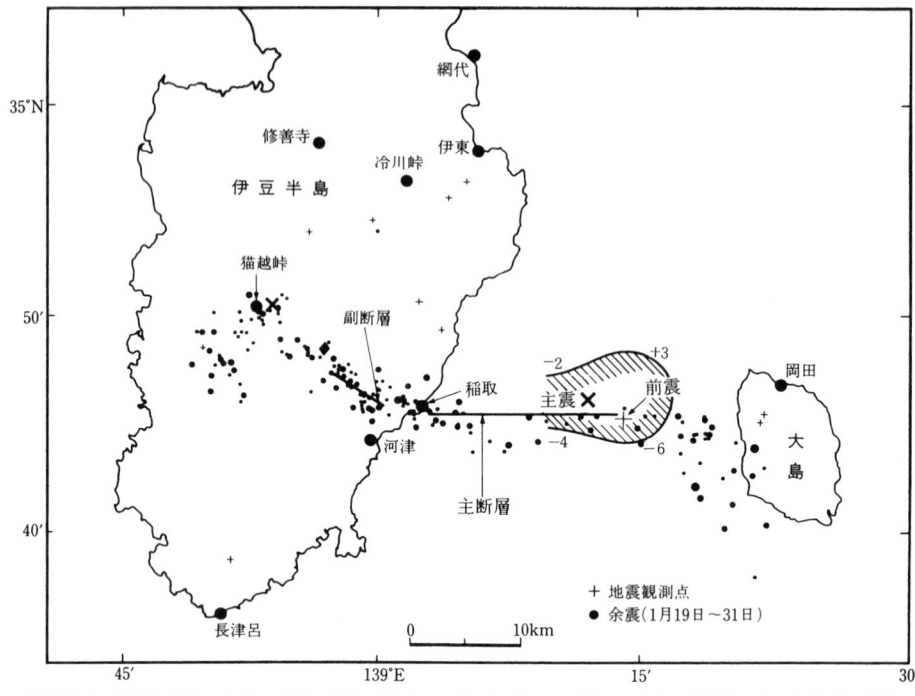

図 624-4 断層と前震・主震・余震の関係 [Shimazaki & Somerville, 1978, *BERI*, **53**, 613-628; 羽鳥, 1978, 震研彙報, **53**, 855-861 から作成]

表 624-1 被害状況 [村井ほか, 1978a]

被害区分 \ 市町村名	東伊豆町	天城湯ヶ島町	河津町	下田市	西伊豆町	松崎町	土肥町	伊東市	南伊豆町	賀茂村	熱海市	中伊豆町	大島町	計
死者	9	5	11											25
負傷者	109	8	28	51	8	2		4	1					211
住家被害 全壊	56		16	12	7	4		1						96
住家被害 半壊	460		56	24	34	11		4		27				616
住家被害 一部破損	2,097	124	879	77	229	195	100	304	29	114	1	21	211	4,381
非住家 公共建物	6	2		12	2	1				1			13	37
非住家 その他	145		78	57	124	9	60	45		20				538
その他の被害 文教施設	14	5	6	33	7	4		10	3	1	1		10	94
その他の被害 病院	25		14			3				2			2	46
その他の被害 道路	375	13	494	30	92	4	22	12		65	3	13	15	1,141
その他の被害 橋梁			2	1										3
その他の被害 河川	18	10	27	2	3							5	1	66
その他の被害 港湾施設	13		1		4			2		1				21
その他の被害 砂防									1		1			2
その他の被害 水道	78	116	85	31	106	4	12	7	3	90			52	584
その他の被害 清掃施設	1		2		1			1						5
その他の被害 崖崩れ	57	22	38	12	5	21	9	25	2					191
その他の被害 鉄道	12		12					2						26
その他の被害 通信施設	330		140		109									579

伊豆半島については静岡県の各市町村の集計資料（2月22日）, 大島については大島町の集計資料（2月17日）による.

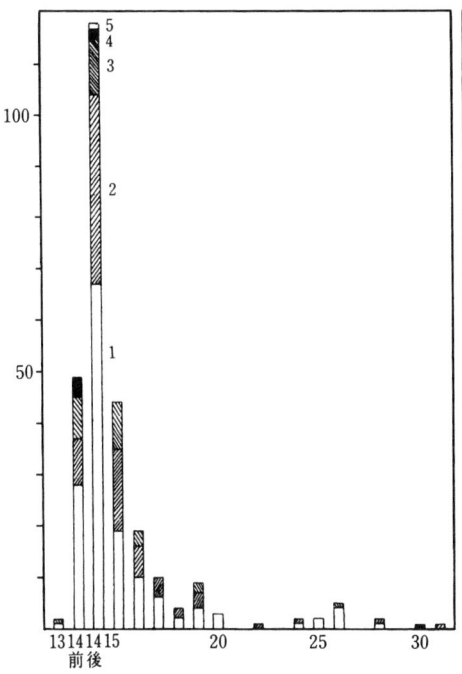

図 624-5 大島における1月中の日別有感回数 ［地震課ほか，1978］
図中の棒中の白，斜線などは下からそれぞれ震度 1，2，3，4，5 の回数を示す．

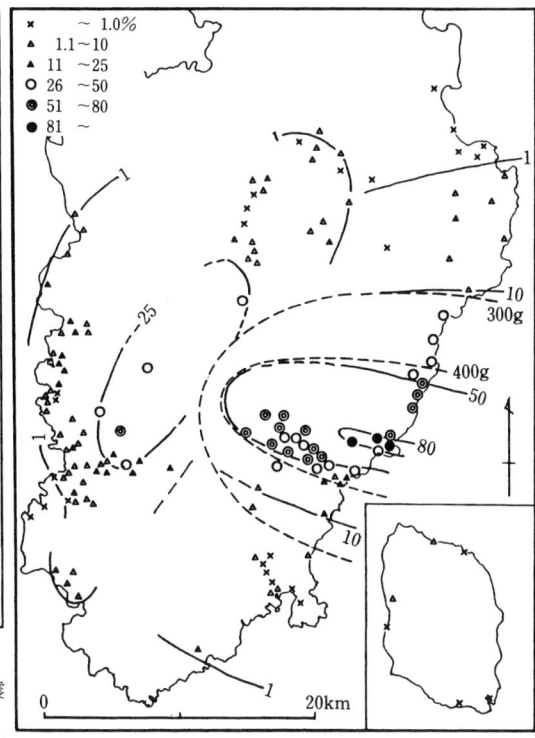

図 624-6 家屋被害率の分布 ［村井ほか，1978a］
（総被害戸数/総戸数）を％で示す．破線は伯野ほか［1978，震研彙報，53，1101-1133］による墓石の転倒から求めた最大加速度．

表 624-2 大島における被害（大島警察署調査昭和53年1月15日現在）［地震課ほか，1978より］

被害種別	町(地区)	差木地	野増	元町	北山	岡田	泉津	三原山	合計
家屋	全壊 棟	0	0	0	0	0	0	0	0
	半壊 〃	0	0	0	0	0	0	0	0
	一部破損 〃	1	1	44	3	0	0	1	50
	非住家 〃	1	0	2	0	0	0	0	3
道路損壊		0	1	1	2	0	1	0	5
崖崩れ		0	2	1	0	3	5	5	16
上水道管故障		1	0	14	1	3	3	0	22

4 被害地震各論

表 624-3 静岡県下における被害（静岡県警察本部調査，昭和53年1月21日9時現在）［地震課ほか，1978］

被害種別	署別		下田	大仁	伊東	熱海	松崎	計
人的被害	死者	人	18	5				23
	行方不明	〃	2					2
	負傷者	〃	127	8	2		2	139
建物被害	全壊	棟	82		1		6	89
	半壊	〃	476		3		35	514
	一部破損	〃	2,846	200	118		576	3,740
	非住家被害	〃			2		131	133
	火災	〃	1					1
道路損壊		ヵ所	456	36	4		47	543
山・崖崩れ		〃	89	19	2		114	224
鉄軌道被害		〃						23(総計)
通信施設被害		回線	330		30		70	430
ガス流出		ヵ所			3			3
石垣破壊		〃				1		1
停電		世帯	1,503					1,503
水道断水		〃	6,750	61			80	6,891
水道破損		ヵ所	80					80
ガス停止		世帯	4,800					4,800
車輌破損		個数	5	2	5		26	38
港湾設備破損		〃					7	7
校舎亀裂		〃					2	2
罹災世帯数			558		4		41	603
罹災者概数			2,232	13	16		121	2,382

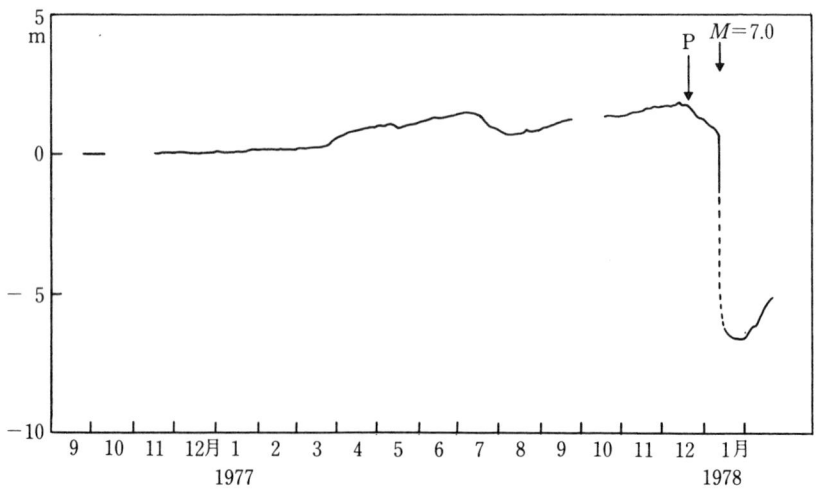

図 624-7 舩原における伊豆大島近海地震以前の水位（気圧補正後）変化［山口・小高，1978，震研彙報，53，841-854］地震における水位低下は約 7m．

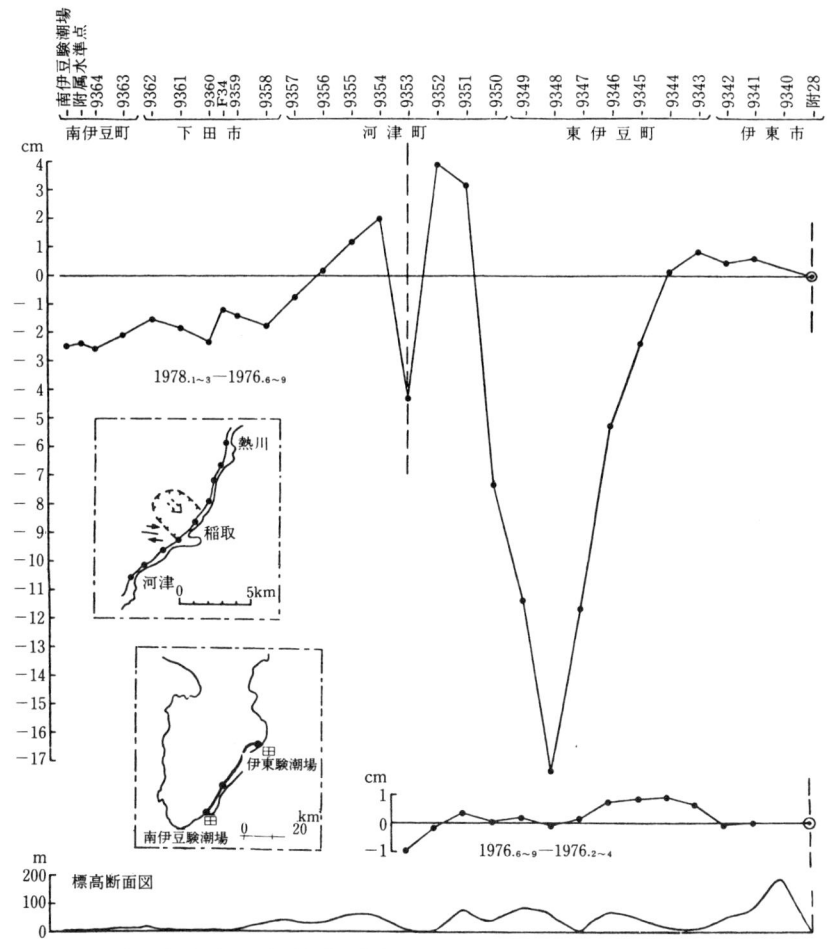

図 624-8 南伊豆〜伊東間の上下変動（基準：伊東験潮場附属水準点）［国土地理院，1978，予知連会報，**20**，92-99］

表 624-4 地上に現れた断層［村井ほか，1978b，震研彙報，**53**，995-1024］

名　称	走　向	長　さ	最大変位		
^	^	^	横ずれ	伸　長	上下成分
稲取-大峰山	N50°W	3km+	右ずれ 1m余	0.2m	NE側沈下 0.2 m
根木の田	N70°W	0.5km+	〃　0.15m		N側沈下 0.05m
浅間山	N55°W	3km+	左ずれ 0.5m	0.2m	SW側沈下 0.4 m

460 4 被害地震各論

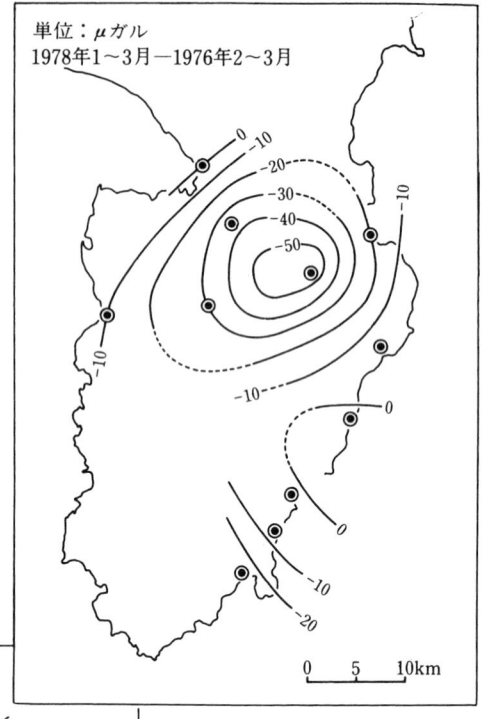

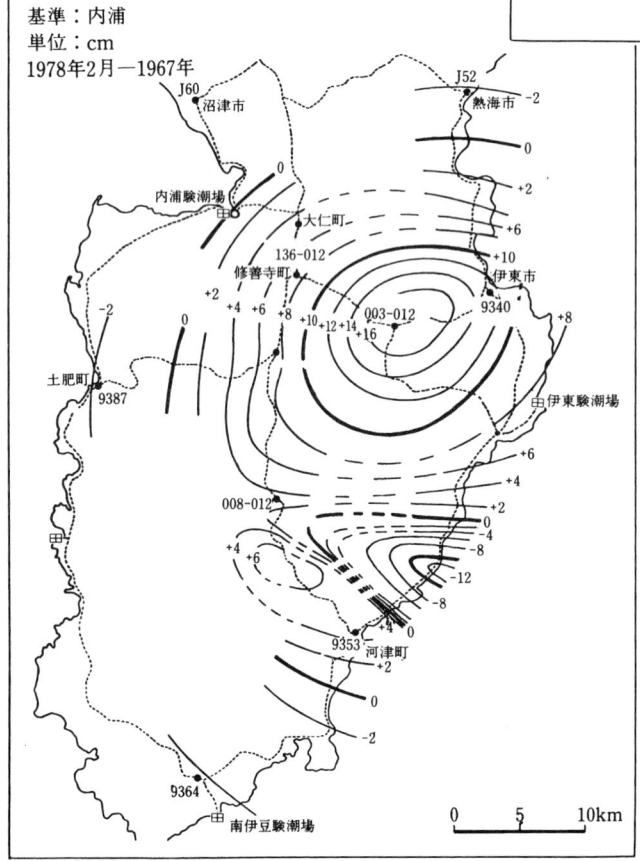

図 624-9 伊豆半島の上下変動（下）［国土地理院, 1978］と重力変化（右）［萩原ほか, 1978, 震研彙報, 53, 875-880 による］

中田町などで小被害. 迫町天形地区の墓地で, 80のうち60の墓石が, N118°Eの方向に倒伏, 中田町の錦桜橋, 石越公民館, 南方町西郷小 (鉄筋2階建, 一部の壁に剪断破壊) に被害, 一ノ関でセメント工場屋根 300 m² 落下, 中尊寺宝物殿の仏像倒る.

表 625-1 東北各県の被害表 (東北管区警察局2月27日現在調べ) [仙台管区気象台, 1979, 験震時報, 43, 75-92]

被害区分	宮城	岩手	秋田	山形	福島	計
負傷者	27	4		3		34
建物の一部破損	5	16	3	1	1	26
非住家被害		3		3		6
道路損壊	23	8		2		33
崖崩れなど	7	3				10
鉄道	1	1				2
通信施設の被害		1				1

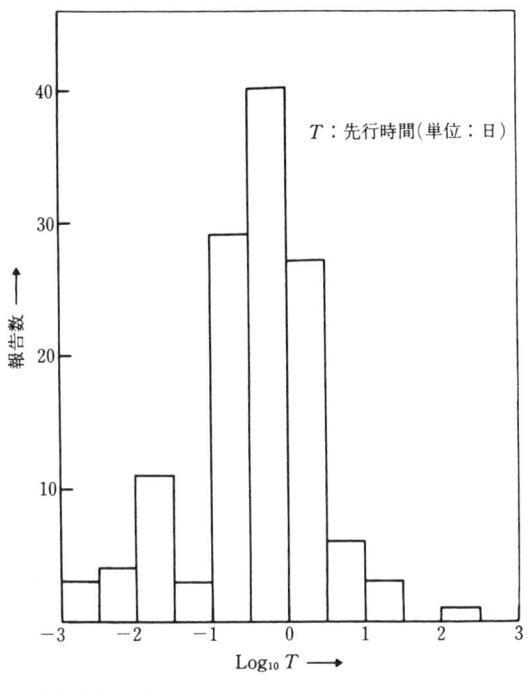

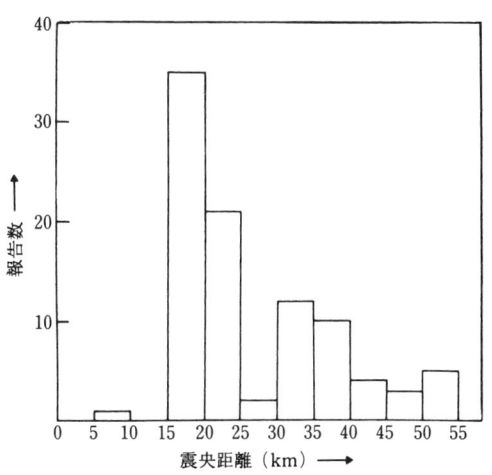

図 624-10 動物異常行動 [力武, 1978, 予知連会報, 20, 67-76]

625 1978 II 20 (昭和 53) 13時36分 宮城県沖 $\lambda=142°12'$ E $\varphi=38°45'$ N $M=6.7$ $h=50$ km 最大余震は3月13日02時59分 ($\lambda=142°00'$ E $\varphi=38°45'$ N $M=5.0$ $h=60$ km) にあった. 大船渡における3月末日までの有感余震回数は34回. 仙台の富士銀行ではめごろしの窓ガラス (2.5×1 m) 57枚割れる. 震源から離れた迫・石越・南方・

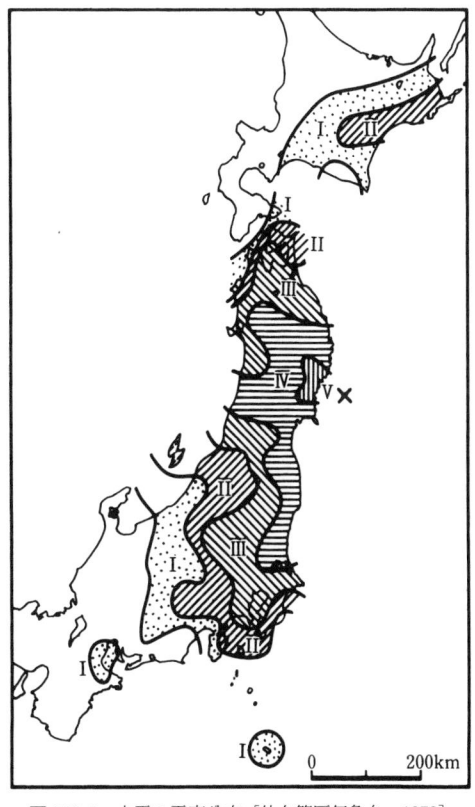

図 625-1 本震の震度分布 [仙台管区気象台, 1979] ×震央.

462   4 被害地震各論

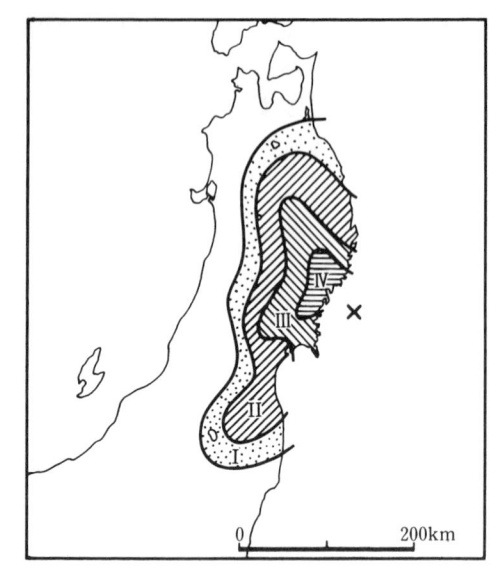

図 625-2 最大余震の震度分布 [仙台管区気象台, 1979]

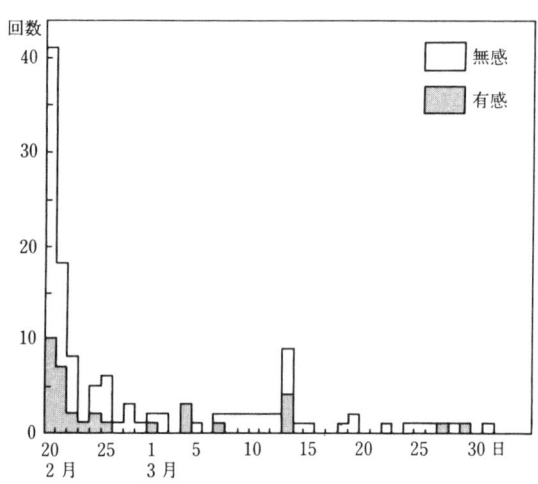

図 625-3 大船渡における余震回数日別推移 (67 型電磁地震計による) [仙台管区気象台, 1979]

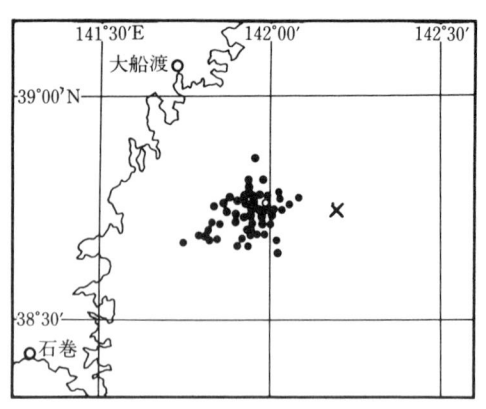

図 625-4 余震の震央分布 [仙台管区気象台, 1979]
×：本震の震央, ○：最大余震, 期間：2月20日～3月31日.

626　1978 Ⅳ 3 (昭和 53) 11 時 04 分　福井市付近　$\lambda=136°18'$ E　$\varphi=36°04'$ N　$M=4.8$　$h=10$ km　福井で震度Ⅳ, 彦根・豊岡でⅠ, 金沢では市内有感, 福井県庁の古い本庁舎の壁が落ち, 福井市民ホールでガラスの破壊・壁の亀裂あり, 停電もあった.

627　1978 Ⅴ 16 (昭和 53) 16 時 35 分　青森県東岸　$\lambda=141°28'$ E　$\varphi=40°57'$ N　$M=$

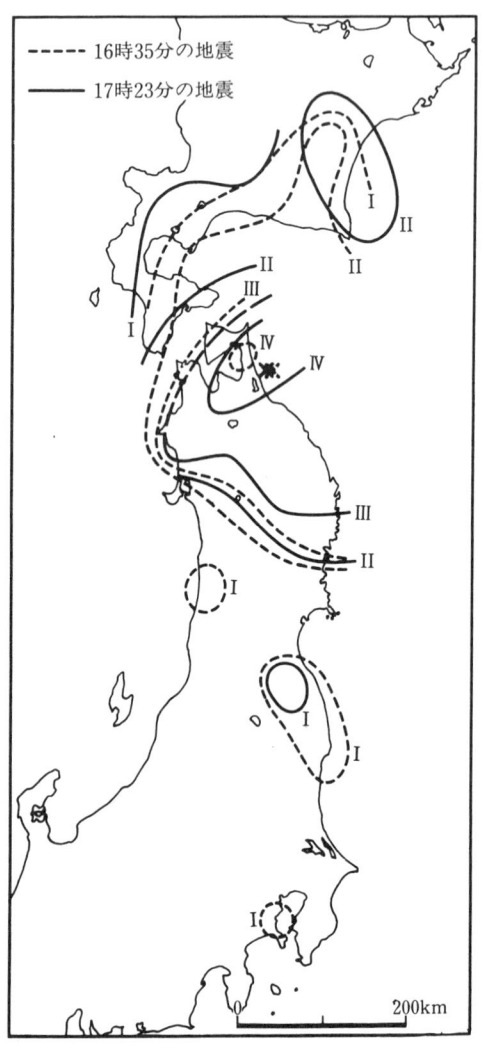

図 627-1 震度分布 [青森地方気象台・八戸測候所, 1979, 験震時報, **43**, 93-102]

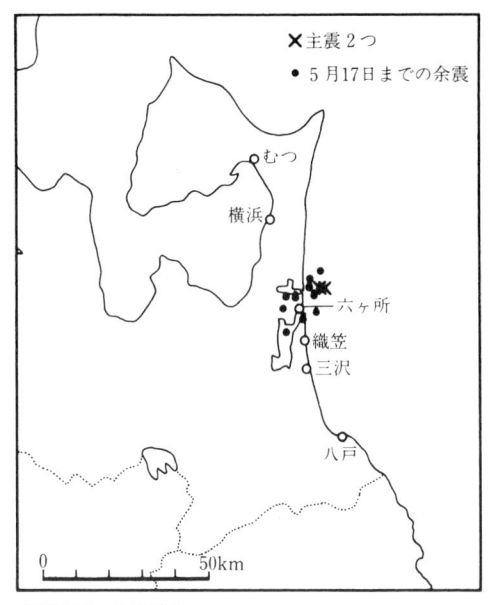

図 627-2 余震分布

5.8 $h=10$ km　約 50 分おいて同日 17 時 23 分（$\lambda=141°27'$ E　$\varphi=40°56'$ N　$M=5.8$　$h=10$ km）にも地震．六ヶ所村などに，モルタル壁の剥落，ガラス破損，岩壁ブロックのずれ（横浜町），ブロック塀の破壊，墓石の転倒，稲の埋没などの小被害があった．

628　1978 VI 4（昭和 53）05 時 03 分　島根県中部　$\lambda=132°42'$ E　$\varphi=35°05'$ N　$M=6.1$　$h=0$ km　気象庁による震度分布は図 628-1 のとおり，このほかに熊谷と横浜で震度 I であった．同日 06 時 03 分に $M=5.3$（$\lambda=132°41'$ E　$\varphi=35°05'$ N　$h=0$ km），06 時 20 分に $M=5.5$（$\lambda=132°41'$ E　$\varphi=35°07'$ N　$h=10$ km），06 時 22 分に $M=5.4$（$\lambda=132°40'$ E　$\varphi=35°08'$ N　$h=0$ km）の余震があった．三瓶山の南東の大田市志学，頓原町，邑智町に被害．壁の亀裂・剥落，墓石の転倒，石垣や道路の小被害，崖崩れがあった．住家被害の全くない町村でも道路・水道などのライフラインに被害が出た．湧出量の増加した温泉（池田ラジウム鉱泉，大和村ガンマ温泉）があった．

表 628-1　被害統計（島根県消防防災課，昭和 53 年 7 月 8 日）［伯野，1979，震研彙報，**54**，211-222］

区　　　　分	被 害 件 数
住　　家 { 半　　　　壊	4
一部破損	140
非 住 家　一部破損	43
文 教 施 設	9
道　　　　　路	48
砂　　　　　防	1
水　　　　　道	16
崖　　崩　　れ	1

表 627-1　市町村別の被害［青森地方気象台・八戸測候所，1979］

区　　分	市町村名	三沢市	六ヶ所村	横浜町	むつ市	十和田市	合　計
人　（負傷）	人		1		1		2
建　物（一部破損）	棟	9	2		1		12
橋 梁 損 壊	ヵ所		1				1
鉄 軌 道 被 害	〃			1			1
港湾施設（岸壁）	〃			1			
耕　地（水田）	ha	0.5	350				350.5
山（崖）崩れ	ヵ所	1					1
農業施設　水　路	〃		5	5		13	(28)
農　道	〃					10	(12)
畜産施設　サイロ	基		15				15
乳牛舎	棟	2	8				10

注：合計欄のかっこ内の数字は全県を対象としたもの．

464   4 被害地震各論

表 628-2 町村別被害統計（昭和53年7月8日現在　島根県消防防災課）[伯野, 1979]

市町村	住家 半壊(戸)	住家 一部破損(戸)	非住家 全壊(棟)	非住家 半壊(棟)	非住家 破損(棟)	教育施設 事項	教育施設 棟件(件)	道路個所	水道 事項	水道 件数	商工関係 件数
出雲市									上水道本管	1	
大田市	2	10	1			一部破損	志学小 志学中	県道7	簡易	1	40
頓原町	25				22	〃	志々小 志々中 角井分	県7, 町15	簡易	2	1
赤来町		8			8	〃	飯南高 赤名小	県1, 町6	簡易	1	23
佐田町		13	1	2	3			県道1			
多伎町		5						町道1			
湖陵町								町道1			
川本町									上水道 簡易	7 2	
邑智町	2	3				一部破損	邑智中 沢谷小	県1, 町5	簡易	1	
大和村								国1, 町1			
旭町									簡易 水圧低下	1	

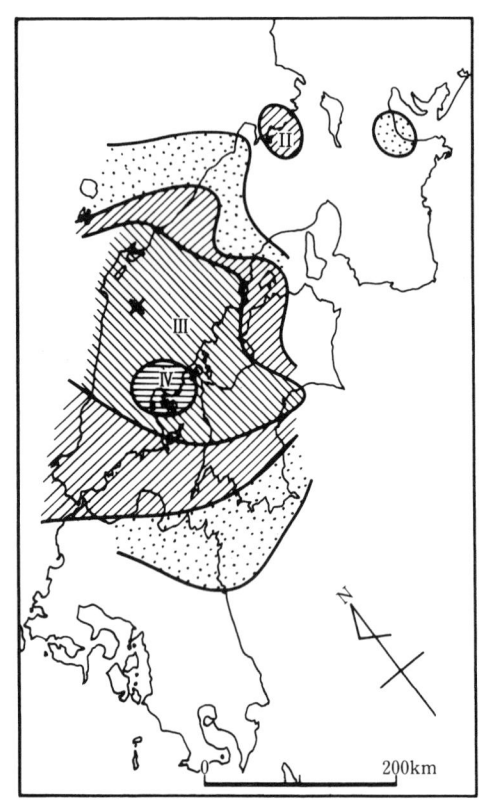

図 628-1 震度分布 [気象庁による]

表 628-3 墓石転倒率一覧表 [金井ほか, 私信]

調査地	調査墓石数	転倒墓石数	転倒率(%)
大田市三瓶町上山	29	29	100
〃　志学(2)	31	15	48
〃　志学(1)	5	0	0
飯石郡頓原町八神	24	8	33
〃　角井	18	5	28
邑智郡邑智町小原	13	2	15
〃　九日市	21	2	10
〃　上乙原	30(目視)	0	0
〃　石原	20(目視)	0	0
〃　大和町潮村	10(目視)	0	0
大田市三瓶町池ノ原	29	1	3
〃　池田	27	1	4
〃　大田	450(目視)	0	0
〃　川合	30(目視)	0	0

629* 1978 VI 12（昭和53）17時14分 宮城県沖 **宮城県沖地震** $\lambda=142°10'$ E $\varphi=38°09'$ N $M=7.4$ $h=40$ km 同日17時06分に前震（$\lambda=142°11'$ E $\varphi=38°11'$ N $M=5.8$ $h=40$ km），6月14日20時34分に最大余震（$\lambda=142°29'$ E $\varphi=38°21'$ N $M=6.3$ $h=40$ km）があった．被害は表629-1および表629-4のとおりで，宮城県に集中している．被害数は震後，日を経るにつれてふえている．死者のうち，ブロック塀などによる圧死は18人で，その内訳は表629-2のとおり．18人のうち60歳以上および12歳以下のものが16人になっている．この地震では宅地造成地域の被害が目立ったが，仙台の旧市内の被害は少なかった．表629-3は被害全体を100％としたときの市の拡大と被害率の関係である．仙台市の地盤と被害の関係は図629-1, 2のとおり．図の地盤は第一種：丘陵地（亜炭層を伴う泥岩・砂岩・凝灰岩），第二種（高位・低位扇状地，河岸段丘礫層地域），第三種（砂・粘土・シルト層を主とする沖積地），第四種（腐食土，泥土などで構成される沖積地）である．道路・土木施設・鉄道などに被害があった．国道346号線の北上川にかかる錦桜橋が落ちた．石油タンク3基が壊れ，重油が流れ出したが出火はなく，外洋にも拡散しなかった．仙台市原町にある容量1.7万 m^3 のガスホルダーが炎上倒壊した．この地震の被害は東北第一の都市仙台に集中したので，日常生活に不可欠なライフラインについて詳しく調査された．

水道：仙台では14日夜には全戸の約80％に供給を再開し，19日にはほぼ復旧を終わった．宮城県内の断水がすべて解消したのは23日である．表629-5は宮城県下の断水時の県民の対応状況である．ガスの復旧は6月末には約94％に達した．仙台市の一部で復旧が遅れ，最終的には7月15日に全面復旧となっ

表629-1 県別被害総括（7月4日，東北管区警察局調べ）［気象庁，1978，技術報告，95］

被害区分		青森	秋田	岩手	宮城	山形	福島	東京	神奈川	計
死者					27		(0) 1			28
傷者				10	(1,169) 1,273	1	(42) 41	(3)	(2)	1,325
住家	全壊				(648) 1,180		3			1,183
	半壊			(1) 0	(5,440) 5,565		9			5,574
	半焼			3	(1) 4					7
	一部破損	3	1	240	59,558		322		(1)	60,124
非住家被害			1	5	(20,314) 21,197		38			21,241
水田流失埋没 ha					183					183
道路損壊			1	26	(772) 847	3	11			888
橋梁流失				2	(65) 95		1			98
堤防決壊				2	10					12
山(崖)崩れ				32	361		136			529
鉄軌道被害				2	137					139
通信施設被害		26	1		44					71
船舶	沈没				2					2
	破損				16					16

（ ）は6月27日現在警察庁調べ．合計は東北管区警察局によるもの．

4 被害地震各論

表 629-2 ブロック塀などの倒壊で死亡した人の年齢別内訳（宮城県警察本部調べによる）[気象庁, 1978]

倒壊物 (死亡原因)	人数	年齢別内訳	
ブロック塀	12	5歳 6 7 8 12 41 62 70 72 74	1名 1 2 2 1 1 1 1 1 1
石 壁	2	9歳 80	1名 1
門 柱	3	2歳 27 68	1名 1 1
墓 石	1	70歳	1名
合 計	18		

表 629-3 仙台市街地の発展と被害 [浅田, 1979, '78 宮城県沖地震白書, 宮城県, 126-147]

	全壊家屋被害率	半壊家屋被害率
明治26年からの市制区域	1%	2%
昭和22年　〃	8%	18%
昭和35年　〃	16%	38%
昭和53年現在の　〃	100%	100%
現在の宅地造成規制区域	22%	15%

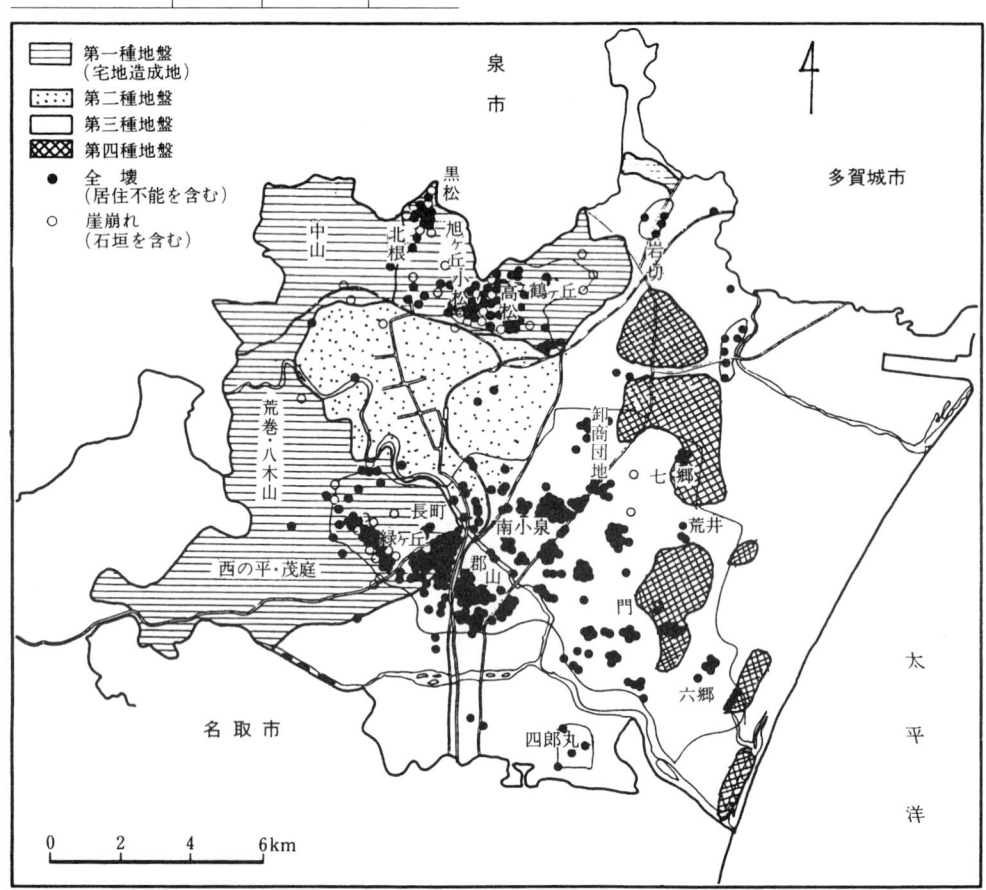

図 629-1 仙台市内の家屋・宅地の被害分布 [浅田, 1981, 宮城県沖地震に関する総合的調査報告書, 国土庁, 35-56]

表 629-4 被害集計 [気象庁, 1978]

市町村名	死者	負傷者 重傷	負傷者 軽傷	住家 全壊	住家 半壊	住家 一部破損	倒壊率(%)	被害率(%)
[宮城県]								
仙 台 市	13	125	9,300	715	3,271	74,005	1.1	35.9
石 巻 市		9	7	31	317	536	0.57	2.69
塩 釜 市	1	2	2	15	67	551	0.28	3.7
古 川 市		7	129	98	525	5,101	2.5	40.1
気 仙 沼 市			1		12	179	0.03	1.1
白 石 市	2	6	23	3	30	442	0.17	4.7
名 取 市		36	164	17	61	1,623	0.37	13.4
角 田 市	1							
多 賀 城 市			12	10	16	315	0.14	2.7
泉 市	2	18	801	94	305	11,856	1.1	54.5
岩 沼 市			40	2	31	267	0.19	3.4
蔵 王 町		1	1	3	22	348	0.43	11.6
七 ヶ 宿 町						2		0.24
大 河 原 町	1	2	3		30	153	0.31	3.8
村 田 町	1	2			38	270	0.63	10.3
柴 田 町		1	11		39	152	0.22	2.3
川 崎 町		1	2			73		3.0
丸 森 町						1		0.02
亘 理 町		8	2	5	60	658	0.58	12.1
山 元 町			5	3	15	623	0.27	16.2
秋 保 町						19		1.9
松 島 町	3		4	8	27	225	0.52	6.2
七 ヶ 浜 町	1				2	47	0.02	1.2
宮 城 町	1					130		2.3
利 府 町			16		5	850	0.10	34.0
大 和 町				3	34	1,928	0.48	47.0
大 郷 町				4	20	692	0.65	33.3
富 谷 町		2	2		20	265	0.38	10.7
大 衡 村			2			215		19.1
中 新 田 町			1			48		1.3
小 野 田 町						4		0.2
色 麻 村						6		0.3
松 山 町		1		28	16	471	2.1	29.4
三 本 木 町			2		11	234	0.28	12.8
鹿 島 台 町			13	10	55	484	1.2	17.2
岩 出 山 町						20		0.49
鳴 子 町						36		1.0
涌 谷 町			3	20	56	476	0.94	10.8
田 尻 町		1	3	34	60	1,127	2.0	37.2
小 牛 田 町		6	39	70	229	722	3.6	20.1
南 郷 町			3	8	73	976	2.5	60.1
築 館 町			7			3,517		81.1
若 柳 町		3	5			228		5.7
栗 駒 町		2	3			112		2.9
高 清 水 町						134		11.6
瀬 峰 町						750		53.7
鶯 沢 町						41		2.6
金 成 町						334		15.6
志 波 姫 町			3		1	1,679	0.001	96.1
迫 町		9	39	29	144	1,791	1.8	34.4
登 米 町			4		5	563	0.13	30.3
東 和 町						168		6.6
中 田 町			3	18	35	558	0.93	11.1
豊 里 町			2	3	19	117	0.72	8.1

市町村名	死者	負傷者 重傷	負傷者 軽傷	住家 全壊	住家 半壊	住家 一部破損	倒壊率(%)	被害率(%)
米山町				45	69	1,529	3.1	64.3
石越町			2	3	20	199	0.85	14.5
南方町			6	14	16	515	1.1	27.2
河北町		1	3	5	39	3,057	0.69	88.5
矢本町	1	3	141	5	45	905	0.44	15.4
雄勝町			1			101		5.2
河南町		2	6	14	102	979	1.6	27.1
桃生町		3	1	10	21	130	1.0	8.0
鳴瀬町		8	4	48	141	753	4.4	34.6
北上町			2			34		2.9
女川町					18	105	0.21	2.9
牡鹿町		2	2	2	1	588	0.11	27.3
志津川町						16		0.04
津山町		1				126		10.8
本吉町						113		2.5
唐桑町						73		3.4
歌津町						30		2.4
[岩手県]								
盛岡市						1		0.001
大船渡市			2			55		0.52
水沢市			1					
北上市			2		5	127	0.02	0.92
遠野市						2		0.03
一関市			1		4	1	0.01	0.03
陸前高田市			1			53		0.74
江刺市						10		0.11
石鳥谷町			1					
江釣子村						7		0.38
金ヶ崎町			1			3		0.08
前沢町			2			31		0.85
衣川村						5		0.41
胆沢町						2		0.05
花泉町						2		0.05
平泉町						3		0.15
大東町						59		1.2
東山町						7		0.30
川崎村						55		4.1
三陸町						8		0.36
[福島県]								
福島市		2	6	5	4	159	0.01	0.24
郡山市			1			1		0.001
相馬市			1	1		120	0.01	1.3
桑折町		1	7		16	100	0.24	3.4
伊達町					2	111	0.04	4.5
国見町	1		10		30	221	0.55	9.1
梁川町						1	0.01	0.02
保原町						71		1.3
月館町					1	2	0.04	0.24
川俣町						1		0.02
安達町						3		0.13
本宮町						5		0.11
白沢村						2		0.12
双葉町			1					
新地町			1					
鹿島町						1		0.03

各県庁の集計による．宮城県については9月18日，福島県は7月1日，岩手県は6月22日の集計資料に基づき，各市町村の資料と照合して修正した．

表 629-5 断水の間の対応状況 [宮城県広報課, 1978, アンケート調査結果の概容]

対応状況 \ 地域	全県	地域別			
		仙南内陸部	仙台周辺部	仙北内陸部	仙北沿岸部
給水車だけで生活	15.5%	8.8%	23.4%	5.4%	5.0%
親戚など寄せて生活	4.9	—	6.4	3.6	3.3
近所の井戸などのもらい水	30.6	32.4	24.9	35.1	41.3
その他	49.0	58.8	45.3	55.9	50.4

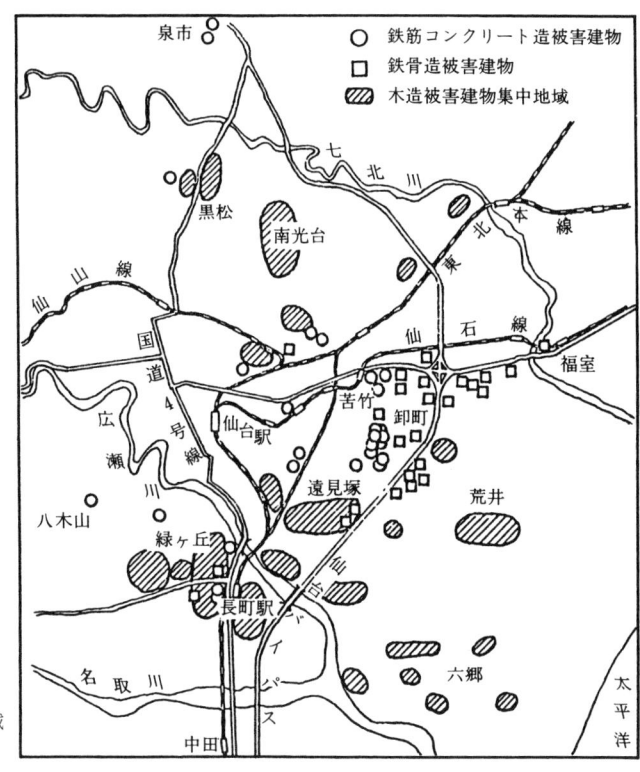

図 629-2 被害分布状況 [志賀・柴田, 1979, '78宮城県沖地震白書, 宮城県, 163-179]

た. 電話の罹障加入数は被害地全体で 4,031 件に達したが 6 月 16 日までに大体回復し, 6 月 19 日には家屋全壊のための未復旧分を除きすべて回復した. 電気の供給の復旧は早く, 6 月 12 日中には 12 万 8,000 戸が復旧, 13 日には 40 万 5,000 戸が, 6 月 14 日午前 6 時 50 分に全面復旧 (41 万 9,000 戸) となった. 鉄道は 15 日に仙山線・陸羽東線が, 18 日 18 時 30 分に東北本線が, また同日丸森線が, 21 日には気仙沼線を除くすべての国鉄が, そうして 7 月 7 日には全面開通となった.

動物の異常行動については北は青森から南は伊豆にかけての広い地域からの報告がある. それをまとめたものが図 629-8, 9 である.

津波は北海道から銚子に至る太平洋沿岸に達した. 最大波高 (半振幅) は仙台新港の 49 cm であった. いちばん早く到達したのは鮎川で 17 時 33 分であった. 図 629-4 は津波を最もよく説明する断層 (□) と海底の隆起 (実線) 沈降 (細破線) 量および波源域 (太破線) を示す. 波源域 = 55 × 100 km^2. [−1, 0.5].

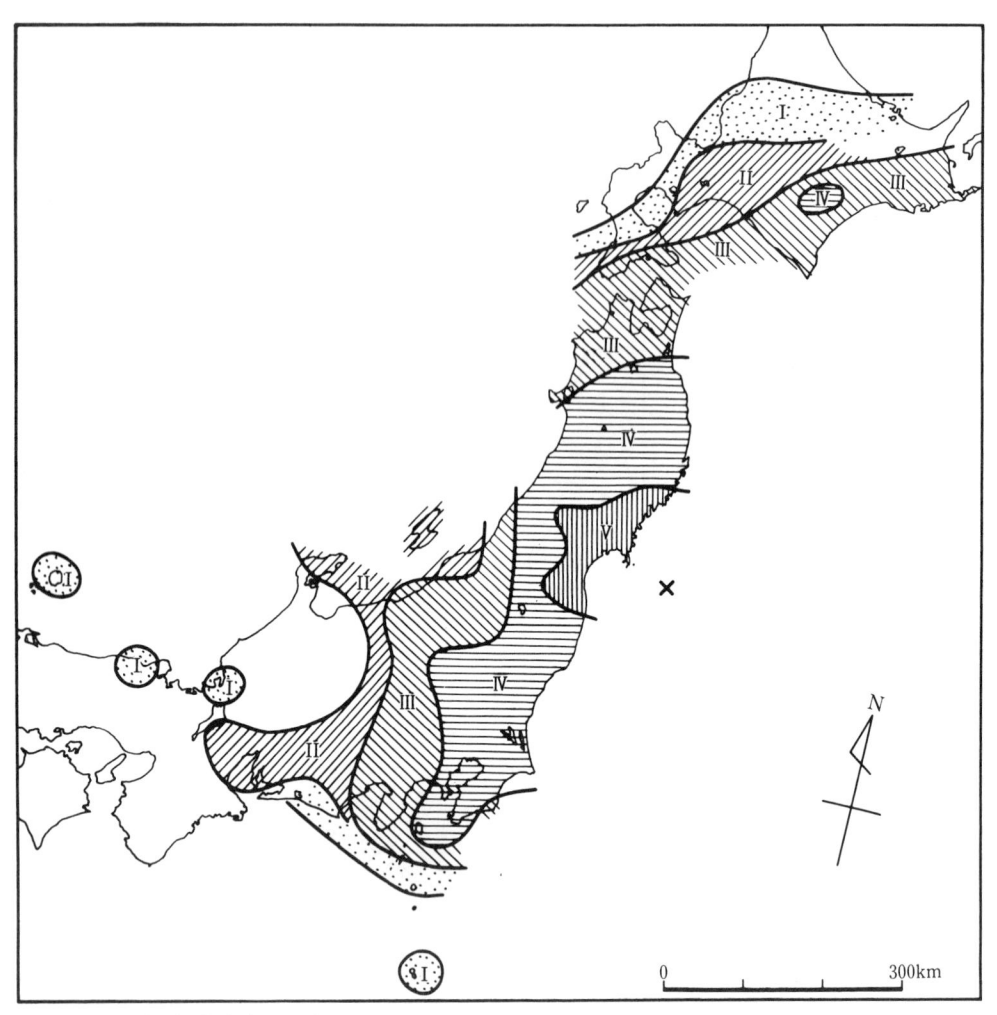

図 629-3 震度分布 ［気象庁, 1978］

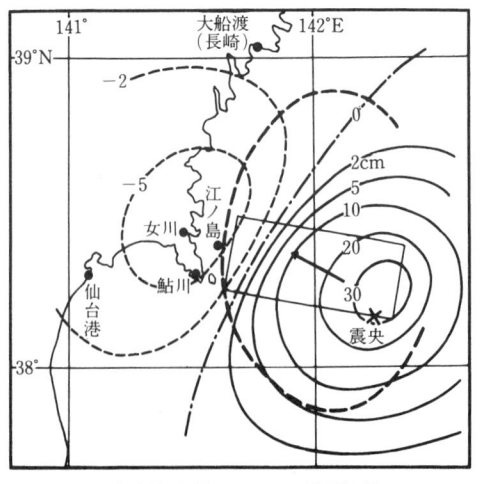

図 629-4 津波波源 ［相田, 1978, 震研彙報, **53**, 1167-1175］

図 629-5 震度分布 [気象庁, 1978]

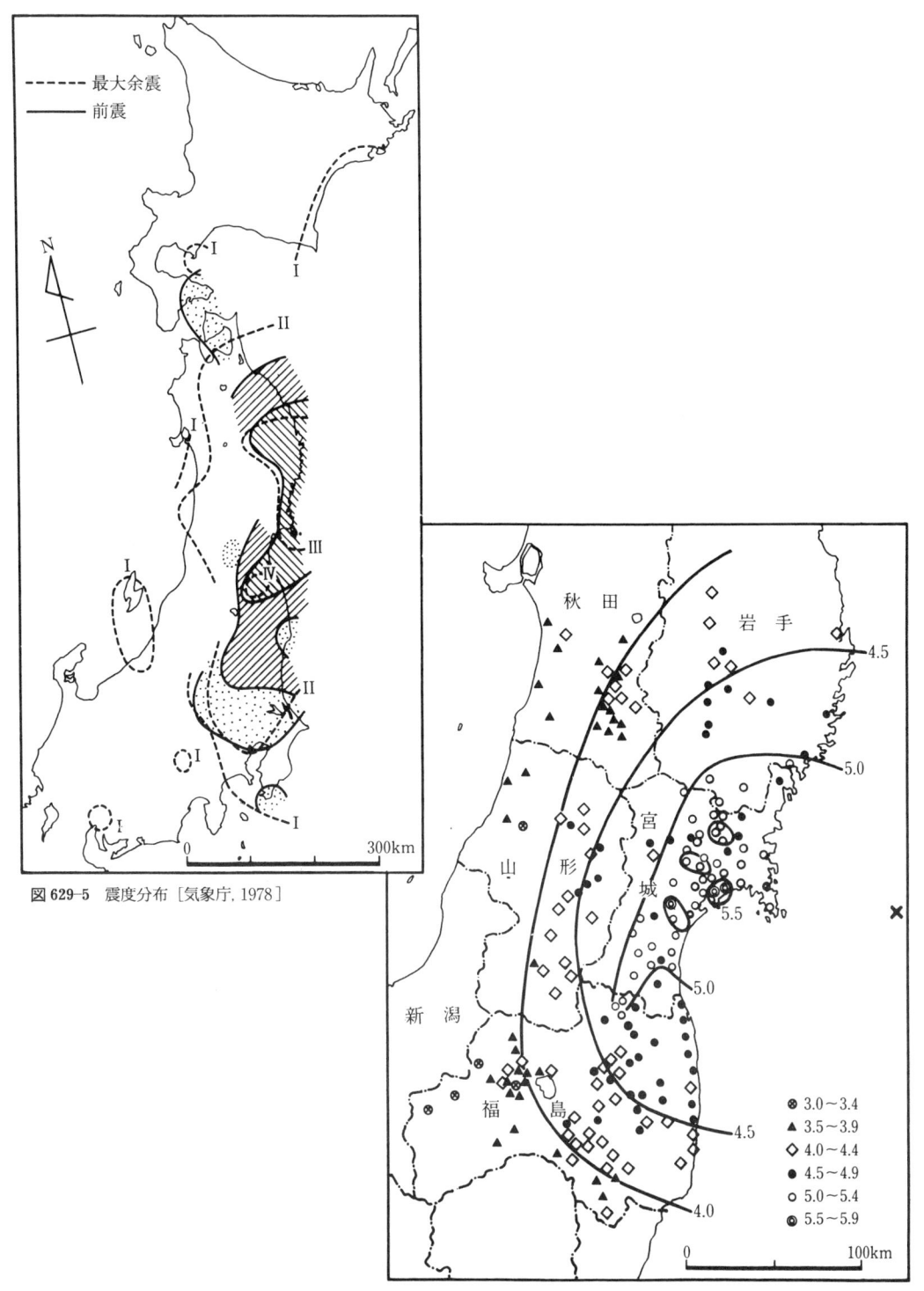

図 629-6 アンケート調査による震度分布 [村井, 1980, 1978年宮城県沖地震による被害の総合的研究, 89-95]
市町村ごとの平均値に基づいて作成したもの．×印は震央の位置を示す．

472   4 被害地震各論

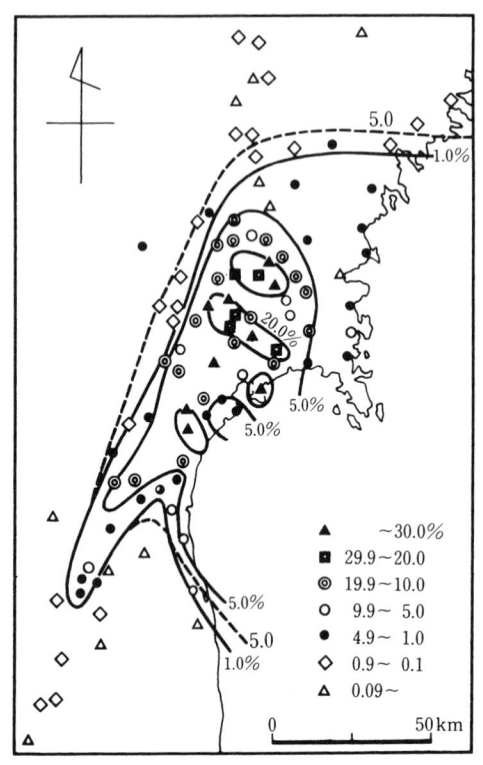

図 629-7 被害率の分布 [村井, 1980]
市町村ごとに算出した値による（表 629-4 参照）.

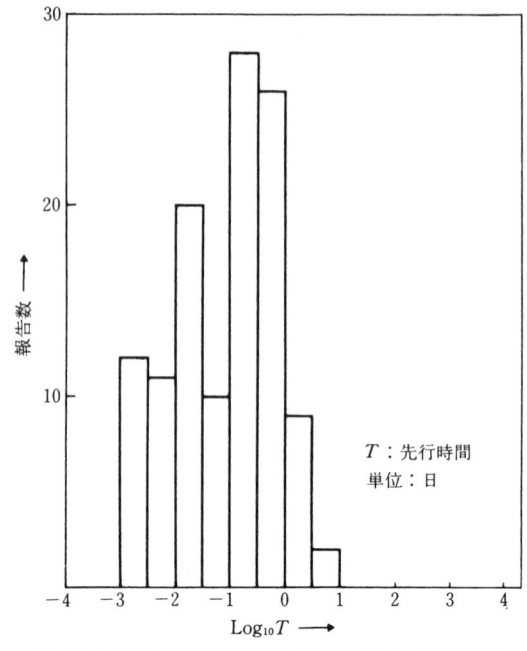

図 629-9 動物異常行動 [力武・鈴木, 1979, 予知連会報, 21, 28-37]

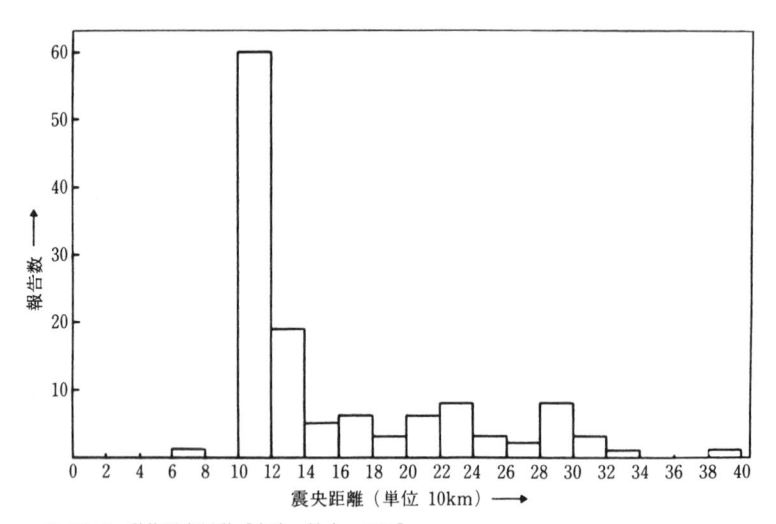

図 629-8 動物異常行動 [力武・鈴木, 1979]

630 1978 IX 13 (昭和53) 13時28分 小笠原近海 $\lambda = 141.95°\text{E}$ $\varphi = 26.36°\text{N}$ $M = 5.3$ $h = 33\,\text{km}$ 母島の震度Ⅳ．母島で，道路の側溝，農業用水タンク，都営住宅・発電所の壁や風呂場・玄関のたたきに亀裂．中学校校舎，体育館の床・壁などに亀裂．有感余震は母島で同日 18 時 30 分頃と 20 時頃にあった．

631 1978 XI 23 (昭和53) 10時43分 伊豆半島中央部 $\lambda = 139°01'\text{E}$ $\varphi = 34°46'\text{N}$ $M = 5.1$ $h = 0\,\text{km}$ この年正月14日の地震の余震の1つ．被害は東伊豆町稲取・入谷地区に限られる．屋根瓦の落下，道路の小破があった．

表 **631-1** 墓石の被害 [石廊崎測候所，1980，験震時報，**43**，103-105 より作成]

寺 院 名	墓石の転倒	移動・回転
東伊豆町片瀬・竜淵院	3/150	90%
入谷・栄昌院	20〜30/200	50%以上
河津町筏場・三養院	0	10〜20/130
峯・東大寺	0/80	0/80

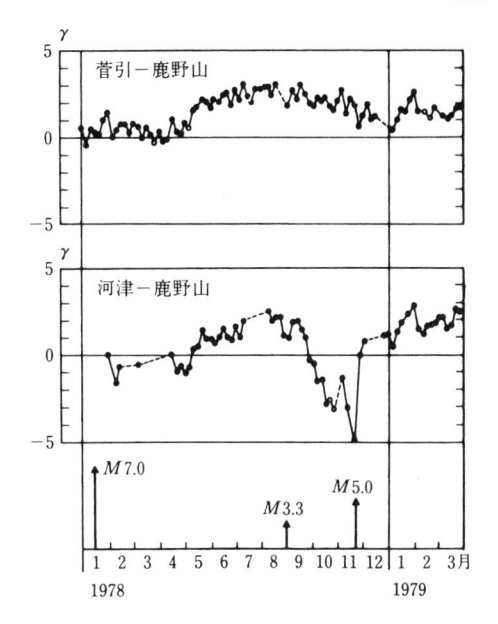

図 **631-1** 前後に観測された全磁力（鹿野山を基準とする）の異常変化 [Sasai & Ishikawa, 1980, BERI, **55**, 895-911]
　中図は震源直上の断層線上での変化で，地震の約3ヵ月前から全磁力が異常に減少しているが，約15km離れた菅引では上の図に示すように異常な変化は見られない．

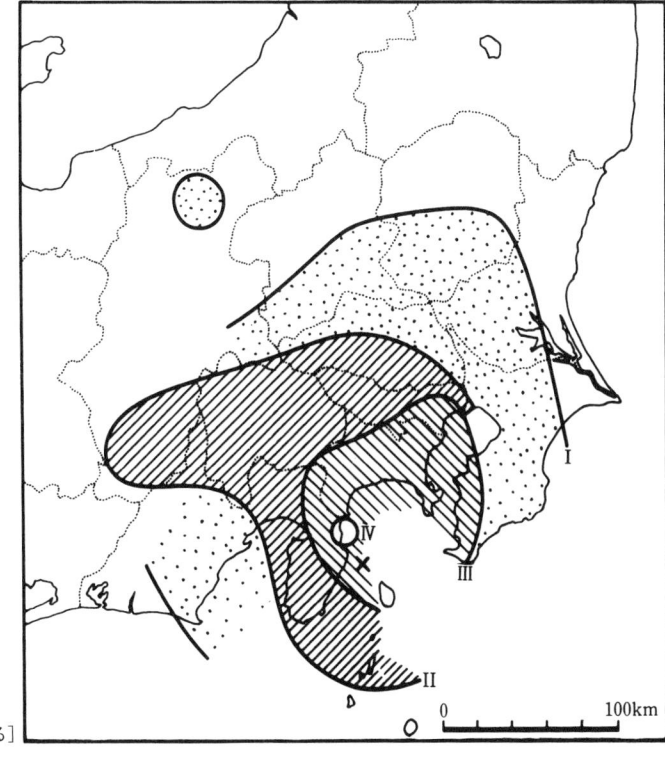

図 **632-1** 震度分布 [気象庁による]

632 1978 XII 3（昭和 53）22 時 15 分　大島近海　$\lambda=139°11'$ E　$\varphi=34°53'$ N　$M=5.5$　$h=20$ km　伊東市で水道管故障 7 ヵ所，土砂崩れ 6 ヵ所，落石 2，傷 1，その他墓石の転倒，建物の柱・壁の亀裂などあり．

633 1979 III 2（昭和 54）06 時 25 分　松本市付近　$\lambda=138°00'$ E　$\varphi=36°09'$ N　$M=3.8$　$h=0$ km　松本で震度 II．松本・塩尻で墓石の転倒・移動，棚から物の墜落などがあった．同日 06 時 05 分に $M=4.0$（$\lambda=137°59'$ E　$\varphi=36°08'$ N　$h=0$ km，松本で震度 II），11 時 29 分に $M=4.1$（$\lambda=137°58'$ E　$\varphi=36°08'$ N　$h=0$ km，松本・諏訪で震度 II）があった．

634 1979 IV 25（昭和 54）05 時 18 分　福島県西部　$\lambda=139°29'$ E　$\varphi=37°22'$ N　$M=4.4$　$h=0$ km　新潟・相川・会津若松で震度 I．金山町などで不安定な物の落下・転倒あり．また 1, 2 の集落で墓石の移動があった．県の南西部で震度 III～IV か．

634-1 1979 V 5（昭和 54）16 時 24 分　秩父市付近　$\lambda=139°11'$ E　$\varphi=35°48'$ N　$M=4.7$　$h=20$ km　東京都西部で落石，タンスの倒れた家数軒あり．

635 1979 VII 13（昭和 54）17 時 10 分　瀬戸内海西部　$\lambda=132°03'$ E　$\varphi=33°51'$ N　$M=6.0$　$h=70$ km　山口県でダンプカーに落石あり，重傷 1 名．

636* 1980 VI 29（昭和 55）16 時 20 分　伊豆半島中部沿岸　$\lambda=139°14'$ E　$\varphi=34°55'$ N　$M=6.7$　$h=10$ km　6 月 25 日から群発地震が伊豆半島東方沖に発生し，7 月 28 日頃まで続いた．この群発は数時間のうちに 100～200 回あまりの地震が集中して発生す

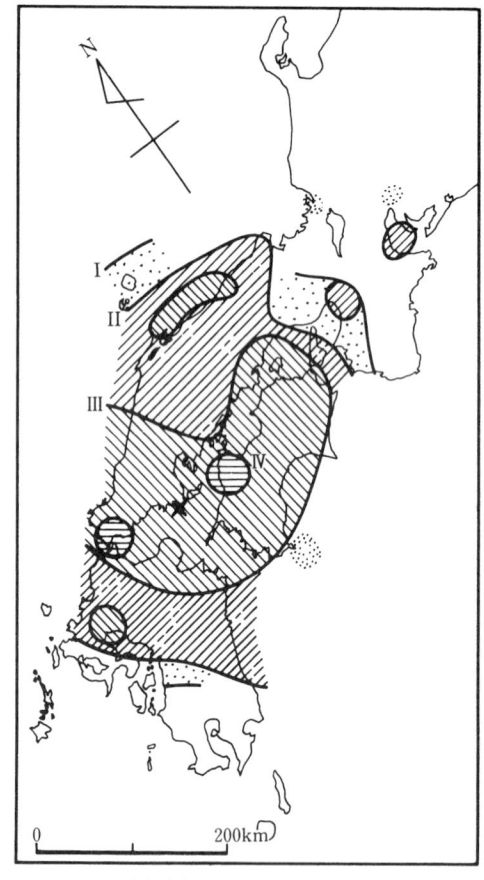

図 635-1 震度分布

る型である．被害は表 636-1，2 のとおりで，伊東市に集中した．伊東市富戸小学校の RC 建物の非耐力壁に剪断ひび割れが多く見られ，同校の鉄骨構造の体育館でブレースの破断があった．一般に RC 建物ではエキスパンション・ジョイントの損傷が多かった．津波は最大全振幅で大島の岡田 56 cm，神津島 15 cm，大磯 14 cm，布良 12 cm などである．この地震で震源真上の海上でハイドロフォンにより A 型の高周波振動（50～300 Hz）が観測された．［-1, -1.5］

―― 1980 IX 24（昭和 55）04 時 10 分　埼玉県東部　$\lambda=139°48'$ E　$\varphi=35°58'$ N　$M=5.4$　$h=80$ km　傷 5（東京 4，栃木 1），器

表 636-1 県別被害（警察庁調べ，1980 年 7 月 1 日現在）[気象庁，1982，験震時報，**46**，7-32]

区　分	県名	静　岡	神奈川	計
人的被害	負　傷　者	7名	1名	8名
家屋被害	全　　　壊	1		1
	一 部 破 損	17		17
	瓦　崩　れ	505	7	512
ブ ロ ッ ク 崩 れ		2	1	3
山　　崩　　れ		22	7	29
道　路　破　損		21		21
鉄 軌 道 損 壊		1		1
水　道　損　壊		5	6	11
ガ　ス　損　壊		6		6
自　動　車　被　害		3		3

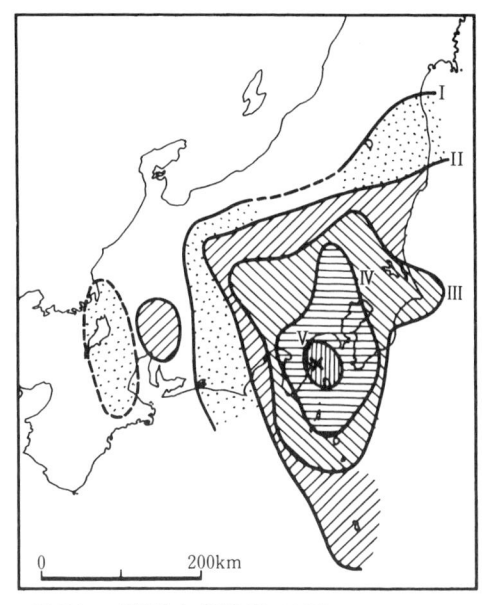

図 636-1 震度分布 [気象庁，1982]

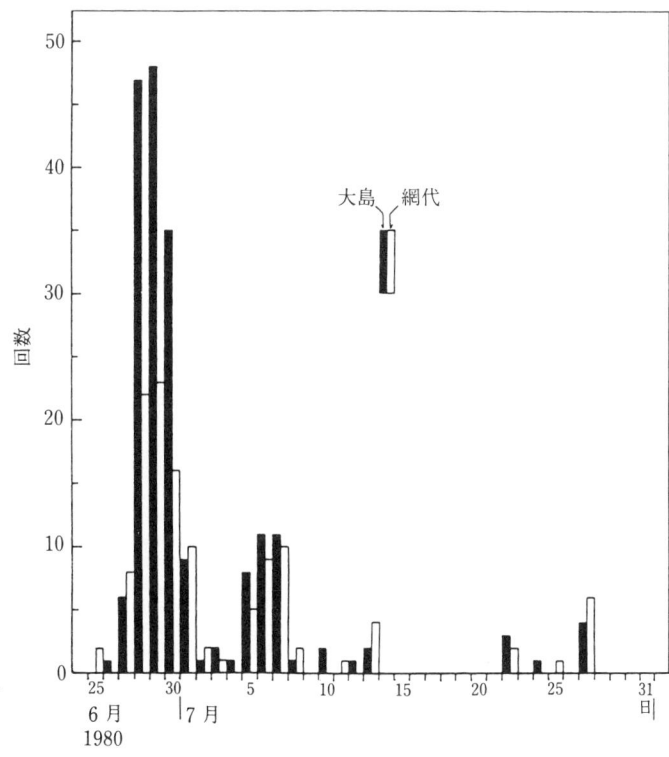

図 636-2 日別有感地震回数 [気象庁，1982]

表 636-2 市町村別被害状況（静岡県地震対策課　昭和55年7月3日現在）

被害区分		市町村名	合計	熱海市	伊東市	三島市	裾野市	沼津市	修善寺町	函南町	大仁町	中伊豆町
人的被害	負傷者	重傷者　人	3		3							
		軽傷者　〃	4		4							
		計　〃	7		7							
住家被害	半壊	棟	1		1							
		世帯										
		人	1		1							
	一部破損	棟	665	2	554	53	4	1	20	2	3	26
		世帯	669	2	558	53	4	1	20	2	3	26
		人										
非住家	公共建物	棟	2	2								
	その他	〃	11	1	10							
その他の被害	文教施設	カ所	13		13							
	道路	〃	29	7	19		1	1				1
	河川	〃	4		4							
	港湾	〃	4	1	3							
	水道	〃	39	4	34	1						
	清掃施設	〃	1		1							
	崖崩れ	〃	13	6	5				1		1	
	鉄道不通	〃	5	3	2							

物の落下あり．（図637-1参照）

637　1980 IX 25（昭和55）02時54分　千葉県中部　$\lambda=140°13'$ E　$\varphi=35°31'$ N　$M=6.0$　$h=80$ km　南関東各県でショック死2人，傷者73人，ガラス破損，ガス漏れなどがあった．エレベーターの停止が目立った．川崎のセメント工場で150 kl 入りの重油タンク底もれ1．気象庁によると有感余震は同日中に4回，その他の余震は25日22回，26日10回，27日3回，28日1回であった．

638　1981 I 23（昭和56）13時58分　日高支庁西部　$\lambda=142°12'$ E　$\varphi=42°25'$ N　$M=6.9$　$h=130$ km　浦河地方で，埋没水道管の破裂や物体の落下などがあった．

──　1981 XII 2（昭和56）15時24分　青森県東方沖　$\lambda=142°36'$ E　$\varphi=40°53'$ N　$M=6.2$　$h=60$ km　八戸市・むつ市を中心に器物の落下・損傷あり．

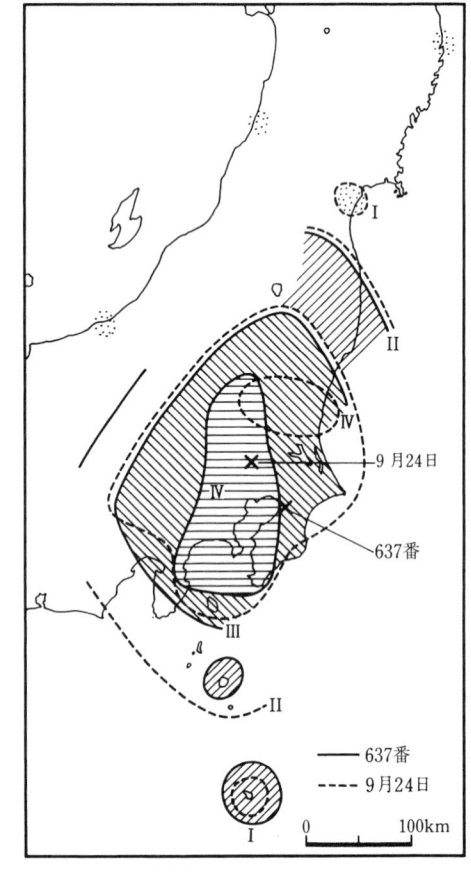

図 637-1　震度分布

639 1982 I 8 (昭和 57) 05 時 37 分　秋田県中部　$\lambda=140°29'$ E　$\varphi=40°01'$ N　$M=5.2$　$h=0$ km　阿仁町で物体の落下，窓ガラスの破損，小学校の校舎の壁や床に亀裂．

640* 1982 III 21 (昭和 57) 11 時 32 分　浦河沖　$\lambda=142°36'$ E　$\varphi=42°04'$ N　$M=7.1$　$h=40$ km　同日 7 時 35 分頃に前震 ($\lambda=142°36'$ E　$\varphi=42°03'$ N　$M=5.0$　$h=40$ km) があった．余震は多かった．雌阿寒岳の火山性地震は 3 ヵ月間の沈黙を破って 3 月 19 日から発生し図 640-2 のように推移した．被害は表 640-1 のとおり．浦河・静内に集中したが，札幌でも条件の悪いところに被害が発生している．国道静内橋の橋脚 8 基のうち 6 基に何らかの被害を受け，復旧に 1 ヵ月かかった．浦河町全半壊家屋は海岸に直交する狭い泥炭層部に集中し，町の西北の広い泥炭層にはほとんど発生しなかった．気象庁の最大震度は浦河のVIであるが，被害状況から見ればVとするほうがよいであろう．津波の高さは浦河で 80 cm，八戸で 28 cm，津波による被害はなかった．波源域 40×20 km^2，海底約 15 cm 隆起．三石・静内の沿岸最高 15〜

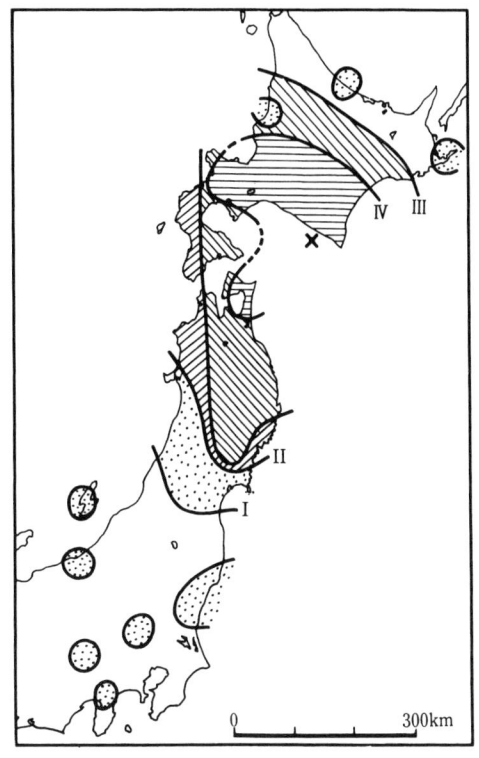

図 640-1　震度分布〔札幌管区気象台，1983，験震時報，**47**，1-58〕

表 640-1 被害総括（北海道警察本部調べ，昭和57年3月26日15：00現在）

被害種別	署別 市区町村別	中央 札幌市 中央区	東 東区	白石 白石区	豊平 豊平区	北 北区	江別 江別町	室蘭 室蘭市	登別 登別市	苫小牧 白老町	穂別町	静内 静内町	新冠町	三石町	浦河 浦河町	様似町	えりも町	広尾 広尾町	計
人的被害	死者 人																		
	行方不明者 〃																		
	負傷者 〃	1	4	5		1		1	1		2	41		18	91	1			167
建物被害	全壊 棟											3		1	5				9
	半壊 〃				1							3			10	1	1		16
	一部破損 〃	11	6		8		2	1		1	1	15		1	124	4			174
	非住家被害 〃														10			1	11
道路損壊	ヵ所								1			3							4
山（崖）崩れ	〃											1			1				2
鉄軌道被害	〃		2									43							45
通信施設被害	回線														50				50

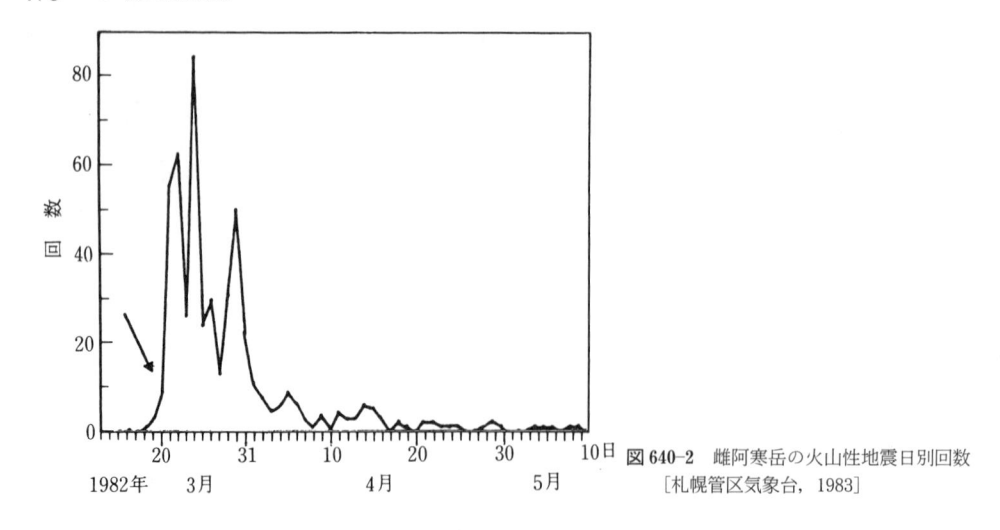

図 640-2 雌阿寒岳の火山性地震日別回数 [札幌管区気象台, 1983]

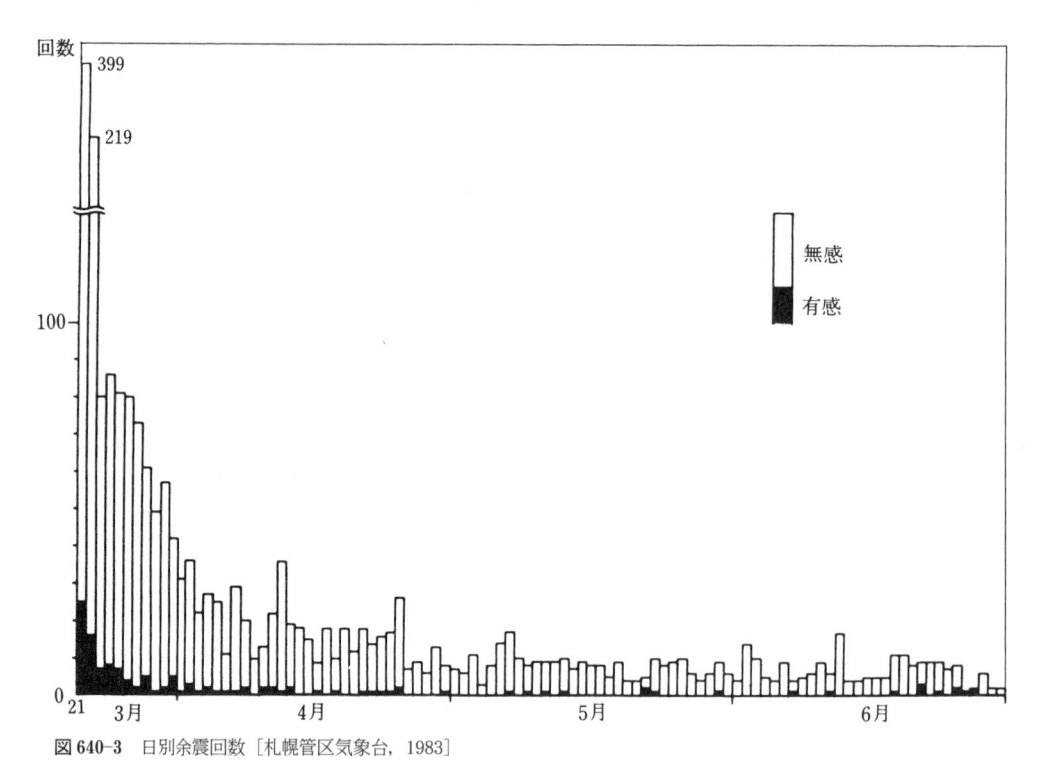

図 640-3 日別余震回数 [札幌管区気象台, 1983]

16 cm 隆起. [0]

641 1982 Ⅷ 12（昭和 57）13 時 33 分　伊豆大島近海　$\lambda = 139°34' E$　$\varphi = 34°53' N$　$M = 5.7$　$h = 30$ km　神奈川県で傷 6 名, 瓦の落ちた家 100 戸あまり, 千葉県では家屋の一部破損 1 戸.

642* 1982 XII 28 (昭和57) 15時37分 三宅島近海 $\lambda=139°27'$ E $\varphi=33°52'$ N $M=6.4$ $h=20$ km 12月27日にはじまった群発地震は,翌年1月18日08時09分の有感地震をもって静まった.三宅島の有感地震回数IV-2,III-7,II-24,I-76回計109回.三宅島で堀割の土手崩れ,神津島で給水管破損2ヵ所.[-0.5]

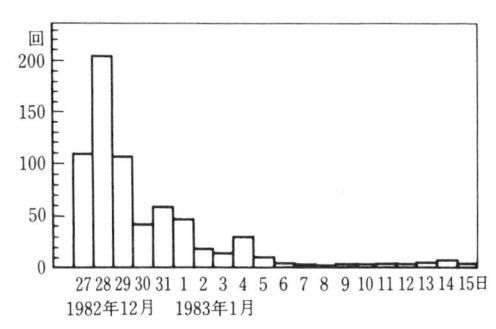

図642-1 日別地震回数 [気象庁,1983,予知連会報,30,59-63]

643 1983 II 27 (昭和58) 21時14分 茨城県南部 $\lambda=140°09.1'$ E $\varphi=35°56.4'$ N $M=6.0$ $h=72$ km 傷11 (東京8,神奈川2,千葉1),藤代・取手・牛久・船橋などでガス管の破損などの被害.藤代町で壁の亀裂,剝落あり.被害密度は薄く,被災範囲はやや広かった.駒場の東大教養学部でも窓ガラスがかなり割れた.

644 1983 III 16 (昭和58) 02時27分 静岡県西部 $\lambda=137°36.7'$ E $\varphi=34°47.6'$ N $M=5.7$ $h=40$ km 軽傷3,家屋一部破損2.豊橋・豊川で窓ガラス割れ各約50枚.

645* 1983 V 26 (昭和58) 11時59分 秋田県沖 $\lambda=139°04.7'$ E $\varphi=40°21.6'$ N $M=7.7$ $h=14$ km **日本海中部地震** 男鹿半島沖に発生,日本海沿岸にかつてないほどの津波被害をもたらす.図645-1は気象庁による震度分布.死者104人のうち100人は津波による.うち41人は港湾護岸工事中の人々で,35人は能代港工事中の人々であった.そのほか魚釣中18人,合川町南合川小学校の4,5年生45人が遠足中に男鹿市加茂青砂の海岸で13人死亡した(津波の高さ3.5 m).津波は朝鮮半島・シベリアを含む日本海沿岸各地に襲来している.図645-6に本震と最大余震(6月21日15時25分,$\lambda=139°00.0'$ E $\varphi=41°15.9'$ N $M=7.1$ $h=6$ km,[0.5])の波源域を示す.波源域の面積は140×90 km^2,最大余震は60×40 km^2.現地調査による波高の最高は峰浜村の14 mである.

表643-1 茨城県南部の8市町村の被害(牛久町役場からの報告)[茅野,1984,震研彙報,58,831-878]

被害区分	計	竜ヶ崎市	牛久町	藤代町	利根町	取手市	河内村	新利根村	江戸崎町
人的被害(軽傷)	2人	2							
住家被害(一部破損) 棟	111	67	32	9	3				
世帯	108	65	32	9	2				
人	449	276	118	41	14				
文教施設被害	2校	1					1		
道路被害	2ヵ所					2			
水道施設被害	13ヵ所	1	7			2		3	

軽傷:タンスが倒れ頭部打撲,タンス上のラジオが落下頭部挫創.
住家の一部破損:屋根のぐし瓦落下,壁の亀裂など.
文教施設被害:矢原小学校(壁に亀裂),生板小学校(基礎沈下,壁にひび割れ).
水道施設被害:水道管破裂など

480　4　被害地震各論

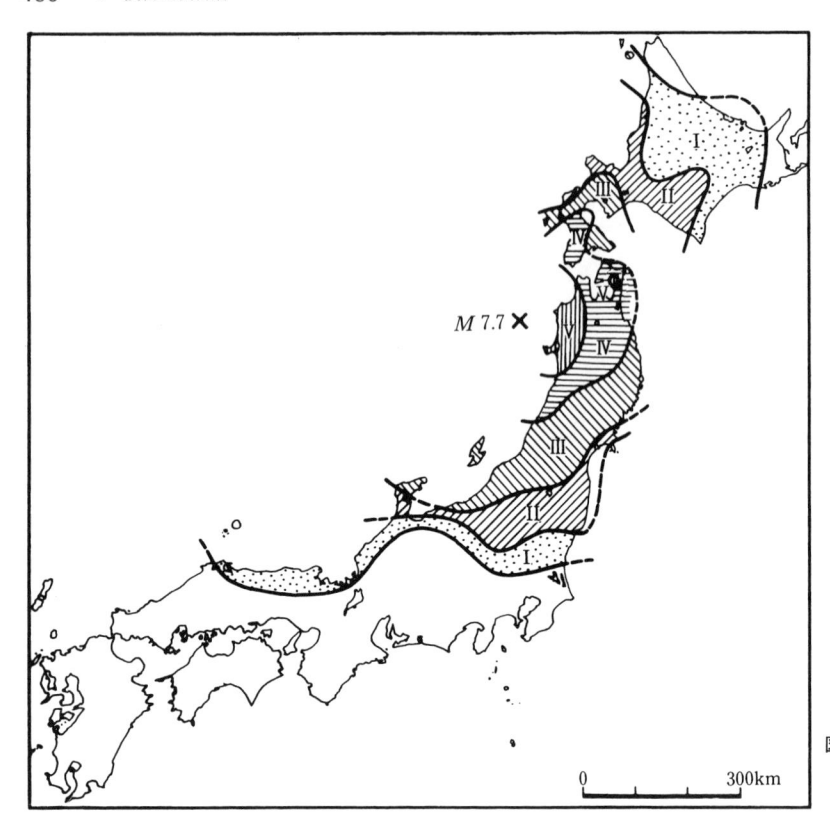

図 645-1　震度分布 [気象庁，1984，技術報告，**106**]

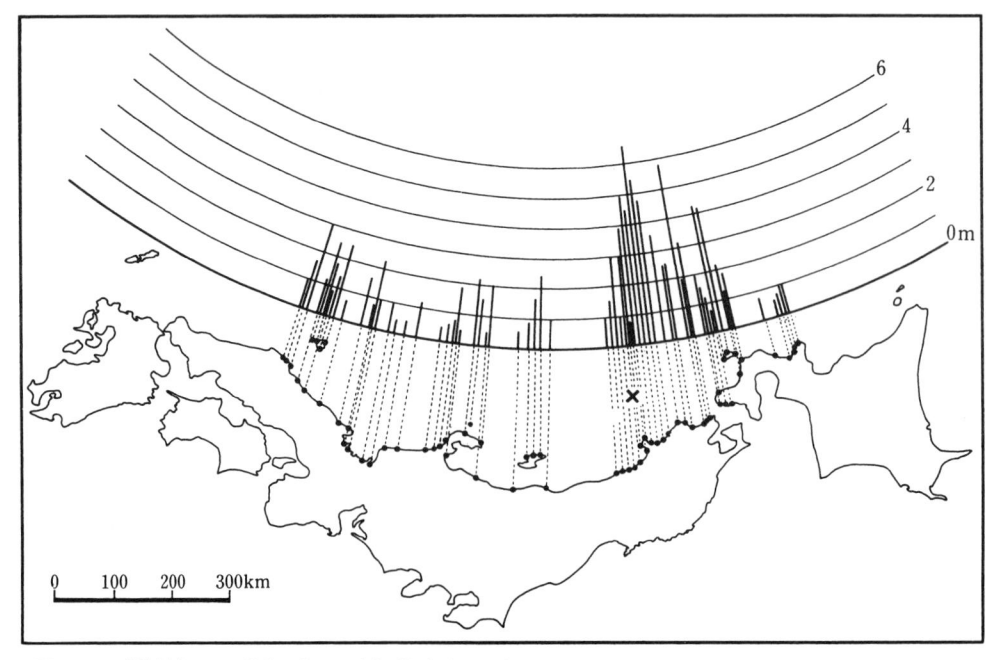

図 645-2　現地調査による津波の高さの分布 [気象庁, 1984]

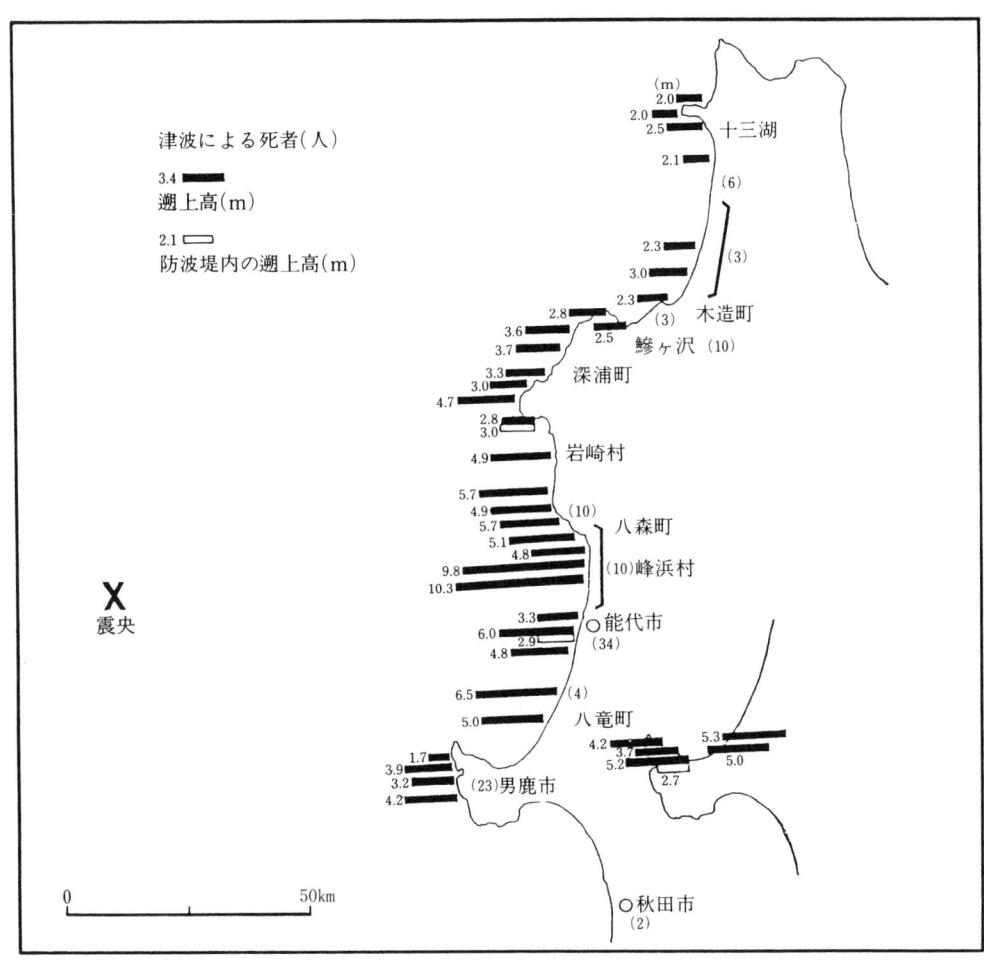

図 645-3 津波の最大遡上高の分布と人的被害の分布 [伯野ほか, 1983, 震研彙報, **58**, 879-926]
男鹿半島のところは表示しきれないので 2 つにわけた.

木造建物被害の特徴は次のようである. ①液状化による沈下・地崩れによる不同沈下など. ②砂地盤斜面の崩壊による建物基礎の破壊とその一部の移動. また, 鉄筋コンクリート造ではエキスパンション・ジョイントの衝突による被害が多く, 剪断亀裂, モルタルの剥離やコンクリートのひび割れが発生した. また液状化により, 段差を生じた例がある. 図 645-5 と表 645-2, 4 をくらべればわかるように被害は液状化の著しい地域と一致している. 最も被害率の高かったのは車力村で全壊率 15.3%, 半壊率 19.9% で, これに次ぐのは八竜町 (6.65%, 11.0%), 若美町 (3.44%, 9.3%), 能代市 (3.33%, 5.5%), 鰺ヶ沢町 (3.1%, 4.1%) などである. 石油タンクの被害が目立った. 秋田では石油の溢流はなかったが火災が発生した. 震央から 270 km 離れた新潟 (震度Ⅲ) で石油が溢流した. 新潟県内に約 200 基のタンクがあるが, 被害を受けたのはすべて浮屋根式で, 許容貯蔵量が 3 万 m³ クラス以上のものであった. スロッシングの 1 次固有周期は 10 秒くらいのものが多かった. 液面振幅は約 5 m に達した. 各地でライフラインに被害があった. 復旧は電力

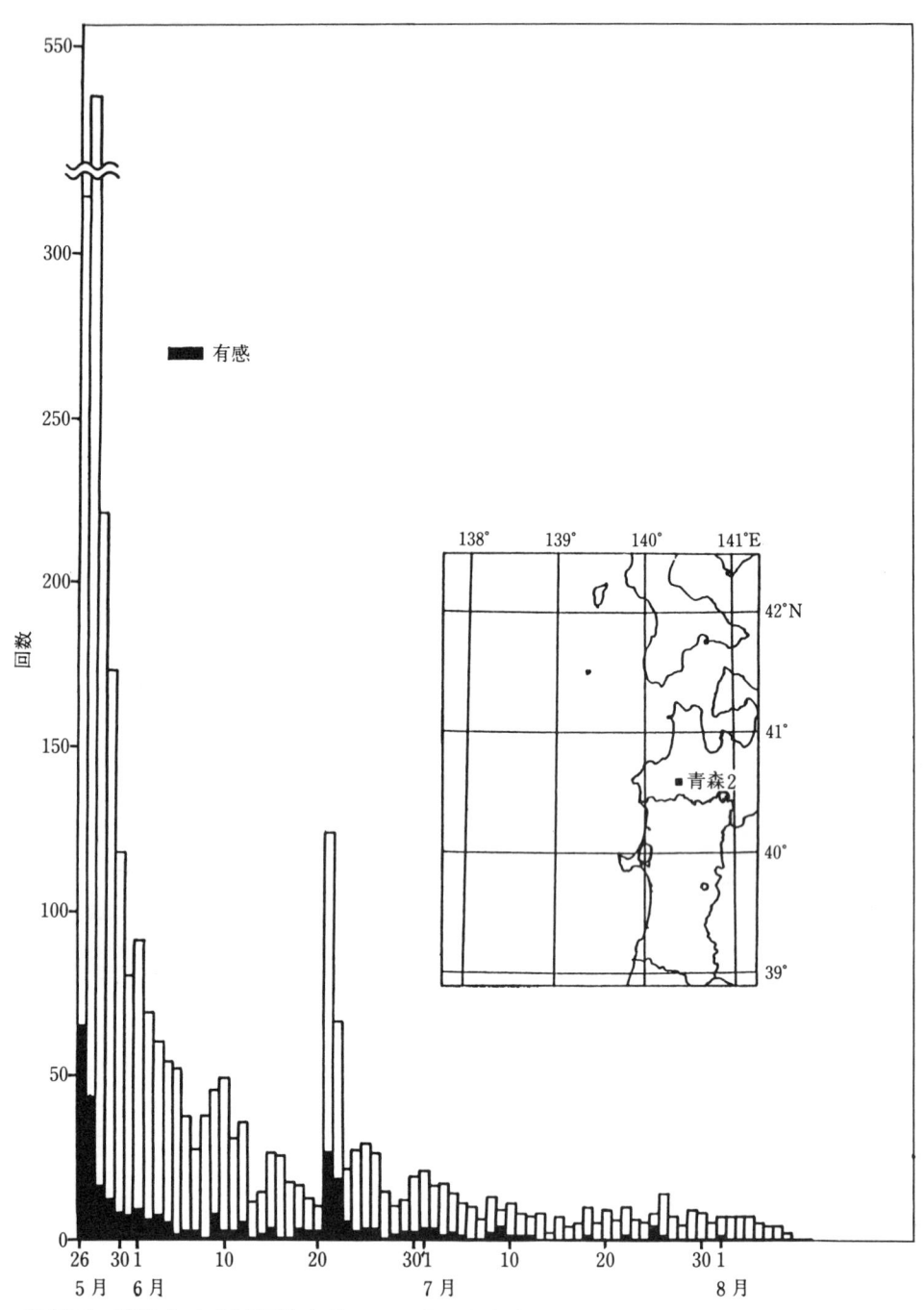

図 645-4 日別有感・無感余震回数（5月26日〜8月8日）[気象庁, 1984]
　図中の白抜きは青森2のモニター記録で全振幅2cm以上の余震（5月26日12時00分〜15時10分は停電により欠測）．

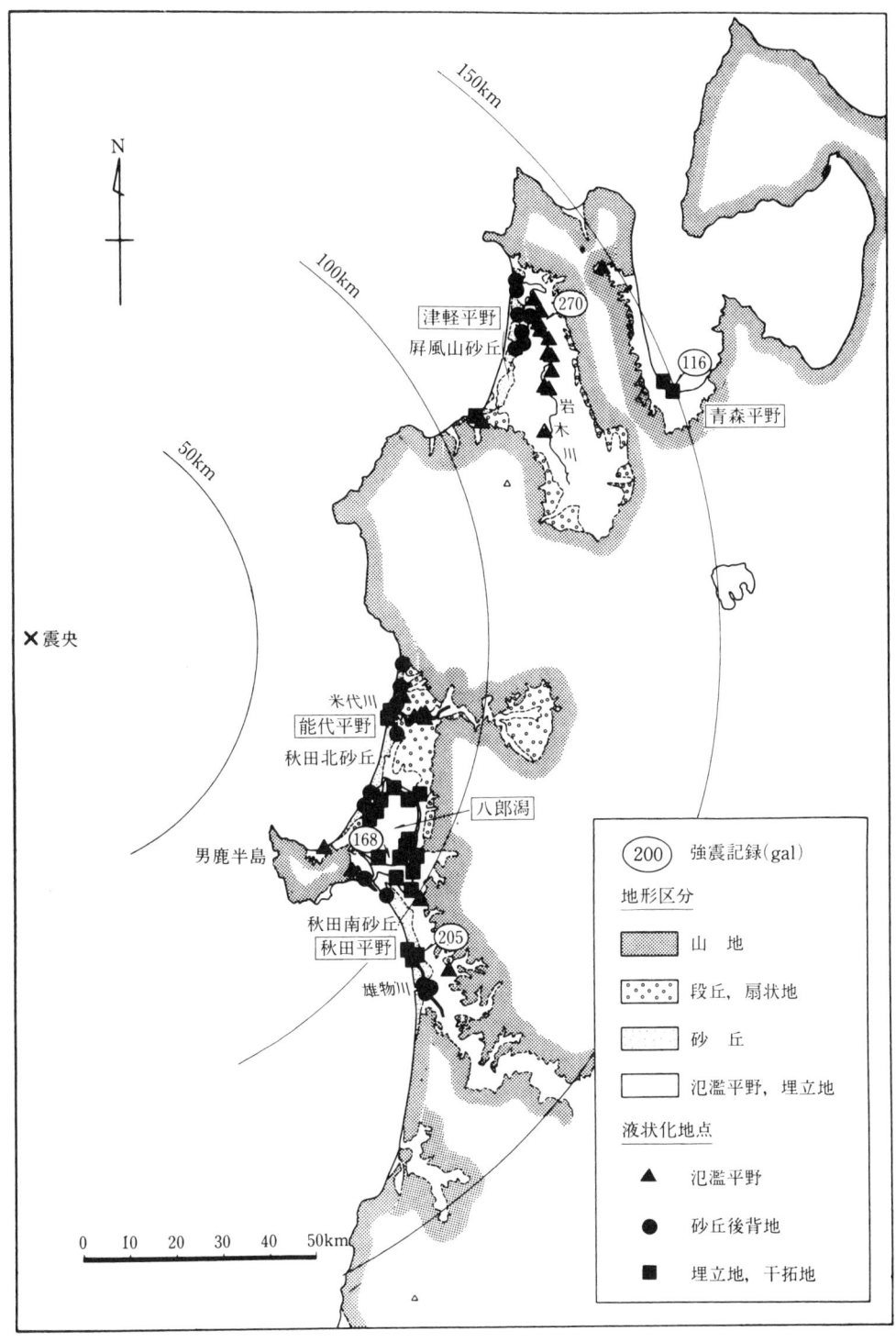

図645-5 日本海中部地震による液状化地点の分布 [応用地質調査事務所, 1984, 日本海中部地震調査報告, 218]

484   4 被害地震各論

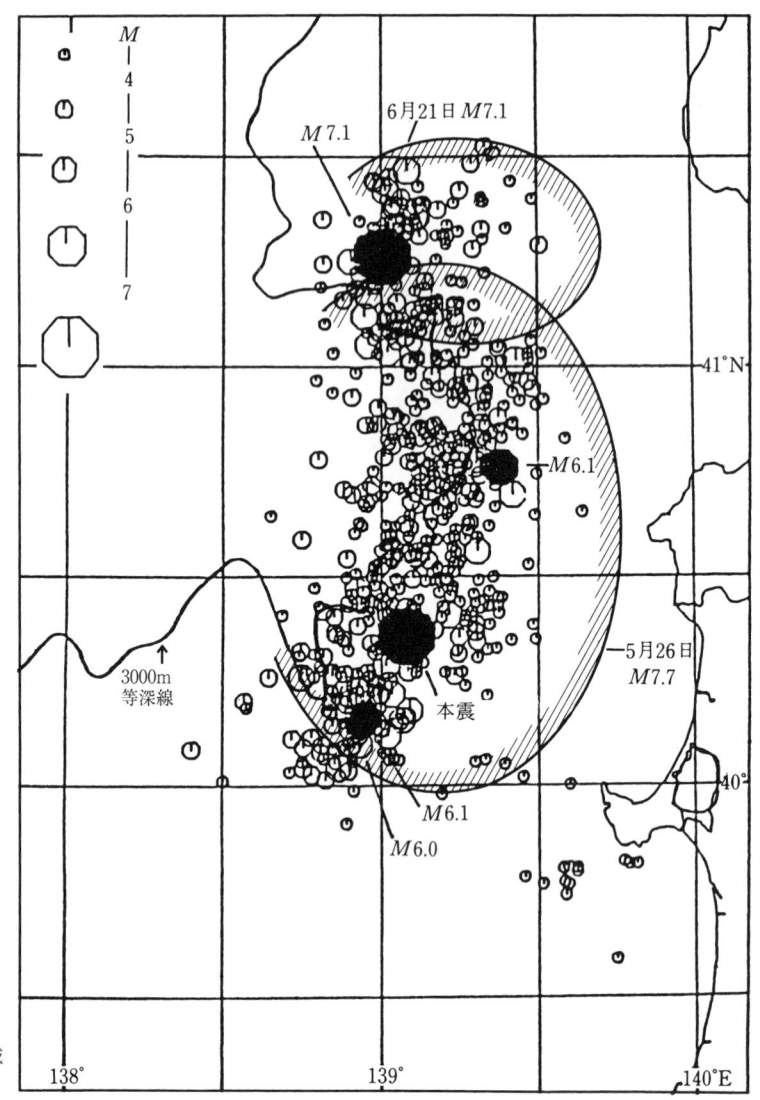

図 645-6 余震分布（6月30日まで）と波源域 ［気象庁, 1984］

5月26日23時50分，水道6月14日，ガス6月25日，国鉄6月16日である．ちょうど田植が終わり稲が活着する時期で能代国営農地開拓の導水管に被害があり，稲の枯死が心配されたが，6月1日に56.2%，同7日に97.6%の面積に灌水され枯死は免れた．［2.5, 3］

表 645-1 被害総括（1983年12月現在　警察庁調べ）

被害種別		合計	小計 地震	小計 津波	北海道 地震	北海道 津波	青森 地震	青森 津波	秋田 地震	秋田 津波	山形 地震	山形 津波	新潟 地震	新潟 津波	石川 地震	石川 津波	京都 地震	京都 津波	島根 地震	島根 津波
人	死者 人	104	4	100		4		17	4	79										5
	負傷者 〃	163	59	104	5	19	18	4	36	71						2		3		
建物	全壊 棟	934	924	10		9	167		757											
	半壊 〃	2,115	1,616	499		12	587		1,029	485					1		1			152
	流失 〃	52		52						52					2					279
	全焼 〃	1	1				1													
	半焼 〃	4	4				1		3											
物	床上浸水 〃	313		313		27		61		69							1	3		152
	床下浸水 〃	747	4	743		28		160	4	264							2	10		
	一部破損 〃	3,258	3,056	202	55		1,265		1,735	202									18	
	住家非住家被害 〃	2,739	1,194	1,545	5	30	757		432	1,503	1							12	11	
耕地	水田流失・埋没 ha	265	164	101			107	22	57	79										
	冠水 〃	579	390	189				7	390	164										
地畑	流失・埋没 〃	2	2						2											
	冠水 〃	13	2	11						2										
道路損壊 ヵ所		616	616		2		77		535		1									
橋梁流失		22	16	6			1		15	5										1
堤防決壊		25	23	2			1		22											2
山（崖）崩れ		43	43		3				40											
鉄軌道被害		65	44	21	1		5		38	21										
通信施設被害 回線		437	437		136				301											
船舶	沈没 隻	255		255		42		21		60	9							7		104
	流失 〃	451		451		180		65		136				8		12		18		56
	破損 〃	1,187		1,187		289		228		483				24		6		15		145
	ろ・かいなどによる舟 〃	15		15																
罹災世帯 世帯数		3,418	2,545	873		48	756	61	1,789	606	1					2		3		152
罹災者 人数		12,686	9,470	3,216	5	185	3,207	244	6,258	2,271						3		15		496

表 645-2 地域別被害状況（青森県）

被害項目	県全体	弘前市	鯵ヶ沢町	木造町	深浦町	岩崎村	車力村	中里町
人的被害								
死　　　　者	17		3		2	1		
重　傷　者	7							
軽　傷　者	18	1	2					
住　家								
全　　壊（戸）	447	2	143	32	13	0	227	4
半　　壊	865	9	211	59	59	6	292	46
一　部　破　損	3,018	51	199	443	443	12	735	276
床　上　浸　水	62			1	28	1	3	2
床　下　浸　水	152			2	71	7	27	28
その他								
船　　舶（隻）	567				172	66		
自　動　車（台）					34			
崖　崩　れ（ヵ所）					1			
水田 ha（浮苗, 埋没苗）	(8,538)	250		2,250				
〃 ha（浸水, 隆起など）	(185)		187		118	4		
河　　川（ヵ所）	206		21					
道　　路（ヵ所）	557	17	87		12			
水　　道（世帯）			3,500	(4ヵ所)	(8ヵ所)	762		
ガ　　ス（世帯）								
文　教　施　設（ヵ所）（文化財を含む）	428	66		6	15	4		
農地農業施設（ヵ所）	(701)	9						
被害総額（億円）	514.3							
被害調査日（その他の項目について）	5月31日	30日	29日	29日	26日	27日		

注1 人的被害, 住家被害および被害総額は7月2日午前8時現在, 県災害対策本部調べの情報.
　　その他の項目については県全体の数は5月31日午前8時現在, 県災害対策本部調べ, ただし（ ）内は5月30日.
注2 空欄は不明の場合.

表 645-3 市町村別死者数（人, 1983年7月31日現在, 警察庁調べ）

県 市町村	秋田県 能代市	八森町	峰浜村	八竜町	男鹿市	秋田市	計	青森県 鯵ヶ沢町	深浦町	岩崎村	市浦村	小泊村	計	北海道 松前町	奥尻町	熊石町	計	総計
津波による	36	10	5	4	22	2	79	3	2	1	6	5	17	1	2	1	4	100
落下物による	1				1		2											2
ショック	1			1			2											2

表 645-4 地域別被害状況（秋田県）

被害項目	県全体	秋田市	能代市	男鹿市	八森町	八竜町	昭和町	若美町
人的被害								
死　　　者	83	3	37	22	10	4		
重　傷　者	67	7	23	11	1	4		
軽　傷　者	163							
住　宅								
全　壊（戸）	1,138	35	696	142	18	133	16	75
半　　　壊	2,571	235	1,501	223	27	217	23	208
一部破損	2,520	484	876	265	0	256	26	172
床上浸水	66	0	9	6	50	0	0	0
床下浸水	277	8	184	9	63	4	0	6
その他								
船　舶（隻）	599		58	198	203	186		
自動車（台）	70				69			1
崖崩れ（ヵ所）	64		2	18				
水田 ha（浮苗，埋没苗）		7	182	42	13	68	32	65
〃 ha（浸水，隆起など）	2,072							
河　川（ヵ所）	179							
道　路（ヵ所）	826							
水　道（世帯）	22,187	200	12,000	7,316		53	276	963
ガ　ス（世帯）	14,904	303	3,222	8,757				1,874
文教施設（ヵ所）（文化財を含む）	251	64	26	19	3	5	1	6
農地農業施設（ヵ所）	582	2	9	75		10	8	2
被害総額（億円）	1,475.4							
被害調査日（その他の項目について）	6月3日	5月29日	同左	同左	同左	同左	同左	同左

注 1 人的被害，住家被害および被害総額は，7月4日午前8時現在の，県災害対策本部調べの情報．
　　その他の項目については，県全体の数は6月3日正午，地区別の数は5月29日午前8時30分現在の数．
注 2 空欄は不明の場合．

646　1983 Ⅷ 8（昭和58）12時47分　神奈川・山梨県境　$\lambda=139°01.3'$ E　$\varphi=35°31.1'$ N　$M=6.0$　$h=22$ km　丹沢にハイキングに出かけていたグループが落石により死1，傷8人を出した．ほかに傷20人，大月でブロック塀崩れるなどして傷5，家屋全半壊2（山梨），一部破損3（神奈川2，山梨1），山・崖崩れ13（神奈川4，山梨9），道路損1（山梨）あり．

646-1　1983 Ⅷ 26（昭和58）05時23分　国東半島　$\lambda=131°36.3'$ E　$\varphi=33°33.4'$ N　$M=6.6$　$h=116$ km　広島市内でガラス破損，傷1，山崩れ1，仁淀村で山崩れ．

647　1983 Ⅹ 16（昭和58）19時39分　新潟県西部沿岸　$\lambda=137°58.3'$ E　$\varphi=37°08.4'$ N　$M=5.3$　$h=15$ km　能生町で石灯籠が倒れたり，石鳥居の笠木が折れたり，家屋の壁に小被害が出た．公式震度の最大は高田でⅢ．

648　1983 Ⅹ 31（昭和58）01時51分　鳥取県沿岸　$\lambda=133°55.4'$ E　$\varphi=35°25.0'$ N　$M=6.2$　$h=15$ km　傷約10人．倉吉市東庁舎（鉄筋コンクリート3階建）の柱に剪断破壊が生ずるなどの被害があった．青谷町で約200戸断水．

——　1984 Ⅰ 1（昭和59）18時03分　東海道はるか沖　$\lambda=136°50.3'$ E　$\varphi=33°37.4'$ N　$M=7.0$　$h=388$ km　深発地震，傷1あり（東京）．

——　1984 Ⅱ 14（昭和59）01時53分　神奈川・山梨県境　$\lambda=139°06.2'$ E　$\varphi=35°35.3'$ N　$M=5.4$　$h=25$ km　東京で軽傷2．

649　1984 Ⅲ 6（昭和59年）11時17分　鳥島近海　$\lambda=139°12.1'$ E　$\varphi=29°20.6'$ N　$M=7.6$　$h=452$ km　関東地方を中心に死1，傷1，水道管破裂などの被害あり．

650　1984 Ⅴ 30（昭和59）09時39分　兵庫県南西部　$\lambda=134°35.4'$ E　$\varphi=34°57.8'$ N　$M=5.6$　$h=17$ km　姫路で震度Ⅳ．傷1，建物一部破損1，窓ガラス割れなどあり．兵庫県で傷1，ガラス破損29，壁一部破損26．この付近は地震予知観測のテストフィールドであり，各種の観測が行われていた．前兆と思われる変化が詳しく調べられた．

651　1984 Ⅷ 6（昭和59）17時30分頃　島原半島西部

17時28分　（$\lambda=130°09.9'$ E　$\varphi=32°45.7'$ N　$M=5.0$　$h=6$ km）

17時30分　（$\lambda=130°10.6'$ E　$\varphi=32°45.6'$ N　$M=5.7$　$h=7$ km）

17時35分　（$\lambda=130°10.0'$ E　$\varphi=32°47.6'$ N　$M=4.4$　$h=15$ km）

17時38分　（$\lambda=130°09.6'$ E　$\varphi=32°47.5'$ N　$M=5.0$　$h=11$ km）

群発地震．17時28分からその日の24時までに197回の有感地震．最大震度はⅤ．町役場の調べによると小浜町で一部破損53棟，壁に割れ目，石垣破損，墓石の倒壊あり．

［参考：自然災害科学総合研究班（代表高橋良平），昭和60年3月，1984年島原群発地震の活動と被害に関する総合調査］

652*　1984 Ⅷ 7（昭和59）04時06分　日向灘　$\lambda=132°09.2'$ E　$\varphi=32°23.0'$ N　$M=7.1$　$h=33$ km　8月8日現在の被害は傷9，建物一部破損29棟，道路損壊3ヵ所，山（崖）崩れ12，鉄軌道被害2である．津波の高さは延岡の18 cmが最大．［−1，−1］

653 1984 IX 14（昭和59）08時48分　長野県西部　$\lambda=137°33.4'$ E　$\varphi=35°49.5'$ N　$M=6.8$　$h=2$ km　**長野県西部地震**　御岳山頂上のやや南方に生じた山崩れは約10 km流下して王滝川に達した．崩壊土量は3,400万 m³，最大幅430 m，最大崩壊深160 m，平均傾斜26°，土砂流下平均速度約80 km/h〔国土交通省多治見工事事務所の資料〕．その他松越地区，滝越地区，御岳高原などで崩壊があり計29名の死・不明者が出た．松越地区の崩壊は川を横切り対岸にのり上げ，河床にあった生コンプラントを比高40 mの対岸段丘上に押し上げた．全壊家屋14棟は，王滝村だけに発生しており，いずれも土砂崩落による家屋の流失，倒壊が原因で，地震の震動そのものによるものではない．半壊および一部破損家屋は，地震の震動による屋根瓦のずれ・落下，土台のずれ，家屋の傾斜などによるものが大半を占めている．王滝村国民体育館，同村中学校体育館では屋根ブレースの座屈，梁の横座屈が見られた．王滝の震度はVと推定される．王滝川ダムの導水路トンネル内に断層（ENE-WSW）が発見された．被害は図および表のとおりで，とくに林業関係の被害は表以外の市町村にも及んだ．

表653-1　被害総括（警察庁調べ10月1日9時現在）

人的被害	死者	11人
	行方不明	18
	負傷者	10
建物被害	全壊	13棟
	半壊	86
	流失	10
	全焼	1
	一部破損	473
	非住家被害	86
道路損壊		205ヵ所
橋梁流失		2
山（崖）崩れ		53
鉄軌道被害		4
罹災世帯数		110
罹災者数		289

表653-2　市町村別被害（昭和59年12月1日長野県庁集計による）

区分 市町村	人的被害 死者(人)	人的被害 傷者(人)	住家被害 全壊(棟)	住家被害 半壊(棟)	住家被害 一部破損(棟)
王滝村	死者29	重傷1 軽傷4	14	73	340
木曾福島町					30
上松町		重傷1			1
南木曾町					12
楢川村					1
木祖村					6
日義村					5
開田村					4
三岳村					84
大桑村		重傷1 軽傷1			34
飯田村		軽傷2			
合計	死者29	重傷3 軽傷7	14	73	517

── 1984 XII 17（昭和59）23時49分　東京湾　$\lambda=140°03.3'$ E　$\varphi=35°36.0'$ N　$M=4.9$　$h=78$ km　傷4人あり．

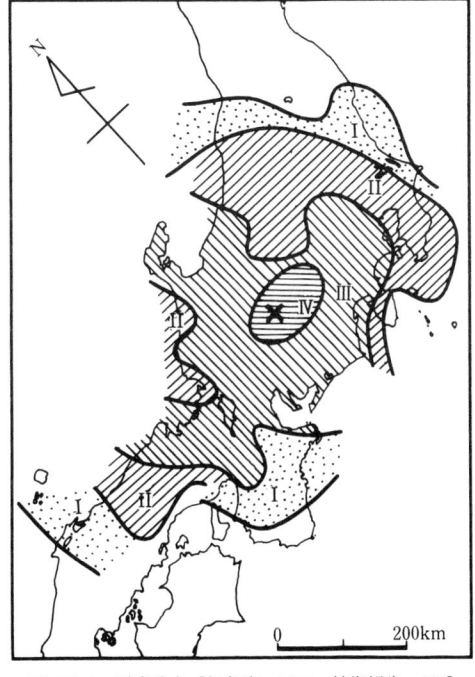

図653-1　震度分布〔気象庁，1986，技術報告，107〕

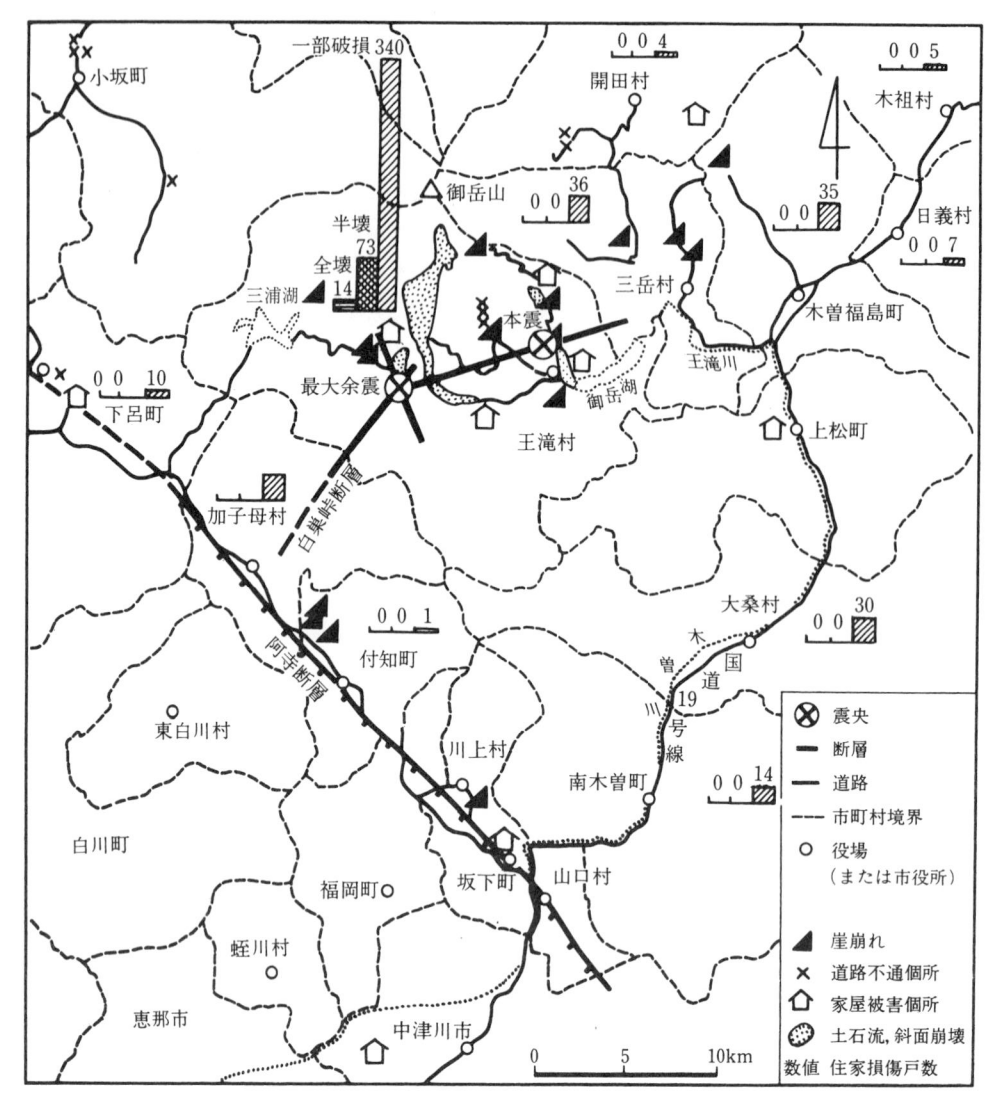

図 653-2 被害分布図 [多賀ほか, 1985, 日本建築学会東海支部研究報告集, 23, 37-40 に加筆]

653-1 1986 Ⅳ 28（昭和 61）16 時 05 分　鹿児島県北東部　$\lambda = 130°46.5'$ E　$\varphi = 31°50.1'$ N　$M = 4.5$　$h = 0$ km　17 時 36 分にも M 4.4 が発生した．震央附近の牧園町で震度Ⅴ相当と推定される．非常に浅いため，震源近くの牧園町の一部で局地的に落石，崖崩れ，道路・水田・水路の亀裂，窓ガラスの破損，家屋のゆがみなどが生じた．

654 1986 Ⅴ 26（昭和 61）11 時 59 分　岩手県北部　$\lambda = 141°12.1'$ E，$\varphi = 40°05.1'$ N　$M = 5.0$　$h = 10$ km　岩手県北部 奥中山・田子・上小友では墓石のずれや転倒があった．

655 1986 Ⅷ 10（昭和 61）17 時 50 分　青森県南部　$\lambda = 140°48.7'$ E　$\varphi = 40°40.9'$ N　$M = 4.5$　$h = 10$ km　震源地に近い八甲田山麓の酸ヵ湯温泉などで，モルタル壁のひび入り，水道管の破裂，食器や土産品の落下など

の軽微な被害.

656 1986 Ⅷ 24（昭和 61）11 時 34 分　長野県東部　$\lambda=138°19.4'$ E　$\varphi=36°19.4'$ N　$M=4.9$　$h=4$ km　丸子町中丸子・八日町地区で石積の塀の崩落・屋根瓦の崩落があった．また北御牧村でブロック塀の崩落あり，各地で県道への落石あり．

656-1 1986 Ⅺ 13（昭和 61）21 時 44 分　北海道北空知　$\lambda=141°50.7'$ E　$\varphi=43°48.3'$ N　$M=5.5$　$h=11$ km　北竜，沼田，幌糠で震度Ⅴ．北竜町で軽傷1など．留萌市でも破損などの小被害．

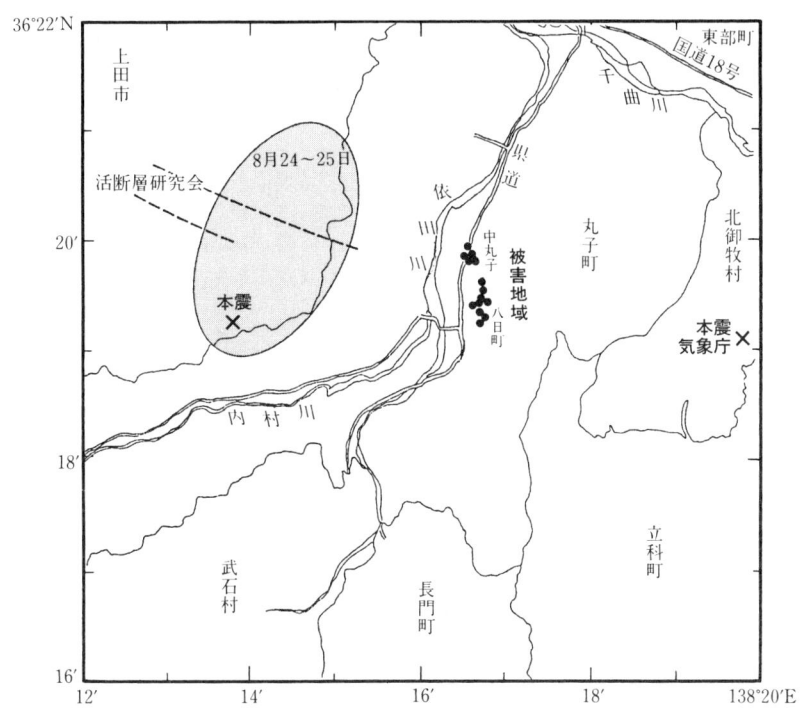

図 656-1　被害地域と気象庁および松代アレーによる本震震央および余震域［気象庁，1987，験震時報，50，105-118］
　×は2種の観測による各々の震央，網掛けはアレーによる2日間の余震域，小黒丸は被害地点，破線は活断層研究会『日本の活断層』によるリニアメント．

表 656-1-1　被害表［札幌管区気象台ほか，1987，験震時報，50，119-126］

支庁	市町名		人的被害	破損（件）						
			軽傷（人）	住家	非住家	道路	橋梁	農業施設	商品家財	その他土木施設
空知	北竜		1	40	12			3	7	
	沼田			85	7	4	3	4	15	5
	秩父別			3					9	9
	妹背牛					35		5		
	深川							7		
	滝川							2		
留萌	留萌市	幌糠		4					3	
		東幌		1					1	
		樽真布							1	
		峠下							1	
	計		1	133	19	39	3	21	37	14

492   4 被害地震各論

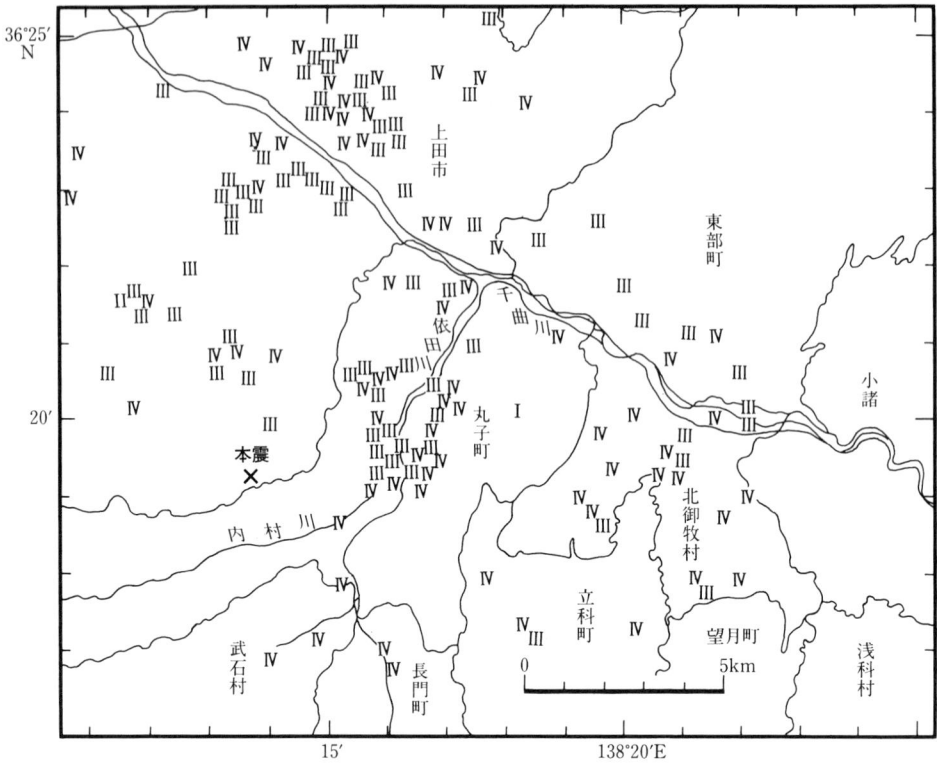

図 656-2 1986 年 8 月 24 日長野県東部の地震の震度分布[気象庁, 1987]
地震観測所・長野地方気象台による 189 地点の調査.

657 1986 XII 30（昭和 61）09 時 38 分　長野県北部　$\lambda = 137°55.3'$ E　$\varphi = 36°38.4'$ N　$M = 5.9$　$h = 3$ km　道路被害 4 ヵ所（中条村 3 ヵ所, 信州新町 1 ヵ所), 橋被害 1（信州新町), 水道被害 3 ヵ所 200 世帯（信州新町), 石垣崩落 1（長野市), また別の資料による住家の被害は表 657-1 のとおり. 図 657-1 は仁科［1991, 地球科学, **45**, 233-244］による被害分布. 図 657-2 は茅野ほか［1991, 震研彙報, **66**, 229-257］による通信調査結果の震央付近の震度分布である.

表 657-1　市町村別被害箇所［仁科, 1991］

被害種別	地割れ・ひび	埋設物破損	石造物転倒	屋根瓦崩落	壁・タイル破損	塀・煙突などの破損	家具・商品の落下	計
信州新町	21	9	27	99	121	16	13	306
長野市	3	2	5	42	41		1	94
中条村	3	2	18	4	23		3	53
小川村	2	1	6	1	21		3	34
美麻村	3	2	14		12		2	33
白馬村	1		4		13		9	27
大町市				1	2	1		4
八坂村	2		2					4
池田町				1	1	1		3
生坂村			3		1			4
大岡村				5				5
更埴市					1			1
計	35	16	79	153	236	18	31	568

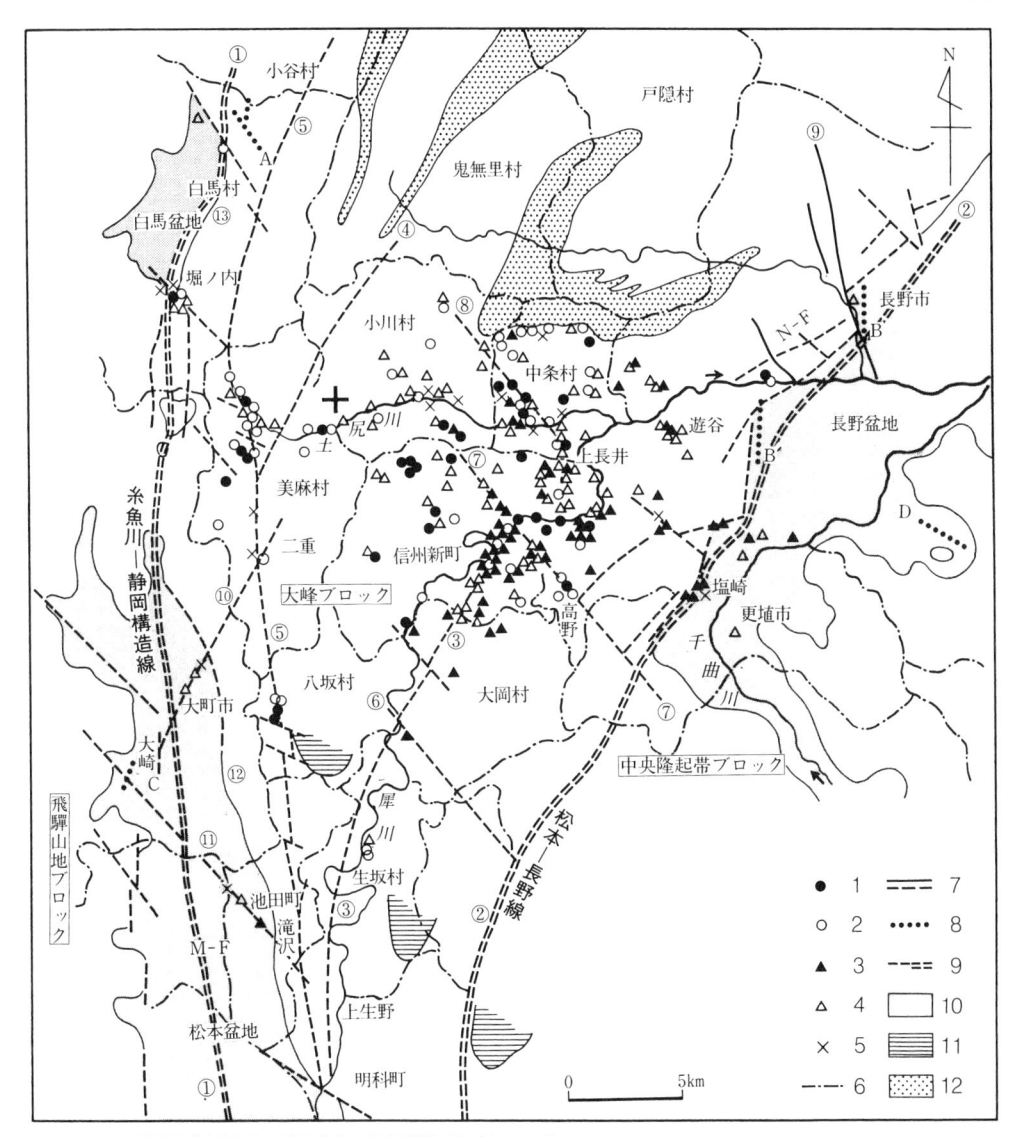

図 657-1 長野県北部地震の震害分布と地質構造 [仁科, 1991]

1：地割れ・ひび・埋没物破損，2：石造物（墓石，常夜塔など）の転倒，3：屋根瓦（おもに棟瓦）の崩落，4：壁・タイル・ガラスなどの破損，5：その他煙突・堀・商品落下破損など，6：市町村の境界，7：活断層および推定活断層（N-F：長野盆地西縁活断層系，⑨門沢断層，M-F：松本盆地活断層系，⑫松本盆地東縁断層，⑬神城断層），8：地震断層（A：大町地震断層，B：善光寺地震断層，B'：小松原地震断層〈善光寺地震による〉，C：大町地震断層，D：松代地震断層），9：地質断層（①糸静線，②松本—長野線，③犀川断層，④持京断層，⑤小谷—中山断層，⑥野間—野平断層，⑦新町構造線，⑧根踏断層，⑨門沢断層，⑩二重—大崎線，⑪大崎—滝沢線），10：内陸盆地，11：小川層の分布南限，12：柵火砕岩層．

494　4　被害地震各論

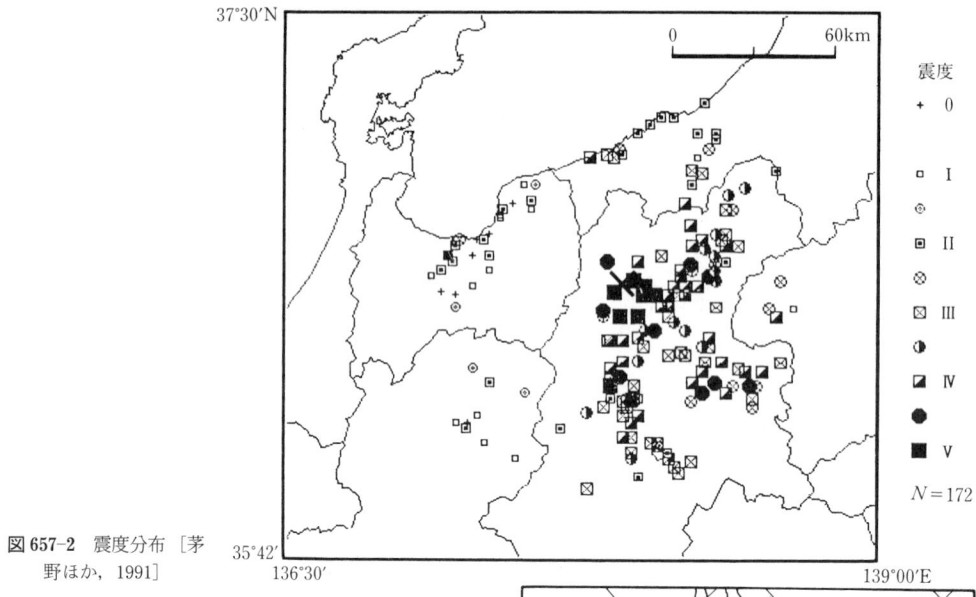

図 657-2　震度分布 ［茅野ほか，1991］

658　1987 I 9 (昭和 62) 15 時 14 分　岩手県北部　$\lambda = 141°46.6'$ E　$\varphi = 39°50.2'$ N　$M = 6.6$　$h = 72$ km　傷 7．各地でガラス破損，商品の落下などあり．有感余震は 1 月中 14 回，2 月 1 回．**203** 番の地震の被害状況がこの地震に似ている．両者の被害比較は図 658-2．
［宇佐美・佐藤, 1987, 歴史地震, **3**, 39-53 に追加］
　また消防庁による被害は下記のとおり．
- 負傷 9 名 (岩手県盛岡市 2 名，遠野市 2 名，久慈市 2 名，釜石市 1 名，石鳥谷町 1 名，青森県五戸町 1 名)
- 建物　青森県　102 戸：ガラス破損，壁の亀裂，高架水槽破損 (八戸市ほか 13 市町村・公共建物など)

　　　岩手県　170 戸：ガラス破損，壁の亀裂

　　　山形県　1 戸：床の亀裂
- 停電　青森県　1,630 戸 (八戸市, 17：00 現在復旧)

　　　岩手県　1,060 戸 (大野村 290 戸, 川井村 770 戸, 18：07 復旧)
- 水道　岩手県　一部破損 (江刺市, 普代村,

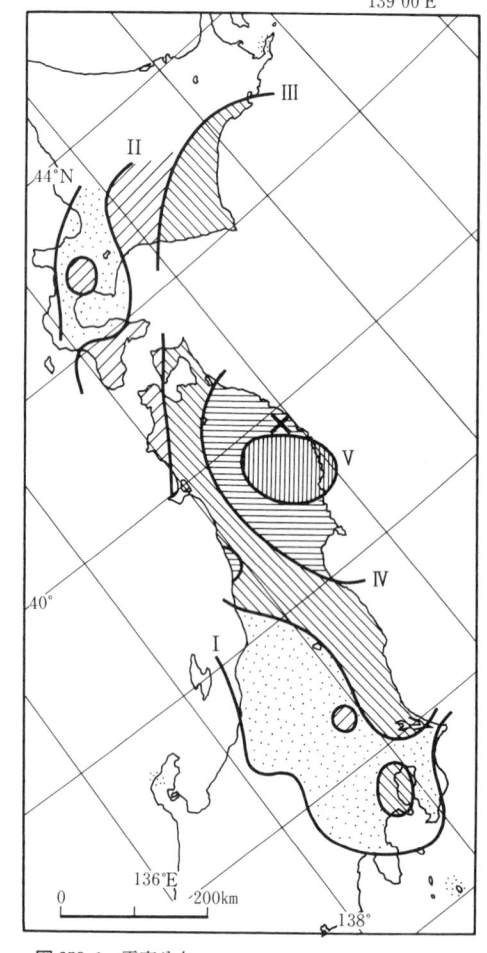

図 658-1　震度分布

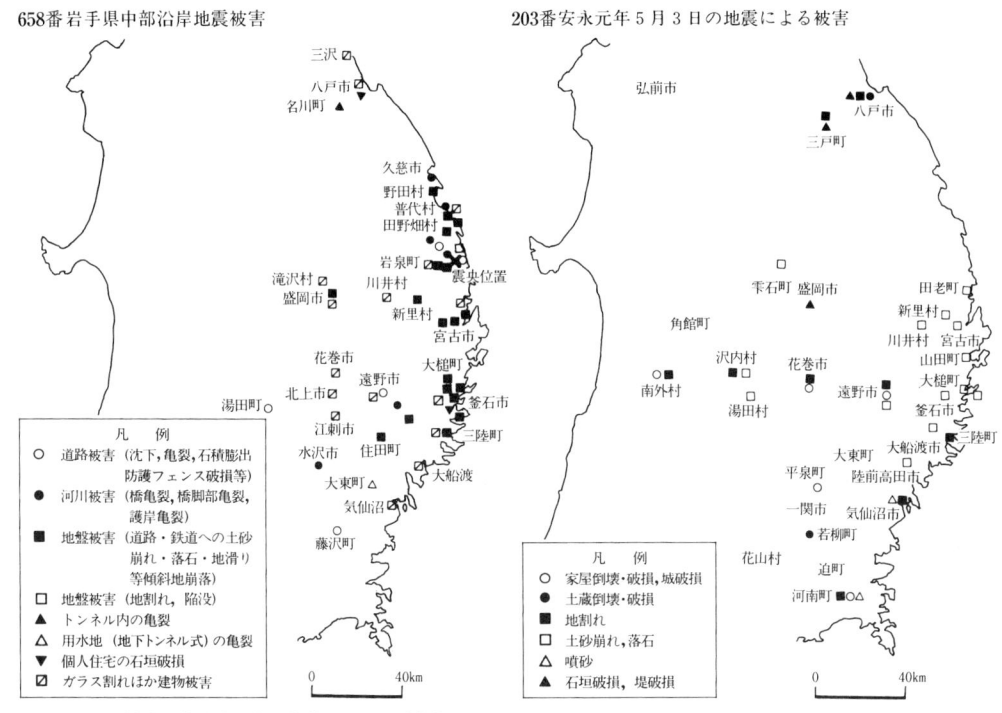

658番 岩手県中部沿岸地震被害　　　　　　203番 安永元年5月3日の地震による被害

図 658-2　被害比較［宇佐美・佐藤, 1987 に追加］

岩泉町)
・崖崩れ　岩手県　5ヵ所
・鉄道不通　岩手県　1ヵ所
・危険物施設　青森県　1ヵ所（八戸市内の一般取扱所：亜鉛整留塔一部破損）

659　1987 I 14（昭和62）20時03分　日高山脈北部　$\lambda=142°55.7'E$　$\varphi=42°32.2'N$　$M=6.6$　$h=119\,km$　震度分布は図659-1のとおり．傷7, 建物破損などあり．被害の詳細は表659-1のとおり．

表 659-1　被害一覧［気象庁, 1987, 予知連会報, 38, 1-5 に加筆］

被害項目	記　事
人的被害　重傷2　軽傷5	転倒して骨折（苫小牧), 自動販売機が倒れ足骨折（帯広）ストーブの上のヤカンが落ち火傷（穂別, 芽室, 釧路), 柱時計などの落下による裂傷（穂別2名）
建物被害	窓ガラス破損, 壁の亀裂　学校4（苫小牧, 早来, 穂別2), 公共施設13（穂別3, 早来2, 他), 店舗7
水道管の破損	8ヵ所（札幌, 厚真, 浦河, 豊頃, 浦幌3, 帯広)
その他	店舗のガラス, ショーウィンドーの破損, 商品落下による破損多数（苫小牧, 登別, 早来, 厚真, 鵡川, 穂別, 鹿追, 音更, 芽室, 忠類, 浦幌, 帯広)　農業用水管の破損, ナメコ栽培用器の破損　小規模な表層雪崩, 日勝峠, 国道38号線（浦幌町)

496   4 被害地震各論

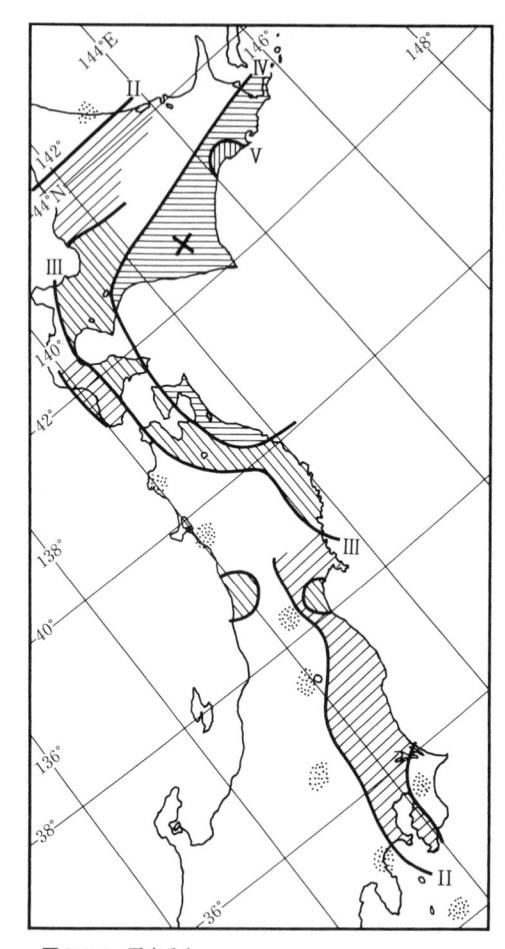

図 659-1 震度分布

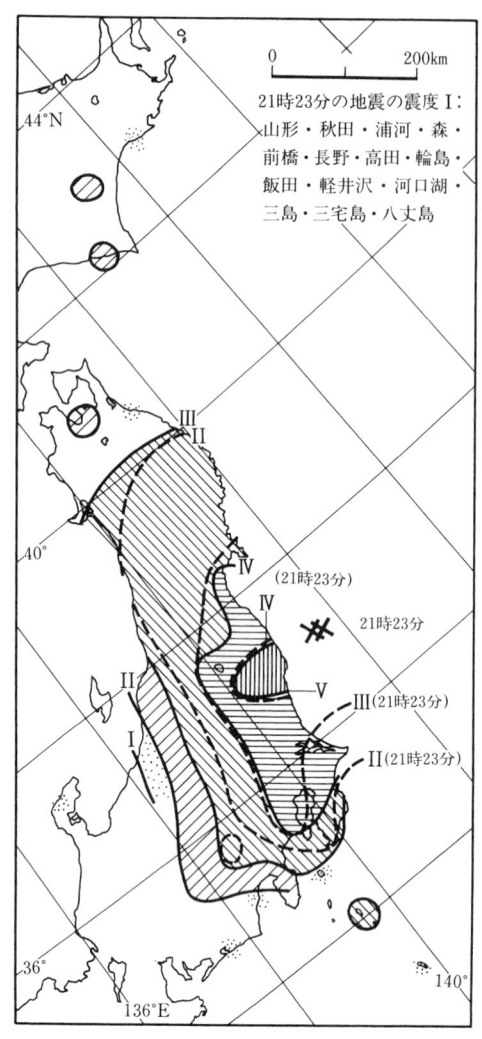

図 660-1 震度分布

660　1987 Ⅱ 6（昭和62）22時16分　福島県沖　$\lambda=141°53.6'$ E　$\varphi=36°57.9'$ N　$M=6.7$　$h=35$ km　この地震の約50分前，21時23分に $\lambda=141°55.9'$ E　$\varphi=36°56.4'$ N　$M=6.4$　$h=30$ km の地震があった．被害は軽微で宮城・福島両県で窓ガラスの破損，水道・ガス管の破損，電柱の倒壊が見られた．2月6日以後の毎月有感地震回数は順に12月まで次のとおり．10, 4, 14, 7, 4, 4, 3, 1, 1, 1, 1．4月7日，23日の地震については **662, 663** 番参照．10月4日19時27分には $M=5.8$（$\lambda=141°43.9'$ E　$\varphi=37°18.0'$ N　$h=42$ km）の地震があった．

661　1987 Ⅲ 18（昭和62）12時36分　日向灘　$\lambda=132°03.7'$ E　$\varphi=31°58.4'$ N　$M=6.6$　$h=48$ km　宮崎県の被害は以下のとおり．死1（落石により車ごと崖下に落ちる），重傷1, 軽傷5, 落石による鉄道不通2ヵ所, 道路不通または通行規制33ヵ所, 水道損168ヵ所, ガス損傷3戸, ブロック塀等損18ヵ所, 建物損354ヵ所．ほかに熊本県で壁体亀裂1.

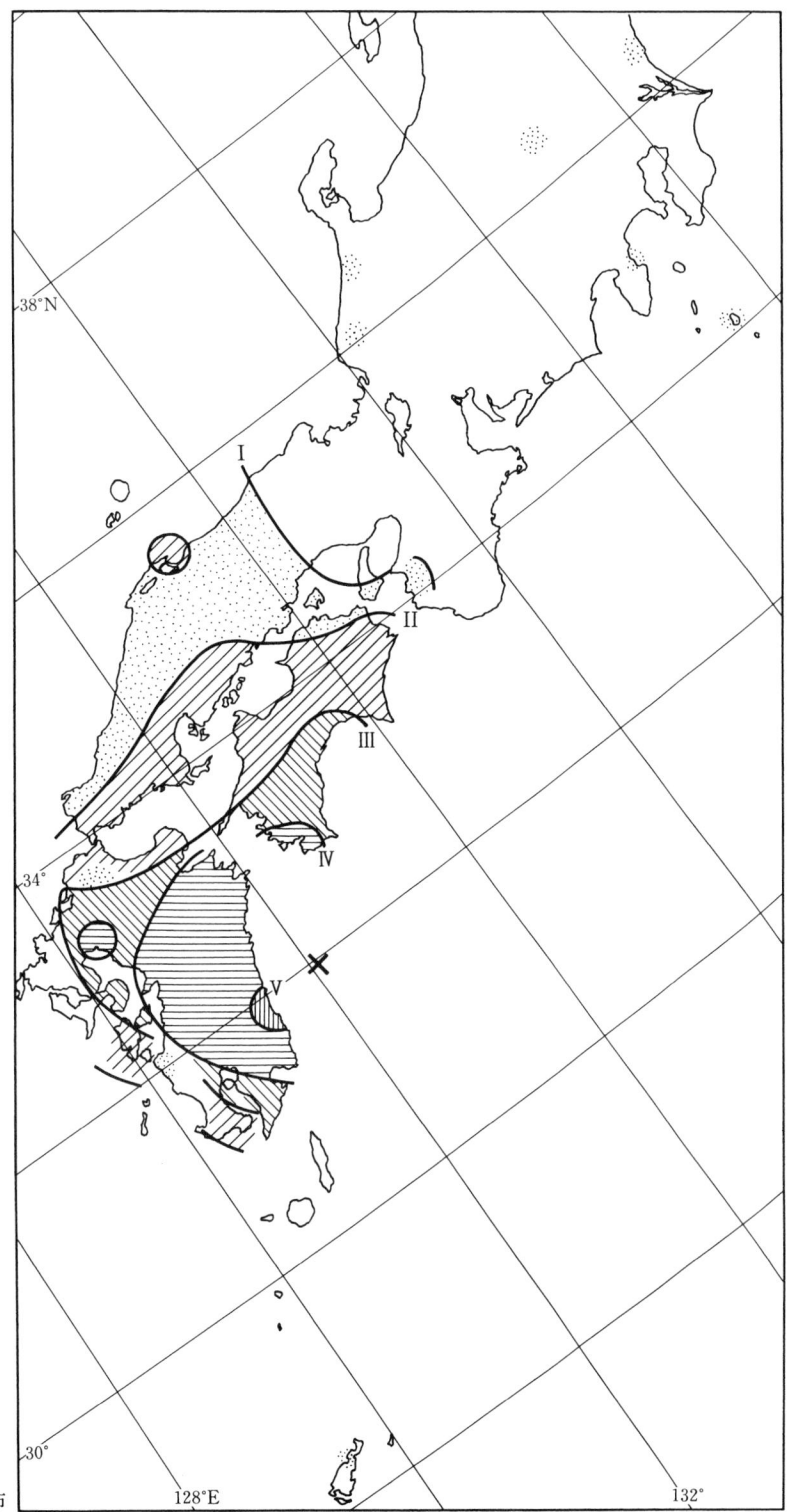

図 661-1 震度分布

662 1987 Ⅳ 7（昭和 62）09 時 40 分　福島県沖　$\lambda=141°51.8'$ E　$\varphi=37°18.2'$ N　$M=6.6$　$h=44$ km　被害は下記のとおり．
［宮城県］
　宮城県警および県防災課（4 月 7 日 14 時現在）
　1）ガラス破損（亘理・岩沼・仙台など）
　2）仙台市中央卸売市場内（仙台水産）会議室の天井板落下　2 枚
　3）瓦の落下　白石市内　3 軒
［福島県］
　福島県消防防災課（4 月 7 日 12 時現在）
　負傷者　1 名（浪江町）
（人形ケース落下により生後 1 ヵ月の乳児，額に 3 cm の裂傷）
　1）ガラスの破損（新地町〜富岡町の沿岸各地）計 192 枚
　2）瓦落下（鹿島町などで計 6 件）
　3）住居等の破損
　　浪江町　1 件
　　白河市　1 件（住宅土台のひび割れ）
　　双葉町　3 件（ブロック塀倒壊 2 件，大谷石塀倒壊 1 件）
　福島県警（4 月 7 日 14 時現在）
　1）建物一部破損・瓦落下　19 件
　2）塀等の倒壊　7 件
　3）落石　1 件（県道小野〜富岡線のタキカワ地内）
　　　　　　［気象庁，1987，防災季報，2，4］

663 1987 Ⅳ 23（昭和 62）05 時 13 分　福島県沖　$\lambda=141°37.4'$ E　$\varphi=37°05.5'$ N　$M=6.5$　$h=47$ km　各地でガラス破損などの被害があった．詳細は以下のとおり．
［福島県］
　福島県警（4 月 23 日 10 時 30 分現在）
　1）ガラス破損（相馬市，矢吹町）
　2）その他
　　相馬市，桜ヶ丘小学校（モルタル落下 0.3 m²）
　　いわき市，市道へ落石（直径 1 m，5〜6 個）
　県消防防災課（4 月 23 日 10 時 30 分現在）
　1）ガラス破損（相馬市）
　2）屋根瓦破損　大熊町　2 件
　　　　　　　　浪江町　1 件
　　　　　　［気象庁，1987，防災季報，2，7］

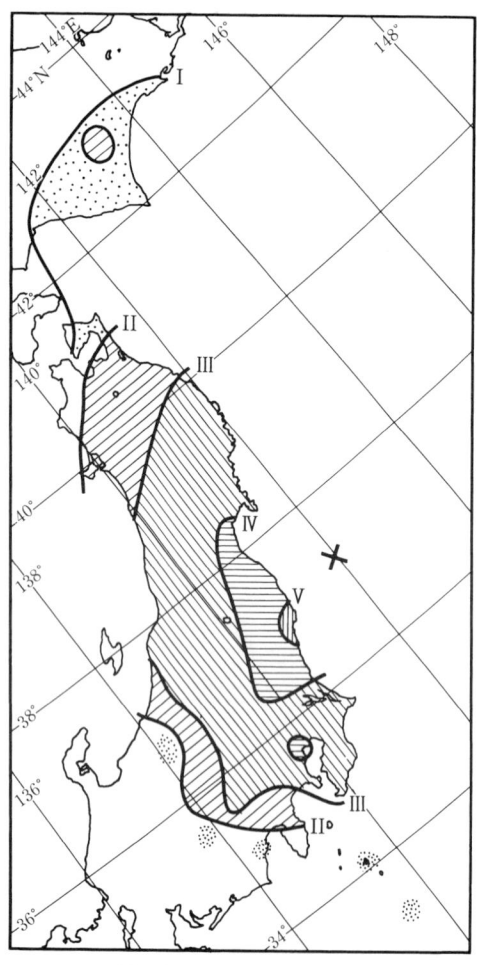

図 662-1　震度分布

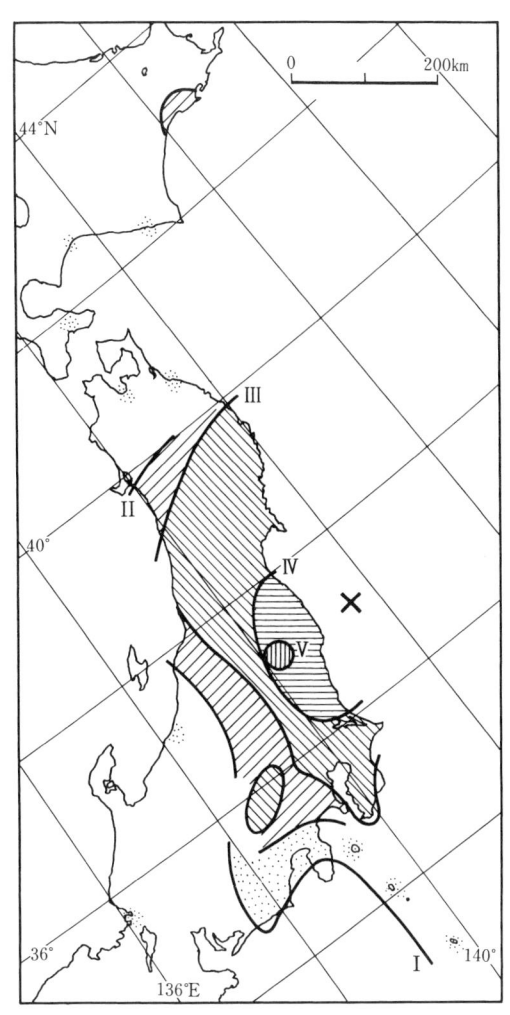

図 663-1 震度分布

664 1987 V 9（昭和 62）12 時 54 分　和歌山県北東部　$\lambda=135°24.3'$ E　$\varphi=34°08.8'$ N　$M=5.6$　$h=8$ km　震源地は美里町付近．屋根瓦の破損，壁の亀裂などの被害が震源地付近に発生した．美里町の被害は以下のとおり．

住宅被害戸数	43 戸
宅地の被害戸数	18 戸
農地	10 ヵ所
公共施設被害箇所	4 ヵ所（学校など）

（和歌山県美里町調べ）

［気象庁，1987，防災季報，2，10］

665 1987 VI 16（昭和 62）16 時 49 分　会津若松付近　$\lambda=140°03.4'$ E　$\varphi=37°30.5'$ N　$M=4.5$　$h=7$ km　この地震以後微小地震が続発した（図 665-1）．若松測候所における有感地震は表 665-1 のとおり．会津若松市の東部から猪苗代町の西部にかけてガラスのひび割れ，坐りの悪いものの倒伏など，ごく軽微な被害があった．

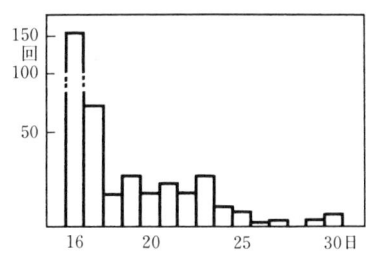

図 665-1　若松付近の日別地震回数［気象庁，1988，予知連会報，39，52-60］
磐梯山の地震計による．

表 665-1　有感地震回数［気象庁，1988］

震度＼日	16	17	18	21	23	計
III	2					2
II			1	1	1	3
I	5	2		1	1	9

666 1987 IX 14（昭和 62）04 時 13 分　長野県北部　$\lambda=138°29.0'$ E　$\varphi=36°59.5'$ N　$M=4.8$　$h=7$ km　野沢温泉村，栄村で墓石が動いたり壁にひびが入るなどの軽微な被害．この付近でこの年 2 月中旬にやや活発な地震活動があったが，その後静まり 9 月中には 75 回（14 日は 45 回）の地震（松代の群列地震観測システムで震源が決まったもの）があった．

667 1987 XI 18（昭和 62）00 時 57 分　山口県中部　$\lambda=131°27.4'$ E　$\varphi=34°14.5'$ N　$M=5.4$　$h=8$ km　山口で震度 IV，震央は旭村．山口市で軽傷 2，建物一部破損 1，地割れ（緑ヶ岡団地を中心に NE-SW 方向の雁行状）などの微小被害．

668　1987 XII 17（昭和62）11時08分　千葉県東方沖　$\lambda=140°29.6'$ E　$\varphi=35°22.5'$ N　$M=6.7$　$h=58.0$ km　銚子，勝浦，千葉での震度はVであった．被害のとくに大きかったのは山武郡，長生郡，市原市などで，全体で死者2名，重軽傷者123名，住家全壊10，半壊93，一部破損（瓦落下など）6万3,692棟，崖崩れ385ヵ所，ブロック塀（石積みが多い）1,901ヵ所，道路1,565ヵ所などであった．一部破損の大部分は屋根瓦（とくに棟瓦）の変形，破損，落下であり，その原因は屋根の棟の最上部にのせるがんぶり瓦などを金融公庫仕様のように棟木に緊結していなかったためと思われる．死者は，ブロック塀および石灯籠倒壊によるもので，ブロック塀は工事の手抜きによる．被害を受けた塀のうち，57%はブロック塀，39%は石塀であった．また，崖崩れが多く，危険のため千葉県の6市町11ヵ所で計167名の住民が避難したが，

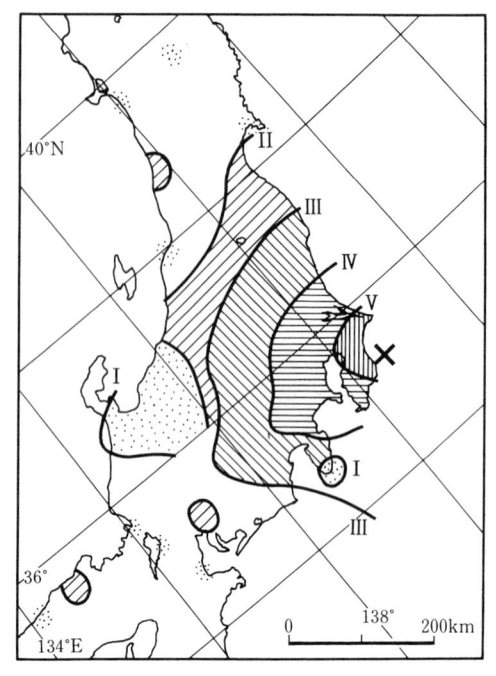

図 668-1　震度分布

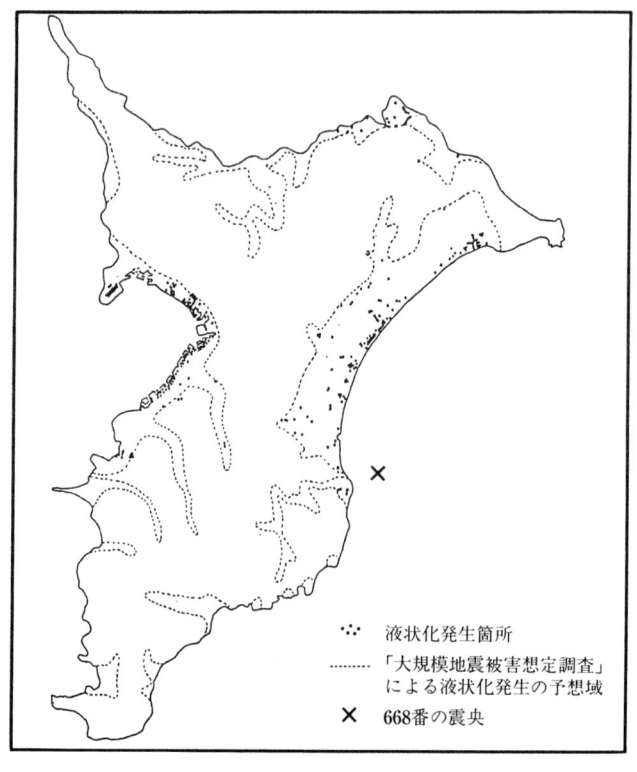

図 668-2　千葉県内液状化発生箇所　[荒, 1990]

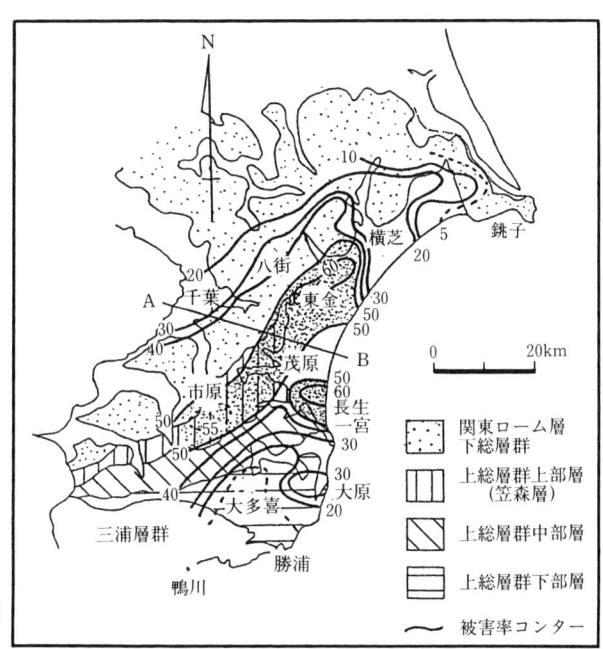

図 668-3 屋根瓦の被害率と地質
［春川, 1990］

表 668-1 県別被害（昭和63年2月25日，消防庁）

区　　　　分	単位	千葉県	東京都	茨城県	埼玉県	神奈川県	合　計
人的被害　死　者	人	2					2
負　傷　者	〃	144	10	4		3	161
住家被害等　全　　壊	棟	16					16
半　　壊	〃	102					102
一　部　破　損	〃	71,212	1	1,259		108	72,580
非　住　家	〃	67		2		24	93
その他被害　道　　路	カ所	1,832		4			1,836
橋　　梁	〃	64					64
港　　湾	〃	9				1	10
河　　川	〃	176					176
崖(山)崩れ	〃	434				2	436
文　教　施　設	〃	682	182	13	40	8	925
清　掃　施　設	〃	5				1	6
病　　院	〃	6					6
鉄　　道	〃	20				1	21
水　　道	戸	49,752	84	256		541	50,633
電　　気	〃	287,900	400	1,700			290,000
ガ　　ス	〃	4,967	11	152			5,130
ブロック塀等	カ所	2,792		11	2	5	2,810
火災　建　　物	件	3	2				5
そ　の　他	〃			1			1
避難状況　団体		6市町					6市町
世帯		47					47
人		167					167

注：罹災世帯数，罹災者数には，住家の一部破損は含まない．

4 被害地震各論

表 668-2 千葉県東方沖地震による被害状況 [荒, 1990]

被害種別		支庁名	千葉	東葛飾	印旛	香取	海匝	山武	長生	夷隅	安房	君津	計	備　　考
人的被害	死者	人	1						1				2	
	重傷者	人	2		1	1		12	3	6		1	26	
	軽傷者	人	9	2		4	4	2	65	26	4	2	118	
住家被害	全壊	棟	10					1	5				16	
		世帯	10					1	5				16	
		人	29					4	20				53	
	半壊	棟	4				1	10	75	12			102	
		世帯	4				1	10	75	12			102	
		人	13				2	48	336	51			450	
	一部破損 [瓦落下など]	棟	14,436	64	4,851	2,071	2,243	20,686	18,821	4,357	46	3,637	71,212	
		世帯	14,457	64	4,851	1,872	2,202	20,220	18,413	4,357	46	3,310	69,792	
		人	50,567	255	19,427	7,872	8,540	74,152	65,053	17,189	168	13,013	256,236	
非住家	公共建物	棟							7				7	全半壊のみ
	その他	棟				3	1	25	27	4			60	
その他	文教施設	ヵ所	269	83	75	45	30	64	59	18	4	35	682	
	病院	ヵ所	1			1	2	2					6	
	道路	ヵ所	203	2	32	107	38	743	605	70		32	1,832	
	橋梁	ヵ所	10		3	1	2	27	20	1			64	
	河川	ヵ所	14		9		6	12	73	53		9	176	
	港湾	ヵ所	5									4	9	
	清掃施設	ヵ所			1				2	1		1	5	
	崖崩れ	ヵ所	18		3		5	8	151	206	35	3	5	434	
	鉄道不通	路線											20	点検によるものを含む
	水道	戸	2,359	138	331	2,267	4,980	34,332	3,370	373		1,602	49,752	断水戸数
	電気	戸											287,900	停電戸数
	ガス	戸			11			2,295	2,657				4,967	供給停止戸数
	ブロック塀など	ヵ所	385		294	47	5	1,425	348	275	2	11	2,792	
罹災世帯数		世帯	14			1		11	80	12			118	
罹災者数		人	42				2	52	356	51			503	
火災発生		件						2	1				3	

年末には避難が解除された．
　液状化現象が九十九里沿岸および東京湾北東沿岸に見られた．また利根川流域の茨城県側にも液状化現象が発生した．しかし液状化による建物の被害は少なかったようである．ライフラインのうち，ガスの供給停止は約6,300戸で，12月29日までにほぼ復旧した．水道の供給停止は約5万戸に達したが，12月26日に復旧した．香取郡栗源町ではビニールハウス暖房用の重油パイプがはずれ，重油1,800 l が栗山川に流出し，取水を停止した．千葉県での地震保険普及率は12.75％で，契約件数は21万件余にのぼる．この地震では保険金支払い規準の半損にも達しないものがほとんどで，保険金支払いは家屋・家財の合計78件，総額約1億4,000万円であった．
[荒, 1990, 地震ジャーナル, **10**, 33-39；春川, 1990, 地質学論集, **35**, 75-90]

669 1988 Ⅲ 18（昭和63）05時34分　東京都東部　$\lambda = 139°38.6'$ E　$\varphi = 35°39.9'$ N　$M = 5.8$　$h = 96$ km　最大震度は千葉・館山・熊谷・河口湖・宇都宮でⅣ．東京都消防庁によると傷9（東京7, 千葉1, 埼玉1），崖

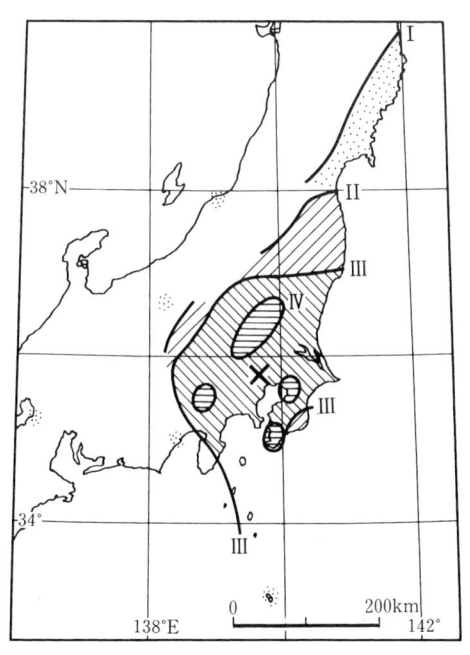

図 669-1 震度分布

崩れ 1（千葉），その他道路の亀裂など軽微な被害があった．また静岡県三島で煉瓦の破損，瓦落下などの住家被害 18 ヵ所，大谷石塀の倒壊 1 があった．有感余震は 18 日 I-1 回，4 月 12 日 I-1 回であった．

670 1988 Ⅷ 12（昭和 63）14 時 14 分　千葉県南部　$\lambda=139°51.8'$ E　$\varphi=35°05.9'$ N　$M=5.3$　$h=69$ km　震源地は館山付近．東京で窓ガラス破損などの軽微な被害．

671 1988 Ⅸ 5（昭和 63）00 時 49 分　山梨県東部　$\lambda=138°59.0'$ E　$\varphi=35°30.0'$ N　$M=5.6$　$h=30$ km　最大震度は甲府・河口湖でⅣ．神奈川県で傷 1，および煉瓦破損 1．

672 1989 Ⅱ 19（平成元年）21 時 27 分　茨城県南西部　$\lambda=139°54.3'$ E　$\varphi=36°01.3'$ N　$M=5.6$　$h=55$ km　最大震度はⅣ（東京・宇都宮・水戸・秩父・柿岡）．茨城・千葉両県で軽傷 2，火災 2 件，ほかに塀・壁・屋根瓦・窓ガラスの破損あり．埼玉県で護岸の損壊 1 ヵ所．

673 1989 Ⅲ 6（平成元年）23 時 39 分　千葉県北部　$\lambda=140°42.6'$ E　$\varphi=35°41.8'$ N　$M=6.0$　$h=56$ km　銚子で震度Ⅴ．震央に近い多古町・佐原市などで水道管の破裂・屋根瓦の落下などの建物一部損 12 棟，農業用水施設の破損 10 ヵ所，また東京都葛飾区金町で傷 1．

674 1989 Ⅶ 9（平成元年）11 時 09 分　伊豆半島東方沖　$\lambda=139°06.5'$ E　$\varphi=34°59.7'$ N　$M=5.5$　$h=3$ km　これに続いて 11 時 09 分に $\lambda=139°05.8'$ E　$\varphi=34°59.5'$ N　$M=4.8$　$h=3$ km の地震があった．7 月 31 日現在の被害は傷 22，住家一部破損 92 棟，道路被害 24 ヵ所，港湾被害 11 ヵ所，断水 200 戸，停電 3,500 戸などであった．被害は伊東・宇佐美地区に多く，屋根瓦とくに棟瓦の破損が目立った．その他は壁や地盤・石積の破損・崩壊程度で構造体への被害はほとんどなかった．伊東の宝専寺では墓石転倒 90% 以上，500 m 離れた弘誓寺では 10% 以下であった．また 7 月 13 日 18 時 33 分頃から 10 分間，伊東沖 3 km の海底から水蒸気爆発に伴って直径約 100 m 高さ約 30 m の水柱が噴き上がった．その直前に海底にできた高さ 25 m の海丘が噴火したもので，直径 200 m，深さ約 10 m の噴火口ができた．手石海丘と名づけられた．6 月 30 日から地震活動がはじまり，有感地震回数は 6 月（0），7 月（I-338，Ⅱ-105，Ⅲ-40，Ⅳ-5），8 月（I-5，Ⅱ-1），7 月 9 日は 108 回であった．

675 1989 Ⅹ 14（平成元年）06 時 19 分　伊豆大島近海　$\lambda=139°30.0'$ E　$\varphi=34°49.6'$ N　$M=5.7$　$h=21$ km　被害は以下のとおり．・神奈川県

負傷者（軽傷）8名（横浜市1，川崎市1，海老名市2，綾瀬市4）

一部破損（住家）105件（鎌倉市1（窓ガラス破損），海老名市53（屋根瓦損壊，外壁落下），綾瀬市51（屋根瓦損壊））

ブロック塀等倒壊 19件（海老名市，綾瀬市）

崖崩れ 1件（葉山町）

676 1989 Ⅹ 27（平成元年）07時41分 鳥取県西部 $\lambda=133°22.4'$ E $\varphi=35°15.7'$ N $M=5.3$ $h=13$ km，11月2日04時57分 $\lambda=133°22.1'$ E $\varphi=35°15.3'$ N $M=5.5$ $h=15$ km 震源は日野町付近で前の地震で道路への落石2ヵ所（日野町），棚の商品落下（松江市・米子市）．あとの地震で棚の商品の落下（米子市）があり，日野町に小亀裂1本（長5m）．前の地震で日野町の震度はⅣと推定される．

677* 1989 Ⅺ 2（平成元年）03時25分 三陸はるか沖 $\lambda=143°03.2'$ E $\varphi=39°51.5'$ N $M=7.1$ $h=0$ km 10月27日頃から地震活動が活発になり11月2日には有感地震が11回あった．11月末日までで有感39回．12月は7回であった．北海道・三陸沿岸で高さ約50cm未満の津波が観測された．三沢漁港で壁面の一部落下があった．[1]

678 1990 Ⅰ 11（平成2）20時10分 滋賀県南部 $\lambda=135°58.5'$ E $\varphi=35°06.8'$ N $M=5.0$ $h=11$ km 最大震度はⅣ（奈良）．東海道新幹線が一時ストップし，京都でビルの窓ガラスが割れた．

679* 1990 Ⅱ 20（平成2）15時53分 伊豆大島近海 $\lambda=139°13.8'$ E $\varphi=34°45.8'$ N $M=6.5$ $h=6$ km 大島で傷1，土砂崩れあり．下田では1,200世帯停電．大島の岡田で津波（最大波高32cm），有感地震回数は20日（Ⅰ-17，Ⅱ-10，Ⅲ-3，Ⅳ-1），21日（Ⅰ-7，Ⅱ-1），23日（Ⅰ-1），24日（Ⅰ-2），25日（Ⅰ-2），3月2日（Ⅰ-1），11日（Ⅰ-1）であった．[－2]

東京都大島町 崖崩れ3，道路被害21ヵ所，住家一部破損1棟．

静岡県河津町：水道管被害1ヵ所（200世帯）17時20分に仮復旧済み

東伊豆町：町庁舎 3階天井スレート板3枚落下

下田市：窓ガラス破損（市庁舎1枚，北高校2枚）

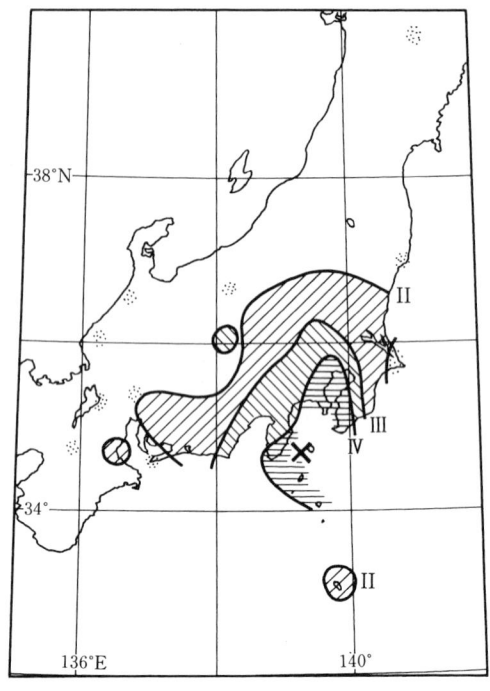

図 679-1 震度分布

680 1990 Ⅴ 3（平成2）16時45分 鹿島灘 $\lambda=140°36.6'$ E $\varphi=36°26.2'$ N $M=5.4$ $h=58$ km 傷2（水戸），水道断水7世帯（水戸），停電500世帯（東海村）などの小被害があった．

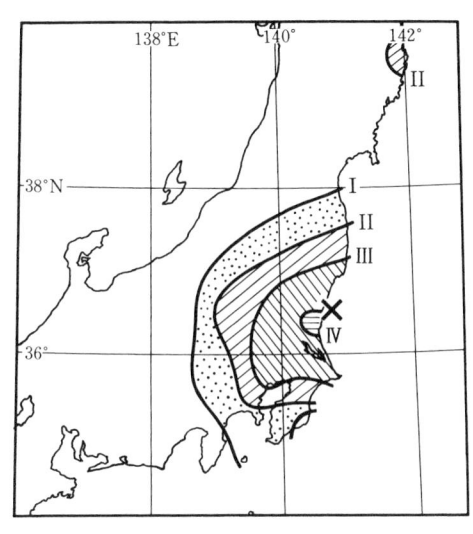

図 680-1 震度分布

消防防災課によると住家一部破損は高柳町 424 棟，大島村・浦川原村各 2 棟，吉川町・柏崎市各 1 棟で，崖崩れ 8 ヵ所，道路 115 ヵ所に被害があった．震央付近の震度はⅤと推定される．

681 1990 Ⅻ 7（平成 2）18 時 40 分　新潟県南部　$\lambda=138°33.5'$ E　$\varphi=37°12.9'$ N　$M=5.3$　$h=4$ km　この地震の 2 分前 18 時 38 分に $M=5.4$（$\lambda=138°33.4'$ E　$\varphi=37°12.6'$ N　$h=15$ km）の地震があった．40 分の地震の最大震度はⅣ（高田）である．有感地震回数は 7 日（Ⅳ-1, Ⅲ-3, Ⅱ-2, Ⅰ-3），8 日（Ⅱ-1, Ⅰ-1），13 日（Ⅰ-2）であった．

　高柳町を中心に傷 13，道路の被害が多く，亀裂・陥没・決壊など，数十ヵ所に及んだ．断水も 50 戸に達した．地鳴りが聞こえたり，井戸水が濁ったところも多かった．新潟県の

682 1991 Ⅷ 28（平成 3）10 時 29 分　島根県東部　$\lambda=133°11.2'$ E　$\varphi=35°19.4'$ N　$M=5.9$　$h=13$ km　最大震度はⅣ（松江・米子）．震央付近の能義郡・平田市などでは落石，公共施設や住家の亀裂などの小被害があった．

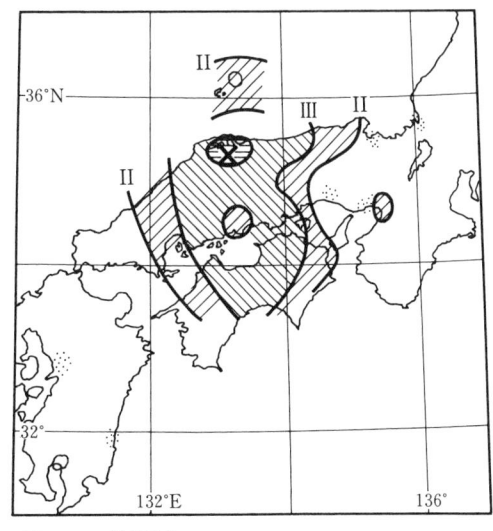

図 682-1 震度分布

683 1991 Ⅹ 28（平成 3）10 時 09 分　周防灘　$\lambda=131°09.9'$ E　$\varphi=33°55.4'$ N　$M=6.0$　$h=19$ km　建物に軽微な被害あり，また負傷者もあった．

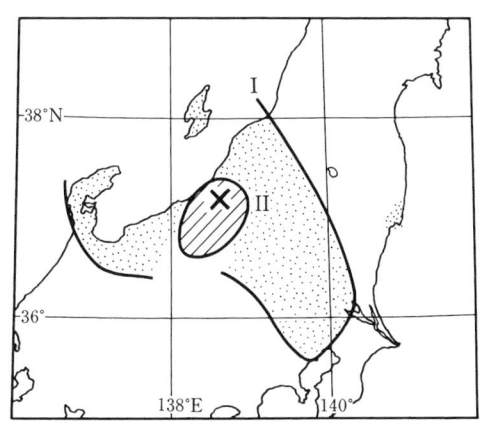

図 681-1 震度分布

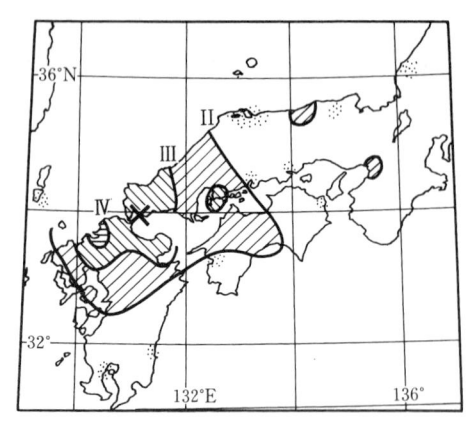

図 683-1 震度分布

684 1992 Ⅱ 2（平成 4）04 時 04 分　東京湾南部　$\lambda=139°47.3'$ E　$\varphi=35°13.8'$ N　$M=5.7$　$h=92$ km　やや深い地震で被害は自治省消防庁によると下記のとおり．

　　東 京 都　負傷者　22 人
　　　　　　　ボイラー配管の一部破損　1 件
　　　　　　　給水タンク配管破損　　　1 件
　　神奈川県　負傷者　7 人
　　埼 玉 県　負傷者　5 人
　　　　　　　火災　1 件（小火　川口市）

685 1992 Ⅴ 11（平成 4）19 時 07 分　茨城県中部　$\lambda=140°32.2'$ E　$\varphi=36°32.0'$ N　$M=5.6$　$h=56$ km　水戸で震度Ⅳ，茨城県で傷 1．

686 1992 Ⅵ 15（平成 4）10 時 46 分　伊豆半島南方沖　$\lambda=139°06.3'$ E　$\varphi=34°09.1'$ N　$M=5.2$　$h=7$ km　神津島で震度Ⅴ．同島内で傷 1，崖崩れ 10 ヵ所，墓石倒壊 100，道路不通 10 ヵ所．

687 1992 Ⅹ 20（平成 4 年）16 時 18 分　石垣島近海　$\lambda=123°44.4'$ E　$\varphi=24°27.9'$ N　$M=5.0$　$h=8$ km　8 月 24 日から西表島の南西端付近に群発地震があったが，これは 8 月中（有感 24 回）にほぼ収まった．9 月 12 日に 2 回（震度Ⅰ，Ⅲ）地震があったが，9 月 19 日から島の中央部北側に群発し，20 日の地震の最大震度はⅤで落石や施設に亀裂が発

表 687-1　月別震度別地震回数［沖縄気象台，1994，予知連会報，**52**，449-456］

月 \ 震度	Ⅰ	Ⅱ	Ⅲ	Ⅳ	Ⅴ	計
9	109	58	15	7		189
10	479	274	80	22	5	860
11	112	53	16	2	1	184
12	39	27	10	2		78
1993 年 1	23	5	1			29
2	10	5		1		16
3	16	3	1			20
4	9	2				11
5	4	1	1		1	7
6	3					3
7	6	5				11
8	2	4	1	1		8
9	1	2				3
10		1				1
11	4	2				6
12	6	2				8

1992 年 9 月は 17 日から．

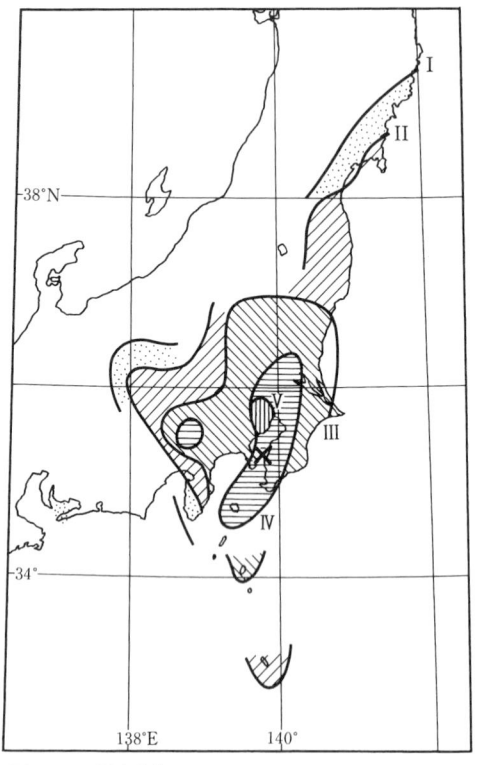

図 684-1　震度分布

生した．1993年12月までの毎月の西表島の有感地震回数は表687-1のとおり．

688　1992 XII 27（平成4）11時17分　新潟県南部　$\lambda=138°34.8'$ E　$\varphi=36°58.6'$ N　$M=4.5$　$h=10$ km　気象官署で有感のところはない．しかし震源に近い津南町上郷を中心とした狭い地域（1 km^2 くらい）で体育館の屋根がこわれたり，家の窓ガラスの破損，壁のひびなどの被害，家屋小破137．水道・電気の供給が止まったところもある．**178-1** 番の地震に似ている．

689　1993 I 15（平成5）20時06分　釧路沖　$\lambda=144°21.2'$ E　$\varphi=42°55.2'$ N　$M=7.5$　$h=101$ km　**平成5年（1993年）釧路沖地震**　釧路で震度VI．震源が深いので M の割に被害が少なかった．有感余震数は1月（II-7，I-14），2月（III-1，II-2，I-5）．余震は本震と同じ深さで直径約40 kmくらいの範囲にある．二重深発面の下面に当る．ほかに厚岸沖にも本震以後地震が頻発しているが，余震か誘発されたものかはっきりしない．釧路地方気象台での最大加速度は N-S 817.4 gal，E-W 922.9 gal，U-D 466.9 gal に達した．北

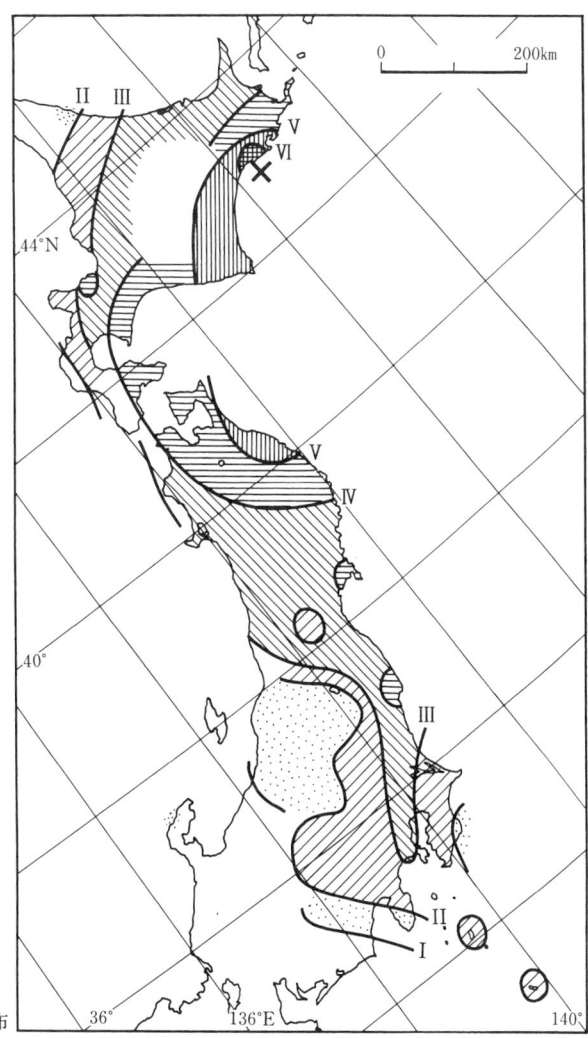

図689-1　震度分布

4 被害地震各論

表 689-1 北海道内の支庁別被害状況（北海道災害対策連絡本部，平成5年2月11日現在）

項目		支庁名	釧路	十勝	根室	日高	胆振	網走	渡島	上川	石狩	空知	檜山後志	全道計
人的被害	死者		1											1
	行方不明													
	重傷		97	16										113
	軽傷		619	133	42	21	4							819
	計		717	149	42	21	4							933
住家被害	全壊	棟数	12											12
	半壊	棟数	50	22										72
	一部破損	棟数	2,490	471	386	23	7		3	7				3,387
	計	棟数	2,552	493	386	23	7		3	7				3,471
非住家被害	全壊	公共建物												
		その他	7											7
	半壊	公共建物	1											1
		その他	40											40
	計	公共建物	1											1
		その他	47											47
農家被害			718	169	978	45	1	2	2	10	3	40		1,968
土木被害	河川		31	38	9			1						79
	海岸		10	1	3									14
	砂防施設		9	7										16
	道路		1,010	136	99	4		1						1,250
	橋梁		39	49	33			1						122
	港湾		2	1	1									4
	漁港		13	4	11	1								29
	計		1,114	236	156	5		2						1,513
水産被害			132	17	8									157
林業被害			87	47	5				2		1			142
衛生被害	水道		150	81	53	36	7	10			2	4	1	344
	病院		125	66	7	3				3	1	1	1	207
	一般廃棄物施設		1	4										5
	計		276	151	60	39	7	10		3	3	5	2	556
商工被害	商業		1,980	1,418	375	387	112	40	5	22		3		4,342
	工業		504	152		6	7	16						685
	その他		241	88		13	0	8						350
	計		2,725	1,658	375	406	119	64	5	22		3		5,377
公立文教施設	小学校		86	82	33	7	11		2	2				223
	中学校		37	45	20	4	6		1	2				115
	高校		16	16	4	1	1							38
	その他文教施設		11	6	3	2								22
	計		150	149	60	14	18		3	4				398
社会教育施設			46	52	16	6	3		1					124
社会福祉施設	公立		94	29	2	6			1	3		1		136
	法人		13	8	4	1	2			1				29
	計		107	37	6	7	2		1	4		1		165
その他			133	16	17	1	7					1		175

［境ほか，1993，震研彙報，**68**，243-291］

表689-2 ライフライン被害と復旧[中村ほか,1994, 験震時報,58,11-48などから作成]

項目	鉄道	水道	電気	ガス
被害状況(ピーク時)	不通4ヵ所	21,765戸	57,200戸	9,355戸
全面復旧日	2月1日	2月1日	1月16日	2月6日

表689-3 地震保険支払状況[損保算定会による]

事故受付件数	4,357件

(5月31日現在)

項目	有責							合計	
	全損		建物半損・家財10%払		建物一部損・家財5%払			
	証券件数	支払見込額(千円)	証券件数	支払見込額(千円)	証券件数	支払見込額(千円)	証券件数	支払見込額(千円)
建物	16	63,930	132	235,536	2,448	500,066	2,596	799,532
家財	(1)	2,000	42 (25)	12,164	905 (442)	145,920	947 (468)	160,084
合計							3,543	959,616

(注) 家財の( )外件数は家財のみ契約件数,
( )内件数は建物・家財同一証券契約件数.

表689-4 全国の被害(消防庁の資料による)

区分		被害	区分		被害	区分		被害
人的被害	死者 人	2	その他	社教施設 ヵ所	125	その他	清掃施設 ヵ所	6
	行方不明 人	—		病院 ヵ所	228		上下水施設 ヵ所	177
	負傷者 重傷 人	117		福祉施設 ヵ所	165		崖崩れ ヵ所	14
	軽傷 人	850		道路 ヵ所	1,591		鉄道不通 (注)	3
住家被害	全壊 棟	53		橋梁 ヵ所	87		水道 戸 (注)	19,765
	半壊 棟	255		港湾・漁港 ヵ所	107		電気 戸 (注)	57,200
	一部破損 棟	5,313		河川 ヵ所	184		ガス 戸 (注)	9,355
非住家	公共建物 棟	3		海岸・砂防 ヵ所	25		その他 ヵ所	2,379
	その他 棟	50		農林水産施設等 ヵ所	2,598	火災	建物 件	11
	文教施設 ヵ所	480		商工施設等 ヵ所	6,007		危険物 件	—

(注) ピーク時の数値 電気については1月16日全戸復旧,水道(断水)については2月1日全戸復旧,ガス(供給停止)については2月6日全戸復旧,鉄道不通については2月1日全面復旧となっている.

海道の被害は表689-1のとおり.死者は自宅の重さ15kgのシャンデリアが落下し,胸部挫傷によるものである.負傷者の40%は熱傷(ストーブ上のヤカンが飛んで熱湯をかぶった,など).30%は創傷(家具の転倒,落下物,ガラス破損)によるもので,家庭内人的被害が多かった.ほかに死1名(ガス漏れによる中毒死)あり.農業被害のうち畑14ヵ所.残りは各種施設.土木被害は上記のほかに市町村工事分として河川13ヵ所,道路80ヵ所,橋梁33ヵ所,計126ヵ所がある.また,水産被害には,漁船破損28隻,漁網5件が含まれている.火災発生は9件と少なく,しかも延焼火災はなかった(1件当り最大焼失面積60 m^2).釧路市緑ヶ丘の住宅地では斜面崩壊による,標茶町茅沼地区の別荘地では造成地盤すべりによる住家の被害が多かった.釧路町桂木・木場地区では14基のマンホールが8～150cm浮き上がった.港湾施設は埠頭の沈下や孕み出しが目立った.ライフラインの

被害と復旧は表 689-2 のとおり．機器の被害による通話への影響はなかった．NTT 釧路支店での一般電話の被害率は 0.4％．全体で電話の被害は約 930 件．地震保険の支払状況は表 689-3（東北地区における建物一部損・家財 5％ 払の 5 件，1,448 千円を含む）のとおり．釧路市などでは家庭用の燃料貯蔵のためのホームタンク 238 基に漏えい・転倒・破損などの被害があった．全国の被害は表 689-4 のとおり．

690* 1993 Ⅱ 7（平成 5）22 時 27 分　能登半島沖　$\lambda = 137°17.8' E$　$\varphi = 37°39.4' N$　$M = 6.6$　$h = 25$ km　被害は珠洲市を中心に発生した．火災は 130 km 離れた金沢市で 1 件発生したという統計もある．最大震度別有感余震回数は 7 日（Ⅰ-2），8 日（Ⅲ-1，Ⅰ-3），9 日（Ⅰ-1），11 日（Ⅰ-1），13 日（Ⅱ-1），16 日（Ⅲ-1），輪島に小津波（最大波高 26 cm）あり，小木港にも小津波があった．消防庁による被害は表 690-1 のとおり．また，住家・非住家の被害には地盤沈下によるものも約 20 件くらいあった．[-0.5]

表 690-1　被害一覧表［気象庁ほか，1995，験震時報，58，97-114 と石川県集計より］

被害区分			石川県	新潟県	富山県	合計
負傷者	重傷	人	1	—	—	1
	軽傷	人	28	1	—	29
住家被害	全壊	棟	1	—	—	1
	半壊	棟	1	—	—	1
	一部破損	棟	20	1	2	23
非住家		棟	14	4	1	19
文教施設		ヵ所	35	—	—	35
病院		ヵ所	1	—	—	1
道路		ヵ所	142	6	—	148
河川		ヵ所	9	—	—	9
海岸・砂防		ヵ所	5	—	—	5
港湾		ヵ所	8	—	—	8
鉄道不通		ヵ所	1	—	—	1
農林水産関係		ヵ所	96	—	—	96
商工施設		店舗	551	—	—	551
水道		戸	(注)2,355	—	—	2,355
下水道		ヵ所	4	—	—	4
電気		戸	(注)3,380	—	—	3,380
電話		ヵ線	(注)38	—	—	38
その他		ヵ所	3	2	—	5
火災		件	1	—	—	1

（注）ピーク時の数値．水道（断水）については 8 日 23 時 00 分全戸復旧，電気（停電）については 8 日 00 時 04 分全戸復旧，電話（不通）については 8 日 16 時 30 分全回線復旧，なお，鉄道については 8 日 09 時 15 分全面復旧．

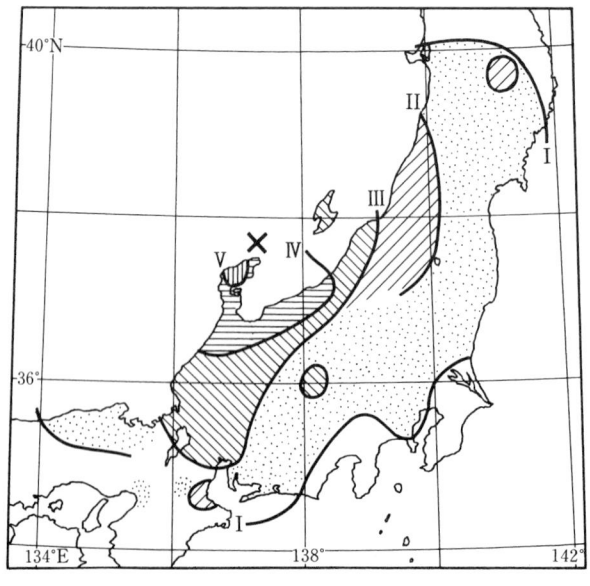

図 690-1　震度分布

691 1993 Ⅴ 21 (平成 5) 11 時 36 分 茨城県南西部 $\lambda=139°53.8'$ E $\varphi=36°02.7'$ N $M=5.4$ $h=61$ km 最大震度は東京・宇都宮・横浜でⅣ, 被害は表 691-1 のとおり.

表 691-1 被害一覧 [気象庁, 1993, 防災季報, **26**, 24 と気象庁, 1994, 予知連会報, **51**, 260-264 から作成]

区 分			茨城県	栃木県	群馬県	埼玉県	計
人的被害	負傷者	重傷 人				1	1
		軽傷 人				1	1
住家破損		棟	41	3	26	70	140
非住家破損		棟	3			1	4
その他	学校の天井の一部落下など	ヵ所	3	1			4
	ブロック塀の倒壊など	ヵ所	7	5	1	1	14
	水道管の破損	ヵ所				2	2
	屋内配管ガス漏れ	ヵ所				1	1

692* 1993 Ⅶ 12 (平成 5) 22 時 17 分 北海道南西沖 $\lambda=139°10.8'$ E $\varphi=42°46.9'$ N $M=7.8$ $h=35$ km **平成 5 年 (1993 年) 北海道南西沖地震** 地震後約 5 分で奥尻島に津波が襲来して大被害となった. 有感余震回数は 8 月末までに震度Ⅳ-4, Ⅲ-8, Ⅱ-59, Ⅰ-100 の計 171 回 (気象官署による). 一方, 奥尻島の臨時観測点の有感地震回数は 7 月 15 日 17 時 00 分から 8 月末日までの総計 Ⅴ-1, Ⅳ-3, Ⅲ-11, Ⅱ-80, Ⅰ-177 回の計 272 回で, このうち震度Ⅴは 8 月 8 日 04 時 42 分の最大余震 ($\lambda=139°52.9'$ E $\varphi=41°57.5'$ N $M=6.3$ $h=24$ km) による. この余震で江差では十数 cm の津波 (検潮記録) を観測した.

図 692-2 は本震と余震の分布図. 図中の印の大きさはマグニチュードを示す. 図 692-3 は毎日の余震回数. 奥尻島は 30~80 cm 沈降し, 南々西方向に 1.4×10^{-5} の傾動をしていることがわかった. 津波は日本海沿岸各地を襲った. 各地の T.P. 上の遡上高は図 692-4 のとおり. 粟島および新潟県の遡上高のスケールに注意. 被害は表 692-1, 2 のとおり. 道内では表 692-1 のほかに各種施設に多大の被害があった. とくに津波は日本海沿岸の各地 (含沿海洲, 朝鮮半島) に達した. 船の転覆沈没は新潟県で 24, 石川県 24, 島根県 70 隻で島根では床下浸水 50 世帯を出した. ナホトカで死 3, 漁船の被害が多かった. 奥尻町南端の青苗地区には地震直後に津波が来襲し, 高いところでは浸水高 8 m 以上となった. その直後 22 時 40 分前に出火した. ついで翌朝

表 692-1 被害状況 {中間} 全道集計表 (平成 5 年 11 月 25 日現在, 北海道南西沖地震災害対策本部発表)

区 分			件 数
人的被害	死 者		201
	行 方 不 明		29
	重 傷		81
	軽 傷		240
	計		551
住家被害	全 壊	棟 数	594
	半 壊	棟 数	400
	一 部 破 損	棟 数	4,854
	床 上 浸 水	棟 数	210
	床 下 浸 水	棟 数	146
	計	棟 数	6,204
非住家被害	全 壊	公 共 建 物	11
		そ の 他	552
	半 壊	公 共 建 物	27
		そ の 他	153
	計	公 共 建 物	38
		そ の 他	705
農業被害	農 地 (ha)	田 ・ 畑	870.4
	農作物 (ha)	田	1,495.0
		畑	302.0
土木被害	河 川		338
	海 岸		59
	砂 防 ・ 急 傾 斜 施 設		66
	道 路		621
	橋 梁		17
	港 湾		13
	漁 港		67
	空 港		1
水産被害	漁船	沈 没 流 失	676
		破 損	838
		計	1,514

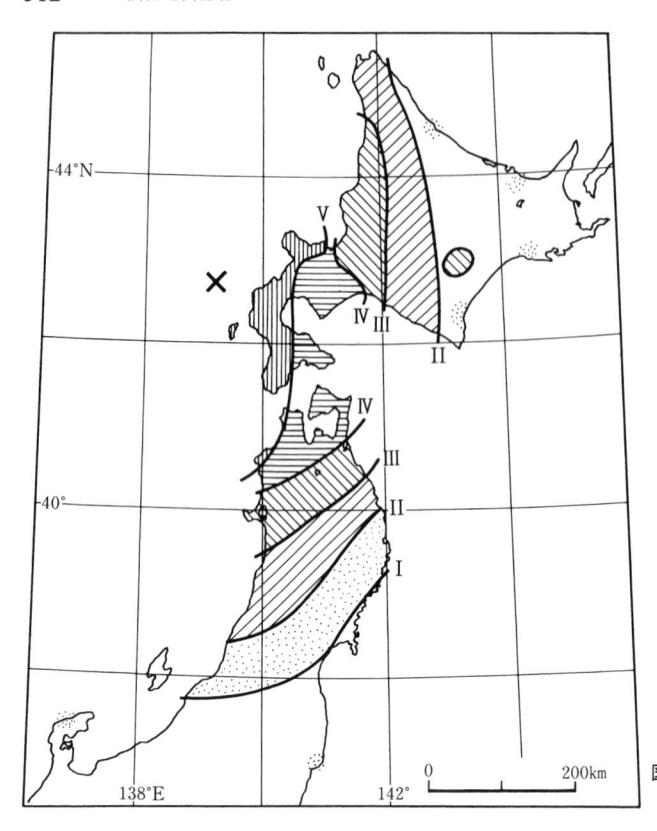

図 692-1 震度分布 [気象庁, 1995, 技術報告, 117]

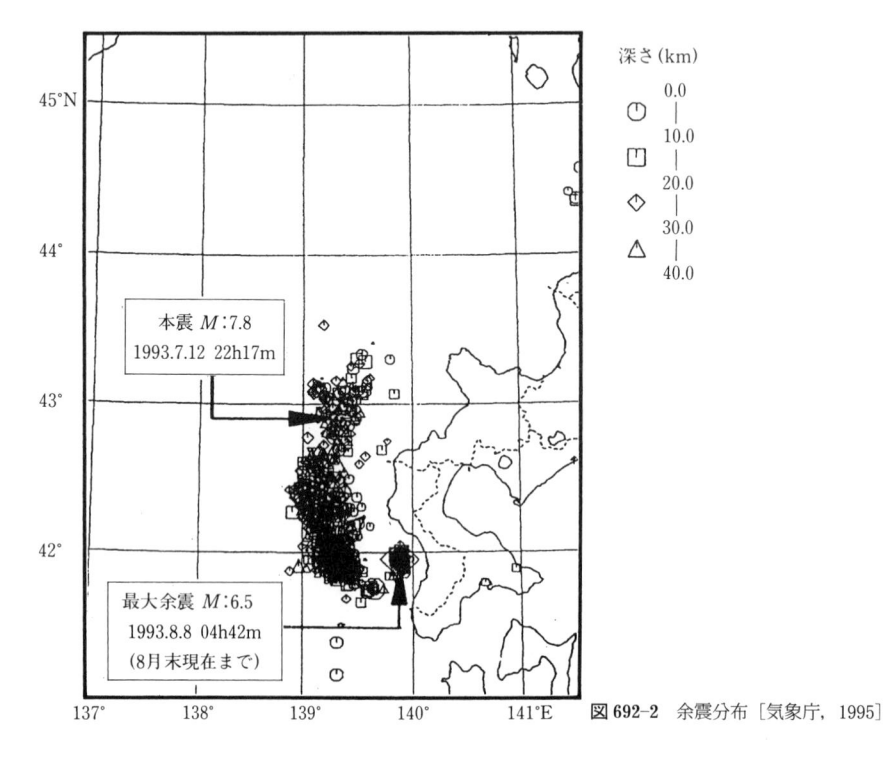

図 692-2 余震分布 [気象庁, 1995]

図 692-3 日別余震回数
[気象庁，1995]

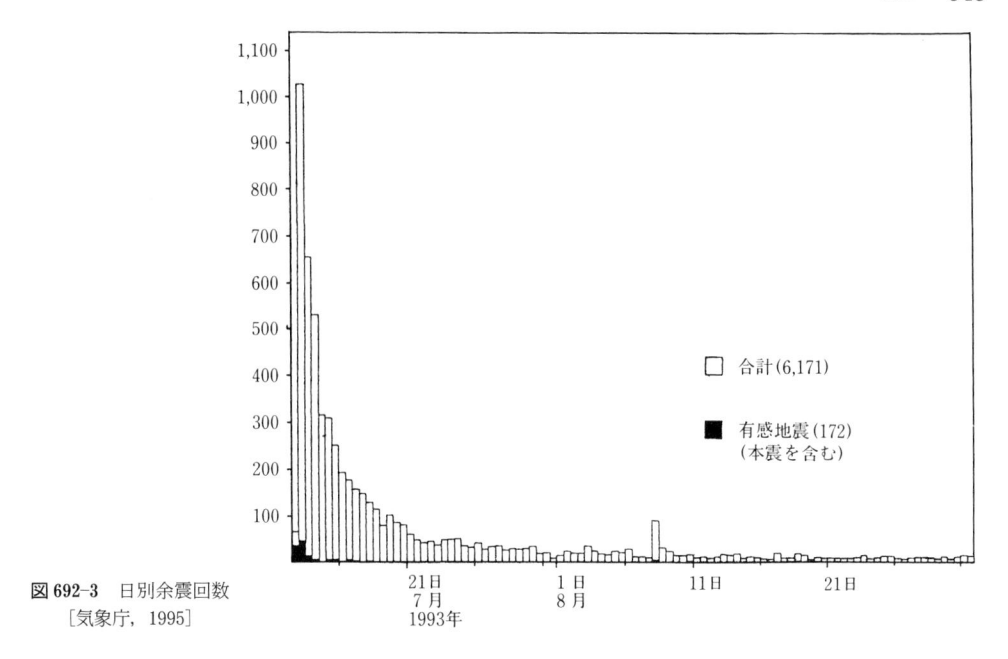

表 692-2 全国の被害の状況（消防庁による，平成 6 年 6 月 20 日）

区	分		被害	区	分		被害	区	分		被害
人的被害	死者	人	202		文教施設	ヵ所	204		清掃施設	ヵ所	12
	行方不明	人	28		社教施設	ヵ所	58	そ	下水道施設	ヵ所	27
	負傷者 重傷	人	83	そ	病院	ヵ所	60		鉄道不通注1)	ヵ所	4
	軽傷	人	240		福祉施設	ヵ所	58		被害船舶	隻	1,729
住家被害	全壊	棟	601		道路	ヵ所	630	の	水道施設等注1)	戸	17,861
	半壊	棟	408	の	橋梁	ヵ所	17		電気(停電)注1)	戸	33,055
	一部破損	棟	5,490		港湾	ヵ所	13		ガス注1)	戸	1,454
	床上浸水	棟	221		漁港	ヵ所	67	他	電話注2)	戸	858
	床下浸水	棟	234	他	河川	ヵ所	338		その他	ヵ所	170
非住家	公共建物	棟	38		農林水産施設	ヵ所	3,670	火災	建物	棟	192
	その他	棟	729		商工施設等	ヵ所	2,378		危険物	件	—

注1) 鉄道，水道，ガス，電気の数値はピーク時．電気については 7 月16日全戸復旧．鉄道については 7 月18日全線復旧（フェリー，航空機については 7 月17日から運行再開）．水道については 7 月25日全戸復旧．ガスについては 7 月27日全戸復旧．
注2) ピーク時の数値（ただし，奥尻島の焼失，流失，倒壊家屋を除く）．7 月17日現在NTT回線について不通箇所なし．

0 時 45 分前に第 2 の出火（原因不明）があり，焼損域 5.1 ha，192 棟，延床面積 19,005 m^2 が焼失した．また同島東側奥尻港海岸の急斜面が崩れ（幅200 m，高120 m，土量10万m^3），直下にあったホテル洋々荘が押しつぶされた．青苗地区では鉄筋コンクリートの灯台が倒壊した．液状化は津軽半島の一部にも見られたが，主として渡島半島の海岸や河川流域に多く，函館港では岸壁の沈下・移動があり，長万部・乙部・上磯などでは不同沈下による建物被害があった．表 692-3 は町別の建物被害数で，このほかに胆振支庁で住宅一部損壊が 18 あった．地震保険の保険金支払見込は 8 月 31 日現在で表 692-4 のようになっている．

火災保険による支払（地震火災費用保険

514　4　被害地震各論

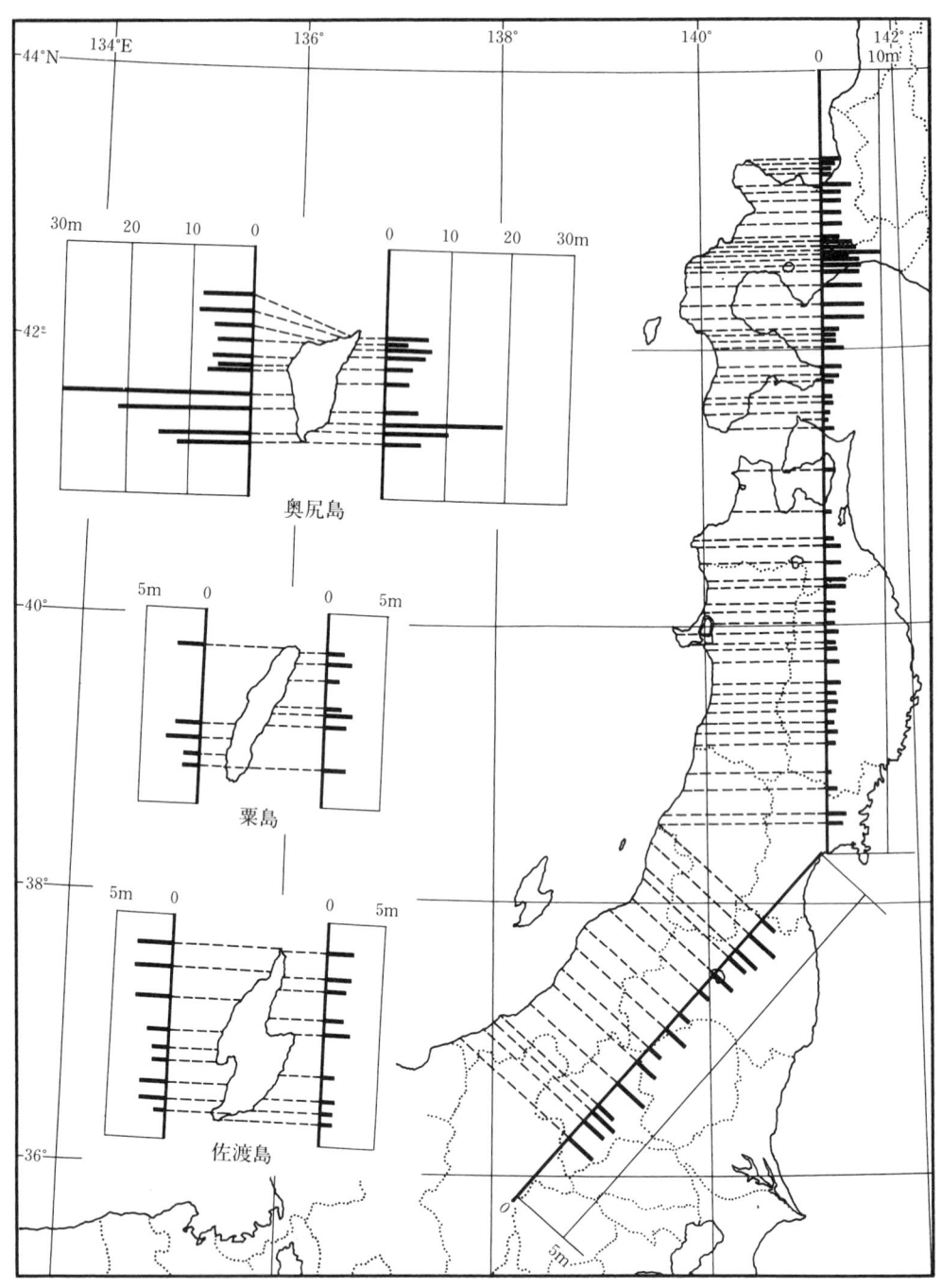

図 692-4　各地の T. P. 上津波遡上高［阿部ほか，1994，震研彙報，**69**，159-175 と首藤ほか，1994，津波工学報，**11**，1-120 より作成］
　三島の図の縮尺は一定していない．近隣地域の最高波高の点でその地域の代表とした．

表 692-3 建物被害状況［北川ほか，1993，地震工学振興会ニュース，**133**，31-41］

種別 地域	住宅 合計	全壊	半壊	一部損壊	非住宅 合計	全壊	半壊	文教施設	社会教育施設	社会福祉施設
北海道	2,795	540	171	1,834	418	200	218	113	32	30
桧山支庁	1,510	510	97	757	298	150	148	40	14	12
江差町	123	—	3	112	7	—	7	8	4	1
上ノ国町	10	—	1	9	—	—	—	11	1	—
厚沢部町	70	—	—	70	8	—	8	3	1	1
乙部町	84	1	22	61	10	—	10	3	—	3
熊石町	88	—	—	88	11	—	11	4	—	2
大成町	125	34	31	26	117	73	44	1	—	1
奥尻町	402	399	2	—	—	—	—	4	—	3
瀬棚町	156	25	11	57	30	17	13	3	2	—
北桧山町	312	49	19	204	108	56	52	3	5	—
今金町	140	2	8	130	7	4	3	—	1	1
渡島支庁	783	6	54	722	46	4	42	59	12	14
後志支庁	483	24	20	337	74	46	28	12	3	2

表 692-4 地震保険支払見込　　　　　　　　（社）日本損害保険協会調べ．

被害区分	建物 証券件数	支払見込額	家財 証券件数	支払見込額
全　損	17	49,080 千円	0(3)	1,190千円
半　損	31	75,130	7(6)	2,108
一部損	615[4]	107,346[1,275]	120(106)	23,638
合　計	663	231,556	127(115)	26,936
総支払見込額				258,492千円

注）家財のかっこ外件数は家財のみ契約件数，かっこ内件数は建物・家財同一証券契約件数．
［　］は東北地区でうち数，他はすべて北海道．

表 692-5 危険物の被害状況

種別	漏えい	埋没	破損(含全壊)	沈下隆起	浮上	流失・冠水	計
奥尻町	3	4	13	2		2	24
その他	12		30	23	1		66
計	15	4	43	25	1	2	90
小量タンク	40		破損等 402 転倒 208				650

金）は，日本損害保険協会調によると8月31日現在で証券件数52件，支払見込保険金額は20,683千円である．なお，全共連の建物更生共済における共済金は，9月24日現在で846件，約13億円となっている．また危険物施設の被害状況（数）は表692-5のとおり（11月15日現在）．［3］

693 1993 X 12（平成5) 00時54分　東海道はるか沖　$\lambda = 138°14.4'$ E　$\varphi = 32°01.7'$ N　$M = 6.9$　$h = 391$ km　深発地震で津波による被害はなかったが，東京都でショック死1，重軽傷各2の被害があった．

図 693-1 震度分布

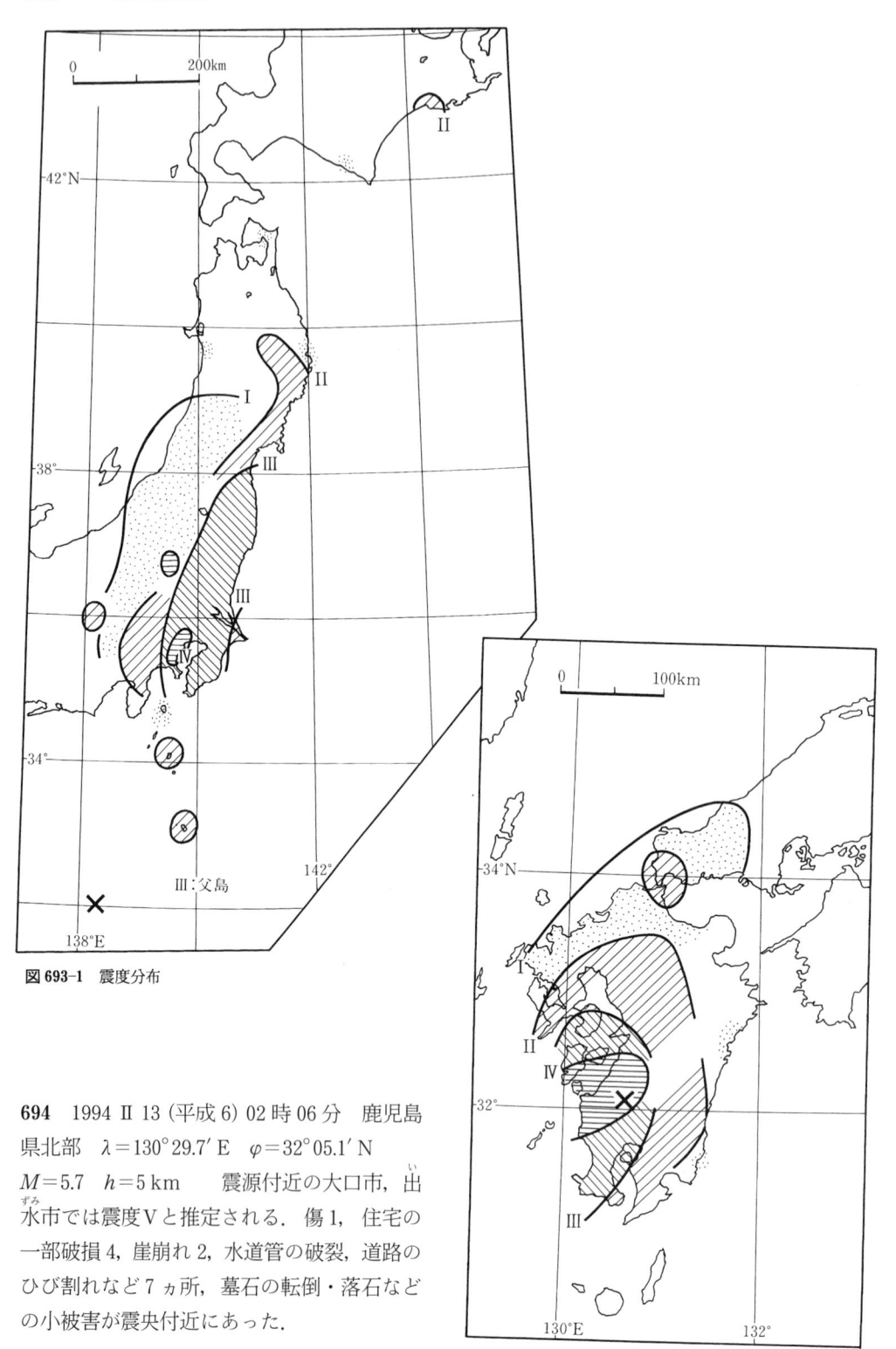

694 1994 Ⅱ 13（平成 6）02 時 06 分　鹿児島県北部　$\lambda = 130°29.7'$ E　$\varphi = 32°05.1'$ N　$M = 5.7$　$h = 5$ km　震源付近の大口市，出水市では震度Vと推定される．傷 1，住宅の一部破損 4，崖崩れ 2，水道管の破裂，道路のひび割れなど 7 ヵ所，墓石の転倒・落石などの小被害が震央付近にあった．

図 694-1 震度分布

695 1994 Ⅲ 11（平成 6）12 時 12 分　伊豆神津島近海　$\lambda=139°11.4'$ E　$\varphi=34°17.9'$ N　$M=5.3$　$h=3$ km　　11〜17 日に群発．神津島の震度はⅣ．神津島・式根島で家屋壁のひび割れ・道路の崩壊などの被害があった．神津島における日別有感地震回数は表 695-1 のとおり．

表 695-1　日別有感地震回数［気象庁，1994，予知連会報，**52**，248-251］

月/日	Ⅰ	Ⅱ	Ⅲ	Ⅳ	計
3/11	47	17	6	3	73
12	8				8
13	4				4
14					0
15	1				1
16	8	4	4	1	17
17	7	3			10
計	75	24	10	4	113

696 1994 Ⅴ 28（平成 6）17 時 04 分　滋賀県中東部　$\lambda=136°16.7'$ E　$\varphi=35°19.6'$ N　$M=5.3$　$h=44$ km　　傷 1，最大震度は彦根・四日市でⅣであるが，通信調査によると，彦根市南部・野洲川河口付近，日野町にも震度Ⅳがある．

697 1994 Ⅷ 31（平成 6）18 時 07 分　国後島付近　$\lambda=146°03.8'$ E　$\varphi=43°29.6'$ N　$M=6.3$　$h=84$ km　　傷 1，壁の亀裂 2 件あり，また約 3,000 戸が停電した．

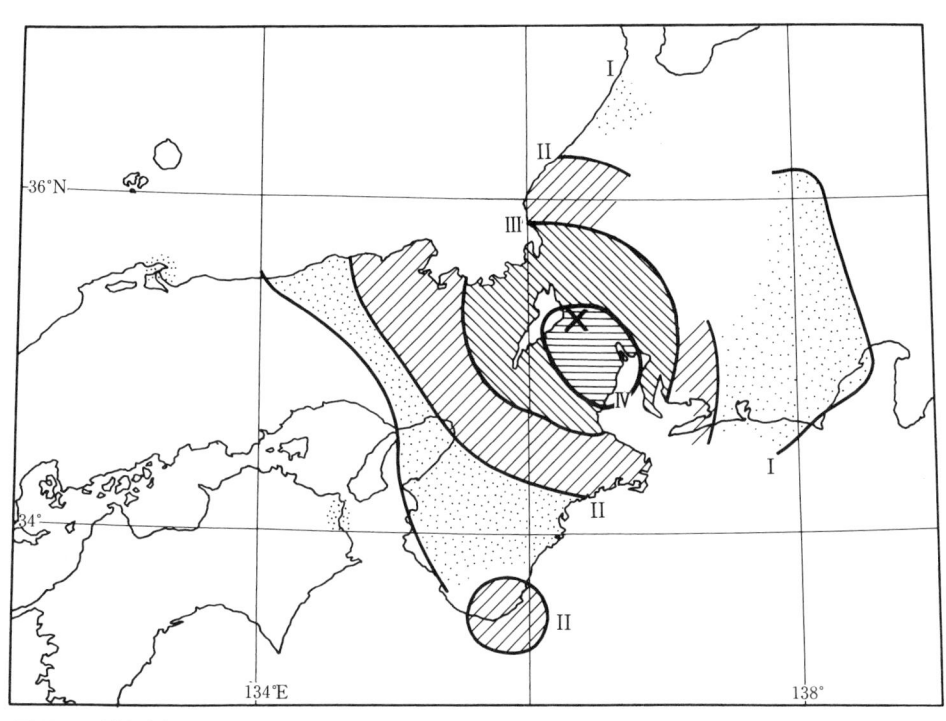

図 696-1　震度分布

図 697-1 震度分布

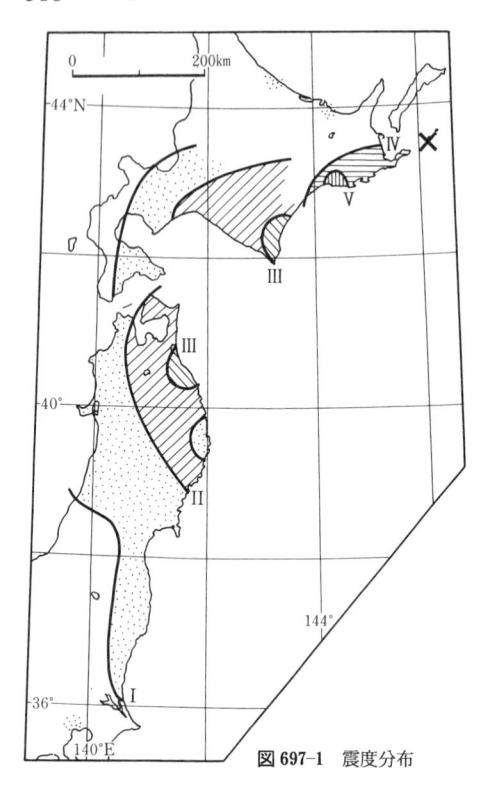

698*　1994 X 4（平成 6）22 時 22 分　北海道東方沖　**平成 6 年（1994 年）北海道東方沖地震**　$\lambda = 147°40.4' \text{ E}$　$\varphi = 43°22.5' \text{ N}$　$M = 8.2$　$h = 28 \text{ km}$　最大震度は釧路・厚岸でⅥ．震央は色丹島沖．10 月中の有感余震数はⅣ-1，Ⅲ-13，Ⅱ-36，Ⅰ-107 の計 157 回で，余震の分布と余震数の変化は図 698-2，3 のとおり．津波は太平洋沿岸各地を襲った．釧路市内で床下浸水 11 棟，岩手県で床下浸水 2 棟，水産被害 2,138 件，宮城県で床上・床下浸水各 23・34 件，水産・養殖施設に被害があった．釧路・根室地区では，前年の釧路沖地震後補強や改良した部分・施設での被害はほとんどないか，あるいは少なかった．北海道の被害は表 698-1 のとおりで，その他各種施設の被害が多かった．このほか青森県で軽傷 1，非住家一部損壊 3 棟，公立文教関係の被害 16 件などがあった．道内の町村別被害は表 698-2 のとおりで，根室市・別海町・中標津町・標津町・釧路市・釧路町・浜中町・標茶町・阿寒町で多かった．根室市では出火 1 件あったが，延焼せず消し止められた．釧路港では岸壁の一部が破壊した．鉄筋コンクリート造の建物では柱や壁の剪断破壊も見られた．その他壁・天井の剥落やひび割れ・ガラス破損などの軽微な被害ですんだ．地震保険の支払額は表 698-3 のとおり．水道はピーク時で 31,462 戸断水（10 月 13 日全戸復旧），電気はピーク時 46,411 戸停電（10 月

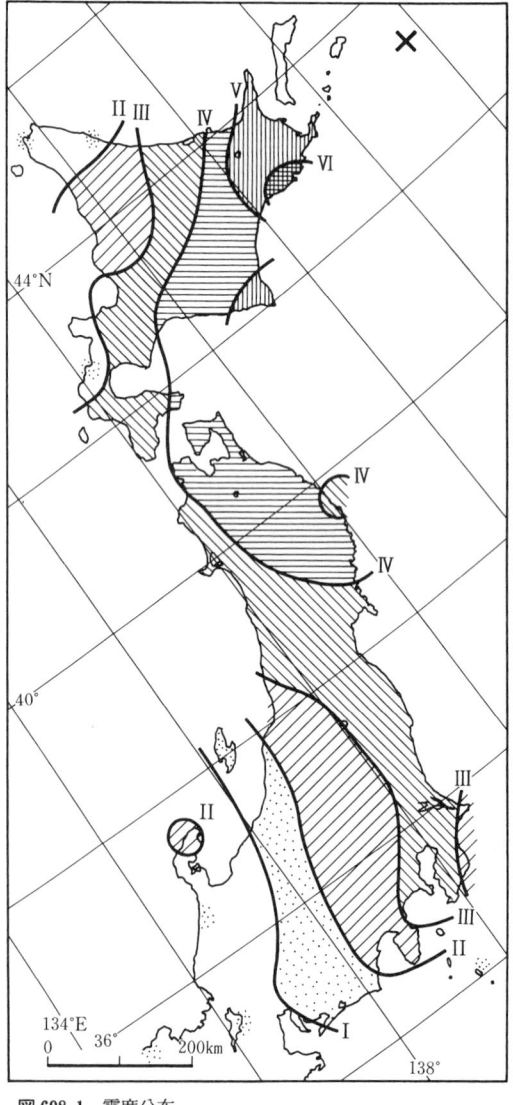

図 698-1 震度分布

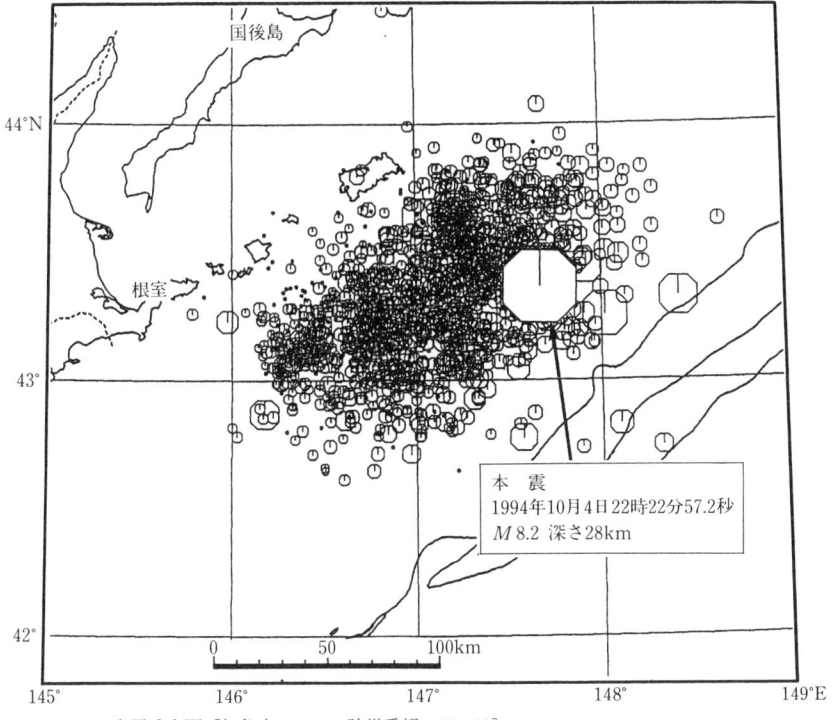

図 698-2 余震分布図 [気象庁, 1995, 防災季報, **32**, 28]

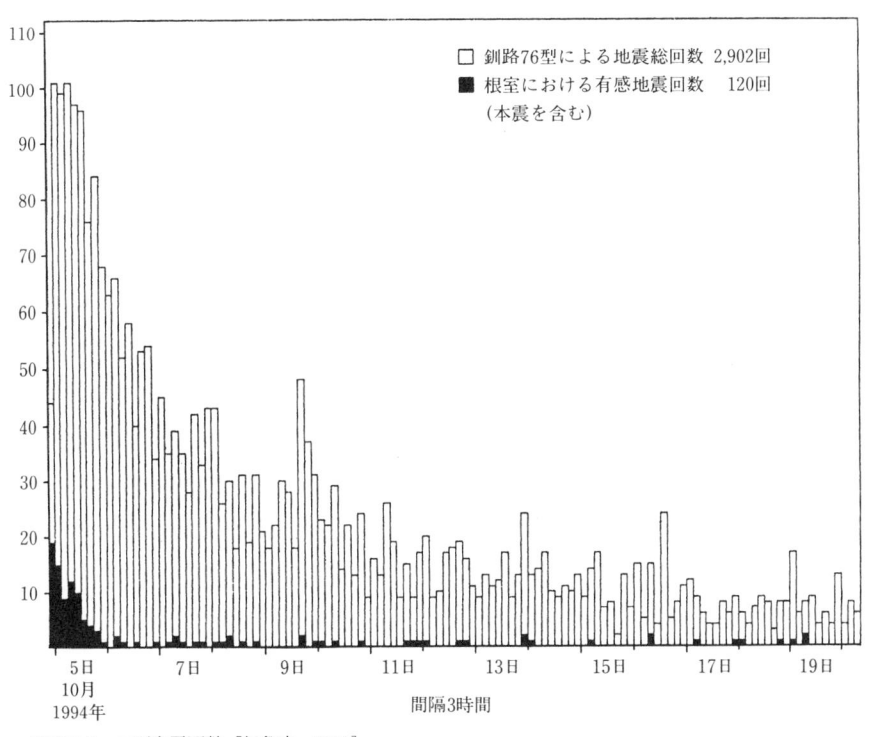

図 698-3 日別余震回数 [気象庁, 1995]

520   4 被害地震各論

図 698-4 津波の最大の高さ［気象庁，1995］

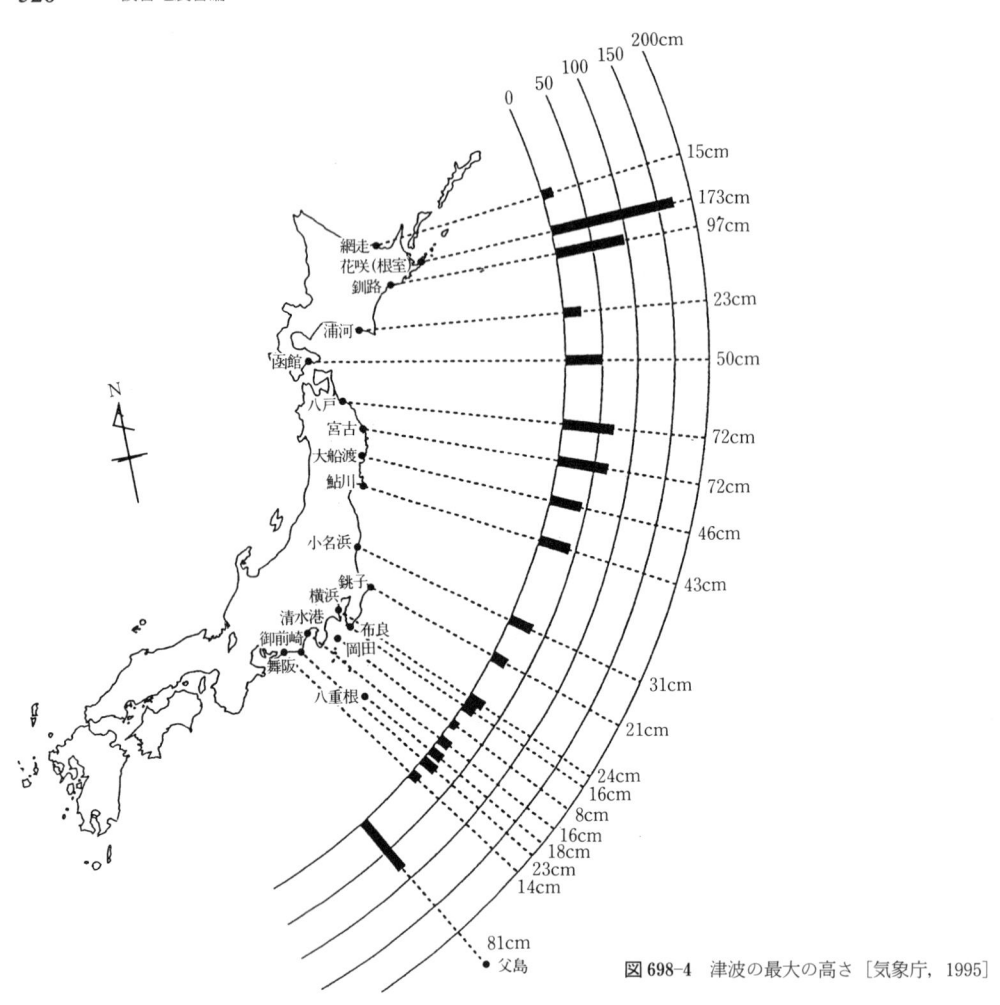

表 698-1 被害状況｛中間｝全道集計表（平成6年10月31日現在）

区	分	件 数	区	分	件 数	区	分	件 数
人的被害	死　　　　者		非住家被害	全 壊 公共建物	1	土木被害	河　　　　川	117
	行　方　不　明			その他	1		海　　　　岸	66
	重　　　　傷	24		半 壊 公共建物			砂 防 設 備	16
	軽　　　　傷	411		その他	5		道　　　　路	1,743
	計	435		計 公共建物	1		橋　　　　梁	27
住家被害	全　壊　棟　数	9		その他	6		港　　　　湾	7
	半　壊　棟　数	68					漁　　　　港	28
	一部破損　棟数	4,489					計	2,004
	床上浸水　棟数	6				水産被害	漁船 沈没流失	3
	床下浸水　棟数	14					破　　損	81
	計　　棟　数	4,586					計	84

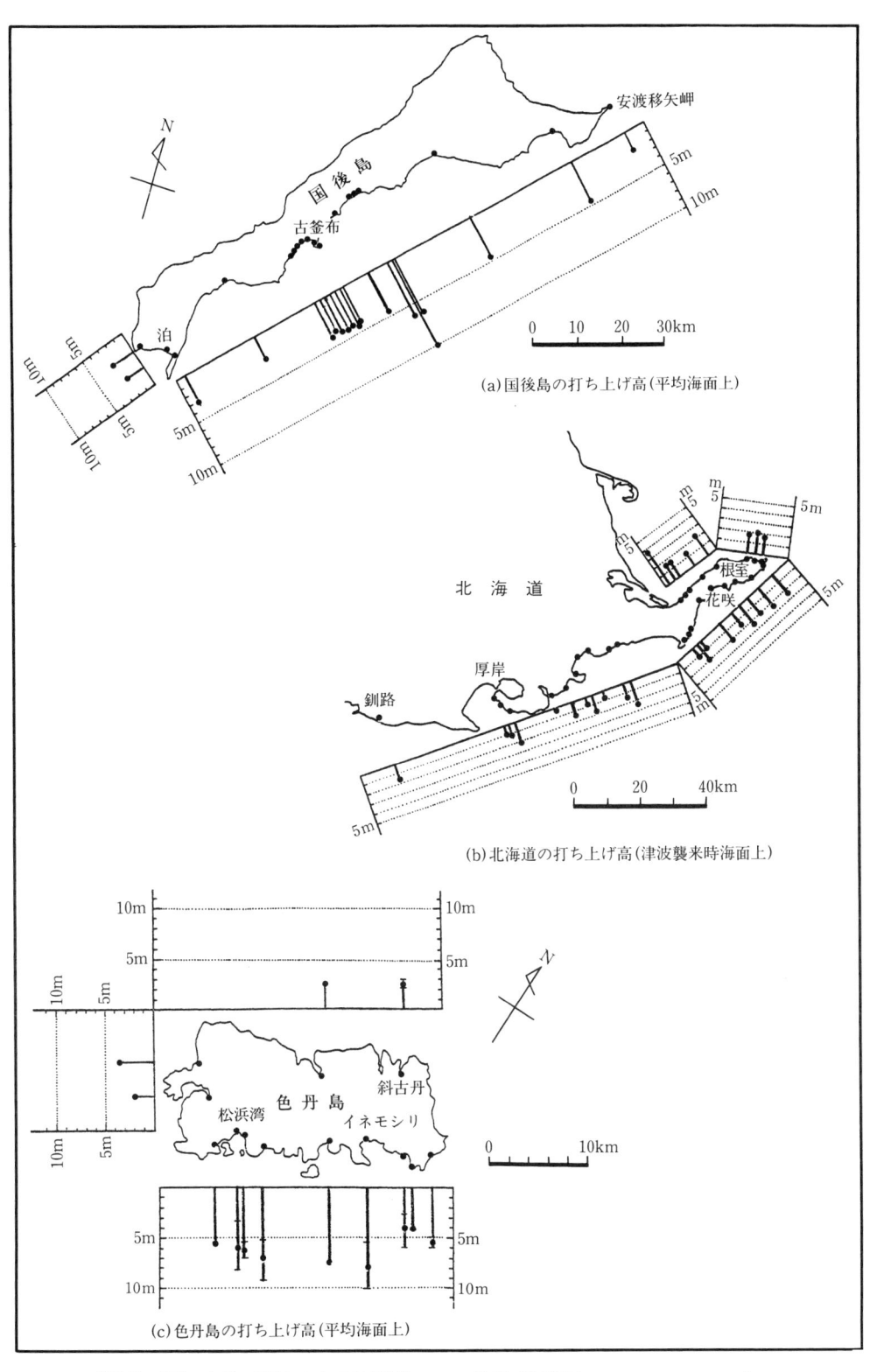

図 698-5　北海道，国後，色丹の津波打ち上げ高［首藤，1995，地震工学振興会ニュース，140，12-14］

4 被害地震各論

表 698-2 地域別被害状況 ［平成6年10月31日現在，北海道庁防災消防課］

被災地 (震央距離, km)	人的被害（人） 重傷	軽傷	計	住家被害（棟） 全壊	半壊	一部損壊	床上浸水	床下浸水	計
根室市 (169)	4	46	50	—	33	1,507	6	1	1,547
別海町 (205)	5	29	34	6	10	545	—	2	563
中標津町 (218)	1	106	107	3	3	845	—	—	851
標津町 (208)	—	42	42	—	2	379	—	—	381
羅臼町 (211)	—	1	1	—	1	16	—	—	16
釧路市 (270)	7	75	82	—	—	11	—	11	22
釧路町 (262)	2	14	16	—	—	5	—	—	5
厚岸町 (233)	1	3	4	—	—	77	—	—	77
浜中町 (208)	1	36	37	—	—	187	—	—	187
標茶町 (248)	—	8	8	—	—	450	—	—	450
阿寒町 (289)	—	6	6	—	—	383	—	—	383
白糠町 (296)	3	6	9	—	6	36	—	—	42
斜里町 (249)	—	17	17	—	10	17	—	—	27

表 698-3 釧路沖地震・北海道南西沖地震・北海道東方沖地震支払保険金（見込を含む）［損保算定会による］

保険の目的		釧路沖地震 件数	支払額	北海道南西沖地震 件数	支払額	北海道東方沖地震 件数	支払見込額
建物	全損	16件	63,930千円	17件	49,080千円	15件	33,490千円
	半損	132	235,536	31	75,130	170	388,552
	一部損	2,448	500,066	615	107,346	2,686	617,903
	小計	2,596	799,532	663	231,556	2,871	1,039,945
家財	全損	(1) 0	2,000	(3) 0	1,190	0	0
	半損	(25) 42	12,164	(6) 7	2,108	(30) 40	18,224
	一部損	(442) 905	145,920	(106) 120	23,638	(358) 907	153,127
	小計	(468) 947	160,084	(115) 127	26,936	(388) 947	171,351
合計		3,543	959,616	790	258,492	3,818	1,211,296

注）家財欄の（ ）内の数字は，建物と同一証券の家財件数．（ ）外の数字は，家財のみ担保の証券件数．

表 698-4 全国被害表［消防庁による］

人的被害	死者	0名	住家被害	一部損壊	7,154棟	その他	港湾	7ヵ所
	負傷者 重傷	31名		床上浸水	119棟		橋梁	31ヵ所
	軽傷	405名		床下浸水	70棟		被害船舶	104隻
	計	436名		火災	1件		道路	1,762ヵ所
住家被害	全壊	39棟	その他	河川	110ヵ所		水道	31,462戸 注1)
	半壊	382棟		砂防	16ヵ所		電気	46,411戸 注2)

注1) 水道はピーク時の断水戸数で，10月13日3時00分全戸復旧．
注2) 電気はピーク時の停電戸数で，10月5日19時40分全戸復旧．
注3) また，鉄道については，釧網本線（斜里〜東釧路）は10月25日，根室本線（厚岸〜根室）は11月3日開通．

5日全戸復旧).

　この地震で最大の被害を受けたのは択捉・色丹・国後・歯舞などのいわゆる北方四島で約3mの津波が襲来し，死11 (10月15日現在)，港の施設を破壊し舟を陸に押上げた．また各地に幅40cmの地割れが発生した．419世帯1,500人が被災し，10月15日現在で919人が島外に退去したという．択捉島では，3階建の郡病院と診療所が倒れ，患者など死5人，傷20人を出した．各地の津波の最大高さおよび打ち上げ高は図698-4, 5のとおり．[3]

699 1994 X 25 (平成6) 15時06分　箱根山　$\lambda=138°59.0'$ E　$\varphi=35°10.9'$ N　$M=4.9$　$h=4$ km　10月22日02時頃から箱根火山外輪山南西部付近に群発地震発生．同日12時頃いったん鎮静化したが25日午後になって再び活発化した．仙石原銚子の鼻付近で落石3，元箱根付近の数ヵ寺で墓石の転倒・回転が見られた．湯元の湧泉の1つで泉温が表699-1のように変化した．

　この地震による最大震度は小田原でIVであった．

表699-1　湯元の湧泉の泉温変化 [神奈川県温地研, 1995, 予知連会報, **53**, 255-256]

地震前	21分後	66分後	26日00時	28日00時
35℃	31.5℃	43℃	47.0℃	48.1℃

700 1994 XII 18 (平成6) 20時07分　福島県西部　$\lambda=139°53.5'$ E　$\varphi=37°17.7'$ N　$M=5.5$　$h=6$ km　会津若松で震度IV．住家一部損壊6棟．下郷町で壁の亀裂，窓ガラス破壊，棚の上のもの落下などあり．

701* 1994 XII 28 (平成6) 21時19分　三陸はるか沖　$\lambda=143°44.7'$ E　$\varphi=40°25.8'$ N　$M=7.6$　$h=0$ km　**平成6年 (1994年) 三陸はるか沖地震**　八戸のパチンコ店の1階が壊れ，2人下敷きとなって死．翌年1月7日07時37分に最大余震 ($\lambda=142°18.3'$ E　$\varphi=40°13.4'$ N　$M=7.2$　$h=48$ km) が発生．これにより傷29，建物被害78棟，道路損害6ヵ所などの被害が出たが表701-1に含まれている．小津波が沿岸各地を襲った (図701-2参照)．図701-3は余震分布図．印の大きさはマグニチュードによる．また，この地震による地震保険の支払見込額 (平成7年2月27日現在) は表701-5のとおり．[1,5]

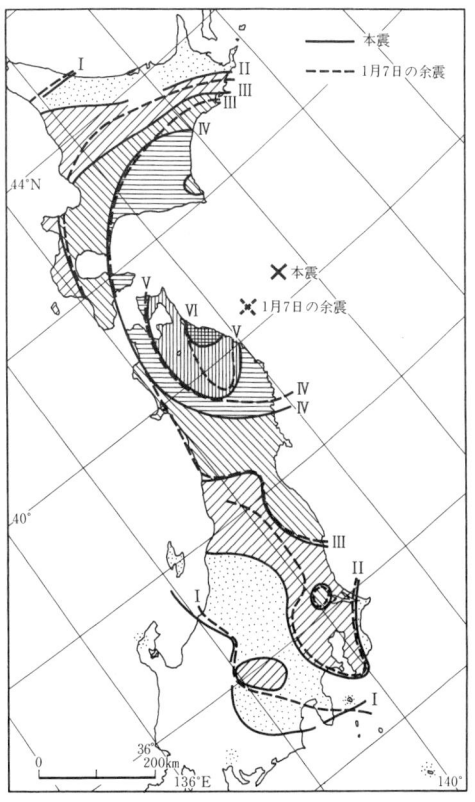

図701-1　震度分布

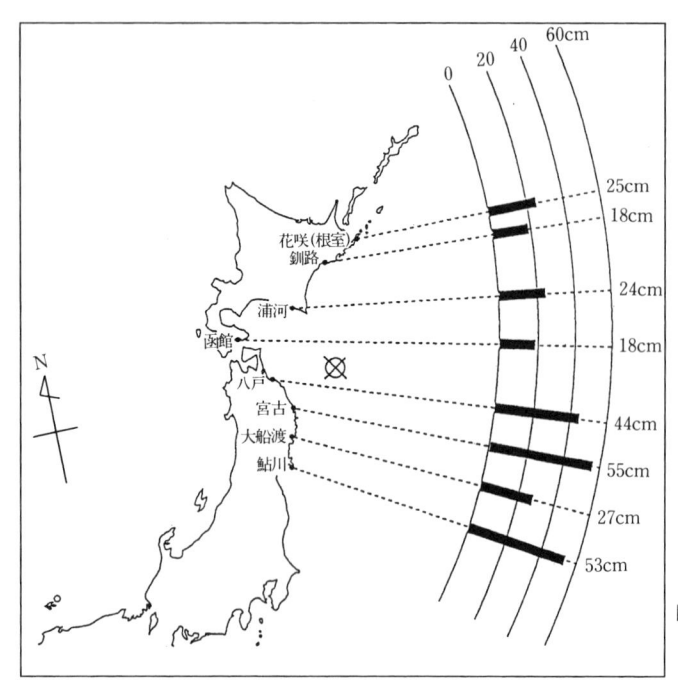

図 701-2 津波の状況（検潮所の記録）
[気象庁, 1995, 防災季報, **32**, 40]

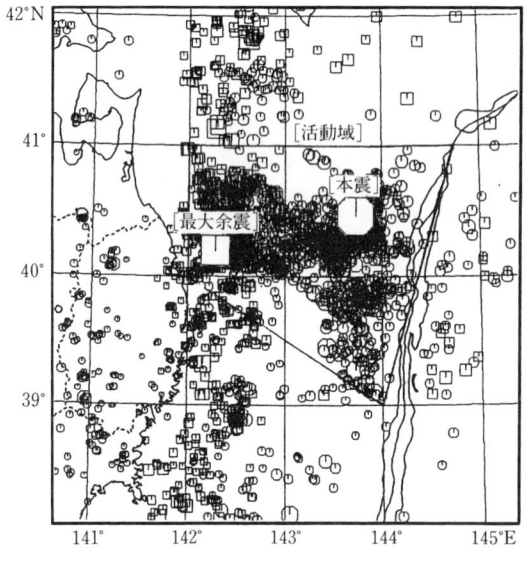

図 701-3 余震分布（1994年12月28日〜1995年4月30日）[仙台管区気象台, 1995, 予知連会報, **54**, 75-83]

○ 深さ30km未満
□ 深さ30km以上, 80km未満

表 701-1 三陸はるか沖地震による被害状況 [消防庁まとめ，平成7年9月12日確定]

人的被害	死者		3名	非住家	公共建物	132棟	その他	清掃施設	10ヵ所
	負傷者	重傷	67名		その他	233棟		農林水産施設	372ヵ所
		軽傷	721名	その他	文教施設等	412ヵ所		商工施設等	13,963ヵ所
		計	788名		病院等	156ヵ所		被害船舶	2隻
住家被害	全壊		72棟		道路	102ヵ所		工業用水道	7ヵ所
	半壊		429棟		橋梁	6ヵ所		下水道	78ヵ所
	一部破損		9,021棟		河川	8ヵ所		ブロック塀等	32ヵ所
	計		9,522棟		漁港・港湾	87ヵ所		火災	9件
					砂防	5ヵ所		(本震後8件，余震後1件)	

ライフライン関係	12月28日本震後（ピーク時）	復旧日時	1月7日余震後（ピーク時）	復旧日時
鉄道	JR東北本線 八戸〜陸奥市川間	平成6年12月31日 22時46分	JR東北本線 御堂〜奥中山間	平成7年1月7日 12時30分
上水道	約 42,000戸断水	平成7年1月2日	約 5,000戸断水	平成7年1月8日
電話	約 1,000回線	平成6年12月30日	約 140回線	平成7年1月7日
電気	約 76,000戸停電	平成6年12月29日	約 7,000戸停電	平成7年1月7日
ガス	177戸供給停止	平成7年1月15日		

表 701-2 青森県の地域別被害状況 [青森県まとめ，平成7年4月27日現在]

市町村名	本震（12月28日） 人的被害 死者	負傷者	建物被害（棟）住家 全壊	半壊	一部破損	計	非住家	最大余震（1月7日） 人的被害 負傷者	建物被害（棟）住家 全壊	半壊	一部破損	計	非住家
青森市		4					2						
八戸市	2	596	52	302	5,576	5,930	76	84	9	41	1,417	1,467	
五所川原市							3						
十和田市		9		10	63	73	2						
三沢市		26		3	511	514	4	1					
むつ市		5			3	3	1						
浪岡町		1											
野辺地町					6	6							
七戸町					2	2							
百石町		10			42	42	1						
六戸町		1		1	185	186	10						
上北町		1			3	3	2						
東北町		1											
天間林村		5	1	3	68	72	1						
下田町		1			1	1							
東通村					1	1							
三戸町		9		1	71	72	25						
五戸町	1	11			131	131	30						
田子町		1					2						1
名川町		2	2	23	151	176	34	1					
南部町							2	1					
階上町		1		2	22	24		7		33	409	442	14
福地村		1		1	142	143	1						
南郷村					8	8	12	1	8	7	163	178	
倉石村		1			4	4	1						
新郷村		2			30	30	7						
県計	3	688	55	346	7,020	7,421	216	95	17	81	1,989	2,087	15

表 701-3 岩手県の地域別被害状況 ［岩手県まとめ，平成7年4月6日現在］

市町村	本震（12月28日）			最大余震（1月7日)			
	人的被害	建物被害（棟）		人的被害	建物被害（棟）		
	負傷者	住家	非住家	負傷者	住家		非住家
	軽傷	一部破損		重傷	半壊	一部破損	
盛岡市	1						
岩手町		7	2				
西根町					2	1	2
千厩町							1
軽米町		3	2	1			
一戸町						1	
県計	1	10	4	1	2	2	3

表 701-4 地域別の被害状況

県 名	人的被害			住家被害（棟）			
	死者	負傷者	計	全壊	半壊	一部破損	計
青森県	3	783	786	72	427	9,009	9,508
（八戸市）	2	680	682	61	343	6,993	7,397
岩手県		2	2		2	12	14
北海道		2	2				
秋田県		1	1				
合計	3	788	791	72	429	9,021	9,522

表 701-5 地震保険支払状況 ［丸楠，1996，*Risk*，35，21-27］

種 別		全損	半損	一部損	合計
建物	証券件数（件）	18	125	2,824	2,967
	支払見込額（千円）	43,240	286,525	644,753	974,518
家財	証券件数（件）	1 (1)	22 (27)	998 (575)	1,021 (603)
	支払見込額（千円）	5,600	9,882	170,337	185,819
総合計					3,988 (603) 1,160,337

（注）家財の証券件数欄のかっこ内の数値は，建物・家財同一証券を示し，それ以外は家財のみ担保の証券件数を表す．

702 1995 I 7 (平成7) 21時34分 茨城県南西部 $\lambda = 139°58.6'$ E $\varphi = 36°18.1'$ N $M = 5.4$ $h = 71$ km 最大震度は水戸・柿岡・日光・足利・八郷でⅣ. 傷1, 断水あり.

703 1995 I 17 (平成7) 05時46分 兵庫県南東沿岸 $\lambda = 135°02.1'$ E $\varphi = 34°35.9'$ N $M = 7.3$ $h = 16$ km **平成7年 (1995年) 兵庫県南部地震, 阪神・淡路大震災** 気象庁は震度Ⅶが制定されて以来46年ぶりにはじめて震度Ⅶの区域の存在を確認した (図703-1B). この図には, この地震に関連したと思われるおもな断層のおおよその位置を記入してある. 野島断層は長さ約10.5 km, 右横ずれ (最大2.5 m) 南東側上り (最大1.2 m) の変位を示した. これにくらべると本土の断層は地表面に活動の跡を残していないので, どれが主断層であるかは明らかでない. 動いた可能性のあるのは須磨・会下山(えげやま)・五助橋・渦ヶ森の各断層であるとの由.

激しいゆれの地震で, 各地で"安全神話"が崩壊した. 新幹線は新大阪～西明石間で11ヵ所落下. 阪神高速道湾岸線深江入口付近で長さ635 mにわたって高架部分が山側に倒壊. 神戸港の埋立地は液状化のため崩壊し, 岸壁が動いて8 haも面積がふえた. 中層ビルの中間階の圧壊が目立った. 救援初動時の不手際が目立った. この地震を契機として地震防災対策特別措置法が公布された. 被害は表703-1A, Bのとおり. 表703-2A, Bは兵庫県内の被害. 表703-3は人口統計など. 図703-3は淡路島における住家被害率. また避難所は約1,150ヵ所, 避難者は約34万人に達した. 神戸市では避難所を8月20日をもって閉鎖した.

表703-1Aで非住家被害は全壊, 半壊, 一

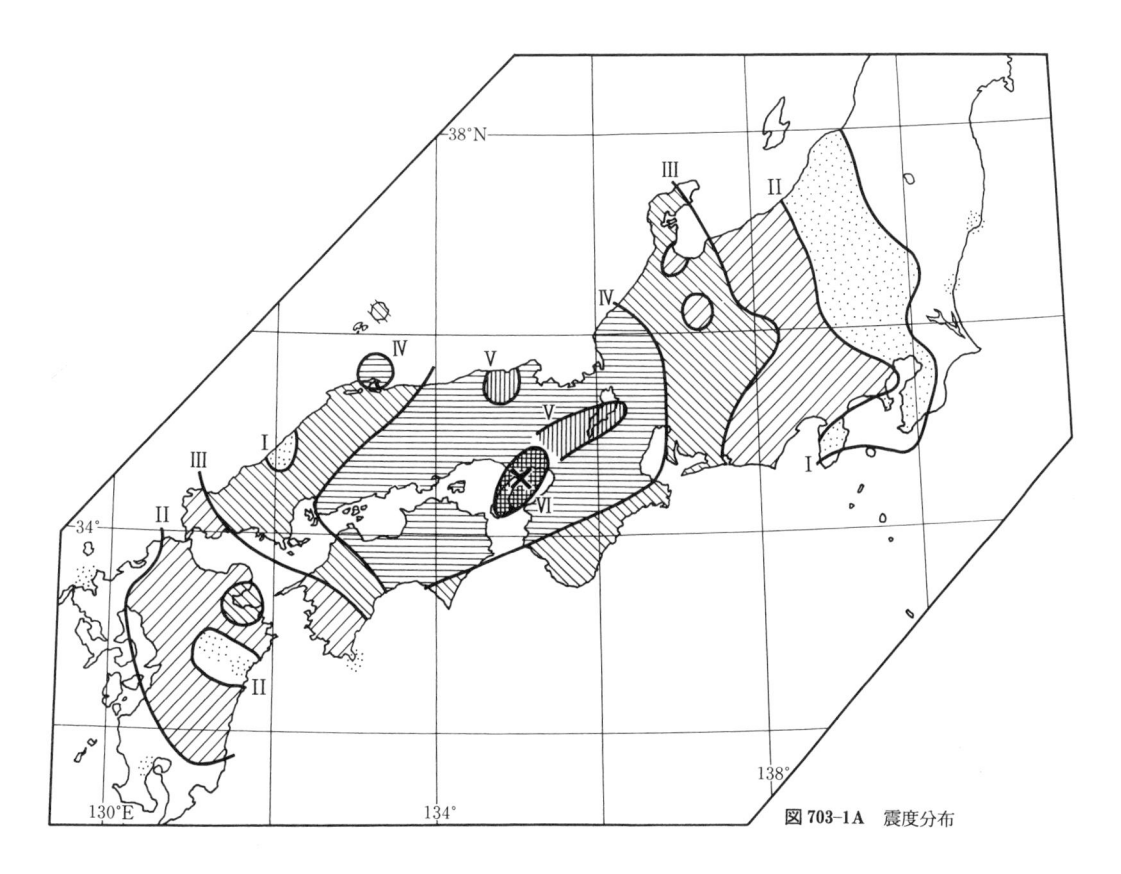

図703-1A 震度分布

528 4 被害地震各論

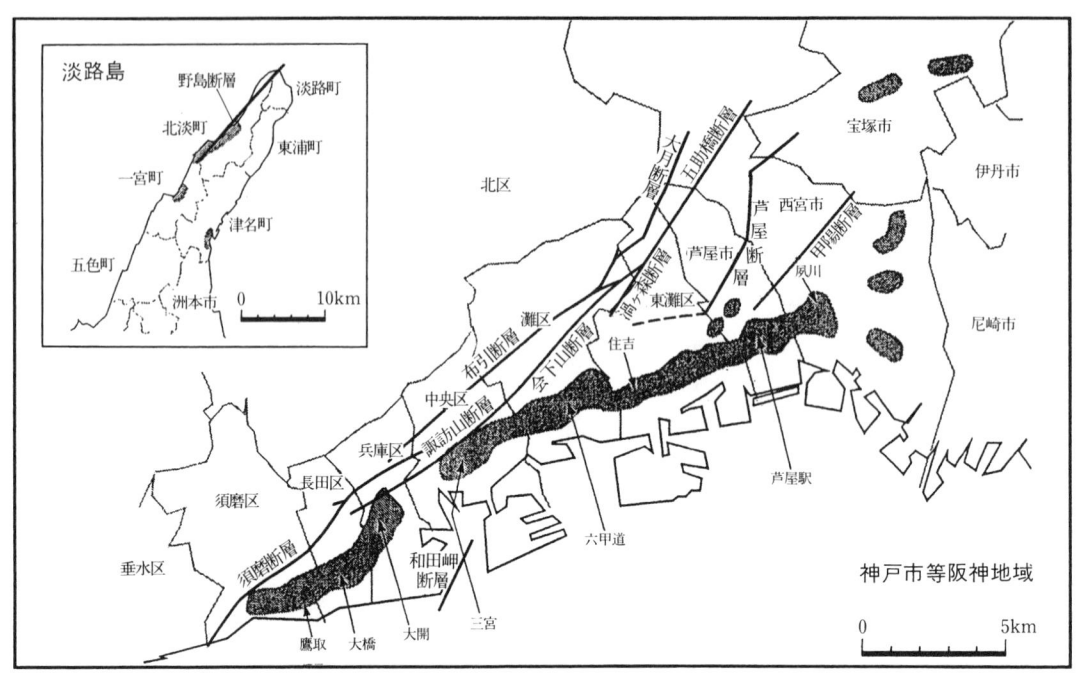

図703-1B 現地調査による震度Ⅶ（黒塗りの部分）の分布 [気象庁, 1999, 技術報告, 119]

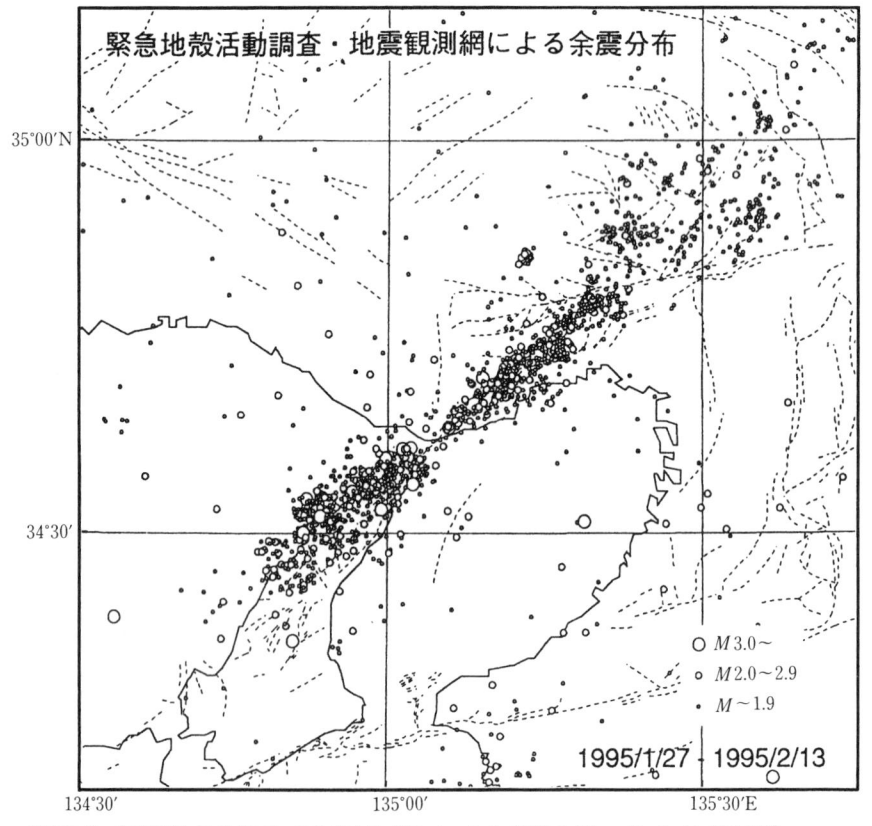

図703-2 余震分布（1月27日〜2月13日）[Hirata et al., 1996, J. Phys. Earth, 44, 317-328]

部破損の合計の数値である．

表703-1Aでライフライン関連（水道，電気，ガス，電話）の被害はピーク時の数字であり，水道は4月17日，電気は1月23日，電話は1月31日にそれぞれ全面復旧した．また，ガスの未復旧戸数は5月21日現在で1,040戸である．鉄道は8月23日に全通した．

神戸市内の死者3,651人を対象にした兵庫県監察医務室の調査（4/1大阪読売）によると，死因別では倒壊家屋の下敷きや直撃などによる窒息死や圧死が66.4%，焼死・やけどが12.2%であった（表703-4参照．これは別の出典）．また，同調査によれば死者のうち即死（地震直後から05：59までに死亡）が71%を占めたという．また，神戸大学法医学教室の上野易弘助教授らのグループの調査では，神戸市内の死者3,651人中2,767人（75.8%）を「住宅関連死」すなわち家具の転倒・転落や家屋の崩壊・倒壊が原因での死亡と集計している．そのほかに注目すべき点としては，通常なら死亡することがない骨折程度の負傷やほとんど外傷がないのに死亡が確認された人が82人（2.2%）いたことである．この原因について同教室では「激しいゆれによる精神的なショックが大きかったのでは」と推測している．ショック死については震災後数例が報道されたが，いずれも70歳以上の高齢者であった．図703-4は年齢別に見た死者数の傾向である．

倒壊建物の多い神戸市長田・灘・東灘区で出火が多かった．その後も出火が続き1月23日にも出火があった．おもな火災は1月18日には鎮火した（表703-7，703-8参照）．焼失規模最大の神戸市長田区・須磨区にかけての水笠西公園周辺（焼失面積10.6 ha，焼損棟数1,164棟）の焼けどまり要因は表703-9のとおりである．

図703-5A，5Bは藤本らによる墓石転倒率

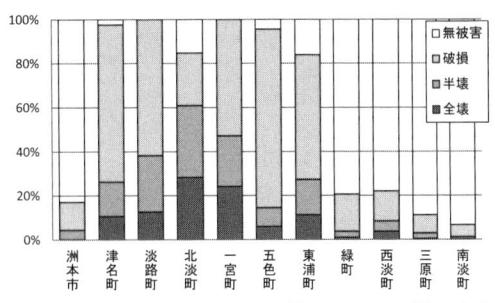

図703-3 淡路島住家被害率［鎌田，1998，阪神・淡路大震災調査報告，建-4，97-106より作成］

表703-1A 被害の概要［自治省消防庁まとめ］

(1) 人的，物的被害など　　　　平成8年11月18日現在

人的被害	死者	6,310名†	文教施設	941ヵ所
	行方不明者	2名	道路	10,060ヵ所
	負傷者 重傷	1,895名	橋梁	320ヵ所
	軽傷	26,614名	河川	430ヵ所
	調査中	14,679名	崖くずれ	378ヵ所
	計	43,188名	ブロック塀等	1,480ヵ所
住家被害	全壊	93,181棟	水道断水	※約130万戸
	半壊	108,439棟	ガス供給停止	＊約86万戸
	一部破損	230,299棟		
	合計	431,919棟	停電	＊約260万戸
非住家	公共建物	865棟	電話不通	☆30万回線超
	その他	3,984棟		

※厚生省調べ，＊資源エネルギー庁調べ，☆郵政省調べ（ピーク時の数）

注）死者の中には，災害発生後疾病により死亡したものであるが，その疾病の発生原因や疾病を著しく悪化させたことについて災害と相当因果関係があるとして関係市区町村で災害による死者とした者が含まれている．

† うち兵庫県6,279人，大阪府30人，京都府1人，又2001. 1. 11現在では6,432人，うち神戸市のみで4,571人ともいう．

(2) 火災　　　　平成8年11月18日現在

出火件数	建物火災	261件	焼損棟数	全焼	6,982棟
	車両火災	9件		半焼	89棟
	その他火災	15件		部分焼	299棟
	合計	285件		ぼや	113棟
焼損床面積		834,663 m²		計	7,483棟

(a) 年齢別死者数

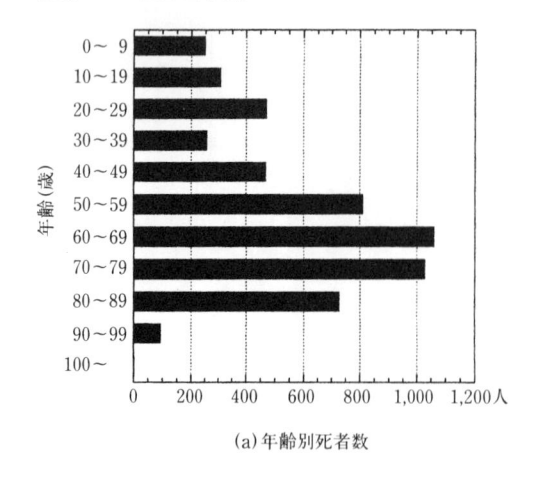

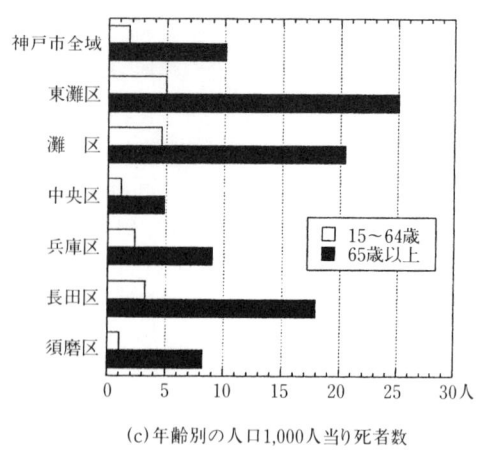

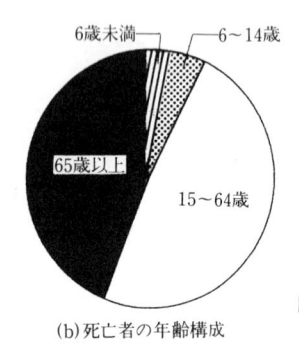

(c) 年齢別の人口1,000人当り死者数

(b) 死亡者の年齢構成

図703-4 年齢別に見た死者数の傾向 [鹿島, 1995, 平成7年兵庫県南部地震被害調査報告書（第二報）]

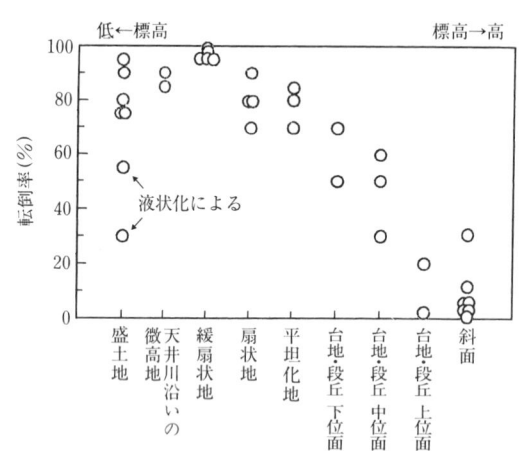

図703-5A 墓石の転倒率と地盤条件の関係 [翠川・藤本, 1996, 建築学会構造系論文集, 490, 111-118]

の調査結果，表703-10は別の調査による転倒率と一般被害との関連を示したもの．

木造建物：被害集中地域では昭和30年以前の建物は崩壊が多く，昭和30年～40年代後半頃のものは大破以上の被害が多く，昭和50年以降の建物の被害は少なかった．

非木造建物：中間層が損傷を受けた建物が多かったが，ある調査によると2～6階までのある階が損傷を受けたものはRC系（鉄筋コンクリート造）で20%，S系（鉄骨造）で

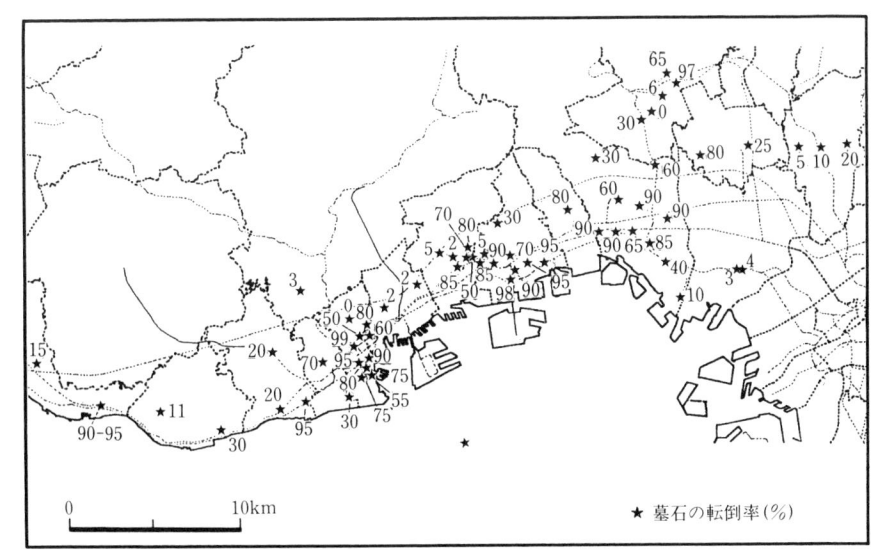

図 703-5B　墓石の転倒率の分布 [藤本ほか，1995，建築学会講演梗概集，101-102]

表 703-1B　各県の被害 [平成12年消防白書]　　　　平成12年1月11日現在

府県	全壊 棟	半壊 棟	死者	うち火災による死者	行方不明者	計	重傷	軽傷	負傷者計
兵庫県	104,004	136,950	6,400	559	3	6,403	8,593	31,499	40,092
大阪府	895	7,232	31	—	—	31	175	3,414	3,589
京都府	3	6	1	—	—	1	3	46	49
徳島県	4	84	—*	—*	—*	0*	11*	51*	62*
合計	104,906	144,272	6,432	559	3	6,435	8,782	35,010	43,792

注)　死者の中には，災害発生後疾病により死亡した者のうち，その疾病の発生原因や疾病を著しく悪化させたことについて災害と相当因果関係があるとして関係市町で災害による死者としたものが含まれている．
*は徳島県の意でなく「他県」の意である．

7%，構造不明建物で33%である．RC系だけでは，1971年以前の建物25%，1971〜80年5%，1981年以降0%となっている．分母は損傷を受けた全調査建物である．

鉄道では新幹線・東海道線・阪急・阪神・神戸新交通・神戸高速・神戸市営地下鉄などが寸断された．高架橋・架道橋・橋梁の落下が多く，駅舎崩壊，地下構造物（大開駅）の圧壊が目立った．阪神高速道路公団・日本道路公団の道路も各地で寸断された．橋桁・橋脚の傾斜・ひび割れや橋桁落下・隣接桁間の変位などが目立った．

神戸港の岸壁の約80%が全半壊した．崖壁が海側に動いたり傾いたりして，その内側が陥没する例が多く，液状化が原因と思われる．耐震強化岸壁（設計震度0.25）はほとんど被害を受けていなかった．ほかの設計震度0.18〜0.15の岸壁に被害が集中した．また淀川の西島付近の左岸・右岸のコンクリート堤防が800mにわたり傾いたり，沈下したりした．その他7河川70ヵ所に堤防の陥没・崩壊・亀裂などの被害があった．西宮市仁川百

4 被害地震各論

表 703-2A 兵庫県内の被害情況 [同県のホームページによる]　平成12年12月27日現在

区分	死者	行方不明	負傷者 重傷	負傷者 軽傷	負傷者 合計	全壊 棟数	全壊 世帯数	半壊 棟数	半壊 世帯数	焼失棟数 全焼	焼失棟数 半焼
神戸市	4,564	2	6,300	8,378	14,678	61,800	113,571	51,125	119,631	7,046	333
尼崎市	49	0	1,009	6,136	7,145	5,688	11,034	36,002	51,540	8	0
西宮市	1,126	1	1,643	4,743	6,386	20,667	34,042	14,597	27,072	50	2
芦屋市	442	0	551	2,624	3,175	3,915	7,739	3,571	9,927	11	1
伊丹市	22	0	226	2,490	2,716	1,395	2,434	7,499	14,371	1	0
宝塚市	117	0	393	1,808	2,201	3,559	5,541	9,313	14,819	2	0
川西市	4	0	75	476	551	554	659	2,728	3,059	0	0
三田市	0	0	0	23	23	0	0	0	0	0	0
猪名川町	0	0	0	3	3	0	0	0	0	0	0
明石市	10	0	139	1,745	1,884	2,941	4,239	6,673	10,957	0	0
加古川市	2	0	4	11	15	0	0	13	13	0	0
三木市	1	0	2	17	19	24	25	94	113	0	0
高砂市	1	0	4	4	8	0	0	1	1	0	0
小野市	0	0	0	3	3	0	0	0	0	0	0
吉川町	0	0	0	0	0	1	1	0	0	0	0
東条町	0	0	0	2	2	0	0	0	0	0	0
稲美町	0	0	0	11	11	0	0	0	0	0	0
播磨町	0	0	1	0	1	0	0	11	16	0	0
加西市	0	0	0	1	1	0	0	0	0	0	0
姫路市	0	0	0	2	2	0	0	1	1	0	0
日高町	0	0	0	1	1	0	0	0	0	0	0
柏原町	0	0	0	0	0	0	0	1	1	0	0
氷上町	0	0	0	1	1	0	0	0	0	0	0
洲本市	4	0	6	38	44	17	17	663	663	0	0
津名町	5	0	23	19	42	603	603	893	893	0	0
淡路町	1	0	6	51	57	333	333	668	668	0	0
北淡町	39	0	59	811	870	1,056	1,056	1,218	1,218	1	1
一宮町	13	0	16	146	162	765	765	736	736	0	0
五色町	0	0	3	14	17	186	186	269	269	0	0
東浦町	0	0	21	25	46	319	325	461	469	0	0
緑町	0	0	7	7	14	18	18	49	54	0	0
西淡町	0	0	3	2	5	136	136	178	178	0	0
三原町	0	0	0	4	4	18	18	119	119	0	0
南淡町	0	0	3	2	5	9	9	69	69	0	0
合　計	6,400	3	10,494	29,598	40,092	104,004	182,751	136,952	256,855	7,119	337
										7,456	

表 703-2B　神戸市の被害状況　[損害保険協会 RISK No.62（2001.12）による]

区　名	人的被害（人）				建物被害（棟）					
	死者	重傷者	軽傷者	負傷者計	全壊	半壊	全焼	半焼	部分焼	ぼや
神戸市（合計）	4,571	6,300	8,378	14,678	67,421	55,145	6,965	80	270	71
東灘区	1,471	*2,717*	467	*3,184*	13,687	5,538	327	22	19	2
灘区	933	*816*	*1,077*	*1,893*	12,757	5,675	465	2	94	0
兵庫区	555	*532*	*1,114*	*1,646*	9,533	8,109	940	15	46	52
長田区	919	*816*	626	*1,442*	15,521	8,282	4,759	13	61	1
須磨区	401	*424*	*2,215*	*2,639*	7,696	5,608	407	9	20	6
垂水区	25	*205*	982	*1,187*	1,176	8,890	1	2	5	1
北区	12	*93*	623	716	271	3,140	1	0	2	0
中央区	244	*478*	956	*1,434*	6,344	6,641	65	17	22	8
西区	11	*219*	318	537	436	3,262	0	0	1	1

注1）死者数，重傷・軽傷者数は，兵庫県企画管理部防災局防災企画課（平成12年12月14日現在）による．
注2）神戸市内各区の死者数については，神戸市消防局ホームページ（平成12年1月11日現在）による．
注3）斜字は，値が不明であるため推定したもの．
注4）全壊・半壊　平成7.12.22現在，全焼・半焼・部分焼　平成8.2.1最終．
注5）全壊・半壊には住家・非住家を含む．
注6）全壊：住家の主要構造部の損害額が，その住家の時価の50％以上に達した程度のもの．
　　　半壊：　〃　　　　　　　　　　　　　　　　　　20％以上50％未満に達した程度のもの．

表 703-3　神戸市の1990年度人口統計および兵庫県南部地震による死者数

区　名	面積（km²）	世帯数	人口	人口密度 1km²当り	1世帯当り人員	死者数	人口1,000人当り死者数
全　市	544.55	539,151	1,477,410	2,713	2.74	4,571	3.09
東灘区	29.45	73,582	190,354	6,464	2.59	1,471	7.73
灘区	31.20	54,809	129,578	4,153	2.36	933	7.20
中央区	21.73	52,179	116,279	5,351	2.23	244	2.10
兵庫区	14.42	52,673	123,919	8,594	2.35	555	4.48
北区	241.85	61,715	198,443	821	3.22	12	0.06
長田区	11.51	52,948	136,884	11,893	2.59	919	6.71
須磨区	29.65	62,394	188,119	6,345	3.02	401	2.13
垂水区	27.20	81,788	235,254	8,649	2.88	25	0.11
西区	137.54	47,063	158,580	1,153	3.37	11	0.07
東京都区部	617.81	3,424,802	8,163,573	13,214	2.38	—	—

参考：神戸市企画調整局企画部総合計画課「神戸市町別世帯数・年齢別人口」
　　　大阪朝日新聞3月5日朝刊
　　　大都市統計協議会「大都市比較統計年表/平成4年」

表703-4 死因別死亡数（平成7年6月末までの届けを集計）［厚生省，1996，人口動態統計からみた阪神・淡路大震災における死亡の状況，7］

種別	総数	窒息・圧死	焼死・熱傷	頭・頸部損傷	内臓損傷	外傷性ショック	全身挫滅	挫滅症候群	その他	不詳
総数	5,488	4,224	504	282	98	68	45	15	128	124
兵庫県	5,447	4,202	501	275	98	67	45	15	125	119
京都府	1	—	—	1	—	—	—	—	—	—
大阪府	11	5	—	4	—	1	—	—	1	—
不詳	29	17	3	2	—	—	—	—	2	5

表703-5 性別・年齢別死亡者数［国土庁，1996，防災白書，平成7年版］ （単位：人）

性別＼年齢	10代未満	10代	20代	30代	40代	50代	60代	70代	80代	90代	合計
男	128	133	227	120	206	355	427	328	253	22	2,199
女	121	177	243	141	262	459	634	701	483	73	3,294
計	249	310	470	261	468	814	1,061	1,029	736	95	5,493

注）警察庁調べ．死亡者数のうち身元不明者は年齢等不明のため，本表に含まない．

表703-6 府県別火災の概況（平成8年11月18日現在）［関沢，1998，阪神・淡路大震災調査報告，建築6，47-54］

	兵庫県	大阪府	京都府	奈良県	合計
出火件数（件）	251	32	1	1	285
建物火災	228	31	1	1	261
車両火災	9				9
その他火災	14	1			15
焼損棟数（棟）	7,443	37	2	1	7,483
全焼	6,981	1			6,982
半焼	82	7			89
部分焼	279	19	1		299
ぼや	101	10	1	1	113
焼損床面積（平米）	832,151	2,492	20	0	834,663

表703-7 市別・火災規模別火災区域数［糸井川，1998，阪神・淡路大震災調査報告，建築6，13-45］

	明石市	神戸市	芦屋市	西宮市	尼崎市	合計
大規模	0 (0.0)	7 (100.0)	0 (0.0)	0 (0.0)	0 (0.0)	7 (100.0)
集団	0 (0.0)	56 (80.0)	3 (5.4)	9 (12.9)	2 (2.9)	70 (100.0)
単体	1 (1.4)	39 (53.4)	10 (13.7)	21 (28.8)	2 (2.7)	73 (100.0)
合計	1 (0.7)	102 (68.0)	13 (8.7)	30 (20.0)	4 (2.7)	150 (100.0)

かっこ内は構成比（％）．

合野町の地すべりでは，崩土が川に流れ，下流の造成住宅を押しつぶし，死34人を出した．

淡路島の仁井村では水田に噴水，また青泥を噴き出す．淡路島では各地で新しい自噴の出現，自噴量の増加，水位の変化が見られた．鳥取県の吉岡温泉では水圧が，湯谷温泉では水温が約1℃上昇した．

京都太秦の広隆寺では重文の聖観音立像など仏像3体が倒れ折損した．法隆寺では聖徳太子二歳像（明治34年制作）が倒れ2つにはがれた．また神戸では重文クラスの建物や美術品の被害が多かった．須磨寺（082番の地震参照）では本堂（18世紀中〜後期）の被害は軽微．石造十三重塔倒れる．桜寿院・蓮生院倒壊，正覚院傾斜．淡路島から神戸にかけて，発光現象が見られた．六甲の深さ100mの井戸水の塩化物イオン濃度は前年8月から増加し，地震後3月に最高値に達し，以後減りつづけている．震源から220km離れた岐

表703-8 兵庫県南部地震における火災被害状況 [糸井川, 1998]

地 域	焼失区域面積	焼損棟数	罹災世帯数	被災耐火的建築物数
明石市	187 ㎡ (0.0)	1 棟 (0.0)	1 世帯 (0.0)	1 棟 (0.2)
神戸市計	611,211 ㎡ (97.8)	6,814 棟 (98.6)	7,548 世帯 (97.0)	446 棟 (95.9)
須磨区	31,695 ㎡ (5.1)	351 棟 (5.1)	596 世帯 (7.7)	15 棟 (3.2)
須磨区・長田区	140,648 ㎡ (22.5)	1,583 棟 (22.9)	1,746 世帯 (22.4)	132 棟 (28.4)
長田区	251,938 ㎡ (40.3)	2,926 棟 (42.3)	3,100 世帯 (39.8)	190 棟 (40.9)
兵庫区	87,619 ㎡ (14.0)	972 棟 (14.1)	1,004 世帯 (12.9)	29 棟 (6.2)
中央区	13,473 ㎡ (2.2)	88 棟 (1.3)	112 世帯 (1.4)	25 棟 (5.4)
灘区	48,370 ㎡ (7.7)	561 棟 (8.1)	617 世帯 (7.9)	39 棟 (8.4)
東灘区	37,468 ㎡ (6.0)	333 棟 (4.8)	373 世帯 (4.8)	16 棟 (3.4)
芦屋市	2,925 ㎡ (0.5)	22 棟 (0.3)	51 世帯 (0.7)	7 棟 (1.5)
西宮市	8,259 ㎡ (1.3)	66 棟 (1.0)	101 世帯 (1.3)	11 棟 (2.4)
尼崎市	2,090 ㎡ (0.3)	10 棟 (0.1)	84 世帯 (1.1)	0 棟 (0.0)
合計	624,672 ㎡ (100.0)	6,913 棟 (100.0)	7,785 世帯 (100.0)	465 棟 (100.0)

かっこ内は構成比(%).

表703-9 水笠西公園周辺の火災街区の焼けどまり線における要因別比率 [消防庁, 1996, 阪神・淡路大震災の記録, 1, 228]

焼けどまり要因	延長(m)	比率(%)
道路	985m	42%
空地	539m	23%
耐火造・防火壁など	626m	27%
放水など消防活動	195m	8%
合 計	2,345m	100%

表703-10 墓石転倒率と被害状況の対応 [Takemura & Tsuji, 1995, J. Phys. Earth, 43, 747-753]

ランク	墓石転倒率 γ (%)	木造の住宅や社寺の建物被害	その他
A	$\gamma \geq 80$	全壊が多数. 狛犬転倒	RC建物や鉄道道路等に大被害
B	$80 > \gamma \geq 40$	被害は多いが全壊はほとんどない	上記のものに軽微な被害
C	$40 > \gamma$	屋根瓦等軽微な被害. 無被害	ガラス破損. 室内散乱程度の被害

γ：墓が確認できず, 木造の本堂などが全壊している場合は $\gamma = 100$ とした.
構造物被害：地盤の液状化などによる地変でかたむいただけの建物は被害の対象にしていない.

阜県白狐温泉では，1) ガス湧出量が地震の3時間前に一時的に半減し，2) ガスの組成高比 (CH_4/Ar) などが地震時または1～2日前から増加した．

地震の翌日, 三菱液化ガス神戸輸入基地でLPGタンク3基のうち1基に地震による亀裂が広がりはじめたので午前6時20分避難勧告が出され，約8万人が避難した. 表703-11は危険物施設の被害である. 建設中の明石海峡大橋は神戸側を基準として3,4番目の橋台が西へ1.3～1.4 m移動した.

死者の90%は木造家屋による. また死者の80%は06時までに亡くなっているという報告もある. すべての建物が新耐震設計法 (1981) に適うよう造られていたら死者は200～500人で済んだろうとも言われている. さらに救助された人のうち80%は近所の人によって救われ, 消防や自衛隊に救助されたのは5～6%にすぎないといわれている.

この地震で「都市直下型大震災」にかかわる工学的・政治的・経済的・社会的諸問題が一時に顕在化した. 幸いなことに伝染病・略奪強盗・パニック・社会不安などは発生せず, 一部で大きな余震があるというデマが流れたにとどまった. とくに, 地震事前対策の不備, 救援の遅れ, 情報の伝達・緊急医療体制の不備, 罹災者の心の問題, フラッシュ症候群, 構造物の耐震基準の見直し, 避難所における生活 (食料・水・トイレ・ゴミ), 仮設住宅の建設・入居, 自衛隊・ボランティア・外国からの救援の受け入れなどの問題がクローズアップされた. 経済的影響は国内のみな

表703-11 阪神・淡路大震災による危険物施設の被害状況調査結果（被害が発生した府県：京都府，大阪府，兵庫県，香川県）［消防庁，1996，284］

製造所等の区分	合計 施設数	火	漏	他	計
製 造 所	864		5	16	21
屋内貯蔵所	8,489		96	86	182
屋外タンク貯蔵所	6,997		16	347	363
屋内タンク貯蔵所	2,248	1	3	11	15
地下タンク貯蔵所	10,630		12	91	103
簡易タンク貯蔵所	103				
移動タンク貯蔵所	5,872			3	3
屋 外 貯 蔵 所	1,975			42	42
給油取扱所	7,635		4	379	383
第一種販売取扱所	389	1	1	11	13
第二種販売取扱所	135	1	1	1	3
移送取扱所	87		4	7	11
一般取扱所	6,982	3	15	191	209
合計（施設）	52,406	6	157	1,185	1,348
無許可貯蔵		1	0	1	2
総 計		7	157	1,186	1,350

1) 火：火災，漏：漏えい，他：破損等である．
2) 施設数とは，平成7年1月17日現在において完成検査済証を交付している危険物施設（廃止届を受理したものを除く）の数である．
3) 無許可貯蔵の事故は，危険物を収納したドラム缶の神戸港から海上への流出事故である．

表703-12 兵庫県南部地震による保険金支払状況［損保算定会，1997］

a) 構造別支払件数・支払保険金

構造	支払件数	構成割合(%)	支払保険金(千円)	構成割合(%)
木造	38,948	60.7	49,459,498	64.6
非木造	25,268	39.3	27,155,584	35.4
計	64,216	100.0	76,615,082	100.0

b) 目的別支払件数・支払保険金

目的	目的件数	構成割合(%)	支払保険金(千円)	構成割合(%)
建物	40,932	63.7	60,080,635	78.4
家財	39,345	61.3	16,534,448	21.6
計	80,277	125.0	76,615,082	100.0

c) 罹災程度別支払件数・支払保険金

罹災程度	支払件数	構成割合(%)	支払保険金(千円)	構成割合(%)	平均支払保険金(千円)
全損	8,548	13.3	37,586,543	49.1	4,397
半損	16,050	25.0	28,390,768	37.1	1,769
一部損	39,618	61.7	10,637,771	13.9	269
計	64,216	100.0	76,615,082	100.0	—

らず全世界に及んだ．［−1.5］

この地震を契機として平成8年1月1日から地震保険の支払上限を家屋5,000万円，家財1,000万円に引き上げた．また一事故総支払限度額も3.1兆円になった．表703-12参照．また損害保険料率算定会（1997）：阪神・淡路大震災資料集はよくまとまって参考になる．［注・参考：平成7年兵庫県南部地震被害調査報告（速報），平成7年2月，建設省建築研究所；平成7年兵庫県南部地震被害調査報告書（第一，第二報），平成7年2月，3月，鹿島；その他学会発表・新聞など；伊藤ほか，1996，地震II，49，65-74］

704 1995 IV 1（平成7）12時49分 新潟県北東部 $\lambda=139°14.9'$ E $\varphi=37°53.5'$ N $M=5.6$ $h=16$ km 相川・新潟で最大震度IV．震源地付近はV～VIか？ 豊浦町・水原町・笹神村などで被害．豊浦町の市島家（県指定文化財）の湖月閣倒壊，笹神村の高田・上高田付近南北2 km，東西1 kmのところに被害が集中した．付近の月岡・出湯温泉の泉量増加や温度上昇，井水の水量増加や水位変化があった．**125-1**番の地震の北に隣接する地域か？

笹神村上高田付近では墓石の転倒率30～50%（NW-SE方向多し）に達した．同村高田東部の畑にある井戸では地下水が約15分間噴き上げた．また，ライフラインの被害は表704-1のとおり．平成8年7月現在の地震保険の支払状況は89件（建物・家財の区分は未だ不明），約3,000万円である．

表704-1 ライフラインの被害状況［新潟県による］

種別	被害	復旧日時
水道断水	764 ヵ所	4月3日18時00分
停 電	1,409 ヵ所	4月1日18時55分
電話不通	11 回線	4月2日12時00分

表704-2 新潟県の地域別被害状況［新潟県まとめ，平成7年6月1日現在］

市町村名	人的被害			建物被害（棟）					非住家
	重傷	軽傷	計	住家					
				全壊	半壊	一部破壊	公営住宅	計	
豊栄市	1	17	18		23	176	1	200	168
笹神村	2	40	42	52	98	364		514	536
水原町	1	5	6	1	48	289		338	58
豊浦町	1	7	8	2	11	534		547	391
新発田市	1	1	2		1	7		8	6
新潟市									1
新津市									6
荒川町						1		1	
京ヶ瀬村		2	2			1		1	1
聖籠町						2		2	
加治川村						1		1	1
横越村		1	1						
亀田町		2	2			1		1	
西川町		1	1						
味方村									1
県計	6	76	82	55	181	1,376	1	1,613	1,169

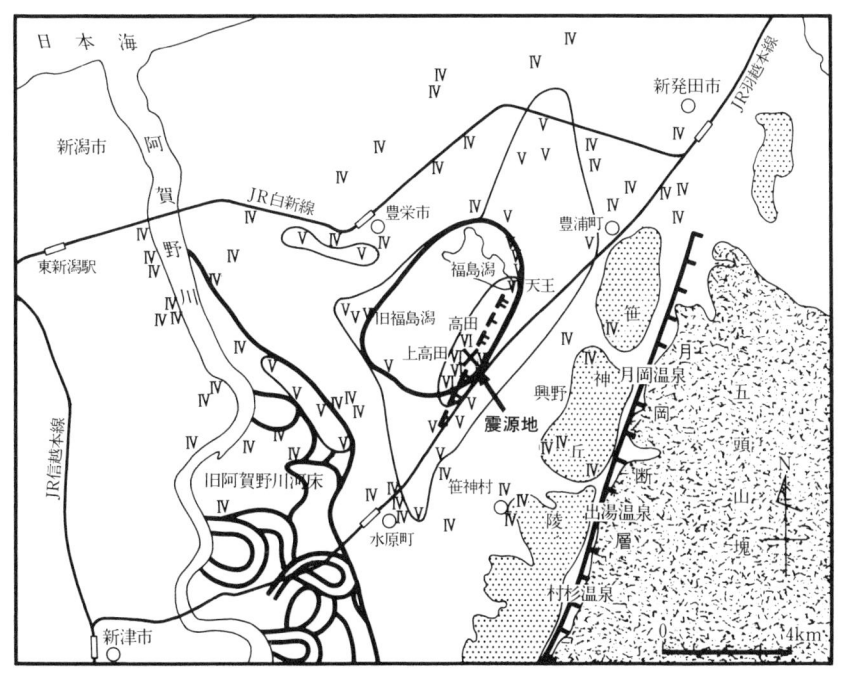

図704-1 震度分布［大木ほか，1995，月刊地球，17，766-773］
太い実線は旧福島潟と旧阿賀野川河床を示す．

表 704-3 笹神村の集落別被害状況 ［笹神村まとめ，平成7年4月7日現在］

集落名	住家 全壊	住家 半壊	住家 一部破壊	小屋 全壊	小屋 半壊	小屋 一部破壊	その他建物被害
中ノ通		3	16		2	3	3
飯山新	1	4	19	3	3	6	11
藤屋	6	18	2	5	8	8	15
高田	15	9	12	5	9	18	30
山倉村			30			4	15
山倉新田	2	4	12	5		6	17
上関口			10			2	4
南沖山			4			3	10
泉			4	2			1
下福岡			16				
本明	2	4	12	2	2	5	2
島田	1		15		3	4	5
沖		2	19		3	9	8
上高田	14	10	13	7	8	3	24
榎船渡			34			8	14
榎	5	8	8	1	4	5	13
上飯塚	4	2	31	2	2	20	14
船居	1	19	5		4	10	26
沖ノ館	1	7	14		6	13	17

705 1995 V 23（平成7）19時01分 上川・空知地方 $\lambda = 141°42.9' \text{E}$ $\varphi = 43°38.6' \text{N}$ $M = 5.9$ $h = 16 \text{ km}$ 最大震度は北竜でV，留萌でIV．北海道東部半島部を除く全域で有感．むつで震度I．北竜町・新十津川町・滝川市などで，窓ガラス破損・水道管の破裂・住宅のトタン屋根や壁の剝離および煙突破損などの被害．新十津川町で軽傷3．

706 1995 X 6（平成7）21時43分 神津島近海 $\lambda = 139°06.2'$ $\varphi = 34°09.1'$ $M = 5.9$ $h = 9 \text{ km}$ 神津島で震度V，三宅島阿古でIV．神津島で土砂崩れなど27ヵ所，通行止め5ヵ所，水道管破裂13ヵ所．車の破損1，商店の被害2件．有感余震回数は表706-1のとおり．

707* 1995 X 18（平成7）19時37分 奄美

表706-1 日別有感余震回数 ［気象庁，1996，防災季報，**36**，41より作成］

10月	6日	7	8	9	10	11	12	13	14	15	16	17	18	20	21	22	23	25	26	計
回	33	63	50	40	3	8	1	24	24	4	0	3	3	2	3	2	2	1	1	227

表707-1 日別有感余震回数 ［福岡地方気象台ほか，1998，験震時報，**61**，37-55］

10月	18日	19	20	21	22	23	24	25	26	27	28	29	30	31	計
回	55	112	21	8	12	10	7	4	0	2	3	0	1	3	238

大島近海　$\lambda=130°22.8'$ E　$\varphi=28°02.0'$ N　$M=6.9$　$h=39$ km　喜界島で震度Ⅴ．気象庁では津波の心配はないと発表したが21時ころ奄美大島に波高1.5mの津波（現地調査）．その他太平洋岸各地で最大波高35 cm（鹿児島県中之島）の津波を観測．翌19日11時41分にも地震（$\lambda=130°26.3'$ E, $\varphi=28°01.1'$ N, $M=6.7$　$h=21$ km, [0]）があり喜界島の震度はⅤ．この地震で太平洋沿岸で最大20 cmくらいの津波を観測．前の地震で，喜界島で傷1，住家一部破損4，崖崩れ7．漁船の転覆4，小破9あり．

家屋一部破損5（名瀬でホテル外壁崩落），断水93戸，石垣倒壊88ヵ所，ほかにブロック塀の被害あり．また奄美大島や喜界島で船の被害19あり．[以上いずれも新聞報道による]
10月中の有感余震回数は表707-1のとおり．[1]

── 1995 Ⅻ 22（平成7）14時52分　蔵王付近　$\lambda=140°23.1'$ E　$\varphi=38°12.2'$ N　$M=4.6$　$h=11$ km　蔵王温泉ホテルで窓ガラス割れる．地震活動は12月15日から12月31日まで続いた．

708　1996 Ⅱ 7（平成8）10時33分　福井県嶺北地方　$\lambda=136°37.4'$ E　$\varphi=35°56.1'$ N　$M=5.3$　$h=12$ km　和泉村で震度Ⅴか？同役場の壁に亀裂．大野市役所の窓ガラス割れる．

709　1996 Ⅱ 17（平成8）00時22分　福島県沖　$\lambda=142°32.9'$ E　$\varphi=37°18.6'$ N　$M=6.8$　$h=58$ km　仙台で軽傷2．東北本線の一部で運転一時見合せ．

710*　1996 Ⅱ 17（平成8）14時59分　ニューギニア付近　$\lambda=136°57.1'$ E　$\varphi=0°53.5'$ S　$M_W=8.2$　$h=33$ km　日本太平洋沿岸各地に小津波．波高は小笠原103 cm，潮岬96 cm，館山で90 cmなど．小舟の転覆などの小被害あり．高知では転覆流失36，浅川港では養殖ハマチに被害あり．

711　1996 Ⅲ 6（平成8）23時35分　山梨県東部　$\lambda=138°56.9'$ E　$\varphi=35°28.6'$ N　$M=5.3$　$h=20$ km　同日23時12分に$M=4.6$の前震（$\lambda=138°56.5'$　$\varphi=35°28.4'$　$h=19$ km），河口湖町で震度Ⅳ．同日中の有感余震2回．傷6（山梨県3，神奈川県3），住家一部破損29棟．震央付近の各地で窓ガラス破損・落石・墓石の転倒・断水・水道水の濁

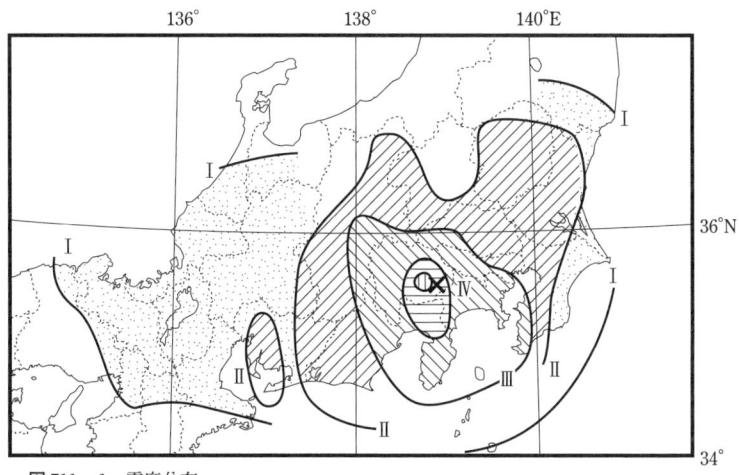

図711-1　震度分布

り・壁の亀裂などが発生した．

712 1996 Ⅷ 11（平成 8）03 時 12 分　鬼首付近　$\lambda=140°38.0'$ E　$\varphi=38°54.5'$ N　$M=6.1$　$h=9$ km　余震は表 712-1 のとおり，これを見ると群発型のように見えるが，余震全体は順調に減少している．8 月 31 日までの地震回数は 5171 回，うち有感地震は 125 回であった．被害は表 712-2, 712-3 のとおり．ほかに山・崖崩れあり，被害は鳴子町鬼首地区に集中し，鳴子地区では被害がなかった．

表 712-1　最大震度 4 以上の余震

発表日時	$\lambda=140°$E	$\varphi=38°$N	h(km)	M	最大震度
同日03時54分	39.1'	53.9'	9	5.6	5（沼倉）
05時39分	38.8'	53.2	9	4.5	4（〃）
08時10分	40.3'	52.0	10	5.8	5（〃）
15時01分	41.1'	51.1	10	4.9	4（〃）
20時48分	40.2'	53.6	4	5.1	4（〃）
20時52分	40.0'	52.2	9	4.7	4（〃）
13日11時13分	35.1'	47.9	6	5.3	4（〃,鬼首）

表 712-3　鳴子町鬼首地区の行政区別住家被害状況
［鳴子町まとめ，平成 8 年 8 月 26 日現在］

行政区名	世帯数[1] (H8.6末) a	半壊	一部破損	合計 b	(世帯罹災率) (b/a)
蟹沢	27	—	1	1	(4%)
小向	33	—	14	14	(42%)
川東	74	1	41	42	(57%)
原	169	1	52	53	(31%)
田野	77	17	29	46	(60%)
中川原	17	8	4	12	(71%)
軍沢	26	—	3	3	(12%)
寒湯	26	—	14	14	(54%)
岩入西	11	—	9	9	(82%)
岩入東	16	1	1	2	(13%)
合計	476	28	168	196	(41%)

[1] 平成 8 年 6 月末現在で住民登録されている世帯数［鳴子町調べ］

表 712-2　被害一覧［平成 8 年 9 月 3 日現在　消防庁による］

県名	死	傷 重	傷 軽	住家（棟） 全	住家 半	住家 一部損	文教施設	道路	橋梁	河川	清掃施設	水道断水
宮城		1	3		28	168	2	44	3	12	1	246 世帯
秋田						9		3	1			179
山形			11			8	13	6		1		
計	0	15	0	28	185	15	53	4	13	1	425	

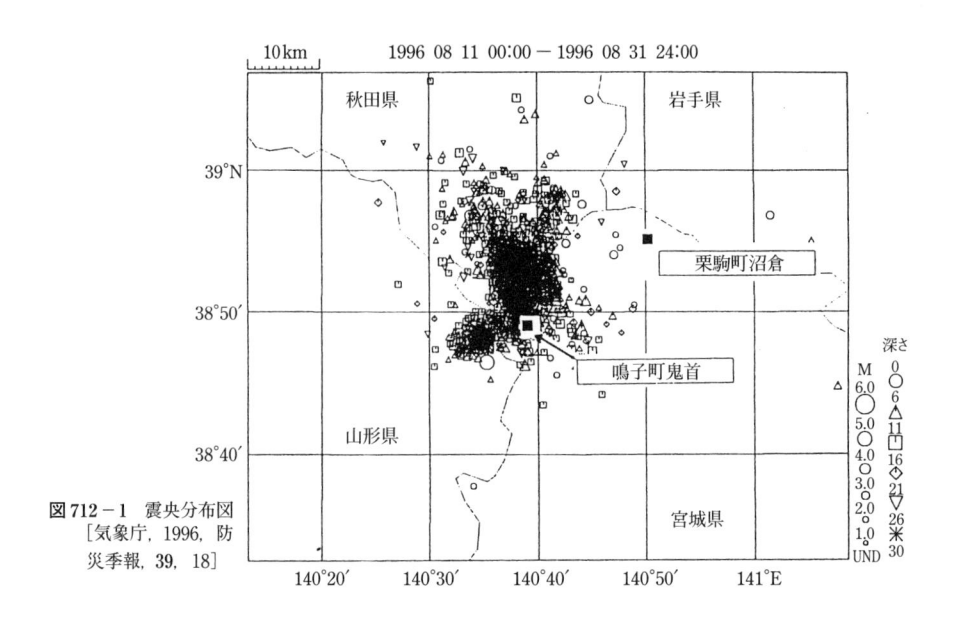

図 712-1　震央分布図
［気象庁, 1996, 防災季報, 39, 18］

なお，1996年4月以降の震度は計測震度のため，ローマ数字ではなくアラビア数字で表記する．

713 1996 IX 9（平成8）13時34分　種子島近海　$\lambda = 130°57.6' E$　$\varphi = 30°29.4' N$　$M = 5.8$　$h = 22$ km　最大震度は種子島住吉で4．有感範囲は北は人吉，南は中之島の間，軽傷1，住家半壊2棟，同一部破損12棟，崖崩れもあった．町役場でガラス割れ，鉄筋コンクリートの外壁にヒビが入った．種子島灯台のガラス割れ，崖崩れ．

714 1996 IX 11（平成8）11時37分　銚子沖　$\lambda = 141°13.0' E$　$\varphi = 35°38.3' N$　$M = 6.4$　$h = 52$ km　最大震度は佐原市で5．銚子・千葉は4．被害は少なく棚の物の落下など，東京都墨田区では工業用水道管破裂して水を噴出．

715* 1996 X 19（平成8）23時44分　日向灘　$\lambda = 132°00.5' E$　$\varphi = 31°47.9' N$　$M = 6.9$　$h = 34$ km　同日12時07分の地震から23時01分の地震まで計5回の有感前震があり，また24日12時までに3回の有感余震があった．有感範囲は福井市までと広範囲にわたったが，被害は宮崎・大分県などで棚のもの落下程度．飫肥城大手門・松尾の丸などで瓦が

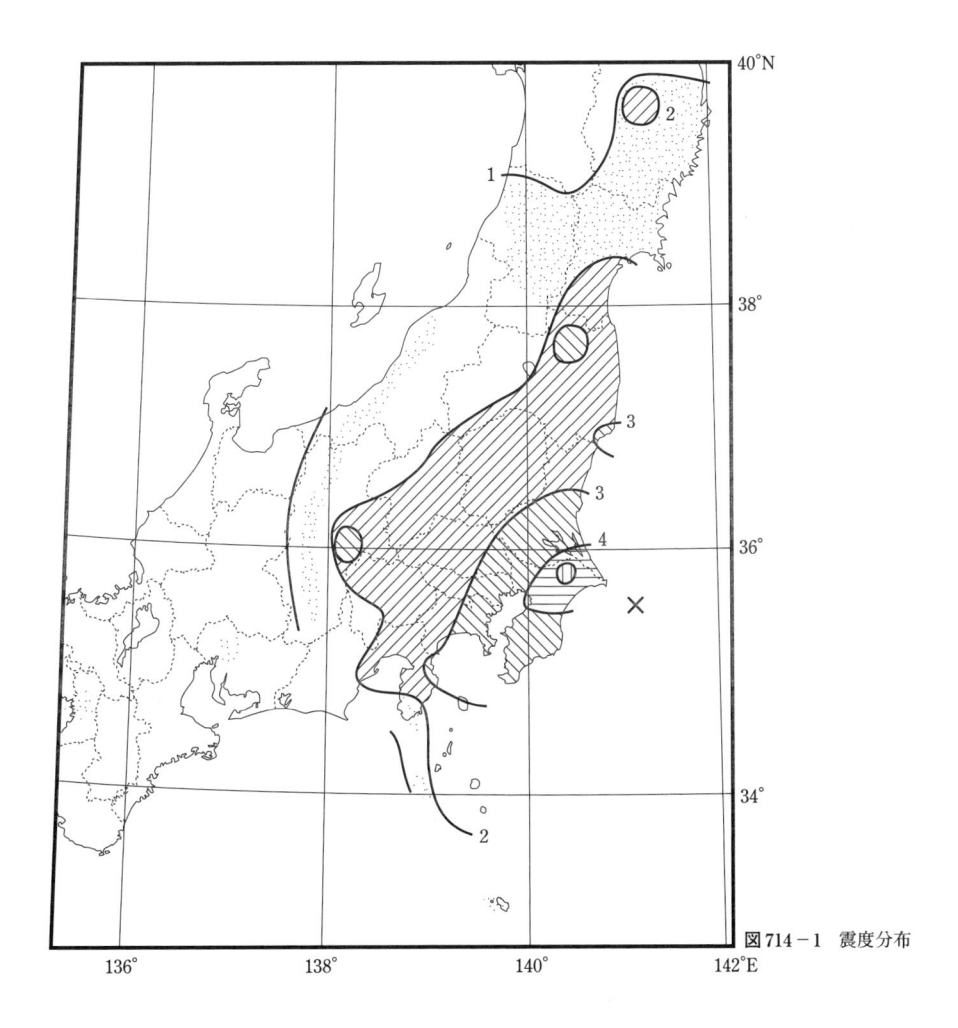

図714-1　震度分布

数百枚落ちた．沿岸で波高 10 cm 程度の小津波 [−1]．

716* 1996 XII 3（平成 8） 07 時 17 分　日向灘　$\lambda=131°40.8'$ E　$\varphi=31°46.2'$ N　$M=6.7$　$h=38$ km　　11 月 30 日 06 時 31 分に有感前震，有感余震は月末までに 3 回．被害は少なく，宮崎県で棚のもの落下・ガラス割れ・天井板のハガレなど．沿岸に波高 15 cm くらいの小津波 [−1]．図 716-1 は気象庁の震度計による各地震度分布．

717 1996 XII 21（平成 8） 10 時 28 分　茨城県南部　$\lambda=139°51.7'$ E　$\varphi=36°05.8'$ N　$M=5.6$　$h=53$ km　　図 717-1 は震度分布．鹿沼市で傷 1．北関東各地で棚のもの落下・ガラス割れ・ブロック塀の倒壊などがあった．住家の一部破損 107 棟．

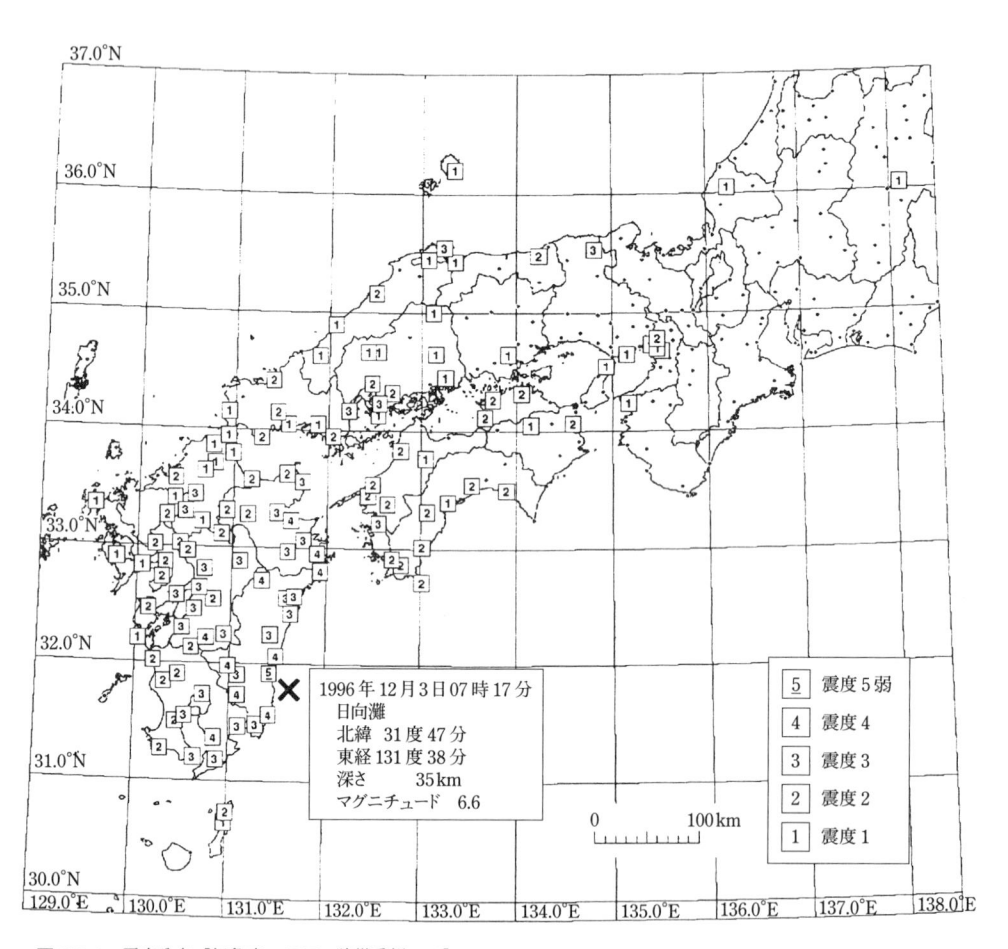

図 716-1　震度分布 [気象庁, 1997, 防災季報, 40]

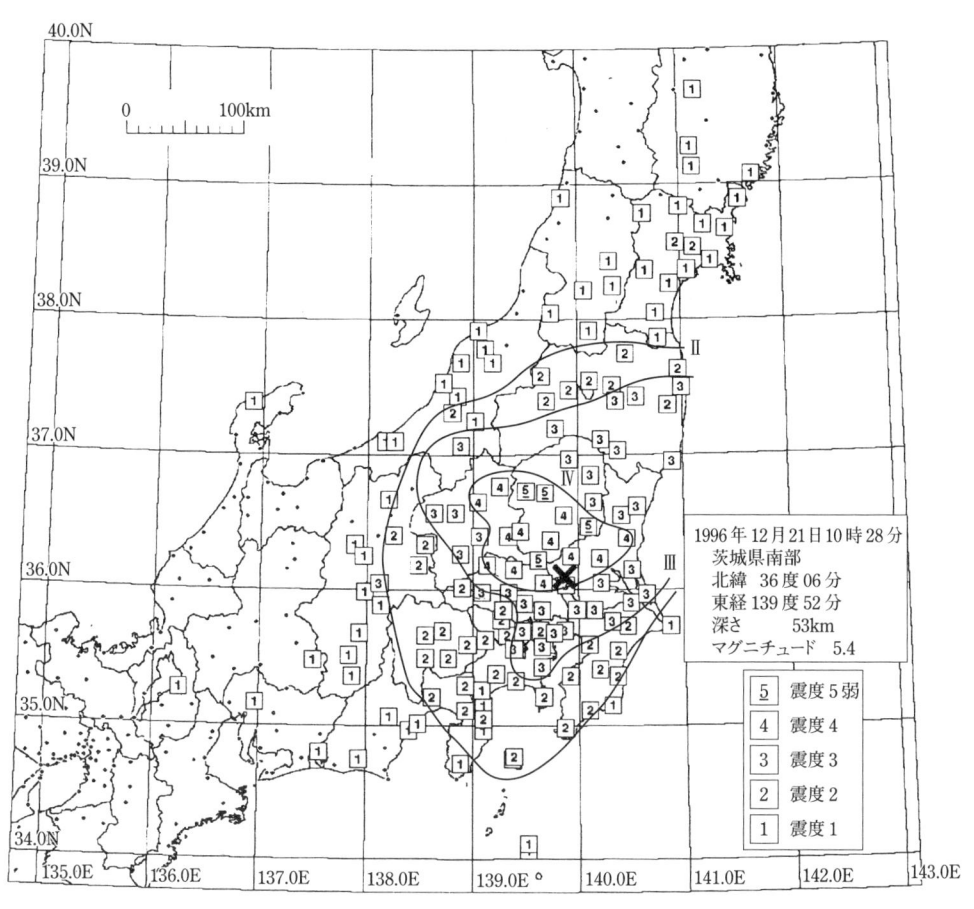

図 717-1 震度分布［気象庁，1997，防災季報，40］

718 1997 Ⅲ 4（平成 9）12 時 51 分　伊豆半島東方沖　$\lambda=139°10.1'$ E　$\varphi=34°57.3'$ N　$M=5.9$　$h=3$ km　3 月 3 日から伊東市沖に地震が群発し，7 日には有感地震回数が 140 回とピークに達し，その後徐々に減って 20 日頃まで続いた．最大震度 4 以上の地震は 10 回（3 日 2 回，4 日 2 回，5 日 1 回，7 日 4 回，8 日 1 回）で，この一連の地震で表 718-1 のような被害があった．

表 718-1 被害状況

人的被害	負傷者	軽傷	3 人
住家被害	一部破損		65 棟
非住家	公共建物		1 棟
	その他		1 棟
その他	道路		8 ヵ所
	崖崩れ		5 ヵ所
	ブロック塀等		3 ヵ所
	水道断水		51 戸

※水道断水はピーク時の数値
［平成 9 年 3 月 13 日現在，自治省消防庁調べ］

719 1997 Ⅲ 16（平成 9）14 時 51 分　愛知県東部　$\lambda=137°31.5'$ E　$\varphi=34°55.7'$ N　$M=5.9$　$h=39$ km　豊橋市向山で震度 5．落下物などにより傷 4，住家一部破損 2 棟．

720 1997 Ⅲ 26（平成9）17時31分　薩摩中部　$\lambda=130°21.5'$E　$\varphi=31°58.4'$N　$M=6.6$　$h=12$ km　最大震度4以上の地震が続いた（表720-1）．被害は表720-2のとおり．ほかに阿久根漁港に噴砂現象があった．岸壁・道路小破．

図720-1は宮之城と鶴田町の墓石・石碑（図の●）調査結果［千田ほか，1998］で，墓石の回転は図の推定断層を境に北は反時計回り，南は時計回りとなっている．推定断層はほぼ東西に延びる．余震域の中心線より4～5km南になっている．転倒率の高いのは上平

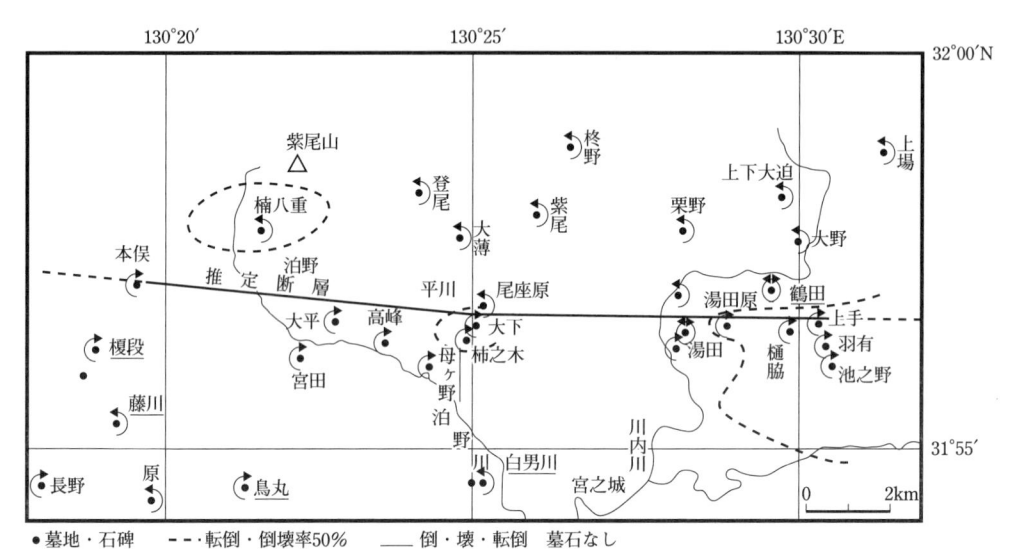

図 720-1 宮之城町と鶴田町における墓石の回転方向［千田ほか，1998］

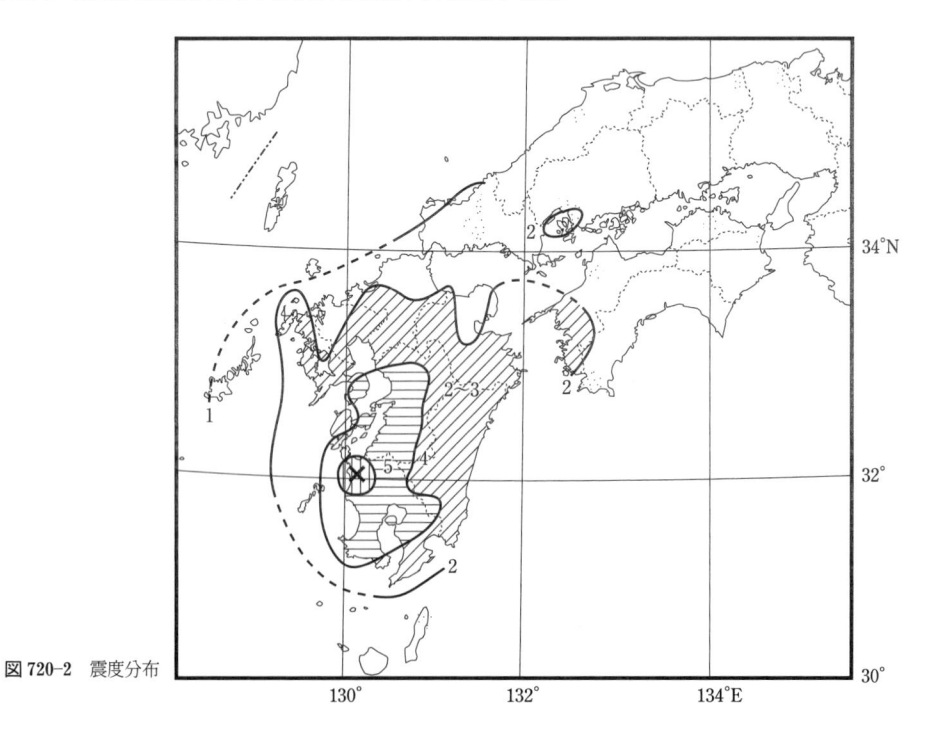

図 720-2 震度分布

川 96.2%, 池之野 82.3% である. [参考：千田ほか, 1997, 大分地理, **11**, 1-6]

721 1997 V 13 (平成 9) 14 時 38 分　薩摩中部　$\lambda=130°18.2'$ E　$\varphi=31°56.9'$ N　$M=6.4$　$h=9$ km　前の地震とほとんど同じ場所に発生. M も略同じ. したがって図 720-2 の震度分布とほとんど同じ. ただし川内市で震度 6 弱, 宮之城で 5 強, 阿久根で 5 弱, 被害は表 721-1 のとおり. 川内市のホームセンター店舗の天井 1,100 m² が崩れ, 弁当店ではガス漏れ爆発し (16 時 40 分頃), 川内川左岸堤防に亀裂 (長さ 700 m). 図 721-1 は余震分布. 5 月の地震では鉤の手に余震が分布. この図は両地震の断層の位置を示唆している. 被害は表 721-1 のほかに崖崩れ 20, 道路損 12, 断水 5,050 戸があった.

表 720-1　最大震度 4 以上の地震

番号	発震日時	λ(E)(130°)	φ(N)(31°)	M	h(km)	最大震度
1	本震					5 強 (川内市, 阿久根市, 宮之城町)
2	26 日 17 時 39 分	20.5′	58.5′	4.9	10	4 (川内市, 阿久根市)
3	18　05	23.8′	58.4′	4.6	13	4 (同上)
4	22　24	26.1′	58.6′	4.7	9	4 (川内市)
5	4 月 3 日 04　33	19.3′	58.2′	5.7	15	No.1 と同じ
6	4　02　33	23.6′	57.7′	4.8	14	4 (宮之城町)
7	5　13　24	24.2′	58.2′	5.2	12	5 弱 (川内市, 宮之城町)
8	9　23　20	24.7′	58.4′	5.1	11	4 (同上)

表 720-2　被害一覧 [気象庁, 1999, 験震時報, **62**, 42]

市町名	重傷	軽傷	住家(棟) 全壊	住家(棟) 半壊	住家(棟) 一部破損	非住家(棟) 全壊	非住家(棟) 半壊	非住家(棟) 一部破損	道路	橋梁
川内市		3, 2*		4	125	1	1	13		
阿久根市		7, 1*	2	5	119			26		
大口市		1			3			3		
出水市		2		1	67	2	1			
鶴田町		3	2	11	1,389	1		136		
宮之城町	1	11			382	2		64		
蒲生町		1								
入来町		1		7	37					
菱刈町				2						
祁答院町				1	8					
横川町					3	1				
樋脇町					6			2		
東郷町	1*	1*			1					
東町					1					
高尾野町		1			18					
野田町					5			4		
薩摩町					15			1		
牧園町					1					
計	2	34	4	31	2,180	7	2	249	170	3

傷者のうち * は地震番号 5, 6 による. ほかは 1〜4 による.
住家・非住家は地震番号 1〜8 による.
ほかに断水 4460 世帯 (地震番号 1〜4), 29 日復旧. 2565 世帯 (地震番号 5), 4 月 3 日復旧.

4 被害地震各論

表721-1 被害一覧〔気象庁, 2000, 験震時報, 63, 35〕

市町名	重傷	軽傷	住家被害 全壊	住家被害 半壊	住家被害 一部破損	非住家被害 全壊	非住家被害 半壊	非住家被害 一部破損
串木野市		1			120			11
野田町					3			2
川内市		13	2	10	2,579	2	4	244
樋脇町					8			
入来町		2			7	1		1
鶴田町	1	7		2	482	1	1	
薩摩町				1	9		2	1
祁答院町		1			24			2
溝辺町					1			
栗野町					5			
横川町					19			
出水市					13	1		7
阿久根市					35			4
高尾野町					5			3
宮之城町		16	2	12	1,001	6	15	139
東市来町					5			
財部町					1			
大口市		1			4			
姶良町					1			
菱刈町					1			
東郷町		1			495		1	88
計(21市町)	1	42	4	25	4,818	11	23	536

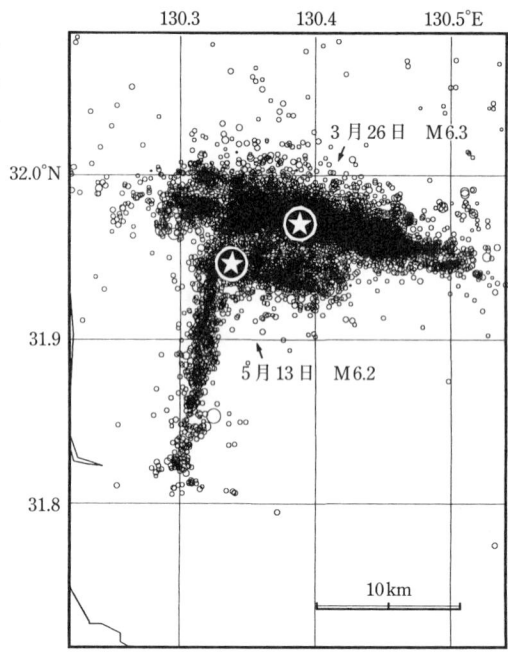

図721-1 1997年3月26日と5月13日の地震の震央と余震分布〔鹿児島大学理学部, 1998, 予知連会報, 59, 564-573〕

722 1997 VI 25 (平成9) 18時50分 山口・島根県境 $\lambda=131°40.0'$ E $\varphi=34°26.5'$ N $M=6.6$ $h=8$ km 益田市で震度5強. 被害は表722-1のとおり. このほかに山口県阿東町でブロック塀の崩れ4, 道路関係2件の被害があった.

表722-1 被害状況〔自治省消防庁(7月4日18時30分現在)の資料による〕

種別		阿東町	むつみ村
人的被害		軽傷 2名	0
住家被害	全壊(棟)	1棟	0
	半壊(棟)	2棟	0
	一部破損	155棟	21棟
非住家被害	半壊	2棟	0棟
道路被害		1ヵ所	0
水道断水		阿東町, むつみ村の2町村でピーク時90戸	
その他		津和野小学校の体育館北壁の剥離 柿木村大井谷旧道脇の石垣の崩れ	

723 1997 XII 19 (平成9) 22時07分 石川県西方沖 $\lambda=136°13.5'$ E $\varphi=36°19.0'$ N $M=4.5$ $h=13$ km 福井県三国で震度4. ブロック塀一部落下3, 水道管損壊1.

724 1998 II 21 (平成10) 09時55分 中越地方 $\lambda=138°47.7'$ E $\varphi=37°16.2'$ N $M=5.2$ $h=19$ km 軽傷1, ブロック塀落下1. 震央付近の最大震度4.

725 1998 IV 22 (平成10) 20時32分 美濃中西部 $\lambda=136°33.8'$ E $\varphi=35°10.5'$ N $M=5.5$ $h=8$ km 最大震度4. 重傷1, 軽傷1, 住家一部破損5棟, 崖崩れ1などの小被害.

図 722-1 震度分布

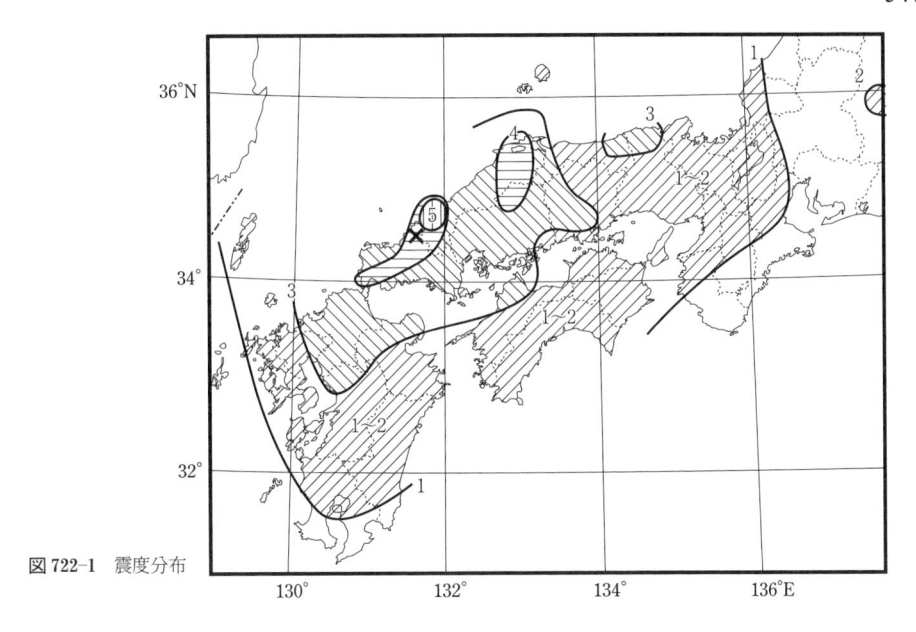

726 1998 Ⅴ 23（平成 10）04 時 49 分　周防灘　$\lambda=131°50.5'$ E　$\varphi=33°42.3'$ N　$M=5.4$　$h=86$ km　最大震度 4. 大分県で水道管破裂 4, 山口県内で商品の落下などの小被害.

727 1998 Ⅶ 1（平成 10）02 時 22 分　長野県北部　$\lambda=137°54.9'$ E　$\varphi=36°37.3'$ N　$M=5.0$　$h=9$ km　長野県大町で震度 4. 同県八坂村で住家一部破損 1, 道路 9 ヵ所, 橋梁 1 ヵ所の被害があった. 県の資料によると木崎湖温泉の湯送パイプがこわれ夕方復旧した. 美麻村で 51 戸に被害. 道路亀裂 8 ヵ所, 墓石倒壊 21 件, 八坂・小川両村で 7 戸に被害.

728 1998 Ⅸ 3（平成 10）16 時 58 分　雫石付近　$\lambda=140°54.1'$ E　$\varphi=39°48.4'$ N　$M=6.2$　$h=8$ km　雫石町で軽傷 9, 道路被害 22 ヵ所（土砂崩れ, 落石）. この年 3 月から火山活動が活発になってきた岩手山から約 10 km の所に震央があるが, 岩手山の活動との直接的関係はなさそう. この地震により西根断層の北端部に篠崎断層が出現した. 西側隆起・逆断層で変位量は上下 20～35 cm, 水平（右ずれ？）20～35 cm, 1 つ前の活動は 880 B.C. ～1300 A.D. で上下変動量は今回の 2～3 倍という. 図 728-1 は震度分布. 図 728-2A, B は水準変化［木股ほか, 1998, 日本地震学会ニュー

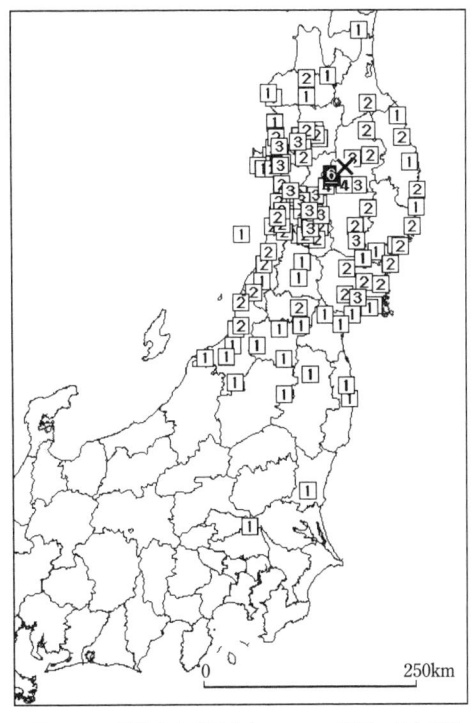

図 728-1 震度分布［気象庁, 1998, 地震・火山月報, 10 月］

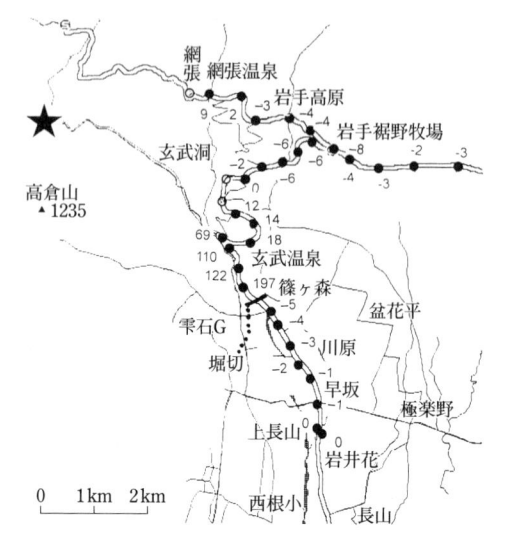

図728-2A 水準点の配置と地震時に観測された地殻上下変動 [木股ほか, 1998]
●が水準点の位置で数字は隆起・沈降量（単位mm）である．図中の最南端の水準点を不動と仮定した．なお○は沈降の変動を示す水準点だが，地震時の路肩の崩壊など局所的な原因と考え，今回の論議では省略した．本震の位置（★）は東北大学による．太い実線は水準路線で観察した断層の位置，太い点線は断層地形が観察された位置を示す．

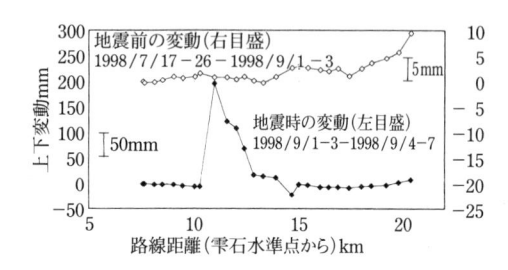

図728-2B 水準点における上下変動と水準路線距離の関係 [木股ほか, 1998]
○が1998年7月17～26日から9月1～3日までの上下運動，●が9月1～3日から4～7日までの上下変動．

スレター，10, 18-20]．軽傷9，道路22ヵ所などの被害があった．(☆)

729 1998 IX 15（平成10）16時24分　仙台市付近　$\lambda=140°45.6'$ E　$\varphi=38°16.9'$ N　$M=5.2$　$h=13$ km　最大震度は仙台市内で4．軽傷1，住家一部破損20棟，道路被害1．

730 1999 I 28（平成11）10時25分　松本市付近　$\lambda=137°59.0'$ E　$\varphi=36°22.3'$ N　$M=4.8$　$h=9$ km　最大震度4（穂高）．住家一部破損3棟．

731 1999 II 26（平成11）14時18分　象潟付近　$\lambda=139°50.2'$ E　$\varphi=39°09.3'$ N　$M=5.3$　$h=21$ km　最大震度5（象潟・遊佐）．住家一部破損1棟，ブロック塀倒壊21，道路被害3などの小被害（以上消防庁による）．一方山形県の集計では一部破損住家63，同非住家23（遊佐町），また遊佐町を中心に道路亀裂・落石7ヵ所．

732 1999 III 9（平成11）12時53分　阿蘇地方　$\lambda=131°01.2'$ E　$\varphi=32°56.2'$ N　$M=4.8$　$h=10$ km　ブロック塀倒壊1，道路被害2．最大震度4（熊本県旭志村）．

733 1999 III 14（平成11）09時04分　神津島近海　$\lambda=139°08.3'$ E　$\varphi=34°14.2'$ N　$M=5.1$　$h=9$ km　これについで同日13時47分（$\lambda=139°07.1'$ E　$\varphi=34°13.8'$ N　$M=3.8$，$h=9$ km）があった．最大震度は神津島でそれぞれ5と4．島内で道路被害1，崖崩れ1．

734 1999 III 26（平成11）08時31分　水戸付近　$\lambda=140°36.9'$ E　$\varphi=36°27.0'$ N　$M=5.0$　$h=59$ km　軽傷1．最大震度4（茨城県各地）．

735 1999 V 13（平成11）02時59分　釧路市付近　$\lambda=143°52.3'$ E　$\varphi=42°58.1'$ N　$M=6.3$　$h=106$ km　最大震度は震央付近で4．傷2，非住家一部破損1棟．

736 1999 VII 16（平成11）02時59分　尾道市付近　$\lambda=133°11.7'$ E　$\varphi=34°25.5'$ N　M

$=4.5$　$h=20$ km　　最大震度 4（震央付近）．傷 1．

737　1999 IX 13（平成 11）07 時 56 分　千葉市付近　$\lambda=140°09.6'$ E　$\varphi=35°35.9'$ N　$M=5.1$　$h=76$ km　　最大震度 4．傷 2．

738　2000 I 28（平成 12）23 時 21 分　根室半島南東沖　$\lambda=146°44.7'$ E　$\varphi=43°00.5'$ N　$M=7.0$　$h=59$ km　　最大震度 4（根室・釧路及その付近）．傷 2．

739　2000 IV 26（平成 12）04 時 48 分　会津若松・喜多方付近　$\lambda=140°00.7'$ E　$\varphi=37°34.8'$ N　$M=4.5$　$h=13$ km　　有感余震は同日正午までに 3 回．気象庁の最大震度は 3．県資料では塩川町で震度 5 弱，ほかに 4 が 4 町村あった．河東町などでガラス割れ，コンクリートつなぎの剝落など，微小被害．

740　2000 VI 3（平成 12）17 時 54 分　千葉県北東部　$\lambda=140°44.8'$ E　$\varphi=35°41.4'$ N　$M=6.1$　$h=48$ km　　最大震度 5 弱（多古町）．傷 1，住家一部破損 35 棟あり．成田・羽田両空港で点検のため 10～15 分の遅れが出た．

741　2000 VI 7（平成 12）06 時 16 分　石川県西方沖　$\lambda=135°33.8'$ E　$\varphi=36°49.6'$ N　$M=6.2$　$h=21$ km　　最大震度 5 弱（小松市）．重傷 1，軽傷 2，住家一部破損 1，非住家損 6（ガラス割れなど）．

742　2000 VI 8（平成 12）09 時 32 分　熊本市付近　$\lambda=130°45.7'$ E　$\varphi=32°41.5'$ N　$M=5.0$　$h=10$ km　　最大震度 5 弱（富合町，嘉島町）．重傷 1（宇土市），野田町の大慈寺で瓦 200 枚落下．その他ガラス割れ，瓦落下，落石などの小被害．住家一部被害 5．

743　2000 VI 29（平成 12）12 時 11 分　神津島近海　$\lambda=139°09.7'$ E　$\varphi=34°14.2'$ N　M

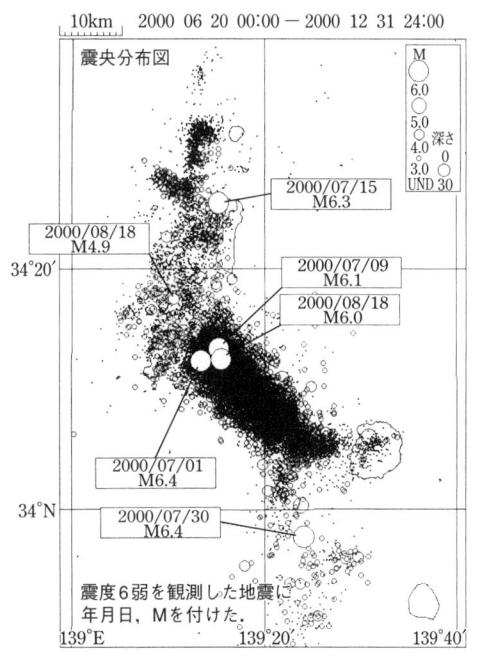

図 743-1　震央分布図［気象庁，2001，地震・火山月報，2000 年 12 月］

表 743-1　おもな地震と被害［気象庁，2001］

番号	月 日 時 分	λ 139°(E)	φ 34°(N)	M	h (km)	最大震度	被　　害
1	6 29 12 11	09.7′	14.2′	5.4	12	5 弱（神津島役場）	道路 7 ヵ所，崖崩れ 6 ヵ所
2	7 1 16 01	11.6	11.4	6.4	16	6 弱（〃等）	死 1　住家一部破損，土砂崩れ 30 余
3	7 9 03 57	13.8	12.7	6.1	15	6 弱（〃）	住家一部破損
4	7 15 10 30	14.5	25.4	6.3	10	6 弱（〃）	傷 10，住家半壊 7 ほか
5	7 30 21 25	24.7	58.3*	6.5	17	6 弱（三宅島阿古）	軽傷 1，崖崩れ，住家一部破損
6	8 3 22 18	14.1	14.7	5.4	12	5 強（式根島）	水道管破裂 1
7	8 18 10 52	14.4	12.1	6.1	12	6 弱（〃）	土砂崩れ 6，落石 2

* 33°58.3′

表743-2 最大震度別地震回数 [気象庁, 2001]

震度	1	2	3	4	5弱	5強	6弱	合計
6月計	1,329	478	114	28	1	0	0	1,950
7月計	6,082	1,635	424	117	7	5	4	8,274
8月計	2,607	802	248	75	8	2	2	3,744
9月計	94	32	6	1	1	0	0	134
10月計	30	9	4	1	0	0	0	44
11月計	11	7	0	0	0	0	0	18
12月計	27	5	3	1	0	0	0	36
合計	10,180	2,968	799	223	17	7	6	14,200

$=5.4$ $h=12$ km 神津島で5弱．道路被害7ヵ所，崖崩れ6ヵ所．この月の26日18時30分頃より三宅島の火山性地震が増加し，火山活動がはじまった．同時に三宅島と神津島の間の海域の地震活動が活発になったが，9月にはほぼ収った．この間に7月8日に三宅島雄山が噴火し，その後たびたび噴火を繰返したが，危険が迫っているとの判断から，9月2日全島民に島外避難の指示が出され，4日に避難が完了した．平成17年2月に避難勧告が解除になり，同年5月に帰島した．この一連の活動で被害を伴ったおもな地震は表743-1のとおりである．全体で死1，傷15，住家全壊15棟，土砂崩れ138ヵ所などの被害があった．

表743-1の4番の地震では，新島の若郷地区の被害が大きく半壊家屋7棟，壁崩壊53棟があった．新島本村で半壊はなく，式根島で3棟であった．若郷地区の妙蓮寺の墓石転倒率は90%以上で，墓石・物体はNS方向に転倒したものが多かった．本村地区の長栄寺の墓地の墓石転倒率は約20%くらいとのこと．

744 2000 Ⅶ 21（平成12）03時39分 茨城県沖 $\lambda=141°07.1'$ E $\varphi=36°31.8'$ N $M=6.4$ $h=49$ km 那珂町で住家一部破損2棟，阿見町で断水などの小被害．

745 2000 Ⅹ 2（平成12）16時44分 悪石島近海 $\lambda=129°27.6'$ E $\varphi=29°24.7'$ N $M=5.9$ $h=25$ km 最大震度 V$^+$（悪石島）．同島で落石1，水道管破裂1，校舎壁面亀裂2ヵ所．同日14時21分から前震は6回，また同日中の余震は22回．10月29日までには37回の余震．

746 2000 Ⅹ 6（平成12）13時30分 鳥取県西部 $\lambda=133°20.9'$ E $\varphi=35°16.5'$ N $M=7.3$ $h=9$ km **平成12年（2000年）鳥取県西部地震** 有感の前震は記録されていない．図746-1は震度計による震度分布．高密度なため等震度線を引きにくいところもあるが等震度線の引けるところを引いてみると図のようになる．これから①震度5の飛地が岡山県にあること，②震度4の区域が淀川・吉野川に沿って続くこと，③震度2の区域が遠州灘に沿って伊豆まで延びていること，④島根半島の震度が低いこと（ここは南海地震では震度が大きくなる）など，微細なことがわかる．これは高密度震度分布のメリットであろう．

被害分布は図746-3，および表746-1，2，3参照．境港町では出雲神社上道教会が全壊したが，その周囲の被害は少なかった．また同市の埠頭に液状化による地盤陥没・噴砂現象が見られた．松江城の石垣が約3m崩れ，工事が中止になった．中海干拓地では液状化が見られ，地割れから汽水が噴き上った．余震活動は表746-4，図746-4のとおり．（#）

表746-1 人的・住宅被害の状況
[11月27日消防庁発表による]

県名	人的被害 負傷者数	住宅被害（棟） 全壊	半壊	一部破損
鳥取県	97名	354	2,060	10,855
島根県	11名	34	497	3,488
岡山県	18名	7	26	552
その他	12名	—	—	43
合計	138名	395	2,583	14,938

表 746-2 各県の被害

県	市町村名	住家（棟）全壊	半壊	一部破損	人的被害（人）重傷	軽傷	計	非住家 公共	その他	土砂・崖崩れ 山崩れ（件）崩れ	落石	液状化
鳥	智頭町			1								
	倉吉市			30		1	1		1			
	泊村			1								
	三朝町			3				1				
	関金町			5								
	北条町			2								
	大栄町			8		1	1					
	東伯町			5								
	米子市	103	1,085	5,695	8	8	16	3	319	25		有
	境港市	71	285	1,276	11	75	86		419			有
	西伯町	40	392	1,206	2	5	7	2	174	20		
取	会見町	2	43	879	2	1	3	1	70	16		
	岸本町		10	1,097				12	67	5	7	
	日吉津村	1	12	173				9	8			有
	淀江町			357	1		1					
	大山町		1	112	2	1	3		6			
	名和町		1	19						1		
県	中山町			7								
	日南町		12	368		2	2	16	63	有		
	日野町	129	441	945	4	11	15	15	506	30	有	
	江府町		1	847		2	2	43		65		
	溝口町	47	204	754	1	3	4	22	213	22		
計		393	2,487	13,790	31	110	141	124	1,846			
	安来市	25	246	1,723	1	1	2					
	伯太町	7	324	1,311	1	3	4					
	八束町	2	3	16								
島	松江市		1	112		2	2					
	横田町		2	69		2	2					
	平田町			6								
根	東出雲町			24		1	1					
	鹿島町			1								
	美保関町			17								
	八雲町			12								
県	広瀬町			122								
	仁多町			41								
	吉田村			1								
	湖陵町			1								
計		34	576	3,456	2	9	11					
	岡山市	1	7	122		8	8					
	新見市	6	24	627	2	2	4					
	玉野市			3								
	御津町			4								
	建部町			4								
	加茂川町			1								
	灘崎町			3								
	倉敷市			1		1	1					
	笠岡市			10								
	井原市			12	1		1					
岡	矢掛町			3								
	高梁市			1								
	有漢町			6								
	北房町			15								
	賀陽町			3								
	成羽町			1								
山	川上町			2								
	大佐町			44								
	神郷町			15								
	勝山町			12	1	2	3					
	落合町			11								
	久世町			17								
	美甘村			2								
県	新庄村			9	1		1					
	川上村			9								
	中和村			1								
	奥津町			1								
	鏡野町			1								
	中央町			1								
計		7	31	941	5	13	18					

鳥取県は平成13年9月28日現在，島根県は平成13年4月9日現在，岡山県は平成13年3月31日現在．ただし，崖崩れ・液状化は平成12年11月2日現在．

4 被害地震各論

表746-3 被害状況［自治省消防庁及び鳥取県による］

府県名	人的被害	物的被害
鳥取県	負傷者97名	住家全壊 345 棟 住家半壊 1,250 棟 住家一部破損 3,119 棟 崖崩れ 199 ヵ所
岡山県	負傷者18名	住家全壊 7 ヵ所 住家半壊 26 ヵ所 住家一部破損 453 棟
香川県	負傷者2名	住家一部破損 1 棟
兵庫県	負傷者1名	
島根県	負傷者11名	住家全壊 19 棟 住家半壊 499 棟 住家一部破損 3,703 棟 崖崩れ 6 ヵ所
広島県	負傷者3名	住家一部破損 41 棟
徳島県		崖崩れ 1 ヵ所
大阪府	負傷者4名	住家一部破損 1 棟
和歌山県	負傷者1名	
山口県	負傷者1名	
合計	138 名	

住家全壊	371 棟	道路	1,232 ヵ所	
住家半壊	1,775 棟	崖崩れ	211 ヵ所	
住家一部破損	7,318 棟	断水	2,549 戸(復旧済)	
非住家公共建物	165 棟	電気	2 戸(復旧済)	
文教施設	610 ヵ所	電話	136 回線(復旧済)	
病院	36 ヵ所	ガス	5 戸(復旧済)	

自治省消防庁資料［平成12年11月2日21時00分現在,第38報］

表746-4 最大震度別日別地震回数表［気象庁,2000,月報防災編,10月］

震度\日付	1	2	3	4	5弱	5強	6弱	6強	日計
10月6日	106	76	40	3	1			1	227
10月7日	100	46	14	3					163
10月8日	74	29	7	1	1				112
10月9日	61	17	5						83
10月10日	27	13	4	1					45
10月11日	23	5	3						31
10月12日	19	6	3						28
10月13日	20	8	2						30
10月14日	15	2	2						19
10月15日	10	4							14
10月16日	8	5							13
10月17日	8	4	1	1					14
10月18日	9	3	4						16
10月19日	14	2	1						17
10月20日	6	2							8
10月21日	9	2							11
10月22日	12	3							15
10月23日	8	1							9
10月24日	7	4							11
10月25日	5	3							8
10月26日	6								6
10月27日	7	1							8
10月28日	4	4							8
10月29日	5	1							6
10月30日	3		1						4
10月31日	1	1							2
合計	567	242	87	9	2	0	0	1	908

表746-5 中国地方の地震保険契約保有高表
(平成12年3月末)(世帯数は平成12年3月末現在住民基本台帳による)

県名	件数 A(証券)	保険金額 (百万円)	世帯数 B	世帯加入率 A/B(%)
鳥取県	23,760	169,253	207,962	11.4
島根県	16,172	125,020	260,159	6.2
岡山県	53,466	357,955	704,896	7.6
広島県	159,018	1,104,475	1,122,814	14.2
山口県	50,768	368,619	603,619	8.4

表746-6 鳥取県西部地震に伴う支払保険金(見込み含む).
［日本損害保険協会発表による(11月2日現在)］

県名	件数(証券)	支払保険金 (百万円)
鳥取県	2,791	1,959
島根県	353	194
岡山県	175	151
広島県	102	53
その他	25	14
合計	3,446	2,371

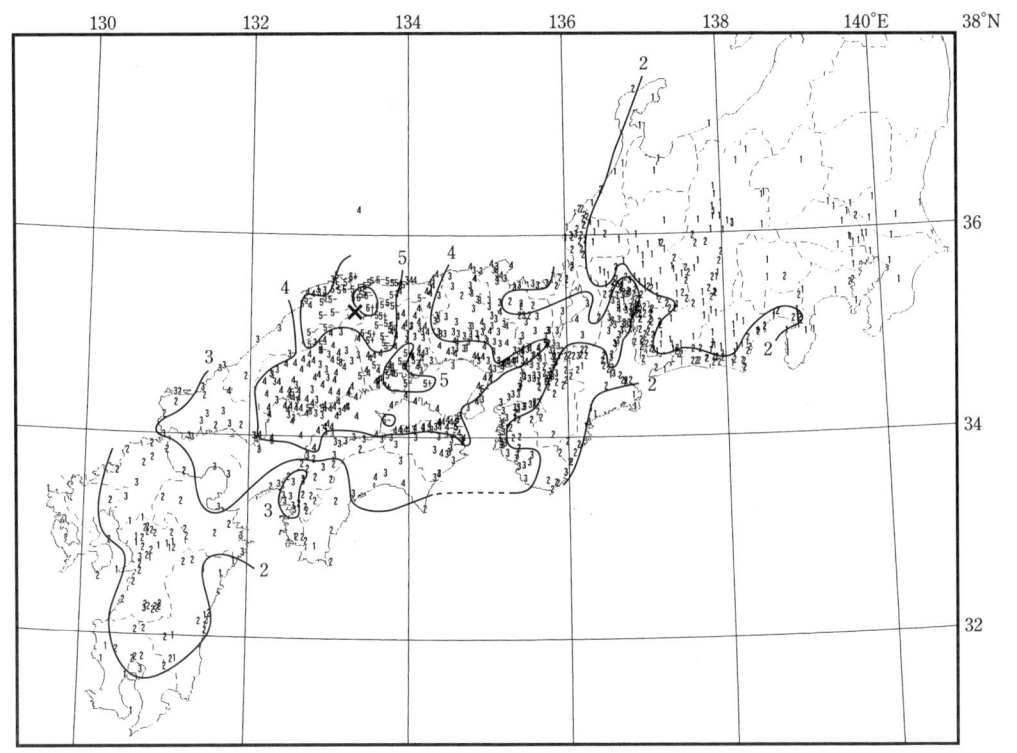

図 746-1 気象庁および自治体観測点の震度分布 ［東電設計の資料に加筆］

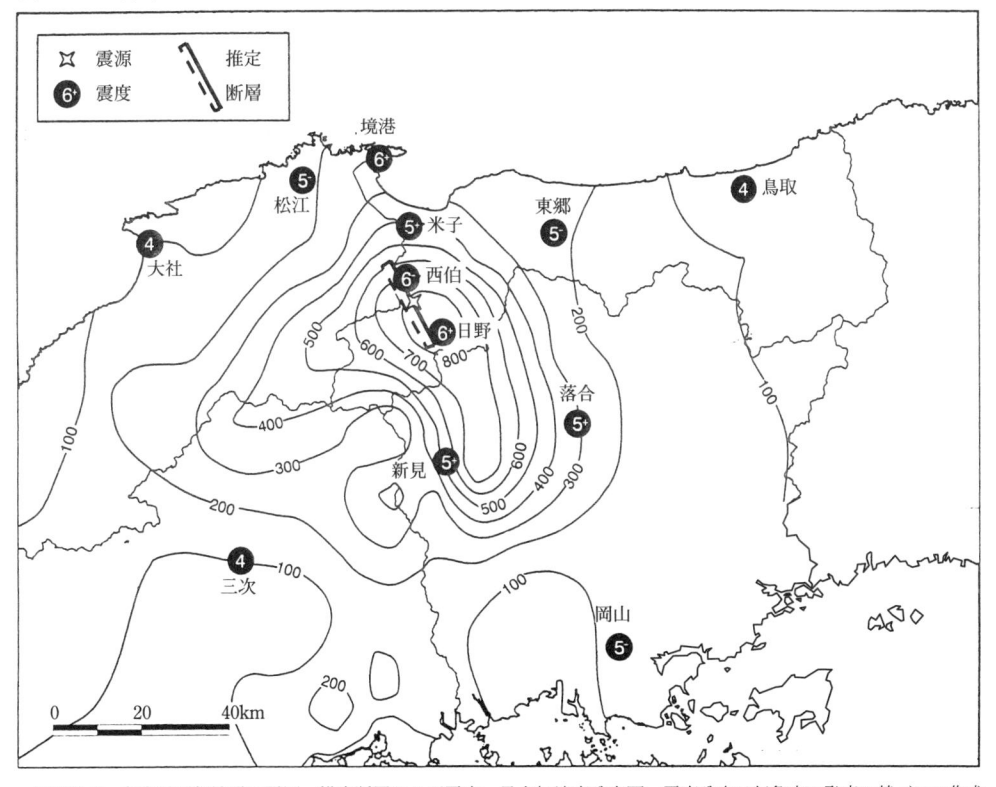

図 746-2 鳥取県西部地震の震源，推定断層および震度・最大加速度分布図．震度分布は気象庁の発表に基づいて作成した．コンターは防災科学技術研究所が公表した最大加速度分布図を転写したもので，単位はガル．震源および推定断層は国土地理院発表に基づいて作図した．［損害保険料率算定会による］

554   4 被害地震各論

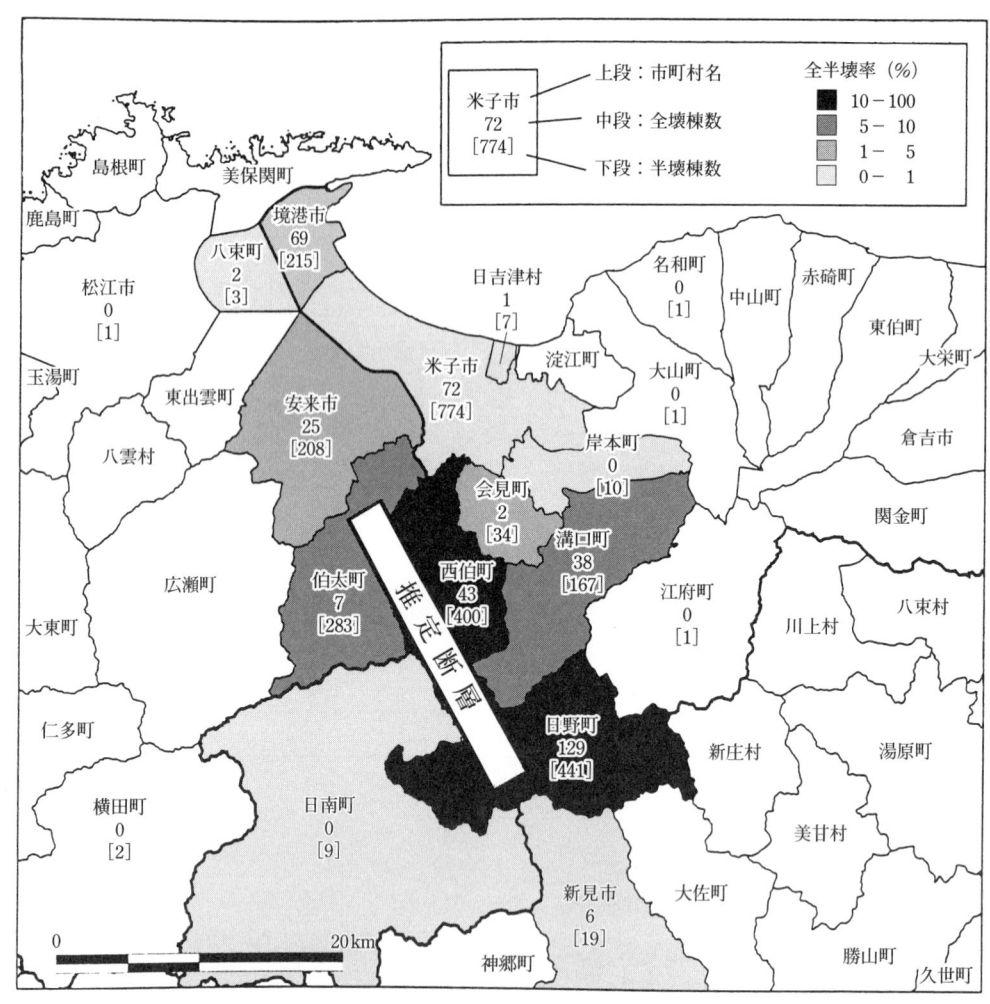

図 746-3 市区町村ごとの全半壊率・全半壊住家数の分布図．全半壊数は表 746-3 のものではない．11月の資料による．全半壊率は次の計算式で算出した．断層直上の市町村で被害が大きく出ていることがわかる．境港市の被害は震源からの距離の割に大きい．[損害保険料率算定会による]

全半壊率＝（全壊住宅数＋半壊住宅数×1/2）÷世帯数

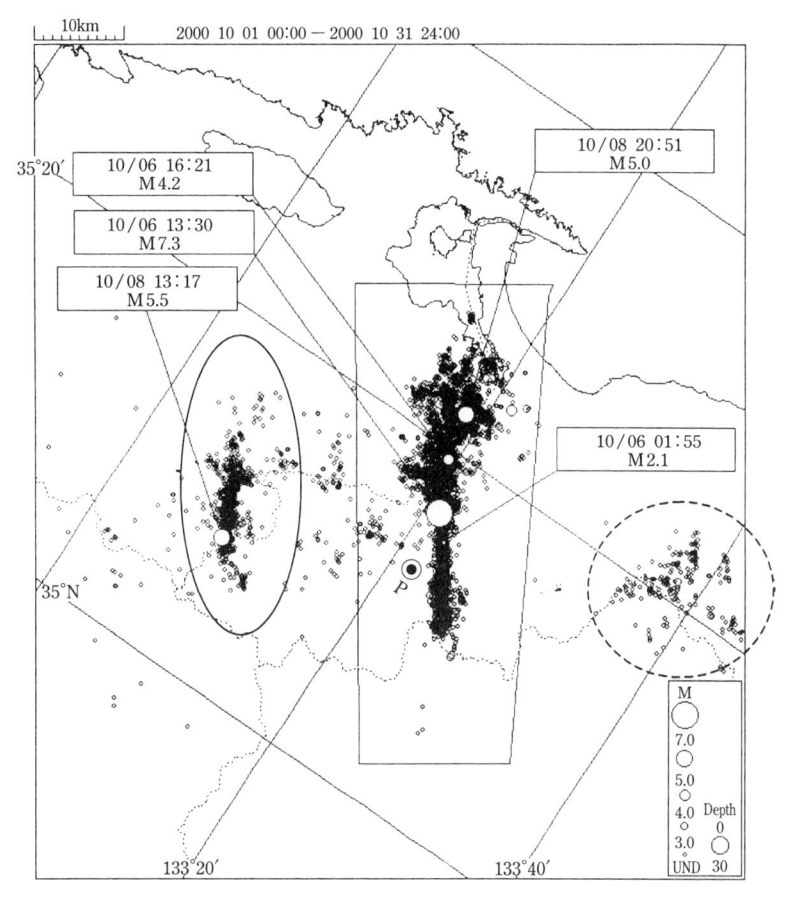

図 746-4 余震分布［気象庁，2000，地震・火山月報防災編，10月に加筆］P点については巻末注参照.

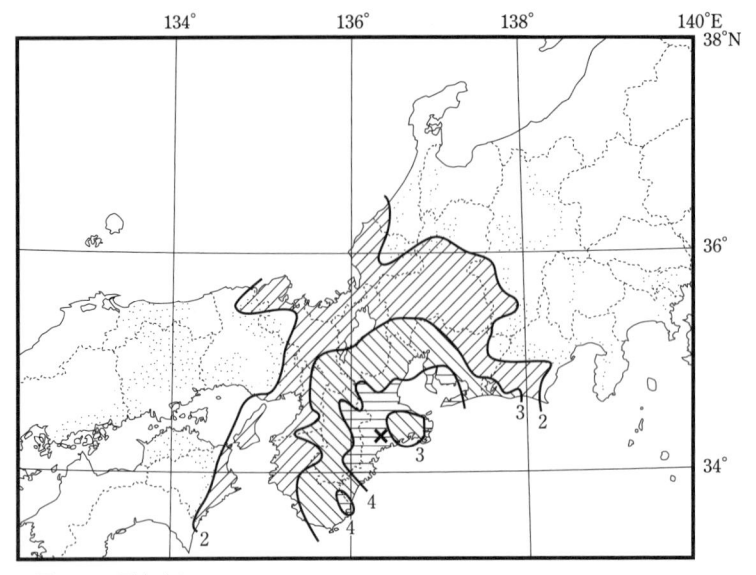

図747-1 震度分布

747 2000 X 31（平成12）01時42分　三重県中部　$\lambda=136°19.3'$ E　$\varphi=34°17.9'$ N　$M=5.7$　$h=39$ km　傷6（三重県4，愛知県1，岐阜県1）．三重県で傷5，住家一部破損2棟，非住家4棟，文教施設4ヵ所，道路4ヵ所，水道管破裂，奈良県で道路被害2，最大震度5弱（碧南市，紀伊長島町）．図747-1は気象庁による震度計の観測から作ったもの．震央の東に震度の低い（Ⅲ）の所が現れている．

748 2001 I 4（平成13）13時18分　中越地方　$\lambda=138°46.1'$ N　$\varphi=36°57.4'$ N　$M=5.3$　$h=11$ km　震源は津南町近く．最大震度5弱（津南町・塩沢町・湯沢町・中里村・十日町市）．1月2日19時53分（$\lambda=138°36.3'$ N　$\varphi=37°15.7'$ N　$M=4.4$　$h=15$ km）に最大震度5弱の地震があったが，被害はなかった．この地震の東南約35 kmの地点に本地震が発生した．塩沢町で軽傷2，ほかに住家一部破損592棟．有感余震は1月4日と1月16日の2回．

749 2001 I 12（平成13）08時00分　兵庫県北部　$\lambda=134°29.4'$ E　$\varphi=35°28.0'$ N　$M=5.6$　$h=11$ km　最大震度4（豊岡市・鳥取市・加悦町など9地点）．竹野町などで崖崩れ2，道路被害2．有感余震は月末までに163回．

750 2001 Ⅲ 24（平成13）15時27分　安芸灘　$\lambda=132°41.6'$ E　$\varphi=34°07.9'$ N　$M=6.7$　$h=46$ km　**平成13年（2001年）芸予地震**　図750-1は図746-1と同じようにして筆者が作ったもの．伊勢湾沿岸に震度2と震度の高いところが出現，また島根半島近辺も震度4と大きくなっていることがわかる．

被害は表750-1〜3のとおり．ほかに広島市・廿日市市の沿岸部で液状化現象が見られ，砂が流出した．被害が大きかったのは呉市で，死1，重傷11，軽傷67，住家全壊54，半壊14，一部破損12,382棟で，地盤の擁壁崩れ・亀裂などが被害を大きくした．今治市のマンションは1階のピロティ（駐車場）が圧壊し解体された．また文教施設（学校）の被

2000～2001   557

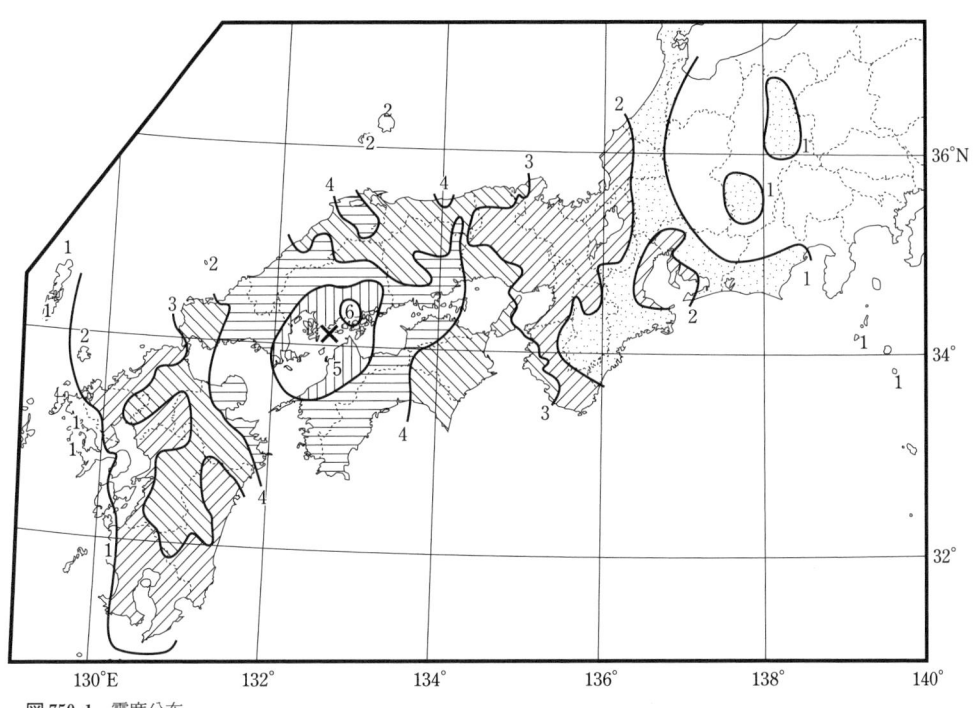

図 750-1　震度分布

表 750-1　被害一覧［消防庁集計，2001 年 4 月 12 日現在］

県名		広島	愛媛	山口	島根	高知	福岡	香川	岡山	大分	計
死傷	死	1	1								2
	傷	193	47	12	3	4	1		1		261
住家	全壊	40	1	7							48
	半壊	245	3	26							274
	一部破損	28,240	2,932	1,312	10	12		6	18		32,530
非住家	公共建物	2				3			1		6
	その他	28	1	1		4		8	2		44
文教施設		715	272	125	8				9		1,129
病院		60	23		2						85
道路		704	44	15	2				1	1	767
橋梁		8									8
河川		53	3	5							61
港湾施設		118	11	18							147
砂防施設		16									16
崖崩れ		81									81
断水		47,767戸	425	92							48,284
停電		35,108戸	6,836	422					1148		43,514
ガス		442戸								1	443
火災		4									4
油もれ				1							1
ブロック塀等									6		6
鉄道				3							3

表750-2 愛媛県の被害 ［平成13.11.13現在．県の資料による］

市町村名	死者数	重傷者	軽傷者	全壊戸数	半壊戸数	一部破損戸数	非住家戸数*
松山市	0	5	45	0	19	2,065	0
今治市	0	0	8	1	18	6,154	0
宇和島市	0	0	0	0	0	18	0
八幡浜市	0	0	0	0	0	0	0
新居浜市	0	0	0	0	0	0	0
西条市	0	0	2	0	0	83	0
大洲市	0	0	0	0	0	9	0
川之江市	0	0	0	0	0	0	0
伊予三島市	0	0	0	0	0	0	0
伊予市	0	0	0	0	3	37	0
北条市	1	0	0	0	0	448	0
東予市	0	0	2	0	0	726	0
市計	1	5	57	1	40	9,540	0
新宮村	0	0	0	0	0	0	0
土居町	0	0	0	0	0	0	0
別子山村	0	0	0	0	0	0	0
計	0	0	0	0	0	0	0
小松町	0	0	0	0	0	19	0
丹原町	0	1	1	0	0	79	0
計	0	1	1	0	0	98	0
朝倉村	0	0	0	0	0	69	0
玉川町	0	0	3	0	0	80	0
波方町	0	0	0	0	0	61	0
大西町	0	0	0	0	0	140	0
菊間町	0	1	0	0	0	102	0
吉海町	0	0	0	1	0	102	0
宮窪町	0	0	0	0	0	50	0
伯方町	0	0	1	0	0	102	0
魚島村	0	0	0	0	0	0	0
弓削町	0	0	0	0	0	59	0
生名村	0	0	0	0	0	40	0
岩城村	0	0	0	0	0	50	0
上浦町	0	0	0	0	0	91	0
大三島町	0	0	0	0	0	136	0
関前村	0	0	2	0	0	34	0
計	0	1	6	1	0	1,116	0
重信町	0	0	0	0	0	56	0
川内町	0	0	0	0	0	3	0
中島町	0	0	1	0	0	61	0
計	0	0	1	0	0	120	0
久万町	0	0	0	0	0	110	0
面河村	0	0	0	0	0	1	0
美川村	0	0	1	0	0	2	0
柳谷村	0	0	0	0	0	0	0
小田町	0	0	0	0	0	1	0
計	0	0	1	0	0	114	0
松前町	0	0	0	0	0	39	2
砥部町	0	0	0	0	0	69	0
広田村	0	0	0	0	0	0	0
中山町	0	0	0	0	0	3	0
双海町	0	0	0	0	0	5	0
計	0	0	0	0	0	116	2
長浜町	0	0	0	0	0	20	0
内子町	0	0	0	0	0	1	0
五十崎町	0	0	0	0	0	0	0
肱川町	0	0	0	0	0	0	0
河辺村	0	0	0	0	0	0	0
計	0	0	0	0	0	21	0
保内町	0	0	0	0	0	0	0
伊方町	0	0	0	0	0	0	0
瀬戸町	0	0	0	0	0	0	0
三崎町	0	0	0	0	0	0	0
三瓶町	0	0	0	0	0	36	0
計	0	0	0	0	0	36	0
明浜町	0	0	0	0	0	0	0
宇和町	0	0	0	0	0	25	0
野村町	0	0	0	0	0	0	0
城川町	0	0	0	0	0	1	0
計	0	0	0	0	0	26	0
吉田町	0	0	0	0	0	4	0
三間町	0	0	0	0	0	0	0
広見町	0	0	0	0	0	0	0
松野町	0	0	0	0	0	0	0
日吉村	0	0	0	0	0	0	0
津島町	0	0	0	0	0	0	0
計	0	0	0	0	0	4	0
内海村	0	0	0	0	0	0	0
御荘町	0	0	0	0	0	0	0
城辺町	0	0	0	0	0	0	0
一本松町	0	0	0	0	0	0	0
西海町	0	0	0	0	0	0	0
計	0	0	0	0	0	0	0
町村計	0	2	9	1	0	1,651	2
県計	1	7	66	2	40	11,191	2

* 非住家被害は半壊・全壊の被害

表750-3 広島県の被害　2002年3月現在

市町村名	死者	重傷	軽傷	全壊	半壊	一部損壊
広島市		10	18		129	6,834
呉市	1	12	66	58	261	13,035
竹原市					39	458
三原市		8	27		139	2,233
尾道市			1			315
因島市					2	658
福山市			2			71
府中市						63
三次市			1			114
庄原市						30
大竹市			1		2	518
東広島市			7	1	9	2,263
廿日市市			4		48	2,089
安芸郡 府中町					1	120
海田町			1			160
熊野町			2		17	854
坂町						40
江田島町						47
音戸町					1	82
倉橋町					1	205
下蒲刈町						31
蒲刈町		2			1	134
佐伯郡 大野町			2		6	809
湯来町						185
佐伯町			1			216
宮島町			1	1		103
能美町					11	217
沖美町					1	67
大柿町		1	1	2	7	127
山県郡 加計町						3
筒賀村						9
戸河内町						6
千代田町						20
豊平町						19
高田郡 吉田町						79
八千代町						15
美土里町			1			
高宮町						17
甲田町						61
向原町			2			111
賀茂郡 黒瀬町			1		2	319
福富町						105
豊栄町			2			216
大和町			1			186
河内町		1	1	1		504
豊田郡 本郷町			1			226
安芸津町						264
安浦町			3		1	336
川尻町			1		9	306
豊浜町			2			104
豊町			2		1	334
大崎町			2			72
東野町						15
木江町			1		2	68
瀬戸田町						376
御調郡 御調町			1			49
久井町						6
向島町						265
世羅郡 甲山町			1			114
世羅町						63
世羅西町						43
沼隈 内海町						17
深 神辺町			1			14
芦 新市町			1			
甲奴郡 上下町						2
甲奴町						2
双三郡 吉舎町						22
三良坂町						49
三和町						47
比婆郡 口和町						3
合計	1	34	159	65	688	36,545

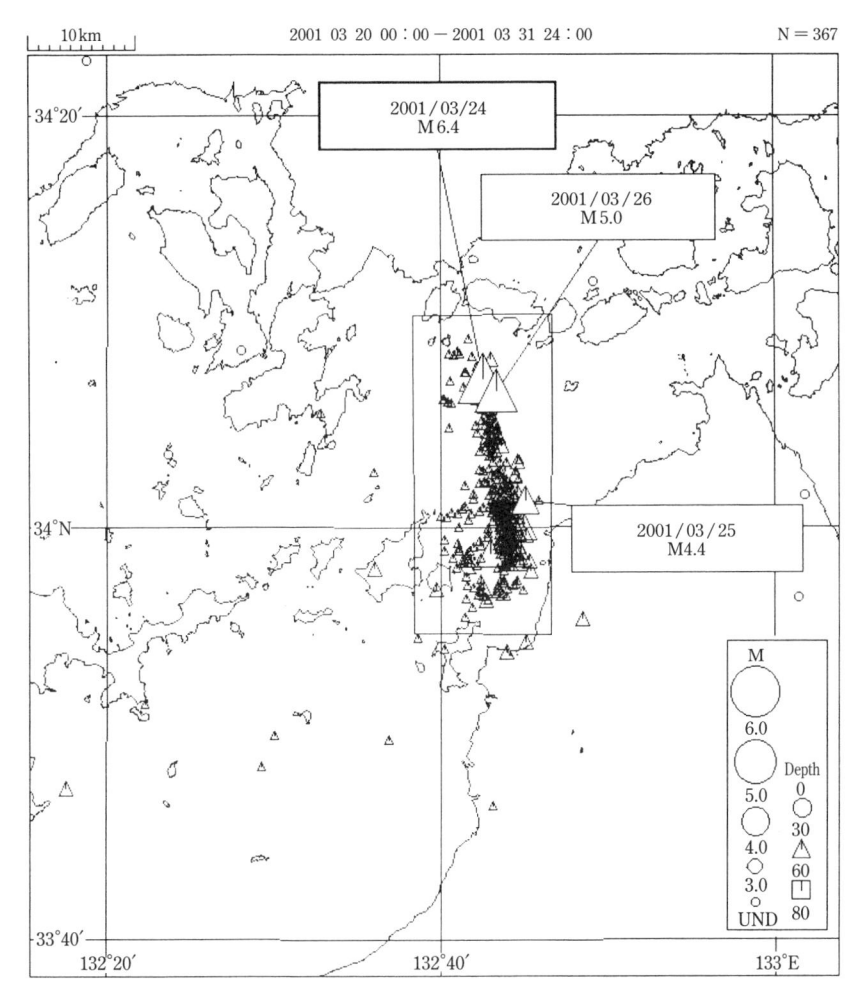

図 750-2 余震分布 [気象庁, 2001, 地震・火山月報防災編, 平成13年3月]

害が多かったが，全体として見ると大被害というものではなかった．厳島神社で石灯籠倒れ2，石垣崩れ4，音戸灯台に亀裂．

表 750-4 最大震度別日別地震回数表 [気象庁, 2001]

震度 日付	1	2	3	4	5弱	5強	6弱	日計
3月24日	7	5					1	13
3月25日	3	2		1				6
3月26日	2	2	1			1		6
3月27日	1							1
3月28日	1							1
3月29日	1							1
3月30日								0
3月31日								0
合計	15	9	1	1	0	1	1	28

751 2001 Ⅳ 3（平成 13）23 時 57 分　静岡県中部　$\lambda=138°05.7'E$　$\varphi=35°01.5'N$　$M=5.3$　$h=30\,km$　　最大震度 5 強静岡市．傷 8，住家一部破損 76 棟，落石 1，ブロック塀被害 1 で被害はいずれも静岡県内．

752 2001 Ⅷ 14（平成 13）05 時 11 分　青森県東方沖　$\lambda=142°26.2'E$　$\varphi=40°59.7'N$　$M=6.4$　$h=38\,km$　　最大震度 4（五戸町，二戸町ほか 10 地点）．傷 1．

753 2001 Ⅷ 25（平成 13）22 時 21 分　京都府南部　$\lambda=135°39.6'E$　$\varphi=35°09.1'N$　$M=5.4$　$h=8\,km$　　最大震度 4（大津・亀岡・箕面ほか 10 地点）．傷 1．

754 2001 Ⅻ 2（平成 13）22 時 01 分　岩手県内陸南部　$\lambda=141°16.0'E$　$\varphi=39°23.9'N$　$M=6.4$　$h=122\,km$　　最大震度 5 弱（古川市・涌谷町）．棚のものが少し落ちた程度，窓ガラスが 16 枚割れた小学校（志波姫町）もあった．

755 2001 Ⅻ 9（平成 13）05 時 29 分　奄美大島近海　$\lambda=129°29.3'E$　$\varphi=28°15.0'N$　$M=6.0$　$h=36\,km$　　最大震度 5 強（住用村）．微小被害．住家一部破損 1 棟（？）ともいう．2 分後に $M=4.6$ の余震があった．

756 2001 Ⅻ 28（平成 13）03 時 28 分　滋賀県北部　$\lambda=135°53.6'E$　$\varphi=35°27.2'N$　$M=4.5$　$h=7\,km$　　最大震度 4（上中町）．崖崩れ 4 ヵ所．

757 2002 Ⅱ 12（平成 14）22 時 44 分　茨城県沖　$\lambda=141°05.0'E$　$\varphi=36°35.4'N$　$M=5.7$　$h=48\,km$　　桂村と金砂郷町で震度 5 弱が観測され，軽傷 1，文教施設 12 棟に破損被害が生じた．

758 2002 Ⅲ 25（平成 14）22 時 58 分　伊予灘　$\lambda=132°36.9'E$　$\varphi=33°49.5'N$　$M=4.7$　$h=46\,km$　　今治，丹原，大西，菊間，吉海で震度 4 が観測され，松山で軽傷 1．

759 2002 Ⅵ 14（平成 14）11 時 42 分　茨城県南部　$\lambda=139°58.6'E$　$\varphi=36°13.0'N$　$M=5.1$　$h=57\,km$　　茨城，栃木，埼玉，千葉県で広く震度 4 が観測され，茨城県で軽傷 1，ブロック塀の破損が 4 ヵ所発生した．

760 2002 Ⅸ 16（平成 14）10 時 10 分　鳥取県中西部　$\lambda=133°44.4'E$　$\varphi=35°22.2'N$　$M=5.5$　$h=10\,km$　　鳥取，島根，岡山県で震度 4 が観測され，鳥取県で屋根瓦のずれなどの住家一部破損 8 棟，文教施設一部破損 1 棟のほか，溝口町で崖崩れ 1 ヵ所，倉吉でブロック塀の被害 4 件が発生した．

761 2002 Ⅹ 14（平成 14）23 時 12 分　青森県東方沖　$\lambda=142°16.9'E$　$\varphi=41°09.1'N$　$M=6.1$　$h=53\,km$　　野辺地で震度 5 弱を観測したほか，青森県の北東部で震度 4 となった．八戸市と十和田市で軽傷各 1 の被害があった．

762 2002 Ⅺ 3（平成 14）12 時 37 分　宮城県沖　$\lambda=142°08.3'E$　$\varphi=38°53.8'N$　$M=6.3$　$h=46\,km$　　宮城県の旧北上川流域の地域である桃生や登米などで震度 5 弱となった．仙台市で軽傷 1．

763 2002 Ⅺ 4（平成 14）13 時 36 分　日向灘　$\lambda=131°52.2'E$　$\varphi=32°24.8'N$　$M=5.9$　$h=35\,km$　　大分県の鶴見や蒲江で震度 5 弱，大分，愛媛，宮崎，熊本県で震度 4 となり，佐伯市役所のガラス破損，国見町でトンネルに破損が生じた．

表766-1 被害表（平成15年11月21日消防庁集計より）

県名	負傷者（人） 重傷	軽傷	住家被害（棟） 全壊	半壊	一部破損	床下浸水	非住家一部破損 公共	その他	火災（件）
岩手	10	81	2	10	1,183	1	88	326	1
宮城	10	54		11	1,085		98	158	3
山形	1	9			2		8	11	
秋田	4	4			2		4	2	
福島					132				
青森		1							
計	25	149	2	21	2,404	1	198	497	4

県名	被害箇所数 文教	病院	道路	橋梁	河川	港湾	砂防	清掃施設	鉄道不通	ブロック塀	隻数 被害船舶	被害戸数 水道	電気	ガス
岩手	386	83	109	9	21	23	2	16	9		4	2,808		
宮城	411	42	50	2	18	24	1	4				455	4,500	
山形	60	6	14		1					12				
秋田	12									2		1		2,931
福島					1									
青森	22	2								1			7	
計	891	133	173	11	40	48	3	20	9	15	4	3,264	4,507	2,931

764 2002 Ⅺ 17（平成14）13時47分 加賀地方 $\lambda=136°40.4'$ E $\varphi=36°18.1'$ N $M=4.7$ $h=8$ km 石川県河内村，吉野谷村，尾口村で震度4となり，落石2ヵ所，重傷1．住家2棟，学校1ヵ所で一部破損．

765 2003 Ⅴ 12（平成15）00時57分 茨城県南部 $\lambda=140°05.1'$ E $\varphi=35°52.1'$ N $M=5.3$ $h=47$ km 茨城，埼玉，東京都県で震度4となり，都内で重軽傷3．2分後に $M4.6$ が発生したため，夜中の2度の地震に慌てた人が多かった．

766 2003 Ⅴ 26（平成15）18時24分 気仙地方 $\lambda=141°39.0'$ E $\varphi=38°49.3'$ N $M=7.1$ $h=72$ km 気仙地域の真下の太平洋プレートが破断したスラブ内地震．岩手県南部や宮城県北部で震度6弱となったほか，東北地方の広い範囲で震度5となるなど，短周期の強いゆれによって広域で負傷者174，住家全壊2棟，半壊21棟，一部破損2,404棟の被害となった．宮城県北部から岩手県南部にかけて崖崩れなどの土砂災害が発生した．築館町の造成地では地すべりが発生し，水分を多く含んだ泥流状の土砂が流下した．

767 2003 Ⅶ 26（平成15）07時13分 宮城県北部 $\lambda=141°10.3'$ E $\varphi=38°24.3'$ N $M=6.4$ $h=12$ km 鳴瀬川沿いの旭山撓曲の東側にある古い地質断層，須江断層の地下延長部を震源とする浅い地震．00時13分に $M5.6$ の前震が発生し，多くの住民が警戒していた中で早朝に発生したため，住家の倒壊などが1,000棟を超えたものの幸い死者が出なかった．前震では鳴瀬と矢本が震度6弱，本震で鳴瀬，矢本，南郷が震度6強で，旧北上川河口付近の低地帯で被害が大きかった．この低地帯には北から553番（1962年），338番（1900年），この地震と10 km程度の長さの震源域が隣接する（巻末注338番参照）．278番の地震はさらに南寄りか，この地震とほぼ同じ震源域で発生した可能性が大きい．

562   4 被害地震各論

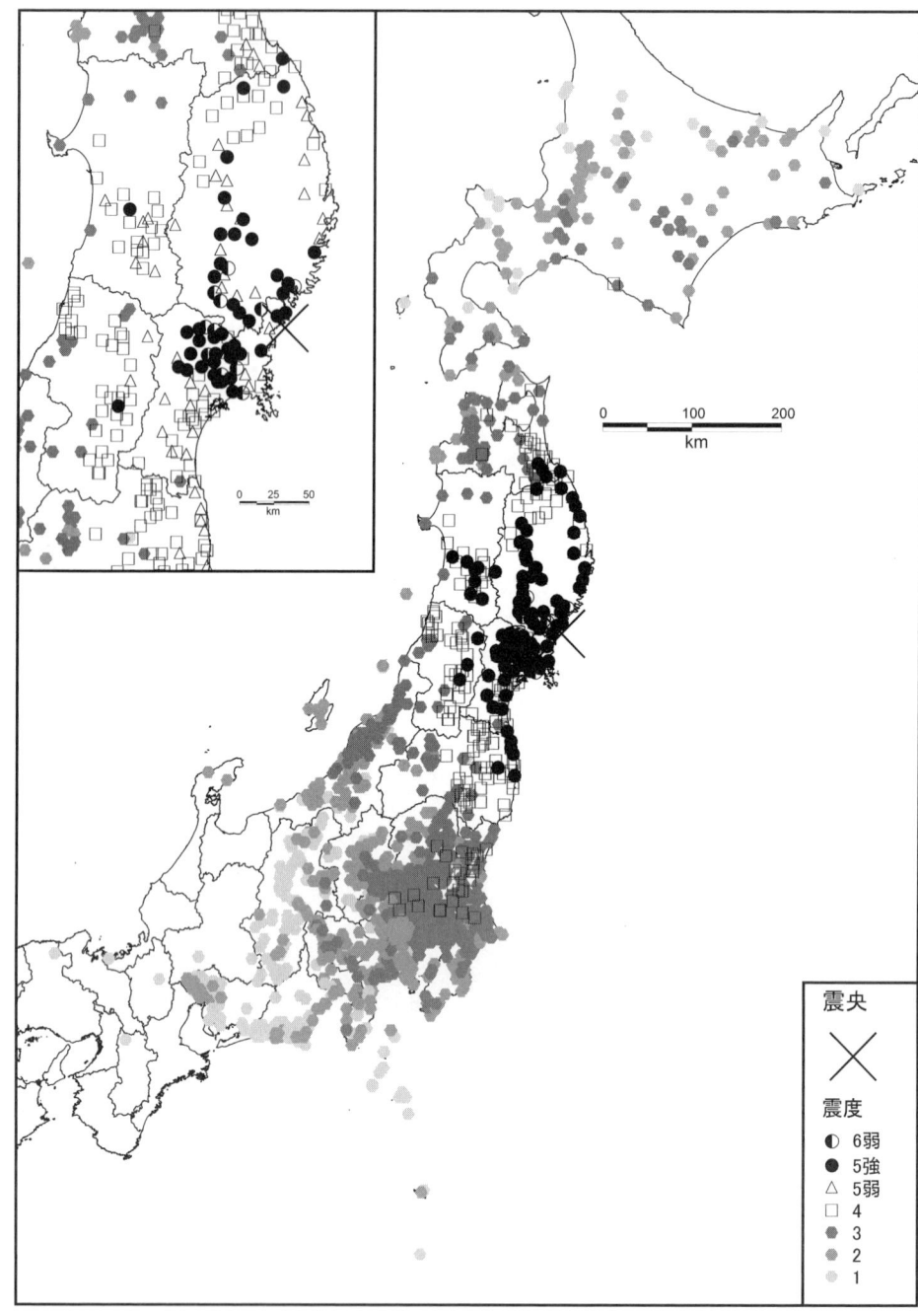

図 766-1 震度分布

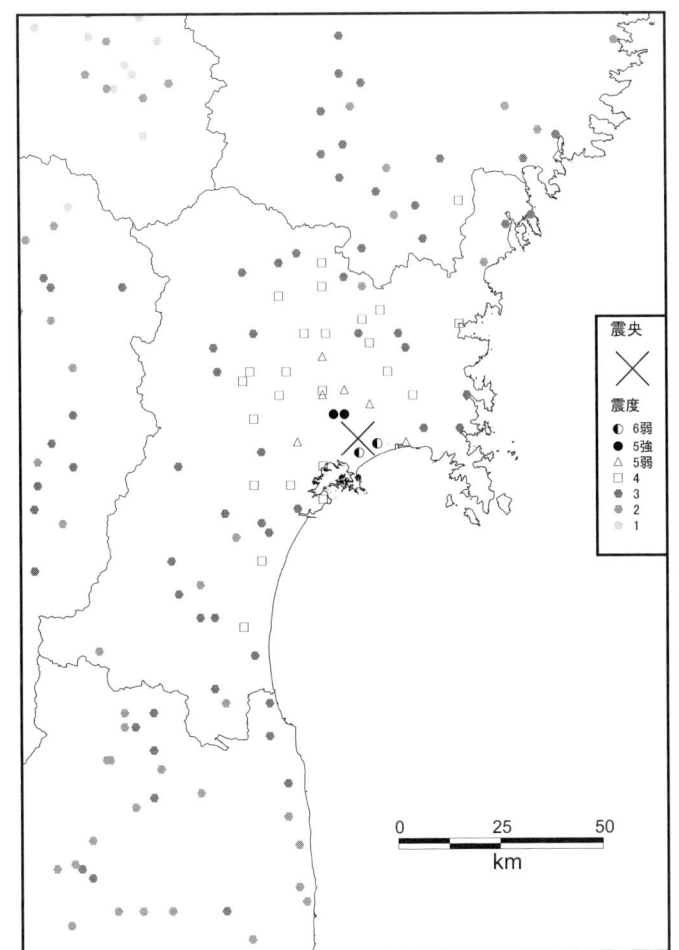

図 767-1 前震の震度分布

最大余震は 16 時 56 分 $M5.5$ で，河南で震度 6 弱となった．浅い地震だったので有感余震が多かった．負傷者は宮城県で 675（内重傷者は 51），山形県で 2 だった．宮城県（被害表 767-1 参照）以外に岩手県で住家一部破損 1 棟，道路 3 ヵ所，水道 204 戸の被害が生じた．震源域に近い宮城県北部では崖崩れなどが発生し，河南町の造成地では水分を多く含んだ泥流状の土砂が流下する地すべりが発生した．

768 2003 IX 20（平成 15）12 時 54 分 千葉県南部 $\lambda=140°18.0'$ E $\varphi=35°13.1'$ N $M=5.8$ $h=70$ km 千葉，茨城，埼玉，栃木県や千代田区，横浜市などで震度 4 となり，大田区では宗福寺で土壁が崩れて 7 名負傷したほか，転倒により 1 名軽傷．

769[*] 2003 IX 26（平成 15）04 時 50 分 十勝沖 $\lambda=144°04.7'$ E $\varphi=41°46.7'$ N $M=8.0$ $h=42$ km **平成 15 年（2003 年）十勝沖地震**

564   4 被害地震各論

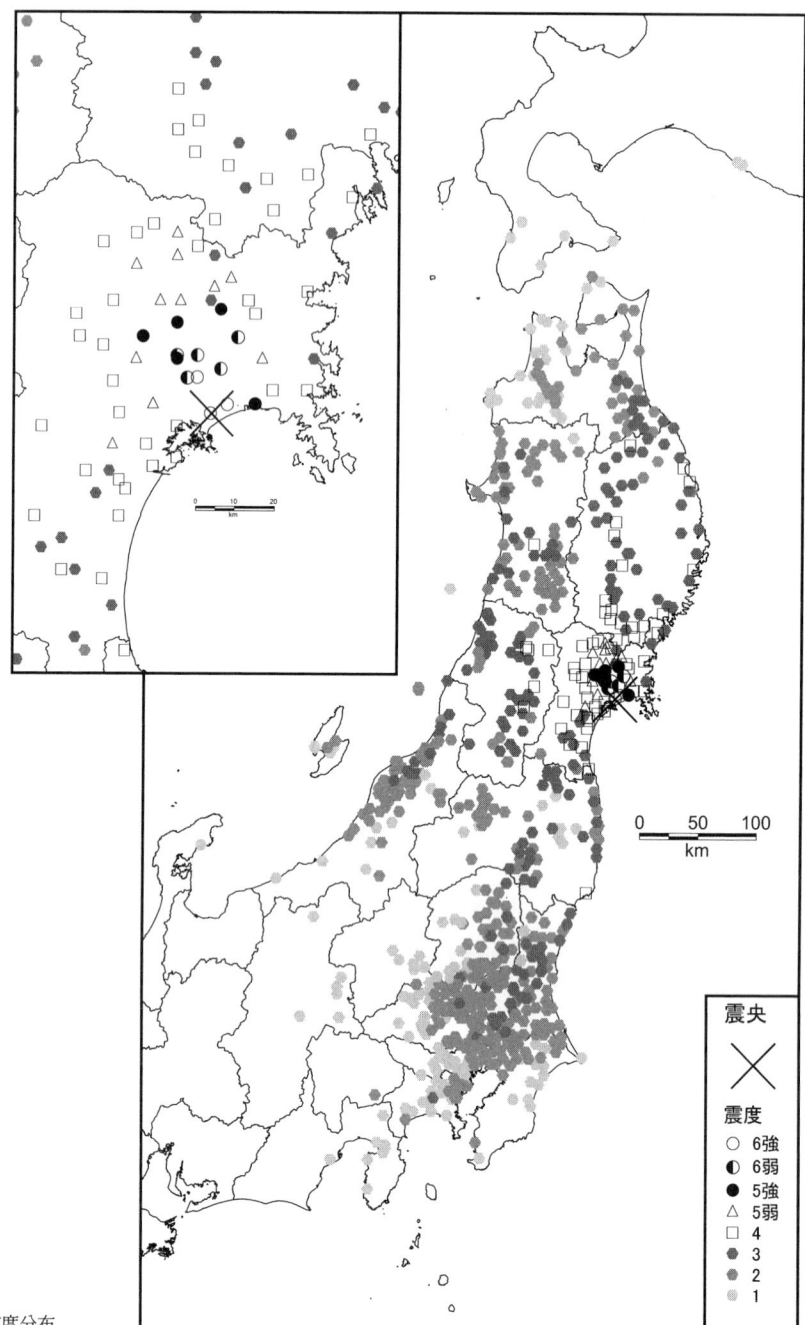

図 767-2 本震の震度分布

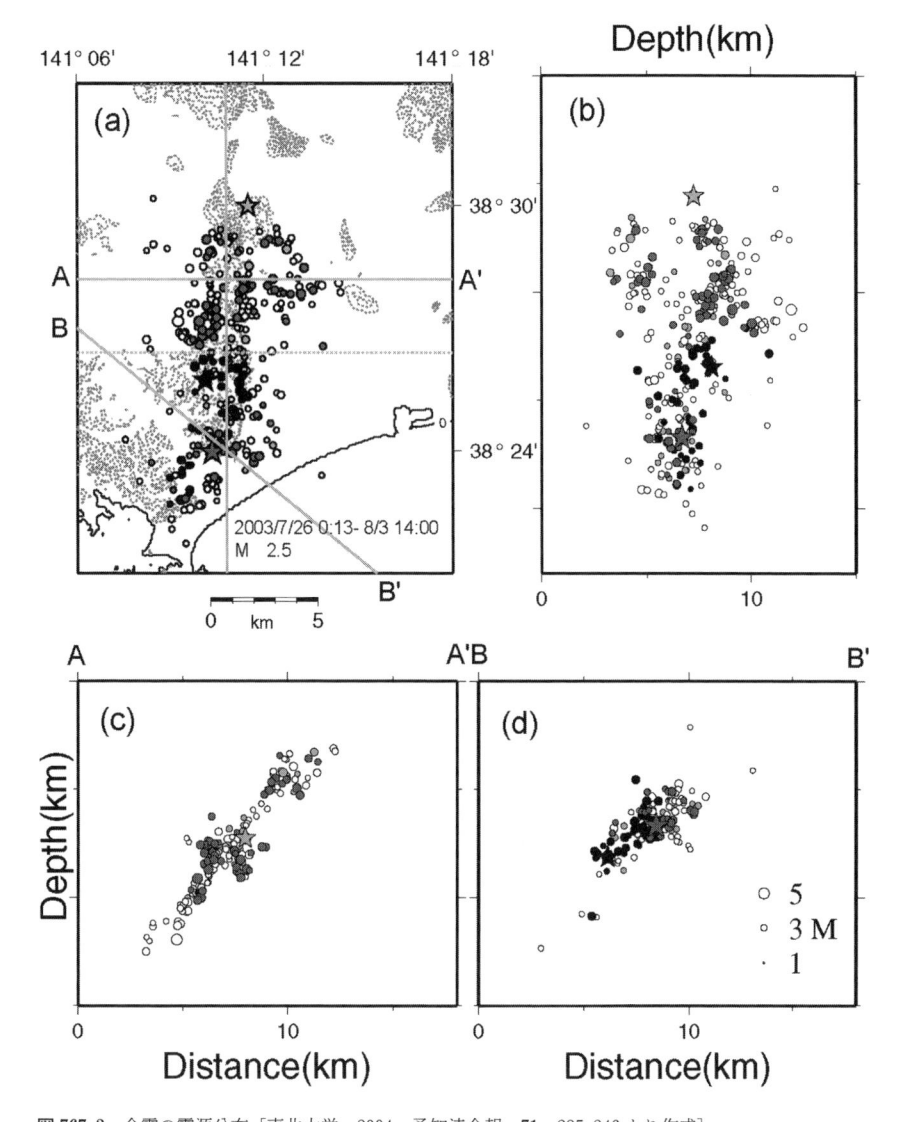

図767-3 余震の震源分布[東北大学,2004,予知連会報,71,235-246より作成]
(a) 7月26日〜8月3日の合同余震観測結果の震央分布.黒は前震から本震まで(7時間),濃灰色は本震から最大余震まで(10時間),薄灰色は最大余震から14時間,白色はその後8月3日(7日間余)までの震源.星印は,黒が前震,濃灰色が本震,薄灰色が最大余震の震源.(b) 余震域全体の南北断面.(c) 余震域の北部((a)図の点線より北)の東西断面(A—A′方向).(d) 余震域南部((a)図の点線より南側)の北西—南東(B—B′方向)の断面.

表767-1 被害表（平成15年3月12日宮城県集計より）

市町	負傷者（人）重傷	負傷者（人）軽傷	住家被害（棟）全壊	住家被害（棟）半壊	住家被害（棟）一部破損	非住家一部破損 公共	非住家一部破損 その他	火災（件）
蔵王町							1	
丸森町							1	
青葉区		1			1			
宮城野区					2			
若林区		1			3			
太白区					1			
泉区		1						
塩竈市					1			
多賀城市					2			
亘理町					1			
松島町	1	5	18	64	197	1	57	
七ヶ浜町		1			3			
利府町		1						
古川市		5			4			
加美町								1
松山町			1	21	66		3	
三本木町	2	1			3			
鹿島台町	2	13	53	291	2,559			
涌谷町	2	15	3	23	287		4	1
田尻町		2			42			
小牛田町	1	9			38			
南郷町	12	53	140	489	1,313		902	
米山町		2			5			
石巻市	3	20		5	165			
河北町		1			38		2	
矢本町	21	395	414	1,295	2,488	14	1,500	1
河南町	3	67	227	409	928	4	366	
桃生町				1	44			
鳴瀬町	4	31	420	1,211	2,776		3,635	
女川町					6			
牡鹿町					2			
津山町							1	
計	51	624	1,276	3,809	10,975	19	6,472	3

襟裳岬沖から釧路の沖合にかけての領域を震源とする，北アメリカプレートと太平洋プレートの境界に発生した巨大地震．246番，525番と100年に1回程度発生する固有地震と考えられていたが，今回は前回から半世紀で発生した．525番（1952年）より規模も小さく，津波も小規模であった．新冠，静内，浦河，鹿追，幕別，豊頃，釧路町，厚岸で震度6弱を観測し，釧路，十勝，日高地方と広範に震度5強となった．

早朝であったため，豊頃町の十勝川河口付近に釣りに出かけた2名の死者・行方不明者以外は，北海道で重傷68，軽傷779，青森県で重傷1，岩手県で軽傷1，と規模の割に人的被害が少なかった．苫小牧の製油所でスロッシングによる油漏れから火災が発生し，12時09分に一旦鎮火したものの，同じ製油所のナフサタンクから28日に再び火災が発生した．562番（1964年）以来世間から忘れられていたやや長周期地震動による大型構造物

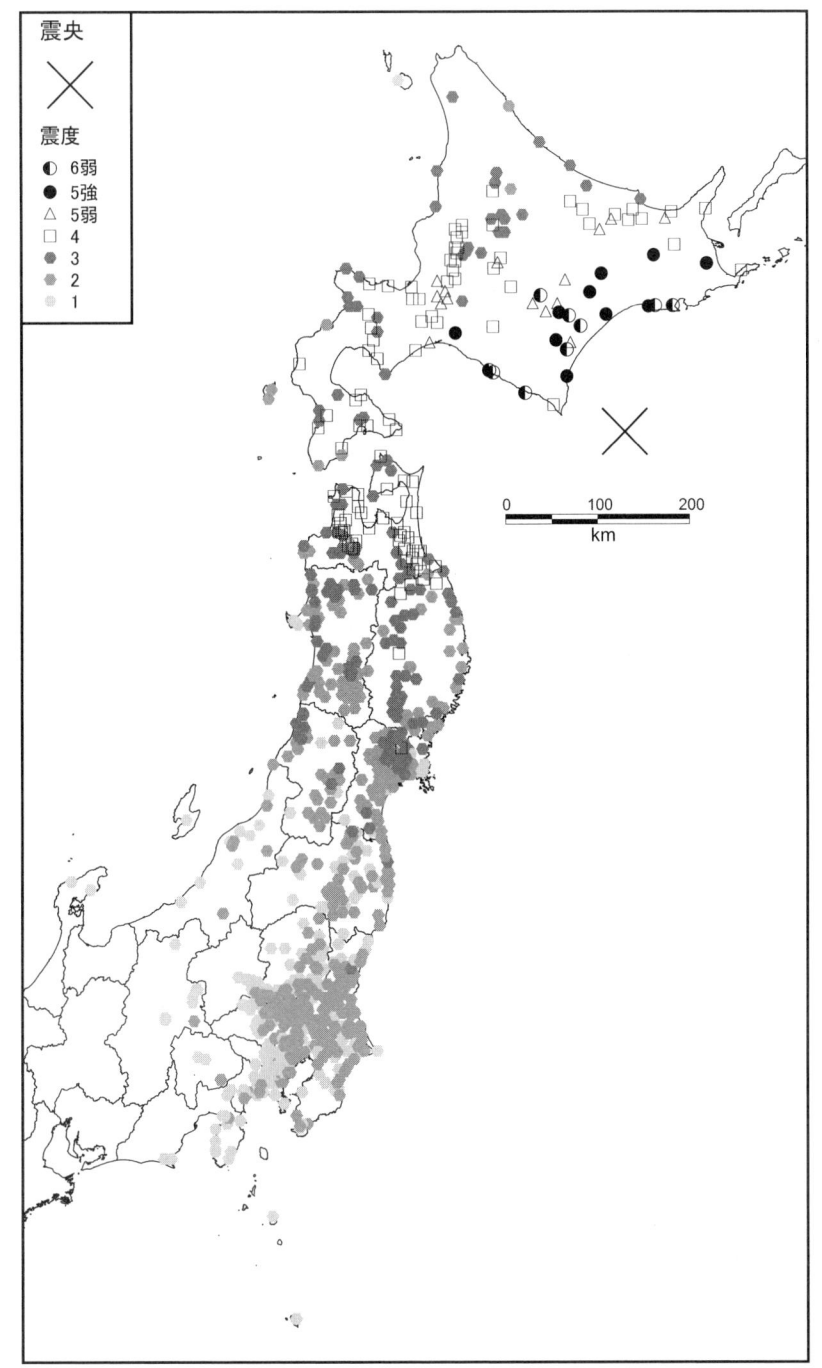

図 769-1 震度分布

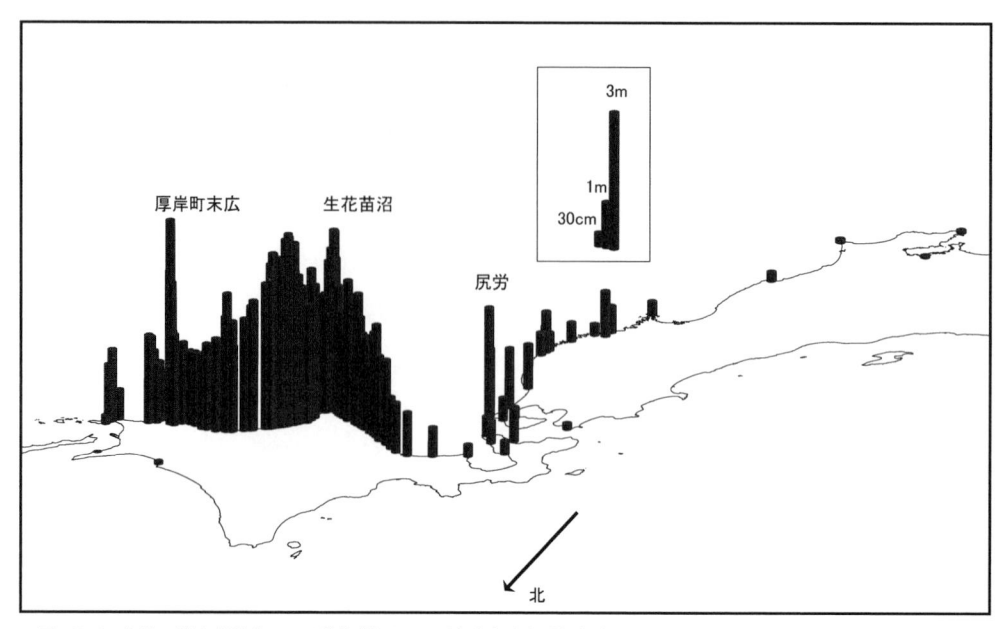

図 769-2 各地の遡上痕跡高および検潮観測による津波高分布［気象庁および Tanioka *et al.*, 2004, *Earth Planets Space*, 56, 359-365 より作成］

表 769-1 道県別被害（平成16年3月31日消防庁集計より）

道県名	人的被害（人）				住家被害（棟）				非住家一部破損		火災(件)
	死者	行方不明	重傷	軽傷	全壊	半壊	一部破損	床下浸水	公共	その他	
北海道		2	68	779	116	368	1,580	1	23	56	4
青森			1								
岩手											
宮城				1				8			
計		2	69	780	116	368	1,580	9	23	56	4

道県名	被害箇所数								隻数	被害戸数	
	文教	病院	道路	橋梁	河川	港湾	清掃施設	鉄道不通	被害船舶	水道	電気
北海道	307	20	200	10	19	15	6	4	45	15,799	378,100
青森	3	2									
岩手											
宮城											
計	310	22	200	10	19	15	6	4	45	15,799	378,100

表 769-2 津波の避難勧告対象と実避難の人数割合（平成16年3月31日消防庁集計より）

		市町村	勧告対象人数	実避難人数	%			市町村	避難人数
避難勧告対象	北海道	三石	1,440	95	7	自主避難人数	北海道	白老	17
		新冠	3,900	1,425	37			鵡川	35
		静内	2,003	236	12			浦河	253
		えりも	6,217	233	4			大樹	40
		厚岸	9,600	1,100	11			釧路市	193
			24	24	100			釧路町	167
		門別	680	94	14			標津	100
		浜中	4,545	1,671	37			根室	92
		浦幌	323	100	31			音別	31
		豊頃	414	200	48		岩手	野田	6
		音別	369	115	31			久慈	55
		白糠	2,271	84	4			山田	2
		様似	1,731	443	26			田老	10
		広尾	671	200	30			大船渡	110
		別海	1,576	210	13			釜石	2
	岩手	田野畑	1,412	65	5			大槌	21
合計			37,176	6,295	17	合計			1,134

（注）厚岸町は，他所と同様数時間後に避難勧告解除された地域と，翌日と10月3日まで解除されなかった2地域（灰色の欄）に分けて集計した．

のゆれが，思い出される契機となった．

津波警報が発令され，早朝だったこともあり，危険度の高い地域では避難勧告対象の3割程度の人々が避難したが，避難勧告はほとんどの地域で地震から4時間程度で解除された．勧告対象外の地域でも合計で1,000人超が自主避難をした．

750番（2001年）の地震以来地震による内装材の落下が問題となっていたが，今回は地震規模が大きく，より長周期の地震動も強かったため，釧路空港のロビーなど本来は大勢人が集まる場所での天井板の落下が多かった．幸い地震発生が早朝で空港には誰もおらず，負傷者は出なかったが，体育館・プール・ホールなど広い空間の天井板の落下が，地震発生時間によっては多数の人的被害の原因となる危険性を改めて示した．国土交通省は，地震から3週間後の10月15日，大規模空間を持つ建築物の天井の崩落対策について，国住指第2402，3号として技術的助言，落下防止指導を行い，翌年公共建築工事標準仕様書や建築工事監理指針を改訂した．[2.5]

770 2003 Ⅹ 15（平成15）16時30分 千葉県北西部 $\lambda=140°03.0'$E $\varphi=35°36.8'$N $M=5.1$ $h=74$ km 千葉，埼玉，神奈川，東京都県で震度4となり，富津で転倒による重傷1，柏市，江東区，小平市で各軽傷1の計4名の負傷者が発生．

771 2003 Ⅺ 15（平成15）03時43分 茨城県沖 $\lambda=141°09.9'$E $\varphi=36°26.0'$N $M=5.8$ $h=48$ km 水戸市，大洋村，茨城町，福島県小高町で震度4となり，茨城県伊奈町で階段から転落して軽傷1．

772 2003 Ⅻ 22（平成15）21時07分 佐渡付近 $\lambda=138°15.3'$E $\varphi=37°53.3'$N $M=4.7$ $h=16$ km 佐渡で震度4となり，相川の合同庁舎の壁面に亀裂17ヵ所の被害．

773 2004 Ⅳ 4（平成16）08時02分 茨城沖

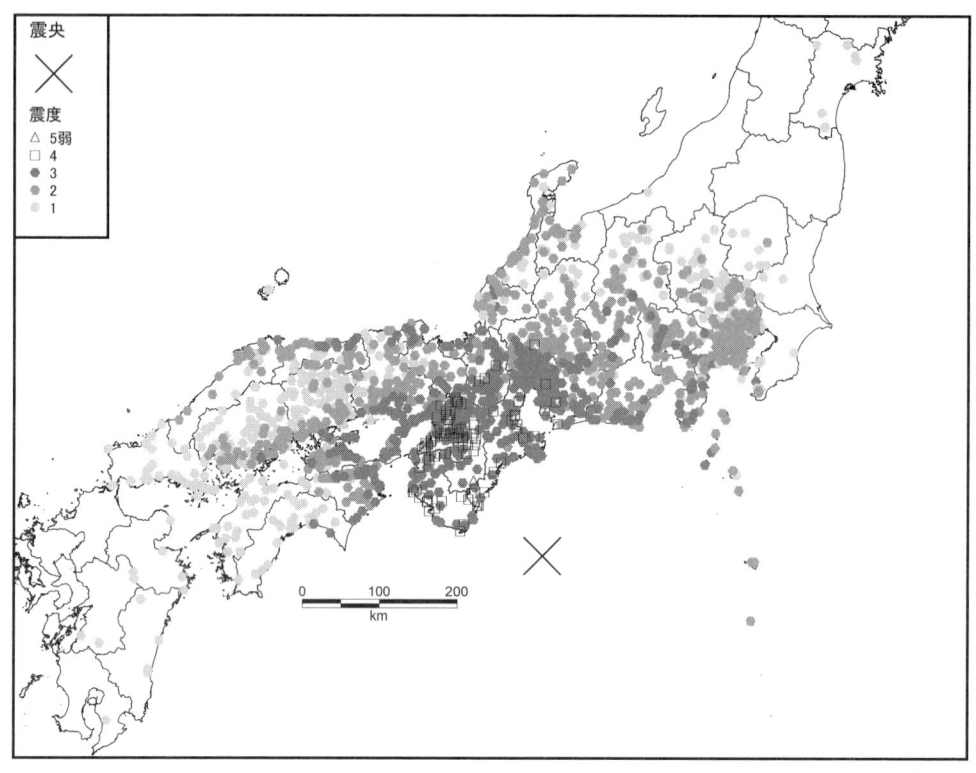

図 776-1 前震（19 時）の震度分布

$\lambda=141°09.2'$ E　$\varphi=36°23.4'$ N　$M=5.8$　$h=49$ km　茨城県と栃木県益子で震度 4. 那珂町で転倒による軽傷 1.

774　2004 Ⅶ 17（平成 16）15 時 10 分　房総半島南東沖　$\lambda=140°21.4'$ E　$\varphi=34°50.3'$ N　$M=5.5$　$h=69$ km　館山市，横浜市，熱海市で震度 4 となり，館山市で転倒による軽傷 1.

775　2004 Ⅷ 10（平成 16）15 時 13 分　岩手県沖　$\lambda=142°07.9'$ E　$\varphi=39°40.4'$ N　$M=5.8$　$h=48$ km　岩手県の野田と宮古で震度 5 弱，三陸沿岸と青森県の南東部で震度 4. 釜石で給水管が 1 ヵ所損傷.

776*　2004 Ⅸ 5（平成 16）23 時 57 分　紀伊半島南東沖　$\lambda=137°08.5'$ E　$\varphi=33°08.3'$ N　$M=7.4$　$h=44$ km；19 時 07 分　$\lambda=136°47.9'$ E　$\varphi=33°02.0'$ N　$M=7.1$　$h=38$ km　19 時 07 分に $M7.1$ の前震があった．この前震で新宮と下北山で震度 5 弱，岐阜，愛知，三重，滋賀，京都，大阪，奈良，和歌山県の東海・近畿地方の広範囲で最大震度 4 となり，京都，大阪，堺，和歌山市で転倒などで軽傷 6．本宮で車のフロントガラスが割れ，水道管破裂もあった．三重県では 5 市町で津波からの自主避難を 95 名が行った．

約 5 時間後の本震ではさらに松坂，香良洲も震度 5 弱となり，鳥取県や下田市，若狭湾あたりまで震度 4 となった．三重，岐阜，愛知，京都，大阪府県で重傷 6，さらに静岡，滋賀，奈良，和歌山，兵庫県を加えて軽傷 30．住家一部破損が愛知県と京都府で各 1 棟，堺で火災 1 件．津波警報は 3 県 42 市町村に発表されたが，3 割の 13 市町村は対応なし，

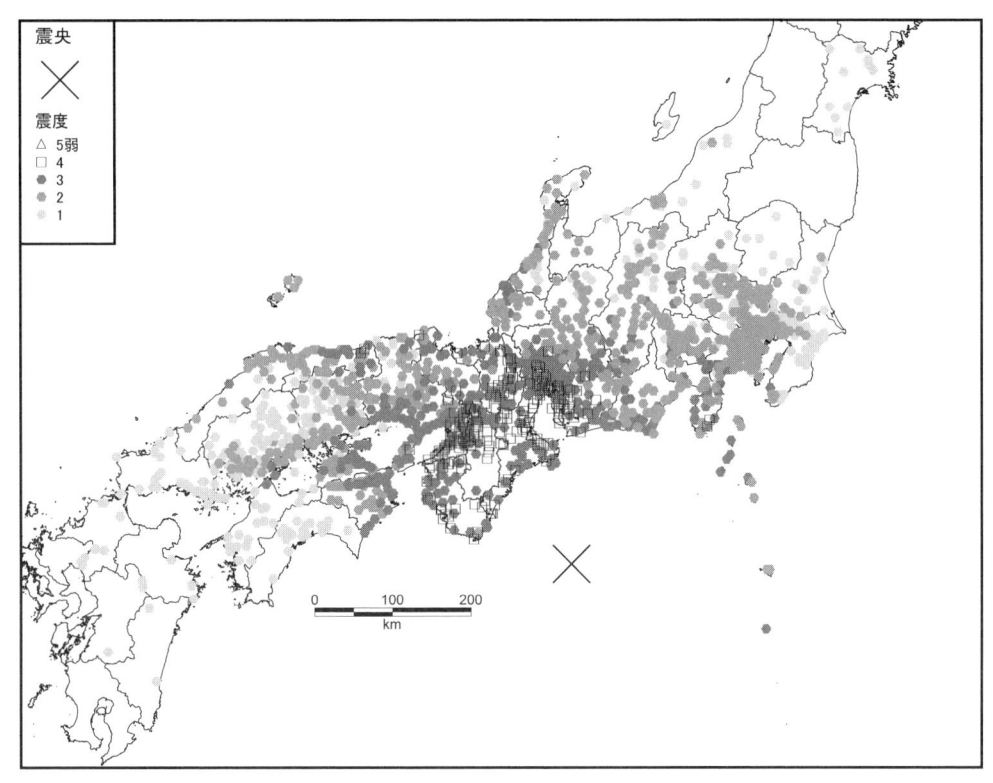

図 776-2 本震（23時）の震度分布

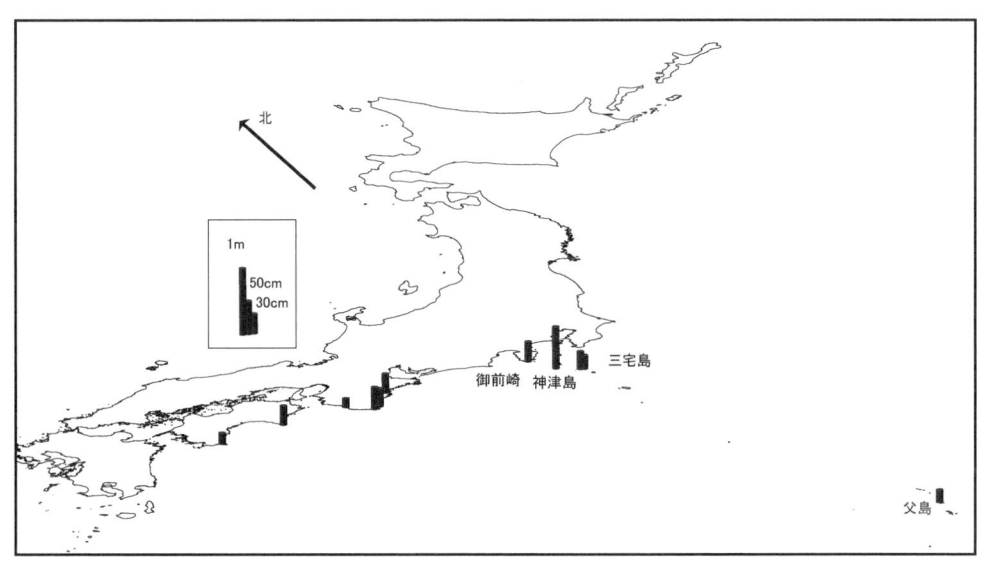

図 776-3 前震の検潮観測による津波波高分布

572   4 被害地震各論

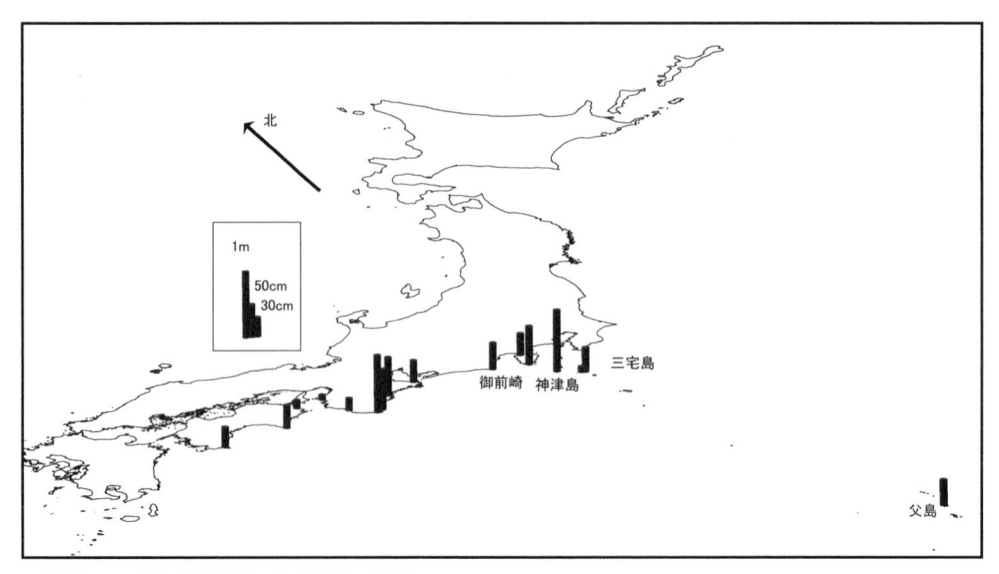

図776-4 本震の検潮観測による津波波高分布

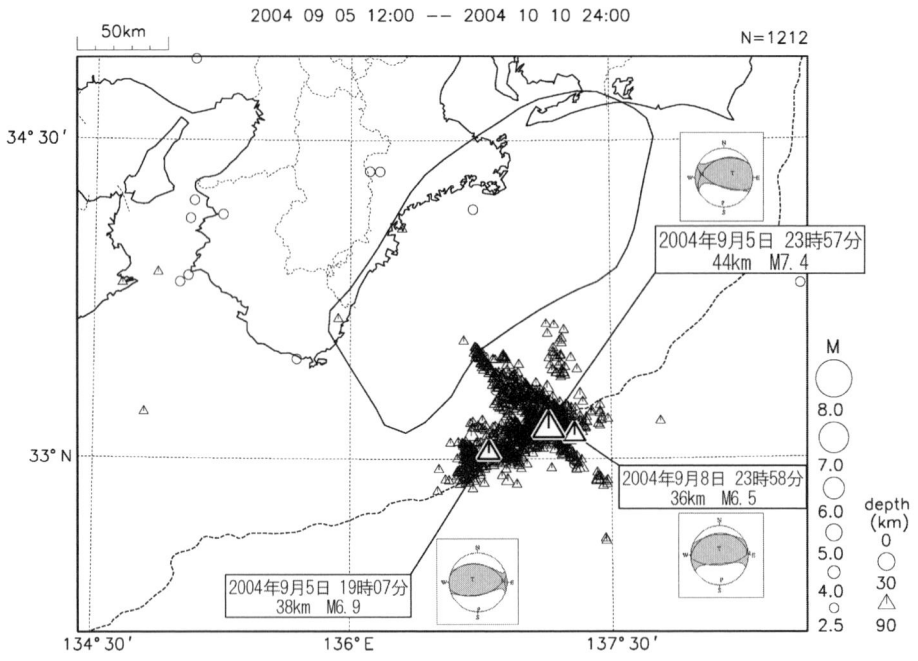

図776-5 余震分布と前震・本震・最大余震のメカニズム解［気象庁，2004，地震火山月報防災編より作成］
　破線は南海トラフ軸，実線に囲まれた領域は東南海の震源域．

4割は注意喚起のみ，避難勧告は三重，和歌山両県の計12市町村が95,764人に対して出した．実際に避難した人数は僅かで，川を遡上する津波を見物する人などが多かった．
［本震 1.5，前震 0.5］

777 2004 X 6（平成 16）23 時 40 分　茨城県南部　$\lambda=140°05.4'$ E　$\varphi=35°59.3'$ N　$M=5.7$　$h=66$ km　　関城，つくば，宮代で震度5弱となり，所沢市，さいたま市，柏市，東京都北区で軽傷4．春日部で水道管破裂，蕨で電柱転倒，足立区で漏水や倉庫のガラスのひび割れが生じた．

778 2004 X 23（平成 16）17 時 56 分　中越地方　$\lambda=138°52.0'$ E　$\varphi=37°17.6'$ N　$M=6.8$　$h=14$ km　**平成 16 年（2004 年）新潟県中越地震**　六日町断層帯の北半分の地域を震源域とする逆断層地震で，その一部の小平尾（おびろう）断層で水田に僅かな変位が地表に現れた．この地震で初めて川口町で計測震度7が観測されたほか，山古志，小国，小千谷で震度6強，長岡，十日町，刈羽，魚沼で震度6弱，上越，与板，津南などで震度5強となった．大粒の地震が続発し，同日18時11分 $M6.0$ は小千谷で震度6強，18時34分 $M6.5$ は川口町，十日町，小国で震度6強，19時45分 $M5.7$ は小千谷で震度6弱，27日10時40分 $M6.1$ は魚沼で震度6弱と，被災地は立て続けに大きいゆれに襲われた．

全体で死68，負傷4,805，住家全壊3,175棟，半壊13,810棟，一部破損105,682棟，建物火災9件．死者の内，39名の死因は避難生活のストレスや狭い車内で寝泊まりしたことによるエコノミークラス症候群など地震後の要因による．前記の地震以外にも11月4日 $M5.2$，8日 $M5.9$，10日 $M5.3$ と多数の有感余震が被災者を長期間苦しめた．阪神・淡路大震災以降地震の犠牲者として，強震動など地震の直接的破壊力による死者に加え，関連死が含まれるようになったが，中越地震で関連死の方が多かったのは，避難生活が冬季に及んだことと，大きい地震が続発した影響が大きい．

235番（三条地震）と248番（善光寺地震）の間で，大森房吉が地震空白域と指摘した領域のうち，北半分ほどが震源となった．この年の夏長岡は豪雨で洪水となり，さらに台風23号によって活発化した秋雨前線によって，10月19日から23日まで累積雨量125 mmとまとまった降雨があった．元々崩れやすい地形・地質条件である中山間（ちゅうさんかん）地域が雨で十分に緩んだところに発生した近地の浅い大地震の強震動により，小千谷市や山古志村を中心として，規模の大きな山崩れが各地で発生した．崩壊地は3,791ヵ所にのぼり，その内362ヵ所は，崩壊幅50 m以上の大規模なものであった．このような山崩れや道路の寸断によって，山古志村などの中山間地では多くの集落が孤立し，ヘリコプターによる避難が行われた．これらの崩土が川を堰止める現象が多数発生した．山古志村東竹沢地区や寺野地区などでは，芋川に大規模な堰止めが発生したため，上流集落が水没する被害が発生し，また下流域では土石流の危険性があるため，ポンプによる排水や開削工事が行われた．被害の中心地は豪雪地域であり，この年は積雪が例年より遅かったため，緊急排水工事などを実施できる期間がある程度確保できたが，翌年の春の雪解け時期には土砂災害被害が拡大した．

妙見町では，大規模な岩盤崩壊が発生し，県道小千谷長岡線の崩落に巻き込まれた車両の中から地震から4日後に母子3名がレスキュー隊によって救出されたが，奇跡的に助かったのは2歳の男児だけだった．上越新幹線は，新幹線開業40年で初めて営業中に地震で被災した．1台はトンネル内で停車となり，

574   4 被害地震各論

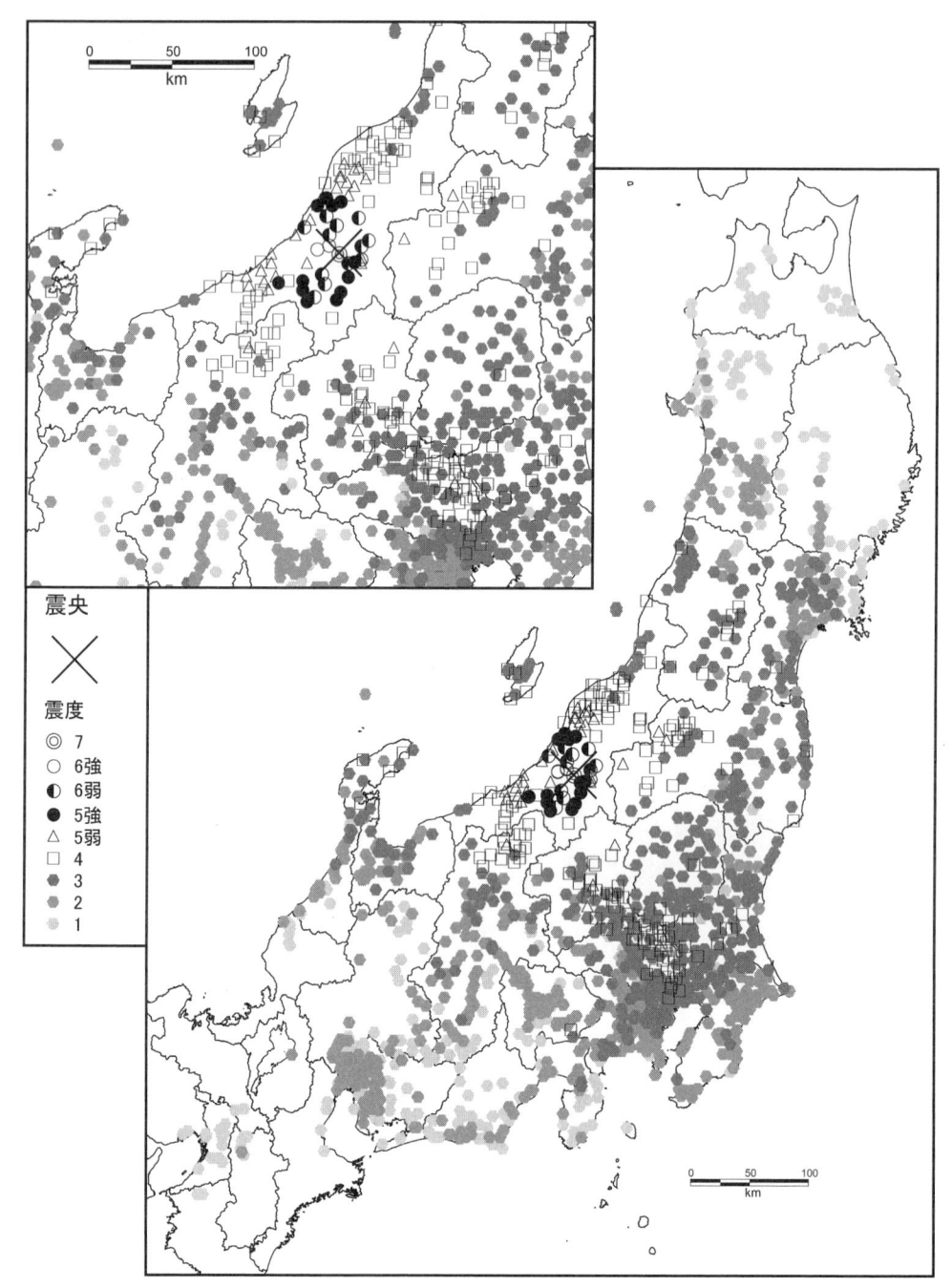

凡例
震央 ×
震度
◎ 7
○ 6強
◐ 6弱
● 5強
△ 5弱
□ 4
⬢ 3
⬢ 2
⬢ 1

図 778-1　震度分布

表 778-1　被害表（平成 21 年 10 月 21 日消防庁集計より）

平成合併後	市町村	人的被害（人） 死者	重傷	軽傷	住家被害（棟） 全壊	半壊	一部破損	非住家被害	火災（件）	被害箇所数 道路	河川	崖崩れ	ブロック塀
新潟	新潟			4									
	白根						1						
	新津			1									
	小須戸						1	4					
	横越			1									
	巻			1				3		1			
	亀田			1									
長岡	長岡	12	257	1,851	927	5,873	42,681	11,372	5	1,231	60	31	
	栃尾	1	14	78	45	300	5,781	1,035		271	4	150	
	中之島		5	13		26	2,573	1,048		10	2		
	越路	3	5	88	152	834	2,660	2,690	1	52		11	
	三島		2	6	3	25	1,677	129		228	6	2	
	与板			4		6	995	43		115			
	山古志	5	12	13	339	297	111	828					
	和島		2	1			305	166		86		3	
	小国	1	1	23	125	644	1,173	1,596		275			
	寺泊		1			14	586	221		39			
三条	三条			8			301	32					4
	栄		3			8	517	252		62			1
	下田						19	3		1		2	
柏崎	柏崎		12	53	27	293	4,586	1,057		555	15	27	
	高柳					3	268	44		40	8	3	
	西山		1	6	11	34	658	191		119	2	14	
	新発田							1					
	小千谷	19	120	665	622	2,756	7,514	5,127	1	947	11		
	加茂		1	3		4	127	5		5		5	
十日町	十日町	8	55	502	100	1,019	11,075	559	1	379	2		
	川西	1	14	11	5	87	1,559	569		200	15	50	
	中里		1	8		9	659	78		63	3	19	
	松代			1		3	350	74		53		9	
	松之山				2		90	127		3			
	見附	3	49	465	52	533	9,332	10,427		237	12	17	
燕	燕	1		1	2		54	33		4			10
	分水			2	8	24	87	72		26	4		
	吉田	1					2	25					
妙高	新井							2					
	妙高高原			1				1					
	佐渡							2				1	
	弥彦									2			
	阿賀							1					
	出雲崎		1			7	100	48		91		7	
	川口	6	38	24	606	490	297	1,460	1				
魚沼	堀之内	1	10	138	56	259	1,492	612		266	4	9	
	小出	1	5	69	1	19	1,129	104		23	5	2	
	湯之谷	2	1	21			386	18		6		4	
	広神	1	3	45	12	76	1,226	396		185	51	4	
	守門		2	19	6	33	689	95		258	7	24	
	入広瀬		1	2		5	140	12		7		10	

4 被害地震各論

平成合併後	市町	人的被害（人）			住家被害（棟）			非住家被害	火災（件）	被害箇所数			
		死者	重傷	軽傷	全壊	半壊	一部破損			道路	河川	崖崩れ	ブロック塀
	湯沢	1		1				1					
南魚沼	六日町		1	14	3	1	846	89		67		5	
	大和	1	5	1	4	3	817	40			10	10	
	塩沢		4	1			707	161		30	1	1	
	津南		3	10		1	233	48		7	4	12	
	刈羽		3	5	67	124	790	784		106	3	4	
現上越市	上越			1			10	27				1	
	安塚						8	6		4			
	浦川原			1						6		5	
	大島							7		1			
	柿崎						2	29					
	清里							9		3			
	三和						4						
	牧						1	1					
	福島県							1					
	群馬県			6			1,055						
	埼玉県			1									
	長野県		1	2			7	1					
	合計	68	633	4,172	3,175	13,810	105,682	41,738	9	6,064	229	442	15

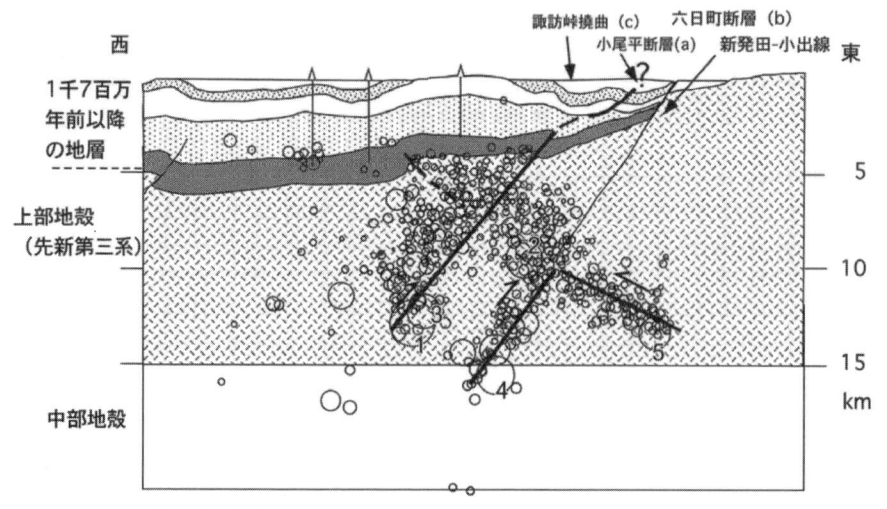

図778-2 震源域の断面［東大地震研，2005，予知連会報，73，326］

乗客と乗員412名は非常階段500段を登りきってトンネル上の山腹非常口から脱出した．1台は長岡付近で脱線して停車したが，脱線車両の乗客1名を含めて幸い負傷者もなく，155名全員が非常通路から高架下へ無事に降りた．阪神・淡路大震災後に高架橋脚の補強などを実施していたことが活かされ，鉄道構造物の致命的倒壊などはなかったが，橋脚の支持地盤が液状化した場所などでは，破断などが生じ，トンネル壁の崩落個所などとともに，復旧工事に2ヵ月を要した．（#）

779　2004 XI 29（平成16）03時32分　釧路沖　$\lambda=145°16.5'$ E　$\varphi=42°56.8'$ N　$M=7.1$　$h=48$ km；12月6日23時15分　$\lambda=145°20.6'$ E　$\varphi=42°50.9'$ N　$M=6.9$　$h=46$ km　釧路町，弟子屈，別海で震度5強，釧路市，新冠，厚岸，静内，更別で震度5弱が観測され，津波注意報が発令された．根室市は全域で自主避難を呼びかけるなど，北海道東部で避難所が用意された．浜中や厚岸では250余名の自主避難があったが，釧路市，釧路町では合わせても僅か20人しか避難しなかった．別表のように重軽傷52，釧路市で住家全壊1棟，釧路，阿寒，根室でホームタンク転倒が3件発生した．

12月の地震では，厚岸で震度5強，釧路町，弟子屈，更別，別海で震度5弱．別表のように重傷1，軽傷11．1町営住宅，8小中高校，2社会教育施設に一部破損の被害が生じた．9市町で津波からの自主避難を呼びかけたが，実際に避難したのは，3市町の248人であった．

780　2004 XII 14（平成16）14時56分　留萌支庁南部　$\lambda=141°42.0'$ E　$\varphi=44°04.6'$ N　$M=6.1$　$h=9$ km　苫前で震度5強，羽幌で5弱．家具の下敷きになるなど，小平，羽幌，苫前で軽傷8．住家一部破損が165棟．

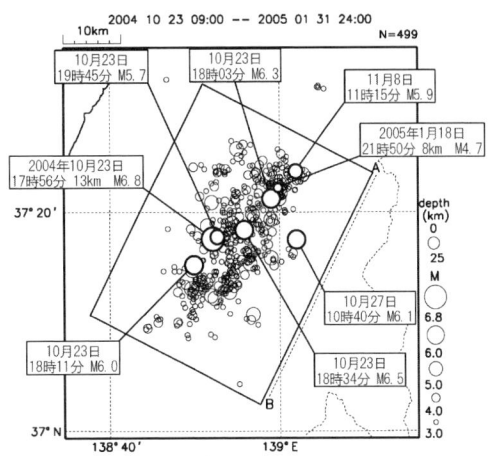

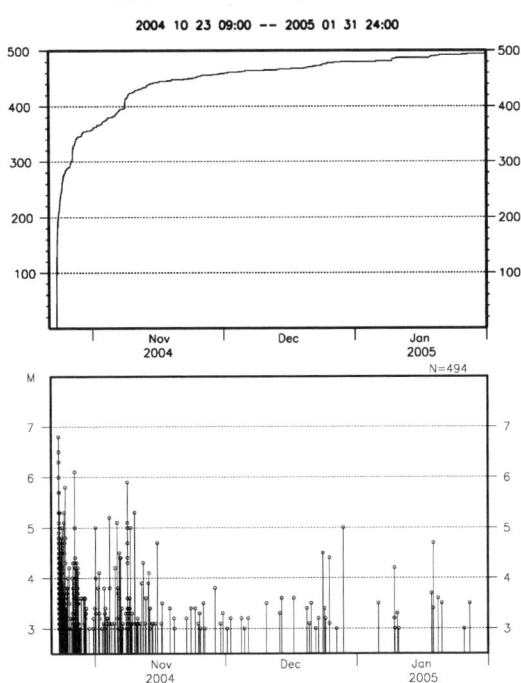

図778-3　余震発生の推移
上図の矩形範囲の積算回数とM-T図［気象庁，2005，地震火山月報防災編より作成］

表779-1 被害表（12月分は平成16年12月24日，11月分は平成17年2月16日消防庁集計より）

市町	11月の地震被害 人的被害（人） 重傷	軽傷	住家被害（棟） 全壊	一部破損	12月の地震被害 人的被害（人） 重傷	軽傷
帯広	1					
音更		2				
幕別		1				
釧路市	1	25	1	2		5
釧路町		7		1	1	
厚岸	1	2				2
標茶	1	1		1		1
阿寒		2				
白糠		1				
根室	3	1				1
中標津		1	2			1
標津		2				
別海						1
合計	7	45	1	4	1	11

明治期の建築である旧花田家鰊番屋では展示物が落下して破損した．鬼鹿地区など2町で津波を恐れた自主避難を26世帯が行った．415番の地震と類似しており，北側のサロベツ地域と同様，明瞭な活断層は地表で見られないが，沿岸部を含めて幅広い撓曲構造に逆断層地震がしばしば発生する場所である．

781 2005 I 9（平成17）18時59分 愛知県西部 $\lambda=136°51.1'E$ $\varphi=35°18.7'N$ $M=4.7$ $h=13$ km 可児，岐阜，大垣，一宮，名古屋，犬山市などで震度4．春日井市で照明器具の部品が落下して女児1名が軽傷．江南市の6小中学校で52枚のガラスが破損．

782 2005 I 18（平成17）21時50分 中越地方 $\lambda=138°59.8'E$ $\varphi=37°22.2'N$ $M=4.7$ $h=8$ km 中之島町，栃尾市，見附市，守門村で震度4．栃尾で転倒による軽傷1．

783 2005 I 18（平成17）23時09分 釧路沖 $\lambda=145°00.4'E$ $\varphi=42°52.5'N$ $M=6.4$ $h=50$ km 厚岸で震度5強，別海で震度5弱となり，別海で転倒による重傷1．小中学校3校の校舎と社会教育施設5ヵ所で一部破損．

784 2005 II 16（平成17）04時46分 茨城県南部 $\lambda=139°53.3'E$ $\varphi=36°02.3'N$ $M=5.3$ $h=46$ km つくば市などで震度5弱，群馬以外の関東各都県で震度4となった．竜ヶ崎でブロック塀倒壊1件．茨城県で重傷3，軽傷4，千葉県7，東京都5，神奈川県1の軽傷．

785 2005 III 20（平成17）10時53分 博多湾沖 $\lambda=130°10.6'E$ $\varphi=33°44.4'N$ $M=7.0$ $h=9$ km **福岡県西方沖地震** 福岡市内を北西─南東方向に通る警固断層の海域延長部で，玄界島の真下を通る長さ30 km程の左横ずれ断層に発生した地震．福岡市，糸島市，みやき町で震度6弱，唐津，壱岐，久留米，飯塚などで5強となった．玄界島に

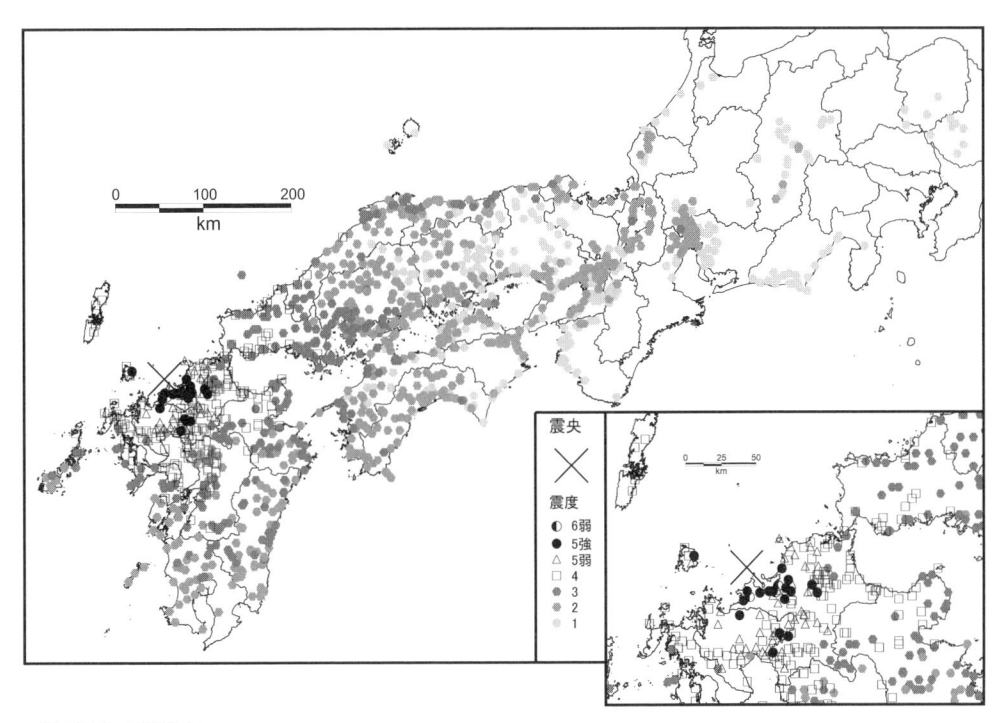

図 785-1 震度分布

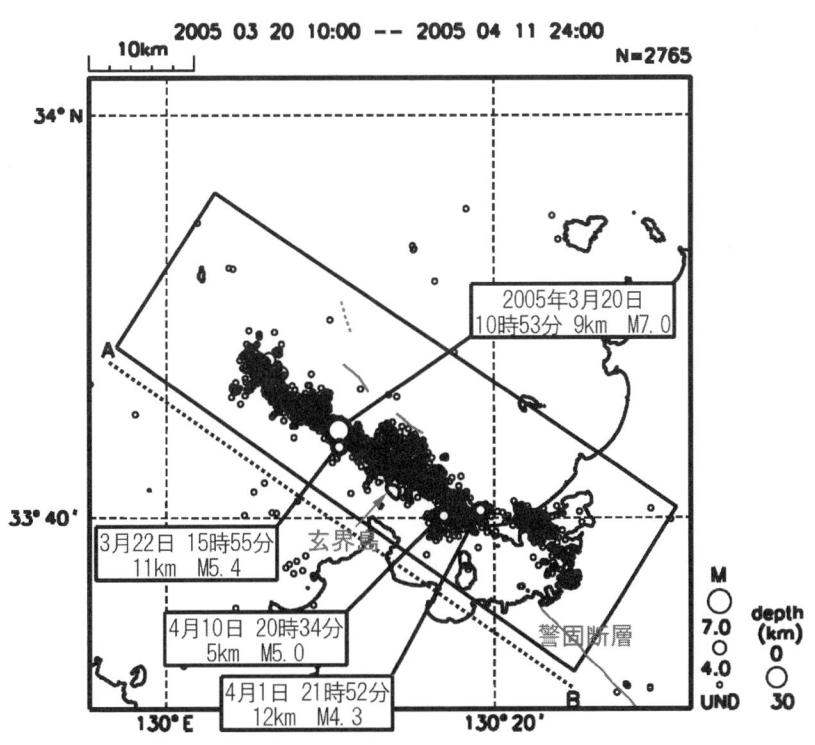

図 785-2 余震分布と警固断層および水路部による海底活断層線［気象庁，2005，地震火山月報防災編より作成］

表785-1 被害表(平成21年6月12日消防庁集計より)

県	合併後	市町	人的被害(人) 死者	人的被害(人) 重傷	人的被害(人) 軽傷	住家被害(棟) 全壊	住家被害(棟) 半壊	住家被害(棟) 一部破損
福岡		福岡	1	163	875	141	323	4,756
		前原		9	44		1	1,407
		久留米			9			1
	飯塚	穂波			2			1
		飯塚						75
		庄内						3
		大川		1	5			1
		春日		10	3		1	236
	嘉麻	碓井						9
		山田		1				
		稲築			3			
		嘉穂						6
		須恵			2			108
		新宮			2			216
		久山			3			13
		粕屋		1				6
		二丈		1				107
		志摩		5	1		16	920
		柳川			5			
		中間			1			
		大野城		1	3			217
	宗像	宗像		1	1			59
		大島						8
		福津		1			2	33
		若宮			1			107
		那珂川			1			196
		宇美				1	1	53
		篠栗		1	4			28
		志免		1	13			55
		遠賀						8
		大木						2
		添田						4
		北九州			3			5
		大牟田			2			4
		田川			3			1
		筑後			2			
		筑紫野						54
		大宰府		1	1		1	174
		古賀				1	6	235
	朝倉	甘木						4
		鞍手						1
		岡垣					1	71
		芦屋						1
佐賀		みやき						6
	唐津	七山						5
		唐津			4			37
		上峰						5
	佐賀	三瀬						1
		佐賀			1			
		鳥栖			2			
	武雄	北方						3
		武雄					1	2
		山内			1			
		小城			1			
	神埼	千代田			1			8
		白石			3			64
		伊万里		1	1			
	吉野ヶ里	東背振						1
		大町						4
長崎		壱岐			2	1		14
山口		下関						1
		宇部			1			
大分		中津						2
	合計		1	198	1,006	144	353	9,338

は震度計がなかったが，6弱以上であったと推測される．震源となったこの海域の活断層は地震後の海底地形調査でも表面の形状では認識できないもので，地下構造探査で初めて認識可能な活断層だった．

ブロック塀倒壊により福岡市で死1．震源域直上の玄海島では負傷10，住家全壊107，半壊46，一部破損61棟と大きい被害を受けたが，人命は失われなかった．福岡市の中心部では，強震によって古いビルでは鉄枠にパテで留めてあったガラスが外れ，昼間の人通りの多い歩道や道路に多数落下した．22日に$M5.4$の余震が発生し，負傷1．

786 2005 IV 11（平成17）07時22分 千葉県北東部 $\lambda=140°37.3'$ E $\varphi=35°43.6'$ N $M=6.1$ $h=52$ km 神栖町，干潟町，八日市場市，旭市，小見川町で震度5強，千葉県山田町，多古町，野栄町，佐原市，光町で震度5弱のほか，千葉，茨城，埼玉県で震度4．川口市では落下物で軽傷1，鹿嶋市で小学校の窓ガラス破損．

787 2005 IV 20（平成17）06時11分 博多湾 $\lambda=130°17.3'$ E $\varphi=33°40.7'$ N $M=5.8$ $h=14$ km 785番の最大余震．福岡市，春日市，碓井町，新宮町で震度5強，大野城市，宗像市，那珂川町，須恵町，古賀市，粕屋町，福津市，若宮町，筑前町，久保田町，みやき町で震度5弱．福岡県と佐賀県で重傷各1，福岡市などで軽傷56，住家一部破損279棟の被害が発生．須恵町で火災が1件発生した．佐賀では県道2ヵ所で落石．福岡市で5件のエレベーターへの閉じ込めが発生した．

表787-1 被害表（地震当日の消防庁集計．ただし，福岡市の住家被害程度は不明）

市町	人的被害（人） 重傷	人的被害（人） 軽傷	住家一部破損
福岡		47	71
大宰府		1	44
須恵		2	14
春日		3	41
大野城		2	48
宗像			3
久山			1
田川		1	
山田	1		
筑紫野			8
二丈			1
那珂川			42
粕屋			2
宇美			2
新宮			2
伊万里	1		
合計	2	56	279

788 2005 IV 23（平成17）00時23分 長野県北部 $\lambda=138°17.8'$ E $\varphi=36°39.7'$ N $M=4.1$ $h=4$ km 須坂市で震度4．長野市で落下物による軽傷1．須坂市では市庁舎や小学校の窓ガラスのひび割れ3件，福祉施設の壁剥離落下1件など建物の破損があった．

789 2005 V 2（平成17）01時23分 博多湾 $\lambda=130°19.2'$ E $\varphi=33°40.2'$ N $M=5.0$ $h=11$ km 福岡市，春日市，古賀市，新宮町，宗像市，志摩町，前原市，福津市で震度4．福岡で転倒による軽傷1．

790 2005 VI 3（平成17）04時16分 天草芦北地方 $\lambda=130°32.9'$ E $\varphi=32°29.7'$ N $M=4.8$ $h=11$ km 上天草で震度5弱，雲仙，宇城，八代，熊本，天草の各市で最大震度4．熊本県で重傷1，長崎県で軽傷1．

791 2005 VI 20（平成17）01時15分 千葉県北東部 $\lambda=140°41.7'$ E $\varphi=35°44.0'$ N $M=5.6$ $h=51$ km 千葉県光町，干潟町，成田市，九十九里町，旭市，八日市場市，東金市などで震度4となり，千葉市で転倒によ

表793-1 被害表（平成17年10月17日消防庁集計より）

都県	人的被害（人）		住家一部破損	非住家被害		火災		エレベーター閉じ込め
	重傷	軽傷		公共	その他	建物	その他	
東京	1	11	4		2	1	1	22
千葉	3	5	3			1		9
埼玉		9						2
神奈川		9	5	1	4	1		14
合計	4	34	12	1	6	3	1	47

る軽傷1．

792 2005 VI 20（平成17）13時03分　中越地方　$\lambda=138°35.4'$ E　$\varphi=37°13.8'$ N　$M=5.0$　$h=15$ km　柏崎市，長岡市で震度5弱．柏崎市では，落下したエレベーターの扉に挟まれ軽傷1のほか，住家一部破損5棟，文教施設や集会所7棟が一部破損．上越市で文教施設一部破損1．

793 2005 VII 23（平成17）16時34分　千葉県北西部　$\lambda=140°08.3'$ E　$\varphi=35°34.9'$ N　$M=6.0$　$h=73$ km　関東地方では，茨城県南西部の深さ50〜60 kmの地震と並んで，深さ70 kmのやや深い地震が数多く発生する千葉市の真下で発生した．太平洋スラブ内の地震で，短周期成分が卓越していた．足立区1ヵ所で震度5強が観測されたほかは震度4以下だったが，夏休み最初の土曜日の夕方であったため，各地で人出が多く，地震の影響が広範にわたった．首都圏ではエレベーターへの閉じ込めが同時に多数発生したため，中の人達が救出されるまでに2〜3時間以上かかる事態が多発した．電車が運転停止し安全確認をして運転再開するまでに時間がかかったため，行楽帰りの交通手段がなくなり，駅などで混乱が生じた．物損よりも社会運営上の障害が顕著であった．

262番（安政江戸地震）と同タイプの地震と考えられる．関東平野の広い地域がほぼ真下から震動を受ける形となり，表層地盤のよしあしで場所によって被害程度が異なった．

794 2005 VII 28（平成17）19時15分　茨城県南部　$\lambda=139°50.8'$ E　$\varphi=36°07.6'$ N　$M=5.0$　$h=51$ km　茨城，栃木，群馬，埼玉県で震度4．栃木県石橋で軽傷1，群馬県板倉で非住家のガラス破損1．

795 2005 VIII 7（平成17）01時05分　千葉県北西部　$\lambda=140°06.9'$ E　$\varphi=35°33.6'$ N　$M=4.7$　$h=73$ km　横浜で震度4となり軽傷1．

796* 2005 VIII 16（平成17）11時46分　宮城県沖　$\lambda=142°16.7'$ E　$\varphi=38°09.0'$ N　$M=7.2$　$h=42$ km　金華山沖のプレート境界で発生した地震．宮城県川崎町で震度6弱となったが，仙台平野や一関市，相馬市などは震度5強以下であった．241番（1835年），320番（1897年），481番（1936年），629番（1978年）と100年に2回程度の頻度で発生

表796-1 被害表（平成18年2月3日消防庁集計より）

県名	人的被害（人）		住家被害（棟）	
	重傷	軽傷	全壊	一部破損
宮城	7	72		383
岩手	3	8		9
福島	1	4		590
山形	1			
秋田				2
埼玉		4		
合計	12	88	0	984

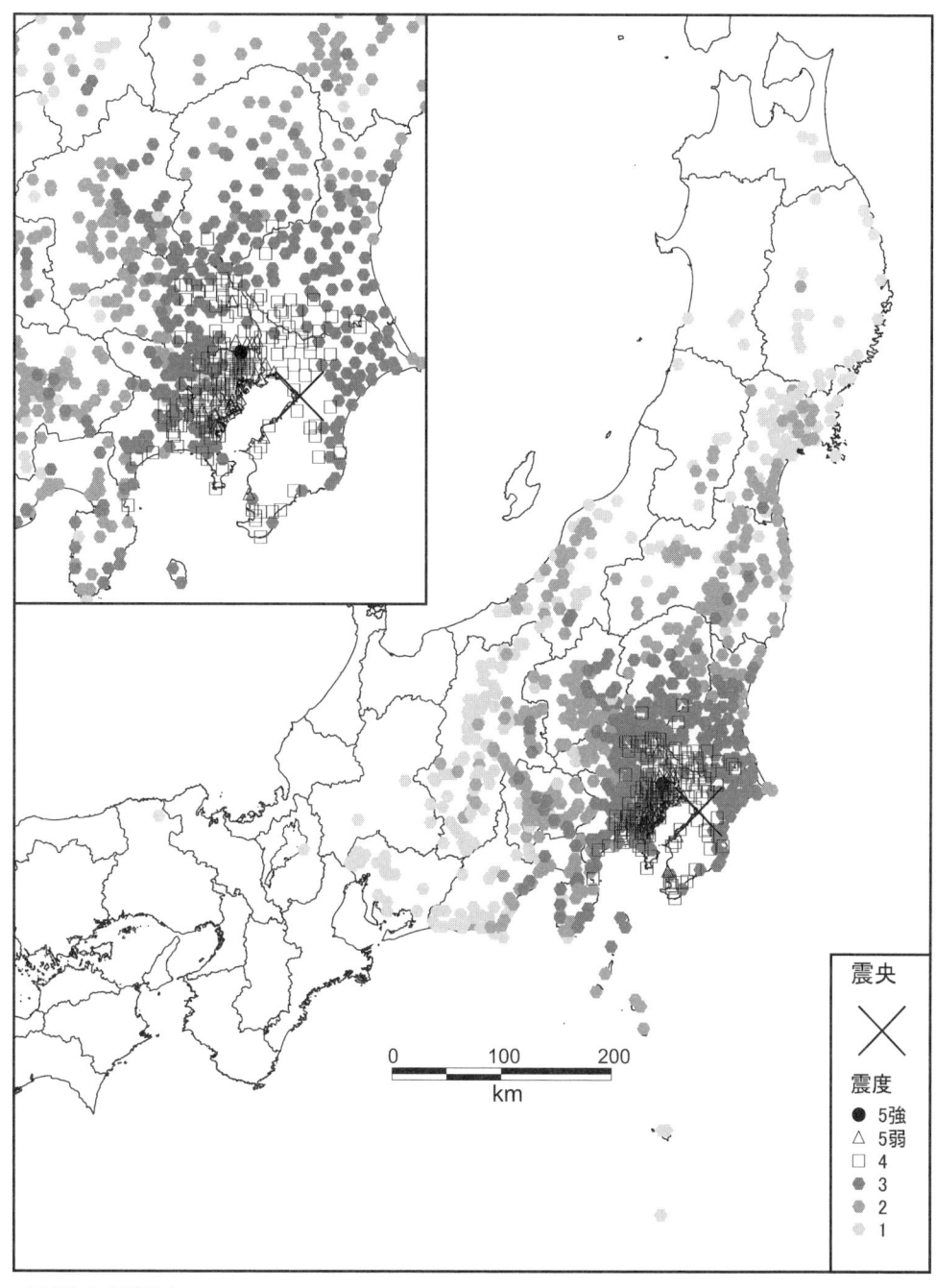

図 793-1 震度分布

584   4 被害地震各論

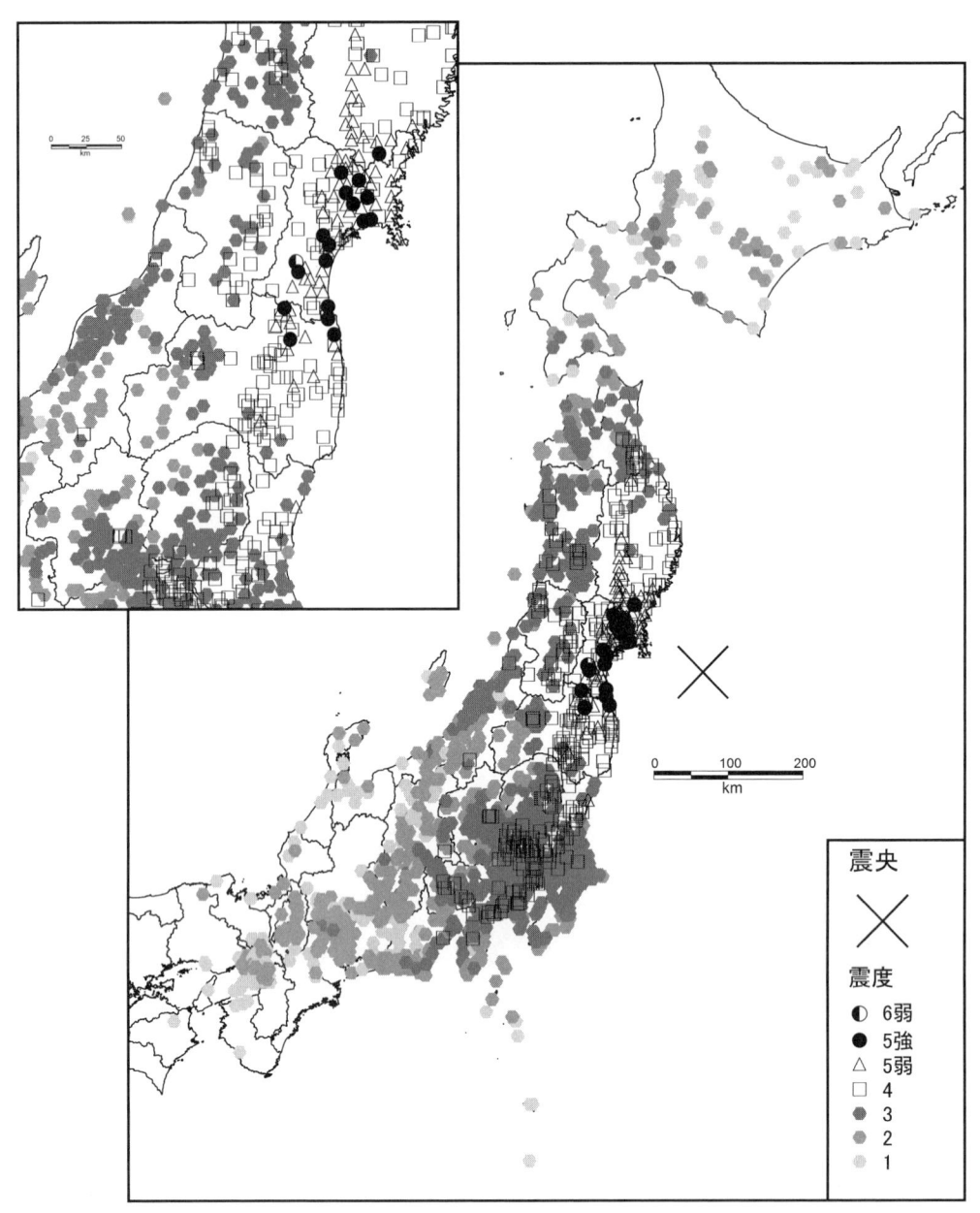

図 796-1 震度分布

し，仙台市に震度5で土砂崩れなどの被害を発生させる，いわゆる「宮城県沖地震」である．2000年末に地震調査研究推進本部から「30年間の発生確率99％」と長期評価が発表されてのち，重点的な観測や啓発活動，自治体による防災対策などが順次行われていたことと，前回の629番（1978年）よりは小さい地震だったこともあり，被害は軽度で済んだ．241番や481番に類似するが，481番より規模がやや小さい可能性があったので，地震本部はこの地震が99％と確率予測していた固有地震ではないとして，予測発生確率をこの地震後も下げなかった．多くの専門家はこれで「宮城県沖地震」は1回発生し終わったと判断していたが，規模が481番より小さい分，すべり残りで再び地震が発生する可能性もあるとして，公表発生確率を下げないことには異論が少なかった．

お盆休み中で，仙台市の屋内プールで天井板が多数崩落し，重傷3を含む負傷47が発生し，内装部材の耐震設置の必要性という課題が再び注目された．国土交通省は769番の地震後に行った天井部材落下防止の徹底を図って，地震後の19日に「大規模空間を持つ建築物の天井の崩落対策」の調査指導，26日には「地震時における天井の崩落対策の徹底」の技術的助言を行い，500 m^{2}以上の空間を持つ建築物の所有者，管理者に対して実態調査と対策措置を要請した．［－1］

797 2005 VIII 21（平成17）11時29分 中越地方 $\lambda=138°42.7'$ E $\varphi=37°17.9'$ N $M=5.0$ $h=17$ km 震度は長岡市で5強，小千谷市で5弱．柏崎市でガラス破損によって軽傷2．上越市でエレベーター閉じ込めが1件発生した．

798 2005 X 16（平成17）16時05分 茨城県南部 $\lambda=139°56.3'$ E $\varphi=36°02.4'$ N $M=5.1$ $h=47$ km 群馬を除く関東都県で震度4．春日部市，さいたま市で軽傷各1．戸田市でエレベーター閉じ込め1件．

799 2005 X 19（平成17）20時44分 茨城県沖 $\lambda=141°02.6'$ E $\varphi=36°22.9'$ N $M=6.3$ $h=48$ km 鉾田市で震度5弱．茨城，福島，栃木，千葉県で震度4．茨城と千葉県で軽傷各1．

800 2005 XII 17（平成17）03時32分 宮城県沖 $\lambda=142°10.9'$ E $\varphi=38°26.9'$ N $M=6.1$ $h=40$ km 陸前高田市，南三陸町，石巻市，唐桑町，東松島市で震度4．女川町で軽傷1．

801 2005 XII 24（平成17）11時01分 愛知県西部 $\lambda=136°50.4'$ E $\varphi=35°13.8'$ N $M=4.8$ $h=43$ km 名古屋，一宮，愛西，桑名，鈴鹿市で震度4．四日市市で軽傷1．

802 2006 IV 21（平成18）02時50分 伊豆半島東方沖 $\lambda=139°11.8'$ E $\varphi=34°56.5'$ N $M=5.8$ $h=7$ km 伊東市の沖合で群発活動が発生し，その中で最大の地震．伊豆半島東部や真鶴，小田原，大島の元町，利島で震度4．大和市，湯河原市，伊東市で軽傷各1．伊東市内で水道管漏水6戸，落石1，ブロック塀倒壊1．

803 2006 IV 22（平成18）23時35分 宮城県沖 $\lambda=141°49.3'$ E $\varphi=38°42.2'$ N $M=4.6$ $h=66$ km 大船渡市，一関市，南三陸町で震度4．登米市で重傷1．

804 2006 V 15（平成18）01時42分 和歌山県北部 $\lambda=135°13.3'$ E $\varphi=34°13.5'$ N $M=4.5$ $h=3$ km 震度4となった和歌山市で重傷1，ブロック塀倒壊1件，ガラス

586   4 被害地震各論

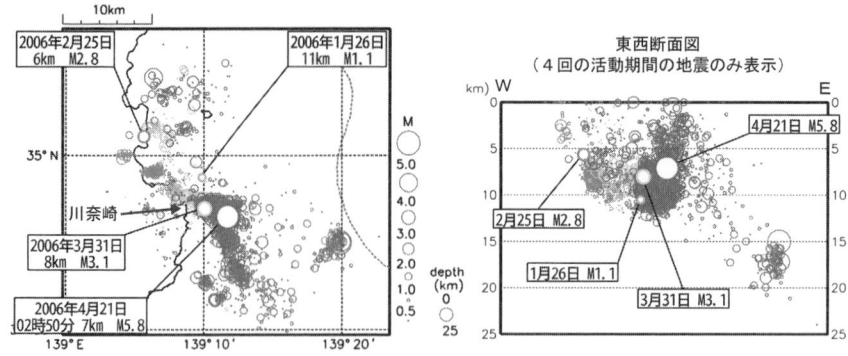

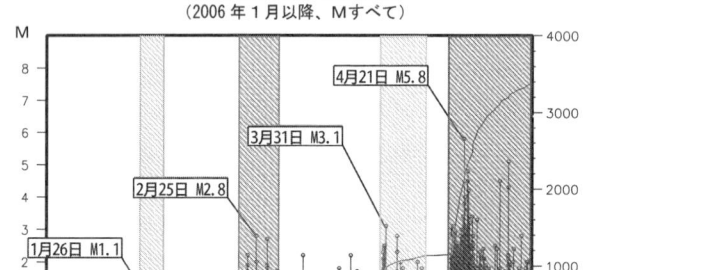

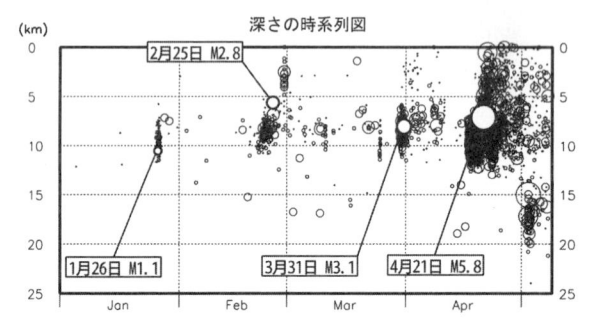

図802-1 伊豆半島東方沖の2006年の活動推移［気象庁，2006，地震火山月報防災編より作成］

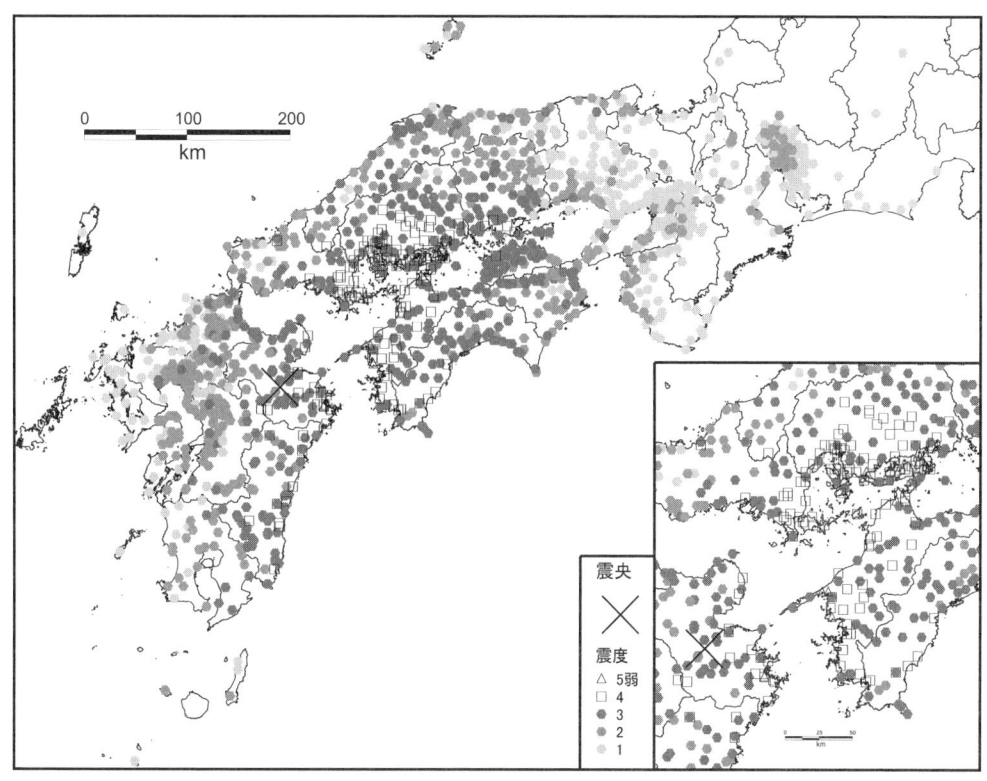

図 805-1 震度分布

破損 2 件.

805 2006 Ⅵ 12（平成 18）05 時 01 分　大分県中部　$\lambda=131°26.1'\mathrm{E}$　$\varphi=33°08.1'\mathrm{N}$　$M=6.2$　$h=145\,\mathrm{km}$　九州の下に垂れ下がるように沈み込むフィリピン海スラブの中で発生したやや深い地震．広島，愛媛，大分県で震度 5 弱，中国・四国・九州の広範囲で震度 4 となり，表のように重軽傷 8，住家一部破損 5 棟が広い範囲に発生した．

806 2006 Ⅸ 26（平成 18）07 時 03 分　伊予灘　$\lambda=131°53.1'\mathrm{E}$　$\varphi=33°30.4'\mathrm{N}$　$M=5.3$　$h=70\,\mathrm{km}$　伊予灘の下のスラブ内地震．愛媛，山口，大分県で震度 4．臼杵市で住家一部破損 2 棟，佐伯市で落石 2 ヵ所，通行止め 1 ヵ所．

表 805-1　被害表（平成 18 年 6 月 15 日消防庁集計より）

県	市町	人的被害（人）		住家一部破損（棟）
		重傷	軽傷	
広島	広島		2	
	廿日市	1		
	江田島		1	
	尾道			1
	東広島			1
愛媛	松山		1	
山口	下松	1		
	光	1		
大分	臼杵		1	
	佐伯			1
	豊後大野			2
合計		3	5	5

807* 2007 Ⅲ 25（平成 19）09 時 41 分　能登地方　$\lambda=136°41.2'\mathrm{E}$　$\varphi=37°13.2'\mathrm{N}$　$M=6.9$　$h=11\,\mathrm{km}$　**平成 19 年（2007 年）能登半島地震**　穴水町，輪島市，七尾市で震度

表 807-1 被害表（平成 21 年 1 月 13 日消防庁集計より）

県	市町	人的被害 (人)			住家被害 (棟)		
		死者	重傷	軽傷	全壊	半壊	一部破損
石川	七尾		24	103	69	304	7,296
	輪島	1	46	69	513	1,086	9,988
	珠洲			3			685
	加賀						6
	羽咋			1	3	13	142
	かほく				3	2	18
	白山						1
	津幡			1			2
	志賀		10	27	15	215	3,384
	宝達志水					3	26
	中能登		3		3	7	1,959
	穴水		3	36	79	100	2,318
	能登		2	10	1	10	1,130
	小計	1	88	250	686	1,740	26,955
富山	富山		1				
	氷見			1			
	高岡			6			
	小矢部			1			
	射水			2			
	魚津			2			
	小計		1	12			
新潟	糸魚川			2			3
	十日町		1	1			
	小計		1	3			3
福井	福井		1				
	小計		1				
	合計	1	91	265	686	1,740	26,958

6強，能登町，志賀町，中能登町で震度6弱，珠洲市で5強のほか，石川，富山，新潟県で震度5弱となった．輪島市で自宅内の石灯籠の下敷きになり死1．表807-1のように重軽傷356，住家全壊686，半壊1,740，一部破損26,958棟．輪島市門前町などで山崩れが発生し，小規模な堰止めを生じたものもあった．朝の始業後に発生したためか，ゆれの強さや住家全壊数に比べて，火災もなく，人的被害は少なくて済んだ．18時11分 $M5.3$，26日 $M4.8$，28日 $M4.9$ の余震でも能登地方で震度5弱になり小被害が加わった．

震源は能登半島の北部の八ケ川沿いに門前辺りからさらに西南西方向の沿岸部へ伸びている，日本海拡大時には正断層運動をしていた地質断層が再活動したもので，広角の南傾斜で長さ30 km，幅10 km程の震源域で右横ずれを伴う逆断層運動が起きた．海域の探査からこの沿岸に活断層があり，その続きが陸側にも推測されていた場所であった．この地震以降，沿岸域の活断層調査の必要性がさらに認識された．本震の12分前には，本震震央の極近傍で $M2.2$ の前震が発生していた．

津波注意報が発令されたが，海に突き出た形になる能登半島が大きく震動したため，通常の津波ではなく，半島部の弾性波震動でゆ

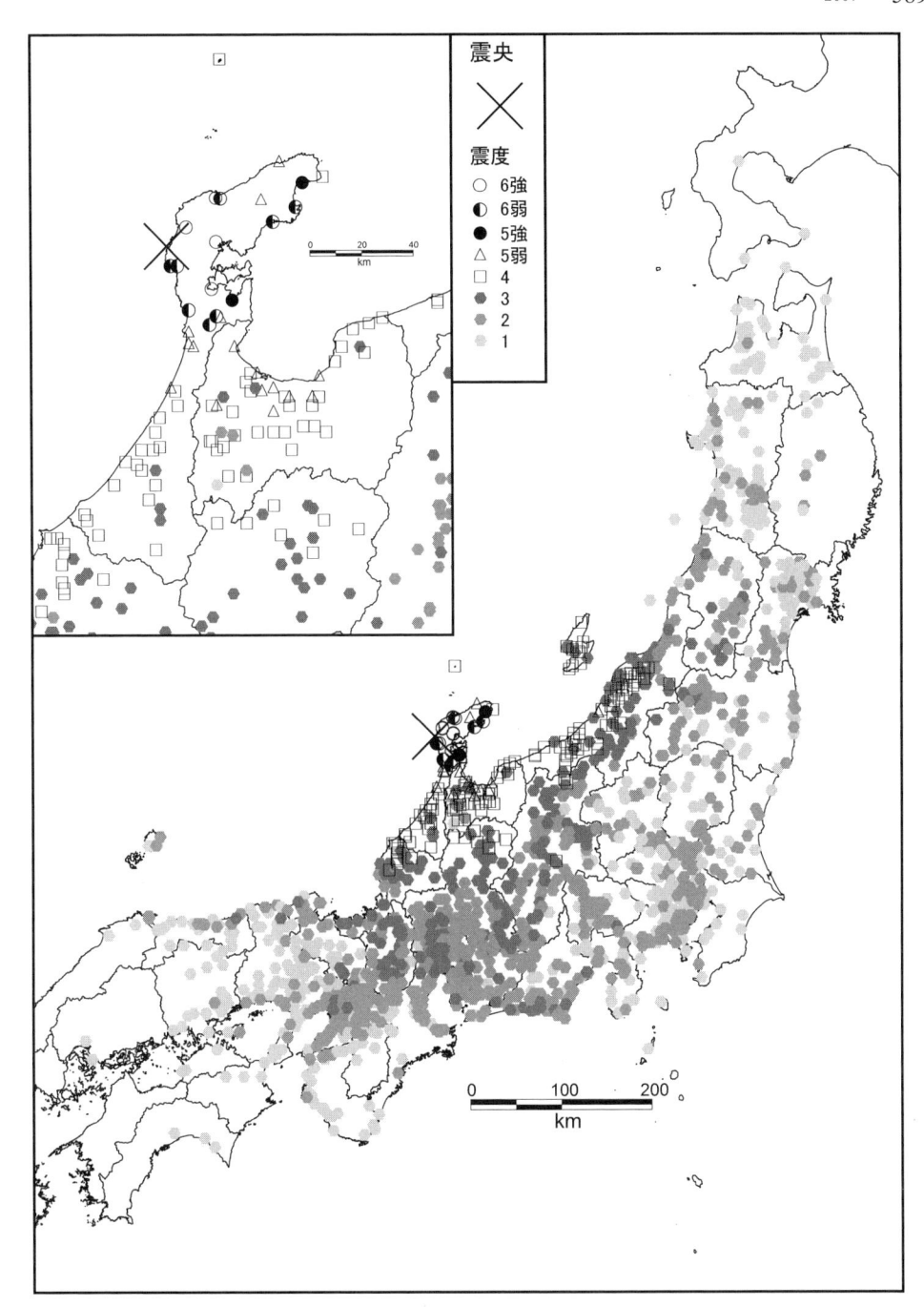

図807-1　震度分布

590　4　被害地震各論

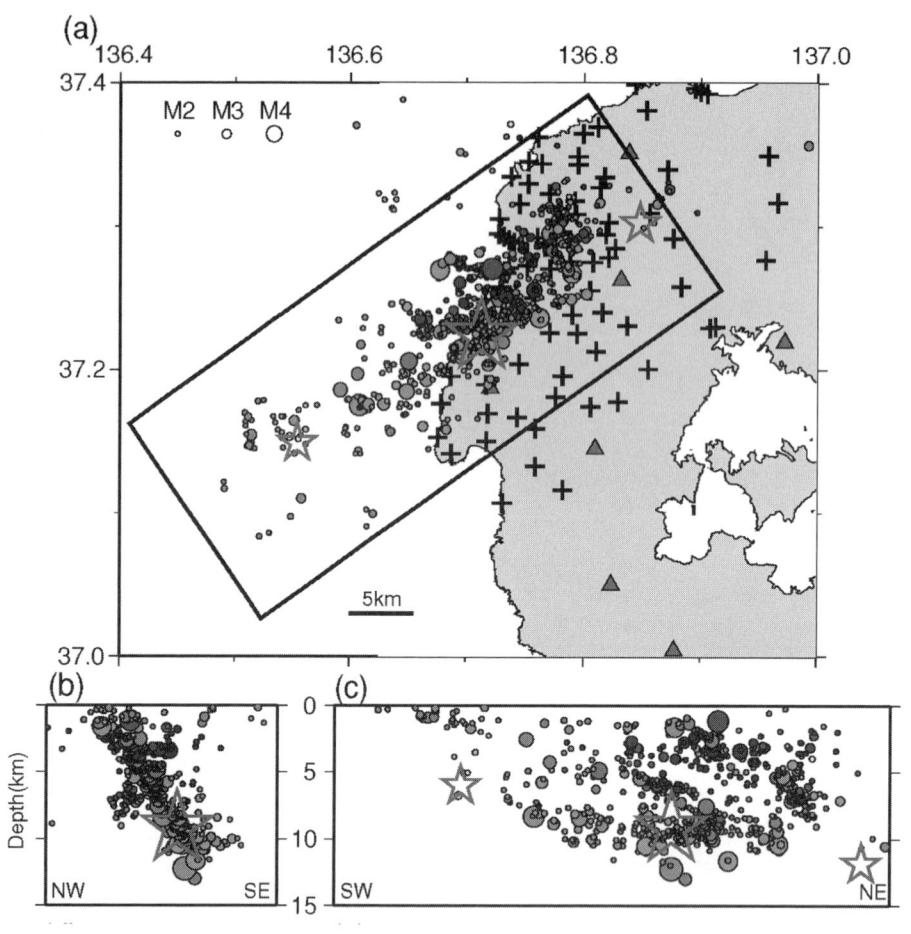

図807-2　大学などの合同余震観測の成果として得られた2007年3月25日〜4月18日の震源のうち，精度のよいものだけの分布図［Sakai *et al.*, 2008, *Earth Planets Space*, **60**, 85より作成］
(a) 震央分布と観測点分布．大小の星は本震と2個の最大余震．丸はその他の余震．三角と十字は観測点．(b) 矩形部分の短辺方向の断面図．(c) 長辺方向の断面図．

すられた富山湾の水は，津波が伝わってくるよりずっと早く動揺し，プレジャーボートが転覆する事象も確認された．［−1］［片川ほか，2005, 地学雑誌，**114**, 791-810］

808　2007 IV 15（平成19）12時19分　三重県中部　$\lambda=136°24.5'$ E　$\varphi=34°47.5'$ N　$M=5.4$　$h=16$ km　亀山市で震度5強，鈴鹿市，伊賀市，津市で震度5弱．表808-1のように重軽傷13，住家一部破損122棟．18時34分には$M4.5$が発生した．液晶テレビ工場などが影響を受けた．菰野地方には352

番（1903年）のように中規模被害地震が時

表808-1　被害表（平成19年4月23日消防庁集計より）

県	市町	人的被害（人）		住家一部破損（棟）
		重傷	軽傷	
三重	亀山		2	
	伊賀	1		
	鈴鹿	1	6	
	津	1	1	
	小計	3	9	121
愛知	名古屋		1	
	小計		1	1
	合計	3	10	122

表 811-1 被害表（平成 21 年 10 月 15 日消防庁集計より）

県	市町	人的被害（人）			住家被害（棟）			火災	
		死者	重傷	軽傷	全壊	半壊	一部破損	建物	その他
新潟	柏崎	14	217	1,447	1,121	4,583	22,720	1	1
	刈羽	1	31	85	166	441	654		
	出雲崎		2	8	17	131	1,383		
	長岡		65	178	10	459	7,037		1
	上越		22	136	14	63	2,707		
	新潟		2	7		1	66		
	三条		4	28		1	126		
	小千谷		1	39			300		
	十日町			8	1	14	360		
	見附			14			637		
	燕		3	7	2	13	881		
	魚沼		2	4			9		
	南魚沼			4			17		
	糸魚川			1			6		
	妙高					2	33		
	阿賀野						1		
	湯沢		1						
	川口					1	8		
	小計	15	350	1,966	1,331	5,709	36,945	1	2
長野	飯山		2	17			102		
	中野		1	3			75		
	飯綱		2	1			142		
	長野		1	2			15		
	東御						3		
	小布施						18		
	上田						1		
	小計		6	23			356		
富山	高岡			1					
	小計			1					
	合計	15	356	1,990	1,331	5,709	37,301	1	2

折発生しているが，その一例である．

809 2007 IV 26（平成 19）09 時 02 分　東予地域　$\lambda=133°35.1'$E　$\varphi=33°53.4'$N　$M=5.3$　$h=39$ km　四国地方と岡山，広島県の瀬戸内海沿岸地域で震度 4．四万十町で集合住宅の壁が一部崩落した．

810 2007 VI 6（平成 19）23 時 42 分　別府市付近　$\lambda=131°29.7'$E　$\varphi=33°20.0'$N　$M=4.9$　$h=11$ km　7 日 17 時 22 分 $M4.7$，20 時 50 分 $M4.7$ と浅い地震が頻発し，国東市，別府市，日出生町，杵築市で震度 4．重傷 1．住家一部破損 1 棟．水道管漏水 3 ヵ所．

811* 2007 VII 16（平成 19）10 時 13 分　柏崎沖　$\lambda=138°36.6'$E　$\varphi=37°33.4'$N　$M=6.8$　$h=17$ km　**平成 19 年（2007 年）新潟県中越沖地震**　震源域に近い，柏崎市，長岡市，刈羽村のほか，やや離れた長野県飯綱町でも震度 6 強となった．上越市，出雲崎町，小千谷市で 6 弱，燕市，三条市，十日町市，六日町，飯山市，中野市，信濃町で震度 5 強．強いゆれによる倒壊などの被害が各地で生じた．

592　4　被害地震各論

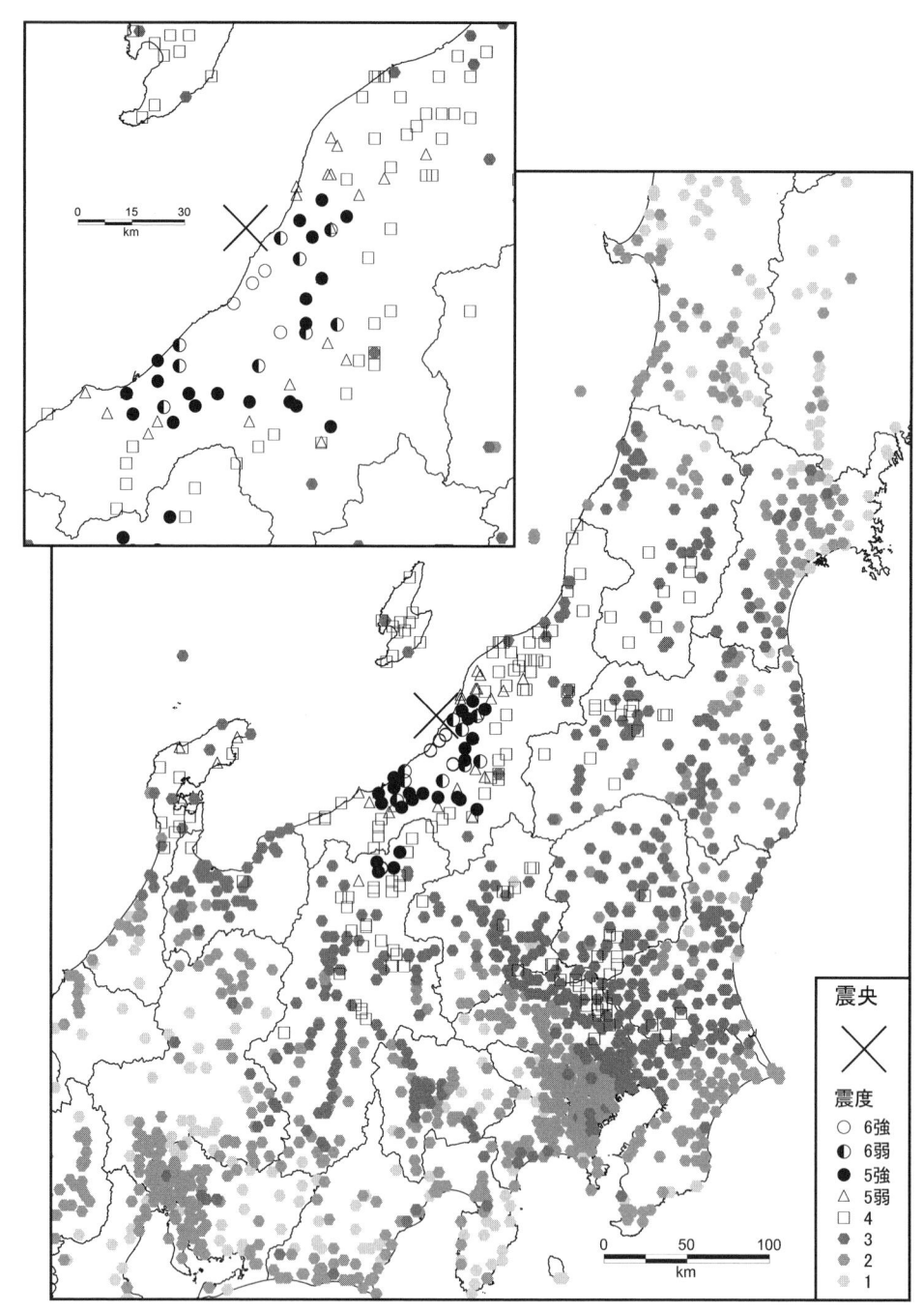

図 811-1　震度分布

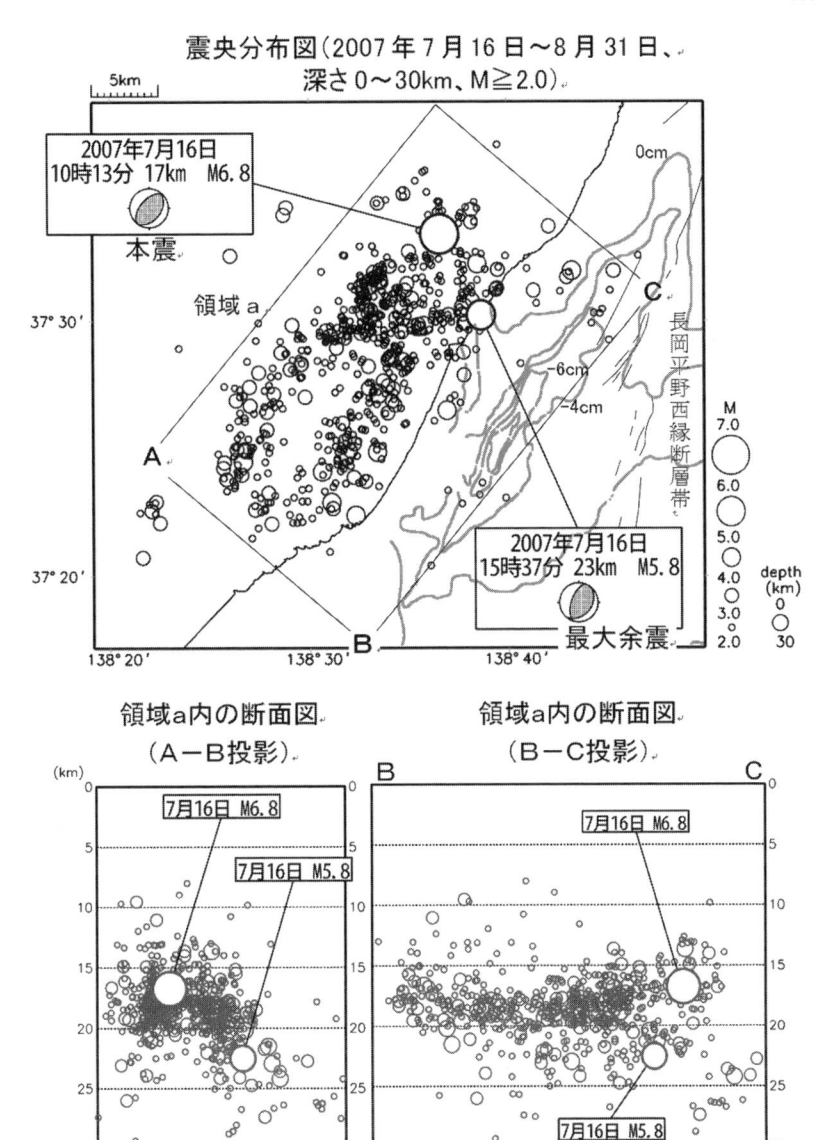

図811-2 余震分布と小木ノ城背斜の隆起［気象庁，2008，地震月報防災編と国土地理院，2007，10月2日報道発表資料から作成］
細黒線は活断層，灰色太線のコンターは北行仰角51.3度の衛星方向への変位量（負の値は衛星に接近する＝隆起を表す）で，西山丘陵西側の隆起分布を示す．

柏崎市の各地で山崩れが発生し，青海川ではJR信越本線と青海川駅ホームが埋没するなどの被害が出た．15時37分に$M5.8$の最大余震が発生したが，余震は778番（2004年）よりずっと少なく通常レベルであった．震源は柏崎から観音岬の沖，長さ25 km程の東傾斜の逆断層で，この地域で知られていた陸部の西傾斜の鳥越断層などとは逆傾斜であった．807番の地震に続いて日本海側の沿岸部での浅い地震の発生により，沿岸海域の活断層調査の必要性が高まった．人的被害は新潟県で死15，重軽傷2,316，長野県で重軽傷29，富山県高岡で軽傷1など．

柏崎刈羽原子力発電所が原発として世界で初めて地震によって極軽度ではあるが被災した．3号炉建屋のブローアウトパネルが脱落して一時気密性が失われたほか，6号炉のプールから放射性物質を含んだ微量の水が外部に漏れ，7号炉の排気筒から極微量の放射性ヨウ素が外気に排出された．いずれも放射性物質の量は問題にならない僅かなものだったが，3号炉の変圧器で発生した火災が消火されないまま燃え続ける様子がテレビで何度も流れたことなどによって，柏崎は危険な場所というイメージをしばらくの間一般に持たれて，風評被害が発生した．

この地震前後の合成開口レーダー干渉解析によって捉えられた面的な地殻変動から，とくに海岸から8 km程東にある西山丘陵の小木ノ城背斜の中部と南部が，幅1.5 km，長さ15 kmにわたって最大15 cm隆起したことがわかった．これは地震時の弾性変形による地殻変動ではなく，逆断層地震に伴って地殻の硬い部分が短縮したのに応じて，浅い部分の近辺の活褶曲で非地震性の短縮が起こって盛り上がったもので，活褶曲の成長を捉えたものとして注目された．［−1］

812　2007 VIII 16（平成19）04時15分　九十九里浜付近　$\lambda=140°31.8'E$　$\varphi=35°26.6'N$　$M=5.3$　$h=31$ km　九十九里の沿岸地域で震度4．千葉市で軽傷1．18日04時14分にも$M4.8$で船橋市で軽傷1，16時55分$M5.2$が発生．3個目は負傷者なし．

813　2007 X 1（平成19）02時21分　神奈川県西部　$\lambda=139°07.1'E$　$\varphi=35°13.5'N$　$M=4.9$　$h=14$ km　箱根町で震度5強，小田原市震度5弱，真鶴町，熱海市，東伊豆町で震度4．小田原市で軽傷2，箱根町で一部破損5棟．

814　2008 III 8（平成20）01時54分　茨城県北部　$\lambda=140°36.7'E$　$\varphi=36°27.2'N$　$M=5.2$　$h=57$ km　福島，茨城，栃木県で震度4，笠間市で軽傷1．

815　2008 IV 29（平成20）14時26分　青森県東方沖　$\lambda=142°06.5'E$　$\varphi=41°27.8'N$　$M=5.7$　$h=62$ km　函館市，むつ市，東通村で震度4．三沢市で重傷1，北斗市で軽傷1．

816　2008 V 8（平成20）01時45分　茨城県沖　$\lambda=141°36.5'E$　$\varphi=36°13.7'N$　$M=7.0$　$h=51$ km　水戸市と茂木町で震度5弱．宮城，福島，茨城，千葉，栃木，埼玉県で震度4．常総市，さいたま市，香取市，鎌ヶ谷市，港区，八王子市で軽傷計6．鹿島市の工場から塩酸ガスが漏洩したが，散水で中和し，人的被害はなかった．

817　2008 VI 13（平成20）11時21分　長野県南部　$\lambda=137°42.2'E$　$\varphi=35°54.7'N$　$M=4.7$　$h=13$ km　塩尻市と木曾町で震度4．塩尻市で軽傷1．

818　2008 VI 14（平成20）08時43分　栗駒

表 818-1 被害表（平成 21 年 7 月 2 日消防庁集計より）

県	市町	人的被害（人）				住家被害（棟）			火災
		死者	行方不明	重傷	軽傷	全壊	半壊	一部破損	建物
岩手	花巻			1				3	
	北上							2	
	一関	1			2	1	2	266	
	奥州	1		7	25	1	2	468	
	金ヶ崎							25	
	平泉			1				8	
	藤沢				1				
	西和賀							6	
	小計	2		9	28	2	4	778	2
宮城	栗原	13	4	28	152	27	128	1,414	
	大崎			9	72	1	7	287	
	美里			7	18		6	13	
	仙台	1		3	23			10	1
	名取			1	29				
	塩竈				1				
	気仙沼			1					
	石巻							1	
	角田			1					
	登米			2	7			8	
	東松島				1				
	利府				1				
	色麻				1				
	加美			2	5				
	涌谷				1				
	小計	14	4	54	311	28	141	1,733	1
秋田	湯沢			2	2	5		1	8	1
	横手			2	8			1	
	秋田			1	2				
	羽後				1				
	小計			2	5	16		1	9	1
山形	山形							1	
	新庄			1					
	小計			1				1	
福島	福島			1	1				
	いわき	1							
	小計	1		1	1				
	合計	17	6	70	356	30	146	2,521	4

地域 $\lambda=140°52.8'$E $\varphi=39°01.8'$N $M=7.2$ $h=8$ km **平成 20 年（2008 年）岩手・宮城内陸地震** 栗原市と奥州市で震度 6 強，大崎市で震度 6 弱となった．09 時 20 分に $M5.2$ の余震が発生した．K-NET の 一関西(いちのせきにし)観測点では，強い水平方向の震動によって表層地盤がほぐされて膨張したため（液状化で締め固まり沈降することの逆現象），観測波形の上下動に明瞭な片ぶれが見られ，観測点が持ち上がったことが観測された．死・行方不明 23，重軽傷 426，家屋全壊 30 棟，半壊 146 棟，一部破損 2,521 棟．栗駒山の火山噴出物が厚く堆積する山体が震源域の極近傍であったため，大規模な山崩れが多数発生した．

596   4 被害地震各論

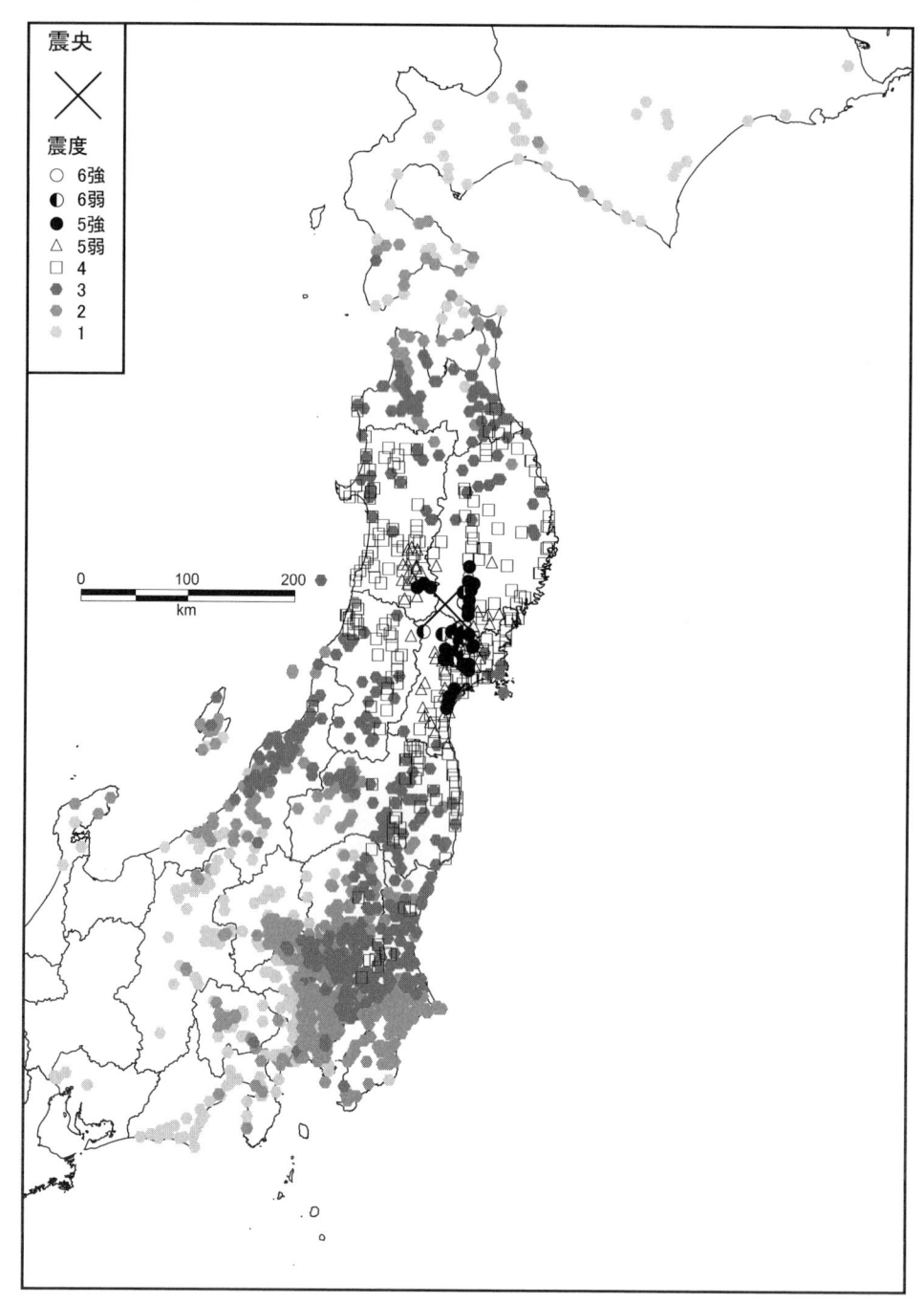

図818-1 震度分布

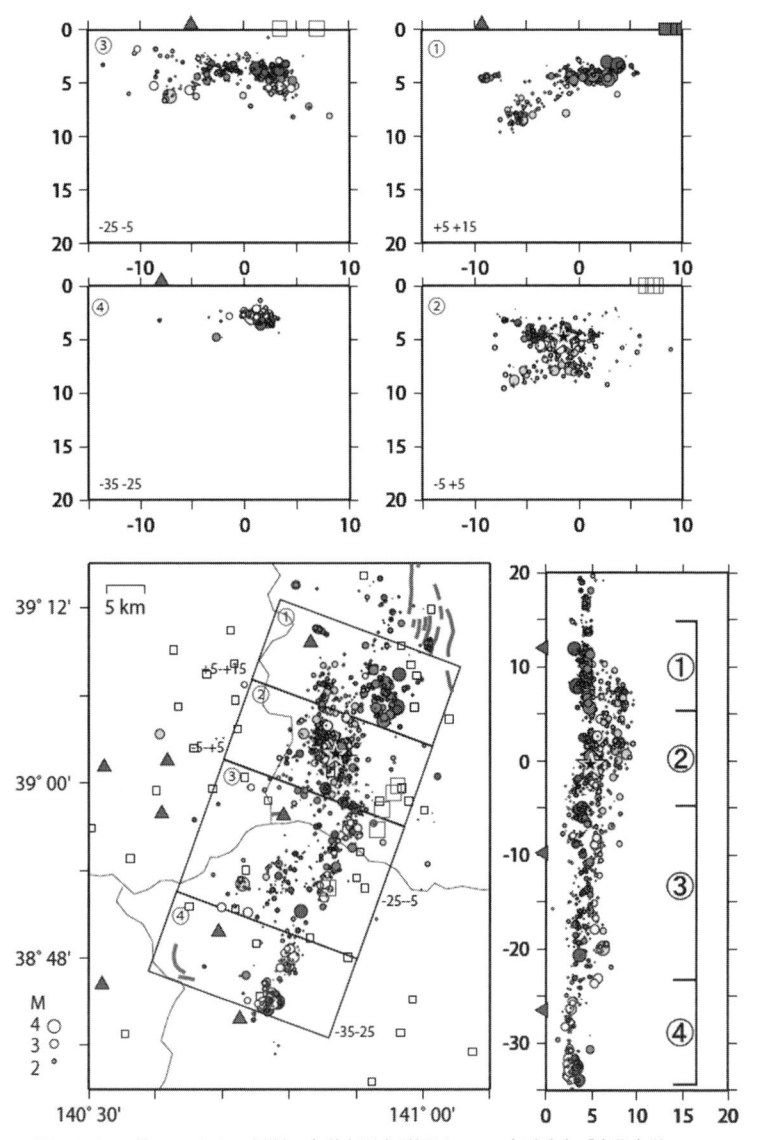

図 818-2 6月23日から2週間の大学合同余震観測による余震分布［東北大学，2009，予知連会報，81, 172-181 に加筆］

余震は●の大きさで地震規模を表し，色の濃さは深さで異なる．▲は火山．この範囲で既知の活断層（北東端の出店断層など）は太灰色線および断面図では■で示す．大きい□は地震後の地表変動出現位置．小さい□は地震観測点．上は①から④までの西北西—東南東方向の断面図．下右図は全体の北北東—南南西方向の断面図．

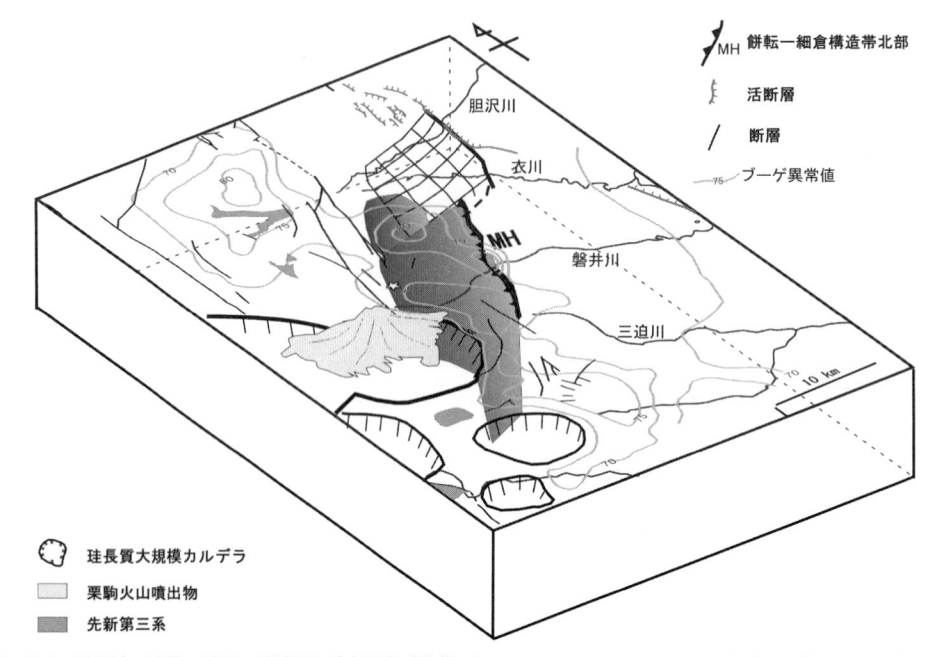

図818-3 震源域の地質，断層，活断層と重力異常［佐藤ほか，2008，www.eri.u-tokyo.ac.jp/topics/Iwate2008/geol/ より作成］
餅転—細倉構造線（MH）の西側下へ傾斜する影付き部分は今回の地震の震源域．その北端上部にこの地域で地震前に存在がわかっていた北上低地西縁断層帯南端の出店断層の構造探査から推定された断層面がフレーム表示されている．

岩手，宮城，秋田，福島の各県において，合計48件の土砂災害が発生し，岩手と宮城の県境の栗駒山周辺において15ヵ所の河道閉塞が発生した．

荒砥沢ダム上流では，長さ1,300 m，幅900 m，土砂量約6,700万 m³の大規模な地すべりが発生した．また，栗駒山の山頂に近いドゾウ沢源頭部で発生した大規模な崩壊は土石流となって流下し，約4.8 km 下流の駒の湯温泉で死7の被害が生じた．山崩れや道路の寸断などで孤立する集落や，移転を余儀なくされた集落があった．

火山の近傍では地熱によって，脆性破壊できる地震発生層の厚さが小さく，M7超の大地震は発生しないと思われていたが，火山域のすぐ東側でM7以上の地震が発生したため，地震学者に衝撃を与えた．また，地震前には，出店断層より南側である震源域周辺には活断層は知られておらず，古い地質図に引かれていた餅転—細倉構造線という地質断層が震源域となった．地震後の調査から，枛木立付近では逆向き断層崖が地震前にも写真判読で認識可能だったことがわかったが，活断層が地表に現れた部分は大変短かった．大地震となる活断層の伏在は，周辺部の河成段丘面の比較から幅広い撓曲を見つければ，地震前でも認識できた可能性が示された．［浅岡，2012，地震ジャーナル，54，28-39；田力ほか，2009，地震，62，1-11］

819 2008 Ⅶ 5（平成20）16時49分　茨城県沖　$\lambda=140°57.1'$ E　$\varphi=36°38.6'$ N　$M=5.2$　$h=50$ km　日立市で震度5弱，高萩市，常陸大宮市，那珂市，鉾田市，二宮町，茂木町で震度4．日立市の市営アパートの窓ガラスが破損した．

820 2008 Ⅶ 8（平成20）16時42分　沖永良

部島付近　$\lambda=128°32.8'$ E　$\varphi=27°27.9'$ N　$M=6.1$　$h=45$ km　　与論町で震度 5 弱，天城町，和泊町，知名町，名護市，国頭村，今帰仁村，本部町で震度 4．与論町のホテルで壁の落下，石膏ボードの破損など一部破損が生じた．

821　2008 Ⅶ 24（平成 20）00 時 26 分　岩手県沿岸北部　$\lambda=141°38.1'$ E　$\varphi=39°43.9'$ N　$M=6.8$　$h=108$ km　　八戸市，五戸市，階上町，野田村で震度 6 弱，北上高地の地域で震度 5 強となった．ベッドから転落して 5 日後に死亡 1 のほか，負傷 211，住家全壊 1，一部破損 379 棟，火災が 2 件と，8 道県で被害が発生した．日本海溝から東北日本弧の下に沈み込む太平洋スラブ内の地震で，658 番（1987 年）の地震と類似するが，658 番より西寄りの深い場所で発生した．

822　2009 Ⅴ 12（平成 21）19 時 40 分　上越地方　$\lambda=138°32.0'$ E　$\varphi=37°04.3'$ N　$M=4.8$　$h=12$ km　　上越市，十日町市，六合村で震度 4．上越市でスキー場レストランや宿泊施設の排煙ボード，天井ボード，照明器具が落下．温泉排水管損傷などの被害があった．

823　2009 Ⅵ 25（平成 21）23 時 03 分　大分県西部　$\lambda=130°53.6'$ E　$\varphi=33°22.2'$ N　$M=4.7$　$h=12$ km　　東峰村，中津市，日田市で震度 4．中津市で民家の石垣が崩落して家屋 1 棟一部破損．

824*　2009 Ⅷ 11（平成 21）05 時 07 分　駿河湾　$\lambda=138°30.0'$ E　$\varphi=34°47.2'$ N　$M=6.5$　$h=23$ km　　焼津市，伊豆市，御前崎市，牧之原市で震度 6 弱となったほか，駿河湾沿岸で震度 5 強，静岡県の東側の大半が震度 5 弱以上となった．駿河湾内のフィリピン海スラブの中で，石廊崎断層の北西方向の延長，610 番（1974 年）の西方延長部の，微小地震活動が抜けていた空白部分を震源として，横ずれの地震が発生した．早朝だったため，新幹線などへの影響は小さかったが，破壊の進行方向に当った焼津方面では強いゆれで多くの住家に破損が生じた．駿府城址の外堀中堀の石垣の一部が崩落した．静岡市では室内に積まれた本などの落下による窒息で死 1．負傷は 4 都県で 319，住家被害は 3 県で半壊 6 棟，一部破損 8,672 棟，建物火災など火災 3 件が発生した．［−1.5］

825　2009 Ⅷ 13（平成 21）07 時 48 分　八丈島東方沖　$\lambda=140°49.5'$ E　$\varphi=32°52.2'$ N　$M=6.6$　$h=57$ km　　八丈島で震度 5 弱，青ヶ島で震度 4．八丈島中之郷地区で住家全壊 1，一部破損 2 棟，土砂崩落 4 ヵ所，落石 4 ヵ所が発生．

826　2009 Ⅹ 12（平成 21）18 時 42 分　会津地方　$\lambda=139°41.8'$ E　$\varphi=37°25.9'$ N　$M=4.9$　$h=4$ km　　福島県柳津で震度 4．住家一部破損 38 棟．会津盆地西縁断層の南端と 502 番（1943 年）との中間あたりに発生した．

827　2009 Ⅻ 17（平成 21）23 時 45 分　伊豆半島東方沖　$\lambda=139°08.2'$ E　$\varphi=34°57.5'$ N　$M=5.0$　$h=4$ km　　18 日 08 時 45 分 $M5.1$，21 時 26 分 $M3.9$，19 日 00 時 53 分 $M4.5$，22 時 04 分 $M4.3$，22 時 09 分 $M4.5$ と 6 回の震度 4 を伊東市で記録した．観光業にとって年末年始の客のキャンセルが気になる時期に群発活動が 3 年半ぶりに発生したが，4 日ほどで収束した．負傷 7，建物やブロック塀など 278 棟で一部破損，道路被害 20 ヵ所，商業施設の天井からの漏水などの被害が発生した．

828　2010 Ⅰ 25（平成 22）16 時 15 分　大隅

600　4　被害地震各論

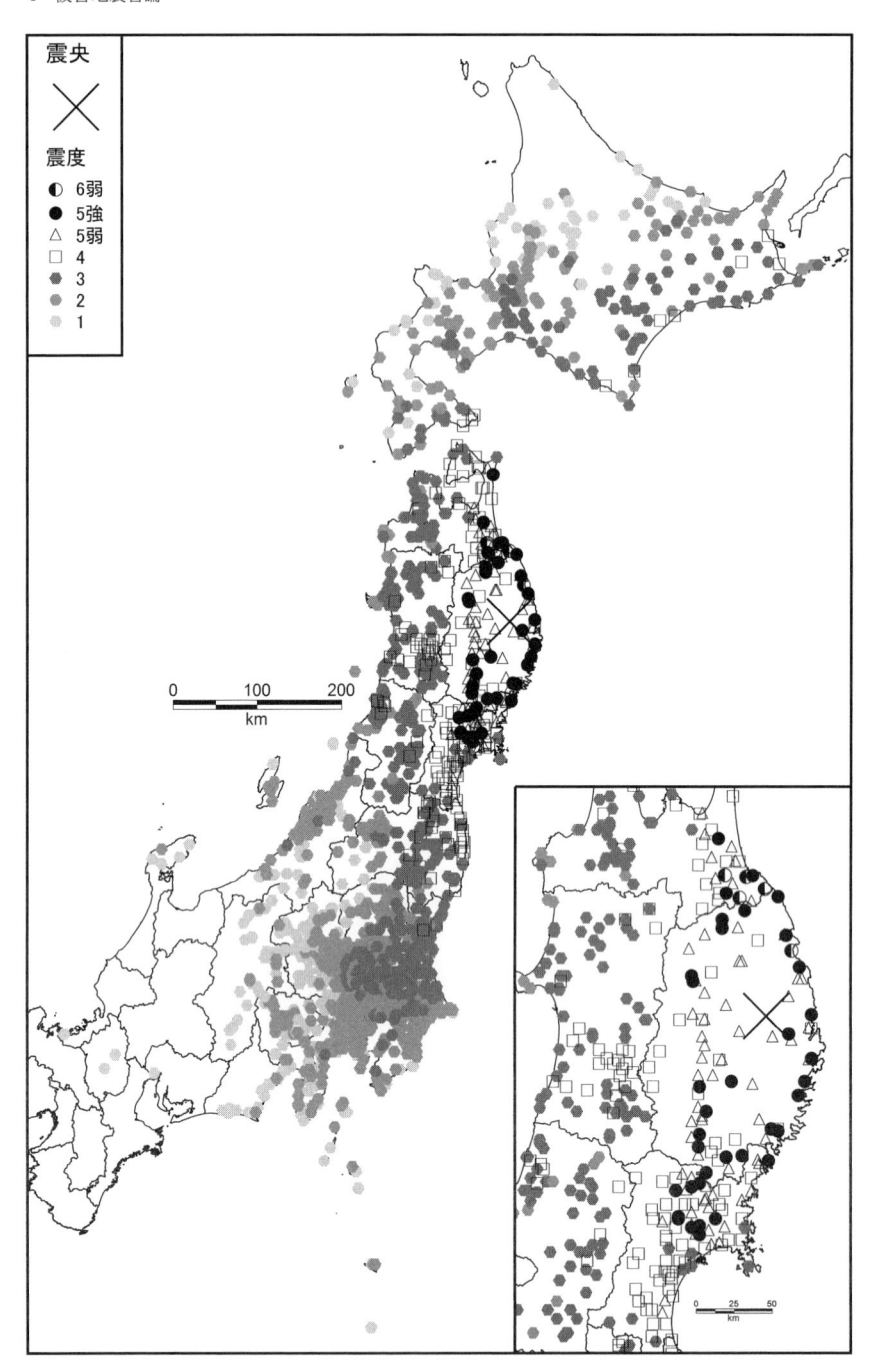

図 821-1　震度分布

表 821-1 被害表（平成 21 年 1 月 13 日消防庁集計より）

県	市町	人的被害（人） 死者	重傷	軽傷	住家被害（棟） 全壊	一部破損	火災 建物	その他
北海道	函館		1					
	小計		1					
青森	青森			4				
	八戸		2	71	1	147	1	
	三沢		1	2		7		
	外ヶ浜					1		
	七戸			1				
	六戸					1		
	おいらせ		1					
	三戸			1				
	五戸		1	7				
	南部			3				
	階上					7		
	小計		5	89	1	163	1	
岩手	盛岡		1	5		5		
	宮古		5	13		4		
	大船渡		1	4		19		
	花巻			5				
	北上		4	2		2		
	久慈		3	10		39		
	遠野			5		8		
	一関		2	1		7		
	陸前高田		1			2		
	釜石			2		9		
	二戸		1					
	奥州		1	5		27		
	雫石			1				
	葛巻		1					
	西和賀		1					
	金ヶ崎			1				
	平泉					2		
	大槌			2		3		
	山田			3				
	田野畑		1			1		
	岩泉			2				
	普代			1				
	川井			2				
	軽米			1				
	野田					1		
	洋野		2	1		71		
	小計		24	66		200		
宮城	仙台		1					
	石巻			6		2		
	気仙沼					1		
	岩沼		1					
	登米			3		10		
	栗原			2				
	大崎		1	1		1		
	柴田					1		
	涌谷			2		1		
	美里			2				
	本吉							1
	小計		3	16		16		1
秋田	横手			2				
	にかほ			1				
	仙北			1				
	小計			4				
山形	山形		1					
	庄内		1					
	小計		2					
福島	いわき	1						
	小計	1						
千葉	印西			1				
	小計			1				
	合計	1	35	176	1	379	1	1

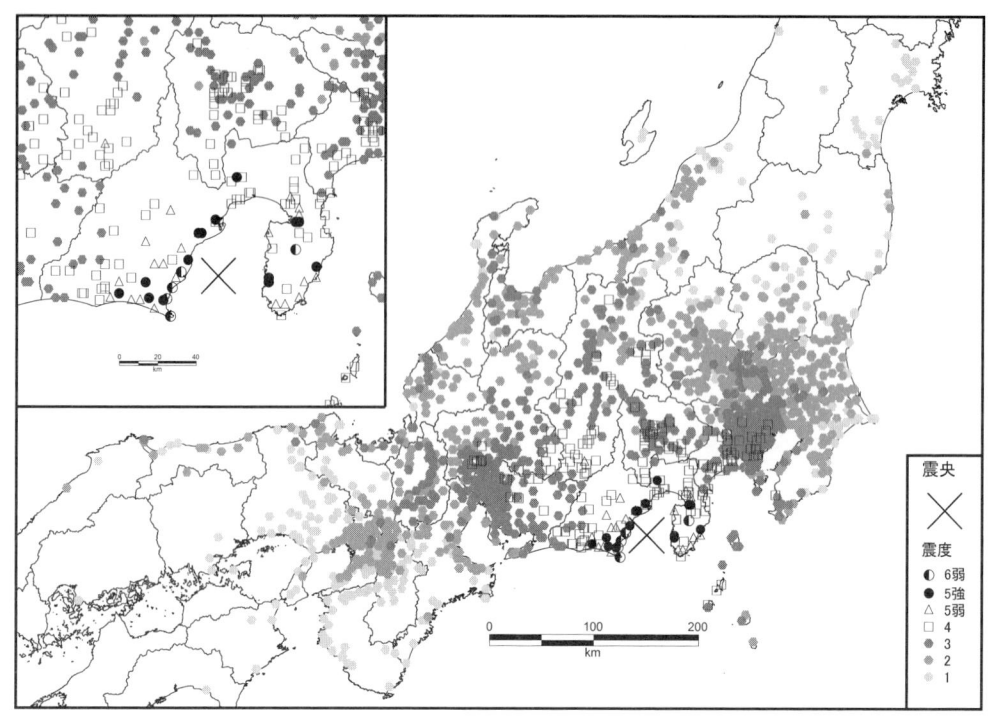

図824-1 震度分布

半島東方沖 $\lambda=131°09.0'$E $\varphi=30°52.5'$N $M=5.4$ $h=49$ km 日南, 鹿屋, 西之表, 大崎, 肝付で震度4. 国道269号が落石で一部破損した.

829 2010 Ⅱ 27 (平成22) 05時31分 沖縄本島近海 $\lambda=128°40.8'$E $\varphi=25°55.1'$N $M=7.2$ $h=37$ km 糸満で震度5弱, 沖縄本島や与論島などで震度4, 那覇と浦添で軽傷2. うるま, 浦添, 楠城で住家一部破損計4棟. ほかにうるまでは非住家の壁の断熱材破損, 庇の損傷, 糸満でガラス破損なども発生した. 沖縄本島で水タンク被害が53件, 水道管被害が47件など.

830* 2010 Ⅱ 27 (平成22) 15時34分 (日本での津波は翌日) チリ中部沖 $\lambda=72°43.8'$W $\varphi=35°54.6'$S $M_w=8.8$ $h=35$ km チリ中部のコンセプシオン沖で巨大地震が発生し, 546番 (1960年) と同様, 津波が約1日後に日本の沿岸に到達した. 震源域は546番の北隣であった. しかし50年前とは異なり, 原因となった地震規模が小さかったことから, 津波は久慈と須崎の1.2 mが最高で, 防潮堤で防げる高さであった. 事前に気象庁から大津波警報等が発令されたが, 避難した人は少なかった. 546番チリ津波以来整備されてきた三陸地方の沿岸部の防潮堤によって人的被害はなかった. むしろ警報が過大だったと, 避難対応した住民などから気象庁に対して後で苦情が出た. しかし, 気仙沼市, 塩竈市, 女川町, 南三陸町で床上浸水6棟, 気仙沼市, 女川町, 南三陸町, 下田市で床下浸水51棟の被害が生じた. また, 長周期の津波によって, 被害表のように, 三陸沿岸などを中心に広域で, 堤外設置の養殖施設などを中心に漁業被害額が大きくなった.

日本で最も早く津波到達が観測されたのは

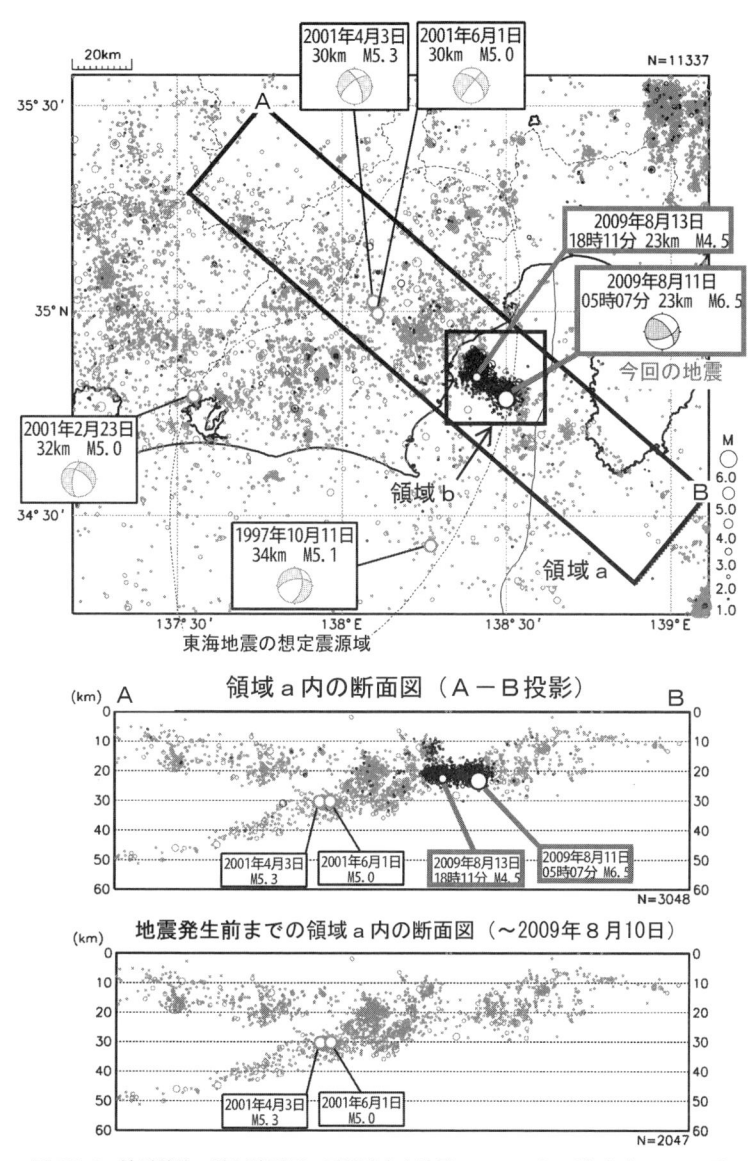

図824-2 地震前後の駿河湾周辺の震源分布と地震のメカニズム[気象庁,2010,予知連会報,83,214]

1997年10月～2009年11月25日 M1.0以上の地震.8月11日以後の地震は濃く表示.

表 824-1 被害表（平成 22 年 3 月 12 日消防庁集計より）

県	市町	人的被害（人） 死者	重傷	軽傷	住家被害（棟） 半壊	一部破損	火災 建物	その他
東京	国分寺			1				
	小計			1				
神奈川	横浜			3				
	相模原			1		1		
	小計			4		1		
長野	阿南					2		
	阿智					1		
	泰阜					2		
	小計					5		
静岡	静岡	1	9	160	2	2,085	1	
	浜松			2		1		
	沼津			3		16		
	熱海					1		
	三島			1		2		
	富士宮			1		16		
	伊東			6		4		
	島田			19		267		1
	富士		1	5		26		
	磐田		1			18		
	焼津		1	23		1,097		
	掛川			7		1,229	1	
	藤枝			10		252		
	袋井			1		110		
	裾野		1	1				
	伊豆			2		39		
	御前崎			6		512		
	伊豆の国			1		8		
	菊川		4	11		983		
	牧之原		1	27	4	1,711		
	南伊豆					14		
	松崎					9		
	西伊豆			2		61		
	函南			1		4		
	清水					1		
	長泉					2		
	芝川					29		
	吉田			4		158		
	森					11		
	小計	1	18	293	6	8,666	2	1
愛知	名古屋		1					
	岡崎			1				
	豊田			1				
	小計		1	2				
	合計	1	19	300	6	8,672	2	1

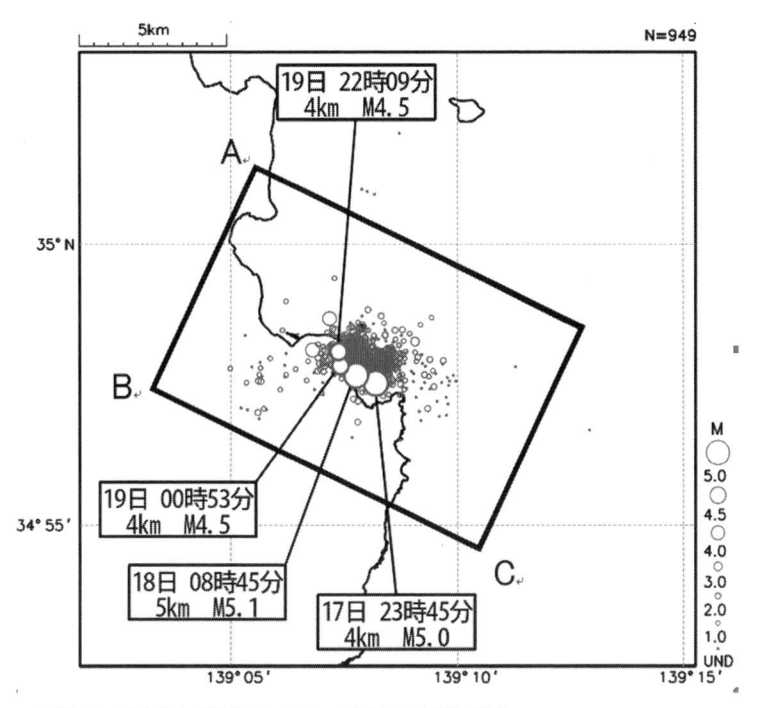

図 827-1 震央分布[気象庁，2010，地震火山月報防災編]

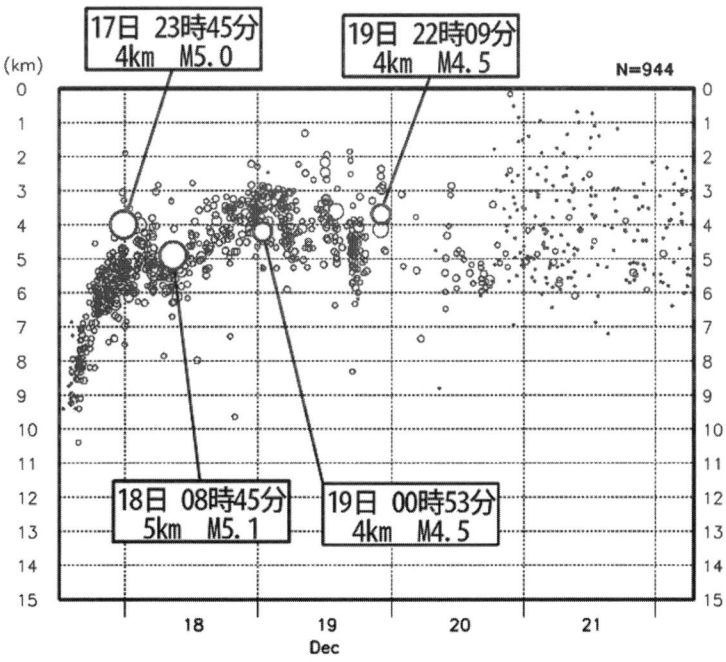

図 827-2 震源深さの時間変化（図 827-1 中の矩形内の地震）[気象庁，2010]

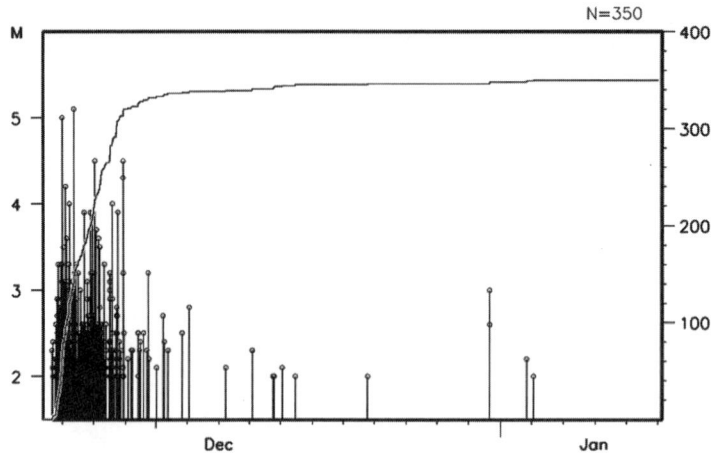

図 827-3 地震規模および地震回数積算経過（2009 年 12 月 17 日～2010 年 1 月 5 日）[気象庁, 2010]

根室の花咲で, 28 日 13 時 47 分に津波の第 1 波が到達した後, 最大波 1 m は 18 時 23 分だった. 各地で 1 m 近い津波が半日以上繰り返し到達した. [3.0]

831 2010 Ⅲ 14（平成 22）17 時 08 分 福島県沖 $\lambda=141°49.1'$ E $\varphi=37°43.5'$ N $M=6.7$ $h=40$ km；13 日 21 時 46 分 $\lambda=141°28.3'$ E $\varphi=37°36.9'$ N $M=5.5$ $h=78$ km 13 日の前震が発生した際には, 宮城, 山形, 福島県で震度 4, 仙台市で軽傷 2. 本震では, 楢葉町で震度 5 弱, 盛岡市から那須町までの広い範囲で震度 4.
　仙台市で軽傷 1, 富岡町で住家一部破損 2 棟, 福島市で県庁の天井パネルの落下や文化センターのガラスのひび割れ, 郡山市で屋外屋根のボルト落下, 南相馬市で護岸堤防の法面一部崩落, 楢葉町で土蔵の一部破損などの被害が生じた.

832 2010 Ⅴ 1（平成 22）18 時 20 分 中越地方 $\lambda=139°11.5'$ E $\varphi=37°33.6'$ N $M=4.9$ $h=9$ km 長岡市などで震度 4. 加茂市で軽傷 1, 見附市で店舗のガラス数枚破損.

833 2010 Ⅵ 13（平成 22）12 時 32 分 福島県沖 $\lambda=141°47.7'$ E $\varphi=37°23.8'$ N $M=6.2$ $h=40$ km 相馬市と浪江町で震度 5 弱. 仙台市青葉区で土砂崩落 1 ヵ所.

834 2010 Ⅶ 4（平成 22）04 時 33 分 岩手県内陸南部 $\lambda=140°54.8'$ E $\varphi=39°01.5'$ N

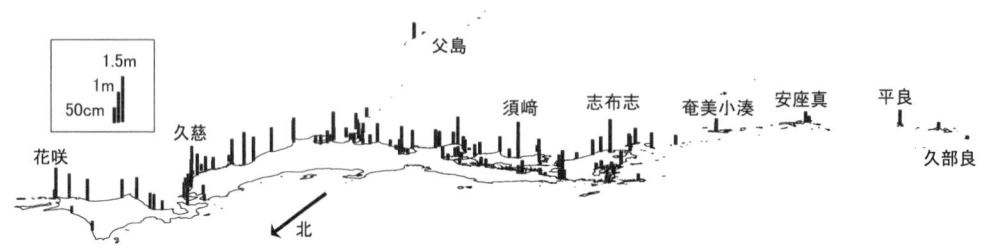

図 830-1 津波波高分布 [検潮データより作成]

表830-1 避難指示地域の実避難率（内閣府・消防庁集計より作成）

種別	道県	市町村	勧告対象人数	実避難人数	%
大津波警報	北海道	根室	8,840	2,200	24.9
	青森	八戸	30,090	696	2.3
		三沢	4,382	75	1.7
		むつ	3,241	346	10.7
		六ヶ所	6,188	184	3.0
		おいらせ	4,167	225	5.4
		風間浦	2,400	591	24.6
		階上	2,000	43	2.2
	岩手	宮古	18,996	1,409	7.4
		大船渡	4,947	1,381	27.9
		久慈	8,945	1,078	12.1
		陸前高田	5,000	1,147	22.9
		釜石	14,966	950	6.3
		大槌	14,530	996	6.9
		山田	9,707	1,170	12.1
		岩泉	1,131	222	19.6
		田野畑	781	655	83.9
		普代	1,500	680	45.3
		野田	1,958	213	10.9
		洋野	540	216	40.0
	宮城	仙台	11,320	967	8.5
		石巻	78,019	2,769	3.5
		塩竃	9,798	631	6.4
		気仙沼	15,000	1,249	8.3
		名取	2,700	245	9.1
		多賀城	11,435	664	5.8
		岩沼	1,948	429	22.0
		東松島	7,590	1,416	18.7
		亘理	5,167	717	13.9
		山元	7,154	223	3.1
		松島	9,877	178	1.8
		七ヶ浜	12,533	1,172	9.4
		利府	566	73	12.9
		女川	4,800	492	10.3
		南三陸	10,000	1,043	10.4
津波警報	福島	相馬	248	45	18.1
		広野	350	35	10.0
		楢葉	43	14	32.6
		富岡	250	51	20.4
		新地	1,501	145	9.7
	東京	小笠原	1,000	492	49.2
	三重	伊勢	10,053	132	1.3
		尾鷲	9,847	238	2.4
		鳥羽	17,305	778	4.5
		大紀	2,521	185	7.3
		南伊勢	15,391	1,461	9.5
		紀北	15,353	71	0.5
	和歌山	那智勝浦	15,000	90	0.6
		串本	165	27	16.4
	沖縄	名護	23,141	350	1.5
		沖縄	8,793	239	2.7
		うるま	25,088	522	2.1
		南城	14,862	337	2.3
合計			493,127	31,957	6.5

4　被害地震各論

表 830-2　県別水産被害額（平成22年4月15日農水省集計より）

県名	水産物	養殖施設	水産施設	漁具	漁船	県別合計
宮城県	234,800	180,400	9,100	900	70	425,270
岩手県	115,700	65,800				181,500
三重県	15,000	4,100		6,500	15	25,615
徳島県	1,900	700		300		2,900
高知県	1,100	500	200			1,800
神奈川県	500					500
青森県	200					200
福島県					200	200
種別合計	369,200	251,500	9,300	7,700	285	637,985

（単位万円）

表 830-3　市町別水産被害の種類と被害額（平成22年4月15日農水省集計より）

地名	水産物 種類	水産物 被害額	養殖施設 数	養殖施設 被害額	水産施設 種類	水産施設 被害額	漁具 種類	漁具 被害額	漁船 数	漁船 被害額	市町別計
気仙沼	カキ・ホタテ・ワカメ等	78,000	3,734台	67,000					2隻	20	145,020
石巻	カキ・ノリ・ワカメ・コンブ等	78,500	1,036台	58,900			定置網2統	500			138,936
塩竈	カキ・ワカメ・コンブ・ノリ	21,200	3,016台	20,500							41,700
七ヶ浜	ノリ	17,900	2,602台	18,800			刺網等	100			36,800
南三陸	カキ・ホタテ・ワカメ・ホヤ等	24,200	795台	8,600			漁網・資材等	100	2隻	50	32,950
女川	カキ・ホタテ・ホヤ	8,900	68台	3,500	漁港	50					12,450
東松島	ノリ	200	カキ・ノリ38台	600	水路	9,000			1隻		9,800
利府	カキ・ノリ・ワカメ・コンブ	5,800	933台	2,300			カニ籠	16			8,116
多賀城	ノリ・ワカメ	200	95台	200							400
松島			カキ30台	54			定置網1統	200			254
宮城県の計											426,426
陸前高田	ホタテ・カキ・ワカメ等	38,000	1,275台	34,000							72,000
大船渡	ホタテ・カキ・ホヤ	29,800	502台	12,500							42,300
山田	カキ	18,600	カキ・ホタテ514台	5,300							23,900
宮古	ホタテ・カキ・ワカメ・コンブ	12,500	582台	7,100							19,600
釜石	ホタテ・ホヤ・ワカメ	12,600	527台	3,000							15,600
大槌	ホタテ・ワカメ・コンブ	4,200	89台	7,500							11,700
岩手県の計											185,100
南伊勢	魚類・ノリ	12,600	魚類・真珠502台	2,700			定置網3統	4,000	1隻	15	19,315
志摩	ノリ	1,000		500			定置網3統	2,500			4,000
鳥羽	カキ・ノリ	1,100	カキ・ノリ150台	800							1,900
伊勢	ノリ	300	416柵	200							500
三重県の計											25,715

注：市町村単位で四捨五入があるため，県別集計とは合計被害額が異なる．

（単位万円）

$M=5.2$　$h=7$ km　　奥州市で震度 4. 加美町で軽傷 1.

835　2010 IX 29（平成 22）16 時 59 分　福島県中通り　$\lambda=140°01.5'$ E　$\varphi=37°17.1'$ N　$M=5.7$　$h=8$ km　　計測された震度は郡山市，白河市，須賀川市，下郷町，泉崎村で 4 が最高であったが，震源地である天栄村では震度 5 弱相当であったようで，住家一部破損 21 棟，公民館，小中学校の壁や屋根の剥がれ各 1 棟，など非住家一部破損が 7 棟生じた．須賀川市では温泉施設のパイプがずれ，天栄村では土砂崩れ 1 ヵ所，断水 100 世帯もあった．

836　2010 X 3（平成 22）09 時 26 分　上越地方　$\lambda=138°25.1'$ E　$\varphi=37°08.3'$ N　$M=4.7$　$h=22$ km　　上越市で震度 5 弱，糸魚川市，妙高市，十日町市で震度 4. 3 日 06 時 37 分に $M4.5$，06 時 52 分に $M4.6$ と続発した地震では，上越市でそれぞれ震度 4. 建物被害は，非住家一部破損が上越市で 14 棟，妙高市で 1 棟（内公共建物 13 棟）．上越市で埋設水道管の漏水 1 ヵ所，妙高市では橋梁部水道管からの漏水 2 ヵ所も発生した．

837　2010 XII 2（平成 22）06 時 44 分　石狩地方中部　$\lambda=141°26.5'$ E　$\varphi=42°58.7'$ N　$M=4.6$　$h=3$ km　　札幌市清田区と北広島市の一部に局地的被害を与えた．大曲地区では震度 5 弱相当のゆれだった．小中学校のガラスのひび割れや，工業団地の天井の亀裂，清田区のゴルフ場内の斜面の崩れ，などの被害．

838　2011 II 21（平成 23）15 時 46 分　和歌山県南部　$\lambda=135°21.9'$ E　$\varphi=33°52.6'$ N　$M=4.8$　$h=53$ km　　田辺市，印南町，みなべ町，日高川町，白浜町で震度 4. 御坊市と田辺市で市役所庁舎のガラスが破損した．

839　2011 II 27（平成 23）05 時 38 分　飛騨地方　$\lambda=137°27.3'$ E　$\varphi=36°09.4'$ N　$M=5.5$　$h=4$ km；02 時 18 分　$\lambda=137°27.5'$ E　$\varphi=36°09.5'$ N　$M=4.9$　$h=4$ km　　02 時 18 分の前震で高山市震度 4. 本震では高山市のほか，飛騨市，中津川市でも震度 4. 高山市で一部破損が住家 2 棟，非住家 10 棟のほか，白川村で道路への落石 1 ヵ所．高山市では，アーケードの天井の一部破損，水源の濁り 2 ヵ所，公共施設の空調配管の破損や天井部材の落下など 3 ヵ所，道路路面のひび割れ 8 ヵ所．

840* 　2011 III 9（平成 23）11 時 45 分　三陸沖　$\lambda=143°16.8'$ E　$\varphi=38°19.7'$ N　$M=7.3$　$h=8$ km　　217 番（1793 年），321 番（1897 年）と $M8$ 程度の地震が発生していた領域で発生した．841 番の地震の前震であった．栗原市，登米市，美里町で震度 5 弱，青森，岩手，宮城，秋田，山形県で震度 4. 大船渡市で転倒による軽傷 1. 大船渡湾，広田湾，両石湾，船越湾などで養殖施設の一部に破損が生じたが，次の本震によって根こそぎやられたため，詳細は不明．岩手県では小中学校 7 校で破損が生じたほか，公共施設数ヵ所でも破損があった．津波の避難勧告対象だった大船渡市では，対象の 18％が実際に避難したが，洋野町では僅か 3％，普代村ではほとんど避難しなかった．避難勧告は 3 時間程で解除された．[1]

841* 　2011 III 11（平成 23）14 時 46 分　東北沖　$\lambda=142°51.7'$ E　$\varphi=38°06.2'$ N　$M_w=9.0$（$M8.4$）　$h=24$ km　**平成 23 年（2011 年）東北地方太平洋沖地震，東日本大震災**　震度 7 が宮城県栗原市 1 ヵ所で，そのほか各県の最大震度は，震度 6 強が福島，茨城，栃木

610   4 被害地震各論

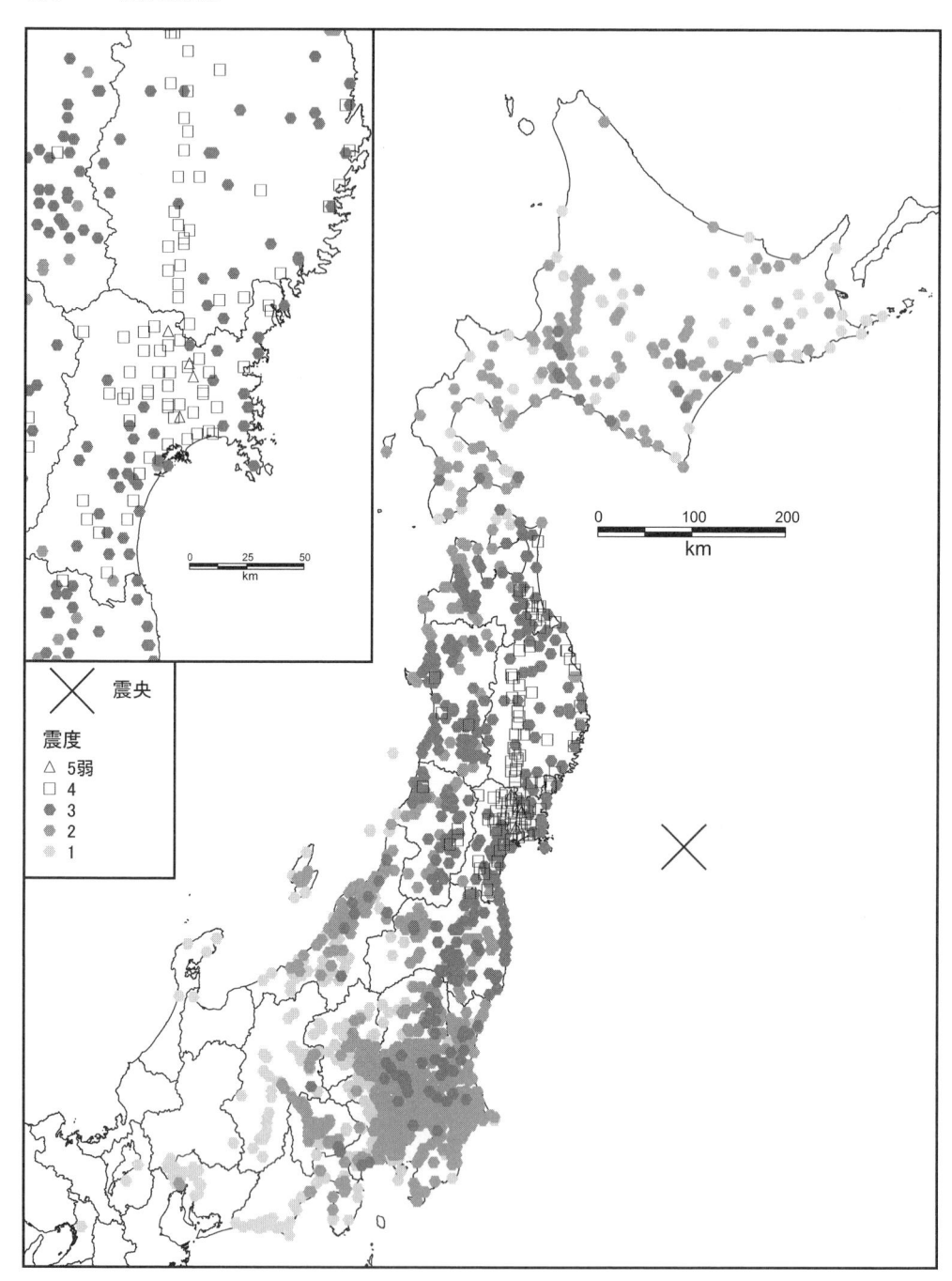

図840-1 震度分布

県，6弱が岩手，宮城，福島，茨城，千葉，栃木，群馬，埼玉県．

021番（869年）貞観地震の再来かといわれる浸水域の広い高い津波が，東日本の太平洋岸の広域に襲来し，主として大津波によって，死者・行方不明者1万8,000余と明治三陸津波に次ぐ被害が生じた．

震源域は岩手県から福島県までの東側沖合で南北に長さ400kmにおよび，日本海溝付近から沿岸部近くまで太平洋プレートと陸側プレートの境界面で東西に幅200kmと広かった．最大すべり量は217番（1793年），321番（1897年）の震源域で，M8級の地震が100年に一度発生してきた場所で30mに及び，153番（宝永地震）を抜いて日本史上最大の超巨大地震であった．この地震によって佐渡が50cm，牡鹿半島が5.3mと東日本全体が大きく東へ水平移動した．また，上下変動は，岩手県から千葉県にかけて沿岸部を中心に広範囲に沈降し，最大は牡鹿半島の1.2mだった．震源域の中心部から距離があったため，短周期成分は規模の割には列島に到達するまでに減衰し，震度7が記録されたのは宮城県栗原市の1ヵ所だけだった．だが，減衰し難いやや長周期の大きいゆれを含む3分間も継続した長い強震動は，東日本一帯の人に多大な恐怖を与えた．大阪など震源から遠い西日本ではめまいのようなやや長周期のゆれを数分間感じた．30分後に本震の南端延長部にあたる茨城県沖でM7.6（M_w7.8）の地震が発生し，茨城県など関東地方東部では再び強震動を受けて被害が加わった．GPSの毎秒の動きから，地震発生から20秒ほどで，一旦地殻変動が停止し，20秒後に再び動き始めたことが捉えられた．これは，M_w9.0という超巨大地震に相応しい巨大な破壊核が動的に成長するための表面エネルギー調達に要する時間が，観測で初めて捉えられたと推定される．

津波は姉吉で38.8mなど，津波常襲地域であるリアス式海岸の三陸各地で明治三陸津波より高くなった．チリ津波以来，営々と構築されてきた東北地方太平洋岸の津波防潮堤は，各地で越流され破壊された．1963年から4年間をかけ19億円で構築された大船渡港湾口防波堤は，最大水深38mの湾入り口に設置され，完成以来40年余大船渡湾岸の町を守ってきたが，今回の津波の力で壊れてしまった．1978年から30年の歳月と巨額の費用を投入して釜石湾の最大水深53mの海底から高さ63mと，海上に10m程頭を出した釜石港湾口防波堤は，堤防で初めて耐震性能にも留意して築かれ，完成から数年を経たばかりだったが，設計強度を超えた高い津波による圧力で，最大で一辺30mのケーソンの継ぎ目がはずれ，越流した津波によって基礎部が穿掘されるなど，津波の強大な力で倒壊した．津波は海面から海底までの海水全体が動くので，各地で養殖など人間活動の結果湾内の底に溜まっていた大量のヘドロを陸上に持ち込み，破壊した家屋などの瓦礫を海に持ち去って行った．

気仙沼市や岩手県山田町などでは津波の襲来とともに火災が発生し，長時間広範囲に延焼した．津波避難に慣れているはずの三陸海岸沿いでも，従来安全だった高さ以上に浸水したため，避難した場所の高さの不足や避難開始の遅れによって，とくに避難弱者や，避難援助していた消防団員などを中心に犠牲者が出た．震動による倒壊より津波浸水による破壊で多くの建造物が壊れた．南三陸町の庁舎など鉄骨建物は，津波の圧力で壁パネルが破られ骨組みだけになった．鉄筋ビルは，基礎杭ごと浮力で浮き上がった状態で流れの圧力を受けて横倒しになるものが出た．人口の多い低地の平野部の津波避難場所の多くが想定以上の津波の威力で安全な場所とはならなかった．しかし地震から到達まで30分程度

612   4 被害地震各論

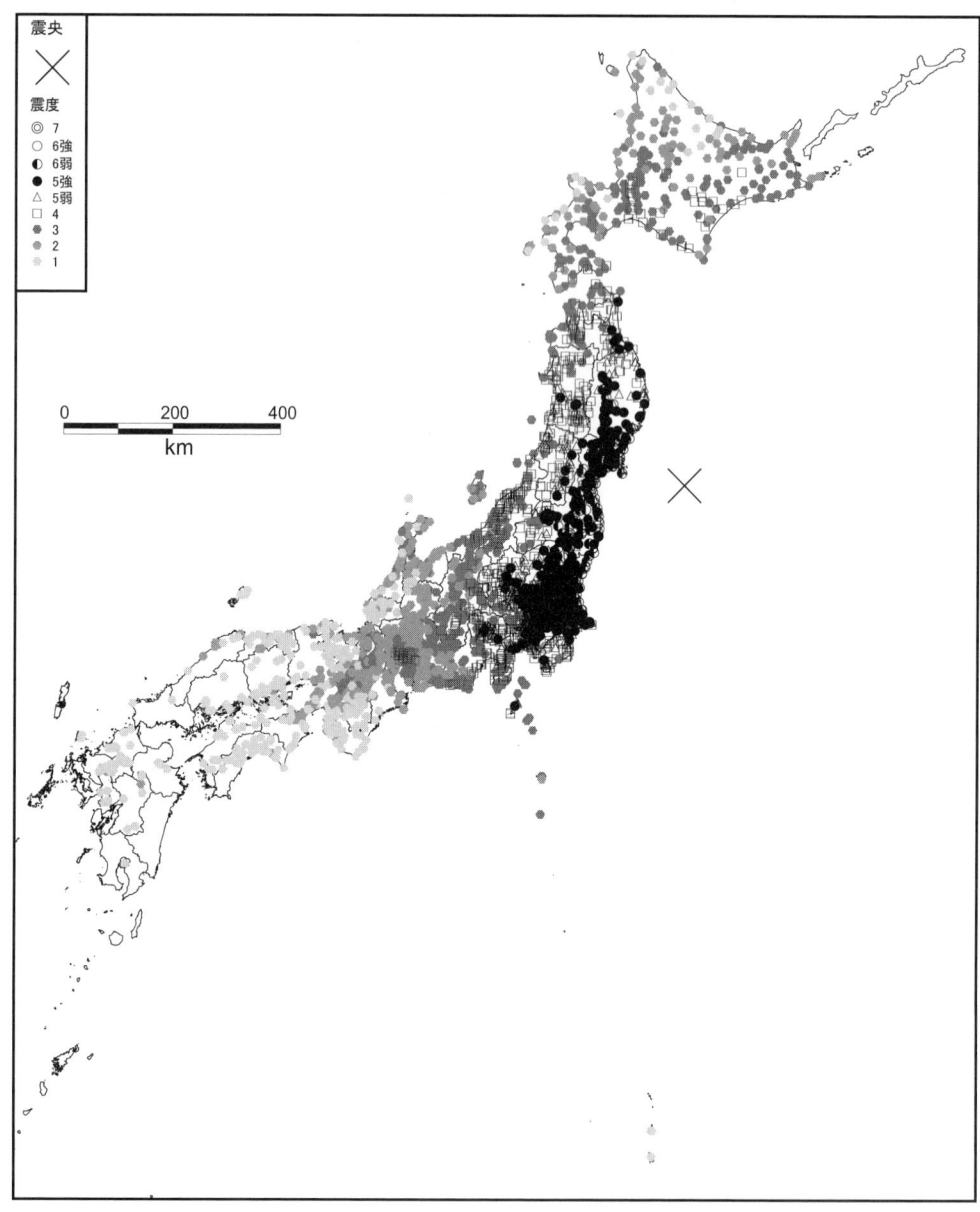

凡例:
震央 ×
震度
◎ 7
○ 6強
◐ 6弱
● 5強
△ 5弱
□ 4
● 3
● 2
● 1

図 841-1　震度分布（全国）

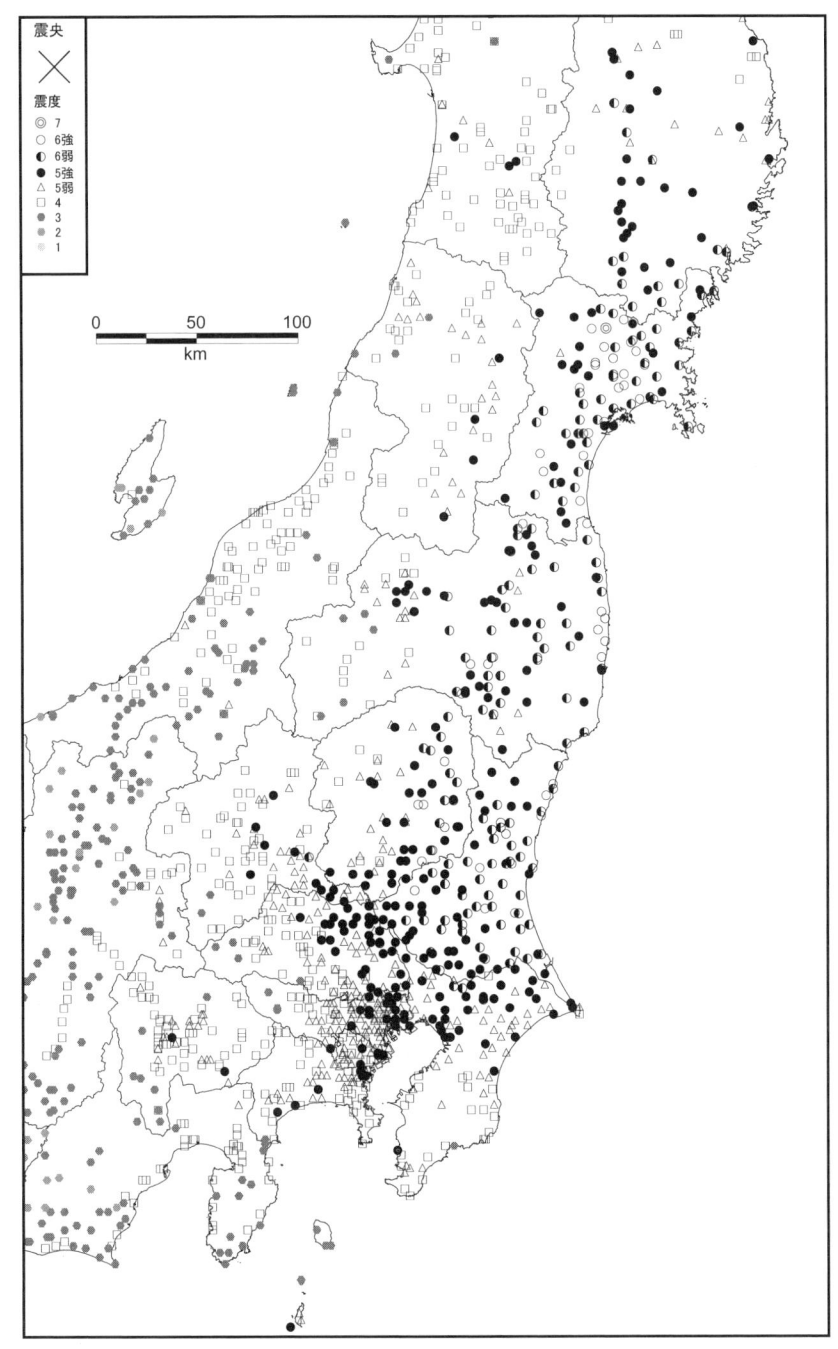

図 841-2 東日本の震度分布

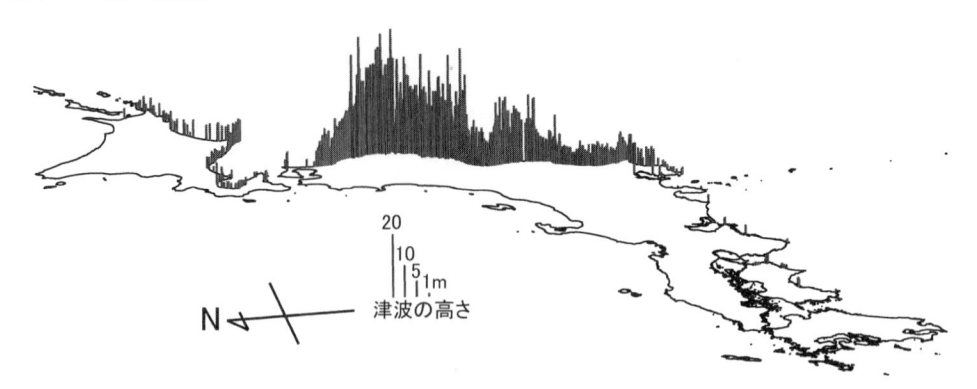

図 841-3 津波高分布［東北地方太平洋沖地震津波合同調査グループ，2011，津波研究工学報告の統一データセット release 20121229 より A ランクの浸水高，遡上高および湾内高より作成］
青森から宮城のデータは表 316-1 に掲載．

時間がある三陸では，昼間だったこともあって漁船を沖合に避難させることに成功した漁民もいた．また，釜石市では小中学校で実施されていた津波避難教育が功を奏して，生徒が率先して臨機応変に，避難を渋る家族も連れて高台避難をした．石巻以南から千葉県北部まで津波被害に慣れていない地域では，避難の遅れから，年代を問わず多くの犠牲者が生じた．

福島第一原子力発電所では強震動によって送電線鉄塔が倒壊して地震直後に停電した．緊急停止や炉心冷却は発電機からの電気でその後行われたが，地震から 30 分後に襲来した高さ 10 m 以上の津波が海岸沿いの施設を破壊して原子炉建屋内まで浸水し，非常用電源が喪失した．このため，炉心の冷却ができなくなり，炉心溶融や水素爆発が 6 基のうち 4 基で発生し，周囲数十 km にも及ぶ範囲に大量の放射性物質が飛散し，長期間居住できない地域ができて，数万人が年単位の避難生活を強いられてしまった．

福島県須賀川では農業用ため池である藤沼ダムが強震動で壊れて決壊し，土石流によって下流側で死・行方不明が 8 と，ダム決壊による犠牲者が国内で初めて生じた．福島県の中央部の地質的に弱い地域にあるほかの農業用のダムでも，亀裂や堤の変形などが見られたことから，水位を下げるなどの緊急処置が地震後に行われた．利水用ダムでも堤上部に亀裂が入るなどの影響が東北地方東南部各地で生じた．

東京の九段会館では古いホールの天井が崩落し，専門学校の卒業式の出席者に死 2，重軽傷 26 の被害が出た．千葉県市原では石油タンクの火災が 10 日間続いた．旭市では津波が何波も襲来することを知らずに，最初に襲来した波による漂着物を片付ける道具を低い場所に買い求めに行ったために後続波にさらわれた犠牲者もあった．浦安市では旧来の居住地は無事であったが，高度成長期以降に作られた埋立地で激しい液状化が発生し，基礎の深い集合住宅は影響が小さかったが，基礎の浅い一戸建ての多くが傾斜したほか，上下水道管などの埋設ライフラインや道路が多数箇所で破損したため，生活復旧までに長い期間を要した．このほか，高度成長期以降に湿地や湖沼を埋め立てて造成された東日本各地の軟弱地盤の住宅地でも，同様の液状化による家屋の傾斜や道路の亀裂などの被害が生じた．仙台平野では，629 番（1978 年）と同様，現代になってから造成された山側の宅地で盛土の亀裂や崩壊の被害が多く，海沿いの

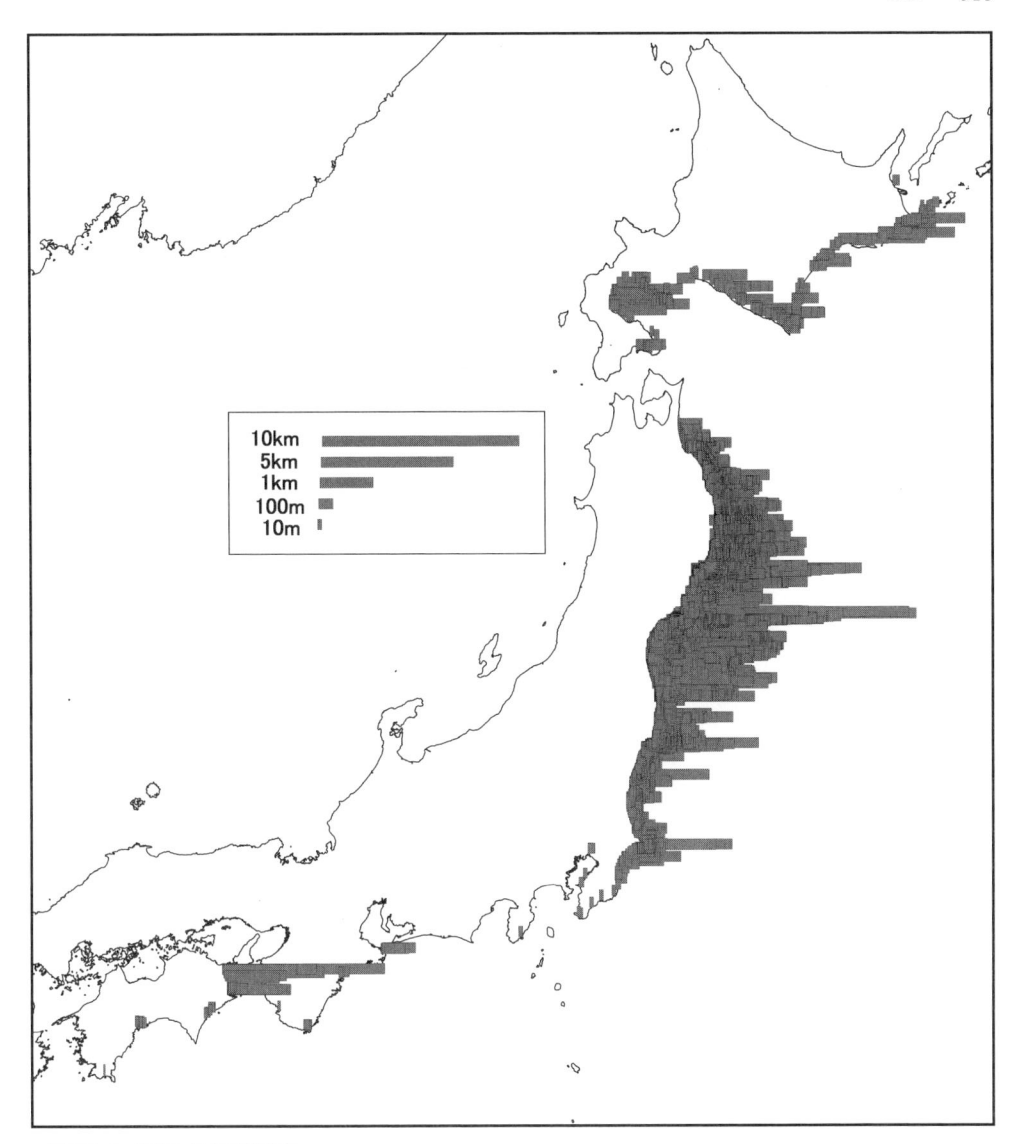

図 841-4 津波の浸水距離分布

海岸から浸水した距離［東北地方太平洋沖地震津波合同調査グループ，2011，津波研究工学報告の統一データセット release 20121229 より A ランクの浸水距離より作成］．徳島県のような遠地でも河川を遡上した津波が上流まで浸水した．

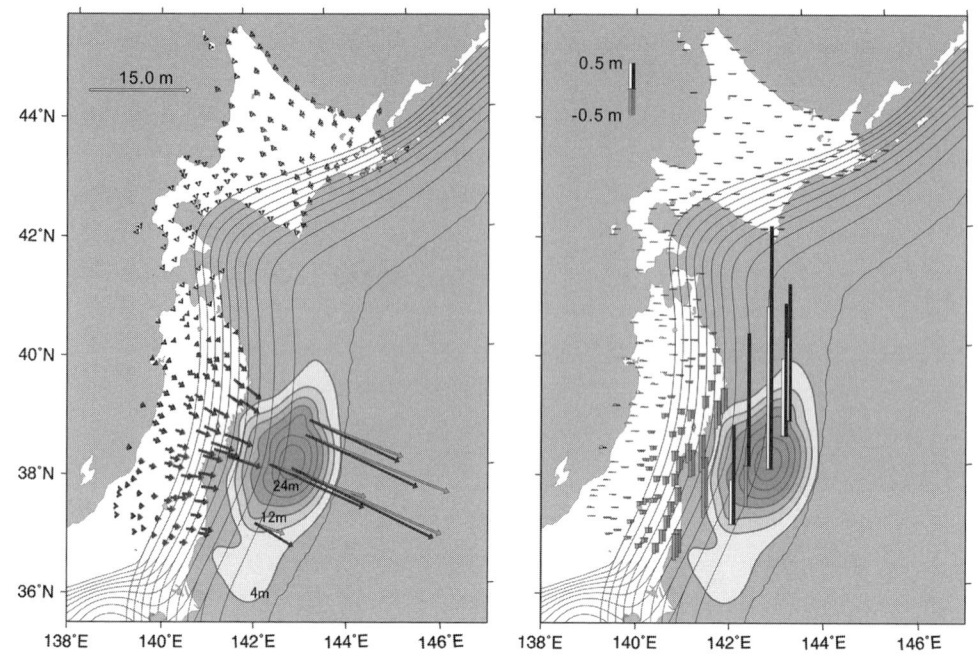

図 841-5 地震時の地殻変動と震源域でのすべり量分布［Hashimoto *et al*., 2012, *Geophys. J. Int*., 189, 1-5］
コンターは10kmごとの太平洋プレート上面深度．濃淡表示は地殻変動データからインヴァージョンで求めた地震時の震源域でのすべり量分布で，4mごとのコンターで表示．
左図：水平変動．濃い矢印が濃淡表示されたすべり量に基づく計算値，薄い矢印が観測値．右図：上下変動．基線より上向きが隆起，下向きが沈降．右側の濃色が左図同様計算値，左側の淡色が観測値．

新しい住宅地は津波に洗われた．

　大阪の埋立地にある55階建ての咲洲府庁舎は，建物の固有周期が地盤の固有周期6.5秒と近かったために，共振を起こし，ゆっくりではあるが最大振幅3mにも及ぶ大きいゆれが10分間ほど継続し，建物設備などに大きい被害が生じた．このほかにも大型の建造物はやや長周期のゆれに大きい変位を示したものが出て，この後，免震や制震などの補強工事の機運が高まった．仙台市と福島市の大型商業施設の3店舗では，エスカレーターを床に留めている金具の長さより大きい地震動によって，留め具が床からはずれ，合計5基のエスカレーターが外れて下階へ転落する事故が発生した．幸いこの事故による怪我人は出なかった．町田市の外資系スーパーマーケットでは耐震強度が不足していた駐車場の車路が強震動で倒壊し，車3台が巻き込まれ，死2，重軽傷10の被害が生じた．

　東日本全体が大きい震動を受け，女川原発，福島第二原発が停止したほか，沿岸部の火力発電所も津波などの被害を受け，東北地方は広域で停電した．東京中心部も地震時に十数ミリ秒の電気の瞬断が発生したが，自動迂回送電によってカバーされた．しかし関東地方全体への供給可能電力量の不足から，神奈川県南部などは地震直後から停電した．3月14日から2週間の間，東京都23区内と重要施設周辺以外は，輪番で計画停電が実施された．地震直後は安全点検のため東北新幹線をはじめ首都圏の鉄道はすべて停止した．JR東日本は翌日朝6時頃まで一切運転を停止したため，都心の道路は車があふれ，大渋滞となった．11日22時頃から私鉄各線が運転を始め

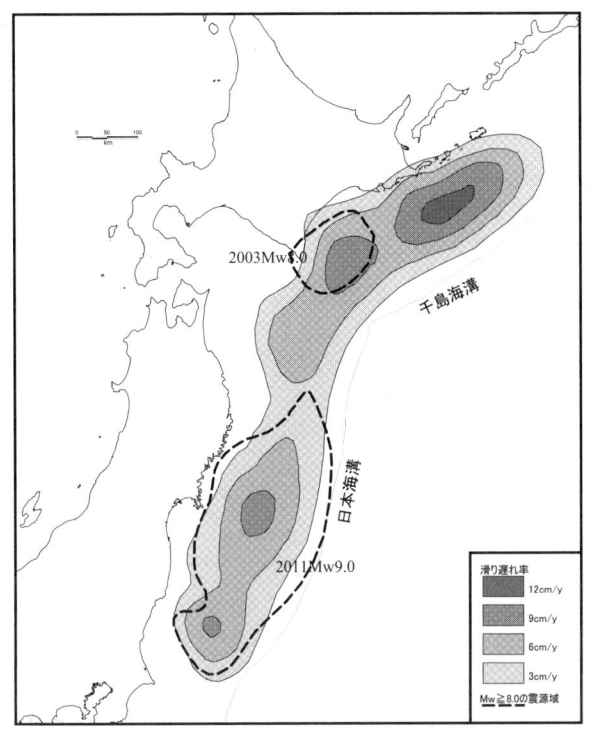

図841-6 太平洋プレートのすべり遅れ分布と M_w8以上の震源域［Hashimoto et al., 2012より作成］
1996年〜2000年のGPSデータを用いた地震間の太平洋プレートのすべり遅れの年率分布（コンターは3cm/年刻み）と，利用データ期間以後に発生した巨大地震の震源域（破線）．すべり遅れ率の大きいところで巨大プレート境界地震が発生している．

たが，電話は固定も携帯も輻輳し，金曜日の夕方に家族の安否を心配しながら数時間以上も徒歩や自転車で帰宅を試みる人たちで都心の歩道は埋まった．幹線道路沿いの公私の体育館や会館が帰宅難民の一部を収容したが，幸い都心部は断水も停電もなく，携帯メールの連絡も22時頃からは順次可能となった．災害伝言ダイヤルの利用が首都圏でも行われるべきだった．この地震後は，会社で数日分の社員の食料と水を確保するなど，いたずらに帰宅を急がない方策が奨励された．

被害が甚大だった岩手・宮城・福島の3県では，超巨大地震によって広域に被害が生じて道路などが寸断されたため，支援物資などがすぐには届かなかったが，被災民同士の共助や，地域住民の互助による食料の供給などが行われた．仙台市では地震後1週間程度は食料の不足状態が続いた．地震のための備蓄は3日分と言われているが，都市部では十分でないことが露呈した．

東北から北関東で多数の土砂災害が発生した．中でも福島県白河市葉ノ木平の地すべりで死13，家屋全壊10戸の被害が生じた．栃木県那須烏山市で発生した土砂災害も被害が大きかった．

地震時に大きく東進と沈降という地殻変動があった東北地方では，地震後も徐々に地殻変動が継続している．上下に関しては2年間に沿岸部で地震時の沈降量の2割程度隆起しているが，地震前の高さに戻るにはさらに数

618　4　被害地震各論

表 841-1　被害表（平成 25 年 4 月 10 日警察庁集計より）

都道府県名	人的被害 (人)						建物被害									被害箇所数			
	死者	行方不明	負傷者			住家被害					建物被害戸数			非住家被害建物	道路損壊	橋梁被害	山崖崩れ	堤防決壊	鉄軌道
			合計	重症	軽症	全壊	半壊	全焼	半焼	床上浸水	床下浸水	一部破損						
北海道	1		3		3		4					7	469					
青森	3	1	111	25	86	308	701				545	1,006	1,402	2	4	6		
岩手	4,673	1,151	212		212	18,370	6,558	33				14,141	5,412	30	12	51	45	26
宮城	9,537	1,615	4,144	4,144		85,260	152,880	135			6	224,085	29,034	390		9		
福島	1,606	211	182	20	162	21,149	72,909	77	3	1,061	15,037	166,333	1,117	187	3			
茨城	24	1	712	34	678	2,620	24,168	31		1,799	338	184,115	19,719	307	41	55		1
千葉	21	2	257	28	229	801	10,096	15		157	779	53,096	660	2,343		40		2
栃木	4		133	7	126	261	2,112				731	72,997	295	257		9		
群馬	1		39	13	26		7					17,246		36				
埼玉			45	7	38	24	199	1	1			1,800	33	160	55	6		
東京	7		117	20	97	15	198	1				4,847	1,101	295	1	3		
神奈川	4		137	17	120		39					454	13	162				
秋田			11	4	7								3	9		29		
山形	2		29	8	21							21	96	21				
新潟			3		3							17	9					
長野			1		1													
山梨			2		2							4						
静岡			3	1	2						5	13	9	1				
岐阜																		
三重			1		1					2			9					
徳島										2	9							
高知			1		1					2	8							
合計	15,883	2,981	6,143	4,540	1,603	128,808	269,871	293	4	3,352	17,459	740,185	59,381	4,200	116	208	45	29

都道府県の並びは、北海道から千葉までの太平洋岸、関東地方などとして、津波被害が大きい地域がわかりやすい順としてある。被害には本震以外に余震や 845, 846, 855, 857, 860, 867, 871, 872 番などと被害区別が困難なその後の地震による被害が含まれている。一部未確認情報が含まれている。

表 841-2　漁港被害（平成 24 年 3 月 5 日農水省集計より）

都道府県	被災漁港数	被害額（百万円）	被災率 %	参考全漁港数
北海道	12	1,259	4.3	282
青森県	18	4,617	19.6	92
岩手県	108	285,963	97.3	111
宮城県	142	424,286	100.0	142
福島県	10	61,593	100.0	10
茨城県	16	43,118	66.7	24
千葉県	13	2,204	18.8	69
計	319	823,040	43.7	730

被害額は漁港施設，海岸保全施設，漁業集落環境施設および漁業用施設の各被害額の合計．

表 841-3　漁船被害（平成 24 年 3 月 5 日農水省集計より）

都道府県	被災漁船数	被災内訳	被害額（百万円）	保険加入隻数	被災数/保険加入（%）
北海道（根釧，日振勝，道南）	793	(5t 未満 659，5t 以上 134)	8,723	16,293	4.87
青森県	620	(5t 未満 524，5t 以上 96)	11,378	6,990	8.87
岩手県	13,271	(漁船総隻数 14,501)	33,827	10,522	91.52
宮城県	12,029	(漁船総隻数 13,776) (5t 未満 11,425，5t 以上 604)	116,048	9,717	87.32
福島県	873	(5t 未満 740，5t 以上 133)	6,022	1,068	81.74
茨城県	488	(5t 未満 460，5t 以上 28)	4,363	1,215	40.16
千葉県	405	(5t 未満 277，5t 以上 66，不明 62)	851	5,640	7.18
東京都	3	(5t 未満 1，5t 以上 2)	―	897	0.33
新潟県	5	(5t 未満 4，5t 以上 1)	0.1	3,342	0.15
富山県	8	(5t 以上 8 被災地で係留上架中に被害)	839	1,038	0.77
石川県	1	(5t 以上 1 被災地で係留中に被害)	―	3,500	0.03
静岡県	14	(5t 未満 13，5t 以上 1)	5	5,473	0.26
愛知県	8	(5t 未満 8)	6	4,991	0.16
三重県	26	(5t 未満 26)	22	7,536	0.35
和歌山県	6	(5t 未満 3，5t 以上 3)	2	3,855	0.16
鳥取県	2	(被災地で係留中に被害 5t 以上 2)	10	1,219	0.16
徳島県	10	(5t 未満 10)	5	3,551	0.28
高知県	25	(5t 未満 23，5t 以上 2)	14	4,088	0.61
大分県	2	(5t 以上 2)	65	5,258	0.04
宮崎県	20	(5t 未満 16，5t 以上 4)	29	2,442	0.82
鹿児島県	3	(5t 未満 3)	5	7,404	0.04
計	28,612		182,214	106,039	26.98

（注）「―」は各県で調査中など不明を表す．漁船総隻数は漁船統計表（2010）による．保険加入隻数は漁船総隻数の内数であり，実働動力漁船を最もよく反映した数字である．被災船割合として，岩手・宮城両県（灰色の欄）は漁船総隻数に対する被災船割合を，そのほかは保険加入隻数に対する割合を算出した．富山・石川・鳥取の被災船（灰色）は全隻太平洋側に係留中によるものである．

表841-4 養殖関係被害（平成24年3月5日農水省集計より）

都道府県	被害養殖品種	施設被害額(百万円)	養殖物被害額(百万円)
北海道	ホタテ，カキ，ウニ，コンブ，ワカメなど	9,356	5,771
青森県	コンブ，ホタテ	43	19
岩手県	ホタテ，カキ，コンブ，ワカメなど	13,087	13,174
宮城県	ギンザケ，ホタテ，カキ，ホヤ，コンブ，ワカメ，ノリ類など	48,700	33,189
福島県	ノリ類など	297	536
茨城県	鯉，真珠など	27	—
千葉県	ノリ類	428	737
神奈川県	ワカメなど	33	32
新潟県	錦鯉	4	—
三重県	マダイ，クロマグロ，カキ，ノリ類，真珠など	1,274	2,355
愛知県	ノリ類	2	—
和歌山県	マダイ，クロマグロなど	141	834
徳島県	カンパチ，ハマチ，シマアジ，ワカメなど	65	508
高知県	カンパチ，マダイ，ノリ類など	228	2,377
大分県	マダイ，ハマチ，シマアジ，ヒラメ	85	175
宮崎県	ハマチ，アジ，オオニベなど	0.28	6
沖縄県	モズク，スギ	6	32
計		73,776	59,745

表841-5 水産加工施設被害（平成24年3月5日農水省集計より）

都道府県	主な被害状況	被害箇所数	被害率%	被害額(百万円)	総数
北海道	一部地域で被害（半壊4，浸水27）	31	5	100	570
青森県	八戸地区で被害（全壊4，半壊14，浸水39）	57	48	3,564	119
岩手県	大半が施設流出・損壊（全壊128，半壊16）	144	81	39,195	178
宮城県	半数以上が壊滅的被害（全壊323，半壊17，浸水38）	378	86	108,137	439
福島県	浜通りで被害（全壊77，半壊16，浸水12）	105	78	6,819	135
茨城県	一部地域で被害（全壊32，半壊33，浸水12）	77	31	3,109	247
千葉県	一部地域で被害（全壊6，半壊13，浸水12）	31	7	2,931	420
計	全壊570，半壊113，浸水140	823	39	163,855	2,108

表 841-6　水産共同利用施設被害 (平成 24 年 3 月 5 日農水省集計より)

都道府県	被災施設数	主な被害施設	被害額 (百万円)
北海道	83	産地市場施設，荷さばき所，給油施設，共同作業場，製氷冷凍冷蔵施設，種苗生産施設など	634
青森県	73	産地市場施設，荷さばき所，給油施設，共同作業場，製氷冷凍冷蔵施設，種苗生産施設など	3,403
岩手県	580	産地市場施設，荷さばき所，給油施設，共同作業場，製氷冷凍冷蔵施設，種苗生産施設など	51,270
宮城県	495	産地市場施設，荷さばき所，給油施設，共同作業場，製氷冷凍冷蔵施設，種苗生産施設など	45,767
福島県	233	産地市場施設，荷さばき所，給油施設，共同作業場，製氷冷凍冷蔵施設，生産資材施設など	13,915
栃木県	2	養殖施設	2
茨城県	172	産地市場施設，荷さばき所，給油施設，共同作業場，製氷冷凍冷蔵施設，生産資材施設など	8,463
千葉県	78	産地市場施設，荷さばき所，給油施設，共同作業場，製氷冷凍冷蔵施設，生産資材施設など	1,265
三重県	4	養殖施設	96
兵庫県	3	種苗生産施設，産地市場施設，養殖施設	5
高知県	2	養殖施設	55
計	1,725		124,875

表 841-7　農地・農業土木施設・農作物・農業建築施設等の県別被害 (平成 24 年 3 月 5 日農水省集計より作成)

県名	農地 箇所	農地 被害額	農業用施設 箇所	農業用施設 被害額	海岸保全施設 箇所	海岸保全施設 被害額	集落排水施設等 箇所	集落排水施設等 被害額	施設被害小計 箇所	施設被害小計 被害額	農作物等 被害額	農業・畜産関係施設 被害額	農業被害小計 被害額	合計 被害額
青森県	20	1	22	3	1	2	2	0	45	6	3	6	8	14
岩手県	13,321	232	3,657	65	15	332	41	10	17,034	639	20	29	48	687
宮城県	1,495	2,761	4,724	1,212	103	435	107	269	6,429	4,677	82	351	433	5,110
秋田県			7	0.1			11	0.2	18	0.4		0.01	0.01	0.4
山形県	102	0.4	134	3			2	0.2	238	3	0.7	0.6	1.3	4
福島県	1,799	943	3,749	935	20	254	141	242	5,709	2,374	8	13	21	2,395
茨城県	187	37	1,805	273			96	75	2,088	385	10	43	53	438
栃木県	238	6	405	59			23	6	666	71	10	35	45	116
群馬県			32	3					32	3		0.05	0.05	3
埼玉県			67	4					67	4		0.05	0.05	4
千葉県	113	11	2,225	174			16	18	2,354	202	6	13	19	221
神奈川県			1	0.01					1	0.01				0.01
長野県	746	9	235	10			4	4	985	23	3	2	5	28
静岡県			2	0.1					2	0.1				0.1
新潟県	165	6	252	12			7	9	424	26				26
合計	18,186	4,006	17,317	2,753	139	1,022	450	633	36,092	8,414	142	493	635	9,049

(単位：億円)

農業用施設被害は，主としてため池，水路，揚水機などの被害．茨城県および千葉県では (独) 水資源機構から報告のあった，水資源開発施設の被害を含む．農業・畜産関係施設被害は主としてカントリーエレベーター，農業倉庫，パイプハウス，畜舎，堆肥舎などの被害．

表 841-8 林業被害（平成 24 年 3 月 5 日林野庁集計より）

都府県	林地荒廃 箇所数	林地荒廃 金額	治山施設 箇所数	治山施設 金額	林道施設等 箇所数	林道施設等 金額	森林被害 面積(ha)	森林被害 金額	木材加工・流通施設 箇所数	木材加工・流通施設 金額	特用林産施設等 箇所数	特用林産施設等 金額	合計 箇所数	合計 金額
青森	1	1	12	2,617					3	204			16	2,822
岩手	37	903	84	14,068	483	846	707	555	31	12,919	195	563	830	29,854
宮城	113	18,203	97	64,544	580	717	220	142	42	32,114	54	765	886	116,485
秋田	4	778									9	12	13	790
山形	3	50	1	68									4	118
福島	143	5,221	27	41,256	997	1,343	138	263	31	1,212	39	209	1,237	49,504
茨城	50	1,182	17	3,011	202	437			5	208	22	100	296	4,939
栃木	65	2,357	2	1	100	246			1	15	86	528	254	3,147
群馬	7	197	1	3	3	9					4	1	15	210
千葉	5	133	32	523	1	25					6	14	44	695
新潟	20	1,945	1	112	122	458					41	301	184	2,816
山梨	2	52											2	52
長野	7	3,540	1	10	138	73			1	22	20	430	167	4,075
静岡	1	17			6	8							7	25
高知									1	3			1	3
合計	458	34,580	275	126,211	2,632	4,164	1,065	960	115	46,697	476	2,923	3,956	215,535

林道施設等は，山村環境施設が含まれる．特用林産施設は，苗畑施設・林構施設（木材加工・流通施設を除く）が含まれる．国有林の森林被害面積や木材加工流通施設，特用林産施設などの被害には調査中がある．四捨五入のため合計額の数値が一致しない場合がある．（被害額単位：100 万円）

十年を要する割合でしか回復が見られていない．2 年経過した時点では，脊梁山脈は 10 cm 程度沈降している．水平方向には地震時と同様全体に東に動いており，牡鹿で 75.8 cm，岩手県山田町で 95.8 cm と，地震時の数割程度，余効変動で同じ方向へ動いた．

被害表 841-1 には当日中の 15 時 15 分茨城沖 M7.6 をはじめ，842〜846 番の地震による被害も含まれている．[4]

842 2011 Ⅲ 12（平成 23）03 時 59 分 長野県北部 λ＝138°35.9′E φ＝36°59.2′N M＝6.7 h＝8 km 栄村で震度 6 強，十日町市，津南町で震度 6 弱，上越市と群馬の中之条町で震度 5 強．長野盆地西縁断層帯と十日町断層帯とが雁行する間で，通常地震が発生していなかった場所に発生した．震源地である栄村では，小中学校や公民館など公共施設の多くも破損を受け，周辺の国道や県道が陥没や雪崩，路肩崩落，雪除け屋根の崩落などで通行不能となって孤立した．地震動による直接的な犠牲者はなかったが，その後の避難生活によるストレスから 3 名が死亡した．また，雪解け後に，棚田の多くに亀裂がはいり，耕作不可能となっていたことが判明した．栄村北信，十日町市松之山，津南町辰口などで大規模な地すべりや崩壊が発生し，堰止めが生じた．

843 2011 Ⅲ 15（平成 23）22 時 31 分 静岡県東部 λ＝138°42.9′E φ＝35°18.6′N M＝6.4 h＝14 km 富士宮市で震度 6 強，忍野村，山中湖村，富士河口湖町で震度 5 強．富士山麓で発生したため，噴火へつながらないか，関心が高まった．静岡県と山梨県では，断水や水漏れ，土砂崩落なども発生した．茅ヶ崎市では住宅火災が 1 件起きた．

表 841-9　市町村別浸水面積と被害程度（2011年8月4日時点国交省集計より作成）
全半壊区域の浸水面積に対する割合が30%以上は岩手・宮城に多い．

市町村名	浸水区域面積(ha)	建物被災区域の区分面積(ha) 全壊域	半壊域	損壊域	被災なし	全半壊域/浸水域(%)
六ヶ所村	354	0	0	354	0	0
三沢村	992	35	8	949	0	4
おいらせ町	194	20	46	115	13	34
八戸市	1,273	96	744	370	62	66
階上町	36	3	5	27	0	22
洋野町	176	23	3	150	0	15
久慈市	367	40	61	267	0	28
野田村	247	51	21	175	0	29
普代村	65	8	1	57	0	14
田野畑村	139	25	2	111	0	19
岩泉町	101	13	5	82	0	18
宮古市	812	497	112	203	0	75
山田町	493	352	44	97	0	80
大槌町	375	290	42	39	4	89
釜石市	777	436	86	255	0	67
大船渡市	814	561	96	156	0	81
陸前高田市	1,320	443	19	858	0	35
気仙沼市	1,732	819	136	778	0	55
南三陸町	1,142	445	11	686	0	40
東松島市	3,419	412	604	2,357	46	30
女川町	329	236	17	76	0	77
石巻市	5,654	2,018	864	2,774	0	51
松島町	167	0	27	125	14	16
利府町	13	0	8	5	0	62
塩竈市	410	33	230	147	0	64
七ヶ浜町	483	116	43	307	17	33
多賀城市	596	161	315	84	35	80
仙台市	4,720	725	610	3,320	65	28
名取市	2,550	183	135	2,197	35	12
岩沼市	2,550	378	408	1,763	0	31
亘理町	3,089	275	177	2,637	0	15
山元町	2,379	324	80	1,974	0	17
新地町	882	95	18	769	0	13
相馬市	2,239	249	109	1,882	0	16
南相馬市	3,719	292	59	3,369	0	9
浪江町	541	-	-	-	-	-
双葉町	301	-	-	-	-	-
大熊町	174	-	-	-	-	-
富岡町	149	-	-	-	-	-
楢葉町	287	-	-	-	-	-
広野町	170	4	6	160	0	6
いわき市	1,776	182	343	1,196	55	30
北茨城市	201	4	34	162	0	19
高萩市	62	0	1	61	1	2
日立市	360	9	51	299	0	17
東海村	232	0	0	231	0	0
ひたちなか市	161	0	9	153	0	6
水戸市	49	0	0	49	0	0
大洗町	164	0	19	145	0	12
鉾田市	123	0	5	119	0	4
鹿嶋市	324	0	78	232	14	24
神栖市	572	0	29	533	10	5
銚子市	298	0	16	282	0	5
旭市	387	29	41	317	0	18
匝瑳市	213	0	0	213	0	0
横芝光町	214	0	4	210	0	2
山武市	1,272	3	44	1,226	0	4
九十九里町	427	0	16	411	0	4
大網白里町	47	0	0	47	0	0
白子町	111	0	0	111	0	0
長生村	79	0	0	79	0	0
一宮町	159	0	2	157	0	1
総計	53,461	9,885	5,844	35,908	371	29

（注）福島原発事故による警戒区域内については，建物被災区域の区分は行わず，南相馬市の警戒区域内は損壊域としている．端数処理の関係で，浸水区域面積と建物被災区域の区分面積の合計が一致しない場合がある．
全壊域：建造物の多くが流失・全壊・1階天井以上浸水
半壊域：建造物の多くが大規模半壊・床上浸水
損壊域：建造物の多くが一部損壊（床下浸水）または大規模農地や緑地など
被災なし：浸水区域ではあるが地盤高が高いなどで被災なし

624   4 被害地震各論

表842-1 被害表（平成24年7月1日長野県集計と平成24年3月9日新潟県集計より）

市町	人的被害（人）死者	重傷	軽傷	住家被害（棟） 全壊	半壊	一部破損	非住家被害（棟）
栄	3		10	33	169	486	
飯山				1		14	
野沢温泉			1			1	
長野			1				
長野県	3	0	12	34	169	501	
津南			27	6	47	737	384
十日町			9	31	193	1,100	420
上越		1	3	2	18	201	66
南魚沼			3			9	7
長岡						29	2
柏崎			2			7	5
燕						5	1
新潟県		1	44	39	258	2,088	885
合計	3	1	56	73	427	2,589	885

表843-1 被害表（平成23年3月16日神奈川県、17日静岡県・山梨県集計より）

県	市町	人的被害 重傷	軽傷	住家一部破損（棟）	非住家一部破損（棟）
静岡	沼津		1	3	
	三島		3	4	
	御殿場		1	3	
	裾野			9	
	函南			2	
	清水町		1		
	長泉		1		
	小山		1		
	富士宮		34	325	
	富士		5	175	
	静岡	2	1		
	小計	2	48	521	
山梨	身延			12	2
	笛吹		1		
	鳴沢				1
	丹波山				2
	山中湖			2	6
	富士吉田		1		
	南アルプス		1		
	小計		2	15	11
神奈川	横浜		2		
	小田原		1		
	綾瀬		1		
	秦野		1		
	海老名		1		
	小計		6		
合計		2	56	536	11

844 2011 IV 1（平成23）19時49分 秋田県内陸北部 $\lambda=140°21.8'$E $\varphi=40°15.4'$N $M=5.0$ $h=12$ km 533番（二ッ井地震）より15km程東で発生し、大館市で震度5強、北秋田市で震度5弱。北秋田市で軽傷1、住家一部破損1棟。大館市でホームタンクが倒壊して灯油800リットルが流出した。

845 2011 IV 7（平成23）23時32分 宮城県沖 $\lambda=141°55.2'$E $\varphi=38°12.3'$N $M=7.2$ $h=66$ km 栗原市と仙台市宮城野区で震度6強、登米市や岩沼市、大船渡市、釜石市、一関市、奥州市など北上川や阿武隈川流域の低地帯で震度6弱、八戸市、秋田市、相馬市などで震度5強となった。

金華山沖のスラブ内地震で短周期成分が多く、東日本大震災で傷んだ建造物にさらなる震動被害を与えた。この地震での死4、負傷296。仙台市などでは、短周期のゆれで841番の地震では無事だった建物にも、破損被害が生じた。震度分布はプレート境界の地震である629番の地震と類似し、プレート間とプレート内と、地震のタイプが異なっても、震度の広がりだけからは区別し難いことがわかる。スラブ内地震の方が、小さい規模でも短周期成分が大きいため、破損などの短周期起源の被害が広範囲に及び、震度も大きくなる。東日本震災から1ヵ月足らずで夜間に強震を受けて、被災者は再び強いストレスを受けた。

846 2011 IV 11（平成23）17時16分 福島県浜通り $\lambda=140°40.4'$E $\varphi=36°56.7'$N $M=7.0$ $h=6$ km；12日14時07分 $\lambda=140°38.6'$E $\varphi=37°03.2'$N $M=6.4$ $h=15$ km 中島村、古殿町、いわき市、鉾田市で震度6弱、白河市や日立市、那須町などで震度5強。

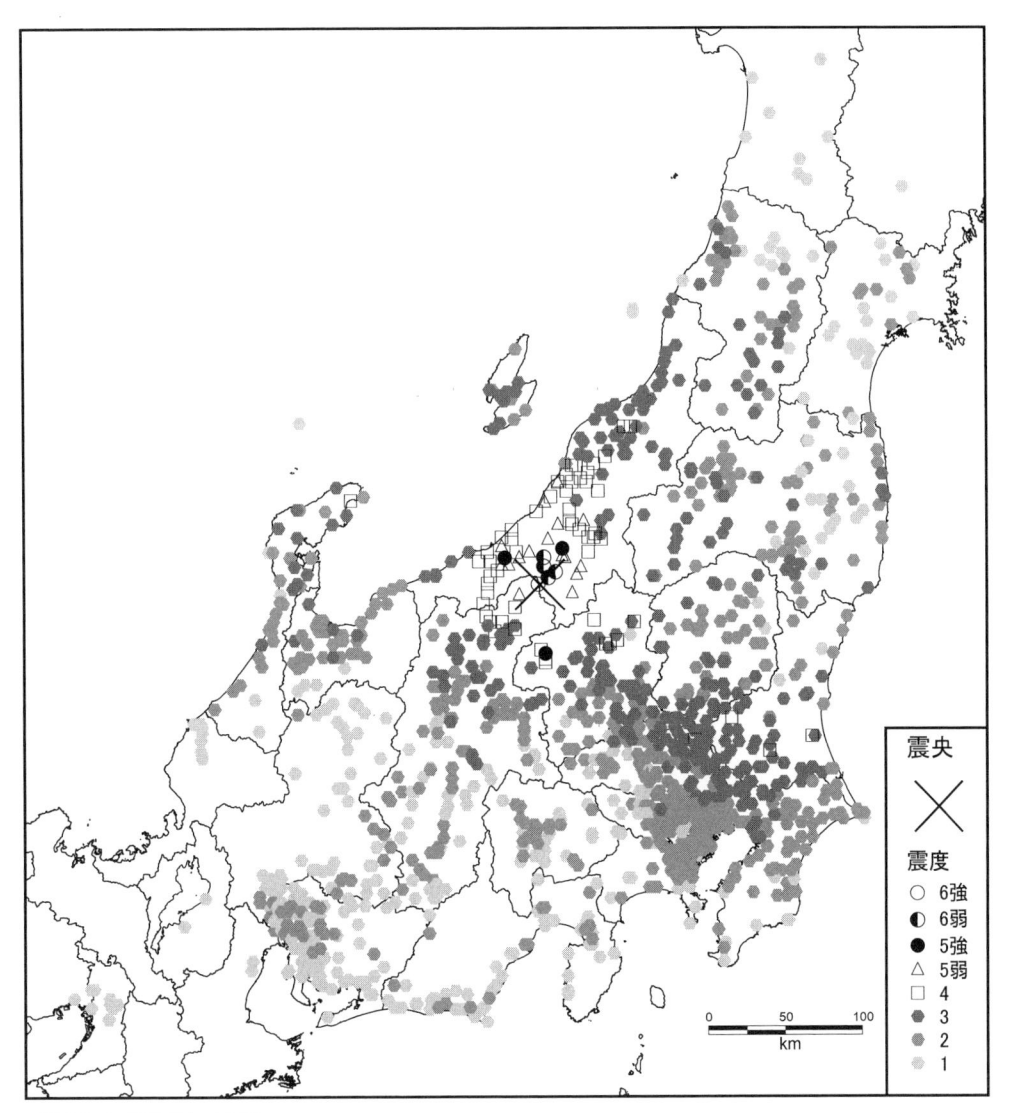

図 842-1　震度分布（広域）

626　4　被害地震各論

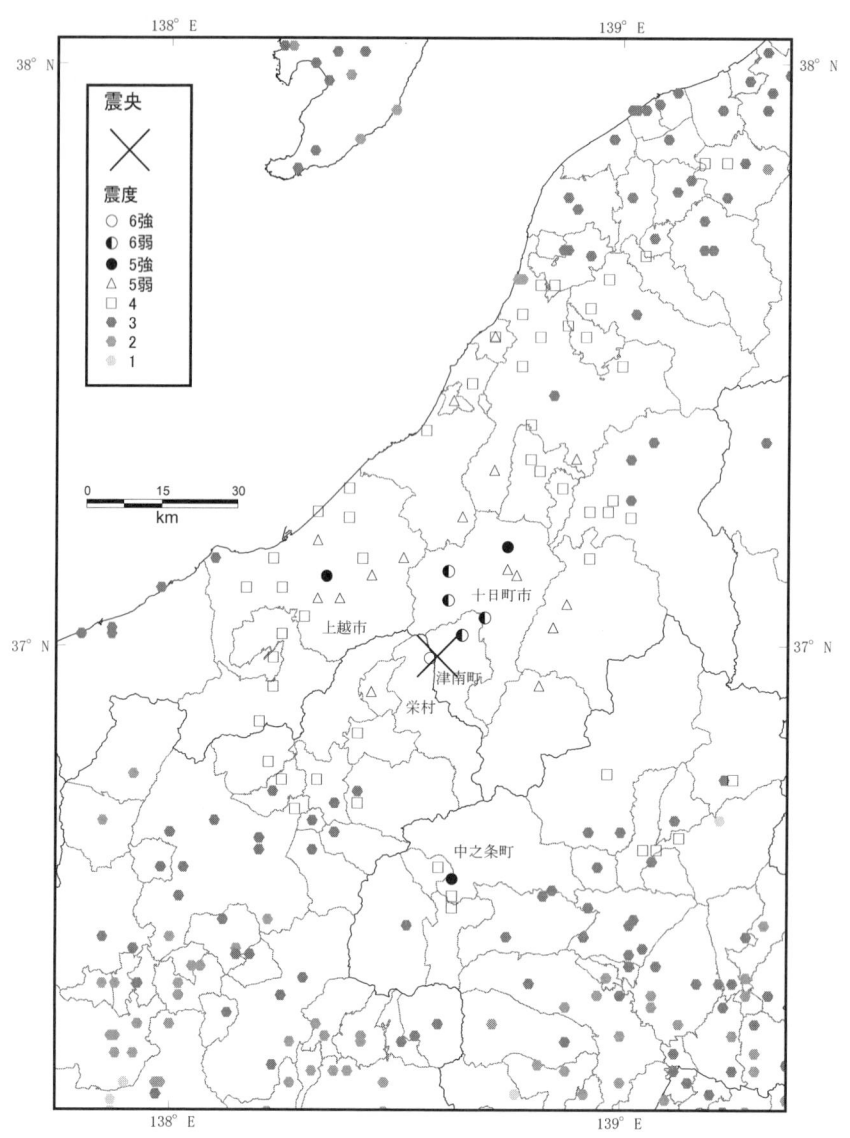

図 842-2　震度分布（震央付近）

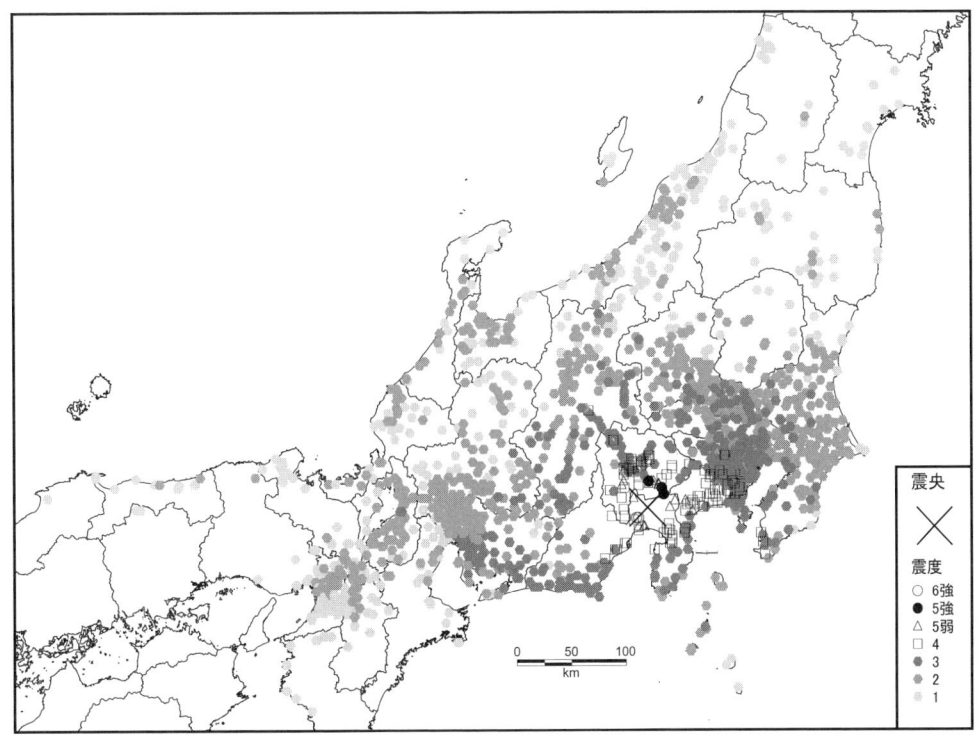

図 843-1　震度分布（全体）

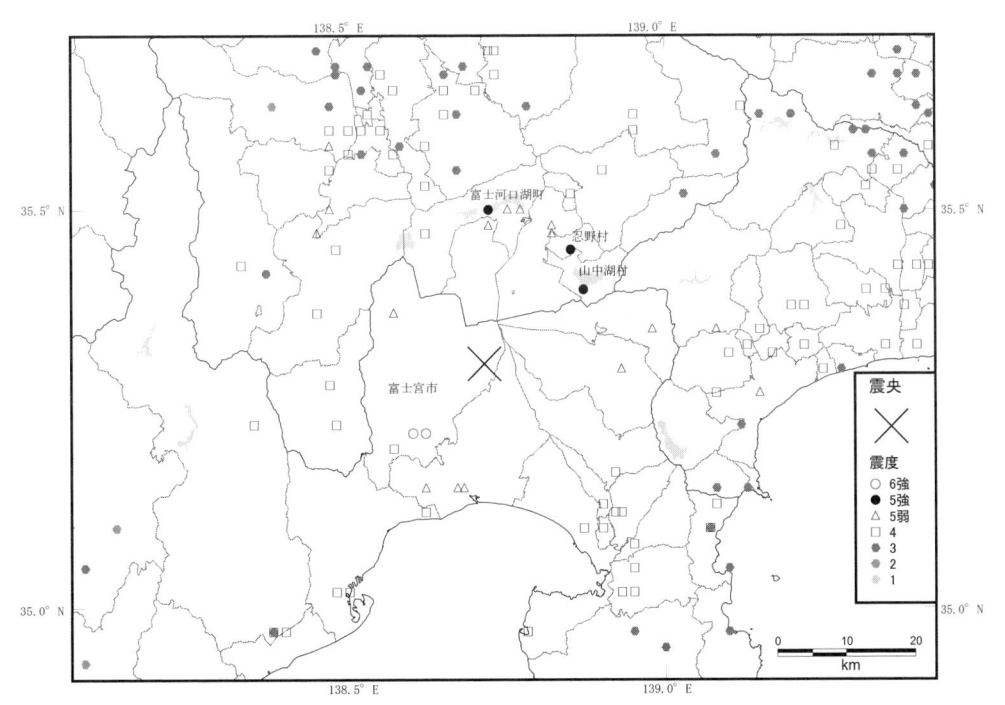

図 843-2　震度分布（震央付近）

628   4 被害地震各論

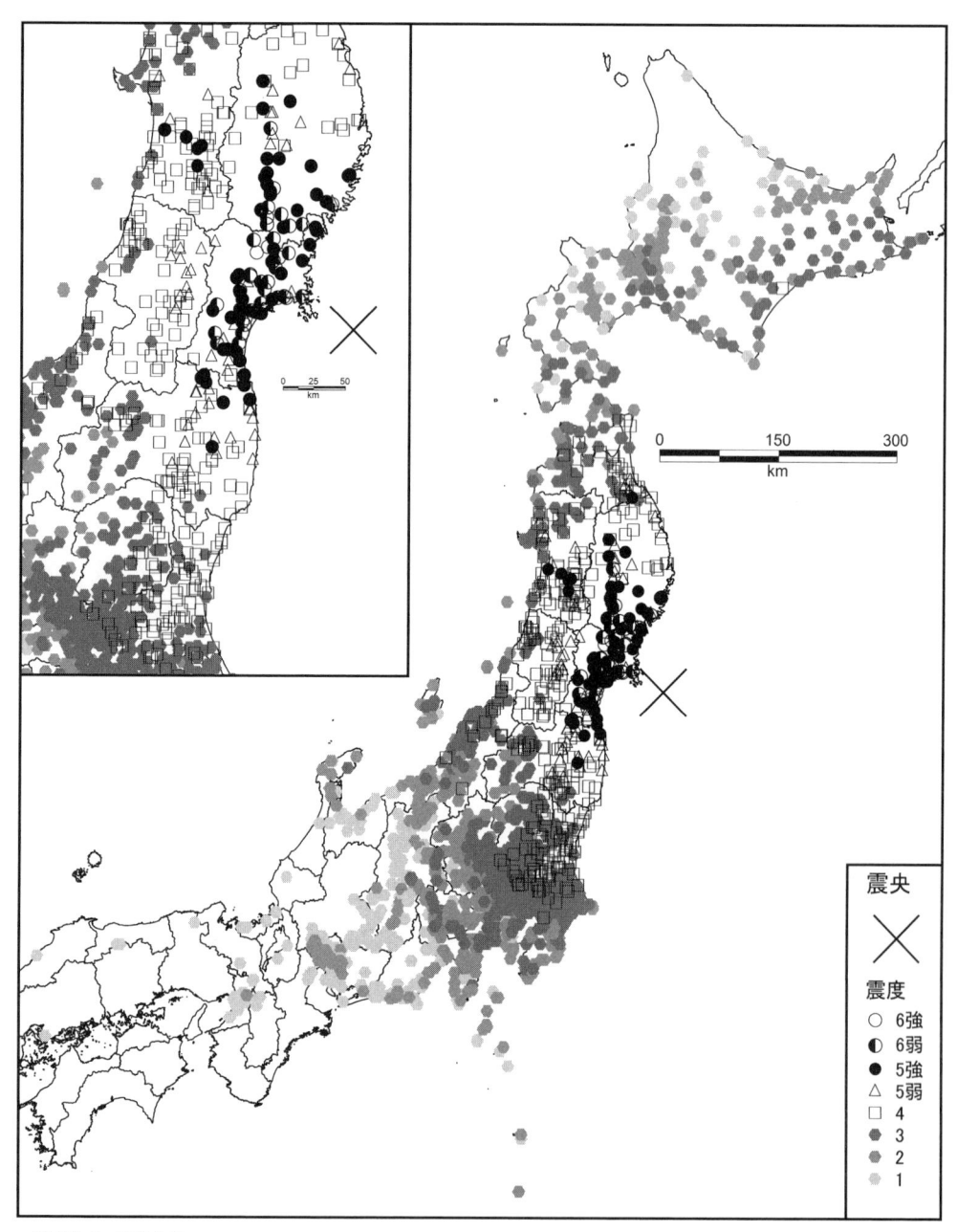

図 845-1 震度分布

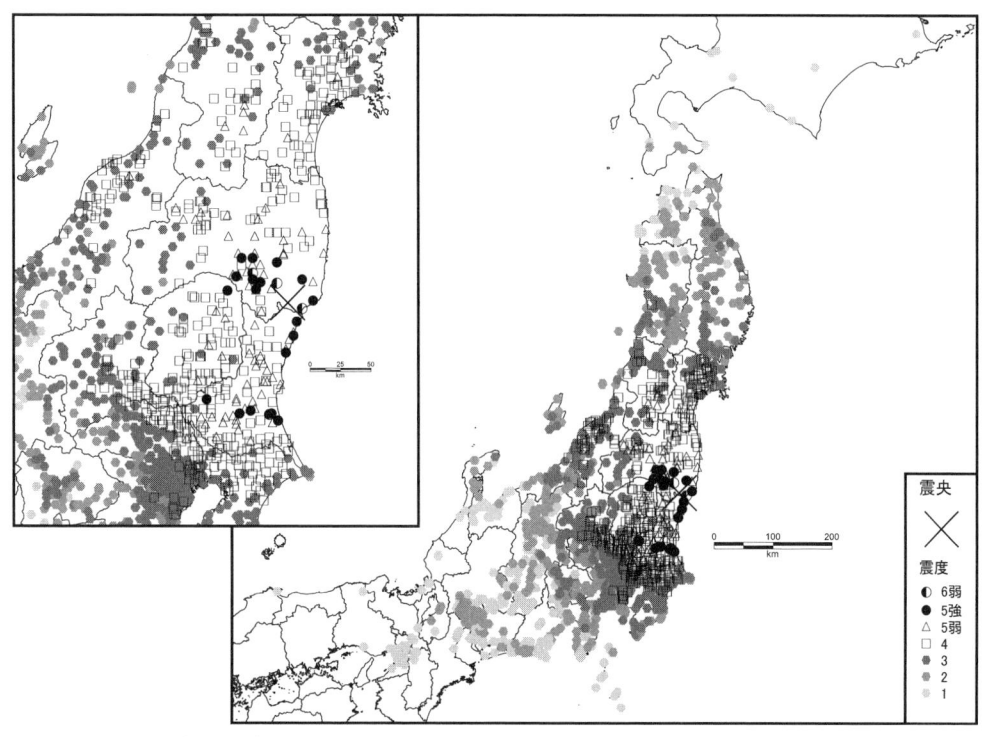

図846-1 11日の地震の震度分布

　この地震での死4，負傷10．12日の地震では，いわき市と北茨城市で震度6弱，浅川町，古殿町，高萩市で震度5強となり，負傷1．両地震とも正断層地震で，いわき市などではこの地震を契機に，多数の場所から湯が湧き出るようになった．841番によって東日本が東西圧縮場から東西伸張場に転じた影響で，それ以前の東西圧縮場では活動しないと考えられてきた井戸沢断層や湯ノ岳断層のような南北方向の正断層のうち，塩ノ平断層と湯ノ岳断層とが活動した．同様の方向の正断層は茨城県北部から福島県南部にかけての沿岸部にも多数分布しており，841番以降多数の有感地震が発生して地域の人々を不安に陥れた．［国土地理院，2011，いわき市周辺における地震災害の現地調査（2回目）の報告］

847　2011 IV 16（平成23）11時19分　茨城県南部　$\lambda=139°56.7'E$　$\varphi=36°20.5'N$　$M=5.9$　$h=79km$　震度5強が鉾田市，5弱が笠間市，常陸大宮市，桜川市，宇都宮市，高根沢町，加須市．かすみがうら市，笠間市，宇都宮市，栃木市，佐野市，久喜市で転倒や落下物で軽傷各1，計6．

848　2011 IV 17（平成23）00時56分　中越地方　$\lambda=138°41.3'E$　$\varphi=37°01.4'N$　$M=4.9$　$h=8km$　津南町で震度5弱，十日町市で震度4．十日町市で病院の天井配管から水漏れし，田沢地区でそれ以前に生じていた土砂崩れの崩落が拡大した．

849　2011 IV 19（平成23）04時14分　秋田県内陸南部　$\lambda=140°23.2'E$　$\varphi=39°36.2'N$

630   4 被害地震各論

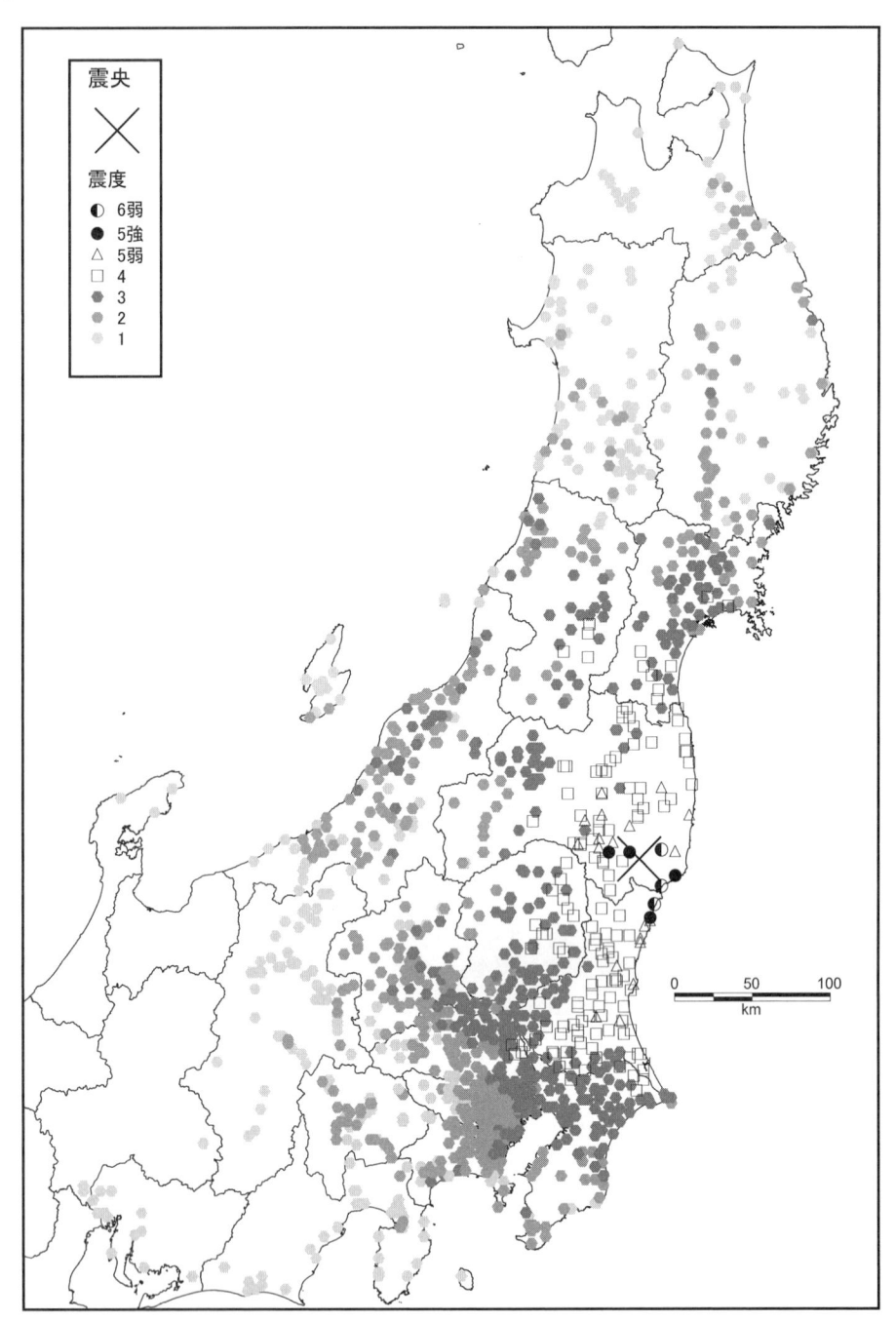

図 846-2 12 日の地震の震度分布

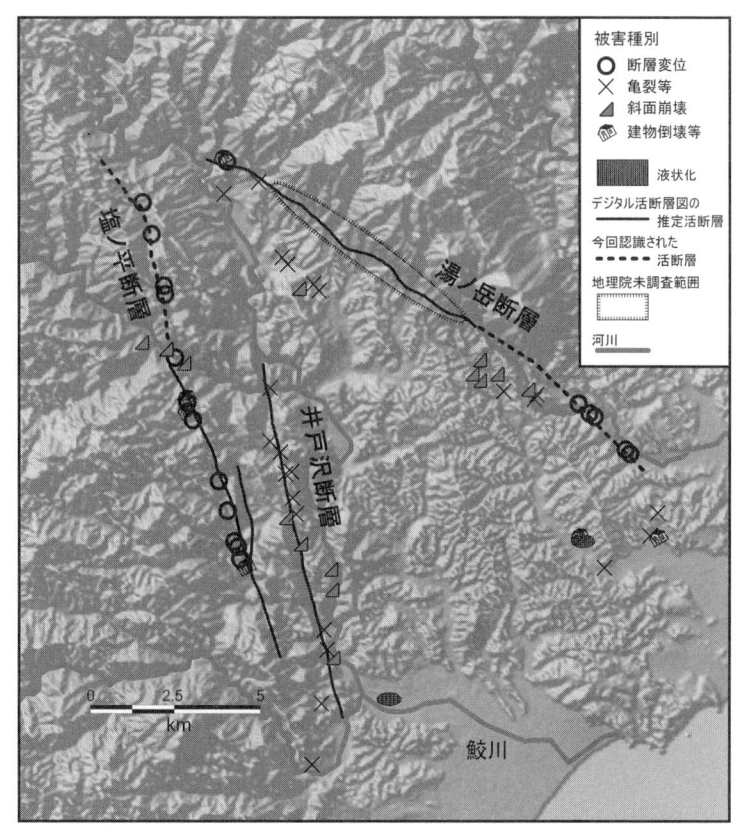

図 846-3 被害分布と既知の活断層および今回の地表地震断層［中田・今泉，2002，活断層詳細デジタルマップ，東大出版会と国土地理院，2011 より作成．背景は国土地理院による 50m メッシュ数値地図データを利用］

$M=4.9$　$h=6$ km　398 番（秋田仙北地震）の震源域近くで発生した．大仙市刈和野で震度 5 弱．大仙市土川で工場の天井板とシャッターの一部破損，刈和野で高校の支柱破損と温泉施設の貯水槽の破損などが生じた．

850　2011 Ⅵ 2（平成 23）11 時 33 分　中越地方　$\lambda=138°42.3'$ E　$\varphi=37°01.1'$ N　$M=4.7$　$h=6$ km　十日町市で震度 5 強．3 歯科診療所で内壁剝離．

851　2011 Ⅵ 23（平成 23）06 時 50 分　岩手県沖　$\lambda=142°35.5'$ E　$\varphi=39°56.9'$ N　$M=6.9$　$h=36$ km　階上町，東通村，盛岡市，普代村で震度 5 弱．むつ市で住家一部破損 1 棟，洋野町の文教施設一部破損 1 棟．

852　2011 Ⅵ 30（平成 23）08 時 16 分　長野県中部　$\lambda=137°57.3'$ E　$\varphi=36°11.3'$ N　$M=5.4$　$h=4$ km　松本市で震度 5 強．牛伏寺断層に近い場所で発生した．松本市で蔵書の崩落によって死 1，転倒や転落で重傷 3，軽傷 14．住家半壊 24 棟，一部破損 6,116 棟，塀の倒壊も多数発生した．諏訪でも住家一部破損 1 棟．二子橋で道路のジョイントがはずれ，1 時間余通行止めとなった．松本市内で 119 番通報は多数あったが，地震から 2 時間で救急 8 件，救助 2 件，その他 10 件に対応した．松本城で天守の土壁に亀裂が入り，石垣の一部が崩れた．市内の屋外タンクのイン

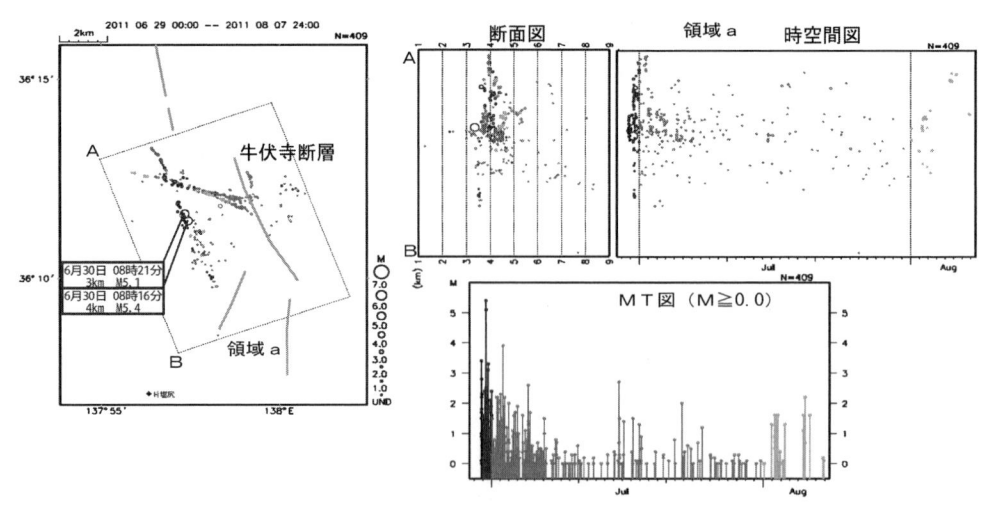

図852-1　6月29日〜8月7日の牛伏寺断層付近の震源分布［気象庁，2012，予知連会報，87，349より作成］
黒（6月29日），濃灰（6月30日），中灰（7月），薄灰（8月）と発生時期が遅い地震は明るい色で表示．震央分布と太線の活断層線（左図），AB方向の断面図と時空間分布図（右上），M-T図（右下）．前日に本震付近にM3.4の前震があり，7月には牛伏寺断層方向へ延びた部分が活動した．

ナーフロート上にガソリン10リットルが越油したが，火災にはならなかった．

853　2011 Ⅶ 5（平成23）19時18分　和歌山県北部　$\lambda=135°14.1'E$　$\varphi=33°59.4'N$　$M=5.5$　$h=7$ km　広川町，日高川町で震度5強，有田市，湯浅町で震度5弱．住家一部破損は湯浅12，広川町7，有田市と由良町で各1棟．小中学校の壁や天井の破損が湯浅町3ヵ所，日高川町3ヵ所，有田川町2ヵ所，広川町2ヵ所，日高町1ヵ所．

854　2011 Ⅶ 23（平成23）13時34分　宮城県沖　$\lambda=142°05.5'E$　$\varphi=38°52.4'N$　$M=6.4$　$h=47$ km　遠野市で震度5強，花巻市，滝沢村で震度5弱．遠野市で一部破損は，住家2棟，非住家6棟，文教施設と清掃施設各1ヵ所．

855　2011 Ⅶ 31（平成23）03時53分　福島県沖　$\lambda=141°13.3'E$　$\varphi=36°54.2'N$　$M=6.5$　$h=57$ km　楢葉町，川内村で震度5強．郡山市，白河市，平田村，田村市，いわき市，広野町，葛尾村，日立市，常陸大宮市，大田原市で震度5弱．郡山市，仙台市，水戸市，ひたちなか市，常陸大宮市，筑西市，桜川市，台東区，大田区，渋谷区と4都県で軽傷計11．

856　2011 Ⅷ 1（平成23）23時58分　駿河湾　$\lambda=138°32.9'E$　$\varphi=34°42.4'N$　$M=6.2$　$h=23$ km　824番の地震の東寄りに発生した．東伊豆町，焼津市，静岡市駿河区で震度5弱，伊豆半島南半分や御前崎などで震度4．被害は表856-1のとおり．

857　2011 Ⅷ 19（平成23）14時36分　福島県沖　$\lambda=141°47.8'E$　$\varphi=37°38.9'N$　$M=6.5$　$h=51$ km　石巻市，蔵王町，美里町，須賀川市，相馬市，二本松市，天栄村，楢葉町，新地町で震度5弱．仙台市と日立市で軽傷各1．

858　2011 Ⅸ 7（平成23）22時29分　日高地

方中部　$\lambda=142°35.4'$ E　$\varphi=42°15.6'$ N　$M=5.1$　$h=10$ km　新ひだか町で震度5強となり，住家一部破損1棟．

859　2011 X 5（平成23）23時33分　熊本地方　$\lambda=130°51.0'$ E　$\varphi=32°54.8'$ N　$M=4.5$　$h=10$ km　菊池市で震度5強となり，住家一部破損10棟．

860　2011 XI 20（平成23）10時23分　茨城県北部　$\lambda=140°35.3'$ E　$\varphi=36°42.6'$ N　$M=5.3$　$h=9$ km　日立市で震度5強，高萩市で震度5弱．日立市で神棚からの落下物で軽傷1．

861　2011 XI 21（平成23）19時16分　広島県北部　$\lambda=132°53.6'$ E　$\varphi=34°52.3'$ N　$M=5.4$　$h=12$ km　三次市で震度5弱．広島市で重傷1，三次市で軽傷1．三次市と庄原市の小学校で一部破損．

862　2011 XI 24（平成23）19時25分　浦河沖　$\lambda=142°53.2'$ E　$\varphi=41°45.0'$ N　$M=6.2$　$h=43$ km　浦河町潮見で震度5弱．震度4の様似町とえりも町の3,900世帯で停電したが，1時間半後に復旧した．浦幌町，広尾町，東通村も震度4．

863　2011 XI 25（平成23）04時35分　広島県北部　$\lambda=132°53.7'$ E　$\varphi=34°52.3'$ N　$M=4.7$　$h=12$ km　三次市で震度4．三次市では十日市西で住家一部破損1棟，市営住宅の高架水槽が水漏れして給水車が出動した．

864　2011 XII 14（平成23）13時01分　美濃東部　$\lambda=137°14.7'$ E　$\varphi=35°21.3'$ N　$M=5.1$　$h=49$ km　中津川市，恵那市，瑞穂市，郡上市で震度4．美濃加茂市で骨折の重傷1．中津川市の小中学校4校で一部破損．

表856-1　被害表（平成23年8月2日静岡県集計より）

県	市町	人的被害 重傷	人的被害 軽傷	住家一部破損（棟）	公共建物一部破損（棟）
	藤枝		4		
	焼津		3		
	掛川		2		
	島田		2	2	11
	御前崎			6	
	菊川			1	
	袋井			6	
	静岡				1
	河津		1		
	浜松	1			
静岡県		1	12	15	12

865　2012 I 28（平成24）07時43分　富士五湖地方　$\lambda=138°58.6'$ E　$\varphi=35°29.4'$ N　$M=5.4$　$h=18$ km　忍野村，河口湖町で震度5弱，甲府市，小田原市，三島市などで震度4．川崎市で軽傷1，三島市で住家一部破損1棟，簡易水道の濁り．震源直上の山梨県では被害報告はなかった．4分前にもほぼ同じ場所で$M4.9$の地震が発生し，大月市，上野原市，河口湖町，小山町，山北町，厚木市で震度4．

866　2012 II 8（平成24）21時01分　佐渡付近　$\lambda=138°10.3'$ E　$\varphi=37°51.9'$ N　$M=5.7$　$h=14$ km　佐渡で震度5強．一部破損が住家1棟，公共建物7棟その他2棟．ほかに小中学校5ヵ所で壁破損などの被害．

867　2012 III 14（平成24）21時05分　千葉県東方沖　$\lambda=140°55.9'$ E　$\varphi=35°44.9'$ N　$M=6.1$　$h=15$ km　神栖市，銚子市で震度5強，日立市と旭市で震度5弱．船橋市で死1．木更津市で軽傷1．銚子市で一部破損が住家3棟，非住家4棟，ブロック塀倒壊3ヵ所，石塀倒壊1ヵ所．香取市でも非住家一部破損1棟．

868 2012 Ⅲ 27（平成 24）20 時 00 分　岩手県沖　$\lambda=142°20.0'$ E　$\varphi=39°48.3'$ N　$M=6.6$　$h=21$ km　宮古市，山田町，野田村，滝沢村，花巻市，栗原市，涌谷町で震度 5 弱．一関市で軽傷 1．

869 2012 Ⅴ 24（平成 24）00 時 02 分　青森県東方沖　$\lambda=142°07.4'$ E　$\varphi=41°20.6'$ N　$M=6.1$　$h=60$ km　東北町で震度 5 強，野辺地町，東通村で震度 5 弱．非住家建物 19 ヵ所でガラス破損など，水田陥没 1 ヵ所の被害．

870 2012 Ⅶ 10（平成 24）12 時 48 分　長野県北部　$\lambda=138°23.3'$ E　$\varphi=36°49.9'$ N　$M=5.2$　$h=9$ km　中野市と木島平村で震度 5 弱．中野市で転倒による重傷・軽傷各 1，落下物による軽傷 1，住家一部破損 9 棟の被害．このほか，中野市と木島平村で非住家に壁やガラスの破損が生じた．この地震は長野盆地西縁断層帯から数キロほど東にずれた場所で発生した横ずれの地震であった．

871 2012 Ⅷ 30（平成 24）12 時 48 分　宮城県沖　$\lambda=141°54.9'$ E　$\varphi=38°24.5'$ N　$M=5.6$　$h=60$ km　仙台市と南三陸町で最大震度 5 強，名取市，塩竈市，東松島市で最大震度 5 弱．仙台市と登米市で重傷各 1，仙台市と名取市で軽傷各 1．

872[*]　2012 Ⅻ 7（平成 24）17 時 18 分　三陸沖　$\lambda=144°18.9'$ E　$\varphi=37°48.9'$ N　$M=7.4$　$h=46$ km　青森，岩手，宮城，茨城，栃木県で最大震度 5 弱と，広範囲にやや強い長いゆれがあった．津波警報が宮城県，注意報が青森，岩手，福島，茨城各県の太平洋岸に出され，避難行動が取られた．津波は 40 分程で宮城県などに到達し，鮎川で最高 98 cm，相馬で 31 cm などが観測された．津波警報は 2 時間後に解除された．この津波注意報を受けて久慈で漁船を沖合へ避難させていた漁船所有者 1 名が海に落ちて死亡した．水戸で重傷 1．名取，石巻，相模原で軽傷各 2，八戸，丸森，富合，土浦，宇都宮，伊勢崎，厚木で軽傷各 1，合計軽傷 13．北海道安平町で住家一部破損 1 棟の被害．日本海溝付近のプレート内地震で，P 波，S 波，さらに大きい表面波が続き，ゆれが長かったことから，841 番を思い出した被災者が多かった．[0.5]

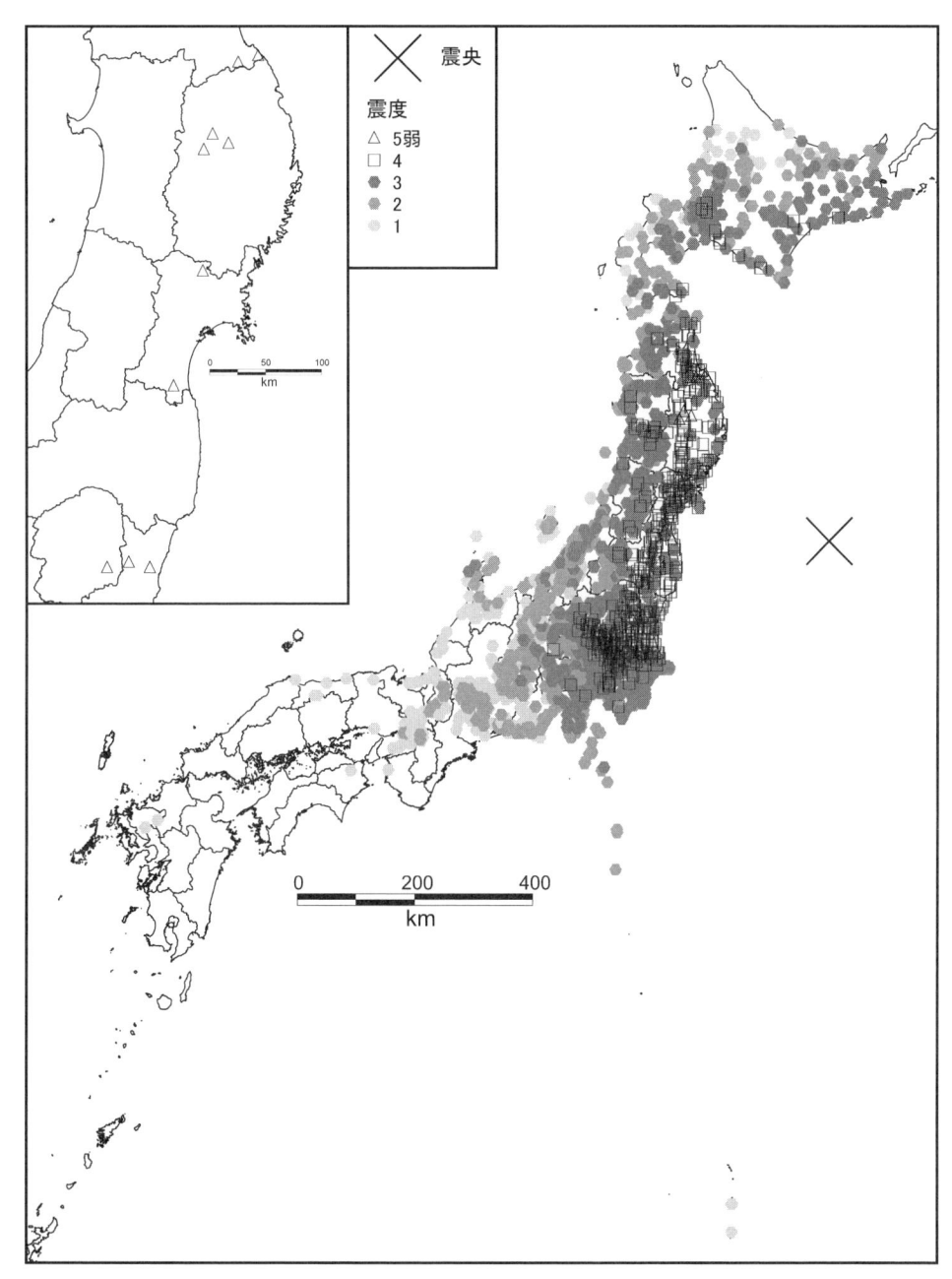

図 872-1 震度分布
左上に震度5弱の10地点を示した.

[付表 2]

外国沿岸の地震による津波のうち，日本およびその付近に被害を及ぼした津波について

　参考のために，標題に該当する津波を渡辺［1985］の表から抜き出したものに追加した．表中の地震番号は本書に採録されている地震の番号で，それについての記述は省略した．本文を見ていただきたい．日時は地震の発現時をグリニッチ標準時で示す．この表のほかにも，日本沿岸で記録された津波は多いが，日本に被害のないものは除いた．1946年のアリューシャン地震の津波は，日本ではとくに被害はなかったが，これが契機となって，アメリカでは1948年8月にハワイおよび太平洋駐在米軍のための太平洋津波警報組織が生まれ，次いで1952年および1958年に日本およびソ連にそれぞれの国の沿岸に対する津波警報組織がつくられた．[ ]内の数字は津波の規模を示す．

地震番号	グレゴリオ暦 日時(グリニッチ標準時)	震央 経度(λ)	震央 緯度(φ)	M	記　事
	1586 Ⅶ 9				ペルーのリマ沖．陸前海岸に津波．[4]
142	1687 Ⅹ 20				ペルー沖，釜石で津波の高さ50cm．[3]
148-1	1700 Ⅰ 27 05時頃	125°W	45°N	9.0	北米沖，三陸で流失家あり，田辺で大あびき．
173	1730 Ⅶ 8 09時頃				チリ，バルパライソ沖，翌日，三陸沿岸で田畑に浸水した．[4]
	1751 Ⅴ 25				チリ，コンセプシオン沖，三陸地方の大槌・牡鹿・気仙沼で床まで浸水．[3]
206	1780 Ⅴ 31	151.2°E	45.3°N	7.0	[2]
241-4	1837 ⅩⅠ 7 12時51分			8<	チリ南部，三陸沿岸で潮あふれる．[3]
	1868 Ⅷ 13 16 45	71°W	18.5°S	8½	チリ北部，函館で2mの高波．[4]
	1877 Ⅴ 10 00 59	71°W	21.5°S		チリ，イキイキ沖．房総で死傷多く，函館で波の高さ2m，被害あり．[4]
417	1918 Ⅸ 7 17 16	151.5°E	45.5°N	8.2	ウルップ島沖．根室で波高1m，父島で1.4m，父島に小被害．[3]
	1922 ⅩⅠ 11 4 33	70°W	28.5°S	8.3	チリ，アタカマ沖．大船渡で30戸波に洗われた．[3]
	1946 Ⅳ 1 12 29	163.5°W	52¾°N	7.3	アリューシャン．波の高さは鮎川1.1m，串本0.7m，油津0.8m．津波によるマグニチュードは9.3で津波地震の特徴を示す．[4]
529	1952 ⅩⅠ 4 16 01	159.5°E	52¾°N	9.0	カムチャッカ半島沖．[3]
546	1960 Ⅴ 22 19 11	72.6°W	38°S	9.5	チリ沖．[4]
560	1964 Ⅲ 28 3 36	147.5°W	61.1°N	9.2	アラスカ湾．[4]
566	1965 Ⅱ 4 5 01	178.6°E	51.3°N	8.7	アリューシャン．[3]
710	1996 Ⅱ 17 5 59	137.0°E	1.0°S	8.2	ニューギニア付近．[3] 土佐清水市・八丈島で漁船に被害あり
830	2010 Ⅱ 27 6 34	72.7°W	35.9°S	8.8	チリ沖．東北で約50軒浸水．三陸中心に津波被害．[3]

出典：渡辺偉夫，1985，日本被害津波総覧，東京大学出版会に追筆．1952年以降のMはM_W．830番の規模は羽鳥（私信）による．

[付録1]

地震保険

　本書の目的・性格から見ると，「地震保険」は主旨からやや外れるようにも思われる．しかし，わが国の地震災害を考えるとき，「地震保険」は避けて通れない大きな問題である．本書の旧版でも地震保険の支払いが行われた地震については，その金額や件数を示してきた．今回は，損害保険料率算出機構の「地震保険基準料率のあらまし」，その他の資料により，旧版の[付録1]を up-to-date なものに書き改めたので参考にしてほしい．

地震保険制度について

1. 地震保険制度の概要

1) 地震保険制度の特徴

　地震，噴火またはこれらによる津波（以下，「地震等」という）を原因とする建物や家財の損害に対する経済的な備えの1つの手段として損害保険会社が取り扱う地震保険がある．

　地震災害は，①巨大地震が発生すると，その被害は広域にわたり，損害の規模も発生地域の社会条件（都市基盤整備状況や住宅・人口の密集度合など）や自然条件（気象状況や発生時間帯など）によって大きく異なり，かつ異常損害となるおそれがあること，②数百年から数千年以上の周期で発生する地震の発生を予測することは困難であること，などから保険制度の前提である「大数の法則」に乗りにくいリスクといわれる．

　こうした特徴をもつ地震リスクに対して，地震保険制度は「地震保険に関する法律」（以下，「法律」という）に基づき政府と一体となったシステムを構築して，安定的な制度運営を図っている．

　具体的には，巨大損害が発生した場合には民間保険会社だけの担力（資力）では不足するため，再保険によって政府が保険責任を分担するほか，民間保険会社に対する資金のあっせんまたは融通を図る仕組みとなっている．

　この法律は，「地震等による被災者の生活の安定に寄与する」ことを目的としており，法律に基づく地震保険においても，地震等により損害を受けた建物などを復元することが主な目的ではない．

2) 地震保険制度の概要

　このように地震保険は公共性が強い保険である．以下に地震保険制度の概要を紹介する．

①契約方法

　住まいの火災保険に付帯して契約する（原則自動付帯）．地震保険をはずして火災保険のみの契約を希望する場合には，火災保険契約申込書の「地震保険ご確認欄」に契約者の押印が必要（地震保険未加入の意思確認）．また，火災保険の契約期間の中途から地震保険を契約することも可能（中途付帯）．

②契約制限

　大規模地震対策特別措置法に基づく警戒宣言発令後は，同法が指定する地域（表1）において，新規契約および既契約の保険金額の増額はできない．ただし，被保険者および保険の目的が発令前までに締結されていた地震保険契約と同一で，保険金額が直前に締結されていた地震保険契約の保険金額を超えない場合は契約可能．

③保険の目的（補償対象）

　補償対象となるのは，居住の用に供する建物（専用住宅，併用住宅）と生活用動産（家財）．

④保険金額

　火災保険の保険金額の30～50％の範囲内で設定．ただし，建物5,000万円，家財1,000万円が限度．

⑤保険料（率）

　基本料率（表2），建物の構造による2区分（イ構造，ロ構造（表3）），地震の危険度による等地4区分（都道府県別（表4）），割引率（表5），長期係数（略）により設定．

付録1 地震保険

表1 東海地震に係る地震防災対策強化地域

都道府県	区域
東京都	新島村，神津島村及び三宅村の区域
神奈川県	平塚市，小田原市，茅ヶ崎市，秦野市，厚木市，伊勢原市，海老名市，南足柄市，高座郡，中郡，足柄上郡及び足柄下郡の区域
山梨県	甲府市，富士吉田市，都留市，山梨市，大月市，韮崎市，南アルプス市，北杜市，甲斐市，笛吹市，上野原市，甲州市，中央市，西八代郡，南巨摩郡，中巨摩郡及び南都留郡の区域
長野県	岡谷市，飯田市，諏訪市，伊那市，駒ヶ根市，茅野市，諏訪郡，上伊那郡，下伊那郡松川町，同郡高森町，同郡阿南町，同郡阿智村，同郡下條村，同郡天龍村，同郡泰阜村，同郡喬木村，同郡豊丘村及び同郡大鹿村の区域
岐阜県	中津川市の区域
静岡県	全域
愛知県	名古屋市，豊橋市，岡崎市，半田市，豊川市，津島市，碧南市，刈谷市，豊田市，安城市，西尾市，蒲郡市，常滑市，新城市，東海市，大府市，知多市，知立市，高浜市，豊明市，日進市，田原市，愛西市，弥富市，みよし市，あま市，長久手市，愛知郡，海部郡，知多郡，額田郡，北設楽郡設楽町及び同郡東栄町の区域
三重県	伊勢市，桑名市，尾鷲市，鳥羽市，熊野市，志摩市，桑名郡，度会郡大紀町，同郡南伊勢町及び北牟婁郡の区域

備考：この表に掲げる区域は，平成24年4月1日における行政区画その他の区域によって表示されたものとする．

表2 基本料率（保険金額1,000円 保険期間1年につき）

都道府県	イ構造（円）	ロ構造（円）	都道府県	イ構造（円）	ロ構造（円）	都道府県	イ構造（円）	ロ構造（円）
北海道	0.65	1.27	石川県	0.50	1.00	岡山県	0.65	1.27
青森県	0.65	1.27	福井県	0.50	1.00	広島県	0.65	1.27
岩手県	0.50	1.00	山梨県	0.91	1.88	山口県	0.50	1.00
宮城県	0.65	1.27	長野県	0.65	1.27	徳島県	0.91	2.15
秋田県	0.50	1.00	岐阜県	0.65	1.27	香川県	0.65	1.56
山形県	0.50	1.00	静岡県	1.69	3.13	愛媛県	0.91	1.88
福島県	0.50	1.00	愛知県	1.69	3.06	高知県	0.91	2.15
茨城県	0.91	1.88	三重県	1.69	3.06	福岡県	0.50	1.00
栃木県	0.50	1.00	滋賀県	0.65	1.27	佐賀県	0.50	1.00
群馬県	0.50	1.00	京都府	0.65	1.27	長崎県	0.50	1.00
埼玉県	1.05	1.88	大阪府	1.05	1.88	熊本県	0.50	1.00
千葉県	1.69	3.06	兵庫県	0.65	1.27	大分県	0.65	1.27
東京都	1.69	3.13	奈良県	0.65	1.27	宮崎県	0.65	1.27
神奈川県	1.69	3.13	和歌山県	1.69	3.06	鹿児島県	0.50	1.00
新潟県	0.65	1.27	鳥取県	0.50	1.00	沖縄県	0.65	1.27
富山県	0.50	1.00	島根県	0.50	1.00			

ロ構造では，激変緩和措置により上表と異なる料率が適用される場合がある．

表3 建物の構造による区分

構造区分	基準
イ構造	耐火建築物，準耐火建築物および省令準耐火建物等
ロ構造	イ構造以外の建物

表4 地震の危険度による都道府県別等地区分

等地	都道府県
1等地	岩手県, 秋田県, 山形県, 福島県, 栃木県, 群馬県, 富山県, 石川県, 福井県, 鳥取県, 島根県, 山口県, 福岡県, 佐賀県, 長崎県, 熊本県, 鹿児島県
2等地	北海道, 青森県, 宮城県, 新潟県, 長野県, 岐阜県, 滋賀県, 京都府, 兵庫県, 奈良県, 岡山県, 広島県, 大分県, 宮崎県, 沖縄県
3等地	茨城県, 埼玉県, 山梨県, 大阪府, 香川県, 愛媛県
4等地	千葉県, 東京都, 神奈川県, 静岡県, 愛知県, 三重県, 和歌山県, 徳島県, 高知県

3等地・4等地の一部の県については, 料率改定 (2007年10月1日実施) の際, 等地の変更に伴って料率水準が大幅に変動したことから, 引き上げ率を最大30%までとする激変緩和措置をとっている. そのため, 同じ等地であっても料率が異なる県がある.

表5 4種類の割引

割引の種類・率	居住用建物の耐震性能
免震建築物割引 (30%)	住宅性能表示制度の「免震建築物」に該当
耐震等級割引 (等級に応じ10〜30%)	住宅性能表示制度の「耐震等級1〜3」に該当 (国土交通省の指針に基づく耐震等級も含む)
耐震診断割引 (10%)	耐震診断・耐震改修により, 現行耐震基準を満たしている
建築年割引 (10%)	1981年6月1日以後に新築
割引対象外	上記のいずれにもあてはまらない場合

これら4種の割引は重複して適用されない.

表6 全損・半損・一部損の3区分

区分	支払額	建物/家財	損害の程度
全損	地震保険の保険金額の全額 (100%)	《建物》	建物の主要構造部である軸組 (柱, はり等), 基礎, 屋根, 外壁等の損害の額が, その建物の時価額*の50%以上になった場合, または焼失あるいは流失した部分の床面積が, その建物の延床面積の70%以上になった場合
		《家財》	家財の損害額が家財の時価額*の80%以上になった場合
半損	地震保険の保険金額の50%相当額	《建物》	建物の主要構造部である軸組 (柱, はり等), 基礎, 屋根, 外壁等の損害の額が, その建物の時価額*の20%以上50%未満になった場合, または焼失あるいは流出した部分の床面積が, その建物の延床面積の20%以上70%未満になった場合
		《家財》	家財の損害額が家財の時価額*の30%以上80%未満になった場合
一部損	地震保険の保険金額の5%相当額	《建物》	建物の主要構造部である軸組 (柱, はり等), 基礎, 屋根, 外壁等の損害の額が, その建物の時価額*の3%以上20%未満になった場合, 床上浸水あるいは地面から45cmを超える浸水の損害を被った場合
		《家財》	家財の損害額が家財の時価額*の10%以上30%未満になった場合

*時価額とは, 同等の物を新たに建築あるいは購入するのに必要な金額から, 使用による消耗分を控除して算出した金額をいう.

⑥ 対象となる損害

地震・噴火またはこれらによる津波を原因とする火災・損壊・埋没または流失による損害.

⑦ 損害の程度と支払われる保険金

保険金が支払われる損害の程度は, 全損・半損・一部損の3区分. 建物, 家財別に, 被害の程度に応じた保険金が支払われる (表6).

⑧ 総支払限度額

1回の地震等についての支払保険金総額の限度額 (総支払限度額) は6兆2,000億円 (2012年4月1日現在).

3) 保険料率の算出

地震保険の保険料率は,「損害保険料率算出機構」(以下,「損保料率機構」という) が算出し, 金融庁

```
┌─────────────┐
│  地震の発生  │
└──────┬──────┘
       ▼
┌─────────────────────┐      ┌──────────────────┐
│ 地震のゆれ・津波の予測 │      │「確率論的地震動予 │
└──────┬──────────────┘      │ 測地図」の作成に用 │
       │                      │ いられた震源データ │
       │                      └──────────────────┘
       │                      ┌──────────────────┐
       │                      │   地形・地盤データ │
       │                      └──────────────────┘
       ▼
┌─────┬─────┬─────┐          ┌──────────────────┐
│損壊率│焼失率│流失率│          │ 地域の建物状況・  │
│の計算│の計算│の計算│          │ 住宅の密集度など  │
└─────┴──┬──┴─────┘          └──────────────────┘
          ▼
┌─────────────┐
│ 地域別罹災率 │
└──────┬──────┘                ┌──────────────────┐
       │                        │ 地震保険契約のデータ│
       ▼                        └──────────────────┘
┌─────────────┐
│ 予想支払保険金│
└──────┬──────┘
       ▼
┌─────────────┐
│  純保険料率  │
└─────────────┘
```

図1 純保険料率の算出の流れ

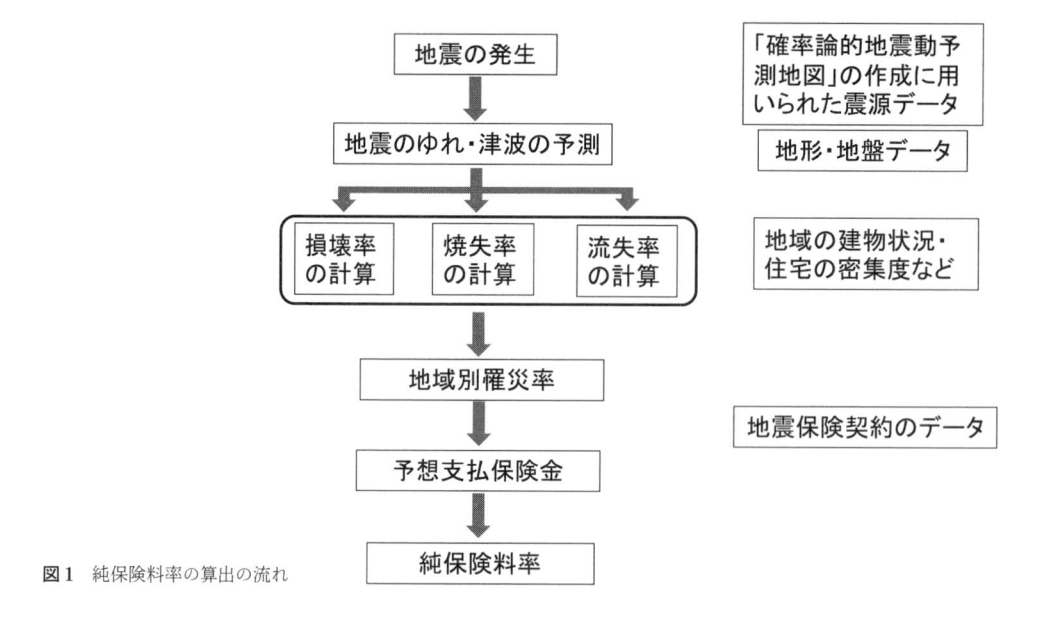

長官に届け出た料率（基準料率）を損害保険各社が使用することにより，全社同一の保険料となっている．

①**純保険料率の算出**

地震災害の特徴は，火災などにくらべ発生頻度が低く，かつ不規則なことである．また，大地震が発生した場合，被害が巨大になるなど，被害の程度にも非常に幅がある．このため，短期間の地震災害の観察ではデータ量が十分とはいえない．

そこで，コンピュータ上で地震を発生させ，各地域の建物状況・住宅の密集度，および地盤などの特性を反映させて，現在の地震保険契約に生じる損害を算出する被害予測シミュレーションを行って予想支払保険金を求め，純保険料率を算出している（図1）．

被害予測シミュレーションは，できる限り多くの地震を想定して行う必要がある．地震保険の純保険料率算出に当たっては，政府の地震調査研究推進本部が公表した「確率論的地震動予測地図」の作成に用いられたデータを活用している［注］．

②**地震被害予測**

地震被害は，地震の発生場所や規模によりその大きさが異なるとともに，被害形態も多様なものとなって現れる．地震保険においては，地震動による建物の損壊，地震火災による建物の焼失，津波による建物の流失について被害予測を行い，地域別の罹災率を求めている．

損失率の算出：建物の損壊は，主に地震動による損壊と地盤の液状化による損壊に分け，それぞれ地震が発生した場合のゆれの大きさから被害を予測している．

焼失率の算出：地震火災による建物の焼失については，出火と延焼の2つのプロセスに分け，地図データに基づく現実の建物の配置や形状を反映して，被害予測を行っている．

流失率の算出：津波による建物の流失については，実際の地形を考慮して海水の動きを計算して津波の高さを求め，被害予測を行っている．

③**付加保険料率の算出**

付加保険料率のうち，「社費」は，保険会社が地震保険契約の事務処理のために要する経費と，保険金を支払うときの損害調査のために要する諸費用を合計して求める．「代理店手数料」は，代理店に対して支払う手数料として保険料率の一定割合を見込

注：「地震調査研究推進本部」，「確率論的地震動予測地図」とは

「地震調査研究推進本部」とは，行政施策に直結すべき地震に関する調査研究の責任体制を明らかにし，これを政府として一元的に推進することを目的として，平成7（1995）年7月，地震防災対策措置法に基づき，総理府（現在は文部科学省）に設置された政府の特別の機関である．「確率論的地震動予測地図」は，地震調査研究推進本部の研究成果の1つであり，平成17（2005）年3月にはじめて公表された．この地図は全国各地のゆれの大きさとその発生可能性を表現したものとなっている．

んでいる．

2. 制度創設からこれまでの改定経過

1）制度創設

日本における地震保険制度創設のきっかけとなったのは，1964年6月に発生した新潟地震である．

1966年5月「地震保険に関する法律」が公布・施行され，同年6月1日からこの法律に基づく保険制度として実施された．地震保険制度のおもな骨子は次のとおりであり，この基本的な考え方は現在も同様である．

・損害保険会社の担保力（資力）不足をカバーするため，再保険によって政府が保険責任を分担するほか，資金のあっせんまたは融通を図るなど，政府が全面的にバックアップする官民一体のシステムの構築．
・地震保険の再保険専門会社（日本地震再保険株式会社）を設立し，元受会社の全契約をプールし，民間の危険準備基金を一括して積み立てるなど，損保業界が一体となったシステムの構築．
・長期間にわたる資料に基づく保険料率の算出．
・火災保険に自動付帯（現在は原則自動付帯）することによる逆選択の防止．
・1地震等における保険金総支払限度額の設定．
・保険金額の契約限度額の設定．

こうして創設された当時の地震保険制度の内容は，次のようなものであった．
① 契約方法
　住宅総合保険および店舗総合保険に自動付帯
② 保険金額（契約限度額）
　火災保険の保険金額の30％
　ただし，建物90万円，家財60万円が限度額
③ 保険金の支払
　全損のみを補償する
④ 総支払限度額
　1回の地震等による総支払限度額：3,000億円

2）おもな改定の歴史

以上のように，制度創設時の地震保険は，現行制度とくらべると限定的な範囲であったが，以降，政府や損害保険会社の担保力の増大や社会情勢の変化にあわせて，数次にわたり制度改定が実施されてきた．ここでは，このうち5度の大幅な制度改定の概要を紹介する．

① 1980年7月の改定

地震保険制度は，1966年6月の制度創設以降，地震保険の付帯を可能とする火災保険の種類拡大や保険金額の契約限度額の引き上げ，1回の地震等による総支払限度額の引き上げといった部分的な制度改定を行ってきた．

しかし，1978年6月に宮城県沖地震が発生すると，JA（農協）の建物更生共済との担保条件の比較において，地震保険に対する社会的批判が起こり，各方面から強い改善要望が出された．

損保業界では，地震保険制度改定の概要を示した1979年6月の保険審議会答申を受けて，全面的な検討を行い，1980年7月に次のような大幅改定を行った．

ア．契約方法
・火災保険に原則自動付帯とすることに一本化した．（従来は，地震保険の付帯可能な火災保険の種類が拡大された際に，火災保険の種類に応じて，自動付帯・原則自動付帯・任意付帯の3方式となっていた．）

イ．保険金額（付保割合，契約限度額）
・火災保険の保険金額に対する付保割合について，30〜50％の範囲で任意設定できることとした．（従来30％）
・契約限度額を次のとおり引き上げた．
　建物：1,000万円（従来240万円）
　家財：　500万円（従来150万円）

ウ．補償内容の改善
・半損の場合にも補償することとした．（従来は全損のみ）

② 1991年4月の改定

1980年7月の改定以降，大地震が発生しなかったことから地震保険の世帯加入率は次第に減少していった．このようななか，千葉県東方沖地震（1987年12月）や伊豆半島東方沖群発地震（1988年6月以降群発）において，比較的小規模な損害に対して保険金が支払われないことに契約者から不満の声があがった．

これを受けて，損保業界で地震保険制度の見直しを行った結果，これまで「全損」と「半損」のみであった補償内容について「一部損」についても補償することとし，1991年4月から改定実施した．

③ 1996年1月の改定

1991年4月の改定後，雲仙普賢岳の噴火（1991

年6月），釧路沖地震（1993年1月），北海道南西沖地震（1993年7月）が発生したが，地震保険の世帯加入率の逓減傾向に変化は見られなかった．そして，1995年1月17日兵庫県南部地震（阪神・淡路大震災）が発生した．

この大地震が発生する直前の世帯加入率（1994年12月末）は，全国平均で約7.3%，兵庫県で約3%と低かったことから，この地震を契機に各界から地震保険制度の改善を求める発言が相次いだ．

損保業界では，かねてから検討していた火災保険の保険期間の中途から地震保険の契約を可能とする地震保険中途付帯制度を，阪神・淡路大震災発生の翌日（1995年1月18日）から導入した．そして，1996年1月1日から次のような改定を実施した．

ア．契約限度額の引き上げ
・建物：5,000万円（従来1,000万円）
・家財：1,000万円（従来500万円）

イ．家財の補償内容の改善
・家財の半損，一部損について，従来の収容建物の損傷度に応じた損害認定を改め，家財自体の損傷度に応じた損害認定とした．
・家財の半損の支払割合を，従前の地震保険金額の10%から50%に引き上げた．

ウ．料率改定
・上記の商品改定（補償範囲の拡大）と損保料率機構による料率検証に伴い，建物は平均8%の引き下げ，家財は平均31%の引き上げが行われた結果，建物と家財の料率が同一となった．

④ 2001年10月の改定

この時の改定のポイントは，①木造区分の料率引き下げと，②建物の耐震性に応じた保険料の割引制度の導入である．

損保料率機構によると，料率検証の結果，前回改定から5年が経過するなか，地震危険度の低い地域で契約が著しく伸びたことから平均的な地震危険度が低下し，また，住宅の建て替えの進展により耐震性能の高い住宅の割合が高まったことから，料率引き下げの余地のあることが判明した．

また，阪神・淡路大震災の被害事例から，住宅の耐震性能の差により被害程度が異なることも証明された．

一方，地震保険を取り巻く状況としては，各方面から，地震保険において住宅の耐震性能を保険料に反映すべきとの議論が行われてきたが，2000年3月31日に閣議決定された「規制緩和推進3か年計画（再改定）」のなかで，「地震保険の普及を促進する観点から，住宅の耐震性能を保険料率に一層反映させることについて検討する」と謳われた．そして，2000年10月からは，「住宅の品質確保の促進等に関する法律」に基づく住宅性能表示制度が導入され，住宅の耐震性能を表す耐震等級という指標が制度化された．

以上のような背景のなかで実施された改定概要は次のとおりである．

・木造区分の料率引き下げ

料率改定では，構造別区分（木造・非木造）のうち，木造区分の料率が平均17%引き下げられた．この理由は，建築寿命の比較的短い木造住宅の建て替えが進み，耐震性能の高い木造住宅の増加と木造住宅の保険契約が地震危険度の低い地域で増加したことによる．

・割引制度の導入

住宅が次のアまたはイのいずれかに当該する場合に，保険契約者からの所定の確認資料の提出をもって，地震保険料率を割引く制度が導入された．

ア．建築年割引
・1981年6月以降に新築された建物について，10%の割引を適用．

イ．耐震等級割引
・住宅の品質確保の促進等に関する法律に基づく耐震等級（構造躯体の倒壊等防止）を有している場合，または国土交通省の定める「耐震診断による耐震等級（構造躯体の倒壊防止）の評価指針」に基づく耐震等級を有している場合に，耐震等級（1〜3）に応じて10〜30%の割引率を適用．

⑤ 2007年10月の改定

2005年3月に，国の組織である地震調査研究推進本部が「確率論的地震動予測地図」を公表したことを受け，損保料率機構では，この地図の作成手法や震源データを地震保険の純率算出に利用することとし，保険料率の改定を行った．

また，住宅性能表示制度の基準に免震建築物が追加されたことや，地方公共団体が行っている耐震診断結果の標準的な報告書の様式が国土交通省により作成されたことを受け，割引制度の拡充が行われた．

非木造住宅では63%の引き下げ〜30%引き上げ，木造住宅では57%の引き下げ〜30%引き上げの範囲で変更となった（全体で平均7.7%の引き下げ）．また，現行の「建築年割引」「耐震等級割引」のほか，新たに「免震建築物割引」「耐震診断割引」が

表7 再保険金支払額上位20地震（平成25年3月31日現在）[日本地震再保険株式会社のHPより]

順位	地震番号	発生日	マグニチュード	支払契約件数（件）	支払再保険金（百万円）
1	841	2011年 3月11日	9.0	764,792	1,243,904
2	703	1995年 1月17日	7.3	65,427	78,346
3	845	2011年 4月 7日	7.2	30,750	32,185
4	785	2005年 3月20日	7.0	22,031	16,943
5	750	2001年 3月24日	6.7	24,450	16,940
6	778	2004年10月23日	6.8	12,607	14,897
7	811	2007年 7月16日	6.8	7,861	8,246
8	787	2005年 4月20日	5.8	11,335	6,428
9	769	2003年 9月26日	8.0	10,552	5,990
10	818	2008年 6月14日	7.2	8,276	5,545
11	824	2009年 8月11日	6.5	9,423	5,093
12	843	2011年 3月15日	6.4	4,935	4,270
13	821	2008年 7月24日	6.8	7,754	3,972
14	846	2011年 4月11日	7.0	2,316	3,624
15	852	2011年 6月30日	5.4	2,882	3,246
16	746	2000年10月 6日	7.3	4,078	2,868
17	807	2007年 3月25日	6.9	3,303	2,729
18	767	2003年 7月26日	6.4	2,543	2,172
19	766	2003年 5月26日	7.1	2,970	1,918
20	796	2005年 8月16日	7.2	2,793	1,551

注：703番平成7年兵庫県南部地震は，78,346百万円の支払となったが，当時の再保険スキームにより，そのうち政府は6,173百万円，日本地震再保険㈱は40,000百万円，損害保険会社は32,173百万円を負担した．

追加された（表5参照）．

3. 資料

1) 再保険金支払額上位20地震等

地震保険制度発足以来，再保険金支払額が多かった上位20地震については表7のとおりである．なお，841番の平成23年東北地方太平洋沖地震の保険金支払は1兆円を超えており，支払件数・支払保険金は，地震保険制度発足以来最大の支払であった703番の平成7年兵庫県南部地震（阪神・淡路大震災）をはるかに上回る．

追記 損保料率算出機構は，2013年3月26日に料率変更などの地震保険制度の改定について，金融庁に届け出た．審査後，地域区分を3つに減らすなどの改定が見込まれるが，ここでは現時点で有効である2007年からの制度の記述に留めてある．

[付録2]

古文書の利用に当っての私見

　長い間古文書を読み，わが国の歴史地震の調査を行ってきた経験から得た注意すべき点をまとめて，同好の士のお役に立てたいと思う．以下に述べるA～Fは，皆当り前のことであるが，研究熱心のあまり，逸脱しやすいことがらである．またA～Fに分類してあるが，お互いに関連があり，実際の事例に当っては区分けしにくい面もある．

　A　われわれ理学に携わるものは，数字ならわずか0.1の違いでもうるさく問題にするが，古文書の取扱いになれていないせいか「……だろう」，「……と考えられる」というあいまいな推理で試論をつなげていくことが多い．推理は厳密に行うべきで，古文書のもつ解像力以上の力を期待してはいけない．

　私はかつて「……地震により寺の旧地から現在地に移った」というよく出会う記述の正しさを追求するにはどうしたらよいかと，国史学者に伺ったところ，厳密にいえば，関係のある史書や文書をあさることではなく，寺の旧地を発掘して，寺名の記されている瓦などを見つけることであるといわれたことがある．

　こういう意味では，082番の地震による鳴門の撫養での土地の低下，038番，039番，078番の地震に関して，木曾川下流域での津波の有無，021番の地震についての武隈の館＝陸奥の城の説（巻末注参照）を確かめるために，それぞれの地点で津波イベント堆積物の調査を行うことは，結論のいかんにかかわらず，推論を事実に置きかえるという意味で有効であろう．

　B　史料（古文書）のみに基づいて，歴史学的な慣用の推理方法を用いて得られた結論は，眉に唾をつけて考えるべきである．実例として082番の地震がある．

　兵庫県南部地震後の1995年7月20日に出版された萩原尊禮編の『古地震探究』（東大出版会）155頁によると，「慶長元年ころ活動した可能性が考えられる起震断層は，京都の花折断層帯と徳島県下の中央構造線四国断層帯である……」と記し，また震度6の地域は京都－奈良を中心とする南北に細長い地域で，南北方向の京都－奈良間の断層を起震断層としてほのめかしている．この調査における史料の収集・批判・分析は国史学者の手になるもので，その結果などから震度6の地域が推定されている，と考えられる．

　一方，かねてから起震断層は有馬・高槻構造線であると主張している方々もあった．兵庫県南部地震後，各地で断層のトレンチ調査が行われ，慶長地震の起震断層は，有馬・高槻構造線－東浦断層（淡路島北東海岸．兵庫県南部地震のときは同島北西海岸の野島断層が活動した）であることがはっきりした．また『古地震探究』で示唆されている奈良盆地東縁断層でも数ヵ所でトレンチ調査が行われたが，断層は発見されず撓曲が見つかった．しかも，慶長頃に活動しなかったということは，ほぼ間違いないということが今日までの結論である．

　次の例は115番の寛文地震である．萩原尊禮編『古地震』（1982，東大出版会）によると，国絵図および郷帳の調査から琵琶湖西岸南北35 kmの村々で石高が減少している．これは同沿岸

の水没によるものであるとし，その他の地質学的調査と合わせ，この地震は「比良断層系の上下変動を伴った断層活動によるもの」と推論している．これも国絵図や郷帳の結果に重点を置いたための勇み足であろう．一方，最近の地質学的調査によれば琵琶湖西岸の断層系は，この地震では動かなかったことが確認されている．

　以上のような例から，国史学的推論のどこがよくなかったのか，国史学者による再検討が行われれば，歴史地震を研究する地震学者のためになることと思う．

　C　先入観は排除すべきである．これはいかなる分野にでもいえることであるが，古文書を読むときはとくに注意が必要．先入観があれば，それにそぐわないものは無意識のうちに排除されるし，一方では，何を見ても先入観を裏打ちするものに見えてくる．古文書は素直に読むべきで，深読みは危険である．021番の地震で（巻末注参照）「武隈の館」を「陸奥の城」と見なす推理はそのよい例である．

　D　偽書．偽書は多い．しかし地震学者が偽書を見分けるのは難しい．ある目的に対して偽書であっても，そこに記してあるすべてのことが偽りとはかぎらない．もし，私が偽書を作るとすれば，そこに記す天変地異の時・所・内容はできるだけ正しいものを書き記すであろう．そうしなければ，偽書であることが，すぐにバレてしまう．極端な言い方をすれば，そこに記されている地震記事が正しければよいのである．偽書だからといって，その記述全部を捨てる必要はない．

　黒田日出男氏の『謎解き洛中洛外図』（2003，岩波新書）によれば「史料の良し悪しの判断やランク付けは，何を明らかにしたいかによって決定的に異なってくる」と述べ，史料論的原則として，(1)史料の多様性の承認，(2)それら多様な史料の独自性の確認，(3)それぞれの史料の価値の同等性原則，(4)史料の相互関連性，を挙げている．

　E　古文書に書いてないことを理由に推理を進めてはならない．たとえば"被害があれば何かに記録するはずであり，それが見つからないのは被害がなかったか，あるいは記録する必要のない小被害であったに違いない"というものである．これは一見もっともな論理のように思われるが，おとし穴があると思う．なるほど被害があれば何かに記録することはまず間違いないであろう．しかし地震後数百年の月日の経つ間には戦乱・疫病などもあるし，記録の持主の家にも栄枯盛衰があるであろう．そういうことを考えると，たとえ記録をしたとしても，それが現代にまで伝わって，1日か半日の調査で見つかる可能性は少なく，せいぜい10～20%であろう．見つかれば運がよいのであって，見つからないのが当り前であろう．当り前のことが起きた（見つからなかった）のであって，それを理由に被害の有無についての結論は出せない．

　この原則は国史学者でも陥ることがあるようである．われわれにとっても陥りやすい盲点である．心すべきであろう．記録していないのではなく，未発見であると考えるべきであるにもかかわらず"……（例：書かれている）はずである"と勝手に考えて，そうでないこと（例：書かれていないこと）に意味づけを考えて行う推測は危険極りない．

　私が史料調査を始めたとき，強力な援助をしてくださった史料編纂所の故土田直鎮所長は古代史の権威であり，史書に記録されていることのみを使って研究を行ったということである．

F　考古学の研究には考現学が必要である.

これは昔,京大の考古学者梅原末治先生の講演を伺ったときの言葉で,私の脳裏に焼きついている.

たとえば,日記をつけることを考えてみよう.毎日つけるとして,地震の記事を毎日落ちなくつけるという人はごく稀であろう.私もメモ程度の日記をつけているが,震度 III,ときには震度 IV の地震をつけ忘れることがある.古い日記でも A 日記に a 地震が書かれていても,B 日記には a 地震の記録はなく,b 地震が記録されていることが多い.こういうわけだから,古い日記に地震記事がないからといって,地震がなかったといえないのはごく当り前のことである.

考現学が必要であるということは,何事も自分なら,あるいは平均的な人ならどうするだろうかと考えることである.あるいは,たとえば 400 年前の地震を考えるとき,阪神・淡路大震災は 400 年後にどのように伝わっているだろうかと想像することである.こういう点を深く考えないと,短絡的な結論を出すことになりかねない.

一言でいえば,われわれ地震学者は国史学的バックグラウンド知識は少ないといわざるをえない.数冊の解説書や本格的な史書を読んだからといって,簡単に正しい結論に到達できるとは思わない.理学的厳密さを国史学上の問題にも追求していく心構えが必要であろう.

歴史地震学の基本は古文書の収集にある.ある地震を研究するとき,私どもが集めた史料だけに頼ってはいけない.新しい史料を発掘する努力がなければ画期的な前進は期待できないだろう.わが国にはまだまだ沢山の古文書が眠っているはずである.古地震の研究に当っては,新史料の発掘からはじめてほしいものである.さらに理学的な証拠を集めることも大切であることはいうまでもない.

巻　末　注

004　本文の参考文献によると「また，大宝元年前後の記事は大量でないので，類例を集めにくいのではあるが『続日本紀』の記事に国名の混用は見られず，編纂時の行政区分を採用したのであれば，若狭湾あるいは加佐郡ではなく，分国後の丹波に強い震動を感じたことになる……」とある．上点で示す仮定のうえに立つ所論で「……丹波国内（分国後の）で強い震動を感じたのであって……」と結論している．仮定の可否については論じていない，「初めに結論ありき」という感を否めない．また，門脇禎二氏は分国以前の丹波の中心は分国後の丹後地方にあったという意見を提出しておられる．震央は丹後地方と考えたい．

007 の次　国史大系の続日本紀（吉川弘文館，1978）の注に「庚戌，是月疢，或當作庚辰（十八日）」とある．甲戌と読めば 5 月 12 日となる．

011　考古学的な遺跡調査などから，赤城山の南斜面に残る複数の山崩れ跡や泥流跡は，この地震を誘因として発生した可能性が高いことが検討されている．[能登ほか，1990，信濃，42，755-772]

020　定額寺(じょうがくじ)：平安時代，朝廷がとくに数を限り官寺に準じて制定した寺．私寺の乱造を防ぎ統制を強めるために制定したもので，官稲を受けた．

021　注表 021-1 は多賀城関係の事項を年表風にまとめたものである．発掘調査の結果によると，多賀城の建物は 4 回にわたって建てられている．注表 021-1 の第 1 欄はそれぞれの建物の改廃の時期をもって区切った 4 期分を示す．多賀城は東北最大かつ最重要の城であった．単に陸奥の国府ではなく，それを超えた大きな地方機関であった．ちょうど，太宰府が九州全体に対するのと同じような関係と考えられる．

発掘の結果わかったことは，多賀城は政庁であり，軍事的基地とはいえないものであった．もちろん軍事的側面ももっていた．その周囲は土塁ではなく築地で囲まれていた．東北地方のほかの城柵も同様で，「古代の東北地方には城柵のほかに蝦夷に対する何らの軍事施設（例えば西日本の山城）も存在しなかった」，「城柵は戦うための施設ではなく，むしろ治めるための施設であった」，「蝦夷に対して当時の政府は討つべきものと考えたのではなく，治めるべきものと考えたというふうにとらえている」（「　」は角川書店「古代の日本」第 9 巻（1992）による）．

また，多賀城あるいは多賀柵といわれるが，当時柵と城は混用されていて，柵＝城と考えられる（同上の文献）．

注図 021-1 は地震前の政庁内の建物配置である．政庁敷地の大きさは東西 120 m，南北 150 m，正殿は約 20×10 m の大きさ，後殿はそれより少し小さ目の建物で，ほかに脇殿，南門がある．政庁の外，多賀城の城内には，第 III 期には兵士の宿舎（竪穴住居跡ほか），官衙（六月坂地区），貯蔵庫，工房，官衙（作貫地区，多賀城で最も長い 28.3 m の建物など），木工房があった．また，城外の館前地区にも官衙群があった．

以上のことから「三代実録」にある城郭倉庫門櫓墻壁が倒れたというのも事実とうなづける．また菅原ほか［2001，津波工学研究報告，18］によると，多賀城域の数百 m 南の市川橋には貞観津波の跡が発見された．したがって「三代実録」には明記していないが多賀城は同書の「陸奥」の「城」の第一候補であることは間違いないであろう．

注図 021-2 に産総研の研究者による仙台平野や周辺での津波堆積物調査の結果をまとめて示す．**841** 番と **021** 番で堆積物分布が類似することがわかる．

026 の次　「太田の歴史」（現飯山市）にある高橋家の過去帳の写真を解読すると次のようである．「高橋尚好，母中曾根良次女，仁和二年十一月九日出生，同三年丁未秋七月三十日大雨大地震，当国大山崩高嶺之池水山河共溢流，在家大半存亡溺死人不知其数，延長三年（925）乙酉春二月右之事依父命記爰者也．同年夏四月娶小菅吉正女，当年冬十月改書先祖記録也．永観二年（984）甲申二月五日卆行年九十九歳」

038　『近衛家文書』について．宇佐美はこの原文書はもちろんその写真版・コピーも見ていない．日本地震史料「新収」の編輯をしていたときに史料編纂

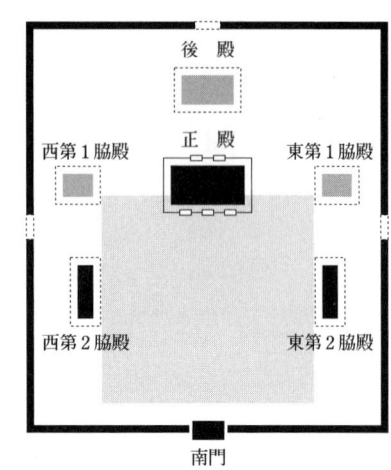

注図021-1 多賀城政庁の建物配置（第Ⅲ期）

所から，2つのルートで解読文をいただいた．文言に多少の差異があり，別々の文書からの解読文ではないかと思ったことを記憶している．両方を日本地震史料「新収」に印刷すればよかったが，国史の方の意見もきいて1つだけ印刷した．この2つの文書を比較検討したほうがよいと思われる．〔萩原編著，1995，古地震探究——海洋地震へのアプローチ，東京大学出版会〕

039 038の参考文献によると土佐で"作田千余町皆以て海底となりおわんぬ"という『兼仲卿記』紙背文書の意味を，千は「おそらく絶対値を意味しているのではない」と考えている．しかし，白鳳・宝永・昭和の各南海地震で千町歩以上の地（この地震と同じ高知市付近）が海没しているので，この海没

注表 021-1

多賀城政庁の変遷	西暦年（和歴年）	主な出来事	備考
第Ⅰ期 ― 720年代	722（養老6）	鎮所・多賀鎮所の記載あり	
	724（神亀1）	大野東人（按察使，兼鎮守将軍）が多賀城を設置（多賀城碑）	この年創建か
	737（天平9）	「多賀柵」初見（続日本紀）	
― 8世紀中頃	741 以降	国分寺建立．陸奥国分寺は多賀城の南西9.5 kmにある	多賀城は陸奥（福島・宮城両県，後に岩手を含む）の中心的統治機関．国府・鎮守府がおかれ，陸奥・出羽の按察使も配されていた
第Ⅱ期 ― 8世紀中頃	750年代後半	桃生城・雄勝城（出羽）が築かれ，その前後に多賀城の大改修（第Ⅱ期の建物群できる）	このころ多賀柵→多賀城となったか
	762（天平宝字6）	恵美朝獦が改修（多賀城碑）	
	767（神護慶雲1）	伊治城創建	
	774（宝亀5）	蝦夷の反乱	
	780（宝亀11）	「多賀城」初見	
― 780年		伊治呰麻呂の乱．多賀城放火により焼失	この放火により第Ⅱ期の建物が焼失
第Ⅲ期 ― 780以降	801（延暦20）	坂上田村麻呂 蝦夷を平定	
	802（延暦21）	胆沢城築かる（坂上田村麻呂による）	
	803（ 〃 22）	志波城築かる（ 〃 ）	
	804（ 〃 23）	鎮守府が多賀城から胆沢城へ移る．ただし政庁としての機能は多賀城に残る	9世紀以降，多賀城は鎮守府を兼ねることなく国府として機能するようになった
― 9世紀後半	869・7・13（貞観11・5・26）	地震	この地震により第Ⅲ期の建物が大被害をうけた
第Ⅳ期 ― 869	878	秋田出羽城焼き払われる（元慶の乱）	
― 10世紀中頃		政庁の終焉	

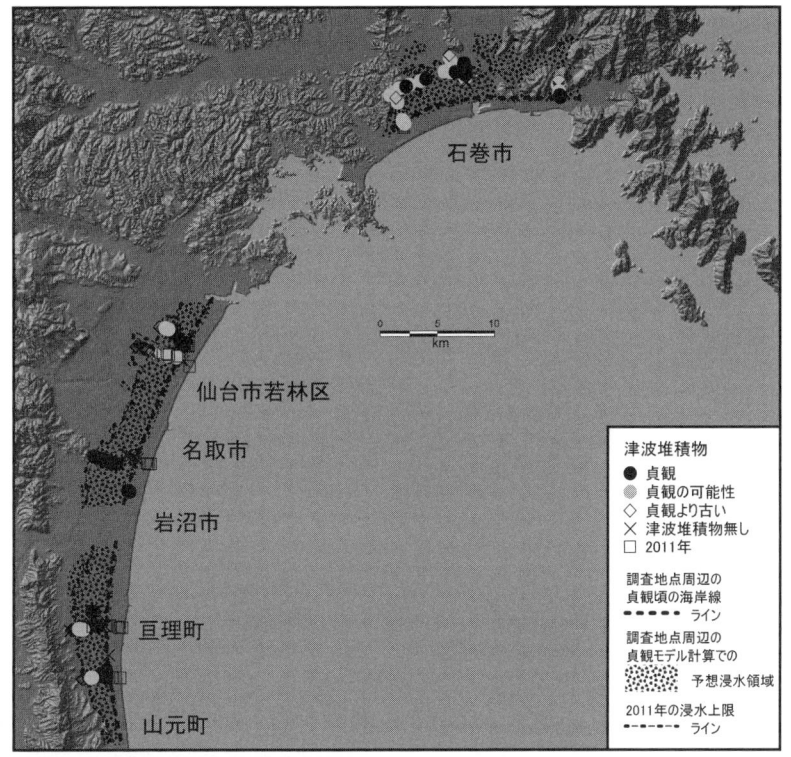

注図 021-2 貞観地震の堆積物分布調査結果 [Sawai *et al.*, 2012, *Geophys. Res. Lett.*, **39**, L21309 より作成．背景は国土地理院による 50 m メッシュ数値地図データを利用]
仙台湾沿岸の平野部を 400 ヵ所近く調査した結果のまとめ．堆積物が見つからなかった地点，見つかった地点やその年代，841 番による堆積物が確認できた地点が示されている．ハッチは，図 841-5 のすべり量が大きかった場所と同じところに $M8.4$ の矩形の貞観地震震源モデルを置き，貞観当時の海岸線を考慮した津波浸水予測範囲を，調査地点周辺のみ示した．

は南海地震特有のものと考えられるし，千という数字も絶対値と考えてよさそうである．宇佐美はこの地震を南海地震と考えている．したがって津波記事が見当たらなくても津波があったと考えて，津波の印（＊）をつけておいた．

068 注表 068-1 は明応 7 年 6 月 11 日（以下 A という）および同年 8 月 25 日（以下 B という）の両地震のすべての史料（増訂大日本地震史料第一巻，および新収日本地震史料第一巻・補遺・続補遺・拾遺）から作った．ただし信憑性の低いと思われる史料は除いた．また記事内容に関する地域が不明または不定の史料も除いた．さらに諸国地震記事のうち，おもなものは採用して表の末尾にまとめた．第 4, 5 欄は月日・日・時刻などからそれぞれ A または B 地震と推定されるものに○印を付けた．――は明応 7 年ということしかわからないものである．同一文書に A，B の両方が記されている場合，その記事の内容から震動が小さいと思われるものから大きいと思われるものに向って↗，→をつけた．第 3 欄の文書名では，記事内容が同類と思われるものは……他として 1 行にまとめた．

この表を見ると A, B 両地震を記してある文書は No. 24, 30, 32, 33, 37, 37-1, 37-2, 37-3, 37-4, 37-8, 38, 41, 42 で，これを<u>グループ α</u> と呼ぶことにする．このことから，

(甲) <u>明応 7 年に A, B 両地震があったことは間違いない</u>．

また，No. 37-1 の 9 月 25 日の記事には B により伊勢・三河・駿河・伊豆に大浪が打よせたことを伝えている．このことから，

(乙) <u>B は東海地震であると考えられる</u>．

(丙) No. 15, 17, 18, 18-1, 19, 21-1 に記されている<u>今切一件</u>（浜名湖が海とつながったとされる今切

巻末注

注表 068-1

No.	地名	文書名	6月11日末(A)	8月25日巳・辰(B)	死/傷	津波	今切	備考
1	群馬県吾妻村	高山村誌			有			落石のため法楽寺崩れ一山の僧俗悉く圧死．泉照寺敷地崩大破
2	〃 赤城村	赤城神社年代記		○				
3	千葉県銚子市	玄蕃先代集		○		日本浦々 (B)		
4	〃 天津小湊	内浦絵図面		○	有	○		地盤陥り誕生寺破損
4-1	〃	千葉県安房郡誌		○		○		同上
5	八王子市？	八王子市史附篇		○		○ (B)		山崩・崖裂（全国の様子の概観か？）
6	鎌倉	鎌倉大日記		○	溺死200	○千度檀に到る (B)		津波 大仏殿堂舎屋を破る
7	八丈島	八丈実記御代官記録他		○	1	○新島，舟荷共に波にとらる (B)		
8	甲斐	高白斉記	○					
8-1	〃	王代記		○				金山・かかみ崩れ，中山損
9	長野県伊奈	熊谷家年代記・熊谷家伝記		○				
10	静岡県西伊豆町	増訂豆州志稿，佐波神社沿革他	―	―		○18～19町陸に上る (AまたはB)		
11	沼津市	増訂豆州志稿八		○		○ (B)		
12	静岡県小山町	岩田文書		○				湯舟郷湯三所湧出すと伝う
13	〃 清水市	日海上人日記他		○	有	○ (B)		
14	〃 焼津市	小川町誌		○	2.6万？	○林叟院海中に没す (B)		
15	〃 浜松市	浜松市史一，浜名史論		○		○ (B)	○	
16	〃 細江町	細江のあゆみ				○2,000余戸流失 (B)		
17	〃 舞坂町	ふるさと百話		○		○流失 (B)	○(B)	36戸のみ難を逃れた．
18	〃 今切	東栄鑑，皇年代略記		○		○	○(B)	
18-1	〃	東海道名所図絵	○6/10				○(A)	
19	静岡県新居町	ふるさと百話	―	―		○2,000余戸流失	○	
21	遠江	続史愚抄	○					山崩・地裂・成湖
21-1	〃	高代寺日記	○				○	〃
22	岐阜県白鳥町	白鳥町史史料編	○					
23	〃 安八町	安八町史史料編	―	―				
24	愛知県渥美町	常光寺年代記	○	○		○浦々		
20	静岡県三ケ日町	三ケ日町史		〃	多	○		
25	愛知県豊橋市	牟呂吉田村素戔鳴神社由緒	○			○流失		
26	〃 蒲郡市	神社に関する調査(白山社)	―	―		○流失		
27	三重県多度町	野代遺書抜粋	―	―				無畏野山徳蓮寺大破
28	〃 津市	津市史稿他	○			○18,19町沈む (AまたはB)	○(A)	小丹神社移る．勢陽考古録は6月，三重県神社誌は8月，他の資料は月を明記せず．
29	〃 三雲町	西肥留観音寺沿革	―	―				堂宇倒
30	〃 伊勢市	守朝記	○	○		○大塩屋村180余流出 (B)		
		〃	○					

巻末注　655

No.	地名	文書名	6月11日未(A)	8月25日巳・辰(B)	死/傷	津波	今切	備　考
31	〃	内宮子良館記		○	5,000	○大湊1,000軒流出(B)		
32	〃	皇代記(付年代記)	○ →	○	5,000余+数百	○大湊一件(B)大塩屋一件		注)伊勢神宮関係の史料は大湊一件と大塩屋一件をのせる
33	〃	神都年表	○ →	○	5,000+数百	○大湊一件大塩屋一件		その他の史料は大塩屋一件のみをのせる．さらに「大湊領塩屋村」という表現も"宇治山田市史"他に見える
34	〃	宇治山田市史・太田文書 }伊勢市史		○		○大塩屋一件(B)		
35	〃 鳥羽市	常福寺文書	○			○		塩屋不残大破(家200軒のところ)
35-1	〃	鳥羽誌		○		○流失(B)常福寺		
35-2	〃	皇代記		—	250余			海辺悉く皆損失
36	〃 浜島町	浜島町史〃(宝泉寺文書)	○○			○		10軒の釜元の内3軒助かる塩釜不残大破
37	京都市	お湯どのの上日記	○ →	○				
37-1	〃	後法興院記	○ →	○		○伊勢・三河・駿河・伊豆*(B)		*数千人死，民家水没
37-2	〃	実隆公記	○ →	○				
37-3	〃	言国卿記	○ ≒	○				
37-4	〃	親長卿記	○ ≒	○				
37-5	〃	和長卿記		○				
37-6	〃	忠富王記		○				
37-7	〃	巌助大僧正記		○				
37-8	〃	暦仁以来年代記	○	○		○三河・紀伊諸国		伊勢大湊悉滅却
37-9	〃	続史愚抄	○			○(A)	○	No.21と同じ
38	奈良市	大乗院寺社雑事記	○ →	○				地蔵堂南庇崩
39	和歌山市	紀伊続風土記四他	—			○集落・寺の移動		
40	〃 県下津町	和歌山県神社寺院明細帳	—			○社寺破壊		
41	〃 広川市	広川町誌下	○	○		○(AまたはB)		
42	〃 新宮市	校定年代記	○ →	○		○		8月の地震で湯峰の湯止り，10月8日に出る．本宮・那智坊舎崩．
43	〃 本宮町?	熊野年代記他	○					堂社崩
44	愛媛県新居浜	黒島神社文書	—					島の6〜7分崩れ流失
45	九州	地震之条書抜他諸帖筆写	○					山崩・池湧
		続本朝通鑑	○					
50		妙法寺記		○		○(B)		諸国．伊豆と小川の損失をあげる
51		異本年代記抜粋		○		○		記事は37-8に同じ
52		勝山記		○		○		記事は50と同じ
53		円通松堂禅師語録		○				

(明応と明記していないものは除く)

がB地震で生じたか，複数の地震により徐々に形成されたかは別として）はBによると見て差支えないであろう．こう考えると
（丁）東海〜津の沿岸の地震記事の6月11日という表現は8月25日の誤記と考えて差支えないであろう．

目を転じてNo. 42を見ると，Bにより湯の峰の湯が止り，10月8日に再び出たと読みとれる記述がある．この現象は南海地震に特徴的なものであるから，
（戊）明応7年に南海地震があった．
と仮定する．No. 42によればそれはBによるもので，この記述が正しいとすればBは宝永地震のように南海・東海両地震の同時発生ということになるが，それはしばらく措いて考えてみよう．

南海地震の月日について
㋑　No. 44に記されている黒島の海没が事実とすれば，これは南海地震によるものと考えられるが，残念ながら明応7年ということだけでAによるかBによるか不明である．
㋺　グループαの史料を見ると，京都・奈良・新宮・伊勢ではBによる震動がAによる震動より強かったと思われる．一方安政の東海・南海地震によると上記地点付近では南海地震の震動≧東海地震の震動と考えられる．したがってAを南海地震と主張するには無理がある．
㋩　No. 37-8によるとBで三河・紀伊諸国津波とある．とくに紀伊という国名に注意しよう．紀伊南部では東海・南海両地震で津波高は高くなるが，紀伊の西北部では南海地震による津波高が高くなる．つまりこの紀伊という国名はBが南海地震を示唆すると考えたら言いすぎになるだろうか．

一方本文に記したようにAは南海地震であるという報告もある．明応7年に南海地震・東海地震があったと思われるが，南海地震の発生月日について断定的結論を出すのはまだ時期尚早であると思われる．四国以西の新史料の発見が待たれる．
以上は，1つの推理のあらましを示したものである．

078　地震像のハッキリしない地震である．
木船城が崩れた日を11月27日とする史料も29日とする史料もある．また城主前田右近の命日は30日となっている．さらに11月27日から29日にかけて地震が続いたという史料もあり，木船城が崩れた日を確定できない．27日は誤記であるという考えもある．もし27日ならば27日，29日と大地震が続いたことになる．『大日本史料第十一篇之二十三』に27日という史料は採用されていない．

図 078-1に示した☆印について
①木船城址については噴砂・地すべり跡が見つかっている．268番による可能性もある．
②金屋南遺跡では，この地震と飛越地震による砂脈が見つかっている．
③長浜町遺跡では焼土の下に天正年間の調度品が発見され，文献による長浜城の崩壊と火災を裏づけている．

また，図 078-1の断層はこの地震で動いたことが確実か，または可能性がたいへん大きいものである．図のa，bグループとc，d，eグループは100 km足らずの距離があるので，震央をa，bグループとc，d，eグループの2つに想定することもできる．本文では震度Ⅵの地域の中心をいちおうの震央としてある．養老断層cは東落ち約5m，桑名断層dは東落ち約6m，四日市断層eは6m（ただし2回のイベントの合計）と見つもられている．

木曽川下流から長島にかけての低地に津波があったという説もある．伊勢湾内の断層の活動が不明である現在では，上記のc，d，eの変位量が津波を引き起こすかどうかの数値実験がなければ，津波の有無の判断はむずかしい．宇佐美は，史料にも「涌没」と「ゆりこみ」という表現で記されているので，液状化現象か，地盤沈下によるものと考えている．

なお，被害の概要については「新収第一巻」p. 167〜の表1〜5および日本電気協会（H6.3）「わが国の地震被害一覧表」p. 67の表を参考．ただし後者には「拾遺」の史料を追加する必要がある．

また松島［2000, 歴史地震, **16**, 53-58］によると伊那市西箕輪の御射山社の一の鳥居跡に残っている碑文に「天正十三年の大地震のために破壊した」と記されているとのことである．さらに坂部［2001, 歴史地震, **17**, 9-12］によると帰雲の山崩れは3ヵ所で，崩壊土量は約7700万m³とのことである．

082　この地震の起震断層の主たるものが有馬・高槻構造線系であることが明白になった現在，萩原尊禮編著の古地震（1982），続古地震（1989）および古地震探究（1995）に言及することは無意味なので，あえて「死者に鞭うつ」ことはしないこととする．「古地震探究」は阪神・淡路大震災後に発刊された．

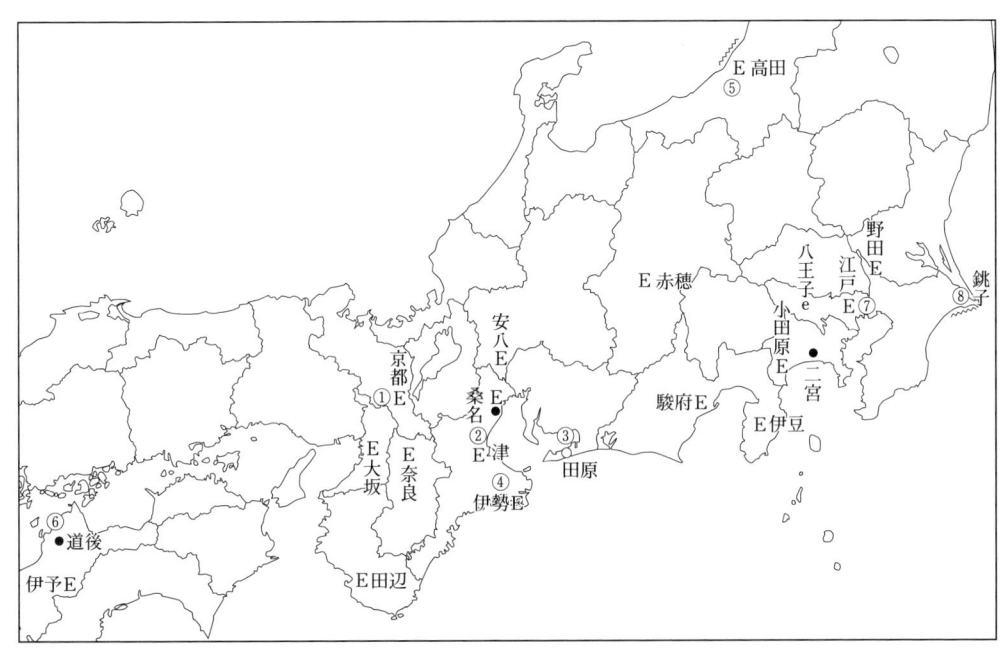

注図087-1 震度分布図 ①〜⑧は本文参照.

その頃にはすでに有馬・高槻断層説が関係者の間で確信されていたにもかかわらず，p. 153にたった1行述べられているのは不十分な感を免れない．何か具合の悪いことがあったのであろう．「はじめに結論ありき」という感がする．その結論とは大阪平野および大阪湾岸の震度を小さく見つもる……震度が大きくなっては困る……ことと思われる．上記三書の慶長地震以外の近畿の地震の震度推定についてもそういう傾向が見られる．

鳴門の撫養の土地隆起については石橋［1996年度地震学会秋季大会予稿集A23］の説がある．筆者は，土地の隆起があったのではないかと思っているが，地学的証拠が出るのをまちたい．津波イベント堆積物の調査が望まれる．

085 この地震では，会津各地で多数の山崩れが発生したことが知られている．なかでも柳津の飯谷山は大きく崩れ，大杉山村全村が土中に埋まり，死100余という．このとき難を免れた5人により，現在の小杉山村が作られたという．

087 この地震の古文書の記述はいずれも簡単で，その内容の真疑の判定が難しい．本文の①〜⑧のすべてを満足する単一の地震はありえない．複数（2〜3)の地震を考えればこの点は解決されるが，10月25日の何時頃か時刻を示している文書は少ない．京都・奈良・桑名・伊勢では午〜未の刻であるが，ほかの史料に時刻がないので時刻の点から複数の地震があったとはいいがたい．

そこで史料をA，B，Cグループに仮に分けてみる．

Aグループは信憑性の高いもので，①および奈良・大阪・田辺などの記事．

Bグループは信憑性がやや劣るもので，②，③，④，⑥，⑦，⑧および伊那・銚子・八王子・小田原・伊豆・安八（愛知県）などの記事．

Cグループは信憑性が疑わしいもの，⑤．

Aグループのみの記述を正しいとすると近畿地方のローカルな地震となる．A，B両グループの記述を正しいとすると（Bグループのどれに重点を置くかによって異なるが）南海沖および東海沖の$M=$ 7〜7.5くらいの地震となる．Cグループが正しいとすればまったく別の地震となる．

いずれにしても良質な史料が発見されなければなんともいえない．

108, 109 江戸の雑司ヶ谷薬園の御茶屋および江戸城平川口腰掛と御舂屋の破損について，目下手許に

658　巻末注

注図 115-1　寛文地震に伴う地変と地形変化 [小松原ほか，1999，地調速報，EQ/99/3]
　　MG-A, MG-B, MG-C は水野ほか [1999，地調速報，EQ/99/3] のボーリング地点，SG，MK，KR は竹村ほか [1994，地学雑誌，103，233-242] のボーリング地点．

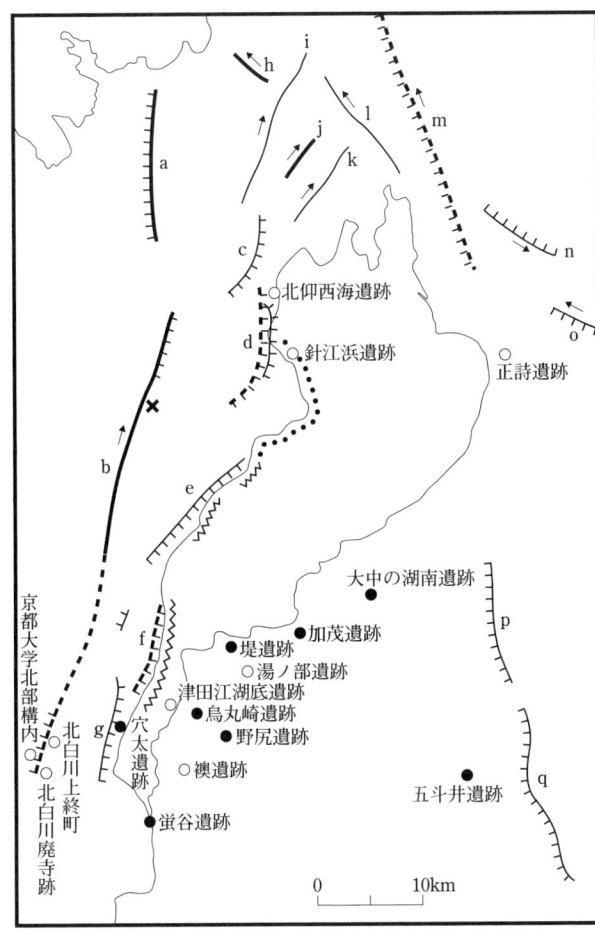

注図 115-2　琵琶湖周辺の活断層とこの地震による地震跡が検出された
　　　　　遺跡（太実線が活断層：ケバをつけた側が相対的に下降）
a：三方断層　　b：花折断層　　c：酒波断層　　d：饗庭活断層群
e：比良断層　　f：堅田断層　　g：比叡断層　　h：野坂断層
i：敦賀断層　　j：駄口断層　　k：路原断層　　l：集福寺断層
m：柳ヶ瀬断層　n：鍛冶屋断層　o：関ヶ原断層　p：百済寺断層
q：綿向山断層（c～gが琵琶湖西岸活断層系）
［寒川，1992，地震考古学，中公新書に加筆］

ある史料では6月21日（108番の地震）の記事には見当らない．7月25日（109番）の地震のところに修復の奉行を仰せ付けたという記事があり，この日に被害が発生してすぐに修復奉行を命じたのか，6月21日の地震の被害の修復をちょうどこの7月25日に命じたのかはっきりしない．前者であればたいへん手際がよい．そういうことも皆無ではないだろうがよくわからない．本文は訂正をしないでおくが疑問として掲げておく．

115　この地震については多くの研究があるが，動いた断層は1つではないらしい．したがって地震学的な意味での単一な震央は決めにくい．ここでは活動したことが確実な花折断層北部の断層沿いに比定しておいた．注図115-1は主として古文書から求めた地変と地形変化で，この図から三方断層の活動と日向断層―菅湖撓曲が推論された．注図115-2は現在までの研究結果を筆者なりにまとめたものである．活動した断層は琵琶湖北西の湖岸から10 km以上離れたものばかりで，湖の南西，北東および西

岸には活動しなかったことが明らかな断層が多い．これらとこの地震の痕跡を止めていない遺跡（○印）の位置は調和的である．また，湖中考古学および古文書から考えられる西岸の水没の原因は，湖中にある断層崖のすべりなのだろうか……．最近は琵琶湖西岸断層系は活動しなかった可能性が指摘されるに至っている．注図 115-2 によると震央はもっと北にならざるをえない．そうなると京都の被害をうまく説明する手だてを考えねばならない．

小松原ほか [2001, 歴史地震, 17, 13-26] によると琵琶湖西岸南部の比叡断層や膳所断層は地表付近での活動の可能性は低いが，深いところでの活動まで否定できないという．

125-1 宇佐美は最初この地震の震源域は新潟県上川村だと考えた．その後，注表 125-1-1 の②の史料を見出した．これによると上川拾組の合計がほぼ4万石となっている．そこで榊原藩の江戸日記の「……上川四万石之内百姓家五百三軒禿……」および「四万石之内家数五百三十三軒禿申付……」という表現は，日本語の文脈として無理なく上川地方即四万石の地と読めると考え，震源域を西に約 20 km 移した．ついで河内・大木（1996）による報告が出

た [地震Ⅱ, 49, 337-346]．これによると震源域はさらに西に 10 km くらい移ることになる．そのおもな論拠は村上藩（地震当時の藩主は榊原氏）に四万石領という地域があることであった．そこで注表 125-1-1 を作ってみた．これによると確かに四万石と呼ばれる地域はある．しかし表の備考欄に記したように四万石領という行政組織ができたのは松平氏から榊原氏の時代にかけてのこととあるが，その時期は明記していない．そこで河内・大木の説を確かなものとするには，①四万石領は公式名か俗称か，②名称が使われだしたのはいつかということを明らかにしてからでも遅くはない．その上，この地震には被災村々の村名が明記されている史料が未発見である．そのため試論は隔靴搔痒の感を免れない．問題点を掲げて後考を待つこととする．

なお表の史料②は 15 万石から 5 万石になったときの所領の 3 分割の様子を伝えている．これは 15 万石時代の組名や村名の確実な記録である．また史料③は享保 8 年とあるが内容から見ると享保 2 年のときのものらしい．その後，四万石領の村々がほぼわかったので，注図 125-1-2 に示す．［参照：宇佐美ほか，2010, 歴史地震, 25, 81-90］

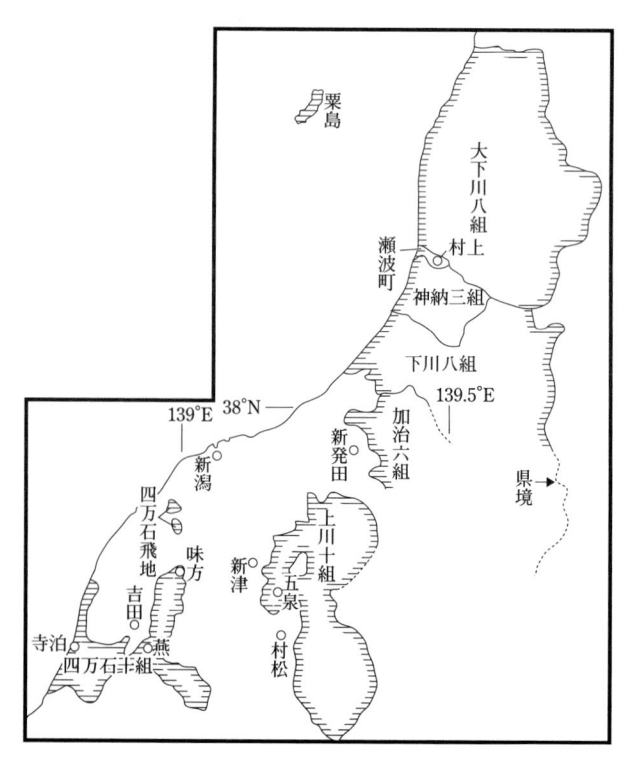

注図 125-1-1 村上藩領（宝永 7 年）の範囲
注表 125-1-1 の②による宝永 7 年（減石前）の村上藩領．②によりできるだけ忠実に境界を引いた．組名のあるところが藩領．組界は山地では郡境または県境と一致するものと思われるが，明らかでないので図には省いてある．
上川十組では中央に他領があるらしい．村上町・瀬波・粟島も同藩領．

巻末注 661

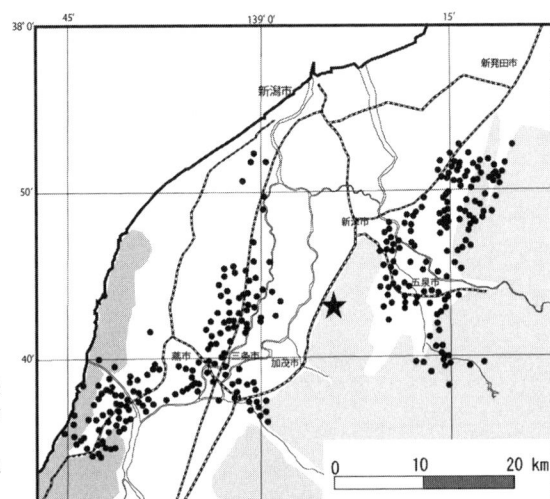

注図125-1-2 四万石・上川の各村および推定震央位置（★印）〔国土地理院1/20万地勢図に基づき作成，宇佐美ほか，2010〕
●印は村の位置，図の左半分は四万石十組，右半分は上川十組.

注表125-1-1

	年 月 日	藩 主	石 高	領 地	備 考
	元和4. 4 (1618)	村上→堀	9万石→10万石	岩船郡・蒲原郡	
	正保1. 3. 18 (1644)	堀→本多	10万石→10万石	同上	
	慶安2. 6. 9 (1649)	本多→松平	10万石→15万石	岩船郡・蒲原郡・三島郡	
	寛文7. 6. 19 (1667)	松平→榊原	15万石→15万石	同上	「新潟県史通史編3，近世一」によるとこの頃に新しく藩領になった蒲原郡三条地方と三島郡寺泊地方の飛地領を四万石領と称えたというが，正確にいつからかは明記していない
	寛文10. 5. 5 (1670)	地　　　震　　　発　　　生				
			四万石（＊印）	上川十組（●印）	
①	貞享1. 5 (1684)	越後村上領高辻之帳	＊「四万石」という地域名は書かれていない	・「上川地方」という文字はない	「新潟県史，資料篇8」(1987) 郡別，村名と石高の表
	貞享1 (1684)	榊原	15万石	岩船郡・蒲原郡・三島郡	
	宝永6. 9. 21 (1709)	本多	15万石→5万石	〃	
②	宝永7 (1710)	村上御領分高井郷村付	＊「四万石拾組」として，三条・一木戸・燕・地蔵堂・渡部・寺泊・村越・釣寄・茨曾根・味方を掲ぐ，計4,0650.316石	・「上川拾組」として笹岡・山崎・大室・堀越・保田・笹堀・川内・五泉・三本木・下條を掲ぐ. 計8,6685.11石	「郷土村上」No.32 (1978) 組別石高と村名798ヵ村と村上・瀬波・粟島. 宝永6年の高減による分割を示す 合計高　212,502.343石
	宝永7. 5. 23 (1710)	〃→松平	5万石→7.2万石	岩船郡・蒲原郡・三島郡	
	享保2. 2. 11 (1719)	松平→間部	7.2万石→5万石	〃	
	〃 5. 9. 19 (1720)	間部→内藤	5万石→5.009万石	〃	以後幕末まで同じ
③	享保8. 2. 11 (1723)	郷村之内高崎御領御料所村上御料附分	＊「四万石」地域の村名あり	・「上川」という文字なし	②と同じ，村名のみ275
④	享保13 (1728)	越後之国岩船郡蒲原郡三島郡村々高辻帳	＊「四万石」の文字なし	・「上川」の文字なし	①と同じ，村名191と石高 石高計7,5356.619石

662　巻末注

149　この地震の被害の全貌がわかるような単独の史料はない．巨大地震の割に本文に簡単な被害表しか掲げなかったのはそのためである．一番よいのは『楽只堂年録』であるが，これは本文の表149-2以外は現千葉県・神奈川県の代官領の被害のみである．それを表にしたものが注表149-1，149-2である．

注表149-1　『楽只堂年録』による被害一覧

地　名	家　潰	流	破損	人　死	傷	山崩川欠	田畑	破船	流船	そ の 他
酒井日向守 　高座・大住郡5ヵ村	57			6						
町野惣右衛門 　武州多摩郡5ヵ村 　〃　　　2ヵ村 　〃　　　3ヵ村 　橘樹郡戸手村	47，半24 11 72			2		有 有	3-4 尺地われ			道橋・麦作損 堤破損 350間 玉川堤ゆり込み
小長谷勘左衛門 　高座郡12ヵ村 　豆州　5ヵ村 　埼玉・葛飾郡 　　各2ヵ村	{1,542, {半360 半　有	有	有	974	198，旅26		損有	有	78 有	砂出る
伊奈半左衛門 　稲毛領 　岩崎村他 　亀有	大分				有 有	崩50間<				├古利根川堤切 ├永代橋台石垣損 ├古利根・あや ├せ・荒川通り └堤・田畑われ
今井九右衛門 　本牧領吉田新田 　竜頭村 　磯子 　森公田 　〃雑色 　中原 　根岸 　富岡	76 寺1 38 半26 25 半25　寺ッ1 15　半1 半7 30 半40　寺半1 20 3 半5 11			7 3 5	30 4 4					倒木あり
東葛西領 　下平井村	3～4						砂出 　麦損 　〃 　0.42町			新田土手低下 600間<
入間郡山口領本郷村 （武州）	1 有			10			小破			
甲斐山梨郡・八代郡							ゆり込水 涌く			橋・堤ゆり崩る
松代	2（侍）		小破有							
計	1,955 半487	3	974	257	38				78	

注表149-2 『楽只堂年録』による被害一覧（房総）

代官名・地名	石高	潰	流家	破損	(溺) 死	川欠・山崩	汐入	破船	流船	網流
阿部志摩守 夷隅郡										
中瀧郷郡田村	539	16								
大福原	200	6								
小福原	100	4								
洞井村	1,176	56								
内野郷新田村	689	10								
若山	315	5								
釈加谷	640	7								
御宿郷山田村	705	13								
須賀村	262		98							
久保村六軒町	24		15							
下布施郷　硯村	344	10								
計		127	113		6					
松平弾正忠 大多喜		城下 320		二の丸 長屋20潰 537		3.1町余 地割口2-3尺				
伊南領浜方		207	429	1,370	溺79		65.6町	126	320	102張
植村大学 安房・上総浜辺	1,800	寺3 89	380 社2		54					
山内主膳 上総蓮沼村			107		102	29町砂押				
前田帯刀・長狭・ 安房・朝夷郡	2,000	941			50	22.1				
本多修理 安房郡11ヵ村	2,000	(内寺3) 380	109		49				52	
松平主馬　安房国 長狭郡・磯村	2,000	14	146		3			11	70	33
朝夷郡真浦村		60	149		51		3.31	15	5	
瀬戸村		304			10					
岡方7ヵ村		328								
松平主馬　計		706 (内寺4)	295		64<			26	75	33
京極対馬守 朝夷・長狭11ヵ村	2,000	687	186		42 (内28)		140石荒			
酒井日向仝上16ヵ村	1,000	524			18					
大井新右衛門 長柄郡一松村	300				111		平地と成	有		
阿部遠江守夷隅郡 鴨根村	300	8					⎫ ｜ ｜ 有 ｜ ｜ ⎭			
内野郷若山村	600	33	6(流潰)							
下布施	1,446	29								
御宿郷久保村	595	55	15		1					
阿部遠江守　計		125	21		1					

巻末注　663

代官名・地名	石高	潰	流家	破損(溺)死	傷	川欠・山崩	田畑	汐入	備考
阿部壱岐　夷隅郡 　　御宿郷浜村	390		145	13	30				
内野郷深堀村		53	16	10		有			
中滝郷加谷村	300	50							
押日	780	30							
阿部壱岐守　計		133	161	23					
本多市左衛門 　朝夷・長狭 　　　11ヵ村	2,600	618		蔵5潰 社1 103	89	5ヵ所	田畑損亡		
坪内源五郎 　　　一松村	216	不残		84	136			砂入不残	
石野八兵衛 周集・天羽郡7ヵ村	2,515	127		3		有	17町荒		堤破67間 川埋土手切12町余
長谷川伊兵衛 　山辺郡片貝村	200		88	81			田畑		

代官名・地名	石高	潰	流	死	傷	田畑	(町)汐入	破船	網流	備考
松平豊前守 　長柄郡中里村	296		納屋6 59	206						
山辺郡片貝	190		納屋5 8	19						
武射郡新井堀	235		納屋6	7						
松平豊前守　計			納屋17 67	232						
北条右近大夫 　長狭郡 　　横須賀村	700		305 49	690			田12.2 畑27.5			
磯村	24			3						
中山勘解由 　武射郡本須賀村		有		10						
仙石右近 　武射郡井之内村	530		31	68						
飯田惣左衛門 　　　一松村	200		人口194人 71			不残 砂入				
川口源左衛門4ヵ村 真倉・沼・東長田・浜田	2,000	1,039		37	20	大分損		13		真倉村 白山崩田 畑つぶる
大久保大膳 　上総国　5ヵ村	1,700	100<				永荒多				
大久保大膳 　安房　10ヵ村	65.599 376.2 185.5 119.4	14 283 55 45 堂2		6 5 5 2	6 5 15 7	町 0.5荒 1.0荒 1.0荒 0.5荒				田畑われめ 田畑損有

代官名・地名	石高	潰	流	死	傷	山崩川欠	(町)田畑	汐入	破船	流船	網流	備考
	189.3	96 堂4			5	75	沼となる					
	404.08	168 堂3			5		〃					家と共に流る 田方川になる
	482.1	350			10	30						田畑われめ
	321.0	265			5	30						
	1,101.0	285			13	31	沼となる 永荒多					
	53.0	22		11	51	30						
白須賀村							亡所					
大久保大膳　計		1,692 堂9			95	234						

代官名・地名	石高	潰	流	死	傷	山崩川欠	(町)田畑	汐入	破船	流船	網流	備考
土方宇右衛門 東隠(浪)見村	1,301			14				68町	12			
水野左門 山辺郡		115	32	139			2/3 水押					
松下刑部 長柄郡古所村	345		77	204			砂押 18町					
酒田新次郎 平郡浜方		173	50	55		70歩		7.3町	42		不明	
〃 岡方		209		13		18.8町						
酒井隼人・平郡 勝山領　浜方		70	296	137		22歩		5.45町	197		数不知	屋敷傾大破長屋損潰, 門流
岡方		173		113		10.1町						
酒井壱岐 平郡本郷村	460.43	19	67	5 (155)	91	町 0.26	砂押 0.48		38			
吉浜村	69.268		49	64				0.66	19			
安房郡相浜村	15.46		67	63	25		砂押1.75		76	702帖		
〃 神倉村	1,082.7	453		17		34.7						
〃 出野尾村	49.94	60				0.316						
〃 岡田	133.99	31				0.96						
〃 藤原	128.86	72		5		12.05						
〃 洲宮	149.47	54				10.11						
〃 坂井	121.23	8				1.98						
〃 布沼	218.31	65		1		1.99						
〃 香	223.88	44				3.77						
〃 大賀	147.33	48				0.26						
〃 西長田	277.89	46		1		1.71						
酒井壱岐　計	3,177.69		1,084	311	116	71.33			133	702		
保田越前守与力 山辺郡東土川領6ヵ村 不動堂・貝塚・藤野下・西之・宿・田中荒生	1,014.68		納屋41 26	111					34			野銭場34.1町, 砂地になる

代官名・地名	石高	潰	流	死		田畑	破船	流船	備考
林土佐守　山辺郡8ヵ村 （栗生・宿・納屋敷・ 薄島・小関・北片貝・ 八川・大橋）	1,191.3		40 納屋47	105			40		野銭場29.97 町，砂地となる
安房新義眞言の寺院		105 社家9 百姓家 190		20		7町余損			
小湊村			6坊 270	100					
市川村			300						
長狭郡平塚村大山不動 （樋口又兵衛）									5～6尺 ゆりわる
峰岡か									長3里，3～6尺 づつ地われ
清野与右衛門　天羽郡 　平郡各1村		45		2					
長柄郡刺金村		10		(20)					
武射郡松ケ谷		8		(14)			38		
天羽郡3ヵ村		108		4					
〃　加藤村				山崩倒木					
〃　百首村				(2-3)			50＜		
平郡　正木		14-15		20					
銚子領　高上村		ナヤ5-6				水入		45	君ケ浜松700 根返り
樋口又兵衛　天羽郡 　　　　　　湊村		有	有						薪流さる
長狭4ヵ村，平3ヵ村			有	?		崩		有	
比企長左衛門 雨宮勘兵衛 ｛一松村 長柄郡　　　山吹村			有	有					
能勢権兵衛 　長柄郡　本郷村			70	多		砂入		不残	
河原清兵衛夷隔郡4ヵ村			有	有					
町野惣右衛門　葛飾郡 　主水新田他2村						ゆり崩			利根川通，堤欠
安房　磯村・前原村 下総　関富			1,600?	(1,670)?		より上り あり			

代官名・地名	石高	潰	流	破損	死	傷	破船	流船	流網	備　考
北条右近太夫 （新p.134　下）	1000		不残		残り少し					
総　　計		9,610＜	5,295＜	1,907	3,458 +(1,600)	605	225＜	948＜	837	←以上，房総知行主関係合 計

153 この地震は2つの地震（$M=8.4$）が同時に発生したという考えもあるが，本文では1つの地震として記してあるので，M は中央防災会議の推定と同じ 8.6 にした．奈良の法華寺では三重の塔と門が倒れた．

170 『出島日記欄外書出 1700–1740』（1992）日蘭学会によると，この地震は 10 月 31 日（『出島日記』の日付，以下同じ）に始まる．この日は日本の史料による9月26日と一致する（暦の変換は内田正雄「日本暦日原典」（S50）雄山閣による）．日記によると 11 月 10 日 08 時 00 分大地震．これに対応する和暦は 10 月 6 日であるが，日本の史料では 10 月 4, 5 日となっていて一致しない．

180 今村ほか [2002, 津波工学研究報告, 19, 1–40] によると津軽藩の新しい史料が発見されたとのことである．同報告による青森県の被害は注表 180–1 のとおり．

185 この地震による被害の特徴は，土砂災害による被害が大きかったことである．名立小泊をはじめとして，高田西部の山地斜面や日本海沿岸の各地で大規模な山崩れが多数発生した．

そして地震災害の直後から，高田藩から幕府への被害報告が何度もされている．そのなかの1つと考えられる『越後国頸城郡高田領往還破損所絵図』が，当時高田藩主榊原家の家臣の系譜であった佐野家から上越市へ，昭和 63 年（1988）に寄贈された．

『越後国頸城郡高田領往還破損所絵図』には，当時直轄地であった名立小泊を除く，居多から徳合にいたる日本海沿岸の山崩れの状況が詳細に描かれている．注図 185–1 は，絵図に描かれた山崩れを現代の地形図（国土地理院 1/25,000 地形図「高田西部」「名立大町」）に表現したものである．

192〜194 盛岡と八戸の地震数は注表 192〜194 のとおりである．この表を見る限りこの3地震は被害地震の群発というより，192 番の地震を本震とする本震・余震型で 193, 194 は余震のうちのやや大きいものと考えられる．本文にも述べたように『八戸藩史稿』，『八戸藩史料』の書誌学的なことは不明である．それより筆者らが収集した『八戸藩日記』は由緒正しいものであるから，これを重視することにした．そうすると 192→194 に向って M が小さくなることが伺える．また 194 には江戸における有感史料が未発見である．M についていえば 192 に対して 193, 194 は大きすぎるかもしれない．確かな史料の発見がまたれる．

注表 180–1

村名	死	潰家	痛家	破船	田畑損	備考
中浜		2				
小泊	10	42		51	田5反5セ27歩畑9セ	
鰺ケ沢	1		4	16		浪除所々流失
赤石					田1町	
柳田					田3反9セ	
嶋		4	11	2		
関		8	20	8	田2町畑5反	
金井沢	4	25	15	34	田2町畑1町	
〃 湊	8			5		御番所潰
鴨	3	21	2	20		
田野沢	3	5		1	田2反	塩釜1流失
晴山						同 上
風合瀬				5		
夷木			2	8	田4反	塩釜流失1
追良瀬				6(丸木舟)	田2町	
広戸		3	2	2（〃）	田6反	
横磯	3	1		2（〃）		

668　巻末注

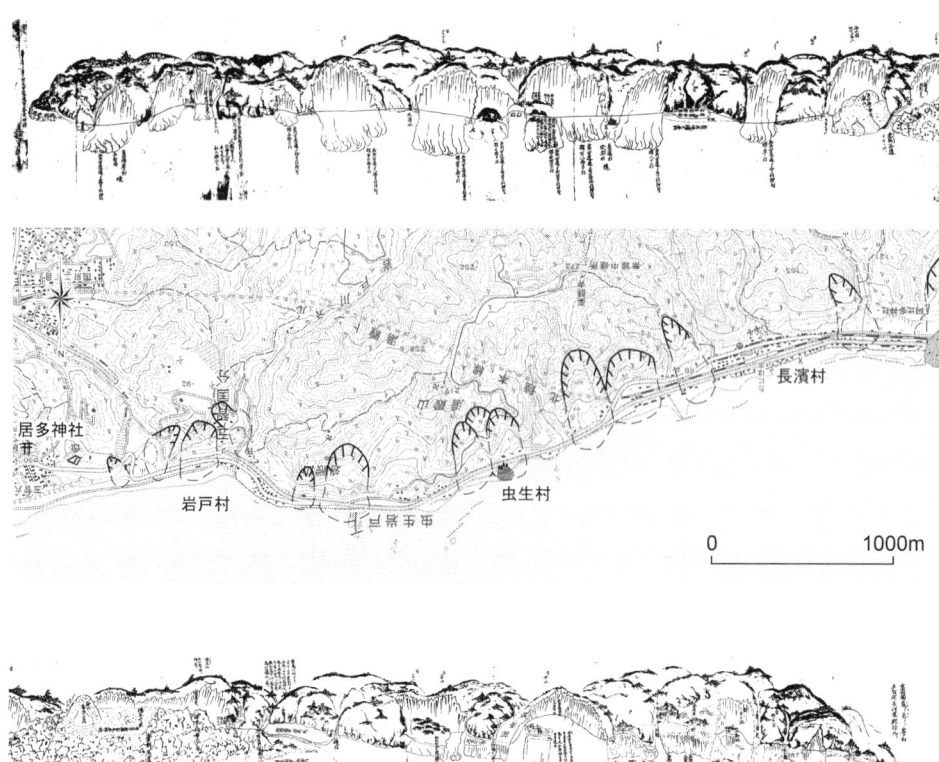

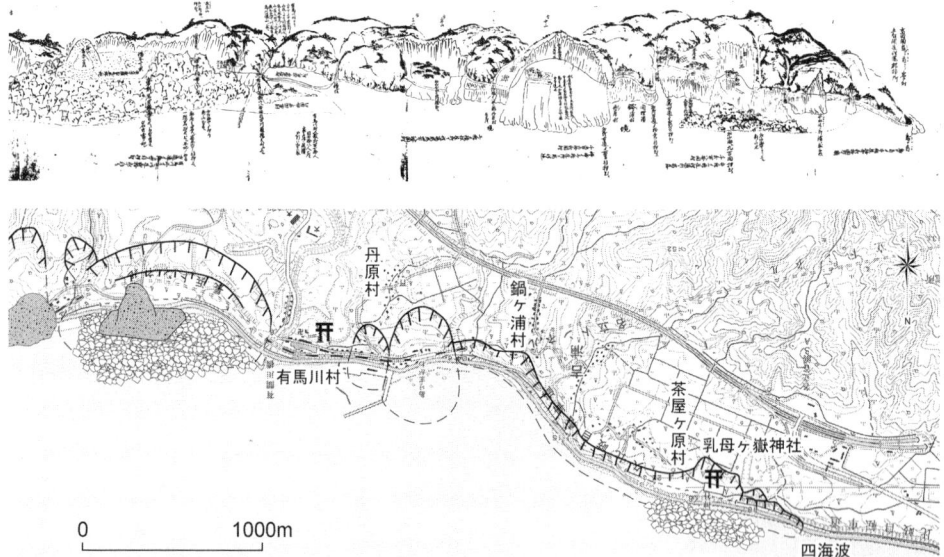

注図 185-1　『越後国頸城郡高田領往還破損所絵図』（上越市総務管理課所蔵）に描かれた崩壊地を現代の地形図に表現した図

注表 192〜194

日	宝暦12年12月 A	宝暦12年12月 B	宝暦13年正月 A	宝暦13年正月 B	〃 2月 A	〃 2月 B
1					八時大	未下度々
2					｜度々	
3						
4						巳
5		辰				
6						
7						
8	○番所小破					
9			○三度	午中より		
10			昼時	巳下		
11						
12						
13			度々			
14			〃			
15			〃			
16	酉上大	酉大	〃			
17	度々	戌				
18	〃	時々		巳		
19	〃	〃		申下, 寅		
20	○	〃		卯上		
21	○	子		巳上		
22	○	申, 寅				
23	○	寅, 申				
24	○	辰上				
25	暁					
26	○			酉申2回		
27	○大		九過	午下より度々		
28	度々		五半	辰下		
29						
30						

Aは「八戸藩日記」および「八戸藩勘定所日記」で八戸における有感地震
Bは「雑書」で盛岡における有感地震
○は地震とのみ記してあり，時刻不明，回数不明．
3月5回以上，4月6回，5月7回，6月4回，7月3回．

195 この地震は被害実数が史料間で大いに異なる．本文に『要記秘鑑』による被害を表195-1にまとめたのは，いちおうまとまっているからである．ちなみに家の被害と人的被害についていくつかの史料を注表195-1にまとめてみた．『要記秘鑑』は黒石領については番号5にほとんど同じであるが，弘前領については何を参照したのか不明である．「信寧公御代日記」によると青森では潰家199，半潰70，焼失108，死192，土蔵潰44，焼失41，潰同然痛14である．

「弘前并在浦黒石破損調之覚（3年3月）」によると弘前領で山崩27，田畑川欠203ヵ所，溜池堤欠崩159，川除堤欠崩67，橋落2，破損186，倒木25本，米焼失10,272俵，同濡損1,023俵などとなっているが，明らかに山崩れ・倒木が少ない．別の史料によると山崩れ462ヵ所，倒木は檜49,510本，雑木10,360本となっている．このようなわけだから被害実数について議論する場合には注意が必要である．

注表195-1

番号		1	2	3	4	5	6	7	8	9
出典		「要記秘鑑」文政年間成立	「当戌正月大地震=付損之覚」	同左	同左	「御日記（江戸）」	「黒石領御領日記」	同左	同左	同左
報告年月日		明和3年2月	2月△	3月△	5月(在のみ計)	3月(侍町在の計)	2月16日	2月25日	4月	4月
弘前領	家 家中 当町 在 領内惣寄	潰21 半3 64 82 4,583 155 焼82	5,113 半355 焼219	259 半74 3,823●	5,107 焼93 痛3,989	5,517 半1,042 焼221			238 半79	
	死 家中 当町 在	16 13 734 焼132	925△焼258△ 傷153△	7△焼1△ 傷110△	傷149 769 焼132	925△傷153△ 焼247△			8 傷142	
黒石領	家 家中 町 在 領内惣寄	潰31，焼1 273 28 80 2	384 焼31	125*		381 焼31	32 460○ 82	31 焼1 273 焼30	潰140 半281 35	30
	死 家中 町 在	4* 92(傷) 60(焼死) 6*	93 焼51	傷120		102 焼61	4* 158* (含焼死) 6*	4* 91* 49焼死 6* 14 傷	106 傷	傷88

＊含傷　△領内の合計　○含焼失　●修覆難成家　家の被害で，とくに断らない限り，第1列は潰，第2列は半潰．

213 注図213-1, 2は4月1日の津波による各地の浸水高を示す.

注図213-1は, 都司・村上 [1997, 歴史地震, **13**, 135〜173] (以下Aという), 注図213-2は都司・日野 [1993, 震研彙報, **68**, 91-176] (以下Bという) に基づき, 筆者がわかりやすく書き直したものである. Aは浸水高 (浸水標高), Bは波高または津波高と記され, BではT.P.基準の値が示され, その106頁に「津波による正味の水位上昇分は, この値から1.9 mを減ずればよい」と記されている. おそらくBの値から1.9 mを引いたものと, Aの値が対応するのだろう.

注図213-1, 2ではA, Bの本文中に明記してある浸水高や波高を採用した. とくにBでは図と地点との対応がハッキリしない点がいくつかあった. 一例をあげる. 熊本市南部の山下は本文では津波高4 m, p.132の図では3 m, p.163の図では地点と波高の対応が不明であった. こういうときには本文の値を採用した. また波高を示す棒グラフの点線部分は波高の範囲を示す. また波高の数値に ( ) のあるものは参考値である. 注図213-2の海岸沿いの波線は浸水域である.

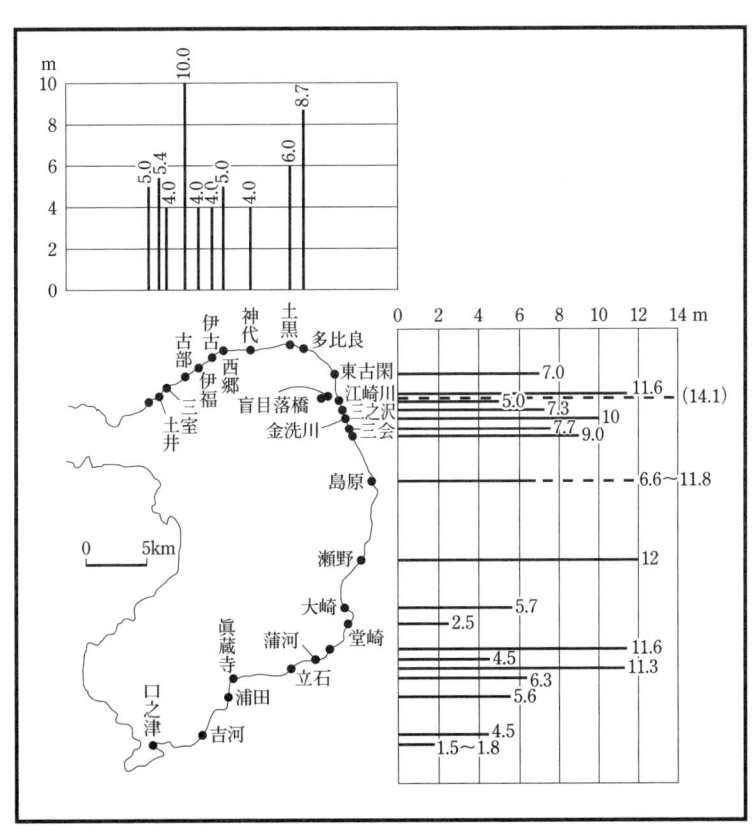

注図 213-1

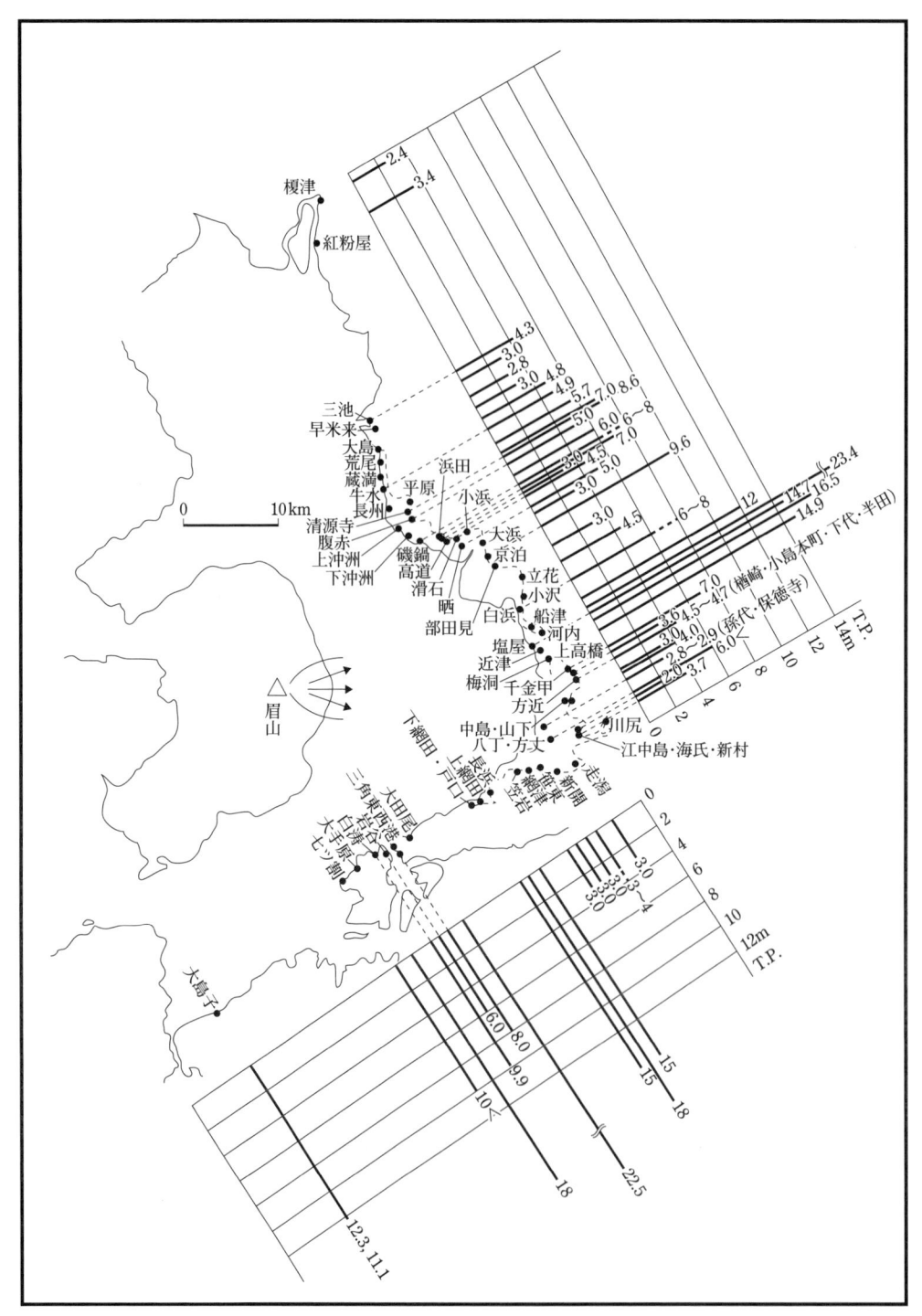

注図 213-2

217 武者〔1949-1953, 日本及び隣接地域大地震年表, 震災予防協会〕はこの地震を陸前・陸中沖の地震と見て, 同日から約1週間江戸に起きた群発性地震を切り離して考えていたようである. その後, 新史料の収集により両者は三陸沖の巨大地震として統一的に考えられるようになった. しかし史料は十分とはいえず, 地震像はいまひとつハッキリしない. しかし841番の地震が発生したので, これとくらべれば同じように震源域の広い地震と考えられるか. ここではいちおう三陸沖としておく. 震害の史料は少ない方で内陸で最大の震害が記録されているようであるが, これは沿岸の震害記録が津波にかき消されたためであろう.

これを三陸沖の巨大地震とすると注表217-1が考えられる. 括弧内は本書の地震番号. これによると580番に対応する三陸沖は2000年前後となる. また本文では217-1, 217-2番を本地震の余震と見たが, これには異論もあるであろう. 被害が関東でのみ発見されている. その被害も小さいにもかかわらず有感範囲は弘前から甲府までの広範囲にわたっているのであえて余震としてみたがどうであろうか？ さらにいえば, 震度分布図は示していないが, 寛政5年1月8日酉刻, 同10日亥刻の地震も217-1, 217-2番と同様に震度Ⅳの地域が宮城県から房総沖に比定され, 三陸以北の推定震度は小さい（Ⅲ以下）. 史料の発見がまたれる.

注表 217-1

八戸沖	間隔	三陸沖
?		1611 (086)
1677 (130)		?
1763 (192)	30 年	1793 (217)
1858 (272-1)	38	1896 (316)
1968 (580)	43	2011 (841)

218 参考のために注図218-1, 218-2 の2つをのせる. 寒川〔1992, 地震考古学, 中央公論社〕による.

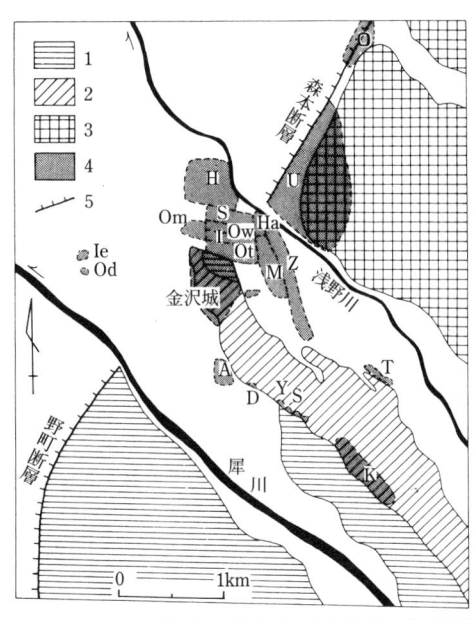

注図 218-1 金沢城下町の被害（田中喜男氏の「金沢城下図」を基図として使用）
1 低位段丘群　2 中位段丘群　3 丘陵　4 被害の著しかった地域　5 活断層（ケバをつけた側が相対的に下降）
O 大樋町　U 卯辰町　H 彦三町　S 新町　Ow 尾張町
I 今町　Ot 大手先　Om 近江町　Ha 橋場町
M 味噌蔵町　Z 材木町　Ie 今枝邸　Od 織川邸
A 本多安房守屋敷　D 大乗寺坂　Y 嫁坂　S 新坂
K 小立野　T 田井筋

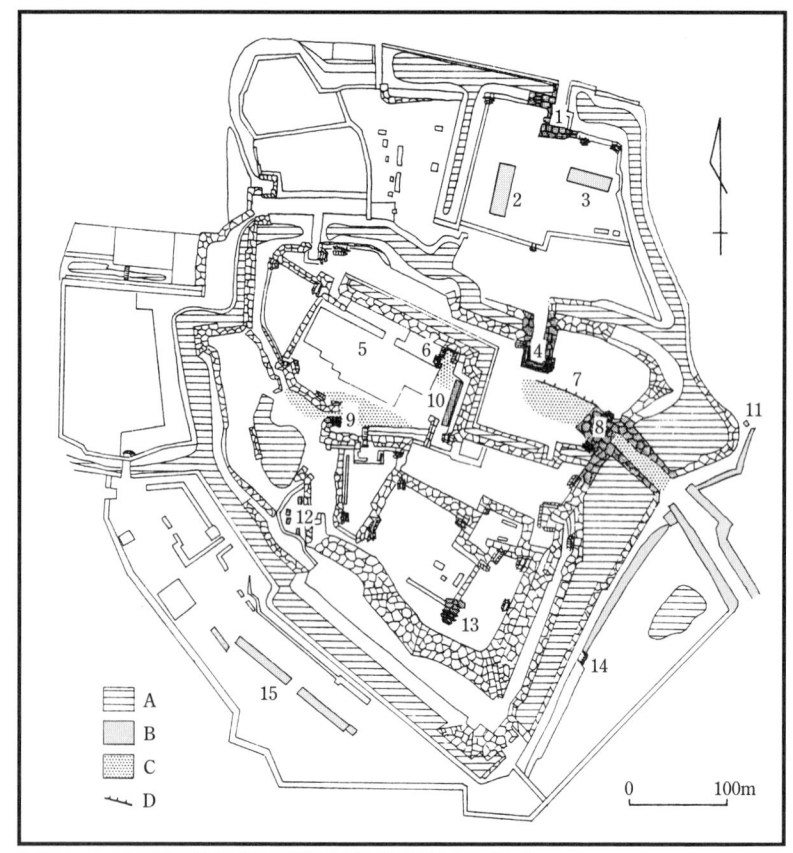

注図 218-2　金沢城の被害（「金沢城精密図」を基図として使用）
　A．堀・泉　B．石垣や建造物の被害　C．地割れ密集地　D．地面の変位
1 尾坂門　2 御作業所　3 越後屋敷　4 河北門　5 二の丸　6 橋爪門　7 地震で生じた可能性のある段差（ケバ側が下降）　8 石川門　9 松坂門　10 五十間長家　11 紺屋坂番所　12 薪丸　13 階櫓　14 蓮池御門　15 御蔵屋敷

223 矢島藩は生駒氏である．本文の表のほかに「生駒権之助知行所仁賀保の内潰 136, 死 12, 傷多数, 死馬 27, 田畑裂泥水涌出稲草埋, 御損毛高千石」という記事（「新収」第 4 巻 p. 213）も加えるべきであろう．さらに「新収」第 4 巻 p. 209 にある仁賀保家の記録（注表 223-1）も仁賀保領の被害として加えるべきであろう．また仁賀保領海岸の村々には津波があったとの記事がある．象潟が 1 m は隆起したのであるから，その近くの海底も隆起したであろうし，それに伴う海面変動もあったと思われるが，古文書を見る限り津波らしい津波があったという証拠は見当らない．将来の研究課題であろう．また象潟町史通史編上 [2002, 象潟町] にある注表 223-2, 3, 4, および注図 223-1 も参考になるだろう．

注表 223-1

村名	家潰	潰焼	死	死馬
院内村	135	2	9	25
平沢村	175	1	25	21
長磯村	全			
琴浦村	全			

相撲取りの雷電為右衛門の日記によると，この地震のあと 8 月 5 日に秋田を立って南下し，地震跡を通った見聞が記されているが，地震学的に新しいことはなさそうである [小島, 1990, 雷電為右衛門上, 学芸書林].

注表 223-2 文化元年象潟地震の被害 [象潟町, 2002]

被害	本荘藩領	生駒宗家領	生駒伊勢居地家領	仁賀保二千石家領	仁賀保千石家領	庄内藩領	幕府領(3ヵ村)	合計
侍家潰れ	33			6	2	30		219 軒
〃 大破	7					141		
民家潰れ	1,770	36	136	178	42	2,826	151	5,517 軒以上
〃 大破	313		多数	(2軒焼失)			65	
町屋潰れ	140					413		1,051 軒
〃 大破	74					424		
寺潰れ	9			3	2	27		82 寺
〃 大破	19	1		5		16		
社家潰れ	4	2				25		37 社
〃 大破	2			1		3		
土蔵潰れ	162			多数		182		820 軒以上
〃 大破	9	75				392		
潰れ合計	2,118	38	136	193+	46	3,503	151	7,726 軒以上
大破合計	424	76	多数	多数		976	65	
ケガ人	143		多数	多数	26			169 人以上
死亡者	161		12	11	4	150	28	366 人
ケガ馬	5							5 疋
死 馬	76	4	27	4	2	142	52	307 疋

注表 223-3 本荘藩各郷の被害内訳 [象潟町, 2002]

	A 城下	B 子吉郷	C 潟保郷	D 西目郷	E 石沢郷	F 琴浦郷	G 又五郎扱久右エ門	H 小友郷	I 打越郷	J 滝沢郷	K 出戸分	L 前川村伊勢居地村	M 釜ヶ台村冬師村	N 塩越	O 西小出郷	P 大竹村	Q 金浦郷	R 塩越の寺社家	合計
潰家	162	70	60	45	3	43	31	6	1	26	4	27	3	389	56	65	361	6	1,358
半潰	81	41	35	24				8	9			7		33	29	31	96	2	396
死者	5	3	4	5		5				1		8		69	12	15	36	5	168
ケガ人	2	6				4								32	3	35	59		141
死馬			7	1	3		4	1		1				4	15	13	19		68

注表 223-4 本荘藩の余震（6月27日～7月7日）被害［象潟町, 2002］

○侍家 大破	40 軒	○町家潰	12 軒
○寺 〃	1 ヵ寺	○〃大破	116 軒
○足軽家 〃	25 軒	○落橋	11 ヵ所
○民家潰	119 軒	○橋破損	12 ヵ所
○〃半潰	133 軒		
○〃大破	320 軒		
○ 高	1,310 石9斗7升2合	砂吹出し亡所	
○ 〃	1,890 石5斗5合	堰台崩山崩で亡所	
○死亡人 2 人		○死馬 19 疋	

235 震源地付近は多くの知行主の所領が複雑に絡み合っているので，本文の表から震度分布を推測することは難しい．原史料を現行の自治体別に組みかえて作ったものが本文の図である．ただし椿沢・黒津・福道・上除・妙見は自治体名ではない．知行が錯綜している例として注表 235-1, 235-2 を例示する．

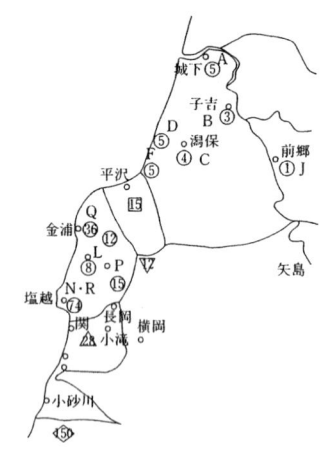

注図 223-1 文化元年地震の領域ごとの死亡者数 (373 人)［平野信一らの説，象潟町, 2002］
○本荘藩領，注表 223-3 による 168 人分．A～R の記号は同表にある各地域を示す．□仁賀保氏領，△幕府領，▽生駒伊勢居地領，◇庄内藩領，注表 223-3 にある仁賀保家文書の数値による．

注表 235-1 三条地震の被害状況—廃藩置県当時の藩領別—

町村名	領別	大 字 名	全壊	半壊	焼失	即死	怪我人
三条町	村上藩領	三条，島田	439軒	90軒	763軒	205人	300人
	高崎藩領	一ノ木戸，田島，東裏館，西裏館，荒町，新光，嘉坪川，北中	746	162	138	135	145
栗林村	新発田藩領	三貫地新田，柳川新田					
	池之端・桑名藩領	柳場新田，須戸新田	40	23			
	村上藩領	石上，栗林	52	6		13	5
井栗村	幕府領	塚野目，鶴田，北野新田，白山新田	153	33		8	10
	新発田藩領	大宮新田					
	村上藩領	下谷地，西潟	25	9	1	1	1
	三日市・池之端藩領	井栗	192	43			20
本成寺村	村上藩領	四日町	13	8		1	
	本成寺領	東本成寺，西本成寺	29			5	
	新発田藩領	西中，五明，金子新田，袋，南入蔵，入蔵新田，曲淵，諏訪新田，白山新田	44	18		5	7
	幕府領	東鱈田，西鱈田，月岡，新保	212	44		27	
	桑名藩領	吉田，如法寺，片口，長嶺	63	52		5	6
大崎村	村上藩領	東大崎，三柳，牛ケ島，柳沢，敦田，三竹，籠場	103	86		15	12
	新発田藩領	上野原，下保内	24	11	1	3	2
	高崎藩領	北入蔵，下坂井，西大崎，中新，上保内	134	66		3	15
大島村	村上藩領	上須頃，下須頃	99	58		17	72
	新発田藩領	大島，代官島，荻島，井戸場	52	35	1		
計			2,420	744	903	444	595

「三条市史　上」S58・6・30　三条市発行による

注表235-2　三条地震被害（燕市域）

村名	家高(数)	潰家	半潰・痛家	即死(男・女)	怪我人	寺・宮・鐘堂潰	その他(痛含)	堤防長	手当料金他の支給	
又新村		1								3斗
小高村		39	26	3(1・2)	6			53	18俵	28俵3斗5升
佐渡村		12	10	6(2・4)	6				10俵	13俵5升
杣木村		61	40	11(2・9)	9	宮1			30俵	52俵2斗3升7合5勺
太田村		22	111	9(0・9)	8			200	50俵	105俵7升5合
大曲村		40	28. 宮1	4(2・2)	15			240	20俵	38俵1斗
大船渡村		1	1						(以上、炊出飢餓体の者へ)	1俵1升2合5勺
長所村		4	3		2					2俵1斗
館野村		2	5							1俵2斗
館野池村		1	1							1俵5斗
灰方村		8	5							7俵8升7合5勺
関崎村		2								4俵5升
(以上高崎領)										
井土巻村	45	20	9	3(不詳)			4	130	寺社	米1俵ずつ
八王子村	60	36	30	10(不詳)	15	鐘堂1	27	300		神社へ村上塩引2匹
柳山村		46	14	11(不詳)			41			寺院へ金1朱
杉名村	12	7	3		5	寺1	9		大庄屋	米1俵, 村上塩引3匹
杉柳村	31(ママ)	36	1	4(不詳)			40		庄屋	米1俵, 村上塩引2匹
蔵関村	30	15	6			宮1	17		百姓	米1俵, 塩引1匹
大関村	16(ママ)	17		3(不詳)	8		15		即死人	1軒金2歩, 人数に関係なし
小関村	85	74		6(不詳)	35	寺1	46		怪我人	手当なし
燕町		269	58. 寺4	22(不詳, 5他所者)		(宮2, 庵1, その他109)			半潰	米2斗ずつ
小牧村		4	10		2				借家	米1斗ずつ
小中川村		5	3							
花見新田村		6	1							
長渡村			1							
三王淵村		1	5							
勘新村		2								
中川村		3								
(以上村上領)										
花見村	48	40	4. 寺1	8(不詳)					潰家の者15歳～59歳 (20日間)60歳以上15歳以下 死失人へ銭500文	1日男米5合, 女4合 男女共3合 ＊桑名藩領 30日間 男 1日黒米5合 女 1日同3合
平岡新田	8	1	1							
(以上桑名領所)										

「燕市史通史編」H6・3　燕市発行による

248 この地震はまだ総合的な調査・研究はなされていない．

いろいろとメモを残しておきたいことがある．そのうちのいくつかをとりあげる．

A. 注表248-1は真田家文書『弘化四未年大地震一件』（表の○印）による被害の経時的変化である．この文書には10行くらいのメモ的な形でその折々の被害数が出ている．これは在々村々の被害らしく，折々さらに町々（城下町か）を加えた総計が出ている．また，新しい追加・訂正もあり，そのたびに修正されている．その計算もだいたいにおいて正しいのであるが，こういうメモは4月28日までで，その後は7月9日の幕府への報告がくる．しかし番号27と㉙の間には被害数に大きなギャップがある．このギャップがどうして生まれたかはまったくわからない．しかし，われわれとしては通常㉙の幕府への報告を正式なものとして採用する．が，これが統計資料として正しいといいきれるかどうかは疑問である．その元になるものが各村々の史料である．それが正しいと確信するためには，村ごとの個人ごとの被害を記した文書の存在が必要となってくる．

B. 被害の一件一件について氏名・建物の種別，被害程度を記した文書は各村々で作成したであろうが残っているものは少ない．こういう文書に基づけば被害の実数について信憑性の高い資料が得られるはずである．以下に2,3の村々の状況を示す．

B-1 大岡宮平組．犀川の東傾面に位置する．所道典家の文書が残っている．注表248-2はそれによる．死者一人一人の名前，被害建物の種別・持主・被害程度が一件ごとに明記されている．信憑性は高いといえるだろう．なお死者については表の注にある五人組帳に明記されているが，注表248-2と多少の差異がある（注表248-2に｛ ｝で示してある）．また『拾遺別巻』318頁の表（この原文書は未収集である）の原文書も，被害の一件一件について記したものと思われるが注表248-2とはわずかな差異がある．このように信憑性が高いと思われる文書相互間にもわずかなズレ（統計的には誤差の範囲と見なされる）がある．歴史地震の被害実数の確定の難かしさを示している．

注表248-3は大岡の各組すべての被害を「新収」から拾い出したものである．日が経つにつれて大きく変わっていく．宮平についていえば注表248-2が正しいと思われるが，もしこういうものが発見されず注表248-3の2段目85の文書しか発見されなければ，われわれの知りうる被害の様子はガラリと変わってしまう．歴史地震の被害をしらべるときの限界を思い知らされると同時に正しい被害を知ることの難しさを実感する．

B-2 牟礼村．長野市の北，野尻湖の近く．宿場町．

注表248-4（甲という）は「長野県牟礼村誌上」（平成9・10・1発行）のもので，信頼のおける史料から作ったものらしいが，われわれはまだその原文書を見ていない．注表248-4の数字は注表248-5の4段目1145のもの（乙という）に近い．乙は水内・高井両郡91ヵ村の被害をとりまとめたもので信憑性は高いと思われる．現在の牟礼村の被害については，この甲，乙2つの史料を採用するのがよいと思われるが両者の間に僅差がある．また注表248-5の最下段拾263の史料も信頼のおけるものである．乙とは差がある．この辺が歴史地震の被害実数精度の限界と思われる．

B-3 三水．県北部の村．収集史料少なく，被害一件一件を記したものは未収集．注表248-6から見ると，1段目29または最下段401を採用するしか方法はない．

B-4 念仏寺村．犀川北方．長野市の西の山合いの村で臥雲院が抜け落ちたことで有名（注表248-7）．「むしくら日記」は7段目313の御手宛のための史料とほぼ同じ．また藩への3回の訴えの合計もこれに近い．この辺りの数字が正しいであろう．

以上，いくつかの例で示したように，歴史地震の被害の確定→震度の推定には常に新しい史料の発掘を心がけることが重要であることを再認識させる．

C. 膨大な史料を扱っていると思いがけない副産物に出会うことがある．そういう例の1つ．詳しくは宇佐美・渡辺［1988, 歴史地震, 4, 157-166］参照．注図248-1は松代町の武家の被害状況，点線と数字は海抜高度．実線Aより北は砂および礫（自然堤防堆積物），AとBの間は泥（後背湿地堆積物），Bより南は礫および砂（扇状地堆積物）．注図248-2は海抜高度と被害率の関係で明瞭な相関があるように見える．

D. 松代の真田宝物館に「感應公丁未震災後卦内御巡視之図」がある．この図は真田藩御用絵師青木雪卿（1804-1901）が画いたもので，計67枚の絵がある．震災の3年後および4年後の嘉永3年5月，同4年4月に藩主の震災地巡視に同行して画いたもので，写生した位置と写生の方向および写生の対象

注表 248-1 松代藩被害統計の変遷

番号	ページ	日付	出典	死	怪我	潰家	半潰家	焼失	斃馬	斃牛	備考
1	35	3/25〜 3/28暮 3/28付	弘化四未年 大地震一件	1971	681	3971	971		56		郡奉行申聞
2	253	3月中か	△	+(25) 2806	925	+(132) 5619	+(111) 2493				口上調　（　）町家
3	50	3/25〜晦日	○	2482	844	4738	1747		150		口上訴　村々訴
4	253	4/1	△	2613+726	863+90	5100+377	2003+190		165+73		+24(御城下死), +は4/3日調
5	58	4/1追加 これまで 4/1計	○	132 2482 2613	22 844 866	367 4738 5105	256 1747 2003		15 150 165		村々訴
6	58	4/2追加 これまで 4/3計	○	113 2613 2726	24 866 890	272 5105 5377	187 2003 2190		8 165 173		村々調, 口上申立
7	738	4/3まで	信濃国地震 実記録	2727*	890	5377	2180×				訴　*正しいか, ×誤りか
8	64	4/4追加 4/2まで 4/4計	○	78 2726 2804	26 890 916	218 5377 5595	272 2190 2462		31 173 204		村々調, 口上訴
9	577	?	弘化丁未歳三月 廿四日亥ノ刻 信越地震之実記	2804 27	916 48	36 5595 132	462 39		204		←家中 ←在 半潰2462の初の2欠カ 町
10	76	4/4追加 4/3まで 計	○	−14 2804 2790	916 916	−17+3 5595 5581	−3+44 2462 2493		4 (204) (208)		−は村々の調違い　村々訴 （ ）は史料に欠く, 編者が補った
11	132	4/5追加 4/4まで 4/6計	○	16 2790 2806	9 916 925	34 5581 5605*	36 2493 2529		6 208 214		村々訴 *5615の違いか
12	78	4/5まで	○	2806	925	5615	2529		214		4/6日付　村々訴
⑬	6	4月 計	○	35 2775 2810	27 2062 2089	38 175 7672 7885	940△ 249△ 5922△ 7111△		263	4	家中　△大破 町
14	132	4/6追加 4/5まで 4/7計	○	7 2806 2813	−1 925 924	37 5615 5652	14 2529 2543		1 214 215		
15	133	4/7追加 4/6まで 4/8計	○	1 2813 2814	28 924 952	−42+1 5652 5611	62 2543 2605		215	4 4	口上訴, −は調違
16	133	4/8追加 4/7まで 計	○	18 2814 2832 2867	30 952 982 1009	9 5611 5620 5752	167 2605 2772 2877		7 215 222 220	4	口上申立 町々外相加
17	128	4/9追加 4/8まで 計 町々外加	○	22 2832 2854 2889	26 982 1008 1315	71 5620 5692 5823	47 2772 2819 2924		9 222 231 231	4 4 4	
18	137	4/10追加 4/9まで 計 〃	○	−2+3 2854 2857 2890	16 1008 1024 1051	14 5692 5706 5838	−16+29 2819 2832 2937		12 231 243 243	4	村々訴 死2855か }在か?
19	139	4/12 4/10に 町外加へ	○	11 2901	9 1060	44 5888	63 3000		243	4	郡奉行申聞, 村々訴 11日迄の計
20	189	4/12	御救方御用 日記	2901 (35)	1060 (27)	1882* (132)	3000 (100)		243	4	郡方 *5882の誤りか （ ）は町之外焼失潰家
21	1389	4/11, 夕 町外加	所道典家文書	2855 2901	1033	5750 5882	2895 3000		243	4	
22	145	4/13訴 4/12まで 計 町々外加	○	3 2866 2869 2904	1044 1044 1071	11 5741 5741 5873	2879 2890 2995		244	4	
23	99	4/17	○	2798	1084	5837	3019				町々外村々加, 郡奉行申聞
24	162	4/19	○	2803	1088	5912	3051		263	4	村々訴
25	103	4/22まで	○	2834	1113	5977	2980		264	6	町々外共　郡奉行申聞
26	113	4/22まで/ 誤り訂正 計 町々加え		2854 −2 2852 2887	1095 1122	5957 −2 5955 6087	2920 36 2956 3061	14	264 264	6 6	
27	121	4/28まで		2888	1141	6164	2771	14	268	6	領分町々外加
㉘	1403	7月 計	所道典家文書	35 2594+9 2629	27	38 7672 132 7842			243	4	家中 在 町々外
㉙	352	7/9 計	日記(御在府)	32 2663 (22) 2707	24 2262 2286	175 38 9337▽ 9550	105 286 2802 3193		263 263	4 4	町 家中 在　石砂水入3529 洪水 ▽内6323潰 　　243潰焼

1) ページは「新収日本地震史料　第五巻別巻六ノ一, 二」の掲載頁.
2) 日付は旧暦, 弘化4年のもの.
3) 出典の△は「弘化四丁未年3月廿四日夜四時大地震ニ付諸雑談聞書覚」
4) ○は番号1と同じ出典
5) 番号に○がついたものは, すべての被害を記した文書.
6) ── は計算に誤りがあるところ.
7) （ ）は内数.

注表248-2 大岡宮平組の被害

	新収の掲載ページ	死	家 潰	家 半	家 損	蔵(含社倉蔵) 潰	蔵 半	蔵 損	寺社堂 潰	寺社堂 半	寺社堂 損
大岡宮平組	p. 1419〜1430										
宮平村		3	2	4	20		3		1		
高市場		9	6			5					
北小松尾		5	10			2			1		
下栗尾		13	17	7	2	1	4		1		
慶師		3	12	9		4			1		
外花見		2	1								
雨池		1	3	1		2			2		
糀内		1	4		6	5			1		
芦野尻		4{3}	5	9	7	1	7		2		
八重堀			2	1		1					
上栗尾			5		2	3					
萩久保			1								
小松尾				6			2				
宮之脇				1							
内花見		{1}		1			1	2			1
浅苅						2					
計 〔 〕は参考		41	68 〔67〕	39 〔40〕	39 〔35〕	24	17	2	9		1

〔 〕は古文書の計.
{ } は p. 1428 にある「田野口・大野通家数人別五人組御改帳」による異説.

を記してある．絵は精密で被害の状況をよく伝え，研究上有用である．

これに基づく研究には，
①宇佐美ほか，1987，歴史地震，**3**，118-165.
②宇佐美，1986，地震災害予測の研究　地震災害予測研究会昭和61年度報告，23-63.
③善光寺地震災害研究グループ，1994，善光寺地震と山崩れ，長野県地質ボーリング業協会，130, 付図1.

①，②には絵図のすべてと現況が載っている．詳しくは上記3点の文献を見ていただきたい．注図248-3は参考になるだろう．この地震の被災地は各知行主の支配地が入り乱れている．この図は幕末のものであるが知行地の分布を示すものとして，本地震の研究に欠かせないものである．

注表248-3 大岡村各組の被害

新収ページ	組の名	家数	潰	半潰	人口	死	蔵(合社倉蔵)	土蔵(+合物置)	寺社堂	備考
26	石津 宮平 和平	150	34 39 30＜	3		27 11				3月25日
85	宮平		24	75		14	3 2	87*	9	4月8日
100	和平		9					5*	2	4/21日
103	〃			27		1		11* 12*	5	4/22頃（再訴）
127	根越			5			3	32* 4*	4	4/9
404	宮平 和平 根越 川口村	264 122 150＜ 83	67 8(流失) 9	76 6	1227 230	41 12 12 8				ほかに流失家50
1383	宮平	264	67	41	1227	41	16+5 60		9	4/27日か
1394	〃 根越 和平 川口村		78 33 38 9	40 13 27 8		41 12 12 8				4/26～27日頃 ほかに水入潰50
1424	宮平	264	67	40	1227	41				4月

上下になっているときは，上（潰），下（半潰）．

注表248-4 善光寺地震被害一覧表（牟礼村）

村名＼区分	家数	人数	潰家数	半潰家数	潰土蔵	半潰土蔵	潰物置	半潰物置	潰堂社	半潰堂社	郷蔵	即死	怪我人	死馬	死牛	拝借金
芹沢村	15	43	2	7								2	5			
野村上村	59	197	55								1	10	23	6		34両1分2朱
茶磨山村	8	38	6	2								2	4	2		5両
袖之山村	47	221	36	15					2			2	18	2		25両
坂口村	13	49	13									1	9	1		12両1分2朱
夏川村			11	10								2	3			15両
地蔵窪新田村	49	187	27									2	8	2		13両2分
横手村	18	91	10	4	2								4			
北川村	23	89	10	8								4	8	1		6両
牟礼村	189	826	182		23		22		8			88	87	15	2	150両
新井村	47	235	1				2									78両
東黒川組	91		80	5			8		5			24	10	2		168両
西黒川組												25				110両
平出村北	16		9	7					2			5				
小玉村	81	327	81								1	10		8		63両
福井村	22		22									2				
高坂村																
中宿村・裏村	37	154	32													68両

郡中代市衛門文書より．式左衛門の写および各地区保管文書より．

注表248-5　牟礼村の被害

新収のページ	村名	居宅 家数	居宅 潰	居宅 半	土蔵(郷蔵も含む) 潰	土蔵 半	寺社堂 潰	人口	死	備考
武 462	牟礼	189	189						88	4月
660	黒川東 〃 西 新井								24 25 9	4月
525	小玉 牟礼 平出	75 160 100	67 18	8			1		160	
1145	野村上 茶磨山 袖之山 坂口 夏川 地蔵窪 北川 牟礼東 〃 西 小玉 高坂 横手	59 8 47 13 }49 23 }189 81 62 18	55 6 36 13 11 27 10 69 113 81 56 10	2 15 10 8 4 4	1 23 1 2		2 1 5 3 2	197 38 221 49 }185 89 }826 327 253 91	2 2 2 1 2 2 4 27 61 10 2 2	かなり信頼のおけるまとめ
1280	平出 夏川		9 1	7 1			2 1		5 2	3月25日 6月1日
続 320	小玉 牟礼 黒川 福井		61 (100％) 42 22	18	14	16	有 1	155	16 163 24 2	
323	夏川 平出 牟礼		2 9	8 7	1		2 2 1,半2	162	6(8?) 5	
拾 263	袖之山		32	8	2	3	2	208	2	1件1件の被害が明記されている文書による

注表248-6　三水村の被害一覧

新収のページ		家数	潰	水入	半	寺社堂	死	
29	三水今泉		30	13		3潰	11	藩の記録
77	〃					+1		再訴 同上
215	〃			24 22				水井忠蔵報告 4/5日 4/8日
401	〃 四ツ屋 〃 田中 〃 高畑 〃 二軒屋	29 }23 10 4	16 5 4 1	内6 流失 18 流失	13			藩の被害届　4月上旬か

注表 248-7 念仏寺村の被害

新収のページ	家数	潰	半	押埋	社倉蔵	土蔵・物置	寺社堂	人口	死	
むしくら日記	130	85	30	3				700	30	臥雲院抜落ち
42		10 64	24 4	26	半1	8潰 8〃	5棟潰 2潰		7 24	〃 上組 下組 } 藩の史料
82			8		1 *1潰	32 蔵3半, 44	4 1			上組 下組 } 4/7, 再訴（追加訂正*）
106							半2			下組 再三訴 4/22日
上記3件の合計		10 64	24 12	26	1潰 1潰	40 52, 蔵3半	9 3潰, 2半		7 24	
215				6						上組 下組 } 水井忠蔵申立 4/15または4/25
	居家揺潰変死怪我人死馬・山抜覆あるも事立候異変なし									
313		31 55	18 12	3						上組 下組 } 8月, 御手宛
1235		28 11	18 11						22	上組 下組, 人名あり } 中条村誌

684　巻末注

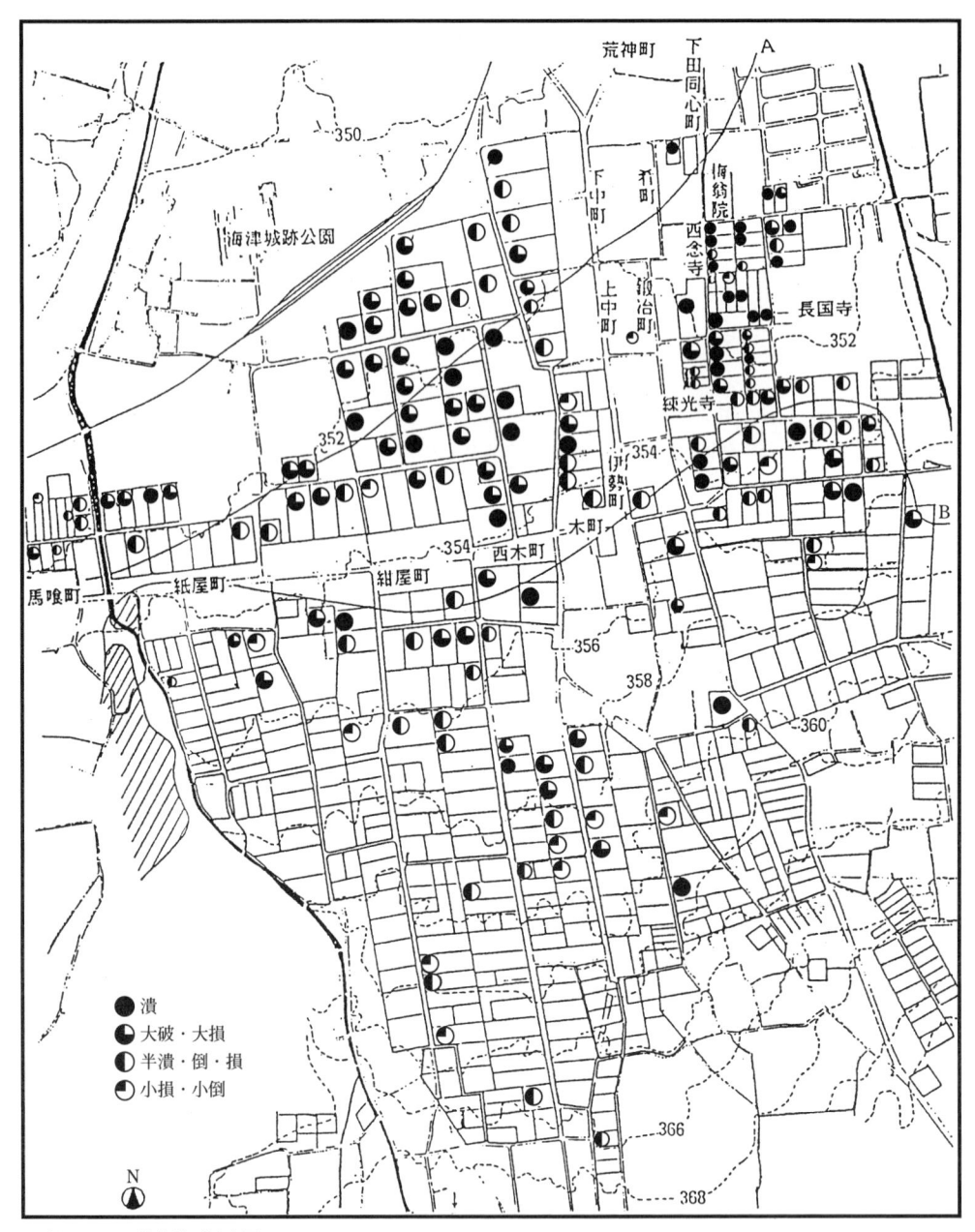

注図 248-1　松代城下被害図

凡例:
- ● 潰
- ◑ 大破・大損
- ◐ 半潰・倒・損
- ◯ 小損・小倒

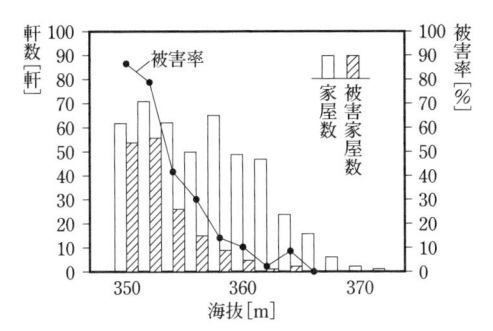

注図 248-2　海抜の高さと被害の関係

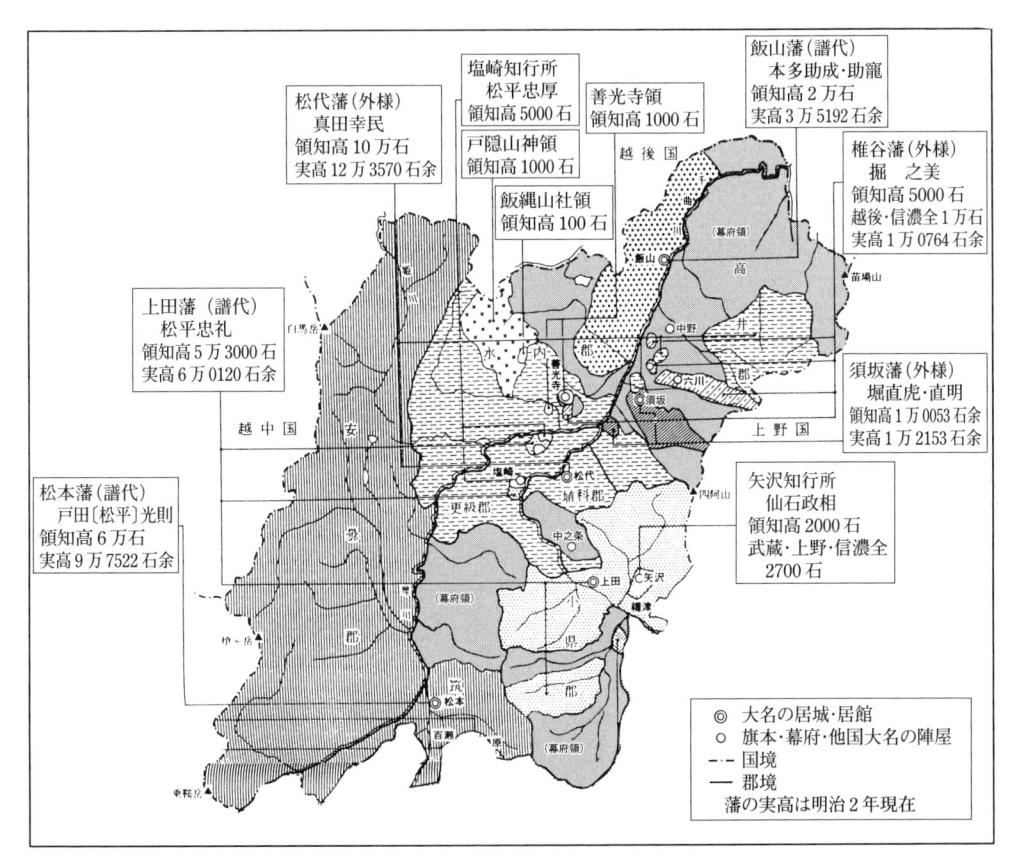

注図 248-3　長野県中部北部所領分布図　慶応4年（1868）〔長野県史通史編第6巻，1989による〕

253 「新収　続」p.697以下に増上寺の「日鑑」がある．増上寺には被害がなかったが末寺に被害があり報告がまとめられているので注表253-1にした．こういうこともあるから史料調査のときは注意が必要である．

また本文の中にある灰屋の事例のスケッチは宇佐美編「「なゐ」の反古拾ひ」(2000) の p.238 に出ている．灰屋が潰れれば震度 IV あるいは V 以上ということか？　また同書 p.235 に根府川関所と千石原関所の平面図がある．何かの役に立つであろう．

254　この地震については，歴史地震，15 (1999) に，いくつかの有用な報告が載っている．地震断層として木津川断層（本震），花ノ木断層，桑名・四日市断層が考えられたが［萩原，1982，古地震］，トレンチ調査で木津川断層系の伊賀断層が動いたと考えられるに至った．ほかの 2 断層については動いたという確証はない．

震度分布図の特徴は，奈良・伊賀上野付近および四日市付近に震度 VI 以上の強い震動域が見られることである，後者が桑名・四日市断層犯人説の根拠になったか？　しかしこれは地盤の性質として説明可能と考えられる．

各村や町の詳細被害のわかっているところは，奈良・伊賀上野・四日市・肥田組などわずかである．この地震で奈良市柳生にある旧柳生藩家老屋敷の石垣が孕んだ（宇佐美，2000，「なゐ」の反古拾ひに写真あり）．加速度が推定されないかと考え土木の方に調査をすすめたが，調査されないうちに石垣は復旧されてしまった．

注表 253-1

町村名	寺院名	本堂	クリ	門	諸堂社	その他
山角町	傳肇寺	半	半		大破1	
桑原村	浄蓮寺	〃	〃	表潰	潰1, 半2	
曾我原	大運寺	潰	潰			田畑・山林大破
矢作	春光院	破	ねじれ	ねじれ損	損1	石灯竜潰
千代	円宗寺	破	破			
〃	安養寺	破	〃	表半		
鴨宮	西光寺	半	半	表潰	半3, 潰1	土蔵半1
沼田	西念寺	半	半	表潰		
三竹山	専弥寺	半	半	〃		
北窪	陽雲寺	大破	大破			
小台	蓮乗寺	〃	半	〃		
堀之内	光明寺	〃	大破			
曾我□□村	城前寺	半	〃		半1, 大破1	本尊破損
壱丁田町	誓願寺	半	半	表破		石碑不残倒
荻窪村	龍雲寺	〃	〃			本尊・地蔵大破
小八幡	三宝寺	破	破			
酒匂	大経寺	半	半	破1		
山王原	心光寺	半	大破			
真雀	西念寺	半	半		半1	
筋違橋町	大蓮寺	半	大破			石垣, 34間落崩
真雀	叢心寺	破	破			石坂33間崩
代官町	円量寺	潰	半		倒1, 破1	石塔倒
山角町	報心寺	小破	小破	表大破	小破1	
〃	潮音寺	大破	大破			
山王原町	道場院	破	破	表破	半1	
新宿町	称往院	大破			半1	
荻窪町	安楽寺	半	〃		潰1, 破2	馬居潰
〃	天栄町	大破			破1	
谷津村	本誓寺	半	半			門前石垣潰
〃	城源寺	大破	大破			
□□村	大見寺	破	破		破1	

巻末注　687

257, 258, 259　この一連の3地震について総合的な研究がなされているとはいいがたい．その理由の1つは史料が膨大であること，もう1つは前2つの地震がいわゆる東海地震・南海地震であるという地震像が明瞭なため，理学的に興味ある研究対象として考えられていないためであろう．

しかし防災上はおおいに研究されるべき地震である．この地震は昭和の東海・南海地震より規模が大きい．将来起こると予想される東南海・南海地震の対策をたてるには昭和の地震よりこの安政の地震を精査することが必須である．まだ地震後150年しか経っていないので史料も見つかるはずである．こういう史料を元にして各地の震動の様子，津波，液状化，地すべり・山崩れ，耕地・土手などの被害を調べることを勧める．

各地震の特徴は以下のとおり．
[東海地震の特徴] ①御前崎の隆起，②甲州の強震動（宝永地震（153番）のときの翌日の甲州方面の大余震，安政（277番）のときの甲州の大被害と長野県松代方向に延びる"地震みち"）（506番の地震はやや規模が小さいためか②は明瞭でない）．
[南海地震の特徴] ①室戸岬の隆起，②高知市の一部約10 km^{2}の地の冠水，③紀伊湯の峰温泉の湧出停止，④出雲地方の異常な強震動．

また，かつて，筆者は安政南海地震の余震の減り方と昭和南海地震のときと異なるかどうかを調べたが有意の差異はなかった．宇佐美編「「なゐ」の反古拾ひ」(2000)には小夜の中山の茶屋と宇津之谷峠の茶屋の平面図がある．震度の推定に役立つであろう．

268　本書の初版「資料日本被害地震総覧」[1975]には2つの地震として記述してある．武者の意見を取り入れた．その後新史料の収集が進んで，注図268-1を作った．当時の「理科年表」にも2つと記してある．当時の時刻に約2時間の誤差があるとすると，2つと考えるのは無理がある．大野・勝山・丸岡方面の強震動は丑刻の余震によると考えられなくもない．いずれにしても推定の域を出ない．また270番の丹後の地震は別のものと考えてある．丹後地方の被害が268番の地震によるものとすると，震央距離が大きすぎるし，中間に広い無被害地域を挟んでいるからである．

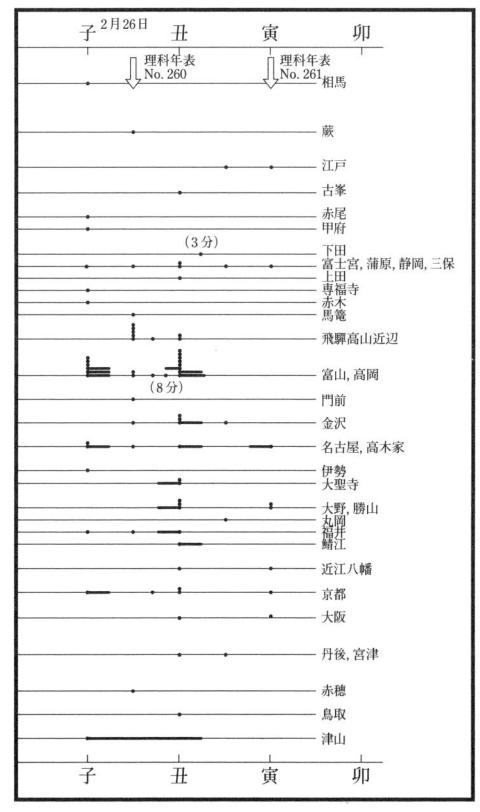

注図268-1　地震の発現時刻

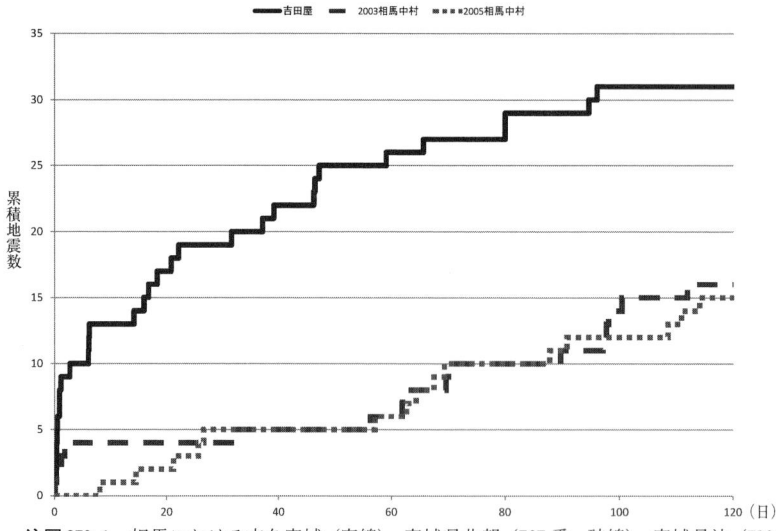

注図278-1 相馬における文久宮城（実線），宮城県北部（767番，破線），宮城県沖（796番，点線）の有感余震数推移

278 この地震には，羽鳥［1975，震研彙報，**50**，397-414］や渡辺［1993，地震Ⅱ，**46**，59-65］による，沖合の**629**番（1978年）のようないわゆる宮城県沖地震とする説があった．しかし両者の根拠となっている津波の情報は，野蒜と綾里の2点に留まり，とくに綾里のほうは，明治三陸津波の後に山名宗信が三陸沿岸を調査した際に，綾里でのみ古老から聞き取りした情報であり，文久期の気象による高波である可能性が高い．また，綾里のみ波高3～4mにもなったという，通常の宮城県沖ではありえない高さである．一方，宇佐美は一貫して陸上説を取り，**338**番（1900年），**553**番（1962年），**767**番（2003年）と発生したいわゆる宮城県北部地震の1つであるとしてきた．

史料解析による震度分布からは，宮城県北部地震と宮城県沖地震との区別はつけにくい．両方とも仙台市域の震度は5程度で被害は小さく，一方，古川市域など旧北上川流域の平野部は地盤の影響で震度がどちらの地震に対しても仙台市域より大きくなるからである．ただ，遠方への震度の広がりは，沖合のほうが異常震域の効果と地震規模が大きいことによって当然広い．また，地盤がよい気仙地域の震度情報があれば，区別は可能である［松浦ほか，2003，歴史地震，**19**，53-61］．

文久に関しては，綾里の津波情報と気仙地域の震度史料の欠如に加えて，「40年程度でくり返し発生する」とされている宮城県沖地震の天保（1835年，**241**番）と明治（1897年，**320**番）との間を埋める地震として，羽鳥らの宮城県沖説が長らく優勢であった．しかし，綾里で3～4mの津波があったのであれば，それは通常の宮城県沖地震ではないことになり，しかもほかの三陸沿岸では文久の津波の情報はまったくなかった，という洋上説はそもそも矛盾を含んでいた．そこで，吉田屋日記という，相馬の大きな商家の日記にある有感地震の記録を解析すると［松浦・都司，2010，JGU，SSS013-05］，この地震の余震が見事に記録されている．相馬での有感余震の多さから，この地震は宮城県沖ではなく，宮城県北部であることが確実となった．また，「野蒜の海嘯」から，海面変動を仙台湾側で認識できたことになり，2003年よりさらに海域よりで仙台湾の活断層の一部を震源として，相馬により近い宮城県北部の地震であると考えられる．歴史地震の解析は思い込みで考察を進めるのではなく，各史料の信憑性や由来まで立ち返って，ときには情報の欠如自体が情報であることも忘れてはならない．

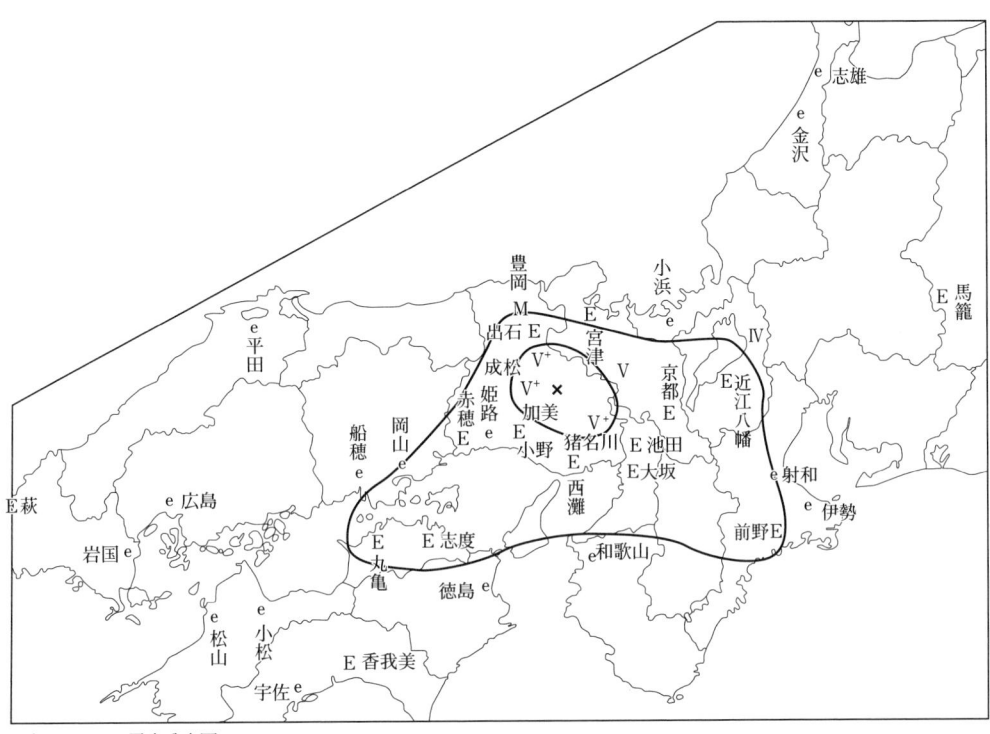

注図 279-1　震度分布図

279　震度分布図を示す．

300　宇佐美編「「なゐ」の反古拾ひ」(2000) p.526 にこの地震で煙突の煉瓦がズレた写真を載せておいた（現岐阜市内）．加速度の推定ができるのではと思っている．

316　本文にも記したとおり岩手県の被害については表 316-3 が正しい．表 316-1 の岩手県の部は表 316-3 に置きかえて読んでほしい．表 316-1 にはほかにも役に立つ情報が含まれているので，そのままとした．したがって表 316-2 の明治 29 年の死者合計は，青森県 343 人，岩手県 18,158 人，宮城県 3,452 人，北海道 6 人の計 21,959 人となる．同様に流失家屋も青森県 602，岩手県 4,744，宮城県 3,121 計 8,467 とするほうがよいであろう．また負傷者は岩手県で重傷 322+280，軽傷 1,222+1,119 計 2,943 で表 316-2 のとおりである．

338　この地震については武村 [2005, 地震, 58, 41-53] が，被害データを整理して震度を決めなおし，規模の再評価を行っている．同時に 553 番の地震についても震度分布を見直して，近年発生した 767 番の地震と比較している．その結果，規模は $M=6.5$ 程度となり，553 番の $M=6.5$，767 番の $M=6.4$ とほぼ同じである．震度の高い地域を震源域とみなすと，注図 338-1 のように，北から 553，338，767 番と重ならずに並ぶ．338 番と 553 番については東京の本郷でいずれも大森式地動計による記録があり，その記録の S-P 時間と上記の推定震源域が整合することも示されている．

690　巻末注

注図 338-1　震度分布の比較
楕円は震度分布から推定した震源域．白星は従来評価されている震央．338 番の黒星は震度分布と本郷の地震記録から推定された震央．

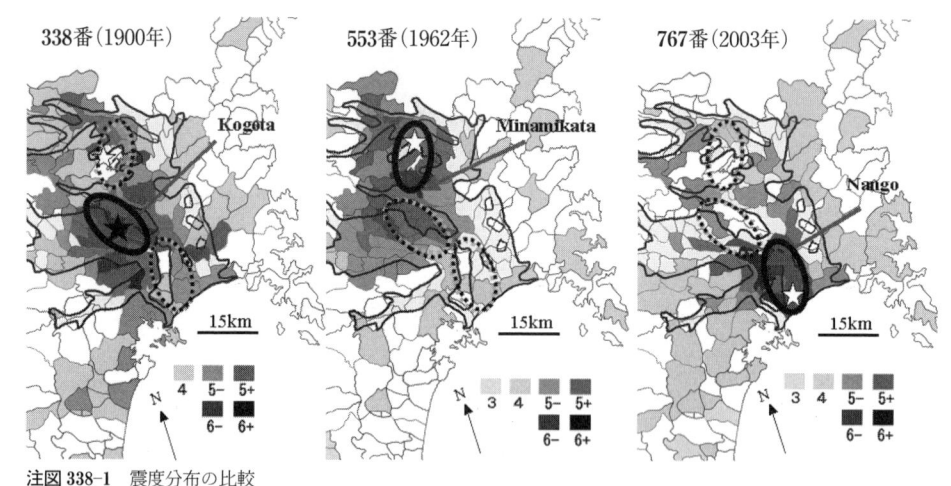

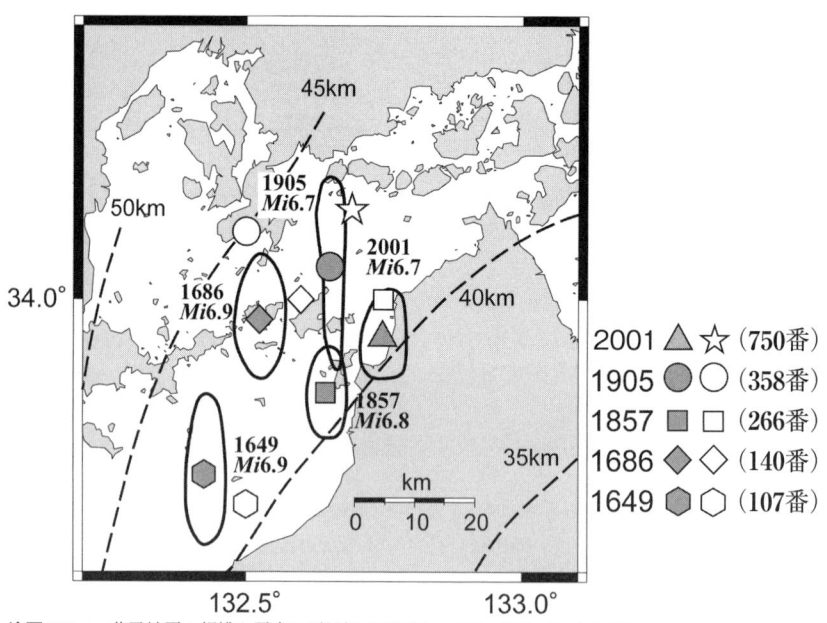

注図 358-1　芸予地震の規模と震央の再評価［高橋ほか, 2008, 地震, 60, 193-217］
それぞれの地震に対し白抜きは元の震央（白抜き星印は気象庁による 750 番の震央位置），網掛けは実線で囲まれた短周期地震波発生域の中心である．

358　この地震については被害情報から震度を評価し，近年発生した 750 番の地震と震度分布を比較して，高橋ほか［2008, 地震, 60, 193-217］が規模の再評価を行っている．その際，震度分布から震源での短周期地震波発生域を求め，その中心を震央とした見直しも行っている．その結果によれば，規模は 750 番とほぼ同じであると結論づけられている．さらに同じ地域で発生した 266, 140, 107 番の地震についても同様に規模の再評価をする一方で，750 番を基準に震源位置についても検討がなされている．結果は注図 358-1 のようになり，いずれの地震の規模も $M=7$ よりわずかに小さい程度であることがわかる．また，震央は次第に東の方向に移動しているようにも見える．

430 この地震については武村［2003，関東大震災，鹿島出版会］が詳しく再検討を重ねている．参考のためにその成果の一部を載せる．注表430-1は被害の集計で，各種の被害統計資料を詳しく再調査した結果である．第4章の表430-1と比べてほしい．こに示した新しい表のほうが事実を正しく伝えていると思われる．

注図430-1は同氏によるM7以上の余震の分布図で，同氏は関東地震の岐阜などにおける地震記録を再調査した．新発見の余震も含まれる．

注表 430-1 住家被害棟数および死者・行方不明者数［諸井・武村，2004，日本地震工学会論文集，4，21-45］

府県	住家被害棟数 全壊	（うち）非焼失	焼失	流失埋没	合計	死者・行方不明者数（原因別） 住家全壊	火災	流失埋没	工場等の被害	合計
神奈川県	63,577	46,621	35,412	497	82,530	5,795	25,201	836	1,006	32,838
東京府	24,469	11,842	176,505	2	188,349	3,546	66,521	6	314	70,387
千葉県	13,767	13,444	431	71	13,946	1,255	59	0	32	1,346
埼玉県	4,759	4,759	0	0	4,759	315	0	0	28	343
山梨県	577	577	0	0	577	20	0	0	2	22
静岡県	2,383	2,309	5	731	3,045	150	0	171	123	444
茨城県	141	141	0	0	141	5	0	0	0	5
長野県	13	13	0	0	13	0	0	0	0	0
栃木県	3	3	0	0	3	0	0	0	0	0
群馬県	24	24	0	0	24	0	0	0	0	0
合計	109,713	79,733	212,353	1,301	293,387	11,086	91,781	1,013	1,505	105,385
（うち）東京市	12,192	1,458	166,191	0	167,649	2,758	65,902	0	0	68,660
横浜市	15,537	5,332	25,324	0	30,656	1,977	24,646	0	0	26,623
横須賀市	7,227	3,740	4,700	0	8,440	495	170	0	0	665

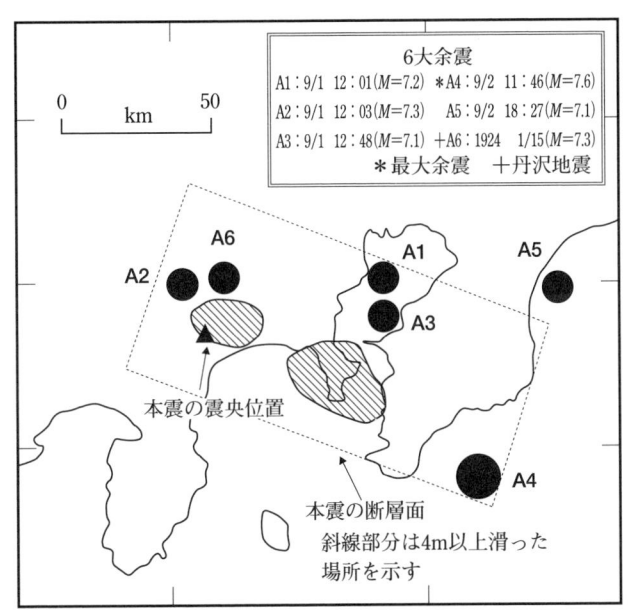

注図 430-1 $M \geq 7.0$ の余震分布［武村，2003］

461 静岡県内の村ごとの被害一覧表（注表 461-1）を参考として掲げる．

注表 461-1 静岡県の震災被害状況（静岡県史別篇 2 自然災害誌（1996））

警察署	市町村名	死者 人	傷者 人	全倒壊 軒	半倒壊 軒	付属建物倒壊棟数 軒	建物破損数 軒	焼失 軒
下田	城東村	5	—	1	—			
三島	三島町	7	58	103	506	469	257	—
	北上村	—	2	16	167	19	685	—
	錦田村	7	6	89	298	319	516	—
	中郷村	11	49	128	225	249	509	6
	函南村	37	195	394	427	997	1,102	10
	韮山村	75	105	517	335	1,084	518	3
	江間村	3	11	79	38	72	214	—
	川西村	16	25	77	124	166	348	—
	内浦村	—	—	—	8	18	20	—
	西浦村	—	—	—	16	29	42	—
熱海	熱海村	3	3	18	20	6	1,725	—
	網代村	—	3	—	5	21	652	—
	多賀村	1	—	2	50	40	150	—
大仁	下狩野村	1	2	27	137	188	394	—
	中狩野村	15	4	72	166	184	922	—
	上狩野村	—	7	—	15	5	374	—
	上大見村	1	6	45	129	222	514	—
	中大見村	7	12	33	181	236	674	2
	下大見村	3	13	117	110	279	275	—
	北狩野村	23	122	209	291	498	560	—
	戸田村	—	—	1	—	—	—	—
	修善寺村	22	29	22	31	129	570	—
	田中村	8	18	63	505	316	933	—
伊東	伊東町	1	22	—	—	1	46	53
沼津	沼津市	1	7	10	29	36	3,212	—
	静浦村	1	10	8	19	65	279	—
	清水村	6	15	26	34	55	1,387	—
	泉村	—	3	—	23	25	2,650	—
	長泉村	—	3	1	—	8	1,358	—
	大岡村	—	—	—	20	34	641	—
	金岡村	—	—	3	15	23	1,500	—
	鷹根村	—	—	2	5	5	571	—
	大平村	1	—	—	45	39	471	—
	富岡村	—	1	—	18	18	460	—
	浮島村	—	—	—	4	3	101	—
	深良村	—	3	10	5	23	645	—
	原町	—	4	—	1	—	244	—
	片浜村	—	—	—	—	3	122	—
	小泉村	—	3	1	2	13	1,305	—
計	市 1 町 6 村 36	255	743	2,073	4,104	5,900	29,296	74

静岡県警察部『駿豆震災誌』昭和 6 年 7 月 18 日による

503　この地震の被害は文献によって異なる．例として注表 503-1 を掲げておく．これは鳥取地方気象台の方からの私信による．

746　ⓐ 703 番の兵庫県南部地震の M よりこの地震の M は 0.1 大きい．にもかかわらず被害は格段に前者のほうが大きい．このため「気象庁の M はおかしいのでは……」という意見が各方面から出された．気象庁の現在の M の求め方では $M=7.3$ になるのはやむをえない．「求め方を改めるべきでは……」という意見が多い．注図 746-1 は宇佐美が入手したものである．K-NET の観測に地震計の補正を加えたものである．① まずは $\triangle \geqq 100$ km の観測点の数が 100 km 以下のものより圧倒的に多い．② $\triangle=100$ km 付近で傾向に不連続的喰い違いがある．また ③ この地域の地震の特性により，出現することの少ない Lg 波が $\triangle \geqq 100$ km で卓越したのではないかという意見もある．現在では M は各観測点での M を平均して求められるから，$\triangle \geqq 100$ km の地点の M に引きずられて大きく出ていると考えられる．$\triangle \leqq 100$ km の点のみに注目すれば M は 6 台となる．気象庁は M の決め方を再考する必要があると思われる．なお，地震研究所によるとモーメント・マグニチュードは鳥取で $M_w=6.6$，阪神で $M_w=6.9$ という．

ⓑ 井上 [2002, 地震 II, **54**, 557-573] は久住 (本文の図 746-4 の P 点) を通るリニアメント近くでトレンチ調査を行った．また露頭の調査も行った．断層面の走向は N67°W，傾斜は 61°N，南西側隆起．この断層の最近活動時期は 770～1260 A.D. とのこと，したがってこの断層は **023** 番の地震に比定されるかもしれない．なお，今回の地震では，地表に断層は現れなかったようである．

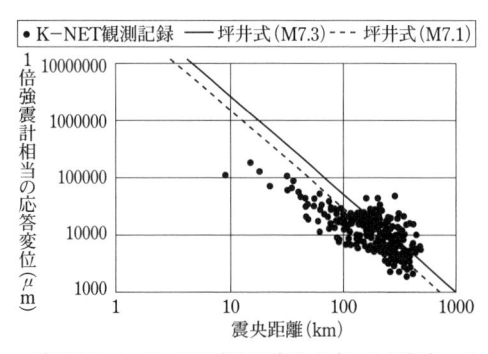

注図 746-1　K-NET 観測記録から求めた気象庁マグニチュード [東電設計による]

注表 503-1

① 9 月 29 日現在

	死亡	重傷	軽傷	計	全焼	半焼	全壊	半壊	計
鳥取市	880	579	1,169	2,628	161	10	4,475	3,222	7,868
米子市	3	—	3	6					
岩美郡	119	59	372	550	—	—	457	550	1,007
八頭郡	55	17	19	91			2	34	36
気高郡	124	147	367	638	1		1,047	1,408	2,456
東伯郡	12	6	34	52			123	313	436
西伯郡	1	5	11	17			3	6	9
日野郡	—	—	1	1					
	1,194	813	1,976	3,983	162	10	6,107	5,533	11,812

② 日付不明
- 死者：1,210，負傷者：3,860　計：5,070
- 罹災者　89,225 人
- 家屋被害

	全焼	全潰	半焼	半潰
住　家	181	7,164	7	6,901
非住家	106	6,131	3	7,209
	287	13,295	10	14,110

注) 『鳥取県震災小誌』に記載されている数字と同じ

[出典] ①，② 昭和 18 年度　震災関係資料―兵庫厚生課長―，鳥取県公文書館所蔵

778 この地震では，崩土が川を堰止める現象が多数発生した．これを従来「天然ダム」と称していたが，「天然」という言葉が美しい印象を与えてしまい，被災者の心情にふさわしくないなどの理由から，その後，河道閉塞，地すべりダム，土砂ダム，土砂崩れダムなどの表現が使われてきたが，2013年現在においても統一された表現とはなっていない．

被害地震の震央分布 II

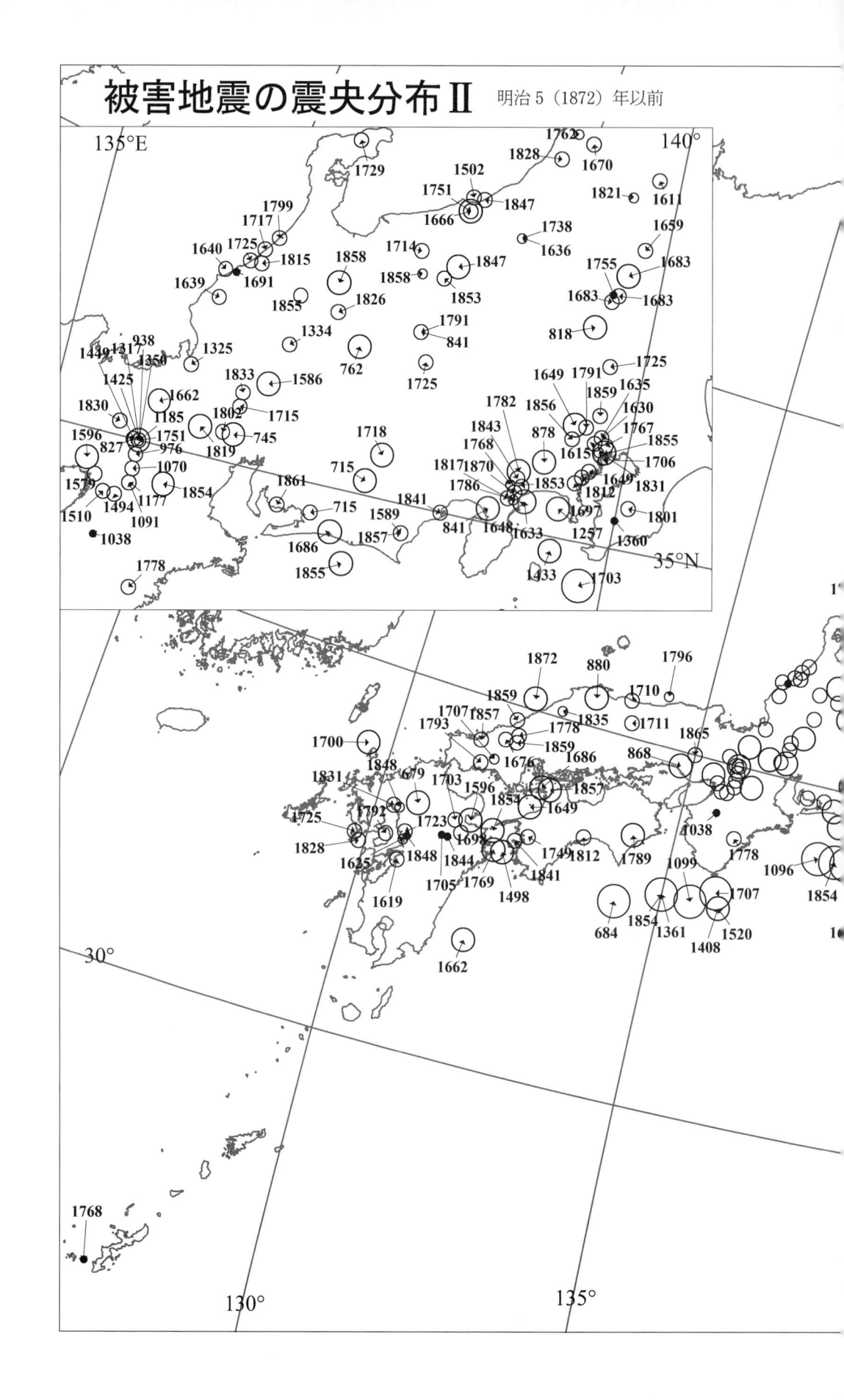

明治5（1872）年以前

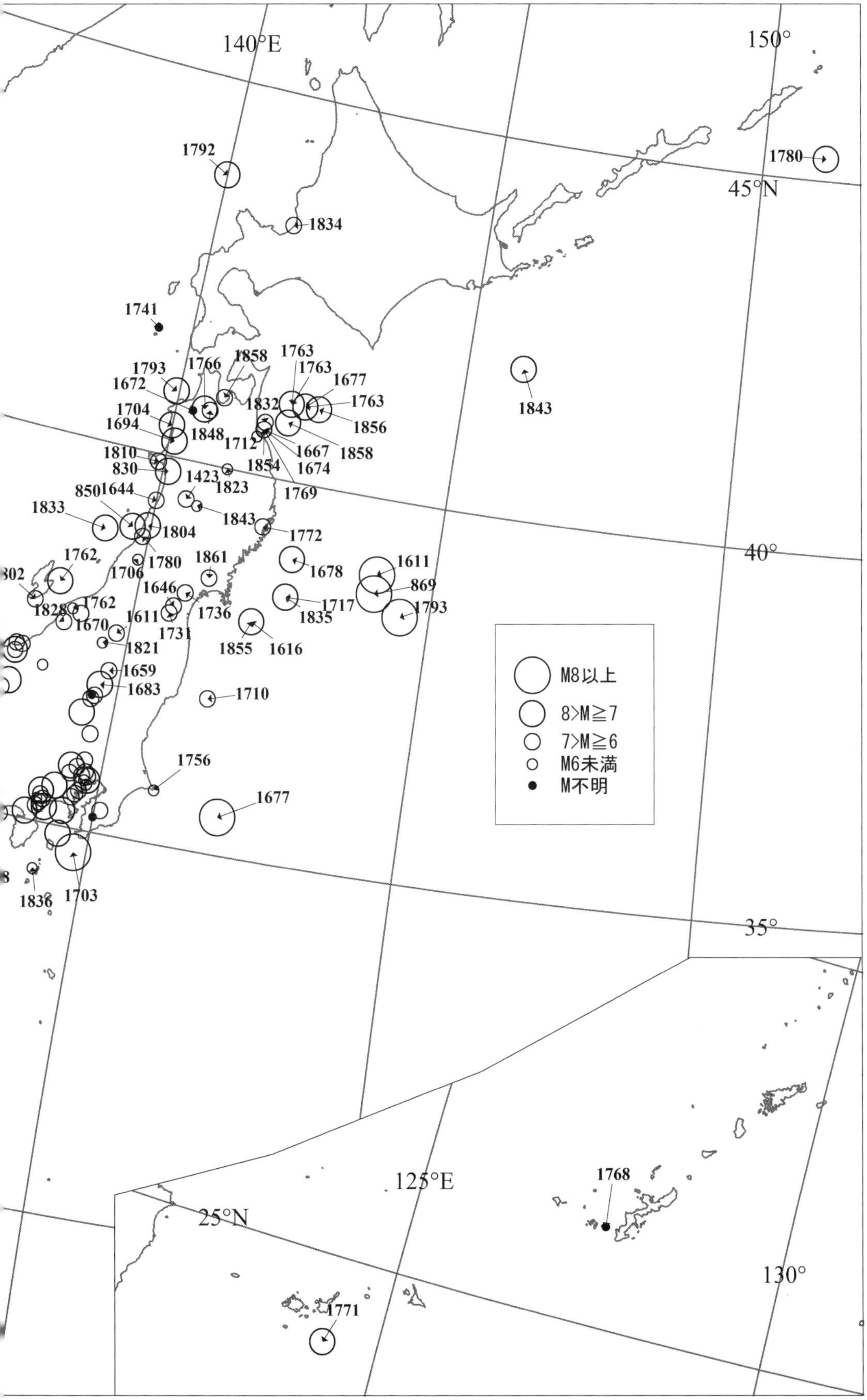
140°E
150°
45°N
40°
35°
125°E
25°N
130°
M8以上
8>M≧7
7>M≧6
M6未満
M不明
1792
1780
1834
1741
1843
1793
1766
1858
1763
1763
1677
1763
1856
1832
1858
1672
1704
1694
1848
1712
1667
1674
1854
1769
1810
830
1423
1823
850
1644
1843
1833
1804
1772
1762
1706
1780
1861
1611
1678
869
1646
1717
1793
1828
1762
1736
1835
1670
1611
1731
1855
1616
1821
1659
1683
1710
1756
1677
1836
1703
1768
1771

被害地震の震央分布 III

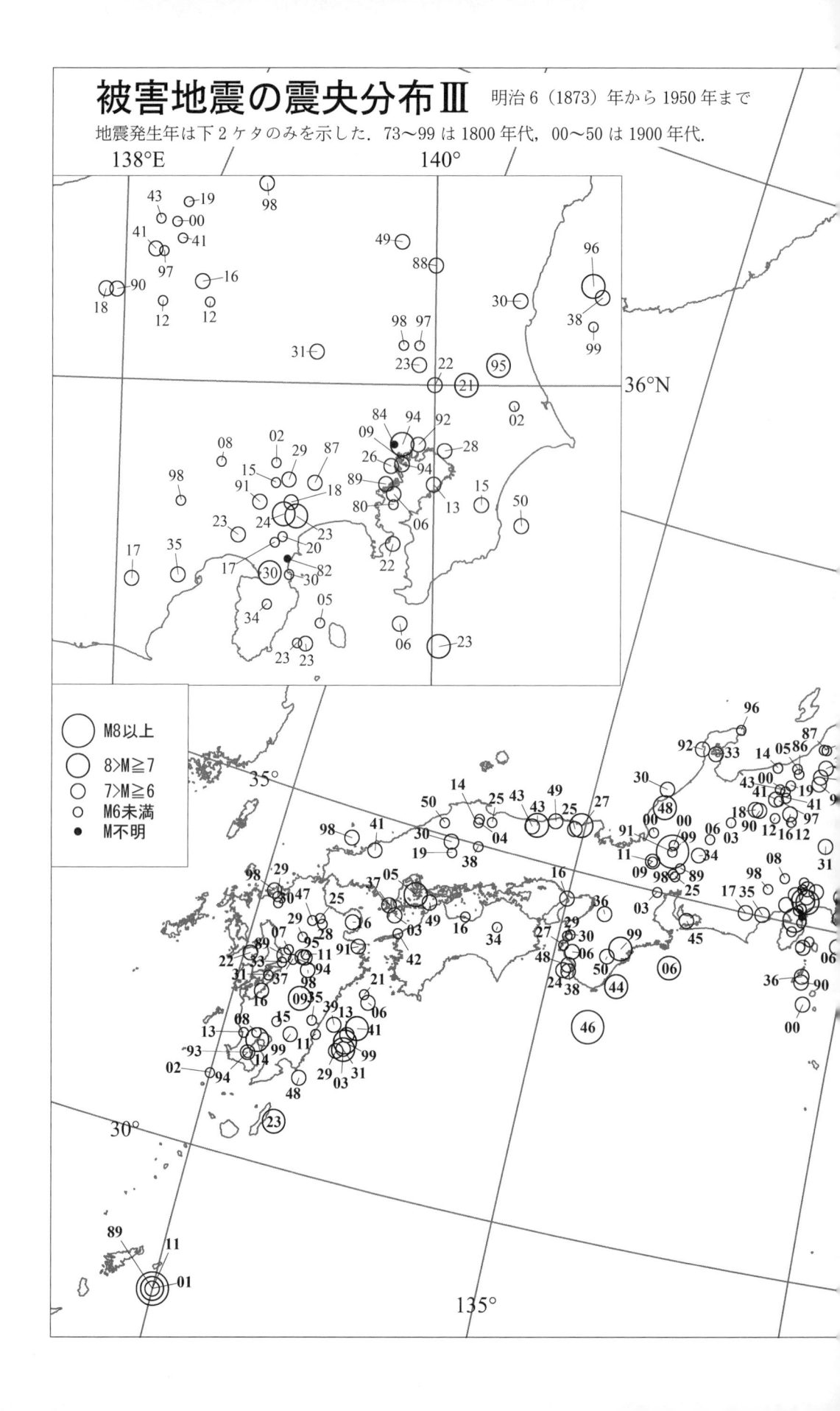

明治6 (1873) 年から1950年まで

地震発生年は下2ケタのみを示した．73〜99は1800年代，00〜50は1900年代．

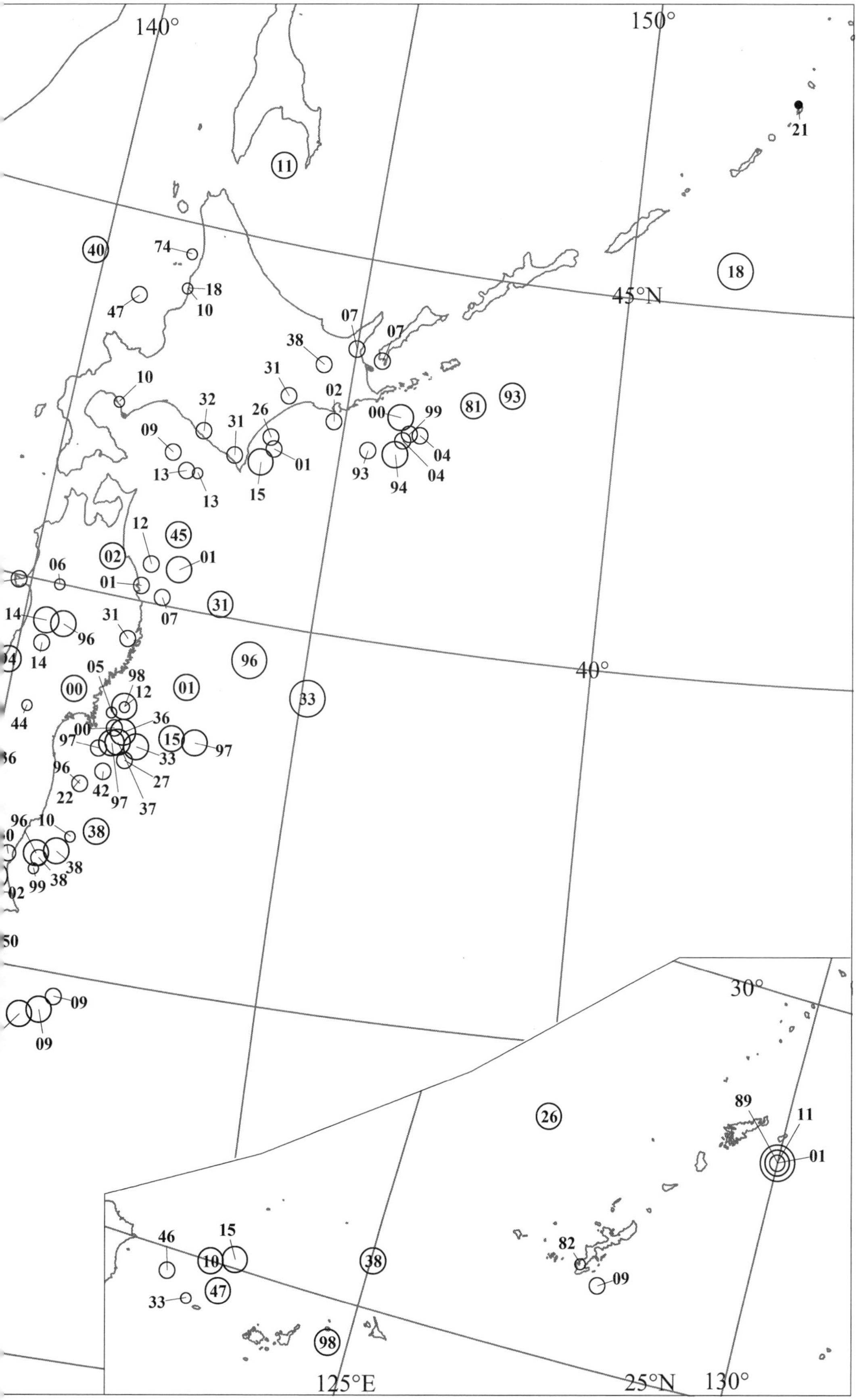
140°
150°
21
11
40
74
18
10
47
18
45°N
07
07
38
31
02
10
32
26
31
00
99
81
93
09
01
04
13
15
93
94
04
13
12
45
02
01
06
01
07
31
14
96
31
14
04
96
40°
05
98
00
12
01
33
44
36
00
97
15
97
33
36
96
27
42
22
97
37
96
10
38
38
99
38
02
50
09
09
30°
26
89
11
01
46
15
10
38
82
47
09
33
98
125°E
25°N
130°

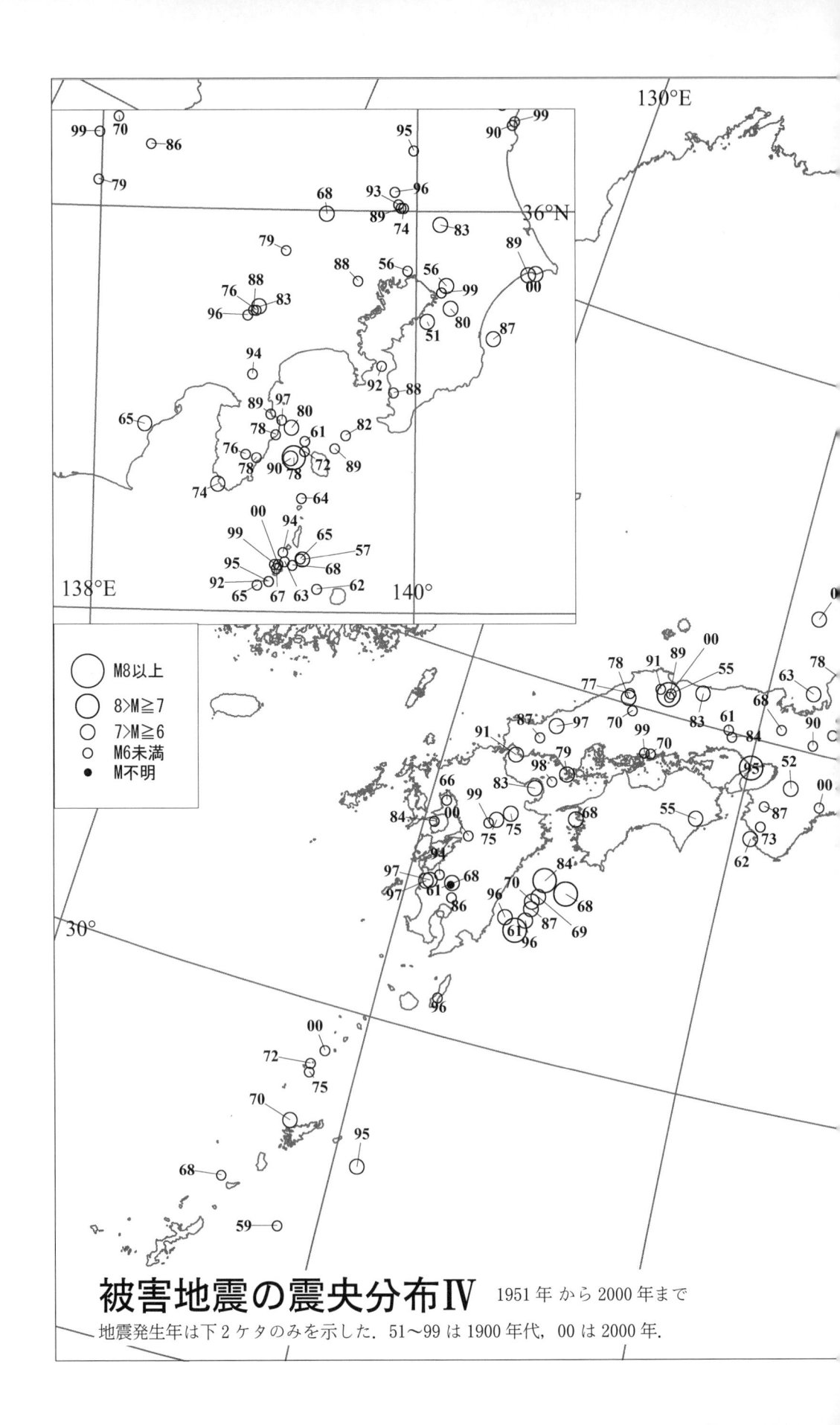

被害地震の震央分布 IV 1951年から2000年まで

地震発生年は下2ケタのみを示した。51〜99は1900年代, 00は2000年.

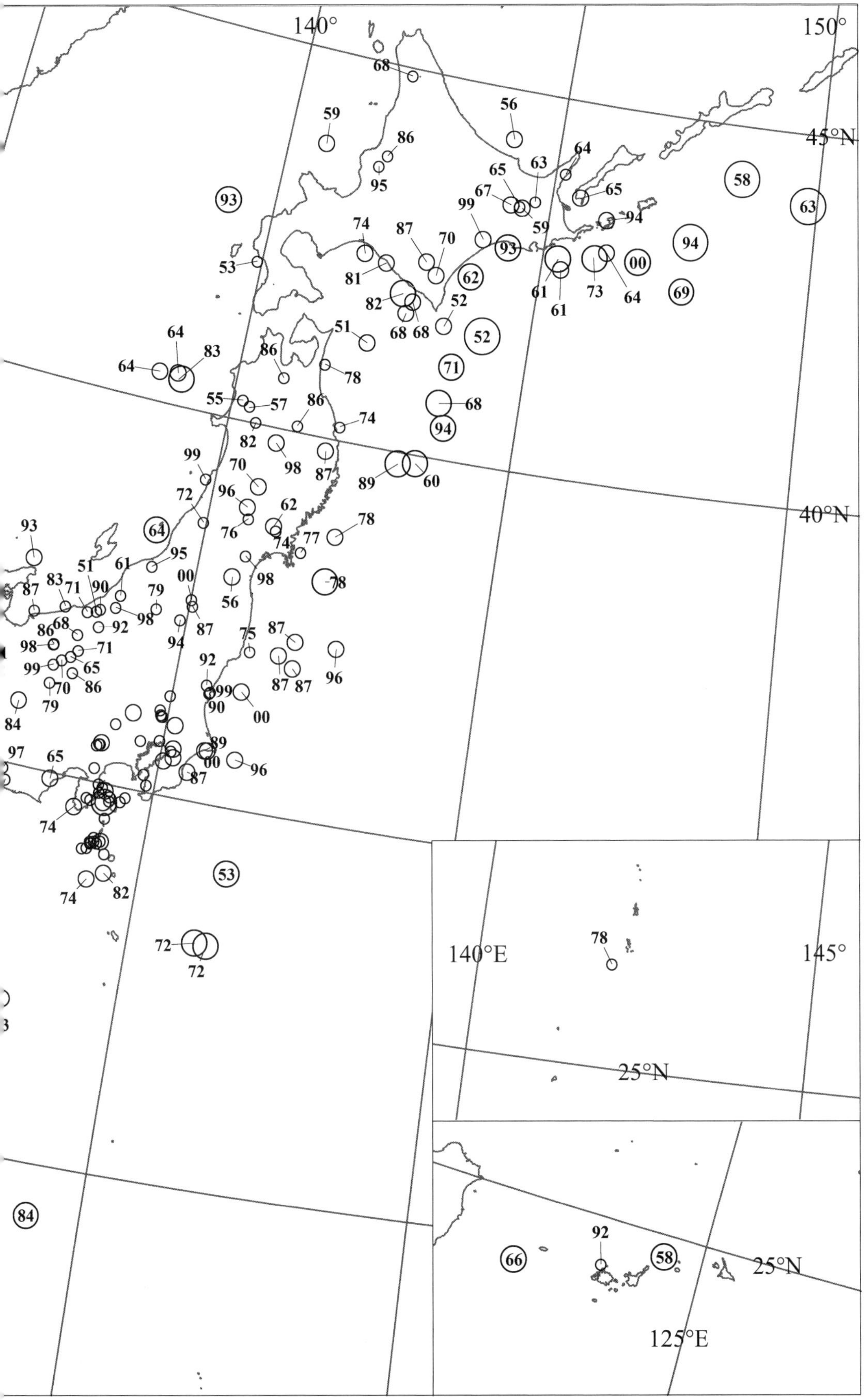
140°
150°
45°N
40°N
140°E
145°
25°N
25°N
125°E

執筆者一覧

宇佐美龍夫（うさみ・たつお）
 1924 年 東京市浅草区に生まれる
 1949 年 東京大学理学部卒業
 現　在 東京大学名誉教授，理学博士
 専門分野 理論地震学，歴史地震学
 主要著書 『地震災害』（共著，共立出版，1973），『地震と情報』（岩波書店，1974），『地震予知の方法』（共著，東京大学出版会，1978），"Free Oscillations of the Earth"（Lapwood, E. R. & Usami, T., Cambridge Univ. Press, 1981），『東京地震地図』（新潮社，1983），『建築のための地震工学』（共著，市ヶ谷出版社，1990），『地震と建築被害』（市ヶ谷出版社，1990）ほか

石井　寿（いしい・ひさし）
 1949 年 兵庫県丹波市に生まれる
 1978 年 早稲田大学理工学部建築学科卒
 現　在 1 級建築士（元東電設計（株）建築本部専門職）
 専門分野 建築学（都市計画）

今村隆正（いまむら・たかまさ）
 1960 年 東京都荒川区に生まれる
 1984 年 明治大学文学部史学地理学科地理学専攻卒業
 現　在 （株）防災地理調査 代表取締役
 専門分野 地理学（土砂災害，防災，歴史地理）

武村雅之（たけむら・まさゆき）
 1952 年 京都市に生まれる
 1981 年 東北大学大学院理学研究科博士課程修了
 現　在 名古屋大学減災連携研究センター特任教授，理学博士
 専門分野 地震学
 主要著書 『関東大震災』（鹿島出版会，2003），『手記で読む関東大震災』（編著，古今書院，2005），『地震の揺れを科学する』（共著，東京大学出版会，2006），『地震と防災』（中公新書，2008），『関東大震災を歩く』（吉川弘文館，2012），『復興百年誌』（鹿島出版会，2017）ほか

松浦律子（まつうら・りつこ）
 1956 年 兵庫県西宮市に生まれる
 1986 年 東京大学大学院理学系研究科博士課程修了
 現　在 （公財）地震予知総合研究振興会地震調査研究センター解析部長，理学博士
 専門分野 地震物理統計学
 主要著書 『日本歴史災害事典』（共編，吉川弘文館，2012）

日本被害地震総覧 599–2012

2013 年 9 月 20 日　初　　版
2022 年 7 月 20 日　第 5 刷

［検印廃止］

著　者　宇佐美龍夫・石井　寿・今村隆正・武村雅之・松浦律子

発行所　一般財団法人　東京大学出版会

代表者　吉見俊哉
153-0041　東京都目黒区駒場 4-5-29
電話　03-6407-1069　FAX　03-6407-1991
振替　00160-6-59964

印刷所　株式会社理想社
製本所　牧製本印刷株式会社

Ⓒ 2013 Tatsuo Usami et al.
ISBN 978-4-13-060759-9　Printed in Japan

JCOPY〈出版者著作権管理機構　委託出版物〉
本書の無断複写は著作権法上での例外を除き禁じられています．複写される場合は，そのつど事前に，出版者著作権管理機構（電話 03-5244-5088, FAX 03-5244-5089, e-mail: info@jcopy.or.jp）の許諾を得てください．

渡辺偉夫
日本被害津波総覧［第2版］　　　　　　　　　　B5判 248頁／12000 円

宇津徳治
地震活動総説　　　　　　　　　　　　　　　　　B5判 896頁／24000 円

斎藤正徳
地震波動論　　　　　　　　　　　　　　　　　　A5判 552頁／8800 円

若松加寿江
日本の液状化履歴マップ 745-2008　　　DVD 1枚・B5判 90頁／20000 円

泊 次郎
日本の地震予知研究130年史　明治期から東日本大震災まで　A5判 688頁／7600 円

活断層研究会 編
新編 日本の活断層 分布図と資料　　　　B4判 448頁・4/6全判 4葉／35000 円

今泉俊文・宮内崇裕・堤 浩之・中田 高 編
活断層詳細デジタルマップ　新編　　USBメモリ1本・B5判 154頁／32000 円

加納靖之・杉森玲子・榎原雅治・佐竹健治
歴史のなかの地震・噴火　過去がしめす未来　　　　4/6判 256頁／2600 円

ここに表示された価格は本体価格です．ご購入の
際には消費税が加算されますのでご諒承ください．